Precision Machine Design

精密机械设计

[美] 亚历山大 H. 斯洛克姆（Alexander H. Slocum） 著
王建华 等译
曹 岩 主审

机 械 工 业 出 版 社

本书既有先进的基础理论体系，又特别重视工程实际，是精密机械领域一部传授知识、启迪智慧、激励创新的经典之作，是美国麻省理工学院公开课程的指定用书。

本书将精密机械作为一个各个部件之间相互协作的集成系统，重点放在精密机械零件的机械结构设计及其与传感器和控制系统的集成，以达到系统性能最佳；在设计中，强调设计将如何影响整个系统的精确度、重复性和分辨率；提供了许多具有创造性的设计案例。

全书共包括10章：第1章精密机械设计概论，第2章精确度、重复性与分辨率的原理，第3章模拟传感器，第4章光学传感器，第5章传感器的安装与校准，第6章车削中心几何误差与热误差，第7章系统设计注意事项，第8章接触式轴承，第9章非接触式轴承，第10章驱动与传动。

本书适合作为机械工程、仪器科学与技术领域研究人员和工程技术人员随查随用的参考书，也适合作为该专业领域的研究生或高年级本科生的教材。

PRECISION MACHINE DESIGN/ Alexander H. Slocum / ISNB：978-0-87263-492-3

图书在版编目（CIP）数据

精密机械设计/（美）亚历山大·H. 斯洛克姆（Alexander H. Slocum）著；王建华等译. —北京：机械工业出版社，2017.4（2025.4重印）
书名原文：Precision Machine Design
ISBN 978-7-111-56581-9

Ⅰ.①精…　Ⅱ.①亚…　②王…　Ⅲ.①机械设计-高等学校-教材
Ⅳ.①TH122

中国版本图书馆 CIP 数据核字（2017）第075335号

机械工业出版社（北京市百万庄大街22号　邮政编码100037）
策划编辑：李万宇　责任编辑：李万宇　安桂芳　程足芬　李　超
责任校对：刘志文　刘雅娜　封面设计：鞠　杨
责任印制：邓　博
北京盛通数码印刷有限公司印刷
2025年4月第1版第7次印刷
184mm×260mm · 40.75印张 · 2插页 · 1134千字
标准书号：ISBN 978-7-111-56581-9
定价：168.00元

凡购本书，如有缺页、倒页、脱页，由本社发行部调换

电话服务　　　　　　　　　　网络服务
服务咨询热线：010-88361066　机 工 官 网：www.cmpbook.com
读者购书热线：010-68326294　机 工 官 博：weibo.com/cmp1952
　　　　　　　010-88379203　金 书 网：www.golden-book.com
封面无防伪标均为盗版　　　　教育服务网：www.cmpedu.com

译者序

本书是亚历山大·亨利·斯洛克姆花费四年时间完成的一部力作。期间得到麻省理工学院、美国国家科学基金会、橡树岭大学联盟、英国皇家学会和美国国防部等机构的十多项基金和研究计划的资助。本书既有先进的基础理论体系，又特别重视工程实际，是精密机械领域一部传授知识、启迪智慧、激励创新的经典之作。自从1992年出版以来，多次重印，在美国、英国和我国台湾地区一直作为研究生或高年级本科生的教材。

目前国内外有许多优秀的机械零件设计教材，本书假设读者已经熟悉相关概念，在此基础上，将精密机械作为一个各个部件之间相互协作的集成系统，重点放在精密机械零件的机械结构设计及其与传感器和控制系统的集成，以达到系统性能最佳。在设计中，强调设计将如何影响整个系统的精确度、重复性和分辨率，并提供了许多具有创造性的设计案例。本书作为麻省理工学院“公开课程”的指定教材，在教学理念、内容组织方面，对我国相关学科专业的教学改革都具有很好的借鉴价值。翻译出版此书不仅引入了一本教材，而且引进了麻省理工学院精密机械设计课程的课程体系，故具有非常重要的价值。

全书共包括10章：第1章 精密机械设计概论，第2章 精确度、重复性与分辨率的原理，第3章 模拟传感器，第4章 光学传感器，第5章 传感器的安装与校准，第6章 车削中心几何误差与热误差，第7章 系统设计注意事项，第8章 接触式轴承，第9章 非接触式轴承，第10章 驱动与传动。

本书适合作为机械工程、仪器科学与技术学科专业的研究生或高年级本科生的教材，也适合作为该领域科学工作者和工程技术人员的参考书。

本书的翻译得到了“西安工业大学精密测量与控制技术科研创新团队建设”项目支持。全书译文由王建华教授负责组织翻译、安排与统稿，曹岩教授主审并负责全书中图表的翻译和处理。其中，第1章由王建华教授翻译，第2章由唐博博士翻译，第3、4章由张培培博士翻译，第5、6章由张国锋博士翻译，第7章和第8章1~3节由彭润玲博士后翻译，第8章4~8节由李刚博士翻译，第9、10章由赫东锋副教授翻译。

由于时间及译者水平所限，错误之处在所难免，希望读者不吝指教，译者在此表示衷心的感谢。

译　者

原版书前言

历史已经证明：精密机械是工业社会的基本要素。事实上，从集成电路制造，到光学零件加工，再到汽车生产，现代工业高度依赖于精密机械。鉴于目前已经有许多优秀的机械零件设计教材，本书假设读者已经熟知相关概念。精密机械是一个各部件相互协作的集成系统，因此，本书侧重于精密机械部件的结构设计，以及精密机械部件与传感器和控制系统的集成优化设计。在部件设计的论述中着重探讨设计是如何影响机械的整体精确度、重复性以及分辨率等内容。

任何一本教材都不可能涵盖机械、传感器及控制系统等设计的全部内容。本书主要涉及精密机械部件及设备的集成设计。对传感器和控制系统则先介绍其基本工作原理，然后通过实例给出市面上常见传感器的特性，而控制系统的设计主要讨论控制单元的选取及其对机械可控性的影响。

设计是分析与创新的结合，本书旨在为读者提供清晰的理论背景和试验方法。在以往的设计类课程的教学中，我常常因不得不为学生们的课程设计准备足够的参考资料目录而感到苦恼；反过来，站在学生的角度，设计时又常常因为没有所需的资料目录而耽误设计方案的顺利完成。因此，在本书的设计实例中，给出了许多作者认为相当有用的市面上常见零部件的性能参数。以后，如有新的应用实例，我也很乐意采纳。

本书第 1 章从精密机械设计的基本原理入手，以精密机床和坐标测量机为设计案例进行深入探讨。第 2 章详细讨论了机械误差的物理原理，以及如何将这些知识运用于机械误差分配中。第 3 章和第 4 章分别介绍了在精密机床上应用的各种类型的模拟传感器和光学传感器[1]。第 5 章讨论了传感器安装方法。第 6 章给出了机床几何误差和温度误差的详细案例研究。第 7 章讨论了系统设计的注意事项。第 8 章和第 9 章分别讨论了机床上常用的各种类型的直线和旋转轴承，重点放在轴承的基本特性及其在机械系统中的动力学行为。第 10 章介绍如何定义驱动机构的需求，并且详尽介绍了精密机械系统中常用的各种类型的直线和回转驱动器以及传动装置。

本书可作为高年级本科生及研究生的设计类课程教材，并且可供工程技术人员参考。作为教材，本书假定学生已具备了学习能力，能够就书中提及的一些不熟悉的概念进行深入研究。在许多方面，这样的设计书是首次出版，因此对工程技术人员来说也极具参考价值。在很多情况下，书中给出了公式的详细推导过程，以助于读者更深入地理解问题的本质。这些公式的应用都以电子数据表的形式进行了说明。

为什么学生们要学习成为设计工程师呢？看看你周围的那些缺乏营养、缺少关爱的孩子，能够帮助他们的资源，只有通过提升自然资源的价值来获得。这也就意味着，我们需要新的

[1] 第 3 章和第 4 章按照字母顺序介绍传感器，而不是按照工作原理（如感应的）进行介绍，因为我询问的现实世界的工程师更喜欢这种方式。最终，信息内容是相同的。欢迎读者对此提出意见。

产品，进而产生许多就业机会，以帮助他们摆脱贫困。一旦有了产品需求，就需要制造出来，这样会创造出更多的就业岗位。我们需要人设计出满足人们需求的产品，我们需要人解决新产品的生产、分配、销售以及售后服务问题，这将创造出更多的就业机会。我的目标是帮助人们去发现如何才能更好地使用自己的头脑，并使他们能够用自己的头脑去帮助别人。

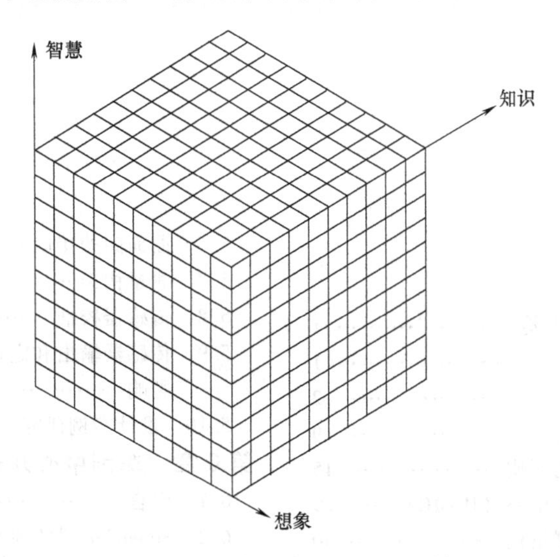

将你的大脑想象成为一个大型的能够储存信息的立方体的三维阵列，随着时间的增长，这种储存信息的立方体数量也随之增加。例如，一旦读者从书本上了解到一种新型轴承，该信息将被存放在知识立方块中，使用轴承的新方法或许会存入想象立方块中，之前的关于轴承的经验或许会存入智慧立方块中，你可以随机地或者系统地搜索这一立方体阵列，从而找到解决问题的方法。在寻找解决问题的过程中，你常常发现已有的立方体并不包含所需的内容，这样，便会促使你去创造发明。

希望这本书能够帮助读者充实自己的立方体，并学会更加有效地、更加富有想象力地、更加聪明地运用这些立方体，这是一个世界公民的责任。倘若不能充分利用你的大脑，岂不是白白浪费了你的天赋。

本书花费了四年时间写成，期间得到了许多人和公司的支持，详见致谢部分。本书经过认真校对，以尽量避免出错[2]，但同时也欢迎读者指出错误，以便日后印刷时得以修正。十分欢迎读者对教材提出修改意见，包括添加新的内容。学生用的习题集将另外结集成册，同时，欢迎读者补充新习题。

亚历山大·亨利·斯洛克姆
机械工程系
麻省理工学院
马萨诸塞大街77号
剑桥，马萨诸塞州 02139

[2] 对于因利用本书信息而造成的损失，作者、编辑、出版社、赞助商或机构不承担任何责任。一名优秀的工程师将会反复校验信息，特别是应用于那些具有危险性的设计时。

目录

第1章

精密机械设计概论

> 你为什么喜欢设计机器？因为设计机器是用你的智慧，驱使钢铁（金属或晶体）去做你想让它们做的事情。而你的成功，就是对你最好的奖励。
>
> ——阿尔伯特·迈克尔逊

1.1 引言

一个公司要在全球市场中保持竞争力，只能通过不断地开发新技术和新产品来保持领先地位，墨守成规是不可取的。因此社会需要有人设计出响应更快、更精确、更可靠的新机器。这就促使需要大量有深刻理解力，并且热爱设计科学和艺术的设计师[1]。

从广义上来说，设计科学和艺术是一种有效的“维生素”，它还需要与其他“营养”结合来保持平衡，如数学、物理、制造学、实践经验以及商业技能等。许多人通过体育锻炼保持身体健康，提高每天生活的乐趣。与锻炼身体类似，分析是一种“精神俯卧撑”，使人们的头脑变得更灵敏、更有效。确实，如果设计师不能理解新产品设计背后的基本原理，就设计不出新产品。相反地，了解产品的制造工艺就能使设计师开发出便于使用、容易制造的产品。如图 1.1.1 所示，随着多学科的融合，要求当代设计师必须具备多才多艺的素质。成功的设计师必须比他的竞争对手更具有创新能力和对周围世界细致入微的观察能力。身处当今这个

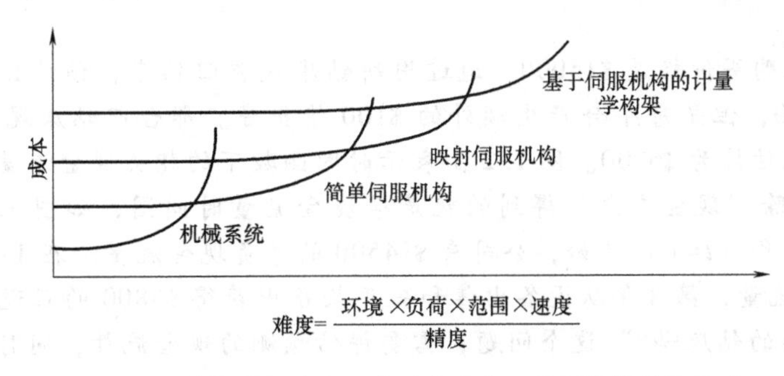

图 1.1.1 持续增长难度通常引发多个工程领域学科的集成

[1] “热情是成功的原动力。当你做一件事时，应尽你最大能力，全心全意投入，充分彰显你的个性。积极、有活力、热情、真诚，你将事业有成，失去热情，一切将变得平庸无味。”拉尔夫·沃尔多·爱默生

竞争激烈的世界，无论你想要什么，都只能用血汗、泪水和设计来获取。

未来，专家系统或许能承担一般性工程任务。然而，计算机不可能做出具有创造性的设计。如果一个计算机程序可以进行创造性设计，那么它也就可以完成它自身的程序设计。因此，社会总需要具有创造性的设计师。那些缺乏创造力和分析能力的学生将无法获得高薪酬的工作[2]，而那些聪明、有创造力、勤奋工作的设计师则前途光明。怎样教导年轻的设计师学会思考，使他们变得具有创造力呢？把理论与实践相结合应该是一种好方法，这将在以后的章节再次强调说明。本章主要讨论的问题包括：

- 经济学分析基础。
- 设计哲学。
- 工程管理技术基础 。
- 现实世界的设计过程。

1.2 经济学分析基础[3]

机器的初始规格通常由能够反映顾客需求的公司销售人员制订。然而，顾客都想要以尽可能低廉的费用获得强大的性能。罗列出顾客需求后，设计师的职责就是草拟出能够满足顾客要求的多个可选设计方案和费用估算。这一步骤通常由高级设计师和制造工程师完成，因为他们在确定设计和生产一件新产品所需要的时间和费用上较有经验。

经济学分析的潜在原理是资金的价值依赖于获得或花费资金的时间。最简单的例子是：在一个传统的银行储蓄账户以6%的利息存入 $1000，五年后大约为 $1349。如果6%的利息是所能获得的最高利息，那么今天的 $1000 与五年后的 $1349 相当。由于在将来某个时间得到或花费的资金，其价值不同于今天的价值，所以经济学分析对于购买机械设备的决策很重要，进而影响机器的设计。应该强调的是有很多方法评估投资决策，由于本节只是简要介绍，没有进行更详细的讨论。建议每一位工程师在他们的职业生涯中，都应该学习一门工程经济学课程。

1.2.1 现金流量时间图

投资评估的第一步是确定相关的现金流量，以及预计产生这一费用的时间。在时间轴上记录现金流量是一个方便的现金流量图示方法。

例 1

一台自动钻床购买价格是 $15000。通过用新钻床代替旧钻床，预计公司将在劳动力花费上每年节省 $900，但是每年会产生额外的 $100 维护费。那台旧钻床现在能卖 $500，新钻床 8 年后的残值估计为 $6000。图 1.2.1 表示时间函数下的相关现金流量。在给定年份从“现金流入”中扣除“现金流出”得到的就是净现金流量时间图，如图 1.2.2 所示。这个时间图显示从第一年（$t=0$）开始，公司有 $14500 的净负现金流量。在 1~7 年中，每年有 $800 的净正现金流量，第 8 年从设备出售和当年收益中获得 $6800 的正现金流量。为了回答“公司应该买新的钻床吗？”这个问题，需要评估预测的现金流量，同时还需要考虑复利因素。

2 “真理是我一生的信仰，我全心全意地追求。不管是过去、现在、还是将来，真理永远都是美丽的。”列夫·托尔斯泰

3 第 1.2 节由 Richard W. Slocum Ⅲ撰写。

1.2.2 复利因素

资金的时间价值可看作利息和复利。运用下面的数学因子和公式，可以计算出各种类型现金流量在不同时间的价值。其中：i 为每个周期的利率（如 $i=0.1$，利率为 10%）；n 为周期数。

一次支付终值因子：给出现时（$t=0$）现金流量在未来 n 个周期后的值

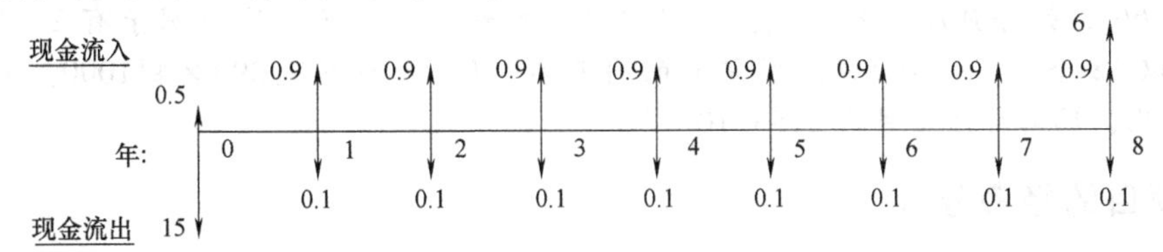

图 1.2.1 例 1 的现金流量（千美元）时间图

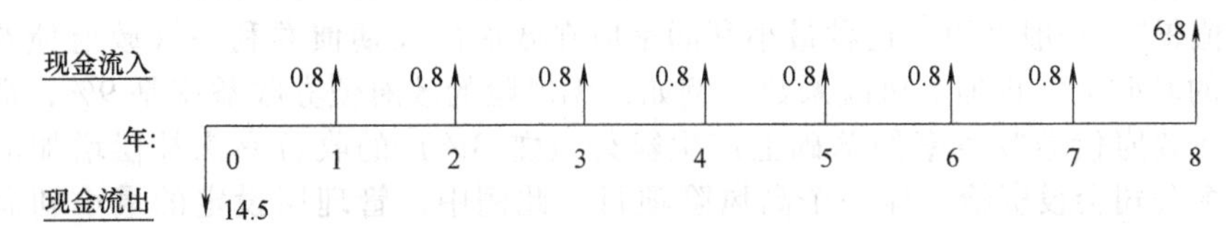

图 1.2.2 例 1 的净现金流量（千美元）时间图

$$(F/P,i,n)=(1+i)^n \tag{1.2.1}$$

一次支付现值因子：给出未来 n 个周期后的现金流量的现时（$t=0$）的值

$$(P/F,i,n)=\frac{1}{(1+i)^n} \tag{1.2.2}$$

等额分付终值因子：给出每个周期发生一次的等额现金流量的终值（未来 n 个周期后）

$$(F/A,i,n)=\frac{(1+i)^n-1}{i} \tag{1.2.3}$$

等额分付现值因子：给出每个周期发生一次的等额现金流量的现时（$t=0$）的值

$$(P/F,i,n)=\frac{(1+i)^n-1}{i(1+i)^n} \tag{1.2.4}$$

资本回收因子（CRF）：给出与现时（$t=0$）一次现金流量等同的，未来 n 个周期分次发生的等额现金流量

$$(A/P,i,n)=\frac{i(1+i)^n}{(1+i)^n-1} \tag{1.2.5}$$

本金和资本回收因子（CRF）的乘积为分期付款额。资本回收因子可以用来计算偿还汽车贷款或住房抵押贷款的每期付款额。

偿债基金因子：给出与 n 个周期后一次大额现金流量等同的，未来 n 个周期分次发生的等额现金流量

$$(A/F,i,n)=\frac{i}{(1+i)^n-1} \tag{1.2.6}$$

由于这些公式太过冗繁，过去人们按照各种利率和时间周期将他们制成了表格。现在，可编程的财务计算器和以个人电脑为基础的财务软件的应用，便这些计算变得更加简单。

例 2

弗雷德想要借 \$12000 去申请买一辆新车。如果银行提供五年贷款，年利息是 12%，弗雷

德每月将偿还多少钱？这就用到了资本回收因子。一期是1个月，5年共60期，每期利息是12%除以12个月，即1%，则月偿还额=(A/P,1%,60)×$12000。A/P因子是0.02224，因此，弗雷德每月偿还额是$266.88。

例3

玛丽现在是一名大学二年级的学生，她准备开始一项每月存款计划，这样将积攒足够的钱在毕业时能首付购买一套住房。她离毕业还有29个月，估计需要$11000的首付。如果存款利息保持在6%，她每月应存多少钱？这里用到了偿债基金因子。这个例子有29期，每期利息是6%除以12个月，即0.5%，则需要的月存款=(A/F,0.5%,29)×$11000。A/F因子是0.0321，因此，玛丽应该每月存$353.10。

1.2.3 项目的经济分析

如例1的时间图所示，一段时期内的现金流量能否达到公司的投资标准，需要通过项目的经济评估来确定。通常，一个公司的管理层要确定投资所应该获得的最小利润率，以便考虑投资是否值得[4]。一般来说，这种最小利润率应在政府的长期债券利率（政府债券实际上是无风险的）的基础上，再加上风险系数。例如，无风险的政府债券收益率是9%，那么，除非一个项目能在政府债券收益率的基础上产生额外（如3%）的收益率来补偿增加的风险，否则，没有一个公司会投资给这样一个高风险项目。此例中，管理层设定的最小利润率应该为12%。以下几个术语也表示最小利润率：

- 期望（最小）收益率。
- 最低预期资本回收率。
- 贴现率。
- 期望（最小）收益。

所有这些术语都和上面提到的利率 i 有关。

评估一组现金流量能否达到预期的最小利润率，主要有下述两种方法：

1）由现金流量计算利润率，然后与最小利润率比较。利润率的计算首先用适当的因子（P/A、A/F等）建立可用现金流，然后，列出所有现金流量（流入、流出）的求和方程，从中求解出利润率 i：$PW_i=0=$以利率 i 贴现的现金流量总和。

2）用最小利润率计算现金流量的现值，来折扣未来时间周期发生的现金流量。这种分析要计算投资的现值，用 PW_x 表示，其中 x 是最小利润率（或称贴现率）的百分数。如果 PW_x 为正，表示计划的投资利润率大于设定的最小值；如果 PW_x 为负，表示计划的投资利润率低于设定的最小值。

因为利润率 i 的计算是一个重复迭代的过程，许多情况下需要耗费大量时间。PW_x 的计算相对直接，可以快速地确定一项投资计划可行或不可行。

例4

例1中的公司管理层对所有项目设定的最小利润率为12%。那么，新钻床该买吗？首先，建立图1.2.3所示的方程式。为方便起见，用负数表示公司的现金流出量，用正数表示现金流入量。由于 PW_{12} 的结果为-$8102，是负数，达不到公司所要求的投资标准，因此，计划的新钻床不应购买。有许多投资决策类似于前面的例子，准确的投资分析关键在于正确地确定计划投资可用的现金流量。

$$PW_{12}=-\$14500+\$800\,(P/A,\ 12\%,\ 7)+\$6800\,(P/F,\ 12\%,\ 8)$$

t=0时没有乘数　　P/A给出了1~7年现金流的现值　　P/F给出了第8年现金流的现值

图1.2.3　例4的现值计算

[4] 该方法的隐含缺陷在于它没有考虑质量、员工和顾客满意度的影响。

1.2.4 机器成本的确定

现在不乏设计先进、技术完美的机器，但是，只有那些成本低、效率高的机器才能获得市场成功[5]。任何设备的成本都由以下两部分组成：固定成本和可变成本。固定成本是指因设备存在而持续存在的成本，不考虑设备是否在生产产品。固定成本包括备件库存成本、固定维修成本和空间占用成本。可变成本是与产品生产数量直接相关的成本，包括原材料、劳动力、大部分维修成本和设备消耗（如电能）。比较多个可选设备的方法是简单的数学运算，由各种成本因素的加、减、乘得到。问题难点在于确定哪种成本因素与给定工况相关，并对生产率、工资、利率、税制等给出符合实际的预测。

1. 初始的资金支出

初始的资金支出是指将机械设备投入使用的前期费用。需要考虑的前期费用很多，其中不少费用在最初的设计阶段容易被工程师们忽略。然而，这些实际费用将被潜在用户考虑。初始的资金支出包括：

- 机器自身成本。
- 运输和吊装费。需要注意的是，如果机器尺寸过大，不能用标准卡车装运，将产生较多额外运输费用。
- 备件库存费用。
- 操作和维护机器的员工培训费。
- 厂房的改造费，如进行动力源和结构改造以适应质量、尺寸、振动、噪声等要求。

了解这些因素可以帮助设计工程师减少设备的相关成本。大多数情况下这样做不会改变机器的基本设计，也不会增加成本。例如，以创新方法设计一台高速工作的大型电动印刷机，设计工程师可以：

- 把机器设计为几个可分离的主要部件，容易运输和安装。
- 选用其他同类机器使用的齿轮箱、电动机和其他通用部件。使得用户不必建立新的机器备件供应链，同时减少用户维修技工的培训费。例如，通过调研发现 75% 的印刷机使用“X”牌电动机和“D”牌控制器。那么，新设计的机器也这样选择，就会有优势。除非有充足的技术或经济原因，才会选其他品牌部件。
- 选用与其他同类机器相似的控制逻辑系统，若无充足的技术或经济原因，不要选用其他类型，这将减少机器操作者的培训费。
- 合理设计部件布局，便于维护，操作舒适、安全。

在上例中，通过实施上述建议，成本可能很小，由此可能设计出一台更经济的机器。相比较，一台需要加宽卡车来运输的印刷机，配备了具有许多难以找到的电动机和齿轮箱，而且它的操作控制系统不同于其他大多数同类机器，这样的机器成本会大大增加。

2. 固定维护费

固定维护费是指不依赖于生产量的机器维护费用。例如，如果润滑油必须“每月或 250h 工作时间”更换一次，假设机器每周工作五天，单班工作制，此项费用便是固定维护费。对于经常使用的机器，其固定维护费一般没有可变维护费高。对于主要作为备用的机器，如紧急发电机和其他备用系统，固定维护费就比可变维护费高。

3. 可变维护费

可变维护费直接取决于机器的使用量。像传送带、切削刀具和电动机电刷的更换便是典型的可变维护费用。在上段例子中，如果假设机器的使用为每天两班制（双班制），更换润滑

---

[5] “母鸡只是一个鸡蛋制作另一个鸡蛋的方式”。塞缪尔·巴特勒。

油的费用就变成了可变维护费。

4. 资产折旧费

随着机器的使用，其会磨损并丧失价值。折旧是用来表示每年磨损费用的一个会计术语。值得注意的是从现金流量观点来看，公司一般是在购买设备时花费现金。另一方面，折旧费的提取发生在称之为回收期[6]的那些年份。实际上，由于折旧费的提取不是实际的费用流出，这些年份每一年都有现金流。相反地，折旧费提取减少了公司的纳税额，减少量等于折旧费提取乘以该公司的边际税率[7]。精确计算在给定年份中，提取折旧费的方法很多。为简单起见，这里只考虑常用的直线法。直线法假设在回收期，机器每年的“磨损”（即折旧）程度等同。因此每年提取的投资折旧费等于。

$$\text{折旧费}=\frac{\text{最初的资金花费}}{\text{投资回收期}} \tag{1.2.7}$$

5. 废品率

因为废品率直接影响成本，当评估机器经济可行性时必须考虑废品率。一些潜在影响成本的因素有：

- 废品造成的材料浪费。
- 废品引起其他部件的损坏。例如，在一个安装微芯片的机械手中，夹子的位置误差就有可能损坏它所装配的电路板。如果电路板即将完工，损失就可能达数千美元。像透平转子这样的复杂部件，具有上百万美元的附加值。
- 废品造成的停工。一台独立车床，停机费用可能很少。但是，对于一条自动装配线，如果整个生产线必须停下来排除故障，停机费用将会很大。

机械设计工程师们必须清楚地意识到他们所设计的设备所应具备的操作性。

6. 连锁反应

考虑机器的维修期和操作性时必然要涉及厂内其他机器，以及这些机器之间存在的相互依赖关系。例如，如果工厂买了一台数控机床，每天能加工1000个零件，但工厂的仓库只能提供500件的库存，这样，就必须另外购买其他辅助机械和设备，所需费用就要算作新机床的使用成本。类似地，如果一台高价买回的新机器，几乎不需要维护，用它替换一台经常停机的旧机器来加工零件，但是生产线上其他机器的故障又会导致新机器被闲置。另外，如果一台新机器很便宜，但经常需要维修，这样就会由于不断造成生产停顿，而产生名誉损失，降低用户的购买意愿。

7. 其他税金考虑

几乎没有不考虑税金的投资决策。机器设计工程师在比较可选设计方案时应当考虑这些问题。一般而言，与税金相关的影响投资决策的因素有：

- 资产折旧进度表（回收期）。
- 投资税收抵扣。
- 各种税率。

美国联邦政府和国家税收权威组织经常会通过调节免税代码来推动社会变革，这种调节还在不断进行。机器设计工程师虽然不必是税收领域的专家，但是，通晓与资产投资相关的税收法规仍然是非常重要的。

1.2.5 机器操作工成本

确定“一个机器操作人员的相关费用是多少？”是一个非常复杂的问题，需要考虑工资成

[6] 1987年，美国联邦政府税法明确了不同投资类型的各种回收期。例如，大多数机械设备的回收期是5年；大多数商业建筑有32.5年的回收期。

[7] 1987年，美国联邦政府税法中规定公司利润超过$100000时的边际税率是36%。

本、技术支持人员和工作规范实施等因素。除了基本的小时工资外，一些很常见的费用有：

工资成本：通常分为两种，即税金（如社会保险金和失业保险金）和员工福利（如商业保险、带薪假、退休金和储蓄计划）。这些花费很大，而且工资成本与工人的基本小时工资相等的情况也不罕见。

工人效率：工人休息时间和其他非生产时期的费用必须在计算“每小时的成本”或“每小时的生产率”中反映出来。

技术支持人员：许多事例表明，必须获得其他人员的支持，机器操作工的工作成效才能得以发挥。例如，一台特别精密的机器，需要一个专业技师在旁边进行技术服务或机器调整。假设一名技师可为六台机器提供支持，这样该技师每小时费用的六分之一应该包括在机器的操作成本中。设计出可维护性好和可靠性高的机器能够降低此类成本，而且这样的机器有时会比其他生产方式更具有吸引力。

工作规程：多数情况下，工作规程限制了允许工人需要做的工作，特别是有工会的工厂。例如，不允许机器操作工自行调整所开机器上传动带的松紧。他必须从维修部门请技师来调整，结果导致不仅额外增加了技师的费用，而且增加了操作工等待技师前来工作的时间。为减少此类问题发生，机器设计工程师应尽可能减少机器的例行保养频次。

因此，工程师要确定劳动力成本必须考虑诸多因素。这个问题不像“操作者的小时工资是多少或他每小时能生产多少件产品”那样简单。当没有工人生产率的精确数据时，可利用各种标准的预算手册对生产率进行估算。

1.2.6　实例

设计一台机器的最终目标就是，根据现有机器或人员的相关成本设计一台可用较低成本完成相同工作的机器。下面的例子将描述各种成本因素如何影响机器的购买计划，以及忽视某些成本因素将如何导致错误的决策。

例 1[8]

Widget 金属加工公司目前有一些普通车床，他们签订了月生产 3000 个不锈钢耐酸螺旋瓶盖的合同，该合同保证客户在未来 5 年中每月订购 3000 个瓶盖。公司目前采用单班工作，每周 7 天，每年 50 周的生产模式。Nifty 机床公司，一个数控车床制造商，提供了一个设备采购计划以帮助 Widget 公司满足生产需求。Widget 公司的管理层制订了一个以 12% 贴现率为基础的投资方案。

Nifty 公司的销售工程师和 Widget 公司的工程师一起制订了表 1.2.1 所示的成本概要。暂时不考虑税金和公司的其他费用，Widget 公司是否应该购买一台新的 Nifty 车床？

表 1.2.1　Widget 的成本概要

项　　目	现有车床	Nifty X100 车床	Zipmaster 车床
操作者每小时工资	$25.00	$25.00	$25.00
每年检修费用	$1500	$7500	$12000
日常检修费用	$1000	$2000	$39000
日常检修次数	2000	5000	3750
每小时瓶盖生产能力	8	35	35
每个瓶盖的成本	$3.69	$1.19	$1.88
每年瓶盖数	36000	36000	36000
设备成本	$0	($490000)	($300000)
操作者培训费	($500)	($12900)	($10000)
备件成本	$0	($40000)	($22000)
设备残值	$5000	$210000	$190000

注：加括号的表示没有考虑税金的当前成本。

[8] 此处 Widget，Nifty 和 Zipmaster 都是虚构的公司。

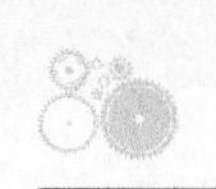

首先，要找出使用普通车床和使用 Nifty 车床生产一个瓶盖的可变成本差异。令 W_o=操作者每小时工资，O_a=每年检修费用，O_r=日常检修费用，O_f=日常检修次数，Q=产能，即每小时生产的瓶盖数，C=每个瓶盖的成本，则

$$C=\frac{W_o}{Q}+\frac{O_a}{Q\times 8\text{h/d}\times 7\text{d/w}\times 50\text{w/a}}+\frac{O_r}{O_f}$$

因此，对于旧车床

$$C_{\text{old}}=\frac{\$25}{8\text{ 瓶盖}}+\frac{\$1500}{8\text{ 瓶盖}\times 8\times 7\times 50}+\frac{\$1000}{2000}=\$3.6920/\text{瓶盖}$$

对于新车床

$$C_{\text{new}}=\frac{\$25}{35\text{ 瓶盖}}+\frac{\$7500}{35\text{ 瓶盖}\times 8\times 7\times 50}+\frac{\$1000}{5000}=\$1.1908/\text{瓶盖}$$

故而，使用新的 Nifty 车床，每个瓶盖可以节约 \$2.5012。这里，假设这两种机床的材料费和废品率相同，那么，Widget 金属加工公司每年额外的利润就是每个瓶盖 \$2.5012 乘以每年生产的 36000 个，约为 \$90043。为计算这种额外利润是否等价于最初必需的资金支出，可用贴现现金流量来分析。令 CF_x 为第 x 年的现金流量，$x=0$ 表示现时，PW_{12} 为 Widget 公司 12%贴现率的现值。那么，对于新车床，

$$CF_0=\text{新车床成本}+\text{操作者培训成本}+\text{备件成本}$$
$$=(-\$490000)+(-\$12900)+(-\$40000)=-\$54290$$
$$CF_1=CF_2=CF_3=CF_4=\$90041$$
$$CF_5=\$90041+\text{回收值}=\$90041+\$240000=\$330041$$

利用 1.2.2 节的公式有

$$PW_{12}=CF_0+CF_{1\sim4}(P/A,4,12\%)+CF_5(P/F,5,12\%)$$
$$=(-542900)+\$90041(3.037)+\$330041(0.5674)=-\$82139$$

PW_{12} 为负，表明未达到 Widget 投资标准，新车床的购买计划不能通过。

例 2

Nifty 公司的销售工程师很不高兴，他们公司机器的前期费用确实高出了 Widget 公司所能接受的数值。Widget 公司的工程师随后与 Zipmaster 机械设备公司联系，他们了解到，除了表 1.2.1 中所列指标外，Zipmaster 公司机器的性能与 Nifty 公司相同。那么，Widget 公司会购买 Zipmaster 车床吗？用例 1 中相同的方法分析购买 Zipmaster 车床计划，Widget 工程师发现 PW_{12} 值是 \$11377，为正数，表明达到了 Widget 公司的投资标准，车床可以购买。

从例 1 和例 2 中了解到机械设计工程师经常要面临经济上的权衡。有意思的是，许多情况下，为使制造的机器更可靠、更耐用（体现在高的残值和低的维护费），会导致初始成本过高，以致无法销售。其实，资金的时间价值表明未来产生的维修费和收入，其现时值小于它们在未来实际收入和支出发生时的绝对数额。未来成本的计划期越长，对投资决策的影响就越小。但是，对于由多个机器组成的生产系统应该特别注意，如果一台机器停机，将会影响整个生产线的运行。在这些情况中，保证设备可靠性的成本花费是值得的。

机械设计工程师设计的机器要替代已有的机器或与它竞争，就必须认真调研、分析已有机器的设计资料。在 Nifty 车床的例子中，新机器生产力的提高尚不足以抵消它较高的初始成本。一个解决方案就是改变最初的设计来降低初始成本，甚至不惜以较高的维护费用为代价，可以推测 Zipmaster 公司就是这样做的。

例 3

我们假设 Nifty 的机器在美国生产，而 Zipmaster 的机器在欧洲制造。我们进一步假设 Widget 是一个盈利的公司，缴纳 42.5%的边际税率（联邦、州和当地政府）。对于这个例子，

若税法明确国产机器的回收期和投资税收抵扣[9]分别是 4 年和 10%，而进口机器是 8 年和 0%。这将怎样影响 Widget 公司购买新车床的决策呢？对于 Nifty 机器，投资税收抵扣相当于立即享受设备购买价格 10%的“折扣”，即 $490000×10% = $49000。认定 4 年的回收期，政府实际上是允许 Widget 公司在 4 年内将 Nifty 车床全部折旧，这样，每年的应税收入减少了（$490000-$49000）/4= $110250。因为 Widget 公司缴纳 42.5%的所得税，应税收入的“减少”导致每年的税金账单减少 $110250 的 42.5%，即 $46856。由于 Widget 公司实际上没有支付每年 $110250的折旧费，实际效果是 $46856 的正现金流量。

利用税法规则，重新计算 Nifty 车床的 PW_{12}得 $109180。数据为正，表明 Nifty 车床也能满足 Widget 公司的投资标准。现在 Widget 公司的工程师面对的问题变为应该购买哪个车床。对 Zipmaster 车床也应该做类似的计算。由于税法规定对进口机械有不同的待遇，Widget 公司应税收入的减少量不大，重新计算的 PW_{12} 为 $68828。现在，经济学表明买 Nifty 车床有较高的税后现值，Widget 的决定应该是购买 Nifty 车床。因此，税金产生的影响[10]在投资决策中起重要作用。特别是在将机械与劳动力比较时，税法通常给机械设备的投资有更多的经济优惠。

1.3　项目管理：理论和实施[11]

一旦管理层和客户通过了新机器的概念设想，下一步就是制订一个详细的计划，来完成机器的设计[12]。在此，需要将项目管理工具与启发式设计方法相结合，以确保最终的设计能够满足客户的要求。

任何活动，不管其大小和复杂程度，实际上都离不开项目管理的应用。许多情况下，项目并不复杂，对它们的“管理”也应该胸有成竹。正式的项目管理涉及一系列技术，来计划和控制那些一个人无法处理的复杂项目[13]。一般来说，这些技术界定了组成项目的各项活动和这些活动之间的相互关系，给出了项目进行期间所发生活动的“路线图”，以及这些活动预期中发生的时间和顺序。目前项目管理已经有一些得到认可的方法，比较知名的方法有 CPM（Critical Path Method，关键路径法）和 PERT（Program Evaluation and Review Technique，计划评审技术）。所有方法其基本概念都比较简单，但在过去，大量复杂的计算阻碍这些方法的推广应用。这种情况现在已经改变，现在有许多可以在个人计算机上使用的项目管理软件包。本节将给读者介绍一些能够有效进行项目管理的概念和技术，有了这些概念和技术再配备各种现成、易用的项目管理软件包，使得设计工程师或管理者能够计划和控制任何规模的项目。

1.3.1　一般概念

在制订项目路线图中，首先要知道项目从哪里开始？打算完成什么？以及需要哪些步骤达到最终目标？另外，还需要知道每步的属性，如成本，所需时间和员工需求量等。这些因素确定后，项目经理开始绘制框图，检测各属性之间的相互关系，尝试去分析可能减慢项目进度的情况。通过将项目的实施进度和最初计划相比较，项目经理能很快找出，项目中的哪部分拖延了进度，哪部分超出了预算。

---

[9] 投资税收抵扣为投资成本的百分比，是由政府提供给买方公司的税收减免。在除以资产折旧年数之前，税收抵扣额应从初始资本投资额中减去。

[10] 为了简单起见，这里忽略了一些税收，如折旧、回收、备件和培训的资本化等因素。制订价格策略时，市场营销学会考虑所有这些因素。

[11] 本节也由 Richard W. Slocum Ⅲ撰写。

[12] 首先确认你是对的，然后再付诸行动。David Crockett

[13] 绝不要告诉别人怎样做事，只告诉他们要做什么，他们的聪明才智将会使你感到惊讶。GeneralG. S. Patton

项目中的各种“关键点”被称为“事件”，例如：

• 项目开始。
• 物料到位。
• 工程竣工。
• 项目竣工。

事件是里程碑，它不涉及时间、工作量或费用。

“活动”的定义则是在一个项目进程内所必须完成的各种任务，例如：

• 确定项目工作计划。
• 检查初步设计。
• 检验最终设计。
• 获得物料。
• 构建模型。

一般来讲，活动涉及人员、团队或设备（资源）的工作量以及活动期间所花费的时间和费用等属性。实际上，把项目分解为许多独立的“活动”，这样，比只有几个大型“活动”更容易规划和控制。

各个“活动”之间的关系称为“关联”，例如：

• 一个“活动”开始前哪些“活动”必须结束。
• 哪些“活动”可以同时进行。

有些情况下，关联来自于过程本身；有些情况下，关联则来自于可用资源的限制。下面分析砌墙的例子，即在现有地基上砌砖墙所涉及的一系列活动：

活动 A：在工作现场准备砖

活动 B：准备水泥搅拌机

活动 C：混合水泥

活动 D：砌墙

人们知道只有砖到达工作现场，水泥搅拌机准备好，水泥混合好以后，才能开始砌墙。即活动 D 只有在活动 A、B 和 C 完成后，才能开始。因此，活动 D 是过程引起的关联。活动 A 和 B 在过程上是相互独立的，当一个人把砖运到工作现场的时候，另一个人可以准备搅拌机。然而，如果只有一个操作人员，那么很显然，他就不能在搬砖的同时去准备搅拌机。这种情况下，活动 A 和 B 就受限于资源引起的关联。项目管理者有责任去发掘可利用的资源以及所有资源引起的关联。同样地，项目管理者也必须熟悉完成项目所需的过程，这样才能在规划活动时，正确反映过程引起的关联。

1.3.2 CPM 图：基本概念

明确各种事件，并且把项目分解成尽可能多的独立活动，之后项目经理可以开始将它们“整合”成项目。为此，一个非常有用的方法是绘制事件、活动图。这种图（称为活动网络）是创建 CPM[14] 图的第一步。依照惯例，事件用圆角方框表示，活动用直角方框表示，如图 1.3.1 所示。

图 1.3.1 CPM 图中的符号

砌砖墙项目的 CPM 图如图 1.3.2 所示。此图是根据预期的工作流程进行简略地布置的，

[14] PERT 和 CPM 都是控制项目的有效工具，使用哪种很大程度上取决于个人喜好，本书中采用 CPM 法。CPM 图可以用“*i-j* 节点图”或者“前导网络图”表示，这里使用后一种，因为它更直观。所有方法的基本概念都是一样的。

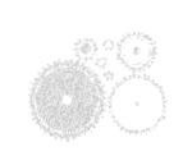

图左边表示项目的开始。方框的实际布置位置并不重要，如果需要表示得更清楚，以后还可以调整。每个活动在这个阶段还是相当概略的，如果需要还可以进一步分解。下一步，每个活动都有排定的工期和资源。本例中，假设有两个人（Jane 和 Mike）可以调用。这些资源的指派是项目经理的工作，活动框的上方和下方标识有相应的人名和预计的工时。然后用线条将活动框连接起来，表示它们的执行次序。注意，Jane 和 Mike 分别进行拉砖和准备搅拌机的活动，两者可以同时进行。但是只有砖到位，搅拌机准备好，混凝土搅拌好后，才能开始砌墙。

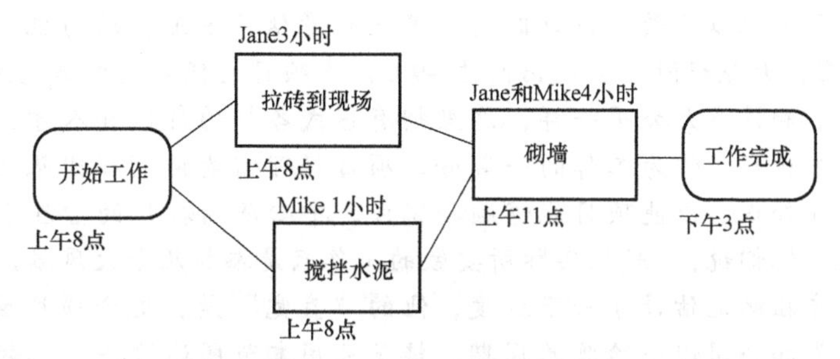

图 1.3.2　砌砖墙项目的 CPM 图

关键路线是指决定项目整个工期的事件序列。本例中，很清楚，关键路线是拉砖到现场（3h），砌墙（4h），决定了项目花费的时间（总共 7h）。只要“准备搅拌机”的工时小于 3h，准备搅拌机就不在关键路线上。在 CPM 图中关键路线使用较粗的线条表示。

CPM 图中每个要素还有另外两种时间表示方法。最早开始时间（方框的左上角）是一个事件或活动发生的最早时间。项目预计早上 8 点钟开始，加上关键路线上活动的总工时，因此这个项目应该在下午 3 点钟完成。最迟开始时间（方框的左下角）是不会拖延整个项目最终完成时间的活动最迟开始时间。换句话说，如果活动不在最迟开始时间启动的话，关键路线将发生改变，项目会花费更长时间。很显然，关键路线上活动的最早开始时间和最迟开始时间相同，因为关键路线上任何耽搁将会延长整个项目的时间。强调最早开始时间表明最早开始时间是固定的。本例中，项目将在早上 8 点开始是“给定的”。

浮动时间是指在项目周期中不会影响项目最终完成时间的额外可用时间。活动的浮动时间是最迟开始时间和最早开始时间之差。在这个例子中，准备搅拌机的活动有 2h 的浮动时间，因为准备搅拌机的活动增加 2h，也不会影响整个项目的完成时间。关键路线上的活动是没有浮动时间的，因为根据关键路线的定义，这些活动所需时间如有任何延长，都将推迟整个项目的完成时间。

CMP 图中清楚地标明了各项工作的完成时间，项目经理会发现他的最初工作计划将导致 Mike 有 2h 无所事事，而 Jane 在拉砖。为了降低成本，精明的项目经理可能指派 Mike 帮 Jane 拉砖，或者找别的工作让 Mike 做。在复杂的项目中，应该多问几个“如果……将会怎样?”。例如，如果水泥罐车到达时，而 Mike 和 Jane 都在拉砖怎么办?

这个例子显然非常简单，很容易算出最早开始时间、最迟开始时间和浮动时间。然而，想象一下，一个开发新机器的项目，可能涉及数十个人员和上百项活动。事实上，像这样的项目，如果没有计算机，关键路线的计算和各种各样“如果……将会怎样?”的选项检测是不可能完成的。正如前面提到的，有许多优秀的项目管理软件包可以在个人计算机上使用。这些软件包也能计算项目成本，根据时间和活动跟踪成本（生成现金流量预算），平衡资源（如辅助配置工作负荷和可用资源），以及调整工作日、假期和周末等日程安排表。主持复杂项目的设计工程师应该尽可能地熟悉和学会使用项目管理软件包。

在许多情况下，关键路线法为项目经理在评估工期预算、成本等方面提供了一种有效的工具，而这些对于不熟悉项目运作过程的人来说是陌生的。由于大多数项目经理的工作是与各种团队合作，这种高质量的支持信息是非常有价值的。

例 1

Prudhoe Bay 油田坐落于阿拉斯加北坡地。它是美国最大的油田，每天生产大约 150 万桶石油。大量的天然气也随着石油从地下产出，由于没有管道将其输送到市场，这些天然气又被重新注入地下。这项工作由位于中心压缩机厂的 13 台通用电气公司 Frame V 型透平机完成。这些透平机，组成了迄今为止世界上运行容量最大的机组，工作时产生巨大的热量。由于压缩机运行参数的各种变化以及最初设计时对所产生热量估计不足，压力机房变得相当热，即使室外温度是-17℃，天花板附近温度仍高达 49℃。本项目的任务是增加通风设备，将室内温度降低到合理水平。和许多大公司一样，这里拥有各式各样的部门和人才，都是各自领域的权威，包括中心压缩机厂。作为工作的一部分，项目经理需要协调各团队之间的关系，吸收学习他们各自的专业知识，以使项目能够顺利完成。中心压缩机厂的管理者认为这项工作能够在 4 个月内完成。他们说，"我们实际所要做的工作只是添加几个大风扇，这有何难?"

该项目经理首先粗略地估计了一下进度，他的"直觉"是，这个项目至少需要一年的时间，包括正常的工期和公司组织验收的周期。接下来用本节所述方法，他粗略绘制了完成这个项目所需活动的框图，根据他的经验，按照公司"工作的常规方式"确定了工期。通过一番努力（这里就不列举了）得到的 CPM 图，证实了最初一年工期的"推测"。考虑到有关方面可能不同意花这么长时间给机房安装通风装置，项目经理提出了另一种 CPM 方案，称为最佳案例（best-case）方法。一般来说，最佳案例方法假设：①有关人员能够全身心地投入到项目活动中，做事要能打破常规，提高效率；②公司应赋予一定的职权，对于有些工作，允许采用快速跟进的边设计边施工的方法[15]。

采用最佳案例方法，项目只用 8 个月就能完成。有些人喜欢做出承诺，但后来可能兑现不了。对此，项目经理应该在一开始就考虑到不能满足进度要求的情况。于是，该项目经理会见了所有相关的团队和个人。他的要求是每个人必须保证，按照在最佳案例 CPM 图上规定的时间执行他们的活动，以便在加速的时间框架内完成项目。审核完最佳案例进度表后，如果有人感到给他的工作时间不够，应该提出来。如果对分配的时间没有异议的话，负责特定活动的个人应根据 CPM 图的要求开始工作。个别人要求延长某些活动的时间，是可以协调的。这样，CPM 图变成了整个项目的路线图。随着项目的进行，偶尔需要提醒一些人，他们的进度落后了，如果他们不能兑现他们的承诺，项目完成日期将延迟。准确的延迟时间可以通过输入最新的活动进程，在 CPM 图上清楚地显示出来，并且确定出新的完工日期。

在项目的各个阶段中，项目经理也可以输入当前日期作为一个给定的事件，然后 CPM 图得出一个修正后的完工日期。例如，一些物料在运输过程中拖延了两周，当它们最终到达时，这件事实就作为一个给定日期的事件来输入，很快对后续活动的影响就可以确定了。然后项目经理会通知活动受影响的合作伙伴，他们活动的最早开始时间推迟了。因此，CPM 图可以作为一个计划和更新工具来协助管理项目。

另外，有些人手头上可能会有一些其他收尾项目，需要引起他们关注。这时他们要询问项目经理，在他们必须行动之前，还有多少富余时间。如果所问到的活动不在关键路线上，通过 CPM 图很快就能判定这个活动的浮动时间。这就使得项目经理可以给那些不会影响项目整体完成日期的活动分配一些机动时间。

这个例子形象地说明了 CPM 图的实际应用，特别是：

---

15 快速跟进法是一种在工程详细设计完成前就开始采购、施工的方法。这种方法存在着返工的风险，如果工程实施一段时间后，设计改变了，可能需要对已施工区域进行重建。因此，快速跟进法仅以一种有组织的方式用于项目的快速执行。

• CPM 图提供了一种方法，指明最初一些人对完成项目所需时间的错误看法。CPM 图可以让项目经理的注意力集中在可能出现问题的地方，使各团队成员在项目的时间安排上达成一致。

• CPM 图提供了一种约束相关部门或人员遵守承诺的手段。因为他们在项目开始时已同意提出的进度表，到了后期只能履行承诺。

• CPM 图提供了一种方法，确定哪些活动可以使用浮动时间。使得与其他项目相关的活动可以及时安排，有利于公司的整体效益。

• CPM 图提供了一种快速调整项目进度表的方法，以应对惯常出现的范围变更、问题发生、出现延误等。这就要求项目经理保持与其他人员的沟通，通报项目的总体进程及相关活动的进程安排。对于所有参与单位，CPM 图也可作为一个公共的参考工具，方便沟通，减少误解。

千万不要忘记，像任何计划一样，CPM 图也是一个动态系统，需要不断地更新、修正。将项目结束时完成的 CPM 图与先前的版本比较，可以确认“哪些做对了？哪些做错了?”“为什么成本上升或下降?”及其他值得总结的问题。这些经验将有助于提升整个项目管理过程，以及改善在建项目的执行力度。那些想要投身于某一个实际工程领域的人，到一定时刻，将要肩负起项目在预算内准时完成的责任。项目管理是集艺术与科学为一体的。这里提到的这些基本技能，都能用来有效地控制和管理项目，而不是被项目所管理。

1.3.3　评估：方法和资源[16]

任何一个项目进度和预算的正确性很大程度上依赖于做出评估的精确度。确定一个应用于评估中的合适变量通常无法精确，它很大程度上依赖于执行评估的实际经验。实际上所有评估手册提供的信息都和给定劳动条件、给定地点、执行给定活动下的工时和成本有关。例如，一个著名建筑企业的评估手册把建筑项目分成许多部分，如架设框架、悬挂石膏灰胶纸夹板、敲打石膏灰胶纸夹板使之具有墙的特性等。每项活动所需操作员人数是假设的。手册编辑者在全国性调查的基础上罗列每组成员的工资及材料费用。它还给出具体的成千上万种建筑活动的设备估计时间和成本。使用手册时，评估工程师必须熟悉他们所提出估算的假设基础。例如，手册的数据是以一个北方城市工会组织为基础，而评估的项目打算使用南方城市的非工会劳动力建造，那么项目的每个评估成分必须用适当的系数加以调整，从而产生一个正确的估算。许多评估手册会在序言部分描述它们的假设并给出一些应用其数据的实际例子。当然，一个有经验的设计师不会简单地采纳或使用那些资料中没有来源依据的数据。

随着项目进度的进行，成本和进度的评估是先将项目分解为尽可能多的活动，然后计算每个活动的成本和持续时间，以及由此产生的额外数据，来评估项目的整体费用和进度。或者，在 CPM 图中加入单个成本和时间。

例 1

重新考虑先前砌砖墙的例子。假设在一个现有混凝土的地基上砌长 30.5m，高 1.2m，宽 0.2m 的直墙。这个项目将在亚拉巴马州伯明翰建造，它的直接成本（例如，劳动力、材料成本，包括免税额的利润和管理费用）将是多少？通过查评估手册，发现评估砖石建筑的基础可以是墙的表面积或者使用的砖块数。因为知道墙的尺寸，所以以前者作为基准比较简单。墙的表面积是 36.6m^2。虽然墙有两砖宽，但是手册表明砌里面的砖比砌表面的砖要快一些。因此“里面”和“表面”部分应该分开估算，最后合并。如表 1.3.1 所示，直接成本总额大约是 \$2941。承办商将不得不投入这个数额的利润和管理费用。打算购买这面墙的买家也必须

---

[16] 本节不打算强调任何一种评估方法，只是说明一些项目评估时必须考虑的概念和要素。

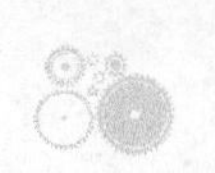

考虑到这些主观因素。承包者很有可能有从其他基于管理费用和利润空间上的项目中得到的精确数据。而准买家则需要统计其他出版手册中的平均数值来进行评价。

表 1.3.1 砖墙建造成本估计

	日产量 /ft(1ft=0.3048m)	时间 /天	材料 /ft^{-2}	材料 总计	劳动力 /ft^{-2}	劳动力 总计
里墙	240	1.67	\$1.54	\$616	\$2.97	\$1188
面墙	215	1.86	\$1.54	\$616	\$3.32	\$1328
小计		3.07		\$1232		\$2516
伯明翰的成本				×0.841		×0.757
总计				\$1036		\$1905

评估技术不仅可以使项目经理调度项目和规划预算，还在设备和过程经济评估中广泛应用。故而，一个工程师开发一个机器设备，例如，自动焊接修整管口的设备，他应该通过使用评估技术以便确定拟开发设备的经济价值。

例 2

设想开发一种设备，它能在现场自动焊接修整管口。一般采用对接焊缝焊接的方法，这就需要连接钢管。为便于操作，每段管子的端口应为斜面。通常运到工作现场的新管子都是7~14m长的棒状结构。要使每个接口都为斜面，应当在管子切断后对它们的接口进行修整。这个工作需要焊工用喷枪以一个角度进行切面，然后用磨床使其平整。工程师面对的问题是开发一种可以比焊工操作更快、更便宜的机器。为计算人工执行操作的成本，工程师可以参考管道系统评估手册。

例如，一个焊工在现场准备一个直径为 0.25m 的对缝焊接用管需要多少时间？查询评估手册关于“用火焰斜面管焊接”这部分的内容，发现切斜面需要 0.51h。经验表明磨面需要 5min 或 0.08h。如果一个焊工包含薪水总额和补助的平均费用是每小时 \$28.50，则

$$每个接口修整成本 = \$28.50/h \times (0.51+0.08)h = \$16.82$$

开发的设备需要比焊工更少的成本来执行任务，以便成为一项经济角度可行的选择。依旧要考虑需要焊工安装设备和操作设备，成本的节省应该来自修整每个接口所需时间的降低以及其他可能影响劳动力成本的因素：

成员人数：在多数情况下一个焊工需要一个助手。因为这个评估手册中没有考虑，所以每个接口的成本金额应该修改，加上助手的平均工资率乘以 0.59h。

工作条件：评估手册简要阐述了现有的数字是假设天气“不好不坏”。如果设计的机器设备用于天气 100%糟糕的地区，工时也应相应调整。例如，有关在明尼苏达州冬天实地工作的评估需要在基本工时上乘以 2.5。

设备通常在一定程度下不会受天气的影响，但人工却相反。一台在管口修整上降低至 0.25h 的设备在加利福尼亚可能使承包商节约使用一个焊工的费用，如下所示：

$$节约金额 = (0.59h - 0.25h) \times \$28.50/h = \$9.69$$

同样的设备可以在明尼苏达州的冬天使承包商节省使用一个焊工加一个助手的费用，如下所示：

$$节约金额 = (0.59h - 0.25h) \times 2.5 \times \$28.50/h + (0.59h - 0.25h) \times 2.5 \times \$21.55/h = \$42.55$$

因此一台昂贵的设备在加利福尼亚南部可能不会对公司产生经济价值，但是在明尼苏达州却是一项较好的选择。

1. 准确性和项目范围

许多评估手册为一些重要数据（如 0.51h 每斜面）提供注释。通过定义，可以看到评估只能是大概的范围。一般来说，一个人应该用评估手册上的信息作为指导方针，它要尽可能

适应项目范围。例如，可合理地认为：从上述砌墙例子中给定的任何要素都可以估计出最接近的成本，但是在整体基础上，预测项目成本无法达到理想中的精确程度。评估者必须判断，对于砌砖墙的例子，估计的成本是 $2950（或者更高， $3000），而不是每个项目组成的总成本 $2941。一个新手制订的评估，最明显的迹象是评估值非常准确；给一个工厂增加一条装配线的成本一般不能估算为 $3234766.67。但是，如同所有类型的数值分析，数字只能在最后一步的计算中进行四舍五入。

2. 评估的种类

评估通常在一个项目的每个阶段进行，而且它们的准确性受评估者在特定时间上知道信息量的影响。这就要求管理者在项目进行中下决定，不必等到花费大量精力确定产生精确估算的所有因素后才决定。一个项目最初制订的评估通常称为概念的或非常粗略的（Very Rough Order of Magnitude，VROM）估计。它用来决定给定项目是否可行。假设更深一步的研究和工程因素可以提供更多数据，那么可以进行初步或粗略的（Rough Order of Magnitude，ROM）评估。同样地，它能使管理者决定项目（或设备）在经济上是否可行。进一步假设更多信息来保证更大的准确性，就产生了控制评估。最后，当所有的因素都确定了，确切的评估也就准备好了。表 1.3.2 给出一些关于这些评估准确水平的指导。

表 1.3.2　各种评估类型的精确度

概念上的评估（很粗略）	±70%
初步的评估（粗略）	±30%
控制评估	±15%
定型评估	±5%

所有团队都应该明白任意给定时间内属于哪种类型的评估是很重要的。另外，决策者应该把评估的精确度和各种因素结合起来，如项目大小和那些能导致评估处于范围极限的主要问题的风险。例如，一个小型机器设计公司如果确定公司能够轻易减轻由于概念评估而损失 $25000 的 60%，他们便能很容易开始一个车床新驱动带系统的开发。但是，如果同一个公司面对 300 万美元的项目，情况（如是否进入下一阶段的管理决策）也许不同，60% 的错误可能导致公司破产。

在实际项目中，评估是一个关键要素。因为总会遇到“它将花费多长时间？”和“它将花费多少资金？”之类的问题。准备一个评估一般没有技术上的困难，但是却涉及大量的判断和技能。工程师和科学家有时对涉及的不确定性感到不安，特别是在概念和初步评估中，他们必须接受评估时通过手头最有效的信息所得出的答案。评估的用户应该时常注意“评估背后隐藏了什么”，并且不要承担不必要的风险。

1.4　设计工程师应具备的素质[17]

许多人对设计抱有想当然的看法。例如，想象设计一辆汽车，要怎样着手。设计和制造一辆汽车所需的决策路径分支和工程技术数量多得似乎能让你喘不过气来。当你决定投身设计事业，真正接触到像汽车、CNC 设备、宇宙飞船和高楼一样复杂的事物时，立刻就会感到学识上的不足。当试图理解人类智慧如何设计和制造这些复杂的事物时，人们一定会由衷赞赏人类智慧将项目分解为可行的任务的能力，即便是最复杂的项目。然后你也会认识到自己也应该具备相同的能力。一旦认识到这一点，就可以简单的把减少设计难题概括为许多概念性的设计。每个任务可以分解成越来越小的任务。然后，经济可行性可以根据持续不断地输

[17] “我认为，我们的天父创造了人类是因为他对猴子感到失望了。”马克·吐温。

入有关设计信息来确定，从而形成经济和项目管理数据库。设计过程是一个动态设计方案生成和丢弃的过程，直到一个有效的设计最终产生。最后，设计必须符合功能、安全、可靠性、成本、可制造性和市场等方面的要求。

为了成为一个设计工程师，你必须考虑下面的几个方面：

- 什么塑造了一位优秀的设计工程师？
- 你怎样使设计自我完善？
- 你怎样令自己见多识广？
- 你怎样从多种方案中进行选择？
- 你怎样形成一种设计方法？
- 你怎样使设计更加安全？
- 你怎样开展概念性设计？

这些问题在本节的以下部分说明，并以一个典型的机床设计方案为例。

1.4.1 什么塑造了一位优秀的设计工程师？[18]

设计是一种天资卓越人才不断实践的艺术形式，或者说它是一门可以学习但又有诸多限制的学科。实际上人类改变周围环境的每件事基本上都与设计相关，因此每个人都具备达到某种程度的设计能力。虽然世界历史上只有很少的莫扎特，但有很多创造自己音乐风格并深受大家喜爱的音乐家。每个人应该确定自己觉得可以做的领域，并且努力做好。事实上蜂巢里只有一只蜂王，但是没有工蜂，蜂王就不能生存。换句话说就是不要自负，要一直努力提高自己的能力。

因为每个人的想法不同，因此教导人们如何成为有创造力的设计工程师是很困难的。常常会有一个问题但没有清晰的解决方案。历史知识往往是一个强大的工具，以帮助演示创意理念是如何形成的。不幸的是，机床发展历史的讨论超出了本书的范围[19]。我们可以制订系统的分析综合方法来扩展思路，然而这些方法常常被指责扼杀了创造力。一位优秀的设计工程师通常使用分析综合的系统方法来帮助自己评价在解决问题的最初阶段所产生的盲目和疯狂的想法。

怎样激发和提高创造力呢？如果这个问题可以用一个方程式来回答，或许就能编写一个能够设计任何事物的计算机程序了。优秀的设计工程师通常根据形象的描述而不是方程式上IF THEN ELSE 的逻辑来思考问题。通常，白日梦看起来是所有人创造力欲望的内心表露。因此，设计工程师的任务是在记忆中存储足够多的事实，使白日梦能够产生可行的解决现实问题的方法。设计师还需要构建一系列想象中的模块并且可以把所构建的模块制造和组合起来。头脑中的数据库必须时刻开放，以便不妨碍发展新的模块，同时保持紧跟各类新技术的步伐。

设计工程师还必须善于提出问题。一旦确定一个问题，通常将产生一系列无止境的创造性想法和分析。高收费的顾问不一定能解决详细的问题，他们指出问题的所在使得其他人来解决。确定一个问题，需要悉心探查。除了解决及确定问题，设计工程师还必须学着去确认用户真正需要什么，什么是他或她不需要的。这需要与市场调研组、用户以及基于个人基础上的制造人员持续互动。

为了保持心态平和，一个优秀的设计工程师应该总是提问：“我应如何工作？”“为什么它

---

18 “狠狠地打，快快地打，经常地打”。海军上将威廉·“公牛”·哈尔西

19 参见，例如，Chris Evans，Precision Engineering：An Evolutionary View，Cranfield Cranfield，Bedford，MK430AL，England［可向 the American Society for Precision Engineering，Raleigh，NC（919）839-8444 购买］；D. Hawke，Nuts and Bolts of the Past：A History of American Technology，1776-1860，Harper & Row，New York；以及 Wayne Moore，Foundations of Mechanical Accuracy，Moore Special Tool Co.，1800 Union Ave.，Bridgeport，CT 06607，1970。

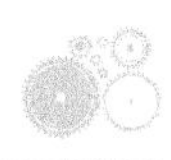

能引起我的注意?”留心日常生活中看到的每件事，这将有利于对人们的需求产生敏锐的判断并做出什么是技术上可行的正确看法，还将帮助设计工程师对颜色、形式、质地及比例建立一种感觉。通过细心、耐心、乐观的观察，设计工程师将会注意人们购买和使用什么。如果设计师对某件事的感觉错误的话，机会就是别人的了，这种错误会带来经济上的损失[20]。机会只会敲那些聆听者的门，但收音机开的太大时就很难听到敲门声[21]。

另外，虽然每个工程师都应懂得机器运作的物理特性，但是他或她必须认识到设计过程本身是一个精确的动态系统。如果每个工程师都明白设计过程的结构以及团队中其他成员必须做什么，他或她将不太可能造成不利于项目的问题。一旦产生“我为什么要为这些细节烦心，总有人会解决它”的想法，就会失去竞争力。因此，设计工程师必须热爱自己的工作和团队。

1.4.2 怎样令自己见多识广？

对设计师来说，商品目录和贸易杂志相当重要，因此应该常常使用“宾果卡”订购制造商产品文献。与工程师花费在大学教育上的数千美元相比，每年订购几百美元的商品目录和贸易杂志也算是一项合理花费。制造商产品目录对孩子们会是精彩的画册，他们还帮助爸爸或妈妈在激发新观点的同时指明方向。然而，我们必须保持清醒，不要一味建立和发展产品目录，而是根据产品目录来探讨设计本身，这就不至于在设计时偏离标准件。与此同时，我们应该仔细考虑标准件和非标件的用途。在确定用于生产的零部件前，一个优秀的设计师将会核查公司的清单，如有许多不同来源的同一零件的托马斯登记簿，并仔细评价每个供货商的特点。

除了建立一个产品目录文件之外，设计师还应该有一个参考书籍的小型图书馆。作者发现下面这些书中包含许多有用的启发式工程守则。

1. T. Busch, Fundamentals of Dimensional Metrology, Delmar Publishers.
2. Machine Tool Specs, Huebner Publishing Co.
3. J. Lienhard, A Heat Transfer Textbook, Prentice, Hall.
4. W. Moore, Foundations of Mechanical Accuracy, Moore Special Tool Co.
5. E. Oberg et al., Machinery's Handbook, Industrial Press.
6. E. P. Popov, Engineering Mechanics of Solids, Prentice Hall.
7. J. Shigley and C. Mischke, Standard Handbook of Machine Design, McGraw-Hill Book Co.
8. M. F. Spotts, Design of Machine Elements, Prentice Hall.
9. R. Steidel, Jr., An Introduction to Mechanical Vibrations, John Wiley & Sons.
10. M. Weck, Handbook of Machine Tools. John Wiley & Sons.
11. W. Woodson, Human Factors Design Handbook, McGraw-Hill Book Co..
12. The Principles and Techniques of Mechanical Guarding, Bulletin 197, U. S. Dept. of Labor Occupational Safey and Health Administration.
13. F. H. Rolt, Gauges and Fine Measurements, University Microfilms.
14. H. J. J. Braddick, The Physics of Experimental Methods, Chapman & Hall.

精密工程师社团也是存在的[22]。保留一份与正在设计的产品相关的标准文本是很明智的[23]。设计师也应该研究一下 Clarence“Kelly”Johnson 的传记，他设计了许多洛克希德公司生

[20] 参见，例如，Francois Burkhardt and Inez Franksen (eds.), Desigh: Dieter Rams, Gerhardt Verlag, Berlin, 1981.

[21] 拿掉那些让人心烦意乱的耳机，观察你周围的世界。

[22] 例如，位于 Raleigh 的美国精密工程协会，NC839—8444，日本精密工程协会。

[23] 例如，转盘或主轴的设计师应该保留一份“详细说明和测试轴旋转的方法”的复件以及“尺寸测量时要求的环境温度和湿度”的复件。可以从美国工程中心的美国机械工程协会得到标准目录。

产的商业和军用飞机。建议每个有雄心的设计师也要读一读 Raymond Loewy 写的《工业设计》。Loewy 可以说是20世纪最伟大的产品设计师。今天人们熟悉的许多公司的商标（如埃克森-美孚、壳牌、福米卡、BP<英国石油公司>和 TWA<（美）环球航空公司>等）都是他设计的。设计也要强调审美，因为审美是许多设计的必需部分（但不是重要的部分）。

最后，无论如何人际网络都是很重要的，你应该建立朋友网络，与那些能帮助你了解情况的人们交往，反之亦然。

1.4.3 形成个人设计方法

Henry Maudslay 生于1771年，是机械工具的创始人之一，对复合滑块的发展有巨大贡献，他的设计原理应用于当今世界上几乎每个车床。虽然他的许多发明前人理论上已经介绍，但是 Maudslay 把很多想法变成了现实。Maudslay 最根本的一个贡献是用金属而不是木头制造机器，虽然花费了额外费用，但却增加了机器的精确度和寿命。Maudslay 的一些格言仍然可以对各种类型的设计者起到最基本的指导作用：

1）对你所渴望得到，勾勒一个清晰概念，那么你就有可能实现它。

2）对你所使用的材料保持敏锐的观察，去掉不需要的材料。问问自己"它在这里有什么用?"避免复杂化而且使每件事尽可能简单。

3）记忆是获得能力的一部分。

Maudslay 的格言可以作为任何个人设计方法的基础。

多数现代系统通常很复杂，在众多不同领域都需要专业知识，因此一般几乎不可能由一个人单独设计整个系统。但学习所有领域的专业知识又不太现实，这就要求个人或小团队为这个复杂的系统制订一个设计计划。尽管人们经常说"不论你设计什么，总有人至少在理论上已经设想过它。"我们不应接受这种失败主义的心态，如果一个设计工程师想持续拥有竞争力，他应该不断更新和提升自己对所有工程和科技领域新知识的掌握。这种更新应该是每位设计工程师个人设计方法的基础。除此之外，每位设计师也要有自己的工作方式，其中许多方面都可借鉴已经确定的理论。下面来讨论这些方法。

设计可分为原创性设计、适应性设计、按比例设计。原创性设计是指创造一种新的工作方式（如用水切割，而不是锯条）。适应性设计是将现有技术改良，使其应用到目前工作中（如使用激光雕刻木头）。按比例设计指改变设计的尺寸或排列以便在现有工序上适应相应的改变（如设计一个比现有更大的设备）。每种类型的设计都具有同样的挑战性，而且都需要5个基本步骤：

1）任务定义。

2）概念设计。

3）布局设计。

4）细节设计。

5）设计后续工作。

任务定义通常从用户或销售代表的要求开始，根据这些要求需要设计部门提供一个研究有关可行性、成本及执行特定功能潜在可用性的设计。为满足这些要求，公司最好的设计师一起草拟出概念。概念设计，通常定义零部件的功能关系和物理结构。一旦选择一些特定的概念设计，就能确定零部件的初步尺寸。布局设计，在细节上进行扩展，以便产生概念设计的粗略装配草图，这样可以进行更精确的可行性和成本估计。在修改完需求规格和概念设计后，项目的可行性就能确定，从而选择出合适的设计。细节设计，是按照便于生活的一切来对设计加以完善。设计后续工作包括很多，如维护计划和相关文件的制订，这些工作经常被设计师忽略。但是，如果设计没有维护计划或者没有人弄明白怎样使用它，这个设计将不能被使用，而且为设计所付出的努力也将功亏一篑。

设计路线的每一步，设计工程师必须应用一套自己掌握的个人设计方法。无论用何种方法，都应认识到没有一个设计师是可以完全独立完成一个任务的[24]。通常的一些原则为：

1）培养创造力：设计师应该总以不拘一格的、疯狂的和“要是……”的想象来开始设计，而且必要的时候可以回到理性的传统方法上来。但设计师必须懂得什么时候结束由不拘一格的疯狂想象来产生概念设计，而开始系统考虑一个或两个概念，从而导出细节设计。

2）认同其他人的创造力：非我发明综合症是不可接受的，这样的想法也是很多公司不愿采取外人卓越的概念而衰落的原因[25]。设计中不应存有偏见。应该考虑存在什么，利用它并充分发挥其潜力，然后改进它。

3）不要依靠运气，也不要忽略一个问题并希望这个问题消失。想当然的态度使许多人失败，而且会产生巨额的诉讼费。从安装电线线路和水管的位置，到警示牌和姓名牌的放置等所有细节，都要仔细考虑。

4）要有很好的组织纪律性，这样设计才能够交给别人细化或者完成。这要求了解如何授权去优化利用组织的资源。

5）遵守简单性和事物是怎样工作以及为何这样工作的基础知识。这将加速设计收敛过程，也有助于防止忽略某些问题，如测量元件的放置远离需测工序（从而产生阿贝误差）。它也使设计成本、制造成本、功能错误和困境得到最小化。

6）不断地改进设计使其满足价值分析，努力实现一个提高质量水平或减小成本的方案。不但设计要受限于价值分析，而且制造和销售也应该作为成功设计过程整体的一部分来考虑。因此设计师必须了解生产和营销技能。

当创造了个人的设计方法后，也应考虑设计师用来解决设计问题的常用方法，如下所述：

1）不断提问。通过总是问“为什么”和“它能再简单、更好些吗?”，你将很可能得到最佳方案或一个可行的改进方案。

2）熟知的解决方法。通过熟知的解决方法来分析现有的类似问题，通常你可以找到一个存在的解决方案，而不必重新构思它。这样的方法还包括系统变量分析。

3）正向推理：从概述你所希望完成的任务开始，然后以“树”的形式延伸。

4）反向推理：从你所知道的完整的设计开始，然后进行导致最终设计规模的所有要素追溯，并相应地扩展和修改。这通常是用来提供制造或工艺方案的。

世界上设计的产品系列是变化、复杂的，几乎不可能列出一个将这些概念整合而成的全面通用的设计方案。

1.4.4　开展概念设计

一个真正优秀的设计师不会利用前人设计成品的演化来产生概念设计。优秀的设计师也应有耐心地认识到没有事物是次要的，因为机械设备的每个零部件迟早会展现在用户面前。多思考“那个怎么工作?”或“那个为什么能吸引我?”的哲学性问题，并把它应用于你在日常生活中所见的每件事情上。这些训练能帮助你更好地创造出概念性的理念，它同时有助于提高你的设计能力并为你建立一个理念模块和各类新技术组成的数据库。

除了观察你周围的世界，通过手上大量的硬纸板、橡皮泥、聚苯乙烯泡沫塑料、泡沫橡胶、曲别针和冰棒棍对概念进行试验。硬纸板模型能够奇迹般地使一个概念可视化。在计算机时代，实体建模软件程序用来代替这些粗略的工具，但是当遇到理念混乱时计算机也时常

---

[24] “只要无知存在，就会阻碍科学去发现事物背后影藏的原因。”约翰内斯·开普勒

[25] “自负可能让人走向自毁。”伊索

不可用。一旦从更详细的开发概念设计阶段开始，实体建模和其他计算机工具是非常有用的。另外，以下有一些建立更好概念设计的方法。

1. 现有系统的改良

首先应该要看现存的事物是否可以通过改良解决存在的问题。这包括卖方在他们的产品手册中提出的解决标准问题的方法或建议。

2. 过程的系统分析

如果可以用一个方程式描述过程，则机械零部件可以作为方程式的变量以达到预期效果。如人们通常所说的“食谱解决方案”。它也是最理想的解决方案之一，因为在各种可以应用的情况下，它几乎总是有用的[26]。粗略计算通常用来估计一个想法的可行性。最好的设计师经常是那些拥有很好粗略计算技能的人。

过程的系统分析可以为更详细的数字计算提供一个起点，这也是非常有价值的。新设计师普遍会犯的一个共同错误是：他们不需要分析，而让计算机代替完成。这种想法是完全不可接受的，并且没有实际的依据。计算机适于检查假设和强调问题范围，但是你必须知道最好从何处开始分析过程。初步估算得越好，你将使用计算机辅助的迭代次数就越少。

考虑机床精度的估计。假设某人告诉你他可以连续提供给你 0.2m 长的铝制零件，精确到 10μm，并且你注意到在冬天太阳从他的通风车间的一个窗子照射进来时没有热量。这样就知道你的零件将会以 20μm/℃ 的比率延长，因此在车间里超过 10℃ 的气候变化将会导致最小 40μm 的热量误差出现在零件上。你应该再三考虑是否从这个人手中购买零件。

3. 以自然万物为模型

在自然界中发现解决方案是了解你周围环境进程的一部分，而不是只了解你耳中喧闹的音乐。在日常生活中可以思考竹子、鸟翼、人骨、橡树、沼泽里的芦苇和芒刺的结构。竹子和鸟翼是最基本的蜂窝状结构，可以作为设计所有现代飞机框架结构的灵感来源。人类骨头是独特的柔性结构，它的两端可以在相对运动时缓冲减振，而且骨头沿着长度方向有很大强度和硬度。橡树虽然有极大的强度而且形状庞大，但是在强烈的暴风中会因为缺少柔性而会被连根拔起。另一方面，沼泽里的芦苇紧挨着森林边缘的橡树生长，被风吹弯也不被吹散[27]。与此类似，最安全的车是考虑所有影响而设计出的车。尼龙搭扣就是由一个户外运动者根据芒刺发明的，使细小的钩子附着在毛绒表面上。这些例子表明为什么持续观察世界要比一套便携式耳机更好。

4. 模型测试

世界上最重要的飞机设计师之一 Kelly Johnson 曾经讨论过前掠翼战斗机原型的最新发展。他说设计的问题是花 12 年时间去建立计算机模型。他花费两年的时间，将该飞机同 20 世纪 60 年代早期由 Skunkworks 设计的洛克希德公司 SR-71 黑鸟侦察机进行比较。SR-71 仍旧是世界上飞得最快、最高、最先进的飞机之一。SR-71 的设计工作和前掠翼战斗机相似，但 SR-71 的设计必须开发全新的发动机、框架、外壳和控制技术以抵御高海拔、高速度和外壳温度的影响。SR-71 在最短的时间内被设计出来，其是使用一种平衡混合的分析和模型进行测试的。设计师应该保持思维开放且尽可能用最快、最有效、最准确的方法收集数据。通常分析和实验的有效结合可以得到最好的结果。最好不要再使用黏土建模，这种方式已经过时。

5. 头脑风暴

头脑风暴通常是产生概念设计的方法。它基本上没有规则，只是以自由、开放的思维产

---

[26] 这个方法会在此书中多次用到。

[27] “橡树和芦苇”，伊索，每个人都应该看看伊索寓言。

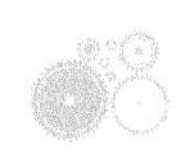

生尽可能多的想法，在听到所有想法之前是没有任何人评价它们的。头脑风暴方法的一个额外好处是有关的人可以听到其他技术领域中专业的设计理念。正如 Pahl 和 Beitz[28]提到的，头脑风暴团队应该包括如下方面：

1）团队必须有最少 5 人，最多 15 人的成员。成员太少产生的意见和想法太少，成员太多会分裂成小团体造成不合。

2）团队必须有来自多种领域的专家，以确保提出的想法是全面的，而且也要包括少数外行。一般来说，一个没有经验和技术的人会问出让专家措手不及的问题。

3）如果可能的话，老板不应包含在团队以内。这样可以避免浪费时间，因为有些人可能会试图说很多来取悦老板。另一方面，多数情况下老板是这个领域中权威的专家，因此这时更多地需要考虑成员的个性。

4）应该指派一个领导者，他的主要职责是组织和维持秩序。这个领导者必须记录笔记以避免不懂技术的秘书不小心丢失细小的技术内容。此外，领导者应该采取在必要的时候，规范讨论方向，假如他们扯得太远的话（如讨论棒球比赛）。

Pahl 和 Beitz 也提出了会议应该包含以下几个方面：

1）所有参与者必须以自由、开放的思维发表言论，不要害怕受到打扰或者害怕有人觉得自己的想法可笑，应该充分说出所有想法以确保每个人都能明白。

2）对想法的批判应该有礼貌、保持在最低的水平、而且要有建设性。这样有利于将其转变为有价值的想法。记住，看似不相关的设想可能会激发其他成员产生正确的想法。

3）所有想法和讨论的内容必须记录下来，并且允许每个成员日后查阅该会议。

4）会议时间不应超过 30~40 分钟。时间太长会使人们变得没有效率。

6. Rohrbach 的 635 方法

这种方法需要 6 个人草拟（在纸上）3 种可能解决问题的方法。每 5 个人研究另一个人的建议，他们要为每个建议提供 3 种意见。这种方法使想法更系统化，而且容易知道是谁解决了问题。同时，可以避免在开放的氛围中产生个性分歧。但是，这种方法不利于创造交叉性的想法，而这种交叉性的想法经常会出现在团队会议中。因此，在头脑风暴会议之前实施 635 方法是明智的。

1.4.5　自我原则

自我原则是利用机器试图控制的现象来协助控制此现象。它有四种基本类型：自助、自平衡、自保护和自检。

自助系统利用被控制的现象作为控制现象的方法。例如，一些飞机舱门的结构，打开时，舱门向外摆动，而关闭时，舱门就像一个自动密封的锥形塞子。现代无内胎轮胎是一个精细的结构设计，利用轮胎弹性性质来密封轮胎，以致轮胎不漏气。一旦充气，内部压力使胎唇部始终压着轮胎边缘，使轮胎一直处于密封状态。

自平衡系统利用几何形状来减少不良的影响，如高应力。涡轮机叶片倾斜抵消离心力就是一个很好的自平衡的例子。为应用这种原理，设计师必须找到叶片上的压力和应力以及计算叶片的最佳角度。涡轮旋转，通过涡轮叶片形状把空气抽出，并在叶片上产生巨大的弯曲应力。如果叶片倾斜，那么它的长度轴不沿涡轮半径方向，离心力能够产生一个弯矩来反作用气流所造成的弯矩。在这种方式下，可以尽量减少周期性的拉应力。

自保护系统利用被动元件确保系统不会超过永久变形点。在预设的弹性变形发生后，通过

---

[28] G. Pahl and W. Beitz, Konstruktions lehre, Springer-Verlag, Berlin, 1977. Trans lated and published as Engineering Design. Design Council, London, 1984, pp. 87-88.

提供一个额外的力传递路径来实现系统自我保护。但是在保护一个部件的同时，设计师应该确保影响不会波及整个系统和其他元件。通常，自保护系统能够返回到没有受负载时的正常操作范围。自保护系统最常见的例子是弹簧驱动机构。对于伸展的弹簧，可以用一条链子或绳子确保它不会过度伸长。当弹簧被压缩时，链子或绳子是松弛的。当弹簧处于压缩状态，使线圈和磁盘相互抵触，或者说机构停止运动。如果一个线状弹簧的螺旋角随着长度变化而变化，当超过正常线性弹簧的弹力范围时，顶部附近的簧圈首先接触，产生硬化效果，并逐渐增加。

自检系统利用对称概念保证几何精度，包括把装置旋转180°后与先前测量结果进行比较。例如，一台三坐标测量仪（CMM）可重复性测量，且并不够准确，但仍能用来测量直尺的直线度。应将直尺的边垂直放置，这样不会因重力产生误差。用CMM测量直尺，然后旋转180°再测一次。测量结果相减，来消除CMM的直线度误差。有关自检系统，在预定时间内，运行中的机械系统和老化的电子系统可以用来验证该系统是否满足预期寿命的要求。但是，这种过程费时且经常需要在实际负荷循环条件下测试整个样品。另一方面，像轴这样的系统部件只需检测它们整体，不用检测其设计，在测试阶段进行自检比安装到设备上自检更加有意义。

1.4.6 怎样从所有的可行性设计中选择

面对大量设计方案时，设计师怎样才能确保自己做出最好的选择呢？通常以一个最主要的因素为标准，如轴承的零摩擦需求，将其他选择淘汰。但在很多实例中，最主要因素往往不是很清晰。因此，有许多系统的方法可用于评估设计方案，而且大多数是依赖各种属性加权而得到一个可取的值（确定最终设计）。

一个最简单的方法是线性加权法，给设计中影响零部件性能的参数提供一个可取值。当只有少量设计方案可供考虑时，这种方法用起来最简单，提供给用户的偏差也可减至最小。例如，为一个线性机床轴选择线性轴承，假设有三种可选轴承，滑动轴承、滚动轴承和静压轴承。考虑的因素包括：

- 运动的准确性：直线度、光滑度（高频率的直线度误差）。
- 摩擦特性：静摩擦、动摩擦。
- 成本：购买、安装、维护。

如果这些参数经过估算后给出一个可取的值，对其求和，这时我们可以对比不同值的影响。即使是简单的例子，一个缺乏经验的设计师也很难准确指定可取的权值，因为当给一个变量指定权值时，他或她必须考虑其他所有的系统变量。当有许多变量时，通常很难估计它们的相对重要性。因此，设计师应使用一种方法把决策问题分解为独立易处理的要素。

首先确定在设计属性要素中每个层次上各个特性的相对重要性（优先权）（例如，精度对摩擦，精度对成本），而不是立即试着比较所有要素。然后评价每个线性轴承相对特性最明显的特征（例如，直线度、光滑度、静摩擦等）。这种决策分析称为层次分析法（Analytic Hierarchy Process，AHP），由 Thomas L. Saaty 提出[29]。AHP 综合了人们对于复杂系统分析所提出的两种基本方法，即演绎法[30]和系统法[31]。AHP 能够使人把系统及其环境分解成相互作用的要素，然后通过对整个系统的影响进行计算和分级，评价出这些要素的相对重要程度。这种结构化的决策方法，消除了对一个整体做出零碎解释的猜测和困惑，通过演绎使得各要素逐一得到解释。

---

[29] T. L. Saaty and J. M. Alexander, Thinking with Models, Pergamon Press, Elmsford, NY, 1981; and T. L. Saaty The Analytic Hierarchy Process, McGraw Hill, New York, 1980

[30] 演绎法：把一个复杂系统分解为不同成分而且构造成一个网络，然后解释网络中的成分（输入）。合并这些输入为整个网络提供一个解释。但是，关于合并这些输入没有逻辑规则。

[31] 系统法：以不注重系统成分功能的角度来研究系统，得到系统的分析结果。

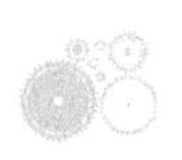

AHP 方法在处理需要指定优先权的复杂非结构性问题上，和需要为最大共同利益而妥协的问题上特别有效。但是，通常很难一致同意哪个因素比其他的更重要，特别是权值可能产生很大误差的复杂问题。日常熟知的生活工作中，对于信息和意见来源多种多样的复杂问题，直观思维过程可能会产生误导。AHP 使复杂问题以有组织的方式结构化，考虑了要素之间的相互作用和相互依赖，从而能使人们以一种简单方式来思考这些要素。进行计算机模拟，可以通过改变一个参数（保持其他参数不变）的方法，来测试最终结果对任何一个参数的灵敏度。

应用 AHP

AHP 把一个复杂非结构性的问题分解成各个组成要素，然后按递阶层次分组；对每个要素的相对重要度按主观判断指定数量值，综合这些判断以确定哪个要素有最高的优先权，应该对其采取行动以影响问题的结果。AHP 相对重要度的主观判断可以由一个设计师，最好是一组设计师来提供。

AHP 中要素重要度评定涉及三个不同的步骤。步骤 1：在层与层的基础上建立 AHP 模型和确定要素相对重要度或优先权（权重）。步骤 2：评价最低（最基本）模型中相对重要的设计选择（如零部件类型）。步骤 3：用步骤 1 和 2 的结果计算出设计方案的期望值。为解释 AHP，将步骤 1 至 3 中程序的简要纲领用一个假设模型表示。下面，列举一个详细的例子说明怎样进行计算。

步骤 1：建立 AHP 模型

对于一个轴承选择的 AHP 构建，也许最简单的方法是类比，如图 1.4.1 所示水库系统的结构。在水库系统中给定水的体积分配与我们模型中优先权（或权重）分配是类似的[32]。图 1.4.1 中的三层水库系统，主要水池位于第 1 层，辅助水池位于第 2、3 层。水池由不同尺寸的管子连在一起，当水从高层流向低层时，这些管子来决定水的分配。任何一个给定层上每个入口相对于其他入口的期望值或权值，等于该层水池之间最初体积水的分配量（以百分比表示）。任何一层水池的分配水的总百分数应该等于 100%。

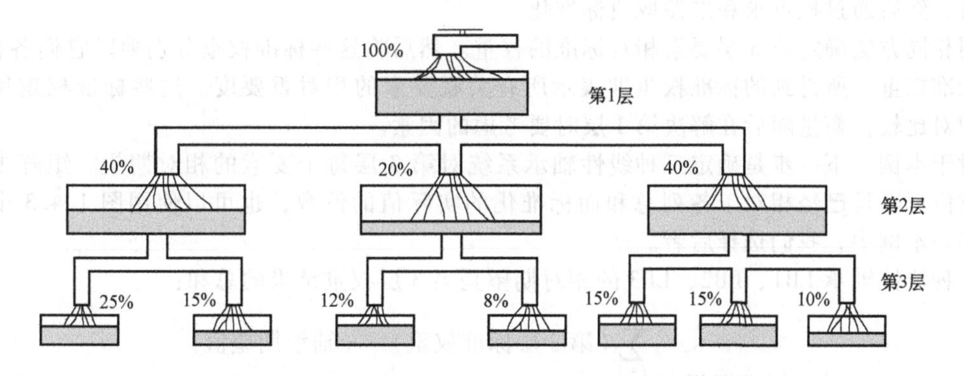

图 1.4.1　利用水库系统中的水流可视化地说明 AHP 模型

步骤 2：评价设计方案的重要度

这里需要用到步骤 1 中建立的模型。通过确定第 3 层（最低层）上每个入口的“重要度”来评价设计方案的选择。第 3 层每个入口的透视设计、组成要素或者特性的重要度可以用实际物理值或数字范围表示，例如，很重要 = 9，重要 = 6，不重要 = 3，相等 = 1。可使用任何范围的值或中间值来表示重要性（权重）。

步骤 3：结果

32　洛斯阿拉莫斯国家实验室的皮斯利博士最早提出把权重的分配和水的分配相比较的设想。

通过合并步骤 1 得到的权重和步骤 2 得到的评价计算期望值。

例

图 1.4.2 所示的模型可以用来确定有关金刚石车床设计的三种线性轴承 LB1、LB2、LB3 的相对优点。第一步是确定第 2 层要素相对于第 1 层要素的相对重要度。为完成这一步骤，如图 1.4.3 所示，给每一个合理的测定指定一个重要度等级数值（从 1~9）。（例如，关于刀尖运动的控制、精度对摩擦的重要度、可重复性对成本的重要度等。）

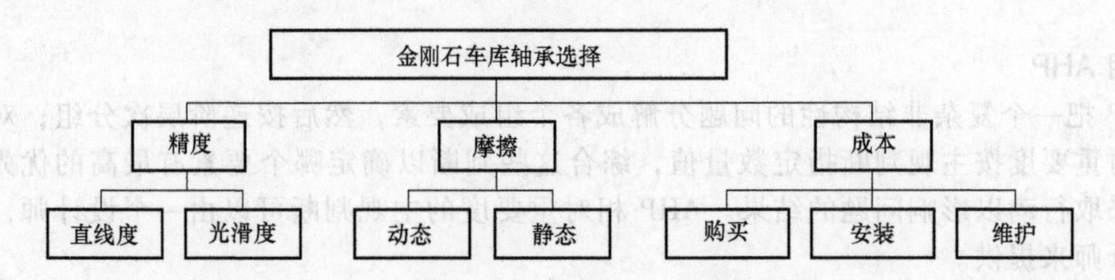

图 1.4.2　应用 AHP 来选择一个精密轴承

重要程度	定义
1	同等重要
3	比其他重要一点
5	相对于其他很重要
7	相对于其他极其重要
9	绝对重要

图 1.4.3　重要性等级定义

第 2 层要素对于第 1 层要素的相对重要度以矩阵形式排列。在第一行中，精确度比摩擦力稍微重要，记作 2。要素间的相对权重通过特征根方程 $A\omega=\lambda_{\max}\omega$ 确定。对于更大的矩阵，这个方法就变得很繁琐。当矩阵一致时，由该行的几何平均数给出确切的解决方案，以获得近似值，然后通过权重求和来使取值标准化。

用相同方法确定第 3 层要素相对标准的权重。然后将这些标准权重分别乘以它们各自第 2 层的标准权重，所得到的标准权重即表示所有关联要素的相对重要度。这些标准权重用于权重的相对比较，衡量随后在解决第 1 层时要考虑的因素。

对于本例，下一步是确定三种线性轴承系统对第 3 层每个要素的相对期望。矩阵中轴承的比较值可以是已经相对于各列总和而标准化的实际值的倒数，也可以使用图 1.4.3 中标定的范围。本例中，我们选择后者。

三种线性轴承 LB1、LB2、LB3 的相对期望是第 3 层权重结果的总和：

$$\text{标准期望}=\frac{\sum_{j=1}^{7}(\text{第 3 层标准权重})\times(\text{轴承期望值})}{\sum_{i=1}^{3}\text{轴承期望值}} \tag{1.4.1}$$

正如图 1.4.4 所示，标准期望分别是 4.9、4.7 和 7.7，因此用静压轴承是最佳的选择。

$n\times n$ 矩阵规模的增大，导致其非一致性概率也随之增大。一致性检测可以在过程中的任何一步进行。首先，一致性指标 C. I.（Consistency Index）是由每一列数值的和乘以其各自的标准优先权重确定的。然后对这些值求总和，这个总和的值代表矩阵 $\lambda_{\max}$ 的最大特征值。即一致性指标为

$$\text{C. I.}=\frac{\lambda_{\max}-n}{n-1} \tag{1.4.2}$$

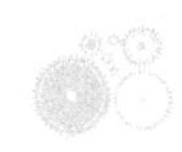

	精度	摩擦	成本	优先权	N 优先	第二级
精度	1.000	2.000	4.000	2.000	0.571	
摩擦	0.500	1.000	2.000	1.000	0.286	
成本	0.250	0.500	1.000	0.500	0.143	
总和	1.750	3.500	7.000	3.500	1.000	

精度	直线度	光滑度	优先权	N 优先	N 权重	第三级
直线度	1.000	0.500	0.707	0.333	0.190	
光滑度	2.000	1.000	1.414	0.667	0.381	
总和	3.000	1.500	2.121	1.000	0.571	

摩擦	静态	动态	优先权	N 优先	N 权重	第三级
静态	1.000	4.000	2.000	0.800	0.229	
动态	0.250	1.000	0.500	0.200	0.057	
总和	1.250	5.000	2.500	1.000	0.286	

成本	购买	安装	维护	优先权	N 优先	N 权重	第三级
购买	1.000	0.500	0.500	0.630	0.200	0.029	
安装	2.000	1.000	1.000	1.260	0.400	0.057	
维护	2.000	1.000	1.000	1.260	0.400	0.057	
总和	5.000	2.500	2.500	3.150	1.000	0.143	

轴承比较：

	直线度	光滑度	静态	动态	购买	安装	维护	综合优点	标准综合优点
滑动轴承	7.000	7.000	1.000	2.000	5.000	3.000	5.000	4.943	0.29
滚动轴承	6.000	5.000	3.000	5.000	3.000	5.000	5.000	4.676	0.27
静压轴承	9.000	9.000	9.000	5.000	1.000	2.000	1.000	7.686	0.44

图 1.4.4　使用 AHP 方法选择轴承的表格输出

一致性比率是把一致性的比较与随机比较所得值相比。表 1.4.1 给出 $C.I._{随机}$ 的取值。$C.I._{比较}/C.I._{随机}$ 的比率小于 0.1 时可以接受。当数学逻辑关系（如 $a_{jk}=a_{ik}/a_{ij}$）应用于重要矩阵时可以得到完美的一致性，如图 1.4.5 所示。

表 1.4.1　随机矩阵的一致性指标

n	3	4	5	6	7	8	9	10	11	12	13	14	15	16
C.I.	0.58	0.90	1.12	1.24	1.32	1.41	1.45	1.49	1.51	1.48	1.56	1.57	1.59	1.60

	B	C	D	E	F	G
6		精度	摩擦	费用	优先权	N. 优先
7	精度	1	2	4	=(C7 * D7 * E7) ∧ 0.3333	=F7/ $F $10
8	摩擦	=1/D7	1	=E7/D7	=(C8 * D8 * E8) ∧ 0.3333	=F8/ $F $10
9	费用	=1/E7	=1/E8	1	=(C9 * D9 * E9) ∧ 0.3333	=F9/ $F $10
10	总和	=总和(C7:C9)	=总和(D7:D9)	=总和(E7:E9)	=总和(F7:F9)	

图 1.4.5　保证一致性的电子表格单元格公式

对于一个有经验的设计师来说，制订这个决策是可能的，但是 AHP 允许缺乏经验的设计师逐渐积累经验，而且，它可以提供系统采集和证据分析，作为呈现给管理层和设计团队其他成员的有力说明。

1.4.7 安全性考虑[33]

设计一个产品，安全最为重要。可惜的是，有人把安全作为一个设计后的事项来处理。如果一个产品不安全，将会很快名誉扫地，销量也会就此停止，而且会对消费者造成伤害。有三种主要方法可以使设计师提高设计的安全性：直接法、间接法和设立警示牌。直接法指消除危险，通常意味着改变工艺，这种方法有时并不可行。间接法涉及使用防护罩和防护板，以防止操作者破坏或污损其他设备零部件。设立警示牌仅仅是为了对防护罩和误用设备可能造成的危险提醒注意的一种方法。

如果设计得当，安全系统可以保护操作者，包括环境、系统中的其他部件、制造工艺的完整性。影响人们的安全风险包括机械系统（如飞扬的切屑、火星、高压泄漏及旋转的刀具）、电子系统（如高电压振动风险和电磁干扰心脏起搏器）、噪声源（如高噪声制造系统）、光源（如激光、焊接和一些光照工艺）和化学、放射性来源。

除了在设备制造过程中产生的安全风险外，设备零部件故障也会造成风险，如旋转的零件。通过安全使用寿命设计、失效安全设计、冗余设计等可以避免这些风险。安全使用寿命设计是指需要设计的零件即使遭受超负荷和误用时也应具有无限寿命。失效安全设计也被认为是“破前漏”（leak-before-break）准则，意思是当零件损坏之前通过不断降低性能给出大量警示。冗余设计是指充分使用超过操作系统所必需零件以外的零件。随着一个零件的损坏，其性能将会降低（例如，飞机上几个发动机中的一个能源耗尽），但是设备仍然能运行足够长的时间，直到控制它停下来。造成零件损坏的原因也应同时考虑在这些准则中。

安全性设计需要设计师在操作设备的过程中认真思考。在搜索夹点、探索工艺等时，设计师往往能够发现设备中潜在的问题。作为最后一项安全性检查，设计师应该设想：“我自己是否愿意每天操作这台设备？”

1.4.8 机床的设计计划[34]

假设销售主管给你一份关于新机床的客户需求，并且要你进行设计以达到目标。你应该怎样做呢？下面的内容回答了这个问题：

1）定义机器功能和规格。设计师应该确定客户真正需要什么，然后制订一份合理的关于机器应该做什么的功能规格说明书。这个通过分析零部件和预期机器执行的工艺来实现。如果客户说他们需要 $2g$ 的轴加速度，但核查后却发现其生产需求 $0.2g$ 就可以满足，这种差异应该在这一步得到解决。当检测客户规格和可实施性时，设计师也应寻找修改客户要求规格的方法以便简化设计。对任何事情都不能掉以轻心是设计师的职责所在。机器功能需求应从以下几个方面考虑，而且最终必须都要详细考虑：

a. 几何学：近似的整体大小和占地面积是多少？

b. 运动学：需要哪种机械装置，它所需的可重复性、精确度和分辨率是多少？

c. 力学：产生什么力，以及它们对系统和零部件的潜在影响是什么？机器应该具有多大的刚度以抵消维持表面质量和零部件精度时的加工力？

d. 所需功率：可以使用哪种驱动系统，需要什么系统控制操作环境（如空调）？

e. 材料：哪种材料能最大限度提高机器的性能？机器需要加工的材料有哪些特性？

f. 传感和操纵装置：需要哪种传感和操纵系统？怎样用它们来降低所需机械系统的成本并提高可靠性？

[33] “永远做正确的，这将满足一些人而且激励另一些人。”——马克·吐温

[34] 这些要点多数是来自于一个主要机床制造商为设计师提供的内部文献。制造商往往对其使用要求匿名。

g. 安全：保护操作者、环境和机器需要什么？

h. 人体工程学：怎样综合所有设计要素去制造一台容易操作、维护和修理的机器？

i. 生产：制造机器零部件时能够更经济些吗？

j. 装配：装配机器时可以经济些吗？例如，因为只有很少人具备手工研磨的技术和经验，规定手工处理表面的花费往往较大。

k. 质量控制：制造的机器能在保证数量的情况下保持稳定的质量吗？

l. 运输：机器能否被运到客户的工厂？一个可拆卸、再组合的设计会产生什么影响？

m. 维护：需要维护的间隔时间是多少，它们将怎样影响客户工厂中的其他机器？

n. 成本：完成项目所允许的成本是多少？

o. 进度：项目的最后期限是多少？

通常，这些最初的规范要求可以通过分析系统的程序图和其输入输出来制订。把设计分解为单元模块，同时考虑可以帮助设计师收集详细规格清单的每个要素。

2）进行国家先进技术的评估。这项工作的目的是评价现有技术和怎样利用其解决上面所提出的问题。例如，你不可能通过发展冶金工艺来优化门合叶滚珠轴承中的轴承钢。通常，开始一项任务时，最佳的选择是首先分析你的竞争对手。但要注意，如果你仅仅照抄设计而没有改进，你的设计可能总是落后一到两代。这种探索的结果也可能会产生一个需要开发的技术清单。如果得到批准，他们可能发展这些项目，但也有可能的结果是：你的清单会刺激管理层把资源投入到其他产品的开发上。同样，如果他们感觉市场很有潜力的话，卖方可能会开发新产品以满足你的需求。

3）初步规格。这个阶段，应该有充足的信息可以提供给设计师以便合理修改客户的要求。这个阶段可以为设计师设计一系列机器提供初步规格。

4）规格反复修改。客户会很高兴重新检查对他们要求的修改，以期合理节约资金；但他们也很小心，觉得你想从现有库存中卖给他们货物，来减少库存。结果，在达成最终统一规格之前可能需要反复修改。

5）开展概念设计。直到这步，工程师已经收集到想法的“种子”，现在应“种下”“培养”及“丰收”。这一步骤为整个机器设计奠定基础，是最重要的。在艺术/科学领域发展自己的能力，对于每个渴望成功的设计师来说极其重要，如 1.4.4 节所讨论的。

6）拟订一个开发计划。一旦产生一个看似正确的设计概念，就可以拟订出一个使设计师梦想成真的开发计划。这一阶段通常由高级设计师和具有高级管理经验的制造工程师共同完成。在制订详细设计计划时，应考虑以下因素：

a. 公司目标。产品应该满足公司要求。例如，机床公司可能不希望因为设计消费产品而分化其资源。

b. 预计投资回报。任何设计都会使公司财务冒一定比例的风险，大多数公司喜欢在许多不同项目上分散风险。

c. 所需人力资源。一个公司可能不想将大量人力投入到单个风险项目中。人力资源包括那些维修和保养已售出机器的员工。

d. 时间计划。应该制订一个时间计划以确保一台机器的设计、制造和安装能够在客户要求的时间内完成，这需要工程、制造、营销、服务、文件准备、培训和维护部门的支持。

7）完成详细设计。为完成详细设计，设计团队将由高级设计师和工程管理层组成。这个团队的工作包括：

a. 仔细检查概念设计以确保最佳选择。

b. 进行初期设计分析，包括预测初期制订的机器误差。

c. 审查现有技术，特别是专利，以规避侵权风险。

d. 为了给密封圈、波纹管、电缆负载和安全屏蔽提供足够的空间，应该根据规定来选择主要的机械、电器及传感器件。而且，确保机器可以运到客户的工厂进行安装。

e. 对机器主要零部件进行价值分析。

f. 评估满足性能规格的环境要求，如温度、湿度、振动控制。

g. 对机器安全进行审查。

h. 进行设计审查，以遵守守则和设计质量要求。

i. 执行有关操作和维护人员接受符合人体工程学的设计审查。

j. 进行关于换刀、零件转移、切削液供应和遏制、排屑系统的设计检查。

k. 审查需要校准的程序和规定。

l. 产生初始布局图。

m. 产生最初的零件清单。

n. 进行最初的制造审查和成本估算。

o. 进行电子系统审查，彻底检查传感器、零部件、连接系统、电缆负载和换向器的选择。

p. 进行液压和气压系统审查，检查时间表、生产线数量、流量比率、压力、零部件选择、热量控制和过滤器。

q. 对所有硬件进行价值分析。

r. 产生流程图和编程方法。

s. 记录运输要求。

t. 产生最终布局图。

u. 进行最终制造检查，包括成本、工具标签、方案、价值分析及商业零部件和供应商选择的审查。

v. 进行设计分析审查和完成最终价值分析。

w. 生成检测程序。

x. 进行最终设计检查和最终误差预算评估。

y. 为原型机生成生产工程图。

z. 制造、装配以及测试原型机。

8）完成后续设计。设计完成后，为了完善设计，仍需做许多工作，包括下面几步：

a. 开发一个提供给用户的测试程序。

b. 为制造工艺、制造、生产控制和装配准备合约。

c. 对关键部件和组件、颜色编码方案、备件库存、维修零件库存和防护需求进行有计划的质量控制检查。

d. 审查独特的工装条件和相关的现场服务。

e. 进行安全审核更新。

f. 获得安全认证（如果可用的话）。

g. 更新设计和文件。

h. 准备最终材料清单。

9）准备文件。没人会购买一台其认证、维护和运作程序没有明确说明的设备。通常写这些文件的最佳人选是当初设计机器的工程师。文件应该包括：

a. 测试记录，包括零件程序和所用工具及夹具的说明。

b. 使用说明书。

c. 培训课程和手册。

设计不仅仅是生产大量已绘图的零件。设计是把产品推向市场过程的一部分。销售最好的设计是贯穿机器从概念形成到停止使用。没有人比设计机器的人更了解它，这就是让设计师参与到制订实施细则的重要原因。

1.4.9 设计工程师的道德责任[35]

农民种植粮食使人的身体活着，牧师使人的精神活着，设计师创造出使物质生活更好的事物。管理者使设计师们团结工作，律师和政治家使我们和平相处。我们都应该记得历史通常会重演：权力腐化、绝对的权力绝对地腐化。少数不诚实的人通过骗取人们的血汗钱而破坏他们的生活，但人们总能把钱再赚回来。但另一方面，一个设计师糟糕的设计可能会要人性命或者致人残疾。因为生命不能重来，活着的人往往比华尔街的股票更有价值。因此设计师应该总是保证质量和安全，这是他们工作的主要目的。作为设计师，要不断询问自己“我会让我的孩子使用这个设计吗?”

另外，设计师考虑自己及社会的道德责任可以激发自身潜力。19 世纪初期，每周平均工作时间是 70h，而且不能同时做其他工作。如今，技术进步使每周平均工作时间减少到 40h。同样地，技术也带给了人们浪费时间的途径，这些时间本可花费在创造性的想法上。不要把时间花费在电视上或收音机上，不如考虑这样的选择：通过观察、思考和分析你周围事物的工作方式来做脑力游戏。例如，当在高速公路上开车时，试着计算电线杆上电线的应力，或者问问自己这桥是怎样设计的？从早到晚世界的热膨胀是多少？你活了多少秒？可能的有趣问题是无限的。把这些想法与体育上的肌肉紧张和成就的概念做比较，如果你想“赢”，你应该有能力立即有所反应。大多数收音机和电视节目阻塞了思维并且减慢了反应时间，这正如缺少锻炼而减缓了肌肉活动并降低了协调能力一样。

当然，作者认同可以坐下来放松一下，在公共频道看一些自然节目或听听古典音乐。电视、音乐和其他神奇的自然科学技术带给我们的都有益处，而且对全人类有益。不幸的是，许多人容易滥用这种“放松”。酒精、烟瘾和糟糕的设计师都是社会无法避免的负担。一个设计师能达到的最“高”点是随成功到来的。世界上最令人放松的事是你知道做什么而且会做得很好。生理的精妙在于中枢神经系统统筹资源并维持它们不断循环。同样，从另一方面来说，设计工程师的最高点在于，所设计作品在全部使用过程中，其功能一直保持和当初设计时一样好。

1.5 设计案例：高速加工中心（HSMC）[36]

这个案例描述了辛辛那提 Milacron 公司的高速三轴计算机控制加工中心设计的进程。这个项目的历史背景是随着公司对这种机器设计过程的讨论开展的。然后，分析了关于高速加工中心的概念和详细开发过程[37]，对初级设计工程师而言，许多术语都是陌生的，但本书对其进行了详细的论述。正如设计过程本身一样，理解这部分内容需要用到本书的索引并需要花费一些精力。

1.5.1 设计过程的开始

一个主要汽车制造商询问是否可以设计一台机器，以现有速率的近三倍在控制面板、铝

---

[35] “对人类及其命运的关心肯定始终是一切技术努力的主要兴趣，对大量悬而未决的劳动组织问题和商品分配的关心，为的是：我们头脑中的创作应该是祝福，而不是对人类的诅咒，在你们埋头于图表和方程时，永远不要忘记这一点。”——阿尔伯特·爱因斯坦

[36] “没有比因为缺乏好的例子而烦恼更让人难以忍受的事情了。”——马克·吐温。作者在此感谢 CM 的 Dick Kegg 和 Bob Johoski 安排了我们与负责此项目的工程师面谈。作者还要专门感谢 HSMC 的首席设计工程师 Tad Pietrowski，及 Richard，Carl，Myron，Jim 等在 CM 工作的那些帮助过我们做这个案例研究的所有其他人。

[37] 使用的许多术语也许对读者来说是陌生的，建议读者通过查询索引来查询这些术语在本书中的定义。

制发动机机体和其他机器零件上打孔。这样就产生了一个新机器需求的具体目标（Required Specific Objectives，RSO）。在RSO最初建立后，一个管理团队为确定市场潜力做出快速评价。评价结果是乐观的，因此工程领导层把进行设计可行性研究的工作交给了概念设计管理者。他把高级设计师和分析人员集中在一起组成一个团队。除了高级设计成员外，一些缺少经验的设计师也包括在内，以便对其进行培养，并由他们提出新颖的想法和概念。

概念设计团队以一个非常有创造力的设计师为中心，他也有能力处理很多那些看起来与机器RSO有关的争论。主设计师不得不注意所有机器零部件系统的技术局限，虽然他一般只考虑这点上的一阶效应。利用这种知识，他的首要职责是引导设计团队产生尽可能多的看似正确的设计。在早期设计阶段，毫无疑问对过程的可行性要不断向制造专家进行咨询，结果是形成可接受的概念设计。提供帮助和支持的是驱动、传感、控制系统和制造等方面的专家。当团队建立和设计改进时，也同步更新了RSO。而且高层管理者也不断检查RSO的修改，确保达到客户的需求。

一旦建立、分析和改进了概念设计，就要估算出它的成本和制造时间。管理者和营销部门需要分析机器是否能够销售足够多数量以判定需要制造产品原型的研发投资是合理的。因为管理和销售总是想要降低成本，项目的成功通常取决于工程师，他们拥有对制造工程的强大判断力，能提出建议，如应怎样修改零件和装配以便降低成本、提高质量和性能。

1.5.2 机器功能和规范的定义

汽车制造商委托机床制造商设计一台能够与输送线装置配合的机器，既能够快速转移大量金属，又能在单个零件上快速钻孔。这个连续动作通常用在加工发动机机体和其他在装配时需要使用大量螺栓的零件上。给定的主轴转速和移动轴线速度为20000r/min和25~50m/min（1000~2000in/min）。但是，多数加工中心最早设计的目的是制造铁制零件，它们的主轴转速和移动轴线速度大约为6000r/min和10m/min（400in/min）。航空业长期以来利用20000r/min的主轴加工铝，但是因为切屑清理问题，进给速度较低。在制造领域的另一端，电子制造公司使用线速度为25m/min（1000in/min）的低精密钻床来钻印刷电路板。首先要确定的是为了以需要的速度和进给量加工铝制品将需要一个20马力（1马力=735.499W）的特殊高速主轴。现有的发动机和主轴技术可以达到20000r/min的目标。但是，考虑经济因素，可获得的最高线速度为30m/min。

轴在高速运转时，需要较高的主轴转速来维持最小切削速度。众所周知，当切削铝制品时，主轴速度为20000~40000r/min时刀具磨损减少、甚至在一些情况下几乎可忽略磨损。限制主轴速度为20000r/min的决策是基于现今多功能应用的主轴设计技术的限制和客户调研的局限，客户调研表明：①多数客户不想支付一笔可观的费用购买40000r/min的轴；②许多机器操作者从来没有使用40000r/min的经历，因此他们对此并不熟悉。

使轴达到最大速度的高加速度也是个很困难的挑战。首先，RSO明确规定大约2g的加速度可最大限度减少切削操作之间的移动时间。粗略计算表明，利用现有驱动技术，对于一个大型机床结构而言，最大可能的加速度是1/4g。但是，通过对提出的加工可能出现的情况进行详细分析后发现：在1/4g时，花费在加速期的时间只是整个典型循环周期的5%~10%；在1/4g时，达到30m/min最大速度的时间只花费了1/5s或者5cm的行程距离。

在他们分析循环时间的过程中，工程师发现研发一种切换刀具的新方法是减少机器循环时间更好的方法。传统上来说，许多刀具自动更换装置使用中把刀具把旧刀具从主轴上取下来，放到旋转式刀具传送带上存起来，取出新的，然后移动并安装在主轴上。结果，经常在更换刀具上花费很多时间，即使用双把刀也是一样。这里，工程师提出利用机器的高速轴把主轴移到刀具存储传送带上进行刀具更换。这种策略只需要对标准刀具传送带进行少量修改，

却能消除设计中的一个复杂机构，而且节约了两倍的刀具更换时间。修改 RSO 以整合这些修改（30m/min 和 1/4g），仍然能维持几乎 2～3 倍现有机器的整体所需的吞吐量。

可能对于 HSMC 来说最为关键的因素是低成本。潜在的客户预期需要大量提升现有装备或新传输线的价值。因此这些机器必须设计达到快速生产的目标并且在提高质量的基础上，尽量降低成本。当分析旧设计和想象新设计时考虑的因素包括以下方面。

a. 几何学。以前加工中心的整体设计战略要求把尺寸和配置分解为半模块化类别。为了达到 RSO 中的一个主要目标：实现双联式加工的能力只能考虑水平主轴。从历史上来说，机器的大小与马力标定和三次装夹设计有关，其中马力标定是每单元时间金属切削量的相关函数。前者是金属切削物理量的函数，而后者的设计是工件在生产状况下怎样处理和安装。可以确定的是多数工件能够落入一个立方体形状的容器，如果它们不能，可以把它们固定在大“墓碑”形状的夹具块上，并允许很多工件能同时运到机器中。然后机器可以以最少量的刀具更换次数生产一系列工件。这也有利于减少在等待移动一个新工件到加工区域的停工等待时间。这些因素给出了以下额定功率对立方体大小比率的粗略指南。

500mm×500mm×500mm：3.7kW（5hp）

600mm×600mm×600mm：7.4～11.1kW（10～15hp）

800mm×800mm×800mm：11.1～18.5kW（15～25hp）

1000mm×1000mm×1000mm：18.5～29.6kW（25～40hp）

HSMC 工作体积的实际大小在 RSO 中明确给出：宽 500mm、深 380mm、高 500mm。在 RSO 中也明确指出了关于高速主轴和主轴角加速度，需要一个大型的 14.8kW（20hp）主轴电动机。

b. 运动学。为了实现双联运动，主轴必须是水平的而且有三个线性自由度。为使机器能够达到 RSO 的产量需求，必须把机器设计为主轴更换刀具而不是（利用）刀具更换机械手臂（来更换刀具）。机器也必须考虑保持工件静止时所需的刀具路径运动。虽然以前已经达到这种功能，但是先前的设计不适用于高速状态。限制先前设计应用的因素是大量相关轴承和驱动系统的分配，以及伴随着高速轴和大量切削变形后密封系统的不兼容性。

c. 动力学。为了快速准确地移动，所有轴承需要低摩擦和预紧。这需要设计一个完全受约束的循环滚动元件或静压轴承。同时，驱动系统以最小的反作用力矩起动系统。通过最小化力矩，也会最小化角偏差和必然产生的阿贝（Abbe）误差。考虑到振动和在工厂车间安装机器，以往设计太大，需要一个多脚安装系统，这就要求用户提供一个厚厚的稳定的混凝土板。HSMC 可以利用一个三点定位安装来降低基本需求和安装成本。根据地板上振动水平的合理规定，还需提供反振动隔离支持。

d. 能量需求。高速加工铝制品需要相对低的轴向切削力和非常高的速度。实际上，几乎 80%的驱动力用在加速机器的轴上。

e. 材料。对保持机器的精度来说，首要考虑的是材料的稳定性。其次，因为大多数花费在机器上的能源会增加机器的质量（据初步计算），考虑材料的刚度-重量比和热膨胀系数也很重要。同时要注意材料可以降低在切削过程中产生的振动。另外，陶瓷、铝和铸铁可以作为备选的结构材料。虽然陶瓷有优越的硬度-重量比和低的热膨胀系数，但是它们的成本使其排在材料选择之外。对于底座，可以考虑使用铸件聚合物，但是因为其他大部分结构是铁制的，其失去了成本优势。铝和铸铁有大约相同的刚度-重量比，但铝的热膨胀系数几乎是铸铁的两倍，其弹性模量仅为铸铁的一半，因此可以选铸铁作为主要结构材料。

f. 传感器和控制。加工中心的传感器包括贴在离加工区域尽可能近的移动轴上的线性标尺和贴在丝杠驱动装置上的角度测量仪器（如解析器和编码器）。每个系统都有它的优缺点，这些将在下一章讨论。但是，因为客户调查表明许多客户更喜欢其中一个而不喜欢另一个，设计必须能够灵活应用各种传感系统。

至于利用激光绘制和改正机床几何误差以达到 RSO 中明确指出的精度时，并不需要绘制技术。热误差的绘制很有用，但是目前在机床上实时绘制热误差并没有丰富的工业经验。在实验室中建立的热误差绘制属于新技术，不能在已经选择如此多新技术的设计上使用。但是，这不妨碍这种技术在将来推行。

电子系统设计师强调，需要机械设计师为机器绘制运行流程图，这将大大精简设计机器控制装置和控制软件的工作。另外，也有利于设计师为所有需要的传感器和线缆留下空间。

g. 安全。今天，商业上，任何机床制造商仍然关注机器上的保护和防护标准及管理规范要求。通过审查小组彻底检查每个设计以确保用户在使用机器时不伤害到自己。如果用户发现有可能伤害到自己时，他会很明智地避开这些危险。因此应该将机器设计为所有保护和防护起动时，才能进入工作状态。如数控车床防护罩不关闭，车床就不工作。

h. 人机工程。如同安全系统，应有大量规范和公司制度以保证机器耐用并且使用户满意。持续强调设计和生产工程师及销售部门之间交流的重要性，有利于培养其设计出人性化机器的能力。

i. 生产。传统上，高精度机器需要使用手工表面处理技术加工（如研磨和包装）。由于生产需求增多而有能力手工处理机器表面的技术人才减少，所以需要使用那些精密磨削的部件。这不表示会比旧机器精确度降低，它表明现代磨床可以完成过去通常用手工表面处理才能获得的公差。

j. 装配。手工研磨和包装轴承表面技术人才的短缺也导致在装配期间手工处理机器零部件人员的短缺。为保证质量，当使用复制技术把零部件安装在一起时，可以利用精密夹具将其固定在合适的位置上（零收缩环氧树脂填充间隙）。

k. 质量控制。当安装零部件时可以使用一个单独的精密夹具把它们固定在恰当位置，这也便于保证一致性。在制造期间给这类机器增加巨大的价值，因而在制造过程中要应用快速自检法。

l. 运输。RSO 中明确规定的机器尺寸在运输装配到客户工厂过程中从来没有任何问题。

m. 维护。因为机器是作为一个整体出售的，如果能够很容易融入一个传输线（生产线）上，对最大限度降低维护费来说是很重要的。标准件的使用将有助于最大限度减少修理成本和停工等待时间。

n. 成本。客户的首要要求就是强调低成本、高容量。通常当一个公司完成客户的设计时，工程造价大约等于制造成本，因为只需制造很少单元构件而且改造结构很便宜。因此，不仅仅是在高容量产品上，在许多设计决策制订时，成本是一个整体因素。

o. 进度。如果一个公司想利用高速加工中心提高其制造能力，其竞争对手可能也会这样做。因此尽快完成设计很重要。原型设计时间从传统的两年减半为一年。增加计算机使用，设计和检查工艺的流水线以及强烈的竞争意识都有助于进度执行。但是，如果完成这种设计的时间可以减少至 6 个月或者更少，那就更完美了。

1.5.3 HSMC 的概念设计

水平主轴（卧式）机器一般比垂直主轴（立式）机器更精确，因为前者的主轴不需要一种巨大的 C 形支撑结构，而这种结构容易产生较大的变形。对于垂直（立式）加工中心，来自主轴上的负载会产生一个作用于支柱上的瞬间弯曲。对于水平（卧式）机器，主轴上的负载作用在支柱上的是点力，因此比垂直（立式）机器更结实，同样也容易去除切屑。但是，水平（卧式）机器上工件的固定（装夹）装置有时更难，因为在装夹时，通常重力不能帮助支撑工件。当在生产线上使用标准托盘固定装夹时，这个问题就不那么重要了。

从多次头脑风暴会议中得到了三种 HSMC 基本设计。第一种只包括转动节点，类似于人类手臂的几何特点。铰链手臂如图 1.5.1 所示，其有一些优点：①它很灵活；②它很容易处理污染物；③它很吸引人。但是，它也有一些严重的缺陷：①为把切削工具定位在三维立体笛卡儿空间，它需要五个运动坐标轴；②由于其伸展的悬臂式设计，需要伺服控制传动装置，既要抵抗切削力和加速惯性，又要在伸展时支撑结构重量，所以它的固有频率很低。一个类似的设计是在直线滑道的杠杆臂，如图 1.5.2 所示。这种设计只需要四个自由度在三维立体笛卡儿空间内定位切削工具，但是它仍存在与转动节点相关的支架刚度问题。

图 1.5.1　对高速加工中心的完全铰链式设计

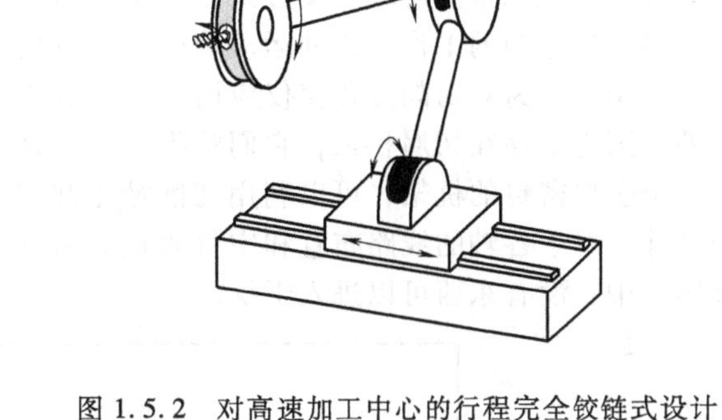

图 1.5.2　对高速加工中心的行程完全铰链式设计

另一种混合设计是图 1.5.3 所示的剪式千斤顶设计。这种设计只需要三个传动装置定位工具，但是需要许多转动节点形成必要的连杆。这种由连杆提供的机构的优点是非线性，但同传统直线支撑导轨结构相比，它的成本更高而且很有可能会遇到零部件故障。因此这种设计也被排除。

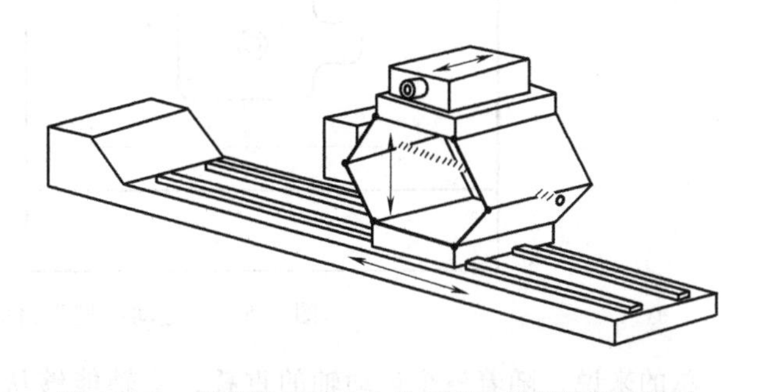

图 1.5.3　对高速加工中心的剪式千斤顶的概念设计

无论对转动和笛卡儿节点的可能组合的任何想象，都不会产生任何看似可行的设计。另外，在一所本地大学里的一个高年级学生设计竞赛中也没有产生任何可行的独特设计。因此设计团队要重新考虑仅仅使用沿直线运动的线性支撑导轨能否达到预期的 *XYZ* 运动。当然，花费一定时间去研究所有的可能是必要的。

团队的下一个想法是“为什么不让立柱只在 *X* 方向来回运动?” *Z* 方向运动可以通过在滑座进、出移动轴获得，在滑座中包含有主轴本身。*Y* 方向保持它一贯的功能，使主轴上下移动。这种概念设计如图 1.5.4 所示。这一设计看起来很适合这项任务。它有三根运动轴，而且主轴的前端具有可动性，可以在传送带上更换刀具。现在解决如何密封系统的问题，避免其在高速加工运行中产生切削液泄漏和切屑的困扰。实际

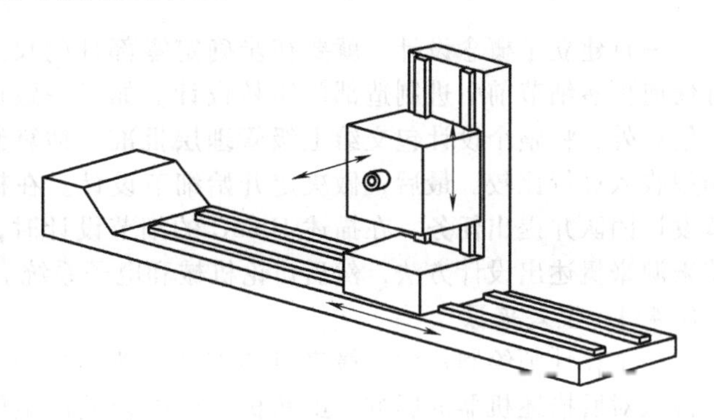

图 1.5.4　对高速加工中心的直线概念设计

上，当设计这种机器时，几乎30%~50%的设计精力花费在如何把防护装置、密封件和载波电缆合并到设计中。通常，这些零部件不需要支架，但是它们的几何或设计特性经常影响系统中的其他部件。

因此密封主轴使其避免切削液和切屑污染物影响成为最重要的问题。可以使用波纹管式的罩子来密封主轴，但是在高速加工铝制品时经常产生大量切屑，使褶皱处容易阻塞。在三个轴上可以使用滑动或伸缩的密封方式，但是要注意滑动密封装置产生的拉力问题和表面上逐渐累积的切屑。正如早前提到的，可以想象使主轴在一面墙上移入、移出。如1.5.5所示，把墙压在一个带有剪切块（即缺口）的薄板上。这个缺口要足够大，使主轴可以完全在它的切削范围内移动，利用一个独立的方形密封装置把切削液和切屑留在外面。这消除了坐标轴上对波纹管式罩子的需求。反过来，这也降低了密封装置的成本以及通过降低密封摩擦减少需要移动坐标轴的工作。这种运动墙的设计也将对从机器上清除加工过程中产生的热和切屑产生作用。因为对切削过程仅仅应用一面光滑的墙，不会积累切屑和在构件上产生局部热源。另外，因为不存在切屑积累，它们将很少有可能阻塞机器零件传送机构。通过在切削区域提供一个全部密封的机架，可以利用切削液把热量和切屑从工作区域带走。由于建立了运动墙的设计，对于各轴的线路布置和空气管道布置几乎变得很简单。因为整个构造包围在一个薄金属箱中，没有东西可以进入干扰。

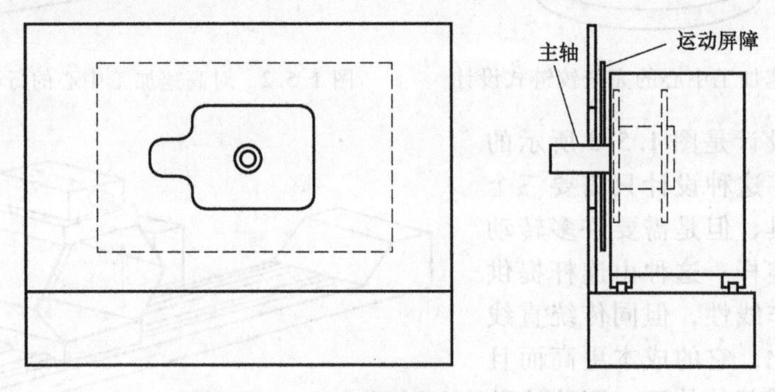

图 1.5.5　运动墙型密封的概念设计

总的来说，随着三个运动轴的重叠，主轴能够从一个运动的墙上精确地伸出和移入、移出。这将形成光滑界面，对排除切屑和切削液非常有效。因此这个墙型设计有利于简化其他机器（其他部分）的设计。这个起初关于怎样密封三个坐标轴的看起来不重要的设想发展成为新设计的主要优点之一。

1.5.4　细节设计

一旦建立了概念设计，就要初步确定零部件的尺寸以核查设计的工作效果。接着，在制订任何更多细节前引进制造部门审核设计。如果一致认为机器不难制造，除了一个最初的成本估算外，将整个设计包交给上级管理层批准。估算制造、装配和库存成本并与预期订单的期望收入进行比较。最后，做决定开始细节设计。在概念设计阶段确定的范围基础上组成细节设计团队并提出任务。在描述HSMC的细节设计时，首先通过考虑影响机器精度的主要误差来源来概述出设计方法，然后讨论机械和电子系统。

1.5.4.1　误差来源

一个设计师绘制初始和最终机器零部件草图之前，在概念设计阶段，他或她应该考虑各种输入对所描述机器的影响。虽然机床中的误差产生问题将在第2章中详细讨论，但是这里讨论HSMC审核机械和电子系统零部件的选择时，应该要注意的一些误差来源。注意现在评

价加工中心的性能时涉及关于加工中心的 ANSI/ASMEB5. 54 1992 标准。

1. 几何误差

机器几何误差发生在所有坐标轴上，每个坐标轴由三个平移误差和三个转动误差组成。在各个坐标轴之间也存在垂直度和平行度误差。最差的几何误差是角误差。通过初始点和测量点间的距离放大成为角误差，也被称为阿贝（Abbe）误差。阿贝误差是最容易被忽略的误差来源。静变形误差则由机器本身重量和工件重量产生。利用精细建立的结构件、连接装置和轴承模型，可以准确预测误差并将其保持在期望阈值以下。

2. 力学误差

机器中的力学误差主要由切削活动中的结构共振产生。造成刀具中有“吱吱”的声音而且破坏了零件表面材料。这种振动很难分析和预测，因为当刀具与工件接触时，改变了机器刚度特性。模拟这种现象的一个保守方法是利用有限元法和模态分析试着预测结构件的共振，然后通过编程使机器控制器以不引起机器共振频率的速度运行切削刀具。在每台机器的一系列合理的频率周围施加更大的安全波段可以处理由刀具与工件接触引起机器刚度的改变。然后，指令控制器会影响工作速度。虽然这不能解决切削刀具刚度和振动问题，但是确定的共振也有利于设计师为允许的地板振动层制订规范，而且可以明确伺服循环时间和运行速度。

一旦机器制造出来，它的力学误差就有迹可循了，而且呈现一定的特征。但它们在设计阶段很难预测和补偿。一般来说，把机器制造的坚固些、抗阻尼以及重量轻些都有利于机器更容易达到高速工作状态。

3. 热误差

机床的热膨胀极少是相同的，因此不能仅仅通过线性补偿系数测量数据。这些热变形由发动机、直线或旋转轴承以及切削过程产生的热量引起。但是也应考虑，环境温度的变化会以不同的方式影响机器。机器抵抗环境温度的能力依赖于环境的热量循环、机器的热量持续时间和这两者之间的热传递特性。如果环境的温度是稳定的，机器应该紧紧与环境相联系。如果把机器安装在一个通风的地方，它应该不受环境影响。

为了让机器达到热平衡，许多机器需要一段预热时间。传统上来说，操作者通过“空转”一段时间使机器预热。为了使机器预热后变形到合适的结构，一些机床制造者人工整修机床。通过使用加热组件尝试减少机床的预热时间，对于这种机床，就应该积极地利用控制温度的液体或加热和冷却机床零件的抗加热器。否则，机构不变的外形部分之间的温度梯度将造成机器弯曲（塑性的）。从长远来看，为减少热变形应谨慎选择零件和几何参数，以及积极地冷却主要热量产生区，这是解决热误差问题最经济的方法。

分析以前关于热量控制的尝试，在最终设计时，团队决定用油雾冷却主轴轴承，尽可能使发动机远离结构件，用切削液冲洗工作区域。另外，把结构件做成短而结实的形状以便最大可能减少角变形。进行机器的热性能有限元分析也证实了：即使假设机器在最糟工作情况也能达到机器精确度规格。

4. 工件影响

传统的加工中心通常因为加工工件的重量而受到不利影响，因为重量使机器结构件变形而且改变其机械特性。在高速加工中心中，工件固定在一个位置直到加工结束。在加工开始之前，可以利用机器上的探测器准确知道工件位置，从而了解工件是怎么变形的，然后通过支撑使其得到补偿。在这一点上，HSMC 可以不受工件重量的影响。

1.5.4.2　线性轴承选择

为了使机器用最小能量输入实现最大运动速度，需要低摩擦的预装轴承。低摩擦也有利于最大限度减少在高速运动中产生的热量。另外需要预装轴承获得高刚度以抵抗惯性力。现有三种线性轴承可以考虑用于此处：静压轴承、滑动接触轴承和滚动轴承。静压轴承包括液体静压轴承和气体静压轴承，如图 9.2.1 所示。它是唯一一种使机器真正无摩擦和预装的轴承。前一种利用缓冲的高压油使一个机构件悬浮于另一个上面。气体静压轴承则利用低压空气，其对冲击负载很敏感。液体静压轴承在机床中有很大用途，特别是磨床，实践证明它们在大多数精密轴承中很有效。HSMC 设计目的之一是有一个全电子机器，从而最大可能减少维修并大大提高机器的工作时间，因此只有在没有合适的轴承时才考虑液体静压轴承。

对于机床的滑动接触轴承，将在 8.2 节中讨论，利用一层薄薄的低摩擦材料（例如来自 PTFE 组的塑料）黏附于运动轴承的表面。衬垫一般需要加润滑油在坚硬的钢或铸铁轨道上滑动。这种轴承多年来已成为机床业的主体。它作为一个具有良好抗振性、高硬度介质摩擦(静摩擦系数为 0.1) 的轴承获得了良好的声誉。利用这种轴承可以获得巨大的表面接触区，允许机器抵挡非常高的切削和冲击负载。滑动摩擦轴承加工、磨削或刮研很容易，而且它是一种非常通用的轴承材料。但是，其有限的摩擦特性意味着输入到高速轴的能量是拥有非常低摩擦轴承系统需要的两倍多。而且，有限的摩擦有时导致一种被称为黏滑的情况，它会限制系统的精确性和决断性。通过试着在桌子上推一本书到期望位置这个例子，能最好地描述黏滑的特点。使书移动的初始力影响书移动到期望位置的准确性。当你试着以越来越高的速度移动书到指定位置时，这种影响特别明显。许多滑动接触轴承有最小的黏滑（静态 μ 几乎等于动态 μ)。在这种情况下，不是黏滑而是热量阻止使用滑动接触轴承。

另一种选择就是滚动轴承。有趣的是，机床厂历来使用高技术人才操作表面处理机床用于加工其他机器。从山顶洞人在地上拣起第一块石头后，手制工具用来更简单地制造更好的下一代工具。相似的，机床厂开发越来越精密的磨床，其需要考虑长行程与高精确度，这时在许多情况下，使用滚动轴承代替滑动接触轴承。有许多种类的滚动组件线性轴承，如 8.5 节讨论的，它们有非常低的摩擦特性；但是，它们不能承载大量的单位面积负载，而且不像滑动接触轴承那样有很好的防振特性。另外，一旦磨损了也不能再重新修复或采用凹形楔来调整。因此很长时间内，除了在低功率（<7kW）机器上，机床厂避免使用它们。但是，滚动组件轴承的标准化、低成本和低摩擦特性是非常吸引人的。

以前在大型机器上使用过圆柱滚动轴承，它们往往需要淬硬钢，以定制设计的结构，通常需要 12 个轴承墨盒，以全力支持一个轴。作为一种选择，工程团队考虑一种自成一体的单元，一般称为直线导轨，如图 8.5.30 所示。直线导轨采用回转球，虽然它们不能像圆柱轴承那样处理高冲击负载，但是对高速加工中心来说却足够了。用螺栓把直线导轨固定在结构件上而且以最小的直线偏差形式把零件固定在滑动架上。通过给直线导轨增加更多的定位组件以获得负载能力和刚度。组件越多成本越大，可以在测试夹具上找到合适的位置，使得原型达到经济性的平衡。在传统的机器上使用这个滑动架装配模型，相比耐磨垫轴承系统，它能以较低成本生产出表面光滑的零件。

如果考虑轴承座及其安装，适合直线导轨的选择是线性轴承。从制造观点看，它用螺栓把主要精密组件固定在精密磨制表面上。最后，利用复制技术把轴承连接在结构件上。复制时，需要主要技术人员以导轨的外形来手工处理精密夹具，然后给夹具喷上脱模剂，并在机器的毛坯铸件槽上悬挂。接着在夹具周围注入特殊的环氧，这样就可以做出床身和夹具的外形，因此可以为轴承轨道获得几乎完美位置。所以对线性轴承轨道固定的精密加工和表面处理操作只需在少量夹具上进行。

1.5.4.3 执行器

高速加工中心的运动轴需要高压力、高速和高精确度的线性执行器。可用的选择包括直线电动机、齿轮齿条和滚珠丝杠。直线电动机可以在不使用中间传动装置的情况下移动运动轴，如图 10.3.10～图 10.3.13 所示。然而，缺少对较高的电动机惯性和硬度响应的传动装置，会导致这种电动机对高速、高质量系统准确的运动控制不切实际，还会遭受大量切削力干扰。

随着发动机技术（驱动技术）的发展（例如，超导体材料和更高磁通量磁体的发展），直线电动机有一天可能是这种应用的一个实际选择。

齿轮齿条传动装置，在 10.8.1 节中详细讨论，一般用于需要大范围运动（>3m）的机床中。齿轮形状可以研磨得很精确，而且多个齿轮相互啮合能够用于防止剧烈反应。但是，一个精确的齿轮齿条系统没有内在的减速比，因此它需要一个大型发动机或昂贵的高精密减速器。对于同样的系统，对于长度适中的行程，一个齿轮齿条传动装置比一个滚珠丝杠要昂贵。在齿轮接触之前齿轮齿条装置也不能利用自动清洁刷来洗刷齿轮齿。

丝杠（如滚珠丝杠或滚柱丝杠）可提供经济、高效、精确的转动到直线运动的转换。一般来说，它们是需要一定运动行程和速度的机床传动装置的合适选择。一个丝杠传动装置，如图 1.5.6 所示，把转动能量转换为直线运动能量。对于高压力应用，使用多线螺纹，它们通过提供一个额外的承载路线增加螺纹的承载能力，却不会影响力之间的力矩关系。对于滚珠丝杠，通过在丝杠和螺母的螺纹结构之间放入滚珠，提供滚动接触，把摩擦降到最低。滚柱丝杠利用一个滚珠行星系统代替滚珠而且能够承受比滚珠丝杠更高的负载，但是它们一般只有较小的螺距。对于高速加工中心我们选择滚珠丝杠。

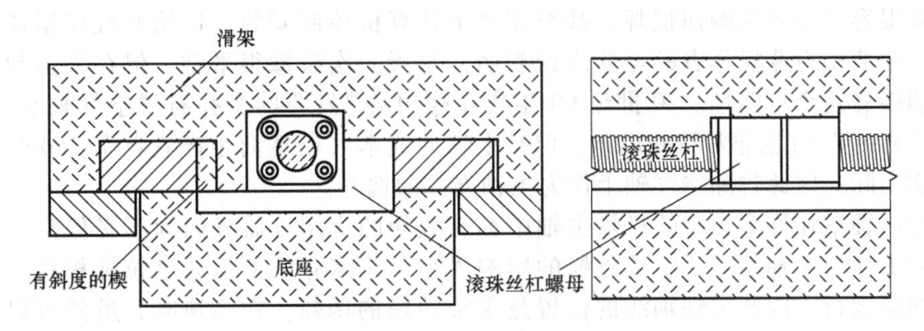

图 1.5.6　滚珠丝杠利用滑动接触导轨驱动机床滑动架的简图

选择一个滚珠丝杠需要了解所用电动机和负载。如果运动轴高速运动，为保持电动机转速在一个合理的水平（<4000r/min），需要一个有较大螺距的丝杠。如果螺距太小，而电动机和滚珠丝杠必须以高频率转动，导致产生“轴搅动”的动态不稳定性。另一方面，滚珠丝杠需要较高力矩的电动机以获得同具有较小的螺距和低力矩高速电动机相同的力。前者也需要电动机有较高力矩，这意味着较大电流从而导致更高的热量浪费。这些因素最终将对利用滚珠丝杠驱动的直线运动系统的实际速度产生限制。利用已有技术，工程师发现自己的线速度范围局限在 25~50m/min（1000~2000in/min），符合 RSO 的要求。为了从所有可能的组合中选择实际的滚珠丝杠/电动机组合，写一份可获得的电动机和丝杠螺距表格记录，用来挑选最大限度降低成本和热量产生的一对滚珠丝杠/电动机组合。

1.5.4.4　轴驱动电动机

对于一个车床，电动机框架的大小直接与电动机成本和支撑结构有关。通常如果不确定电动机大小，设计师面对的就是其他结构尺寸。可能在任何时候，最好保守地选择安装比所需较大一些的电动机。允许选择较小的电动机进行模型性能测试，而考虑使用较大电动机以适应变化的用户需求。购买和在一台机器上设计安装大型电动机来控制小或大型电动机，比大大修改机器结构以适应大型电动机更容易。设计师应该允许为带有完整编码器和转速计的电动机安装留下足够空间。

为一个机床选择合适的电动机经常通过考虑电动机的温度上升来确定。因为电动机绕组具有有限电阻，它们在使用期间会变得非常热。电动机防护外壳经常直接用螺栓固定在机床结构件上，但是，这也为热量传导提供了直接途径。因此，运动轴和轴驱动电动机是机床中

热量产生的主要来源之一（导轨是另一个来源）。正如在第6章实验中讨论和阐述的那样，热量从电动机转移到机床结构件上会严重降低精确性。防止电动机热量转移到结构件的最好方法是，利用隔热的高硬度陶瓷接口和辐射热的防护装置试着把电动机从结构件中隔离出去。用风扇给电动机降温以及把冷空气输入到机床中也是有效的方法。为机床设计散热和防变形结构同样很明智。

1.5.4.5 主轴设计

因为主轴必须安装一个功率为15kW的电动机，尽可能早地为HSMC确定主轴设计是重要的，以便开始其他结构件的详细设计工作。对于滚珠轴承主轴，只有当直径很小时才能获得高于20000r/min的主轴转速，这样离心力就不会使滚珠上产生大的径向力去挤压轴承滚道，而且也不会引起快速疲劳。但是，加工中心的标准工具需要的主轴直径远远大于滚珠轴承技术所能支撑的主轴直径，现有的滚珠轴承技术所能支撑的主轴不能在大于20000r/min的速度下安全、准确地工作。

气体静压轴承作为相对于滚珠轴承的一种选择可以用来提高主轴速度。虽然较精确而且能够获得比滚珠轴承较高的速度，但如果主轴不准确地进给刀具到工件上（如碰撞），多数空气轴承主轴很容易受到影响而损坏。甚至完全由计算机控制安装，仍然有程序错误造成碰撞的风险。一个典型行业操作者的经验之谈表明，每天一次碰撞很平常。但在大多数空气轴承主轴中不能接受这个可能性。20世纪60年代在橡树岭[38]发明的多孔石墨空气轴承主轴证明，它甚至在“碰撞”时也非常精确可靠，但是主轴的成本（制造商生产它花费25000美元）使其使用不切实际。因此排除空气轴承作为主轴支撑的选择。

液体静压轴承在许多类型的机器主轴中都有成功的应用，而且因为不必像空气轴承所需的精确公差那样与主轴装配，它受碰撞的影响很小。液体静压轴承通过拉扯相对运动中零件间黏稠的油层运行，因此主轴轴线的位置是主轴转速的函数。在高速时，虽然可以冷却这些油，但是油的黏性剪切仍会导致产生大量热能。增加传感装置来监控主轴位置以及利用这些传感信号作为误差补偿信号的有关费用和可靠性问题被研究过。但是这个选择太贵而且不可靠，不能在生产机器上实施。另外，高速工具更换所需的大量快速开始/停止循环也不允许液体静压润滑层的充分形成，从而需要加压流体协助阶段。液体静压轴承通常多用在主轴以恒定转速（如一些磨床）持续运行的机器上。这些因素导致液体静压主轴不适合HSMC。

也可以考虑磁性轴承，但是它对此项目来说太昂贵。磁性轴承将伺服控制的电磁体放在主轴边缘的周围，使主轴位于中心。它们的根本限制是控制系统的成本和复杂性。

一旦发现了合适现成的滚珠轴承主轴，下一步是确定能量和传动装置来驱动主轴。计划中HSMC是快速起动、停止和更换刀具的。这极其重要从而影响电动机的选择标准。现今技术趋势是无刷直流电动机，因为它们的维护成本很低。对于HSMC的主轴，电动机必须快速带动主轴加速，加工一个零件（如钻孔），然后快速减速更换刀具。因为系统中存储的能量与速度的平方成正比，因此在此系统中，主轴电动机不考虑产生热源的大型电动机。

无刷电动机没有动态中断能力，因此需要提供电流以便使电动机停下来。另一方面，当引线的极性转换时，直流电刷电动机作为发电机（能量实际上通过一个外部的电阻箱消散），而且当它们减慢时，实际上产生了电流。因为输入HSMC主轴的几乎25%的能量将花费在刀具更换的开始和结束，所以可以通过使用电刷电动机节约能源。根据电动机供应商以及工作台测试证实，在所需高速电动机下，电动机刷所形成的电弧不会产生问题。因此，选择那些不用大量外部能量输入而拥有自动中断能力的电动机（如一个直流电刷电动机）有利于减少

[38] 参阅W. H. Rasnick et al.,“Porous Graphite Air-Bearing Components as Applied to Machine Tools.” SME Technical Report MRR74-02.

整体热量进入机器中。

另一种主轴设计标准是在高速下攻螺纹和在丝锥抵达孔底部之前停止主轴的能力。不幸的是，为了达到这个标准需要一个不切实际的电动机来为整个主轴瞬间停止产生力矩。幸运的是，考虑当丝锥抵达孔底部时它和主轴之间的运动，存在有一种特殊的离合器式攻螺纹机构设计。我们知道恰当的工具在某些地方通常可以节省大量设计时间和精力。

一旦选择了主轴电动机的种类，必须确定一个电动机/传动装置。因为主轴需要从 20～20000r/min 运转，第一个想法是利用无遮蔽的电动机直接驱动主轴，如图 8.7.2 所示。电动机利用主轴轴承去支撑转子，而定子则与主轴轴承外圈固定在同一结构上。这种选择有助于进行一个很明确的设计，但是，以这种高速运行的电动机成本是非常昂贵的（将来可能不是）。同样，密封电动机刷不受轴承油雾润滑的影响也很难。对于一个电刷电动机以低速在油槽中运转，只要维持通过电动机的合理油流量，电动机的合理温度控制则是可能的。但是，本项目中如果油浸在电动机上，高速主轴将会产生大量黏性剪切（损失）。

作为第二种选择，考虑的是一个带有双速传送装置且更经济的电动机。在所需速度下没有合适的齿轮传动装置，因此开发了一个专门的同步带传动装置。建立一个原型试验台进行测试并过度使用以确定设计的可靠性。它工作状态优良而且不需要大量修改。因此可完成主轴和它的能源传动元件的设计，并准备与其他设计整合。

在选择最好的主轴设计时，也要注意热量的影响。以前，各个制造商通过冷却或预热主轴以保持稳定的温度。通常利用内部油雾来冷却高速主轴。如果主轴外部首先得到冷却，它将使主轴收缩，使主轴轴承超载并咬住。不幸的是，利用油冷却一个快速旋转的内部直径导致冷却油被搅动剪切，自己产生热量。因此冷却油的温度必须小心控制而且要通过绝缘软管压入。正如前面讨论的，预热主轴将对其他结构件造成影响，因此不能考虑将其作为一个可行的选择。

1.5.4.6　结构设计

当使用薄钢板作为主要结构材料时，主要的结构设计标准是最大限度地减轻重量以及增大刚度。可以通过遵循以下一些原则去完成这个目标。第一个是尽可能使多个部件质量远离质量中心。这样会产生 I-横梁效应，从而最大限度增大刚度-重量比。第二个原则是平衡结构的刚度以确保没有单个元件超过应力。第一轮的有限元分析表明一个硬板在它支撑的板材上只有小的偏差时，其几乎为零偏差。很明显应用后一种原则是明智的。根据应变输出表的测试发现，如果改变硬板材的定位和方向使其承担更多的负载，其他主要元件的偏差就大大减小了。需要谨记的是设计师不应只满足一个工程设计的运行，而应该去争取最优的性能。第三个原则是把结构件分解为易处理分析的模块。每个模块有预测的刚度，全部合并的刚度则要达到机器要求。

1.5.4.7　液压和气压支撑装置

对这种机床提出的目标之一是仅使用通过压缩空气提供能量的电动机或传动装置，这在工厂所有机器上都适合。这要求改变公司的刀具存储卡盘电动机系统的设计。从历史上来说，公司的刀具夹持卡盘利用液压电动机和硬质制动器来指引卡盘。对于 HSMC，设计一个利用伺服控制电动机的电力装置去定位卡盘。虽然电力系统的制造成本是 $300，比一个液压装置高出很多，但维修师估算，它每年花费的维修成本仅为原来的$\frac{1}{6}$。

1.5.4.8　传感系统

传感和控制系统是机床中枢神经系统。没有传感装置感知其他变量（例如，温度和压力报警传感器），机器将停工。不幸的是，传感器也是机器中最脆弱的元件。一般来说，尽量最大限度减少传感器的数量以便提高机器的潜在运行时间。在 HSMC 上，需要位置传感器测量运动轴在全部行程范围内的直线位置以及测量行程的单个点（如终点）。为了测量直线运动，有许多有效的、经济的可选方案：电磁感应传感器、直线编码器、磁性传感器和精密滚珠丝杠上的旋转传感器。

对这项应用，需要的分辨率限制了在滚珠丝杠上对直线量具或处理器（编码器）的成本-效率选择。直线量具可以理想地安装在距刀尖尽可能近的地方以减小阿贝误差。不幸的是，这些地方将有飞扬的切屑，溅起的切削液和滴落的润滑油。其次的最佳位置是靠近滚珠丝杠。分解器是合适的旋转传感器，因为它们容易密封且耐脏。分解器（或译码器）最主要的问题是在高速旋转时，不能测量出由于热膨胀引起的滚珠丝杠中的任何误差。另一方面，直线量具能够直接测量滑动架的运动。只要滚珠丝杠可以提供平稳的反弹自由运动，控制器可以利用从直线传感器测量得到的信息来准确地控制滑架的运动，不用限制循环。因此虽然直线传感器比分解器贵一些，较难安装一些，但是它们能够提高准确性和可靠性。而且，通过研究客户需求，确定这两种传感器都是可选的。

在机器上用传感装置测量独立位置的应用很广泛，以帮助确定运动轴的终点位置和刀具存储卡盘中刀具的位置。对于高循环的应用，非接触开关是常见的传感器选择。为了防止运动轴超出预计的行程范围，提供了三个限位。第一个限位是一个软件运动轴行程控制，如果直线传感器读数超过了最大值，它中断主控制路径。第二个限位是非接触接近传感器给电动机发出信号中断电源。如果前两个都失败了，一个坚固的机械制动器会阻止运动轴掉到地上。

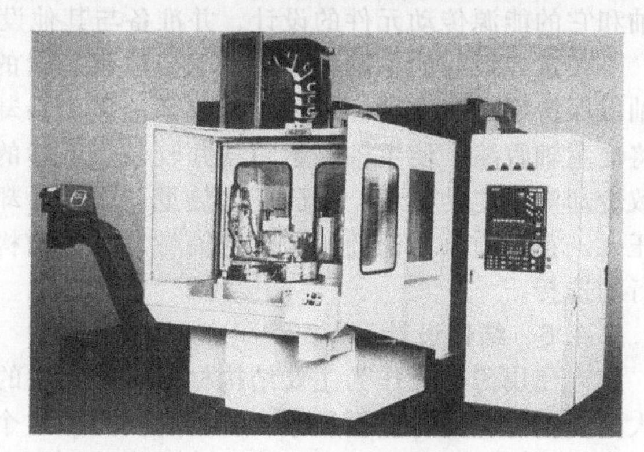
图 1.5.7　高速加工中心

1.5.5　小结

这个案例研究强调的是一个典型的高效率、计算机控制的卧式加工中心的设计过程。设计过程的描述让人觉得设计决策很容易，实际情况恰好相反，完成这个设计并且为生产做好准备是需要大量的工程经验、工作台测试和计算的，成品如图 1.5.7 所示，其在市场上取得了成功。当把金属板外罩拿掉，试着想象那些显现出来的先前讨论的所有部件。在理论上用这种方式分解一个机器的能力是一项技能，能够帮你找到竞争中的强势和劣势。

1.6　设计案例：三坐标测量仪[39]

三坐标测量仪（CMM）是通过测量部件的精确度促使机器达到比本身制造时更高的精确度，是零件相互转换（零件互换性）概念的基础。因而，制造商可以利用 CMM 控制制造过程的质量。本节通过研究谢菲尔德阿波罗系列 Cordax 三坐标测量仪的设计，提供 CMM 的一个开发设计过程案例。

CMM 不能用来确定为什么一个零件超出了公差范围。例如，某人可能会问这个孔是不是太大，或者它是不是在形状上可以省略，因为主轴比所允许的孔径大很多？对于前一种情况，钻孔的工具需要调整。对于后一种情况，轴的精确度或许不足以使零件加工到合适的公差。

[39] 作者要感谢谢菲尔德的 Stephen Fix 博士安排采访阿波罗的设计者。特别要感谢 Fred Bell，Bob Brandstetter，Don Greier 和 Tom Hemmelgarn 对这部分内容的帮助。

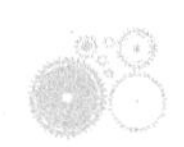

一台 CMM 通常用来沿着孔的轮廓探测三点或者更多点，以此来确定孔的平均半径是否在公差范围内。为了确定公差的来源，必须沿轮廓测量更多点，这将降低产量。在大多数应用中，前一种零件精度的评估已经足够了，因为之前机器主轴精度已经通过检测，而且造成超出误差的零件原因一般是由于不恰当的安装。

典型的高性能坐标测量仪不仅通过精确度来表现，而且通过当进行“飞行中的测量”时点到点快速移动的高速轴体现。它们利用一个在阿波罗 CMM 上应用的称为触发式探头的装置完成这项工作，如图 1.6.1 所示。在接触零件表面前，触头是坚硬的。当探测器的尖接触到一个物体表面时，它给 CMM 控制器发出信号以测量和记录 CMM 轴的位置。然后一个特殊的连杆让探测器顶端经过几毫米（通常达到 1cm）的过量行程。当探头触发时控制器发出信号使 CMM 快速减速。这种操作模式允许进行一系列快捷高速测量。在付出速度的代价下可以获得更高的精度，并且依赖于特殊的机器和探测器的设计。

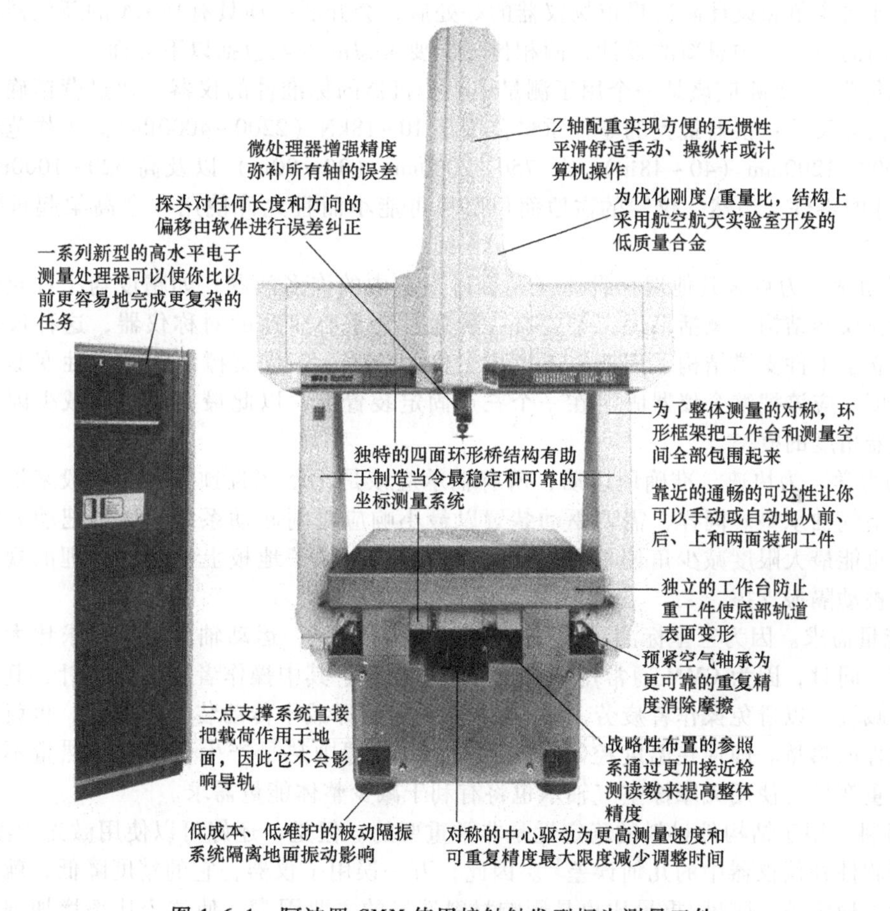

图 1.6.1　阿波罗 CMM 使用接触触发型探头测量工件

1.6.1　功能规格的基础

历史上，为特殊目的而开发了许多类型的三坐标测量仪。谢菲尔德工程师的主要目的是增加 CMM 每小时可以准确测量的零件数量，而且使机器的精度与零件的重量不相关。为了解许多不同制造商早期开发的 CMM 设计，进行市场调研得出一个竞争分析系数公式，即

$$CA=\frac{容量\times产量}{精度\times价格} \tag{1.6.1}$$

CA系数为设计师提供一个质量工具，用来判断可行的新设计[40]。

这时需要设计一个更快、更精确的机器，大约存在三种三坐标测量仪的市场层次：超精密、高效率、小型手动机器。第一类在世界上出售的比较少，因为它们有高成本和需要大量手工抛光，这需要很长的生产前置时间，以获得亚微米的精度。然而，这些机器是模具制造和精密仪器制造上必不可少的使用工具。所以，它们的制造商占据市场中特殊且难以渗入的位置。因此，试图在第一类中竞争是不明智的。第二类是负责向全球所有的制造业销售大量高效的机器。这些机器具有代表性的是10~15μm（0.0004~0.0006in）的精度，而且有能力快速在计算机上控制测量值。谢菲尔德在这方面已经很有竞争力了，而且占有很大一部分的市场份额。市场的最后一部分集中在小型、工作台式仪器，而且可以确定这部分市场相当有限且有很强的竞争力。因此从产品和市场份额角度看，如果谢菲尔德的竞争分析系数能达到2或者更高，那么就可能会赢得大部分高效市场。

重新证实竞争和设计高通量市场仪器的好处后，会开展一项具有高CA的新仪器的设计研究。分析旧的设计与构思新的设计，两相比较，要考虑的因素包括以下方面。

a. 几何学。CMM应该是一个用于测量中小型机器的标准件的仪器。通过营销确定三种客户需求的仪器尺寸：仪器最大的零件重量范围是10~18kN（2200~4000lbf）。工作范围要能够处理宽1000~1200mm（40~48in）、长750~2000mm（30~80in）以及高620~1000mm（20~40in）尺寸的零件。当然，仪器的占地面积要尽可能小而且允许使用一个高架起重机装卸大型工件。

b. 运动学。为克服其他现存设计（稍后讨论）中的许多问题，如精度与工件重量，必须开发一种新仪器结构。概括来说，希望有一种通过其重心驱动的对称仪器，这种仪器要完全脱离且独立于工件支撑结构。因此，不考虑工件的负载，工件支撑结构的弹性变形将不会影响测量精度。应该把整个仪器固定在一个三点固定装置上，以此最大限度地减少因为地板变形影响仪器精度的概率。

c. 动力学。为快速、准确地运动，所有轴承应该是无摩擦且预紧的。一般来说，这将需要使用反空气轴承垫。同样，需要驱动装置以最小响应时间起动系统。通过把动力时间减少到最小，也能最大限度减少角偏差和必然的阿贝误差。除了地板上振动层合理的规范外，还应该提供被动隔振支撑。

d. 能量需求。因为三坐标测量仪不从工件上去除材料，运动轴的能量需求比大多数机床要少得多。同时，因为CMM通常用于手工或示教模式，其中操作者要引导探针，其结构的重量应尽量减轻，以避免操作者疲劳。减少CMM的质量即减小传动装置的尺寸，也就能减少进入到结构件的热量。即使在温度控制情况下操作，仪器中热量产生仍能导致热量不均，造成仪器的严重变形。使用无摩擦空气轴承也将有利于减少整体能量需求。

e. 材料。用于结构件材料的稳定性是非常重要的。但是，还好可以使用激光干涉仪测量，并且使用软件补偿仪器中的几何误差[41]。因此，万一误用了仪器，它的精度降低，就可以重新校准。除了稳定性，刚度/重量比也是影响材料选择的主要因素。使这个比率增加到最大时有利于最大限度减少仪器轴运动所需的能量。进而可以减少进入其内部的热量和热变形。从铸铁的时代以来，许多类型的结构材料已经广泛使用。

铝的另一个优点是快速利用环境达到热平衡的能力。这是由于铝的高热量扩散性，这使铝的热反应比陶瓷和花岗石更快。因此铝的结构几乎不会产生造成由弯曲和阿贝误差引起的热量不均。

---

40 也可参阅 Methods for Performance Evaluation of Coordinate Measuring Machines, ANSI/ASME Standard B89.1.12M-1985.

41 不是所有的CMM制造商都这样做，但是谢菲尔德最先确定了这种能力在战略上是重要的。

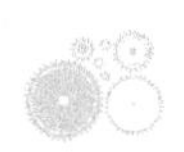

航空航天业在发展高刚度/重量比的稳定合金上有很大成功。因此在为传统材料（如铸铁和花岗石）寻找轻量替代材料时，借鉴航空航天业的经验看起来是合理的。除了高刚度/重量比的需求，航空航天业需要尺寸更稳定的材料。在航空航天业需要稳定性是因为通常90%的坯料在加工时去除，因此如果合金不稳定可能发生大量零件变形。即使事实上许多航空航天合金（如铝）有比其他传统机床材料较高的热膨胀系数，但对于本应用中，减轻重量和易于制造的优点被认为是重要的，所以选择铝合金作为主要结构材料。

f. 传感器和控制器。测量三坐标测量仪直线运动的传感器一般由直线轴承附近结构件上的直线传感器构成。直线传感器的使用对测量直线距离来说是最精确的方法之一。要想获得更高的精度只能用激光干涉仪。相应地，在20世纪70年代，竞争对手们从其他公司购买传感器，谢菲尔德为获得竞争成本优势而选择开发自己的直线传感器技术。这种对于直线传感器生产的研发努力是成功的，事实证明它与其他现成的传感器同样精确，而且大大降低了成本。

除了使用高精度的直线传感器外，试着利用其他降低仪器成本但维持精度的方法。这种方法产生在仪器上用激光干涉仪测绘几何误差的决策，而且把误差测绘合并到软件误差补偿程序中。提高仪器精度的新方法在美国国家标准与技术研究院（美国国家标准局）关于精密坐标测量仪的实验室状态下实施过，而且认为在工业应用中可行。误差测绘的使用同样需要考虑更容易现场维护和修理。

g. 安全。安全在任何设计中总是最重要的。操作者有时需要工作在测量空间内引导测量探针，所以必须确定所有可能的挤压点，然后防护或消除。为防止在计算机控制下移动CMM使操作者受到损伤，在仪器周围可以安装电子灯帘。如果操作者越过了灯帘，仪器将停止或减速。当操作者在工作空间内手工操作时，允许手工移动仪器同样也允许操作者停止仪器以免受到伤害。

h. 人机工程。塑料表面能够防止操作者向仪器辐射体热，保护操作者，使空气中的污染物远离轴承轨道，为操作者提供一种更新潮外观的仪器。如果仪器看起来很“高雅”，设计者的自豪感可能逐渐转移给操作者。整体的结构设计也需要尽可能开放，以允许操作者更容易地进入工作空间。类似的，所有控制面板操作必须易于使用。在所有这些领域中，以以往的用户反馈作为设计经验很重要。对于维修和服务人员，也证明了利用激光测量技术更改机械运动中的误差和基于软件补偿误差的能力是很有价值的。

i. 制造。传统上来说，具有高精度的仪器一般使用手工抛光技术制造。但是，因为预期要销售大量的仪器，以及可获得的手工抛光机器的技工能力下降，研磨产生的精度最终由基于软件的误差映射和补偿技术实现。

j. 运输。许多仪器可以分块运输、安装。但是，如果巨大的模型需要分解，可以在客户工厂现场重新装配后进行误差测绘。

k. 维护。前面提到的支撑直线轴结构的空气轴承有些是自动清洗的，这使得它们可以把污染物从轨道上吹走。但是，空气中的油和水汽在轨道上逐渐形成一层厚厚的膜。这层膜慢慢使轴承受阻。以往的经验表明凹凸不平的表面对空气轴承有普遍影响，因此清除油膜之后，通常可以恢复轴承的工作状态。

l. 成本。竞争分析使得我们在现有技术上可以获得一个重要的目标。任何合理的成本都可以认为是对开发是有益的。此类成本分析主要针对公司，因此不在本案例中研究。

m. 进度。有句古话：“不管你想什么，别人在同一时间内也会想到”，因此尽快完成设计是非常重要的。

1.6.2　技术评估（1984）

图1.6.2中所示的固定工作台悬臂坐标测量仪有如下特点：

- 轻便地移动质量块。
- 测量速度快。
- 有限的 Y 轴行程。
- 有限的 Z 轴行程。
- 方便从三个方向夹取工件（高产量）。
- 部分负载有良好的辅助功能。
- 应限制用于相对轻的工件，因为在工件的重力下工作台会产生偏离。
- 悬臂设计可以有一个低的固有频率和产生大的阿贝误差。

移动桥架 CMM 如图 1.6.3 所示，可以制造比悬臂仪器更大而且具有更高的固有频率。但是，这个设计提出独特结构的其他问题。这种 CMM 的特点有：

- 操作者在桥臂背面从三个方向进行操作。
- 可获得较大的 Y 轴范围。
- 工件宽度不能超过桥臂的开口。
- 应限制工件的重量，因为结构会在工件重力下变形。
- 外臂"行走"的问题，因为桥架没有增加悬挂在 Y 轴上的昂贵高架驱动系统，或者不能通过外臂上的一个辅助执行器来驱动。
- 桥导轨通常不能预载，这降低了仪器的操作速度

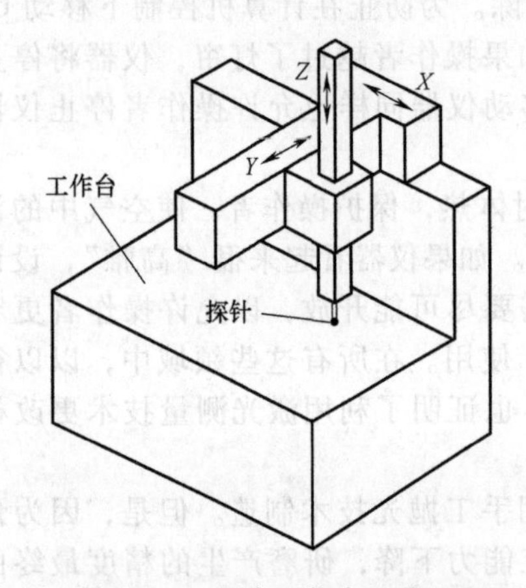

图 1.6.2　固定工作台悬臂 CMM

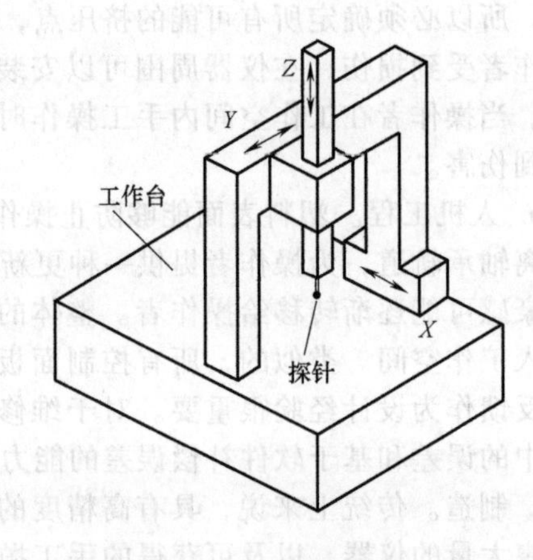

图 1.6.3　移动桥架 CMM

为了减轻移动桥臂的问题，演变出支柱型固定桥移动工作台设计，它有如下特点：

- 假定工件的重量有限，系统非常精确。
- 制造足够重的移动工作台以支撑重型工件。
- 测量时间较慢，因为工作台太大。
- 工作台的宽度不能超过桥架的开口。

为提高工作量，演变出如图 1.6.4 所示的支柱型 CMM。垂直轴与水平轴分离以减少阿贝误差的影响，而且开放的工作台设计考虑了把更大工件放在上面[42]。虽然工作台的变形仍然影响精度，但是这种 CMM 有如下特点：

- 非常精密的系统，虽然开放的 C 形部件容易产生热变形，造成支柱回拱，产生大量阿贝误差。

[42] 对这种 CMM 的原理上的设计事例研究，查阅 J. B. Bryan and D. L. Carter. "Design of a New Error-Corrected Coordinate Measuring Machine," Precis, Eng., Vol. 1, No. 3, 1979, pp. 125-128.

- 大型工作台能支撑大型工件，但是减慢了测量时间。精度仍是工件重量和机床变形的函数。
- 开放的 C 形支柱使工件的高度受到限制。
- 需要一个技术高的操作人员去协调工作台和探针的运动。
- 制造费用昂贵。

随着移动型横臂 CMM 的发展，采用半环设计，如图 1.6.5 所示。横臂能够深入到工件中的水平凹处探测。这种仪器有以下特点：

- 对大型工件有中等精度。
- 精细的探针伸入到工件侧面。
- 对于多数工件只有有限的垂直近似性。
- 精度仍是工件重量的函数。
- 悬臂设计导致固有频率低而且易受到大的阿贝误差影响。

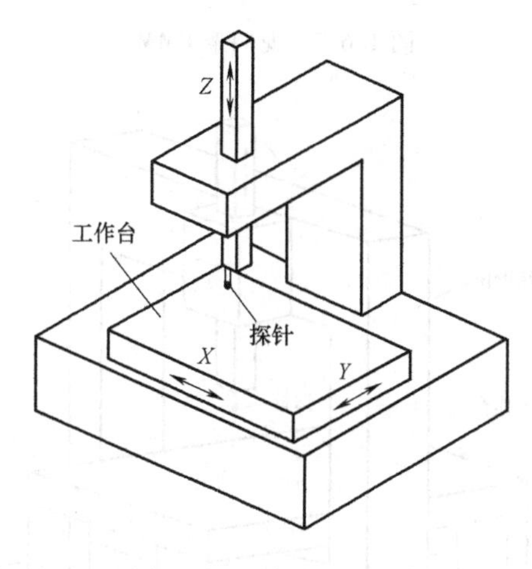

图 1.6.4　支柱型 CMM

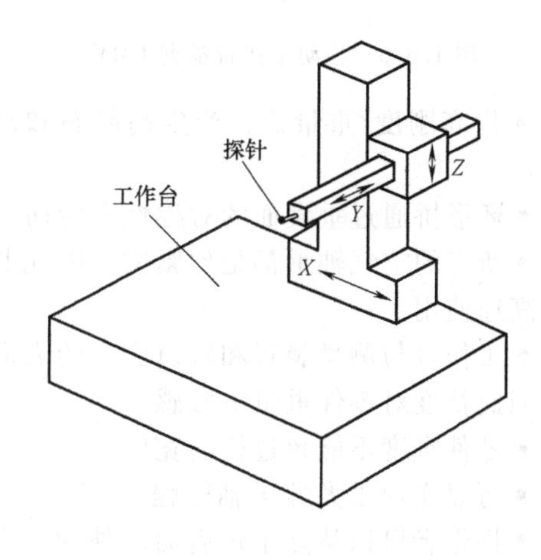

图 1.6.5　移动型横臂 CMM

移动型横臂 CMM 演变为移动工作台横臂坐标测量仪，如图 1.6.6 所示，它有如下特点：

- 在相对小的仪器上测量大的工件，但是精度仍然是工件重量的函数。
- 探针准确地伸入到工件侧面。
- 对工件顶部和底部只有有限的近似性。
- 悬臂受制于水平梁的振动（从地面上激发的一般形式）。

目前所有讨论的设计都是约束工件重量的，因为支撑工件的表面与仪器构架紧密连接。工件的重量在结构件上产生静变形，从而降低了精度。这就演变为图 1.6.7 所示的龙门架 CMM，它有以下特点：

- 对大型轴行程有利。
- 实际的仪器相对工件尺寸较大，而且需要大型结构以尽量减少支撑轴的弯曲变形。
- 操作者可以自由接近大型机器的所有零件。
- 从实践角度，这个设计仅限于大型机器使用。
- 只要支撑工件的底座和支撑仪器装置的支柱底座分离，工件重量将不会影响精度。
- 是三维跟踪激光干涉仪装置的理想应用。

详细分析其他 CMM 的设计后，为了扩大用途而总结出测量装置应该与支撑零件的结构装置分离。另外，环形结构似乎是最稳定的，它应该通过其中心驱动以避免移动问题。这两种需求看起来是一个自然合并，最终形成环形桥阿波罗 CMM 设计。稍后将在更多细节上讨论设计评价，但是这里显示的是不同类型 CMM 已完成的研究。图 1.6.8 所示为闭环桥架 CMM，它有以下特点：

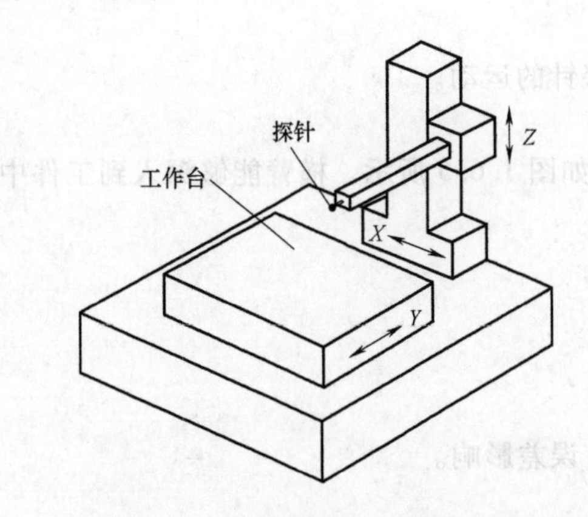

图 1.6.6 移动工作台横臂 CMM

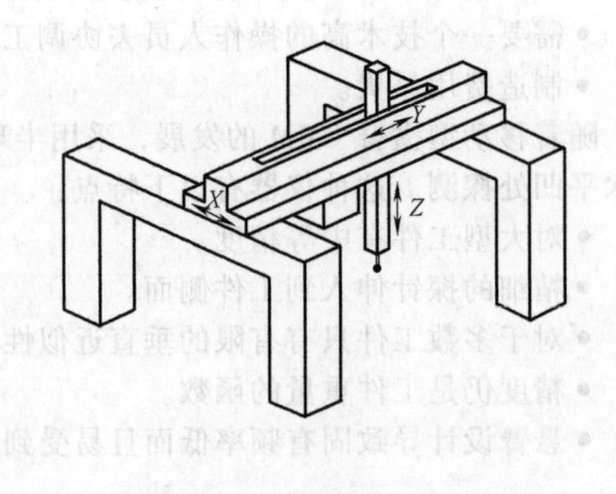

图 1.6.7 龙门架 CMM

• 提高刚度/重量比，产生高静态和动态刚度。

• 环形桥通过垂直面的对称性来传动。

• 所有的空气轴承都是预紧的，因此非常适合高速使用。

• 工作台与测量装置和轨道底座的表面分离，因此精度对零件重量不敏感。

• 零件宽度不能超过桥的宽度。

• 可以实现很大的 Y 轴行程。

• 操作者可以从除了环后面以外的三个方向进入。

• 桥可以移动到工作台的最边上，因此可以使用高架起重机装卸零件。

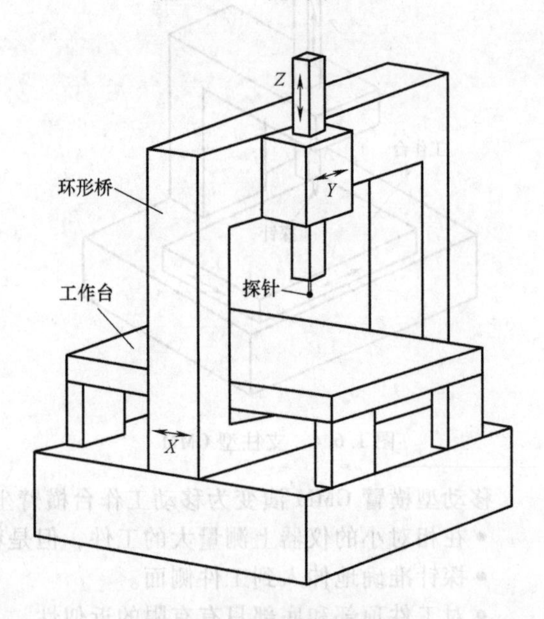

图 1.6.8 闭环桥架 CMM

作为这个研究的结果（闭环桥架概念的开发），把先前描述的各种三坐标测量仪分类并根据竞争分析商进行评价。从确定的 CA 值来看[43]，对闭环桥架竭尽全力的设计可能是一项非常有价值的冒险。基于现有仪器的研究，确定早期的尺寸规格也是合理正确的。仪器的精度目标是对在工作空间内的一个 400mm 的球栓[44]，明确在 0.012mm（0.0005in）。这将适合多数制造商的需求，而且如果使用基于软件的误差补偿技术，获得这个精度的成本会是合理的。

阿波罗前身的技术评价

阿波罗 CMM 的前身是谢菲尔德制造的 1810/1820 系列轴移动悬臂型 CMM。较小的 1800 系列在阿波罗的概念提出后还在供货，其用来测量更大的零件。因此 1810/20 系列升级的可行性研究是研究提高效率和谢菲尔德的 1810/20 系列的垂直悬臂精度的可行性，以帮助引导阿波罗的开发。1810/20 系列的升级包括机械和电子系统定位硬件的评价，控制器硬件和软

[43] 在此，因为专利，所以不能提供这些值。

[44] 球栓就是在栓的两端有圆球，栓被夹在中间，而两端是测量栓长度的探头。参阅 J. B. Bryan，“A Simple Method for Testing Measuring Machines and Machine Tools,” Precis. Eng.，Vol. 4，No. 2，1982，pp. 61-69.

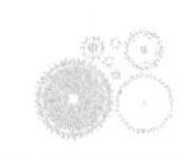

件，以及伺服定位控制回路系统水平分析。

X 轴和 Y 轴的机构连杆由一个牵引式丝杠组成，如图 10.8.18 所示。牵引传动辊子被布置成以 9.04°倾斜套在 25.4mm 的传动轴上，其导致传动轴每转一圈行进 12.7mm （1/2in）。牵引传动是通过气压啮合的，它可能通过驱动器控制轴向力（与轴向加速度）。允许从驱动器轴耦合螺母，便于手动运动。因此通过螺母摩擦滑移驱动来限制 X 轴和 Y 轴的轴向加速度。通过传动轴的最大临界速度（即轴“搅动”频率）限制 X 轴和 Y 轴的轴速。

用于 X 轴和 Y 轴驱动器的牵引螺母传动有以下优点：①间隙极小；②易于机械耦合比变化（经辊子螺距的调整）；③易于超载调整（通过气压）以补偿磨损；④低黏附；⑤中等刚度；⑥对 X 轴和 Y 轴采用通用部件（如目前配置）；⑦避免手工操作驱动。但是，它也有以下弊端：①低电极耦合比，导致低电动机/负荷响应时间；②由于主轴速度限制，对长轴行程有低速限制；③可变摩擦等级意味着最大加速度的变化。

Z 轴的传动用扁钢带将 Z 轴连接到电动机驱动滑轮机构上。空气活塞制衡机构减少电动机上的转矩数。考虑加速度和速度的范围，在 Z 轴连杆上的加速度和速度不存在实际的限制。Z 轴驱动/平衡机构有以下优点：①整体气动平衡机构；②简易性；③低黏附；④无间隙；⑤避免手工操作驱动。但有以下弊端：①因为钢带驱动，内在的刚度低；②低电动机耦合比。要注意到所有轴在终端的制动都是通过橡胶保险杠提供的。对三个轴，安全减速行程距离的最大速度是 130cm/s （5in/s）。

由于所有轴上反映的负载惯量与电动机惯量的高度不匹配，所以为各轴选择不同的传动机构。配合的惯量可以帮助减少伺服安装时间，也有人建议检查每个驱动机构的成本类型。另外，牵引螺母驱动的低主轴速度可以通过一个大直径传动轴、一个用于减振的平行滑动架、一个大螺距螺杆和一个中间支撑点得到。

1.6.3　阿波罗闭环桥架 CMM 设计变革

阿波罗 CMM 项目是基于移动和固定桥结构设计的概念设计开发而开始的。固定桥结构是满足高精度需求和快速伺服运行高动态性能的最佳概念。一个传统的行程桥架结构对低精度、小型手工机器来说是最好的选择。经过许多反馈和团队讨论后，在一个雨雪的早上，一个独立的头脑风暴会议促使图 1.6.8 中的闭环桥架概念产生。它有以下特点：

- 优化的刚度/重量比产生较高的静刚度和动刚度。
- 预紧轴承。
- 非常好的稳定性和可重复性，这使得基于软件的误差补偿是有效的。
- 工作台从测量系统中分离出来使得零件重量不影响精度。
- 从闭环桥架的重心处驱动以防止“游离”。
- 零件宽度不能超过桥洞。
- 较大 Y 轴范围是可行的。
- 操作者从两个方向进入，并且在另外两个方向受到限制。

最初的闭环桥架概念如图 1.6.9 所示，它有以下不足：

- “V”形轨道难以制造和检测。
- 环的支撑轴承是悬架的，因而降低了环的刚度。
- 因为薄弱的非支撑臂，工件负载可能会影响导轨。
- 垂直直立的环结构较高，对仪器刚度有影响。
- 在底座臂上难以安装环结构。
- 叉式升降机装卸工件的洞不得不被合并入机座，降低了机座的刚度。
- 由于包装问题，桥架驱动装置不在中间。

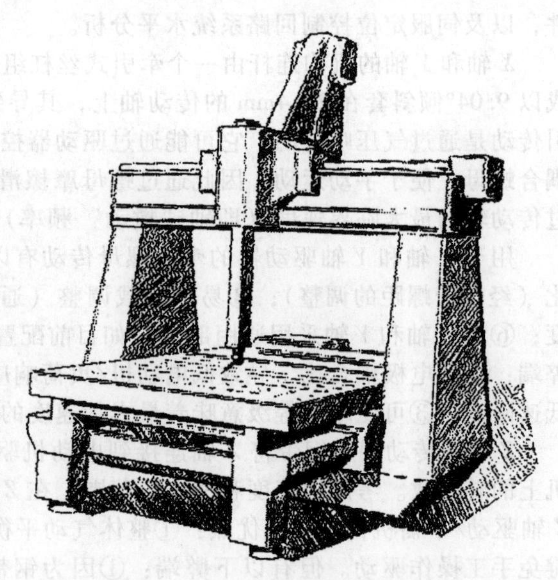
图 1.6.9　最初的闭环桥架概念

● 环形结构接近地面会产生一个潜在的挤压点。

● 仪器导线不能被有效地包装进机座，因此需要外部的电缆回路载波。

第二种闭环桥架概念是最终的设计，如图 1.6.1 所示。它有以下特点：

● 矩形轨道容易制造和检测。

● 轴承轨道直接支撑环的下部，产生较高刚度的结构。

● 工件负载直接通过坚硬的元件转移到地面上，使轴承轨道或测量结构的几何形状不会产生变形。

● 直立环比第一种环形桥设计短，有利于使环结构坚固。

● 能够很容易地将环安装到完成了的底座上。

● 叉式升降机的装卸是在底座底下完成的，从而取消了叉式升降机装卸所需洞口的要求，这就产生了一个刚度更高的机座结构。

● 桥驱动装置在它的中心附近。

● 消除了在环结构和地面间的挤压点。

● 可以使用简单的滑动环把仪器导线包装在底座上。

● 因为低的底座位置，降低了整个机器的重心。

选择闭环桥架而不是固定的传统龙门式桥架设计，是因为它提供了一个技术性“跃进”概念：对快捷伺服操作有良好的动力学，兼具软件补偿的高精确性，以及人工和伺服仪器有相同的配置，结果使零件的通用性和成本获益。可以把手工操作的自由移动驱动装置添加到伺服控制的仪器上，以便提高市场竞争力。闭环桥架的主要特点是分解结构和测量装置的能力，这种精度不会成为工件重量的函数。另外，基于软件的误差补偿技术和航空航天合金技术的使用也有利于具有竞争力。

闭环桥架概念的提出对当时 CMM 设计技术的发展起到了重大作用。这些来源于传统机床制造技术（例如，铝的使用及误差测量）生产了一个更简单、更精确、更易制造的产品，也是其他制造商难以复制的。

1.6.4　阿波罗 CMM 的详细设计

在开发阿波罗三坐标测量仪的详细设计中，考虑三个关键领域很重要：机构的误差来源、机构系统和传感电子系统。

1.6.4.1　误差来源

机构误差来源包括仪器几何形状、仪器动力学、热影响和工件影响。下面对其分别讨论。

1. 仪器几何形状

仪器几何形状的误差出现在三个运动轴上，而且每个运动轴上的误差由三个移动和三个转动部分组成，另外，存在与每个运动轴的正交性有关的误差。综合起来，在仪器中有 21 种几何误差来源。幸运的是，这些误差在结构件中可以作为产生误差的位置的函数进行测量。利用激光干涉仪和其他测量技术去测量结构件中的几何误差，软件的误差补偿程序可以利用这些测绘值补偿几何误差。但是，这种测绘不包括气候影响，因此在误差测绘前需要仪器与

它的环境达到平衡。除了在仪器几何形状上提供误差补偿外，还需要此软件补偿由仪器轴中的角度误差造成的探针偏移误差。因此只要用户把探针几何参数输入到仪器控制器中，探针的偏移误差影响就可以得到补偿。

2. 仪器动力学

在仪器中主要动力学误差是由于：①移动探针相对于仪器中作为探针的直线传感器的位置进行接触；②仪器内的振动，或许是由地面传递给仪器的振动而引起的。第一种影响可以明确的预测，通过电子测量探针实际接触工件的时间和仪器收到探针接触工件信号时间之间的时间延误，可以通过把检测工件放在距已知起点距离很精确的位置上测量得到。在仪器运动完这段已知距离后，随着探针引发的时间，可以估算时间延误。这给出了作为仪器速度函数的精度测量。实际上，这种误差不太大，因为探针能够在接触后 1μs 给控制器发出信号。因此机构误差是延迟时间转换和 CMM 移动速度的产物。注意，重要的是要维持快速运动时仪器的探测能力。如果只能在仪器减速停止后进行测量，将造成产量的严重降低。

第二种影响，来自仪器和地面的振动，难以预测和补偿。构建详细的有限元模型可以帮助确定结构中的共振。可使在仪器制造前更正结构上的缺陷，也可以详细指定地面振动的水平。它也能使设计师指定伺服循环的时间和运行速度。可以安装控制器以阻止 CMM 中电动机的运转速度超过结构共振点。

虽然它们经常是有迹可寻而且有特点，但是动力学误差是最难预测和补偿的。尽可能地把仪器制造得坚硬和轻巧，更有利于使其获得高速运转。

3. 热影响

许多结构的金属以 11～22μm/m/℃（钢和铝）的比率膨胀，因此典型的工厂温度变化(±5℃或更多）可能对一个大型仪器精度产生巨大影响，尤其在变化的比率很大时（大于3℃/h）。因此要在一个温度可控的环境中进行检测工作。温度控制的精确程度依赖于将要检测的工件所需的精度。注意如果工件和测量轴位置的测量仪是由具有相同热膨胀系数的材料制造的，只要在相同温度下，都可以进行精确的检测。然而，这不是我们所希望的，因为用于制造的材料是各式各样的。

对热误差的软件补偿难以进行，因为在仪器中从一点到另一点有无限多的温度梯度剖面。温度梯度误差是麻烦的，它们经常造成结构件的弯曲，产生角误差。所以要明确运行仪器所允许的空间温度。

利用不锈钢测量量具沿每个轴的位置测量，把量具一端钉在铝架上，沿其长度方向用黏胶带固定。黏胶带有低的剪切模量，因此允许在钢质量具和铝架间发生不同的膨胀。钢质量具的优点是有较低的热膨胀系数，而铝比钢有更好的热传导率，所以可以在一台机器中将钢和铝合并使用。

关于不同材料有不同瞬态热反应时间的问题非常难处理。因此在将要测量的工件放置在三坐标测量仪上之前，让其在测量室内达到热平衡就显得很重要。让工件和仪器达到同一温度通常称为“均热（处理）”。

4. 工件影响

多数三坐标测量仪设计精度要受测量工件重量的影响，因为工件的重量使测量系统的结构件产生变形。闭环桥架结构通过分离测量装置和支撑工件的工作台解决了这个问题。工件上所有的测量值与工件上一些数据有关，一旦把工件放置于测量台上，工作台由于工件重量产生的最初偏斜就不重要了。然而，工件必须能够支撑自己的重量而不破坏其外形。工件也应该被固定以便其不会摆动。因此当装卸的工件不能支撑本身重量时，只好使工作台的尺寸足以防止偏斜。此类零件本身就很轻便，因此阿波罗的工作台比其他“移位”三坐标测量仪要轻。实际上，当销售者试图使一位有经验的检测者相信阿波罗实际比大型结构的仪器更精确时，这将成为一个推广点。因此，让客户了解阿波罗的结构和工作原理是最终的一项重要任务。

1.6.4.2 机构系统设计

除了闭环桥架结构外，探针、轴承和驱动器也是三坐标测量仪机构系统的主要元件。探针应该能在运动时准确测量，或者在更为严格的条件下可更换。可靠准确的探针在市场上是可以买到的，因而这不是考虑的问题。轴承必须是无摩擦的、可替换的以及预紧的。驱动器必须能够提供快速的加速和减速以及平滑的运动；精度不是问题，因为在轴移动时探针可以测量精度。

轴承必须是完全无摩擦以消除由于作用力所致的结构变形。另外，轴承必须是预紧的以允许轻型运动轴快速加速。唯一一类同时既无摩擦又预紧的轴承是液体静压轴承和气体静压轴承。前一种利用缓冲的高压油使一个结构件浮在另一个之上。但是油液需要在一个洁净的检测环境内使用，因此这种轴承并不是期望的类型。气体静压轴承用空气代替油，但是空气的低黏度需要移动零件间机械公差更小，以便保持空气流动率低以提高轴承刚度。

制造高精度的气体静压轴承所需的技术已有了一段时间，但是，多数轴承使用节流孔而且有相当高的流动率。节流孔技术便于分析理解，但是节流孔在补偿轴承的刚度方面通常比可得到的多孔轴承低。为减少气体消耗和提高刚度，谢菲尔德决定开发多孔空气轴承技术。多孔空气轴承技术已经使用了几十年，但仍然认为它是一个难以掌握的技术，因为它难以生产出精确控制流动阻力的多孔介质。但是，如果努力被证明是成功的，那么可以带给谢菲尔德良好的竞争优势。从橡树岭国家实验室借用的内部多孔石墨垫技术被用来设计阿波罗三坐标测量仪的空气轴承，他们冒着风险但得到了回报。如果气压泄漏了，多孔石墨也不会损坏导轨。通过导轨一面上的垫子推动另一面的垫子预紧轴承。证明这种配置对微米（微英寸）级精度测量很稳定。

选择驱动器的一个关键标准是把传动系统从移动的结构上分离出来的能力。这样就允许用户自由地移动结构件，而不用必须反向驱动动力传动系统。为阿波罗驱动系统设计的驱动器包括齿轮齿条、滚珠丝杠、同步带、电动机、牵引驱动器和链式驱动器，所有这些将在第10章进行详细的讨论。下面做简要描述。

过去，已经证实当齿轮齿条和滚珠丝杠驱动器遇到刚性制动时，很难分离。在机床上通过使用较重的结构以承受切削力而且它能够承受这种缺陷，但是CMM不能。另外，这类驱动器非常精确，但是需要周期性的间隙调试。最后，也可能是最重要的，它们需要非常精确的校准程序，来阻止制动器引起轴承的运动误差。

同步带（如定时带）和链轮通常用来从一个轴传递转矩到另一个轴上。然而，可以用一个夹具把移动的结构与带连接。驱动轮转动带时，结构件就被拉动。当操作者想以手动方式移动轴时，他起动一个转换器（开关），这个转换器将带与结构件分离。当带试图将结构件移动超过它所允许的行程限制时，行程终端传感器将阻止结构件进一步的运动。但是，在这类应用中同步带的主要问题是在伸展情况下刚度较低。然而在机器运转时进行测量发现，CMM中没有可抵消的切削力。因此，与低刚度执行器有关的伺服精确性可能不是一个主要问题。为证实这一点，制作了一个检测夹具进行实验，并得到了验证。位置反馈元件可直接读出结构件的位置，不会在后续运动上造成误差。因此带刚度低并不是主要问题。它的主要局限性在于限制了可获得的伺服闭环带宽。

自流线性电动机也是这一应用的潜在选择，但相比同步带传动更昂贵。它们的定位精度很高。这种仪器能够以任何方式测量，所以执行器定位精度要求不应超过其高成本的代价。直线电动机的主要缺点是：电动机为结构件内部的主要热量来源，而且不会减少齿轮数量，而传统的旋转电动机容易实现，并且廉价。这不包括配套的电动机和负载惯性。多种摩擦

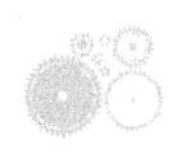

（牵引）驱动器也被考虑。先前谢菲尔德制造的三坐标测量仪大多使用这类驱动器，但是这种从扁平驱动杆或驱动轴上啮合和脱离的机构也过于昂贵。

链式驱动器也可以用于同步带装置运作中。然而，把轴固定在链子上或拆下来很困难。链式驱动器会发生嵌齿运动，因为连接件是不同的元件，而齿轮带的纤维使它在持续运动的方式下导致它周围的驱动链轮弯曲。润滑需求也使链式驱动器不适合此项目。

该项目的最佳选择是同步带装置。值得注意的是，其他制造商确定摩擦驱动器是最好的执行器。因为制造商所决定的设计无法兼顾所有情况，只能做相应的取舍。

1.6.4.3　传感器和电子装置

正如上面讨论的，通过精度、可靠性和低成本的要求，在内部生产的不锈钢量具将用于阿波罗设计上。传感器放置在轴承附近，而且探针上的阿贝误差通过测绘结构件而得到最大限度的降低。三坐标测量仪不产生飞扬的切屑、溅出的切削液或者滴落的润滑油，因此传感器安置和保护的工作比多数机床更容易。

电子控制装置必须是自定义设计的，如果仪器能够精确记录探针接触工件的时间，继而就可读出轴的位置。该结构以 16 位的微处理器为基础，这一处理器带有数字协处理器、标准模块化存储功能以及通信模板。所有软件控制程序必须用双精度编写，最终的期望是使用 32 位结构的控制器。对于阿波罗 CMM 后续型号的开发而言，使用一个 32 位的控制器并非难事。

1.6.5　设计后续工作

这个项目的设计后续工作体现了阿波罗 CMM 是一次很成功的冒险。自从 1986 年开发阿波罗 CMM 后，其销量很好，而且为 CMM 设计制定了一项新标准。该系列产品强调产量和精度。铝作为设计阶段的主要结构材料在制造决策中进行了调整，这可以看作是正常的技术调整。即使现在他们调整为使用加工铝材料，也不会折返到使用铸铁的地步。

第2章

精确度、重复性与分辨率的原理

> 如果在其他学科我们都应该做到毫无疑问的确定性和严格的真实性，那么我们更应该把这些作为数学的基础。
>
> ——罗吉尔·培根

2.1 引言[1]

仅仅上过几门设计课从而对某些机械设计有所熟悉，或者脑子里充满了设计的各种资料，这些都不能确保你是一个优秀的机械设计师[2]。一个好的设计师对影响机械性能的各种因素具有先天的感知能力，并能很好地理解它们。同样重要的是，设计师必须能够理解机械组件或其系统的基本物理特性。这些知识对于形成好的设计和选择恰当的组件是必需的。

精密机械的设计主要依赖于设计能力，以及生产工程师在制造之前就能预测机械将如何运作。使用机械合成与分析原件可以很容易地检测常规的机械动力学性能。磨损率、疲劳程度以及腐蚀则难以预测和控制，但是机床设计的大部分问题都是可以理解的。因此，也许可以认为影响机械质量的最重要的因素是组件的精确度、重复性和分辨率以及组件组装的方式。这些因素非常重要，因为它们将影响使用这部机械制造出来的每个产品。相应地，成本最小化和质量最优化要求必须可以预知精确度、重复性和分辨率。这要求设计师优化他们对组件的选择，并指定制造公差。与此类似，如果在生产过程中某个步骤出现问题，如供应商更换，那么必须能够及时确定采用替代组件之后对机械性能造成的影响。这些概念应该是统计质量控制的基础。

设计一部具有良好精确度、重复性和分辨率的机械一直被认为是借助科学原理帮助的魔术[3]。就像 Donaldson[4] 所说的那样：“我们从经验得出的第一个基本常识是机械的精确度应当是固定不变的。即机床误差遵循因果关系定律，它不会无缘无故地发生变化。”因此，设计或

---

1 从本章起，讨论的许多话题主要参考了《机床技术》之第5卷《机床精度》(Robert J. Hocken 编)，美国国家技术信息服务中心报告编号：UCRL-52960-5。当然，还有大量参考文献无法一一罗列。但是，《机床技术》是由相关领域顶尖专家组成的编写委员会编写，很好地总结了机床误差的科学问题和解决方案。

2 “教育最令人惊讶的是无知以教条的形式在不断地累积增长。”亨利·亚当斯

3 “对大多数人来说，最不愿意做的事情就是开动脑筋。”詹姆斯·布莱斯

4 R. Donaldson, “The Deterministic Approach to Machining Accuracy。” SME Fabricat. Technol Symp, Golden. CO, Nov. 1972 (UCRI. Preprint 74243).

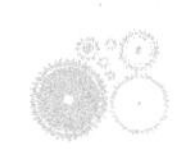

制造只有在观察者缺乏时间或资源，不能用科学原理来揭示现象的本质时，才会被看作是一种魔术。

2.1.1 精确度、重复性和分辨率

当讲到使用确定的方法来进行设计，理解这个游戏的规则就显得非常重要。关于一部机械如何定位其运动轴时应记住三个方面，即精确度、重复性（精密度）和分辨率。这些名词可以用图 2.1.1 所示的射击靶图形象地表示出来。

精确度是接近目标的程度。在机器工作区域内，精确度是任意两点之间最大的位移或转角误差。如图 2.1.1 所示。精确度可以表示为靶标上所有弹孔的均方根半径。机器的线性精确度、平面精确度和空间精确度都可以用类似方法定义。

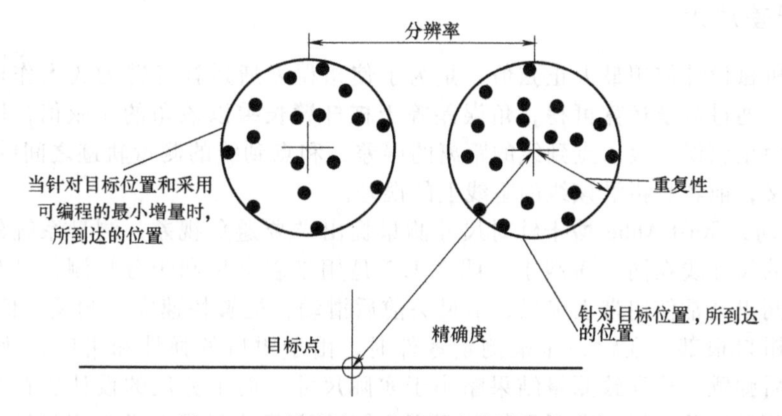

图 2.1.1 精确度、重复性和分辨率的确定

重复性（精密度）是指多次重复动作一致性的能力。在机械运动中，多次向同一位置运动时所产生的误差。如图 2.11 所示，图中包围靶标上 $N\%$ 弹孔的圆的半径即代表重复性，这里 N 被定义为出现的概率，见表 2.1.1。双向重复性是指从两个不同方向接近目标点的重复性，如由丝杠间隙引起的双向重复性。在正态（高斯）分布状态下，N 个数据点的均值 x_{mean} 和标准偏差 σ 为

$$x_{mean}=\frac{1}{N}\sum_{i=1}^{N}x_i \tag{2.1.1}$$

$$\sigma=\sqrt{\frac{1}{N-1}\sum_{i=1}^{N}(x_i-x_{mean})^2} \tag{2.1.2}$$

标准偏差用于决定正态分布系统中某一事件发生的概率。表 2.1.1 用百分比表示出了一个数值出现在其期望值标准偏差之内的概率[5]。注意在零件尺寸方面，不能将误差均值与允许的随机变化量相混淆。例如，照相机的精密模压透镜，其模具需要经过人工整修，使所压制出的透镜的平均尺寸与所要求的尺寸相等。

值得一提的是，Bryan[6] 提到通过概率法来描述重复性："当变量太大或通过常识和计量学推算成本过高时，我们可以采用概率法来解决问题。"我们不能小看概率法的作用，因为它和设计师采用的其他数学工具没有什么不同。然而，这一工具的使用或许表明，我们需要近距离观察系统，看看能不能将其变成确定性的，进而使系统的可控性更高一些。通常重复性的

[5] 这里用到的概率计算公式来自 A. Drake. Fundamentals of Applied Probability Theory. McGraw-Hill Book Co., New York, 1967, p. 211. Φ (λ) 的值用 Mathematica™ 软件计算。另一个有价值的参考文献是 M. Natrelta. Experimental Statistics. NBS Handbook 91.

[6] J. Bryan, "The Power of Deterministic Thinking in Machine Tool Accuracy," 1st Int. Mach. Tool Eng. Conf., Tokyo, Nov. 1984 (UCRL Preprint 91531.)

关键不在于设备本身，而在于排除周围环境可能引起的各类误差[7]。

表 2.1.1　随机过程中一个数值出现在其期望值 $k\sigma$ 内的概率

k	发生概率 $N\%$	k	发生概率 $N\%$	k	发生概率 $N\%$	k	发生概率 $N\%$	k	发生概率 $N\%$	k	发生概率 $N\%$
1.0	68.2689	2.0	95.4500	3.0	99.7300	4.0	99.9937	5.0	99.9999	6.0	100.0000

分辨率反映的是系统的细致程度。分辨率越高，可编程的脉冲当量越小，即机器在点到点运动时的步距越小。分辨率十分重要，如果需要，设计人员可以获得更窄的重复性的区间。

尽管这些定义看起来简单易懂，但如何通过测量来确定这些指标往往成为争论的根源。问题在于，决定机器精确度、重复性和分辨率的测量本身的确定度有多少？哪些因素（如机器的预热时间）影响测量过程？这些问题将在第 3 章至第 6 章中讨论[8]。

2.1.2　角误差放大

或许精密机械设计使用最大正弦值，是为了使角误差通过杠杆臂的放大作用以线性形式更清楚地显现。通过数学运算可得，角误差等于杠杆臂长乘以该角的正弦值，因此角误差也称正弦误差。而余弦误差表示点到线的距离的误差，和点到线的测量轨迹之间的距离的误差。注意，根据定义，前者是指沿该线的垂线上的误差。

19 世纪末期，Ernst Abbe 博士针对尺寸测量提出“要避免视差，测量系统的轴线必须和工件上要测量的尺寸线在同一直线上。图 2.1.2 是用带表卡尺和千分尺测得结果的对比。为便于使用，车间里经常使用带表卡尺，卡尺头前后滑动，能够快速完成测量。值得注意的是，测量尺寸位于钳口根部。在钳口末端测量零件时，由于钳口的弹性和钳口导轨存在的瑕疵，钳口会略微向后弹跳，这导致测量结果略小于实际尺寸。而千分尺的设计更符合零件尺寸的测量，避免了阿贝误差。钳口夹紧零件的程度会影响这两种测量工具的测量结果。千分尺通常具有扭矩限制调节功能，测量力度可以重复。阿贝误差的重要性不容忽视。

该原理还可用于将导轨表面设置在距离机床的工件安装区域较远的地方[9]。导轨和工件之间的距离会增大导轨运动误差，然后传至工件，引起纵向、横向以及轴向直线度误差。其他类型的误差同样会影响机械部件。

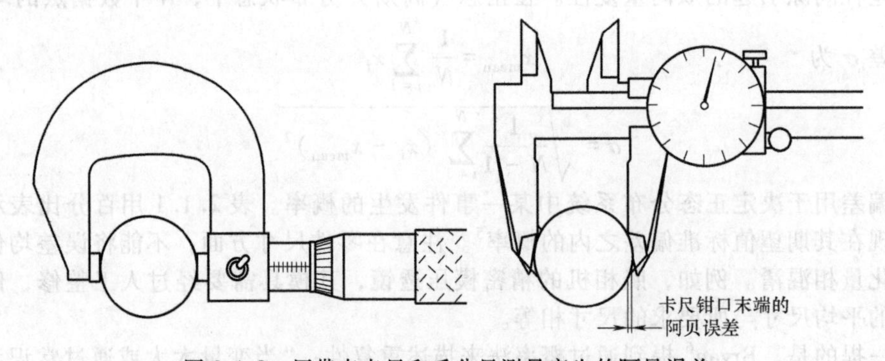

图 2.1.2　用带表卡尺和千分尺测量产生的阿贝误差

[7] “在设计试验时，所研究的对象和现象要从其他事物中划分出来，然后单独作为研究领域。其他的都是干扰因素。安排试验要使干扰因素对所研究的现象的影响尽可能的小。”詹姆斯·克拉克·麦克斯韦

[8] 也参阅 A. T. J. Hayward. Repeatability and Accuracy. An Introduction to the Subject and a Proposed Standard Procedure for Measuring the Repeatability and Estimating the Accuracy of Industrial Measuring Instruments. Mechanical Engineering Publications, New York, 1977.

[9] 参阅 J. B. Bryan, “The Abbe Principle Revisited-Ah Updated Interpretation.” Precis Eng, Vol. 1, No. 3, 1989, pp. 129-132. 这里提及的阿贝原则的延伸，被称为布莱恩原则，将在 5.2.1 节就各种测量方案中传感器的安装位置进行讨论。

2.2　制订系统误差分配

要测定刚体对于另一物体的相对位置，需要明确六个自由度。更复杂的是，每个自由度的误差可能是许多部件共同作用的结果。事实上，考虑到一个机床内所有相互关联的元件，需要掌握的误差数量会非常惊人。因此，掌握和分配这些误差的允许值最好的办法就是误差分配。误差分配和其他分配一样，是指将资源（允许的误差值）分配在机械各部件上[10]。目的是通过分配误差，使得特定部件实现误差分配的能力不会超过应有的限度。因此，最大限度地减少工作量和简化工作，满足误差分配的要求，就成为在各部件之间分配和再分配允许误差的主要目的。误差分配可以看作是控制和指导整个设计过程的工程管理工具，也是最终设计结果的预算工具。与 CPM 表一样，误差分配是一个动态工具，需要在设计过程中不断更新。

我们根据定义机械各部件和连接部分运动规则，以及组合不同类型误差的组合规则，就可以制订出误差分配。确定误差分配的第一步是为系统建立一个由一系列齐次变换矩阵（HTM）组成的运动学模型。接下来要全面分析系统可能产生的每种误差，并使用 HTM 模型帮助确定这些误差对刀尖相对工件位置精确度的影响。然后得到一组包括所有终点误差分量、误差源以及刀尖处误差放大因子（称为误差增益或敏感系数）的列表。最后，应用不同的组合规则就可以得到机器总误差上限和下限的预测值。

通过误差分配检查工具端或工件位置的设计精度和规定精度时，必须首先确定机器的敏感方向。如图 2.21 所示，在车床上车削半径为 r 的圆形工件时，刀具沿着零件表面的切向运动误差为 ε，在工件半径方向上产生的误差大小为 ε^2/r，该误差远远小于 ε。如果刀具静止、工件转动（如车床），误差敏感方向固定；如果刀具旋转、工件固定（如坐标镗床），误差敏感方向跟着旋转。没有必要花费太大精力去减少那些无足轻重的误差。但通常误差分配应涵盖所有误差，以避免意外地忽视一个敏感误差，当最终列表形成后，再忽略非敏感方向的误差。

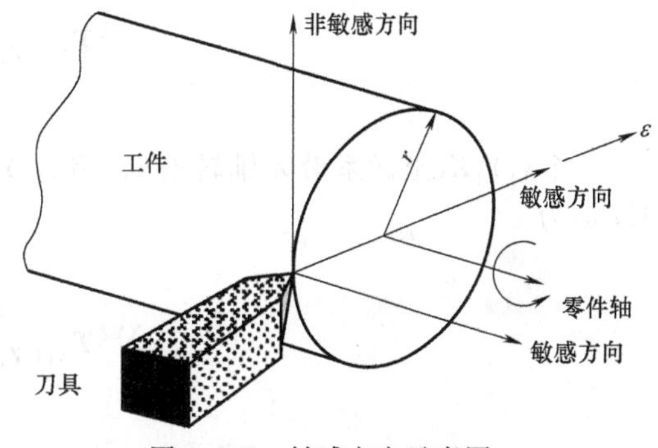

图 2.2.1　敏感方向示意图

2.2.1　机械的齐次变换矩阵模型[11]

为了确定一个部件的误差对刀具或工件位置的影响，需要首先明确两者的空间关系。要表示三维空间中一个刚体在给定坐标系中的位置，需要一个 4×4 的矩阵。这个矩阵从刚体坐标系（X_n，Y_n，Z_n）到参考坐标系（X_R，Y_R，Z_R）的坐标转换，称为齐次变换矩阵（HTM）。HTM 的前三列为方向余弦（单位向量 i，j，k)，代表刚体 X_n、Y_n、Z_n 三轴相对于参考坐标系的倾斜，且其比例因子为 0 最后一列代表刚体坐标系原点相对于参考坐标系的位置。P_s 为一个标度因数，通常统一设置，避免混淆。上标代表你希望显示结果的参考坐标系，下标代表被转换的坐标系。

---

[10] 参阅 R. Donaldson，"Error Budgets，" in Technology of Machine Tools，Vol. 5，Machine Tool Accuracy，Robert J. Hocken（ed.），Machine Tool Task Force.

[11] 结构的齐次变换矩阵表示法已经存在好多年了。例如，参阅 J. Denavit and R. Hartenberg. "A Kinematic Notation for Lower-Pair Mechanisms Based on Matrices，" J. Appl. Mech. June 1955. 或许在制造工具应用领域，最常见的参考书是 R. Paul，Robot Manipulators；Mathematics. Programming. and Control. MIT Press，Cambridge，MA 1981.

$$
{}^{R}\boldsymbol{T}_{n}=\begin{bmatrix} O_{ix} & O_{iy} & O_{iz} & P_{x} \\ O_{jx} & O_{jy} & O_{jz} & P_{y} \\ O_{kx} & O_{ky} & O_{kz} & P_{z} \\ 0 & 0 & 0 & P_{s} \end{bmatrix} \tag{2.2.1}
$$

由此可得一个点在坐标系 n 中相对于参考坐标系 R 的等值坐标为

$$
\begin{bmatrix} X_{R} \\ Y_{R} \\ Z_{R} \\ 1 \end{bmatrix}={}^{R}\boldsymbol{T}_{n}\begin{bmatrix} X_{n} \\ Y_{n} \\ Z_{n} \\ 1 \end{bmatrix} \tag{2.2.2}
$$

例如，当 $X_1Y_1Z_1$ 坐标系沿 X 轴转换 x，将 $X_1Y_1Z_1$ 坐标系中的一个点的坐标转换成 XYZ 参考坐标系的 HTM 为

$$
{}^{XYZ}\boldsymbol{T}_{X_1Y_1Z_1}=\begin{bmatrix} 1 & 0 & 0 & x \\ 0 & 1 & 0 & 0 \\ 0 & 0 & 1 & 0 \\ 0 & 0 & 0 & 1 \end{bmatrix} \tag{2.2.3}
$$

当 $X_1Y_1Z_1$ 坐标系沿 Y 轴转换 y，将 $X_1Y_1Z_1$ 坐标系中的一个点的坐标转换成 XYZ 坐标系的 HTM 为

$$
{}^{XYZ}\boldsymbol{T}_{X_1Y_1Z_1}=\begin{bmatrix} 1 & 0 & 0 & 0 \\ 0 & 1 & 0 & y \\ 0 & 0 & 1 & 0 \\ 0 & 0 & 0 & 1 \end{bmatrix} \tag{2.2.4}
$$

当 $X_1Y_1Z_1$ 坐标系沿 Z 轴转换 z，将 $X_1Y_1Z_1$ 坐标系中的一个点的坐标转换成 XYZ 坐标系的 HTM 为

$$
{}^{XYZ}\boldsymbol{T}_{X_1Y_1Z_1}=\begin{bmatrix} 1 & 0 & 0 & 0 \\ 0 & 1 & 0 & 0 \\ 0 & 0 & 1 & z \\ 0 & 0 & 0 & 1 \end{bmatrix} \tag{2.2.5}
$$

当 $X_1Y_1Z_1$ 坐标系相对于 X 轴旋转 θ_x，将 $X_1Y_1Z_1$ 坐标系中的一个点的坐标转换成 XYZ 坐标系的 HTM 为

$$
{}^{XYZ}\boldsymbol{T}_{X_1Y_1Z_1}=\begin{bmatrix} 1 & 0 & 0 & 0 \\ 0 & \cos\theta_x & -\sin\theta_x & 0 \\ 0 & \sin\theta_x & \cos\theta_x & 0 \\ 0 & 0 & 0 & 1 \end{bmatrix} \tag{2.2.6}
$$

当 $X_1Y_1Z_1$ 坐标系相对于 Y 轴旋转 θ_y，将 $X_1Y_1Z_1$ 坐标系中的一个点的坐标转换成 XYZ 坐标系的 HTM 为

$$
{}^{XYZ}\boldsymbol{T}_{X_1Y_1Z_1}=\begin{bmatrix} \cos\theta_y & 0 & \sin\theta_y & 0 \\ 0 & 1 & 0 & 0 \\ -\sin\theta_y & 0 & \cos\theta_y & 0 \\ 0 & 0 & 0 & 1 \end{bmatrix} \tag{2.2.7}
$$

当 $X_1Y_1Z_1$ 坐标系相对于 Z 轴旋转 θ_z，将 $X_1Y_1Z_1$ 坐标系中的一个点的坐标转换成 XYZ 坐标系的 HTM 为

$$^{XYZ}\boldsymbol{T}_{X_1Y_1Z_1}=\begin{bmatrix}\cos\theta_z & -\sin\theta_z & 0 & 0\\ \sin\theta_z & \cos\theta_z & 0 & 0\\ 0 & 0 & 1 & 0\\ 0 & 0 & 0 & 1\end{bmatrix} \tag{2.2.8}$$

对于同时组合了这些运动的轴来说，可以将这些 HTM 连乘，得到一个 HTM。对于较大的多维旋转来说，需要特别注意，因为旋转的方向非常重要。你可以用一本书来试验，沿不同的轴将书旋转 90°，观察在旋转相同转数后，哪些面朝上。

机械结构可以分解成一系列的坐标转换矩阵，描述每个轴和中间坐标系相对位置，帮助建模，从末端开始一直到基轴坐标系（$n=0$）。如果 N 个刚体被连接起来，已知相连的轴之间的 HTM，那么，就参考坐标系而言，末端（第 N 个轴）的位置就是所有 HTM 相继产生的结果

$$^{R}\boldsymbol{T}_N=\prod_{m=1}^{N}{}^{m-1}\boldsymbol{T}_m={}^{0}\boldsymbol{T}_1^1\boldsymbol{T}_2^2\boldsymbol{T}_3\cdots \tag{2.2.9}$$

通常为零件建立刚体模型，很难确定零件的真正运动轨迹，因此，当系统中有多个接触点时，评定 HTM 中的误差项需格外小心。串行连接的机械（如四连杆机械臂）需要定制的公式来说明各连接部位的相互关系。

Reshetov 和 Portman 提出一种类似的组合方法[12]，矩阵元可为数学函数，整体称为机械的成形函数。这样就产生了一个机械性能的闭型数学表示。虽然闭型方案对一些优化研究来说十分有用，但对于结构复杂、轴数较多的机械来说，这种方法通常不可取，建立的模型可能过于简单。此处所讲的 HTM 方法适用于任何数目的坐标系。用数字计算机就能建立出描述误差和运动轨迹的数学函数。

1. 线性运动误差

如图 2.2.2 所示的理想状态下拖板的线性运动，a、b、c 分别为沿 x、y、z 轴的偏移。将等式（2.2.3）和等式（2.2.5）代入等式（2.2.9）得笛卡儿参考坐标系的 HTM。这一过程通常在大脑中完成，因为该转换只会影响 HTM 的最后一列。

$$^{R}\boldsymbol{T}_N=\begin{bmatrix}1 & 0 & 0 & a\\ 0 & 1 & 0 & b\\ 0 & 0 & 1 & c\\ 0 & 0 & 0 & 1\end{bmatrix} \tag{2.2.10}$$

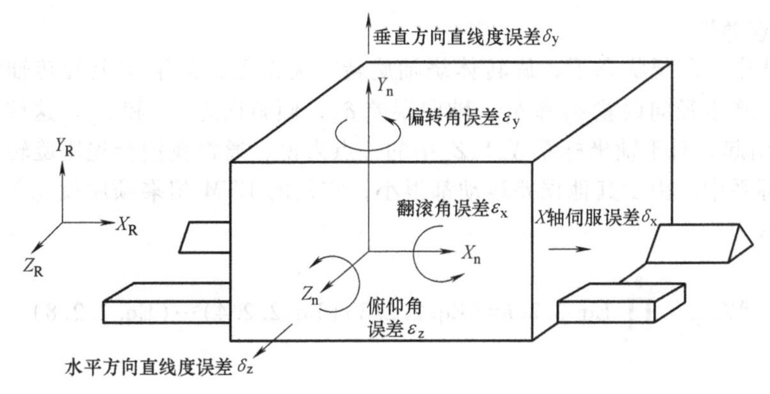

图 2.2.2 单轴线性运动拖板（移动关节）的运动和误差

12 See D. Reshetov and V. Portman, Accuracy of Machine Tools, translated from the Russian by J. Ghojel, ASME Press. New York, 1988.

所有刚体都有三个旋转误差因数（ε_X、ε_Y、ε_Z）和三个平移误差因数（δ_X、δ_Y、δ_Z），如图 2.2.2 所示的简单线性拖板。这些误差可以认是在参考坐标系的坐标轴上产生的。通常误差是刚体在参考坐标系中的位置函数。注意，在参考坐标系中，矩阵的元是单位向量末端的位置。

对于线性拖板而言，等式（2.2.3）~等式（2.2.8）与误差项 δ_X、δ_Y、δ_Z、ε_X、ε_Y、ε_Z 相乘分别得到 x、y、z、θ_x和 θ_y的值，进一步得到描述误差对拖板影响的 HTM。按下述方法也能得到相同的结果。遵循右手定则，相对于 X 轴旋转 ε_X，则 Y 轴的向量末端向正 Z 方向移动，移动量与 $\sin\varepsilon_X$ 成比例，向反 Y 方向移动，移动量与（$1-\cos\varepsilon_X$）成比例。由于误差项很小，至多约有几弧分，因此小角度可以进行粗略估计，本书也将采用这种方法，因此 $o_{ky}=\varepsilon_X$。滚动误差 ε_X 还引起 Z 轴向量向反 Y 方向移动，所以 $o_{jz}=\varepsilon_X$。相对于 Y 轴旋转 ε_Y，X 轴向量末端向反 Z 方向移动，得 $o_{kz}=-\varepsilon_Y$，Z 轴向量末端向正 X 方向移动，得$o_{iz}=\varepsilon_Y$。同理可得，相对于 Z 轴旋转 ε_Z，Y 轴向量末端向反 X 方向移动，$o_{iy}=-\varepsilon_Z$。平移误差 δ_X、δ_Y、δ_Z 直接影响相关轴，确定它们时需要十分注意[13]。忽略二阶微量项后，拖板相对于理想位置的误差的 HTM 为

$$\boldsymbol{E}_{\mathrm{n}}=\begin{bmatrix}1 & -\varepsilon_Z & \varepsilon_Y & \delta_X\\ \varepsilon_Z & 1 & -\varepsilon_X & \delta_Y\\ -\varepsilon_Y & \varepsilon_X & 1 & \delta_Z\\ 0 & 0 & 0 & 1\end{bmatrix} \tag{2.2.11}$$

第一列通过确定单位向量末端的位置描述拖板 X 轴的方向，与拖板 X 轴平行。假设单位向量在参考坐标系中的基轴坐标为（0，0，0），则 X 单位向量末端的（X，Y，Z）坐标为（1，ε_Z，$-\varepsilon_Y$）。注意，倾斜 ε_Z 导致 X 轴向正 Y 方向移动，而偏角 ε_Y 导致 X 轴向反 Z 方向移动。其他各列原理相同。由此可得线性运动拖板 HTM 为${}^{\mathrm{R}}\boldsymbol{T}_{\mathrm{nerr}}={}^{\mathrm{R}}\boldsymbol{T}_{\mathrm{n}}\boldsymbol{E}_{\mathrm{n}}$，即

$${}^{\mathrm{R}}\boldsymbol{T}_{\mathrm{nerr}}=\begin{bmatrix}1 & -\varepsilon_Z & \varepsilon_Y & a+\delta_X\\ \varepsilon_Z & 1 & -\varepsilon_X & b+\delta_Y\\ -\varepsilon_Y & \varepsilon_X & 1 & c+\delta_Z\\ 0 & 0 & 0 & 1\end{bmatrix} \tag{2.2.12}$$

2. 旋转轴误差[14]

在图 2.2.3 中，理想状态下，旋转体绕轴旋转，无误差，但事实上旋转轴绕参考坐标系的一个轴旋转，产生径向误差 δ_X和 δ_Y，轴向误差 δ_Z，倾斜误差 ε_X 和 ε_Y。这些误差都有可能由旋转角度 θ_Z引起。对于轴坐标系 $X_{\mathrm{n}}Y_{\mathrm{n}}Z_{\mathrm{n}}$中的一点来说，通常我们会先用旋转角 δ_Z将这个点转换至参考坐标系中。由于其他误差运动都很小，它们的 HTM 相乘顺序就无关紧要了。HTM 相乘的结果形式为

$${}^{\mathrm{R}}\boldsymbol{T}_{\mathrm{nerr}}=\prod_{i=3}^{8}\mathrm{Eq.\,2.2.}i=(\mathrm{Eq.\,2.2.3})(\mathrm{Eq.\,2.2.4})\cdots(\mathrm{Eq.\,2.2.8}) \tag{2.2.13}$$

---

13 例如，参见 5.7.2 节。

14 本节所用到的定义摘自 Axis of Rotation；Methods for Specifying and Testing，ANSI Standard B89. 3. 4M-1985. American Society of Mechanical Engineers. United Engineering Center，345 East 47th Street. New York，NY 10017. 该文献也包括了描述测量技术和有关旋转轴的其他有用主题。

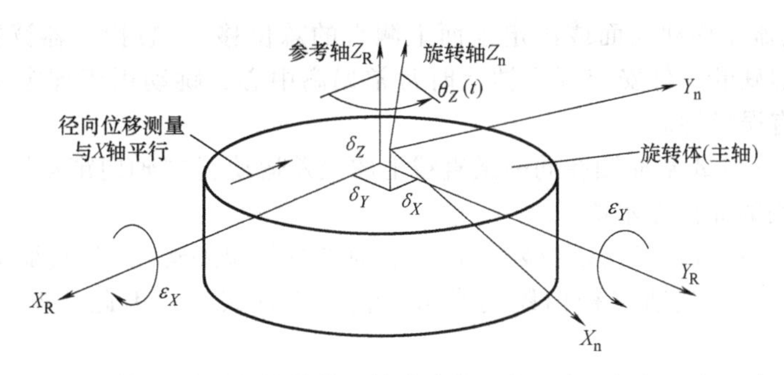

图 2. 2. 3　绕旋转轴（转动关节）的运动和误差

令变量 S=sine、C=cosine，结果为

$$ {}^{R}\boldsymbol{T}_{nerr}=\begin{bmatrix} C\varepsilon_Y C\theta_Z & -C\varepsilon_Y S\theta_Z & S\varepsilon_Y & \delta_X \\ S\varepsilon_X S\varepsilon_Y C\theta_Z+C\varepsilon_X S\theta_Z & C\varepsilon_X C\theta_Z-S\varepsilon_X S\varepsilon_Y S\theta_Z & -S\varepsilon_X C\varepsilon_Y & \delta_Y \\ -C\varepsilon_X S\varepsilon_Y C\theta_Z+S\varepsilon_X S\theta_Z & S\varepsilon_X C\theta_Z+C\varepsilon_X S\varepsilon_Y S\theta_Z & C\varepsilon_X C\varepsilon_Y & \delta_Z \\ 0 & 0 & 0 & 1 \end{bmatrix} \quad (2.2.14a) $$

对于线性运动拖板，当 ε_Z 替换为 θ_Z时，也适用上面的结果。通常，像 $\varepsilon_X\varepsilon_Y$ 这样的二阶微分项可以忽略不计，还可以使用小角度估算（如 $\cos\varepsilon=1$，$\sin\varepsilon=\varepsilon$），得

$$ {}^{R}\boldsymbol{T}_{nerr}=\begin{bmatrix} \cos\theta_Z & -\sin\theta_Z & \varepsilon_Y & \delta_X \\ \sin\theta_Z & \cos\theta_Z & -\varepsilon_X & \delta_Y \\ \varepsilon_X\sin\theta_Z-\varepsilon_Y\cos\theta_Z & \varepsilon_X\cos\theta_Z+\varepsilon_Y\sin\theta_Z & 1 & \delta_Z \\ 0 & 0 & 0 & 1 \end{bmatrix} \quad (2.2.14b) $$

由于这个矩阵通常是用电子数据表评定的，因此使用具体数值也无碍。如果要求性能达到纳米级，二次项效应的重要性就开始显现。

评定旋转体误差，尤其是测量和讨论结果时，必须考虑 ANSI B89. 3. 4M 中规定的以下各术语的意义。

“旋转轴——围绕旋转的轴”，如图 2. 2. 3 所示，旋转轴围绕 Z 基准轴旋转，产生平移误差和角误差。根据参考坐标系将误差定为 δ_X（径向运动）、δ_Y（径向运动）、δ_Z（轴向运动）、ε_X（倾斜运动，通常在非敏感方向产生正弦误差）、ε_Y（倾斜运动，通常在敏感方向产生正弦误差）。ε_Z 是角位误差，当作旋转角 θ_Z 的一部分。与 ε_Z 相比时，二次项效应［如 $\varepsilon_Z(1-\cos\varepsilon_X)$］通常可以忽略。

“主轴——提供旋转轴的装置。”

“理想主轴——相对于参考坐标系旋转轴没有运动的主轴”，因此对于理想主轴而言，所有误差项，δ_X、…、ε_Y 均为零。

“理想工件——围绕一条中心线旋转平面理想的刚体。”

“误差运动——中心线恰好与旋转轴重合的理想工件表面的位置相对于参考坐标系的变化。”该定义不包括热漂移误差。

“敏感方向和非敏感方向——敏感方向在加工或测量的瞬时点垂直于理想状态下的工件表面。”主轴推动工件在固定敏感方向旋转，这里同时也是固定加工或测量点的位置（如车床）。旋转敏感方向工件固定，加工或测量点在主轴推动下旋转（如坐标镗床）。

“径向运动——在特定轴位与 Z 基准轴垂直的误差运动。”注意，误差运动是指旋转轴到基准轴的距离。径向运动由在 Z 轴上的位置和旋转角度决定。径向跳动误差可由径向运动、工件不圆度以及工件中心误差等引起，因此径向跳动不同于径向运动。

“跳动——仪器在移动表面或固定表面上测得的总位移。”总指示器读数（TIR）等于跳动。但是，带有瑕疵的工件安装到主轴上时常常偏离中心，跳动用于评定主轴的性能，因此跳动测量有时带有误导性。

“轴向运动——与 Z 基准轴在同一条直线上的误差运动。”“轴向窜动”“轴端窜动”、“窜动”等是过去使用的非推荐术语。

“端面运动——在特定径向定位处与 Z 基准轴平行的误差运动。”端面运动包括倾斜运动引起的正弦误差。端面跳动与径向跳动类似，包括工件误差，因此，端面跳动不同于端面运动。

“倾斜运动——与 Z 基准轴成一定夹角的方向的误差运动。”倾斜运动在主轴上产生正弦误差，因此径向误差受 Z 轴位置影响，端面运动受半径影响。如图 2.2.3 所示，围绕 Y 轴的倾斜运动在敏感方向，因为它在 X 方向上（沿假设的测量轴）产生了误差。注意，有些地方也用“锥形摆动”“摇摆”“晃动”表示倾斜运动，但不建议使用。

“纯径向运动——无倾斜运动的径向运动。”

“垂直度——如果轴向运动和端面运动或不同半径的两个端面运动极坐标曲线图的极坐标中心重合，则平面垂直于旋转轴。”垂直度等同于正交性。

我们需要通过各种测量来评定以上误差运动，用不同类型的极坐标曲线图分析收集的数据，因为线性曲线图往往较难理解。

“误差运动极坐标曲线图——在主轴旋转的同时制作的误差运动极坐标曲线图。”误差运动极坐标曲线图通常分解成各个误差部件的曲线图。部分类型的误差运动极坐标曲线图如图 2.2.4 所示，注意考虑误差频谱（见本书 2.4 节）。

“总误差运动极坐标曲线图——记录下的完整的误差运动极坐标曲线图。”

“平均误差运动极坐标曲线图——总误差运动极坐标曲线图在旋转转数基础上的平均水平。”平均误差运动的一些部件包括基本或残余误差运动部件。注意异步误差运动部件并不总是平均为零，所以平均误差运动极坐标曲线图还可能包含异步部件。

“基本误差运动极坐标曲线图——平均误差运动极坐标曲线图最合适的参考圆。”偏心工件的基本误差运动极坐标曲线图事实上是蜗牛线（纯正弦曲线极坐标曲线图）。偏心越小，蜗

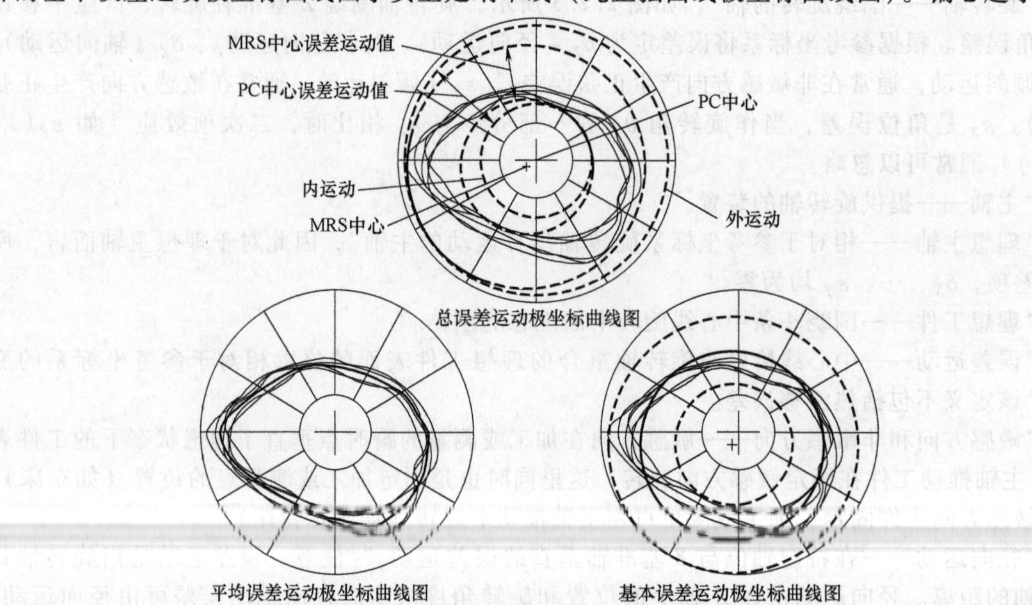

图 2.2.4　误差运动和误差运动分量极坐标曲线图

牛线越接近圆形。

“残余误差运动极坐标曲线图——平均误差运动极坐标曲线图与基本误差运动极坐标曲线图的偏离。”对于径向运动误差测量，残余误差运动极坐标曲线图包括全部误差运动和和工件（如球）的圆度。工件圆度可用下述反向法去除。

“异步误差运动极坐标曲线图——总误差运动极坐标曲线图对于平均误差运动极坐标曲线图的偏离。”本书中异步指旋转不同、偏离不同。异步误差运动并不一定是随机的（在统计学意义上说）。

“内误差运动极坐标曲线图——总误差运动极坐标曲线图的内边缘轮廓。”

“外误差运动极坐标曲线图——总误差运动极坐标曲线图的外边缘轮廓。”

通常，我们可以将总运动误差认为是异步运动误差和重复平均运动误差的总和。构成重复误差的频率为旋转轴频率的整数乘积。通常，由于非随机设备（如电动机）的频率不是旋转轴频率的整数乘积，异步误差运动在统计学意义上说不一定是随机的。

对不同类型的极坐标曲线图可确定不同的中心，用于帮助确定所测量偏移的数值。

“极区图（PC）中心——极区图的中心。”

“极区轮廓中心——从极区轮廓获得的中心。”

“最小径向误差（MRS）中心——使径向差异最小、误差运动极坐标曲线图能够限制在两个同心圆之间的中心。”

“最小二乘中心——使从该中心点到误差运动极坐标曲线图之间测得的一系列等间隔径向偏差均方和最小的圆心。”[15]

“轴平均线——分开两个径向运动极坐标曲线图中心的轴线。”此处的中心默认为 MRS 中心。

- 参考中心：除文中另有说明外，假设以下所测量的运动对应为：
- 径向运动：MRS 中心。
- 端面运动：PC 中心。
- 轴向运动：PC 中心。
- 残余端面运动：MRS 中心。
- 残余轴向运动：MRS 中心。
- 倾斜运动：MRS 中心。

通常我们希望仅仅用几个数字来描述主轴的运动，而不是一整套极坐标曲线图。不同类型的运动误差，其运动误差值也不同。

“总运动误差值——从某运动误差中心测量的、恰好可以包含总运动误差极坐标曲线图的两个同心圆半径的示值差。”

“平均运动误差值——从某运动误差中心测量的、恰好可以包含平均运动误差极坐标曲线图的两个同心圆半径的示值差。”平均运动误差值是在主轴上加工零件（或打孔）所能得到的最佳圆度。

“基本运动误差值——PC 中心到平均误差运动极坐标曲线图极区轮廓中心示值距离的两倍。”该值表示误差运动极坐标曲线图每转一次的正弦曲线分量。当一个理想工件完全处于中心时，基础径向运动误差值为零。同理，基础倾斜运动也不存在。

“残余误差运动值——从某极区轮廓中心测得的平均运动误差值。”该值表示平均误差运动和基本误差运动之差。

---

[15] 参阅 J. I. McCool，“Systematic and Randoin Errors in Least Squares Estimation for Circular Contours，” Precis，Eng. Vol. 1. No. 4，1979，pp. 215-220.

"异步误差运动值——从 PC 中心沿径线测得的总运动误差极坐标曲线图最大示值宽度。"以车床主轴为例，给刀具廓形、切削角度和进给速度，就可以预测出理论表面粗糙度（如唱片上的纹路）。异步运动误差值可用于预测在机床上用"理想"刀具（如金刚石刀具）加工易加工材料（如铜合金和铝合金）所形成的已加工面的理论表面粗糙度。注意，用非金刚石刀具切削时，容易形成积屑瘤，而积屑瘤会增大表面粗糙度值。

"内运动误差值——从某运动误差中心测量的、恰好可以包含内运动误差极坐标曲线图的两个同心圆半径的示值差。"

"外运动误差值——从某运动误差中心测量的、恰好可以包含外运动误差极坐标曲线图的两个同心圆半径的示值差。"该曲线图可用于预测在主轴上加工的零件的圆度。

实际测量误差运动时，很难获得理想工件（如球），并装夹很完美。譬如，在测量径向误差运动时，需要采用一些特殊方法将球的偏心、球的圆度误差和主轴的径向误差运动分离开。球的偏心由基本误差运动值表示，应尽量减小，从而降低极坐标曲线图的变形。要确定主轴的平均运动误差值，需要将球的圆度误差和主轴的径向误差运动分离开来。为此，可以采用 Donaldson 反向原理或多步法[16]。

唐纳森反向法用于测量径向误差运动，其中 $P(\theta)$ 代表零件圆度误差，$S(\theta)$ 代表主轴径向误差运动。前提是假设主轴无大的异步径向误差运动（即误差运动重复性高，液膜轴承通常就是这种情况）。反向法有两种，第一种方法称为 P 法，可以得到零件圆度误差；第二种方法称为 S 法，可以得到主轴径向误差运动。

首先，在主轴壳体、主轴、球（工件）上都标出了 0°位置。所有 0°标记对齐，传感器安装在 0°位置上。之后进行测量，测得的数值 $T_1(\theta)$ 为零件圆度和主轴径向误差运动的总和：$T_1(\theta)=P(\theta)+S(\theta)$。注意，这里假设极坐标曲线图上的凸出和凹陷就代表球上的凸出和凹陷。

然后，主轴 0°标记与壳体 0°标记对齐，旋转球，使其 0°标记相对于壳体 0°标记旋转 180°。移动传感器，使其与球的 0°标记对齐。P 法测量方法的符号规定与第一套相同，测得的 $T_{2P}(\theta)$ 即为零件圆度误差和主轴的径向误差运动之差：$T_{2P}(\theta)=P(\theta)-S(\theta)$。平均 $T_1(\theta)$ 和 $T_{2P}(\theta)$ 就可以得到球的圆度。极坐标曲线图上的 $P(\theta)$ 刚好是 $T_1(\theta)$ 和 $T_{2P}(\theta)$ 曲线之间等距绘制的曲线。得到的曲线相对于最佳圆的偏离代表球的圆度误差。

S 法的符号规定用于第二套测量，因此，$T_{2S}(\theta)=-T_{2P}(\theta)=-P(\theta)+S(\theta)$，主轴径向误差运动为 $T_1(\theta)$ 和 $T_{2S}(\theta)$ 的平均值。同样，这个平均值也可以通过在 $T_1(\theta)$ 和 $T_{2S}(\theta)$ 之间绘制等距曲线得到。得到的曲线相对于最佳圆的偏离代表主轴径向误差运动。用上述方法可以确定主轴平均误差运动值。

用极坐标方格纸和千分表很容易测得上述结果。但是，如果异步径向误差运动较大，主轴误差要用平均径向误差运动极坐标曲线图表示。精确度取决于能否用反向法获得可重复的平均径向运动误差进行上述两套测量。在这种情况下，通常需要使用数据采集系统对许多测量轮廓进行平均，减少异步误差运动的影响[17]。重复性可以改善，如测量滚动主轴时，将主轴向后转到相同的起始点。

使用数据采集系统的情况下可以选择用多步法。传感器位置固定不变，进行每套测量时，球相对于主轴每次增加 360°/N 旋转。零件误差会在每一步旋转，主轴误差不旋转，这样就可以将这两种误差分离开。选择主轴旋转的一个角度，依次记录各方向传感器在此处的读数，

[16] 前者是由 Bob Donaldson 在劳伦斯-利弗莫尔国家实验室提出的。后者是由 Spragg 和 Whitehouse 提出的。参见 ANSI [illegible] (R1979)。

[17] 通常，可以使用编码器来测量极坐标图上 q 坐标的主轴旋转。使用编码器并不总是可行的，因此需要使用 8.8 节所描述的自相关技术。

就可以得到零件误差。计算主轴误差时选取零件上的固定角度，每组数据都需要标准化，使轮廓半径和偏心相同。

3. 坐标系位置

机床误差分配最重要的一步就是坐标系的定位和对应运动轴的线性误差和角误差的分配。任何轴的运动误差都很容易确定，因为不受其他误差的影响。而线性运动误差的确定要十分小心，在确定直接线性运动和阿贝误差导致的线性误差时要仔细。除非坐标系统位于转角误差的原点[18]，此时俯仰角、偏转角和滚转角误差都不会产生阿贝误差。否则，设计师就必须考虑到阿贝误差对模型的影响。通常将坐标系放在零件表面是较为理想的做法，这样更易于测量，因此必须始终考虑到阿贝误差的影响。为了避免设计阶段产生混乱，应该在滚动中心和机床表面各放一个坐标系以便于测量，这一点在 5.7.2 部分有举例说明。零件制作应在公差以内，仔细建立误差分配就能收到很好的效果，但如果零件在公差以外，设计人员就要找到问题所在。将坐标系放在可测量的地方能起到极大作用。

4. 刀具和工件之间相对误差的确定

利用 HTM 确定机床误差对刀具与工件相对位置和方向误差的影响时必须采取以下步骤：

1）用确定机床各轴 HTM 的顺次过程建立运动模型。从刀尖开始，直到描述最后一个运动轴与附近一个固定参考坐标系的关系。然后再以同样的过程，从工件上的理想刀具接触点开始，到同一个固定参考坐标系结束。

2）对于非常简单的问题，HTM 矩阵相乘，得到刀具和工件的 HTM。机床沿特定路径运行时建立误差模型，HTM 的元可能是沿途每个点分配的数值。这些数值（如机床运动轴的位置）甚至可用机床控制人员用于确定各运动轴相对位置的方法计算出。其他机床的误差图也可用于模型的建立。

不管用哪种方法让机床轴沿其理想途径移动，理想情况下，求解工件与刀具接触点和参考坐标系内刀具位置的齐次变换矩阵（HTM）的乘积［式（2.2.9）］都是相同的。齐次变换矩阵中的相对误差 $\boldsymbol{E}_{\mathrm{rel}}$ 代表工件与刀具的位置误差和方向误差，其值可以用 ${}^{\mathrm{R}}\boldsymbol{T}_{\mathrm{work}}={}^{\mathrm{R}}\boldsymbol{T}_{\mathrm{tool}}\boldsymbol{E}_{\mathrm{rel}}$ 得到：

$$\boldsymbol{E}_{\mathrm{rel}}={}^{\mathrm{R}}\boldsymbol{T}_{\mathrm{tool}}^{-1}\,{}^{\mathrm{R}}\boldsymbol{T}_{\mathrm{work}} \tag{2.2.15}$$

相对误差 HTM 是刀具坐标系统中必须对刀具进行的平移，从而使刀具位于工件适当位置。$\boldsymbol{E}_{\mathrm{rel}}$ 的位置向量 $\boldsymbol{P}$［见等式（2.2.1）］的各分量分别代表刀具坐标系统中必须对刀具做的平移，使刀具位于工件适当位置。

在数控机床上运用误差校正算法时，必须考虑各轴如何运动才能得到在刀具参考坐标系里等式（2.2.15）确定的理想运动。对于带有旋转轴或平移轴的机床（如五轴加工中心）来说，必须使用机械人路径规划研究领域中所使用的运动学逆解算法。大部分机床和 CMM 只有平移轴，因此相对于参考坐标系的误差校正向量 ${}^{\mathrm{R}}\boldsymbol{P}_{\mathrm{correction}}$ 可从下式得出

$$ {}^{\mathrm{R}}\begin{bmatrix} P_x \\ P_y \\ P_z \end{bmatrix}_{\mathrm{correction}} = {}^{\mathrm{R}}\begin{bmatrix} P_x \\ P_y \\ P_z \end{bmatrix}_{\mathrm{work}} - {}^{\mathrm{R}}\begin{bmatrix} P_x \\ P_y \\ P_z \end{bmatrix}_{\mathrm{tool}} \tag{2.2.16}$$

由于阿贝补偿和运动轴的方向误差，${}^{\mathrm{R}}\boldsymbol{P}_{\mathrm{correction}}$ 不一定等于 $\boldsymbol{E}_{\mathrm{rel}}$ 的位置向量 $\boldsymbol{P}$。${}^{\mathrm{R}}\boldsymbol{P}_{\mathrm{correction}}$ 不代表 X 轴、Y 轴、Z 轴为补偿刀具位置误差必须在笛卡儿机床上所做的增量运动。

3）为了最大限度降低计算量和数字误差，可以算出特定轴的六种误差（δ_X、δ_Y、δ_Z、

---

[18] 这个点通常称为滚动中心，而且它的位置与轴上轴承布置相关。滚动中心通常也是刚度中心，见式（2.2.29）（支点），在这个点施加力时，不发生角度运动。通过使用力-力矩平衡方程和轴承部件的刚度及位置数据，可以很容易找到这个点。

ε_X、ε_Y、ε_Z）的误差增益（或灵敏性）。并被当作乘数与该特定轴的其他来源的误差分量相乘。例如，拖台 n 的 Y 向直线度有很多个分量，如几何误差、温度误差和负载引起的误差。拖台 n 的 Y 向直线度增益和每个误差均对总刀具位置误差有影响。特定轴特定误差的误差增益[19]通过在系统中将所有误差设置为零，相关误差值设置得与机床规格百分比相同来确定（如0.1%）。然后求等式（2.2.9），得 ${}^{R}\boldsymbol{T}_{\text{work}}$ 和 ${}^{R}\boldsymbol{T}_{\text{tool}}$。接着求等式（2.2.16），用假设的误差值除以等式所得的结果，就可以得到刀具 X、Y、Z 误差在参考坐标系中的误差增益。角误差上的角误差增益始终等于1。类似地，平移误差上的平移误差增益也始终等于1，角误差上的平移误差增益始终为零。确定误差增益时，误差值设置成与机床规格比例相等的数值，而不是典型的误差值（ppm），这样有助于最小化舍入误差。

4）所有误差增益计算出后，可用等式（2.2.15）或等式（2.2.16）计算出刀具和工件之间的误差。评估每个运动轴可能产生六种误差的原因。通过下面的组合定则可以得到总误差。

5）HTM 模型对于测量误差和保存数值的系统十分有用，在实际中可以补偿误差。机床轴如何运动才能使刀具实现想要的平移和旋转，取决于机床的配置，但这是很容易解决的几何问题。

通过分析，可以得到系统中的所有误差和它们在末端引起误差的相对增益（放大因数）。除了适于计算机编辑，这种方法还能标记出刀尖部位增益（放大）较大的误差。用 HTM 方法制订机床误差分配不仅可以减少机床设计过程中的猜测，还能快速学到许多富有启发性的精确设计定律。

控制误差的方法之一是最大限度地提高机床结构回路的效率。结构回路是指连接刀具和固定工件装置的结构。切削过程中，刀具和工件的接触会改变结构回路的特性。最大化结构回路效率一般需要最小化机械装置的路径长度。从阿贝定律或 HTM 分析方法可以看出，路径越短，误差增益和末端总误差越小。结构回路设计见7.4节。

2.2.2 误差组合定则[20]

误差增益矩阵为每个误差分量 ε_i（如 $\varepsilon_i=\delta_X$、δ_Y、δ_Z、ε_X、ε_Y、ε_Z）提供放大因数。接下来要确定能够存在的误差分量。就像酸和水一样，除非方法得当，不同类型的误差不能混合。所有误差分量因各自误差增益而增大后，就可以进行最后的误差组合，从而对机床性能进行可靠的评估。通常有以下三种误差类型，它们的定义如下[21]：

1）“随机误差——在相同条件下所给位置的数值会发生变化，只能用数据表示。”

2）“系统误差——在所给条件下，所给位置的数值和标记始终相同。（存在系统误差的地方，误差可用于校正测得的数据。）”系统误差通常和运动轴的位置相关，在相关随机误差足够小的情况下可以校正。

3）“滞后误差——滞后的误差。（在这里为了方便起见被分出来。）滞后误差通常具有较高的再生性。（在趋近方向已知，预行程完成的情况下，滞后误差可用于校正测得的数值。）”

通常情况下，系统误差和滞后误差一定程度上可通过调试法补偿。随机误差只有进行实时测量、反馈给伺服回路的情况下才能补偿。因此，计算机床误差分配时，应保留基于系统误差、滞后误差和随机误差的子分配。一般情况下生产商产品目录会提供误差分配输入（如

[19] 机床的灵敏度也可以用于特定类型的误差。由于放大系数是确定的，所以作者认为采用“增益”更合适。

[20] 工程师应该定期地翻阅一些好的统计学书。例如，参阅 W. Mendenhall, Statistics for Engineering and Computer Science. Macmillan Publishing Co., New York, 1990.

[21] 这些定义来自 the CIRP Scientific Committee for Metrology and Interchangeability's “A Proposal for Defining and Specifying the Dimensional Uncertainty of Multiaxis Measuring Machines.” Ann CIRP. Vol. 27, No. 2. 1978. pp. 623-630.

线性轴承直线度），代表突出凹陷幅度误差 e_{PV}。突出凹陷误差的等效随机误差发生概率相同，$\varepsilon_{等效随机}=\varepsilon_{PV}/K_{PV}$。如果是高斯误差，则 $K_{PVrms}=4$，突出凹陷误差不超过等效随机误差 4 倍的概率为 99.9937%。

系统子分配中，当误差相叠加时，误差正负符号不同，因此有时会相消，滞后子分配也是如此。在随机子分配中应考虑总误差和均方根误差，后者可从下式得出

$$\varepsilon_{irms}=\left(\frac{1}{N}\sum_{i=1}^{N}\varepsilon_{i随机}^{2}\right)^{1/2} \tag{2.2.17}$$

注意，在随机的子预算中，所有随机误差都被认为是 1σ 值。最终误差集合，通常用 4σ 值，这意味着随机误差组件有 99.9937%的概率不会超过 4σ 值。在这种情况下，机器总的最坏情况误差是

$$\varepsilon_{i最坏情况}=\sum\varepsilon_{i系统}+\sum\varepsilon_{i滞后}+4\sum\varepsilon_{i随机} \tag{2.2.18}$$

机器最佳状况的误差可能是

$$\varepsilon_{i最好情况}=\sum\varepsilon_{i系统}+\sum\varepsilon_{i滞后}+4\left(\sum\varepsilon_{i随机}^{2}\right)^{1/2} \tag{2.2.19}$$

实际上，以上两个值的平均数，通常被用来评估设计所能达到的精确度。2.3 节详细讨论了各种误差的产生因素。

机器制造和测试后，其性能会一直存在误差，所以，了解如何评估这些误差是有帮助的。未修正的误差构成了机器测量的不确定度，且只能由统一的检测方法（如允许的机器加热时间，测试的机械联动顺序）才能完全评估出来。不确定度 U 的定义为

$$\Delta l_{desired}=\Delta l_{observed}\pm U \tag{2.2.20}$$

这些误差结合的方式，用图 2.2.5 所示的单向轴的线性系统误差曲线表示，它运用了以下名词[22]：

- e_j 是未修正的系统误差，在点 j 相对于初始点的校正。
- H_j 是点 j 的未修正滞后误差。
- p_j 是点 j 的单项复制。
- R_j 是点 j 的双向复制，其中包含滞后现象，所以 $R_j=P_j+H_j$。

每个方向至少要做五次测试，以上这些值中的每一个都是标准偏差平均值的 4 倍。长度 l_1 和 l_2 测试的总不确定度为 $U_{1,2}$，即

$$U_{1,2}=\left|e_1-e_2\right|+\frac{H_1+H_2+P_1+P_2}{2} \tag{2.2.21}$$

通过求分量 H_i 和 P_i 之和，而不是取均方根值，能达到 99.5%的确定度。注意，做 n 个测量后，形成一个平均值，它的不确定度约等于 $n^{-1/2}$ 和测试本身不确定度的乘积。

这代表单轴机器不确定度的情况，但是多轴机器又该是什么样呢？两轴或三轴的机器，先正极再负极使用每个轴，同时保持其他轴固定，得到一个点。通过这种方式，每个轴的系统误差、滞后误差和随机误差都能被发现，然后像单轴情况那样结合在一起，得出机器的不确定度 $\pm U_X$，U_Y，U_Z。如果机器被很好地建模，误差预算计算正确，那么式（2.2.18）和式（2.2.19）的平均值和测量的不确定度会很接近。

2.2.3　两轴笛卡儿机器的误差增益矩阵公式

图 2.2.6 大概显示了两轴笛卡儿机器的误差增益矩阵，本节将细述这一矩阵公式。注意所有分配的坐标系统，每个移动轴和一个固定的参考坐标系，它们的 X、Y 和 Z 轴线都平行。

[22] 如上所述。

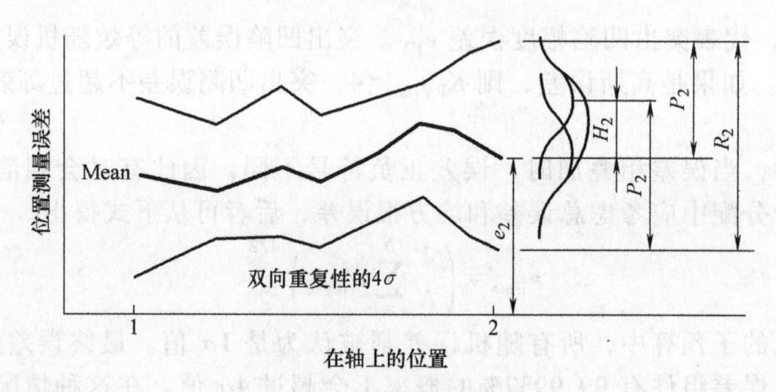

图 2.2.5 单向轴误差图

这大大简化了误差测算公式。

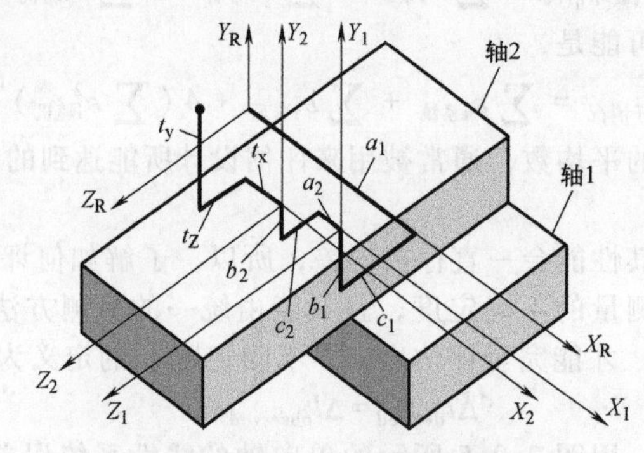

图 2.2.6 两轴笛卡儿机器的坐标系定义

对于两轴机器而言，每个箱子的误差与图 2.2.2 所示是一致的。通过保持所有坐标系的轴线平行，式（2.2.12）得出的 HTM 能被用于每个箱子的轴，即

$$
{}^{\mathrm{R}}\boldsymbol{T}_1=\begin{bmatrix}1 & -\varepsilon_{z_1} & \varepsilon_{y_1} & a_1+\delta_{x_1}\\ \varepsilon_{z_1} & 1 & \varepsilon_{x_1} & b_1+\delta_{y_1}\\ -\varepsilon_{y_1} & \varepsilon_{x_1} & 1 & c_1+\delta_{z_1}\\ 0 & 0 & 0 & 1\end{bmatrix} \tag{2.2.22}
$$

$$
{}^{1}\boldsymbol{T}_2=\begin{bmatrix}1 & -\varepsilon_{z_2} & \varepsilon_{y_2} & a_2+\delta_{x_2}\\ \varepsilon_{z_2} & 1 & -\varepsilon_{x_2} & b_2+\delta_{y_2}\\ -\varepsilon_{y_2} & \varepsilon_{x_2} & 1 & c_2+\delta_{z_2}\\ 0 & 0 & 0 & 1\end{bmatrix} \tag{2.2.23}
$$

为了得到点（t_x，t_y，t_z）的坐标，根据前面得到式（2.2.16）的逻辑推论，在参考坐标系中，实际坐标是由下列公式得出的。

$$
\begin{bmatrix}X_t\\ Y_t\\ Z_t\\ 1\end{bmatrix}_{\mathrm{actual}}={}^{\mathrm{R}}\boldsymbol{T}_1\,{}^{1}\boldsymbol{T}_2\begin{bmatrix}t_x\\ t_y\\ t_z\\ 1\end{bmatrix} \tag{2.2.24}
$$

理想的点坐标，是由围绕各个轴线的所有单个组件的总和组成的。

$$\begin{bmatrix} X_t \\ Y_t \\ Z_t \end{bmatrix}_{ideal} = \begin{bmatrix} a_1+a_2+t_x \\ b_1+b_2+t_y \\ c_1+c_2+t_z \end{bmatrix} \tag{2.2.25}$$

所以，点位置的平移误差由下式得出

$$\begin{bmatrix} \delta_{x_t} \\ \delta_{y_t} \\ \delta_{z_t} \end{bmatrix} = \begin{bmatrix} X_t \\ Y_t \\ Z_t \end{bmatrix}_{actual} - \begin{bmatrix} X_t \\ Y_t \\ Z_t \end{bmatrix}_{ideal} \tag{2.2.26}$$

而忽略二阶方程来评估式（2.2.26），得出

$$\begin{bmatrix} \delta_{x_t} \\ \delta_{y_t} \\ \delta_{z_t} \end{bmatrix}_{actual} = \begin{bmatrix} -t_y(\varepsilon_{z_1}+\varepsilon_{z_2})+t_z(\varepsilon_{y_1}+\varepsilon_{y_2})-b_2\varepsilon_{z_1}+c_2\varepsilon_{y_1}+\delta_{x_1}+\delta_{x_2} \\ t_x(\varepsilon_{z_1}+\varepsilon_{z_2})-t_z(\varepsilon_{x_1}+\varepsilon_{x_2})+a_2\varepsilon_{z_1}-c_2\varepsilon_{x_1}+\delta_{y_1}+\delta_{y_2} \\ -t_x(\varepsilon_{y_1}+\varepsilon_{y_2})+t_y(\varepsilon_{x_1}+\varepsilon_{x_2})-a_2\varepsilon_{y_1}+b_2\varepsilon_{x_1}+\delta_{z_1}+\delta_{z_2} \end{bmatrix} \tag{2.2.27}$$

误差增量是误差 δ_{x_1}、δ_{y_1}、δ_{z_1}、ε_{x_1}、ε_{y_1}、ε_{z_1}、δ_{x_2}、δ_{y_2}、δ_{z_2}、ε_{x_2}、ε_{y_2}、ε_{z_2}的系数。注意，在有转动轴的机器中，一个轴的角误差可能在其他轴上有分量。然而，在这两种情况下，这些误差的增益并不代表由距离变化引起的放大。因而它们一般不会记录在误差增益表中。表 2.2.1 所列为上述所讨论的两个自由度的滑动架的误差增益矩阵。

表 2.2.1　两轴笛卡儿坐标系统的误差增益矩阵

	δ_{x_t}	δ_{y_t}	δ_{z_t}
轴 1 误差			
ε_{x_1}	0	$-t_z-c_2$	t_y+b_2
ε_{y_1}	t_z+c_2	0	$-t_x-a_2$
ε_{z_1}	$-t_y-b_2$	t_x+a_2	0
轴 2 误差			
ε_{x_2}	0	$-t_z$	t_y
ε_{y_2}	t_z	0	$-t_x$
ε_{z_2}	$-t_y$	t_x	0

注意，误差增益矩阵是引起误差的主要原因。然而，即便增益给出信号，当采用均方根方法评估总的误差时，信号是没有作用的。此外，每一种类型的误差，如 δ_{x_1}，包含有不同物理现象造成的各种因素，会引起在 X 方向的误动作。最后，注意，平移误差本质上是静态误差。角度误差在平移误差上的作用有潜在的巨大增益。这种机器中的阿贝误差是占主要作用的误差。

2.2.4　轴承点偏差造成的误动作[23]

很多高精度的机械通常首先扫描样品的表面。此工况下，机器的运动轴以一种准稳态的速度移动。本节将介绍一种方法，用来评估机器在稳定运行条件下的运动误差。首先，需要考虑动态轴承滑动架，而后再描述支撑点的非动态结构的解决方法。

首先假设运动支撑滑架和轴承运动路径的坐标轴是一致的。其次，假设滑架可以沿着 X 轴自由移动，并且滑架坐标系下轴承五个接触点的位移矢量关系由下式给出 $[P_{bi}]^T=[X_{bi}\quad Y_{bi}\quad Z_{bi}]$ $(i=1\sim5)$。五个轴承点的刚度假设为 K_{bi}（$i=1\sim5$），滑架坐标系下轴承的支反力的方向余弦[24]

[23] 几何约束怎么影响物体运动的研究称为螺旋理论（*Screw Theory*）。例如，参阅 J. Phillips，Freedom in Machinery. Introducing Screw Theory. Cambridge University Press，London，1982.

由下式给出$[\Theta_{bi}]^T=[\alpha_{bi}\quad \beta_{bi}\quad \gamma_{bi}]$ $(i=1\sim5)$。假设运动方向总是沿着 X 轴的，故总是有 $\alpha_{bi}=0$。三种类型的运动支撑滑架如图 2.2.7 所示。对于轴承的微小形变（微米级），在轴承方向余弦上，滑架转角运动的影响属于二阶的无穷小量，可以忽略不计。

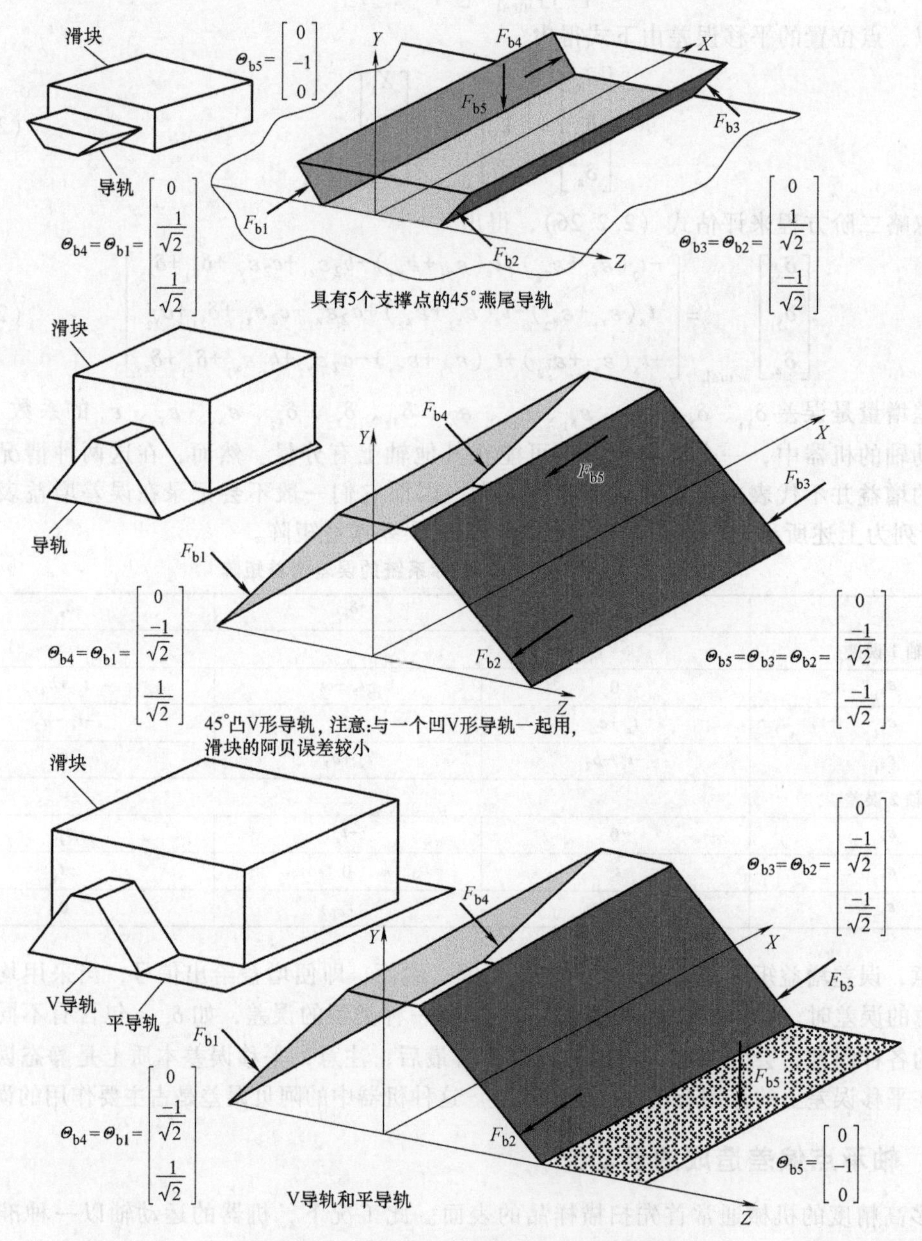

图 2.2.7 轴承常见的运动方式和滑架配置

在每一个轴承点，既有动摩擦因数又有静摩擦因数，分别是 μ_{fi} 和 μ_{vi}。从静止到载荷的第一次施加，由于滑架的偏移以及系统相应的几何调整，轴承点在 YZ 平面的运动包含多种形式。随着运动的继续，当轴承接触点到达其 YZ 平面的平衡位置时，YZ 平面将不再有运动倾向，摩擦力的方向主要沿着 X 轴方向。

[24] 轴承的反作用力方向平行于从 0，0，0 到 a，b，c 的矢量，那么方向余弦的定义为：$\alpha=a/(a^2+b^2+c^2)^{1/2}$，$\beta=b/(a^2+b^2+c^2)^{1/2}$，$\gamma=c/(a^2+b^2+c^2)^{1/2}$。

摩擦力的方向由作用在 X 方向上的外力决定，轴心点的位置，以及静磁矩由所有外力引起。摩擦力的中心和刚度中心决定系统轴心点的位置。类似于物体质心的计算。

$$\xi_{摩擦力中心}=\frac{\sum_{i=1}^{M}F_{法向i}\mu_i\xi_i}{\sum_{i=1}^{M}F_{法向i}\mu_i}\ 对于\ \xi=X,\ Y,\ Z \tag{2.2.28}$$

$$\xi_{刚度中心}=\frac{\sum_{i=1}^{M}K_i\xi_i}{\sum_{i=1}^{M}K_i}\ 对于\ \xi=X,\ Y,\ Z \tag{2.2.29}$$

当有力矩作用在滑架上时，轴心点一侧的摩擦力会朝向一个方向，轴心点另一侧的摩擦力将会朝向相反的方向。然而，轴承反作用力同样由摩擦力的大小和方向来决定，并且摩擦力的方向会引起 Y 向和 Z 向的阻力矩。

对于有条件的迭代模型，这些影响考虑起来过于复杂，必须有一个驱动器或夹紧点，以保持系统在 X 方向的位置。因此，保守（比实际预测误差还大）假设静摩擦力为 0，力矩被轴承的几何构型和轴承的预紧力抵消。因此唯一需要考虑的摩擦力就是与速度方向相反的动摩擦力，即

$$F_{X\mu vi}=\mu_{vi}\nu_X \tag{2.2.30}$$

如果有些人对于瞬时解感兴趣，则支点的信息、滑动架在 YZ 平面上的转动惯量和加速度都要考虑到模型中去，而且需要使用迭代求解过程。这时，摩擦力矢量将沿各自直线方向，将每个轴承反作用力点经过 $t-2\Delta t$ 时刻后的 X、Y、Z 点与经过 $t-\Delta t$ 时刻后的 X、Y、Z 点连接起来。

滑动架上承受一组，N 个力矢量，$[F_{fj}]^{\mathrm{T}}=[F_{fXj}\quad F_{fYj}\quad F_{fZj}]_{j=1,N}$，分别施加在滑动架坐标系 $[P_{fj}]^{\mathrm{T}}=[X_{fj}\quad Y_{fj}\quad Z_{fj}]_{j=1,N}$ 的点上。另外，假设一组转矩（力矩）Γ_X，Γ_Y，Γ_Z 施加在滑动架上。注意，对于一个力矩而言，不需要知道作用点，也可以确定在支撑点的作用力。

总的来说，该问题已知的参数为：

- P_{bi} 支撑点坐标矢量。
- Θ_{bi} 轴承接触点的方向余弦矢量。
- K_{bi} 支撑点的支撑硬度。
- μ_{vi} 动摩擦系数。
- $F_{f\xi j}$ N 个一般作用力矢量。
- $P_{f\xi j}$ 一般作用力的坐标矢量。
- Γ_{ξ} 施加在 X、Y 和 Z 轴的一般力矩。

关于这个问题另外 16 个未知参数包括轴承反作用力、滑动架 X 向的稳态速度、五个支撑点的间隙变化、滑动架的齐次变换矩阵中的误差项[25]：

- F_{bi} 五个轴承反作用力的大小。
- v_X 滑动架在 X 向的稳态速度。
- δ_{bi} 五个支点的间隙变化。
- ε_X 相对于 X 轴的转动（转动）。
- ε_Y 相对于 Y 轴的转动（摆动）。
- ε_Z 相对于 Z 轴的转动（倾斜）。

[25] 这里假设滑动架、轴承导轨、机床结构都为刚体。结构的实际偏差将会改变轴承反作用力点的坐标，但对轴承偏转误差的影响是二阶的。

- δ_Y 沿 Y 轴的平移（Y 向的直线度）。
- δ_Z 沿 Z 轴的平移（Z 向的直线度）。

注意，假定要测量沿 X 轴的所有误差运动，并且得到 X 轴伺服补偿。为了解决这 16 个未知量，使用了力平衡方程和几何平衡方程。

第一步是确定五个轴承反作用力（F_{bi}）的大小和 X 向的速度（v_X）。确定力的方程受到轴承偏差对其的影响，这个影响是二阶的。如果要在模型中考虑偏差，方程将为非线性，而且需要进行迭代求解，所以在这里忽略二阶效应。

$$\sum F_X = 0 = -\sum_{i=1}^{5} \mu_{vi} v_X + \sum_{j=1}^{N} F_{fXj} \tag{2.2.31}$$

$$\sum F_Y = 0 = -\sum_{i=1}^{5} F_{bi}\beta_{bi} + \sum_{j=1}^{N} F_{fYj} \tag{2.2.32}$$

$$\sum F_Z = 0 = \sum_{i=1}^{5} F_{bi}\gamma_{bi} + \sum_{j=1}^{N} F_{fZj} \tag{2.2.33}$$

$$\sum M_X = 0 = \Gamma_X + \sum_{i=1}^{5} F_{bi}(-Z_{bi}\beta_{bi} + Y_{bi}\gamma_{bi}) + \sum_{j=1}^{N}(-Z_{fj}F_{fYj} + Y_{fj}F_{fZj}) \tag{2.2.34}$$

$$\sum M_Y = 0 = \Gamma_Y - \sum_{i=1}^{5} \mu_{vi} v_X Z_{bi} + \sum_{i=1}^{5} F_{bi}(Z_{bi}\alpha_{bi} - X_{bi}\gamma_{bi}) + \sum_{j=1}^{N}(Z_{fj}F_{fXj} - X_{fj}F_{fZj}) \tag{2.2.35}$$

$$\sum M_Z = 0 = \Gamma_Z + \sum_{i=1}^{5} \mu_{vi} v_X Y_{bi} + \sum_{i=1}^{5} F_{bi}(-Y_{bi}\alpha_{bi} + X_{bi}\beta_{bi}) + \sum_{j=1}^{N}(-Y_{fj}F_{fXj} + \sum X_{fj}F_{fYj}) \tag{2.2.36}$$

一旦这些方程组展开，表示成矩阵的形式，未知量 F_{b1}、F_{b2}、F_{b3}、F_{b4}、F_{b5} 和 v_X 就可以使用电子表格计算得到，这样 16 个未知元素中的 6 就找到了。

第二步是在轴承间隙间找到变量 δ_{bi}，这些轴承间隙是在轴承作用力下由于有限的轴承刚度而引起的。这样余下 10 个变量中的 5 个就可以得到

$$\delta_{bi} = F_{bi}/K_{bi} \tag{2.2.37}$$

为了确定剩余的 5 个未知变量，必须使用运动误差与几何兼容性关系。轴承点在滑架上的新坐标 $[P_{bi}]_{new}$ 等于旧坐标 $[P_{bi}]$ 减去沿着轴承作用力的余弦方向的变形量，即

$$[P_{bi}]_{new} = [P_{bi}] - [\Theta_{fbi}]\delta_{bi} \tag{2.2.38}$$

为了确定这 5 个未知变量（5 个误差运动）的值，需要考虑几何约束条件。在轴承轨道的坐标系统中，存在与轴承点的 Y 和 Z 位置相关的 5 个几何约束方程组。这些约束条件表示轴承点被限制在平面内运动，因为轴承间隙变化是由于轴承接触点处力的变化引起的，这些力的变化是由于施加了不同的力和运动。考虑到滑架和轴承轨道初始坐标系统是一致的，使用没有平移偏差的齐次转换矩阵[26]可以找到在轴承轨道坐标系的轴承接触点的新坐标，即

$$[P_{bi}] = \begin{bmatrix} 1 & -\varepsilon_Z & \varepsilon_Y & 0 \\ \varepsilon_Z & 1 & -\varepsilon_X & \delta_Y \\ -\varepsilon_Y & \varepsilon_X & 1 & \delta_Z \\ 0 & 0 & 0 & 1 \end{bmatrix} [P_{bi}]_{new} \tag{2.2.39}$$

其中，$[P_{bi}]$ 的元素是 $[X_{轴承导轨} \quad Y_{轴承导轨} \quad Z_{轴承导轨} \quad 1]^T$。假设轴承方向余弦是轴承轨道的法

[26] 记住，假设在 X 方向的任何运动误差可以测量，可以使用滑架的伺服系统进行补偿。这样 $\delta_X = 0$，即使 δ_X 是有限的，也不会影响 δ_Y 和 δ_Z 的值。

矢，可以由方程（2.2.29）给出，那么，轴承坐标间的约束方程为

$$Y_{轴承导轨i}=-(Z_{轴承导轨i}-Z_{bi})\gamma_{bi}/\beta_{bi}+Y_{bi} \tag{2.2.40}$$

以矩阵形式展开方程（2.2.39）和方程（2.2.40），方便确定变量 $\varepsilon_X\varepsilon_Y$，$\varepsilon_Z$，$\delta_Y$ 和 δ_Z，在变量 ε_X，ε_Y，ε_Z，δ_Y，δ_Z 和 $(X_{inew},\ Y_{inew},\ Z_{inew})(i=1\sim5)$ 间产生 20 个同步方程组。这些也增加了 HTM 的误差项和滑架本身的变形影响。另外，在理想情况下，确定轴承轨道表面的运动误差如何影响滑架的运动，可以使用式（2.2.38）~式（2.2.40），其中，轴承点的变形依赖于位于下方的轴承轨道的变形。

如果假设所有的点都是接触的，并且某点处的间隙变化与力的变化成比例（即无开放性间隙），任何数量的接触点都可以有解决方案。如果力与变形间的关系在预期变形区间不是线性关系，那么可以使用同样的方式，但解决方案则不得不采用迭代方式。将滑架的误差运动描述成其几何形状和受力状况的函数，用来研究滑架设计的有力工具。例如，随着轴承间隔的增加，角度误差项通常降低，但是，滑架本身的重量会引起更大的误差。

2.3　准静态机械误差

准静态机械误差是相对缓慢地发生在机床、夹具、刀具和工件上的误差。这就意味着误差发生的频率低于机床上用来补偿误差的运动轴的带宽。例如，如果在精加工期间，轴旋转角度为 2.5mm/min(0.1in/min)，轴存在波长约为 0.1m(4in) 的直线误差，垂直轴将不得不以 0.00043Hz 的频率来回移动，移动幅度等于直线误差。一般情况下，准静态机械误差可以得到补偿，在第 6 章将举例说明。这些类型的误差来源包括：

- 几何误差。
- 运动误差。
- 外部负载引起的误差。

——重力引起的误差。

——加速轴引起的误差。

——切削力引起的误差。

- 机器部件中的载荷误差。
- 热膨胀误差。
- 材料不稳定性误差。
- 仪器误差。

一些误差的周期是几个小时甚至是几年。这些类型的误差包括温度升高引起的误差和材料不稳定引起的误差（如奥氏体钢转换成更稳定的铁素体状态）。因为周期很长，通常很难测量和更正，测量系统本身通常也会带来问题，所以误差的预期时间常数越长，消除它所花费的时间就越大。但存在一些例外：①误差作用于机器并达到均匀的稳态值；②机器可以很容易地被重新校准（或调整），所以在使用机床期间，这部分误差可以忽略。

为了显现机器的准静态误差，首先假设机器的每部分都是刚体。然后，对于每个单自由度的机器部件（如线性滑动架），在其上添加五个离轴误差（竖直和水平的直线度、摇摆、倾斜和转动误差）以及一个同轴误差。第六个误差将包括传感器和一些伺服机构上的误差。线性误差的大小很大程度上取决于齐次变换矩阵坐标轴的位置。然后，假设所有的部件是用柔软的橡胶做成的，再重复以上步骤，此时机器在每种情况下又该如何变形?

2.3.1　几何误差

这里几何误差定义为单个机床元件的形状误差（如线性轴承运动的直线度）。几何误差会影响相互运动的表面的准静态精度；如图 2.2.2 和图 2.2.3 所示的平移部件和旋转轴就存在这种问题。几何误差可能是平稳的、连续的（系统的），也可以表现出滞后（如反冲）或者随机的行为。影响几何误差的诸多因素包括：

- 直线度。
- 表面粗糙度。
- 轴承预紧力。
- 运动学与弹性设计准则。
- 结构设计原则。

工程设计师如何估计几何误差？除了部分目录，必须考虑的一条是加工过程的精确度和特点。

1. 直线度

直线度是直线运动的偏差。一般认为直线度误差主要与机床和其负载的整体几何形状有关。如图 2.3.1 所示，直线度误差可以认为是直线轴偏离运动直线的误差。非正式术语光滑度可以用来描述直线度误差，它依赖于与之接触的配件的表面质量，使用的轴承的类型和预紧力。也就是说，运动光滑度就是偏离运动直线度拟合多项式的偏差。光滑度不是用作描述下面所说的表面质量，而是用作描述高频直线度误差，该误差波长的特点是近似等于误差的大小，方向为两运动部件接触面的法矢量。

2. 表面粗糙度

表面粗糙度是表面的侧面轮廓的特点，通常对轴承运动的光滑度有影响（很难描述或根本不可能）。加工过程中，轴承运动的光滑度只能使用表面粗糙度和轴承设计量化。

1）滑动接触轴承趋向于平均表面粗糙度，偏角为负时，磨损较少。正偏角可能导致轴承持续磨损。

2）对于滚动轴承来说，如果接触面大于典型的峰谷间空间，将产生弹性的平均影响，滚子所用到的运动学装置将产生平滑运动。如果这个条件不能满足，那么就像在铺着鹅卵石的大街上开车一般。如果用到了多个滚动元件，弹性平均效应可以使运动变得平滑。然而，如果这些元件循环使用，那么在滚动元件离开和进入负载区域时，就会给系统带来噪声。

3）当认为表面粗糙度的影响少于轴承间隙的影响时，流体静压轴承对表面粗糙度不敏感。

一般需要 3 个参数来表示表面粗糙度[28]，均方根（*rms* 或 Rq）、中线均值（R_a）和国际标准组织（ISO）的十点高参数（R_z）。后者与样本上 5 个最大峰值和最小谷值相关。表面轮廓

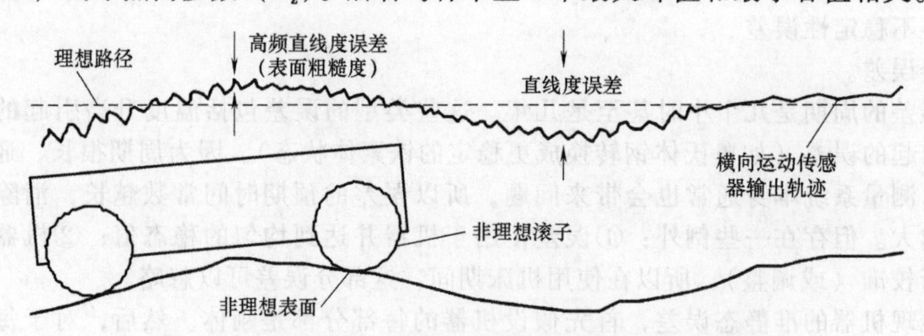

图 2.3.1　表面形状和表面粗糙度误差引起的直线度误差

此处原文漏编标号 27。——译者注

[28] 例如，参阅 K. Stout. "How Smooth is Smooth," Prod. Eng. May 1980. 接下来关于表面粗糙度的讨论都来源于这篇文章。关于这个话题的详细讨论可以参阅 Surface Texture（Surface Roughness, Waviness, and Lay）. ANSI Standard B46. 1-1985. American Society of Mechanical Engineers，345 East 47th St.，New York. NY 10017. 也可参阅 T. Vorburger and J. Raja，Surface Finish Metrology Tutorial. National Institute of Standards and Technology Report NISTIR 89-4088（301-975-2000）.

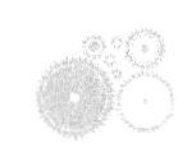

测量得到一条锯齿形轨迹，如图 2.3.1 所示轮下那样。如果能画出最佳匹配直线通过轨迹截面部分，长度为 L，那么，可以分别使用 R_q、R_a、R_z 定义表面粗糙度。沿着样本方向，得出距离直线偏差 y 关于距离 x 的函数，即

$$R_q = \sqrt{\frac{1}{L}\int_0^L y^2(x)\,\mathrm{d}x} \tag{2.3.1a}$$

$$R_a = \frac{1}{L}\int_0^L y(x)\,\mathrm{d}x \tag{2.3.1b}$$

$$R_z = \frac{\sum_{i=1}^{5} y_{\mathrm{peak}}(i) - y_{\mathrm{valley}}(i)}{5} \tag{2.3.1c}$$

前两者定义形式是沿着样本（x 轴）距离的连续函数，实际上，积分是采用数值积分来计算的（通常使用测量系统的软件计算）。

不幸的是，那些数值不能提供表明地质特点的任何信息。如图 2.3.2 所示，表面形势可能是倾斜的。倾斜度是振幅分布和标准偏差 σ 的第三个重要的比例，σ 来自于通过表面粗糙度测量画出的中线。因此，倾斜度提供了一种振幅分布曲线的形状测量方式。倾斜度通常用来量化特定应用下的表面合格率。对于轴承而言，窄小而深的谷底被宽平面分开是可以接受的。这种形式对于轴承面可能有一个负倾斜度值，典型值的变化范围为-1.6~-2.0，锋利的尖刺很快被磨平，产生磨损碎片和更大的损伤，因此，对于接触性轴承表面不能接受正的倾斜度值。倾斜度在数学上的定义为

$$\mathrm{skew} = \frac{\mu_3}{\sqrt{\mu_2}} = \frac{\mu_3}{\sigma} \tag{2.3.2a}$$

在第 n 个时刻，振幅分布的 μ_n 定义为

$$\mu_n = \int_{-\infty}^{\infty} (y-\mu)^n f(y)\,\mathrm{d}y \tag{2.3.2b}$$

均值 μ 的定义为

$$\mu = \int_{-\infty}^{\infty} y f(y)\,\mathrm{d}y \tag{2.3.2c}$$

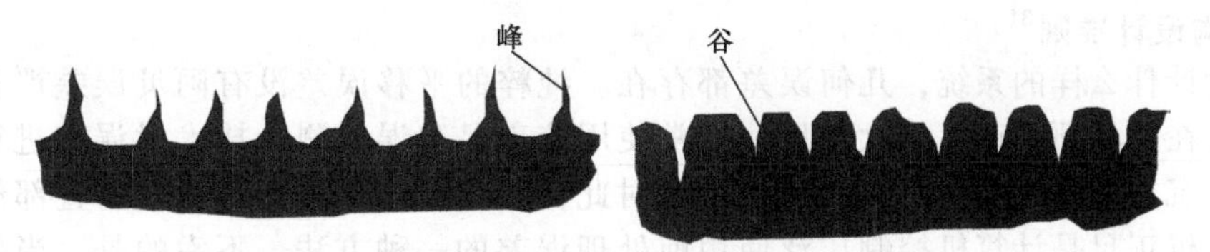

图 2.3.2　正（左）和负（右）倾斜度下的表面

概率密度函数（PDF）$f(y)$ 简单定义了一个值发生的概率。对于表面粗糙度测量数据，给定 y 值，在 $y-\varepsilon$ 到 $y+\varepsilon$（ε 无限小）的范围内读出数值的概率等于表面粗糙度曲线的投影长度，在 $y-\varepsilon$ 到 $y+\varepsilon$ 内的表面粗糙度曲线投影在 X 轴并被 X 轴上的轨迹长度分割。这些计算通常也使用测量仪器的软件计算。

存在许多其他的方法来定义表面粗糙度要素的形状和强度，例如，用自相关函数来检测表面的随机度。这种方法用来帮助追踪周期误差（如刀具振动引起的误差），有时可以在随后制造的元件中减小。频率谱分析也可以完成这些工作。表面测量技术随着表面粗糙度要求的提高不断进步和发展，有兴趣的读者可以参考文献[29]。

[29] 例如，参阅 Journal of Surface Metrology edited by K. Stout and published by Kogan Page, London.

3. 轴承预紧力

轴承系统比自由约束系统（非运动学轴承系统）存在更多的接触点，高预紧力可以降低孤立粗糙点影响光滑度的概率。然而，高预紧力增加了磨损，并引起静摩擦，降低了可控性。当存在非线性偏差关系（5.6 节会讨论到，两个接触的曲线物体间的赫兹偏转）时，预紧力与施加负载的比率也是一个重要考虑因素。预紧力不足将导致一些轴承点周期性地与轴承表面失去接触。这个结果很难描述误差运动，降低刚度，可能导致刀具振动。刀具振动反过来降低了工件的表面质量。

除了利用机床本身的重量作为机床运动轴的预紧力，在很多案例中，机床的预紧力和精度都随时间变化。尤其是当接触型轴承表面磨损或由于内部压力需要保持预紧力，而结构松弛时。当多种影响因素叠加在一起时，典型的解决方法就是使用一个类似拉销[30]的设备产生预紧力。一般情况下，拉销的定义是为轴承添加预紧力的机械设备。拉销是一个楔形件，主要部分是螺钉的活动。为了评价一个合适的拉销固定的结构表面的精度，应把拉销当作另一个自由度。也就是说，当拉销调整时，它的有限的运动引进了另一组几何误差，必须包含在特定轴的误差内。

当拉销固定的设备磨损时，拉销、轴承，有时包含轨道，必须重新手动调整，拉销调整提供预紧力。很多机床一般使用模块化滚动轴承，其已经设置了预紧力，使用大尺寸滚球或滚筒，或者通过拉紧螺栓推进平面与滚筒接触。当后者系统类型磨损时，通常抛弃或更换一个新的单元。因此，一些轴承件制造商可以得到大规模经济。

4. 运动与弹性平均设计准则

对于运动学（无过多的约束）夹具，没有强制的几何变形，结构的总误差可以预测。弹性平均系统，在力的作用下迫使形状与夹具一致（大量的过约束），从而使误差的计算变得更加复杂。这种设计理念极大地影响着结构、轴承和执行结构的设计。所以这些设计理念将贯穿本书，也会贯穿精密机械设计工程师的整个职业生涯。

这些设计理念影响的几何误差来源于转位运动，转位运动发生的原因是中断机械接触，重新定位和机械接触的重新稳定。这种误差类型的分析需要讨论两个原则：运动设计原则和弹性平均原则。前者是一个确定性的方法（如同一个三脚凳），后者是一个概率性的行为（如一个带有弹性框的五角椅）。这些概念将在 7.4.3 节详细讨论。

5. 机构设计准则[31]

无论设计什么样的系统，几何误差都存在。纯粹的平移误差没有阿贝误差严重，因为平移误差不会在刀具顶端产生放大作用。通常使用校正尺和误差测绘技术对误差进行补偿。平移误差是由沉重的机床轴穿过轴承造成的，对此，在制造导轨时，有一个垂直部件去补偿机床的变形。校正尺是计算机控制广泛使用前处理误差的一种方法。不幸的是，当机床负载变化时，补偿量也随之变化，这样，即使没有软件误差补偿，如果可能，首先加强机床刚度，对于防止误差是较好的一个方法，或是用重力平衡装置来帮助支撑负载。

机床的误差有时可以画出图形，用作垂直轴反馈伺服信号的一部分来补偿误差。如果误差图技术是有效的话，那么所有轴的直线度、摇动、倾斜和滚动误差都能做出图形，作为几何和温度的函数。误差修正算法也必须利用刀具和工件几何关系，这样在刀具顶部的阿贝误差也可以得到补偿。需要注意的是误差间相互作用的复杂性，如 X 误差，在一些机床中，可能是 Y 和 Z 误差的函数。这样，作为一个工厂潜在的机床购买者，一定记得看警告说明[32]。

---

[30] 拉销设计的讨论见 8.2.2 节。

[31] 参看 7.4 节。

[32] 让买家当心。

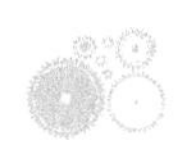

2.3.2　运动误差

这里，运动误差定义为运动轴的轨迹误差，引起原因为方向偏离或元件尺寸不合理。例如，运动误差包括相对于理想位置的垂直度（方形度或垂直度）和各个运动轴之间的平行度。轴部件的尺寸也能引起刀具或工件偏离理想位置，这也是典型的运动误差。然而，平移误差使用刀具偏置在笛卡儿机床中很容易补偿。装配期间，误差导致负载的变化，本质上，也是运动误差，但是它们被认为是另一种类型，将在 2.3.4 节讨论。

如图 2.3.3 所示，给出两机床轴在 XZ 面的运动，一个机床轴与 X 参考轴平齐，垂直度误差是机床另一轴与参考 X 轴之间 90° 的偏差 ε_y。这是一个在图片上简单说明的简易定义，但是，实际测量或控制并不简单。同样，如图 2.3.3 所示，两个轴之间的平行度分为水平形式和纵向形式，分别定义两轴之间的锥度和扭度。水平平行度的例子（锥度）是车床上的轴，不平行于旋转的主轴的轴，使用这个轴沿工件外轮廓移动刀具将在工件长度方向上形成锥度。纵向平行度误差的例子是铣床上使用的两个轴，如果其中一个轴的端部高些，当螺栓到达轴和加工件时，机床本身将会翘曲，而当螺栓到达机床时，机床将会不稳定，像四脚椅子其中一条腿是短的。值得指出的是，这些误差有时对方向不敏感。对于车床来说，水平平行度误差法向移动刀具点到曲面，而纵向平行度误差切向移动刀具点到曲面。

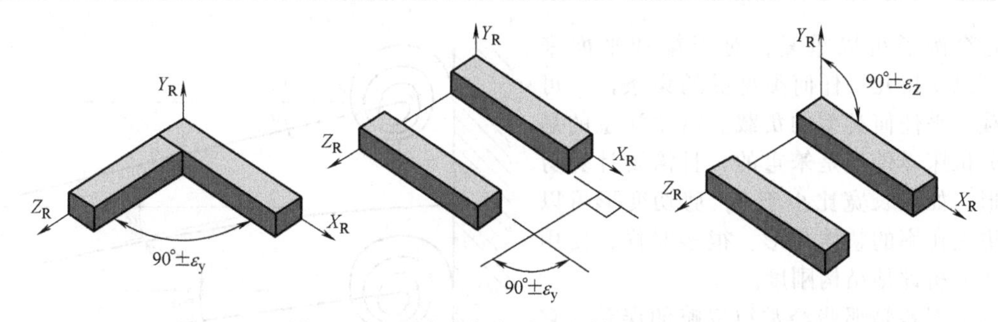

图 2.3.3　垂直度与水平和垂直平行度误差

如果不做手工修整工作的话（如刮边或研磨），垂直度和平行度的精度完全依赖于加工和磨削过程。考虑到当地机床的精度，评估最好的样例是如何很好地详细说明垂直度和平行度。当然，机械工的技能，使用的夹具类型和其他因素也影响这些误差。轴承表面常适当地使用螺栓，这样，可以进行一些手工校正，如加垫片、刮边或研磨，都可能更正角度误差。

如果控制器设计得好，运动误差在一个设计好并生产完成的机床上应是可重复测量和可以补偿的。然而，现代精密机床设计的基本原则仍然是使用特定的控制器，算法和传感器来补偿机械误差之前，应该以合理的价格最大化机械性能。

2.3.3　外部负载引起的误差[33]

引起机床误差的外部负载包括重力负载、切削力和轴向加速负载，但不包括应力引起的误差，因为应力是机床内部产生的（如锁紧螺栓的负载和部件间的力几何全等），这一部分在 2.3.4 节中讨论。

负载引起的误差的建模难度在于它们是分散分布或是其影响不断变化的。到目前为止，所讨论的误差类型一直是几何引起，是关于位置的函数。这样，它们相对容易列入机床的 HTM 模型中。另一方面，负载引起的误差通常分布于整个结构，为了合并到 HTM 模型中，必须提出

[33] 也可以查看 5.6 节关于变形的讨论，这种变形是由于在接触型传感器和工件的接触面上发生的典型的高接触压力引起的。

种方法将其在离散点处集中。轴承接触面通常是结构最适合的部分，这样有必要在轴承接触面集中负载引起的误差。对于更复杂的结构，有必要引入另外的坐标系到 HTM 模型中。

集总参数模型考虑

为了说明机床刚度的保守模型，如图 2.3.4 所示，考虑简单的悬臂梁。理想模型是弹性梁，如一个刚性物体使用弹簧连接到墙壁。如果悬臂梁和弹簧模型有相同的端点变形量，横向系统刚度匹配，合成的平移误差波及与梁端点相连的其他轴的端点。然而，角刚度存在误差，其他元件的阿贝（或正弦）误差可能转移到梁的端点，从而导致误差可能被低估。如果横向变形量匹配，那么横向和角度刚度以及变形（横向和角度）会是：

	悬臂梁	角弹簧	偏转误差
$K_{横向}$	$3EI/L^3$	$3EI/L^3$	0.0
$K_{角度}$	$2EI/L^2$	$3EI/L^2$	小于 33%

另一方面，如果梁在端点处的倾斜匹配，那么阿贝误差更正模型，保守派对平移误差估计过高：

	悬臂梁	角弹簧	偏转误差
$K_{横向}$	$3EI/L^3$	$2EI/L^3$	大于 33%
$K_{角度}$	$2EI/L^2$	$2EI/L^2$	0.0

这个例子可以重复，对于梁和平面来说，可以支持几乎任何类型的约束条件，可以加载几乎任何类型的负载。需要注意的是大部分机床零件都是笨重的，且需要计算剪切变形。如果长宽比小于 3，剪切变形可以引起更大比率的整体变形。很多时候，使用有限元分析评估结构刚度。

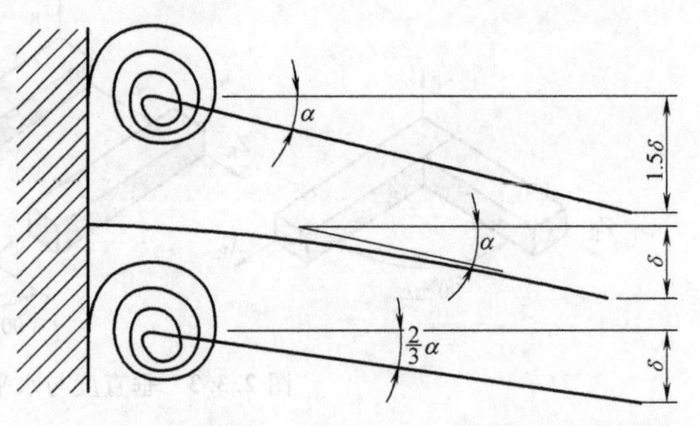

图 2.3.4　悬臂梁的两个可能的扭转弹簧刚度梁模型

阿贝误差是那些经常被忽略的误差，它们影响仪器或机床的性能。当不知道什么与工作台螺栓连接和角度误差如何简化时，评估引起角度运动的刚度时最好保守些。然而，平移误差不简化，即使估计过高，引起问题的可能性也很小。

为了更容易进行机械结构建模，请记住，当刀尖接近大多数部件时，这些部件本质上会变得更加整体，更加结实。这部分基于这个事实；从这些区域修整材料一般既不节材又不省力，除非机器被设计为高速运动。当机器的基部接近时，结构通常展开成为一种可以用一堆圆盘和圆柱来模拟结构的构架类型。然而，不管是什么部件，牢记要考察局部和全局变形，并且试着找出支配刚度（即最柔软的部件）。

一个螺栓固定线性轨道至箱型截面的例子，如图 2.3.5 所示。查找手册之前，试着找到

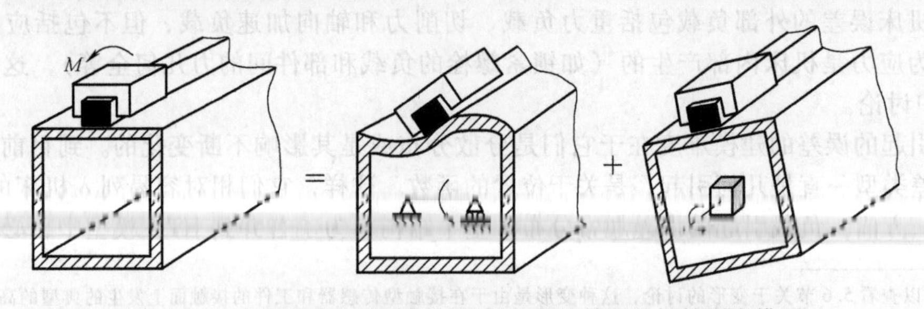

图 2.3.5　分解和叠加安装到箱型梁的线性轴承的扭转刚度模型

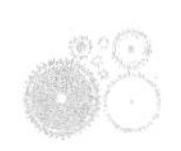

相同负载的情况，仔细看一下结构，猜测会发生什么。绘出几个变形图，如果你还是不能想象它是如何变形的，制作一个黏土、泡沫橡胶模型或根据负载做一个硬纸板。记住 St. Venant 原则[34]。如果梁的刚度是无限的，支撑在轨道和梁之间的螺栓以及滑架可能数量达到最好，梁可以忽略。如果梁是薄壁铝管，它相当易弯曲，不得不使用一个挠曲的隔板和扭曲梁做模型。

一旦确定了如何搭建结构模型，然后查阅手册得到挠度方程。如果挠度方程不存在（大部分例子中都不存在，因为剪切变形占优势），则可以使用能量法[35]推导出来。结构模型建模后，无论多么的棘手，与你的预测相比，做一个简化的有限元模型。这样可以清楚地知道为什么结构这样变形，首先使设计更高效。无论如何，开始的结构更精确，完成工作需要的迭代就更少。

一旦发现一个等价的弹簧可以代替结构的一部分，它都可以与其他所有模型弹簧合成，作为一个普通的节点（HTM 参考系）。整体刚度为

$$K_{总} = \frac{1}{\sum_{i=1}^{N} \frac{1}{K_i}} \tag{2.3.3}$$

如果使用斜率匹配法对弹簧建模，那么使用这个刚性来估算结构的横向固有频率就显得保守了。然而，在不连续界面，如轴承面，计算其上弹簧的等效刚度时就要更加谨慎。大多时候，轴承生产商会提供详实的刚度数据。螺栓装配的刚度也是值得关注的，这将在 7.5 节中讨论。很多情况下，需要有限元方法或者模型测试来验证结构预期的动态和静态性能的集中参数模型。同时要意识到需要很多的等效弹簧来模拟六种负载导致的误差分量，这些分量存在于每个齐次变换矩阵参照系中。从齐次变换矩阵分析方法中导出的误差增益可以用于描述因弹簧和纯几何误差造成的变形。因而，误差预算的输出也可以标记刚度不足的区域。

2.3.3.1　重力引起的误差

重力对机器中的每一部分都会施加负载，也可以利用重力负载来生产机器的部件。后者往往也是部件几何误差的源头[36]。因而评价离开支架的零件的直线度时，需要格外仔细。有人会问，支撑方法如何影响零件的直线度？同样地，必须评估一下工件和机器其他部件的重量如何使整体结构发生变形。

重力可以给机床的轴承提供可重复的预紧力，因此，即使一些轴承磨损，只要预紧力保持恒定，运动性能也能保持。这样，机床可以周期性地重新布局，使用新的误差补偿值来补偿磨损。事实上，这也允许机床重组时不需要拆开。一般情况下，然而，仅依赖重力预紧轴承的机床不能用于高速或强力切削。高速要求低质量，反过来，提供不足的预紧力来阻止结构提升。

当设计机床的主要部件时，如支撑轴承的框架，需要的精度最高，如果部件设计用来加工而且支持运动的话。这要求零件在没有强制几何协调作用力（即把一个直的部件拧紧到弯曲的车床上所施加的力，反之亦然）作用的情况下被固定住。在某些情况下，这可能导致恶性循环，为了支持本身的重量和抵抗加工力，部件变得笨重引起其他部分的变形，包括用来加工这些部件的机床。另一方面，如果这个目标没有达到，那么，部件就不能设计得足够好，以抵抗机床施加的力。因为这个原因，每个部分应该认真设计，考虑给出的加工过程的类型和预期承受的负载。

---

[34] St. Venant 原则陈述：力或压力作用在很小一个区域的影响可能被认为是静态等量系统，即在一个大约等于一个物体的宽度或厚度的距离内，可能引起压力分布，这是一个简单的法则。

[35] 这个程序不像很多人可以察觉的那样痛苦，在竞争的条件下，它是一个心理俯卧撑的极好形式，能够保持头脑集思广益。通过本书将会给出几个例证。

[36] “母鸡只是一个鸡蛋制造另一个鸡蛋的方式” 塞缪尔·巴特勒

重力负载是最好的模型，使用 HTM 法估计，即在坐标系界面选择相等的扭转和延展弹簧。选择等价弹簧用来匹配单调负载模型，与之前描述的例子使用相同的方式。应用到弹簧上的负载数量应包括结构重量和变化的重量，即机床需要加工的最轻和最重的工件的重量。

近些年来，出现了很多补偿机床元件重力引起误差的方法。另外，补偿曲线，在机床周围建立辅助结构框架来支撑配重系统。前种方法使加工变得困难。后者增加了加工成本，因为大部分运动轴电动机需要移动的量基本增加两倍。激光干涉仪和微处理器正改变着设计机床的方式。例如，如果软件补偿绘出误差图合并到机床设计，然后就没有必要太担心结构在自身影响下将如何变形，只要刚度足够高允许可控并阻止刀具振动。通常，只需要确保所有轴的运动足够光滑，结构刚度足够抵抗动态负载。

举例：简单的支撑梁由于自身负载的变形

考虑一般的、均匀的、各向同性的梁的情况，一般用作校正装置，负载使其本身对称支撑，如图 2.3.6 所示。梁的变形是由于扭矩和梁自身重力引起的剪切力。当梁对称支撑，端部变形等于中间变形，可以得到最小的整体变形[37]。这个问题精确的解决方法需要使用弹性理论，使用起来不实际，然而，如果考虑到弯曲和剪切变形，好的估计应包括理想的支撑点位置。大部分工程师知道如何找到由于弯曲引起的变形或如何查找手册，但是，剪切变形方程在大部分手册中都是没有的。

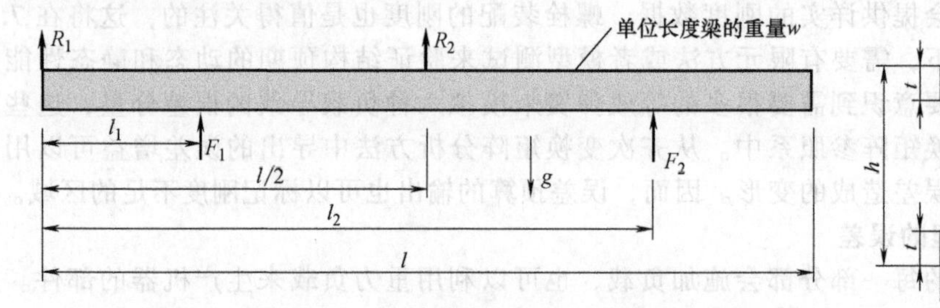

图 2.3.6　自身重力和添加虚构力负载的梁

书写梁的负载函数的第一步是使用奇异函数[38]在适当的时间激活负载，即

$$q(x)=-w\langle x\rangle^0+\frac{wl}{2}\langle x-l_1\rangle_{-1}+\frac{wl}{2}\langle x-l_2\rangle_{-1} \tag{2.3.4}$$

剪切力为

$$V(x)=-\int q(x)\,\mathrm{d}x=wx-\frac{wl}{2}\langle x-l_1\rangle^0-\frac{wl}{2}\langle x-l_2\rangle^0+C_1 \tag{2.3.5}$$

在 $x=0$ 处剪切力为 0，所以 $C_1=0$，这时

$$M(x)=-\int V(x)\,\mathrm{d}x=\frac{-wx^2}{2}+\frac{wl}{2}\langle x-l_1\rangle+\frac{wl}{2}\langle x-l_2\rangle+C_2 \tag{2.3.6}$$

因为当 $x=0$ 时，力矩为 0，所以 $C_2=0$。斜率从下式得到

$$EI\alpha(x)=\int M(x)\,\mathrm{d}x=\frac{-wx^3}{6}+\frac{wl}{4}\langle x-l_1\rangle^2+\frac{wl}{4}\langle x-l_2\rangle^2+C_3 \tag{2.3.7}$$

由于斜率不能推广，所以使用变形

$$EI\delta(x)=EI\int\alpha(x)\,\mathrm{d}x=\frac{-wx^4}{24}+\frac{wl}{12}\langle x-l_1\rangle^3+\frac{wl}{12}\langle x-l_2\rangle^3+C_3x+C_4 \tag{2.3.8}$$

---

[37] 另一个理想的支撑条件是端点标准是支撑点，所以梁端面的斜率是垂直的。这就是所谓的在艾利点的支撑梁。参阅 F. H. Rolt. Gauges and Fine Measurements，University Microfilms，Ann Arbor，MI.

[38] 在< >=0 的表达中，当指数为负时，下标或括号内的表达式小于零。

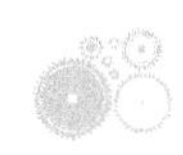

在边界条件 $\delta=0$，$x=l_1$、l_2，通过大量代入，我们能分别得出末端变形 $\delta_{末端}$和中间变形 $\delta_{中间}$[39]

$$\delta_{末端}=\frac{wl_1}{24EI}[l_1{}^3-(l_2+l_1)(l_2^2+l_1^2)+2l(l_2-l_1)^2] \tag{2.3.9}$$

$$\delta_{中间}=\frac{w}{24EI}\left\{\frac{-l^4}{16}+l_1^4+\frac{(l_2-l_1)}{2}\left[(l_2+l_1)(l_2^2+l_1^2)-\frac{3l}{2}(l_2-l_1)^2\right]\right\} \tag{2.3.10}$$

在这里 w 表示单位长度梁的重量，ρ 是广义梁材料的密度

$$w=\rho\{2tb_o=b_i(h-2t)\} \tag{2.3.11}$$

由剪切力产生的边坡变形只有在梁的长度的 3~5 倍高度或更少才有意义。由于大多数工程师很少使用这一理论，很多介绍机械学的常规课程跳过这一重要的主题，然而，作为一个机械设计者，我们需要经常使用这一理论。

为了找到剪切边坡变形的关键点，我们需要充分利用能量理论（Castigliano 理论），在变形里面需要用到假想力 R_1、R_2。为了对称性和力学平衡，支撑力表达式为

$$F_1=\frac{-R_1l_2}{l_2-l_1}-\frac{R_2}{2}+\frac{wl}{2} \tag{2.3.12}$$

$$F_2=\frac{R_1l_1}{l_2-l_1}-\frac{R_2}{2}+\frac{wl}{2} \tag{2.3.13}$$

梁里面导致剪切变形产生的剪切应力为

$$V=-R_1+wx-F_1\langle x-l_1\rangle^0-R_2\left\langle x-\frac{l}{2}\right\rangle^0-F_2\langle x-l_2\rangle^0 \tag{2.3.14}$$

梁里面的剪切压力为

$$\tau=\frac{VQ}{bI} \tag{2.3.15}$$

当 V 是剪切力时，Q 是最外围纤维到感应剪切力存在的初始横截面积，b 是接近剪切力横截面的梁的宽度，I 是第二次接近中心轴时梁的横截面积。值得注意的是剪切力在梁的宽度中呈抛物线分布[40]。同时，在应用剪切力本身时，工程近似给出的剪切力分布（U 分布）与弹性理论给出的剪切力分布（W 分布）可以进行误差比较[41]。然而，在距离等同梁的$\frac{1}{4}$高度处，工程理论近似正确，在梁的高度的$\frac{1}{2}$处，工程理论完全正确。弹性理论通常用在具有矩形横截面的梁或者整体结构复杂的实际应用中。因此在本书中规定临界计算都使用工程理论，需要进行详细的有限元分析。

第二次接近中心轴的广义直线型梁的横截面积为

$$I=\frac{b_oh^3-(b_o-b_i)(h-2t)^3}{12} \tag{2.3.16}$$

[39] 注意，当 $l_1=0$，$l_2=l$ 时，$\delta_{末端}=0$ 以及 $\delta_{中间}=5\omega l^4/384EI$。类似地，当 $l_1=l_2=l/2$ 时，$\delta_{末端}=\omega(l/2)^4/8EI$，$\delta_{中间}=0$。

[40] 对于这个简单的工程近似推导，参见一些介绍固体机械的书（如 S. Timoshenko. Strength of Materials，Part 1，3rd ed. Robert Krieger Publishing Co. Melbourne，FL，pp. 113-118.）

[41] 参阅 S. Timoshenko and J. N. Goodier, Theory of Elasticity, McGraw-Hill Book Co. New York，1951. pp. 57-59.

从上边缘到下边缘的剪切力为

$$\tau\Big|_{\frac{h}{2}-1}^{\frac{h}{2}}=\frac{V}{b_{o}I}\int_{y}^{\frac{h}{2}}yb_{o}\mathrm{d}y=\frac{V}{2I}\left[\left(\frac{h}{2}\right)^{2}-y^{2}\right] \tag{2.3.17}$$

内部剪切力为

$$\tau\Big|_{0}^{\frac{h}{2}-t}=\frac{Vt(h-t)}{2I}+\frac{V}{b_{i}I}\int_{y}^{\frac{h}{2}-t}yb_{i}\mathrm{d}y=\frac{V}{2I}\left[\left(\frac{h}{2}\right)^{2}-y^{2}\right] \tag{2.3.18}$$

当剪切力是梁的各部分的位置的函数时，弹性应变能为

$$U_{\text{shear}}=\int_{\text{Volume}}\frac{\tau^{2}}{2G}\text{dVolume} \tag{2.3.19}$$

b 是 y 的函数，$\mathrm{d}x$ 是 b 的增量，假定在梁的长度中令横截面积是常量，整体弹性应变能表达为

$$U_{\text{shear}}=-\frac{1}{8GI^{2}}\int_{0}^{l}V^{2}\left\{b_{i}\int_{-\frac{h}{2}-t}^{\frac{h}{2}-t}\left[\left(\frac{h}{2}\right)^{2}-y^{2}\right]^{2}\mathrm{d}y+2b_{o}\int_{\frac{h}{2}-t}^{\frac{h}{2}}\left[\left(\frac{h}{2}\right)^{2}-y^{2}\right]^{2}\mathrm{d}y\right\}\mathrm{d}x \tag{2.3.20}$$

从梁的最内层开始，首次屈服为

$$2b_{i}\left[\frac{h^{5}}{60}-\frac{h^{2}t^{3}}{3}+\frac{ht^{4}}{2}-\frac{t^{5}}{5}\right] \tag{2.3.21}$$

二次屈服为

$$2b_{o}\left[\frac{h^{2}t^{3}}{3}-\frac{ht^{4}}{2}+\frac{t^{5}}{5}\right] \tag{2.3.22}$$

注意，如果 $b_{o}=b_{i}$ 或者 $t=0$，这两项的和为 $bh^{5}/30$，这是从梁的 $-h/2\sim h/2$ 左侧内部积分计算出来的（如矩形梁）。为了简化余项的问题，将 K 等同于

$$K=\frac{\frac{b_{i}h^{5}}{60}+(b_{i}-b_{o})\left(-\frac{h^{2}t^{3}}{3}+\frac{ht^{4}}{2}-\frac{t^{5}}{5}\right)}{4GI^{2}} \tag{2.3.23}$$

整体弹性应变能为

$$U_{\text{shear}}=K\int V^{2}\mathrm{d}x \tag{2.3.24}$$

由 Castigliano 理论，当存在假想力 R_{i} 时，i 点的变形可表达为

$$\delta_{i}=\frac{\partial U}{\partial R_{i}}=2K\int_{0}^{l}V\frac{\partial V}{\partial R_{i}}\mathrm{d}x \tag{2.3.25}$$

由于 R 是假想力，它可以等同于 0~1 的微积分，当 $i=1$ 时，变形结束时，整体变形表达为

$$\delta_{1}=2K\int_{0}^{l}\left(wx-\frac{wl}{2}\langle x-l_{1}\rangle^{0}-\frac{wl}{2}\langle x-l_{2}\rangle^{0}\right)\times\left(-1+\frac{l_{2}}{l_{2}-l_{1}}\langle x-l_{1}\rangle^{0}-\frac{l_{1}}{l_{2}-l_{1}}\langle x-l_{2}\rangle^{0}\right)\mathrm{d}x \tag{2.3.26}$$

归因于奇异函数的存在，整体必须分为三段，$0<x<l_{1}$，$l_{1}<x<l_{2}$，$l_{2}<x<l$，第一部分[42]为

$$\lim_{\varepsilon\to0}\int_{0}^{l_{1}}-wx\mathrm{d}x=\frac{-wl_{1}^{2}}{2} \tag{2.3.27}$$

[42] 注意，当 $x=l_{1}$ 时，$\langle x-l_{1}\rangle^{0}=\langle 0\rangle^{0}=1$。然而，这会弄乱整体性，所以在我们计算从 0 到 $l_{1}-\varepsilon$ 积分时，这里 ε 是十亿分之一的铁原子宽度，这个值太小不影响计算精度，所以 $\langle-\varepsilon\rangle^{0}=0$。

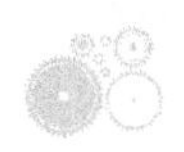

第二部分为

$$\lim_{\varepsilon \to 0}\int_{l_1}^{l_2}\left(wx-\frac{wl}{2}\right)\left(-1+\frac{l_2}{l_2-l_1}\right)\mathrm{d}x=0 \tag{2.3.28}$$

第三部分为

$$\lim_{\varepsilon \to 0}\int_{l_2}^{l}\left(wx-\frac{wl}{2}-\frac{wl}{2}\right)\left(-1+\frac{l_2}{l_2-l_1}-\frac{l_1}{l_2-l_1}\right)\mathrm{d}x=0 \tag{2.3.29}$$

由于梁的宽度产生的剪切力，导致梁的左侧变形，即

$$\delta_{\text{shear end}}=-Kwl_1^2 \tag{2.3.30}$$

考虑到梁的中间部分，整体变形可表达为

$$\delta_2=2K\int_0^l\left(wx-\frac{wl}{2}\langle x-l_1\rangle^0-\frac{wl}{2}\langle x-l_2\rangle^0\right)\times\left(-\left\langle x-\frac{l}{2}\right\rangle^0+\frac{\langle x-l_1\rangle^0}{2}+\frac{\langle x-l_2\rangle^0}{2}\right)\mathrm{d}x \tag{2.3.31}$$

整体必须分为三段，$l_1<x<l/2$，$l/2<x<l_2$，$l_2<x<l$，第一部分为

$$\lim_{\varepsilon \to 0}\int_{l_1}^{\frac{l}{2}}\left(wx-\frac{wl}{2}\right)\left(\frac{1}{2}\right)\mathrm{d}x=\frac{w}{16}(4l_1l_2-l^2) \tag{2.3.32}$$

第二部分为

$$\lim_{\varepsilon \to 0}\int_{\frac{l}{2}}^{l_2}\left(wx-\frac{wl}{2}\right)\left(-1+\frac{1}{2}\right)\mathrm{d}x=\frac{w}{16}(4l_1l_2-l^2) \tag{2.3.33}$$

第三部分为

$$\lim_{\varepsilon \to 0}\int_{l_2}^{l}\left(wx-\frac{wl}{2}-\frac{wl}{2}\right)\left(-1+\frac{1}{2}+\frac{1}{2}\right)\mathrm{d}x=0 \tag{2.3.34}$$

由于梁的宽度产生的剪切力，导致梁的中间变形，即

$$\delta_{\text{shear middle}}=\frac{wK}{4}(4l_1l_2-l^2) \tag{2.3.35}$$

为了找出 l_1 和 l_2 的最佳值，下列方程必须最小化

$$\sum=\{\delta_{\text{end bending}}+\delta_{\text{end shear}}\}-\{\delta_{\text{middle bending}}+\delta_{\text{middle shear}}\} \tag{2.3.36}$$

这一方程是通过大量反复计算得出的最佳解决方案。当剪切变形为 0 时，可以不考虑梁的横截面积，得出 $l_1=0.2232l$，$l_2=0.7768l$。注意上述点的斜率是一个有限值而不必等于 0。如果弯曲变形可以忽略，也可以不考虑梁的横截面积，得出 $l_1=0.2500l$，$l_2=0.7500l$。由于弯曲的大小和剪切变形是非线性方式，在这两种情况下，变形最小值将取决于梁的横截面积，通常在这两个值之间。

大多数梁的设计理念都是尽可能地从中心轴开始。这些区域中梁重量的最大应力就集中在中心轴，具有最大的比刚度，这也是使用中心的原因。梁的最大剪切应力位于中心轴附近，然而变形更为复杂，是几何形状和载荷的函数，需要通过计算推导。这一实例说明不同形状的梁在任何载荷下的变形都可用这一方法获得[43]。我们只需要再花一点时间对整体进行再计算。

[43] 注意：要精确地解决这类问题需要应用一般的弹性理论，弹性理论用来解释支撑区域的应变。对于简单的形状和负载，如支撑在刀刃上的矩形横截面梁，相对于上面使用的来说，数学计算可能非常麻烦，其实弹性理论就可以解决这些问题。对于那些更加复杂的问题，如有其他额外负载的梁，这个过程就变得复杂到难以控制。R·里德，解决了矩形截面梁的最佳支撑位置的问题（“A Glass Reference Surface for Quality Control Measurements.” Int. J. Mech. Sci., Vol. 9. 1966），当使用弯曲理论时，刀刃的位置导致的变形量是使用弹性理论得到的最佳刀刃位置所导致的变形量的两倍。

2.3.3.2 加速轴引起的误差

除了提高产品质量，为了提高产量，还需要提高机器的运行速度。一般认为车床是既大又笨，而且运转速度也很慢的机构。然而新型的机床可能需要运动轴产生超出 $1g$ 的加速度。如图 2.3.7 所示，高速运行的机器中心通过 X 轴运输，X 轴承载了另外两个轴和主轴。通过简单的二维图形，可以认为 X 轴承担了整个系统的主要作用，同时也产生了最大的阿贝误差。假定 Z 轴承担主轴和 20 马力的马达，M 为 682kg，可以承受 360MN/m（2×10^6 lb/in）的刚度，它需要通过钻孔来提高或降低速度。加速度 a 使 X、Y、Z 轴产生变形。通过所示几何图形，方程描述了后方 X 轴承的 Y 轴变形和滚筒结构的 X 轴，即

$$\delta_{\text{y-rear bearing}}=\frac{-1.016aM}{0.726K_{\text{x-axis bearing}}} \tag{2.3.37}$$

$$\theta_x=\frac{\delta_{\text{y-rear bearing}}-\delta_{\text{y-front bearing}}}{0.762} \tag{2.3.38}$$

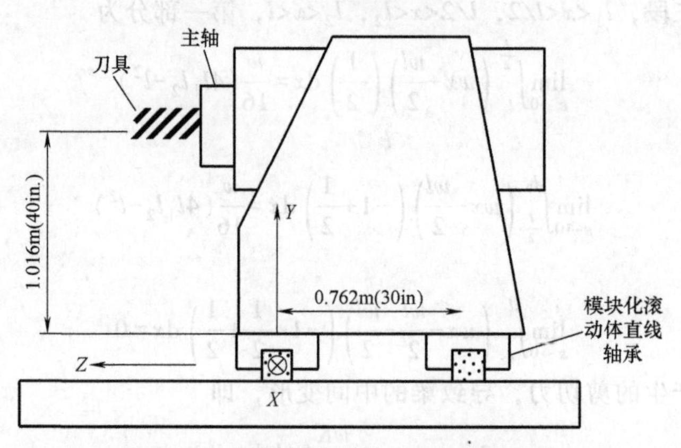

图 2.3.7 机器在惯性载荷下的几何尺寸

当主轴开始以 $0.5g$ 加速时，可承受的变形 $\delta_{\text{y-front bearing}}=12.7\mu\text{m}(500\mu\text{in})$，$\delta_{\text{y-rear bearing}}=-12.7\mu\text{m}(-500\mu\text{in})$。螺距 ε_x 为 $-33.3\mu\text{rad}$。假定刀具的坐标参考系原点是位于机床的参考系 XYZ 坐标系原点，则

$$^{\text{R}}\boldsymbol{T}_{\text{tool tip}}=\begin{bmatrix}1 & 0 & 0 & 0\\ 0 & 1 & 3.33\times10^{-5} & 1.27\times10^{-5}\\ 0 & -3.33\times10^{-5} & 1 & 0\\ 0 & 0 & 0 & 1\end{bmatrix} \tag{2.3.39}$$

当刀具在机床的前面位置，前轴承在 $Z=0.508\text{m}(20\text{in})$，在自己的坐标系中描述刀具位置时，刀具矢量 $\boldsymbol{TP}^{\text{T}}=[0\ 1.016\ 0.508\ 1]$。在机床坐标系中刀具矢量 $\boldsymbol{TR}^{\text{T}}=[0\ 1.0160296\ 0.5079662\ 1]$。刀具位置误差 $\delta_y=29.6\mu\text{m}(1165\mu\text{in})$ 和 $\delta_z=-33.8\mu\text{m}(-1332\mu\text{in})$。注意，这些值都将是 X 轴承刚度的线性关系。

为了提高生产率，在钻孔操作中需要更高的主轴转速和更大的轴向进给率，因此增加的惯性力造成的变形是可以接受的。也许有一天高速加工机器运动轴的加速度（加速和减速）能达到了好几个 g。设计这种机器时，沿运动轨迹方向的运动精度并不重要，而达到最大加速度和最大惯性力的时间和距离是非常重要的。在这类机器设计中，相对于惯性力，切削力往往不重要。

2.3.3.3 切削力引起的误差

在车床和某些自动机械中，切削力也是载荷作用误差产生的一个重要贡献者。幸运的是，在高速切削过程中，往往只产生较小的切削力，所以至少高的加速度与大的切削力问题不会

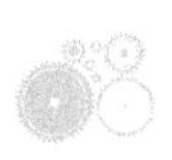

经常同时出现。然而，切削力施加在刀尖上，从而作用在机器的每个部件上（齐次变换矩阵模型中的弹簧）。为了确定切削过程中的切削力大小，在机器上使用类似刀具产生的实际切削力应该被测量出来或者查阅手册。切削刀具的材料和外形变换日新月异，选择刀具之前，许多情况下就需要设计工程师咨询刀具制造商或者去做实验测试。需要注意当刀具接触到工件时，机器的结构循环很难闭合，从而改变了刚性。这个效应以及颤动效应在 2.4 节中讨论。当把切削力或者装配力（自动装配设备中存在）代入齐次变换矩阵，用来计算负载下的机器变形时，不能想当然的假设误差可以被电子设备补偿，因为这个过程也许太快以至于伺服系统来不及补偿误差。但也有例外，在一些低速、高精度的金刚石车削操作中，使用单轴压电驱动的快速机床伺服系统用来矫正刀尖点的径向误差[44]。这样的一种设备已经在劳伦斯利物浦实验室被设计与制造出来，分辨率为 0.01μm，量程为 5~6μm，频宽为 50Hz。然而在大多数情况下，试图补偿切削负载误差值会与当前的误差产生相位差。由于大多数压电驱动器很脆弱，而且力学特性有限，所以阻碍了它们在很多加工场合的应用。

2.3.4　机器部件中的载荷误差

即便机器所有部件在组装前都是合格的，在组装后仍能产生载荷误差。第一类误差是在受力一致的运动部件中。这一类型的误差影响将在 2.5 章节中说明。一个常见的例子就是安装镜子的四角经常容易造成失真（见 7.4.6 节）。第二类误差是组装过程结构刚度本身的影响。第三类误差是预载轴承和螺栓产生的力造成的机器变形[45]。同时这一误差也有可能来自夹紧或锁紧机构。

不是每一部件都有精确的尺寸说明，当两个不精确的部件固定在一起时，它们达到一个平衡状态。内部压力能造成明显的材料不稳定。以前，设计的机器减少这一问题的方法是在最终组装前手工配合一番。如今，使用现代的磨床和精细的夹紧工艺就可以加工出 1~2μm 级别的紧密匹配的表面。然而，在 1~2μm 以下，重力误差成为主要因素，要达到更高精度就需要特别处理。通常使两个表面匹配的唯一方式就是使用刮削技术，将在 7.2.4 章节详细叙述。另一方式是安装部件动力学。前者需要高熟练的技工，现在越来越难找到。后者主张通过精确的动力学将两个表面调准。然而这种设计方法不仅增加了结构花费成本，而且增加了设计性能预测可靠性。

正如之前所讨论的那样，基于理论的弹性平均是两个部件的表面最终精确匹配，仅在连接部位表面粗糙度阻止原子面产生小的误差（如冷焊）。通过手工或精确磨削两个平面或通过成千的齿轮啮合[46]，这样可以克服两个部件表面粗糙度的差异。通过高的夹紧力产生表面粗糙度，在亚微米水平部件表面的波峰和波谷啮合在一起。这是一个成功的方法来建立分度台，通过反复的夹紧和松开使两个表面最终磨合在一起。然而，通过这种方式磨合两个表面产生的问题是在这个组分里面再增加一个未磨合的组件时，不能保证产生同样的精确（如在一个托盘支撑系统中再增加一个托盘）。当然，后者情况取决于精确水平和部件是否永远连接在一起。在极端情况下，通过用无水乙醇清洁部件，放在真空中，小心地不断磨合表面，这种“冷焊”方式，两个部件表面足够平整而连接在一起。当处理好后，两个表面融合在一起，这

---

[44] 参阅 E. Kouno and P. McKeown, “A Fast Response Piezoelectric Actuator for Servo Correction of Systematic Errors in Precision Engineering,” Ann CIRP. Vol. 33, 1984, pp. 369-373. 也可参阅 S. Patterson and E. Magrab, “Design and Testing of a Fast Tool Servo for Diamond Turning,” Precis. Eng., Vol. 7, No. 3, 1985, pp. 123-128. 也可参见图 10.5.1。

[45] 对于分析方法，参见 7.5 节和第 8 章。

[46] 弯曲耦合和希斯耦合经常被用来索引设备以获得高转速分度精度和高的刚度。这些类型的耦合本质上是固定的两面齿轮。

一组装行为像一个单片。这一过程也经常使用到光胶。

动力学设计表明定义一个坐标系对应体系中的一个自由度。在完整系统中这一结果的唯一定义是一组闭合形式的数学方程。这一定律说明了三脚椅比四脚椅稳定，摇动是因为其中一条腿短。然而动力学设计系统通常有更重的结构来支撑它们之间的接触点。然而分析它们的行为都很简单，因为它们都是闭合结构（见7.7节详细的设计方程）。

如果表面要相匹配，连接点的刚度与力的影响要相协调，以提高整体结构的准确性。首先考虑两种结构合在一起力的影响。它们的误差平均值能计算出来，并进行误差分配。然而，当接触面很大时，那么在接触面内夹入一个杂质颗粒的可能性是多少？这个问题会不会给制造过程带来麻烦？围绕这个问题设计的表面可以有沟槽来容纳颗粒。这样就让之前游离于两个面之间的颗粒现在只能走一半的路程，因而需要让表面之间接触到什么程度才能够迫使颗粒进入沟槽要认真地计算。其次，随着表面粗糙度值的增加，单位面积螺栓接头的刚度急剧下降[47]。

界面表面粗糙度对螺栓接头刚度的影响可以表征为一系列各种尺寸的菱形杆。这些杆可以同时进行轴向压缩、弯曲和剪切。描述这一现象的模型为实验提供了很好的定性结果，但是很难得到定量的结论。一般来说，理想的情况是将表面尽可能的平整来使刚度最大化。粗糙的表面由于消耗更多的弹性应变能，从而表现出更强的阻尼特性，然而也相应地降低了刚度[48]。这里有一个限度来规范表面粗糙度。当表面粗糙度值小于 0.1μm 时，就没有空间来容纳空气中的杂质颗粒，而这些颗粒往往要吸附在零件表面。除非这些机器被安装在很干净的房间里，否则更高的抛光度未必更好。极端情况是，在它们对准之后，较好的表面能直接进行冷焊（光胶）。同时较多的研究与表面垂直方向上的刚度有关，研究接头剪切刚度是最重要的。剪切刚度是极为敏感的接触压力，因为它主要靠摩擦产生。然而，一般说来，接点提供足够的剪切刚度，（见图 7.5.7）。定位销能增加剪切刚度，但是它的主要目的是使部件拆分后能重新组合。

螺栓个数与它们的等级对最终组装部件的形状有深远影响。例如，用两个螺栓固定一个圆形的法兰，拉紧的螺栓通常会挤压法兰的表面导致弯曲的产生。随着螺栓的增多，压力趋于均匀而使弯曲变形程度降低。在组装过程中需要螺栓孔有良好的尺寸稳定性，一个好的经验法则是螺栓周围的分布尺寸不超过 3~4 个螺栓直径，这样拉紧螺栓产生的压力仅为螺纹的 10%~20%。螺栓呈线性排列，过松或过紧的螺栓会歪曲承载方式，增加直线和角度的误差。

拧紧螺栓前应该清洁螺纹和螺栓头与部件表面的接触面，并涂上润滑剂。为了在组装时更好的装配，这些都应在开始打螺栓时完成。在组装时，螺纹和其顶端都应涂上润滑剂，这会减少摩擦，确保均匀的预紧力。振动时，可以使用硬化螺纹润滑剂。硬化润滑剂也可更好地分配螺纹之间的载荷，同时也会增加螺栓的表面刚度[49]。

第三种装配方式是运动学方法和弹性平均方法的综合。该方法就是在两个彼此定位的表面添加黏结剂（水泥或环氧树脂）的过程。由于不要求几何一致性，这种结构不会产生变形，同时由于表面空间被填充而产生了较高的界面刚度。然而，行之有效的是黏结需要表面间存在有限的间隙。黏结涉及将低收缩的环氧树脂填充到形成装配架周围。夹具移除后，用螺栓固定这些部件。黏结将在 7.5.2 节中进行详细的讨论。

组装的最后一步就是在客户的工厂中将机器进行安装。中小型尺寸的机器占地不到 2m×

[47] 参阅 D. M. Abrams and L. Kops, "Effect of Waviness on Normal Contact Stiffness of Machine Tool Joints." Ann. CIRP, [illegible]

[48] 参阅 M. Burdekin et al., "An Elastic Mechanism for the Microsliding Characteristics between Contacting Machined Surfaces." J. Mech. Eng., Vol. 20. No. 3, 1978.

[49] 参见 7.5 节对螺栓连接设计和螺栓连接过程的详细讨论。

2m，用三点定位就可以了。这使机器在不平坦的地面也不会变形。大型机器，如刨机，需要在其基础上多点支撑，通常安装这类机器需要在现场进行调试来满足不同性能要求。

2.3.5　热膨胀引起的误差[50]

随着机器精度不断地提高和速度的增加，热误差也需要列入考察范围。在世界的机器设计中热膨胀引起的误差是最大的，最容易被忽略的，以误解的形式存在的误差之一。热误差影响机器、部件和刀具。即便是机械操作者本身的温度也能影响超精密机器的精度。图 2.3.8 表明热影响应该被纳入精密机器设计的考虑范围[51]。热误差特别的麻烦，因为它们通常会引起角误差从而导致阿贝误差。

温度变化引起的热弹性压力 ε_T 与热膨胀系数 α 和温度差 ΔT 成比例，即

$$\varepsilon_T=\alpha\Delta T \tag{2.3.40}$$

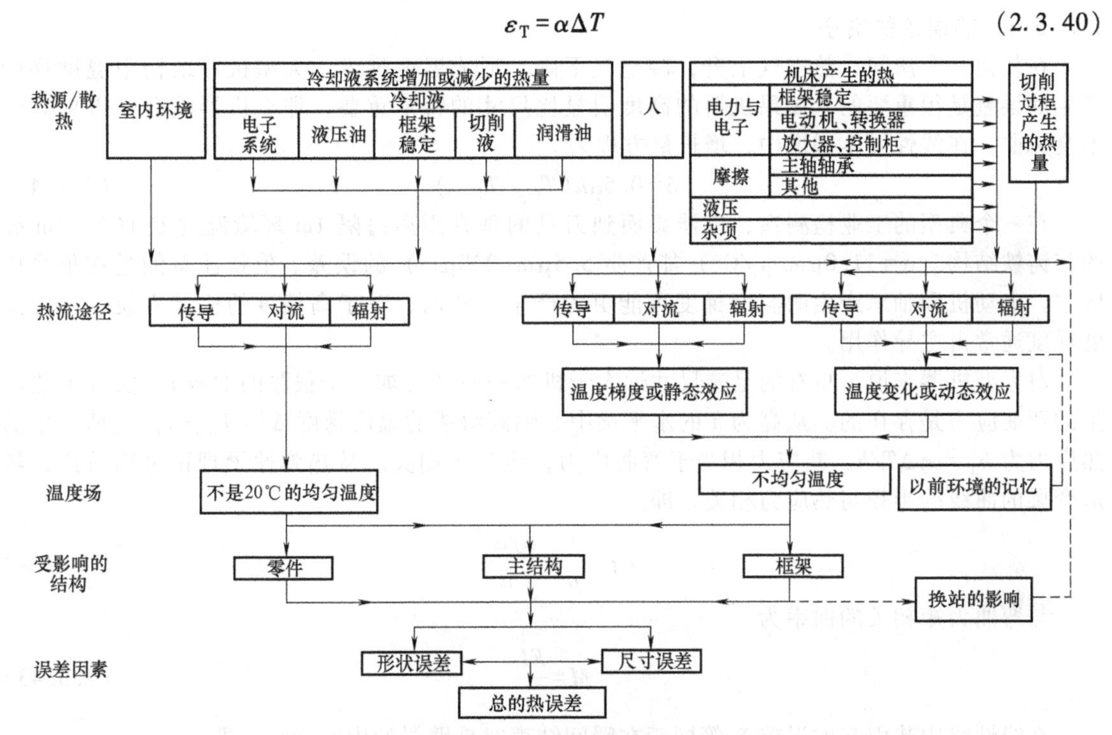

图 2.3.8　制造和计量时所受的热影响

同时温度梯度经常产生角误差，进而产生阿贝误差。如果机器、刀具、工件都膨胀相同的量，保温，然后与标准（在 20℃下测量）相比，系统有可能均匀膨胀，再恢复至标准温度，所有的都可能不发生变化。然而，在不同温度下制造出来的不同金属会产生严重的三维测量问题。幸运的是，制定出的标准（如 ANSIB89.6.2[52]）详细说明了三维测量时温度和湿度的影响以及如何对这些影响进行测量。这一章主要讨论热变形的分析方法。尽管使用不膨胀的材料和严格控制环境温度可以使热应力最小化，但是很难解决实施过程中的经济问题。

金属可以设计为低膨胀系数和可接受的三维稳定性能，然而，它们的膨胀系数会随温度

---

[50] C°表示温差，而℃表示绝对温度。这避免了混淆，特别是当参考温度高于周围温度的时候。

[51] J. Bryan, figure presented in the keynote address to the International Status of Thermal Error Research, Ann CIRP, Vol. 16, 1968. 也可参阅 R. McClure et al.，"3.0 Quasistatic Machine Tool Errors." Technology of Machine Tools，Vol. 5，Machine Tool Accuracy. NTIS UCRL-52960-5，Oct. 1980.

[52] 数据来自 ASME，22 Law Drive. Box 2350，Fairfield，NJ 07007-2350.（201）882-1167.

的变化而变化（如镍铁合金 $\alpha<1\mu m/m/C°$）。这些材料通常用在器械或机器过热处，如主轴，它们经常使用在主动冷却系统中。另一类材料，包括一些陶瓷（如微晶玻璃 $\alpha=0.0\sim0.1\mu m/m/C°$），具有较低的膨胀系数，也非常稳定，但是，很多材料具有较低的导热系数，容易产生过热，造成局部变形严重。

大多数机器仍是用低价、稳定、具有良好的阻抗、容易成形的铸铁材料。另一个方面，使用铸铁会产生别的问题，考虑到灰铸铁在成形时会产生白口铸铁的外壳层，尽管厚度不重要，两种铸铁的热膨胀系数区别是白口铸铁 $\alpha=9.45\mu m/m/C°$，灰铸铁 $\alpha=11.0\mu m/m/C°$，因此对指定加工的铸造件，不同热应力产生的弯曲变形必须考虑进来[53]。在很多情况下，高温退火会对材料组分产生变化（如白口铸铁），形成均一结构。如果不进行适当的热处理，白口铸铁外壳层仍然存在，会产生稳定性和热膨胀方面的问题。

2.3.5.1 热误差的例子

在任何一个房间，热空气上升，冷空气下降，形成温度梯度。大型机器结构中温度梯度产生的误差是很重要的。如果机器的高度明显比尺寸的特征重要，那么机器就会变得更高而不会翘曲。在线性温度梯度中，增长量方程为

$$\delta=0.5\alpha h(T_{top}-T_{base}) \tag{2.3.41}$$

在一个典型的工业检测室，机器桌面到刀具的垂直距离每隔 1m 环境温度差 1C°。1m 高的灰铸铁结构（$\alpha=11.0\mu m/m/C°$）能产生 $5.5\mu m$(220μin）的误差。值得注意的是在很多机床中，电动机和轴承产生的温度梯度可能更为严重。然而，对于高精度的机器来说，环境温度梯度通常占主导作用。

对大型机器来说，特有的足迹尺寸远大于机器的高度（如一个很厚的面板），实际上热产生的弯曲应力是存在的。从高为 h 的水平梁中心轴到海拔的温度梯度 $\Delta T=T_{top}-T_{bottom}$ 所产生的热应力为 $\varepsilon_T=\alpha\gamma\Delta T/h$，热应力相当于弯曲应力，也与 γ 相关。从热弹性梁理论可以看出，热形变梁的曲线的半径与热应力相关，即

$$\varepsilon_T=\frac{\gamma}{\rho}=\frac{\alpha\gamma\Delta T}{h} \tag{2.3.42}$$

与弯曲力矩相关的曲率为

$$M=\frac{EI}{\rho} \tag{2.3.43}$$

在线性梁中热引起的误差 δ_T 等同于在瞬间结束时悬臂梁的中间变形，即

$$\delta_T=\frac{M\left(\frac{l}{2}\right)^2}{2EI}=\frac{l^2\alpha\Delta T}{8h} \tag{2.3.44}$$

导致部件阿贝误差产生的，由热引发的面板末端斜率误差 θ_T 为

$$\theta_T=\frac{\alpha\Delta Tl}{2h} \tag{2.3.45}$$

在一个大的 1m×1m×0.3m 铸铁面板，温度差 $\Delta T=1/3C°$，在面板表面和强光间引发辐射耦合，产生误差 $\delta=1.5\mu m$(60μin）和 $\theta_T=6.1\mu rad$。在精密机器中，这些误差十分重要，温度梯度也需要谨慎控制，材料选择也需要细致，7.3.2 节会进行详细讨论。

双结构的材料即使没有温度梯度也易产生变形。例如，当铸铁表面没有进行适当的热处理，外层是白口铸铁，内层是灰铸铁。这种结构除非成形，否则在任何温度下都易发生弯曲，

[53] R. Wolfbauer. “The Effect of Heat on High Precision Machines Using a Coordinate Controlled Machine as an Example,” Maschin Markt. Vol. 1, Oct. 1957 (MTIRA Translation T. 1).

如同下面一个例子和图 2.3.9 所描述的那样。另一个例子是轴承钢导轨表面与聚合物混凝土基体的结合。

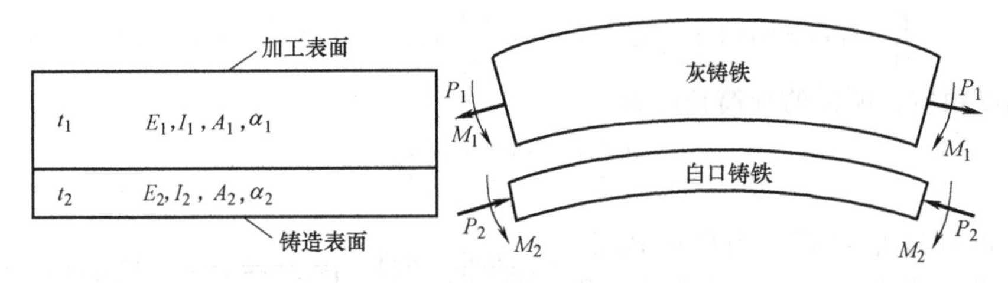

图 2.3.9 不同热膨胀造成的双材料弯曲

这些条件下变形的量化来说，要忽略剪切力和扭曲力的影响，甚至对于短柱条件也是如此。假设两个部件之间的作用力是通过各自中心轴作用的，因此平衡各自弯曲部件的接合力也是由各自部件产生的。假设白口铸铁层比灰铸铁层要薄，得到 $t_2 \ll t_1$，平衡力公式为

$$\frac{Pt_1}{2}=M_1+M_2=\frac{E_1I_1}{\rho}+\frac{E_2I_2}{\rho} \tag{2.3.46}$$

通过热轴向和弯曲载荷完成两个独立的部件界面处的几何相容性的可视化，其中一个部件的底端与另一个的顶端相接合。具有较低膨胀系数（$\alpha=9.5\mu m/m/C°$）的白口铸铁层压缩着灰铸铁层。灰铸铁对白口铸铁具有拉伸作用，因此白口铸铁的上表面由于弯曲作用的存在形成的张力为

$$\alpha_1\Delta T-\frac{P}{E_1A_1}-\frac{t_1}{2\rho}=\alpha_2\Delta T-\frac{P}{E_2A_2}-\frac{t_2}{2\rho} \tag{2.3.47}$$

将式（2.3.46）中 P 代入式（2.3.47）中，解得曲率半径 ρ 为

$$\frac{1}{\rho}=\frac{(\alpha_1-\alpha_2)\Delta T}{\frac{t_1+t_2}{2}+\frac{2}{t_1}(E_1I_1+E_2I_2)\left(\frac{1}{E_1A_1}+\frac{1}{E_2A_2}\right)} \tag{2.3.48}$$

根据弹性的梁理论$\frac{1}{\rho}=\frac{M}{EI}$，面板的弓形为 $\delta=M(l/2)^2/2EI$，斜度 $\theta=M(l/2)/EI$。因此梁的偏差和斜度分别为

$$\delta=\frac{(\alpha_1-\alpha_2)\Delta T\ (l/2)^2}{t_1+t_2+\frac{4}{t_1}(E_1I_1+E_2I_2)\left(\frac{1}{E_1A_1}+\frac{1}{E_2A_2}\right)} \tag{2.3.49}$$

$$\theta=\frac{(\alpha_1-\alpha_2)\Delta T(l/2)}{\frac{t_1+t_2}{2}+\frac{2}{t_1}(E_1I_1+E_2I_2)\left(\frac{1}{E_1A_1}+\frac{1}{E_2A_2}\right)} \tag{2.3.50}$$

假设这样一个条件，$1m^2$ 的表面，0.3m 的深度，壁厚 3cm。如果顶部是一个研磨平面，但是底部保留有 0.5cm 的白口铸铁层，假设弹性模量大致相等，平面上 1C°的温度梯度的偏差在 0.10μm 的数量级上。角误差在 $\theta=0.41\mu rad$ 的数量级上。除将表面板作为参考平面建立精密金刚石车削部件外，对于很多项目来说，这些误差都可以忽略。

另外一个例子就是考虑使用不同膨胀系数的材料来去除热应变。如图 2.3.10 所示，当用钢铁螺钉连接不同热膨胀系数的部件时，可以采用铝或者不胀钢的套子来保持恒定的张力。套筒和螺栓的相对长度可以转变为具有相同的膨胀量，从螺纹的中心到套筒基座的金属柱的长度。为了排除接触区域的不明确性，螺纹的大度不应大于螺钉的直径。假设在螺钉长度上

存在一个温度梯度 $T(x)$，膨胀的增加量 $\mathrm{d}\delta$ 为 $\alpha T(x)\mathrm{d}x$。将集合的误差等同于螺钉头的误差就可得到所需套筒的长度，即

$$\int_0^{h_1}\alpha_1 T(x)\,\mathrm{d}x+\int_{h_1}^{h_2}\alpha_2 T(x)\,\mathrm{d}x+\int_{h_2}^{h_3}\alpha_s T(x)\,\mathrm{d}x=\int_0^{h_3}\alpha_b T(x)\,\mathrm{d}x \tag{2.3.51}$$

假设温度恒定，所需的套筒长度为

$$h_3=\frac{h_1(\alpha_1-\alpha_2)+h_2(\alpha_2-\alpha_s)}{\alpha_b-\alpha_s} \tag{2.3.52}$$

因为结点硬度是界面压力的强函数，压力的改变也会造成结点自身的误差，所以在温度变化时维持恒定的结点压力非常重要[54]。一般来说，当设计结构去抵抗热载时，尽量采用封闭的组件，如同对应于I梁使用方形管，因为方形管更易消除梯度。最好的守就是攻，换句话说就是消除机械及其环境中的热源和梯度。

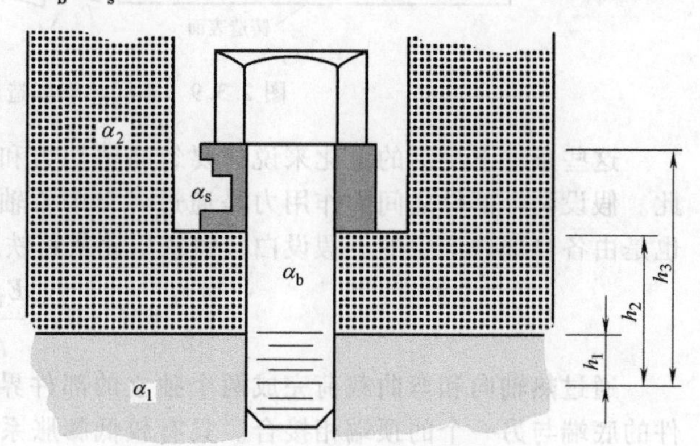

图 2.3.10 匹配的热膨胀保持恒定的预载

激光干涉仪、自准直仪、电容探头和其他的探头的读数都受温度变化的影响。例如，大气温度的改变能引起激光干涉仪 1μm/m/C°数量上的误差。误差可以通过折射指示测量装置（折射计）来校正。然而，在一些先进的机械中，激光装置是装载在机械内部作为一个补偿单元来使用的。这样的装置测量局部大气环境是很困难的，这其中就包括空气中碳氢化合物的含量检测。另一个例子，假设用一个自准直仪测量部件的直线度，侧面温度仅 1C°/m 的梯度就可以引起 1.0μrad/m 数量级上的误差。电容探头能在 400μm/m/C°范围内发生改变，然而它们仅仅被用在 10μm 的范围内，因此总热差是 40Å/C°。列出这些数据就是为了给测量的灵敏性一个共识。温度诱导探头误差将在第 3~5 章以较大篇幅做讨论。

如上述例子所示，不仅是空间的平均温度和机械的重要性，而且温度梯度及梯度的改变都是非常重要的。水平温度梯度可以通过充分的错流进行控制，事实上，空气也会驻留在各自适合的温度层（分层）。相对来说，垂直的温度梯度更难控制。

2.3.5.2 热源的鉴定、控制和分离[54]

机械的热差是由大量的运动部件（如高速主轴、丝杠螺母、线性轴承、传动装置），电动机，去除材料过程和外部环境（如透过窗户的阳光、白炽灯的直射、加热管、地板、操作者身体的热度等）造成的。机械中的热传递机制包括了传导、对流、蒸发[55]和辐射。润滑油、切削液和碎片的循环使用涉及这些机制。热通过机械的表面传导，机械内部和周围的空气发生对流，内部和外部都存在辐射源。

显而易见，某些热源更加重要。机械对不同热源的灵敏性可以通过模型来判断，假想其为一系列热膨胀单元，运用涉及系统误差预估的 HTM 方法来进行建模。对于某些特定的组件来说，对应了温度变化允许的范围。一旦进行了初期估算和结构设计，将可以通过一个更加

[54] 例如，参阅 A. Slocum, "Design to Limit Thermal Effects on Linear Motion Bearing Performance." Int. J. Mach. Tools Manuf. Vol. 27. No. 2. 1987. pp. 239-245.

[54] 关于恒温间的控制细节，有一本重要的文献可以参考，它上面有详细的讨论。这本文献就是 Temperature and Humidity Environment for Dimensional Measurement. ANSI Standard B89. 6. 2-1973.

此处原文标号 54 重复。——译者注

[55] 蒸发冷却发生在有液体的情况下。蒸发冷却通常不均匀，而且是精密机械设计师面对的最大的温度控制问题之一。

详实的有限元模型去证实和修正 HTM 模型中的模型。

关于热差的最小化存在三个不成熟的观点。第一种是在源头避免热膨胀发生；第二种是缩短需要达到热平衡所需时间，使整个机器达到均匀温度（预热机器），这样可以减小不均匀膨胀；第三种是忽略热误差的影响，只是测绘它，但是测绘并不容易。无论遵循哪种方法，都需要深入了解热源和热传递的机制的影响。

电动机和轴承产生了最大量的热。如图 2. 3. 11 所示，采用辐射外壳和安装高热阻的材料（如一些陶瓷材料）形成热敏突变就可以最小化热传递对于机械其余部分的影响。这个例子中，多聚物部分的温度可以被控制，从而用来控制冷却介质的流动。在外部安装电动机，在热电动机壳体和铁性基质中间开阔的空间放置反射金属片作为辐射外壳，其能显著降低电动机向机械的热传递。

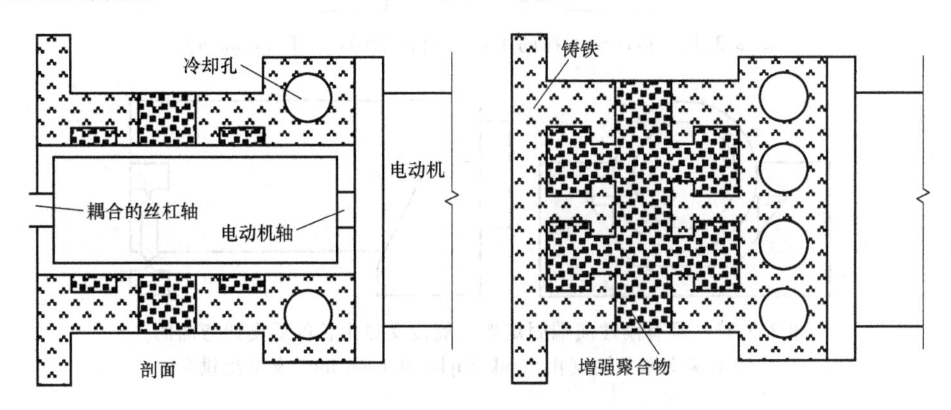

图 2. 3. 11　电动机热敏突变的示意图

从阳光到操作员和空间中的灯光，外部的辐射强度不断发生改变。因此，间接的荧光灯具，操作员的保护服和机械的防护对于一些高精密的机械（如一些宝石切割机械）来说都是必要的。人们发现塑料聚氯乙烯窗帘特别能够阻挡红外线。对于某些制造过程来说，人力是不可或缺的，因为这些过程依赖操作人员的感觉和判断。例如，考虑一个 CMM 具有 $1m^3$ 操作空间。清晨，头顶的荧光灯打开，2h 的热漂移可能为 5μm。如果 CMM 打开而头顶的灯关掉，热漂移也许仅仅只有 1μm。

具有高速部件（如轴承和高速的减速传动装置）的机械，在不降低准确度的前提下，消除热的影响非常重要。例如，冷却轴的外部结构能引起轴承内座圈比外部扩张得更加严重[56]。如果环形轴承最初的预压过高而产生热膨胀，增加的负荷将会导致灾难性的错误——“主轴抱死”，这是不主张的。一个由滚动轴承组件推动的高速主轴，冷却的最佳方法是在它的内轴承喷上油雾。不过，这意味着油会随着高速度飞甩出去，产生黏性的摩擦和热量。另外油温和流动速度也需认真控制。控制冷却油的温度，要么通过机器的旋转使之保持一定温度，或者通过绝缘软管输入到外部的温控箱里。此外，如果轴承的初始预压低，那么轴承壳体容易冷却，但是除非机器已经加热，否则是不能做重型工作的。现在，需要温控的石油，也可以通过导杆的空心来控制温度。许多情况下，机器内需要有许多独立的冷却通道，这样可以避免在机器内部产生梯度。注意，主轴也可以动态安装在滑动轴承的壳体上，这样可以形成如图 2. 3. 12[57]所示的界面。这种结构和轴承交界面要格外仔细的设计，避免出现比主轴直接连接在

[56] 分析方法参见 8. 9 节。

[57] 摘自 D. Reshetov and V. Portman. Accuracy of Machine Tools. translated from the Russian by J. Ghojel, ASME Press. New York, 1988.

此处原文漏编标号 58。——译者注

壳体上产生的误差更大。如图 2.3.13 所示，一种简单而有效的设计是主轴前部用水平梁稳稳地固定到机器上和主轴箱内，轴的后部用弹性支撑以允许它在轴向伸长。

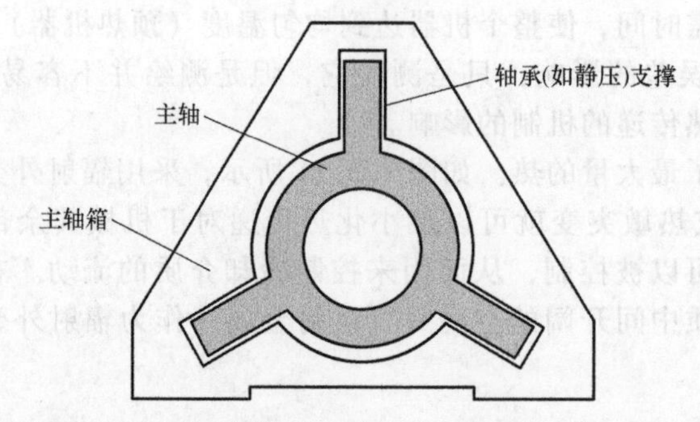

图 2.3.12　运动学支撑的主轴（引自 Reshetov 和 Portman）

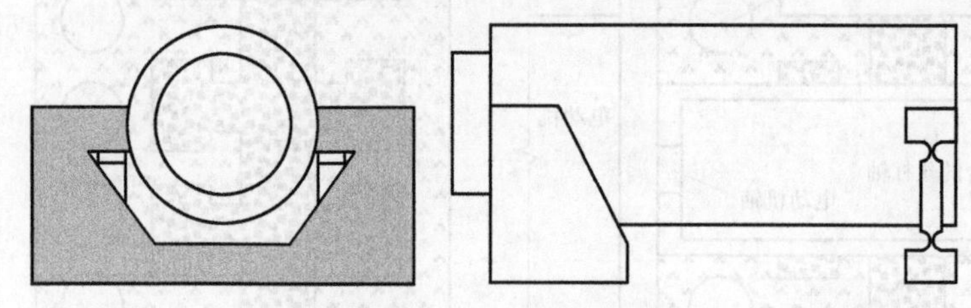

图 2.3.13　具有刚性前端固定架、能接受热生长的后支架弯曲的准运动学支撑主轴（由 Rank Taylor Hobson Inc. 友情提供）

金属切削过程产生的热度，多数由切削液带走。切削液飞溅到机器上，并使之加热。因此才需要大量温控的切削液，通过这种机制来降低机器上的热度。同时也需要许多切削液降低零件和工具上的热度。要将切削液收集起来，放出机器，使之尽快得到温度控制。不过有些平面磨床存在相反的问题，蒸发冷却要求切削液在洒到机器之前先加热。切削过程中的切屑也能带走大量的热量，切屑不能堆积。大量的切削液可以将切屑冲入清洗的排屑系统。排屑系统应与机器的其他部位热隔离。

机器热传导的根据是热源数量及冷却方法，它们都取决于机器的几何形状、材料以及不同部件的连接方式。部件的质量越大、长度越长，那么热量穿过它所用的时间就越长。与刚性变化同样的道理，热导率在螺栓连接处的变化很大，螺栓连接只应用在表面较突出的点上。如果想要减小连接处的热导率，那么就可以在结合处的金属部件间放入刚性绝热材料层（如陶瓷）。同样道理，如果想增大连接处的热导率，那么除了提高表面质量外，还可以在连接处灌入导热树脂。机器的热变形很大程度上也受到焊接接头的影响[59]。焊接处金属的冶金性能与母材的冶金性能一般不同，因为焊接过程中产生了不同成分的合金。只有较低的能量总输入、单向的焊接工艺（如激光焊或者电子束焊）才能让焊缝处的金属性能接近于母材的性能。然而，大多数情况下，最需要明确的事项沿着整个连接界面是全融透焊缝。

操作工刮削表面的技能高低，决定着装配操作最终是否能得到良好的外形，其中的一个例子是，当前主轴承的受热温度高于后主轴承（前轴承往往更大些）时，手工刮削主轴的后座，这时主轴就调整好了。然而，对新类型的机器使用这种方法就比较困难，而且有些时候用这种方法确定的细小公差不可靠。因此最好还是使用温度控制或者误差绘图这种主动方法，并使用基于软件的误差纠正算法来最小化热误差。

59　参阅 L. Kops and D. M. Abrams, “Effect of Shear Stiffness of Fixed Joints on Thermal Deformation of Machine Tools,” Ann. CIRP, Vol. 33, 1984. pp. 233-238.

有许多温度控制方案，包括使用空气吹淋器带走房间的热量。为了得到良好的效果，最佳流动速度约为 1m/s(200fpm)；然而，一旦房间中的空气流速大于 1/8m/s(25fpm)，那么工人会觉得冷而且不舒服[60]。当然可以让人离开房间后再打开吹淋器，但是机器本身的噪声以及机器造成空气的湍流却不得不考虑。而且环境中的任何改变都需要一段均衡期，使得整个系统重新达到热平衡。有时候，机器本身的温度是可以进行控制的，如在其内部管道或者表面流通液体。这样可以让机器的热稳定性提高几个数量级[61]。在进行温控设计时，别忘了散热片、风扇还有辐射屏蔽这些器件。

模拟热误差致使等量热膨胀元素可用于齐次变换矩阵模型之中，从而用来预测机器误差。通过认真的设计、环境温度控制、误差图的使用以及误差纠正软件技术的运用，就可以设计出能够达到要求的机器。最后，传感器系统和伺服系统协同作用会产生巨大的潜力，用于测量温度和控制温度引起的误差补偿。

2.3.6 材料不稳定引起的误差

不论一台机器被设计和制造得如何好，如果使用的材料不稳定，随着时间的推移，机器就会失去精确性。材料的生长量和热变形，取决于材料内部的合金组织和受力状况。例如，含有马氏体和奥氏体的钢［面心立方体（FCC)］比结晶铁素体组织的钢［体心立方体(BCC)］有更高能量状态。因此，奥氏体组织会一直试图变回到 BCC 状态，转变率由材料内在的受力状态和温度决定。不是所有硬化钢都是这样，不过，保守来说，如果不是期待高接触应力，最好进行耐磨的表面硬化处理。

合金元素和热处理过程对材料稳定性也有很大影响。合金元素形成抵抗裂纹延伸的硬颗粒的方式，将会产生大量的内应力，这个力一段时间后能使结构扭曲。制造过程也会给材料造成残余应力，从而存在长期的稳定性问题。另外，对于需要地基支撑的大机器，必须使用排水性好（并能吸湿）的机床和稳固的混凝土面板。机器结构应该被许多合适高度的瓦状物支撑，使得机器和地面之间有差动延长。如果机器要在适当位置灌浆，就要使用脱模。这有利于地基适应与机器之间的特定纵向伸长。对于由内应力松弛和长期化学或者冶金过程导致的不稳定，避免方法之一是使用陶瓷材料。许多陶瓷材料易碎，但是它们的制作方法不会产生随时间变化的塑性变形。另外，许多陶瓷材料的惰性性质有利于确保空间稳定性。陶瓷材料可以使空间稳定性达到 0.01~0.1ppm/year(ppm 表示百万分之一)。

放在一起后，为了确保结构稳定性，组件接口的切线应力要被最小化，正如在 7.2.5.2 节讨论的，在结构固有频率上振动两个组件，有时就能容纳适当组件。但是，要格外小心的是，不能通过滚动轴承组件传送攻力，否则将会导致布氏硬度测试和早期破坏。

因为很难判断材料不稳定误差将会发生在哪个方向，除了假设所有方位概率均等外，几乎不可能在 HTM 中包含它们的影响。因此，作为总体预防，在使用未测试的合金制造有稳定性要求的元件时，要格外小心。

---

[60] 参阅 Temperature and Humidity Environment for Dimensional Measurement. ANSI Standard B89-6-2-1973. 这个文献对各种热比率和设计问题也做了有用探讨。

[61] 参阅 J. Bryan et al.,“An Order of Magnitude Improvement in Thermal Stability with Use of Liquid Shower on a General Purpose Measuring Machine,” SME Precis. Eng. Workshop Technical Paper IQ82-936, St. Paul, MN, June 1982; and D. B.” DeBra.“Shower and High Pressure Oil Temperature Control,” Ann, CIRP. Vol. 35, No. 1, 1986. 低成本温控室的设计在下面报告中设计：“A Cost Effective Realization of Environmental Temperature Control” by T. McKnight and C. Mossman of Martin Marietta Energy Systems, Oak Ridge National Laboratory. Oak Ridge, TN 37927.

2.3.7 仪器误差

传感器是机器精确度的心脏，一台机器的所有误差因素，都会影响精确度和传感器的重复性。安装在错误位置、加热或安装螺栓导致变形都会导致传感器千百倍的误差。所以在选择传感器种类以及在机器上如何安装和使用传感器时都需要格外小心。第 3~5 章将讨论传感器类型和安装方法。

2.4 动态力引起的误差

动态力因素可以使机器以某种方式振动，从而产生零件不必要的表面粗糙度，或者阻止机器必要位置的伺服。这些影响主要分别由结构振动、摩擦引起。增加结构刚度可以减小结构振幅，但会增加制造成本。大体上，轴承摩擦因数越高，阻尼越好，设备振动概率越小。但是高速移动设备和高分辨率将变的更难。更深一步，高摩擦也导致轴承产生更多热量。

1. 结构振动

大型金属切削机器，通常最大的振动源来自于切削过程本身。大部分工件都是由表面粗糙的毛坯制造而成的。当刀具在工件表面运转时，切削深度和相关力的变化，激发机器结构和工件本身产生振动。机器的强行励磁导致刀头的偏转，反过来又使零件表面变得粗糙。几道加工之后，表面粗糙度的变幅会变小，但还是会一直存在。通常情况下，强力粗加工后就是精加工。

精巧的切削过程建模，有利于预测特定切削设备的效果，这是人们设计的补充[62]，但是随着切削设备技术的不断变化，机器也应该能很好地适应任何切削环境。另一方面，在设计阶段就赋予机器动力响应，以帮助设计工程师增加刚度并节约重量。很大的模糊性一直存在，这源自于如下问题，即与机器上多种类型连接（如螺栓连接和焊接）相关的真正的刚性和阻尼因素到底是什么[63]。正如在 7.4 节所讨论的，许多方法可以帮助增加机器的阻尼，使之远超过节点所提供的。如 7.5 节所讨论的，设计工程师可以利用文献里的数据假设节点刚度。另外，当在加工过程中结构环闭合时，机器的动态响应变化很大，尽管这已经被证明[64]，但是动态模拟机器的开环结构能够显示机器的性能变化趋势和突出明显的不足之处。

设计工程师尽其所能，建模、设计、利用有限元法或者简单建模检测机器性能之后，通常就要建原型机了。原型机能揭示出许多与设计工程师假设有关的信息，这些假设与影响机器的动态特性的看似无数的变量相关。用模型分析法检测原型机，就会得到机器结构的实际阻尼和刚度的数据。这样设计工程师就能纠正他的机器模型。然后将会对机器性能进行数字测试，以便于更广泛的应用，也可以进行相应修改。事实上，这是机床最有效的迭代设计法[65]。

---

[62] 例如，参阅 J. Tlusty. "Criteria for Static and Dynamic Stiffness of Structures," Technology of Machine Tools. Vol. 3 US-DOC NTIS UCRL-52960-3, Oct, 1980, Sect. 8. 5.

[63] M. Yoshimura, "Evaluation of Forced and Self Excited Vibration at the Design State of Machine Tool Structures." ASME J. Mech. Trans. Automat. Des., Vol. 108, Sept. 1986. pp. 323-329.

[64] G. Staufert. "Estimation of Dynamic Behavior of Working Machine Tools by Cepstral Averaging." Ann. CIRP. Vol. 28, 1979. pp. 229-234.

[65] 参阅 N. Okubo and Y. Yoshida. "Application of Modal Analysis to Machine Tool Structure," Ann CIRP, Vol. 31, 1982, pp. 243-246, G. Harmuth et al., "Dynamic Analysis of Machine Tool Structures with Applied Damping Treatment." Int. J. Mach. Tools Manuf., Vol. 27, No. 1, 1987, I. Inamura and T. Sata. "Stiffness and Damping Identification of the Elements of a Machine Tool Structure," Ann. CIRP, Vol. 28, 1979, pp. 2235-2240; and M. Yoshimura and K. Okushima. "Computer Aided Design Improvement of Machine Tool Structures Incorporating Joint Dynamic Data," Ann. CIRP. Vol. 28, 1979, pp. 241-246.

虽然一台机床有无数种模型，至少有一个能被某些特定切削频率激发。任何机床都不会完全不受振动的影响，最好的办法是适应并避免。在快速计算机被广泛应用前，说得比做得容易。但是，以现在的未处理技术，可以监控振动级，并相应改变速度或供给，从而将其从一个机床的众数频率中消除。为了感知切削频率，准确安装加速计，要求对结构进行仔细的无线元素分析，以确保感应器既能避开节点安装，又能在最大振幅点[66]的附近。

存在于其他不用于重型切割的精确机床上的振动，通常是由更细微的原因导致。精密装备机床、电子显微镜、金刚石车床、晶片分档器所有这些车床的性能都依赖于与周围环境的隔离。任何下列因素都可能降低这类机床的性能：

- 地面的振动传递。
- 旋转的机械构件（如电动机、变速器等）。
- 滚动轴承（如凹凸面摩擦使得微结构产生的噪声）。
- 伺服系统内的极限循环。
- 液体补给线上的湍流。
- 声压。
- 空气轴承（气锤）中气体静力的不稳定等。

机床的振动可能是误差的潜在原因，各种来源的能量在不同频率混合产生的综合频率会激发机床结构。为了研究这个影响，首先考虑相等幅度的两个波形相互作用的理想情况。正如图 4.5.2 和式（4.5.11）~式（4.5.14）所示，两个波拥有几乎一致的频率f_1、f_2和振幅Y_1、Y_2，交互影响所产生波形的频率等于两个波频率的平均值，作为两个频率之差的函数，合成波形的振动频率不断变化，即

$$f_{\text{waveform}}=\frac{f_2+f_1}{2}\qquad f_{\text{amplitude}}=\frac{f_2-f_1}{2}\tag{2.4.1}$$

为了避免机床上的振动，要遵守以下关系式

$$f_{\text{source}}\neq\left(\frac{2}{N+1}\right)\omega_{\text{n}}\qquad f_{\text{source}}\neq\left(\frac{2}{N-1}\right)\omega_{\text{n}}\tag{2.4.2}$$

图 2.4.1 所示是对主轴速度的限制，这种限制建立在假设各种高次谐波有充足能量可以展开不利波形的基础上。当然，不同幅度谐波结合得到的波形频率，可以通过电子表格图表化检查。例如，在一次咨询工作中，作者发现一主轴径向误差运动频谱的傅里叶级数之和，产生了一种与用该主轴磨削的零件表面粗糙度非常匹配的波形。

谐波	波形 f 限制	振幅 f 限制	对于 70Hz 的频率，要避免的基本频率	
2	0.667	2.000	46.67	140.00
3	0.500	1.000	35.00	70.00
4	0.400	0.667	28.00	46.67
5	0.333	0.500	23.33	35.00
6	0.286	0.400	20.00	28.00
7	0.250	0.333	17.50	23.33
8	0.222	0.286	15.56	20.00
9	0.200	0.250	14.00	17.50
10	0.182	0.222	12.73	15.56

图 2.4.1 假设高次谐波有充足能量，式（2.4.2）所得出的主轴速度的限度

另外，必须考虑到，还有许多其他频率是基本频率的函数。例如，像 8.3 节的式（8.3.6）~式（8.3.10）的模式，滚动旋转运动轴承中的各种元件产生了 5 种不同的错误动作频率。通常，一个有许多轴承的主轴，轴承间的相对相位是不确定的。

[66] S. A. Tobias et al., "On Line Determination of Dynamic Behavior of Machine Tool Structures During Stable Cutting." Ann CIRP. Vol. 32. 1983, pp. 315-318.

对切削的机床而言，机床的结构环不可能因为工具和工件的接触而发生改变，然而，机床的固有频率将会是机械组件位置的函数。因此，会发现禁忌频率的数目很多，避免动态问题的最好办法是在系统尽可能多地使用阻尼。更好的是，对振动源设置阻尼或者隔绝。

因此，在所有情况下，预防为主，治疗为辅。预防包括消除机床内的振动源，以及将机床与外界隔离。有许多商用振动隔绝系统存在。有一点必须意识到，任何与外界世界的接触都可能将振动能量带入结构中。所以，应该通过低刚度的界面与外界接触，以确保机床自身不会因振动而从固定架脱落。

2. 摩擦误差

接触面的摩擦有利于降低振动，但摩擦会导致轴承的磨损、伺服系统的极限循环以及使零件变形的力，所以通常弊大于利。例如，丝杠驱动通常对线性支架施加力。因为，丝杠的运动轴和支架的运动轴很难准确对准，所以两者之间的运动误差是始终存在的，通常有一个横向兼容的弯曲耦合作为交界面[67]。然而，横向兼容耦合使得系统的轴向刚度低于驱动器直接耦合到支架上时。

当控制器发送电子信号给控制轴线兼容系统位置的电动机时，电动机产生的转矩有的加速丝杠的惯性，有的克服螺母中的摩擦力，有的转变成压缩耦合的线性力。这个压缩耦合的力也被传递到了支架，不过，这个力的大小是未知的。所以，当控制器认为支架在合适位置，并告诉电动机停止转动丝杠时，压缩在耦合力的储存能量就会继续向前推动支架。控制器可能会通过倒转电动机电流来纠正这个动作，但这只能使得问题发生在相反方向。这就是我们所知的有限循环，同时也是最难纠正的伺服系统错误之一。一个好的伺服控制器可以减少有限循环以接近反馈传感器的分辨率。你可以自己证明这个结果，通过使用一个金属弹条（旧锯片），在桌面上推动一本书，然后停止。如果不知道锯条能弯曲到什么程度，就很难及时停止书。一些机械装置有恒定高频振动来帮助克服静摩擦问题，如伺服阀。

结果，许多制造商在驱动器和支架间不使用弯曲耦合，而宁愿花精力让两者仔细对准。不过，这还是会存在偏移，其结果可以在2.5节的图示中评估出来。设计方案的选择范围包括，从四自由度的耦合器到在支架上增加一个反馈元件用来测量10.9节讨论的辅助耦合中的压缩量。注意后一种情况，仅仅依靠称重传感器测量弹簧力是不够的，因为相对于位置检测装置，力检测装置的分辨率是有限的。摩擦也可能导致错误的传感器读数。例如，光学编码传感器常常用来测试丝杠的旋转，然后将转动次数和丝杠导程转换成线性位置。但是，支撑轴承和螺母的丝杠上的摩擦会导致轴卷紧。传感器检测到误差等于轴的扭转角时，丝杠不能将此角度转换成线性运动，传感器就停止工作。正如5.2.2节讨论的，适当的转轴大小有利于减少这类误差。此外，有许多软件系统能纠正这种影响，不过，这些软件全部建立在转矩的初始校准之上。随着机床的磨损，系统的误差也会增加。

摩擦同样导致磨损，因为改变了零件尺寸的大小。许多精巧的通式能预测大多数种类接触面的磨损率[68]，由于在本质上都是经验，所以设计工程师或轴承制造商的经验是最有价值的。许多经验公式还有预防脚注，用来说明任何因素值都能使分析无效。只要轴承轨道是坚硬的，材料柔软，轴承就会磨损，相对于长长的轴承轨道，这些轴承通常比较容易更换。

2.5 设计案例研究：丝杠调整不当引起的支架直线度误差

搭建精确滑架的常见方法是，将丝杠与带有直线导轨的滑架连接，正如图1.6.6所示。

---

[67] 见第10章能量传输元件的详细介绍。

[68] 例如，参阅A. G. Suslov，“Possibility of Ensuring the Wear Resistance of Machine Parts in the Preproduction Planning Engineering Stage，” Sov. J. Frict. Wear（译本），Vol. 17. No. 4，1986，pp. 19-24.

大多数用这种方式构建的系统通过指定精密的制造和装配公差，使得未对准导致的误差最小。一些系统甚至不惜牺牲传动系统的轴向刚度，而采用弯曲耦合来避免组件因精确度减退而偏转。这一案例研究，拓展出一个通用方法，以根据组件顺度和装配公差信息来预测组装的线性滑架的性能。这一分析建立在组件顺度以及它们被装配在一起强制达到几何一致性之前的相对横向和角度不对准基础之上的。其结果可以被纳入闭合式分析中，或者更适合进行数值评估。

1. 受迫几何一致性

线性系统轴承和传感器组件中的制造和组装误差，将产生图 2.5.1 所示的情况。注意，事实上，在垂直于纸面的平面内误差也是存在的。就这个二维模型而言，零部件的垂直位置和角度对准（斜率）是不同的，其是沿着长度的位置函数。连接到一起后，系统将会达到一个平衡点，这个点也是丝杠螺母沿着轴承所处位置的函数。这种几何对等导致轴承支架直线和齿距误差的增加。

将系统模型直观化，考虑两个长度不一的弹簧。两个弹簧的另一端都系在墙上，相邻两端系在一起，以直线方式装配，弹簧一直拉伸，直到力平衡，出现一个平衡位置。如果弹簧一端都被固定在一个公用面上，另一端连着一根木条，除了能达到一个平衡高度位置，也能获得木条的平衡斜度。

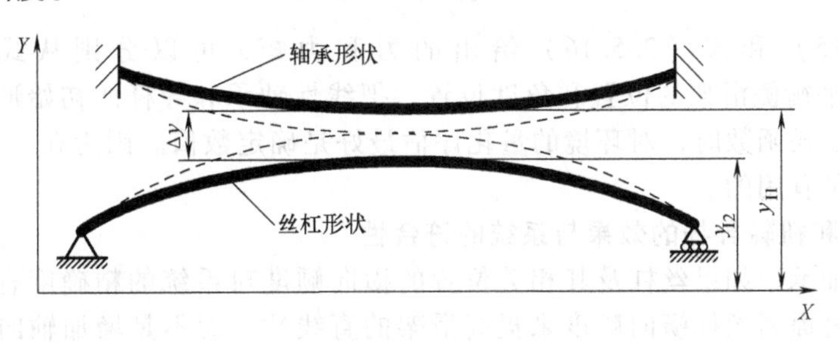

图 2.5.1　线性轴承和丝杠之间耦合几何的示例

线性轴承安装存在类似情况。促使位移几何对等的力正交于长度轴[69]，使得部件在这点发生横向和角度位移。相似地，在同一点推动部件的角度位移，将会引起角度和横向位移。忽略系统配置，由力和力矩导致的横向位移分别与垂直位移符合性 $C_{\delta F}$ 和 $C_{\delta M}$ 有关。同样地，由力和力矩导致的角度位移也分别与角度位移的符合性 $C_{\alpha F}$ 和 $C_{\alpha M}$ 有关。

一旦一个线性轴承支架和丝杠螺母固定在一起，那么它们之间的力和力矩将会相等和相反。但是，从它们各自均衡位置的零件位移有可能不同。线性轴承支架（索引 1）和丝杠螺母（索引 2）的垂直和角度坐标，可以用构件初始位置加力和力矩导致的位移之和的函数来表示。对线性轴承：

$$y_1 = y_{I1} + F_1 C_{\delta F1} + M_1 C_{\delta M1} \tag{2.5.1}$$

$$\alpha_1 = \alpha_{I1} + F_1 C_{\alpha F1} + M_1 C_{\alpha M1} \tag{2.5.2}$$

对丝杠螺母：

$$y_2 = y_{I2} + F_2 C_{\delta F2} + M_2 C_{\delta M2} \tag{2.5.3}$$

$$\alpha_2 = \alpha_{I2} + F_2 C_{\alpha F2} + M_2 C_{\alpha M2} \tag{2.5.4}$$

线性轴承和丝杠螺母被固定在一起后，存在下列均衡情况：

$$F_1 + F_2 = 0 \tag{2.5.5}$$

$$M_1 + M_2 = 0 \tag{2.5.6}$$

[69] 这里一般指横向位移。

$$y_1 = y_2 \tag{2.5.7}$$

$$\alpha_1 = \alpha_2 \tag{2.5.8}$$

为了简化分析术语，假设以下符号：

$$\Delta_y = y_{I1} - y_{I2} \tag{2.5.9}$$

$$\Delta_\alpha = \alpha_{I1} - \alpha_{I2} \tag{2.5.10}$$

$$C_{\delta F} = C_{\delta F1} + C_{\delta F2} \tag{2.5.11}$$

$$C_{\alpha F} = C_{\alpha F1} + C_{\alpha F2} \tag{2.5.12}$$

$$C_{\delta M} = C_{\delta M1} + C_{\delta M2} \tag{2.5.13}$$

$$C_{\alpha M} = C_{\alpha M1} + C_{\alpha M2} \tag{2.5.14}$$

将这些值代入不同的式（2.5.1）、式（2.5.3）、式（2.5.2）、式（2.5.4），将得到下列关于平衡力和力矩的表达式

$$M_1 = \frac{\Delta_y C_{\alpha F} - \Delta_\alpha C_{\delta F}}{C_{\alpha M} C_{\delta F} - C_{\delta M} C_{\alpha F}} \tag{2.5.15}$$

$$F_1 = \frac{\Delta_y C_{\alpha M} - \Delta_\alpha C_{\delta M}}{C_{\alpha F} C_{\delta M} - C_{\delta F} C_{\alpha M}} \tag{2.5.16}$$

由式（2.5.15）和式（2.5.16）给出的力和力矩，可以分别从式（2.5.1）和式（2.5.2）中得出平衡侧滑架的位置和角度位置。把线性轴承和导杆的初始形状表示为一个沿着轴承位置的多项式函数时，对环境的量化评估最好是确定数值。因为在一个点进行分析时，电子数据表程序是有用的。

2. 恒定轴向和扭转导杆的效果与系统的符合性

相对于线性轴承，如果丝杠及其相关位置的横向顺度对系统的精确度有影响，问题将由此产生：能否通过提高丝杠横向顺度来提高滑架的直线性，而不是增加轴向顺度以及降低系统的动态性能？减小直径或者增加长度，都能增加导杆的横向顺性。但是，这两个选择的结果，都将增加系统轴向和扭力柔度，这将降低系统的可控性。接着将会出现的问题是：保持恒定的轴向与扭力柔度的同时，横向顺性能否增加？

考虑到当扭转的长度 l 和半径 R 从开始（i）转换成最后（f）状态的情况下，轴向顺性是恒定的，那么下式必定是真实的，即

$$\frac{Fl_i}{\pi R_i^2 E} = \frac{Fl_f}{\pi R_f^2 E} \tag{2.5.17}$$

如果一个具有恒定轴向顺性的横梁，当其长度改变时，前后半径的比例必定如下式

$$R_f = R_i \sqrt{\frac{l_f}{l_i}} \tag{2.5.18}$$

图 2.5.2 所示为几种不同安装情况所产生的横向顺性，因为力斜率和位移、时刻斜率和位移，所有的顺性都将各自随 l^2、l^3、l、l^2 变化。结果是，在保持恒定轴向刚度不变的情况下，如果直径增加，每种情况从开始到最后的合规性比例为

$$\frac{C_{\alpha Fi}}{C_{\alpha Ff}} = 1 \tag{2.5.19}$$

$$\frac{C_{\delta Fi}}{C_{\delta Ff}} = \frac{l_i}{l_f} \tag{2.5.20}$$

$$\frac{C_{\alpha \mathrm{Mi}}}{C_{\alpha \mathrm{Mf}}}=\frac{l_{\mathrm{f}}}{l_{\mathrm{i}}} \tag{2.5.21}$$

$$\frac{C_{\delta \mathrm{Mi}}}{C_{\delta \mathrm{Mf}}}=1 \tag{2.5.22}$$

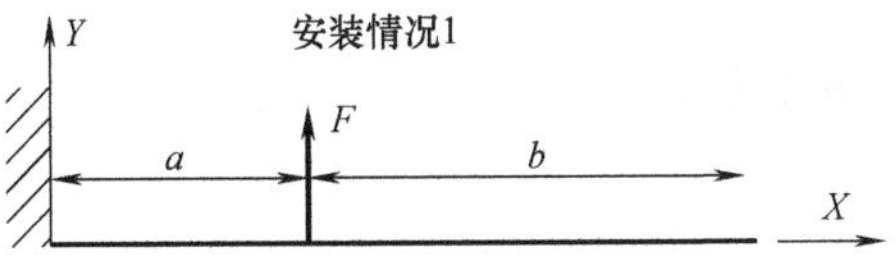

安装情况1

Y　F　a　b　X

$$C_{\alpha F1}=\frac{a^2}{2EI}\quad C_{\delta F1}=\frac{a^3}{3EI}$$

$$C_{\alpha M1}=\frac{a}{EI}\quad C_{\delta M1}=\frac{a^2}{2EI}$$

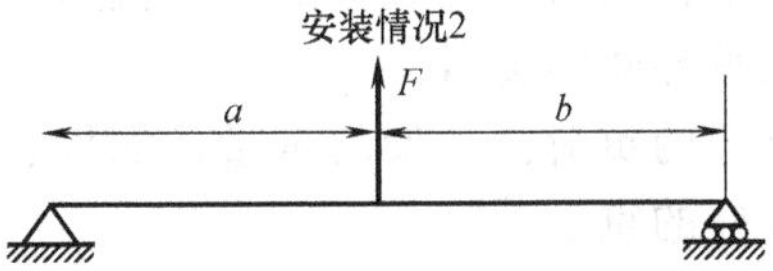

安装情况2

F　a　b

$$C_{\alpha F2}=\frac{ba(b-a)}{3EI(a+b)}\quad C_{\delta F2}=\frac{b^2a^2}{3EI(a+b)}$$

$$C_{\alpha M2}=\frac{a^2+b^2-ab}{3EI(a+b)}\quad C_{\delta M2}=\frac{ba(b-a)}{3EI(a+b)}$$

安装情况3

F　a　b

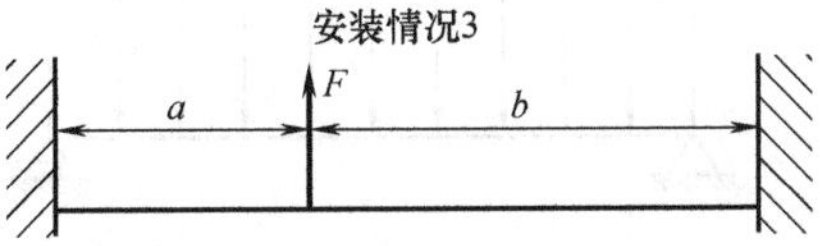

$$C_{\alpha F3}=\frac{b^2a^2(b-a)}{2EI(a+b)^3}\quad C_{\delta F3}=\frac{b^3a^3}{3EI(a+b)^3}$$

$$C_{\alpha M3}=\frac{ab(a^2+b^2-ab)}{EI(a+b)^3}\quad C_{\delta M3}=\frac{a^2b^2(b-a)}{2EI(a+b)^3}$$

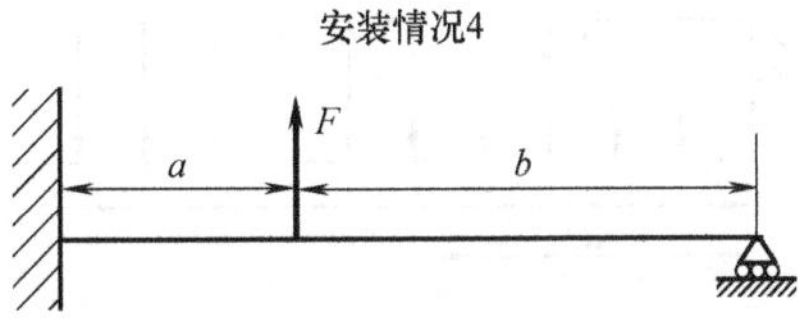

安装情况4

F　a　b

$$C_{\alpha F4}=\frac{ba^2(2b^2-a^2)}{4EI(a+b)^3}\quad C_{\delta F4}=\frac{b^2a^3(3a+4b)}{12EI(a+b)^3}$$

$$C_{\alpha M4}=\frac{a(4b^3+a^3)}{4EI(a+b)^3}\quad C_{\delta M4}=\frac{a^2b^2(3b^2-a^2)}{4EI(a+b)^3}$$

图 2.5.2　与不同安装情况相关的符合性

假如通过施加恒定轴向顺性来加长导杆，结果导杆的力角和横向力的符合性要么保持不变，要么各自增长，这是好现象。另一方面，时间角度和时间位移的合规符合性分别降低，或者保持不变。前者是糟糕的。据下例所示，时间角的符合性降低（刚度增加），其结果是导致系统误差的增加，因为为了保持恒定轴向刚度，导杆的长度增加了。

为了恒定扭力柔度，原始和最终的长度与半径的关系，在角偏转和所施加的转矩 T 关系中找到。

$$\frac{2Tl_{\mathrm{i}}}{G\pi R_{\mathrm{i}}^4}=\frac{2Tl_{\mathrm{f}}}{G\pi R_{\mathrm{f}}^4} \tag{2.5.23}$$

因此，前后半径的比例如下式

$$R_{\mathrm{f}}=R_{\mathrm{i}}\ (l_{\mathrm{f}}/l_{\mathrm{i}})^{1/4} \tag{2.5.24}$$

这种关系对横向顺性的影响，不如施加恒定轴向符合性那么严格。在加长直径以保持恒定扭转刚度的情况下，导杆长度的增加不会导致任何符合性的降低。

例：一个由导杆制动的空气轴承滑架

在确定线性轴承和导杆的安装配置和制造公差规格的情况下，四种常见情况如图 2.5.2 和图 2.5.3 所示[70]。当偏差符合所有假定横梁的长度至少是宽度 3 倍的情况下，忽略剪切变形导致的误差大约为 10%。当最小成本需要有效的动态学支撑时，横梁用于小范围的运转。关于加重负荷的应用，通常将横梁刚性安装在一端，另一端刚性或简单支撑。正如例示，为了尽量减小耦合误差，导杆应被简单支撑在每一个末端。

[70] 当梁安装时沿长度方向进行支撑，通常其横向顺性可以看作是常数。

如果伺服控制系统没有校正移动轴线与误差的正交，那么精确度将是主要考虑因素。为了创造一个可行的设计，需要了解各种不同的参数对支架精确度的有关影响。以下是被认为最重要的8个因素：

1）轴承托架与导杆螺母的角对准。

2）轴承托架与导杆螺母的横向偏移。

3）轴承导轨的重量。

4）支架的负荷：支架的重量、配件、装置和切削力。

5）导杆的重量。

6）轴承与导杆的长度比例。

7）如果轴向导杆的长度增加，那么要保持它的恒定刚度。

8）轴承和导杆安装的方式。

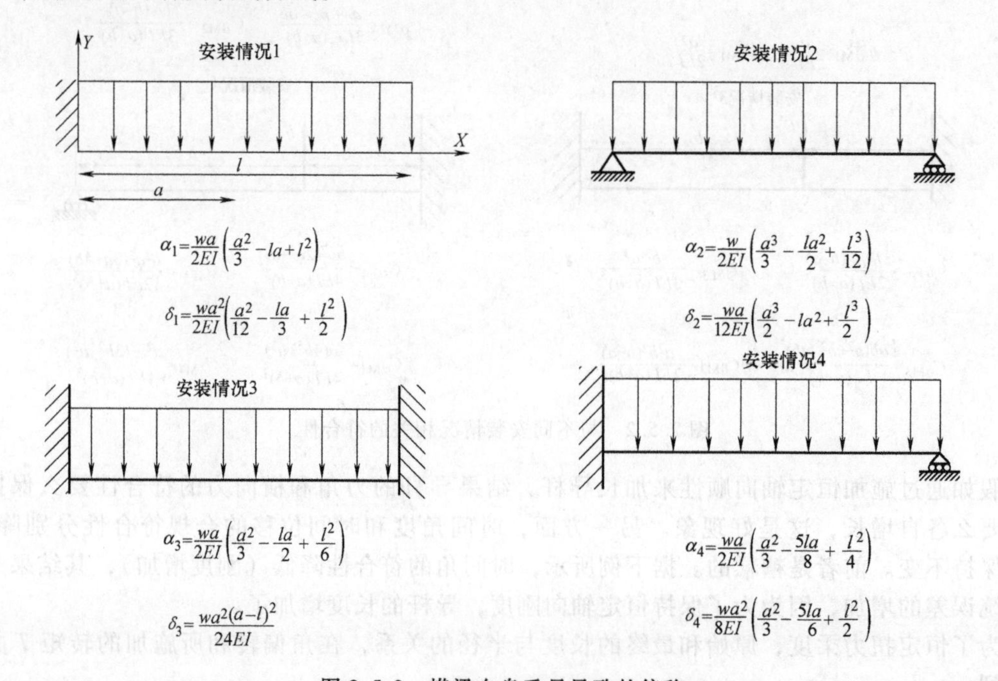

图 2.5.3 横梁自身重量导致的偏移

以上8个因素是用户系统设计的一项函数，需要仔细理解。轴承本身的直线性是一阶效应，直接由采购的规格决定，所以，尽管可以被建模成横向位移，也不被包括在内。为了证明这些因素对系统整体误差的影响，假定矩形截面空气轴承的以下情形：

- 轴承长0.508m，宽0.140m，高0.076m。
- 滑架长0.216m，宽0.178m，高0.113m。
- 轴承弹性模量为69GPa，密度为25.8kN/m³。
- 切削力45N。
- 空气轴承横向刚性为6.30×10^7N/m，纵向稳定性为90kN·m/rad。
- 原始导杆长0.508m，直径为0.041m。
- 角位移为200μrad，横向位移为5μm。

为了获得各种不同的轴承/导杆配置性能的数据分析，导杆悬臂的自由端一直与轴承的一端一致。为了得到导杆两端被支撑时的其他配置，假设轴承位于导杆的中间。不同因素对滑架横向和角度误差的影响如图2.5.4和图2.5.5所示，并对表2.5.1和表2.5.2中的所有不同

的情况进行了总结。

由于耦合作用的复杂性，除了由角度不对准导致的误差之外，不能对系统性能做全面的陈述，而组件的重量处于支配地位。表中概括的具体观测数据包括：

1）导杆长度增加，直径就会增加，以保持恒定轴向刚度，当 $C_{\alpha M}$ 的符合性降低时，$C_{\delta F}$ 的符合性就会增加。因为系统对先前的角度误差很敏感，所以 $C_{\alpha M}$ 符合性的降低不是好事。当结果被耦合到横向偏转时，就正如式（2.5.15）、式（2.5.16）和式（2.5.1）所示。

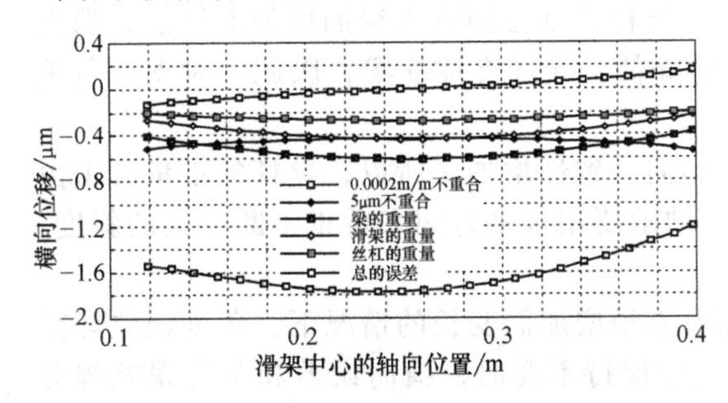

图 2.5.4　由一个 0.5m 长夹紧的轴承导轨，到长 0.5m，直径 4.1cm 的导杆螺母，所导致的支架横向误差

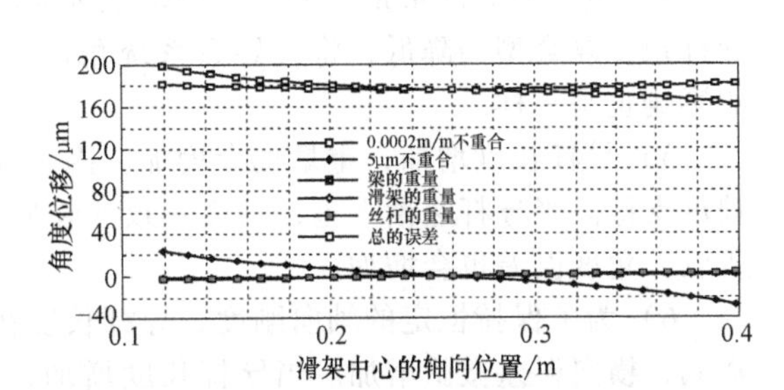

图 2.5.5　由一个 0.5m 长夹紧的轴承导轨，到长 0.5m，直径 4.1cm 的导杆螺母，所导致的支架角度误差

表 2.5.1　图 2.5.4 中系统的总支架误差最大值

	丝杠		最大的总支架误差	
	长度/m	直径/cm	横向长度/μm	角度/μrad
硬度常量	0.51	4.06	−1.77	200.5
	0.64	4.57	−1.88	193.4
	0.76	5.08	−2.08	191.0
直径常量	0.51	4.06	−1.77	200.5
	0.64	4.06	−1.70	184.3
	0.76	4.06	−1.72	172.4

2）如果系统只显示角度误差，那么当导杆长度随恒定轴向刚度增加时，横向误差就会增加。这是因为导杆和轴承角度全等需要花费很长时间。

3）如果只显示横向误差，那么随着直径增加以保持轴向刚度时，导杆长度也会增加，此时横向顺性就会增加。这减少了横向对齐需要的侧力，因此横向误差和角度误差降低。

表 2.5.2　图 2.5.4 中系统所有安装情况所导致的总支架误差最大值

上升情况数量		最大的总支架误差	
轴承	丝杠	横向长度/μm	角度/μrad
1	1	9.35	220
1	2	16.67	180
1	3	23.75	189
1	4	19.00	195
2	1	2.95	219
2	2	1.78	200
2	3	3.40	203
2	4	3.35	208
3	1	1.19	230
3	2	0.56	206
3	3	1.52	217
3	4	1.40	220
4	1	1.30	228

（续）

上升情况数量		最大的总支架误差	
轴承	丝杠	横向长度/μm	角度/μrad
4	2	0.76	204
4	3	2.08	214
4	4	1.52	218

4）至于横梁的重量，为了保持恒定轴向刚度，导杆长度会随着直径的增加而增加，那么导杆角度复合型的降低，将会导致系统角度误差的降低。导杆支撑横梁，因此，对支架负重的影响也是一样。

5）导杆长度增加，重量也会增加。因为导杆横向一致性增加，所以，导杆的重量必须由轴承支撑。当导杆逐渐下垂，角度一致性降低时，轴承要用很多时间来矫正不断加大的斜度，所以，角度误差也会增加。

6）为了保持恒定的轴向刚度，导杆长度在随着直径增加而变长的情况下，角度误差轻微降低，横向误差微微增加。当导杆长度增加，而直径保持不变时，横向误差和角度误差都会降低，直到导杆刚度重量比衰减到一个点，在这个点上，导杆必须依赖支架支撑，它超出了导杆横向一致性增加所带来的好处。

7）在确定不同因素对系统性能影响时，安装方式起着最重要的作用。如表 2.5.2 所示，总体上，最好的安装方式是将轴承全部固定在两端，再将导杆简单支撑在两端。注意，如果导杆由一个同步带驱动，则对于可能导致的导杆上的横向负荷，以及由此引起的任何弯曲误差，都要仔细评估。

第3章

模拟传感器

对于我们每个人，度量衡充斥着我们日常的生活。它们成了每个家庭经济计划和日常关注的一部分。对于每个行业的各个工种，每次商贸交易、农民的劳动、工匠的创造、哲学家的研究、古文物的研究、水手的航行和军人的行军，整个和平与战争的交流与运作来说，它们都是必需的。在具体使用中，了解它们是学习的首要因素，而且一般那些什么都不学，甚至也不阅读写作的人都会去学习了解它们。这种认知通过在生活中习惯性应用而深入到人们的记忆中。

——约翰·昆西·亚当斯

3.1 引言

为了能够设计出一台精密的机器，应该对如何测量误差有一定的能力，以便防止或减少这些误差。所以一个优秀的设计工程师应该知道有什么传感器，它们的特性，以及如何和什么时候使用它们。一个传感器的缺陷通常将改变系统的整体结构布局。这种情况的一个例子是设计一个比通过检测丝杠角位置更为精确的直线运动轴。设计时必须为标尺或激光干涉仪的使用留出足够的空间。多数精密机器在闭环控制下运作，这就需要高性能的传感器。为了感受闭环控制的重要性，当淋浴时试着标记热水和凉水旋钮的位置。下次你淋浴时，把旋钮转到相同位置，站在淋浴下就不需要再试验水的温度（开环控制）。相似地，为了避免损坏机器或零件，应该精确地测试关键过程参数，并且给控制器反馈信号，然后做出调整。

本书不讨论现有的所有详细的测量方法，只讨论用于计算机控制的机器零部件的位置测量的重要方法。为了更深入地讨论典型的和现代的尺寸测量，读者可以参考其他书[1]。同样，虽然热传感器和流体传感器对于许多机器的运行都十分重要，但它们都不需要为了将其与机械设计一体化而对机器进行大量的修正。因此本书不讨论热传感器和流体传感器。

将在3.2节讨论有关传感器性能的基本定义和特征。本章其他部分是非光学传感器的详细描述。第4章将讨论光学传感器。为了帮助读者对传感器的工作原理和在何种情况下机床会产生误差等问题的理解，第3~6章致力于测量问题。这里不讨论电子接口传感器，因为它

[1] 参阅：T. Busch，Fundamentals of Dimensional Metrology，Delmar Publishers，Albany，NY，1964；F. Farago，Handbook of Dimensional Measurement，Industrial Press，New York，1968；G. Thomas，Engineering Metrology，John Wiley & Sons，New York，1974；A. T. J. Hayward，Repeatability and Accuracy，Mechanical Engineering Publications，New York，1977.

们对机床设计的方法没有显著影响[2]。

3.1.1 传感器定义

对于物理系统，连续控制需要利用一种设备来测量要控制的过程（也就是被测变量）。传感器就是这种对物理量进行探测或响应并将结果信号传输至控制器的设备。例如，一个凸轮以及凸轮从动件将旋转机械运动转换成直线机械运动，可以被称为旋转运动的传感器。另一方面，将某种形式的能量转换为另外一种形式，即使并非一定是直接能量转换（如光学编码器）的变换器也是一种传感器。在大多数情况下，变换器将那些被感应的过程数值以模拟电压信号或数字信号的形式表示出来。传感器的基本性能定义如下：

绝对：输出总是与固定的参数相关，与初始状态（如当电源第一次打开时传感元件的位置）无关。例如，一把标有数字的普通尺子显示从端点到每个标记的距离。

模拟：输出连续且与被测物理量成比例。如汞温度计就是一种模拟传感器。

数字：给定被测物理量的一个变化，输出只能按照一个增量变化。如数码温度计就是数字传感器。

增量：输出是一系列的二进制脉冲，每个脉冲代表物理量在传感器的一个分辨单元里的变化。测量值只能通过相对于在测量初期定义的初始状态（如当打开电源时）并对脉冲计数得到。如没有标记数字的尺子。

在很多情况下，有多种传感器可以用来测量相似的物理量。选择传感器时，显然，性能、成本和可用性都必须考虑在内。一般来讲，工作环境的状况限定了所使用传感器的类型。很少能找到不被环境因素（如温度）影响的传感系统。因此我们能做的只有确认那些存在的误差，并试图使测量系统足够稳定，从而来防止预期的环境参数变化造成重大误差。在重要的应用中，应该用测试架对在特定的工作条件下传感器的性能进行测试。相应地，为了能够比较传感器的技术，定义了恰当的关于传感器性能特征的术语：

1）精确度。如图 2.1.1 所示，所有的传感器都是由一个输入引起一个输出。对于现实环境参数（如温度）会怎样影响传感器的输出，而导致由于传感器的实际输出和我们认为的输出之间的不同引起的误差，我们还缺乏了解。

2）平均输出。通过收集很多的数据点然后把它们的平均值作为传感器的输出，这样就可以通过一个近似等于平均数的均方根的值来降低随机误差。通过减少系统的噪声等级，分辨率以及有时还包括重复性可以得到提高。如果重复性增加，通过利用映射响应来增加视精确度，然而不能减少系统平均误差。例如，由模数转换器或迟滞现象造成的模拟测量信号的截断误差。为了决定采用多大的采样频率，假设随机噪声成分限制了传感器分辨率 δ。如果最大转换速度为 v，而且要求分辨率增加 N，那么总采样所需时间为

$$t_{\text{total sample}} = \frac{\delta}{Nv} \tag{3.1.1}$$

在此期间，被测量体变化不得超过传感器分辨率的 $1/N$ 倍。为了通过平衡随机噪声提升分辨率，这时需要使用约 N^2 个数据点，因此，所需最小取样周期为

$$t_{\text{sample}} = \frac{\delta}{N^3 v} \tag{3.1.2}$$

[2] 想对本主题有更广泛的了解，可参阅：D. Wobschall，Circuit Design for Electronic Instrumentation，McGraw-Hill Book Co.，New York，1987；一本很好的常用电子学书：The Art of Electronics，by P. Horowitz and W. Hill，Cambridge university Press，London，1980.

注意，被用来抽取样本的模数转换器的最低有效位相应的分辨率，至少等于希望达到的平均的分辨率。

3）频率响应是当被测物理量随时间改变时，对传感器输出的影响。

4）迟滞现象是在测量时，传感器从 0~100%实比例（即与原大小一样的）输出（FSO）与从 100%~0 实比例输出（FSO）中最大的差异。虽然迟滞现象很容易被测量，但它的发生机理却没有被完全理解。注意，映射迟滞效应是可能的。

5）线性度是在输出信号和被测物理量之间的比例常数的变化。通常用实比例输出的百分比的形式来表示。在微处理器时代之前，系统的精确度通常被定义为线性度。有三种不同的方法将传感器的输入输出函数关系图用直线拟合，如图 3.1.1 所示：端点线法、最小区域法、最小二乘法。端点线法仅连接了传感器响应曲线的两个端点；最小区域法是位于两平行线正中间的直线，这两条平行直线完全包围了传感器的响应曲线；最小二乘法是穿过传感器响应曲线，离响应曲线的距离平方和最小的直线。

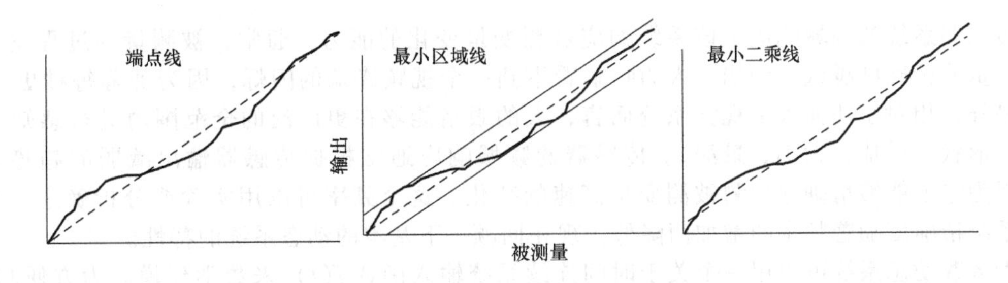

图 3.1.1　传感器各种类型的线性响应直线

6）映射是对在已知初态和输入时，对传感器响应的测量，并把结果储存在查询表中，或者是用数据拟合出数学表达式。非线性响应、迟滞作用和温度效应的影响在映射时可以得到补偿。用这种方式，传感器的视精确度比线性定义的精度提高很多[3]。

7）噪声指传感器输出部分中与被测物理量没有直接关系的部分。

8）噪声输入容限指最大的输入噪声水平（如传感器的供应电压偏离）。当噪声未能影响到预期的传感器性能时，可以忽略它。

9）重复性指在相同输入条件下传感器如何输出相同量。

10）传感器的分辨率（见图 2.1.1）指可检测的被测物理量的最小变化量。

11）灵敏度是由被测物理量的变化引起的传感器输出的变动（如 V/mm）。

12）转换速度误差是指传感器的精确度如何随着被测物理量的变化速率而变化的。这可以从频率响应中得到。如果把分辨率看作循环周期，那么从频率响应图中确定的转换速率的等效激发频率是指被测物理量的变化率除以分辨率。

13）相隔距离是传感器标定的安装位置距目标的距离。许多非接触传感器（如电容传感器）被固定以便于它们的末端有一个固定的距离，这个固定的距离是指从表面的标定位置到它们感应的这段距离的路程。它们的感应范围只是相隔距离的一部分。

14）阶跃响应是指在被测物理量中给定一阶跃变化，而在传感器输出中获得的时域变化量，由于阶跃变化对位置测量传感器而言，将会要求无限的加速，所以频率响应和转换速率是较好的描述术语，当描述阶跃响应时，通常应用到下面的时间增量，如图 3.1.2 所示。

[3] 参阅：J. Moskaitis and D. Blomquist, "A Microprocessor Based Technique for Transducer Linearization," Precis. Eng., Vol. 5, No. 1, 1983, pp. 5-8. 注意映射响应有时作为线性化响应。

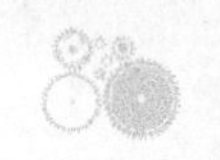

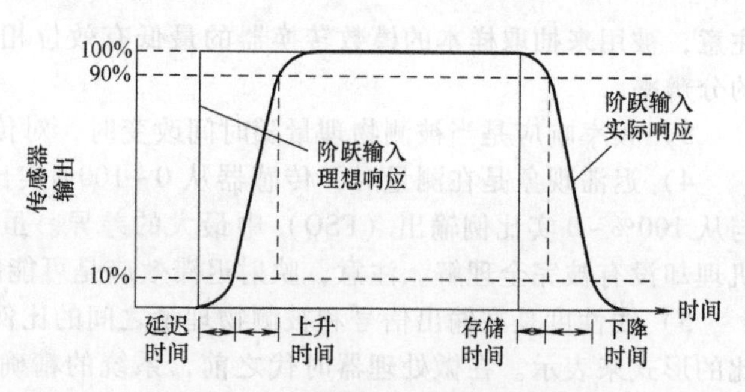

图 3.1.2　阶跃输入系统响应特性

- 延迟时间：阶跃输入加载后，传感器输出达到标定峰值的 10%所需的时间。
- 上升时间：阶跃输入加载后，传感器输出从标定峰值的 10%上升至 90%所需的时间。
- 存储时间：去掉脉冲输入后，传感器输出从标定峰值下降至 90%所需的时间。
- 下降时间：去掉脉冲输入后，传感器输出波形幅度从标定峰值的 90%下降到 10%所用的时间。

3.1.2　传感器系统动态特性[4]

传感器系统的频域响应是该系统响应被测变量变化的能力。通常，被测量的过程发生越快，测量的精确度越低。例如，人的眼睛看不到一个视频终端的闪烁，因为屏幕每秒更新 60 次；另外，相对于任何人工视觉系统而言，人的眼睛能够在更广泛的全范围内进行感知（如颜色、形状、质地、大小、景深）。传感器的频域响应通常根据传感器输出减弱的趋势来定义，因为它不能够精确地检测被测变量高速的变化。这个频率可以用实验或分析确定。为了说明系统精确度随着频率的增加而降低，现在回顾一下基本的动态系统的特性。

大多数动态系统可以用一个关于时间连续系统输入函数 $f(t)$ 来数学建模。为方便起见，基于时间的动态系统数学模型涉及拉普拉斯领域，线性算子 d/dt 以变量 s 的形式表现出来。这种转换可以依靠拉普拉斯变换完成，其定义为

$$L[f(t)] = F(s) = \int_0^{\infty} f(t)\mathrm{e}^{-st}\mathrm{d}t \tag{3.1.3}$$

例如，考虑一个由方程 $u(t)$ 驱动的质量块，弹簧阻尼系统的力平衡方程为

$$\frac{m\mathrm{d}^2x}{\mathrm{d}t^2}+\frac{b\mathrm{d}x}{\mathrm{d}t}+kx=u(t) \tag{3.1.4}$$

代入式（3.1.3），得

$$ms^2x+bsx+kx=U(s) \tag{3.1.5}$$

这里 $U(s)=1$ 代表单位脉冲输入，$U(s)=1/s$ 代表单位阶跃输入。因此系统的响应可以被描述为

$$G(s)=x=\left\{\frac{1}{ms^2+bs+k}\right\}U(s) \tag{3.1.6}$$

括号内右边项称为系统传递函数 $G(s)$，用分子为 $N(s)$ 和分母为 $D(s)$ 的形式表示。以同样的方式，一台车床由轴承、执行部分和其他的标准成分组成，一个完整的系统传递函数，可以化为一系列在分子和分母上的一阶和二阶方程。这样很容易计算每个独立因素成分的响应

$$G(s)=\frac{\prod_{i=1}^{L}N_i(s)}{\prod_{j=1}^{K}D_j(s)} \tag{3.1.7}$$

[4] 对系统动态特性更详细的讨论，可参阅：Modern Control Engineering by K. O gata, Prentice Hall, Englewood Cliffs, NJ, 1970; Introduction to System Dynamics by J. Shearer et al., Addison-Wesley Pbulishing Co., Reading, MA, 1967.

如果对传递函数取对数，上式可写为

$$\mathrm{Log}_{10}G=\sum_{i=1}^{L}\log_{10}N_i-\sum_{j=1}^{K}\log_{10}D_j \tag{3.1.8}$$

通过它的组成部分响应图形的叠加很容易得到复杂系统的响应。因为动态系统的大部分数学分析已经由计算机完成，这种方法的优点可能不被接受，但在个人计算机普及之前，大多数工程师要进行手工计算。由于动态系统通常在宽频范围内响应，这样就显现了计算机的另一个好处。另外，对数图更好地提供了宽频范围图像的分辨率读数。

响应的大小通常为该数值对数的 20 倍，定义为分贝（dB）：

$$\mathrm{Response(dB)}=20\log_{10}(G) \tag{3.1.9}$$

采用因子 20 的原因基于这样一个事实：响应量等于系统动态响应的实虚（正余弦）部平方和的方根。这部分可通过将传递函数中 $s=j\omega$ 得到。这里 ω 表示频率，$j^2=-1$。因此等式（3.1.9）给出了关于频率的函数的响应值。函数方根的对数值是函数对数值的一半，因此因子由 20 减少为 10。因子 10 是必要的，这样人们可以不再使用“分贝分数”这样的术语[5]。

这种分析方法可以得出很好的结果，当频率 ω 趋于无穷时，所有一阶（d/dt）和二阶（d^2/dt^2）动态系统响应分别依据下面的方程减弱

$$\begin{aligned}\mathrm{dB}_{\mathrm{1st\ order}}&=-20\log_{10}(1+\omega^2\tau^2)^{0.5}=0 \quad \left(\omega\ll\frac{1}{\tau}\right)\\ \mathrm{dB}_{\mathrm{1st\ order}}&=-20\log_{10}\omega\tau \quad \left(\omega\gg\frac{1}{\tau}\right)\end{aligned} \tag{3.1.10a}$$

$$\begin{aligned}\mathrm{dB}_{\mathrm{2nd\ order}}&=-20\log_{10}\left[\left(1-\frac{\omega^2}{\omega_n^2}\right)^2+\left(2\zeta\frac{\omega}{\omega_n}\right)^2\right]^{0.5}=0 \quad (\omega\ll\omega_n)\\ \mathrm{dB}_{\mathrm{2nd\ order}}&=-40\log_{10}\frac{\omega}{\omega_n} \quad (\omega\gg\omega_n)\end{aligned} \tag{3.1.10b}$$

频率每翻一倍，称为一个八度，一阶和二阶响应分别变化-6.02dB 和-12.04dB。频率幅值每增加一个数量级，一阶和二阶响应分别变化-20dB 和-40dB。激励频率等于系统固有频率时，可得一阶系统-3dB 响应点，此时该响应是零频率（直流）输入响应的 0.707，该点响应滞后输入 180°。图 3.1.3 说明了这些概念。大多数传感器的频率响应都是根据-3dB 点给出的。

如果传感器用来探测零件的运动，而其输出用来控制校正轴的误差，那么这个传感器很有可能正常工作在-3dB 频率响应点之前。理由见表 3.1.1。对于高精度的应用场合，多数传感器必须在稳态下工作，除非已经测绘了传感器的频率响应。注意，动态响应的角相位部分也会有影响，无论传感器能否有效地应用于机器的控制系统中。若传感器延迟落后于实际物理过程过多，那么机械装置就无法感知并纠正误差。因为该误差可能已经不可挽回地影响了该过程。

表 3.1.1　对应于传感器波特图上增益的测量误差

分贝(dB)	误　差	分贝(dB)	误　差
-0.0000087	1ppm	-0.087	1%
-0.000087	10ppm	-0.915	10%
-0.000869	100ppm	-3.0	30%
-0.008690	1000ppm		

[5] 虽然这个解释对于那些富有经验的力学家来说略显轻薄，但是，大多数机械设计专业的学生和在职设计人员不会每天去利用这些关系，他们不会对分贝背后的逻辑有所感觉，因此他们会很快忘掉它们的含义。

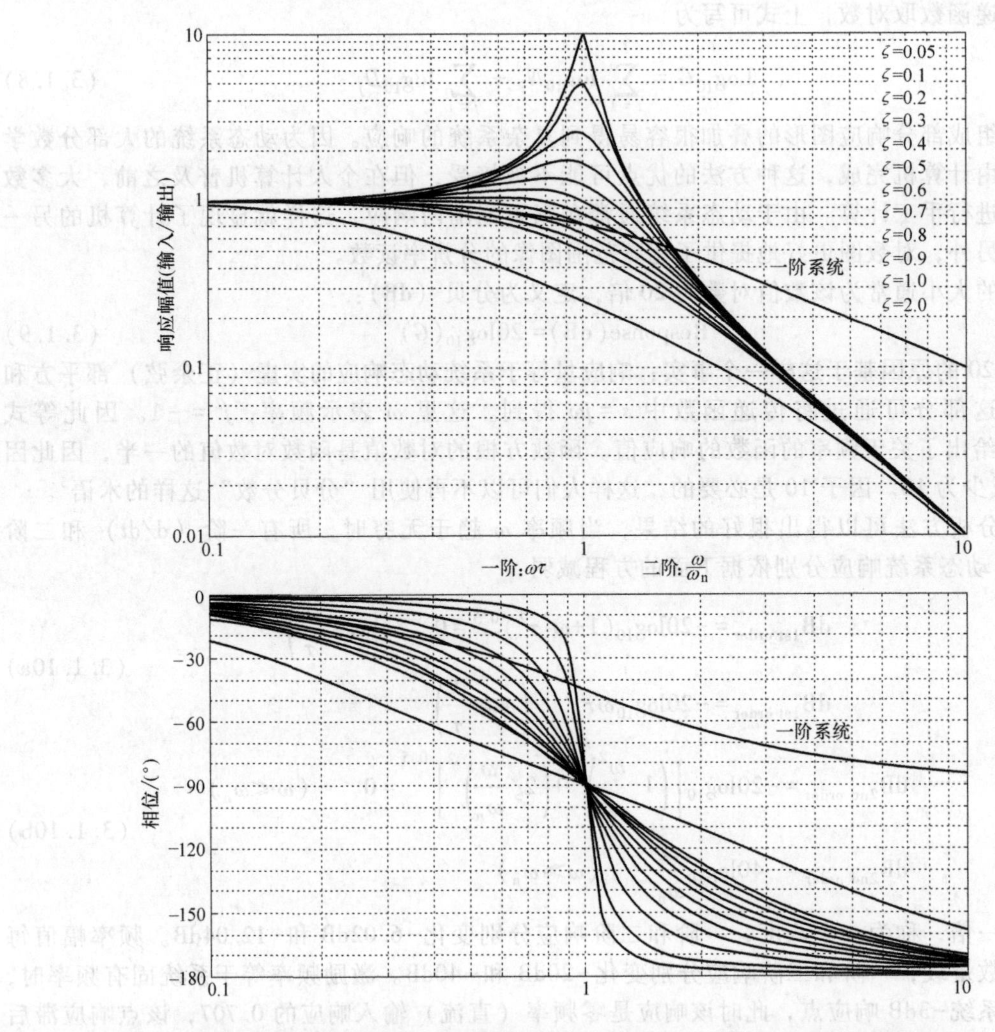

图 3.1.3　用电子表格计算得出的简单一阶系统和二阶系统幅值相位图

3.2　非光学传感器系统[6]

非光学传感器定义为，利用除光学以外的方法响应物理过程，产生模拟信号或数字脉冲。这里讨论的非光学传感器包括：

- 电容传感器
- 霍尔效应传感器
- 测斜仪
- 感应式数字接近开关传感器
- 感应式测距传感器
- 感应同步器®
- 线性和回转可变差动变压器
- 磁尺
- 磁致伸缩传感器
- 机械开关
- 压电材料传感器
- 电位计
- 同步器和解析器
- 速度传感器

[6] 关于这些传感器工作原理的详细理论讨论，参阅：Control Sensors and Actuators by C. Silva, Prentice Hall, Englewood Cliffs, NJ, 1989.

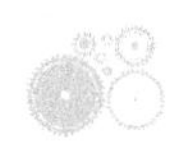

每种传感器将在下面的章节中详细介绍。大多数情况下，关于大小、成本、精确度等代表性的例子，被提供给读者，使其对他们的情况有所了解。

3.2.1　电容传感器[7]

图 3.2.1 所示为电容传感器，它是测定探针与目标表面的距离（间隙）的装置。传感器测量由两个平行的平板构成一个电容器，其中一个平板面向探针正面，另一个为被测目标。这种测量被称为非接触测量，因为探针与被测目标没有物理上的接触。因此电容传感器一般用于那些不能使用接触探针对被测目标运动进行测量的情况。因为被测目标与探针接触后会使被测目标表面变形。

大多数电容传感器的性能参数，如精确度和线性度，主要由探针电容量值决定。对于大型探针，电容变化范围高达 10~100pF，对于小型探针则在 0.01~0.1pF 变化。对于探针电容值较小的传感器，为了达到可接受的系统性能，仔细地设计电路是十分必要的。

电容传感器可以感应很多种类的材料，包括金属、电介质和半导体。材料的种类对其输出有一定影响。但所有导体材料对电容传感器输出影响相同，因此用不锈钢作为被测目标进行校准的电容传感器，也可正确地用于黄铜制品和铝制品的测量。因此传感器不受金属组成或晶粒大小的影响，而它们对涡电流（阻抗探测）探测器有影响。对于不同电介质材料，如微晶玻璃或石英，需要重新进行校准。

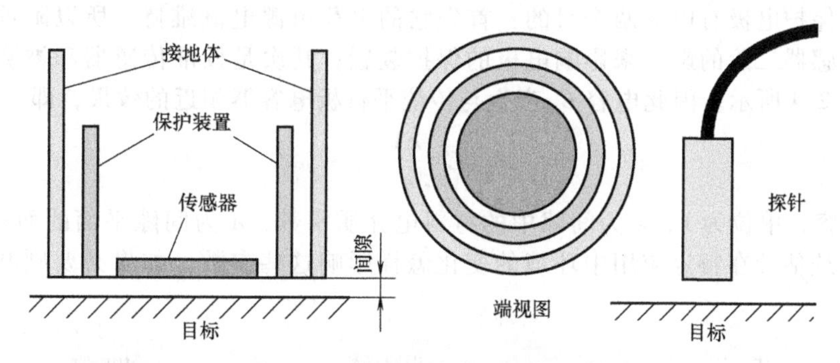

图 3.2.1　非接触电容位移传感器

1. 电容传感器的使用

电容传感器一般用来测量回转零件的运动，如心轴和轴承；也可以用来测量精密物体的平面度，如透镜和硅片等。例如，在制造生产中，它们用于测量硬盘坯的表面特征。在圆盘旋转过程中，位移、速度、加速度、厚度和可重复与不可重复的径向跳动等参数，都可以由传感器的模拟输出端得到。由于电容传感器能够提供比实际中其他种类的模拟传感器更大的分辨率，所以它们经常被用作小范围的位置微调器的反馈装置。

电容传感器可以用来测量零件的厚度，如图 3.2.2 所示。对于金属，需要两个探针，每边一个。材料的厚度由探针间距离减去两个探针到材料间的距离。对于测量电介质材料的厚度，需要接地的金属表面和一个探针接触。电介质材料被安置在探针与接地金属表面的缝隙间。探针对地电容值的总改变可用来测量材料的厚度。

电容传感器也广泛地用来测量压力。这种计量器将薄的弹性膜片安装在刚性框架上。由流体或声波压力产生的膜片上的压力差造成膜片变形，引起膜片与传感器间电容的变化。许多麦克风的工作原理就是这样。电容传感器可在存在/不存在模式下工作，用来探测接近于非

[7] 这一部分主要由 Wayne Haase 撰写，来自先锋科技股份有限公司（Pioneer Technology Corporation），其位于加利福尼亚（CA）的帕洛阿尔托（Palo Alto）。

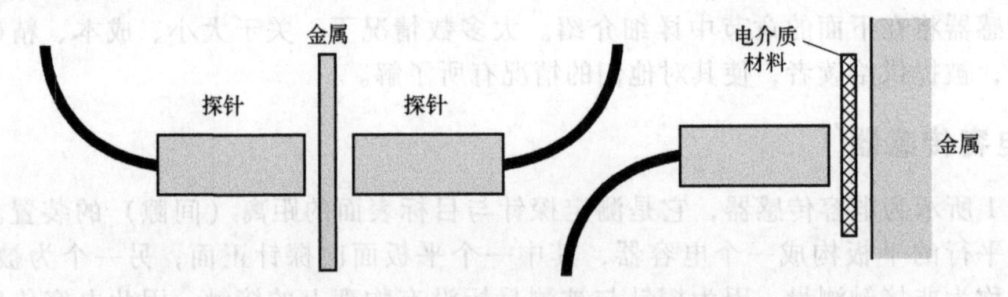

图 3.2.2　利用电容传感器进行厚度测量

金属物体或液体水平的物质。然而，测量金属物体，通常使用更便宜的感应式接近传感器。

2. 电容传感器的探针设计

电容传感器设计的样式取决于测量的应用场合和用于放大传感器输出的电子电路配置。通过将探针的表面形状与被测表面相配合，就可以改进性能，特别是精确度和线性度。整个讨论中假设被测表面是平面，这样探针的表面也是平面。

经过上述讨论，许多电容计量器利用那些仅有很小电容值（通常范围为 0.01~1.0pF）的探针。这种情况下，探针的传感器和探针的实体之间可能会产生杂散电容，这必须要排除，或至少将其减小至 $10^{-14}\sim10^{-16}$F。这可以通过在感应电极周围放置保护电极来实现，如图 3.2.1 所示。图 3.2.3 为其等效电路。保护电极和感应电极由相同的电压波形驱动，如恒定频率的正弦波。保护电极有以下两个目的：首先它的电荷由源电流维持，所以附近的任何杂散电容仅以对传感器二阶的影响来影响电极的保护装置；其次是校准传感器和被测目标间的电场线，如图 3.2.4 所示。因此电容 C_{st} 产生与传统平行板电容器相近的效果，即

$$C=\frac{\varepsilon A}{d} \tag{3.2.1}$$

其中，C 为电容，单位为 F；ε 为间隙中的材料电介质常数；A 为间隙平面的面积；d 为平面间的距离。必须估计在特定应用中环境的变化怎样影响这些参数，如果必要则利用参考探针补偿。

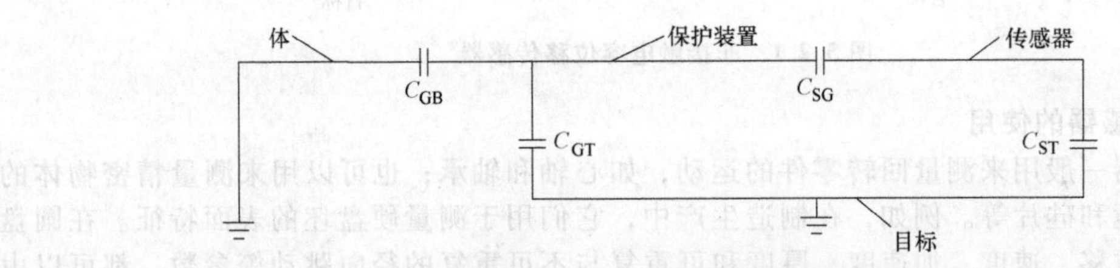

图 3.2.3　电容传感器等效电路

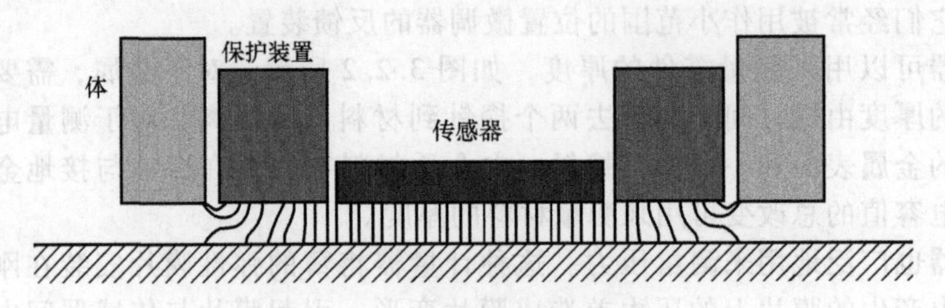

图 3.2.4　电容传感器的电场线

电介质常数 ε 是对电磁波穿过媒介容易程度的量度。除了真空[8] 以外的任何介质的电介质

[8] 理想的介质就是真空，它的介电常数是恒定的，常作为标准参考而且给定了一个统一的数值。

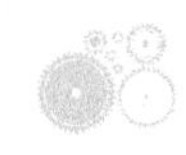

常数都会随温度、压力、湿度和介质的种类而改变：

$$\varepsilon=f(\text{温度、压力、湿度、介质类型}) \tag{3.2.2}$$

湿度和温度可以控制，但大气压力则不易调节，因此在高精密（小于 0.1μm）应用中，通常使用另一个参考计量器监控固定的间隙来补偿大气压的变化。压力和湿度不影响精密仪器的空间尺寸，但是温度会引起机器的变形。因此我们需要使传感器中温度变化的影响远小于其在机器上的影响。因此最理想的是，在机器上，使温度变化对传感器的效果比温度本身的效果小许多。这样探针测量到的运动就是实际运动，而不是包含温度感应造成的探针输出漂移。要避免由于切削液或油喷淋而引起大气成分的变化，通常，采用主动压力保护。

电容传感器端面面积对系统的精确度也有很大的影响。传感器端面面积与被测目标距离范围比越大，探针的精确度和分辨率越高。这基于如下事实：探针的几何边缘形状使电磁波弯曲，其对电容的影响随着面积/相隔距离比的增加而减少。同样，探针面积与被测零件表面粗糙度值的比值要足够大，以提供平均效果。如果探针太小，表面形状改变的影响将被探针作为目标的明显运动而记录下来。

3. 电容传感器的典型特征

电容传感器的大多数应用不是涉及高速运动，就是涉及需要非接触测量的敏感电极物质，下面对电容传感器特性的总结只是大概摘要。需要指出的是生产者总是在不断地改进技术，所以不要把这个一般的总结当成真理。

尺寸：圆形传感器小至直径为 5mm，长为 50mm，大至直径为 10mm，长为 50mm；平板传感器尺寸是从 115mm×15mm×4mm 到 200mm×20mm×6mm。

价格：探针是 \$900～ \$1500；用于改善信号和提供合适模数转换（ADC）输出的印刷电路板的价格为 \$2300；整合模拟输出表头和微分运算模型的黑箱系统需要 \$4600。

测量范围：大约为±0.13mm（0.005in）。

精度（线性度）：大约为满量程范围的 0.10%～0.20%。

重复性：对环境条件有很大的依赖性，但是为分辨率的 2～5 倍。

分辨率：大约为满刻度量程的 $1/10^5$，典型产品可小至 25Å（0.1μin）。利用特殊的探针和电子器件，分辨率能达到埃级别。分辨率取决于电力供应的质量、探针输出的满刻度电压量程和模数转换装置的分辨率。对于现成可购买的探针，噪声级别一般在 1Hz 时为 0.02μin（5Å），1kHz 时为 0.04μin（10Å）和 40kHz 时 0.05μin（13Å）。

环境因素对精确度的影响：满量程（400μm/m/℃）时为 0.04%/℃。因此，传感器测量量程中的每 10μm 会产生 40Å/℃的误差。压力和湿度也会对性能造成影响，但是远小于温度造成的影响。空气中的物质，如油滴，也会造成电介质常数的改变。因此必须进行防护，传感器可放于真空的环境中工作（如油）。只要在相同的介质中被校准。

寿命：由于传感器是非接触的，因此寿命可以是无限的。

频率响应（-3dB）：可达到 20～40kHz。

起动力：由于是非接触又无电磁力耦合，所以在传感器和检测表面没有力的作用。

允许的运行环境：残余物的积累将会改变间隙中的电介质常数，进而导致测量误差。只要适当地调好黑箱中的电子装置，传感器也能在液体环境中运行。运行温度范围为 0～50℃，非凝结的湿度范围为 0～90%，精密系统应在 20℃（68℉）下工作。

耐冲击性：大约为 10g。

偏移误差：偏心导致误差，它与偏心角度的余弦值成比例。

所需电子设备：需要一个特殊的黑箱，大约占系统价值的 50%～75%。大多数黑箱仅需要 115V 的交流电压和 0.30A 的电流，超精密系统需有稳定的直流输入。

3.2.2 霍尔效应传感器[9]

如果一个带电粒子，如电子，在磁场中运动，粒子就会受到一个力，导致它偏离原来的路径，这就是洛仑兹定律（Lorentz’s law）。洛仑兹力作用方向与电子在磁场中运动的方向成直角。霍尔效应是电子在洛仑兹作用下流经半导体时的效果。当一些导电的材料放置在垂直于电流方向的磁场中时，就会显现出霍尔效应。结果是产生电势的方向与激励电流和磁场方向都垂直，如图 3.2.5 所示。

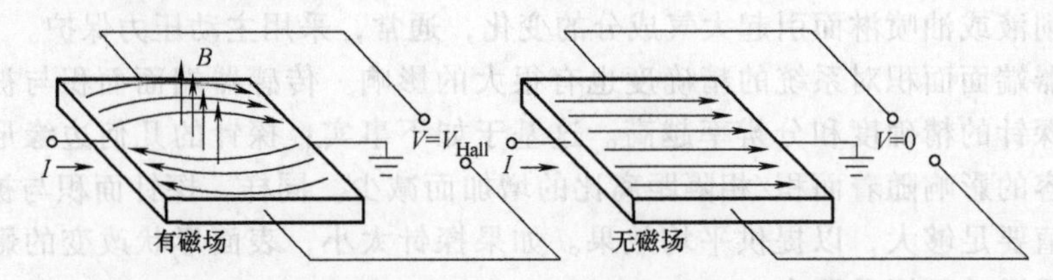

图 3.2.5 霍尔效应传感器的工作原理（霍尼韦尔公司微开关部门许可）

霍尔效应装置输出的电压大约为几毫伏，所以需要一信号调节电子装置来提高它的输出。霍尔元件和信号调节装置组合在一个信号元件上就形成了一个现代的固态霍尔效应转换器。这种类型传感器的输出通常约为直流 0.5V，并与参考电流（通常在 4~24V 下直流 4~20mA）、磁场强度，以及参考电流方向和磁力线之间的相角余弦的乘积成比例。

霍尔效应传感器也可被设计成对用于触发它们的磁极类型很灵敏。例如，双极数字开关霍尔效应传感器有一个最大正极（南极）触发点和一个最小负极（北极）脱离点，因此双极霍尔效应传感器经常结合成对的磁铁棒或用交变的南北极磁化外围直径的磁铁使用。南极控制传感器开，北极控制传感器关。单极的霍尔效应传感器被磁体南极触发，当磁体移走时被释放。图 3.2.6 给出了霍尔效应传感器被用于感知位置的方法。

一旦存在磁场，霍尔效应传感器能输出一个模拟电压，此电压与磁场强度成比例，或者它可以与一个三极管设计成一整体，使它能在消耗电流或电流源的模式下工作。在模拟模式下，霍尔效应传感器作为一个距离测量传感器，其中电压与随着距离变化的磁场强度成比例。霍尔效应模拟传感器相对于非接触距离传感器，如电容传感器或者阻抗传感器，其主要缺点是霍尔效应模拟传感器通常要求磁体固定于被感应的物体上，并且它的精度依赖于磁场的稳定性，多数磁体随着时间的增长会失去磁性（退磁），因此霍尔效应传感器通常不适合于需要分辨率大于 5μm 的超精密应用中。然而对于要求不苛刻的应用，它们几乎比其他电子距离感应方式要便宜 100 倍，一个便宜的霍尔效应传感器的确需要一个稳定的电源供应，通常为 5±0.001V，以便确保最大的精度。实际上，传感器的精度将与所用电力供应的精度成比例。校准的霍尔效应传感器，可用于磁场检验，以确保它们有效地检验现成的传感器。精度要求最高的地方，这些校准的霍尔元件自身就可以作为一个传感器，尽管价格高一个数量级（如 $60 对 $6）。

在消耗电流模式下，开关通常处于“关”状态，且输出电压交叉记录在传感器上。当磁铁触发传感器时，开关打开，不再有电流通过。在电流源模式下，相反同样成立，开关通常打开。所以使用什么类型的传感器依赖于控制什么样的输出。为了避免霍尔效应传感器反跳，在其内部安装了一定数量的电磁滞，因此由一定磁场强度激发的霍尔效应的起动点，不同于

[9] 霍尔效应是 Edwin Hall 博士在 1879 年发现的，当时他是 Johns Hopkins 大学的一个在读博士生。对霍尔效应传感器的使用者来说，一个很好的参考文献是：Hall Effect Transducers。此文献可从 Micro Switch 公司的霍尼韦尔分公司（Honeywell Division）得到，其地址是伊利诺伊州（IL）弗里波特（Freeport），邮编：61032。

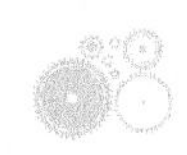

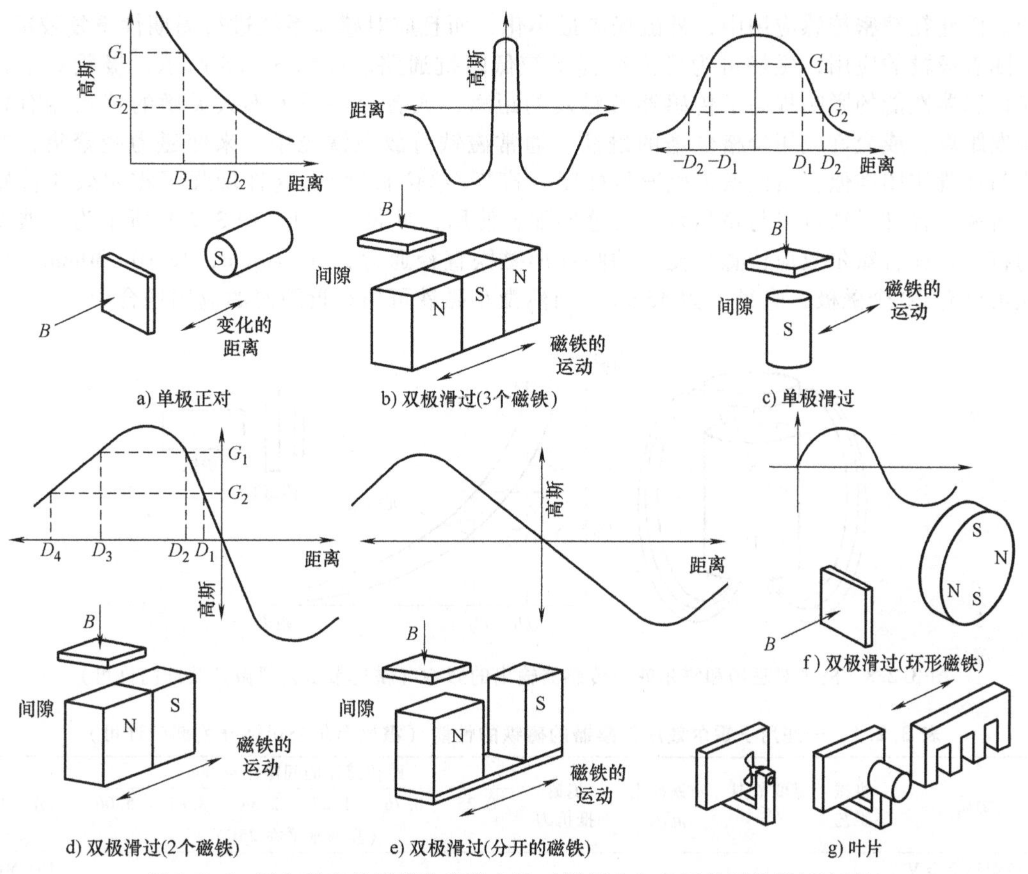

图 3.2.6　霍尔效应传感器的安装方法（霍尼韦尔公司微开关部门许可）

因缺乏足够磁场强度而关闭的霍尔效应的释放点。

1. 霍尔效应传感器的磁铁

磁铁每一部分相对于霍尔效应传感器的动作，与霍尔效应传感器自身同等重要。如图 3.2.7 所示，磁感线从北极出发回到磁铁南极。磁场强度由磁力线密度来描述，由高斯定理来计算[10]。一个典型的冰箱磁体可能在其表面附近产生大于 10G 的场强。尽管磁系统的设计超出了本书的范围[11]，但主要要记住的是：磁场能通过与其他磁铁或强电场的相互作用而被永久

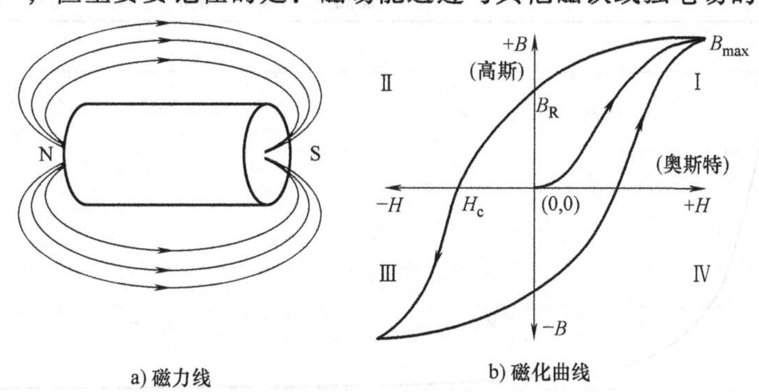

图 3.2.7　磁铁的特性

[10] 磁场强度的公制单位是高斯，1 特斯拉 = 10^4 高斯。

[11] 参阅：H. E. Burke，Handbook of Magnetic Phenomena，Van Nostrand Reinhold，New York，1986.

转变。因此在精密传感应用中，外磁场应最小化，而且应对感应系统进行周期性重复校准。

随着极靴的应用，磁场可为磁力线提供较低阻抗通路。如图 3.2.8 所示，极靴对于霍尔效应传感器性能的影响提高了传感器被触发的距离，或者允许一个不太灵敏的传感器有相同的触发距离，或允许应用价格低廉的磁铁。通常磁铁可放在铁壳中，来使磁力线聚集，这种方式与极靴作用类似，由此增强磁通量梯度（高斯/单位长度）。这样增强了霍尔效应传感器的分辨率。各种磁铁可以与霍尔效应传感器配合使用，见表 3.2.1。图 3.2.9 所示为一典型磁铁的特征，配合霍尔效应传感器使用的圆柱形磁铁直径通常为 5~10mm，长 10~30mm。环形磁铁可以有 20 个磁极，直径可为 45mm。当然微小磁铁可用在近距离的应用场合中。

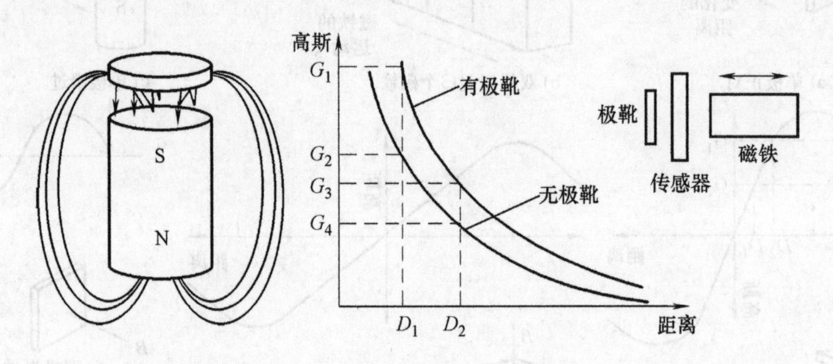

图 3.2.8 极靴对磁场和霍尔效应传感器输出的影响（霍尼韦尔公司微开关部门许可）

表 3.2.1 一些用于霍尔效应传感器的磁铁的性能（霍尼韦尔公司微开关部门许可）

物质	机械工艺	温度范围/℃	磁铁冲击范围	退磁抵抗力	距传感器的间隙距离/cm（高斯水平在 25C） 0.25	0.76	1.27	2.54	3.81	5.06	分类号
铁镍铝钴合金Ⅴ铸造	好	-40~300	劣	一般	1460	1320	1170	810	575	420	101 MG3 101 MG4
铁镍铝钴合金Ⅷ烧结	好	-40~250	好	优	1050	900	755	470	295	195	101 MG7 102 MG11 102 MG15
钡磁材料(英多克斯钡磁铁）压制	好	0~100	好	优	730 700	550 520	410 375	205 175	115 85	75 45	101MG2L1 105MG5R2 105MG5R4
稀土压制	劣	-40~250	好	优	1110 2620	630 2100	365 1600	120 940	55 550	25 350	103MG5 106MG10

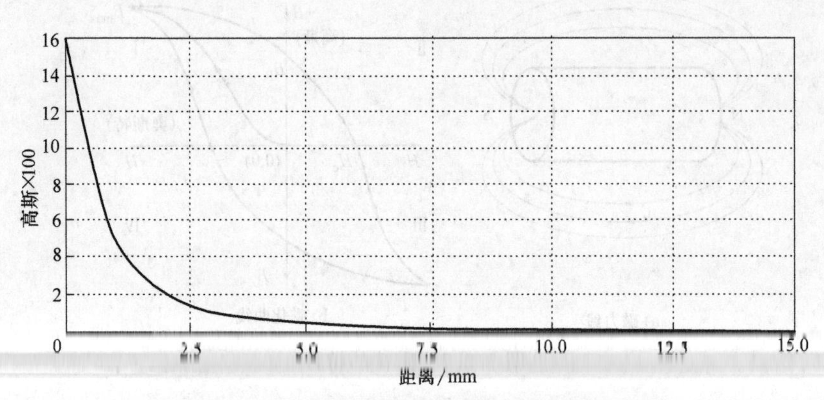

图 3.2.9 用于霍尔效应传感器中磁铁的典型性能

微型开关磁铁：103MG5，其是经过校准的 732SS21-1 霍尔元件正对测得的（霍尼韦尔公司微开关部门许可）

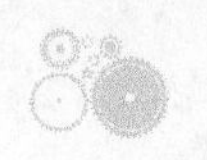

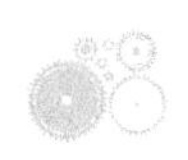

2. 典型应用

图 3.2.6 显示了一些安装霍尔效应传感器和磁铁的方法。图 3.2.6a 所示为单极正对模式，它利用一个磁铁去触发霍尔效应传感器，由传感器沿着平行于磁铁轴线靠近磁铁的南极，这种类型机构存在的问题是机械的超行程没有太大的空间。

单极滑过模式如图 3.2.6c 所示，利用的是一轴线与霍尔效应传感器的运动平面垂直的磁铁。这种机构可设计成与单极正对模式有同等敏感触发性能的机构，但是它可允许超行程。由于机器不能瞬间停下，所以这种类型的机构常用于机器上，以便感知机器的静止位置。为了实现最大重复性，传感器和磁铁之间的间隙应尽可能小。这样能增强传感器可以感知的有效磁场密度，其结果降低了传感器从未触发点到触发点的距离。

为了获得方向性，需使用双极滑过模式，如图 3.2.6d、e 所示。磁场强度-距离曲线中的斜率是磁铁间距的函数。为了获得最大的分辨率，磁铁应彼此靠近，但不要引起退磁。如果使用模拟传感器，那么电压将是位置的度量。如果使用数字开关接近传感器，那么它将在曲线上的一点触发，并在另一点释放。注意这种设计是不定向的，就是一个双极传感器需要由强磁场阳极触发，但是只有当它暴露于低磁场阴极时它才会释放。

图 3.2.6b 是另一种变化的双极滑过模式，由三块磁铁组成。这种方式允许传感器在任一方向触发和释放，曲线的斜率表示传感器将有很高的重复性，但当存在机械振动时，也会遇到跳动触发，通过使磁铁间隔更远来提高分辨率，但同时也提高了跳动的概率。

另一种双极滑过模式使用了一个圆形磁铁，此磁铁围绕其圆周呈 N-S-N-S…交替极排列。这种方式允许传感器每转被激发和释放许多次，等同于在磁铁上的极对数。这种方式有利于该类型传感器的计数。在模拟方案中，一对产生的正弦和余弦输出等价于一测量轴旋转位置的解码器。

如果在双极滑过系统中使用一整排磁铁，产生的效果将是一开关信号的锯齿图像。这种多磁铁的应用是很昂贵的，因此，叶片式传感器将代替其使用，如图 3.2.6g 所示。在叶片传感器中，铁磁目标从一磁铁和霍尔效应传感器之间通过，这样将引离磁场，使得传感器得以释放。一个典型应用是完全电子打火代替了内燃机分配器上的机械接触点。相似的磁铁布置在发动机的飞轮上，可用于激发燃料注射系统。

考虑一下一个边长为 5mm 的正方形的典型微小霍尔效应模拟位置传感器，这个传感器的有效工作量程大约为 1000G，并且可产生大于 5V 量程的输出电压。图 3.2.9 所示的磁铁离传感器的最大距离大约为 1.27mm(0.050in)，而且场强大约为 1200G/1.27mm。这个微小传感器的灵敏度为 3mV/G×1200G/1.27mm = 2.835V/mm(72V/in)。通过一普通的 10mV 精度的电源和电压表，传感器的机械分辨率将大约为 3.5μm(140μin)。

霍尔效应传感器也可用作数字接近开关传感器。为了保守地估计这种类型传感器的重复性，假设重复性是磁场磁通量密度（G/mm）和激发传感器的差动场力的函数。如果一磁铁有 1000G/mm(25400G/in) 的场强，则一典型传感器的触发点有 40G 的差动时，就会产生约为 40G/1000G/mm = 0.40mm(0.0016in) 的位置感应重复性。霍尔效应传感器也可用于监控看不见物体的位置，只要障碍物不阻断磁力线即可。这种方法允许霍尔效应传感器来感应不导电物体和非铁金属（如铝及奥氏体不锈钢）等。总的来说，霍尔效应传感器与电感传感器有相同的优点，但后者不能用来检测金属。

人们现在常选择霍尔效应传感器来监测气压和液压活塞的离散位置，这种活塞的缸壁为奥氏体不锈钢或铝[12]。在一种结构中，活塞自身与磁铁制作在一起，霍尔效应传感器放在圆柱

12 测量活塞离散位置的传统方法是：使用活塞上的一个磁铁来激活连接在气缸外边的簧片开关。簧片开关使用一个薄的悬臂金属片，当被磁铁偏转时，闭合电路。然而，它们经常容易由于机床振动而造成机械反弹，从而给出错误的读数。

体外边离散的测量位置上。在另一种结构中，活塞采用一种亚铁材料制作，霍尔效应传感器安装在磁铁和活塞的中间。当活塞移动时，它像极靴一样工作，极靴使磁场聚焦并触发传感器。一些生产者提供的这种类型活塞的结构中包括横杆。横杆固定于安装传感器的气缸上任何需要的方位。随着三位四通阀门的应用，从传感器来的反馈信号能用来以大约 6mm (0.24in) 的重复性来定位气缸的冲程。霍尔效应传感器对控制连续运行也是可行的。霍尔效应传感器也用于直流无刷电动机中，以感应转子的位置，以完成对电动机线圈电流的控制切换。

由于霍尔效应传感器感应磁场的存在和磁场强度，因此它们也能用于测量电线中电流或那些电阻随着温度的变化而改变的材料的温度。为了感应电流，绕成圈的导线或电缆穿过一铁环产生电磁感应，其磁场可由霍尔效应传感器测得。用此方法，产生 1/4~1000A 的感应电流是可能的。尽管这种类型的感应系统必须经过仔细地校正，但它能承受巨大的过载而不致损坏。

3. 霍尔效应传感器的典型特征

以下对霍尔效应传感器特性的总结只是简单摘要。需要指出的是生产者总是在不断地改进技术，所以不要把这个一般的总结当成真理。

尺寸：模拟传感器：5mm×5mm×2.5mm 到 12mm（直径）×25mm（长），其最大间隔距离大约为 1.27mm（0.050in）；接近开关传感器：4mm×3mm×1.5mm 到 12mm（直径）×25mm（长）。

价格（一片）：模拟传感器：小传感器为 $5，大的 $15，精密稳定磁铁 $5；接近开关传感器：小型传感器为 $2，大的 $15，批量购买价格可大体上降低一些。

测量范围：大约为 0.25~2.5mm（0.01~0.1in）。

精度（线性度）：大约为满量程的 1.0%~0.1%，其与量程有关。

重复性：依赖于磁场、电压供应和机械装置。重复性也受温度的影响。如果温度被控制在 2℃内，电子系统有毫伏稳定性，则模拟位置传感器的重复性一般可达 10~20μm（0.0004~0.0008in），数字传感器可达 25~50μm（0.001~0.002in）。

分辨率：模拟位置传感器：高达 0.5μm（20μin），但是通常带上一个毫伏系统分辨率可达 5μm（200μin）。数字传感器：装有固定搭配的部件分辨率可达 1μm（40μin），采用非定制的部件分辨率可达 10μm（0.0004in）。

环境因素对精确度的影响：温度对满量程输出的影响大约为 1%/℃，但在一些条件下可低至 0.01%/℃。

寿命：由于无接触，因此理论上寿命是无限的。

频率响应（-3dB）：上至 100kHz。

起动力：在一些应用中，传感器应安装在一个非铁构架上，以便当它靠近触发磁铁时，磁铁不会产生力。

允许的运行环境：霍尔效应传感器是固态电子学的装置，其实际上可承受任何环境影响，只要它不与传感器中的磁性物质发生相互作用或完全摩擦。霍尔效应传感器可在-40~150℃环境中运行。

耐冲击性：非定制型号的额定值为 10g。专门的型号可承受 40g。

偏移误差：输出是偏心角的一个余弦函数。

所需电子装置：模拟和数字传感器的分辨率和重复性与所用的电压特性直接相关。模拟输出霍尔效应传感器需要一模拟数字转换器使其输出数字化。典型地，霍尔效应开关承受的最大电流仅有 20mA，电源的价格可以从 $1.00 低价格电池到 $500 的精密稳定电源。

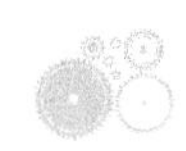

3.2.3　测斜仪

测斜仪是机电仪器，有很多的应用，如在必须高精度地测量物体相对于水平或垂直参考的角位置，特别是大约为微弧度或更小时。电子输出便于数据记录或在闭环控制系统中用作误差信号。应用实例包括：

- 在建造和使用各种类型的结构时收集运动数据。
- 测量本地地质形成的运动。
- 测量机器平台的稳定性。
- 作为控制机器方位的反馈装置。
- 快速确定直线的倾斜度。

精密测斜仪的典型构成如图 3.2.10 所示，实际上它是精密的摆，其采用挠性安装或者精密球、流体或磁轴承来支撑。另一种类型的测斜仪采用一个水银泡湿润一线性电阻。装置越倾斜，电阻湿的越多，输出电压的变化就越大。由于表面张力的作用，这种类型的测斜仪的分辨率相对较低，但是价格显然比摆动类型的测斜仪低。由于测斜仪常用于艰苦的外部环境中，因此它们通常置于坚固的密封套中。它们需要由±12~18V 和 0.015A 的直流供应，它们的输出电压（±5V 直流）与倾斜的正弦角成正比。

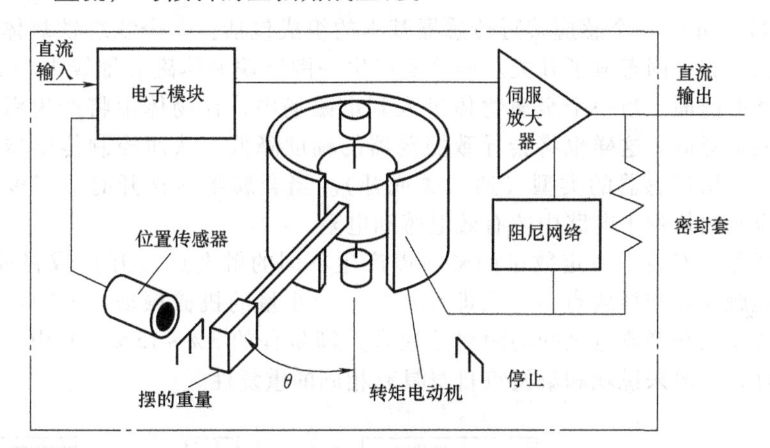

图 3.2.10　摆动类型倾角计的构成（Lucas Schaevitz 许可）

当测斜仪倾斜 θ 角时，位置传感器产生放大的电信号并且反馈给电流计。电流计产生一转矩，此转矩试图使“摆”块保持在相对于位置传感器的原位置。当“摆”块在它原位置时，施加在电流计上的电流产生与倾斜角正弦成正比的平衡转矩，使电流通过一个与电流计并联的大电阻也会产生一个与倾斜角正弦成正比的电压，而倾斜角可由外部设备读出。由于这个设备设计在“摆”的周围，“摆”的固有频率由公式 $(g/l)^{1/2}$ 支配。“摆”越长，装置的分辨率越高。因为倾斜角被“摆”长扩大了，然后由传感器测量。正如预料的，分辨率越高，频率响应越低。

测斜仪的典型特征

以下对测斜仪特性的总结只是简单摘要。需指出的是生产者总是在不断地改进技术，所以不要把这个一般的总结当成真理。

尺寸： 边长为 40mm 的正立方体到直径为 40mm、长为 50mm 的圆柱体。

价格： 分辨率为 0.1 弧秒的大约为 \$1000~ \$1400，分辨率为 0.01°的为 \$180，模拟数字转换器或图标记录器的价格是额外的。

测量范围： 从±1°~±90°。

精度（线性度）：高分辨率型理论正弦偏移值为0.02%，对于便宜的型号为2%。

重复性：一般的，对精密传感器可达到满量程输出的0.01%~0.001%，便宜的可为1%。

分辨率：0.1弧秒~0.01°（通常12~16位）。

环境因素对精确度的影响：0.05%~0.005%满量程值/℃。

寿命：内部结构被设计成了弹性接触，应力很低，以致寿命基本上是无限长。

频率响应（-3dB）：0.5Hz（1°运动范围型）到40Hz（90°运动范围型）。

起动转矩：由于测斜仪需要螺栓将其固定在结构上，因此增加了总重量，这样会影响驱动小结构转动的力或力矩。

允许的运行环境：一般的测斜仪可在250°K[㊀]至70℃环境中操作。它们是密封的，因此流体或灰尘不会影响到它们。它们必须有一电源，但如果系统安装在外部，电源必须受到保护。

耐冲击性：30~50g的恒定值，残余冲击力为1500g。

偏移误差：由于测斜仪与倾斜轴线不在同一直线上而引起的余弦误差。

所需电子装置：精度为0.1%和稳定度为0.01%的12V直流电源，还有可读5V直流满量程输出的系统。

3.2.4 感应式数字接近开关传感器

如图3.2.11所示，一个感应接近传感器基本的组成包括：一个线绕铁氧体磁心、一个振荡器、一个检测器和一固态电子开关。振荡器产生一围绕铁氧体磁心轴线中心的高频电磁场，其聚集在传感器的前面。当一个金属物体进入到电磁场中，在物体中将产生涡流电流，这将导致磁场中的能量降低。这样也将会导致振荡器的幅度降低，从而控制传感器中的三极管开或关，这依赖于所用传感器的类型（通常关或开）。当金属物体移开时，三极管回到起初状态。传感器响应时间依赖于电路中的有效电感和电阻。

通常，传感器中安装了一定数量的磁滞以产生不同的触发点（开）或释放点（关）。如果传感器有相同触发点和释放点，那么即使产生一个小量的机械振动，电噪声或温漂都会引起读数跳跃。触发点和释放点之间的距离差通常是满量程的3%~15%，并由工厂设定。一旦释放点被设置好，一般来说就和触发点自身具有相同的重复性。

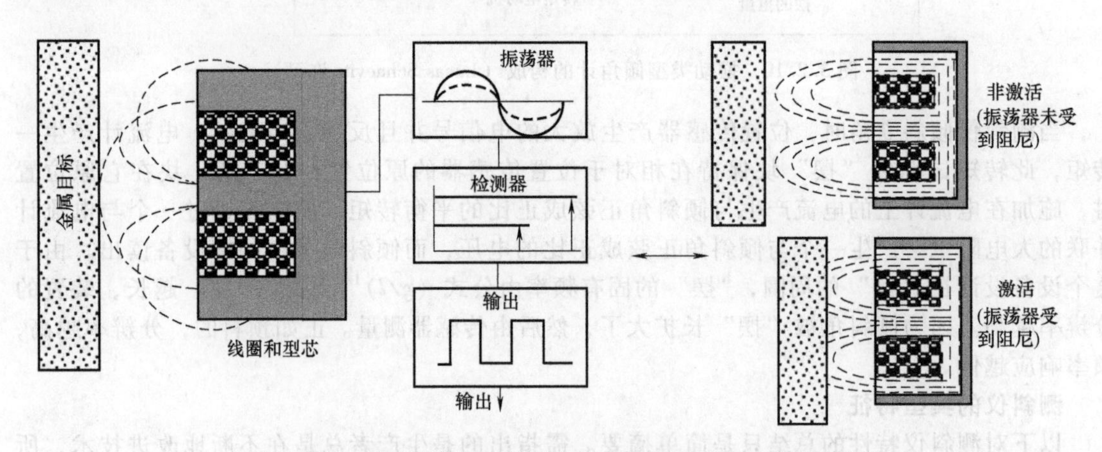

图3.2.11 感应式数字接近开关的工作原理（Turck公司许可）

传感器的直径基本上与传感器和表面的允许间隔距离成正比。如图3.2.12所示，当物体轴向或侧向（正对或从一边）接近传感器时，其位置便能感应出来。在正面的应用中，被屏

㊀ K是开尔文温度计，标准情况下不加“°”，但原文标注“°”，尊重原文这里译文中加上“°”，下同。

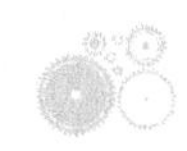

蔽的传感器单元用来把感应场聚焦到传感器前方的一个尖点处。在边缘（滑过）的应用中，使用产生广角的非屏蔽传感器单元。注意：如果使用正对传感器，它必须要用坚固的金属环保护起来，以阻止当机器超程时传感器被撞坏。在滑过模式中，如果传感器用来感应（计数）一列物体的通过，那么把这些物体分成间隔为物体最大宽度的两倍的距离是很重要的。这将确保当一物体通过时会使传感器的振荡场还原，从而能使传感器在下一个物体触发它前释放。

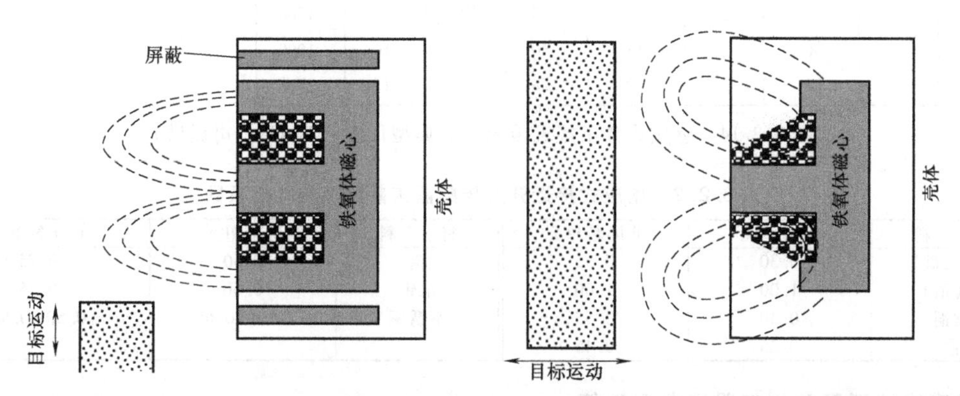

图 3.2.12　正对和滑过模式的屏蔽和非屏蔽感应数字接近开关（Turck 公司许可）

与霍尔效应传感器相似，接近开关传感器提供了一个价格低廉的方式在不接触金属物体的前提下确定金属物体的存在。与霍尔效应传感器相比，它的优势是它们不需要使用可吸铁屑的磁铁。可很容易设计成间隔距离大约为 25mm 的感应接近传感器。只需要提供导电电极，此电极常是物体本身和传感器，而且它能感应绝缘材料。传感器很少衰退，因为其设计中无移动部件，因此，接近开关传感器能很快替代那些应用在需要与电子控制器有直接接口的老式机械限位开关。

不考虑应用，感应接近传感器应该这样安装：正面和电极在垂直平面内，以至于金属屑或碎片（灰尘）不能在表面堆积，因此阻止了可能引起触发点变化的情况发生。温度对它们电子装置性能的影响如图 3.2.13。典型的接近开关传感器系列如图 3.2.14 所示。感应范围都是假定使用的是铁电极。其他金属电极通常都有与其使用有关的降低传感范围的校正系数，见表 3.2.2[13]。

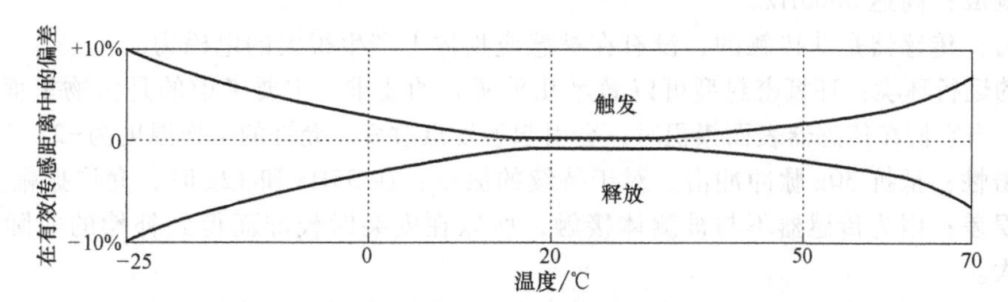

图 3.2.13　温度对感应式数字接近开关传感器的影响（Turck 公司提供）

感应式数字接近开关传感器仅需要一个电源和简单的连接电路来操作。产品目录通常提供了关于如何试验它们的简单直接的机构。在很多情况下，传感器可订制有大范围输出，包括 TTL，可允许它们连接更多的控制器和个人计算机。

[13] 来自 Turck 公司，其位于明尼苏达州（MN）的明尼阿波利斯市（Minneapolis），(612) 553—9224，"感应接近开关目录（Inductive Proximity Switch Catalog）"第 7 页。

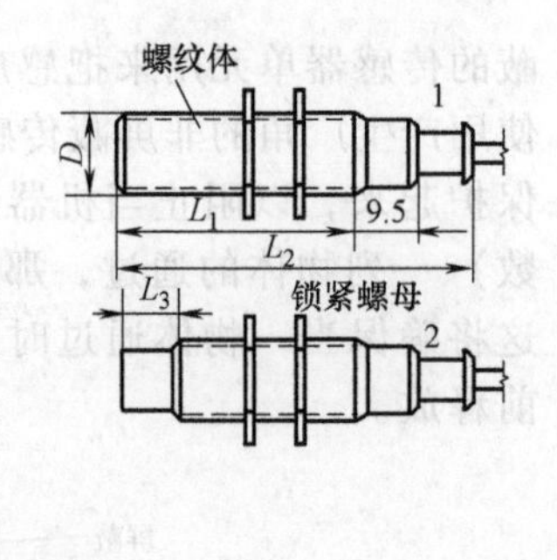

平装	非平装	开关距离/mm	图号	直径/mm	L_1/mm	L_2/mm	L_3/mm	开关频率/Hz
•		2	1	12	50	75		1500
•		5	1	18	50	76		1000
•		10	1	30	50	76		500
	•	4	2	12	50	75	10	1500
	•	8	2	18	50	76	10	1000
	•	15	2	30	50	76	15	500

图 3.2.14 感应式数字接近传感器的典型尺寸（Turck 公司提供）

表 3.2.2 感应式接近开关传感器传感距离的补偿系数

材料	屏蔽单元	非屏蔽单元	材料	屏蔽单元	非屏蔽单元
铝(大盘)	0.30	0.55	铅	0.50	0.75
铝(箔)	1.00	1.00	水银	0.60	0.85
黄铜	0.40	0.55	不锈钢	0.35~0.65	0.50~0.90
铜	0.25	0.45			

感应式接近开关传感器的典型特征

以下对感应式接近开关传感器特性的总结只是简单摘要。需要指出的是生产者总是在不断地改进技术，所以不要把这个一般的总结当成真理。

尺寸：机体尺寸：8mm（直径）×30mm(长）至 45mm（直径）×60mm(长)，控制距离 1~25mm。

价格：小的类型 \$20~ \$40，大的类型 \$100。

测量范围：0.8~60mm。

精度（线性度)：对这种类型的传感器不适用。

重复性：典型地，间隔距离的 0.1%~1.0%。

分辨率：对这种类型的传感器不适用。

环境因素对重复性的影响：名义上 20℃，大约为 0.2%/℃，如图 3.2.13 所示。

寿命：如果电缆不弯曲，寿命可无限长。对于需要电缆弯曲的应用中，实际上，无限寿命可通过设计恰当的电缆载流子获得。

频率响应：高达 5000Hz。

起动力：传感器是非接触的，没有在被感应物体上产生很大的电磁力。

允许的运行环境：环氧密封型可以满足几乎所有的要求。主要考虑的是污物里面是否含有金属成分，当它们在传感器表面累积时，会引起触发点改变。允许的工作温度为-25~70℃。

耐冲击性：抵抗 30g 脉冲冲击。对于持续的振动：在 55Hz 和 12g 时，允许振幅为 1mm。

偏移误差：因为传感器不与被测体接触，所以在安装时校准而得到补偿的实际距离引起的误差最大。

所需电子装置：通常需要一个直流（5~65V）或交流（20~250V）的电源。传感器的输出一般直接传送到另一个二进制装置中。

3.2.5 感应式测距传感器[14]

图 3.2.15 所示为感应式测距传感器的原理图。在线圈里面的交流电流产生了一个电磁

[14] 本文的原材料，包括图和表，来源于 Measurement Solutions Handbook. Kaman Instrumentation Corp., 1500 Garden of the Gods Road, P.O. Box 7463, Colorado Springs, CO 80933,（303）599-1825. 这些图和数据的使用已得到许可。

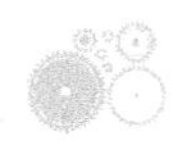

场，这个电磁场与主动线圈的磁场结合，这个结合电磁场与在物体表面和内部产生电流[15]的导体相互作用。感应电流产生的磁场与原来的磁场方向相反而且降低了原来磁场的强度。这就改变了主动线圈的有效阻抗（动态特性），而这可以利用信号调节电子装置检测出来。结果就是系统输出的模拟电压与探针距目标物体的距离成比例。

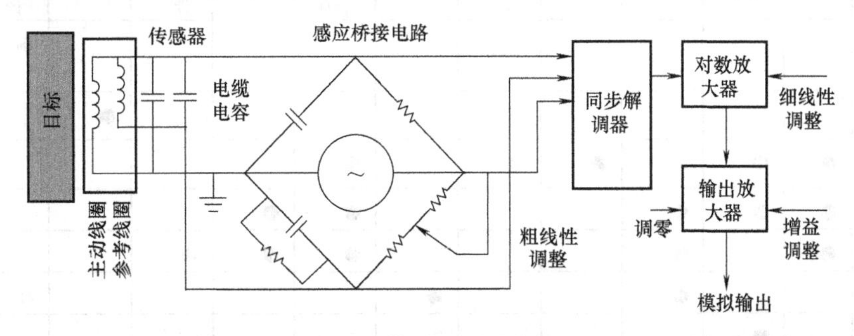

图 3.2.15　感应式测距系统的工作原理图［卡曼（Kaman）设备公司许可］

因为传感器自身的输出幅度随着目标物体的距离增大而指数衰减，所以采用一个对数放大器来放大信号，使较弱的信号得到较大的输出。这样传感器的输出看起来就呈线性。然而，采用不同的对数放大器类型，热导致的电子噪声也将得到放大。因此传感器只有在它们测量范围的一小部分内使用时，才能得到最大的稳定性和线性度，如图 3.2.16 所示。图 3.2.17 所示为增加感应式测距传感器性能的可能方法。

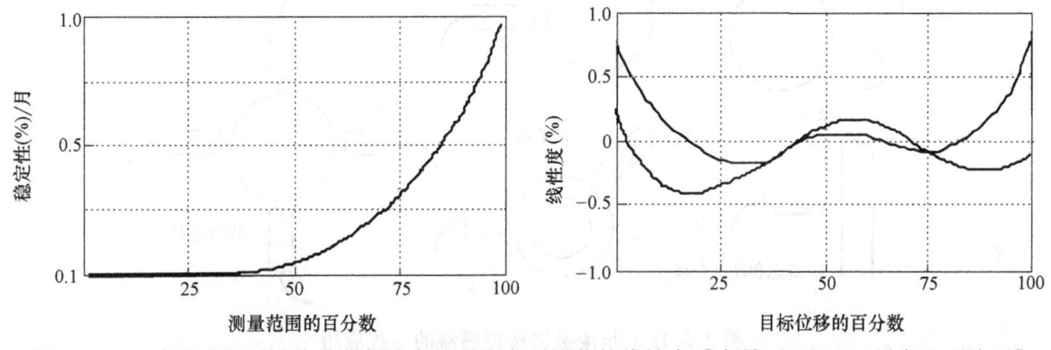

图 3.2.16　感应式测距系统的一般稳定性和用户可调节的线性度［卡曼（Kaman）设备公司许可］

与电容传感器不同，感应式测距传感器的性能取决于目标材料的特性。为了达到更高的性能，目标材料应该有一致的电子特性：良导体，低的磁渗透性（不支持磁场）。最好的目标材料是铝、铜和黄铜。含铁物体不是好的目标物体，最好是在它的表面涂镀一层良性目标材料。铁材料微粒的大小及边界的微结构都局部地影响着渗透性，这使感应传感器在扫描铁材料目标表面时，明显感应到这些微粒。对于金、银、铜及铝材料目标而言，厚度大约应为 0.5mm。而对于镁、黄铜、青铜、铅材料目标而言应为 1.3mm。

因为感应探针的输出只受传导金属的影响，因此灰尘的存在不会影响传感器的精度，除非灰尘里面包含了大量的金属颗粒。温度改变将会影响电子设备的输出，但这可以通过使用一个参考探针来补偿。现有传感器的工作温度可以从 650℃ 到绝对零度。图 3.2.18 所示为感应测距传感器的一些应用。注意：量程越大，分辨率越低，因为模拟电压的测量只能达到 12 位的分辨率（1/4096）。对于超精密系统，需使用差动模式的传感器。

差动测量系统允许一个传感器的输出减去另一个传感器的输出，从而消除误差。假定一

[15] 电流是循环模式，这就产生了术语“感应涡旋电流”。

	用前半量程	用较大直径传感器	降低测量范围	增加温度补偿	目标厚度增加到3层表层厚度	增加线性度校准	磁性物体上覆盖非磁性物体	连接导线	在输出上增加带通滤波器	增加频率响应	调节增益和线性度电位计	轻微地降低偏移
增加灵敏度和输出电压											●	
增加频率响应										●		
降低热灵敏度	●	●		●	●		●					●
增加稳定性	●	●	●				●	●				●
提高分辨率	●		●				●	●	●			●
增加线性度			●			●					●	
增加测量范围		●										

图 3.2.17　提高感应式测距系统性能的方法［卡曼（Kaman）设备公司许可］

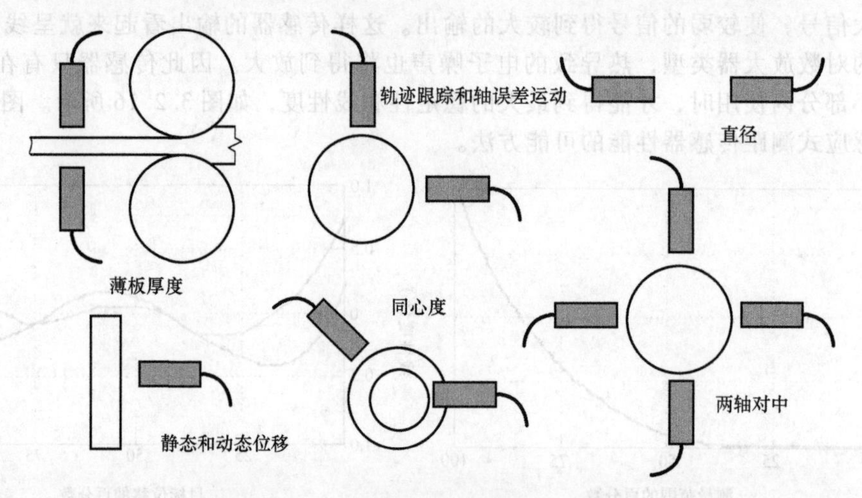

图 3.2.18　非接触位移传感器的一些应用

个传感器测量一个固定目标，或另一个传感器测量目标的反面，就会记录下运动而且误差也会被消除。这就要求传感器相互匹配，而且使用混合电子电路。匹配可以保证两个传感器有相同的特性，并且随着环境的变化，它们所受的影响是一致的。混合电路保证所有的信号处理是在一个小的密封区域内完成的，这样可以避免其他环境因素引起的误差。

感应式测距传感器的典型特性

以下关于阻抗探针特性的描述只是一般的总结而已。注意：制造商们总是在不断地提高他们的技术，因此不要把这个一般的总结当成真理。

尺寸：标准传感器直径 5mm，长 20mm，并有 0.5mm 的测量范围，大的类型直径 75mm，长 110mm，有 50mm 的测量范围。差动传感器：直径 5mm，长 25mm，有 0.23mm 的测量范围。

价格：传感器和黑箱一共为 $750～$1000，其中传感器为 $250～$400。双轴差动测量系统为 $4500，单轴差动测量系统为 $3700。

测量范围：对于一个差动系统测量范围为 0.5～50mm（0.02～2in）±0.23mm（0.009in）。

精度（线性度）：一般地，满量程的 25%时为 0.1%，满量程的 75%时为 0.5%，满量程的 100%时为 1.0%。

重复性：一般为分辨率的两倍。对于差动系统，稳定性为每月 0.13μm（5μin）。

分辨率：受传感器尺寸的影响，从 0.1μm（4μin）到 3μm（120μin）不等。当和混合电子设备用在差动模式下时，分辨率大约为 1Å。

环境因素对精度的影响：采用温度补偿时，0.1%满量程/℃，0.02%满量程/℃。

寿命：由于为非接触型固态装置，实际上寿命为无限。

频率响应（-3dB）：最大达 50Hz。

起动力：传感器是非接触的，不会在被测体上产生可测量的电磁力。

允许的运行环境：环境中不能包含可导金属的粗大颗粒。传感器可以承受菌类、潮湿、真空和沉浸（未腐蚀、不导电、未磨损）。传感器和导线的工作温度为-55~105℃，电子设备的工作温度为 0~55℃，精密系统应该在 20℃（68℉）下工作。

耐冲击性：对于传感器大约为 20g。

偏移公差：因为传感器不与物体接触，所以由偏移导致传感器所测得的实际距离的余弦误差是最大的。

所需电子设备：需要±12V 或±15V 的直流电源和工厂提供的测量系统。测量系统的输出是模拟信号，因此需要一个模数转换器将其与计算机或控制器连接起来。电源的稳定性会影响输出。

3.2.6　感应同步器®[16]

感应同步器®利用有许多交叠线圈的两个铁心间的感应耦合来平均掉误差，有线性和旋转型两种。线性感应同步器®是一个线性运动传感器，由一个电磁耦合的定尺和滑尺组成，如图 3.2.19 所示。可以将任何长度的标尺固定在与线性运动方向平行的机床轴上。通常，这个定尺是由一条钢带构成的，一般为不锈钢，在其上覆盖一绝缘体。通过印刷电路技术而连接在绝缘体表面制作有一条波带，这条波带由一连续的矩形波形组成，其节距一般为 0.1in、0.2in 或 2mm。滑尺固定在滑动架上，因此它在距定尺表面 0.1mm 的上方运动。而且它的构成方式与定尺相似。机械滑块的运动直线度取决于定尺制造商，但通常为 10~20μm。

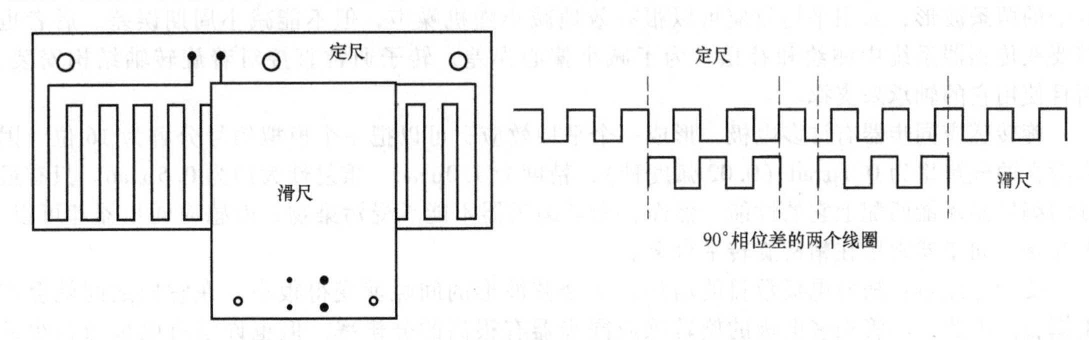

图 3.2.19　线性感应同步器的工作原理（G. S. Boyes 许可）

感应同步器的作用就像是变压器，如果定尺被一个 5~10kHz 的信号所激励（$A\sin\omega t$），那么滑尺的输出就为

$$S_{13} = B\sin\omega t\sin\left(\frac{2\pi X}{S}\right) \tag{3.2.3a}$$

[16] 要想对感应同步器、分析器和同步机的工作原理、应用和数据转换技术有更多的了解，请参见 Synchro and Resolver Conversion Handbook，G. S. Boyes（ed.），Analog Devices Inc.，Norwood，MA. Published by Memory Devices Ltd.，Central Ave.，East Molesey，Surrey KT8 OSN，England。

$$S_{24}=B\sin\omega t\cos\left(\frac{2\pi X}{S}\right) \tag{3.2.3b}$$

其中，B 为幅值，X 是线性位移，S 是印刷电路波形的间距。通过这两个输出，可以求出未知的 B 和 X。又因为已知输出波形的振幅 B，那么由定尺和滑尺之间间隙的轻微改变，或间隙中存在的外在材料，而引起的小振幅改变不会影响精度。运动的精度和分辨率取决于每英寸内的波形数量，以及用来告诉基于微处理器的机床控制器滑块位置的感应同步器数字转换器的分辨率。通常，波形之间的间隙 S 为 0.5mm，输出为 12 位，其分辨率为 0.12μm。由正余弦波形引起的谐波误差是很麻烦的，也许还需要去测量并减小它。标尺和滑块上的很多有交叠线圈的铁心的平均效应可以获得更高的精度和噪声抑制。感应同步器其实是一个粗/精位置传感系统，其中波形给出了粗位置信息，而正弦波形的插值提供了很精密的位置分辨率。

有许多其他标尺类型的设备可以测量线性运动，如线性光学编码器、磁尺等。线性感应同步器（和磁编码标尺）是最基本的线性标尺之一。当零部件受灰尘磨损后，它的性能会严重受到影响。注意：灰尘可以引起线性光学编码器系统错过一个计数点。

现在市场上有四种类型的线性感应同步器。前两种为标准节距或窄的 10in 节距。每个导体都与振荡器相连，因此即使对于较长的长度，信号也不会下降。这些部分也与它们所连接的表面相适应。磁带型感应同步器使用锚固在机床部件一端的磁带，而在另一端则通过一个张力调节装置张紧。当磁带在拉紧状态下时，标度印在磁带上。通过在安装时调节张力，磁带标度长度上的绝对精度就可以精密调节。一旦张力调节好，磁带就锁定在那个位置，除非机床需要重新校准。如果磁带粘在或贴附在平面上，那么它会沿着轮廓偏移，在测绘和校准时就需要用到激光干涉仪。可调感应同步器沿长度方向每隔 3in 就有一夹子和张力调节螺母。对于那些基于软件误差补偿技术的系统来说就不能使用，夹子和张力调节允许标度的长度直接沿整个长度调节。

旋转感应同步器的定子有两个沿盘的径向布置的分开矩形印刷轨迹波形。正弦轨迹由与余弦轨迹交替的区域组成。两条轨迹覆盖了整个定子的外部区域。同样的，转子对应线性感应同步器的标度，整个外部区域也被一近似矩形的波形所覆盖。因为转子的整个波形覆盖了定子的两条波形，采用平均效应可以很有效地减小随机噪声，但不能减小周期误差。后者也需要在传感器系统中测绘和补偿。为了减小偏心误差，转子通常直接对着旋转轴结构安装，而且使用它的轴承来支撑。

旋转感应同步器有许多电极，形成一个平均效应，可以把一个模拟信号分解为 16 位，因为潜在的分辨率为 0.1μrad（0.02 弧度秒），精度为 1.0μrad，重复性大约为 0.5μrad。只有最好的编码器才能匹配上它的性能。然而，光学编码器不能承受污染物，而感应同步器却可以。因此感应同步器常用在精密旋转平台上。

要十分注意：随着电极数目的增加，正余弦波形的间隙就变得很小，在它们之间就会产生耦合。因此，尽管很多电极的旋转感应同步器有很高的分辨率，但也许没有电极数目少的感应同步器的精度高。如果测绘和使用基于软件的误差补偿技术，这个效应就可以忽略掉，也就可以实现超高分辨率，对污物和灰尘不敏感。

典型的线性和旋转感应同步器的特性

以下关于线性和旋转感应同步器的描述只是一般的总结而已。注意：制造商们总是在不断地提高他们的技术，因此不要把这个一般的总结当成真理。

尺寸：线性感应同步器®：①标准型：1000mm 和 250mm 的分段有 60mm 宽、10mm 高，而滑尺有 75mm 宽、100mm 长、80mm 高；②窄型：250mm 的导体有 25mm 宽、10mm 高，其中滑尺为 30mm 宽、100mm 长、40mm 高；③磁带型：标尺为 0.3mm 厚、20mm 宽、30m 长。现在造船厂使用的是 300m 长的定尺。滑尺与窄型导体定尺相同。旋转型的直径有 300mm、

150mm、和 75mm 的类型。独立单元为 50~75mm 厚，模块单元的盘只有几毫米厚。

价格：①标准和②窄型 250mm 的导体价格为：定尺 $140，滑尺 $300。③磁带标尺价格约为 $0.23/mm，而滑尺为 $175。也有把定尺和滑尺做到一起的组件单元大约价值为 $1400+$0.33/mm。把正弦旋转波形转换传送给 CNC 控制器或个人计算机的数字计数的测量系统大约价值 $1000。

测量范围：对于线性持续旋转的传感器，最大为 30m。

精度（线性度）：对于线性系统，最好为 1μm；对于旋转系统，如果使用补偿方法来阻止正余弦波的耦合，精度取决于电极的数目。一般地，一个 305mm（12in）直径的单元有 5~10μrad 的精度。

重复性：一般为精度的 10 倍。

分辨率：取决于感应同步器数字转换器，但对于线性感应同步器，最高为 0.025μm（1μin）。对于旋转型，最高为 0.05 弧秒。更常见的分辨率分别为 0.5μm（20μin）和 0.5 弧秒。

环境因素对精度的影响：0.1%满量程/℃，有温度补偿时为 0.02%满量程/℃。

寿命：非接触装置，因此只要传感器不被灰尘磨损，寿命实际上是无限的。

频率响应：受离散化和电子设备计数速度的限制，线性行进的最大速度约为 1.5m/s。电子设备一般可以在 10μs 内处理 16 位的信息，对应着在最大速度时，间隔段为 15μm（0.0006in）的运动。

起动力：感应同步器是非接触的，因此它们在部件间不产生可测量的相对电磁力。

允许的运行环境：感应同步器设计是使用在真空和高压油的环境中，从 10°K 到 180℃。只要介质中不包含会磨损保护隔绝层和使装置短路的可导物质，它们就可以有效地工作。一些高传导介质会使输出信号变低，这就影响到了装置的分辨率。环境中不应该包含大的可导金属颗粒。注意：测量电子设备必须要保存在受保护的环境中。

耐冲击性：定尺和滑尺实际上是安装在金属块上的印刷电路，因此，只要机床的振动不引起它们的接触，它们就对振动不敏感。要注意：导线要进行合适的应力释放，以保护他们的连接没有疲劳。

偏移误差：因为传感器不接触物体，由装配误差导致传感器所测得的实际距离的余弦误差是最大的。如果滑尺和定尺之间的间隙增加大于 0.1mm，那么信号就会降低，从而降低分辨率。对于旋转系统，周期角误差 $\Delta\theta$ 是径向运动 ε_r 和感应式传感器直径 D 的函数：$\Delta\theta = 0.1\varepsilon_r/D$。

所需电子设备：感应同步器是模拟装置，要求有精密的电源、振荡器、解调器和模数转换器。一般地，后两者组合在一起为感应同步器数字转换器，每个周期有 16 位的分辨率。给 CNC 控制器提供数字位置数据的测量电子设备的成本约为每轴 $1000。因为它们是模拟装置，分辨率基本上取决于电子设备，16 位感应同步器自身的成本大约为 $400。

3.2.7　线性和回转可变差动变压器

线性可变差动变压器（LVDT）和旋转可变差动变压器（RVDT）主要采用电磁感应来分别测量小于 10~20cm 的线位移和小于一圈的旋转运动。如图 3.2.20 所示，一个 LVDT 由三个部分组成：①衔铁或铁心，由铁合金制成；②线圈骨架，一般由非磁性合金制成，并把铁心锚定在物体上；③变压器，由一个初级交流激励铁心和两个密闭在一个保护隔绝磁场的次级铁心构成。铁心在空心线圈中移动，使它们不发生物理接触。当初级线圈被交流电激发时，衔铁在次级线圈感应出电压。衔铁的位置影响两个次级线圈的输出电压，一个被加，而另一个被减，以感应衔铁的运动方向。

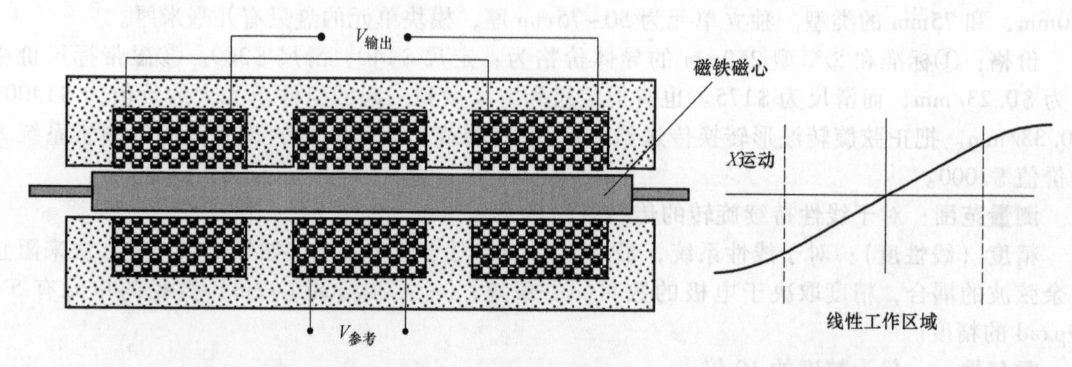

图 3.2.20 线性可变差动变压器的主要结构（Lucas Schaevitz 许可）

为了测量两个物体的相对位置，可以利用 LVDT，把铁心连接在一个物体上，把变压器连接在另一个物体上，或者也可以购买把两者组合在一起的套件，在其里面装有与弹簧相连的测头。LVDT 具有以下的工作特性：

1）线圈和衔铁之间没有机械接触。因此没有摩擦、机械滞后现象或者磨损。因此，寿命是无限的，而且可靠性极高。

2）LVDT 需要一个稳定的交流激励源和一个把次级线圈的交流输出转换为直流电压的信号调节器。它们的对称结构会产生一个极稳定的电气零位（在基位置的输出电压为零），这就使它们可以用在有很高增益的闭环控制系统中。

3）当铁心被合适地支撑好后，就不存在粘贴和滑行，因此 LVDT 实际上有无限的分辨率，可以用来测量亚微米级的位移。精度和分辨率只受信号调节电子设备和模拟信号转换器的限制。

4）它们的高输出简化了测量电路。

5）它们可以超出行程而不会引起任何的伤害，而且它们相对来说对铁心的侧向运动不敏感。

6）它们都具有很好的耐冲击性，实际上不需要维护。它们可以在很低的温度直至原子反射中很高的辐射等级水平中工作。它们也可以在有很高压力的液压缸里工作。

7）LVDT 经常用来测量两物体间的相对运动，而物体的表面相对位移很小。它们不适于用来测量高速轴的径向误差。

常用的 LVDT 需要一个稳定的交流激励电源和一个测量电路来放大输出并转换为直流信号。以前的测量技术要求一个相对较大的印刷电路板，大约为 3in×5in。然而，现在可以买到单片集成电路。如果希望 LVDT 系统的输出为数字输出，那么最好使用轨迹 LVDT 数字转化器，这是一个单片集成电路装置，持续跟踪 LVDT 的输出。该装置的输入输出包括直流±15V、直流 5V、LVDT 的激励信号、LVDT 的输出信号。该装置的核心是一个计数器和比较器，用其来持续更新（大约为微秒）代表位置的数字。该单片机装置的价格大约为 \$110，以前的混合版本的装置大约为 \$300。

直流的 LVDT 使用的是一特殊的混合电路，用于把直流供给电压转变为一交流信号来驱动 LVDT 和放大并解调（从交流到直流的转变）LVDT 的输出。这些就比使用传统的 LVDT 方便得多，因为装置组合成了一个只需一种仪表电压变能驱动的较小部件。它们比带着测量装置的交流 LVDT 便宜得多，然而，它们不那么稳定和精确，并且在应用中更受环境因素的限制。即便这样，直流 LVDT 仍有实用价值，因为它们能极大地简化测量系统的设计。

RVDT 看起来很像电动机。它产生的输出电压的波形随着它的轴位角成线性变化。RVDT 用一特殊形状的磁铁回转轮来替代 LVDT 的铁心。回转轮的角运动可与 LVDT 铁心的位移相类

似。回转轮和固定线圈间是靠电磁连接的。

LVDT 和 RVDT 的典型特征

以下对 LVTD 的概述仅是一般总结而已。注意：制造商们总是不断地更新他们的技术，因此这种一般性的概述绝不能当作真理。

尺寸：线性型：直径 5mm、长 11mm 可有 0.13mm 的变动范围，直径 21mm、长 1.6m 可有 0.6m 的变动范围。旋转型：直径 25mm、长 25mm 带有直径为 5mm、长 10mm 的轴。

价格：上面三种类型的 LVDT（一片的价格）分别为 $150、 $1100 和 $230。一个提供直流输出电压的“信号调节器”的价格为 $450。具有 0.13mm 测量范围的系统的直流 LVTD 价格为 $250。单片 LVDT 数字转变器价格大约为每片 $110。

测量范围：LVDT 为 0.1mm~1m（0.004in~40ft）。RVDT 为±60°。

精度（线性度）：0.01%~0.05%，取决于运动范围。通常旋转传感器没有线性传感器精度高。

重复性：装置本身是非接触的，重复度依赖于信号调节装置和电噪声。通常，重复度是精度的 10 倍。

分辨率：理论上应是无限的，实际上线性型的分辨率小到 0.1μm，而旋转型的分辨率达到微弧度。分辨率的主要限制因素取决于模拟数字转换器 ADC 装置的分辨率或用于把输出转变成可读值的表头。

环境因素对精度的影响：大约为满量程的 0.1%/℃。

寿命：线性型是非接触的，因此寿命是无限的。旋转型的寿命由轴承上的负载和循环圈数决定。一般 RVDT 的寿命可为 $10\sim100\times10^6$ 圈。

频率响应（−3dB）：400~10000Hz。

起动力和转矩：大多数线性型是非接触的，因此起动力等于 0。旋转型的起动转矩大约为 0.14N · mm（0.02oz · in）。

允许的运行环境：非接触的 LVDT 实际上可在任何地方运行，只要黏性物不聚集，否则会引起铁心和线圈间的接触和磨损。运行温度对常规型号可以从 218℃K 到 150℃，特殊型号为 3℃K 到 175℃。

耐冲击性：对于 11ms 的为 1000g，高达 2kHz 的连续频率下为 20g。

偏移误差：铁心和线圈的横向偏移不会影响测量，只要这两者不发生物理性接触。角偏移导致一余弦误差。RVDT 需要使用柔性连接。

所需电子设备：需要一测量系统来提供激发频率为 1kHz 的交流信号和把输出转变成直流电平。测量系统通常使用 115V 交流电源。另一种选择是用 1kHz 振荡器、±15V 和 5V 直流电源和一 LVDT 数字转换器来替换。直流 LVDT 仅需要直流电压±15V，电流 0.02A。

3.2.8　磁尺

磁尺使用一滑动感应磁头检测来自于磁刻度记录尺的正弦波和余弦波。磁尺一般是一条具有上千上万 N/S 极对的线材。如图 3.2.21 所示，这种类型的传感器通常为线性测量，如索尼 Magnescale 公司生产的以 Magnescale™ 命名出售的传感器。Magnescale 超过光学尺的一个主要优势是，它对脏物和流动污物不敏感。只有当脏物聚集到一点，并在这一点处装置的两侧或部分发生磨损，此时装置将衰退。然而对于所有传感器，最好都尽可能地保护它们。对于短行程系统，磁尺经常安装在可移动的元件上，用于读数的磁头安装在固定元件上，以简化处理电缆的要求。

Magnescales™ 是位置增量测量装置。读数头相对磁尺的运行产生了两个矩形波，此波是装置译码产生的以数字码呈现的相对起始点的位置变化。磁刻度被记在一细线上，细线穿过

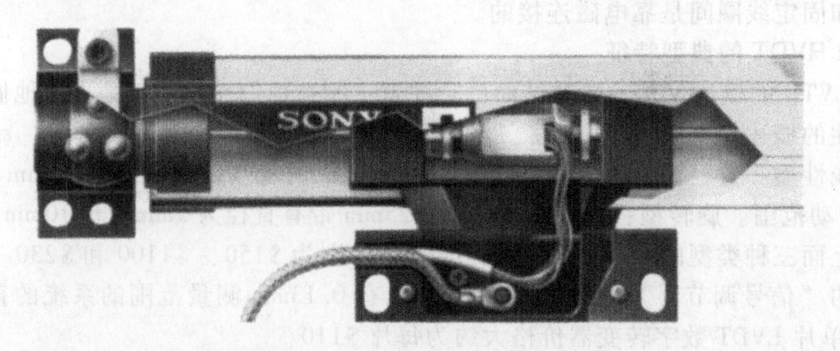

图 3.2.21 磁编码线性刻度盘和滑动读数磁头（索尼 Magnescale 公司许可）

传感器的磁头，因此磁尺与被测运动轴的较小偏移（0.1mm）都会被测量出来，并且仅仅导致测量误差而不增加传感器的磨损或信号的丢失。当使用数字控制时，整个机器的性能，包括轴的结构和传感器误差都可用激光干涉仪测量出来。总之，磁尺对机械系统可允许一定的故障。

磁尺的典型特征

以下对线性磁尺的概述仅是一般总结而已。注意：制造商们总是不断地改进他们的技术，因此这种一般性的概述绝不能当做真理。

尺寸：磁头和磁尺套件外壳有三种基本尺寸（对 Magnescales™）：①宽 40mm，高 20mm，140mm 加上行程长度达 1.3mm，读数磁头长为 40mm；②宽 55mm，高 25mm，150mm 加上行程长度达 2.1mm），读数磁头长 60mm；③宽 75mm，高 55mm，350mm 加上行程长度达 3mm 长，读数磁头长 60mm，也有长达 30mm 的带状磁头。

价格：磁尺和磁头：① \$240+ \$0.95/mm（最少 \$460）；② \$230+ \$0.95/mm；③咨询卖主，与机床控制器或个人计算机连接的接口价格为 \$325~\$1200，这取决于需要的性能特征。

测量范围：30m。

精度（线性度）：2.5μm+2.5μm /m 刻度长。

重复性：包含在了精度说明书中，因此不用单独指出。

分辨率：分辨率是磁编码刻度间距和相位解析电子装置性能的函数，分辨率大约为 0.5μm，与刻度无关。

环境因素对精度影响：除非有磨损，否则温度通过磁尺膨胀对精度的影响大约为 11μm /m/℃。传感器被屏蔽，因此，外部磁场对这种在正常条件下工作的传感器无影响，这种运行条件在大多数机床中都能满足。

寿命：封口可能被磨坏，如果不更换则磁尺将被脏物磨损甚至毁坏。在一个精确的设计和密封的系统中，寿命可达无限次。在一个不合理设计的系统里，如果允许切屑流四溢且充满了灰尘，那么寿命就会被减至仅几年。

频率响应：受装置计数率的限制，最大的线性运动频率大约为 1.5m/s（60in/s），取样周期是 20μs，这与在最大线性运动速率时的 20mm 位移相一致。

起动力和转矩：克服密封摩擦需大约 0.5N 的力。对于清洁区中的精密应用，可移去密封口使克服摩擦力的值减为 0。

允许的运行环境：安装在车床上的磁尺在设计时没有特殊封口或保护要求。然而，没有必要给机床的这种重要部件增加冒险机会。与所有的传感器一样，需要像对轴承那样保护它们。运行温度可从 0~50℃ 的范围变化（受电子装置限制）。

耐冲击性：大约为 30g。

偏移误差： 整个允许的偏移量为 0.1mm。对于很长的跨距，系统必然下垂，因此需要校准。当标尺损坏时，偏移产生余弦误差，但是不丧失标尺的性能。

所需电子设备： 115V 交流电压和工厂提供的测量装置用于提供数字输出。

3.2.9　磁致伸缩传感器

磁致伸缩传感器涉及尺寸变化和磁化强度变化。其中尺寸变化发生在强磁场中的磁铁物质中，磁化强度变化发生在暴露于机械应力的磁铁材料中[17]。这是在设计一些有趣的传感器中可以借用的一种物理效应。在机械设计中，最有用的是非接触式扭力传感器和线性位置传感器。

1. 非接触式扭力传感器

为了直接测量传输功率或阻止轴过载，检测旋转轴的扭力是必要的。传统检测扭力的方式是使用应变表，把表固定在轴上，并提供整流手段来供应电压以及转化表的输出。这是一种昂贵、产生电噪声且很不可靠的方式。

维拉里（Villari）效应是发生在机械应变方向的磁化强度的变化。当轴受扭力时，产生了剪应变，其方向与旋转轴成 45°角。通过在轴的圆周周围放置一些维拉里（Villari）差动转矩变压器，便可精确地测出扭转力，如图 3.2.22 所示。将所有传感器的输出相加有利于消除小的轴离心率的影响，并且改变轴的磁特性。注意传感器的这种配置必须在初始时校准，因为磁铁材料不会在相似条件下表现的方式也相同。传感器离轴越近，输出信号越高，通常在毫伏的等级上。因此这种类型的传感器是精确的，当精确校准时精度大约可达到 1/1024（10 位）。

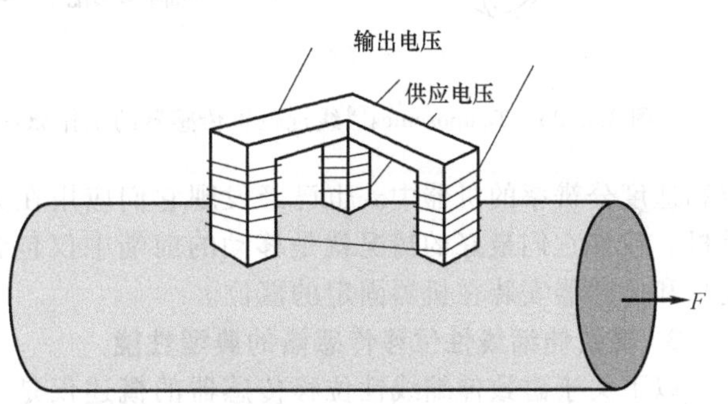

图 3.2.22　测量旋转轴的维拉里（Villari）非接触型转矩传感器（Burke 许可）

2. 线性位置传感器

当磁性材料浸在磁场时，会产生吉耶曼（Guillemen）效应，引起尺寸变化，对于一细长棒，棒的直径会发生局部变化。这种局部的变化可作为纵向应力波的反射点。通过在棒的一端放置一超声波传感器，应力波便可沿棒传播出去。波传播到直径变化点并返回所需的时间可以测量出来。可利用逝去的时间来确定磁场和超声波传感器之间的距离。

维德曼（Wiedemann）效应是位于纵向磁场中的导线，当有电流流过时，便发生扭转的现象。纵磁场中和圆周磁场中的导线相互作用，形成了一螺旋形的合力，使导线发生扭转。磁性材料沿平行于引起导线扭应变的力的螺旋线方向膨胀。在 Temposonics™ 传感器中，由两磁场瞬时的相互作用，在特别设计的磁致伸缩的电子管中感应出了扭转应变脉冲。这些磁场中有一磁场自永久磁体中发射，沿着电子管的外部通过。另一个磁场由电流脉冲产生，以超声波的速度通过被用作波导管的电子管，并且被安在装置末端的线圈检测出来[18]。这种磁场和典型传感器结构的相互作用，如图 3.2.23 所示，可获得刚性和柔韧的电子管。

这些类型的传感器在液压缸内部的应用是理想的，特别是那些带有很长冲程和需要极稳

---

[17] 参阅：H. E. Burke，Handbook of Magnetic Phenomena，Van Nostrand Reinhold，New York，1986. 在这本书里讨论了许多关于磁致伸缩传感器的变化形式。

[18] 例如，这种类型的传感器由 MTS 系统公司（公司地址邮箱：Box 13218，Research Triangle park，NC 27709）以 Temposonics™ 的名字出售。Lucas Schaevitz 公司（公司地址：7905 North Route 130，Pennsauken，NJ 08110）同样也生产了一种该类型的传感器，名为 MagnaRule™。

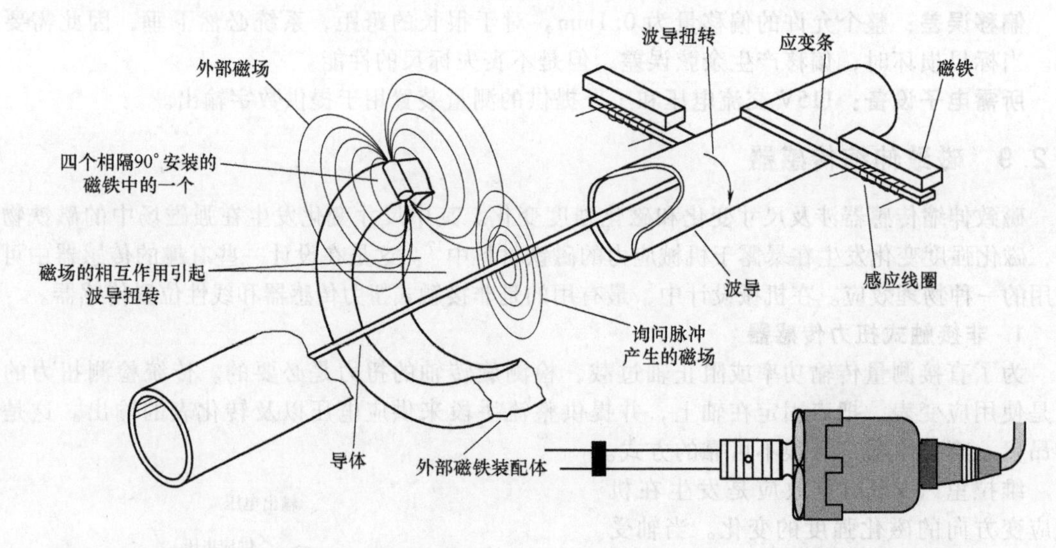

图 3.2.23 Temposonics^{TM}线性位置传感器的工作原理和典型的外壳构造（MTS 系统公司许可）

定和适度分辨率的机器中。也已经发现它们应用在大型的笛卡儿系统中，像机器人和高空起重机。或许它们最好的情况就是移动的前端中仅包含了一块永久磁铁，因此不需要导线。标度尺和传感器安装在机器固定的部位。

3. 磁致伸缩线性位移传感器的典型性能

以下关于磁致伸缩线性位移传感器的概述仅是一般总结而已。注意：制造商们总是不断地更新他们的技术，因此这种一般性的概述绝不能当作真理。

尺寸：磁致伸缩棒壳的直径：10mm，磁铁的直径：OD（外径）= 35mm，ID（内径）= 14mm，线圈套：直径 40mm，长 100mm。

价格：包括电子装置约为 $700。

测量范围：最大 3m（9ft）。

精度（线性度）：满量程的±0.05%。

重复性：通常，重复度是精度的 2~5 倍。

分辨率：实际分辨率大约为 12 位，当满量程时可达到 16 位。

环境因素对精度的影响：通过标尺的膨胀而产生的温度对精度的影响大约为 11μm/m/℃。此外，温度可以影响超声脉冲的速度，但是对于小的温度幅度这一般不是问题。

寿命：由于是非接触的，因此寿命是无限的，除非物理性破坏。

频率响应（-3dB）：通常，对长度 0.6~2.5m 而言为 200~50Hz。

起动力和转矩：非接触且电磁场均衡，因此运行与力和转矩无关。

允许的运行环境：它们被设计好置于机床中，没有特殊的密封或保护要求。运行温度从 2~66℃，温度通过棒的线性膨胀来影响性能。它们可在高压液压气缸内操作。

耐冲击性：无规定。

偏移误差：作为低噪声的量度，在磁铁垂直于轴线的每 0.5mm（0.020in）的位移中将在轴向测量中产生 25μm（0.001in）的变化。

所需电子设备：115V 交流电压和工厂供应的测量系统，数据转换或模拟输出信号装置。

3.2.10 机械开关

机械开关可追溯到电刚被发明的时代，并且几乎适用于无限的尺寸和形状中。适用范围

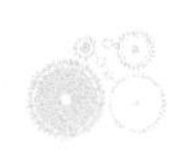

从用在办公室环境的小的非密封开关，到用在锯木厂和煤矿的粗糙的大尺寸密封开关。它们普遍用于检测开路和机床运动轴的过行程限制开关。机械开关一般没有非接触的传感器（如感应接近开关传感器）精确，然而，它们很容易安装并且和物体的间隔距离不是很重要。重复度被限制在 10μm（0.0004in），并且可几乎承受任何运行条件。然而，一般情况下，它们不适于高循环次数或高速度的应用中。便宜的型号价格可少于 $1，而稳定环境中带有密封的型号可达约 $100。

3.2.11　压电材料传感器

能表现压电效应的物质有一晶体结构，当沿着定轴方向施加作用力时，就会开始振荡。这种物质释放高能电子，包括电流。测量感应压电电流需用到物理过程中的量化，在此过程中压电材料的应力状态被感应出来。最普通的压电传感器是加速度计、精密测压元件、塑料薄膜压力传感器和超声波传感器。

1. 加速度计

加速度有利于用来控制速度，感应振动或确定物体的位置。机械系统中速度的控制需要加速度反馈，其方式与速度反馈在位置控制系统中的作用是相同的。测量振动可使旋转机构得到动态平衡和调整。在一些应用中，测量加速度也可以用于检测刀具磨损[19]。当其作为惯性控制系统中的一部分使用时，位置是通过对信号的二次积分得到的，其中偏差是通过真实位置的循环更新而得到补偿。

对于惯性运用，平衡系统在构成上与图 3.2.10 所示的摆动传感器非常相似。此系统常用来代替压电元件。摆动类型加速度计的频率响应限于 200Hz，比压电传感器低很多，但是它们的分辨率可为 1μg，经常比这还高。压电加速度计是单片装置，包括一些质量块，这些质量块附着在压电材料上，并预先用一些弹簧载重。因为它们没有需要用轴承支撑的运动部件，因此它们的频率响应可高达 100kHz，且能制成像蝶形螺钉那样小。单片集成电路加速度计也已制成。当固定在压电元件末端的质量被加速时，它将在压电元件上感应出一个力。合成电流可用一标准参考加速计或一精密的激光干涉仪为主的加速度计校准仪来校准，使其达到一加速度水平。压电加速度计是用于分析振动的加速度计中最普通的形式，它们的价格可以从 $150～$1000，这取决于要求的性能级别。

关于加速度计的使用有一个非常值得一提的事例，这是一个不正确的安装例子。在这个例子中，一学生正试图用加速度计测量机器中的振动程度，他用硅胶把加速度计粘到了机器上，他所得到的是一质量块（加速度计）通过软弹簧连在了振动平台上，结果，他的系统获得了一固有频率，此频率比他正试图测的要低很多，并且系统表现的像一低通滤波器。这个故事的寓意是：“需要考虑好整个系统！”

2. 加速度计的典型特征

以下关于加速度计特征的概述仅是一般总结而已。注意：制造商们总是不断的提高他们的技术，因此这种一般性的描述绝不可当真理。

尺寸： 从拇指大小到拳头那么大的尺寸范围。

价格： $100～$5000。典型仪表级质量的加速度计价值 $1000。

测量范围： 从 1/10g～1/1000g。

精度（线性度）： 通常为满刻度的 1%～0.05%。

重复性： 通常是精度的 2～5 倍。

---

[19] 参阅 K. Yee and D. Blomquist, “An on-Line Method of Determining Tool Wear by Time-Domain Analysis,” SME Tech. Paper MR 82-901, 1982.

分辨率：大约为满刻度的0.001%。

环境因素对重复性的影响：大约为0.02%/℃。

寿命：加速度计必须进行周期校准，但物理寿命可达无限。

频率响应（-3dB）：对摆动和压电类型的频率为200Hz~100kHz。

起动力：加速度计的质量对物体的影响需要在一些事例中专门考虑。

允许的运行环境：密封几乎可满足任何要求，从200℃K~90℃。压电加速计对高温敏感，高温可使压电材料韧化。

耐冲击性：加速计用来测量冲击力和振动。

偏移误差：偏移导致余弦误差，注意它们对横轴运动产生的误差很敏感，数量级大约为0.002g/g。

所需电子设备：摆动型的需要15V直流电压源，压电型需要放大输出信号，其在毫伏或微伏的范围。

3. 精密测压元件

精密测压元件利用晶体压电材料薄膜来测量毫微形变，比使用金属应变仪表灵敏100~1000倍。然而可测量的测压范围受限制，因为最大形变等级仅有几个微米的形变，这种类型的测压元件通常是专门设计的。

4. 触觉传感器

压电塑料薄膜[20]可制成很大的细网，串联起来可大致数平方米，价格$300/m^2。要求电镀的区域有一层金属薄膜，产生了非连续的压电定位，与压电陶瓷材料相比，它们产生的电压为在给定应力状态下压电陶瓷电压的10~20倍，然而它们仅能承受大约10^6 N/m^2（150psi）的压力。典型的压电膜的压电常数是216×10^{-3}（V/m）/（N/m^2）。这就意味着如果给0.25mm（0.010in）厚的膜施加100000N/m^{2}的压力，则将会产生5V的电压，持续电流几乎为零，因此必须使用非常高阻抗的电压测量装置。

由于塑料膜是柔性的，不像脆的压电陶瓷材料，因此，它在消费类产品和机器人学中的应用越来越多。它可用来制作轻小型的麦克风和触感缓冲键盘。对于机械手，可像印刷电路那样，在板材上面沉积感应区域。这使板材表面具有了“神经末端”，使夹具能确定当机械手捡起物体时其表面的压力分布。关于机器控制，如何利用该信息来更好地抓住物体的问题，仍然是一个非常复杂的难题。

5. 超声波压电传感器

超声波压电传感器利用应力波产生/接受元件在物体中产生压力波，并记录返回的回声脉冲。测量回音返回的时间可得到回声所走的距离或物体内部的特征。有三种类型的超声波压电传感器：压力型、磁抗型和静电型，将在3.2.14节讨论。

3.2.12 电位计

任何装置在物理过程中的变化而引起装置有效电阻的变化都可被划分为电位计。此术语已扩展到了位置测量的应用中，电位计在内涵上已经与通过可变电阻器的方式测量线性或旋转位置的传感器相当了，电位计的基本结构包括线圈或高阻抗膜和一游标，游标在线圈或薄膜上的位置是由被测量过程的运动来确定的。在线圈或薄膜的整个长度施加直流电压，游标作为中间电压的截止点，因此此装置与连续可变电阻器的工作相似。测量出电位计一端和游标之间的电压就可以反映出游标在导线线圈或薄膜上的位置。典型的线性电位计的结构组

[20] 关于压电塑料薄膜材料的特性和应用的更详细的讨论参阅：Pizeoelectric Plastics Promise New Sensors, Mach. Des., Oct. 23, 1986, pp. 105-110.

成如图 3.2.24 所示。旋转电位计是用类似的技术制成的。测量大于 360°的旋转角度时，旋转电位计通常使用一种丝杠轴来产生螺母的运动，螺母与线性电位计的游标相连。现在的旋转电位计有 10 匝的容量。所有类型的电位计实际上适用于任何类型的安装支架。

通常，电位计是现有的线性或旋转运动传感器中最便宜的一种，它们有很高的输出电压而且不需要放大。主要缺点是它们的测量功能依赖于机械接触，这使游标和薄膜的接触面易于沾染脏物和油污，这样就会改变电阻并产生误差，许多密封的形式可用于使污物落上的概率降至最低，但游标和薄膜仍会产生摩擦和磨损，考虑到薄膜的磨损，游标经常连接在一小区域内，此区域仅占整个部分的一小部分。此游标沿着薄膜显示位置，游标对薄膜的任何磨损对输出的影响极小。

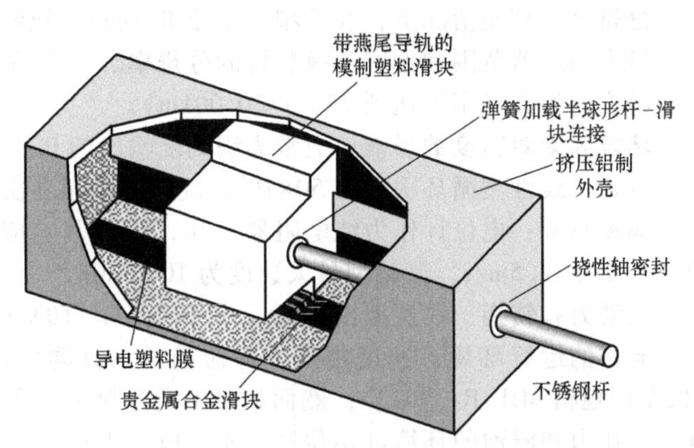

图 3.2.24 精密线性电位计的组成（Vernitron 公司许可）

现代导电塑料薄膜正迅速地取代老式的线圈设计。使用薄膜允许把非线性考虑到输出中。因为薄膜是连续的而且电位器是模拟装置，它们有微米以下的分辨率。尽管它们还受电噪声和制造不一致的影响，但功能上，它们的分辨率取决于直流电源和用于使输出的信号数字化的数字模拟转换器。通常可得到大约为 1/4000 精度的可靠读数。若细致地调整，1/10000 的水平也是可以实现的。此外还可以测量并补偿系统的非线性误差。

电位计的感应范围和尺寸没什么关联。事实上现代流行类型的电位计从外表上看像一个小尺寸的盒子，从盒子中伸出一根导线[21]。导线与旋转电位计和有恒定扭矩的弹簧相连，把这根导线绕过滑轮则就有可能把传感器机体放在远离要监控机构的位置上。在许多狭窄环境的应用中，这是十分有用的，尽管导线的伸延会产生误差，且应当在选择传感器类型时予以考虑。可以订购在水下使用、行程达到 19m（750in）的密封电位计，其价格大约为每米行程 $400~ $50。也可以订购整数转速表，以便传感器输出位置和速度信号。

电位计的典型特性

以下关于电位计的典型特性的概述仅是一般总结而已。一些制造商专门从事大量批发制作定制的装置，因此单片的价格会很贵；一些制造商仅按标准制造，因此价格很低，但是类型在任何方式中都不能改动（如改变轴上的螺纹尺寸等）。这种一般性的概述绝不能当做真理。

尺寸： 线性型：小的直径 12mm，长度为行程+38mm，行程最大 100mm；大的直径 64mm，长度为行程+150mm，行程最大 1.5m。旋转型：小型单旋：直径 12mm，长 25mm；大型可达到直径 25mm，长 64mm。

价格： 直线度为 0.1%的小型价格为 $490。直线度为 0.5%的大行程类型价格为 $1000 加上 $0.78/mm($20/in)。小的螺旋型为 $150，多旋转型为 $340，注意：总是能找到 $10 的便宜电位计，但必须认真估测它的行程和性能。

测量范围： 线性柱塞型可达 1m，串型（string-type）可达 19m，旋转型可达 10r。

精度（线性度）： 取决于运动范围，最好的为满量程输出的 0.01%~0.05%，经常使用的

[21] 美国 Celecsotransducer Prodcuts 公司产品，地址：加利福尼亚（CA）Canoga Park。

为 0.5%~0.25%的直线度。因为有了线性化软件技术，所以再花很多钱买高线性传感器就没有意义了。旋转电位计通常和线性运动电位计的精度一样高。

重复性：通常为精度的 10 倍。

分辨率：理想情况下，线性型可小至 0.1μin，旋转型可达到 5 弧秒，实际分辨率取决于电压最大刻度值范围和数字转换装置的分辨率。通常情况下，100mm 行程的电位计和 12 位的模数转换器的分辨率可达到 25μm（0.001in）。

环境因素对精度的影响：通常为满刻度输出的 0.05%/℃。

寿命：线性型循环次数为 50×10^6，旋转型的循环次数可达 200×10^6，但其性能退化 50%。

频率响应：电位计作为纯电阻器工作，因此其响应受机械组成影响的限制，线性型最大速度为 1.0~2.5m/s，旋转型最大速度为 100r/min。

起动力和转矩：线性型：1~4N，旋转型：1~10N·mm。

允许的运行环境：速度越低，寿命越长。订购的电位计的密封可承受非常恶劣的条件（如军用规格 MIL-R-39023），然而如果不受到保护，会很快产生磨损，它可承受细菌、潮湿、真空、压力和浸泡的环境（不侵蚀，不导电，不损害）。运行温度为-200~125℃。

耐冲击性：大约为 50g，这取决于传感器。

偏移误差：连接或安装耳轴，如果经过了规划设计，则可承受很大的偏移量。偏移导致余弦误差。

所需电子设备：分辨率、精度和重复度都直接依赖于电源和模拟数字转换器。

3.2.13 同步器和解析器

同步器和解析器自 20 世纪 30 年代就已经作为机电伺服系统和轴相角定位系统的元件。它们实质上是旋转变压器，模拟 RVDT，但是有无限多转的容量。它们的主要性质是精度高，价格低，并且对污染物不敏感。其主要的局限性为，它们是数字控制系统中的模拟装置。然而，特殊化的同步分析器到数字集成电路已经很好地解决了此问题[22]。注意解析器只是同步器的一种特殊形式。同步器基本上是一种可变电压器，其中初级线圈和次级线圈之间的耦合度决定了输出电压的幅度，随线圈的相对角位置改变而改变。同步器有两种运行方式：①作为电信号的发生器来响应轴的旋转；②作为轴旋转的电动机响应输入的电信号。

这些特征定义的两种交叠组合分别为控制同步机和转矩同步机。控制同步机包括发送器、差动装置、控制变压器、分析发送器、分析差动、分析控制变压器和两个混合装置，即控制同步器和差动解析器。转矩同步器包括发送器、差动装置和接收器。设计控制同步机是为了配合模拟或数字伺服控制轴使用，然而转矩同步器一般用于传输用于打开拨号计的旋转位置信号[23]。

1. 发送器和接收器

发送器和接收器是由一个单相“狗骨状”转子组成的，转子由两滑动环激发且与一个三相定子耦合，其原理如图 3.2.25 所示。为了传输角位置信息，转子线圈被一交流电压（60Hz 或 400Hz）激励，在定子线圈中感应出一电压，此电压与转子线圈轴线和定子绕圈轴线的夹角余弦成正比。精度、重复度和直线度都取决于线圈的质量。每个定子线圈之间间隔 120°角，其产生的电压为

$$V_{\text{stator1-3}} = kV_{\text{rotor2-1}}\sin\theta \tag{3.2.4a}$$

---

[22] 例如，参见：Synchro and Resolver Conversion Handbook，G. S. Boyes（ed.），Analog Devices Inc.，Norwood MA，Published by Memory Devices Ltd.，Central Ave.，East Molesey，Surrey KT8 OSN，England.

[23] 例如，参见：Analog Components Catalog，Clifton Precision，Litton Systems Inc.，Clifton，PA，(215) 622-1000.

$$V_{stator3-2}=kV_{rotor2-1}\sin(\theta+\pi/3) \quad (3.2.4b)$$

$$V_{stator2-1}=kV_{rotor2-1}\sin(\theta+2\pi/3) \quad (3.2.4c)$$

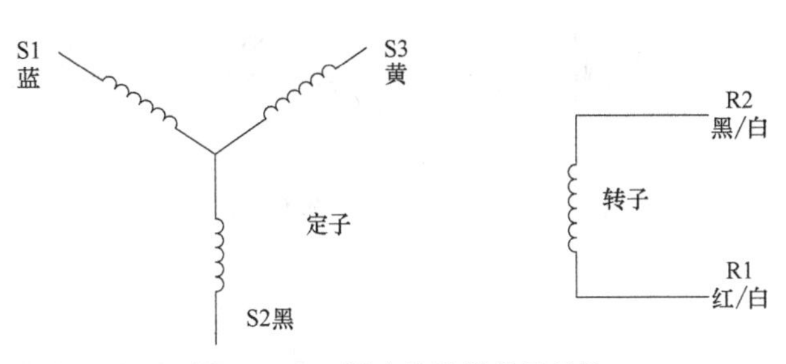

图 3.2.25 同步发送器线圈结构

k 是同步器的耦合变化比特性，也被定义为 $k=V_{max\ out}/V_{in}$，θ 是转子的位置角，电压的脚注表明了各自的端点。为了利用发送器发出的信息，需要一装置能对包含在这些方程中的信息进行译码。在快速、节约、集成电路技术的发展前，模拟装置-接收器用于接收从发送器发出的信息。随着当今的技术进步，使用一同步数字转换器（SDC）便可把模拟信号转变成数字格式。

转矩发送器和接收器的结构一样。它们用于组成一纯模拟电系统，来传输从一点到另一点的非机械连接的角信息。一转矩发送器与一转矩接收器用导线连接，如图 3.2.26 所示。转矩差动发送器经常在后两者间连接，如图 3.2.27 所示，这样当在发送器和差动装置拨到 θ_{CG} 和 θ_{CD} 时，接收器的轴假设一位置 θ_{CR}，则 $\theta_{CR}=\theta_{CG}\pm\theta_{CD}$，不管是加还是减，这取决于导线的确切组成。用另一个发送器代替接收器也是可能的，这样转矩差动接收器就像一接收器工作，且它的轴位置变为 $\theta_{CD}=\theta_{CD1}\pm\theta_{CD2}$。在一典型的应用中，转矩发送器轴由一高螺旋丝杠驱动，丝杠的螺母是一放在油中或气箱中的平头螺母。转矩发送器在控制面板上给一转矩接收器发送一信号，将使刻度盘旋转。转矩接收器具有很高的内部阻尼，用来阻止输出轴产生振荡。

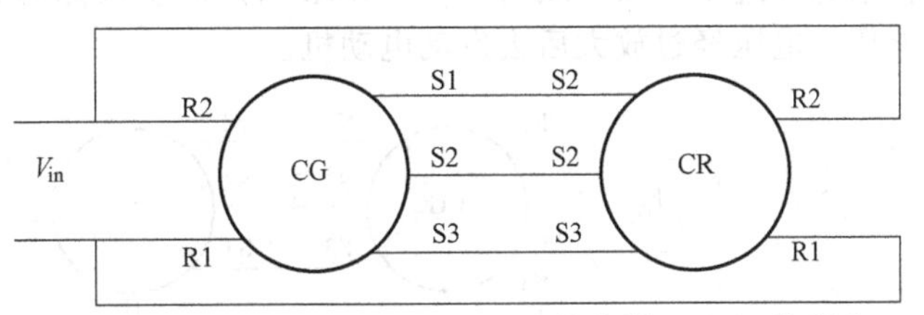

图 3.2.26 同步发送器（CG）和接收器（CR）的耦合

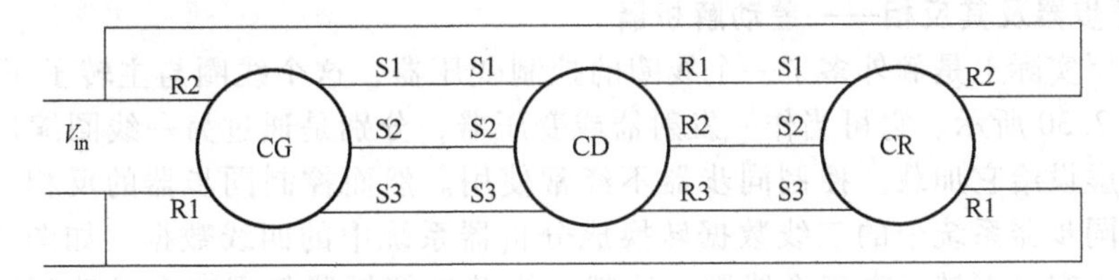

图 3.2.27 同步发送器（CG）和一差动装置（CD）与接收器（CG）的耦合

控制发送器也是机械驱动且大多数常用在与控制变压器和控制差动发送器的连接中，在发送信号之前，将加或减的电信号放大，用来控制转子的位置。由于它们的信号将要放大，因此控制发送器线圈不必和转矩发送器一样大，一样有力。

对于发送器和接收器，标准的模拟定位精度大约为±10 弧分。最大的转矩等级仅约是接收器位移的 3g · mm/(°)，阻抗转矩越大，角误差也越大。有足够的转矩来转动刻度盘，因此如果要产生大的转矩级（如使雷达天线转动）需要扩大和使用更强的发动机，发动机通过一个控制变压器与发送器耦合。

2. 差动装置

差动装置如图 3.2.38 所示，其与上述的发送器和接收器相连。含三相定子和转子，并利用滑动环给转子线圈传输电流。

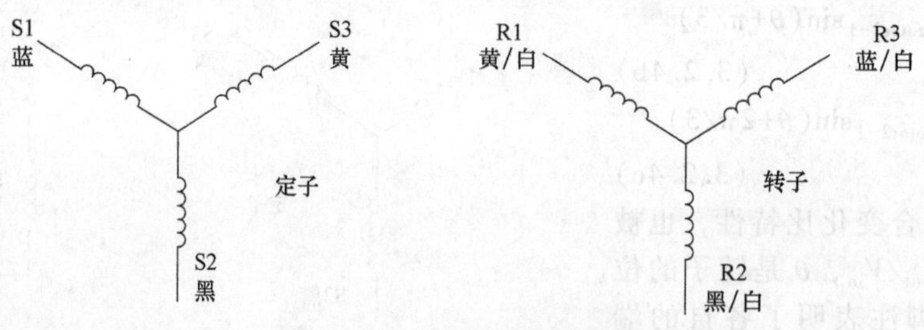

图 3.2.28 同步差动线圈结构

3. 控制变压器

控制变压器与发送器有相同的定子和转子线圈。发送器中转子是原线圈，定子是辅助线圈，但是在变压器中相反。如图 3.2.29 所示，这样允许发送器发送精确固定转子的位置信息，信息经过了三根导线（对噪声不敏感）的整段路程，然后转化的信息返回成两条导线间的电压，电压经过放大后去发动电动机。

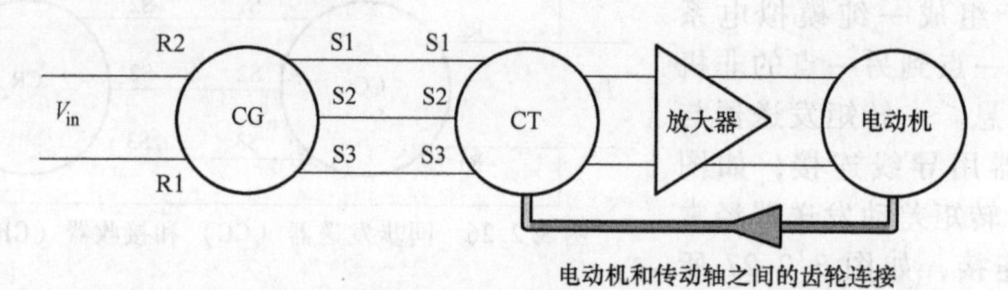

图 3.2.29 同步器（CG）与变压器（CT）和电动机的耦合

为了使电动机轴的角运动与变压器轴的角运动相同，需要一机械反馈装置，如图 3.2.29 所示，电动机轴旋转且通过齿轮传动会引起变压器轴旋转，电动机将继续有放大的电压，直到变压器的轴角等于发送器的轴角。只要电动机有电压，它的轴就会继续旋转，也会引起发送器的轴旋转。这种闭合过程将持续到所有的轴在它们各自需要的角位置为止。

4. 控制同步器及其反相——差动解析器

控制同步器实际上是额外多了一个线圈的控制变压器，这个线圈与主转子正交（成 90°）放置，如图 3.2.30 所示。它可当作一发射器或变压器，分别是通过另一线圈缩短不用转子与地间的绕组或虚设给它加载。控制同步器不经常使用。然而控制同步器的反相——差动解析器经常用于把同步器系统中的三线数据转换成分析器系统中的四线数据。如图 3.2.31 所示，定子的两线圈正交，而转子有三个线圈。这就允许差动解析器仅用三个滑动环操作，而分析器需要四个。因此其提高了可靠性且降低了价格。

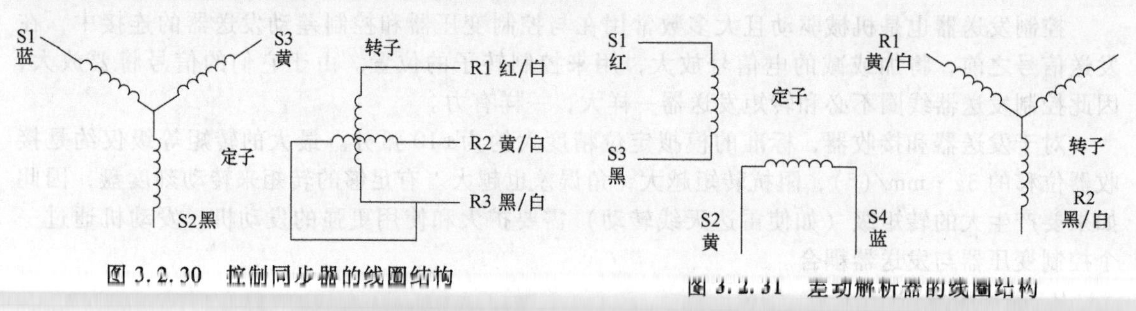

图 3.2.30 控制同步器的线圈结构

图 3.2.31 差动解析器的线圈结构

5. 解析器：发射器、差动和控制变压器

解析器是同步器的特殊形式，其中定子和转子中的线圈成 90°放置，而不是 120°。其独创性地改进将作为模拟装置，为了计算和导弹航天器中的惯性制导系统相连的同位转变，超高可靠性的空间系统仍用这种方式。在车床的应用中，解析器一般提供比同步器更高的精度和分辨率。

解析器的组成包括解析发射器、解析差动装置和解析控制变压器。这些类型解析器的原理如图 3.2.32～图 3.2.34 所示，其作用模式与同步器相似。大多数的解析器，其转子两端的线圈都是内部相连，因此，只需给转子提供一个触发频率。很容易得到特殊的超高精度的线圈补偿解析器，其线圈中有综合的温度和相位补偿。

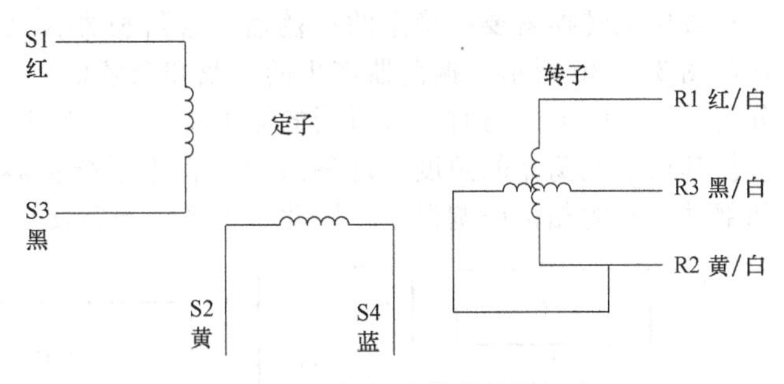

图 3.2.32　解析发射器线圈组成

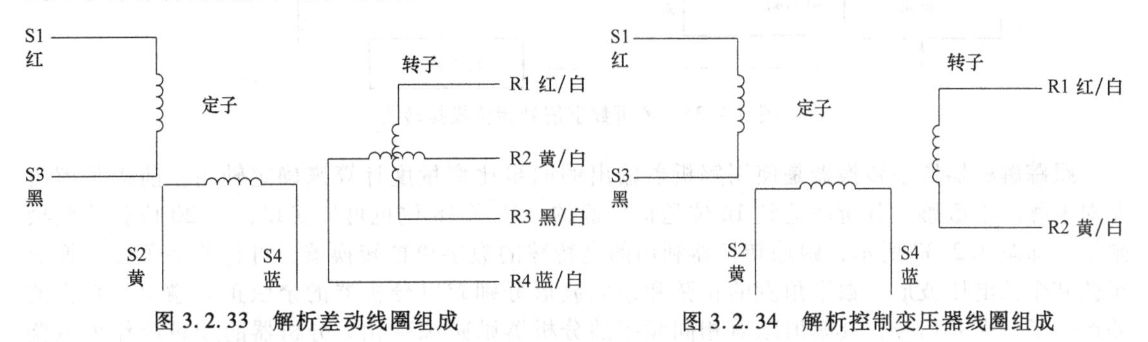

图 3.2.33　解析差动线圈组成　　　　图 3.2.34　解析控制变压器线圈组成

两极解析器被电压 $V=A\sin\omega t$ 激发，则定子线圈中的电压为

$$S_{13}=kA\sin\omega t\times\sin\theta \tag{3.2.5a}$$

$$S_{42}=kA\sin\omega t\times\cos\theta \tag{3.2.5b}$$

k 值为耦合系数，对解析器而言它不必为常数，因为它的影响可以消除。旋转角是定子线圈电压比例的反正切。通过利用额外线圈，多速解析器可提供粗信号和细信号，这样就通过电子传动比提高了系统的分辨率。这需要使用两个解析数字转变器和一些综合逻辑电路。

6. 同步器和解析数字转换器

在提供精确的位置反馈方面，同步数字转换器（SDCs）和解析数字转换器（RDCs）通常可得到 16 位的分辨率，这与大约 96μrad 的分辨率（20 弧秒的分辨率）相对应。解析器高达 5000r/min 的轴速也很常见。对于粗/精系统，21 位的分辨率是普遍的（0.6 弧秒或 3μrad）。

最简单、最便宜类型的分析数字转换器是直流转换装置，如图 3.2.35 所示。先对来自解析器的信号取样，然后保持直到模拟数字转换器把信号转换成数字形式。由于在抽取两个信号期间会发生不可避免的时间延迟现象，因此在激发源中产生的任何误差或电线中的尖峰噪声信号将会导致正弦或余弦波形失真。失真将转换成数字形式，因此当用正切函数计算轴角

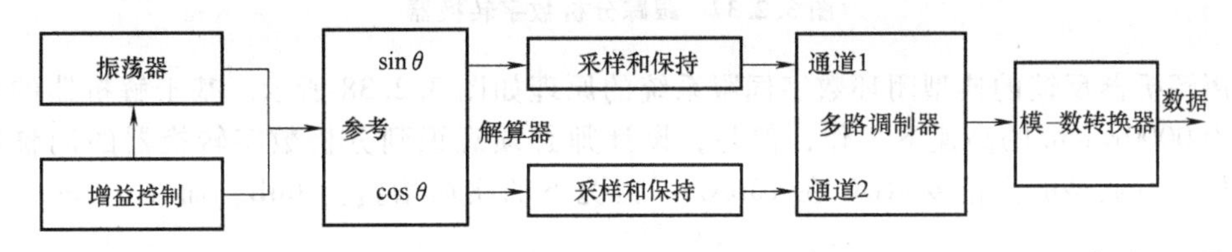

图 3.2.35　解析数字直流转换信号

时会出大的误差。经常选用解析器是由于它能在恶劣环境中使用，但是使用直流转换装置将存在噪声问题。然而10位装置仅需30美元，因此在使用大量解析器和不需要高精度的系统中，此装置是非常有用的。

相位模拟转换需要一稳定的振荡器，且解析器需要随作为初级线圈的定子反相运转，其原理如图3.2.36所示。振荡器产生的正弦和余弦信号被送入定子线圈中。当信号的输入角等于分析器定子的输入角时，解析器的输出将为0。在此瞬间，过零检测器给高速计数器发出信号，使其记下振荡器的角度。这种系统比直流系统更容易产生误差，由于存在振荡器精度误差和部件之间的相位协调误差，因此这种系统不常使用。

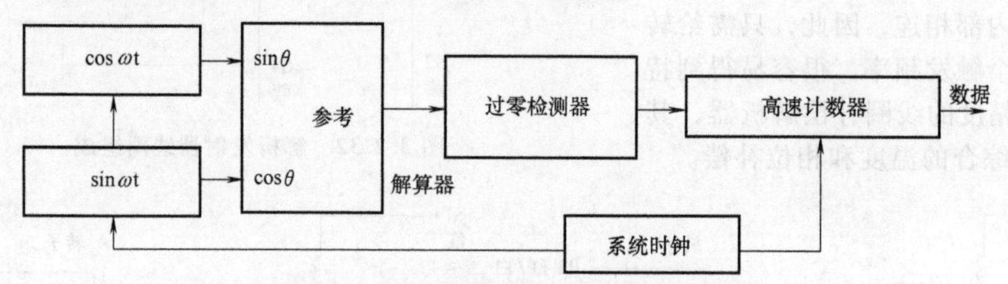

图3.2.36 解析数字信号相位模拟转换

跟踪解析器数字转换器是使用解析器输出的同步比率量度计算来确定轴角，前提是解析器对电噪声不敏感。分辨率达到16位是很普遍的，达到18位也可以实现，而20位就达到极限了。如图3.2.37所示，跟踪转换器利用的是特殊的数字模拟转换器，可将数字角度转换成正弦和余弦电压波形。数字角度的正弦和余弦波形分别乘以分析器的余弦正弦输出。它们的差产生了一误差信号，其幅值随着相同频率的分析器励磁源变化。分析器的励磁源作为电路的输入来解调误差信号，而且提供一与 $\sin(\theta_{解析器}-\theta_{数字})$ 成正比的直流电压。把误差信号送入积分器中，然后送入一驱动上/下计数器的电压控制振荡器中，积分器确保稳态误差总是零。因此当消除模拟噪声源时，跟踪R/D转换器在差动模拟方式下，可以保持很高的转换次数。这些装置作为单片装置，值得强调的是跟踪R/D转换器的一个奇妙副产品是积分器自身的输出。通过读取信号，旋转速度可确定到1%的精度范围内，而不存在产生噪声尖峰信号的危险，噪声尖峰信号常在其他旋转感应元件的输出不相同时发生，从而获得速度反馈。

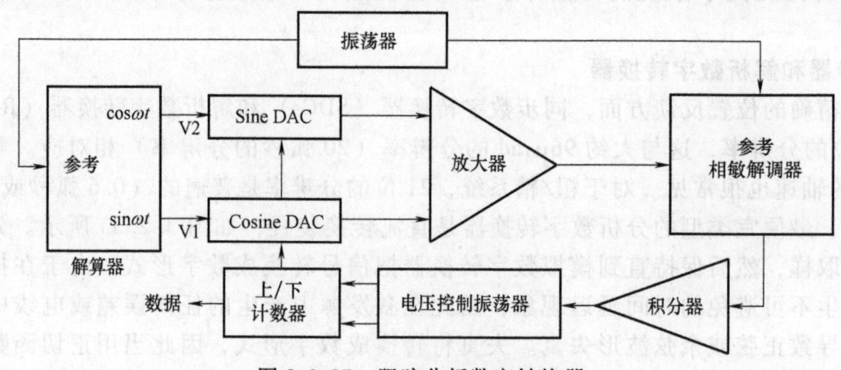

图3.2.37 跟踪分析数字转换器

利用解析器反馈的典型闭环数字伺服系统的原理如图3.2.38所示。基于解析器的感应系统可在100000r/min的高速下工作，但是，设计师必须意识到分析数字转换器的调整次数有限。例如，一典型的高精度RDC在10rev/s[24]情况下的实质增益为0dB，而在20rev/s时可为

[24] 这个速度（10rev/s）就是螺距为5mm的丝杠以3m/min的速度驱动滑动架。

1dB。由于 $1\text{dB}=20\log_{10}(\theta_{inp}/\theta_{out})$，这就意味着在轴角和数字角之间会有 12%的误差。当车床预定从 A 点移动到 B 点时，电动机也必须驱动着运动轴加速和减速。因为车床在完成一次切割之前先减速，因此对于平行于机床轴的运动来说，这不是问题。这允许解析器进行调整且使其到达终点时几乎不产生误差。另一方面，如果协调两轴的运动，速度可能会减小以保证刀尖沿着正确的路径移动。通常，跟踪误差是因所使用的机械部件和控制算法的基本物理极限而产生的。整体误差中仅有一小部分通常是因分析数字转换器的动态限制所致。大多数 RDC 制造商提供动态模型软件，其能使设计师确定 RDC 动力学是如何影响作为速度函数的系统位置误差的。

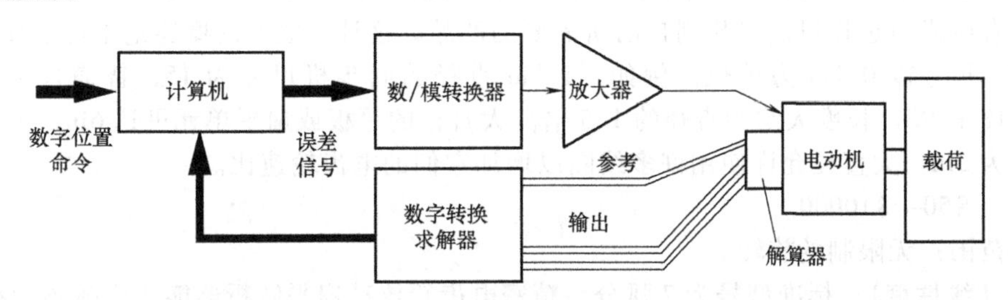

图 3.2.38　带有解析器反馈的典型伺服控制系统

单级的分析数字转换器的分辨率约为 16 位。如果需要更高的分辨率和精度，则需要有多速解析器系统，如图 3.2.39 所示。由于受齿轮精度和齿隙游隙的限制，机械齿轮啮合的解析器通常不实用。电连接的解析器带有许多极，这些极在内部耦合排列并且提供粗/精输出。它们也需要使用两个 RDC 和特有的数字逻辑来组合粗和精数字信息。电齿轮传动的解析器可得到高达 64：1 的“变速比”（6 位）。因此在粗/精二进制系统中，总的分辨率为 6 位+$\#_{\text{精RDC}}$，其中‘#’通常为 16。使用 16 位的精 RDC，分辨率可达 22 位或 1.5μrad 是可能的，这就使得精密丝杠系统可以达到微英寸的分辨率[25]。有了粗/精系统，粗 RDC 系统也常用于获得模拟电压输出，模拟电压与轴速成正比，因此它也可兼用作直线度约为 1%的转速表。在操作方面，多速分析器还存在很多问题，包括衰减的励磁耦合系数，这就需要线圈有更多圈数，以便获得可接受的变换比；以及动态响应的增强的相移，对 16 速度装置为 10°，对 36 速度装置为 25°，对 64 速度装置为 40°。控制算法的机械设计师必须考虑这个，以确保使用它们的任何系统是可控制的。

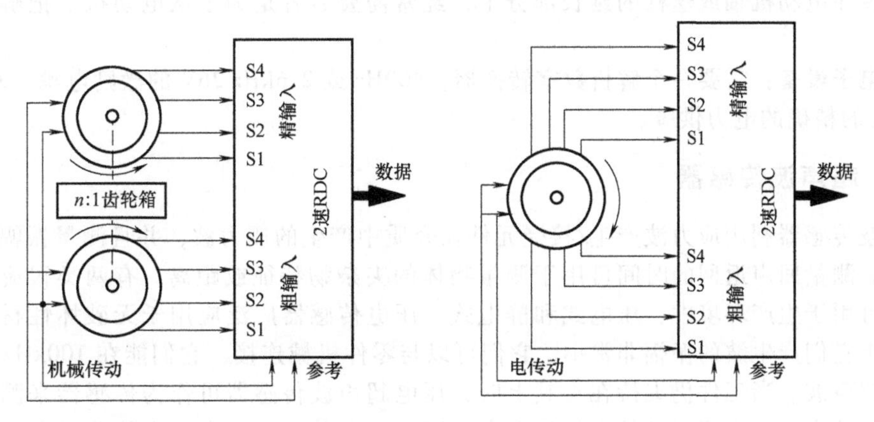

图 3.2.39　机械和电齿轮传动的粗/精解析系统（Boyes 许可）

[25] 要想使机械结构达到微英寸以上的精度，这存在很多问题，本书大量讨论了这个主题。随着现代激光干涉仪的应用，我们已经不再在丝杠上使用电齿轮传动解析器。

7. 应用

同步器或解析器的一个可预料的问题是电刷的磨损，电刷用来把激励电压传送给转子。为了提高寿命和运行速度并且降低对污染物的敏感性，研发出了无电刷解析器，其利用的是循环变压器把激励电压传给转子。这使它们基本上对任何形式的污染物都不敏感，因此许多车床使用无电刷解析器来测量驱动丝杠的电动机轴的旋转。由于它对不宜环境更具有适应性，无电刷解析器经常用于光旋转编码器。

8. 解析器的典型特征

以下关于解析器特征的概述仅是一般性总结而已。现有许多解析器和同步器的制造商，因此使用者应谨慎选择以确保找到自己所需要的产品。这种一般性的概述绝不可当作真理。

尺寸：尺寸以 0.1in 为单位。例如，1.5in 直径的同步机尺寸为 15，普通尺寸可为 08、11、15、18 和 23。长度大约为直径的 1.5 倍。大直径的厚板或扁平单元可达 6in，或在直径上更大，厚为 2in。大直径允许使用许多线圈以增加它们的电齿轮速比。

价格：$50~ $10000。

测量范围：无限制的旋转。

精度（线性度）：标准型号为 7 弧分，精密电齿轮传动扁平解析器能达到弧秒的精度。

重复性：通常为精度的 2~5 倍。

分辨率：从弧秒到几弧分。有些是模拟装置，因此分辨率依赖于所使用的电子装置的性能。最高的分辨率将是来自于直径为 6in 的 64 速度解析器（价格为 $10000）。

环境因素对重复性的影响：如果使用跟踪 RDC，在解析器或同步器上的大多数影响将会彼此抵消。然而，无论何时需要高精度，都应说明线圈的补偿装置。

频率响应：频率响应的受限因素通常是解析数字转换器。对于 14 位的分辨率，一个混合 RDC 对于 10Hz 左右（600r/min）的响应是 0dB。对于一个 16 位的混合 RDC，对于 5Hz 左右（300r/min）的响应为 0dB。一种新型单片 16 位 RDC 对于大约为 20Hz 的响应为 0dB。

起动转矩：克服轴承和约束摩擦的转矩大约为 5g · mm（0.007oz · in）。

允许的运行环境：无电刷解析器和同步器几乎可在任何场合运行。它们起初就是用于军事战斗的环境中，因此它们在抵抗恶劣环境方面已有很长的历史。

耐冲击性：10~50g。

偏移误差：轴偏移能给系统带来周期性的误差。对于超精密系统，可以购买解析器，把其直接安装在电动机轴或丝杠的延长部分上，经常需要后者是为了从电动机上把解析器热分离出来。

所需电子设备：需要一个解析数字转换器，400Hz 或 2.6kHz 26V 的激励电源，±15V 直流和 5V 直流的精确的电力供应。

3.2.14 超声波传感器

超声波传感器利用应力波产生/接受元件在介质中产生的压力波，并且测量振幅和回声的返回时间。测量回声返回的时间可用于测量物体的夹杂物特征或距离。有两类很流行的超声波传感器可用于生产环境中：压电式和静电式。压电传感器广泛应用于无破坏性材料的评估计算。鉴于它们产生波的振幅非常小，它们可以与零件机械连接，它们能在 100kHz 的频率范围内产生超声波。当工件仍夹持在夹具上时，压电超声波传感器可作为传感器来测量部件的厚度和表面精度，此应用正日益盛行于生产领域中（如放在真空卡盘中的盖子和薄壁部件），分辨率可以达到 10~12 位[26]的级别。它们也广泛地应用于测量厚度和组合式复合结构的层的

[26] （该数据来自于）与国家标准与技术协会的 Gerry. Blessing 博士的谈话。

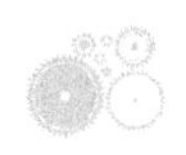

一致性，以及探测空隙。这种类型的测量系统大约为 $5000。

静电式或电容式传感器通过对金属化的薄膜施加一个电压，便可以产生超声波。实际上，它们使用两个导体材料，一个是金属化薄膜，另一个是由金属支撑的反射器。薄膜本身是电介质绝缘体，施加振荡电压可引发电场对金属化薄膜和反射器交替进行排斥和吸引。反射器和薄膜有很小的惯性，并且能快速响应驱动信号。它们在空气中耦合得很好，且能产生需要的大的位移幅度以便和低密度的物体（如空气）进行很好的耦合。随着许多信号处理技术的出现，静电传感器能用来精确测量许多物质的尺寸，如金属、木头、橡胶、玻璃、塑料等。其中 Polaroid 公司的声学寻音传感器就是这种类型。在 10m 的范围内它可以精确到 0.01，并且越来越受移动机器人设计师们的欢迎。对于小批量购买这种传感器价值约为 $150。这种传感器直径约为 40mm，厚为 15mm。如果用于恶劣的环境中，还需额外加一个坚硬的外壳。

利用较高频率运行的更复杂系统能实现紧凑范围内的更高的分辨率和精度，这种类型传感器的一个单频道形式的检测系统价值约为 $5000，它使用一个价格约为 $250 的拇指大小的传感器。当焦距为 10mm，感受运动在 5cm 范围内变化时，分辨率可约为±0.1%（50μm）。空气中的声速变化约为 0.15%/℃。空气中空度、压强、湿度等的变化会对精度产生很大影响，为了补偿这些变化，检测系统带有特殊的校准口，与之相连的是一参考的传感器。然而在高空的乱流区域内，精确度会降至约为±1%。最新的计时测量可高达约为 500 次/s，使测量系统适用于闭环控制系统中。典型的应用包括感应生产线中液体在瓶中是否达到同一高度，且感应与表面的距离使其不被碰到，从而阻止污染。

3.2.15　速度传感器

闭环反馈位置和速度控制系统经常需要速度反馈，以便获得一个清晰低噪声的速度信号。通过对位置信号微分去获得速度信号经常受到噪声的干扰，这对于控制系统的性能是有害的，除非位置传感器的分辨率大约是所需的机械分辨率的 10 倍之多。因此在一个高性能的伺服电路中经常需要测量速度的传感器。模拟线速度和角速度传感器的工作原理是：在永久固定的磁体或线圈存在的情况下，移动线圈将会在线圈中感应出电动势且电动势与线圈和磁体的相对速度成正比。类似的线性和角速度传感器也是在此原理下工作的。法拉第电磁感应定律指出线圈中感应的电动势与移动磁体引发的磁通量变化速率成正比。因为磁体中的磁通量是恒定的，因此线圈中磁通量的变化率是磁体和线圈间相对速率的函数。

1. 线性速度传感器

线性速度传感器（Linear Velocity Transducer-LVT）的构成方式类似于 LVDT，除了它没有使用激励电动势。如果磁力线的两极都进入一个单线圈，则相反的磁极会抵消线圈感应出的电动势。使用两个线圈，其电动势为差动总和，将会消除此问题。总的输出电动势的极性取决于磁铁心线的运动方向。LVT 可看成一个纯电感和电阻器的模型，而且假设它与一个阻抗非常高的测量仪表相连，则其工作起来就像一个一阶系统。因此其响应的时间常数仅为 $\tau=2\pi L/R$。7 次方后恒定，$e^{-t/\tau}=e^{-7}$或已经达到了终值的 0.1%。典型的时间常数大约为 0.001s。在更高速度和加速度下，响应会落后于输入，因此使线性度降低。注意传感器线圈工作起来很像调频天线，因此会给系统引入很大噪声。LVDT 就不存在此问题，因为它们使用交流励磁源。

2. 转速计

旋转形式的速度传感器被称为转速计，其包括永久磁铁定子直流转速器、拉扭矩转速器、电容转速器、数字转速器和直流无刷转速器。其中最普遍的形式是直流转速器。值得强调的是，对于精确速度和位置控制的电动机驱动系统，为了获得合适的阻尼，使用角速度反馈经常是必不可少的。

永久磁铁定子直流转速器由一个线圈转子和整流器组成。转子的旋转引发线圈穿越定子的

磁场，因此在线圈中产生与旋转速率成正比的感应电动势。该电压通过整流器传递给输出端。因此直流转速器本质上类似于直流电动机的反向。转子包含一个缠绕线圈和在磁场外壳内部旋转的元件。电刷和滑环用来向外传递产生的电动势（电动势与速度成正比）。估计电刷可持续使用100000h，且现有的电刷模型可以在12000r/min速度下工作。理想情况下，一个直流转速器能提供纯的与旋转速度成正比的直流输出电动势，然而，离散转子线圈的数量导致了脉动输出，成为纹波，这在输出电动势中占了一定的比例。为了减少纹波，可采用滤波技术，以及采用更多数量的线圈。前者将对精密的伺服电路产生有害的延时效应，而后者却增加了成本。

其他误差的来源包括整流器接触面的污物，温度变化和磁场变化。为了避免前者的影响，需要确定一个在各种工作环境中的转速表。从长远利益来看，试图节约几美元而利用非密封型号会产生麻烦。游离磁场和附近的铁也会影响直流转速计的输出。因此转速计应从这样的源头中隔离出来，可以通过1cm或2cm的空气间隔，或规定重新校准。

拉扭矩转速器由一在杯状物中旋转的磁体组成。在“杯子”中产生的转矩与速度成正比，它是由旋转磁体感应出的涡流产生的。附在“杯子”上的弹簧和电位计轴提供了限制和测量“杯子”旋转的方法。这种类型的转速计不常见，因为它易于产生大的热感应误差，此误差常发生于电动机的附近。然而这个设计是许多表盘类型的汽车速率计和转速计的基础。

数字转速器实质上与光学编码器可区分输出，如果不小心执行差动则易于激发噪声。然而，它们不受电噪声的影响。

无电刷转速计实质上是有电刷转速计的翻版。它们有一个磁转子和线圈定子。然而为了产生与轴速成正比的一致的直流信号，需要获得转换线圈上缠绕的方法。这增加了价格且提高了复杂程度，但是使得在低速下运转时电刷产生的噪声降到了最小，也减少了电刷的维修。然而，正如电动机有转矩起伏一样，直流或无刷转速计也会有速度波动，其在低速下时很明显。

3. 直流转速计的典型特征

以下关于直流转速计特征的描述仅是一般化的总结，需强调的是制造商们总是不断地改进他们的技术，因此这种一般性概述绝不能当作真理。

尺寸：普遍使用的工业转速计尺寸可从直径19mm、长40mm到尺寸为$65mm^2$的安装金属板、长75mm。也可以没有外壳，这种转速计安装在现成的轴上。感应准稳定运动的高性能转速计会有更大的直径和较短的长度。

价格：无电刷型大约需$100再加上$100来把输出的正弦波转变成直流信号。有电刷型的价格范围为$150~$250，且提供直流输出。高性能的转速计可能会达到$1000，甚至更高。

精度（线性度）：高于每分钟几百转时，典型情况下，直线度大约为0.1%。

重复性：大约为精度的5倍。

分辨率：大约为满量程电压的0.01%。在低速情况下，有电刷型除非有特殊的结构构成，否则在其输出电压中会产生较多的起伏。

环境因素对精度的影响：因大多数质量单元有温度补偿线圈，所以从20℃起，变化温度对精度的影响大约为0.01%/℃。

寿命：有电刷型，在3600r/min下，寿命大约为10000h，无电刷型的寿命受轴承寿命的限制。

频率响应（3dB）：在0.1%精度下大约为200Hz，在1%精度时为450Hz。

驱动力矩：大约为3.5~7N·mm（0.50~1.0oz·in）。

允许的运行环境：可以设计成使用在任何环境中的转速计，但是性能会受温度的影响。

耐冲击性：10~20g。

偏移误差：使用柔性连接来补偿偏移降低的动态性能。获得最好的性能可通过使用空心型且使空心型直接安装在电动机轴的上方。

所需电子设备：电刷型除了需要模拟数字转换器外，其他的都不需要，无电刷型需要一个$100的电子测量系统。

第4章

光学传感器

为了满足人们的不同需求，科学真理应以不同的形式呈现，且每种形式都应是同等科学的，不论是以简约的形式出现和多彩的物理阐述，还是平淡和苍白无力的符号表述。

——詹姆斯·克拉克·麦克斯韦

4.1 引言

所有的传感器系统都要有相应的标准，或许没有一种参考物比光的波长更稳定，因此机械设计人员和生产工程师熟知光学传感器系统的工作原理尤为重要[1]。

大多数光学传感器系统的运行都使用强度、干涉或飞行时间的测量方法。以反射光强度为基础的传感器大多数为模拟装置，例如，要么产生一个与距离成正比的信号，要么产生一个与光学限位开关情况相同的开关电压。关于精确度、重复度和分辨率方面的问题，与非光学传感器类似。以光干涉现象为基础的传感器一般都具有很高的精度和很高的带宽。输出的直线性基于光速的稳定性，因此受环境因素的影响。以飞行时间为工作基础的传感器有更广的范围（如雷达和一些侦察设备）。总之，光学传感器精确度更高且比非光学传感器有更大的频率响应。

光学传感器的类型有很多种，若在此讨论就太多了，因此，在此仅讨论那些与生产过程中精密度有关的类型。

- 自准直仪
- 光学编码器
- 光纤传感器
- 干涉传感器
- 激光三角传感器
- 光电传感器
- 飞行时间传感器
- 视觉系统

应该注意到精度和重复性很大程度上取决于传感器的安装形式，所以第5章将对传感器的安装进行详细讨论。

4.2 自准直仪

自准直仪是用于精密测量绕与光学瞄准轴垂直的轴旋转运动的装置，相对于作为机床伺

[1] 工程师可以参阅一本很有用的书：W. Welford，Useful Optics，The University of Chicago Press，Chicago，1991.

服控制的传感器系统，自准直仪更多的是作为观察装置。目前有手动和电动自准直仪，其中电动型用得最为广泛。自准直仪实际上是准直仪和望远镜的组合。准直管吸收发散光（如电灯泡发出的光）且把它聚焦成一光柱（即在无限远处聚光）。另一方面，望远镜从无限远处发出的光源中取光，并把它焦聚成一点，因此，当无限远处的光照到望远镜上的入射角度发生变化时，则望远镜聚焦平面上的聚焦像也发生变化。由于望远镜的一个焦点在无限远处，因此，目镜的轴向位置不会影响聚焦像的位置。自准直望远镜就是把准直仪和望远镜集于一体的装置。

典型的电子自准直仪系统的结构组成如图 4.2.1 所示。从光源发出的光被聚光器聚焦且投影到平行光管（即准直仪）的调制盘上。平行光管的调制盘通过一光束分离器反射需要的图像。从平行光管发出的射线转向 90°到达物镜，物镜接收图像并以聚集的方式投射到目镜上。目镜将会通过物镜重新将光反射到光束分离器中。

光束分离器实际上是一半反射镜，它允许 50%的光通过到达目镜调制盘上。目镜标线只是一测量装置，其允许人工快速地对与目标镜的角运动相关的图像运动做出估算。剩余 50%的光投射到光敏二极管上。然后光敏二极管的输出可以记录下来作为分析或用作一些控制小角度运动的伺服系统的反馈信号。

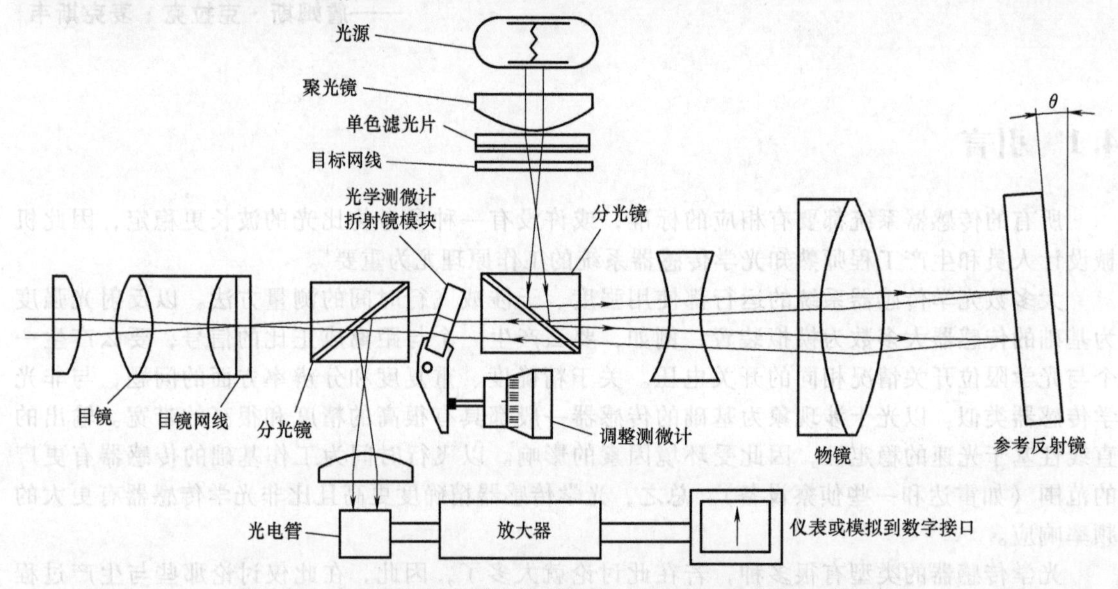

图 4.2.1　自准直仪和目标的原理图（Rank Taylor Hobson 许可）

自准直仪为测量平面的直线度或平面度提供了快速简便的方法。为了测量表面的直线度，如一导轨或表面板，固定在板上的镜子逐渐沿一直线运动（线性或交叉）。在每个测量点处，自准直仪测量倾斜度来得到每个点的高度。要谨慎地使用恰当的长度来统一步长，因为就像 Bryan[2] 讨论的那样，步长的选择可能会受直线度误差的影响。合理地使用自准直仪可将平面的直线度或平面度校验到 0.5~0.25μm 的级别，此数量级比激光干涉仪和直尺所测得的误差还要小。横向位移 d、阶跃长度 L 和 θ 角的变化之间的关系为 $\delta=L\tan\theta$。然而，这对于设计测量实验是没有帮助的。

实际上，任意表面都可用傅里叶级数来表示，因此，假设一平面的高度为 $x=A\sin(2\pi x/\lambda)$。则在任意此 N 处的高度（直线度）都由自准直仪的测量决定，即

[2] J. B. Bryan, "The Abbe Principle Revisited: An Updated Interpretation", Precis. Eng., Vol. 1, No. 3, 1979, pp. 129-132.

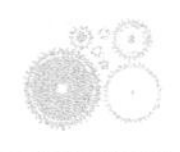

$$\delta_N = L_{步长} A \left\{ \frac{\sin\left[2\pi\left(\frac{NL_{步长}+L_{板}}{\lambda}\right)\right] - \sin\left[\frac{2\pi NL_{步长}}{\lambda}\right]}{L_{板}} \right\} + \delta_{N-1} \tag{4.2.1}$$

如果要想获得平面的高分辨率图形就需要使用一短步长，需要用一长板来减小板脚和表面之间接触高度的振动影响。步长必须小于板长，如果 λ/L_{sled} 的比值小于 20，那么板长必须等于步长，（不管怎样，遵循一个不坏的经验法则）这样是为了达到理论上的零误差，并且 $\lambda/L_{板}$ 的比值应大于 5。假设已经选择了合适的步长和板长，那么直线度误差的计算就是各测量之间步长 L_{step} 的函数。由于 θ 很小，应用小角度近似法，直线度测量误差为 $\Delta\delta=\theta\Delta L_{步长}$。例如，如果 θ 为 0.01rad（0.5730°）且 $\Delta L_{步长}$ = 0.25mm（0.010in），那么 $\Delta\delta$ = 2.5μm（100μin）。然而更典型的是 $L_{步长}$ = 25μm（0.001in），θ = 100μrad 且 $\Delta\delta$ = 0.0025μm（0.01in）。注意表面和板脚必须很清洁，且板脚的区域必须大于任一局部的低陷区域（否则会产生刮擦痕迹）。尽管不得不通过倾斜累积的方法获得高度，但其使用起来比用干涉仪直接测量直线度要简单得多。

关于移动滑架的测量，人们应该注意自准直仪也可以测量由移动滑架轴承引起的角运动。而且，滑架上轴承的间隙和与直线度误差的关系也会影响测量。因此，尽管一些自准直仪生产厂商打广告说他们的自准直仪能用来测量移动轴的直线度和垂直度，但是其获得的测量结果相对最高精度而言，常常是不可靠的。另一方面，自准直仪可提供估算线性轴中平均角误差的方法，然后车床控制器就可利用此信息来估算阿贝误差并对其进行补偿。自准直仪广泛地应用于辅助测量旋转分度工作台的精度并且用于决定精密光学元件的曲率。

1. 操作注意事项

电子自准直仪依赖于模拟装置光敏二极管和精密光学器件的使用，用来确定目标镜的角度变化。因此，有一些因素会影响自准直仪的分辨率和灵敏度，这些因素包括光敏二极管的类型、电噪声、频率宽度、测量范围、镜的距离和物镜的焦距。

自准直仪的分辨率受散焦的影响，散焦是由目镜逐渐远离时光束的发散而导致的。为了减轻电噪声影响并获得很高的分辨率，需要更多的电子滤波器。这将减小频带宽度，频带宽度的变窄也对应限制了测量角度的变化率。对于大多数的应用，这已不是问题，然而当使用自准直仪测量振动时，频率宽度的限制会变得很重要。表 4.2.1 所示为对应于不同分辨率时的相对频带宽度[3]。需要的灵敏度和电子分辨率的乘积（如模拟数字转换器的分辨率和系统噪声量）决定了允许的测量范围。一般的电子分辨率为 1/1000（10 位），尽管一些型号能达到 12~16 位的分辨率。装置自身的热误差会对角精度造成影响且在光敏二极管内产生电噪声。使用外部光源会使这些误差最小化，并且提高装置的分辨率和精确度。

表 4.2.1　频带宽度对自准直仪分辨率的典型作用（Thurston 允许）

频带宽度/Hz	μrad	弧秒	Hz/mrad	频带宽度/Hz	μrad	弧秒	Hz/mrad
0.1 或更小	0.005	0.001	—	100	1.2	0.25	83
1	0.05	0.01	20	300	3	0.6	100
5	0.1	0.02	50	1000	5	1	200
30	0.5	0.1	60				

需要考虑镜子与自准直仪之间的距离，因为这个距离以某种方式影响光束。首先，一些自准直仪利用光敏二极管，其输出对光束的强度和位置很敏感。然而，就像在 4.7 节讨论的那样，通过使用一个侧面效应二极管输出相似的比率计，可以使二极管的输出对光强的变化不敏感。目镜离物镜越远，理想圆光束的扭曲越大（由于大气影响），因此，光束中心的强度

[3] T. Thurston, "Specifying Electronic Autocollimators," Proc. SPIE Opti. Test. and Metrol., 1986, pp. 399-401.

可以从光束形状内的理想位置偏移，侧面效应二极管可以指示目镜位置处明显的角变化，其输出与强度中心的位置成比例。

温度梯度导致空气折射指数的变化，使光弯曲且导致目镜明显的角运动误差。例如，如图 4.2.2 所示，如果把光想象成一系列与光路垂直的平面，拉着平面的一端通过不同温度的空气，平面将会发生弯折且转向一端。折射指数 n 定义为光在真空中的速率 c 与光在介质中的速度 v 的比值，即

$$n=\frac{c}{v} \tag{4.2.2}$$

折射指数与介质的组成和密度成比例[4]：

$$(n-1)\times 10^7=(n_{\mathrm{nominal}}-1)\times 10^7\times\frac{\text{压力}}{760\mathrm{mm}}\times\frac{293^{\circ}\mathrm{K}}{T(^{\circ}\mathrm{K})} \tag{4.2.3}$$

其中 $(n-1)_{\mathrm{nom}}\times 10^7$ 对于标准温度和压强[5]下空气中的氦氖激光来说大约为 2808。在时间间隔 $\mathrm{d}t$ 中，光平面左端行进的距离为 $\mathrm{d}x=c\mathrm{d}t/n$，而右平面行进的距离为 $\mathrm{d}x'$：

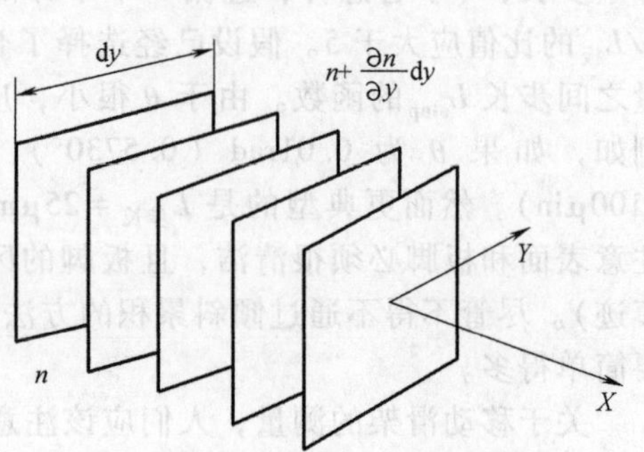

图 4.2.2　折射率梯度（如温度梯度）对光面传播的影响

$$\mathrm{d}x'=\frac{c\mathrm{d}t}{n+\frac{\partial n}{\partial y}\mathrm{d}y} \tag{4.2.4}$$

光平面的角度 $\mathrm{d}\theta$ 变化为

$$\mathrm{d}\theta=\frac{\mathrm{d}x'-\mathrm{d}x}{\mathrm{d}y} \tag{4.2.5}$$

把 $\mathrm{d}x$、$\mathrm{d}x'$ 用公式替换，并把 $\mathrm{d}t=n\mathrm{d}x/c$ 代入式（4.2.5）中，可得到相对于光路长度的角度变化的公式为

$$\frac{\mathrm{d}\theta}{\mathrm{d}x}=\frac{-\frac{\partial n}{\partial y}}{n+\frac{\partial n}{\partial y}\mathrm{d}y} \tag{4.2.6}$$

把式（4.2.3）关于梯度方向求导可得

$$\frac{\mathrm{d}n}{\mathrm{d}y}=\frac{-K\mathrm{d}T}{T^2\,\mathrm{d}y} \tag{4.2.7}$$

其中

$$K=(n_{\mathrm{nominal}}-1)\times\frac{\text{压力}(\mathrm{mm})\,\mathrm{Hg}}{760\mathrm{mm}}\times 293^{\circ}\mathrm{K} \tag{4.2.8}$$

注意 $n=1+K/T$，角度变化是光路距离的函数，它是由横向的温度梯度 $\mathrm{d}T/\mathrm{d}y$（与光束垂直）引起的，其关系为

$$\frac{\mathrm{d}\theta}{\mathrm{d}x}=\frac{\frac{K\,\mathrm{d}T}{T^2\,\mathrm{d}y}}{1+\frac{K}{T}\ \frac{K\mathrm{d}T}{T^2\,\mathrm{d}y}\mathrm{d}y} \tag{4.2.9}$$

4　使用 $(n-1)\times 10^7$，是因为空气的折射率等于 1.0002808，其比 2808 写起来麻烦。详细的表达请参见式（4.5.28）。

5　参见“化学物理手册（Handbook of Chemistry and Physics）”中关于在不同介质中不同波长的光的折射率表。

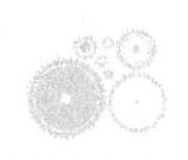

对于空气中的小梯度 dT/dy 为

$$\frac{d\theta}{dx}\approx\frac{K}{nT^2}\left(\frac{dT}{dy}\right) \tag{4.2.10}$$

这种误差发生在水平或垂直角度测量中。对于一个1℃/m的典型梯度，$d\theta/dx=1.0\mu rad/m$。当测量长度为 L 的床身直线度时，由这种误差引起的直线度测量的综合误差为 $\Delta\delta=Ld\theta/dx$。对于一个1m的车床，误差可达1μm，这是很大的。幸运的是，空气是层状的，因此垂直于光束通路的1℃/m的梯度是很少见的。多数情况下，温度不同的大气会引起自准直仪的输出发生变动。然而如果数据取一个周期，且此周期温度变化是固有周期的几倍，则这种类型的误差的输出可以被平均。在精密应用中，这些假设需要通过监测测量来证实。进一步说，就像在工厂环境中使用自准直仪来调整大的工作机器的事例一样，人们必须格外注意温度梯度。

另外两个影响自准直仪测量范围和分辨率的因素是目标镜直径及其与物镜的距离，以及物镜的焦距和直径。前者影响测量范围，但不直接影响自准直仪测量的角度值。物镜的一个性质是光以一角度入射到透镜上会沿着焦平面偏离主轴，而与光源无关，因此唯一重要的是阻止目镜与物镜的距离过远而导致反射光照不到物镜上。当然，大气效应对目镜和物镜之间的光束造成的影响也必须考虑。随着物镜焦距的增加，光杠杆臂也增加，且已给定目镜的角运动会在光敏二极管上产生较大的侧位移，这将会增加分辨率，但会减小可探测运动的范围。

2. 自准直仪的典型特征

以下关于自准直仪的概述仅是一般化的总结而已，需注意的是生产商们总是不断地更新他们的技术，因此这种一般性的描述绝不能当作真理。进一步需要注意的是：精确度依赖于光学仪器的安装方式和环境的控制，这是非常重要的。

尺寸：小的可以握在手掌，大的和前臂一样大。

价格：自准直仪价格范围为$2000~$5000。信号调节电子装置价格范围为$500~$4000。

测量范围：从弧秒到几度。

精度（线性度）：大约为满量程范围的0.1%~0.05%，这依赖于环境条件。可以通过映射来获得较高的精度。

重复性：依赖于环境条件，但是大约可达到精度的2~5倍。

分辨率：一般可小至0.1弧秒，但是分辨率为0.001弧秒的型号也是存在的。

环境因素对精度的影响：对于1℃梯度影响是1μrad/m，对测量装置自身为1μrad/℃。

寿命：由于传感器是非接触的，因此寿命受限于相关联的电子装置。

频率响应：参考表4.2.1的典型动态响应。

起动力：需要考虑产生的惯性对系统动态性能的影响。

允许的运行环境：为了保持精度，理想情况下系统应在20℃无温度梯度的环境中使用。

耐冲击性：应用于军事中的自准直仪仅能承受80g的冲击力。对于调整机器的精密型自准直仪周围不应受到冲击。

偏移误差：偏差导致余弦误差，为了测量直线度，步长保持恒定并且与接触区域的面积相匹配是很重要的。

所需电子装置：一般需要光敏二极管的测量信号调节器和显示器或计算机接口。

4.3　光学编码器

光学编码器一般的工作原理是用光源和光敏二极管对刻度线计数，它们可以组装成测量角度旋转或线性运动的装置。大多数光学编码器产生一以刻度线数为基础的数字输出，且不

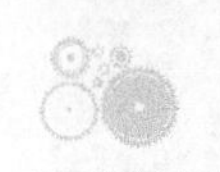

会像同步器与旋转变压器和 RVDT 一样受电噪声的影响。一些光学编码器也会输出模拟的正弦波和余弦波，而且它们会对电噪声很敏感。然而，不像同步器和旋转变压器那样，光学编码器对灰尘污物和流动污物非常敏感，因此，光学编码器必须经过仔细密封或用于清洁的环境中。由于它们对污物很敏感，所以光学编码器被看作是可靠性不高的灵敏装置。图 4.3.1 展示了一典型旋转光学编码器的构成原理。编码器的输出可以是绝对的或增量的。绝对编码器一般可以提供 10~12 位的分辨率，甚至可以达到 16 位。增量编码器一般可以提供 10~16 位的分辨率，甚至超高分辨率的编码器可提供 21 位的分辨率（3μrad）。

高分辨率的获得可以通过把两个低分辨率的光学编码器连接在一起，以获得一粗细可调的系统，其工作方式与一些旋转变压器系统的使用相似。尽管齿轮侧隙和非线性常比单一高分辨率的系统差，但当不能得到高分辨率的编码器时，常会用多速系统来代替。同时，当在极端的环境中，单一高分辨率编码器会因振动或冲击而损坏，而坚固的低分辨率编码器的精密齿轮装置则会完好无损。

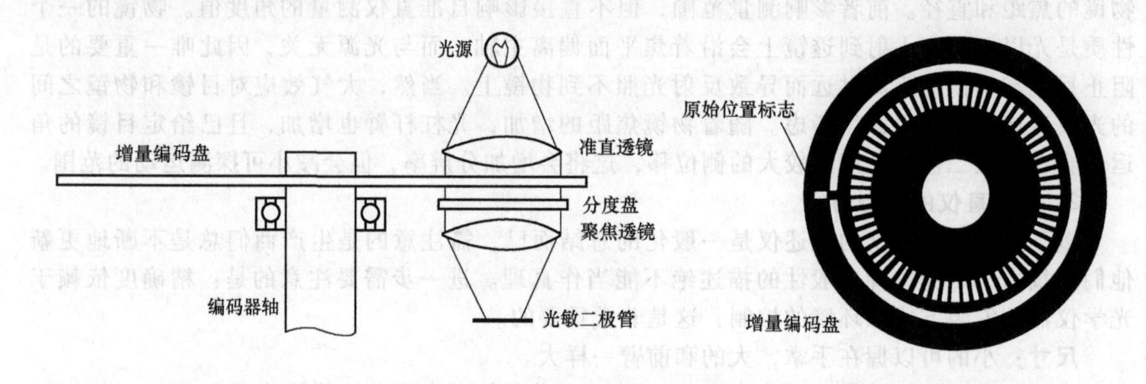

图 4.3.1 增量光学编码器的构成

4.3.1 增量位置编码器

典型的增量编码器的构成原理如图 4.3.1 所示。输入轴可以与正测量旋转运动的装置连成一体，或编码器轴可以与装置连接。编码盘可被划分为不透明和透明的扇形区。在光源和盘之间的挡板允许许多窗口的光同时亮灭，因此在线间距内的局部误差被平均掉，且平均光强也增加了。在盘一边的 LED 发出的光是平行的，当光穿过盘和挡板时，透镜将会把光焦距到二极管上。当盘旋转时，在盘另一边的光敏二极管会感应穿越盘和挡板之内的透明缝隙的光脉冲。挡板用于平均各线间隙的误差。光敏二极管的输出用电子控制产生方波脉冲，其和在任一时间都指示盘和轴的角位置。另一个二极管与第一个异相，用于消除直流噪声。位置信息被储存在外部的计数器中。如果系统的电源消失了，轴的位置也就没有标记了。这是增量编码器的缺点，也是导致绝对编码器发展的原因。当使用增量编码器时，为了决定轴位置的起始点，编码器上需要一个单一的缝隙，或在外部使用一限位开关。

因此，编码器的分辨率主要是非透明和透明扇形面数量的函数，一般来说，完整一圈可以计数在 100~100000 之间。大多数增量编码器都有一个观测窗口、光源和检测器，其输出与第一组成 90°异相关系，这种类型的编码器称为正交编码器，这种构成允许编码器产生两个 90°异相的方波信号，如图 4.3.2 所示。这个方波可实现轴旋转运动的确定和利用正交逻辑使分辨率扩大 4 倍。

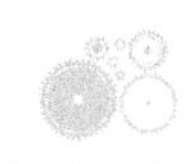

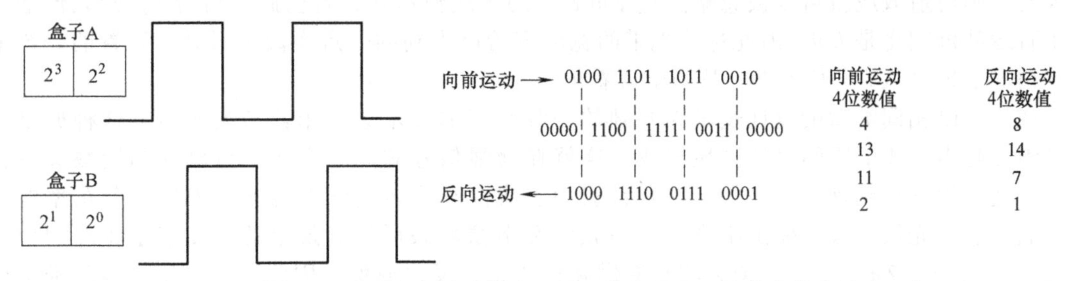

图 4.3.2　使用 90°异向方波检测方向和通过使用正交逻辑使分辨率扩大 4 倍

假设这两个方波信号成 90°异相，接下来，给每个方波分配一个“盒子”，而且假设当方波仍保持固定时，两个“盒子”就相对同向地向右移动。当“盒子”在其各自的方波内遇到一种状态变化时，（如从高到低或从低到高），然后，原先左边的元素（一个“1”或一个“0”）就被丢弃，原先“盒子”右边的元素向左边元素移动，并且用新的右边元素来假定方波的状态值（如高 = 1，低 = 0）。这是通过一个转变的记录器来完成的。如果“盒子”A 变成 4 位码的前两位元素（最重要的位），“盒子”B 变成为 4 位码的后两位元素，那么在向前运动的过程中，随着连续状态的交叉，4 位十进制数为 4，13，11 和 2。当盒子在反向运动时移向左边，这 4 位数的值就变成 8，14，7 和 1。注意两个事实：①在方波的一个周期内，四种变化状态被记在 4 位码中；②如果编码器在波的边缘，4 位数的值就会在 2 位数之间往返振动，例如，4 和 8，或 13 和 14，或 11 和 7，或 2 和 1。因此，不可能产生错误计数。如果仅使用一方波且计数由高低读数激发，那么振动将会导致读数在一点上快速地往返运动，会产生高速运动的错觉。例如，假定单一传感器可用来数齿轮齿数和使用产生的高低信号作为决定齿轮角位置的方法是不明智的，必须使用两个成异相 90°的传感器。现在有种单片计可以把来自于 A 道和 B 道的信息（方波）进行译码，并且把数存储起来用于伺服控制器的使用[6]。

莫尔条纹和插补编码器

当可比间距的两个栅格彼此叠放在一起，其中一个轻微倾斜时，如图 4.3.3 所示，就会产生一称为莫尔条纹的干涉图案[7]。如果光栅是从传播的密光线中形成且系统从后面被照亮，那么光只能在光线相交的区域中送到观察器。因此，当一个栅格关于另一个栅格移动时，则光传播点将会看起来像与栅格运动方向垂直的方向移动。如果栅格间距相对所使用光的波长

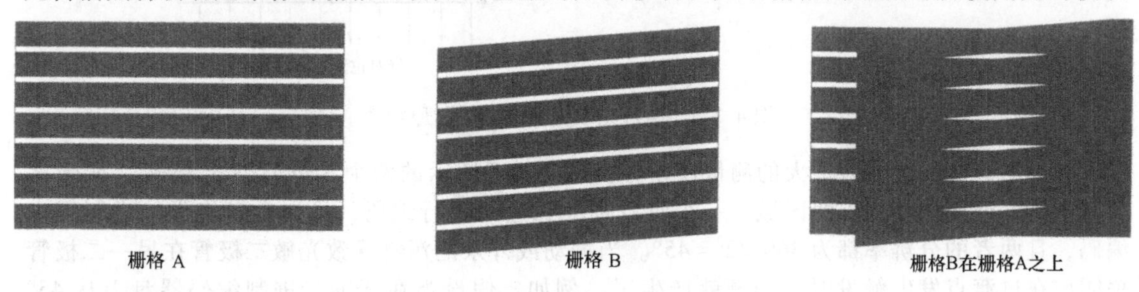

图 4.3.3　两叠加光栅产生的莫尔条纹

[6] 例如，Hewlett-Packard’s HCTL-2000 Quadrature Decoder/Counter Interface IC. 参阅 HCTL-2000 Technical Data and Specifications，Hewlett-Packard，P. O. Box 10301，Palo Alto，CA 94303-0980.

[7] 参阅. J. Meyer Arendt Introduction to Classical and Modern Optics，Prentice Hall，Englewood Cliffs，NJ，1972；M. Stecher. “The Moiré Phenomenon，” Am. J. Phys.，Vol. 32，1964，pp. 247-257；A. T. Shepard，“25 Years of Moiré Fringe Measurement，” Precis. Eng.，Vol. 1，No. 2，1979，pp. 61-69；O. Kafri and I. Glatt，The Physics of Moiré Metrology，John Wiley & Sons，New York，1990.

较大时，则衍射效应就可以被忽略。对于间距 l 的等线栅格间，若彼此夹角为 θ，则光传播点的垂直运动范围将是 l/θ。因此尽管光带的宽度也给可得到的分辨率做了限制，装置的分辨率理想情况下也是从 l 增长到 $l\theta$，从图中可看出。

或许，以相同类型的设计逻辑为基础的一种较好的技术会使用参考栅格窗，这种栅格窗不倾斜而是由 1/4 节距间隔的区域组成。这就在增强信号的同时增强了封口处和读数头的紧密性，使分辨率达到预期的增加。这是普遍用于线性和旋转光学编码器中来增加分辨率的技术。它是通过光敏二极管输出中产生的正弦波和余弦波来增加分辨率的。其中正弦波的分辨率较差（0，π，2π，…）而余弦波则提供高分辨率，反之亦然，因此可以在栅格线间准确地插入位置。然而，需注意的是，其假定条件是强度恒定。对于旋转编码器，这种方法可使编码器的分辨率增长约 25 倍（甚至 80 倍也是可能的），这种类型的编码器称为插补编码器。插补后，产生了两个成异相 90°的方波。方波可通过正交进一步使分辨率增加 4 倍。因此，插补编码器使得增加 100 倍的分辨率成为可能，尽管直线度在高放大率情况下开始下降。

4.3.2 绝对位置编码器

如图 4.3.4 所示，一个绝对编码器的码盘分为 N 个扇区，N 也就是编码器分辨率的位数。码盘的一边使用抛物面反射器产生平面光光源，另一边是 N 个呈径向布置的光敏二极管。扇形区域如此布置是为了使每组扇形区的透明区和非透明区形成数字码。每个扇形区都会从原先的扇形区增长 2 的一次幂，因此检测器产生一个表示轴角的平行码，且即使先打开电源，也可以知道轴从 0°~360°的位置。绝对编码器产生的数字码不是标准二进制码，而是使用亮度色标来避免在读码时产生误差。标准 N 位二进制码基于公式：

$$\text{Number}_{\text{base}}10 = \sum_{n=1}^{N} 2^{n-1} \tag{4.3.1}$$

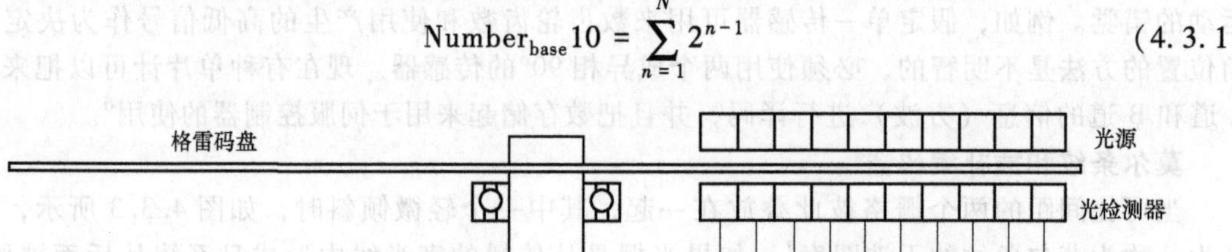
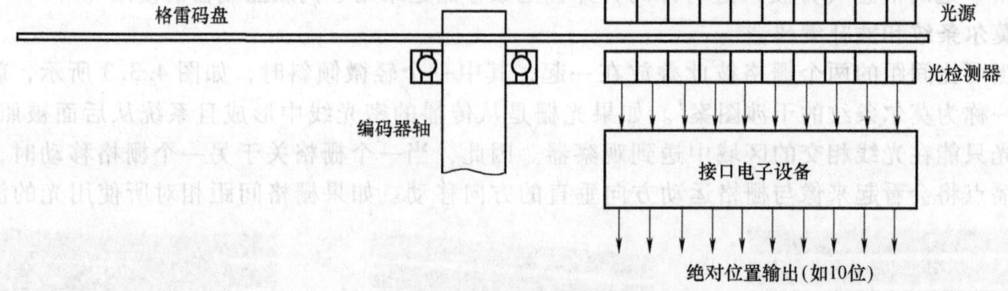

图 4.3.4 绝对光学编码器的工作原理

标准二进制码会导致很大的测量误差。以图 4.3.5 所示的两个 3 位编码器为例[8]，阴影区域表示光不能照到检测器的区域。一个盘以标准二进制进行编码，另一个以格雷二进制码来编码，且两者的分辨率都为 $360°/2^3 = 45°$。当振动或外来的污物导致光敏二极管在另一二极管关闭前在过渡点发生触发时，问题就产生了。例如，假设当在标准二进制编码器盘上从 45°（001）移动到 90°（010）时，叉车撞到了机床上且导致中间轨道在外轨道释放前触发。这使编码器发生运转，且导致瞬间出现 011。因此在控制计算机上会看到 001、011，然后再到 010，与之相一致的是 45°、135°，然后是 90°。在此瞬间，伺服系统控制机床将试图从 45°移动到 135°，然后再返回 90°。另一方面，格雷二进制一次只能变化一种状态，从表 4.3.1，因

[8] 要了解更多的编码和数字逻辑，参见 W. Fletcher, An Engineering Approach to Digital Design, Prentice Hall, Englewood Cliffs, NJ, 1980.

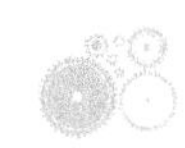

此，它是绝对安全的。

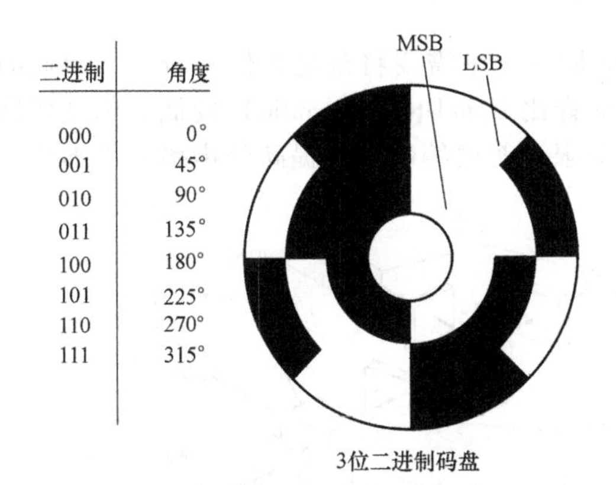

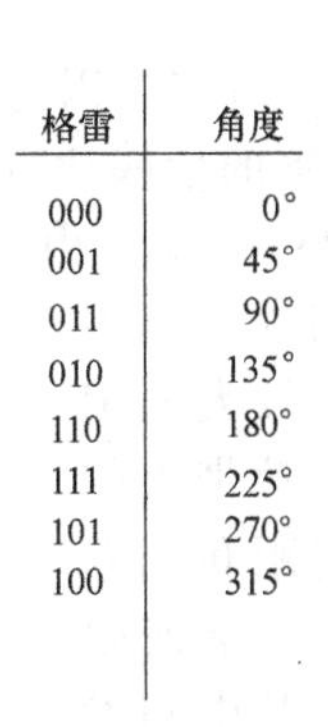

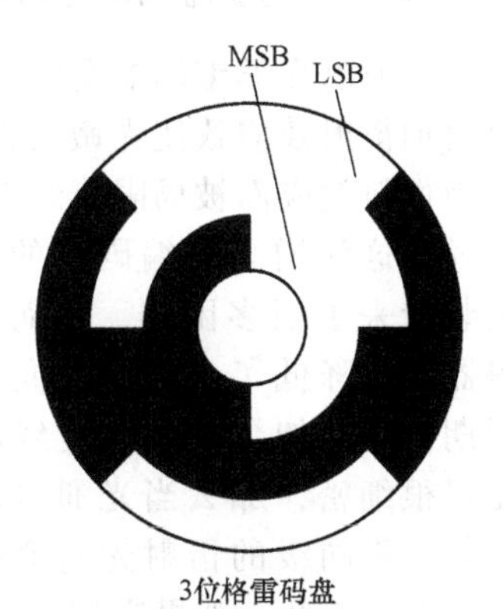

图 4.3.5　二进制绝对编码盘和格雷二进制绝对编码盘之间的比较（Fletcher 许可）

表 4.3.1　十进制数、二进制数和格雷二进制数的比较

十进制	二进制	格雷二进制	十进制	二进制	格雷二进制
0	000000	000000	5	000101	000111
1	000001	000001	6	000110	000101
2	000010	000011	7	000111	000100
3	000011	000010	8	001000	001100
4	000100	000110	9	001001	001101

如图 4.3.6 所示，一个 N 位格雷码是由 N 位二进制码用以下逻辑计算出来的：

1）把零放在二进制码的最显著位的左边。

2）从此数的左边开始，在所有的位对上执行 EX-OR（同或）操作[9]。

从格雷二进制转换到标准二进制，可以使用以下逻辑：

1）复制第一个“1”作为起点。

2）当遇到下一个“1”时，再写一个“1”。

3）写一个“0”。

4）当遇到下一个“1”时，再写一个“0”。

5）写一个“1”。

6）返回第二步。

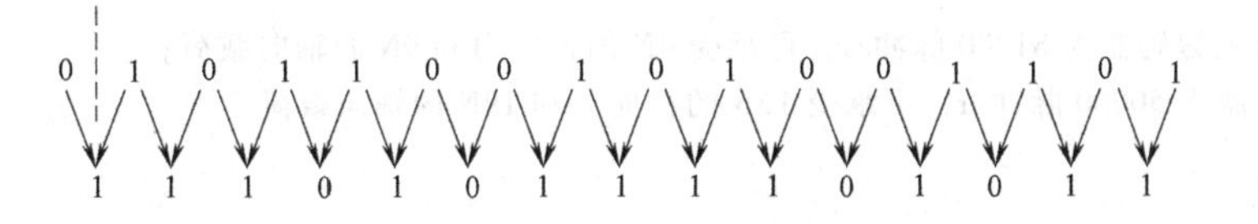

图 4.3.6　用“异或”规则实现标准二进制码到格雷二进制的转换

尽管看起来绝对编码器的输出很复杂，但它最主要的优点是它的角位置（从 0~360°）总是知道的，即使从最初的上电开始。同时绝对编码器也不需要使用外部电子装置。然而，当大于一转时，如需要决定丝杠的旋转量，仍然需要一跟踪满转的外部计数器。它们的主要不足是不能使用插补技术和正交技术来增加其精确度。

[9]　“同或”的定义是：如果两个位是相同的，结果就是“0”；反之则为“1”。

4.3.3 衍射光栅和编码器[10]

普通的光学编码器受限于分辨率，因为为了增加分辨率需要将刻度线做得较窄，而此时会增加衍射效应致使光敏二极管的信噪比（信号噪音比 signal-to-noise ratio）较低。刻度线间距因衍射效应而被局限至约 125 格/mm。由于线宽受限，普通编码器要提高分辨率不得不增大直径，这就增大了编码器的惯性，也给安装带来了很多困难，然而，较大的编码器直径降低了由轴的径向运动带来的周期误差。如果盘上刻度线间距和光栅变得很细密，那么当光通过时就会发生衍射。不同级的衍射光将会在其中间发生相变。因此，如果它们可以用来干涉，合成条纹就会聚集于光敏二极管上产生方波或正弦波的输出[11]。这种现象可用于旋转编码器和线性编码器的设计中。生产光栅的花费会比较多，但是编码器的分辨率可以增强一到两级。接下来的部分将讨论小型编码器的设计，称为激光旋转编码器，也是用的这种方法。激光旋转编码器如图 4.3.7 和图 4.3.8 所示。有两种类型的信号输出：一种类型的输出是纯正弦波和余弦波，其允许通过 4 倍的插补和 4 倍的正交相乘得到总的分辨率为每转 1296000（1 弧秒）；另一种类型的输出是方波，用正交逻辑可得到每转 324000（19.4μrad）。

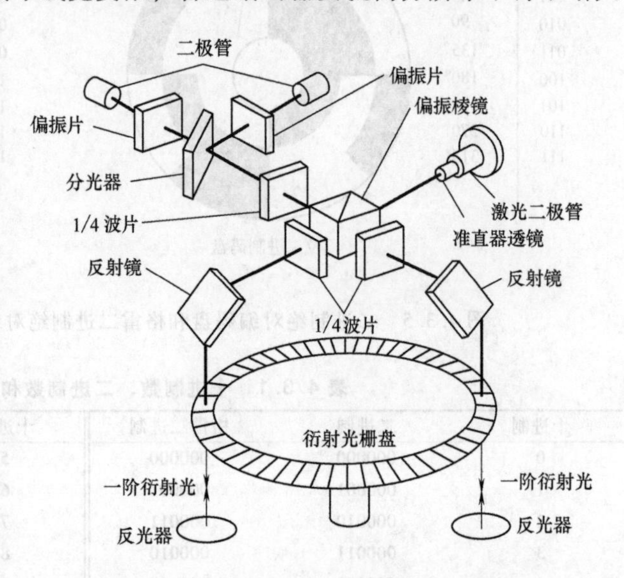

图 4.3.7 佳能激光旋转编码器的工作原理
（美国佳能公司许可）

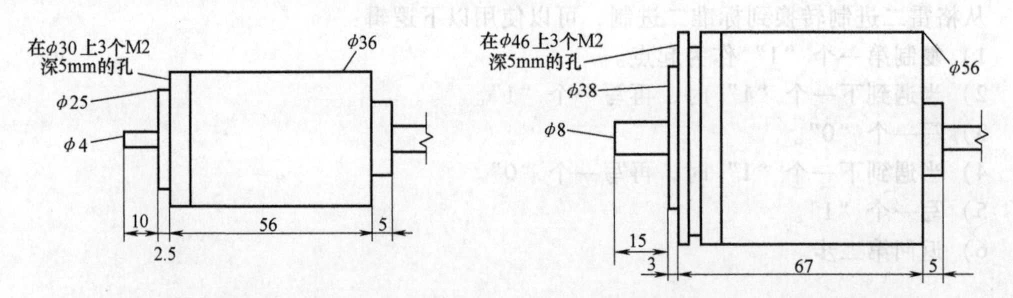

图 4.3.8 左图的激光编码器为 81000 脉冲/r，可承受 4N 的径向力和 9N 的轴向载荷；
右图激光编码器为 50000 脉冲/r，可承受 15N 的径向力和 19N 的轴向载荷

旋转角度的检测机构[12]

由衍射光栅衍射的光波的相位通过光栅的运动而变化[13]，原理如图 4.3.9 所示。一激光束

---

[10] 本节主要由美国佳能公司的 Katsuji Takasu 博士完成。

[11] 参见 J. Burch, The Metrological Applications of Diffraction Gratings, in Progress in Optics, E. Wolf (ed.), John wiley&Sons, NEW York, 1963.

[12] 想了解更多参阅：T. Nishimura and K. Ishizuka, Laser Rotary Encoders, Motion, July/Aug. and Sept./Oct., 1986.

[13] 参阅：K. Matsumoto, Method for Optical Detection and/or Measurement of Movement of a Diffraction Gating, U.S. Patent 3726595, 1973; F. A Jenkins and H. E. White, Fundamentals of Optics, McGraw-Hill Book Co., New York, 1981, pp. 355-377.

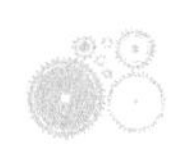

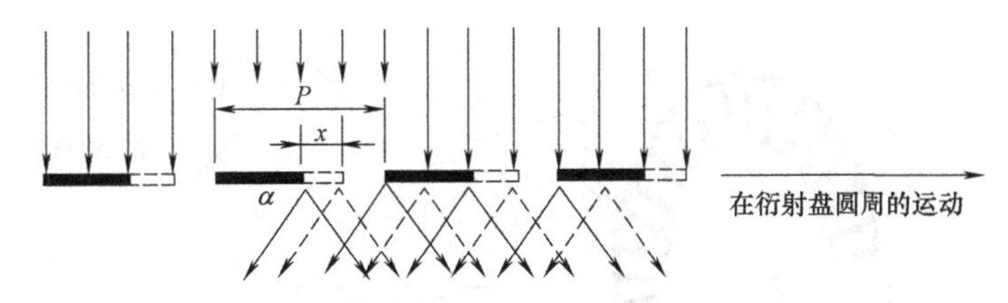

图 4.3.9 通过激光编码器衍射盘的光路（美国佳能公司许可）

照射到光栅上，在光栅的四周周期性地放置许多缝隙。给光栅一位移量 x，则角度为 α 的衍射光的光程变化为

$$\Delta l(x)=x\sin\alpha \tag{4.3.2}$$

代入衍射方程得

$$P\sin\alpha=m\lambda\,(m\text{ 为衍射级数}) \tag{4.3.3}$$

式中，P 是狭缝前缘之间的距离；λ 是波长。

将式（4.3.3）代入式（4.3.2）得

$$\Delta l(x)=m\lambda x/P \tag{4.3.4}$$

光栅运动引起第 m 阶衍射光的相变为

$$\Delta\phi(x)=\Delta l(x)2\pi/\lambda=2m\pi x/P \tag{4.3.5}$$

如果光栅移动 P，一阶衍射光波的相变为 2π。

下面考虑一下被圆周上有 N 条缝隙的光栅盘衍射的光波的相位变化，如图 4.3.10 所示。盘上狭缝的每个间隔对应一个弧度角 ϕ_P，其表示为

$$\phi_P=2\pi/N \tag{4.3.6}$$

狭缝图案的半径为 r，每个间隔对应的弧长 P_r 可表示为

$$P_r=r\phi_P=2\pi r/N \tag{4.3.7}$$

当光栅旋转一角度 θ 时，狭缝在半径 r 下的运动变成 P_r，与之相对应的 m 阶衍射光波的相变 $\Delta\phi(\theta)$ 可通过下列替换得到，即把 $x=r\theta$ 和 $P=P_r$ 代入式（4.3.5）中，可得

$$\Delta\phi(\theta)=2m\pi r\theta/P_r=mN\theta \tag{4.3.8}$$

例如，当光栅盘旋转 2π 弧度时，则一阶衍射光波的相变为 $2N\pi$ 弧度。

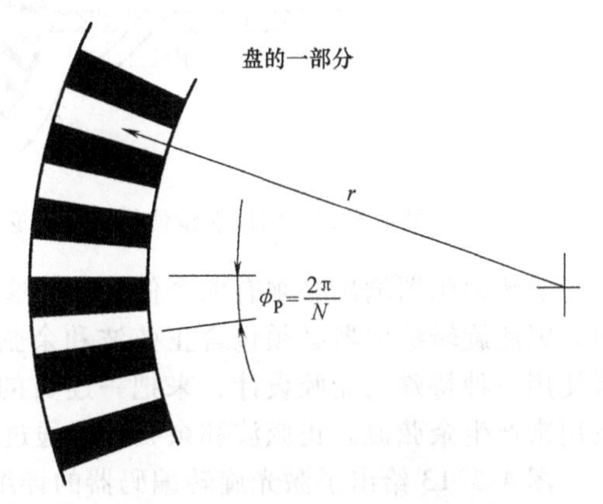

图 4.3.10 激光旋转编码器盘的几何形状（美国佳能公司许可）

式（4.3.8）表明光栅盘的旋转角度可通过测量衍射光波的相变计算得到。一般情况下，两光波的相对相变的测量可以由两光波产生的干涉强度得到。图 4.3.11 阐述了这种方法。因此两光束的相位和干涉模型的强度可通过光栅盘的旋转来调整。来自于两个一阶衍射波的干涉模型强度为

$$I(\theta)=\left|e^{i(\omega t+\phi_0-N\theta)}+e^{i(\omega t+\phi_0+N\theta)}\right|^2=2\{1+\cos(2N\theta)\} \tag{4.3.9}$$

式中，ω 是激光的角频率；ϕ 是一个恒相角，其仅取决于激光管和光电传感器之间的光程。式（4.3.9）表明混合光波的强度可由一周期为 $2\pi/2N$ 弧度的余弦波表示。因此光栅盘的一次旋转可产生 $2N$ 个脉冲信号。

如果用反射镜把衍射的激光反射回光栅盘，如图 4.3.12 所示，则混合光波的相变加倍，即

$$I(\theta)=\left|e^{i(\omega t+\phi_0-2N\theta)}+e^{i(\omega t+\phi_0+2N\theta)}\right|^2=2\{1+\cos(4N\theta)\} \tag{4.3.10}$$

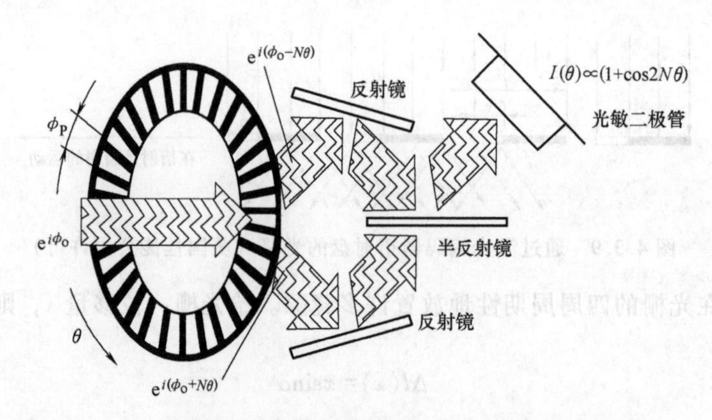

图 4.3.11　一阶衍射光的组合形成余弦波（美国佳能公司许可）

因此检测到的信号脉冲数为盘上狭缝数的 4 倍。

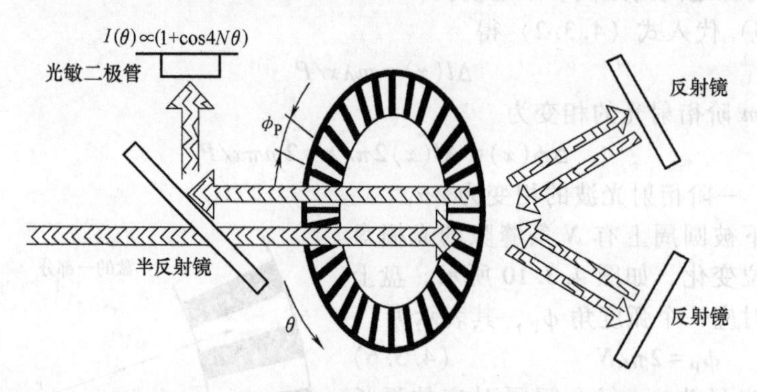

图 4.3.12　用反射镜使衍射光波返回光栅来增加分辨率（美国佳能公司许可）

旋转编码器输出必须有两个信号，且这两个信号的相位要相差 90°，目的是决定旋转的方向。因此旋转编码器必须包含正弦波和余弦波两种输出。为了满足此种需要，激光旋转编码器使用一种特殊的光腔设计，来把一连贯的激光束分成两束光：一束用来产生正弦波，另一束用来产生余弦波。正弦波和余弦波可通过插值来增加分辨率。

图 4.3.13 给出了激光旋转编码器的详细结构，其工作原理如下：

1）从激光二极管发出的平行的平面偏振光通过一偏振光束分离器，此分离器把光分为两垂直分量（$\boldsymbol{E}_X$ 和 $\boldsymbol{E}_Y$）。一个分量通过后继续直线前进，另一个被转向右方；一半光进入存储单元 M1，另一半光进入存储单元 M2。

2）这两束光都直接通过盘上的光栅，在光栅中光被衍射并沿着它的路径反射回盘上。

3）$\boldsymbol{E}_X$（M1）和 $\boldsymbol{E}_Y$（M2）光束分别两次通过 1/4 波片，这样使它们的各自的偏振角旋转 90°。原来通过棱镜内部反射的光束现在变成直接通过，而原来直接通过的光束现在变成内部反射。因此两光束从棱镜中成一条直线。然而，这两光束成 180° 的异向，这等同于一个 $\cos\theta$ 和一个（$-\cos\theta$）。为了获得余弦波和正弦波，光束要通过一个 1/4 波片，其可使 $\boldsymbol{E}_Y$（$\cos\theta$）和 $\boldsymbol{E}_X$（$-\cos\theta$）光束的相对相位改变 90°。

4）现在光束通过一光束分离器，这把两光束 50% 的光分离到两个垂直方向上。从两光束中发出的光通过偏振板，使得只有 $\boldsymbol{E}_Y$（$\cos\theta$）和 $\boldsymbol{E}_Y$（$\sin\theta$）光束通过各自的二极管。然后，这两个二极管产生模拟的正弦波和余弦波来进行插补和正交。正弦和余弦信号用来决定盘上刻度间的位置。其中正弦波的分辨率很低（0，π，2π，…），而余弦波提供高的分辨率，反之亦然。然而需注意的是假定条件是强度恒定。

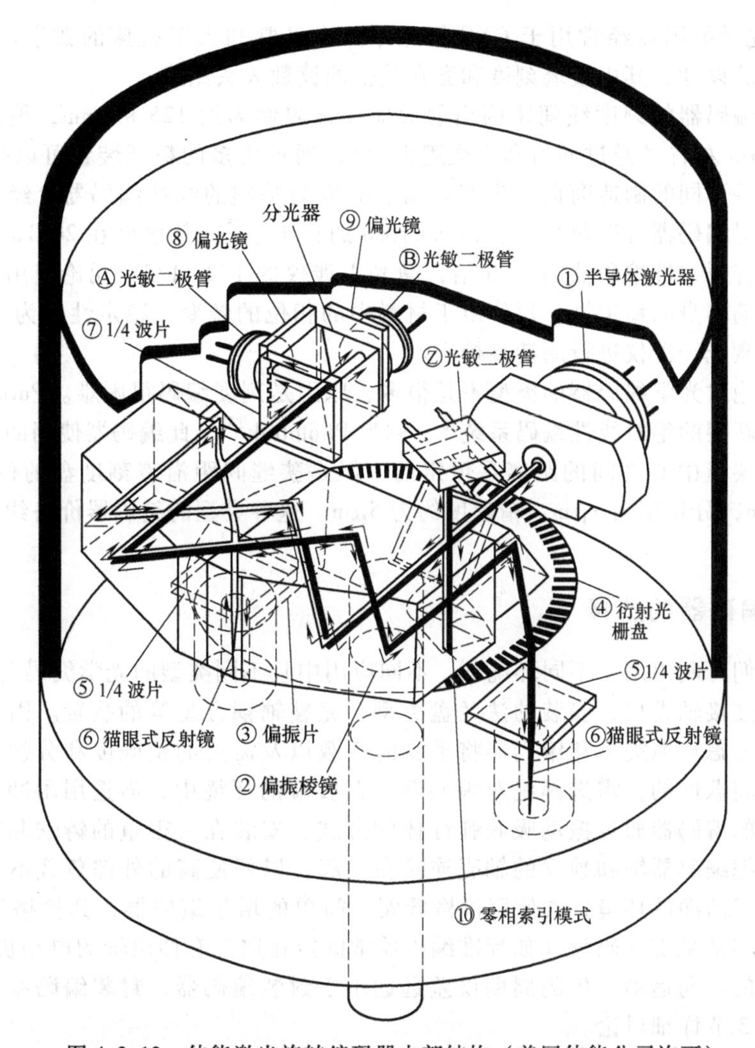

图 4.3.13 佳能激光旋转编码器内部结构（美国佳能公司许可）

现在许多高分辨率的编码器使用衍射光来增加分辨率。现已发展的一项新的技术可使编码器对污染物和表头与磁盘间的相对调平有很低的灵敏性。输出形成了三个相角成 $2\pi/3$ 的信号（R，S，T），通过这些信号本身就可以确定光的强度，这就大大增强了正弦波和余弦波插补的精确性。因此，微米级以下的测量可以通过普通的线性编码器刻度和改进的读数头来实现[14]。

4.3.4 线性编码器

线性编码器的构成与旋转增量编码器使用的是相同的光电逻辑，只是机械构成不同而已。刻度的调整、光源和光敏二极管是至关重要的，原因在于大多数电子插值方式都假设光强是恒定的，因此许多型号必不可少要有整体支撑装置，使它们看起来像一个盒子，且盒子上带有突出的可移动插棒。正因为如此，这对于在精密机床上长时间的行进来说就不实用了，因此，一些制造商提出了线性刻度和活动读数表头，其在外观和安装方面类似于磁尺（如图

[14] M. Hercher and G. Wyntjes, Fine Measurements with Coarse Scales, 1989 Joint ASPE Annu. Meet. & Int. Precis. Eng. Symp., Monterey, CA, preprint pp. 86-92. Optra 公司的专利，其地址：Cherry Hill Park，66 Cherry Hill Drive，Beverly，MA 01915-1065.

3.2.21)。线性光学编码器经常用于 CNC 机床中，也经常和人工机床的数字读出配合使用，也可得到无外壳的设计，其由玻璃刻度和套在其上的读数表头组成。

传统的线性编码器的刻度线间距因衍射效应而被限制为约 125 格/mm，编码器的分辨率一般限制为 0.2μm 左右（经过插值和正交逻辑后），通过更多的精巧装置可以得到 0.1μm 的分辨率。现在一些不同的制造商们正生产以衍射效应为基础的线性编码器。经过插值和正交倍乘后，线性衍射编码器可以很容易达到 0.01μm 的分辨率[15]。精确度在 20℃ 时约为 3×10^{-6}，且它们的价格是普通线性编码器的 2~3 倍，激光干涉仪的 1/2~1/3。无论使用哪种刻度，人们都需要注意玻璃本身的稳定性，每年由于材料中的相位的转变，稳定性仅为 $1/10^6 \sim 1/10^7$，然而刻度可通过激光干涉仪进行周期性校准。

已有的线性绝对光学编码器的类型不是很多，原因是刻度编码很困难。Parker Hannifin 公司已开发了一种新型的绝对线性编码系统[16]，称为 Phototrak™，此编码器使用的是不锈钢刻度盘上的狭缝对。狭缝中心之间的距离是恒定的，但是狭缝间距沿着刻度盘的位置是不同的。最大的范围约 2m，分辨率为 1μm，精确度约为 5μm。这种类型的编码器价格约为增量编码器的 2 倍。

4.3.5 光学编码器的选择

许多制造商们可制出用于不同环境下、不同应用中且不同类型的光学编码器[17]。事实上可得到需要的任何连接轴类型、安装的法兰盘类型、完整轴耦合型等的装置。因此当选择光学编码器时，需要考虑环境类型和编码器将承受的负载以及需要的精确度和分辨率。如果装置的运行缓慢或是间歇性的，需选择绝对编码器。在极端的环境中，需选用耐冲击的型号。用在耐冲击情况下的编码器通过振动吸收弹性体的方式，安装在一很重的铸铁和铝壳内部。用一柔性的联轴器把编码器轴和独立的轴壳连接在一起，以便使高的外部负载不会传到灵敏的编码器轴上。对于洁净的环境，常使用价格低廉、简单的增量编码器，其价格低于 $100，它利用机床的轴承和轴来支撑码盘（如标准编码器常固定在尾部有伸出轴的电动机上）。注意标准编码器中由轴的径向运动产生的周期误差远远小于封装编码器，封装编码器必须和装置轴连接，这将在 5.3 节详细讨论。

光学编码器的典型特征

以下关于光学编码器特征的概述仅是一般的总结而已，制造商们总是不断地更新他们的技术，因此这种一般性的概述绝不可当成真理。进一步需要注意的是：精确度和重复性常取决于传感器的安装方式，这是非常重要的。参考第 5 章传感器安装的详细论述。

尺寸：旋转增量型：最小的从直径 12mm、长 12mm、分辨率为 8 位的小型编码器，到直径 65mm、长 65mm、平均分辨率为 12 位的型号，再到直径 150mm、长 150mm 或直径 170mm、长 50mm、分辨率为弧秒的编码器。旋转绝对型：从直径 65mm、长 75mm、平均分辨率为 12 位的型号到直径 110mm、长 130mm、分辨率为 16 位的型号。激光编码器直径为 36mm、长为 50mm。线性编码器的尺寸大小等同于 Magnescales™。

价格：旋转型：从价值 $100 安装在电动机轴上的标准编码器，到价值 $250、平均分辨率为 12 位的增量编码器，到价值 $500、分辨率为 12 位的绝对编码器，到价值 $6300、分辨率为 20 位（1 弧秒）的编码器，到价值 $10000、分辨率为 23 位的编码器。激光旋转编码器的价格为 $

15 参阅：A. Teimel, Technology and Application of Grating Interferometers in High Precision Measurement, Progress in Precision Engineering, P. Seyfried, et al. (Eds.), Springer-Verlag, New York, 1991, pp. 15-30.

16 参阅：B. Hassler A New Absolute Linear Position Encoding Technology, Motion, Nov./Dec. 1990, pp. 3-8.

17 参阅：G. Avolio, Encoders, Resolvers, Digitizers, Meas. Control, Sept. 1986, pp. 232-245.

2000，线性编码器约为 $500。普通线性编码器是通过和 Magnescales™ 比较定价的。

测量范围： 旋转增量编码器没有旋转约束。绝对编码器的旋转范围为 10 圈。玻璃刻度的线性编码器的范围为 3m，使用不锈钢反射型刻度，实际上可生产出任意长度的刻度。

精确度： 其很大程度上取决于编码器与轴的连接方法。旋转型：对于普通的编码器，精确度为重复性的一半。分辨率为 22 位的大型增量编码器，精确度可达 5μrad。激光编码器在一圈中的累积误差约为 73μrad（15 弧秒）。线性型通常是 1μm，有一些编码器精确度可达 1/4μm。

重复性： 旋转型大多数约是编码器分辨率的一半。22 位分辨率的增量编码器可有 2.5μrad 的重复度。激光编码器的重复度约为 10μrad（2 弧秒）。线性型普通编码器主要为 1/2μm，一些类型可达 1/4μm，线性衍射编码器的重复度可达 0.05μm。

分辨率： 旋转型：分辨率达 10 位的任一独立类型的编码器的价格是相对恒定的。分辨率为 12 位的增量编码器和绝对编码器是非常普通的。绝对编码器的最高分辨率为 16 位。采用 25 倍插值和 4 倍乘，一些增量编码器可得到超过每转（24 位）10^7 次计数。激光编码器通过正交逻辑（4 倍乘）可达每转计数 324000 次，通过 4 倍插值和 4 倍乘可达到每转 1296000 次计数，传统的线性编码器的典型分辨率为 1/2μm，而有一些装置的分辨率为 0.1μm。期待在不远的将来分辨率可达到纳米甚至到埃。

环境因素对精确度的影响： 热梯度可导致编码器的差动膨胀并影响内部元件的排列。特殊的组成可有利于平衡热膨胀并减轻对精确度的影响。一般情况下，热效应对机床而言意义重大。

寿命： 取决于环境和外壳、轴承及密封处的机械设计。普通轴可达 10^7 循环，然而，随着机械系统的磨损，精度可能降低。

频率响应： 旋转型：典型型号可允许轴的机械转速为 4000~10000r/min，为防止丢失计数，允许的转速取决于使用的电子装置，因此，一个 8MHz 的脉冲计数系统可接受每秒 800000 的计数。对于 12 位的编码器，其与 11700r/min 的轴速相一致。线性编码器的最大速度为 0.5~1m/s。

起动转矩和起动力： 旋转型：在清洁空间运行的非密封型不使用密封装置，装置轴承的起动转矩非常小（<0.1N · cm）。在潮湿环境中运行类型的起动转矩约为 1~5N · cm。没有密封的线性型没有起动力，然而，有密封的类型可能会有 1/2~1N 的起动力。

允许的运行环境： 对于大多数类型运行温度可从 0~50℃，而用于特殊类型的其温度范围可从 250°K 到 80℃变化。精密系统应在 20℃（68°F）以下运行。

耐冲击性和振动性能： 典型地 10ms 可承受 50g 的冲击。对于 10g 的振动，频率可达 2000Hz。

偏移误差： 旋转型：偏移不会影响整体的计数，但会影响线性输出。线性型：偏移会导致与偏移余弦成正比的误差。

所需电子装置： 需要从±5V±5%到 24V±5%的直流电源。一个两路正交差分接口价格约为 $100。对于 5 倍插值电子装置价格为 $400，而 25 倍插值电子装置价格为 $900。

4.4 光纤传感器[18]

光在光纤中的传播利用的是全反射原理。光在介质界面上入射，如果入射角比临界角大，

[18] 要想了解更多关于光纤的物理性能，参阅：H. Haus，Waves and Fields in Optoelectronics，Prentice Hall，Englewood Cliffs，NJ，1984. 通过使用一个发光二极管 LED、光纤导线和电荷耦合装置 CCD，就可以制成光纤位移传感器。关于零部件和组件的详细信息，请与 3M 公司的市场调度员联系，地址：420 Frontage Road，West Haven，CT 06516。也可以到 MTI 仪器处了解信息，地址：968 Albany-Shaker Rd.，Latham，NY 12110。

则光将发生全反射。如图 4.4.1 所示，当光纤的折射率和镀层的比率恰当时，就可满足条件。此比率也控制着光纤捕获光源的效率。从光源发出的光越平行，光纤传播的光越多。可接受的圆锥角被称为数值孔径，其值为

$$\theta=\arcsin(n_1^2-n_2^2) \tag{4.4.1}$$

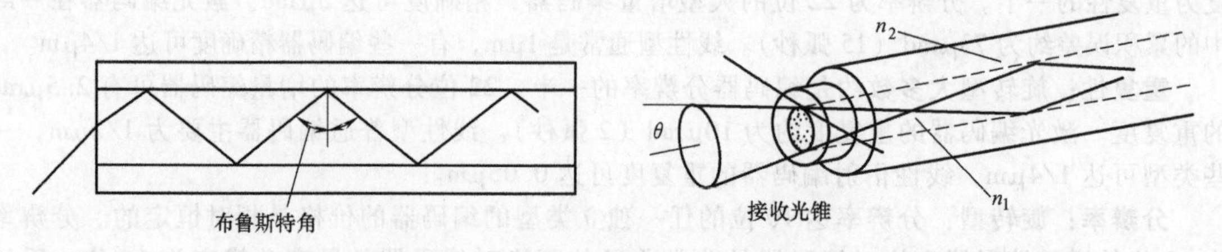

图 4.4.1　光在光纤中传播（3M 公司许可）

此处所关注的这种类型的多态光纤有多层结构，如图 4.4.2 所示，多层结构对光缆起到保护和支撑作用。通过它的光传播效率可以简单测量光纤的等级，在独立的纤维中也暴露出缺点。在通信工程中，需要超高效率来使昂贵的放大站的数量最少，而此站的作用是传播远距离的信号。

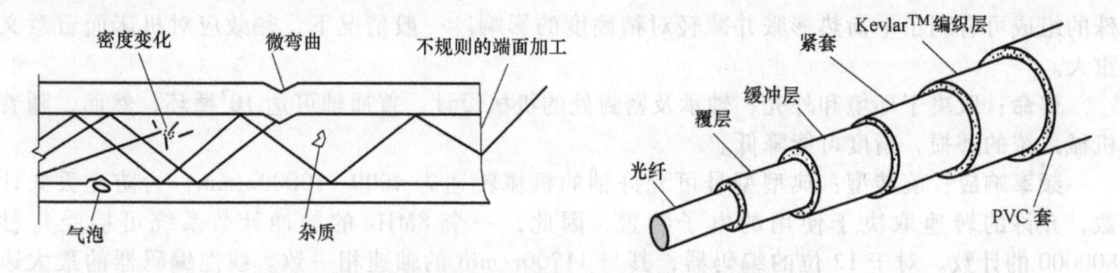

图 4.4.2　光纤线缆的结构和典型缺陷（3M 公司许可）

反射光纤的探头结构基本上有三种：半球形的、随机的和光纤对，如图 4.4.3 所示。反射曲线的峰前倾斜度取决于在距表面非常近的光纤，随着距离的增长，峰后倾斜度变成 $1/R^2$ 曲线。分支线有一个公共端，另一端被均匀地分为两个分支，如图 4.4.4 所示。分支线用来感应物体反射光的强度，分配端的一支发射光，另一支接受光。这是一个用来获得远距离测量性能的普遍的布置方法，如图 4.4.3 所示曲线。图 4.4.3 所示的任一种类型的探头都可用来测量距离，且所用探头的类型取决于需要的精确度。随机捆绑的线束用在光缆任一端的纤维布置是无序的，许多光电光纤传感器使用的是这样的无序捆绑方式。

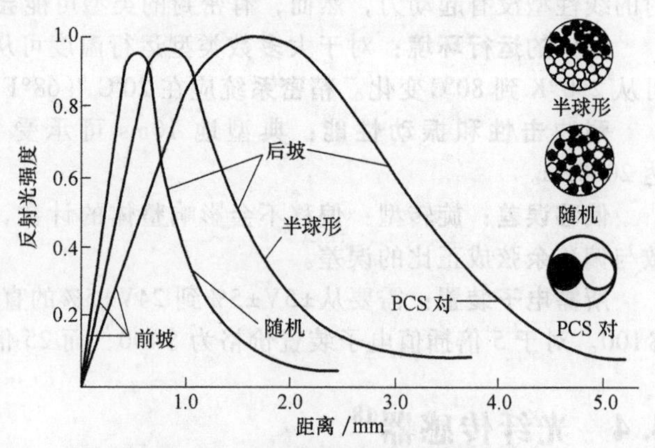

图 4.4.3　三种类型的反射光纤探头的综合性能特征（3M 公司许可）

目标与包含光源和接收纤维的光纤束表面的距离可以通过感应到的反射光强度来决定[19]。当传感器与表面靠得太近，光不能被反射进入接收纤维中，将发生峰前倾向

[19] 参阅：Giallorenzi et al., Optical Fiber Sensor Technology, IEEE J. Quantum Electron., Vol. QE-18, No. 4, 1982, pp. 626-665.

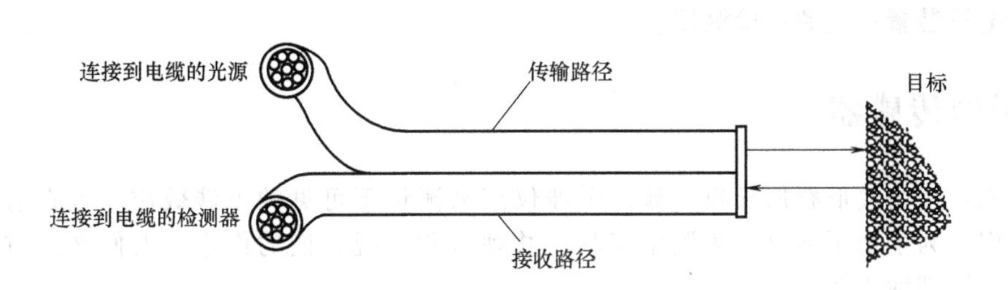

图 4.4.4　用在反射扫描模式下的分叉探针（3M 公司许可）

的现象，如图 4.4.3 所示。接收纤维把反射光传播到光敏二极管来测量光强。当传感器继续远离表面时，在接收纤维平面的反射光束的横截面区域会增长使得光强下降。理想情况下，传感器的性能是纤维束的横截面几何形状、光照出射角和离表面距离的函数。倾斜或表面的污物会很快使分辨率下降。对于七纤维线束，用 12 位的分辨率测量 1mm 的范围是可能的。

光纤是传播信号的理想介质，因为它们不受电磁干扰。此外，光纤传感器的典型之处是其重量很轻且能承受 100g 甚至更大的冲击载荷。工作的温度范围仅受用于构成光纤的保护膜和环氧树脂的温度极限的限制。一些光纤传感器可在 200~400℃ 的温度范围内工作。相对比之下，大多数光电传感器的最大运行温度仅为 100℃。由于全反射的原理不受光纤一般弯曲的影响，因此，光纤可以扩大光源及传感器的应用范围，使它们到达一些难以触及的地方，如人体内部。并且，它们可用来测量穿过光纤自身的传播光的物理特性的改变（如干涉计）。

光纤位移传感器的典型特征

以下关于光纤传感器的特征仅是一般的总结而已，需要注意的是制造商们总是不断地提高他们的技术，因此这种一般性描述绝不能当作真理。

尺寸：光纤直径可小到 1.0mm，但一般为 3~5mm。

价格：从 $100~ $1000 或更多，这取决于传感器的类型。

测量范围：接近传感器可以测量几米，而测量小位移时可小到几毫米。

精确度（线性度）：对于以洁净反射面为标准的距离传感器而言，精确度可达满量程的 0.1%。

重复性：高度依赖于环境条件，一般约为满刻度的 0.05%。

分辨率：如果光纤很小且与物体保持很近的距离，可得到 0.1μm 的分辨率，更加典型的光纤传感器将得到 10μm 的分辨率和 1~5mm 的测量范围。

环境因素对精确度的影响：几乎完全依赖于传感器要测量表面的环境的影响。被测物体表面的灰尘会降低光纤传感器的性能，因此，需要安装空气清洁器，用于检验反射信号强度的光敏二极管要处在受保护的环境中。

寿命：探头是非接触的，因此，如果导线不疲劳，则寿命将是无限的。

频率响应（-3dB）：高达 10kHz，取决于检测返回信号的光敏二极管。

起动力：光纤传感器是非接触的，因此探头和感应表面间不存在任何作用力。但对任何传感器，光缆的弯曲力在一些场合需要加以考虑。

允许的运行环境：为了保持探头表面的精确度，感应表面应保持清洁。探头工作温度可以在 200~400℃ 范围内变化。然而，光源和光敏二极管必须远离这些极端温度区域。光纤绝对不可以单独地暴露在潮湿的空气中，否则，它们最终会因为这点疏忽而被腐蚀。

耐冲击性：大约为 100g。

偏移误差：探头和被测物之间的变化角可直接由探头测得，因此，如果被测物随探头变换及旋转，则需要复合的校准传感器。

所需电子装置：光源和检测器。

4.5 干涉传感器

两个或更多的波形叠加导致干涉，干涉仪用来测量不可见的干涉效应。现在有许多种干涉仪在使用。为了把干涉仪作为测量工具，并理解和重视它们的作用，人们必须首先理解波和光的基本物理性质[20]。

1. 有相同频率、振幅及速度的波的干涉

假设两列波以相等的振幅、频率及速度沿同一方向传播，但其中一列波相对另一列波滞后一相角 ϕ，则

$$Y_1=A\sin(kx-\omega t-\phi) \tag{4.5.1}$$

$$Y_2=A\sin(kx-\omega t) \tag{4.5.2}$$

相角的物理意义是在任一瞬间 t，如果比较两列波，一列波将会沿 X 轴偏移一恒定的距离 ϕ/k。常数 k 与波长 λ 成反比：$k=2\pi/\lambda$。在任一点 x，一列波会出现相对于另一列波在时间上滞后 ϕ/ω 的现象。如果两列波叠加，合成波形的方程为[21]：

$$Y=2A\cos\left(\frac{\phi}{2}\right)\sin\left(kx-\omega t-\frac{\phi}{2}\right) \tag{4.5.3}$$

合成波与原始波有相等的频率。当相角 ϕ 为零时，合成的振幅是原始波形的2倍，产生了波形加强现象；当相角 ϕ 是180°时，任一处合成的振幅都等于零，产生了波形相消现象。

当两列波以不同的路径到达同一点时（例如，第一束光作为标准，第二束光从被测物上反射），如果它们从反射镜出发再返回反射镜的光程差为0，λ，2λ，3λ，…，将发生干涉加强，与之相应的相角改变为0，2π，4π，6π，…。另一方面，当光程差为 $\lambda/2$，$3\lambda/2$，$5\lambda/2$，$7\lambda/2$，…时，会发生干涉相消，与之相应的相变为0，3π，5π，7π，…。

所有的波产生的上述现象，可以想象成振动弦和石子落在池塘中所形成的波。如果可以产生一个非常稳定的、高频的、明显的波形，且用某种方法来制造一个测量引发波形干涉的过程，通过改变相角，应该有一个测量该过程非常稳定及精确的方法。当相角改变时，可以看到亮暗条纹在视野中移动。在早期的仪器设计者观察大自然的干涉时会不会也有相同的想法呢？

2. 多普勒效应

当你沿着公路行走，听见车发出升高或降低的喇叭声时，声波会相应的增大或减小，这种现象就是众所周知的多普勒效应。多普勒雷达（用于检测速率）的工作原理与此相同。普通的雷达发射射频脉冲并测量回声返回的时间，因此它可以定向地感应波束传播路径中的物体。多普勒雷达取决于检测移动物体的频率变化，因此它仅可检测移动的物体。

正如图4.5.1所示，激光也可用作定向的稳定频源，激光束发射到反射器，反射器把入射光束反射成与光源平行的光，并在侧面转变到反射器自身。以速度 v_R 运动的反射器在反射光时，会拉伸光束（光束的波长为 λ_o，频率为 f_o）。检波器可利用这种现象产生的效应来决定反射器已运动的距离。

如果在空间中固定光源（如激光），而后在时间间隔 t 内，被测物（如反射器）会接收以速度 v_L 运动，且波长为 λ_o（m/周期）的 $v_L t/\lambda_o$ 波。如果检波器以速度 v_R 朝着激光（通过反

[20] 现在，大部分的工程师都已经忘记了该部分的知识。如果这部分内容被放在附录部分，那么就没有人会去阅读它，而且读者会错过他们本应该知道的知识，因此在这里复习一下。

[21] 回忆三角公式：$\sin\alpha+\sin\beta=2\sin(\alpha/2+\beta/2)\cos(\beta/2-\alpha/2)$。

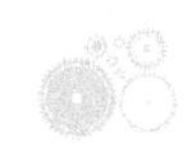

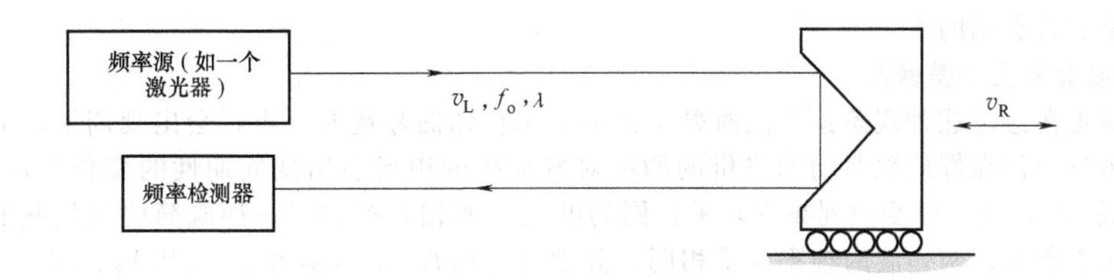

图 4.5.1　通过光束的多普勒变化，利用频源和检测器测量物体的速度

射器）运动，它会在同样的时间间隔 t 内接收 $v_R t/\lambda_o$ 的额外波。检波器观察到的频率 f（周期/s）就是在时间 t 内接收到的波的总数：

$$f=\frac{v_L\frac{t}{\lambda_o}+v_R\frac{t}{\lambda_o}}{t}=\frac{v_L+v_R}{\lambda_o}=\frac{v_L+v_R}{v_L/f_o} \tag{4.5.4}$$

频率的变化是 $f-f_o$。当检波器向着激光运动时，频率变化是正的，而当其远离光源运动时，频率变化是负的：

$$\Delta f=\frac{v_R f_o}{v_L} \tag{4.5.5}$$

如果检波器固定，当激光向检波器移动时，将会产生明显的波长缩短效应。假定激光发射的光的频率为 f_o，然后若激光以速率 v_R 传播，在一个周期内它移动的距离为 v_R/f_o，正是此移动量，使波长 λ_o 在表面看来像是缩短了这个距离量，因此检波器得到的波长为

$$\lambda=\frac{v_L}{f_o}-\frac{v_R}{f_o} \tag{4.5.6}$$

当激光向传感器运动时频率 f 看起来为 v_L/λ，而且似乎还在增加：

$$f=\frac{v_L f_o}{(v_L-v_R)} \tag{4.5.7}$$

当激光朝着检波器运动时，频率改变是正的，而远离检波器时，频率的变化是负的：

$$\Delta f=\frac{v_R f_o}{v_L-v_R} \tag{4.5.8}$$

如果机械部件的速度相对光速很小（如 1m/s 与 3×10^8m/s 相比），那么得到的频率变化的方程为式（4.5.5）。因此由于反射器的靠近或远离检波器而导致的频率的总变化为

$$\Delta f=\frac{2f_o v_R}{v_L} \tag{4.5.9}$$

对于一定的时间间隔 Δt，反射器的移动量是 $\Delta x=v_R\Delta t$，那么合成相变 $\Delta\phi$ 用弧度表示正好为 $2\pi\Delta f\Delta t$。因此反射器移动的距离可通过测量相位得到，且利用它可得到关系为

$$\Delta x=\frac{v_L\Delta\phi}{4\pi f_o}=\frac{\Delta\phi\lambda}{4\pi} \tag{4.5.10}$$

相位检波器可用来测量激光光束之间的相位差，即当它离开激光头和反射回时的相位差，由于 $\Delta\phi$ 的值将会在 0~2π 之间变化，因此必须使用一计数器来跟踪并记录这些分界线的交叉次数。需要强调的是从氦氖激光束中发出的红光波长为 632.8nm，频率 $f_o\approx4.8\times10^{14}$Hz，速度 $v_L\approx3\times10^8$m/s。

多普勒技术的另一种变化形式是利用两对双频率的光束入射到一漫射反射的表面来测量

垂直于光线的运动。这种技术对于检测那些因为温度上升或机械载荷而产生的表面长度的微小变化是非常有用的[22]。

3. 拍现象及外差检测

你是否在意过这种现象：当同时敲击钢琴上两相邻的琴键时，声音会出现周期性的起伏？你是否想过为何靠螺旋桨驱动的飞机的两配对发动机的声音会出现周期性的变化？这些声音就是拍现象[23]，其为检测两列频率几乎相同的波之间的相差提供了一种既简便又精确的方式。如图 4.5.2 所示，两列波的频率几乎相同，分别为 f_1 和 f_2，产生振幅为 Y_1 和 Y_2，即

$$Y_1 = A\cos(2\pi f_1 t) \tag{4.5.11}$$

$$Y_2 = A\cos(2\pi f_2 t) \tag{4.5.12}$$

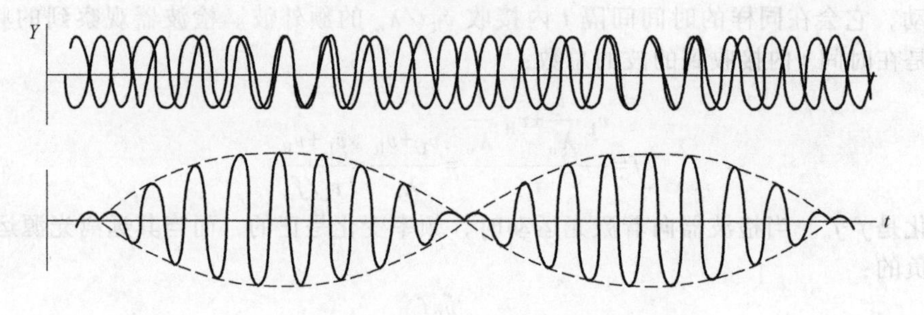

图 4.5.2　两列频率近似相等的波叠加形成拍

当叠加到一起时，Y_1+Y_2 产生

$$Y_{12} = 2A\cos\left(\frac{2\pi(f_2-f_1)t}{2}\right)\cos\left(\frac{2\pi(f_1+f_2)t}{2}\right) \tag{4.5.13}$$

波形的频率等于两频率的平均值，合成波的振幅作为两频率差的函数，并随其变化而变化。

$$f_{\text{waveform}} = \frac{f_2+f_1}{2} \qquad f_{\text{amplitude}} = \frac{f_2-f_1}{2} \tag{4.5.14}$$

当式（4.5.14）等于 1 或 -1 时，都会发生拍（最大振幅）现象。这两个值（1 或 -1）在每个周期中都会发生两次，因此差频是两频率差的一半：$(f_1-f_2)/2$。利用这种基本现象通过波叠加和测量强度波峰的出现，会很容易测得两个很快且几乎不可测其频差的波（如干涉光波）。这种用拍现象来帮助测量两电磁波的频率差的方法称为外差检测[24]。

4. 偏振光的重要性

前些章节中已讨论了为检测目标物体的运动而比较两束光的频率的方法。实际中，这需要使用一参考光束和一测量光束，在出发点两者相位相同且它们波形都排列在相同的平面内。光束很容易处理，然而需要一种方法把它们按独立实体看待，即使当它们沿着共同路径传播。为了保持精度和降低环境产生的误差，用于干涉测量中的各种光学零部件，依赖于沿着从光源到测量区，然后再返回到检波器的共同传播路径的参考光束和测量光束，这将在以后讨论。偏振现象使设计共同路径的目标成为可能。

所有电磁辐射（如无线电波和光）按电磁理论描述都由横向波组成，如图 4.5.3 所示。

22　M. Hercher et al., Non-contact Laser Extensometer, paper presented at OE Lase' 87 Conf. SPIE. Los Angeles, CA, Jan. 1987. 这种装置由 OPTRA 公司制造，公司地址：66 Cherry Hill Dr., Beverly, MA 01915 (617) 921-2100.

23　[illegible] 的钟摆间观察到。参阅，Section 2.7 of L. Meirovitch, Elements of Vibration Analysis, McGraw-Hill Book Co., New York, 1975.

24　"hetero" 意思是"不同的"，而"dyne"（来自希腊语 dynamis）意思是"动态的"。由此"外差检测"就是频率变化（一个动态过程）的检测。

振动电场（$\boldsymbol{E}$）和磁场（$\boldsymbol{B}$）的方向与传播方向成合适的角度。自然光（如从太阳或其他光亮的光源）的 $\boldsymbol{E}$ 和 $\boldsymbol{B}$ 沿着传播方向随机取向，但总是彼此成合适的角度。如果自然光入射到一种具有生产意大利面机器特征的过滤器上，只有与面条平面相平行的合成电场矢量 $\boldsymbol{E}$ 的光分量允许通过，合成的波形如图 4.5.4 所示。这种类型的过滤器称为偏振过滤器[25]，类似于像面条制作机的实际狭缝，偏振过滤器按晶格的原子结构来传播仅在一个平面内的光。注意：如果两偏振片放在彼此的顶部且它们的偏振方向垂直，则无光可通过。穿过两偏振片的光强 I 由 Malus 法则决定[26]：

$$I=I_{o}\cos^{2}\theta \tag{4.5.15}$$

Malus 法则用于确定物质是否是起偏器。如果该物质的两个偏振片放于光源和检测器之间，则穿过两片的光强随着薄片的旋转最终一定会消失。值得注意的是，如果两偏振片之间的角度是 45°，则光强被一分为二。如果你带着偏振镜边看反射的太阳光边摇头，你就会注意到光强的变化[27]。

如图 4.5.4 所示，当两束光的电场分量 $\boldsymbol{E}_{\mathbf{X}}$ 和 $\boldsymbol{E}_{\mathbf{Y}}$ 同相，光的合成矢量 $\boldsymbol{E}$ 就会与 X 轴和 Y 轴成 45°角。任何平面偏振波 $\boldsymbol{E}$ 总会被分解成相互垂直的电场矢量 $\boldsymbol{E}_{\mathbf{X}}$ 和 $\boldsymbol{E}_{\mathbf{Y}}$，当一个波沿着 Z 轴运动时，合成矢量 $\boldsymbol{E}$ 相对于 X 轴和 Y 轴的方向保持不变，但是它的振幅会变成零，然后振幅会向另一个方向增长。因此平面偏振光被认为是 P 态的光。

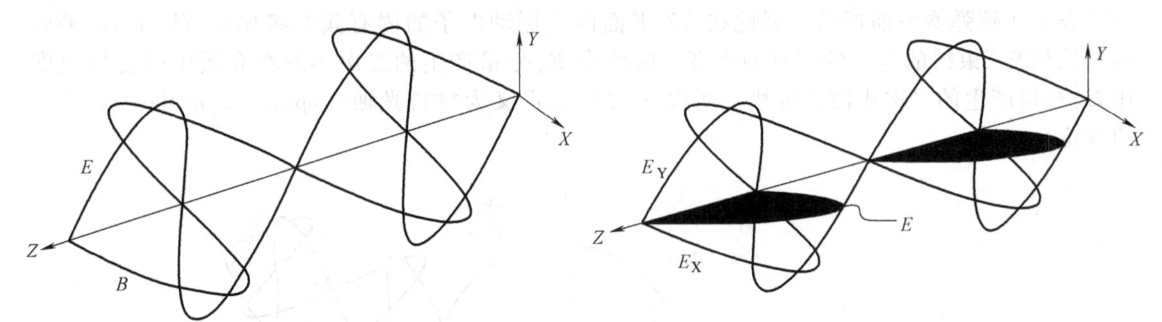

图 4.5.3　由电场矢量（$\boldsymbol{E}$）和磁场矢量（$\boldsymbol{B}$）组成的平面偏振光

图 4.5.4　由两个相互垂直的同相 $\boldsymbol{E}$ 矢量形成的平面偏振光

随着 $\boldsymbol{E}_{\mathbf{X}}$ 和 $\boldsymbol{E}_{\mathbf{Y}}$ 光束相位的相对改变，它们沿着 Z 轴的相对位置会改变，且振幅和合成矢量 $\boldsymbol{E}$ 的方向也会变化。如果它们的振幅相等且 $\boldsymbol{E}_{\mathbf{X}}$ 和 $\boldsymbol{E}_{\mathbf{Y}}$ 光束之间的相位差为 $\phi=\pm\pi/2+2m\pi$，其中 m 是任意正整数，那么 $\boldsymbol{E}$ 矢量的振幅恒定，且其方向不断地改变。因此扫描出一圆圈，这种形式称为圆偏振光。光可以是顺圆偏振（如与 $\boldsymbol{E}$ 矢量顺时针旋转方向一致的 R 态）或逆圆偏振（如 L 态），这取决于 $\pi/2$ 项的符号。事实上，平面偏振光和圆偏振光是椭圆偏振光的衰减形式。

为了在干涉测量中充分利用干涉现象和外差检测，有必要产生并分离两垂直 P 态的光束。

[25] Polaroid 是一种偏振材料片的商业名字。若你有好奇心，可以参阅：J. Walker's The American Scientist in Sci. Am., Dec. 1977.

[26] Malus 法则是由马吕斯（Etienne Louis Malus，1775—1812）于 1809 年在巴黎卢森堡宫观察从窗户反射回的光时发现的。由此可见，把你的注意力关注在周围的世界，而不是在你的耳朵里塞上便携式耳机，是很重要的。

[27] 在 1812 年，大卫·布儒斯特（David Brewster，1781—1868）发现了一个在玻璃或其他绝缘材料（如水、冰、抛光的车体）上的重要入射角，除了偏振成分，光束的所有成分都发生折射（它们进入材料而不反射）。偏振光束的一部分也发生折射，但一些发生反射。布儒斯特发现折射光和反射偏振成分之间的夹角等于 90°。由斯涅尔定律（Snell's law）：$n_1\sin\theta_p=n_2\sin\theta_r$，他推断出这个重要的入射角 $\theta_p=\arctan(n_2/n_1)$。

一束是测量光束，一束是干涉光束，通过得到两束不同频率的垂直P态光，光可以传播到测量点附近，分离，然后当测量光束从被测物返回后再重新组合。然而，在利用外差检测技术可测量相差之前，P态光的偏振角必须重新相等（非正交），这样它们才能相加形成一拍。

产生、分离、重新组合这三个任务都可用有双折射光性质的晶体[28]来完成。双折射晶体的折射率取决于入射光相对于材料光轴[29]的偏振角和频率，因此材料具有光学的各向异性。由$\boldsymbol{E}_\mathbf{X}$和$\boldsymbol{E}_\mathbf{Y}$分量组成的P态光将会被晶体折射且任一分量分裂成两个单独的相互垂直的P态波，其有可能作为具有不同的偏振特征的单独光束出现，例如，ε态。双折射材料很难用于光学零件的大批量生产，因此无论何时，都要在普通晶格（如玻璃）上加上特殊涂层来实现双折射性能。

双折射晶体或特殊涂层如何能辨别不同的偏振光射线呢？答案在于光穿过透明介质的方式。光通过触发并激励物质中的电子而通过透明物质。光电场引发物质电子产生振动，进而产生光波且通过物质并激发其他的电子，这些波称为二次小波。十亿计的小波的叠加产生了光波穿过晶体的效果。电子就像被弹簧束缚在原子核上的小物质一样活动，为了使弹簧的刚度随着方向变化，物质的原子结构需进行特定的排列，这样平面光引起的振动幅度取决于振动平面内弹簧的刚度。因此如果组成小波的分量$\boldsymbol{E}_\mathbf{X}$和$\boldsymbol{E}_\mathbf{Y}$不同，则材料可使光的入射平面发生弯曲（折射）。图4.5.5所示为由软硬弹簧把原子的电子云束缚在原子核的机械模型。$\boldsymbol{E}_\mathbf{X}$电场表示在硬弹簧平面振动，因此在$XZ$平面内的振动电子的固有频率将比在$XY$和$YZ$平面内被软弹簧[30]束缚的电子的固有频率高。因此由$\boldsymbol{E}_\mathbf{X}$分量产生的二次小波在介质中的传播速度比$\boldsymbol{E}_\mathbf{Y}$分量产生的二次小波速度快。所以$X$方向被定义为材料光轴（optic axis of the material）的方位。

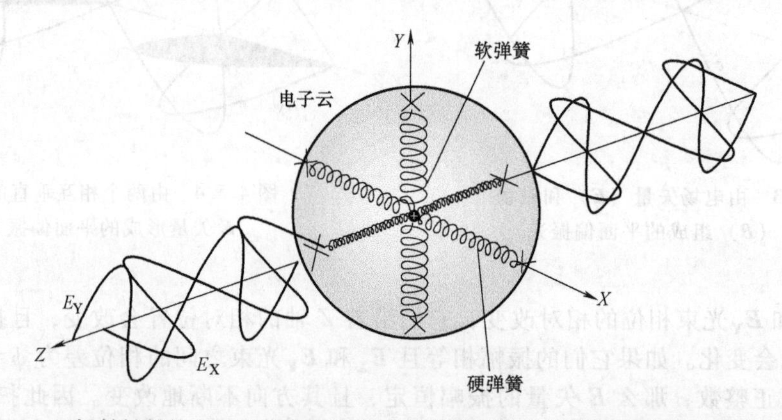

图4.5.5 双折射材料的电子云改变两垂直$\boldsymbol{E}$矢量的相位的机械振动模型（Hecht. 许可）

由$\boldsymbol{E}_\mathbf{X}$和$\boldsymbol{E}_\mathbf{Y}$成分组成的P态光被晶体折射的方式取决于①晶体的形状；②光轴相对于晶体的方位；③光的入射角；④晶体的类型。在双折射晶体上入射的P态光的分量在以下情况下将会发生分散：①晶体的前后表面不平行；②光轴与晶体表面不平行；③入射光与前表面不垂直。这时在晶体上会出现正交偏振状态的两分量，光波总是会被分裂成两个相互垂直的矢量（如$\boldsymbol{E}_\mathbf{X}$和$\boldsymbol{E}_\mathbf{Y}$分量），包括从双折射晶体上出现的$\boldsymbol{E}_\mathbf{X}$和$\boldsymbol{E}_\mathbf{Y}$分量。因此出现的分量被称为普通光线（o光线）和非常[31]光线（e光线）。记住，双折射晶体的折射率的大小取决于光的

[28] [illegible]晶体都是双折射材料。

[29] 不要与透镜的光轴混淆。

[30] 记住：系统的固有频率与刚度和质量的比值成比例。

[31] “Extra”意思是“另外的”，二次波没有什么特别的，只不过它相对于一次波是垂直偏振。

偏振角。两种光线的折射率分别为 n_o和 n_e。当 P 态光与双折射晶体发生碰撞时，通过考虑上述三个准则，可设计出不同的晶体形状使 P 态光满足所有需求。单独或组合的棱镜，与适当向光束倾斜的钢板一起可把光偏振为沿相同路径传播的垂直成分。

光也可以在没有分离只是改变偏振状态的情况下穿过双折射物质。例如，假设两平行表面的晶体且光轴与这两表面平行。同时也假设 P 态光垂直入射到晶体光轴上。晶体的 $\boldsymbol{E}_{\mathrm{X}}$分量的平面与硬弹簧成一条直线，且 $\boldsymbol{E}_{\mathrm{Y}}$分量的平面与软弹簧成一条线。$\boldsymbol{E}_{\mathrm{X}}$分量穿过介质的速度比 $\boldsymbol{E}_{\mathrm{Y}}$分量快得多。由于光与光轴正交，$\boldsymbol{E}_{\mathrm{X}}$和 $\boldsymbol{E}_{\mathrm{Y}}$分量将以相同的路径直接通过物质而并不被折射，然而，$\boldsymbol{E}_{\mathrm{Y}}$分量的运动相对 $\boldsymbol{E}_{\mathrm{X}}$分量的运动会发生减速，从而导致 $\boldsymbol{E}_{\mathrm{X}}$和 $\boldsymbol{E}_{\mathrm{Y}}$分量产生相对的相变，因此会改变偏振角。

因此双折射物质可有选择性的改变光的偏振角。当材料的厚度正好时，会导致 $\boldsymbol{E}_{\mathrm{X}}$和 $\boldsymbol{E}_{\mathrm{Y}}$分量成 90°的相位差，从而改变偏振角：

$$d=\frac{(4m+1)\lambda_o}{4|n_o-n_e|}\qquad m=0,1,2,3,\cdots \tag{4.5.16}$$

这会导致光从 P 态向 R 态或 L 态转变，平面偏振光现在就变成圆偏振光了。因此导致这种效应的光学分量称为 1/4 波片。

当光通过第二个 1/4 波片时，发生了又一次 90°的相位转移，而且 R 态或 L 态就会转化为一个垂直于光束原始 P 状态的 P 状态。这种方式改变了测量光束的偏振角，因此它就可以与参考光束发生干涉。既可以使测量光束通过半波片两次，又可以只通过一次。半波片的厚度为

$$d=\frac{(2m+1)\lambda_o}{2(n_o-n_e)}\qquad m=0,1,2,3,\cdots \tag{4.5.17}$$

光学部件的制造商可以实施严格的质量控制程序，然而，如果用户不能谨慎的保持所要求的入射角，那么偏振状态就会发生轻微的改变。这会引起测量光束和参考光束产生轻微的振幅变化，以及它们间的偏振泄露和混频。这些效应使应用于外差检测程序的整个混合波形的失真增大。因此，在安装调节一套激光干涉测量系统时注意细节很重要。之所以选择干涉测量是因为它可以测量亚微米级，而这个数量级，大多数工程师是不能凭直觉得到的，因此必须严格的遵守程序。

5. 稳定光源的构造

前面的讨论都是假定所用的光是整齐完整的波形。然而，实际中不可能有单一波长的光源。世界上没有一个具有确定频率和振幅的纯正弦波光源。同样，现实中的测量也不都要求是精准的。这仅仅取决于为了达到一个更高的精确近似值用户愿意为仪器付出的钱的多少。

“相干性”是用来描述一个光源所发出的光接近单色性（单频）的程度。相干时间 Δt_c是在空间一点上预测的光波相位间的时间间隔（例如，它类似于一个正弦波曲线的时间）。相干时间只是频带宽度的倒数，其中频带宽度是构成光波的总的频率范围。时间相干性用来描述有多大相干时间的光波的专业术语。尽管相干时间等于光的频带宽度的倒数，但是宽频带的白色光也可以在短距离内发生干涉，或者如果把它聚集后也可以产生干涉。事实上，聚集的宽频带光源用于早期的干涉仪，详见下面的讨论。总之，光的相干性越好，从干涉图案中获得条纹分辨率就越高。

相干长度代表空间间隔，其中空间间隔的始端扰动与末端扰动相关。例如，一个池塘的水面，在平静的大气下它像一面玻璃，但如果在池塘的一边扔进一个石头，那么产生的波就会沿池塘运动到另一边。由此我们可以推导出当把石头扔到另一边时的结果。在有风的天气下，水面上有一系列的随机波，此时在池塘一边扔进一个石头，波运动到另一边就显得不明

显了。同样地，光源产生干涉图案的能力取决于它的相干性。空间相干性是运动方向的相干垂直度。

随着光源相干性的降低，干涉图案的条纹就会变得模糊，而且测量系统的分辨率也降低。所有的机械设计师都要意识到这个事实。传感器制造商很好地意识到了相干性设计的重要，因此，机械设计师只需要保证传感器不超过其测量范围即可，而不用向制造商咨询。

获得单色光的一种很好方法是去激发一种物质，而且这种物质的特性是发射光谱要接近单色。几乎每一种元素都有一个由不同波长的光所组成的特性发射光谱，然后通过过滤，就可以得到所选择的波长。然而，获得单色光的最好方法是使用激光。通常物质都是由原子组成的，而原子又由中子和它周围的电子云构成，电子云趋向于保持最小能量的结构，称为基态。当物质吸收能量后，电子升高到激发态然后再降低，就像爆米花在一个高温的空气瓷具里面的循环一样，电子从激发态降到基态时，就会发射一个光子。然而，从白炽灯发出的光是由任意能量等级发射的光子所组成的，因此光是不相干的。

1917 年，爱因斯坦提出：通过前面所讨论的装置，可以使激发电子从一个激发态跃迁到另一个低能态。通过一个特殊频率的电磁辐射，电子可以被拖到另一个特殊的中间态，这就是受激辐射。由跃迁电子所产生的辐射光子都有相同的相位、偏振角和相同的传播方向。为了能够发生一个持续的链式反应，从而产生一道稳定的光流，首先所有的电子都必须被提高到激发态，产生一组电子反转，然而以合适频率的光子激发之后就会产生像雪崩一样的同相位光子，只要物质能吸收到足够的能量，这个“雪崩”就会继续下去。

在 20 世纪 50 年代，已经详细地解决了这个物理过程，并使用微波来测试，从而产生了微波激射器[32]。之后有人（Theodore. Maiman 在 1960 年）把同样的原理应用到光上，从此产生了激光。事实上，激光腔可以由晶体，如红宝石，或充满气体的玻璃管，如二氧化碳或 He、Ne 的混合气体来制成。腔的一端安置反射镜，另一端局部镀银，当激光腔吸收能量，通常为普通光或电荷，这种激光作用使它自身积累到一个很高强度的能级。因为只有腔的端部镀有银，非轴对称方向的光才会从边界泄露出去，而余下的相干光则沿腔的长度方向而聚焦。随着强度的逐渐提高，最终一些光还会从腔的局部镀银端泄露出去。光的质量是由相干性和准直度来评定的，只要我们愿意，把光腔做得越长，所得到的光的相干性就越好。

要注意，为了得到相干光，激发腔里面和外面的光波都必须是一个连续波。因此，如果我们观察整个波形的振动频率，应该能看到一个静态的正弦波。为了达到这个效应，腔里面两反射镜间的距离必须严格地控制，使在两镜子间来回反射的光波能够相互加强，而且保持同相。在这个稳定的过程中，光腔里面的波和它的反射波，可以认为有相同的相位、频率和速度。随着光波穿越管子，从激光作用中获取的能量（振幅）不断增加，其增加过程受到光波从激光管的局部镀银端泄漏量的调控。光波及它的反射公式为

$$Y_1 = A\sin(kx-\omega t) \tag{4.5.18}$$

$$Y_2 = A\sin(kx+\omega t) \tag{4.5.19}$$

在激光腔里，它们的综合就是这两个的线性叠加：

$$Y = 2A\sin(kx)\cos(\omega t) \tag{4.5.20}$$

注意：在一些点，如 $kx=0$，π，2π，3π 等处，振幅为零。因为这些点总为零，所以只有在这些点之间的区域上下振动是时间的函数，它们称为驻波（standing waves）。它们的最大振幅是沿波段位置的函数。一旦波离开激光腔后，就没有反向波了，而且像是一个规则的正弦波，其中某点的振幅只是时间的函数。

[32] 1964 年，诺贝尔物理奖授予 Charles Townes（美国），Alexander Prokhorov（苏联）和 Nilolai Basov（苏联），以表彰他们对通过激发辐射而放大微波技术发展的贡献。

对于一个充满折射率为 n 的物质的腔，为了保持驻波，腔的长度 L 必须等于半波长的整数倍（m），即

$$L=\frac{m\lambda_{o}}{2n} \tag{4.5.21}$$

注意：腔里面可容纳无数的驻波，因为频率等于速度除以波长，频率为

$$f_{m}=\frac{mc}{2Ln} \tag{4.5.22}$$

波在 m 和 $m+1$ 两波形间的频率差为

$$\Delta f=\frac{c}{2Ln} \tag{4.5.23}$$

因此，为了使激光达到单色性，必须严格地控制光腔长度，严格地选择介质，严格地控制粒子数反转的能量状态，而且最初的触发波的频率必须是单一的。

似乎大量堆积的制造稳定光源的设备造成激光设计者工作困难。幸运的是，有一些介质的电子是存在于一个特殊的激发能量级，它可以跃迁到一个特殊的不是基态的低能量级上。尺寸测量中应用最广泛的激光媒介是 He-Ne 的混合物，He-Ne 激光发出亮红色波长为 632.8nm 的可见光。通常用一个电热器来控制腔的长度。激光腔中产生两个频率，它们的相对强度作为一个反馈参数来控制光腔长度。或者，压电式致动器可以用来移动在管终端的反射镜。

4.5.1　光学平面和菲佐干涉仪

光学平面是一种由透明材料制成的盘片，它的前后表面与一个标准平面相比偏差不大于 $\lambda/4$。一般市场上可以买到的光学平面的偏差在 $\lambda/10$ 内。光学平面与准单色光源相连可以用来作为一种快速、精准的手动方法来检查可见平面的平面度。唯一的条件是被测表面必须是可反射平面，如一个表面粗糙度很高的金属片或其他光学部件。

因为表面平面度的测量是测量它与标准平面的偏差，因此需要采取办法来把光的波动面从一个稳定参考处投射到表面上，然后就可以观察到干涉图案，干涉图案是由部分行进更远的波在其他波反射回之前所形成的。光学平面自身作为一个准单色光波阵面发射的参考平面，观察者与光平面之间的距离变化不会影响光或它的干涉图案。肥皂泡里的彩线也是同样的现象，每一个条纹或颜色都代表了一道恒定的厚度线。

光学平面就是一片玻璃和其平行表面，平行表面可以用来测量底部平面与工件间的空气层厚度。光学平面与表面间的空气膜的厚度等于表面高度的偏差。当准单色光通过空气缝，然后再反射回来通过空气缝时发生了干涉。如果空气缝的光程是光的半波长的整数倍（0，$\lambda/2$，λ，$3\lambda/2$，2λ，$5\lambda/2$），那么当发射时，光的相位就会发生变化。因此发射光与入射光相比，相位相差 180°，这样就与入射光相互干涉，从而形成暗纹。换言之，明纹与暗纹间的距离代表光平面和表面间的缝隙改变了 1/4 波长。注意：当光在一个表面发生反射后，相位的转变量取决于这个表面的类型。因此，光学平面是一个有用的测量表面高度相对变化的工具。

一般地，光学平面的一边与工件相接触，另一边则抬起，这样就形成了一个楔形空间。条纹间距不均匀表示了波峰或波谷的存在，弯曲条纹则表示平面度的偏移，这两种条纹就可以显示表面轮廓。通过改变参考边界的位置，观察像地图上的线一样的暗纹，就可以确定表面的精确形状。这需要技能和经验，但由于它很简单，光学平面仍然是市场上可以买到的最有用的手动测量工具之一。一般来说，（偏差为）$\lambda/10$ 的光学平面中，直径为 80mm、16mm 和 200mm 的价格分别大约为 \$450、\$1100 和 \$1600 美元。

漫射光源可以被一个相干准直光源所代替，然后由光学平面所提供的参考表面可以从表面上移走，这种类型的条纹形成后，称为菲佐（Fizeau）干涉，它是一个强有力的测量工具。

二维条纹图案可以投射为电视监控器或译码数字信号。如果被分析的表面不平整，那么条纹空间就与倾斜成比例，如果物体是旋转的，条纹也将是旋转的[33]。

4.5.2 迈克尔逊光学外差干涉仪

当机械工程师考虑使用一台干涉仪来测量机床参数时，通常指的就是由美国物理学家阿尔伯特·迈克尔逊（Albert A. Michelson 1852—1931）[34]发明的干涉仪。在迈克尔逊发明干涉仪之前，已经知道了各种光学部件和光是怎么相互干涉形成条纹的。然而，却是迈克尔逊首先把这些理论转化为一种测量工具，他利用干涉来测量位移[35]。所有的长度测量都是以光在真空中的速度来作为标准的，事实上是采用碘稳定的 He-Ne 激光[36]的红光波长作为事实上的标准。在大多数应用中，一个相对便宜的稳定 He-Ne 激光器就够用了。通过使用干涉方法就可以在机械测量中应用波长这一标准。因此，从一个设计的观点来看，迈克尔逊干涉仪的发展历史很值得研究。

在 19 世纪 60 年代，苏格兰物理学家詹姆斯·麦克斯韦（James Clerk Maxwell）提出了现在著名的描述电磁波的公式。因为所有其他波都需要一个传输介质（如水或空气），假定光是通过存在于任何空间的“以太”来传输的。然而，没有一个人可以测量“以太”的物理特性（如质量或它是否存在）。迈克尔逊一直热衷于利用菲佐（Fizeau）于是 1849 年在法国发明的旋转啮合轮技术，来测量光速。但迈克尔逊用反射镜轮代替了啮合轮，而且在 1880 年已经测出了光速大约为 299910km/s（精确到 0.039%）[37]。因为光速很快，迈克尔逊认为：为了测量出“以太”的存在，必须用光自身来测量“以太”的特性。迈克尔逊打算通过测量当地球从“以太”中穿过时，其速度对“以太”的影响来证明“以太”的存在。为了完成这个任务，迈克尔逊推理认为：如果把穿过“以太”路径的光和随“以太”漂移的光相比较，那么通过交叉这两条路径（旋转 90°）就可以检测到“以太”的存在。完成这个任务需要设计一种方法来使两束光相互干涉，然后在实验进行时寻找条纹位置的变化。图 4.5.6 所示为迈克尔逊的实验仪器结构图。磨砂玻璃片使光源发出的光漫射，然后使任何进入实验的光看起来都有

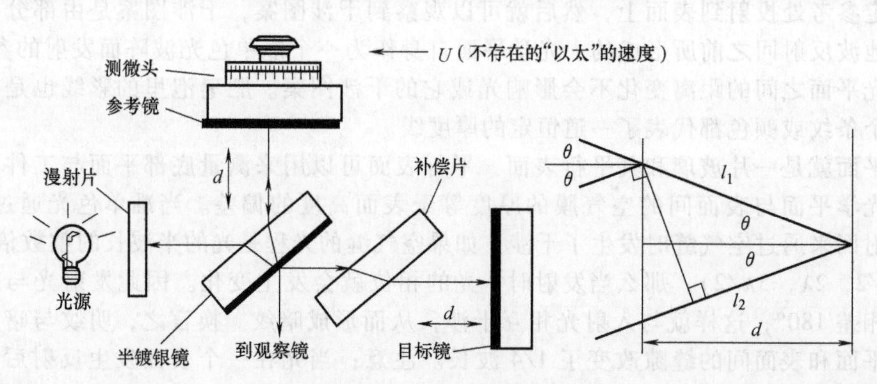

图 4.5.6 假设“以太”存在，以测量为目的迈克尔逊干涉仪的结构图及干涉仪的数学等价图

[33] 参阅：A. Gee et al., Interferometric Monitoring of Spindle and Workpiece on an Ultraprecision Single-Point Diamond Facing Machine, Vol. 1015, SPIE Micromachining Optical Components and Precision Engineering, 1988, pp. 74-80.

[34] 关于阿尔伯特·迈克尔逊的更详细的成就，参阅：L. Swenson, Jr., Measuring The Immeasurable, Am. Heritage Invent. Tech., Fall 1987, pp. 42-49.

[35] [illegible]

[36] 大约为 6328Å，这可以稳定到亿分之一。

[37] 迈克尔逊之后于 1926 年重复了这个实验，测得了光速为 299796km/s（0.0012%的误差）。参阅：D. Halliday and R. Resnich, Physics, Parts Ⅰ and Ⅱ, John Wiley & Sons, New York, 1978, pp. 922-927.

一致的波阵面，而不是一亮斑点。光到达只允许一半光通过（测量光束）的半镀银的镜子后，把另一半光以合适的角度反射出去（参考光束）。因为迈克尔逊没有激光，所以他不得不考虑已产生的光的带宽。为了使宽带光能发生干涉，必须使波阵面先分裂再结合，使光程差[38]为半波长的奇数倍。而奇数倍的可能取值取决于光的相干性。因为迈克尔逊没有激光，他必须保证测量光束和参考光束穿过空气和玻璃的距离相等。为了使光程相等，需要在测量光束通路上安置一个补偿片。

漫射光以任意角度射入反射镜，因此相距为 d、跨角为 θ 的射线在反射镜处分开，两者的光程差为

$$\Delta l = 2d\cos\theta \tag{4.5.24}$$

乔治·斯托克斯爵士先生（1819—1903）最早提出：从光束分离器[39]内部反射的光与外部反射的光的相位转移了 180°（参考光束和测量光束）。因此当式（4.5.24）中的光程等于波长的整数倍时，就产生了干涉条纹。当两片反射镜间的距离固定不变时，这就意味着条纹的产生是角度 θ 的函数。透镜把平行光聚焦于一个定点。因此，当漫射光源的所有光线都被吸收后，就可以看到一个环形的条纹图案。当两片发生相对移动时，条纹就会朝着中心方向运动。条纹间距仅为波长的一半，这使得一次看几条条纹很困难，而且这些环形部分看起来像平行条纹。

相邻暗纹间的距离对应着一个光程差 λ。目标运动 $\lambda/2$，光程改变 λ。因此，目标的运动在没有条纹插值时可以分解到 $\lambda/2$。采用 He-Ne 光源时，约等于 0.32nm。随着目标的移动，所经过的明暗干涉条纹的数目等于目标速度与光波长比值的两倍。当以蜗牛速度 1mm/s 运动，且采用 He-Ne 光源时，可达到每秒 3161 次计数。

一旦使用千分尺螺杆来精确调节参考镜的位置，就会调节迈克尔逊干涉仪的相对光程。然后在检测器（如透镜和眼睛的结合）中就会出现环形条纹。如果“以太”存在，而且地球以速度 u 通过它，那么光穿过“以太”然后回来所花费的时间就为距离（$2d$）除以速度 $[(c^2-u^2)^{1/2}]$。因此光到达目标镜所花的时间就为 $d/(c+u)+d/(c+u)$。利用二项式法则来扩展这些表达式，就可以看到时间的差异大约为 $\Delta t = du^2/c^3$。因此，在观察条纹时，如果把实验台旋转 90°，就会在两光束间发生相位移。

出乎意料的是，无论重复了多少次实验，迈克尔逊都没有在条纹图案上检测到任何改变。这促使他与朋友合作，跟随科学家爱德华·莫立制造了一台干涉仪，它使光在两反射镜间前后反射了几十次，通过改变穿越次数来增加有效光程的方法，把光程距离 d 增加到十几米上。然而即使提高了分辨率，他们也没有发现“以太”存在的迹象。这似乎预示着根本就不存在“以太”，最终爱因斯坦解决了这个问题。尽管他没有得到作为第一个证明或反证“以太”存在的荣誉，但迈克尔逊得到了现代干涉仪鼻祖的荣誉。他继续设计了一些应用更广泛的干涉仪，包括测量星球与地球距离的干涉仪。迈克尔逊也获得了 1907 年的诺贝尔物理学奖，因为他确定了 1m 等于红色镉光波长的 1553163.5 倍的标准。

图 4.5.7 所示为一台现代光学外差干涉仪的结构图。采用迈克尔逊的想法把光束分离为测量光束和参考光束。然而，它与迈克尔逊干涉仪在一些非常重要的结构上是不同的，许多不同源于现代电子元件的发展。惠普最早于 20 世纪 70 年代使光学外差干涉仪实现商业化，并把它应用于通用机床的测量。他们把干涉仪系统部件标准化，因此，使用者可以根据自己的需要，很容易地制造一套测量系统。现在，有其他几个主要的光学外差干涉仪供应商，他

---

[38] 当在测量两光束空间相干性时，我们必须考虑到光通过不同媒介时有不同的速度。

[39] 这个效果可从著名的斯托克斯关系式（Stokes Relations）得到。这种反射现象推导可参阅：E. Hecht, Optics, 2nd ed., Addison-Wesley Publishing Co., Reading, MA, 1987.

们的系统都有自己的特有属性。因此，提醒读者：在具体选定一个特殊系统之前，要仔细地查看系统，考虑系统部件的设计以及工作情况和售后服务情况。

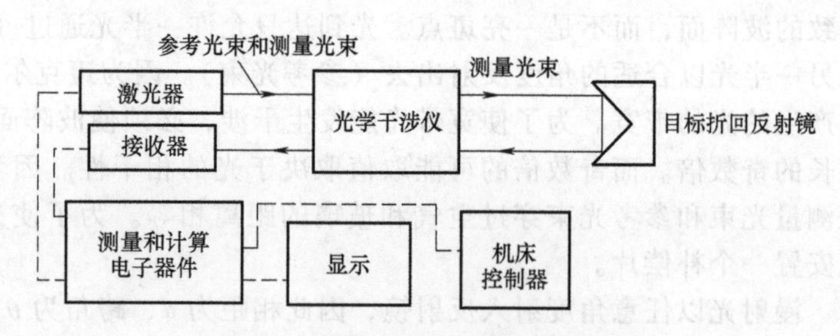

图 4.5.7 光学外差干涉仪的主要部件

现代光学外差干涉仪与迈克逊干涉仪相比主要优点为：

1）由于相干激光的使用，测量光束和参考光束的光程不用必须相等，而且，所获得的条纹比非相干激光源所得到的条纹清晰。

2）使用光学外差检测技术，激光可以产生清晰的条纹图案。

3）使用现代光学部件，减少了光束扭曲，因此分辨率和精确度都提高了。它们也支持线性位移、旋转角、直线度、平行度以及气体的相对折射率等量的精确测量。

1. 两种频率的激光源

为了能用外差检测技术及提供超高的分辨率，激光源必须能发射两种极端稳定的垂直偏振的差频光束，而且它们的频率要精确已知。图 4.5.8 所示的 He-Ne 激光头能满足这些要求。激光腔发射两种垂直的线性偏振光束，它们的频率差为 640MHz。局部镀银镜用来对光束取样，样本被一个双折射镜所分离。检测器测试样本光束的两种成分的强度，然后用它们的输出来控制激光管的温度。通过调整激光管的温度，就可以控制两端的距离，而且把频率稳定在 $1/10^8$ 内。通过这种方法，频率稳定性在 $1/10^7$ 内。

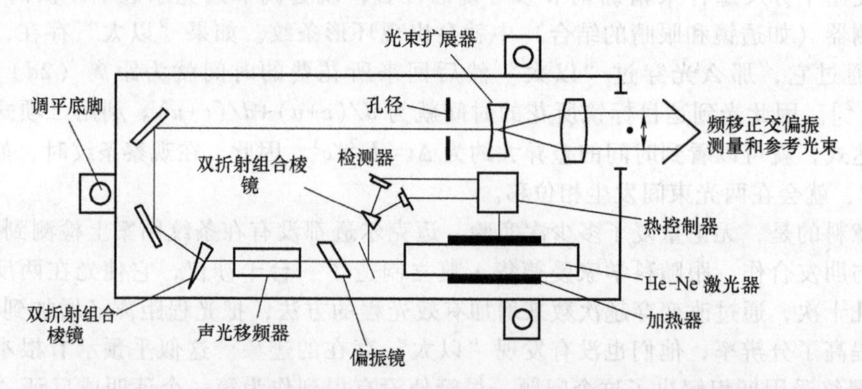

图 4.5.8 用于光学外差干涉仪的激光头结构草图（Zygo 公司许可）

640MHz 的差频光束用来帮助控制激光的稳定性。然而，在实际应用中，这个差频对目前的光学分差检测技术来说，似乎太大了。而可接受的差频约为 20MHz[40]。但是，为了获得 20MHz 的差频需要一个约 7.5m 长的激光腔［式（4.5.23）］。此长度腔的激光可以提供一个非常准确的相干光束，但对大多数应用来说就不太实际了。因此，为了获得 20MHz 的差频光束，激光头的输出首先要经过一个偏振片，它阻塞了两个相互垂直的偏振光之一。而余下的一束激光仍然可以通过一个声光移频器[41]分解为两个垂直成分 $\boldsymbol{E}_X$，$\boldsymbol{E}_Y$ 的光束。

图 4.5.9 所示为一声光移频器，它使用一块表面粘有压电驱动器的玻璃。驱动器由一 20MHz 的晶体振荡器驱动，引起一个在玻璃中传播的声波，这改变了玻璃的折射率。当光束

[40] 这是 Zygo 公司用的激光频率。
[41] 还有其他方法可以用，如塞曼分光（Zeeman splitting）。

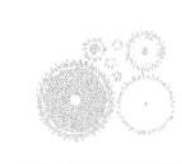

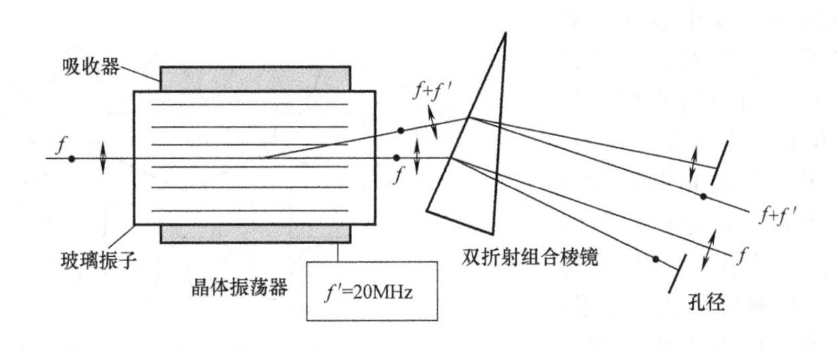

图 4.5.9　用于相移一对正交偏振激光束的声光移频器（Zygo 公司许可）

通过玻璃时，一半的光束传播不受影响，而另一半光束则发生小角度的衍射，并且频率提高 20MHz。当光束离开声光移频器后，在它们只有少许分岔之前就进入了双折射组合棱镜。非衍射光束的一个偏振成分和衍射光束的垂直偏振成分在棱镜处发生折射，因此他们是以直线离开棱镜的。尽管光束实际上是由一个固定距离所分开的。但在所有的实际应用中，都可以把他们认为是一束光。光束在离开激光头之前就已经扩展和准直了。振荡器的 20MHz 信号也可以用来作为一个参考，与多普勒变换测量光束和参考光束的干涉而产生的差频信号的相位进行比较。

2. 电子和光学外差检测[42]

如果使用现代的高速电子器件来观察迈克尔逊初始设计的干涉仪的条纹，可以获得 $\lambda/8$ 的高分辨率。与仅使用一个光敏二极管来感受干涉条纹不同，参考光束和测量光束可被分为两个等量成分。一半的干涉光束指向光电检测器，而另一半则通过一个 1/4 波片，使其延迟 90°，因此，光敏二极管会分别产生正弦信号和余弦信号。随着光学编码器的使用，可以利用差值法和正交乘法使分辨率达到 $\lambda/100$，而且还可更高。随着目标物速度的增加，条纹移动的速度也在增加，但系统分辨率却在下降。另外随着目标物速度的增加，测量光束会发生多普勒频移，而且条纹类型也会改变，可以利用光学外差检测来克服这个问题。

最初，从前面描述的激光头里出来的参考光和测量光，是在干涉仪的光学部件里结合形成一个 20MHz 的综合拍频波，当目标物速度改变超过±1.8m/s（70in/s）时，相位改变将达到±6MHz，当前的电子技术可以在一个严格的带宽为 10~15MHz 的范围内进行极端精确的边缘检测。因此如果把由拍现象引起的波的边界位置与稳定振荡器引起的波的边界位置相比较，就可以得到拍波频率的精确估计。使用式（4.5.10），不借助目标镜的速度或加速度就可以精确地测量出目标镜运动的距离，事实上所使用的电子器件的响应频率是从平面（0dB）到最大速度，然后迅速下降。当测量光波由于目标镜运动而发生多普勒频移时，如果仅仅想测量光波的边界，那么就需要一个频率为 4.8×10^{14}Hz 及响应频率为 12MHz 的检测器。由差拍现象产生的波形拥有高频激光的特有完美特性（如可见性、准直性），然而，它有一个以检测为目的的有效“波长”，这个“波长”是原始光束的 24×10^{6} [$=4.8\times10^{14}/(20\times10^{6})$]倍。

如图 4.5.10 所示，对于 Zygo 公司的干涉仪，由晶体振荡器产生的 20MHz 稳定参考信号和拍波都被转化为方波。振荡器的参考方波被整合后产生三角波，这样做有两个理由：①正弦波可以相对容易地产生一个非常精确的方波；②可以很容易地把三角波的强度等级进行离散化，使沿波长的分辨率恒定不变。但正弦波的强度检测的灵敏度却随波的位置而改变。差拍现象光束方波的上升边来触发一个测量参考三角波振幅的模数转化器。如果目标镜不运动，

42　外差检测的详细数学推导，参阅：Section 14.6 of H. Haus, Waves and Fields in Optoelectronics, Prentice Hall, Englewood Cliffs, NJ, 1984.

那么测量光束就不会发生多普勒频移，振幅恒定不变。随着目标镜的运动，测量两光束的拍频或相位转变，上升沿的位置也会改变。而且，因为我们只使用了拍频光束强度的波峰与波谷的中点（过零点）作为触发，因此，测量光束强度的变化不会影响分辨率或测量精度。注意：还有许多其他的方法可以使两波之间的相位进行转移。

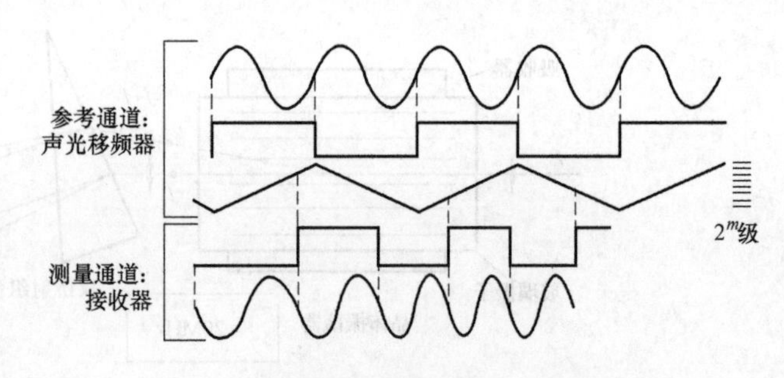

图 4.5.10　使用相位测量的方法来检测光程的改变（Zygo 公司许可）

如果参考光束和测量光束之间的频移小于 20MHz，就可达到更高的分辨率。然而，目标镜的可允许速度也就成比例的降低。这是因为基于奈奎斯特（Nyquist）取样定理，为避免了混淆现象，目标镜运动引起的多普勒频率变化必须低于测量光束和参考光束间的特定的频率变化。另外，一旦考虑采用模数转化器来离散化三角波形，即使花费更多的时间也不会把它的精度提高很大。

4.5.2.1　光束处理部件

在本书编写时期，供应用于伺服控制机床上用的现货迈克尔逊光学外差（法）干涉仪的两家主要公司是：Hewlett-Packard 公司[43]和 Zygo 公司[44]。这两家公司的产品中，用作干涉测量的光学部件大部分都可以互换。使用者必须要首先考虑自己手头上已经有什么仪器了，还有自己要做哪种类型的测量，然后再详细确定需要哪家制造商的产品。要有这样一个意识：像平面镜、光束弯曲镜、分光镜和反射镜（反光器）这些部件，我们可以从许多其他的地方得到。然后仅仅需要检查一下它的具体精度就可以了。

1. 光束弯曲镜

如图 4.5.11 所示，光束弯曲镜的功能是把光束弯曲 90°。它是由在一个中空的立方块中安装一个平面镜而组成的，其中中空的立方块是殷钢（铁和镍的合金）在稳定的温度下制作的。一个普通的高质量光束弯曲镜价值大约 $450。

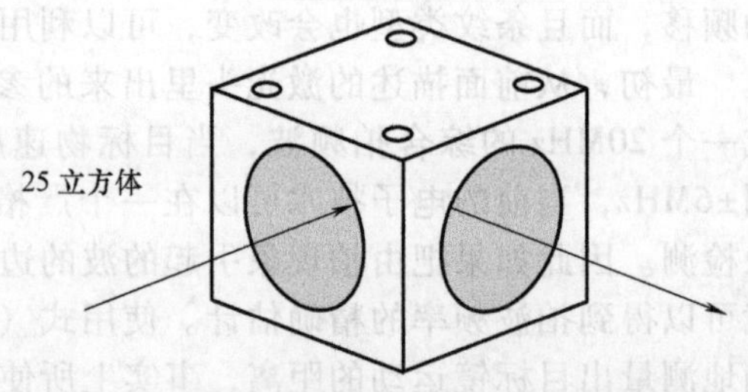

图 4.5.11　立方体型的光束弯曲镜（折叠镜）

2. 反射器（镜）

反射镜就是一个被打磨光的四面体棱镜，它把入射光平行地反射出去，其中入射光与反射光间的距离是入射光到拐角点距离的两倍。如图 4.5.12 所示，棱镜安装在一个金属立方体中（如殷钢或不锈钢）。反射镜的侧向运动不会改变光程的净长度（即长度总量不变）。如果反射镜移动距离 δ，则激光到反射镜的距离减小 0.707δ，但两束光之间的距离也增加了 0.707δ。同样地，还要考虑反射镜的转动问题。激光仍然以平行于入射方向反射回去，而且只有轴向运动才会改变光程。零部件的制造误差也会影响光程长度。然而，只要入射光和反射光平行，这些误差基本上都可以忽略。一个普通的安装在金属块中的高质量线性反射镜价值约 $600。

43　关于 Hewlett Packard 光学部件的更多详细讨论和方法，参见 [illegible] 激光测量系统用户手册可从当地惠普（HP）代理商处得到。

44　关于 Zygo 光学部件的更多详细讨论和方法，参见 Zygo 公司的 Axiom 2/20 激光测量系统用户手册，可从 Zygo 公司（Middlefield CT）得到。

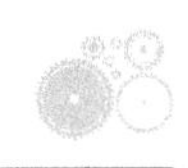

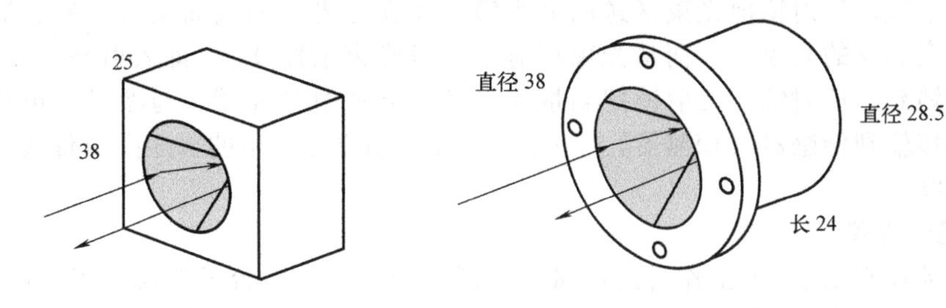

图 4.5.12 块状和法兰安装的反射镜（三角棱镜）

3. 分光镜

单束激光头通常有很大的能量，约 0.5mW。为了能测量多根运动轴，需要一个方法来分离这束光，而通过分光镜就可以实现。它由两个粘接在一起的棱镜组成，如图 4.5.13 所示，从主光束上所分离出来的光束的能量取决于两棱镜间接触面的类型，这个现象称为受抑全内反射。市场上能买到的为 33%和 50%的分光镜，同时也有更复杂的可以把单束入射光分解为多个成分的分光镜型号。注意：分光镜可以分离（或不分离）不同极性的光束。当用来分离干涉仪的垂直偏振参考光束和测量光束时，就需要使用一个偏振分光镜。一个普通的安装在金属立方块中的高质量 50%分光镜价值约 $500。

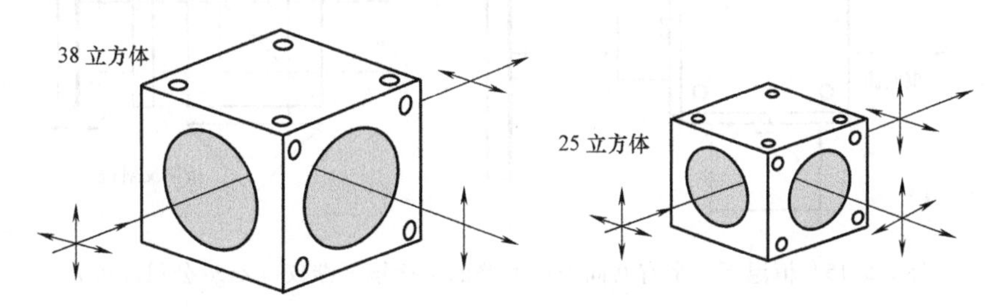

图 4.5.13 偏振和非偏振的分光镜

4. 线性位移干涉仪

光学外差干涉仪对任何现象（如温度变化）都很敏感，这样就会在测量光束和参考光束间引起一个相对的相位变化。因此需要一种方法，通过它两束同轴光[45]可以被送到测量点附近，分离为测量光束和参考光束，然后再合并。

如图 4.5.14 所示，线性位移干涉仪是由一个偏振分光镜和一个折回反射镜组成。参考光束被偏振成垂直于分光镜表面的入射平面方向，在分光镜的表面反射，然后参考光束离开分

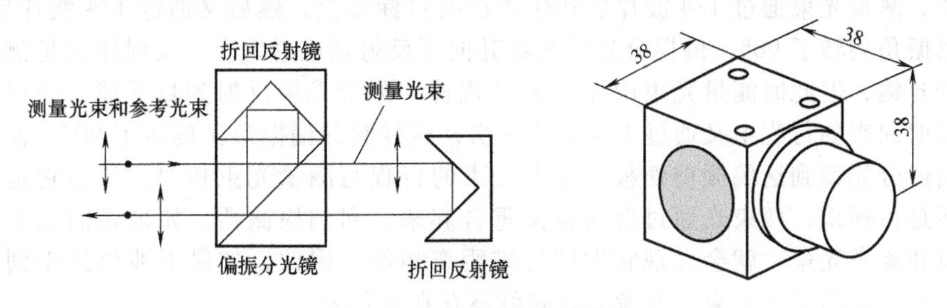

图 4.5.14 线性位移干涉仪

[45] 为了防止环境的影响引起光束间的一个相对相位变化，两光束必须在测量点附近达到同轴。如果两光束不同轴，那么，即使很小的空气扰动，就会引起一个随时间变换的相位变化。

光镜并进入反射镜。反射镜把光束又送回分光镜，并在分光镜的表面反射，最后加入到与入射光平行但方向相反的光束中。测量光束相对于参考光束偏振 90°，即入射平面方向，因此，直接通过分光镜到达反射镜。反射镜把测量光束送回并通过分光镜，与参考光束相汇合。然后两束光直线传输到传感器（探测器）。一个安装在金属立方块中的普通高质量线性位移干涉仪价值约 $2000。

5. 平面镜干涉仪

平面镜干涉仪常用于 *XY* 工作台的测量，如圆片分档器。一台干涉仪要用到两个平面镜，两个平面镜相互成一定的角度。图 4.5.15 显示了通过干涉仪的光束路径。测量光束和参考光束共用一个通路，因此干涉仪光学部件的热膨胀引起的误差就很小。光程长度的改变是平面镜移动量的两倍［式（4.5.25)］。早期的设计并不包含公共通路部件，因此它们会产生很大的随热量增加的误差。要注意：即使采用公共通路，仍然有可能产生很大的路径误差。一个普通的高质量平面镜干涉仪（不包括目标和平面镜）价值约 $4000。

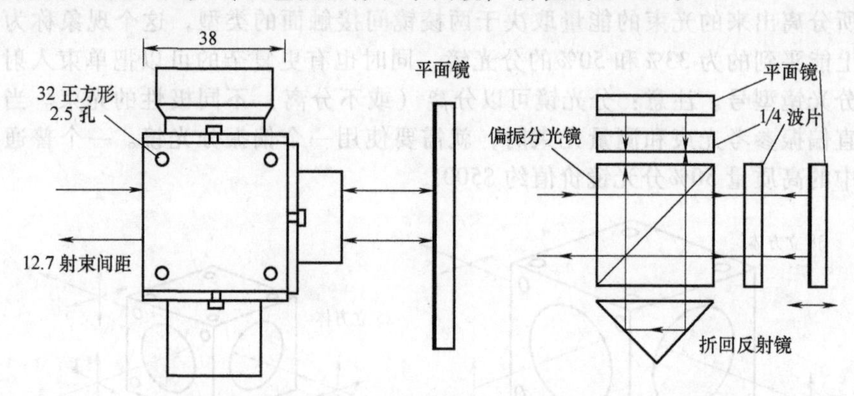

图 4.5.15　恒温下，带有共同光束通路的平面镜干涉仪（Zygo 公司许可）

6. 差分平面镜干涉仪

有许多不同种类的差分平面镜干涉仪[46]，但它们最终的目的都是：使测量光束和参考光束共用一个通路通过干涉仪的方法来减小干涉仪设计中所存在的随热量增加的误差。因为两光束共用一个通路，装置的任何热变形都会同等地影响测量光束和参考光束，然后相互抵消。当平面镜干涉仪与其他不同的反射光学部件相结合时，它就可以用来测量位移、角运动和直线度。

如图 4.5.16 所示，入射光由既相互垂直又有频率差的线偏振光组成，它被偏振剪切板所分开。半波片使其中一束光旋转，因此它们都有相同的线偏振角。这样使两光束都可以通过偏振分光镜。测量光束通过 1/4 波片后到达移动的目标镜上，然后又通过 1/4 波片反射回来。因此它的偏振角旋转了 90°，偏振分光镜又将其向下反射到反射镜上。反射镜又把测量光束反射回偏振分光镜，但此时测量光束由原入射光代替。测量光束反射到目标镜，通过 1/4 波片一次。在反射回来的行程中又通过 1/4 波片一次，这样它的偏振角又旋转了 90°，使测量光束可以通过偏振分光镜到达偏振剪切板。参考光束的行程与测量光束相似，只是它是反射到了参考镜而不是目标镜，两束光通过剪切板又重合起来，回到检测器。如果我们在干涉仪中跟踪测量光束和参考光束，就会发现它们的行进距离相等。因此，如果干涉仪经受到一致的热膨胀，那么它里面的测量光束和参考光束间就不存在光程差。

如图 4.5.16 和图 4.5.17 所示，测量线性位移还是角位移取决于光束通路是怎么从干涉仪

[46] 参阅：G. Siddall and R. Baldwin, Some Recent Developments in Laser Interferometry, Proc. NATO Adv. Study Inst. Opt. Metrol., Viana do Castelo, Portugal, July 16-27, 1984, pp. 69-83.

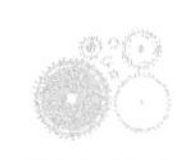

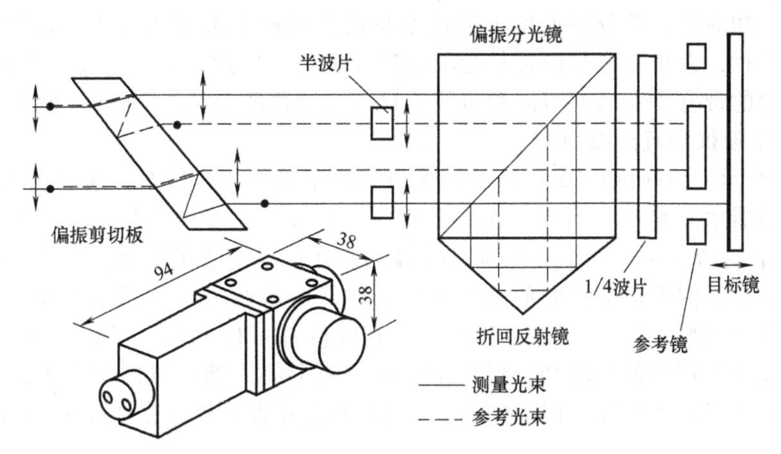

图 4.5.16 测量线性位移的差分平面镜干涉仪，它在稳定的温度下采用（测量光束和参考光束）共通路的形式（Zygo 公司许可）

到达参考镜和目标镜的。当测量线性位移时，由目标镜位移 δ 引起的光程改变量 l_{opc} 是 4δ。注意：这是一个普通的线性位移干涉仪光程灵敏度的两倍。相应地，目标镜的最大允许速度也要减半。系统电子元件的计数是光程变化和离散化程度 M 的函数。因此，当目标镜移动 δ 时，电子元件的计数为

$$N=\frac{4\delta}{(2^{M}-1)\lambda} \tag{4.5.25}$$

一般 M 是 8 位，最后一位是“噪声”，因此分辨率为 $\lambda/508\approx 12.5$Å。

对于角位移的测量，如图 4.5.17 所示，目标镜沿 X 轴的任何转动都会改变两光束在偏振剪切板上的入射角，也会在两光束重合时改变相对光程。沿 Y 轴的转动也会引起光程的改变。然而，当沿 Y 轴的转动角度 θ_Y 达到 2 弧分（582μrad）时，这个误差才仅为约 0.057 弧秒（0.28μrad）。为了测量沿 Y 轴的转动，整个机构将不得不沿 Z 轴旋转 90°。由电子部件产生的计数大约为 $N=3.65\theta_X$，其中 θ_X 的单位是微弧度。这个近似引起的误差大约是：每 2300μrad 计一次数。如果需要更大的精度和范围，那么就要使用一个更精确的光束[47]。借助角度干涉仪，通过综合一系列由自准直仪完成的角度测量，就可以得到直线度的测量。这要求目标平面镜每次都移动一个相等的距离。

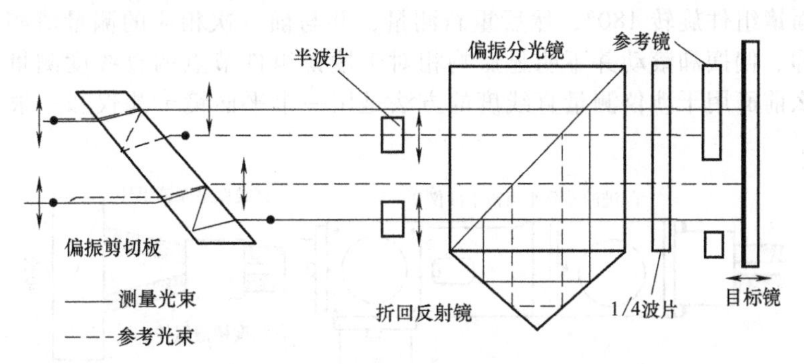

图 4.5.17 测量角位移的差分平面镜干涉仪，它在稳定温度下采用（测量光束和参考光束）共通路的形式（Zygo 公司许可）

[47] 更多详细分析和“精确”公式参见：G. Sommargren, A New Laser Measurement System For Precision Metrology, Precis. Eng., Vol. 9, No. 4, 1987, pp. 179-184.

除了它的多功能性，差分平面镜干涉仪本身很容易被参考镜所分离，这就要求干涉仪定位时远离测量过程，而小参考平面镜靠近测量过程定位，以此来降低运动点附近的空间要求。一台普通高质量的带有平面镜并可以测量线位移和角位移的 DPMI 价值约 $6000。

7. 直线度干涉仪和反射器（镜）

图 4.5.18 所示为 Hewlett-Packard 公司的直线度干涉仪。反射器必须和直线度干涉仪相匹配，这样，反射器才能够把两个频率成分送回到干涉仪。干涉仪中包含一个渥拉斯顿（Wollaston）棱镜，它对激光中的两个相互垂直的偏振成分有不同的折射率。渥拉斯顿棱镜把激光分离为两个成分，它们沿精确控制的路径到达反射器。这两个出射通路平面的方位可以通过转动干涉仪而得到调整，因此垂直的和水平的直线度都可以测量。反射器包含两个平面镜，它们把两光束成分分别沿各自路径反射回干涉仪。两个部件都可以固定或连接在移动的目标上。起初，两个光程长度相等，但 Y 向的运动 ΔY 将会导致光程改变 $2\Delta Y\sin(\theta/2)$。

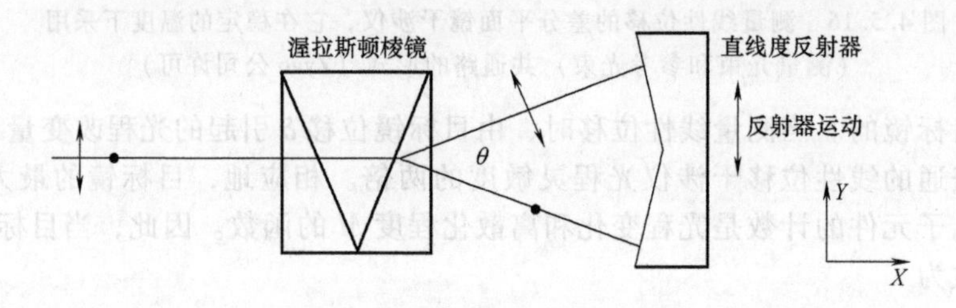

图 4.5.18 Hewlett-Packard 公司的直线度干涉仪测量系统（Hewlett-Packard 公司许可）

如图 4.5.19 所示，另一种直线度干涉仪基于差分平面镜干涉仪。DPMI 上的线性反射器被换成了一个分离反射器，参考镜被换成了一个直线度棱镜组件，目标平面镜被换成了一个类似于在 H-P 系统上使用的直线度平面镜组件。直线度棱镜组件安装在移动体上。直线度 ΔY 与电子器件的计数有关，即

$$\Delta Y=\frac{N\lambda}{1016\sin(\alpha/2)} \tag{4.5.26}$$

式中，$\alpha/2$ 是直线度平面镜组件上铭刻的半角。$\alpha/2$ 的正常值是 1.8°，因此最小可检测的直线度误差大约是 0.02μm（0.8μin）。在平面镜平面度的限制及 $\alpha/2$ 已知的情况下：在线性行程为 3m 时，实际的精度限制为 0.3~0.5μm（12~20μin）。为了补偿平面镜的平面度误差，可以把直线度平面镜组件旋转 180°，然后重新测量，并与前一次相应的测量值相平均。直线度棱镜组件的俯仰、偏摆和滚动并不明显影响相对于棱镜组件节点的直线度测量。由此我们就可以明白为什么前面用干涉仪测量直线度的方法是用一个平面镜干涉仪和一根有很高直线度精度的长直尺了。

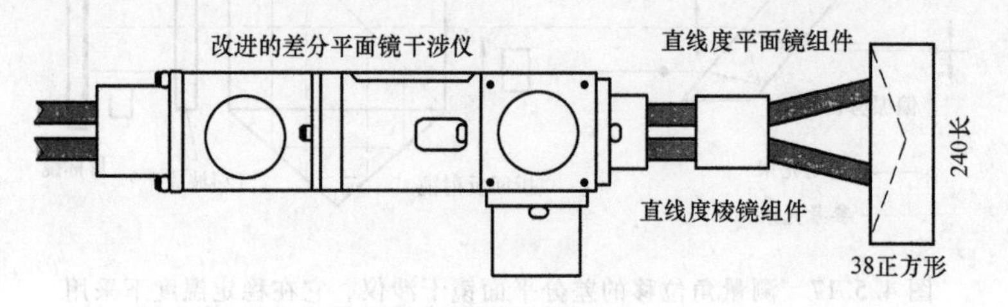

图 4.5.19 Zygo 公司的直线度干涉仪测量系统（Zygo 公司许可）

无论是哪种系统，在安装时的初始误差总会引起一个随光学部件沿 X 轴的运动而稳定增加的 ΔY 误差，但这个误差可以很容易地通过使用一个一阶曲线拟合程序而消除。改变直线度

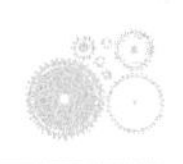

光学部件的设置，就可以用来测量垂直度和平行度。普通的直线度测量系统大约价值 \$9000。

8. 线位移/角位移干涉仪

图 4.5.20 所示为测量一个两轴平台的 *XY* 位置和偏摆的示意图。偏摆是由 *X* 和 *X′*对它们的分离距离所测量的差异的比来决定的。偏摆测量时存在的主要问题包括：*X′*测量系统占据的大量设备，接收器的坐标信息产生的一个低噪声测量，分离距离的稳定性和是否已知分离距离。

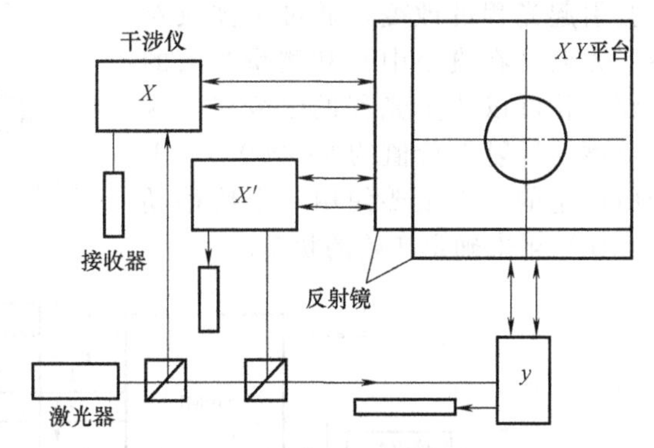

图 4.5.20　使用一套激光测量系统测量晶圆平台的典型方法

这些问题都可以通过图 4.5.21 所示的线位移/角位移干涉仪[48]来克服。借助于干涉仪的整体透热设计及差分平面镜干涉仪对偏摆的直接测量，前面所述的误差都会减小。采用光纤连接可以使接收器置于偏远一点的位置，这既减小了空间的要求，又减小了（接收器）对平台系统的热量输入。这台干涉仪必须要把前面所述的线位移和角位移差分平面镜干涉仪结合为一个单元。因此，它的分辨率和精度都由同一公式决定。不包括接收器或平面镜的话，这套设备的价格大约为 \$9000。

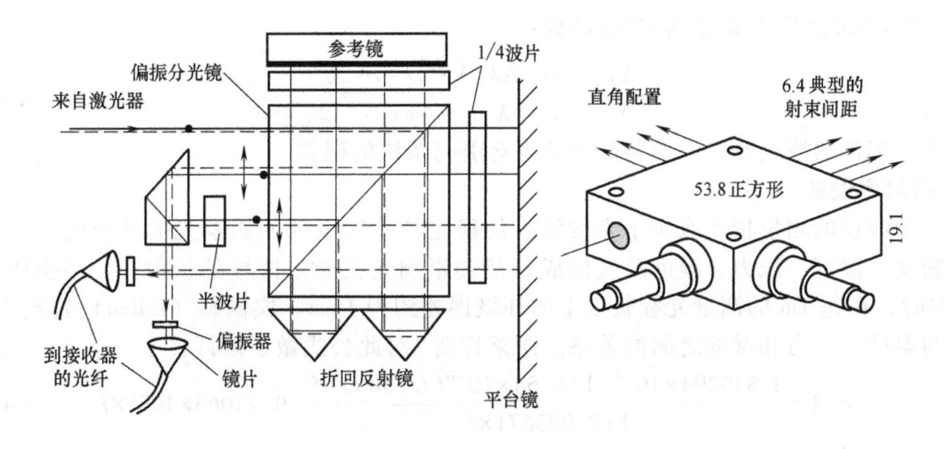

图 4.5.21　Zygo 公司的线位移/角位移干涉仪（Zygo 公司许可）

9. 测量接收器

图 4.5.22 所示为测量接收器，它把测量光束和参考光束的差频转换为一系列的 1/4 波脉冲。这些脉冲被送到电子器件上，然后与激光头的参考信号相连接来决定测量光束的相位变化。每一根运动轴的测量都需要一个接收器，而且可以通过一根光纤把光束从干涉仪送回接收器。一个接收器大约价值 \$700。

10. 折射仪

激光干涉仪的测量需要已知空气的折射率（见下面讨论）。可以通过使用如图 4.5.23 所示的装置来测量折射率的相对变化。这套装置采用参考镜和目标镜合一的差分平面镜干涉仪。

[48] Zygo 公司申请的美国专利 4733967。参阅：G. Sommargren，Linear/Angular Displacement Interferometer for Wafer Stage Metrology，SPIE Symp. Microlithog.，San Jose，CA，Feb. 1989.

但参考光束是被封闭在中空的石英管中。要求测量的物理通路长度和参考光束通路长度相等。空气折射率的改变会引起光程的改变。通过干涉仪对参考光束（在真空中）和测量光束的比较，就可以决定光程的改变量。这种类型的折射仪价值约 \$10000。如下面所讨论的，必须要使用一个埃德勒（Edlen）箱来确定初始的状态。

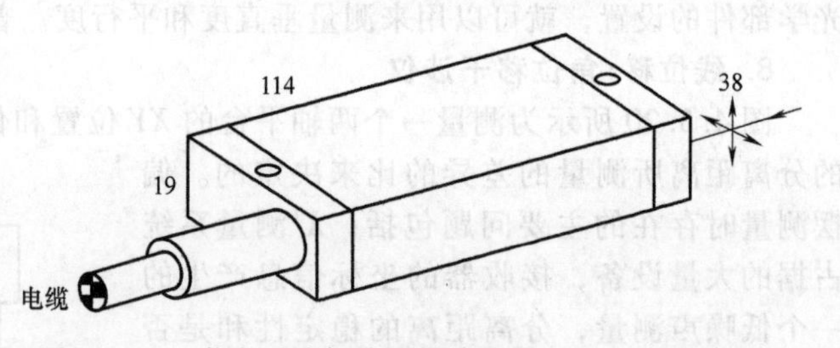

图 4.5.22　激光干涉仪的测量接收器（Zygo 公司许可）

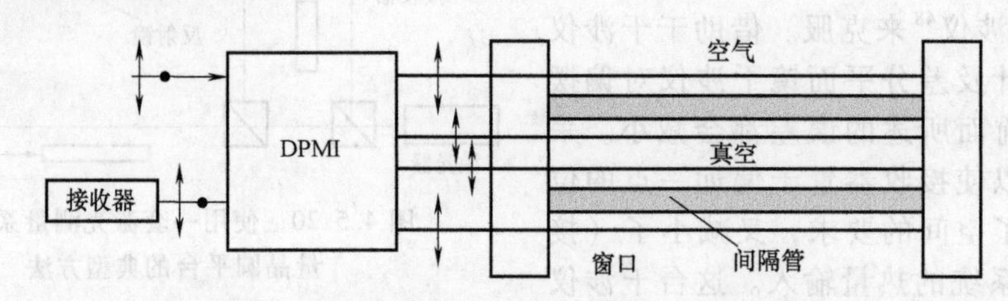

图 4.5.23　用来测量工作环境中空气折射率相对变化的折射仪（Zygo 公司许可）

4.5.2.2　误差源

使用光的波形来测量距离而引起的误差是媒介折射率 n 的精度、光的波长 λ、检测器的均方根电子噪声 $\langle \Phi_n^2 \rangle^{1/2}$ 及误差角 θ[49] 的函数：

$$\frac{\Delta x}{x}=+\frac{\Delta n}{n}+\frac{\Delta \lambda}{\lambda}+\frac{(\Phi_n^2)^{1/2}\lambda}{4\pi x}+\frac{\theta^2}{2} \tag{4.5.27}$$

另外，光学部件的缺陷及它们的装配误差也会引起系统的误差。

1. 折射率误差

因为干涉仪的测量精度取决于光的波长的稳定性，所以任何影响光的波长的现象都会影响测量精度。温度、压力、湿度及气体成分都会影响光在测量区域的折射率，当摄氏温度每变化 1℃时，在每 1m 的测量光程长度上的环境误差约为 1μm。埃德勒（Edlen）公式[50]给出了折射率与温度、压力和湿度之间的关系。谢莱肯斯[51]对此公式做了修订：

$$n-1=\frac{2.879294\times10^{-9}[1+0.54\times10^{-6}(C-300)]P}{1+0.003671\times T}-0.42063\times10^{-9}\times F \tag{4.5.28}$$

式中，C 是 CO_2 的含量，单位为 ppm（即 10^{-6}）；F 是水蒸气的压力，单位为 Pa；P 是空气压力，单位为 Pa；T 是空气温度，单位为℃；C、F、P、T 的误差对折射率的影响为：

$$\frac{\partial n}{\partial C}=\frac{1.55482\times10^{-15}\times P}{1+0.003671\times T}\text{ppm}^{-1}\approx1.45\times10^{-10}\text{ppm}^{-1} \tag{4.5.29a}$$

$$\frac{\partial n}{\partial F}=-4.2063\times10^{-10}\times\text{Pa}^{-1} \tag{4.5.29b}$$

$$\frac{\partial n}{\partial P}=\frac{2.87929\times10^{-10}[1+5.4\times10^{-7}(C-300)]}{1+0.003671\times T}\text{Pa}^{-1}\approx2.67\times10^{-9}\times\text{Pa}^{-1} \tag{4.5.29c}$$

[49] C. Wang, Laser Doppler Displacement Measurement, Lasers Optronics, Sept. 1987, pp. [illegible]

[50] B. Edlen, The Refractive Index of Air, Metrologia, Vol. 2, No. 2, 1965, pp. 71-80.

[51] P. Schellekens et al., Design and Results of a New Interference Refractometer Based on a Commercially Available Laser Interferometer, Ann. CIRP., Vol. 35, No. 1, 1986, pp. 387-391.

$$\frac{\partial n}{\partial T}=\frac{-1.05699\times 10^{-11}[1+5.4\times 10^{-7}(C-300)]P}{(1+0.003671\times T)^2}\mathrm{K}^{-1}\approx -9.20\times 10^{-7}\times \mathrm{K}^{-1} \quad (4.5.29\mathrm{d})$$

从以上这些公式可以看到，温度是最重要的影响参数。

从开始测量起，测量这些公式中变量的相对变化对折射率的影响的最好方法是：使用一台折射率测量装置（折射仪）。这种装置可以有很多类型。用来测量绝对折射率的常见测量装置是埃德勒（Edlen）箱，它里面有一组可以测量空气压力、温度和湿度的仪器。但是埃德勒箱不能用来测量沿测量光通路上，空气成分和位置变化对折射率的影响。环境因素和空气成分的改变可以通过一台绝对折射仪来测量，它的结构基本上与图 4.5.23 所示的折射仪相同，但它不允许空气循环通过中空管，然后再把空气抽出。通过这种方法，折射率测量的不确定性就降低到了约 5×10^{-8}。

表 4.5.1 观察在 175mm 测量光程上，光程波动的均方根误差（Bobroff 许可）

光束通路状态	光程波动的均方根/Å	光束通路状态	光程波动的均方根/Å
密封	4	1.0m/s	45
非密封	15	0.5m/s 喷嘴	24
0.5m/s	24	1.0m/s 喷嘴	45

然而，在每一条光束通路上放置一个干涉仪是不切实际的。一些机床上采用喷油来做切削润滑和温度控制，但碳氢蒸汽对空气折射率的影响很大。如果一台精密机床的干涉仪测量系统不是密封的，那么即使是用来控制机床温度的空气喷头引起的空气扰流也会导致误差。表 4.5.1 所示为对一段 175mm 长的测量光程上的实验结果[52]。在 Bobroff 所做的这些实验中，使用在光学部件附近处安装喷嘴流动来代替空气喷头流动而引起的扰流的效果。因此，有时把光束通路密封在中空管中是明智的，或者更实际的是在其中充满氦气[53]。

折射率也取决于光的波长。实验中，两种波长（244mm 和 488mm）的氩激光干涉仪对由空气影响而导致的折射率变化并不敏感[54]，因为两光束共用一通路，所以像扰流这些影响都不是问题。目前，这种类型的系统与 He-Ne 系统相比太贵而且脆弱。然而，随着高精度机床的需求增加，以及把所有光束通路封闭在一个持续充真空的空间是不切实际的，双波长干涉仪也许会变得更加普遍。

折射率的变化会在整个测量光束通路上引起逐渐增加的误差。“死程”误差出现在测量光束穿越过的区域，而不是被测目标穿越的区域。对于亚微米系统，“死程”误差通常是由局部梯度引起的，因此，测量温度或气压都不能给出足够的信息来补偿这种误差。把干涉仪或参考镜安装在距目标行程终点尽可能近的地方，这样，就可以减小测量光束所没有通过区域的环境影响。如果“死程”误差很大，那么除了增加环境变化对测量光程的影响外，机床的尺寸变化也会发生在这个区域。取决于光学部件的位置，被测的运动应该是目标镜的运动减去目标镜和参考镜之间材料的热膨胀引起的运动。再次重申，使用封闭光束通路有许多的优点。

2. 光的波长误差

确定波长的精度直接影响测量距离的精度。对于市场上可以买到的 He-Ne 激光器来说，

[52] N. Bobroff, Residual Errors in Laser Interferometry from Air Turbulence and Non-linearity, Appl. Opt., Vol. 26, No. 13, 1987, pp. 2627-2681.

[53] J. B. Bryan, Design and Construction of an Ultraprecision 84 Inch Diamond Turning Machine, Precis. Eng., Vol. 1, No. 1, 1979, pp. 13-17; J. B. Bryan and D. L. Carter, Design of a New Error Corrected Coordinate Measuring Machine, Precis. Eng., Vol. 1, No. 3, 1979, pp. 125-138.

[54] A. Ishida, ‘Elimination of Air Turbulence Induced Errors by Nanometer Laser Interferometry Measurements,’ 1989 Joint ASPE Annu. Meet. & Int. Precis. Eng. Symp., Monterey, CA, pp. 13-16.

它在真空中的波长大约为 $1/(10^9\sim10^{10})$，而稳定的碘激光器波长为 $1/(10^7\sim10^8)$。相对于稳定的碘同位素的放射光谱更稳定的 He-Ne 激光器的波长为 $1/10^{12}$。然而，这种类型的激光很昂贵而且脆弱。另一方面，使用塞曼（Zeeman）效应[55]，就可以把市场上可以买到的 He-Ne 激光器的波长在几年的时期内稳定保持在 $1/(10^7\sim10^{10})$，稳定的 He-Ne 激光器的波长在短期内（几个月）可以稳定在 $1/(10^8\sim10^{10})$。还可以周期地把激光相对于一个稳定碘激光器进行校准。国家标准与技术协会已经找到了不稳定或自由运动的激光，并把它们的波长稳定在 $1/(10^5\sim10^6)$ 之间，这对于一些应用来说已经足够了[56]。

稳定的相干激光的"换代"是一个自我更新的过程，它需要一些"老光"来产生"新光"。由激励辐射而产生的"新光"有一个特性：它的相位和偏振角都与"老光"相同。然而，就像即使在合适的位置有一个止回阀，也会有液体可以从管道系统中泄漏出去一样，干涉仪的多普勒频移测量光束通过局部反射和传播，也回到激光腔。这就导致了激光中噪声的产生。还好，其他的实时效应，如局部吸收，使相对的噪声量保持很低。如 5.7.1 节所讨论，有许多方法可以过滤激光来阻止频率变化的光反馈回激光腔[57]。

3. 电子噪声误差

用来检测相位的检测器中电子噪声量大约对应一个 10^{-3} 的相位噪声均方根 $\langle\Phi_n^2\rangle^{1/2}$。通过式（4.5.27），He-Ne 激光系统将会有一个大约 0.5Å 的电子噪声误差成分。

4. 装配误差

如果要测量"精确"的线性位移，就必须在刀尖处测量，或者必须测量角位移来考虑阿贝误差。另外，如果测量光束与运动轴不平行，设夹角为 θ，那么每运动长度 l，就会产生 $l(1-\cos\theta)$ 的误差。大多数情况下，θ 小于 0.1°，因此，这个误差可以精确地近似为 $l\theta^2/2$。同样地，大小为 γ 的角位移的测量必须要在纠正的轴上完成，否则会产生 $\gamma\theta^2/2$ 的误差，这些误差称为余弦误差。在大型精密金刚石机床上，对于 l 为 1m 的行程，为了保证倾斜的误差小于 100Å，倾斜角必须小于 141μrad（0.141mm/m）。这是可以达到的，但在安装光学器件时，要求十分地谨慎。对于一台有原子级分辨率的测量机床，如果每 0.1m 的范围内，倾斜误差小于 0.1Å，倾斜角度必须小于 4.5μrad，这就很难办到了。

5. 光学部件误差

偏振分光镜的表面光洁度效应和涂层特性使一些参考光束到达目标，并产生多普勒频移。同样，一些测量光束也会泄漏到干涉仪中的反射器。这些会在接收器接收光信号时产生噪声，而且影响了检测信号零漂的分辨率。实际中，信号质量误差通过平面镜干涉仪或 DPMI 把位移分辨率限制在 10~20Å 内。为了避免这个问题，要采用合适的方法使两束光保持分离。直到最近也没有开发出更高精度系统的商业理由。

随着扫描隧道显微镜的逐渐应用，人们意识到不久以后就会要求：每毫米的范围内达到 1Å 分辨率的校核[58]。为了能用干涉仪实现这些测量，就必须要求设计新的部件。这种需求使 Zygo 公司[59]发明了晶体 DPMI。这种干涉仪使用双折射材料来实现光束分离和弯曲的要求，因

---

55 当光原子进入磁场后，原子所发射出的光子能量分为两种，因此，放出光包含两种频率成分 f_1，f_2，它们的频率与磁场的强度成比例。这两种频率形成一个可以检测出的拍频［见式（5.3.5.3）］，并用来稳定激光频率。

56 这部分对激光稳定性的阐述来自于北卡罗莱纳大学（University of North Carolina，Charlotte）的 R. Hocken 教授的谈话。

57 A. Rosenbluth and N. Bobroff, Optical Sources of Nonlinearity in Heterodyne Interferometers, 1989 Joint ASPE Annu. Meet. & Int. Precis. Eng. Symp., Monterey, CA, pp. 57-61.

58 见 8.8.2 节。

59 G. Sommargren, Lienar Displacement Crystal Interferometer, 1989 Joint ASPE Annu. Meet. & Int. Precis. Eng. Symp., Monterey, CA, paper unpublished. 更多信息请咨询 Zygo 公司。

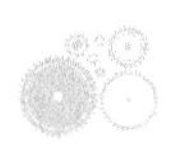

此就不需要涂料了。从标准处可以获得 λ/1000 的稳定分辨率，而且相信 λ/4000 的分辨率也不会有很大的困难。晶体干涉仪的价格应该在情理之中。另外，由于高分辨率的要求，因此要执行数字伺服的回归运算，而不会产生过多的分化噪声。一般地，对于一个有效的数字伺服而言，传感器反馈的分辨率必须比机床的期望位置分辨率至少大 10 倍。以后随着分辨率的增加，市场上必会出现 X 射线干涉仪[60]。

光束处理部件的装配误差也会引起参考光束和测量光束的偏振混合，当激光与一个由双折射材料做的光学部件（如偏振分光镜）间的入射角不确定时，两束光都会发生泄漏，这认为是偏振泄漏，而且它对系统中所有的误差都有“贡献”。另外，因为光束是通过弯曲镜转角的，如果光束没有被精确地弯曲 90°，那么就会导致偏振角发生小的变化，这个现象发生是因为：光束不是一条单线，而是横截面有限的一束，因此如果光在反射表面不是以精确的 45°入射，那么内部光束就会相对于外部光束稍微滞后部分波长。就像波片通过延滞光束的一个成分而改变偏振角一样，只要光束改变的角度不是精确的 90°，光束就会轻微地改变偏振角。在大多数场合中，只要距 90°的偏差小于约 1°的十分之一（1.7mm/m），这个影响就可以忽略不计。总之，光学的非线性会对系统产生一个大约 5nm 数量级的固定误差[61]。

光学部件和它们的安装也会随温度的变化而改变。这就导致参考光束和测量光束间光程发生变化。回忆前面所讨论的 DPMI，它是对称分布的，而且测量光束和参考光束的光程是相等的。用作光学部件的玻璃的折射率也会随温度发生变化，从而在几个小时或几天内导致测量误差的出现。因为一些激光能量不断耗散在光学部件上，所以主要是如何控制它们的温度。空气喷头会带来更多的误差，因此，在很多的应用中，我们只能把光学部件安装在一个大型的温度控制热量块上，以此使系统达到热平衡。

尽管不像热效应那么严重，如果干涉仪在一个非常接近磁导轨或电动机的地方使用，强磁场对于干涉仪的测量影响就不得不考虑。磁场不会影响光本身，但它可以轻微地改变用于光束处理部件的绝缘材料的折射率。只要测量光束和参考光束共用一个通路来通过光学部件，即使是非常强的变化磁场也不会影响系统的精度，除非它引起偏振混合的增加。

6. 误差小结

必须把测量误差包括在前面 4.2 节中所讨论的系统误差“预算”中。误差预算的目的是让设计师详细描述出系统的主要误差，然后把它作为努力减小的目标。和其他的误差一样，干涉仪也要面对现实的各种限制，一旦确定后，就可以通过合适的光学部件和电子过滤技术纠正许多的非线性误差。即使激光干涉仪要面对切削液流、极端的温度等影响，但它们已经在最恶劣的机床工作环境中取得了成功。总之，如果在这么恶劣的环境下，不能提出一种方法来保护光学部件和通路，那么机床的其他部件也可能将严重变形，干涉仪的精度和分辨率就不会是首要关注的。

4.5.2.3　迈克尔逊光学外差干涉仪的典型特征

以下只是对迈克尔逊光学外差干涉仪特点的一般总结。要知道，制造商们总是在提高它们的技术。因此这个普通的总结不应该被作为绝对的真理。而且非常需要注意：精度非常依赖于部件的安装方式和环境的控制方式。

尺寸大小：激光头，125mm 高×140mm 宽×450mm 长。图 4.5.11～图 4.5.22 所示为光束处理部件的尺寸。主电子箱分为两部分，每一个的尺寸约为 25cm×50cm×50cm。

[60] D. Bowen, Sub-nanometer Transducer Characterization by X-ray Interferometry, 1989 Joint ASPE Annu. Meet. & Int. Precis. Eng. Symp., Monterey, CA.

[61] C. Steinmetz, Accuracy in Laser Interferometer Measurement Systems, Lasers Optron., June 1988; W. Hou and G. Wilkening, Investigation and Compensation of the Nonlienarity of Heterodyne Interometers, Progress in Precision Engineering, P. Seyfried, et al. (Eds.), Springer-Verlag, New York, 1991, pp. 1-14.

价格：激光头及最多支持测量四根运动轴的电子器件价值约 \$10000。对于每一根运动轴的测量光学部件的价格、安装及额外的电子器件价值为 \$6000。

测量范围：最大为 3m。

精度：在真空中，精度通常是校准的函数。如果在真空中完美校准后使用，精度可达到分辨率的一半（最坏情况下）。在非真空状态下，如前所述，环境对精度的影响很大。

重复性：取决于环境和激光头的稳定性，但可以和分辨率一样。

分辨率：取决于所使用的光学部件，最高可达到 $\lambda/508$（$12\text{Å}=0.05\mu\text{in}$）。随着更好的光学部件（如晶体干涉仪）和相位测量技术的出现，可以在将来实现 $\lambda/1024$ 和 $\lambda/4096$ 的分辨率。当然，分辨率也不是意味着一切，除非机械系统设计也能够相应地发展。

环境对精度的影响：大约为 1μm/m/℃。使用者也应该考虑到空气扰流的影响和光学部件安装及机器自身的热膨胀。

寿命：基本上是无限长。尽管对于一些超精密的应用来说，纳米精度也是可以达到的，但我们必须考虑到所使用的光学部件的设计，它要能在长期的连续使用后只是轻微地模糊，而且光束中心的强度只轻微地改变。对于一些测量来说，这就可能引起小的余弦误差。另外，激光头也必须利用稳定的碘激光器定时地校准。

频率响应：频率响应一般从平（0dB）升到系统的最大速度（Zygo 系统为 1.8m/s）。当处于高速时，会产生一个误差信号。要注意：分辨率是独立于速度的。对于一些系统，只要不超过最大速度，任何加速度都是允许的。

驱动力：基本为零。

允许的运行环境：为了保证精度，系统最好在真空中使用，或在没有梯度的 20℃ 空气中使用。在其他的环境中使用时，请咨询制造商。

耐冲击性：当处于高频精密测量时，我们必须考虑惯性会引起光学部件的变形。总之，最好不要把电子元件或激光头安装在一个高频环境中，除非制造商已经为加固系统而做了安排。

安装误差：如果误差较大，不在一条直线上，会引起余弦误差和光束能量的损失，也会增加偏振泄漏量，从而降低精度。

所需电子元件：要有广泛的电子元件的支持。系统既有与不需要人工读数的机床控制器相连的接口，又支持人工读数（LED 显示器）。

4.5.3 基于激光干涉仪的跟踪系统

由 Hocken 和 Lau[62] 发明的基于激光干涉仪的跟踪系统，对任何外部基于端点的测量系统都有很高的分辨率（$1/10^5$）。精度视情况而定，而由温度的变化引起激光束弯曲将使精度受到限制，变得很低［见式（4.2.10）］。这些系统有一个为 10~100Hz 的带宽，这已经足够用来测量一台机器人或坐标测量仪当到达它的最终目的时的末端位置了，但把它用作连续路径的位置反馈信号，勉强够用。然而，我们期望也许不久以后，系统频率就可以达到伺服频率的水平。Hocken 和 Lau 的装置由一台激光干涉仪组成，用来测量一个两轴换向平台到一个安装在机床或自动机的刀尖附近的两轴换向反射器的距离。激光干涉仪测量到反射器的距离，而精密的编码器测量倾斜角。位于反射器前面的分光镜把部分光束转移到侧向的二极管上。二极管的输出用来保持受伺服控制的换向位置，从而保持激光聚焦于反射器。另外一种基于干涉仪的跟踪系统使用几个激光束来测量目标上一系列“猫眼”反射器间的距离。这些距离

[62] 这个系统由 K. Lan，R. Hocken 和 W. Haight 于 1985 年在 NIST 发明的。成果发表于：An Antomatic Laser Tracking Interferometer System for Robot Metrology，Precis. Eng.，Vol. 8，No. 1，1986，pp. 3-8.

用来决定目标的位置和方向[63]。这两种系统在实际应用中，都是与用来检查大型复杂工件（如潜水艇的推进器）的大型坐标测量机床相结合使用的。

4.5.4 马赫-曾德尔（Mach-Zehnder）干涉仪

马赫-曾德尔干涉仪（M-Z）的工作原理与迈克尔逊干涉仪相同，和迈克尔逊干涉仪一样，有一个最初的经典版本：它采用宽频宽的光源射向并通过一个散光盘。还有一个现代的光学外差版本。如图 4.5.24 所示，分光镜把来自光源的光分为一束测量光束和一束参考光束。参考光束沿一个稳定的通路前进。同时，测量光束则沿一条使光束通过一种“工艺过程”的通路前进，例如，化学反应或流体的流动。两束光通过另一个分光镜重合，然后它们相互干涉形成一个条纹图案。当“工艺过程”改变后，测量光束的光程也改变，而条纹图案则显示了这种改变。

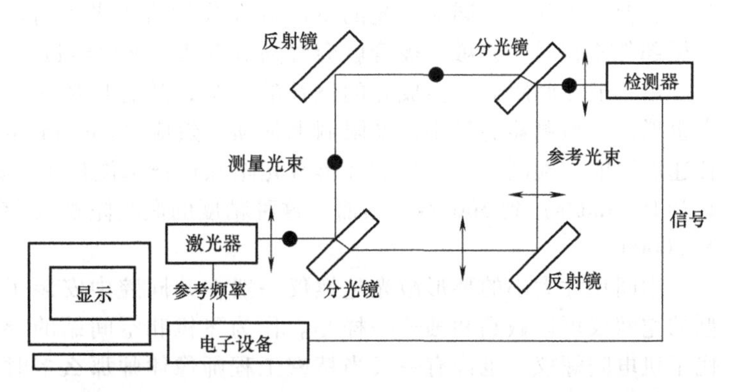

图 4.5.24　光学外差型的马赫-曾德尔干涉仪的工作原理

除了移动通过目镜的直条纹，还能看到发生在光束穿越部分反映“工艺过程”本质的图案。

如果整个过程比光束的规模大，就可以用光学外差技术来增加分辨率和测量速度。然而，只有一个工艺变量将会从系统中抽取出来。对于光学外差法版本，激光头产生了一束测量光和一个有频移的参考光。两束光被偏振分光镜分离，然后又重合。重合光束形成了一个拍频波，并与激光头的输出相比较（如一个声光频率转换器的输出）。通过使用前面所述的相位测量技术就可以实现对工艺如何影响光束的测量。事实上，只要采用合适的部件，一台迈克尔逊干涉仪就可以很容易地转化为一台 M-Z 干涉仪。

4.5.5 赛格纳克（Sagnac）干涉仪

图 4.5.25 所示为环形激光陀螺仪形式的赛格纳克干涉仪[64]。它里面有一个环形光腔设计，使两束光可以在环中有相同的光程。其中一束光沿顺时针行进，而另一束光沿逆时针行进。尽管任何数量的反射镜都可以使光束沿一个密封的路径行进，但三角形是最简单的腔形。当

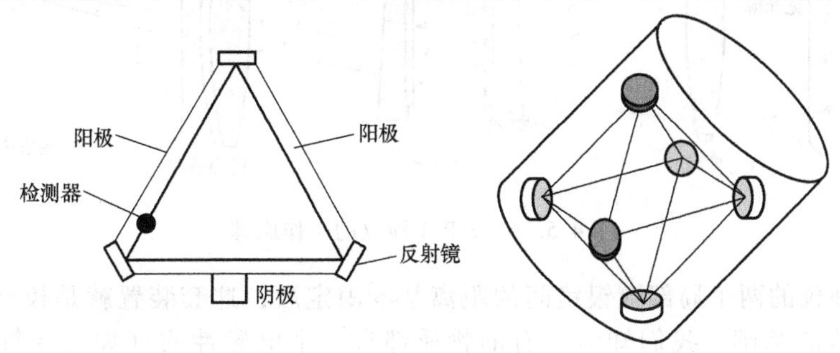

图 4.5.25　环形激光陀螺仪形式的赛格纳克干涉仪（Koper 许可）

[63] 激光干涉仪三角测量系统可从 Chesapeake 激光系统公司（马里兰州 MD，Lantham）得到。

[64] 光纤陀螺也是基于赛格纳克原理。他们不同于环形激光陀螺仪，因为它们使用外部的激光源。

装置旋转后，光束似乎就相对于干涉仪体运动起来形成条纹图案，这时就展现出了赛格纳克效应。事实上，激光腔中产生的驻波在空间中是固定的，只是腔在它们周围旋转而已。可以使用光敏二极管来观察波的节点相对于腔的运动。

通常腔内充满氦气和氖气。正极和负极之间的放电提供了激光作用所必需的能量。尽管这里没有显示，但和迈克尔逊干涉仪上使用的 He-Ne 激光头一样，光束的一部分可以用来控制反射镜上的加热器或压电作动器，来保证腔调整到合适的频率。当反射镜的位置正好合适时，就会产生驻波，同时，光的不连贯成分就从激光中射出。驻波在空间有固定的节点。当机械部件旋转时，光敏二极管就会看到节点从它下面经过。

由于节点间距等于生成光的波长的一半，随着环形激光陀螺仪半径的增加，角度的分辨率也增加。检测器的最小速度限制也是锁定效应（lock-in effect）的函数。低于这个水平的旋转速度不能被检测出来。目前环形激光陀螺仪技术能检测的速度[65]为 0.001°/h（1 转/41 年或 4.8×10^{-9} rad/s）到 500°/s。然而，这种精度的激光陀螺仪导航系统是很昂贵的（三轴的约为 \$100000）。

中间尺寸大小的环形激光陀螺仪一般在共同腔中安装了三个互相垂直的激光腔。这种类型的陀螺仪可以做到和柚子一样小。作为飞机和空间站的导航工具，环形激光陀螺仪很快取代了机电陀螺仪。也许有一天当精密工程师像律师那么多时，就会发明出更新的工艺和机械来使每一辆车、每一个机器人、每一辆推土机都装上环形激光陀螺仪。

4.5.6　法布里-珀罗（F-P）干涉仪[66]

类似于通过平均数据的方法来提高相似传感器的精度，F-P 干涉仪（由 Charles Fabry 和 Alfred Perot 在 1897 年发明）使用多光束来形成非常清晰的环形干涉条纹[67]。尽管借助于激光和光学外差技术已经使分辨率提高了两个数量级，但迈克尔逊干涉仪基本上是通过不太完美的正弦波干涉来产生毛绒状的明暗边界条纹的。另一方面，尽管价格是按照测量范围而定的，但增加条纹的狭缝和清晰程度可以达到更高的分辨率。F-P 干涉仪是一种多光束干涉装置。如图 4.5.26 所示，单条光线在两镜间多次反射，其中每一次反射泄露出来的部分光形成干涉条纹。结果，反射镜表面的瑕疵与非单色光就基本上互相抵消了。最终对应于迈克尔逊干涉仪的等宽明暗条纹，形成了非常窄的亮条纹。

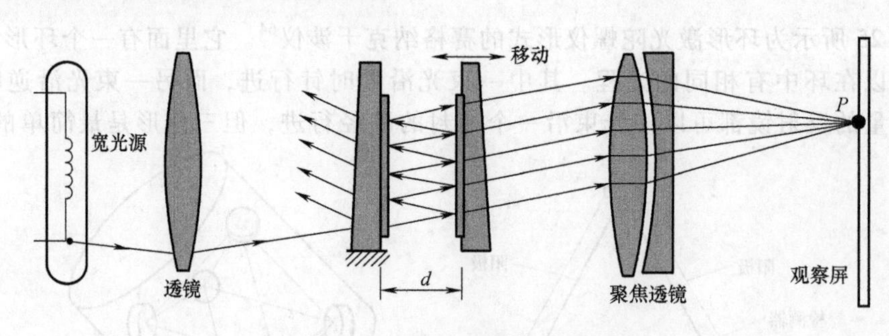

图 4.5.26　F-P 干涉仪的工作原理

当 F-P 干涉仪的两个局部镀银镜间的距离基本固定后，这套装置就是校准器，它构成了激光腔和分光器的基础。我们知道所有的物质都有一个电磁性质（如铜在氧化焰中发出绿

[65] J. Kaplan, A Three Axis Ring Laser Gyroscope, Sensors, March 1987, pp. 8-16.

[66] 为了更进一步学习，可参阅：J. M. Vaughan，The Fabry Perot Interfeometer：History，Theory，Practice and Application，IOP Publishing，Philadelphia PA，1989.

[67] 参阅：H. Polster，Multiple Beam Interferometry，Appl. Opt.，Vol. 8，No. 3，1969，pp. 522-525.

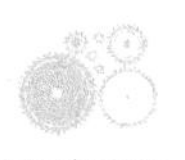

光），而且衍射光栅可以把宽频带的光分解出它各个成分的颜色（像棱镜一样）。因此可以通过它的特性光谱分析光的成分来确定某种物质。如果材料的原子很接近，那么通过衍射光栅来分解光谱就变得很困难，即使一些光栅的分辨率可以达到约 $1/10^6$。另一方面，F-P 分光器产生重叠的环形条纹图案，其中每一组条纹图案都代表着某种频率的光。

波长 λ 与最小可以透过（干涉仪）的波长的差 $\Delta\lambda$ 之比称为分光器的颜色分辨能力 R。光学系统的精细度 F 代表光学器件的完美性及光要做几次穿越才能形成干涉条纹。因此 F 等于条纹间隙与条纹宽度一半的比。对于一个带有反射镜的 F-P 分光器，间隙为 d，折射率为 n_f，分辨能力 R 为

$$R=\lambda/\Delta\lambda=2Fn_f d/\lambda \tag{4.5.30}$$

因此，

$$\Delta\lambda=\lambda^2/2Fn_f d \tag{4.5.31}$$

如果把频率、光速和波长的关系式 $f=c/\lambda$ 对 λ 求微分，将 $|\Delta f|=|c\Delta\lambda/\lambda^2|$ 再带入式（4.5.31），得到带宽的表达式为

$$\Delta f=\frac{c}{2Fn_f d} \tag{4.5.32}$$

干涉仪越灵敏，它就可以检测到更小的带宽，这样可以推导出精细度的定义。当我们把它用作发光器装置时，增加分辨率就意味着降低带宽，即降低它分辨出各种混合物的能力。当把它用作一个位移测量装置时，我们必须考虑到随着光学部件间距离的改变，由于反射镜的位置发生变化及反射镜的速度引起的相位变化，条纹的位置也会移动。

例如，我们假定系统的精细度大约为 30（一般地），$n_f d=0.010\text{m}$，那么最小可透过（干涉仪）的波长和频率相应地变化 $\lambda/10^6$和 $5\times10^8\text{Hz}$。作为一个发光器，F-P 干涉仪是一个很完美的带通滤波器。如果用作一个位移测量干涉仪，那么其中一个反射镜将不得不以约 316m/s 的速度运动，将引起一个可以处理的多普勒相位变化。当速度较小时，综合相位变化不会通过条纹移动而影响位移精度的测量。

F-P 干涉仪的干涉条纹中，各顶点（光带）间的距离为 $\lambda/2$，而条纹 γ 的宽度只有 $\lambda/2F$。如果我们假定使用一个 N 位的模数转换器（最小有效位是噪声）来把条纹的强度离散化，那么它的分辨率就为 $\lambda/2^N F$。当 $N=12$ 位，$F=30$，$\lambda=6328\text{Å}$ 时，分辨率为 $\lambda/122880=0.05\text{Å}$。然而，由于边界效应，这个分辨率的实际有效测量范围仅仅约为 $\lambda/4F=53\text{Å}$。条纹的锐度对应于一个低水平的光学噪声，因此分辨率主要是光敏二极管噪声水平，用来把二极管输出离散化的模数转换器（ADC）的分辨率以及腔镜保持平行程度的函数。通过把两个相邻条纹的图像聚焦于晃动的光敏二极管的表面上就可以获得更大的运动范围，因此至少一个光敏二极管总会被一条条纹照亮。测量小位移的 F-P 干涉仪通常是买不到成品的，因为它太笨重了。而且简便易用的外差干涉仪逐渐开始进入埃级的测量精度。因此，在设计一个包含 F-P 干涉仪的系统前，机械设计师一定要向一些好的光电系统设计师咨询。记住：分辨率越高，在设计制造和组装系统时引起的问题就越多。而且 F-P 干涉仪的易用性并不为人所知。

4.6　激光三角传感器

三角法测量距离的历史很久远。当它与激光和光敏二极管结合使用后，就是一种用来测量不能使用电容或电感探针的非接触性测距的强有力工具，然而，它的分辨率不是太高。光学三角系统还可以设计为：在表面上一个极为集中的点进行反射，这样就能够避免平均效应，该效应会阻碍对表面轮廓上急剧变化之处的检测。图 4.6.1 所示为典型的激光三角测量技术。

激光在目标表面上留下斑点，透镜把散射光聚焦于光电检波器上。光电检波器的输出与聚焦图像强度中心的位置成正比。因此，均匀的环绕光对读数没有影响，但是由激光入射到物体表面而引起的亮斑则会产生一个读数。基于激光、透镜和光电检波器的相对外形，及光电检波器光斑的位置，可以确定探头到物体表面的距离。注意：这是一个绝对的，非增加的距离测量装置。这种装置的典型应用包括对物体表面形状的持续检查，如复杂的铸件、螺旋桨等。还可以买到许多其他外形的这种探头，包括像铅笔那样的形状，可以插入到很狭小的空间中[68]。因为光电检波器找到了反射光束强度的中心，所以仅仅需要检测表面随机地漫射，以此来使分辨率不受表面粗糙度的影响。

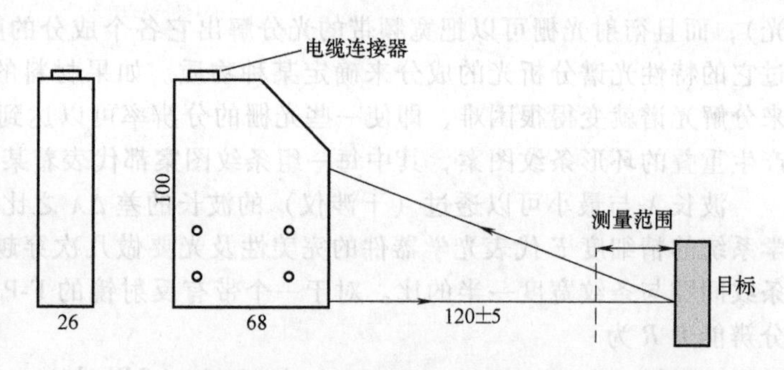

图 4.6.1 激光三角距离传感器（Candid Logic 公司许可）

激光三角传感器的典型特性

以下是对激光三角传感器的特性总结。要知道制造商总是在不断地提高他们的技术，因此，不要把这个总结看作真理。

尺寸：像铅笔或一包香烟那么小，一般为 30mm×80mm×70mm。

价格：探头大约为 \$5000，调整信号的黑箱和数字电子器件约为 \$5000。

测量范围：从 5~50mm（0.2~2in）。

精度（线性度）：大约为满量程的±0.2%。

重复性：取决于表面粗糙度的重复性，大约为满量程的 0.05%。

分辨率：大约为满量程的 0.02%。

环境对精度的影响：从正常工作温度 20℃起，约为满量程的 0.01%/℃。

寿命：探头是非接触性的，因此如果表面粗糙度不因环境而降低，那么寿命就是无限的。

频率响应：（-3dB）：一般为 2~5kHz。更高的频率则取决于制造商、模数转换器的速度及过滤器的性能。

起动力：探头与被测目标间没有作用力。

允许的运行环境：为了保持精度，探头和传感面必须保持干净。在脏乱的环境中可以通过使用空气擦拭来实现。一般来说，系统可以在 0~40℃中工作。

耐冲击性：大约为 10g。

偏移误差：如果到达表面的入射光不是标准的，就会产生相对于传感器精度的微小余弦误差。一般最大的偏移误差大约为±15°。

所需电子元件：探针的模拟输出通过使用者自己提供的电子器件进行过滤及数字转换。也可以使用带有传感器的光学黑箱来把输出信号数字化，过滤并平均用户所需要的信号。探针自身需要一个封装在黑箱里的精密电源供给。

4.7 光电传感器

光电材料吸收入射光，并利用这个能量来提高电子的能量（价带㊀），或使电子变为自由

[68] 激光三角传感器由 Chesapeake 激光系统公司（马里兰州 MD，Lantham）制造。

㊀ 填有电子而能量最高的能带称为价带，相邻的更高能带称为导带。——译者注

电子的状态，以增加材料的导电性。相反，电流通过半导体则会引起光子的发射，因此光电效应可以由三种不同方式在光电传感器上派上用场：光电导、光电子发射和光伏作用。

光电导性：入射光射入光敏材料会引起材料电导（阻抗）的变化，许多光敏二极管的结构都是基于光电导原理制成的。当在光敏二极管上施加一个偏置电压时，输出电压就与射入二极管的光强度成比例，或者说，不同引脚的输出电压之比就可以用来决定二极管表面的光束强度的中心位置。

光电子发射：一个有效的电流可以使光子从光敏材料的表面溢出。这种最常见的转换器就是光敏二极管（LED），它不属于传感器，但 LED 常用在传感器中，如光电编码器的光源。LED 还可以用来从遥控探测器上发送信息到主控制器（如从一个旋转部件上的探测器）。通常在机床上，光电转换器常应用于传感器输出的无线传输，因为在机床上无线电频率会被其他无线电源或由电动机脉宽调节驱动器产生的强磁场所干扰。位置传感器安装在运送切削刀具的工具传送带上。工件切削完后，机床将把位置传感器安装到主轴上，从而将自己作为坐标测量机来检验工件的外形。尽管由于机床精度的限制，不会检测出工件的误差，但可以使操作者检查出工件轮廓的精度及由磨具磨光的无公差要求表面的缺陷。大部分的传感器都由一排靠电池驱动的 LED 及一个作为接收器的光敏二极管组成。

光伏作用：当光照射到光敏材料上时，会产生一个电压。因为光伏电池的效率仅能达到 10%~20%，因此设计者必须谨慎，以保证散失掉的热量不会在超精密系统中引起额外的热误差。除了作为计算机、卫星、遥控器的电源，光伏装置与 LED 相结合，就是常用的光隔离器。与电涌通过保险丝和缓冲器之后可能泄露不同，这些装置会传送信号级电压，在破坏性的电涌被传送之前，部件之间的缝隙就会使这些装置饱和。由于它的响应时间短，光伏装置常用来构造一种最基本的光传感器——光敏二极管。

1. 光敏二极管

光敏二极管主要用作传感器来测量入射光的强度或二极管表面光束强度中心的位置。现有光敏二极管类型包括：离散排列和整体的一维或二维排列，它们可以提供离散或模拟输出。它们对光波长的要求范围从红外线到紫外光。整体模拟输出光敏二极管与 LED 相结合后，常用于光电编码器和接近传感器。与光学传感器相结合后，可用于自准直仪、干涉仪和三角测量传感器。二维离散排列的光敏二极管为大部分摄像机的成像装置。光敏二极管是许多光学传感器系统的基础组成模块。因为它可以把光信号转化为电压，经过数字化后，就可以与计算机相连。

光敏二极管最简单的形式是一种固态装置，它利用光子的能量打开晶体管，从而使电流通过。这暗示着光入射到二极管表面。为了检测入射像的大小和形状，许多特殊的二极管要以一维或二维排列的方式来离散图像。现在用得最多的是在 0.5in×0.5in 的表面上有 1024×1024 个二极管的排列。而 4096×4096 个二极管的排列已经构造完成。然而，必须意识到它们所处理的信息位数分别是 1024^2 对 4096^2。因此即使制造出更高分辨率的二极管，也要首先考虑所支持硬件的信息处理能力。

采用离散型光敏二极管排列来测量入射光的强度是可行的。在点上产生的电压由一个快速的模数转化器读取。所需要的强度等级越高，二极管的响应就越慢。注意：如果采用一个快速的（10MHz）6 位模数转化器，提供 64 的强度等级，那么一个 1024×1024 的排列只能被以 10Hz 的速度扫描。显然，使用更多的模数转换器只能改变扫描的区域，由于存在物理限制，所以，视觉系统必须满足分辨率和速度的要求。

在光学位置传感器上常使用输出一个模拟电压的整体二极管。因为二极管是由一个持续的光电压或光电导媒介制成的，所以理论上，它的分辨率无限大。它们可以用来测量入射光的强度或强度中心的位置。当用来测量入射光的强度时，它们对变化的环境光很敏感，除非使用一个很窄的带通滤波器（如使用 He-Ne 激光器的系统采用一个 630～635nm 的带通滤波器）。这种应用包括在光学编码器上的传感检测和光学外差法的检测上。当使用差动电压模式时，它们可以用来检测入射光信号强度的中心，其中（二极管）对发散的环境光和光信号强度的变化并不敏感，因而这时可以作为自准直仪和激光三角系统上的光斑位置传感元件。

位置传感光敏二极管有两种常见形式：正交型和横向效应型。随着光斑远离中心位置运动，正交型二极管的输出快速地减小。靠近中心，输出则快速地上升。这使得正交型二极管可以作为一种中心检测装置。在这种类型的应用中，当存在一个较大误差时，光斑将位于二极管的边缘附近，因而也就不需要很高的分辨率。当光斑位于二极管中心附近时，则需要二极管的高敏感性和线性输出来使保持光斑位于中心的伺服系统的控制能力最大化。这种类型的应用一般需要标点和跟踪系统。在横向效应模式下，四个象限的电压与光斑在二极管表面的位置成正比。这些电压的比与入射光在二极管上的强度中心的位置成比例。当在光电压模式下工作时，就不需要偏置电压，而且二极管的噪声最小（如暗电流）。然而，上升和下降的时间则更长。当在光电导模式下工作时，一个（施加的）有效的偏置电压不能改变输出的等级，但它可以减小上升和下降的时间，因此提高了二极管的灵敏性，但另一方面却增加了二极管中的暗电流。响应的一致性（$X\%$）是对二极管输出的对称性的测量。如果光斑入射到第一象限的点（1，1）上，那么电压就不能比当光斑入射到点（-1，1）或（-1，-1）、（1，-1）上时的变化超过 $X\%$。

通常一个二维横向效应的二极管由中心处的接地线及它周围的四个相隔 90°的引脚组成。通过监控每一个通路产生的电流，就可以确定入射光强度中心的位置。当光照射到二极管上后，由每一个光子所产生的电流就一定转移到一个引脚上。沿通路到达引脚的阻抗决定了每个光子的能量对每个引脚上电流的“贡献”大小。由此，横向效应二极管可以作为测量光斑在 X 和 Y 轴位置的检测器的光控可变电阻。响应的线性度取决于二极管的响应。如果引脚 A 和 C 位于 X 轴上，引脚 B 和 D 位于 Y 轴上，那么入射光强度中心的 XY 位置，就可以通过测量引脚的电压差和电压和的比来决定：

$$X=\frac{A-C}{A+C}\qquad Y=\frac{B-D}{B+D}\tag{4.7.1}$$

二极管的响应度是所要求的精度和扫描频率的乘积。O' Kelly[69] 给出了以下的关系式，用来确定二极管 DL 的响应度（距离分辨率/在信号噪声比为 1 时所需带宽的平方根）：

$$\Delta L=\frac{(4KT/R_S+E_n^2/R_S^2+2R_\lambda P_d q)^{1/2}\times L}{2P_d R_\lambda}=\frac{\text{长度}}{\sqrt{\text{Hz}}}\tag{4.7.2}$$

分子上的第一项是二极管的约翰逊噪声，第二项是放大器的噪声；第三项是二极管的离散噪声。例如，一个普通的 30mm×30mm 二极管：

K：Boltzmann 常量 = 1.381×10^{-23} J/K　　P_d：一个原子的入射能 = 0.001W

T：温度 = 293°K　　R_λ：检测器的灵敏度 = 0.25A/W

R_S：接触电阻 = 1000Ω　　q：电子电量 = 1.6×10^{-19}C

E_n：放大器噪声 = 10^{-8} V/(rad/s)$^{1/2}$　　L：接触面间的距离 = 0.03m

当信号噪声比为 10 时，灵敏度 ΔL = 84Å/Hz$^{1/2}$。这种二极管的上升时间一般为 5μs。当频率为 1kHz 时，分辨率可达 0.27μm（10μin）。通常，横向效应二极管在使用时，其性能的最主要限制因素是：系统的清洁度和所使用的模数转换器的速度和分辨率。

2. 光电接近和距离传感器

光电接近传感器有两个主要的部件：发射器和接收器。发射器可以为发光二极管、准直

[69] B. O' Kelly, 'Lateral-Effect Photodiodes,' Laser Focus/Electro6Opt., March 1976, pp. 38-40.

光源或在红外线和可见光之间的漫射光源；接收器通常是一个光敏二极管。光从发射器到接收器有以下的五种方式：对向、向后反射、漫射、汇聚或反射。

图 4.7.1 所示为对向模式，发射器和接收器处于互相对立的位置，因此光源直接射入接收器。这种方式通常用作光通断方式。因为当物体从光束中通过时，光束会被打断，同时光敏二极管的输出变为零。对向模式通常提供最大的光学对比度，特别是当物体不透明时，就像一个盛满液体的杯子。

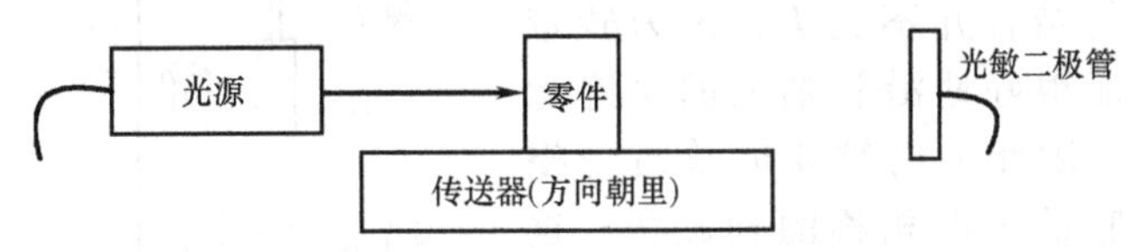

图 4.7.1　对向工作模式（光通断）的光电接近传感器

图 4.7.2 所示为向后反射模式，发射器和接收器处于同一个单元中。在被测物体的后面安置了一个反射器（镜），大多数情况下，使用普通的自行车反射镜就可以了。当周围环境变得很脏，扫描距离太长，或被测物体自身可以反射时，向后反射模式就不如对向模式可靠。向后反射装置有一个优点：只用安装一个活动部件及相关的信号导线。

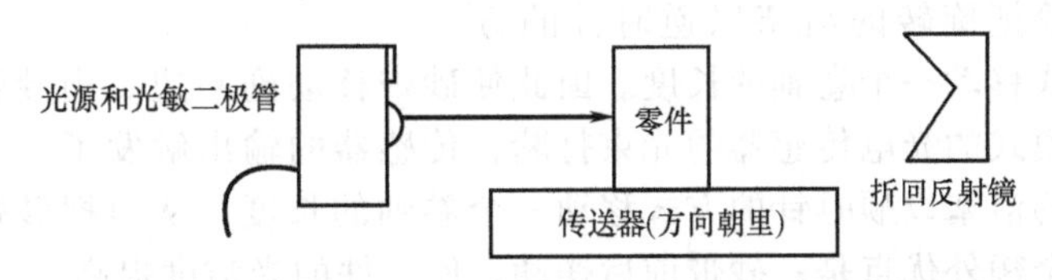

图 4.7.2　向后反射模式工作的光电接近传感器

图 4.7.3 所示为漫射模式，也是把发射器和接收器包含在一个单元中，发射器发出的光碰到目标体后，向各个方向漫射。因为总有一部分反射光会到达接收器，发射器-接收器单元可以按相对于被测物体任何合理的角度来安置。为了防止在起动装置时发生偏离反射，光源到被测体表面的距离必须可以相对调整。漫射模式是最常见的接近传感器。

汇聚（反射）模式是漫射模式的一种特殊形式，它采用了一些与激光三角传感器相似的额外部件。所增加的光学汇聚部件能够在到传感器有固定距离处产生一个很小、很清晰的图像。接收器收集从被测物体反射回的光的方式与漫射模式相似，这种模式通常用于当被检测物体与反射表面很接近的情况。汇聚（反射）模式与图 4.7.4 所示的工作方式相似。发射器和接收器都以到反射物相等的角度且互相垂直地安装。传感器到被测体的距离必须要保持恒定。

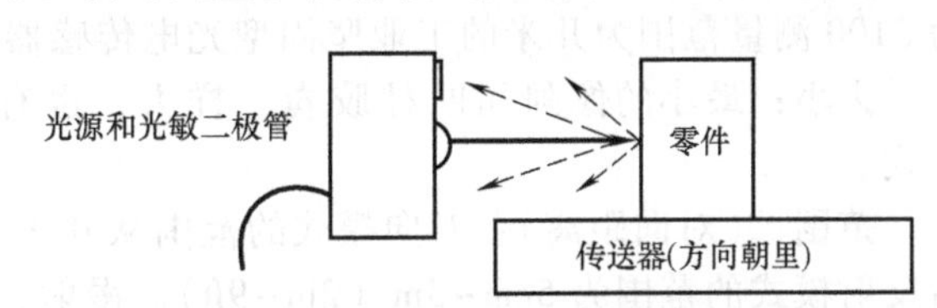

图 4.7.3　漫射模式工作的光电接近传感器

光电传感器通常用作接近（开/关）模式，尽管有与到物体距离成比例的交流电压或电流的模拟输出的型号。这些模拟型号的输出可能是线性的、抛物线的或对数的。输出电压范围通常为 0~30V，其取决于传感器的放大器。

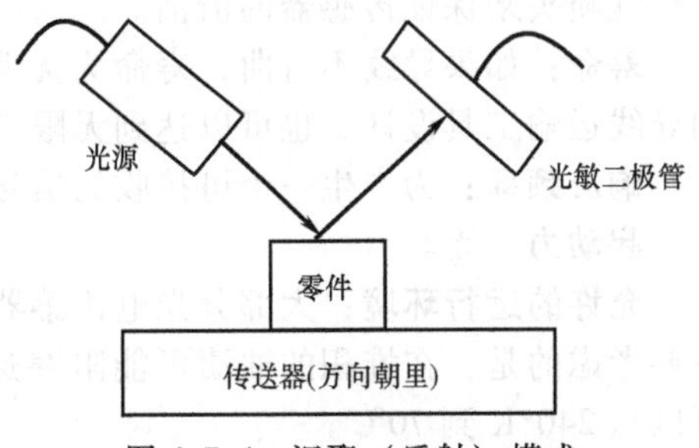

图 4.7.4　汇聚（反射）模式工作的光电接近传感器

3. 典型应用

光电传感器广泛应用于生产线机构的位置感知和指示控制装置。因为这种类型的机构（如活塞）通常采用气动部件，因而可以利用空气来保持光学部件表面的清洁。尽管这也意味着它们的分辨率更加受到限制，但光电接近传感器比其他类型的接近传感器（如电容型、感应型和机械式）的最主要的优点是：它们对物体的位置和方向不敏感。

图 4.7.5 所示为在以位置感知为目的的机构上应用的光电接近传感器的实例。它使用一

对光电传感器来控制大型工业砂带机上砂带的位置。由于制造和经济上的限制，砂带与卷轴的结合并不完美，因为砂带不能很好地沿卷轴上的轨迹运动。因此上卷轴要能够沿一根与它的长度相称的轴旋转，这样当砂带开始向右移动时，它就打断了通过光电接近传感器的光束。传感器的输出触发了一个继电器信号，从而使真空管把旋转的活塞以逆时针的方式移动一个卷轴的长度。因此使砂带移动到左边。当砂带移动到左边后，它又把另一个对向模式的光电传感器的光束打断，传感器的输出触发了一个继电器信号，从而使真空管把旋转的活塞以顺时针的方式移动一个卷轴的长度，从而把砂带送到右边。这种自动跟踪模式的一个额外优点是：砂带前后摆动，使工件的光洁度提高。

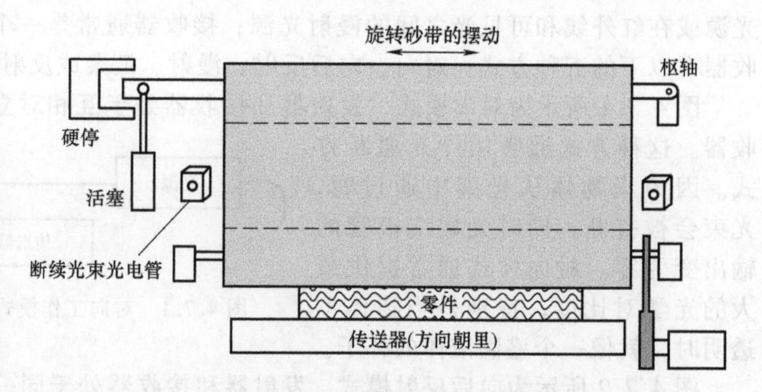

图 4.7.5　用来控制砂带机砂带摆动的光电接近传感器

4. 光电传感器的典型特性

有许多标准的光电传感器出售，标准指标准限位开关安装。这些传感器也许只有拳头大小，而且通常是用于恶劣环境。以下对光束二极管特性的总结只是概述而已。制造商一直在提高他们的技术，因此不要把这个一般性总结当作绝对真理。

价格：从价格为 \$2，测量范围为 1mm 的小型无线电器材公司™版本的光电传感器到价格为 \$100 测量范围为几米的工业坚固型光电传感器。

大小：最小的像阿司匹林胶囊一样大，也有拳头般大小用于很大测量范围的工业重型样式。

范围：（对向距离）：对向模式的范围从 0.3～30m（1～90ft）到 2.5～25m（1～10in）。向后反射模式的范围为 5cm～3m（2in～9ft）。漫射、反射模式传感器的范围从几毫米到 50cm。

精度（线性度）：这种类型的传感器不适用。

重复性：从 0.1～10mm（0.004～0.4in），取决于光束的尺寸、目标的一致性及环境的清洁度。

环境对重复性的影响：性能主要取决于部件的清洁度保持。在脏乱的环境下可以使用一个空气喷头来保证传感器的清洁。

寿命：如果导线不弯曲，寿命为无限长。对于要求导线弯曲的应用中，事实上通过合理的导线运输工具设计，也可以达到无限寿命。

响应频率：为产生一个可接收的信号，发光时间从 100μs 到 0.1s。

起动力：无。

允许的运行环境：大部分光电传感器都是密封的，以满足各种环境要求，包括水下工作。主要考虑的是：在堆积的油渍可能阻塞透镜的环境里，是否安装了一个空气喷头。工作温度可以从 240°K 到 70℃。

耐冲击性：大约为 10g。

发射器/接收器的偏移误差：高度依赖于传感器的应用场合和被测物体的类型。但对于一些类型，最高允许发射器和接收器之间有 10°～15°的误差。

所需电子元件：通常只需要一个直流（6～24V、0.01～0.05A）的电源。传感器的输出电压通常是 TTL 兼容的。注意：对于长距离的信号发射，没有内置放大器的单元需要增加一个

放大器。也可以为传感器购买控制单元，控制单元提供输入到机床控制器的各种逻辑输出，例如，当使用一个传感器作为开关时，控制器可以用来提供 SPDT（单刀双掷）逻辑。其他的逻辑单元包括延时、冲息、计算、重复等。控制器的价格从 $10 到几百美元不等。

4.8 飞行时间传感器

飞行时间传感器是通过发射一个能量脉冲波，然后测量波被反射回来所花费的时间，以此来测量到目标物体的距离。波的频率越高，它所受环境状态的影响就越小。雷达（无线电检测和测距）、EDMI（电子测距仪器）和 GPS（全球定位系统）的应用通常从飞行器定位到建筑场合的长距离测量，而且逐渐应用于移动机器人的位置传感系统上，因此有必要对这些传感器做个简明的讨论。

雷达是一种测量位置增量的装置。与干涉仪不同，雷达系统是通过反射并计时一系列持续的短电磁波脉冲来获得物体的绝对位置，其中每一个脉冲仅持续 1μs。因为电磁波是以光速传播的，所以检测飞行时间分辨率在 1μs 内时允许有 150m 的分辨率。现在已经研制出了很多形式的雷达，包括可以测量范围、高度、轴承检测的聚焦平面系统。多普勒雷达测量长脉冲的多普勒转移，因此只能检测运动的物体。多普勒雷达单元用作飞机和重型机械（如推土机）的地面速度检测器。多普勒雷达比普通的雷达昂贵，但它也不能把一座小山当作一辆快速行驶的汽车。调频雷达（FM）产生一束频率连续的光。接收器既接收从目标物体上反射回来的光的能量，又接收从光源直接反射的光的能量。当频率变化范围为 Δf 时，就会产生一个与被测体距离成比例变化的差频。光学外差检测器采用拍频明显增加了电磁波的波长，但还保持着短波的优点。因此当达到波峰和波谷时，有更高的测量精度。拍频自身也是光源到检测器间已知的参考距离和光源到目标物体距离的函数。参考距离越长，系统的测量范围和分辨率就越高。采用扫描激光类型的雷达已经发明出来了，有时就是指：激光雷达视觉系统[70]。

EDMI 的工作原理与雷达相似，但它采用的是聚焦的红外线光束来对物体反射。采用脉冲整形技术和快速检测电子器件，EDMI 可以达到 (1~5) mm±(1~5) ppm 的精度，其中，测量更新的时间为 1~5s。沿光束通路的折射率的改变会引起光速百万分之一的误差，进而影响距离的测量。EDMI 的价格从 $3500~ $15000 不等，主要取决于其精度、速度和所需附件。一个 EDMI 大约有两个咖啡杯那么大[71]。因为这些仪器是设计用于做准静态测试的（0.1Hz），所以它们的应用是：当机器人开始“休息”时，作为自动机器人系统的位置更新装置。轮子上的编码器或多普勒雷达可以用来测量瞬时速度和位置，以此实现运动机器人的监控。

全球定位系统（GPS）是一种相对新型的位置测量系统。它随着微电子的快速发展，可以彻底改变旅行和建设时的位置测量。在 21 世纪前十年的早期，20~30 颗 GPS 卫星（取决于要覆盖多少空间）被发射到围绕地球的同步轨道并到达指定位置。理论上，至少需要 3 颗卫星才能确定位置，最多 6 颗卫星就可以在任何时间确定位置。每颗卫星发射一个包含时限信号和位置信号的特性信号。通过这个信号，利用飞行时间传感器和三角测量技术，测量系统就能提供出全球的位置。民用 GPS 可达到 30m 的精度，而且随扫描时间从 15~20min 的不同，会有 1~10ppm 的差异。尽管接收器和所必需的电子系统价值 $50000~ $100000，但从电子系统技术发展的速度看，总有一天会发明出像手表一样的接收器和电子系统，并且具有厘米级

[70] 可从恒敦数字光电有限公司（Digital Optronics Corp. of Herndon）得到。更多的描述参阅：F. Goodwin，Coherent Laser Radar-3D Vision System，SME Tech. Paper MS85-1005.

[71] 参阅发表在勘测员行业杂志的每期 EDMI 阅览：Point of Beginning，published by POB Publishing Co.，P. O. Box 810，Wayne，MI，48184.

的精度和几秒的效应时间。但就目前而言，GPS系统还只是勘测人员的工具而已，离民用还很远。

4.9 视觉系统

从广义角度可以把视觉系统归为非接触光电传感系统。它测量工件的几何信息，包括：方向、位置、大小、形状或表面轮廓。当把视觉系统用作机械系统的一部分时，我们必须谨慎地考虑这些设备的实际应用和限制。当在设计特殊应用中的视觉系统时，它可以是最有用的、最可靠的、最有效的工具之一。（例如，使用一个扫描激光束对每一个工件做100%的检测，然后证实电子连接板上的所有销都存在，而且没有弯曲）。另一方面，当期望视觉系统都能像在科幻电影中扮演重要角色时，收获的确是失望。

在精密工程应用中，用视觉系统来描绘工具外形非常有用。特别是当轮廓表面是经过没有旋转平台的笛卡儿坐标机床加工出来的情况下，这就显得尤其重要。日常应用中，常见的是光学比较仪。

机床视觉程序可以分为四个基本步骤：成像、图像预处理、图像分析和图像解释[72]。不考虑它们的精密程度，所有的视觉系统都采用这四个步骤。一套普通的视觉系统包括：环境、光源、光接收器及信号处理系统。为了从系统中提取有用信息，其中前两个是系统最重要的部分，因为它们决定了对后两者所要求的复杂程度。

1. 环境

理论上认为，视觉系统可以解决："箱里面随机零件的方位"这个经典问题。在这个问题中，给机器人呈现的是一个箱子，其中箱子里面是一些随机堆放的零件。机器人的任务是以一定的顺序把零件检测出来，然后放到属于它们的地方。现在问你自己以下问题：首先是谁把所有零件放到箱子里的？为什么不用一个振动供料器来以一定的方式供给零件？如果零件太复杂或脆弱而不能采用振动供料器供料，那么它们是不是不能被扔进箱子？在它们的什么地方打孔呢？另一方面，它们可以应用在铸件去毛刺上，大量的未完成零件从振动去毛刺站中倾倒出来，然后对它们进行分类。因此，需要分析的是整个工序，而不仅是试着去解决昂贵的在高技术应用中存在的问题。

通常，随着问题变得越来越明确和有序，视觉技术也变得更适用、更经济和更可靠。另一方面，视觉系统通常是唯一的一种可以与不明确且无序的问题相连接使用的传感系统。因此，设计者的目标就是减小成本，增大整个机床传感器系统的生产率和质量。

2. 照明

借助被测物体的反射光和透射光，视觉系统就可以辨别出物体的不同特性。反射光是最全面的形式，因为它可以反映很复杂的表面形状。另一方面，它需要有相应的信号处理软件去提取这些信息。有许多类型的反射照明方式。若采用前漫射照明，光源就处于被测物体前面，且紧邻光学传感器。前偏振照明使用偏振光来减小环境光的影响。若采用前向明场照明，光源要呈现一定的角度，使从被测物体反射的光朝一个确定的方向反射。结构光照明采用具有特殊几何形式的光（如一个扫描点、线或方格）来减小所需处理信号的复杂度。

透射照明和后照明，使光源置于被测物体的一边，而在另一边安装接收器，因此，就会产生一个被测物体的轮廓影子。它形成了最好的对比度，并可以用在光学比较仪上，其中光学比较仪用于比较物体的轮廓影子与参考模型。这种类型的系统也可以用来测量刀具的形状，

---

[72] 更完整的图像处理术语汇总参阅：R. Cloutier, Glossary of Image Processing Terminology, Lasers Optron., 1987, pp. 60-61.

其中刀具是用来车削复杂形状的，但没有旋转轴来保证刀具在工作表面的法向。透射型视觉系统是这些类型中最容易实施的且具有最好的精度。

可以使用的光型包括：漫射白光、部分单色漫射光及结构光。普通的漫射光最方便，但实施最困难，因为反射表面和阴影所产生的图像会“欺骗”系统，使系统认为那里有一个边界，其实那只是一个影子线而已。部分单色漫射光和窄带滤光器有助于解决环境光的问题，但阴影仍然会导致误差。另一方面，结构光（如平面光）通过一种光模式（如平行式或一排点）来照明物体。这就使我们可以观察到由被测物体引起的模式的变形。当入射光以一定的角度射到物体表面上时，物体以它独特的外形使光束扭曲变形。这种效应与轮廓测绘时的直线是同等性质的。

如果结构光是以扫描模式应用的（如一条单线或一个沿物体表面运动的点），那么通常就可以避免那些产生不一致图像的阴影、反射和其他现象。如图 4.9.1 所示，使用两个光平面就可以决定传送设备上物体的高度和宽度。如果传送设备的速度可以精确地确定，那么也就可以测量出长度尺寸。用于简单目的的结构光类型包括复合面、方格和点。

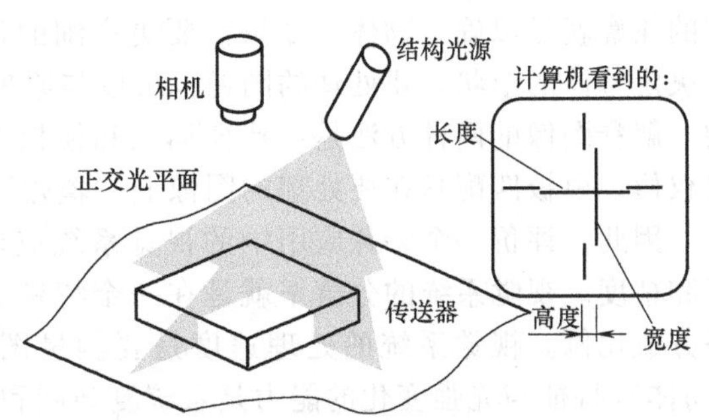

图 4.9.1　用来测量三维信息的两垂直结构光平面（Landman 许可）

3. 图像获取和数据处理

接收器主要负责测量反射光强度，而反射光强度是位置（一维或二维）的函数，然后再把信息转化为数字阵列元素，这样图像处理系统就可以利用它们来评估系统所“看到的”图像。接收器利用摄像管或光敏二极管来作为测量部件。摄像机使光束通过一系列的棱镜，然后聚焦于光电导盘上，形成了图像。摄像管中的电子束扫描光电导盘的表面所形成的输出与沿扫描线的光强度变化成比例。摄像机逐渐趋向于在光电导盘表面上读取图像，因此，会被固态光敏二极管所代替。固态相机使用一个棱镜把图片聚焦于称为像素的一维或二维光敏二极管上，通常，使用 256×256 像素的阵列。固态相机很小（手掌大小），很结实，而且它们的光电敏感元件不随使用而磨损。

二进制和格雷模式是两种常用的测量光强的方式。二进制模式中，把模拟信号转化为两种可能的取值，高值 1 和低值 0。像素设定为低值，除非它的模拟信号高于某个确定的数值。这是最简单的转化形式。虽然它的分辨率很低，但对于一些简单的观察任务来说已经足够了，如轮廓匹配。而对于格雷模式，要使用模数转换器把光敏二极管与入射光强度成比例的模拟信号转换为从 0~255（8bits）变化的数字值。改变入射光的强度就可以检查和比较表面特性，但是，过程的要求很苛刻。一个 256×256 的阵列需要不少于 65000 个 8 位的存储空间。处理大量数据的时间大约为十几秒。为了减少测量时间，如果要检测一个物体的某个特性，那么只需要处理包含这个特性的区域即可。

从图像获取系统产生的数据阵列就可以推导出图像的许多性质，包括：位置、方向、几何结构及表面形状。因为完成这些任务的计算机硬件和软件的变化和发展太迅速了，已超出了本书可以详细讨论的范围，因此，以下只讨论一些基本概念。

通过使用测距仪、三角法或立体视觉技术，可以测出物体相对于相机的距离。测距仪或直接图像处理技术把图片与存储器里面至少两倍大小/距离的图片相比较。三角法在 4.6 节有详细的讨论。立体或双目视觉系统采用视差来决定到达物体的距离。当使用两个接收器观察时，被测物体相对于参考物体的运动看起来有些不同。把两个接收器的图像合并，就可以计算出物体到参考处的距离。

如果已知物体上三个不共线的点的相对位置，又可以测量出点之间的距离，那么就可以确定出表面的方位。如果已知物体（如传送设备上的一个标准件）的一般强度分布，那么把它与图像上的光强度分布相比较，就可以确定物体的方位。远离相机的区域就显得比正常的暗，接近相机的区域就显得比正常的亮。然而，测量物体方位的最可靠方法也许就是使用结构光。

在检测和机器人应用中，通常需要确认一个零件。可以通过使用物体的基本特性（如线性和弧度）来确认其外形。通过首先画出轮廓来决定一个区域的外形和轮廓。通常只要有物体的轮廓就足以确定物体。如果需要更详细的信息，通过区域成分与整体的结构关系，就可以决定整体的形状。要处理的图像也可以与原来存储的信息相比较，从而解释系统所"看到"的。解释图像的两种方法是：特征加权和模板匹配。特征加权为每一个特征指定一个相关的加权值。模板匹配是在要处理的图像上"覆盖"期望的图像，然后再把两者相比较。

因此，评价一个特殊应用中的视觉系统应该考虑以下的因素：分辨率、处理速度、区分度和精度。视觉系统的分辨率就是在一个特别方向上阵列的像素数。通常，成本与分辨率的平方成比例。视觉系统的处理速度是要测量图像的复杂度和像素数的函数。视觉系统区分（物体）特征与光强变化的能力是系统复杂度和分辨率的函数。通常，区分能力越强，要求的分辨率和复杂度就越高，而且也就越昂贵。视觉系统的精度是对一组被测物体所作的正确决策的百分比的函数。

4. 应用举例

基本的视觉系统采用打断光束光电传感器、扫描激光三角传感器及扫描激光遥测系统，作为它们的系统组成模块。通过扫描工件的表面，就可以很容易地构造出其外形，因为已知从扫描仪处获得的两个自由度。图 4.9.2 所示为这些类型的系统的举例。

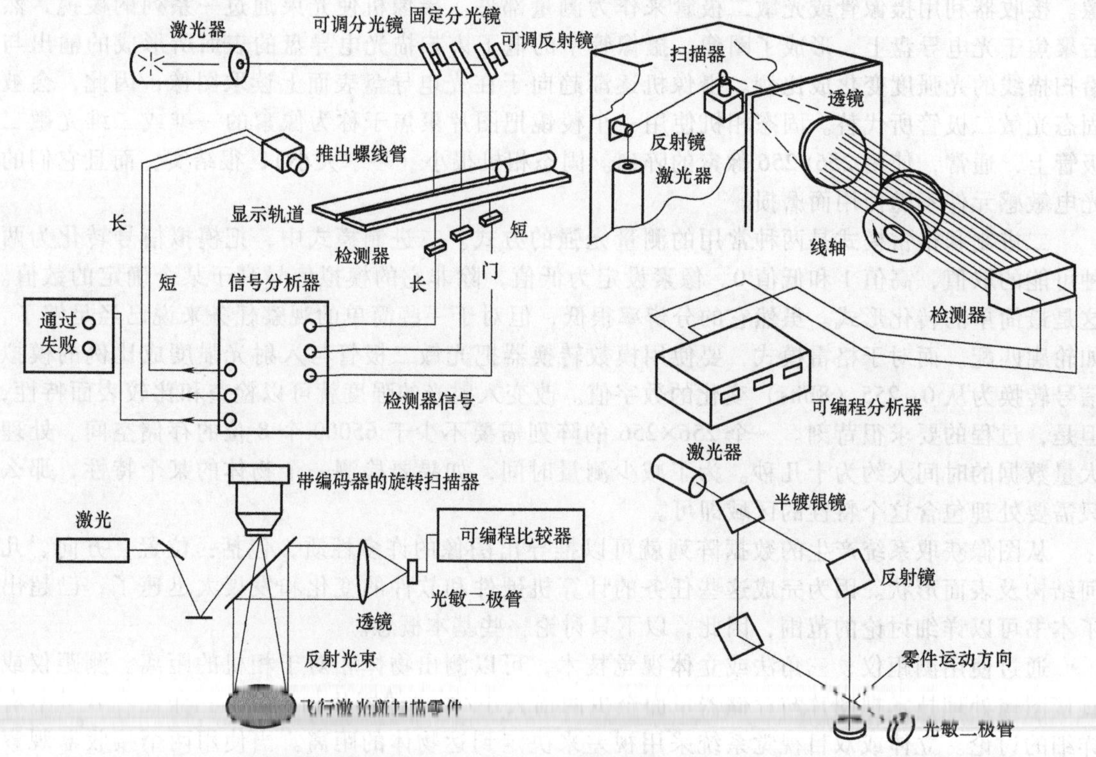

图 4.9.2 可对工件做全面检查的各种简单有效的高速视觉系统（从左上开始，沿顺时针依次为：连续阻断、阴影信号、传播信号、使用反射信号做循环扫描）（Sperry Rail 公司许可）

扫描激光三角测量系统通常用来检查电子连接器插针的高度、排与排的间距和插针的位置。采用这种方法，检查速度可达 0.2~0.4m/s（8~16in/s），并可以对传送设备上的某些类型的工件做 100%的检查。这也使制作者可以满足工件零缺陷装运的要求，即通常要求工件以高速和自动的方式制造。类似的系统可以与振动进给器相结合，来实现对小工件的分类和质量检查。系统可以借助于把已知制造质量的工件通过进给器，用这样的方法来“学习”记录已知工件的特征，可以使用空气喷头来保证光学部件不会被油渍污染。其他类型的扫描系统使用一个激光雷达视觉系统来测量物体上阵列点的距离，这种系统有 3~10m 的测量范围且1~3m 的深度，这些参数是其他多数激光三角测量系统的两倍还多。在 1s 或 0.1s 的停顿时间下，分别有大约 25μm 或 100μm 的分辨率。

第5章

传感器的安装与校准

> 只要我们睁开双眼，面对世界，就会发现，事件发生的系统化过程与整个宇宙的和谐一致表明：我们最终将把太阳“安装”在宇宙的中心。
>
> ——尼古拉斯·哥白尼

5.1 引言

如果传感器的安装和校准不合理，那么由安装和校准引起的误差可能会影响整台机器。因此，在设计传感器的安装系统时，要考虑以下因素：

- 传感器定位
- 传感器找正
- 传感器安装结构设计
- 传感器安装环境
- 曲面间的接触
- 测量构架
- 传感器校准
- 性能检验

理想条件下，应该把传感器放置到它将工作的机器上进行安装和校准，但事实上，这常常是不现实的。但是，至少应该用对其进行校核的方式去安装传感器。

5.2 传感器的定位

在安装传感器时，首要需要考虑的问题是，在什么部位来安装它，才能保证准确地测量出期望值。由安装不合理所引起的常规误差称为阿贝误差。例如，当测量轴与被测轴不在同一条直线上时，就会产生阿贝误差（见2.1.2节）。如果传感器安装在机器的外部，它就存在受到物理损坏的危险。因此，通常要求将传感器安装在机器的内部。

另一个要考虑的问题是，传感器应该安装在变速器的输入端，还是输出端。如果安装在有发动机的变速器输入端，传感器的分辨率增加的倍数就要等于传动比。但是，变速器中的任何非线性因素，如非线性的传动比或间隙，也会影响传感器的输出。相反，如果把传感器安装在变速器的输出端，这样就能更准确地检测整个过程。但是，如果变速器里存在间隙，那么伺服系统的控制性能可能会有所下降。如果增加一套间隙消除装置，如在变速器上安装一个预紧弹簧，那么这个问题就可以得到解决。

5.2.1 直线位移传感器安装定位

图5.2.1所示的直线位移传感器的若干安装位置，你认为哪一个最合理呢？主要的选择

方案有两个方面：①固定标尺，而移动测头，或者相反；②内部安装还是外部安装。对于前者，如果滑动工作台的尺寸相对其运动范围来说很大，那么，将标尺固定在滑动工作台上，而把测头安装在基座上更为有利。采用这种安装方案，测头的接线就不必通过柔性波纹管。反之，如果滑动工作台的尺寸相对其运动范围来说较小，那么，把标尺安装在滑动工作台上时，它将超出滑动工作台的长度，因此就不能实现找正。对于内、外部安装问题，可供在两套系统之间进行选择比较的主要的工作特性有：

1）当把传感器安装在外部时，它就远离了丝杠螺母和直线导轨摩擦所产生热量的影响。实际上，即使是采用了低摩擦的循环滚珠丝杠，相关零件快速运动时还会产生相当多的热量。如果把传感器安装在内部，内部环境因素（如湿度和液体润滑剂的碳氢化合物成分）可能会影响传感器，如激光干涉仪的性能。在一些情况下，还需要使用波纹管来保护传感器。

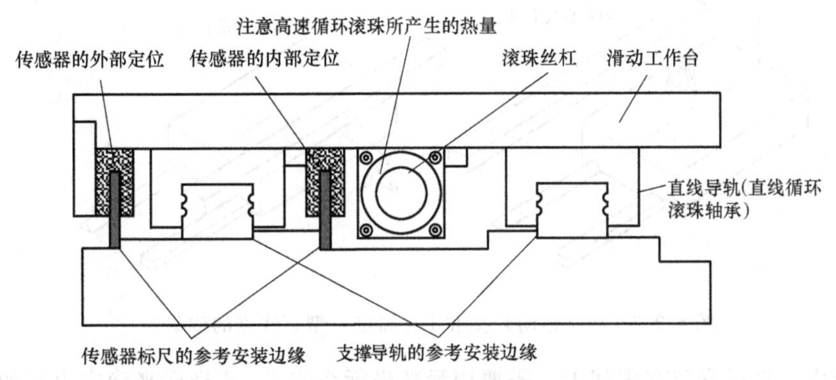

图 5.2.1　直线标尺传感器的可能安装位置

2）当把传感器安装在外部时，它因得不到机器的结构和外壳的保护，很可能受到切屑流和切削液的侵蚀。虽然大部分工作在此种环境下的直线位移传感器都被设计为具有可以抵抗这种破坏的能力，但是设计工程师们还是需要与操作安装此类传感器的机器的工人进行交流，咨询其所存在的缺陷，以此来证实制造商的承诺。此外，还应考虑采用不加负载和局部加载的方法。例如，如果桥式起重机吊载重型零件，那么，零件摆动或压损传感器的可能性会有多大？将传感器安装在轴的另一端，能使这种可能性最小化吗？可否在轴上设计一根悬空的保护金属条，作为传感器的安装基准边缘呢？

3）外部传感器更容易安装与维护。因此，传感器系统设计过程的关键步骤应包括：观察研究已有设计方案，与负责制造机器的生产工人和负责售后的维修工人进行交流。这种形式的讨论常常能带来一些有用的建议。例如，如果在基座的内部磨出一个用来固定传感器的参考边缘，是否能缓解传感器找正的问题？

4）如果刀具位于传感器上方，它将会准确地测量出刀尖的位置，反之，如果刀具位于滑架一端，测量结果就不准确，如图 5.2.2 所示。如果传感器安装在外部的左边或偏移中心的位置，刀具在滑架左上部的位置误差分别是 0 和 $l\theta/2$；当刀具位于滑架的右上部时，其位置误差分别是 $-l\theta$ 和 $-l\theta/2$；对于刀具位于滑架中间上部的情况，其位置误差分别是 $-l\theta/2$ 和 0。大多数

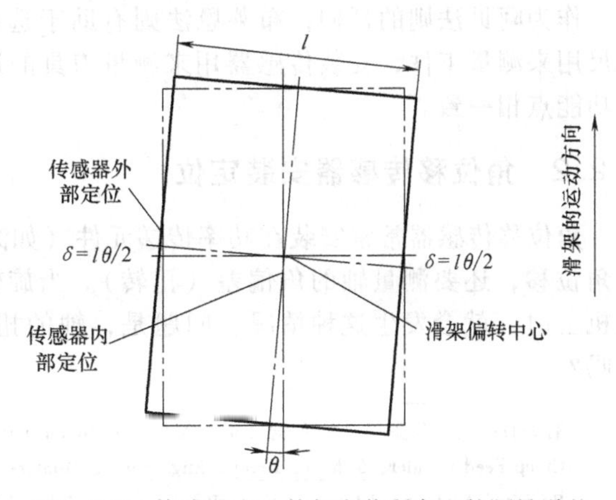

图 5.2.2　传感器内、外部安装所产生的阿贝误差

情况下，希望将传感器安装于最靠近刀具大部分时间所在的工作位置。例如，机床工作台的中间区段使用频率最高，所以把传感器安装于此处，将会使阿贝误差减小到最小。

设计工程师还必须考虑机器上是否使用基于软件的误差补偿算法。如果使用了误差补偿软件，传感器安装定位问题就显得不那么重要了。最后，只有当该信息都被考虑到机器的误差估计中时，设计工程师才能定量地从精确度的角度来确定哪些安装位置合适安装传感器。

传感器安装定位如何影响测量精度的另外一个例子是机床滑架运动直线度的测量。图5.2.3所示为两种常见的用来测量运动直线度的方法：M型方法和F型方法。在这两种情况下，如果要在直线度的计算中，给直尺加上一条误差补偿曲线，那么，直尺在参考坐标系中X方向的坐标必须为已知。

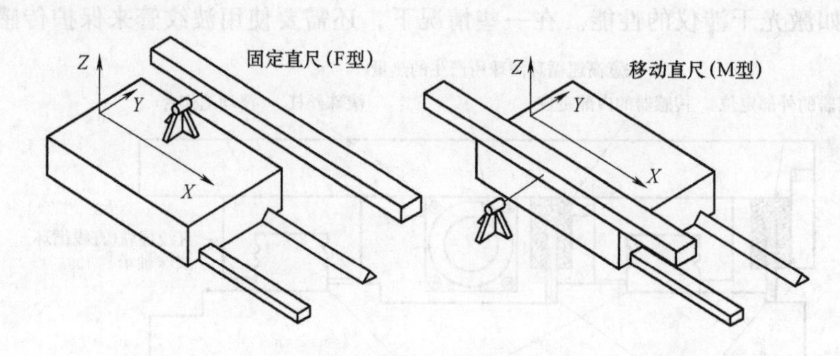

图5.2.3　M（移动）型和F（固定）型直线度的测量

在移动型中，直尺安装在滑架上，需要用滑架坐标系的Y、Z坐标来确定直尺的位置。这是因为，实际的直线度是滑架沿X轴方向的位置函数，而且存在一个分别由Y、Z方向的偏移量所放大的偏转和滚动所产生的测量阿贝误差。如果Y、Z坐标、偏移和滚动误差已知，那么，误差中就含有齐次变换矩阵（HTM）模型中的直线度读数误差。一方面，由于不必担心传感器缆线的伸缩弯曲，所以它的安装就变得很简单了（对于M型直线度）。另一方面，如果滑架的尺寸很小，而其行程又很大，那么在滑架上安装直尺就会变得困难。

在固定型中，直尺固定在参考坐标系上，而传感器安装在滑架上。传感器在滑架坐标系上的Y、Z坐标必须已知。对固定型而言，直尺的安装相对容易一点，但必须要解决传感器缆线的弯曲收缩问题。有可能要用到平面镜干涉仪或用直尺作为目标镜的直接零件标志识别仪（DPMI）。理想条件下，滑架被看作刚体，因此只要偏转和滚动误差被测量出来，这两种方法都可以完成直线度测量。

作为阿贝法则的延伸，布莱恩法则有助于选择直线度测量的方法。该法则表述为：安装直尺用来测量工件，安装传感器用来测量刀具的运动[1]："直线度测量系统应该与被测量物体的功能点相一致。"

5.2.2　角位移传感器安装定位

角位移传感器常常安装在功率传递元件（如滚珠丝杠、变速器等）上，因此除了测量轴的角位移，还要测量轴的角偏差（扭转）。当旋转变压器或编码器安装在驱动滚珠丝杠的电动机上时，就会发生这种情况。问题是，轴的扭曲（扭转偏差）对系统总误差有很大的影响吗？

[1] 有关直线度测量更详细的实例分析，参见J. B. Bryan and D. Carter，Straightness Metrology Applied to a 100 Inch Travel Creep Feed Grinder，5 th Int. Precis. Eng. Sem.，Monterey，CA，Sept. 1989. 还可参考J. B. Bryan，The Abbe Principle Revisited-An Updated Interpretation，Precis. Eng.，July，1989，pp. 129-132.

为了回答这个问题，我们要思考一下我们的目的：确定靠滚珠丝杠驱动的滑架的主轴位置。测量时主要会产生两种因负载所引起的误差：①丝杠扭曲所引起的误差；②轴压缩所引起的误差。而这两种误差本质上是由丝杠轴的几何形状和材料的特性所决定的。

圆轴扭转角 $\Delta\phi$ 是加载扭矩 T、长度 L、极惯性矩 I_p、剪切模量 G 的函数，即

$$\Delta\phi=\frac{TL}{I_p G} \tag{5.2.1}$$

丝杠驱动的滑架轴向位移［l 为导程（距离/转数）］为

$$\Delta X=\frac{l\Delta\phi}{2\pi} \tag{5.2.2}$$

因此，当对丝杠加载扭矩时，由传感器测量该扭转所产生的等价轴向位移误差为

$$\Delta X=\frac{lLT}{I_p G2\pi} \tag{5.2.3}$$

为了测得此影响下的等价轴向刚度，必须要考虑加载到轴上的力和扭矩的关系。把输入换算成输出（不计摩擦），即

$$F=\frac{2\pi T}{l} \tag{5.2.4}$$

等价的轴向位移为

$$\Delta X=\left(\frac{l^2 L}{4\pi^2 I_p G}\right)\left(\frac{2\pi T}{l}\right) \tag{5.2.5}$$

等价的轴向抗扭刚度为

$$K_{\text{Taxial eq.}}=\frac{GI_p 4\pi^2}{l^2 L}=\frac{\pi^3 r^4 E}{(1+\eta)l^2 L} \tag{5.2.6}$$

式中，r 为丝杠的半径；E 为弹性模量；η 为泊松比。在固定简支条件下，丝杠的轴向刚度为

$$K_{\text{axial}}=\frac{\pi r^2 E}{L} \tag{5.2.7}$$

等价的轴向抗扭刚度与轴向刚度之比为

$$\frac{K_{\text{Taxial eq.}}}{K_{\text{axial}}}=\frac{\pi^2 r^2}{(1+\eta)l^2} \tag{5.2.8}$$

因为导程 l 通常小于半径 r，所以丝杠的等价轴向抗扭刚度至少比轴向刚度要大。因此，任何由轴的扭转所引起的等价位移误差，在与轴的轴向压缩相比时，都显得无关紧要了。直线位移传感器能测量出轴的压缩量，而角位移传感器则不能。

注意，这仅仅是一个理想化的计算，必须考虑由密封摩擦、轴承及丝杠螺母预紧引起的效率和最小起动转矩对系统的影响。典型情况为：当加载起动转矩时，发动机端的轴转动，而螺母不动，滑架也不动。因此，在加载起动转矩时，测量轴转动的角位移传感器会产生一个等效的位移误差。即使是将传感器安装在轴的另一端，也仍然存在由大起动转矩所引起的控制性能下降的问题。因此，减小起动转矩是增加精密机械分辨率和精确度的最好方法。

另外一个重要问题就是，由传动零件间不精密地配合所引起的间隙问题。如果传感器安装在发动机内部，间隙误差将总是产生。如果把传感器安装在传动装置的输出端（例如，用直线位移传感器代替角位移传感器），那么即使滑架的准确位置可以知道，相对于控制因循环限制而产生的间隙量，滑架的位置控制也许更困难。采用高质量的零部件，或者加大系统预紧力就能减小间隙，但是，后者会增大起动转矩。为了尽可能地增加系统的控制性能，必须努力减小间隙。

5.3 传感器的找正

除了要为传感器选择合适的安装位置以外，还必须为其提供与运动轴线找正的方法。例如，如果机器使用磨削直线导轨，那么，安装轨道的参考平面通常是机床床身上的磨削平面。设计工程师也想为直线位移传感器指定一个类似的参考平面。采用这种方法，找正就不困难了，因为传感器可以安装并固定在上面。只要对导轨和传感器参考平面同时进行加工，而又没有反复固定工件，那么传感器与运动轴线的找正就可以保证。

如果传感器与其测量运动轴线没有找正，那么传感器就仅能测到如图 5.3.1 所示的运动分量。对于直线位移传感器而言，误差是测量位移 l 和偏转角 θ 的函数，即

$$\delta=l(1-\cos\theta)\approx\frac{l\theta^2}{2} \tag{5.3.1}$$

所以称为余弦误差。

在传感器与运动轴之间，总会存在一些找正误差，但是，即使该误差可以接受，还是需要找到一种方法来把传感器与轴进行找正，以保证两者之间在几何形状上尽量匹配，以避免因传感器的结构过载，而引起额外误差。传感器制造商会建议，只要找正误差低于某个确定的数值，就可以将传感器刚性安装在运动轴上。此类连接或者其他类型的弹性连接通常是最合适的，因为它能消除传感器配合间隙。但是，设计工程师必须确保，由传感器和弹性连接所组成系统的固有频率不能在机器的工作频率范围之内。还要考虑传感器安装系统的动态偏差。尽管与弹性连接相比，滑动接触更加稳固，但是，滑动面本身就是产生间隙和磨损的根源。图 5.3.2 所示为编码器与轴之间的弹性连接。注意参考平面的使用。

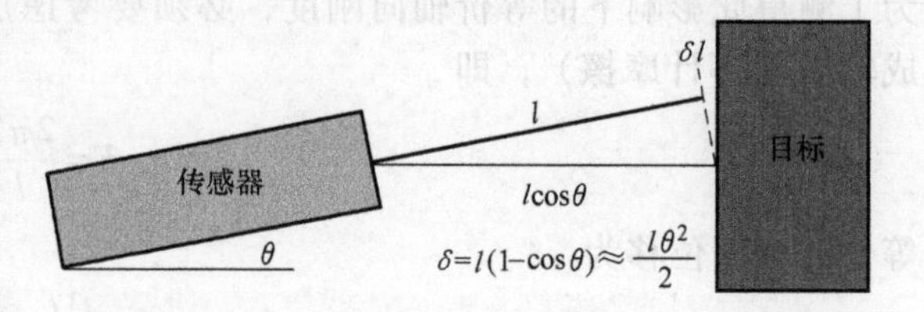

图 5.3.1 传感器找正不良而引起的余弦误差

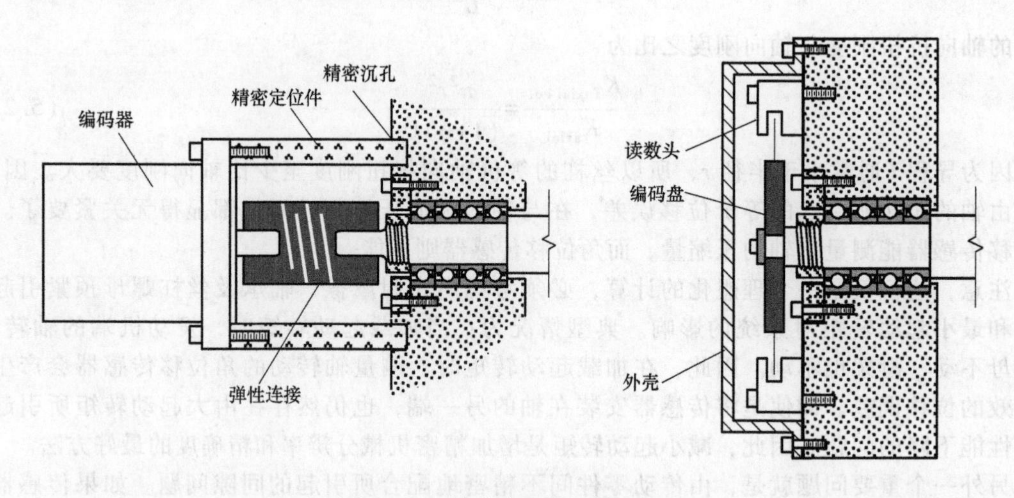

图 5.3.2 转动编码器的安装方法

对于角位移测量传感器，只要它与运动轴之间没有偏移，当转动一周（360°）时，传感器的测量误差最小[2]，但是，在每一周内，测量时都会有一个周期误差。误差的大小和它的位

[2] 有关弹性连接及其误差的讨论，参阅 10.7.5 节。

置函数取决于所采用的连接类型和轴偏心距 e。

图 5.3.3 所示的销槽模型为误差的可视化提供了一种普通的方法。假定在一个半径为 r_c 的传感器主轴的外圆周上伸出一个销子，销子伸入到需要测量回转角的轴的槽中。在开始的 180°转角内，当输出轴转过 θ 角时，传感器主轴转角将领先输出轴转角 ε_θ。根据余弦定理，从偏心轴的圆心到销子中心之间的长度 l_e 为

$$l_e=\sqrt{e^2+r_c^2-2er_c\cos\theta} \tag{5.3.2}$$

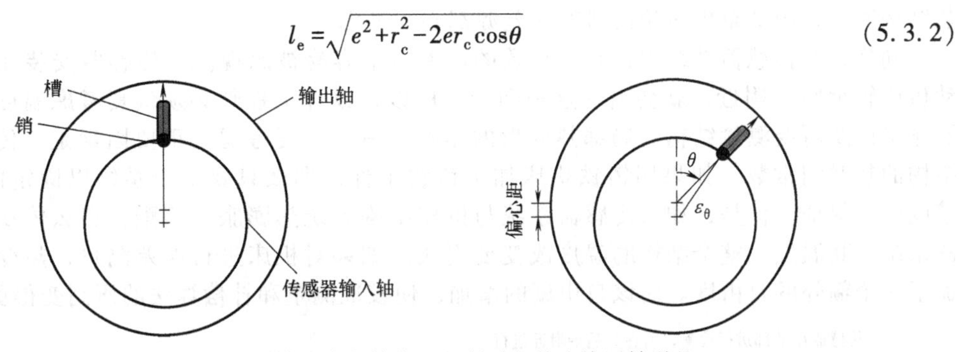

图 5.3.3　销槽模型中由轴偏心距所引起的连接回转误差

根据正弦定理

$$\frac{\sin\varepsilon_\theta}{e}=\frac{\sin\theta}{l_e} \tag{5.3.3}$$

可得，传感器输出角度误差 ε_θ 为

$$\varepsilon_\theta=\arcsin\left[\frac{e\sin\theta}{\sqrt{e^2+r_c^2-2er_c\cos\theta}}\right] \tag{5.3.4}$$

因为，$l \ll r_c$，所以，误差可以近似为

$$\varepsilon_\theta\approx\frac{e\sin\theta}{r_c} \tag{5.3.5}$$

于是，最大误差为

$$\varepsilon_\theta\approx\frac{e}{r_c} \tag{5.3.6}$$

为减小误差，提高系统的精度，配合半径应尽可能大。如果是与弹性元件连接，误差完全是可重复的，因此可以进行测量。例如，在丝杠驱动系统中，轴的周期定位误差是丝杠周期误差和由丝杠与传感器轴之间的偏心距所引起的周期误差的函数。

如图 5.3.2 所示，大部分精密系统都把传感器的测量码盘（如光电编码器上的码盘）安装在输出轴上，以消除轴偏心距所引起的连接误差。虽然传感器码盘与输出轴之间的偏心距还存在，但是误差仅仅是传感器码盘半径的函数。如果传感器有两个测量元件，且呈 180°对称分布，那么，对两信号进行平均，就会使周期误差相互抵消，但是，这种方法对于在传感器和输出轴之间使用轴连接系统中所产生的误差却没有作用，因为连接会引起误差。

对于直线传感器和角度传感器连接设计而言，在接触面之间所传递的载荷通常都很小，所以重复性和精确度就成为其主要关注的问题。因此，尽管弹性连接会带来一些小的滞后误差（必须包含在系统的误差估计中），采用弹性连接还是比滑移连接更好。

5.4　传感器安装结构设计

在设计传感器的安装结构时，必须考虑在设计机器其他零部件时所遇到的同样设计问题。

例如，安装在机器上的传感器被加速后，加速引起的加速负载会使安装结构发生变形吗？通常，传感器都采用支架安装，而这些蹩脚的支架却有可能是根据图 5.4.1 所示的不正确假设而设计。因为一些设计工程师错误地认为，传感器只进行测量，而不承受任何负载。对于一些非关键、准静态、恒温及无自由振动的应用，这种看法也许是正确的，但是这种情况并不常见。传感器经常承受高温、静态、动态及自由振动所引起的载荷。因此在为传感器设计安装结构时，在第 2 章中讨论的所有误差源都必须考虑。

同样，在传感器系统中，热所导致的误差也最容易被忽视。当传感器安装在热源（如发动机或轴承座）附近，就会出现这种问题。所以，设计工程师必须认真考虑温度变化对传感器输出以及所要测量结构的局部热变形的影响。另一个要考虑的重要因素是：传感器和系统结构的热时间常数。如果用铸铁机床加工铸铁工件，那么只要整个系统以固定的速率膨胀，精度就能保证。但是，如果传感器系统与机械结构系统热膨胀不匹配，那么体积较小的传感器系统，其温度比整个结构的温度改变要更快。如果对机床进行误差测量，热变形就如同增加了一个额外的自由度。而该自由度的增加，使校准测量和补偿算法的研制变得更为复杂。

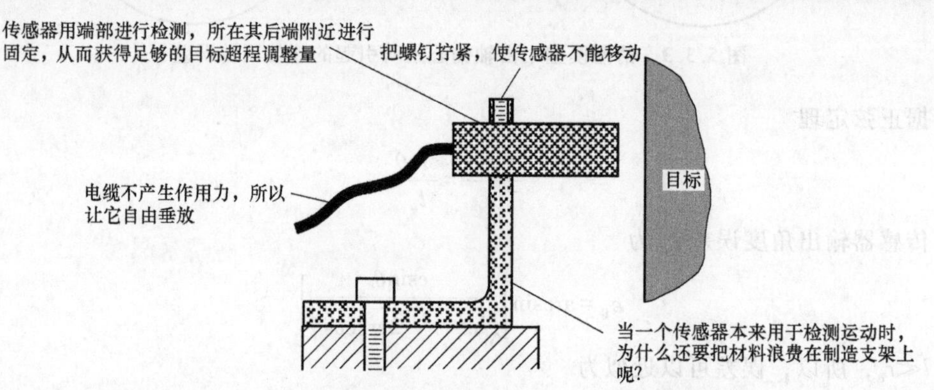

图 5.4.1　如何不固定传感器，以及一些错误的假设

通常在设计一个合适的安装过程中，传感器自身的设计起一个重要的作用。例如，直线可变差动变压位移传感器（LVDT），在其壳体内部有许多运动的磁心。理想条件下，磁心在传感器的内部，与外壳之间没有接触。但是，当行程较长，且传感器呈水平放置时，悬空的磁心会下垂，从而与壳体发生接触。如图 5.4.2 所示，将磁心安装在一根两端固定长杆的中部，这个问题可以解决。因为它与灰尘接触，进行润滑会导致研磨，所以不要润滑。有些制造商[3] 生产的 LVDT，其磁心有一个与被测的物体相接触的硬质圆尖，而磁心体则由仪器级滚珠轴套或者空气轴承来支撑。在后一种类型中，则利用从轴周围的缝隙所泄露气体的压力来充当恒力弹簧。

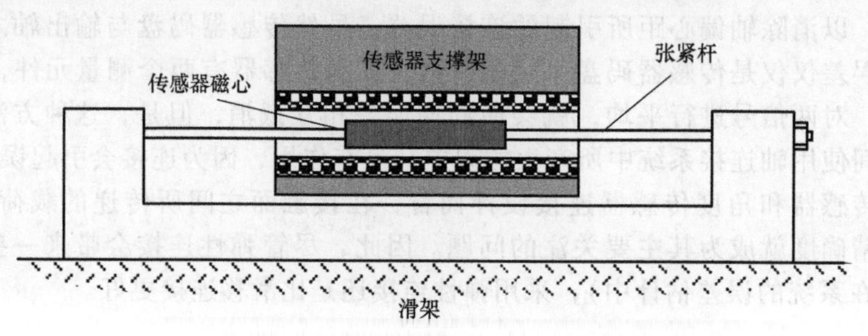

图 5.4.2　防止长行程传感器磁心接触壳体的方法

[3] 例如，兰克·泰勒·霍布森公司（新罕布什尔州，基恩市）和克兰菲尔德精密工程公司（英国，贝德福德郡，克兰菲尔德镇）所生产的气浮轴承 LVDT。

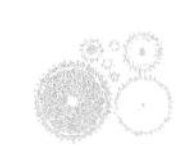

如果传感器未能被合理地固定在安装结构上，那么即使传感器壳体出现微小变形，也会使其输出特性发生变化。不合理的安装意味着要使用带锁止螺母的螺纹传感器，而锁止螺母施加的“扭矩使传感器不能发生任何的移动”。使用螺纹紧固的传感器只能用手轻轻拧紧，还要在螺纹上加上足够的润滑剂。整个系统要用环氧树脂进行密封，如图 5.4.3 所示。组装时最好使用有夹头或扣环等能在传感器壳体上施加均衡压力的环状夹具，如图 5.4.4 所示。紧固件的主要功能是在找正的同时，把传感器轻轻地固定起来。传感器一旦找正，就要给传感器卸压（如使用振动器进行卸压），然后再进行找正检查，并使用低收缩率的环氧树脂把它固定住。

图 5.4.3　螺纹传感器的安装方法

该工序能防止残余应力引起校准系统发生蠕变而产生偏移。此外，以此种无应力方式安装传感器，能将传感器发生损坏和因结构变形使其性能变化的概率降到最低。

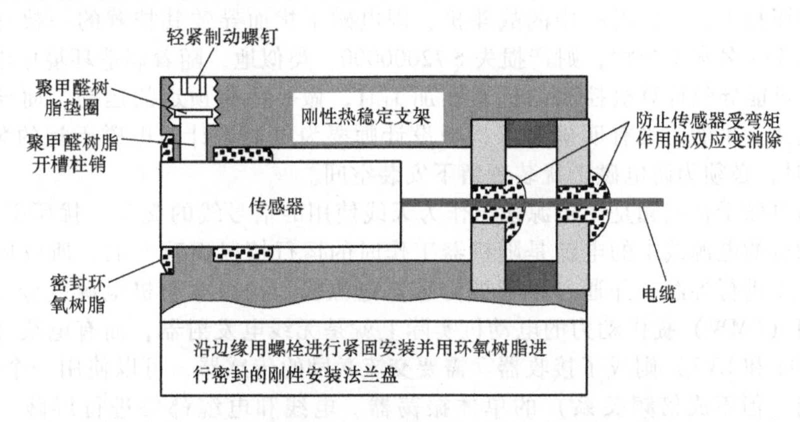

图 5.4.4　用于超精密测量的具有光滑表面传感器的安装方法。
另外一种方法是，采用一个带大缝隙的壳体结构，以使传感器受力均匀。

如果传感器是在恶劣的工作环境中用来测量较小的位移量，例如，主轴的运动误差或直线导轨的直线度误差，就可以考虑把一个耐用零件的表面当作参考面，并将机器上的部分误差分配给它，这样就能实现对主轴的运动误差或直线度误差的持续测量。该参考平面应该与机器保持物理接触，从而使其能够承受许多在其他部件引起误差的载荷。

为防止参考平面受到污染而影响其测量准确度，可以使用一股稳定的润滑剂、切削液或切削油的液流来保持该参考面的清洁，如图 5.4.5 所示。

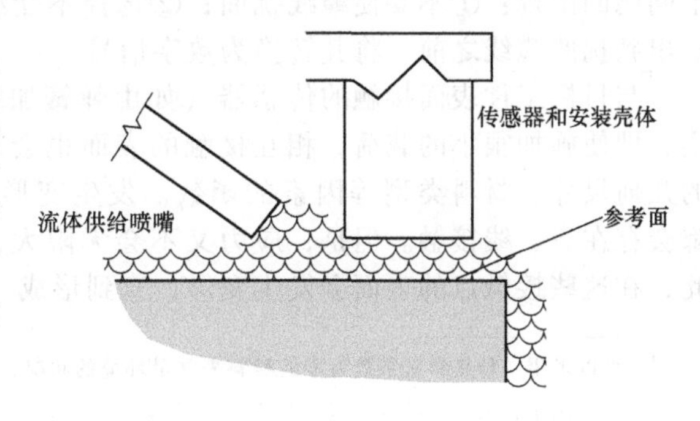

图 5.4.5　在恶劣环境下，持续测量机床主轴直线度时，所使用参考平面和清洁液流

当然，由于流体是在传感器和参考平面

之间流动，所以必须对传感器进行再次校准。为补偿流体的成分和温度可能带来的误差，必须在该流体里安装一个持续测量固定距离的参考传感器。应该注意，液体的介电常数比气体的介电常数对温度变化更加敏感，因此在这种方法中，不能使用电容传感器。

5.5 传感器安装环境

除了热效应之外，影响传感器性能的主要环境因素还有灰尘、切削液以及加工环境中所常见的切屑。为防止污染，人们设计出了许多类型的密封传感器。即便如此，设计师还是要尽量地去减少传感器所遭受的环境“虐待”。而且，设计师还需解决一对矛盾：为减小阿贝误差，传感器应安装在距离工具尽可能近的地方，而距离越近，传感器工作环境就越恶劣。

如果要求有很高的精确性和重复性，就必须增加一个传感器，通过测量到一个固定表面的视距来评估周围环境状况。如果该“气象站”设计合理，使固定表面几何尺寸不再受环境影响[4]，那么系统就会给出环境对传感器及其感知介质影响的测量结果。为了保证测量结果的有效性，传感器组一定要与其电子组件相匹配，以使它们具有相似特性。“气象站”必须安装在靠近实际测量的位置，否则，局部的大气条件[5]（如主轴附近的油雾）也许会降低测量结果的有效性。

电磁干扰（EMI）也会带来麻烦。美国海军对 EMI 是“深有体会”。1967 年，在美国福雷斯特尔号的甲板上，一架滑行中的战斗机，因电磁干扰而导致其挂载的一枚导弹发射并爆炸。爆炸造成 134 名水手死亡，财产损失 $72000000。类似地，随着制造环境中电子系统运用的增加，EMI 可能导致计算机控制的机器在加工时，做一些非预定的运动，而导致零件损坏或操作工人受伤。虽然，没有明确要求机械设计师要为机器设计防电磁干扰的装置[6]，但是，他/她在设计时，必须为防电磁干扰装置留下安装空间。

最常见的电磁干扰问题是由电源线与作为天线使用的信号线的交互干扰所引起的。例如，由于伺服电动机的电源线中的电流是随机器工作时的运行情况而改变的，所以应对传感器的电源线和信号线进行屏蔽，并通过导管把传感器电源线和伺服电动机电源线分开。例如，靠脉冲宽度调制（PMW）提供动力的电动机实际上就是无线电发射器，而有电线环绕磁心的传感器（如 LVDT 和 LVT）则成了接收器。需要交流激励的传感器，可以使用一个公共振荡器，或者频率不同（但不成倍频关系）的单体振荡器。电线和电缆都要进行屏蔽，以防止交互干扰。

另一个要考虑的因素是，信号线缆发生扰曲对传感器输出的影响。线缆扰曲会改变其属性（如电容），而电容的改变会影响一些高分辨率传感器的输出。可以采取三种方法来避免这个问题的出现：①不要使缆线扰曲；②选择不受缆线扰曲影响的传感器系统；③在传感器的输出到扰曲缆线之前，将其转换为数字信号。

与目标工件表面接触的传感器（如由弹簧加载的 LVDT 测头）不得不面对这样的一个现实：即使施加很小的载荷，相互接触的表面也会发生变形。在弹性区域，变形量是负载零件的几何尺寸、材料类型等因素的函数。发生变形是因为在任何曲面与其他表面的接触地方，都会存在点、线接触。但是，应力又不会无限大，因为所有材料的弹性变形都是有限的。因此，在这些接触点的表面会发生变形，直到形成一个均衡接触区域。详见下节讨论。

---

4 可以采用一种热膨胀系数为零的材料来测量环境的状况，如恒范钢或微晶玻璃。

5 相关例子，见 N. Bobroff, Residual Errors in Laser Interferometry from Air Turbulence and Nonlinearity, Appl. Opt. Vol. 26, No. 13, 1987, pp. 2676-2681.

6 文献 New Weapons to Combat EMI, D. Bahniuk, Mach. Des., May 21, 1987, pp. 99-103, 很好地总结了防电磁干扰的方法。

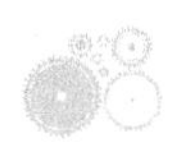

5.6　曲面间的接触

很多参考书都给出图表和公式，来计算两接触体之间的接触应力和弹性变形。通常，所给公式或者并不能针对你所面对的具体情形，或者需要图表说明，所以不便进行数值分析。因此，本节首先给出用于对非回转体与其他物体之间接触面上的应力和变形进行粗略计算的公式。然后，再讨论“精确的”计算公式。在考虑用哪个公式之前，我们必须首先意识到：相互接触的两物体之间的偏差量，通常在亚微米级，所以表面粗糙度特性就起着重要的作用。

1. 物体间点接触的近似解决方法

缝隙弯曲假说认为：在接触区域，几何尺寸对系统的影响，是两接触面弯曲度代数和的函数。因此，两曲面的接触问题近似地等价为球面与平面接触的问题，而后者的计算方法已知[7]。这对于快速粗略工程估测很有用。第一步，根据相互接触两种材料的弹性模量和泊松比，计算系统的等价弹性模量，即

$$E_e = \frac{1}{\dfrac{1-\eta_1^2}{E_1} + \dfrac{1-\eta_2^2}{E_2}} \tag{5.6.1}$$

第二步，根据缝隙弯曲假说，计算系统的等价半径。注意，凸表面（如球）的半径为正值，凹表面（如沟）的半径为负值，而平面的半径为无穷大。

$$R_e = \frac{1}{\dfrac{1}{R_{1_{major}}} + \dfrac{1}{R_{1_{minor}}} + \dfrac{1}{R_{2_{major}}} + \dfrac{1}{R_{2_{minor}}}} \tag{5.6.2}$$

两接触物体间的圆形接触区域的等价半径为

$$a = \left(\frac{3FR_e}{2E_e}\right)^{1/3} \tag{5.6.3}$$

注意，大多数情况下，接触区域是椭圆形的，因此，如果对接触区域的尺寸和形状（如计算滚动体的滑行距离）感兴趣，那么肯定要用到一般物体间接触的方法。在接触界面上，由物体的弹性变形所引起的系统变形为

$$\delta = \frac{1}{2}\left(\frac{1}{R_e}\right)^{1/3}\left(\frac{3F}{2E_e}\right)^{2/3} \tag{5.6.4}$$

通常情况下，与系统期望精度相比，变形量数值较小，或者变形量可以通过计算变为一个能被合理解释的数值。其他情况下，就只测量其重复性，所以，在传感器探头的行程范围内，只要力的变化较小，变形量即可忽略不计。

这里举个例子来说明一下接触变形量。如果用一个直径为 3mm（0.118in）的钢球探头，在它上面施加一个 1N（0.221lbf）左右的作用力，来测量一块钢板表面的位置。系统的等价弹性模量约为 110GPa（16×10^6psi），等价半径为 0.75mm（0.030in），圆环形接触区域（此时，实际为圆形区域）的等价直径为 21.7μm（854μin），测量偏差或误差约为 0.31μm（12.2μin）。注意，当作用力改变 10%时，偏差仅改变 6%或 0.021μm（0.83μin）。如果该区域的表面粗糙度要比接触区域的半径大很多，那么测量误差主要由表面粗糙度来决定。通常在进行亚微米级精密测量时，这部分区域必须进行抛光，或者在其上放置一个抛光块。

---

[7] J. Tripp, Hertzian Contact in Two and Three Dimensions, NASA Tech. Paper 2473, July 1985.

2. 允许接触应力

为了避免破坏接触面，接触应力的大小必须保持低于接触面材料的弹性极限。接触面中心处，应力最大。对于平板球体接触或等同于平板球体接触的系统，赫兹接触应力（接触压力）为

$$q=\frac{1}{\pi}\left(\frac{1}{R_e}\right)^{2/3}\left(\frac{3E_e^2F}{2}\right)^{1/3}=\frac{aE_e}{\pi R_e} \tag{5.6.5}$$

半径为 a 的接触圆的中心处的应力是深度 $z(0\to+\infty)$ 和接触应力 q 的函数，即

$$\sigma_z(z)=q\left\{-1+\frac{z^3}{(a^2+z^2)^{3/2}}\right\} \tag{5.6.6a}$$

$$\sigma_r(z)=\sigma_\theta(z)=\frac{q}{2}\left\{-(1+2\eta)+\frac{2(1+\eta)z}{\sqrt{a^2+z^2}}-\frac{z^3}{(a^2+z^2)^{3/2}}\right\} \tag{5.6.6b}$$

为防止出现金属失效，计算剪应力通常使用下式：

$$\tau=\frac{\sigma_\theta-\sigma_z}{2}=\frac{q}{2}\left\{\frac{1-2\eta}{2}+\frac{(1+\eta)z}{\sqrt{a^2+z^2}}-\frac{3z^3}{2(a^2+z^2)^{3/2}}\right\} \tag{5.6.7}$$

最大剪应力 τ_{max} 所对应的深度 z 为

$$z=\sqrt{\frac{2(1+\eta)}{7-2\eta}} \tag{5.6.8a}$$

$$\tau_{max}=\frac{q}{2}\left\{\frac{1+2\eta}{2}+\frac{2}{9}(1+\eta)\sqrt{2(1+\eta)}\right\} \tag{5.6.8b}$$

注意，当 $\eta=0.3$，$z=0.637a$，$\tau_{max}=0.333q$ 时，经接触应力 q 和接触圆半径 a 正则化的 σ_z、σ_r、τ 曲线，如图 5.6.1 所示。极限应力状态存在于曲率半径较大的接触体上，因此图中只画出了接触面以下材料的相关数值。对于金属材料，可以假定最大允许剪应力 $\tau_{max}=1/2\sigma_{max}$。因此可以保守地假定允许的赫兹接触应力[8]（接触压力）为

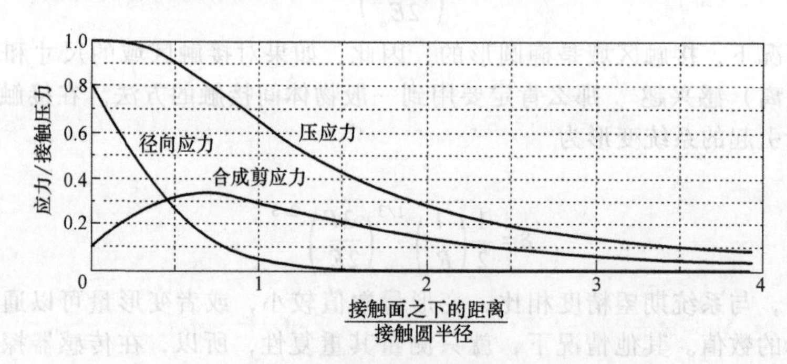

图 5.6.1　接触表面以下材料的应力状态

$$q_{材料最大赫兹}=\frac{3\sigma_{允许拉应力}}{2} \tag{5.6.9}$$

在上例中，接触应力为 1012MPa［147ksi（千磅/平方英寸）］，而最大剪应力为 337MPa (49ksi)。对于淬火钢来说，这个强度可以接受，但是对于低碳钢或者铝材，就必须小心地将接触力限制在较低数值范围内，否则，极有可能在表面上产生高应力和永久性微小凹痕。这个过程称为布氏硬度试验。

[8] 参见 R. J. Roark and W. C. Young, Formulas for Stress and Strain 5th ed., McGraw-Hill Book Co., New York, 1975.

对于脆性材料（如陶瓷），其弯曲强度是一个设计限制因素。可以假定其允许赫兹应力[9]为

$$q_{\text{脆性材料最大赫兹}}=\frac{2\sigma_{\text{允许弯曲应力}}}{1-2\eta} \tag{5.6.10}$$

注意，材料失效有一个体积效应。随着材料样本尺寸的减小，由材料缺陷所引起的失效概率降低。因此，在实际应用中，允许赫兹应力可以比式（5.6.9）和式（5.6.10）所允许的数值大 50%左右。例如，在赫兹应力为 6.9GPa（10^6psi）时，热压硅氮合金轴承组件能承受百万次的循环，而单循环失效赫兹应力通常在 10GPa（1.5×10^6psi）附近。据统计，轴承里的滚珠和滚动圈的寿命分别与载荷的三次方或四次方（即赫兹应力的八次方和九次方）成反比。例如，半径为 12.5mm（0.5in）、硬度为 63～64HRC 的滚珠在 1.2GPa（174ksi）的应力作用下，循环 1.75×10^7次时，其失效率为 10%，当循环达到 7 亿次时，其失效率为 90%[10]。

3. 关于滚动接触应力的考虑

当两个零件滚动接触时（如绞盘驱动器），就必须考虑由牵引力引起的切向应力。虽然，该理论本身及其结果非常复杂[11]，但是，它却表明了切向应力引起表面拉应力的机制。在采购精密模块化轴承时，通常可以放心，制造商在设计轴承时，已经把全部的应力状态都考虑进去了。但是，对于一个新的设计，需要对切应力给最大总剪应力带来的影响进行初步的工程估计。故做如下假设：

1）所承受的最大切向载荷（起牵引作用）等于摩擦因数 μ 和法向载荷的乘积。

2）切向应力等于切向载荷除以接触面积。

3）对于金属材料，最大剪应力等于由法向载荷和切向载荷所产生剪应力之和。

4）对于脆性材料（如陶瓷），用于在式（5.6.10）中计算允许赫兹应力的许用弯曲应力，将减小一个与切向应力相等的量值。

当为增加刚度而加载高负荷预紧力，或当出现较大的法向负载时，即会出现高接触压力。此时，假定接触区域的粗糙面之间的接触为紧密接触，于是 $\mu\approx0.30$。该值与非润滑条件下同类材料间的摩擦因数值相对应。如果用这种保守估计方法得不到一种现实可行的设计，那么就要采用 Liu 所发明的“精确”方法。

4. 微动腐蚀

除了接触界面上的高应力问题，还要注意微动腐蚀。在非润滑条件下，特性相似材料的亚微米级的粗糙表面之间经过多次重复挤压接触，就会出现微动腐蚀现象。注意，振动所引起的接触表面间的微观运动足以破坏轴承表面的润滑层。表面之间每接触一次，原子间的作用力就会使其发生胶合。当表面分离时，胶合面被撕开，暴露出新材料表面。接触和分离过程就这样反复进行。因此，如果可能的话，一定要尽量采用惰性材料（如陶瓷、合成红宝石或硬质不锈钢）来做传感器探头。对于轴承，要注意，如果轴长时间停在一个位置，而机器又存在振动时，那么，转动轴、平动轴以及滚珠丝杠的轴承就会在其接触面上产生微动腐蚀。在进行清洁时，注意观察会发现一些小凹坑。它们很有可能被误认为是因布氏硬度试验而造成的。只有使用不同的材料才能避免微动腐蚀的发生。

---

[9] 来自于 Cerbec 轴承公司（10 Airport Park Road，East Grandby，CT 06026）的 John Lucek 的谈话。

[10] H. Styri，Fatigue Strength of Ball Bearing Races and Heat Treated Steel Specimens，Proc. ASTM，Vol. 51，1951.

[11] 参阅 J. Smith and C. Liu，Stress Due to to Tangential and normal Loads on and Elastic Solid with Application to Some Contact Stress Problems，J. Appl. Mech.，June 1953，pp. 157-166. 还可参阅 F. Seely and J. Smith，Advanced Mechanics of Materials，John Wiley & Sons，New York，1952

5. 物体间点接触的“精确”解决方法

两物体间点接触应力计算公式的“精确”形式，由赫兹于 1881 年提出[12]。该公式的前提假设包括：

- 两物体具有线性弹性。
- 接触面积在数值上要小于最小曲率半径（小于 0.1）。

关于这个计算公式的细节讨论已经超出了本书的范围，而且该结果需要进行完全椭圆积分计算[13]。计算椭圆积分需要使用无穷级数，因此会很耗费时间。但是，适用于一系列情况的积分结果已经被列成表格，所以，无须太多的困难就可以使用这种“精确”的解法[14]。

等价弹性模量 E_e 和等价半径 R_e 分别与式（5.6.1）和式（5.6.2）中定义的相同。函数 $\cos\theta$ 的定义为

$$\cos\theta=R_e\left[\left(\frac{1}{R_{1_{\text{major}}}}-\frac{1}{R_{1_{\text{minor}}}}\right)^2+\left(\frac{1}{R_{2_{\text{major}}}}-\frac{1}{R_{2_{\text{minor}}}}\right)^2+2\left(\frac{1}{R_{1_{\text{major}}}}-\frac{1}{R_{1_{\text{minor}}}}\right)\left(\frac{1}{R_{2_{\text{major}}}}-\frac{1}{R_{2_{\text{minor}}}}\right)\cos2\phi\right]^{1/2} \tag{5.6.11}$$

式中，ϕ 是两物体的主曲率平面之间的夹角，如图 5.6.2 所示。例如，对于摩擦驱动滚子与圆驱动杆，$\phi=90°$。函数 $\cos\theta$ 用来查询表 5.6.1 中 α、β、λ 的值。α、β、λ 用五次多项式来表达，可使赫兹接触应力问题更适合利用电子数据表格进行分析。表 5.6.2 给出了多项式的系数。另外，使用反余弦函数，可以写出更简单的表达式。

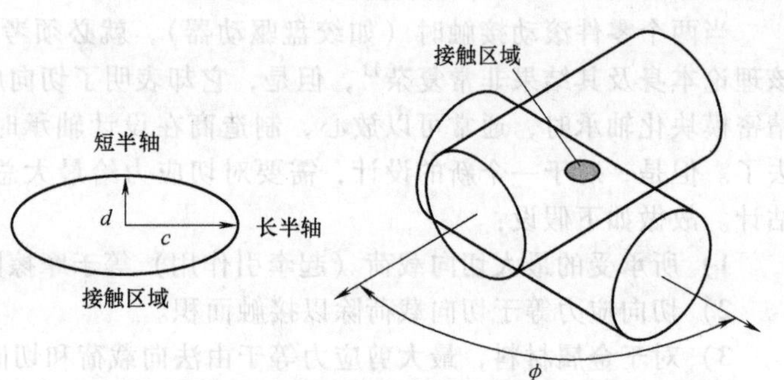

图 5.6.2 相互接触的两物体

表 5.6.1 作为 $\cos\theta$ 函数的 α、β、λ 的数值

$\cos\theta$	0.000	0.100	0.200	0.300	0.400	0.500	0.600	0.700	0.750	0.800	0.850	0.900	0.920	0.940	0.960	0.980	0.990
α	1.000	1.070	1.150	1.242	1.351	1.486	1.661	1.905	2.072	2.292	2.600	3.093	3.396	3.824	4.508	5.937	7.774
β	1.000	0.936	0.878	0.822	0.769	0.717	0.664	0.608	0.578	0.544	0.507	0.461	0.438	0.412	0.378	0.328	0.287
λ	0.750	0.748	0.743	0.734	0.721	0.703	0.678	0.644	0.622	0.594	0.559	0.510	0.484	0.452	0.410	0.345	0.288

表 5.6.2 拟合 α、β、λ 的五次多项式中各项系数的值

	$\cos\theta<0.9$	$\cos\theta\geqslant0.9$		$\cos\theta<0.9$	$\cos\theta\geqslant0.9$		$\cos\theta<0.9$	$\cos\theta\geqslant0.9$
$A0_\alpha=$	0.99672	-4522789.91	$A0_\beta=$	1.0000	51254.01	$A0_\lambda$	=0.75018	70770.70
$A1_\alpha=$	1.27860	24146274.74	$A1_\beta=$	-0.68865	-273306.28	$A1_\lambda$	=-0.04213	-378446.23
$A2_\alpha=$	-6.72010	-51557740.0	$A2_\beta=$	0.58909	809436.14	$A2_\lambda$	=0.29526	809436.14
$A3_\alpha=$	27.37900	55036391.00	$A3_\beta=$	-1.32770	-621625.00	$A3_\lambda$	=-1.75670	-865562.50
$A4_\alpha=$	-41.82700	-29371139.00	$A4_\beta=$	1.77060	331436.01	$A4_\lambda$	=2.67810	-462760.42
$A5_\alpha=$	23.47200	6269014.53	$A5_\beta=$	-0.99887	-70684.52	$A5_\lambda$	=-1.55330	-98958.33

$$\alpha=A0_\alpha+A1_\alpha\cos\theta+A2_\alpha\cos^2\theta+A3_\alpha\cos^3\theta+A4_\alpha\cos^4\theta+A5_\alpha\cos^5\theta \tag{5.6.12a}$$

---

12 当这个问题涉及球体凹陷成一个弹性腔时（$R_1/R_2<1.1$），赫兹理论的假设就不成立了。在这个区域，赫兹理论过高估计了该偏差，因此，赫兹理论仅仅为精密机械设计工程师提供了一个点接触偏差的保守估计。实例参见 J. E. Goodman and L. M. Keer, The Contact Stress Problem for an Elastic Sphere Indenting an Elastic Cavity, Int J. Solids Structures, Vol. 1, 1965, pp. 407-15.

13 参见 F. Seely and J. Smith, Advanced Mechanics of Materials, John Wiley&Sons, New York, 1952.

14 参见 J. Roark and W. C. Young, Formulas for Stress and Strain, 5th ed., McGraw-Hill Book Co., New York, 1975.

$$\beta = A0_{\beta} + A1_{\beta}\cos\theta + A2_{\beta}\cos^2\theta + A3_{\beta}\cos^3\theta + A4_{\beta}\cos^4\theta + A5_{\beta}\cos^5\theta \tag{5.6.12b}$$

$$\lambda = A0_{\lambda} + A1_{\lambda}\cos\theta + A2_{\lambda}\cos^2\theta + A3_{\lambda}\cos^3\theta + A4_{\lambda}\cos^4\theta + A5_{\lambda}\cos^5\theta \tag{5.6.12c}$$

$$\alpha = 1.939e^{-5.26\theta} + 1.78e^{-1.09\theta} + 0.723/\theta + 0.221 \tag{5.6.12d}$$

$$\beta = 35.228e^{-0.98\theta} - 32.424e^{-1.04758\theta} + 1.486\theta - 2.634 \tag{5.6.12e}$$

$$\lambda = -0.214e^{-4.95\theta} - 0.179\theta^2 + 0.555\theta + 0.319 \tag{5.6.12f}$$

在椭圆接触区域中，长半轴和短半轴的尺寸分别为

$$c = \alpha\left(\frac{3FR_e}{2E_e}\right)^{1/3} \quad d = \beta\left(\frac{3FR_e}{2E_e}\right)^{1/3} \tag{5.6.13}$$

接触压力 q 为

$$q = \frac{3F}{2\pi cd} \tag{5.6.14}$$

注意，一旦接触压力 q 确定了，就可以应用式（5.6.6）~式（5.6.10）来估计接触表面下的应力状态。对于单一接触面的接触（如弹性平面与弹性半球之间的接触），接触物体的两个远场点间的距离为

$$\delta = \lambda\left(\frac{2F^2}{3R_eE_e^2}\right)^{1/3} \tag{5.6.15}$$

随着两接触物体形状都接近球形，通过式（5.6.13）~式（5.6.15）中的近似算法（缝隙弯曲假说）和“精确”算法所得结果将更接近。当两接触物体的形状都远离球形（如摩擦驱动滚子与圆驱动杆之间的接触）时，缝隙弯曲假说就会得出较为保守的结果。缝隙弯曲假说对应力和偏差的估计远比实际的要高（高达 30%），因此就会产生更为保守的设计结果。

6. 物体间的直线接触

在只有一个曲率半径的两物体接触表面，其接触应力计算也有一套类似的公式。如果圆柱的轴线互相不平行，那么，分析起来就复杂了[15]，但是，在多数情况下，圆柱轴线都是互相平行的。设长为 L，直径为 d_1，沿长度方向受 F/L 均匀分布的垂直作用力的圆柱，与直径为 d_2 的圆柱[16]相接触，其接触面是一个宽为 $2b$ 的矩形，即

$$b = \left(\frac{2Fd_1d_2}{\pi LE_e(d_1+d_2)}\right)^{1/2} \tag{5.6.16}$$

由于端部效应，圆柱变形的表示比球体变形表示更为复杂。对于一个被挤压在两个刚性平面（E_2 为无穷）之间，直径为 d_1 的圆柱，每个接触表面相对于圆柱中心的位移为

$$\delta_{\text{cylinder}} = \frac{2F}{\pi LE_e}\left[\text{Log}_e\left(\frac{2d_1}{b}\right) - \frac{1}{2}\right] \tag{5.6.17}$$

圆柱径向缩短量是该值的两倍。注意，在式（5.6.17）中，用到式（5.6.16）中的 d_2 和 E_2 被假定为无穷大。对于相互接触的圆柱体，计算两者的中心之间总的相对运动，要用式（5.6.17）对两圆柱体分别进行一次计算，然后再把结果相加而得到。

对于弹性平面与弹性圆柱接触的情形，式（5.6.17）就不适用了。因为该公式是平面应力理论在具体情形下所得出的一个特定结果。要获得圆柱中心相对于接触表面下部距离为 d_o 的点处的位移，必须分为两部分进行计算。第一，用式（5.6.17）计算由圆柱变形所产生的位移；第二，当刚性圆柱挤压进弹性平面时，计算平面的变形为

[15] 可查找早期的参考文献，或参阅 J. Lubkin, Contact Probmes, in Handbook of Engineering Mechanics, W. Flugge (ed.), McGraw-Hill Book Co., New York , 1962. 或参阅 T. Harris, Rolling Bearing Analysis, John Wiley &Sons , Inc, New York, 1991.

[16] 对于圆柱体，第二曲率半径为无穷大。在平面与圆柱体相接触时，d_2 为无穷大。对于凹面，d_2 为负值。

$$\delta_{\mathrm{flat}}=\frac{2F}{\pi LE_{\mathrm{e}}}\left[\mathrm{Log}_{\mathrm{e}}\left(\frac{2d_{\mathrm{o}}}{b}\right)-\frac{\eta}{2(1-\eta)}\right] \tag{5.6.18}$$

通常，设 d_o 等于圆柱直径。注意，此时式（5.6.1）中的 E_1 为无穷大。因此，由挤压于两个弹性平面之间弹性圆柱所组成系统的总偏差为

$$\delta_{\mathrm{system}}=2(\delta_{\mathrm{cylinder}}+\delta_{\mathrm{flat}}) \tag{5.6.19}$$

在任何圆柱面接触情况下，最大接触压力为

$$q=\frac{2F}{\pi bL} \tag{5.6.20}$$

设 X 轴与圆柱轴共线，应力作为 Z 轴（$0\rightarrow+\infty$）坐标的函数，为

$$\sigma_{\mathrm{X}}=-2q\eta\left\{\left(1+\frac{z^2}{b^2}\right)^{1/2}-\frac{z}{b}\right\} \tag{5.6.21}$$

$$\sigma_{\mathrm{Y}}=-q\left\{\left(2-\frac{b^2}{b^2+z^2}\right)\left(1+\frac{z^2}{b^2}\right)^{1/2}-\frac{2z}{b}\right\} \tag{5.6.22}$$

$$\sigma_{\mathrm{Z}}=-q\left(\frac{b^2}{b^2+z^2}\right)^{1/2} \tag{5.6.23}$$

为了确定屈服条件，所有剪应力必须作为 Z 坐标的函数，即

$$\tau_{\mathrm{YX}}=\frac{\sigma_{\mathrm{Y}}-\sigma_{\mathrm{X}}}{2}\quad \tau_{\mathrm{ZX}}=\frac{\sigma_{\mathrm{Z}}-\sigma_{\mathrm{X}}}{2}\quad \tau_{\mathrm{ZY}}=\frac{\sigma_{\mathrm{Z}}-\sigma_{\mathrm{Y}}}{2} \tag{5.6.24}$$

当 $z/b\approx0.786$ 时，最大弯曲应力值为 $\tau_{\mathrm{ZY}}\approx0.3q$。当把这些剪应力作为距离接触面深度的函数，并绘成图，就得到类似于关于球体的曲线图。同样，最大应力状态出现在具有最大曲率半径的物体上。

7. 接触面的切向刚度

有关承受切向载荷点接触的两物体之间产生切向变形的研究，已经进行了很多。在这些研究中，假设切向力方向与接触椭圆 a 半轴方向对齐。该轴线可以与接触椭圆的长半轴 c 或短半轴 d 平行。

对于圆形接触区域且弹性模量相等的情况，明德林（Mindlin）给出了在两物体之间不发生相对滑移时的计算方法[17]：

$$\delta_{\tan}=\frac{F_{\tan}(2-\eta)(1+\eta)}{4aE} \tag{5.6.25}$$

当接触物体之间发生滑移时，剪切力的大小必须限制为以摩擦因数与接触压力之积为上限。对于常见的由同种材料制造的两曲面物体接触而形成的椭圆，德莱塞维茨（Deresiewicz）提供了一种计算方法[18]。内部椭圆（里面没有发生滑移）的半轴（a'和 b'）由以下公式给出：

$$\frac{a'}{a}=\frac{b'}{b}=\left(1-\frac{F_{\tan}}{\mu F}\right)^{1/3} \tag{5.6.26}$$

式中，F 是接触力（如预紧力）。其中一个物体上的点关于其远场点的切向变形为

$$\delta_{\tan}=\frac{3\mu F(2-\eta)(1+\eta)}{8aE}\left[1-\left(1-\frac{F_{\tan}}{\mu F}\right)^{2/3}\right]\Phi \tag{5.6.27a}$$

$$\delta_{\tan\ \mathrm{unload}}=\frac{3\mu F(2-\eta)(1+\eta)}{8aE}\left[2\left(1-\frac{T^*-F_{\tan}}{2\mu F}\right)^{2/3}-\left(1-\frac{T^*}{\mu F}\right)^{2/3}-1\right]\Phi \tag{5.6.27b}$$

---

17 R. Mindlin, Compliance of Elastic Bodies in Contact, J. Appl. Mech., Vol. 16, 1949, pp. 259-28.

18 H. Deresiewicz, Oblique Contact of Nonspherical Bodies, J. Appl. MEch., Vol. 24, 1957, pp. 623-64.

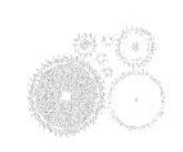

式中，T^* 为初始切向力；$F_{\tan}$ 为其后施加的较小作用力，而 Φ 为

$$\Phi=\left[\frac{4a}{\pi b(2-\eta)}\right]\left[\left(1-\frac{\eta}{k^2}\right)\boldsymbol{K}+\frac{\eta \boldsymbol{E}}{k^2}\right] \quad a<b \tag{5.6.28a}$$

$$\Phi=1 \quad (\text{球面接触}) \quad a=b \tag{5.6.28b}$$

$$\Phi=\left[\frac{4}{\pi(2-\eta)}\right]\left[\left(1-\eta+\frac{\eta}{\boldsymbol{K}_1^2}\right)K_1+\frac{\eta \boldsymbol{E}_1}{k_1^2}\right] a>b \tag{5.6.28c}$$

同样，要注意，a 的值是平行于加载切向力方向的半轴尺寸。还要注意，研究对象的材料系数 η 和 E（如摩擦驱动中的滚子和驱动杆）。常数 k 和 k_1 分别是完全椭圆积分 $\boldsymbol{K}$，$\boldsymbol{E}$ 和 $\boldsymbol{K}_1$，$\boldsymbol{E}_1$ 的自变量。图 5.6.3 所示为对应于不同 a/b，Φ 的对应值，该值通过对从 Mathematica™ 得到的 a/b 进行椭圆积分经过准确计算而得到。椭圆函数的性质使得在 $a/b=1$ 这个过渡点附近，产生一个渐近“转折点”。为了平滑该曲线，计算要使用代表椭圆积分级数的前 150 项，而 Φ 的计算结果按其最后一位计算精度来截取。这样就得到了可以用于电子数据表格分析的精度适中的多项式。

$$\Phi=0.13263+1.4325(a/b)-0.54754(a/b)^2+0.12303(a/b)^3 \\ -0.013591(a/b)^4+0.0005729(a/b)^5 0.1\leqslant a/b\leqslant 8 \tag{5.6.29a}$$

$$\Phi=1.9237+0.11029(a/b)-2.8323\times10^{-3}(a/b)^2+4.3109\times10^{-5}(a/b)^3 \\ -3.3497\times10^{-7}(a/b)^4+1.0257\times10^{-9}(a/b)^5 8<a/b<90 \tag{5.6.29b}$$

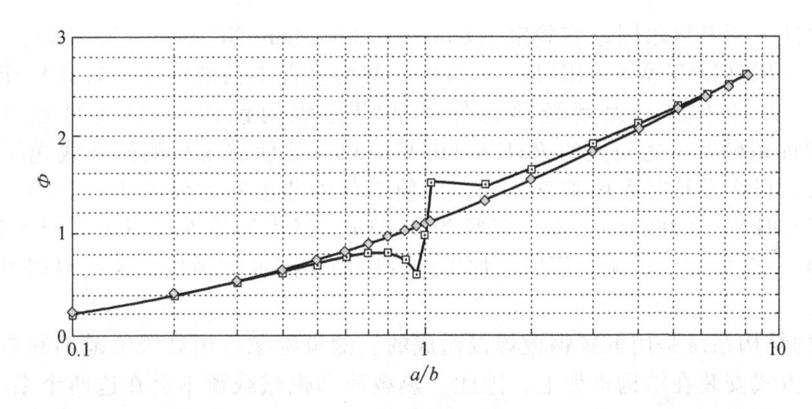

图 5.6.3　根据式（5.6.29）得到的 Φ，它是半轴尺寸比 a/b 的函数

如果加载的切向力由负值改变为正值，但总是小于 μF，那么就会形成一个迟滞环。该环所封闭的区域就是对在一个加载循环周期中因摩擦而造成损失的能量的度量。

根据式（5.6.27a），在两个相互接触的物体中，任意一个物体的刚度都为其柔顺性的逆：

$$K_{\tan}=\frac{1}{\dfrac{\partial \delta_{\tan}}{\partial F_{\tan}}}=\frac{4Ea}{(2-\eta)(1+\eta)\Phi}\left(1-\frac{F_{\tan}}{\mu F}\right)^{1/3} \tag{5.6.30}$$

该公式反映了，随着切向力的增加，滑移区域大小的增加状况。例如，对于一个摩擦驱动，式（5.6.30）就可以用来计算滚子和驱动杆上接触区域的近似刚度。系统的净刚度就是两个系列弹簧的刚度。有关这些公式在摩擦驱动中的运用，将在 10.8.2 节中讨论。

5.7　测量构架

想要得到亚微米级的精度是很困难的，因为加载到大型结构的作用力发生微小的变化，都会引起较大的变形。如果把所有运动轴堆摞起来，并在每根运动轴上安装一个传感器，那么这些传感器只能测量所在轴的运动。这些传感器不一定能测量到其他轴的运动，即使其运动在传感器的测量范围内。为了把传感器从结构中分离开来，需要用到一个独立的固定参考系，根据该参考系对机床主轴位置进行测量。该固定参考机构称为测量构架。

第一个有案可查的测量构架是罗杰斯-邦德于 1883 年发明的通用比较仪[19]。该设计的原始动机之一，就是要使度量单位码和米在使用上能有一个精确的比较。按照罗杰斯“测量标准要与安装显微镜的架构完全分离”的要求，用来观测物体的显微镜应该安装在一个独立的结构体上。但是，有意思的是，直到使用金刚石刀具的数控机床（金刚石车床）的要求精度开始超过传统机床的设计性能，该理念才得到运用。

测量构架的设计细节与机床设计相似。其主要区别在于，理论上测量构架是一个安装传感器的静态固定参考结构，或者作为一个移动传感器的测量参考平面。合理设计的测量构架将不受机器内部动静态载荷的影响。当机器主轴相对于测量构架运动时，结构系统的线位移和角位移测量也要以测量构架为参照。如果不能直接测量刀尖的位置（通常可以直接测量刀尖位置），那么就要测量直线和角位移误差，以方便使用 2.2 节中描述的方法去计算刀尖的实际位置。要注意，测量构架设计得越小越好，以减小环境对其影响。同时，这也有助于最小化将在 7.4 节中所讨论的结构环。

5.7.1 大型光学金刚石车床设计[20]

建在劳伦斯·利弗莫尔国家实验室（Lawrence Livermore National Laboratory，LLNL）的大型光学金刚石车床（LODTW）如图 5.7.1 所示，其为垂直主轴横桥（门）式机床。设计它是为了用金刚石刀具来加工大型光学元件（如望远镜的镜片），精度可达 0.028μm rms（1.1μin），表面粗糙度可达到大约 *Ra*42Å（0.17μin）。这使加工后的红外线光学元件不再需要后续的打磨。机床设计时采用垂直主轴，以使工件的非轴对称偏差达到最小。被加工件的最大重量为 13.4kN（3000lbf），最大直径为 1.63m，最大厚度为 0.51m（60×20in）。因为 LODTW 主要是一台精加工机床，所以，加工过程中的切削速度很低，这使得切屑能容易地从工件表面移走。

LODTW 的结构系统是用低碳钢板焊接而成的。测量构架是用高级恒范钢制造并通过三根柔性管以动态方式安装在结构框架上，因此，热载荷和机械载荷不会在这两个系统之间传递。变力（如用于密封干涉仪的波纹管的拉力）要通过连接在结构框架上的固定端来承载。该机床通过冷却水在结构中循环来控制其温度，内部冷却通道中，水的流速为 100gal/min，温度的控制精度为 0.001℉。当对机器进行遥控操作时，外部空气的温度可以控制到 0.01℉ 的变动范围。滑架（即 *X* 轴）带动 *Z* 轴沿着水平方向移动（沿工件径向）。刀杆（即 *Z* 轴）沿工件轴向垂直地移动刀具。如图 5.7.2 所示，干涉仪测量系统可以进行七种测量。干涉仪系统的分辨率大约为 6Å（0.025μin）。四个电容传感器持续测量构架相对于主轴平面卡盘的位置。由于使用了 11 套测量器具，所以，在不改变刀具和被测工件的相对位置的前提下，测量架构可在 *XZ* 平面经历小幅刚体运动。即使是构架在载荷作用下变形高达 6.25μm（250μin），该系统还能精确地保证刀尖相对于工件的位置。

刀杆的 *X* 方向直线度和仰俯角及滑架的轴向位置和仰俯角，是由垂直安装在刀杆上的两

[19] 参阅 Chris Evans, Precison Engineering, An Evolutionary View, Cranfield Press, Cranfield, Bedford, England.

[20] 参阅 R. Donaldson adn S. Patterson, Design and Construction of a Large Vertical Axis Diamond Turing Machine, SPIE's 27th Ann. Int. Tech. Symp. Instrum. Display, Aug. 21-26, 1983（还可参阅 NTIS 技术报告，UCRL-89738）及 J. B. Bryan, Design and Construction of an Ultra Precision 84 Inch Diamond Turning Machine, Precis. Eng., Vol. 1, No. 1, 1979, pp. 13-17. 作者非常感谢 LINL 的罗伯特·唐纳森博士对这部分内容的审阅。

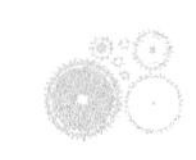

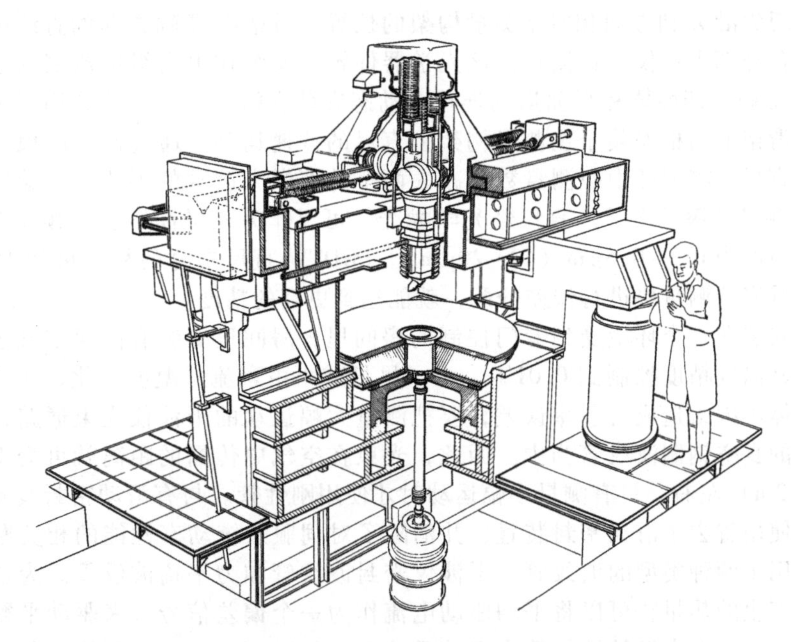

图 5.7.1　由劳伦斯·利弗莫尔国家实验室设计并制造的大型光学金刚石车床（LODTW）（LLNL 许可）

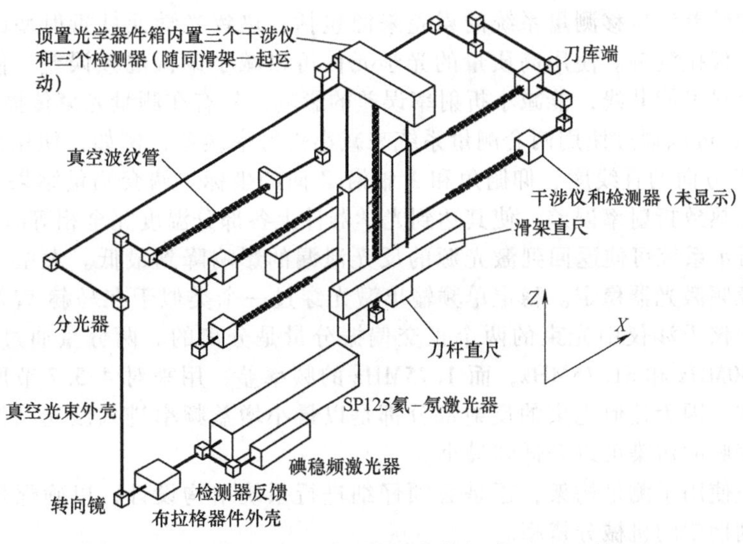

图 5.7.2　LODTW 的干涉测量系统的组成（LLNL 许可）

根直尺和安装在测量构架上的 4 个干涉仪来进行测量的。直尺动态安装在刀杆上并随其垂直移动，这样，刀杆的变形和加速就不会导致直尺发生明显变形。上下测量结果之差可以用来确定滑架与刀杆的总仰俯角，这个仰俯角决定了刀尖的阿贝误差。上下测量结果之差的平均就是刀杆 X 方向的直线度和滑架 X 方向的坐标测量结果的综合。对单边测量结果进行平均，可以消除测量构架的对称膨胀误差。注意，Y 方向的直线度和滑架的偏移仅会引起刀尖在非敏感方向的运动，因此无须测量。

因为刀杆是固定在滑架上的，所以不能直接测量刀尖相对于测量构架在 Z 轴方向的位移。相反，可以直接测量刀尖相对于滑架参考平面沿 Z 轴方向的位移，这个位移加上滑架沿 Z 方向直线度就是刀尖沿 Z 轴方向相对于测量构架的位置。滑架沿 Z 轴方向的直线度由顶置光学器件箱中的两台外部干涉仪进行测量。该光学器件箱是安装在由高级恒范钢制造的小型测量构架上并用 V 形楔、四面体和平面运动连接，动态安装在滑架上。干涉仪用于测量顶置光学器件箱相对于滑架上两根安装于主测量构架上直尺的差速运动。通过使用两根与滑架中心线等间距放置的直尺，将刀杆中心测量数据减去两个外部激光读数的平均值，就能消除影响滑架 Z 轴直线度测量的滚动误差。直尺经光学抛光，可以作为长平面镜。回顾 4.5 节可知，直线度干涉仪的精度为 0.3~0.5μm（12~20μin）。LODTW 直尺本身的精度可达 150nm，并且，通过在工作区域安装测量块进行误差分配，就能达到更高的精度。

整台机器安装在一个环境受到专门控制的房间里，房间里安装有高速空气进口，通过遥控操作，可将其温度精度控制到 0.01℉。为了尽量减小由紊流、温度变化、压力变化、湿度变化和混杂气体等因素造成折射率误差，要把测量大幅运动的干涉仪光束通路，安装到端部带有光学窗口的真空钢制波纹管当中。因此，光束在空气中传播的距离就可变得很小，大约为 0.8mm（0.3in）左右。只有测量小幅运动时才使用刚性管。与有滑动密封装置的刚性管相反，波纹管的使用省去了滑动密封装置，并消除了对伺服系统动态性能的相关黏滑特性的影响。该构架使用了两种类型的波纹管：干涉仪密封波纹管和力平衡波纹管。为了减小运动轴驱动电动机所产生的热量，可以将平均驱动电流作为一个偏差信号，来驱动平衡波纹管的多变真空控制回路。两个大型的波纹管支撑着重达 2200N 的刀杆，而控制器调节这两个波纹管以及测量波纹管的伸缩率。真空光束路径波纹管向滑架加载了一个恒定的偏置作用力，而受控真空平衡波纹管，控制着该偏置作用力和弹性系数的影响。

迈克尔逊型外差法位移测量系统的误差来源包括：热致光学元件折射率的变化和测量光束与参考光束的偏振混频。使用高质量的光学元件可以减小偏振混频误差。使干涉仪的测量光束和参考光束尽可能共线，能减小折射率误差的影响。只有在测量光束传播的地方（如 1/4 波长和真空窗），可以通过使用两套测量系统来减小折射率误差，例如，使用两套外部干涉仪来检测 Z 轴沿 X 方向的直线度、仰俯角和 X 轴沿 Z 向的坐标。两套测量结果之差，有助于抵消光学元件上的热致折射率误差，使其达到光学器件上各部分温度完全相等时的折射率。

图 5.7.3 所示系统可使返回到激光源的反光泄漏的影响降到最低。大型 15mW 的氦氖激光器比小型碘稳频激光器稳定。稳定单频输出激光穿过一个类似于在马赫-曾德尔干涉仪上使用的光学装置，该干涉仪中光束的两个正交偏振分量是分离的。两分量通过声光移频器后，频率分别增加 60MHz 和 61.75MHz，而 1.75MHz 的频率差，用来对 4.5.7 节所讨论的相位改变进行外差检波。因为任何光束的反射部分都是以最小增益频率进入激光共振腔，所以外部光源对激光共振腔的污染可以降低到最小。

但是，即使使用了测量构架，还是必须仔细进行系统结构设计，以确保伺服轴的稳定性和控制能力达到期望的机械分辨率。

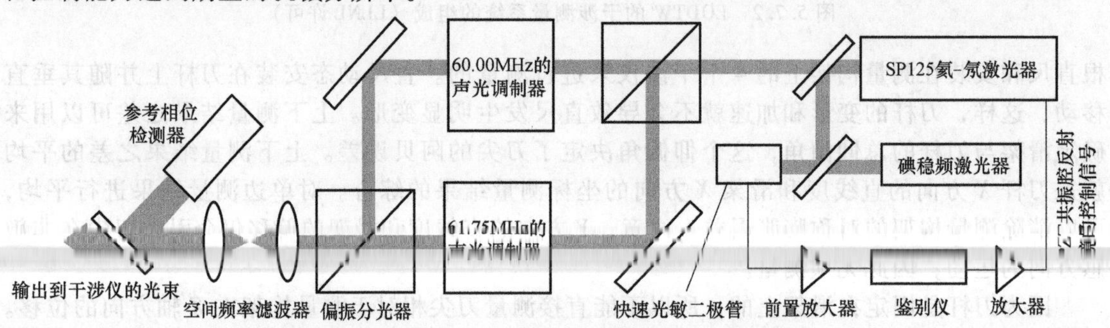

图 5.7.3　LODTM 干涉仪激光源（LLNL 许可）

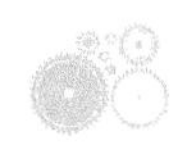

5.7.2　T 形基座车床的测量构架的设计理念[21]

图 5.7.4 所示为 T 形基座两轴车床示意图。刀具安装在滑架上，在水平面上，滑架相对于主轴的径向位置为数字控制，刀具与主轴间的轴向位置经由主轴的运动进行数字控制。这两根轴相互交叉形成一个 T 形。该设计中的一个优良特性是，在它的各运动轴之间没有相互堆摞，所以机械零部件的几何形状和安装都大为简化。用来定义主轴系统的轴为 X_{1S}、Y_{1S}、Z_{1S}和 X_{2S}、Y_{2S}、Z_{2S}，前者位于主轴直线导轨的质心处，后者位于主轴平面卡盘处。用来定义滑架的轴为 X_{1C}、Y_{1C}、Z_{1C}和 X_{2C}、Y_{2C}、Z_{2C}，前者位于滑架轴承的质心处，后者位于刀尖处。

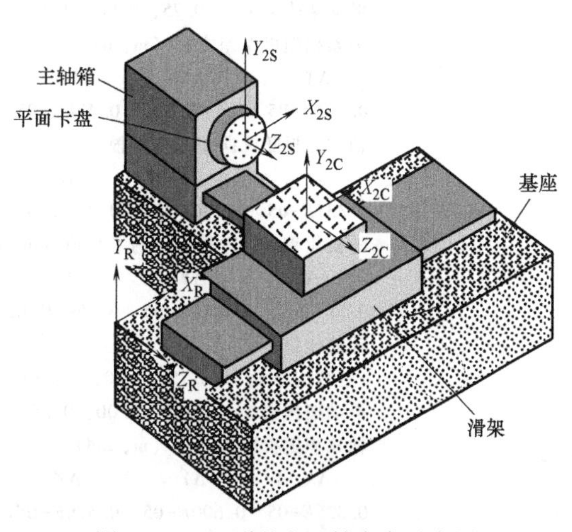

图 5.7.4　T 形基座两轴车床示意图

图 5.7.5 所示为刀具的误差增益矩阵。可以看到，*X* 轴和 *Z* 轴误差对阿贝误差最敏感。同时，它们又都是敏感方向。图 5.7.6 显示了滑架和主轴两个位置的总误差。注意，在早期设计阶段，所有的误差都假定为随机误差，所以当对这些误差进行相加时，要首先对其取绝对值。这些误差比通常的加工（如汽车发动机的加工）时所要求的误差要小，但是，对于精密光学元件和计算机硬盘而言，这些误差还是太大了。

轴 1 误差增益

	ΔX	ΔY	ΔZ	εX	εY	εZ
ΔX_1	-1.0	0.00E+00	0.00E+00	0.00E+00	0.00E+00	0.00E+00
ΔY_1	0.00E+00	-1.0	0.00E+00	0.00E+00	0.00E+00	0.00E+00
ΔZ_1	0.00E+00	0.00E+00	-1.0	0.00E+00	0.00E+00	0.00E+00
εX_1	0.14E-12	-0.25	-0.40	-1.0	0.00E+00	0.00E+00
εY_1	0.25	0.690E-13	0.12E-04	0.00E+00	-1.0	0.00E+00
εZ_1	0.40	-0.20E-04	0.00E+00	0.00E+00	0.00E+00	-1.0

轴 2 误差增益

	ΔX	ΔY	ΔZ	εX	εY	εZ
ΔX_2	-1.0	0.00E+00	0.00E+00	0.00E+00	0.00E+00	0.00E+00
ΔY_2	0.00E+00	-1.0	0.00E+00	0.00E+00	0.00E+00	0.00E+00
ΔZ_2	0.00E+00	0.00E+00	-1.0	0.00E+00	0.00E+00	0.00E+00
εX_2	0.14E-12	0.69E-13	0.00E+00	-1.0	0.00E+00	0.00E+00
εY_2	0.00E+00	0.69E-13	0.00E+00	0.00E+00	-1.0	0.00E+00
εZ_2	0.00E+00	0.69E-13	0.00E+00	0.00E+00	0.00E+00	-1.0

图 5.7.5　刀尖的误差增益矩阵

[21] 同上。

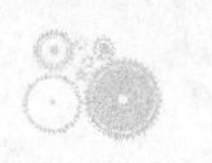

轴的位置：

主轴构架 1：　0.75，0.00，−0.25　主轴构架 2：　0.00，0.40，0.25

滑动架构架 1：　0.75，0.00，0.25　滑动架构架 2：0.00，0.40，−0.25

轴累积随机误差之和（m, rad）

ΔX	ΔY	ΔZ	εX	εY	εZ
0.701E−05	0.350E−05	0.451E−05	1.00E−04	1.00E−04	1.00E−04

轴均方根随机误差的均方根（m, rad）

ΔX	ΔY	ΔZ	εX	εY	εZ
0.337E−05	0.190E−05	0.287E−05	0.707E−05	0.707E−05	0.707E−05

随机累积和均方根误差的平均值（m, rad）

ΔX	ΔY	ΔZ	εX	εY	εZ
0.519E−05	0.270E−05	0.3690E−05	0.854E−05	0.854E−05	0.854E−05

轴的位置：

主轴构架 1：　0.75，0.00，−0.50　主轴构架 2：　−0.25，0.40，0.50

滑动架构架 1：　0.50，0.00，0.25　滑动架构架　2：0.00，0.40，−0.25

轴累积随机误差之和（m, rad）

ΔX	ΔY	ΔZ	εX	εY	εZ
0.826E−05	0.600E−05	0.576E−05	0.100E−04	0.100E−04	0.100E−04

轴均方根随机误差的均方根（m, rad）

ΔX	ΔY	ΔZ	εX	εY	εZ
0.401E−05	0.314E−05	0.313E−05	0.707E−05	0.707E−05	0.707E−05

随机累积和均方根误差的平均值（m, rad）

ΔX	ΔY	ΔZ	εX	εY	εZ
0.614E−05	0.457E−05	0.445E−05	0.854E−05	0.854E−05	0.854E−05

图 5.7.6　轴的误差组合：刀具必须怎么运动才能到达工件上合适的位置

增加车床的精度有三种方法可供选择：①采用专门的手工研磨工序；②测绘车床的误差曲线，并使用软件误差补偿程序；③在车床周围搭建测量构架，实时监测并补偿误差。第一种方法成本高，而且必须定期进行重新研磨，除非全部使用无摩擦的气体静压轴承或液体静压轴承。如果不使用液体静压轴承，在重修间隔期间，就可能生产出劣质零件。第二种方法也许更经济些，但仍需对机床定期进行重新测绘，除非全部使用无摩擦气体静压轴承或液体静压轴承。第三种方法对精度提高最大，但是需要的初始资金投资也最大。注意，测量构架本身也需要定期进行重新校准，以补偿结构材料长时间蠕变所产生的误差。而且，即使使用了测量构架，也需要对系统进行初始测绘。

要获得亚微米级的精度，似乎后两种方法更可行。因为在第 6 章将会对测绘技术进行详细地讨论，所以这里假定测量构架是专为车床而设计的。那么，怎样进行测量构架设计呢？第一步首先确定要测量的运动误差，这可以通过误差增益矩阵得到。需要测量的主轴自由度有：Z 坐标、δ_x 直线度、ε_x 和 ε_y。如果主轴滑架的 δ_x 误差测量结果与平面卡盘中心的 δ_x 误差相等，就不必去测量主轴滑架的 ε_z 误差了。对于滑架来说，需要测量 X 坐标、δ_z 直线度、ε_x、ε_y 和 ε_z。注意，如果采用如 LODTW 所使用的交叉轴设计，一些自由度可以同时进行测量。另一方面，T 形基座设计通常需要一个单独的主轴和滑架组件测量系统。

在决定如何进行所需测量时，我们必须更详细地考虑误差来源。以主轴组件为例，目标就是确定工件的安装位置。工件安装在转动平面卡盘上，所以首先应考虑：平面卡盘回转肯定会引起很多误差，那么这些误差都有哪些？怎样测量平面卡盘的位置和方向？为了回答这些问题，可以在主轴上安业一件假想工件，看看会发生什么。

当把工件装到平面卡盘上后，主轴就变成了 Y 轴负方向，而且沿 X 轴正向转动。前者的误差出现在不敏感方向上，而后者会在 Z 轴方向（沿工件的轴线）引起阿贝误差。如果使用气体静压轴承主轴，那么主轴速度的改变就不会引起平面卡盘的径向位置有明显的改变。另

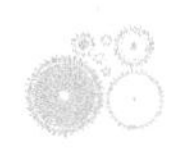

一方面，如果使用一个液体静压轴承，那么平面卡盘的径向位置就会随主轴速度的改变而改变。因此，平面卡盘在 Z 向的运动和主轴组件的 X 方向直线度都必须进行测量。以本设计为例，假定需要一台通用高负载（或高刚度）车床，此时采用液体静压轴承就比采用气体静压轴承要好，同时还要考虑液体压力变化对主轴 X 方向位移的影响。如果测量在平面卡盘中心同一高度的平面上进行，那么就会减小由仰俯角 ε_z 所引起的阿贝误差。前后主轴轴承在 Y 方向上的位移差异会引起滚动误差。这两个位移不同是因为其承受了不同的负载及承载轴承刚度不同而引起的，而刚度的变化是由随主轴速度变化而改变的液体压力所引起的。因此，平面卡盘的 Z 坐标、δ_x 直线度和 ε_x、ε_y 角误差都需要测量。可以完成这个任务的测量构架设计方案有许多，下面展示这样的一套系统及其工作原理。

平面卡盘沿 Z 轴运动，行程为1/4m，并沿 Z 轴回转。所以，在测量大范围运动时，选用任何测量运动误差的传感器都必须完成同样运动。回想一下测量亚微米级运动精度的传感器，可以知道，有三种类型的传感器可供选择：测量直线和小幅角位移的激光干涉仪，测量小幅角位移的自准直仪以及测量小幅直线位移的电容和微分阻抗传感器。

在选择和安装传感器时，首先考虑的是三点决定一个平面的理论。根据该理论，可以确定平面卡盘背面的 ε_x、ε_y、Z 的位置。因此，如果平面卡盘背面三点的 Z 位置能够测量出来，那么平面卡盘的 Z、ε_x、ε_y 就可以进行独立测量。为了测量这三个位置相对于固定参考系的大幅直线位移（旋转时），可以采用三个平面镜或三台微分平面干涉仪（DPMIS）。

为了使用干涉仪来测量回转平面卡盘背面三点的位置，要将回转平面卡盘的背面抛光达到平面镜的光学质量。该概念设计如图5.7.7所示。

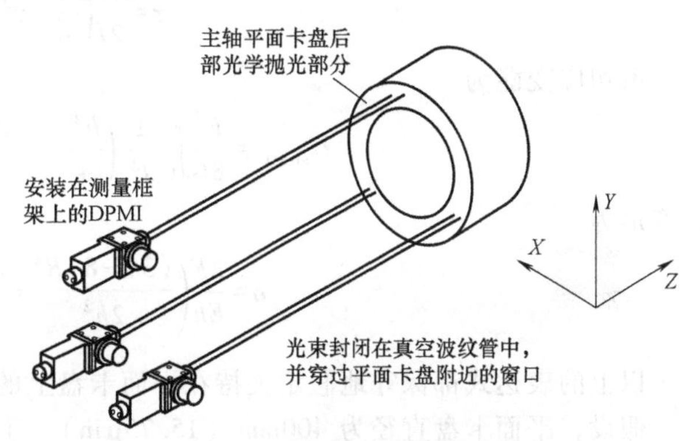

图5.7.7　测量主轴平面卡盘的轴向位置、偏移和仰俯角的系统

由于平面卡盘是承受工件重量和来自主轴轴承热负荷的结构部件，所以，初看起来，并不想使用它的背面来作为参考平面。另一方面，进行测量又要接近直接影响工件精度的位置。因此，所有需要做的就是把平面卡盘做得足够大，以保证其背面平滑度能达到期望公差。确定该思想可行性所需的计算方法描述如下。

主轴平面卡盘承载着靠真空或其他一些方法（如带）固定在其表面的工件的重量。重力作用在悬臂装夹于平面卡盘上的工件的质心上，当平面卡盘顶部沿着滑架方向向上拖动，或者底部沿着主轴回推时，作用力的分布就会发生变化（可能为直线）。

为了便于使用平面卡盘作为测量参考平面进行可行性计算，做出如下假定：

- 由工件产生的力矩，等于加载到平面卡盘的顶部和底部的力偶矩。
- 平面卡盘的上半部就像一个从墙壁上悬臂伸出的半径为 R 的半圆盘，其上作用了一个施加于其顶部的力偶分力 F。

根据这两个假设并使用能量法，就可获得平面卡盘顶部偏差的上限估计。由于集中载荷比均匀分布载荷能够产生一个更大的偏差，所以结果是偏差的上限。此外，平面卡盘实际上是与直径约为其直径一半的轴连接在一起的，并且主轴能极大地加固平面卡盘。因此这个结果表明：合适厚度的平面卡盘可以用来作为一个测量参考平面。于是，测量构架的设计就可以进行了。当然，对于在使用中所需最佳卡盘厚度，还需要进行一个更为详细的有限元分析，而这个分析过程给设计师提供了一个工作切入点。

主轴平面卡盘上限加载模型如图 5.7.8 所示。圆盘截面的惯性力矩可以表示为

$$I=\frac{bh^3}{12}=\frac{h^3R\sin\theta}{6} \tag{5.7.1}$$

基于以上假设，圆盘的剪切和弯曲变形可以用能量法求得。剪切和弯曲应变能的一般形式分别表示为

$$U_{\text{bend}}=\int\frac{M^2\,\mathrm{d}x}{2EI} \tag{5.7.2}$$

$$U_{\text{shear}}=\int_{\mathrm{V}}\frac{\tau^2\,\mathrm{d}V}{2G} \tag{5.7.3}$$

变形为

$$\delta=\frac{2U}{F} \tag{5.7.4}$$

对于半圆盘，弯曲应变能为

$$U_{\text{bend}}=\frac{3F^2R^2}{EH^3}\int_0^{\pi/2}(1-\cos\theta)^2\,\mathrm{d}\theta=\frac{3(3\pi-8)F^2R^2}{4Eh^3} \tag{5.7.5}$$

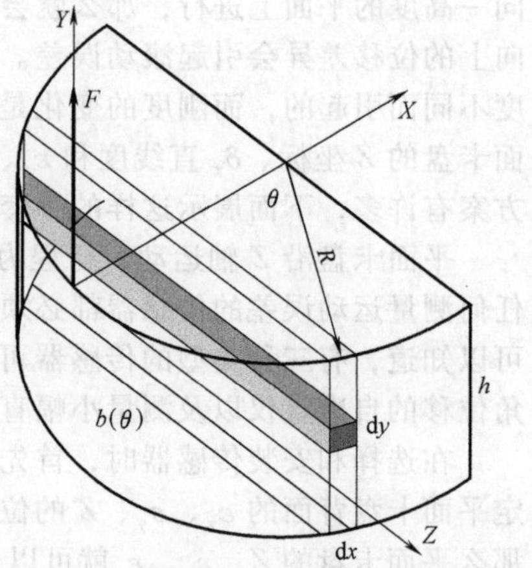

图 5.7.8 主轴平面卡盘上限加载模型

在矩形截面的悬臂梁剪切应力为

$$\tau=\frac{F}{2I}\left(\frac{h^2}{4}-y^2\right) \tag{5.7.6}$$

剪切应变能为

$$U_{\text{shear}}=\frac{F^2}{8G}\int_V\frac{1}{I^2}\left(\frac{h^2}{4}-y^2\right)^2\mathrm{d}V=\frac{3\pi F^2}{20Gh} \tag{5.7.7}$$

总变形为

$$\delta=\frac{3F}{Eh}\left(\frac{(3\pi-8)R^2}{2h^2}+\frac{\pi(1+\eta)}{5}\right) \tag{5.7.8}$$

以上的表达式都保守地假定夹持在平面卡盘上的工件没有刚性。

假设，平面卡盘直径为 400mm（15.75μin），工件的直径也为 400mm，工件厚度在 20~200mm 之间变化，表 5.7.1 总结了上述分析结果。如果平面卡盘厚度选择合理，大约为直径的 1/4，那么，重约 500N（112lbf），厚度为 50mm 的钢质工件的变形为 0.0164μm（0.64μin）。对于可能的最大工件[22]，厚度为 200mm，其变形为 0.263μm（10.35μin）。这些结果都是很保守的（因此多用于初始设计的可行性研究），特别是当考虑直径为 400mm、厚度为 200mm、自身刚度又大的工件时，尤其如此。另外，还要注意，平面卡盘安装在主轴上的方式及其与所固定工件的质量分布都将会随主轴转速的增加而对平面卡盘的形状有所影响。

接下来的计算要考虑平面卡盘的角刚体运动，这是因为如果平面卡盘后部的平面镜表面发生倾斜，测量光束就会出现严重失准。首先，在最大的变形下所引起的角度偏转为 0.263μm/0.200m=0.32μrad。第二，假定两个环形轴承相距 400mm，从前面的轴承到 200mm 厚的工件（重 2000N）质心的距离为 400mm，那么由于工件的重量而使前后轴承分别承载大约为 4000N（900lbf）和 2000N（450lbf）的分力，主轴径向刚度合理的假设为 4×10^8 N/m（$2.3l\times10^6$b/in），所以，由环形轴承的变形所导致的角偏转分量为 37.5μrad。假设主轴弯曲

[22] 注意，该变形是工件厚度平方的函数，因为力偶矩是工件重量和厚度的乘积的函数。

表 5.7.1　当装夹直径为 400mm、厚度分别为 50、100、150、200 的钢制工件（忽略工件的硬度）时，平面卡盘的一阶近似变形

卡盘厚度/mm	δ500N/μm	δ1000N/μm	δ1500N/μm	δ2000N/μm
20	1.615	6.461	14.538	25.845
40	0.209	0.835	1.879	3.340
60	0.065	0.261	0.587	1.044
80	0.030	0.118	0.266	0.472
100	0.016	0.066	0.148	0.263
120	0.010	0.042	0.094	0.167
140	0.007	0.029	0.065	0.116
160	0.005	0.022	0.049	0.087
180	0.004	0.017	0.038	0.068
200	0.003	0.014	0.031	0.055

引起的角偏转量近似等于主轴轴承所造成的角偏转量，那么平面卡盘背面的总偏转角度大约为75μrad。把光束传播所需经过的平面镜表面到 DPMI 的距离增大到大约 1m，就可以提供把干涉仪与主轴电动机进行隔离所需的空间。由于该角度偏转所引起的余弦误差为 28Å（0.11μin）。

上述一阶上限分析表明：使用主轴平面卡盘的背面作为三个微分平面镜干涉仪的目标镜，在结构上是可行的。这个参考表面必须使用喷气或/和雨刷系统来保持清洁。注意，如果使用气体静压轴承，清洁系统就不需要了。角度测量的精度取决于三个 DPMI 的间距精度[23]。DPMI 的间距则由对光束强度中心的位置的直接测量结果来决定。假定激光干涉仪系统的分辨率为 0.013μm（0.5μin），那么平面卡盘角度测量的分辨率大约为 0.087μrad。另一种测量系统需要使用一个激光干涉仪和两个自准直仪。但是，激光干涉仪比自准直仪的带宽更大，并且这种设计可以提供更高的分辨率。

接下来，就要确定测量平面卡盘在 Z 方向上径向运动的方法。平面卡盘是转动的，所以它必然是测量目标之一，但是，为了使传感器能持续地监视平面卡盘上的同一点，传感器必须随主轴组件沿 Z 方向运动。因此，必须测量主轴组件在 X 方向的直线度误差，并将其与平面卡盘的径向运动相加，以确定平面卡盘相对于参考系的 X 位置。完成该测量的最好方法是：把直尺动态地安装在主轴组件上，以免因其温度改变而影响它的直线度。安装在测量构架上的两个传感器（如电容传感器）用来测量到直尺的距离，以确定主轴组件在 X 方向的直线度。结合直尺与平面卡盘之间沿 X 方向的距离测量结果，就可以确定平面卡盘相对测量构架在 X 方向的运动。在主轴两端各安装一根直尺，就能通过差分测量使热效应最小化。主轴箱大约为 500mm 长，所以必须安装两个传感器才能测量出直尺相对于测量构架的 Z 向位置。如果要求角度分辨率为 0.1μrad，所使用的电容传感器精度能达到 0.025μm（1μin），那么其安装距离至少为 500mm。这就要求直尺长度至少为 750mm，这样直尺就会超出主轴后部悬空 250mm。由于主轴的后部可以很容易地得到保护，因此这种设计是可行的。而另一种设计就会增加主轴的长度。

滑架上可以安装切削刀具，如果刀具安装在主轴里，滑架上就安装要加工的工件。因此，滑架的上表面必须没有包括传感器参考平面在内的任何阻碍。误差分析表明：除了需要测量 X 轴上的轴向位置，还要测量滑架在 Z 方向上的直线度、偏转角、仰俯角和横向摆动。使用大型干涉仪和电容传感器来测量滑架的运动，也是一个不错的选择。

首先，测量滑架沿着 X 轴方向的运动，如果在水平面上对 X 方向进行两次测量，那么就可以确定 ε_y。注意，如果参考直尺安装在与 Z 轴平行的滑架的中心处并选择了合适的路径，

[23] 5.9 节提供了一个对利用三个传感器来测量轴向位置、偏转角和仰俯角的系统所做的详细误差分析。

那么在滑架的每一端沿 X 轴方向进行两次测量。这样，热量对光折射率的影响就能得到与 LODTM 上 X 轴热效应同样合理的解释。同时，还需要使用类似于 LODTM 上的真空波纹管。

Z 方向的直线度必须使用直尺进行测量，因为直线度干涉仪不能提供要求的精度。回想一下，在 LODTM 上，需要使用两根直尺来测量 X 方向的直线度和 Z 轴的滚转角，即使该滚转角只是在沿刀尖非敏感方向引起了阿贝误差。但是对于 T 形基座车床，测量 Z 向直线度时，ε_x误差会引起阿贝误差，所以必须对其进行测量。在这种情况下，测量 Z 向直线度时，ε_y误差也会引起阿贝误差，但是因为 ε_y可用 X 轴激光干涉仪测得，所以该阿贝误差可以算得。对 T 形基座车床滑架上的 ε_x角度误差和 Z 向直线度误差进行测量，可以采用类似于在 LODTM 上 Z 轴所使用的方法。

将两组（一组两个）传感器安装在滑架上，测量直尺上两点相对于滑架的 Z 向位移。用这些测量结果可以计算滑架的 Z 向直线度、横摆角和仰俯角。根据所采用的直尺保护方式，可以采用如图 5.4.5 所示的持续油浴来对其进行清洁。如果滑架的尺寸相对于其行程来说较长，那么将直尺安装在滑架上，就有两点好处：①直尺前表面远离切削过程；②传感器的信号线（如果使用电容传感器）就不需要弯曲。再次强调，直尺必须要安装在恒定的温度条件下，以防止其沿长度方向产生弓形弯曲。因此，必须进行仔细分析，以确定到底是采用低热膨胀率、低热传导率材料，如微晶玻璃，还是高热膨胀率、高热传导材料，如铝。但是，无论采用哪种材料，都必须把直尺动态地安装到滑架上。注意，由直尺自身重量所引起的垂直偏差不会在测量方向上引起误差，除非该偏差通过某种方式使光束发生扭转。

LODTM 切削工件时，没有采用油浴来维持工件温度的恒定（采用空气浴）。一些精密机床采用喷淋恒温切削液的方法来控制工件温度[24]。对于为 T 形基座车床所设计的测量系统，可以采用波纹管来密封干涉仪及其目标工件表面，而对于主轴测量系统，则采用迷宫式密封和恒温正压送风进行环境保护。另一方面，直尺和电容传感器需要一个复杂的滑动密封，其摩擦特性会影响到轴的动态性能。另一种保持电容传感器和直尺之间缝隙清洁的方法是，采用恒温油流持续对其进行冲刷，如图 5.4.5 所示。注意，不能采用空气进行清洁，因为空气受热膨胀会冷却传感器和直尺，从而产生热误差。

在设计测量构架时，必须要考虑一些方面的因素，如稳定性、动态刚度（抵抗来自地基的振动）以及热膨胀。这些在结构设计时所应考虑的因素将放在第 7 章进行讨论。如果环境控制适当，测量构架设计合理，那么使用测量构架就能使机床的几何精度达到约 0.025μm（1μin）。这比没有使用测量构架的机床的精度高两个数量级。

5.7.3 测角仪

一方面，因为测量构架是静态的结构，不方便用来测量多关节机器人或五轴铣床等装置的端点位置。另一方面，测角仪是由安装在理论上不变形（动态安装）的测量横梁构件所组成的移动构件上。与铰接结构相连的测量横梁的相对位置，可以通过安装在测量横梁上的若干传感器测得。虽然，在步态研究中，测角仪成功地测量了人类肢体的运动，但是，在工业部门，它作为测量机械手和机床刀具位置的装置的应用还不是很广泛，因为测量每一根测量横梁的相对位置的过程都很复杂。例如，机械手测角仪[25]已经设计出来了，但是其制造成本和复杂性常常超过了对其本身进行重新定义和重新设计以获得满足系统要求规范的简单系统所

[24] J. Bryan et al., An Order of Magnitude Improvement in Thermal Stability with Use of Liquid Shower on a General Purpose Measuring Machine, SME Tech. Paper IQ82-936, June 1982.

[25] 例如，参阅 A. Slocum, Development of a Six Degree-of-Freedom Position and Orientation Sensing Device: Design Theory and Testing, Int. J. Mach. Tool Des., Vol. 28, No. 4, 1988, pp. 325-340. 还可以参见美国专利 4606696 和 4676002。

需的成本和复杂性。

5.8　传感器校准

在很多情况下，有关校准、传感器和测量仪的具体使用标准，已经由美国国家标准协会(ANSI) 及国外同类机构制定。这些标准规定了测量过程以及使用测量结果描述工件几何特点的步骤。例如，测量孔的圆度，一种方法是测量孔的轮廓，然后计算出所有测点的平均半径。另一种方法是，采用包含所有测点的最大边界圆来确定孔的大小。本例中所呈现的差异，在许多其他类型的几何体上同样存在。所以，在为一台可能在国际上进行销售的机器撰写机械性能说明书时，需要仔细研读不同国家的标准。

对机械设计师来说，理解如何对传感器进行校准以更好地评估制造商的承诺是十分重要的。最重要的是，如果因传感器性能不佳而使整台机器不能工作的话，那么，应该是机械设计工程师而不是传感器制造商承担首要责任。因此，经常是由精密机械设计工程师去设计校准设备。在小型、快速的实验室计算机广泛应用以前，传感器校准主要靠人工读取传感器对一个已知输入（如量块的厚度）的响应来进行。这个过程漫长而繁琐，传感器的输出经常拟合于一条直线。因此，产品说明书通常把精度定义为传感器的响应直线度。随着小型、快速计算机的出现，一个全新的世界已经在计量学家及其仪器设计工程师面前打开了。

精密测量十分依赖于校准的仔细程度[26]。校准实验的主要目标是：当其他变量（如温度、供电电压）保持不变，测量传感器对一个已知量的响应。在理论上，所有的传感器在被安装到固定装置里时，都应根据溯源国家标准（如一个稳定氦氖激光的波长）进行校准。如果没有标准可供参考，就必须认真重复传感器的运行和安装条件。

随着对精确度的要求越来越高，通常还期望确定传感器受其他变量（如温度）影响的情况。借助于小型快捷的计算机数据库系统和对环境进行控制，就可以通过在全程测量范围内一次增加一个变量的方法来对传感器进行重复校准。结果就是产生一系列的嵌套循环，其中最内部的循环就是传感器在其预置的运动范围内的响应。这样，可以通过改变辅助变量（如温度、供电电压、频率），为一个传感器的主要输入（如位置）的响应进行多维测量。

不论采用何种传感器校准方法，都可以通过对校准系统的误差分配进行评估来获得校准的确定性。通常，要考虑以下五种主要的误差：

- R_I传感器的重复性。
- R_C校准器的重复性。
- R_L仪器和校准器之间连接的重复性。
- S_L连接的系统不确定性。
- S_C校准器的系统不确定性。

传感器的重复性定义为：传感器响应分布的平均值的标准偏差。校准装置的重复性主要是其稳定性的函数。传感器与校准器之间连接的重复性和系统不确定性，通过对校准系统的测量和误差分配的估计得到。误差分配必须包括由温度改变和信号数字化截断（最不重要的比特误差）等因素所引起的误差。校准器的系统不确定性是其与公认国家标准之间联系紧密程度的函数，通常与校准器一同提供给用户。

1. 设计校准实验

当为静态或动态校准设计一套校准系统时，它所需要的误差分配分析方法，与在设计机

[26] 关于校准问题的启发性讨论，读者可以参见一本厚为 50 页的书：Repeatability and Accuracy: An Introduction to the Subject, and a Proposed Standard Procedure for Measuring the Accuracy of Industrial Measuring Instruments, by A. T. J. Hayward, Mechanical Engineering Publications, New York, 1977.

床传感器时所使用的方法相同。理想的目标是，使校准系统精度比应用要求高5~10倍。大多数情况下，不大可能都在原位置对传感器进行校准。在这种情况下，传感器应当采用与使用同样的方式进行实际安装。只要是不在原位置对传感器进行测试，通常设计校准实验就比较容易，因为无须考虑机床上其他结构。例如，在校准台上就比在机床上更容易安装与传感器共线的干涉仪，因此在校准时就可以彻底消除阿贝误差。

不是每个人都有机会使用激光干涉仪，但是，用到比传感器的校准所需伺服精度更高的计算机控制平台，却是可能的。

用户必须仔细阅读生产商所提供的零部件精度及精度定义的说明。

例如，平台节距中心的直线位置精度也许为1μm，但是如果平台的安装表面比节距中心高1cm，而且平台的节距误差为10μrad，那么将会产生一个0.1μm的阿贝误差。设计工程师应当经常考虑：生产商所给的精度是在系统中使用的部件的建议精度，还是制造商使用激光干涉仪对每个平台进行测量而证实的系统精度呢？大批量生产的平台，从顶部表面到平台的合理距离（几厘米内）的重复性超过1μm的情况很少有。因此，在重要的应用场合中，如果没能使用激光干涉仪，那么用户就要安排一个独立的实验室来测试系统的性能。

总之，无论是进行静态校准还是动态校准，校准系统的机械设计至少应该在机床上安装传感器的方式方面具有代表性。传感器周围结构的属性（如刚度、质量）应尽可能地代表这个工作系统的属性。另外，如果还需要一个目标对象，那么就应当采用与应用中预计目标对象相同的材料和形状。而且，还必须对系统进行一个包括静态的或动态的、机械的、电子的和环境因素在内的误差分配。这样，用户就能对校准系统的确定性进行一个估计。

2. 稳定性判断

为了确定传感器输出的稳定性，必须把传感器安装在一个稳定的环境里，并测量一个固定量（如距离）。通常，探针式传感器采用一个轻挤压式挡圈进行固定，如果是竖直安装，就靠其自身重量来进行固定，在传感器的一端安装着一个采用与探针外壳相同材料制造的帽状被测对象[27]。传感器允许长时间地测量传感器与帽状被测对象之间的距离。任何的漂移，不论是由于固有的电学特性，还是传感器自身属性，都是传感器系统稳定性特征的表现，所以必须进行测量。

3. 静态响应校准

确定传感器的静态响应，是最通常要进行的校准。静态校准，就是当被测变量增大以后，只有当含有机械和电子零部件的系统稳定下来了，才去测量传感器的响应。一般，这就意味着在采集读数之前要等待几秒钟。系统一旦稳定下来，就可以进行多次读取，并对读取结果进行平均，即可获得一个传感器响应的准确评估。随着个人计算机和计算机控制直线运动平台的普及，通过采集大量的数据，并将其拟合成一个 n 阶的多项式，以此来反映传感器响应的静态特性的做法已经越来越普遍了[28]。计算机首先分析传感器的输出，一旦发现输出稳定，就开始采集数据。如果未能使用计算机控制校准系统，那么校准就是一项很冗长烦闷的工作，而且产生人为误差的可能性很大。

为了增加测绘精度，需要对传感器的响应做一系列的测绘，然后找到多项式系数平均集。但是，计算机控制的校准平台不可能每次都停在一个精确的位置。每一次都可以计算出一组 n 阶的多项式的系数，然后编写程序对每个多项式的位置变量进行数字化增加。先对所有由多项式产生的相应的响应进行平均，然后取其平均值来形成一个传感器的平均多项式。另一种

[27] 这种类型的测试通常都称为帽测试。详细内容参见ANSI标准B89.6.2-1973, p. 24, Temperature and Humidity Enviroment for Dimensional Measurement.

[28] J. V. Moskaitis and D. S. Blomquist, A Microprocessor Based Technique for Transducer Linearization, Precis. Eng., Vol. 5, No. 1, 1983, pp. 5-8.

方法是，在最初的多通读取数据中进行差值，来获得增大数据集。

无论采用哪种位置校准方式，理论上都应该使用稳定氦氖激光干涉仪作为一个可追踪的增量测量位置基准。因为激光只是一个位置增量测量装置，所以还需要一个起始位置传感装置，如LVDT、灵敏限位开关等。如果激光干涉仪测量轴和传感器测量轴重合，那么阿贝误差可以消除，只要要求平台移动一个固定增量，然后停止，让激光和传感器同时测量它们的位置即可。在测量时，由于使用干涉仪和有限摩擦平台，所以允许关闭伺服控制系统。这就消除了大多数数字伺服系统中存在的离散化界限所引起的可能极限循环误差。

4. 动态响应校准

虽然确定传感器的动态响应比较困难，但是仍旧可以通过以下两种方法来实现。第一种方法需要使用一个频率和振幅可测的振动式平台。使用“白噪声”或一个扫频正弦波作为平台的输入，测量并存储传感器的输出。如果平台的传递函数已知，就可以用数字信号处理技术来确定传感器的传递函数[29]。传感器响应与恒定频率的距离变化成直线关系，所以只有与传感器的静态响应分布相结合，才能获得传感器的频率幅值校准。随着校准复杂性的相应增加，第二种方法提供了更高的精度。将一系列的位置和频率输入传感器，可以获得传感器的一系列输出，该输出是两个输入变量（位移和频率）的函数。注意，如果这个精度等级需要来自位置传感器，那么使用激光干涉仪或高精度编码器来做传感器常常会更方便。使用激光干涉仪的高成本可以补偿复杂初始校准与周期校准所需的高成本。

5. 采样频率[30]

为了能够在数学上重构系统响应，在对一个动态系统进行离散化测量时，测量速度一定要足够快。如果采样频率不够快，那么高频波形（如噪声）就会显现与低频波形相同的形式，从而引起混淆。为了避免出现该问题，最小的采样频率（称为奈奎斯特频率）至少应等于被测过程频率的两倍。因为在模拟系统中总存在全频噪声（如白噪声），所以在使用传感器模拟信号重构系统的响应，或者将其用于数字伺服系统之前，通常必须要用模拟或数字滤波器进行低通滤波。由于所有滤波器都会将其动态特性导入系统，所以采样频率越高，滤波器相对于系统期望频率的截止频率就越高。截止频率与系统的期望频率响应之比越大，滤波器的边缘特性对系统性能的影响就越小。因此，尽管根据奈奎斯特标准，采样频率应当至少为滤波器截止频率的两倍，但是，最好大于5~10倍。

6. 环境对校准精度的影响

如果传感器在标准温度为20℃和标准大气压为760mm汞柱的条件下进行校准，却未能在标准环境条件下使用，那么就必然会产生校准误差。在评估校准系统的误差分配时，仔细考虑热效应的影响是至关重要的。而执行校准的人遵守误差分配中的假设，且不引入新的误差源，也是同等重要的。最常见的错误是：人用自己身体的热量“污染”了校准实验。当近距离进行实验时，人的体温辐射和温暖的呼吸会引起仪器温度的改变。对仪器进行了处理，但却未能使系统回到热平衡[31]状态，是另外一种常见的操作失误。

还有其他因素，如温度和速度梯度，也必须考虑。例如，如果使用电容传感器去测量主轴的运动误差，当它受到来自传感器顶端和主轴的剪切时，空气的温度和密度会对它产生什么影响呢？在微米级，它们的影响可以忽略不计，但在亚微米级，情况会如何？通常，处理这种情况的最好的方法是，对传感器输出进行平滑处理，以使其误差最小化。例如，在测量主轴运动误差时，利用不同传感器的输出差异，就可以测量主轴横向位置的变化。任何环境

---

[29] 例如，参见A. Oppenheim and R. Schafer, Digital Signal Processing, Prentice Hall, Englewood Cliffs, NJ, 1975的第11章。

[30] 还可见3.1节。

[31] 让元件在其环境中达到热平衡，称为系统均热化。

因素，包括由热效应和内部效应所导致的主轴膨胀，都会对传感器产生同等的影响，因而会相互抵消。还可以采用许多其他方法来利用几何对称性，以检查和提高测量精度。有关对称性在测量中应用的其他例子，将在第6章中进行讨论。

环境因素与测量表面的清洁程度密切相关。可以使用洁净、干燥、高压空气流对传感器和目标表面的灰尘进行清洁，这时必须考虑空气的冷却效应。在一些情况下，如前面所讨论的测量构架的例子和图 5.4.5 所示的情形，可以用稳定细小的温控油流代替空气进行除尘。在任何情况下，都必须保证要在与使用环境相同的条件下对传感器进行校准。很多情况下，尤其是在测量实验室或洁净室进行校准时，不存在灰尘问题。但是，在机床工作的环境里，灰尘可以以很多方式影响到传感器的性能。例如，灰尘能降低光点的强度，改变光点的实际中心位置。灰尘还能改变电容传感器和目标之间缝隙的介电常数。包含金属颗粒的灰尘还能影响阻抗传感器的输出。灰尘还会出现在由弹簧支撑的 LVDT 的尖部和目标之间，使灰尘颗粒的厚度也被测量。

5.9 传感器输出和定位误差对精度的影响

本节，我们探讨传感器精度及其定位误差对一种仪器精度的影响。该仪器用三个传感器来测量两个名义上平行的金属板之间的距离、俯仰角和横摆角。

这种类型仪器应用之一就是测量平面相对于测量构架（如主轴平面卡盘）的位置和方向。这种类型的传感器系统的常规布置如图 5.9.1 所示[32]。假设，目标平面（$X'Y'$平面）在传感器坐标系平面上分别绕 X、Y 轴进行转动，如图 5.9.1 所示，建立描述自由度 l_{XY}（平面之间任意两点 X、Y 之间的距离）、α（偏转角）、β（俯仰角）的一般系统公式。伴随这种非欧拉角度选择的误差，大约为 $\alpha\sin\beta$。假设，α、β 的最大值约为 200μrad，那么由此所导致的 α 和 β 中的角度误差约为 0.04μrad，这是可以接受的。该系统的关系式为

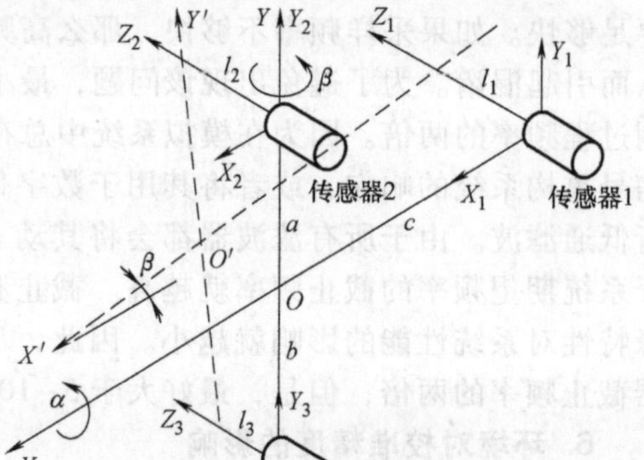

图 5.9.1　测量两金属板之间的距离、俯仰角和横摆角的三联距离测量传感器

$$l_{XY}=l_3+(b+Y)\sin\alpha-X\sin\beta \tag{5.9.1}$$

$$\alpha=\arctan\left(\frac{l_2-l_3}{a+b}\right) \tag{5.9.2}$$

$$\beta=\arctan\left(\frac{l_1-(l_2b+l_3a)/(a+b)}{c}\right) \tag{5.9.3}$$

注意，图 5.9.1 中所示的 a、b、c 是尺寸而不是坐标。如果进行小角度近似假设，那么在 α、β 的期望范围内，l_{XY}的计算误差约为百万分之四。因此，小角度近似只用于评估由参数变化所引起的误差。为了评估 l_{XY}对 a、b、c 和 l_i变化的敏感性，可以假设，arctan（　）=（　），并将式（5.9.2）和式（5.9.3）带入式（5.9.1），得

[32] 注意，通过使用斐索（Fizeau）干涉仪，还有可能监控一个平面相对于另一个平面的倾斜角度和位置。参见 A. Gee et al., Interferometric Monitoring of Spindle and Workpiece on an Ultraprecision Single-Point Diamond Facing Machine, SPIE Vol. 1015, Micromachining Optical Components and Precision Engineering, 1988, pp. 74-80.

$$l_{XY}=\frac{-Xl_1}{c}+\frac{l_2}{a+b}\left(b+Y+\frac{Xb}{c}\right)+l_3\left(1-\frac{b+Y-Xa/c}{a+b}\right) \tag{5.9.4}$$

1. 传感器输出误差的影响

为了确定由 i#传感器输出误差 δl_i 所导致的平面之间距离的计算误差 $\delta l_{XY} l_i$，计算式（5.9.4）的偏导数 $\partial l_{XY}/\partial l_i$：

$$\delta l_{XYl1}=-\frac{X}{c}\delta l_1 \tag{5.9.5}$$

$$\delta l_{XYl2}=\frac{b+Y+Xb/c}{a+b}\delta l_2 \tag{5.9.6}$$

$$\delta l_{XYl3}=\left(1-\frac{b+Y-Xa/c}{a+b}\right)\delta l_3 \tag{5.9.7}$$

由传感器读数误差 δl_i 所引起的角度误差 $\delta\alpha_{li}$，可用相似的方式计算：

$$\delta\alpha_{l2}=\frac{1}{a+b}\delta l_2 \tag{5.9.8}$$

$$\delta\alpha_{l3}=\frac{-1}{a+b}\delta l_3 \tag{5.9.9}$$

同样，角度误差 $\delta\beta l_i$ 为

$$\delta\beta_{l1}=\frac{1}{c}\delta l_1 \tag{5.9.10}$$

$$\delta\beta_{l2}=\frac{-b}{c(a+b)}\delta l_2 \tag{5.9.11}$$

$$\delta\beta_{l3}=\frac{-a}{c(a+b)}\delta l_3 \tag{5.9.12}$$

2. 传感器间距误差的影响

传感器间距误差对两个平板之间距离和角度计算的影响，可以通过计算 l_{XY} 相对于 a、b、c 的偏导数求得

$$\delta l_{XYa}=\frac{(b+Y+Xb/c)(l_3-l_2)}{(a+b)^2}\delta a \tag{5.9.13}$$

$$\delta l_{XYb}=\frac{(Y-a-Xa/c)(l_3-l_2)}{(a+b)^2}\delta b \tag{5.9.14}$$

$$\delta l_{XYc}=\frac{X}{c^2}\left(l_1-\frac{l_2b+l_3a}{a+b}\right)\delta c \tag{5.9.15}$$

用来确定传感器所在平面上位置的坐标轴之间的垂直度误差对于 l_{XY} 计算的影响与 a、b、c 上的误差影响相同。

接下来，计算传感器间距误差对计算角度 α、β 的影响。过程同前，关系式建立如下：

$$\delta\alpha_a=\frac{l_3-l_2}{(a+b)^2}\delta a \tag{5.9.16}$$

$$\delta\alpha_b=\frac{(l_3-l_2)}{(a+b)^2}\delta b \tag{5.9.17}$$

$$\delta\beta_a=\frac{(l_2-l_3)b}{c(a+b)^2}\delta a \tag{5.9.18}$$

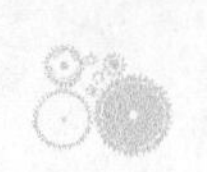

$$\delta\beta_{\mathrm{b}}=\frac{(l_3-l_2)}{c\ (a+b)^2}\delta b \tag{5.9.19}$$

$$\delta\beta_{\mathrm{c}}=\left(\frac{l_1-(l_2 b+l_3 a)/(a+b)}{c^2}\right)\delta c \tag{5.9.20}$$

3. 传感器错位的影响

目标表面的转动由其沿着 X、Y 轴分别转过的角度 α、β 决定。忽略交叉耦合效应[33]，由安装垂直度误差 ε_{xi} 和 ε_{yi} 所引起的距离 l_i 的测量等价误差，可以利用正弦定理和小角度近似计算得到

$$\delta l_{\mathrm{i}\varepsilon x}\approx\frac{l_{\mathrm{i}}\varepsilon_{xi}(2\alpha-\varepsilon_{xi})}{2} \tag{5.9.21}$$

$$\delta l_{\mathrm{i}\varepsilon y}\approx\frac{l_{\mathrm{i}}\varepsilon_{yi}(2\beta-\varepsilon_{yi})}{2} \tag{5.9.22}$$

式中，l_i 是传感器测得的实际距离（含误差）。

即使是一个相对简单的仪器，也需要进行大规模的计算，以全面评估系统中的误差。利用式（5.9.4）~式（5.9.22），能计算出系统扰动对计算物理量 l_{XY}、α、β 的影响，并将其计入系统误差分配中。无论采用哪类测量系统设计，都应遵守相同的步骤，所得到的公式有助于形成系统的误差增益矩阵。一旦获得误差增益矩阵，就可以得到系统里的每一个变量（如尺寸 a、b、c 和传感器读数 l_i）对误差的具体影响（如热效应和长期稳定性效应）。注意，一些误差表达式中包含传感器输出值，并且为把这些表达式的结果包含到误差分配中，应当采用传感器输出的最差的值。

5.10 设计案例研究：激光遥测系统设计[34]

大量的加工工件和原材料都是圆柱形的，并且都是连续加工的。零件的材料包括金属、橡胶、塑料和玻璃。除了零件材料类型的多种多样之外，在加工过程中，其温度和运动的变化范围也很大。在测量一些低硬度、易损、高温或运动的物体时，人们更喜欢使用非接触型传感器，如电容传感器、涡流传感器、空气传感器或光学传感器。光学传感器比其他类型的传感器有更多的优点，包括：可以测量任何材料的工件，允许传感器与被测对象之间有大的间距。用于尺寸光学测量的技术有很多种，包括投影法、衍射法、直线列阵法和激光束扫描法。

1972 年，有两个制造商请 Zygo 公司研发一种非接触型光学传感器，用于在过程质量控制中测量锻压和轧制材料。要求这种传感器的测量范围为 50mm（2in）、精度为 0.005mm（0.0002in）、工作导槽长为 100mm（4in），在不损失精度的情况下，它允许工件在工作导槽里做大的侧向运动。当时，其他的激光扫描传感器制造商不能制造出具备这些性能的传感器。而其他类型的非接触型传感器（如电容传感器）都不能在这种状况下工作。Zygo 认为它有能力去研发这种传感器，并且旺盛的市场需求可以促进其设计和开发。Zygo 公司为其激光遥测系统（LTS）选择了一种扫描激光光束，因为激光束具有公认的精度、可靠性和通用性。LTS 设计理念的其他优点包括：

[33] 例如，[illegible]

[34] 这篇文章主要得益于 Zygo 公司的许多人的贡献。除了 James Soobitsky，主要的技术支持者有：Frank C. Demarest，George C. Hunter 和 Carl A. Zanoni。这篇文章是由 James Soobitsky 撰写，A. Slocum 编辑。这个系统现由 Z-Mike 公司（Laser Mike 的一个子公司）销售，430 Smith Street，Middletown，CT，06455（203）635-2100。

1）非接触测量，允许 LTS 去测量运动、易损、低刚度、高温、放射性的及用透明材料制造的（需要带专门的软件）圆柱状物体。

2）被测对象可以处于仪器测量范围内的任何地方。这意味着，在对被测对象进行尺寸测量时，它可以做侧向和轴向的运动。同时，传感器和被测对象间的距离可以从几英寸到几英尺之间变化。

3）可以同时测量多个物理对象。

4）这样一套系统的成本大约为＄5000。

5.10.1　设计理念

LTS 系统的基本功能是，在多种不同的环境下，对不同类型的工件实现快速、非接触的精密测量。如图 5.10.1 所示，激光束直接通过准直透镜中的光整形镜片，经被称为扫描器的转向镜反射，产生一股非平行扫描激光束。扫描器表面位于准直透镜的焦点，它把非平行激光束转变为平行激光束。平行扫描激光束会部分地被位于系统通过线上的被测对象所遮挡，从而产生被测对象的阴影。这个阴影实际上是光束的时变损失。当把阴影当为时间的函数时，眼睛所看到的静态投影，实际上是一个随时间变化的开关信号。

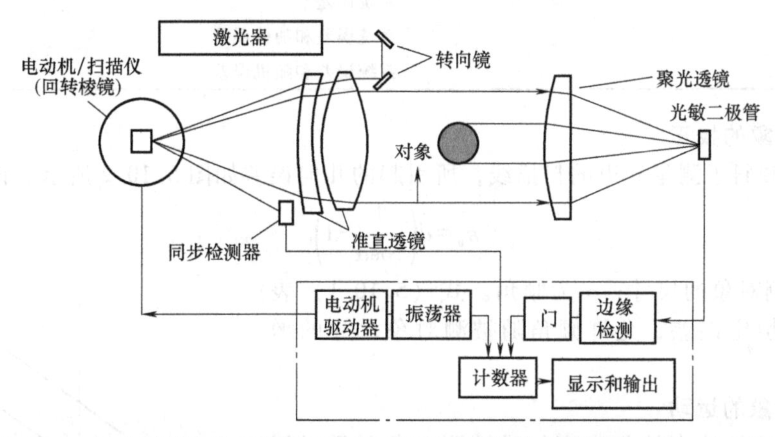

图 5.10.1　尺寸测量激光扫描器：型号 110 和 120 的简化原理图（Zygo 公司许可）

然后，平行扫描激光束穿过聚光透镜并聚焦于光敏二极管，光敏二极管把光信号转换为电信号。这个信号的能量分布相当于因受被测对象的遮挡而衰减后的扫描光束的高斯能量分布。当光束没有被被测对象所遮挡时，电信号的数值几乎恒定不变，而当受到遮挡时，该信号的数值几乎为零。因为激光束的强度呈高斯分布，所以在光敏二极管从亮到暗或从暗到亮的过程中所产生的电信号通常是累积分布函数的积分。对信号进行放大或者电子微分（关于时间），会再次显示出高斯分布。对该信号进行第二次电子微分，会得到一个 S 形信号，零点交于高斯曲线的中心。信号值为零（高斯曲线的顶峰）表示被测对象的精确边缘（美国专利 3907439）。这种边缘检测方法也消除了对激光的能量波动的敏感性。测量和修正这些边缘信号的时间差，就能获得被测对象的尺寸信息。计算尺寸输出仅仅需要几分之一秒的时间。

LTS 的内部元器件一般可分为三个不同的子系统：发射器、接收器和控制器。发射器包括激光、扫描器/电动机、光杆、准直透镜、同步检波器或自动校准罩和光束形成透镜。接收器包括聚光透镜、光敏二极管、前置放大器或数字电子器件。控制器包括用于测量计算的电子器件，如参考时钟、校正表、操作软件和电源供给。

LTS 可以应用于包括从检查室到钢厂连轧生产线的各种各样的环境中。因此，仪器需要独立的发射器和接收器，允许被测对象置于测量范围内的任何位置而不会降低测量性能。传感器必须对安装方向不敏感，并且安装简便。尽管 LTS 的思想很简单，但是，其对环境的要求使它在生产出满足性能要求的工业产品时面临重大的技术挑战。对 LTS 性能的限制是由测量仪器（内部根源）误差或者与具体测量对象相关的几何或环境因素（外部根源）所引起的误差所造成。不管是内部的还是外部的误差，它们本质上不是系统误差，就是随机误差[35]。

5.10.2 外部误差源

对于激光遥测系统来说，其主要的外部误差来源及其类别包括：

误差源	类型
被测对象的找正	系统误差
被测对象的运动	系统误差和随机误差
大气的影响	随机误差
测量区域中的污垢、灰尘、油渍	随机误差
被测对象上的污垢、灰尘、油渍	系统误差和随机误差
温度	系统误差
被测对象的表面粗糙度	系统误差和随机误差
边缘检测误差	系统误差
漫射光	系统误差和随机误差
工艺的影响	系统误差和随机误差

1. 被测对象的找正

被测对象倾斜于测量光束的扫描线，所引起的几何误差如图 5.10.2 所示。该几何误差为

$$\varepsilon_a = d\left(\frac{1}{\cos\alpha}-1\right) \tag{5.10.1}$$

式中，d 为被测对象的尺寸；α 为倾角。式（5.10.1）表明，对于一个恒定误差，允许倾角随被测对象尺寸的增加而减小。

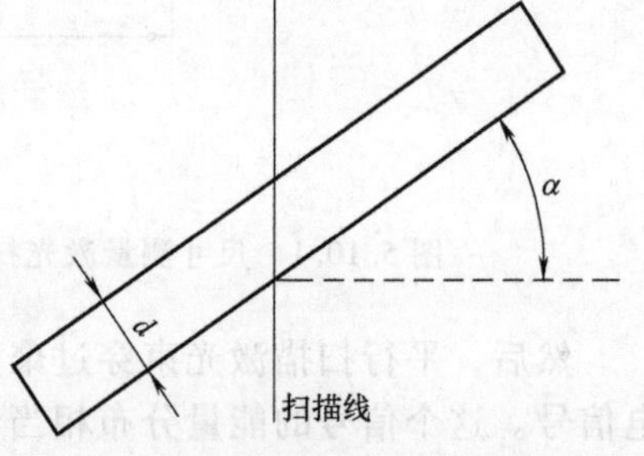

图 5.10.2 被测对象倾斜于扫描线所引起的误差（Zygo 公司许可）

2. 被测对象的运动

被测对象的尺寸直接与光束扫描被测对象所需时间相关。如果被测对象沿光束扫描的轴向进行运动，就会产生一个误差：

$$\varepsilon_m = \frac{dV_{tp}}{V_b - V_{TP}} \tag{5.10.2}$$

其中，d 为被测对象的尺寸；V_{tp} 和 V_b 分别为被测对象和测量光束的横向速度。注意，只有被测对象平行于测量光束运动的速度分量，才是误差的根源。如果工件运动是单向的，那么所产生误差就为系统误差。如果工件运动是由振动引起的，那么该误差就是随机误差，可以通过平均的方法得以减小。

3. 大气的影响

要求在 250mm（10in）工作导槽行程上，精度达到 0.0025mm（0.0001in），即意味着准直误差在 2 弧秒（10μrad）之内。注意，由于温度变化所引起的空气折射率的变化，使光束偏转大约 5 弧秒/℃。因此，空气的紊流和温度的不均衡，可使单次测量结果出现大约

[35] 回顾一下，系统误差可以检测出，但不能通过平均的方法减小，而随机误差不能被检测，但可以用平均的方法来减小。

0.0075mm（0.0003in）的波动。平均的方法可以大幅度地减小该误差，但是，由于空气紊流有一个 $1/f$ 的噪声频谱，所以平均对该误差减小作用有限[36]。

4. 污垢、灰尘和油渍

颗粒物、油渍或其他存在于测量区域的能中断光束的物质，都会改变测量光束的能线图，因此导致了测量的不确定性。和其他的随机误差一样，平均的方法可以减小它们的影响。被测对象上的油膜或其他的颗粒物质会带来系统误差。误差的大小取决于具体污染物的大小和性质。在被测对象进入测量区域之前，对其进行高压空气净化，有助于减小该误差。

5. 温度

被测对象的温度直接影响其尺寸。因为所有的工程材料都对温度有一定程度的敏感度，所以就会产生系统误差：

$$\varepsilon_{\mathrm{T}} = d_{\mathrm{T_o}}(\alpha_{\mathrm{p}} - \alpha_{\mathrm{i}})(T - T_{\mathrm{o}}) \qquad (5.10.3)$$

式中，$d_{\mathrm{T_o}}$ 是被测对象在标准温度 T_{o} 下的尺寸；α_{p} 是工件材料的热膨胀系数；α_{i} 是仪器的热膨胀系数；T 是测量时的温度。如果热膨胀系数和温度都已知，那么误差就可以利用软件来进行修正。

6. 被测对象的表面粗糙度

如果被测对象的表面粗糙度很低，其表面粗糙度相当于测量光束直径，那么被测对象的尺寸误差就与被测对象的精密磨削有关。误差的具体数值取决于被测对象表面粗糙度的类型。LTS 传感器的具体误差值是光束直径和被测对象轮廓粗糙度的函数，如图 5.10.3 所示。LTS 具有感知被测量对象均方根表面附近的测量结果的固有能力。

当把 LTS 数据和接触型测量数据进行比较时，对此进行考虑就非常重要，因为接触型检测趋向于测量峰间尺寸。一种类型的表面粗糙度，就是由车床车削工件所形成的，它与螺钉的螺纹线类似。在这种情况下，误差为

$$\varepsilon_{\mathrm{L}} = p\,\frac{\tan\left(\dfrac{\delta}{2}\right)}{2} \qquad (5.10.4)$$

式中，p 为切削进给量；δ 为刀尖的角度。其他的随机表面粗糙度会造成不同的误差[37]。

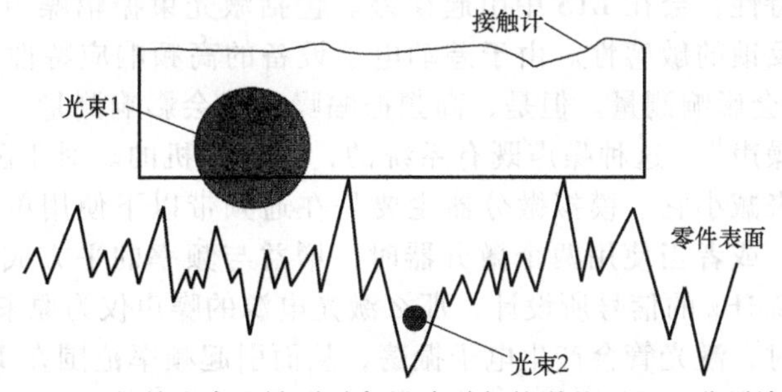

图 5.10.3　相关光束和被测对象尺寸引起的误差（Zygo 公司许可）

7. 边缘检测误差

边缘检测误差发生在由透明材料制造的圆柱形物体上，通过中空管可以看到最明显的影响。误差的大小受被测对象直径、激光束直径和壁厚（如果被测对象为管状）的影响。通常，

---

[36] 对 $1/f$ 的噪声频谱的完整解释超出了本书的范围，总的来说，$1/f$ 的噪声频谱密度与 $1/f$ 的幂成正比。当平均时间增加时，带宽为 $1/t$ 的噪声也更大，因此，误差只能在有限范围内降低。对于它更深的讨论，见 C. D. Motchenbacher, Low Noise Electronic Design, Wiley-Interscience, New York, 1973。

[37] 例如，刚从轧机中出来的热轧钢筋。

当光束穿过被测对象时，它产生的信号有明显的外边缘和不明显的内边缘（如果被测对象为管状）及其他由反射、折射、灰尘或干涉引起的虚假边缘。使用抑制噪声间隔之间的信号的专门软硬件，可以消除多余的边缘。但是，在一些情况下，被测对象的外边界并不能产生很好的边缘转换，所以不能完成准确测量。

有很多理论都可以解释这种误差源。一种理论认为，壁厚（管状被测对象）比光束直径小，引起来自外边缘的信号被来自内边缘的信号所扭曲。另一种理论认为，一份光束在通过被测对象时，被反射和/或折射了一个很小的角度，但仍然能进入聚光透镜，并和实际边缘信号相混合，从而引起误差。通常，光束直径小的仪器会测量出精度更高的结果。但是，对每种仪器都要进行复验，以明确其测量局限性。

8. 漫射光

来自外部漫射的光通常不会引起误差，除非它很大，使前置放大器或传感器发生了饱和。如果漫射光通过微分器时，强度变化的频率很高，那么漫射光也会产生麻烦。控制它的一个有效的方法是，使用一个只传递激光频率的光通频带过滤器把漫射光过滤掉。例如，在涉及测量发光发热物体的仪器上，就使用了这种方法。

9. 工艺误差

工艺误差取决于具体的工艺流程，属于“万能”误差，因此不能一概而论。在具体的工艺流程中，会出现前面提到的任一或所有的误差源。在激光束通路中增加额外的光学元件，或者在独特的工艺条件下，会出现其他的误差源。如果确认存在工艺误差，那么就要对其进行专门考虑。

5.10.3 光学误差源

LTS 仪器的光学误差主要来源于材料和制造工艺的不均匀性，所以这些误差可以通过适当的零部件规格说明和加工工艺进行控制。虽然造成这些误差的确切原因还没有完全搞清楚，但是，已经收集到了足够的相关经验信息，可以进行智能预测，并为出现问题的元器件提供建议。

1. 激光相关误差

激光有一些固有特性，会在 LTS 中引起误差。包括激光束振幅噪声、光束方向变化、光斑形状变化以及对光反馈的敏感性。由于差动电子设备的高频响应特性使得激光束低频（低于 1kHz）振幅噪声不会影响测量。但是，高频振幅噪声就会影响测量。微分器通常与低通滤波器相结合消除高频噪声[38]。这种噪声既有系统的，也有随机的。对于随机噪声，如前所述，可以采用平均的方法来减小它。模拟微分器主要是在通频带以下使用单极高通滤波器，这导致增益与频率成正比。或者当使用两个微分器时，增益与频率的平方成正比。例如，如果微分器是为频率范围在 2MHz 的信号所设计，那么激光电源的噪声仅为原来的万分之一。

当镇定电阻太小时，激光管会产生电子振荡，从而引起频率范围在 1~2MHz 的系统噪声。如果对激光电源输出未能进行充分滤波，则会产生频率在 20kHz 范围的噪声。系统噪声对精度的影响是通过轻微地改变测量结果为噪声周期的倍数。系统噪声还可以使噪声周期准确倍数的尺寸比其他尺寸更稳定。可能的测量误差值为

$$\varepsilon_m = \frac{kNV_b}{S_r} \tag{5.10.5}$$

式中，ε_m是测量误差，单位是 μin/mV；k 是比例常量（与单位匹配）；N 是激光噪声，单位

[38] 例如，参见 G. E. Tobey et al., Operational Amplifiers, Design and Applications, McGraw-Hill Book Co., New York, 1971.

是 mV；V_b是光束速度，单位是 in/s；S_r是二阶导数的转换率，单位是 V/μs。

由于温度变化及当激光振荡在激光腔找到其最稳定轴时，光束方向所发生的微小变化，会引起激光管长度的变化，当激光器进入模控状态从而使光束照射在光学器件的不同位置上时，就会出现这种情况。通常，典型的激光输出光束是一个称为 TEM_{00}的高斯能量分布。如果激光输出端的平面镜没有找正，或者，在激光共振器腔中存在一些其他的不均匀，能量的分布就有可能不同，从而引起测量误差。

为了使前面三种误差的影响最小化，要选择在质量检查中证实偏振激光具有可接受的噪声水平和良好的稳定性。而解决后一种误差的方法是，将所有的光学元件安装在激光附近并保持足够的倾斜度，以防反射光束重新进入激光器，从而改变光束的能量分布特征。曾尝试在光学元件上涂抹抗反射涂层，但效果却很有限。

2. 准直透镜误差

与准直透镜相关的误差源包括光线倾斜误差、内部干扰效应、高频倾斜误差、涂层表面质量误差、扫描速度直线误差以及热膨胀误差。其中，光线倾斜误差、热膨胀误差及扫描速度直线误差，通过透镜的光学设计可以实现最小化，但是纠正这些误差的透镜设计能力却受到所选透镜及其类型的限制。

光线倾斜误差是在透镜设计中所产生的误差，可以从透镜的准直精度上看出来。总误差受制造公差和透镜物理限制的影响。在扫描透镜设计中，允许的光线倾斜误差的大小为

$$R_s = \arctan\left(\frac{\varepsilon}{2M_T}\right) \tag{5.10.6}$$

式中，R_s是透镜中的最大光线倾斜误差；ε 是系统的期望测量误差；M_T是系统测量工作导槽的长度。

例如，在早期的 LTS 上使用的透镜是双分离透镜，可以提供小于 2 弧秒的光线倾斜误差及恒定的扫描速度（Ktheta）[39]。在普通透镜中，对于一个给定入射角的光线，其输出光线高度大约等于透镜焦距长度乘以输入角的 sin 值。Ktheta 设计所产生的输出光线高度等于常量 K 乘以光线输入角 θ。该透镜用一个简单的电子封装，没有存储保持其准确性所需的校正表。

后来的 LTS 中所使用的透镜有很好的准直性（输出光线的平行性），但它需要存储一个校正表以修正设计中所固有的扫描速度直线误差。

内部干扰效应也与设计有关，但通过遵守一些指导原则，就可以避免它的影响。所有透镜在使用时，其光轴要沿与扫描垂直的方向倾斜一定的角度，以使光束移动一个光束直径的距离。如果无法实现倾斜，那么就要使用高效抗反射涂层进行涂抹。在所有的黏合透镜设计中，黏合剂的折射率都应当与透镜的折射率相匹配。

高频斜坡误差和外观表面质量与制造工艺有关。在 LTS 上使用的光学元件应当在低速磨床上进行最终抛光，因为高速抛光机会产生不能被微分器完全滤除的高频斜坡误差。外观表面质量误差是系统中光学元件表面缺陷导致的结果。

激光遥测系统的运行是基于激光在遇到被测对象时所产生的强度变化。因此，光学元件上的任何缺陷或灰尘颗粒，都会在光束遇到被测对象时造成光信号强度的改变，从而引起测量误差。由于激光束的直径很小，范围仅在 0.05~5mm（0.002~0.2in），所以系统中的光学元件如果存在直径为 0.03mm（0.0012in）的缺陷，就会引起很大的测量误差。对于一个给定的系统，它可以允许的缺陷大小约为：

对于透镜

$$S_L = 2\varepsilon\left(\frac{d_o}{d_p}\right) \tag{5.10.7a}$$

---

[39] 美国专利 3973833。

对于平面镜 $$S_M=\frac{\varepsilon}{2}\left(\frac{d_o}{d_p}\right) \tag{5.10.7b}$$

对于透镜 $$D_L=d_o\sqrt{\frac{\varepsilon}{d_p}} \tag{5.10.7c}$$

对于平面镜 $$D_M=\frac{d_o}{2}\sqrt{\frac{\varepsilon}{d_p}} \tag{5.10.7d}$$

式中，S_L、S_M、D_L、D_M分别是透镜和平面镜的划痕和凹陷尺寸[40]；d_o是穿过光学元件的激光束直径；d_p是在通过线上的激光束直径；ε 是仪器期望精度误差。可以看到，平面镜表面对缺陷的敏感度大约是透镜表面对缺陷的敏感度的 4 倍。这些公式还表明，在光学元件上的大直径光束（d_o）和在通过线上的小直径光束（d_p），会增加划痕和凹陷的许用误差尺寸。控制表面质量的唯一方法就是严格的质量控制和在线检测。

3. 视窗相关误差

视窗是保护 LTS 内部元件免受环境污染物和空气紊流影响所必须的结构。LTS 的视窗设计所需考虑的因素与系统中其他的光学元件相同。除了与透镜所引起相同类型误差外，视窗还会引起一种重要的误差类型。任何视窗的内部楔形体（前后表面不平行）都会产生干涉现象，从而改变仪器的输出光束。通过倾斜视窗和制造与扫描光束楔形垂直的视窗，可使该误差最小化。视窗口上污垢、灰尘、油渍的聚集会导致仪器精度的下降。定期的清洁、环境的改善或专门的空气清除，都可以减小这个误差。

4. 聚光透镜误差

聚光透镜，顾名思义，其功能就是收集光线并将其聚焦在光电传感器上。因为聚光透镜最靠近光束通路的末端，所以它是 LTS 测量光束所通过的最不重要的光学元件。能引起 LTS 精度误差的聚光透镜误差包括外观表面质量、内部干扰和透镜像差。聚光透镜的透镜像差主要是球形像差，会在 LTS 中引起两个不同的误差。

因为光电传感器的有效区域很大，所以聚光透镜只需要产生一个比这个区域小的聚光点，以使光电二极管能够“看到”整个扫描光束即可。但是，随着被测工件直径的增大，由工件边缘所引起的反射光进入接收器的量也增加。由于工件反射所引起的误差为

$$\varepsilon_R=d\left[1-\cos\left(\frac{\gamma}{2}\right)\right] \tag{5.10.8}$$

式中，ε_R是反射误差；d 是工件直径，γ 是接收器的张角。

聚光透镜的像差会使由反射引起的误差增大。例如，当使用一个简易的平凸透镜来做聚光透镜时，就会出现这种现象。在透镜上，最小模糊点上的凸球面像差会导致边缘光线比透镜内部光线产生一个更大的有效张角，如图 5.10.1 所示。这会使式（5.10.8）所产生的误差增大。通过把正常情况下所选择的“最佳”焦点位置[41]略微前移，就可以减小这个误差。还可以通过改善透镜的设计性能，以此减小存在的像差，即可减小该误差。

当光束通过工件边缘时还会发生衍射，但是，衍射现象很微弱，99%的光束能量都被聚光透镜所收集并聚焦，所以由衍射而引起的测量误差可以忽略。

5. 光束整形元件

在具体仪器或应用中，光束整形元件把激光束放大或聚焦到所期望的尺寸大小。激光束

[40] 划痕是线缺陷，宽度单位是微米，长度用光学元件的几何参数来定义，如棱镜厚度。凹陷是指光学元件上的小坑，大小用几十微米的直径来描述。大小为 10 的凹陷，其直径为 100μm。

[41] 最佳焦点位置位于光束产生最小直径光斑处。

能量分布的高斯特性可使光束形成柔和的称为光束腰的聚焦区域。正像在表面粗糙度一节中所讨论的那样，光束的尺寸在决定一个 LTS 系统对工件表面粗糙度的灵敏度上起重要作用。同样，光束尺寸也影响电子器件准确感知工件边缘、仪器测量导槽的范围以及仪器对光学元件表面缺陷的灵敏度的能力。小尺寸光束会增加转换速度的二阶导数，减小零交叉点检测误差。小尺寸光束也会以较快速率发散：

$$w(z)=w_0\sqrt{1+\left(\frac{\lambda z}{\pi w_0^2}\right)^2} \tag{5.10.9}$$

式中，$w(z)$ 是距离为 z 时的光束直径；w_0是光束腰部分的半径；λ 是激光的波长。因为电子器件的增益在仪器通过线处（光束腰所在位置）达到最优，所以随着光束尺寸的增加，信号强度减弱。光束尺寸的界限通常采用公式 $w(z)=1.414w_0$计算。这条准则决定了长测量导槽仪器需要采用大直径光束，高精度仪器则需要采用小直径光束。

光束整形元件包括，可以放大或收缩光束，可以设置各种不同有效焦距，从单元透镜到双元望远镜的各种类型。在测量区域中光束腰的大小和位置可以通过对下面公式进行连续迭代得到：

$$\frac{1}{w^2}=\frac{1}{w_1^2}\left(1-\frac{d_1}{f}\right)^2+\frac{1}{f^2}\left(\frac{\pi w_1}{\lambda}\right)^2 \tag{5.10.10}$$

$$d_2=(d_1-f)\left[\frac{f^2}{(d_1-f)^2+\left(\frac{\pi w_1}{\lambda}\right)^2}\right] \tag{5.10.11}$$

式中，d_1和 d_2分别是光学元件分别到第一处和第二处光束腰的距离；f 是光学元件的焦距；λ 是激光波长；w_1和 w_2分别是第一处和第二处光束腰的半径。光束整形（光斑大小的控制）可以简单地使用一个简易透镜或者一个双元望远镜来实现。还有，通常可使光束通过准直透镜时远离扫描光轴而发散，实现对光束的放大。使用圆柱透镜制造的光束放大器只能在一个方向上放大光束。采用此类光束放大器的仪器已经被用来测量特别粗糙的表面。

6. 空气紊流误差

LTS 内部的空气紊流源与外部略有不同，但是光线指向误差基本相同。外部的空气紊流主要源于环境，而且有时不可能纠正。内部的空气紊流源有两个：一个内部空气紊流误差源是出现在 LTS 的内部元件之间的温度梯度；另一个来源是，扫描器回转所产生的抽吸作用。由于对产热元件的位置和特性都已经很清楚，所以就可以采取措施来最小化它们的影响。LTS 的主要热源包括激光器、激光电源、扫描器电动机和内部电子器件。可以通过对仪器进行精心设计，来使光束主通路与这些产热元件隔绝。这样，就从光束通路上转移走了直接增加的热量。通过扰动光束通路来减小对流热传递，可以很好地控制间接的热余量。环量衰减挡板[42]可以通过下述的方式实现该目标。为把热传递方式减少为只剩下传导和辐射，就必须阻止空气流动。通过设计一个有合理平板间距的挡板系统，就能有效地减小空气的运动，而且系统的噪声也可以减小到原来的五分之一。

空气紊流的第二个误差源是扫描器转动时所产生的抽吸作用。LTS 上使用的扫描器，在这几年已经开发出了多种类型。其中有四或五条棱的单体棱镜、黏接玻璃/金属组件、双面玻璃板，利用它们都可获得很好的测量结果。在所有这些设计中，棱镜转动不可避免地会引起一定的空气流动，从而产生测量误差。由扫描器所产生空气紊流的具体数值，是直径、回转速度、棱镜面数、结构类型以及周围结构的几何形状等因素的函数。现在，已经制造出了可使紊流高效最小化的扫描器罩，它采用了一个带有小开口的封闭结构，该开口为激光束进出扫

[42] 美国专利 4427296。

描器提供通道。

5.10.4 机械误差源

机械误差源可以分为三类：温度源、应力源和振动源。在考虑机械误差源与减小这些误差的方法时，发射器的光杆是最主要的考虑要素。光杆是由一些经过精确找正的光学和电子器件元件构成的，并允许系统的用户在其具体的应用中安装传感器，而不会影响精度。光杆通常是采用恒范钢、铝及不锈钢等材料制造而成。

LTS 的尺寸稳定性是指系统能准确而及时地定位工件的边缘，并参照已知标准进行调整的能力。因此，从制造到测量，光束通路都必须保持不变。同时，因为仪器的工作温度会发生变化，所以，在设计时要控制仪器的温度敏感性。

1. 温度引起的误差

到目前为止，温度导致的误差是在设计时最难以预防、使用中最难以修正的误差。如前所述，所有的工程材料都有某种可以测量的热膨胀系数。有一些材料对温度不敏感，但是，它们都较为昂贵而且不便加工。例如，恒范钢、微晶玻璃 TM 、U. L. E. 和熔融石英。恒范钢是一种铁镍合金，其中镍的含量为36%。微晶玻璃 TM和 U. L. E. 是组分不同的玻璃陶瓷合金。熔融石英是合成石英。还有一些组分的材料对温度不敏感，但对空气湿度敏感。另外，所有用于可见光的光学材料都有一个热折射率系数。

在设计 LTS 光杆时，有两种方法可使它对温度不敏感。第一种方法是配比各种材料，通常是把一种低膨胀材料与一种高膨胀材料进行配比。这种光杆的温度系数与准直光学元件的温度系数相等。

$$\frac{d(O.P.L.)}{dT}=\frac{d(O.B.L.)}{dT} \tag{5.10.12}$$

式中，d（O. P. L.）/dT 是准直光学元件的光束通路长度随温度的变化率；d（O. B. L.）/dT 是光杆长度随温度的变化率。这两个量分别为

$$\frac{d(O.P.L.)}{dT}=f\alpha_{eff} \tag{5.10.13a}$$

$$\frac{d(O.B.L.)}{dT}=\{L_1\alpha_1+L_2\alpha_2+\cdots+L_n\alpha_n\} \tag{5.10.13b}$$

式中，f 是准直光学元件的焦距；α_{eff} 是准直光学元件的有效热膨胀系数，包括由温度的改变所带来的尺寸和折射率的变化；L_1、L_2、…、L_n 是光杆构件的长度；α_1、α_2、…、α_n 分别是各光杆构件的热膨胀系数。这种方法使光杆绝热，使其可以应用于要求大深度的测量范围或高测量精度的仪器上[43]。

第二种方法是依据这样一个事实：以一给定角度进入透镜的光线，在透镜的前焦点处，几乎保持同样的光线高度，与沿原始光线的光轴仅有很小的改变。这就把仪器可以精确测量的位置限制在前焦点处，这就要求用户把被测件的中心放置在该处。但是，在另一方面，该方法允许使用容易加工的高热膨胀系数的材料（如铝），而不会带来不良效应，从而使设计师能大大简化光杆的设计。

其他热源误差与光学元件基座热膨胀和其自身热膨胀之间的差异有关。虽然现存的一些金属，如铁镍钴合金，与一些光学材料在热力学性质上是相匹配的，但是可供选用的材料类型十分有限，而且制造的成本也很高。这就迫使人们使用需要专门安装技术的普通材料。一种被广泛应用的光学元件安装方法就是使用弹性黏合剂，如 RTV 硅橡胶。RTV 允许产生不同

[43] 这与在第 2.3.5 节中，温度变化系统中安装预紧带的例子，所采用的方法相似。

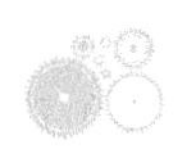

的热膨胀，但在使用过程中，必须把光学元件牢固地固定在它的定位表面上。另一种方法是使用弹性垫，以纯压缩的形式夹紧光学元件。这种方法有些冒险，因为安装表面必须精密连接，以保证不会产生弯矩。第三种方法是，通过计算补偿基座与光学元件之间不同膨胀所需黏合剂的厚度来使安装基座绝热。大多数情况下，为防止光学元件发生扭曲，必须进行动态设计。

2. 应力引起的误差

应力误差源是指 LTS 中的所有装配应力，它并不是由热膨胀差异所引起的。其包括由尺寸误差引起的装配和安装应力以及由重力引起的应力。通过运动设计和允许元件低精度的设计，装配和安装应力可以得到很好地控制。重力应力可以通过对横截面的仔细分析和选择，使刚重比达到最大而得到补偿。

3. 振动误差

振动误差是由扫描器电动机的装配和外部误差源所引起的。当扫描器不平衡或者系统中有一个元件的固有频率与电动机的转动频率或驱动频率相接近时，常常就会产生振动误差。应当把整个 LTS 系统安装在振动隔离基座上。

5.10.5　电子系统误差源

电子误差源包括：前置放大器电子噪声、前置放大器带宽不足、信号质量退化、信号失真、群延时失真、时间间隔测量误差、偏置电压误差、响应时间误差、光电传感器响应失均。

1. 前置放大器噪声

前置放大器噪声源包括：传感器暗电流和工作放大器偏置电流的散粒噪声，来自传感器源电阻、反馈电阻或者传感器负载电阻的约翰逊噪声，放大器短路电压噪声以及外部噪声。散粒噪声是当电流通过一个半导体结点时所产生的噪声。放大器短路噪声是指，如果放大器的输入发生一个无噪声短路时，所产生的噪声。由于传感器电容和反馈电阻组合会使其高频放大，所以这个噪声通常是最大误差源。外部噪声通过设备内部的电容地或电感耦合进入电路，或者射频能量耦合进入电路，而直接影响仪器工作。电源噪声可以很容易地通过适当地调节和滤波得到减小。对于电容耦合噪声，只要在电路地到前置放大器附近的外壳地之间连接一个电容器就可以减小。前置放大器设计时应该优化，以使其整个工作带宽上噪声最小。通常，传感器的信号都足够大，因此其自身的噪声不是问题。

2. 前置放大器带宽

前置放大器和信号处理通路所需带宽，取决于工件上激光束光斑的大小和光束扫描速度。边缘信号二阶微分的电信号在以下频率时，达到它的光谱峰值。

$$f_{d''}=\frac{4V_b}{d_p} \tag{5.10.14}$$

式中，$f_{d''}$是光谱峰值的频率；V_b和d_p分别是光束速度和光束直径。理论上，电子器件的带宽应当大约为此频率的三倍，但是因为噪声也随带宽增加而增加，所以实际带宽通常只是该频率的两倍。

3. 信号质量退化

如果电子元件被分区，如前置放大器与其他电子设备相分离，那么就要遵守电缆正确地驱动和终止的做法，使信号的质量不受电缆长度的影响。阻止外部噪声进入电缆信号还是很困难的。因此，如果将前置放大器、微分器和过零传感器装在一个与其他电子器件相分离的壳体中，数字信号就可以通过电缆传送，而不用担心噪声和信号衰减。同时，还应当设计相关的逻辑电路，以使每一次的边缘过渡都会在单线中产生一个单脉冲。如果不这样做，逻辑电路阈值电压或设备传送延迟的变化都将会影响测量结果。

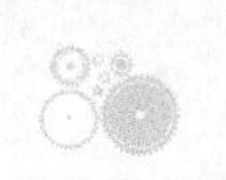

4. 信号和群延时失真

信号失真通常分为两类：转换速率限制和群延时失真。当信号的变化速率比放大器所能跟随速率快时，就会发生转换速率限制。这与带宽限制完全不同，可以通过辨识信号是具有恒定的斜率上升沿和下降沿的折线而不是光滑的曲线予以辨别。群延时定义为传递函数的阶段微分。当信号通过电子器件，信号中的一些频率成分比其他成分延时更多时，就会发生群延时。当扫描激光束聚焦到测量区域中的一个小点时，最清晰的焦点直线就会发生轻微地弯曲。因此，被测对象的一边的边缘频谱与另一个边缘频谱略有差异。如果在电子器件中，一些频率比其他频率延时更大，那么就会产生明显的测量误差。通过使用美国专利 4427296 的群延时平衡技术，就可以减小这个误差[44]。

5. 时间间隔分辨率

时间间隔测量的分辨率必须比其他原因所引起的随机误差要高。如果随机误差比量化不确定性大，那么两者可以通过均值法减小。如果量化误差比随机误差大，那么平均结果中将仍包含量化误差。这就产生了一对矛盾：减小其他原因所引起的、低于该水平的随机误差，实际上会导致平均后测量结果的精度下降，除非量化误差也减小。所以，在这两个方面都需要同等的努力。这似乎与我们的直觉不符，但是通过下面的例子，你就会更加明白。

- 假定，精确的测量结果 = 499.60，3σ 高斯噪声 = ±3 量子，采集 1000 个读数：设读数为 503 时为 2 次，502 时为 27 次，501 时为 155 次，499 时为 324 次，498 时为 118 次，497 时为 18 次，平均值为 499.601，误差为 0.001 量子。
- 假定，有同样精确的测量结果而没有噪声。我们采集 1000 个读数：在 500 时为 1000 次，平均为 500，误差现在为 0.4 量子。

结果是，噪声就像一个抖动信号，防止了误差锁定在一个数值上的问题出现。

时间间隔误差取决于参考时钟的计数分辨率。前面提到，LTS 是通过计两个边缘信号的时间间隔来测量物体尺寸的。这两个边缘信号之间的时间间隔是准直透镜焦距和扫描器电动机回转速度的函数。因此，LTS 的精度部分地取决于单次扫描的时钟周期数。当时钟频率在 40MHz（25ns）以上时，通过统计时钟周期来直接测量时间间隔就变得很困难了。对于一个典型的高精度 LTS 系统，当其重复性达到 0.25μm（10μin）时，要求其计数能力达到 1.1ns。为了获得更高的分辨率，有两种方法最有吸引力：延迟线插补法和类比插补法[45]。

延时线是一种电子装置，可以将一个信号延时预定的时间。这方面最明显的例子，就是同轴电缆，它可以每英尺延时大约 1ns。更加实际的实现方法是在一个类似于集成电路的组件里使用离散或分布式的感应器和电容器。

延时线装置通过一个有 N 个中间抽头的延时线来传递边缘信号，总延时等于参考时钟周期。一个参考时钟周期需要耗时 N 个延迟边缘信号瞬间，来确定一个分数的时间间隔。这种方法的实际分辨界限大约为 5ns。类比插值法是，用单时钟周期宽度内所产生的一个脉冲，加上一个未知分数。在这个脉冲宽度内，对恒定电流进行积分，并测得所产生的电压。虽然这种方法更复杂，但是它的实际分辨界限为 0.5~1.0ns。

6. 偏置电压误差

如果二阶导数过零传感器未能在零电压时进行翻转，就会产生偏置电压误差。如果两个边缘沿相反方向改变，例如，测量孔或直径时，就可以看到这种误差。测得尺寸比实际尺寸是大还是小，取决于误差的极性。误差值的计算方法采用类似于激光振幅噪声的计算方法

[44] 参阅 H. J. Blinchikoff and A. I. Zverev, Filtering in the Time and Frequency Domains, Wiley-Interscience, New York, 1976.

[45] 美国专利 4332475 和 4427296.

[式 (5.10.5)]。如果两个边缘的转换方向都相同，误差就会相互抵消。

7. 响应时间误差

二阶导数的过零点通常是由一个比较器来感知的。比较器是一个集成电路装置，它对两个模拟信号（在这种情况下，其中一个信号是零）进行比较，根据其中较大者输出一个数字信号。因为大多数的比较器都有一个响应时间，且该时间受一些因素的影响，例如，输入信号的倾斜程度、输入信号倾斜方向、温度、输出端负载等，所以就会产生响应时间误差。为了减小这个误差，必须选择响应快和有可预知响应的比较器。

8. 传感器响应

当激光束扫描时，聚焦在接收器二极管上的光点会轻微地移动。如果传感器在它的工作区域响应不一致，那么传感器表面的光斑移动会引起输入信号发生变化。这时就会产生类似于在窗户上发生光学干涉所引起的混淆现象。

9. 软件误差

在所有的数字计算中都存在离散化误差和舍入误差。软件程序越复杂，存在漏洞的可能性就越大，发现它们也越困难。通过多人对软件进行仔细研究以及对测量结果进行统计分析（寻找无法理解的误差分布），通常就可以找到并清除这些漏洞。

5.10.6 电-光机误差

当元件在承受光学、机械和电子的综合作用时，而测量结果误差，在不同的状态下，又不能再现或确定时，就会产生电-光机误差。出现这些误差的元器件包括：扫描器电动机、扫描器、同步传感器和自准直仪。

1. 扫描器电动机

电动机速度误差由以下任意一个或所有因素引起：低频（平均）电动机速度变化、高频（瞬时）电动机速度变化、（扫描器）开/关效应响应和电子-机械振动耦合。由于光束速度直接与电动机速度成正比，所以电动机速度误差直接影响仪器精度。在电动机中，存在两种类型的电动机速度误差：低频或平均速度波动、高频或瞬时速度变化。低频电动机速度变化会引起工件的被测尺寸随电动机速度反向波动。通过把存储边缘尺寸与表观边缘尺寸进行比例比较并相应地修改工件尺寸，就可以修正该误差。在一个没有参考窗口的系统中，电动机速度必须由与测量时间间隔的同一时钟来控制。依靠测量时钟为同步电动机提供工作电源，就是一种可行的方法。但这种方法有一个缺点，它需要使用一个功率放大器提供通常为 10W 的功率来驱动电动机。系统所需最理想电动机是带有高精度、高分辨率编码器和锁相速度控制系统的无刷直流电动机，但是这种电动机相当昂贵。

若使用直流电动机，电动机的极化效应或反馈环效应都会引起高频速度变化。高频速度变化不但不能消除，相反地，还需要电动机有足够大的惯性来将其影响降低到允许水平。事实上，大的转动惯量可以改善低频和高频电动机的速度波动。另一种减小高频电动机速度误差影响的方法是，对数量是扫描器面数若干倍的测量数据进行平均。这就保证了每次测量结果都是电动机完整旋转一圈或多圈的平均值。开关仪器会引起相关误差，但这种误差不常见，是在早期系统测试中发现的。在初期的原型仪器上，扫描器是四边的玻璃立方体。当对这些扫描器进行检测时，它们的打开和关闭会导致出现很大的重复性误差。经过多次检测证实，该误差与电动机的高频速度波动和扫描器面数有关。同步电动机在每次起动时，都要与其通电极性同步。这就造成电动机每次上电时，所得到的扫描速度曲线都不相同。当电动机的极数是扫描器面数的整数倍时，也会出现这种误差。解决这个问题的简单方法是把扫描器的面数增加到五个。五面扫描器产生的扫描速度波动，对电动机任一个极点位置来说都是随机的。因此，当把测量结果进行平均后，扫描器开关的误差就被消除了。

电-机振动耦合经常出现在采用交流电压驱动电动机的系统中。这个误差是当电动机遇到微弱变化的线路频率时，在转子、扫描器和电子线圈上所产生的共振引起的。转子和扫描器组件的共振敲击着电动机两极，所以高频电动机误差是驱动频率的函数。减小扫描器惯性或增加电动机主轴直径，使机械的固有频率高于电动机的驱动频率，就可以减小这个误差。注意到，0.25μm 的误差对应电动机至少 0.2μrad 的角度变化是很重要的。

2. 扫描器

在过去几年中，扫描器的发展经历了很多种形式。两面、四面、五面扫描器都已经获得了成功应用。现在使用的是单片玻璃扫描器和金属玻璃复合扫描器。引起各种扫描器误差的原因有很多。前面已经提到两个原因：电-机振动和开/关极化效应。对于各种类型的扫描器，还存在另外两个因素：工作周期和在给定时间间隔内的扫描次数。对于一个给定的系统，通过简单地把扫描器的面数加倍，就可以使电动机每旋转一周，主动扫描一次所占的时间百分比加倍。如果系统在电子器件方面限制了最大光束速度，那么增加每秒扫描次数的唯一方法就是增加扫描器的面数。

扫描器的其他重要特性有：扫描器各面之间的角指向误差、扫描器平面到最优柱体的距离及扫描器轮廓的表面质量和特性。扫描器平面之间的角指向误差指，与扫描方向垂直的扫描器平面的倾斜角度误差。如果被扫描的横梁距扫描器很远，并且扫描线相互分离，那么就可以观察到该误差。在 LTS 系统中，该误差会使扫描器的不同扫描光束投射到其他光学元件上，并在不同平面上进行自动准直，从而导致误差的产生。如果扫描器的各平面到扫描器转动中心的距离不相等，那么当系统运行时，就会在平面间产生一个轻微的聚焦误差。这种影响所造成的误差，对于每个系统都不相同，而且会增加测量结果中的随机噪声。与发射器里其他的元件一样，扫描器对表面缺陷和表面特性很敏感。在某些情况下，扫描器位于光束腰部，表面缺陷就变为影响误差的关键因素。

对扫描器的这些严格要求，使得采用光学抛光工艺获得 LTS 所需表面变得十分必要。20 世纪 70 年代末，由于所采用工艺控制和检测手段的限制，使得通过把玻璃镜粘贴在合金盘心上的方式制造复合扫描器更为经济。甚至直到 1987 年，这种能制造满足性能需求单片扫描器的技术仍在应用。

3. 同步传感器和自动准直仪

同步传感器是用来触发电子器件，使其开始寻找测量边缘的数据。它实际上是在“告诉”电子器件：光束改变的时间和地点。早期系统所使用的方法依赖于电动机速度恒定来保持精度。在后来的系统上，使用自准直仪代替了同步传感器并使用基准孔来纠正低频电动机速度的波动来提高系统的精度。而且，自准直仪还可以纠正光学系统的无热化误差。

无论自准直仪安装在什么地方，都不会对其功能产生任何影响。自准直仪是由带有两个基准边或者基准槽的一个外壳或基准孔组成，在基准边或者基准槽的后面装有一套光敏二极管。虽然，到底是使用基准边还是基准槽，是由系统的电子器件决定的，但其功能保持不变。每次扫描时，测得参考脉冲的时间间隔，然后将其与一个存储值进行比较。测量结果乘以这个比值，就得到了纠正后的测量结果。

基准外壳所使用材料取决于系统结构。绝热系统要求使用热膨胀低的外壳，而在焦距长度内工作的系统，则要求使用与光杆材料的热膨胀相匹配的外壳。自准直仪外壳最重要的特性是基准边之间或基准槽之间的平行度和表面粗糙度。因为温度误差或扫描器误差会使光束沿着自准直仪移动，所以任何的不平行或表面粗糙度都可以被该仪器发现。基准孔的明显变化会导致仪器输出测量误差。

5.10.7 总结和结束语

尽管 LTS 的概念很简单，但设计它却是一个很大的技术挑战。设计时，需要考虑所有的误差源并进行相关计算，然后在其基础上进行调整。要知道，总共经历了 13 年的实验和测试才收集到这些信息。为了设计出满足精度和稳定性要求的仪器，设计师必须考虑电子、光学、机械工程和零部件特性等多方面的因素。工程设计的标准需要根据相关理论和测试得到的经验数据进行制定。在设计新仪器时，必须考虑经验数据。只有这样，仪器才能得到进一步的改进。

1975 年，Zygo 发明制造了第一台商用 LTS。这台 LTS 的测量范围为 50mm（2in），测量导槽长为 250mm（10in），测量精度为 0.005mm（0.0002in），有独立的发射器和接收器，而且无须经常进行校准。这套系统依靠它的光学和机械设计来实现系统的要求精度。采用光信号电子衍生物技术可以准确感知工件的边缘[46]。随着微处理器的出现，在 LTS 的设计中采用的新电子系统，支持内部误差修正表和操作软件的使用。这使得一个系统可以采用不同的光学系统，同时还增加了该仪器的精度。还有，新软件提供了专门的工艺控制功能和内部计算能力，使得 LTS 为用户提供直接数据修正变为可能。现在，最先进的 LTS 可以提供的测量范围为 25~460mm（1~18in），对应精度为 0.0008~0.013mm（0.00003~0.0005in）。控制器支持具有以下功能的软件：统计工艺控制、数据趋势直方图、组合测量、用户自定义内部计算、透明物体的测量以及使用来自两个或多个传感器数据的表达式。同时，控制器还可以通过一个数字界面，监控多达 4 种其他类型的传感器（即温度传感器、直线编码器等）。

[46] 美国专利 3907439。

第6章 车削中心几何误差与热误差

在进行测量时，必须非常仔细。记住，只要进行测量，就会存在误差。

——杰弗里·G 托马斯

6.1 引言

本章[1]主要内容取自美国国家标准与技术研究院 Alkan Donmez[2]博士的学位论文《提高机床精度的常规方法：理论、应用和实现》。这篇论文首次使用基于软件的误差修正算法成功地将来自安装在重要位置的热电偶的误差分布及其反馈应用于修正机床的主要几何误差和热误差。因此，本章的主要目的是说明测量、定位及部分地补偿机器误差所使用的方法。

试验所用机床是一台哈丁 Superslant™两轴车削中心。图 6.1.1 所示为装配后的局部图。为了获得 2.2.1 节中所讨论的齐次变换矩阵表达式，采用了图 6.1.2 所示的机床坐标系。机床结构由以下部件组成：一根通过转动副与床身相连接的主轴，一个用滑动副与床身连接的滑架，一个与滑架用滑动副相连的横向滑板，一个与横向滑板用转动副相连的刀架。当车床进行切削时，刀架被锁止在横向滑板上。最后还包括刀具，它被牢固地固定在刀架上，工件被牢固地装夹在主轴上。

图 6.1.1 装配主要部件后的两轴倾斜床身车削中心。伺服电动机安装在防护罩下（哈丁兄弟公司许可）

在进行机床的运动学分析，包括定义它的齐次变换矩阵之前，先对每一个主要部件进行详细讨论。

为了更好地了解典型机床的实际装配方式，Superslant™的关键部件及其装配如图 6.1.3

[1] 6.1 节由 Alex Slocum 撰写。6.2 节~6.7 节由 Alkan Donmez 撰写，由 A. Slocum 编辑。

[2] Alkan Donmez 于 1985 年在普渡大学获得博士学位。他论文的实验部分在美国国家标准与技术研究院（原名美国国家标准局，即 NBS）完成。

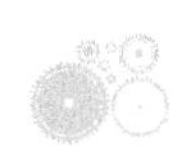

和图 6.1.4 所示。Superslant™因其倾斜床身设计而得名。在大批量制件的制造过程中，切削过程所产生的切屑以惊人的速度堆积。如果这些热切屑不能迅速除去，那么它们就可能成为一个热源，从而影响切削过程，降低表面光洁程度。如果将床身倾斜或垂直放置，就会使切削过程中产生的切屑借助重力而落到一条移动式传送带上而被移走。

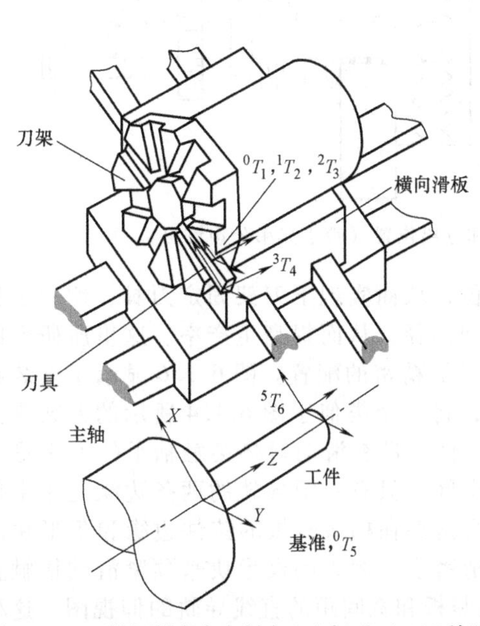

图 6.1.2　两轴倾斜床身车削中心坐标系（NIST 许可）

图 6.1.3　上刀架（哈丁兄弟公司许可）

图 6.1.3 所示为上刀架，它设计成八边形，用来安装八把车刀。上刀架的安装如图 6.1.4 所示。径向安装的车刀用于加工工件外圆，轴向安装的车刀用于在工件内部钻孔。这种刀具安装系统的设计是许多刀具制造商密切合作的结果。因此，几乎所有的标准车床刀具都可以安装到这个刀架上。下刀架为圆形，有八个安装钻头和活顶尖等刀具、机具的位置。安放这些刀具的通孔是用机床本身的装配主轴直接加工在刀架上的，因此可以保证轴向对中。为了对刀架的回转位置进行分度，需要系统具有高重复性、高精度和高刚度。由于只需要离散运动，所以在这种情况下最适合使用齿轮式啮合（直齿或弧齿）传动。

如图 6.1.5 所示，碟形弹簧垫圈对轴施加一个大的恒定的力将刀架推进刀架座中并迫使两个端面齿轮紧紧啮合在一起。用气动活塞挤压垫圈，然后通过步进电动机或气动马达带动刀架旋转，即可实现刀架分度。因为当两个端面齿轮紧密啮合时会自动地对中刀架，所以电动机驱动刀架的转动精度可达到 1°左右。这是用来实现分度运动的常规方法。

图 6.1.4　安装在横向滑板上的上刀架座（哈丁兄弟公司许可）

啮合精度取决于啮合齿的数量（通常为360齿），这有助于均化齿形制造误差。当轮齿里面保持清洁并得到良好润滑时，重复度可以实现亚微米级。

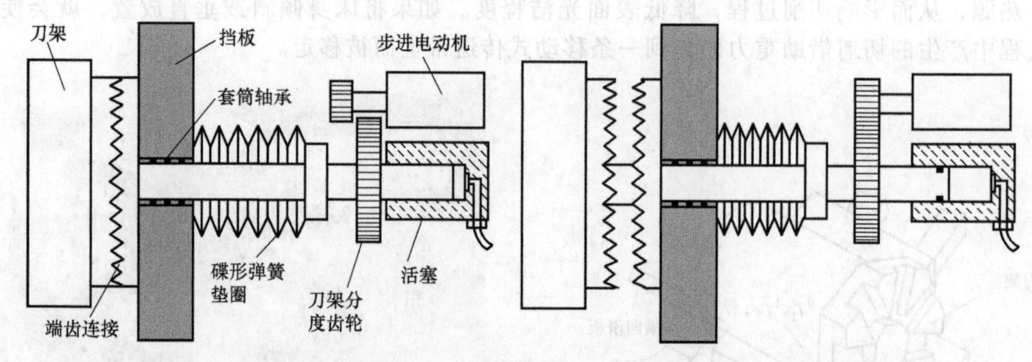

图 6.1.5 典型刀架分度和锁紧机构的啮合和分离位置（哈丁兄弟公司许可）

在一些机床上，采用横向滑板对下刀架进行定位，从而实现下刀架固定刀具、切削工件的轮廓的目的。这使机床可以同时加工工件的外径和内径，从而提高生产率。这里所研究的机床上装有一个不在 X 方向运动的下刀架，它代表了最精密的配置。图 6.1.6 显示了安装在下刀架滑架上的下刀架梯级竖板。用螺栓和销连接，将一个类似于图 6.1.4 所示的刀架座固定到梯级竖板上。图 6.1.7 所示为该梯级竖板的零部件。带有滑动衬垫接触轴承的大 T 形块通过螺栓连接到梯级竖板的底部，导轨安装在它们中间。只有一根导轨的两条边缘是用来保证沿行程长度方向运动的直线度的，而这两条边缘又是夹在梯级竖板的铸件边缘和 T 形块的颈部之间，所以导轨的水平平行度并不重要。使用精密手工抛光的楔形块来预紧滑动接触直线导轨（这里采用 Turcite™）。图 6.1.8 显示了梯级竖板和宽间距的直线导轨的仰视图。这种设计具有很高的刚度、减振性和重复性。

上滑架的局部组装图如图 6.1.9 所示。它的设计类似于下滑架，唯一不同的是，用横向滑板机构代替了梯级竖板的上面部分。驱动横向滑板的滚珠丝杠与滑架装配在一起。球形螺母铆接在铸铁连接块上，它通过螺栓和销钉连接在横向滑板上。装配横向滑板的工人需要通过手工刮削这些表面来实现其配合安装。因此，当横向滑板安装在导轨上并与连接块进行螺栓连接时，只需在滚珠丝杠上施加很小的侧向载荷，即可达到强制几何一致性。这种类型设计可以达到 1~1/2μm 的分辨率。图 6.1.10 所示为横向滑板和作为横向滑板导轨的 T 形块的底部。

图 6.1.6 安装在下滑架上的下刀架梯级竖板（哈丁兄弟公司许可）

图 6.1.7 下滑架部件（哈丁兄弟公司许可）

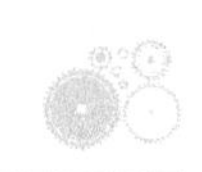

图 6.1.8 下滑架的耐磨滑动接触轴承垫块。注意油槽的分布（哈丁兄弟公司许可）

为了精密磨削引导 Z 向运动的滑架的导轨表面和凹形楔块，需要将磨削淬硬钢导轨安装、调平，用销子固定于铸铁床身之上。第一步，就是把床身表面刮平以使导轨安装在同一平面上（垂直平行度）。第二步，确定其中一根导轨作为参考导轨，使所有其他的导轨在主轴和上下刀架之间保持水平平行。

把轴承垫块用螺栓和销钉连接固定后，就可以安装滚珠丝杠两端的轴承座，如图 6.1.11 所示。接下来安装滑架、滚珠丝杠和主轴箱，如图 6.1.12 和图 6.1.13 所示。主轴箱是一个非常硬的结构，组装之前也需要手工抛光。床身铸件是一个稳固的三角形结构，如图 6.1.14 所示。

图 6.1.9 安装在用螺栓和销钉与铸铁床身连接起来的硬质导轨上的上滑架。横向溜板的导轨块和丝杠安装在容纳横向滑板的滑架上（哈丁兄弟公司许可）

图 6.1.10 上滑架组件，注意耐磨滑动轴承垫块（哈丁兄弟公司许可）

图 6.1.11 通过螺栓连接到铸铁床身上的主轴箱，同时还显示了上、下滑架导轨和滑架滚珠丝杠的轴承座（哈丁兄弟公司许可）

图 6.1.12 加工后的主轴箱铸件。注意床身上的水平槽，它允许滑架滑动保护罩通过（哈丁兄弟公司许可）

图 6.1.13　主轴安装在主轴箱后，将主轴箱安装在床身上。在最后组装前，所有的安装表面都经手工刮削（哈丁兄弟公司许可）

图 6.1.14　机床底面采用三点运动式安装底座，本图所示为床身安装在钢架上之前的情形（哈丁兄弟公司许可）

6.2 Superslant^TM^的齐次变换矩阵的建立

如图 6.1.2 所示，整体参考系与主轴前端的主轴系相一致。当机床处于冷车状态时，0_{T_1}为上滑架坐标系相对于参考坐标系的齐次变换矩阵，1_{T_2}是上横向滑板坐标系相对于滑架系的齐次变换矩阵，2_{T_3}是刀架坐标系相对于横向滑板系的齐次变换矩阵，所有这些都是定位于刀架上的一点，而在这点上需要能很容易地测量运动误差。3_{T_4}是切削刀具坐标系相对于刀架坐标系的齐次变换矩阵，0_{T_5}是主轴坐标系相对于参考系（两者是一致的）齐次变换矩阵，5_{T_6}是工件坐标系相对于主轴系的齐次变换矩阵。

对于滑架，Z 方向是唯一的自由度，所以，该轴的理想齐次变换矩阵为

$$0_{T_1}=\begin{pmatrix}1&0&0&X_1\\0&1&0&0\\0&0&1&z\\0&0&0&1\end{pmatrix} \tag{6.2.1}$$

式中，z 是沿 Z 轴的伺服控制运动；X_1 是恒定偏移量，它是横向滑板位置 X 的函数。对于横向滑板，伺服控制的自由度在 X 方向

$$1_{T_2}=\begin{pmatrix}1&0&0&x\\0&1&0&0\\0&0&1&0\\0&0&0&1\end{pmatrix} \tag{6.2.2}$$

对于刀架，在切削时运动被严格地限制，因此，理想齐次变换矩阵是

$$2_{T_3}=\begin{pmatrix}1&0&0&0\\0&1&0&0\\0&0&1&0\\0&0&0&1\end{pmatrix} \tag{6.2.3}$$

对于牢固固定在刀架上的切削刀具，刀尖坐标为（X_4，Z_4），因此理想齐次变换矩阵是

$$3_{T_4}=\begin{pmatrix}1&0&0&X_4\\0&1&0&0\\0&0&1&Z_4\\0&0&0&1\end{pmatrix} \tag{6.2.4}$$

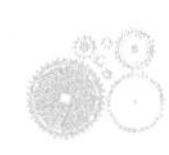

对于主轴，尽管在切削时它沿 Z 轴做回转运动，但它的角度位置并不重要，因此可以假定该运动为零，于是理想的齐次变换矩阵是

$$0_{T_5}=\begin{pmatrix}1&0&0&0\\0&1&0&0\\0&0&1&0\\0&0&0&1\end{pmatrix} \tag{6.2.5}$$

对于固定在主轴上的工件，理想齐次变换矩阵是

$$5_{T_6}=\begin{pmatrix}1&0&0&x(w)\\0&1&0&0\\0&0&1&z(w)\\0&0&0&1\end{pmatrix} \tag{6.2.6}$$

式中，$x(w)$ 和 $z(w)$ 是工件上理想的切削点坐标。

利用在第 2 章中讨论过的误差矩阵，假定所有可能的误差，就可以获得表示每一个零件的实际位置和方位的齐次变换矩阵。对于滑架，误差为

$$0_{T_1}=\begin{pmatrix}1&-\varepsilon_z(z)&\varepsilon_y(z)&\delta_x(z)+X_1\\\varepsilon_z(z)&1&-\varepsilon_x(z)&\delta_y(z)\\-\varepsilon_y(z)&\varepsilon_x(z)&1&\delta_z(z)+z\\0&0&0&1\end{pmatrix} \tag{6.2.7}$$

式中，误差（z）是滑架在 Z 轴上位置的函数。注意：

· $\varepsilon_z(z)$ 是滑架的滚动误差。

· $\varepsilon_x(z)$ 是滑架的节距误差。

· $\varepsilon_y(z)$ 是滑架的偏转误差。

· $\delta_y(z)$ 是滑架的 Y 向直线误差。

· $\delta_z(z)$ 是滑架的位移误差。

· $\delta_x(z)=\delta'_x(z)+\alpha_p\Delta z$。

其中

· $\delta'_x(z)$ 是当滑架沿 Z 向运动时，它在 X 方向的直线误差。

· α_p 是 Z 向运动与主轴回转中轴之间的水平平行度误差（沿 Y 轴回转）。

· Δz 是 Z 向增量运动，它因放大了 α_p 而在 X 方向引起一个阿贝误差。

对于横向滑板，误差为

$$1_{T_2}=\begin{pmatrix}1&-\varepsilon_z(x)&\varepsilon_y(x)&\delta_x x+x\\\varepsilon_z(x)&1&-\varepsilon_x(x)&\delta_y(x)\\-\varepsilon_y(x)&\varepsilon_x(x)&1&\delta_z(x)\\0&0&0&1\end{pmatrix} \tag{6.2.8}$$

式中，误差（x）是横向滑板的 X 向位置的函数：

· $\varepsilon_x(x)$ 是横向滑板的滚动误差。

· $\varepsilon_z(x)$ 是横向滑板的节距误差。

· $\varepsilon_y(x)$ 是横向滑板的偏转误差。

· $\delta_y(x)$ 是横向滑板的 Y 向直线误差。

· $\delta_x(x)$ 是横向滑板的位移误差。

· $\delta_z(x)=\delta'_z(z)+\alpha_0\Delta x$：

式中，

· $\delta_z'(z)$ 是当横向滑板沿 X 向运动时，它在 Z 方向的直线误差。

· α_0 是横向滑板在 X 向运动与主轴回转 Z 轴中线之间的垂直度误差。

· Δx 是 X 向增量运动，它因放大 α_0 而在 Z 方向产生一个阿贝误差。

对于刀架，与图 2. 2. 3 所示的主轴类似，误差为

$$
2_{T_3}=\begin{pmatrix} 1 & -\varepsilon_z(t) & \varepsilon_y(t) & \delta_x(t) \\ \varepsilon_z(t) & 1 & -\varepsilon_x(t) & \delta_y(t) \\ -\varepsilon_y(t) & \varepsilon_x(t) & 1 & \delta_z(t) \\ 0 & 0 & 0 & 1 \end{pmatrix} \tag{6.2.9}
$$

式中，误差（t）是刀架的回转位置的函数：

· $\delta_x(t)$、$\delta_y(t)$ 和 $\delta_z(t)$ 是刀架的转换运动误差。

· $\varepsilon_y(t)$、$\varepsilon_x(t)$ 和 $\varepsilon_z(t)$ 是刀架的回动运动误差。

对于切削刀具，由于坐标系是设在刀尖上[3]，转动误差不影响它的位置[4]，但是，坐标 X_4、Z_4 将会放大其他轴上的角度误差。因此，切削刀具的误差为

$$
3_{T_4}=\begin{pmatrix} 1 & 0 & 0 & X_4 \\ 0 & 1 & 0 & 0 \\ 0 & 0 & 1 & Z_4 \\ 0 & 0 & 0 & 1 \end{pmatrix}\begin{pmatrix} 1 & 0 & 0 & \delta_x(c) \\ 0 & 1 & 0 & \delta_y(c) \\ 0 & 0 & 1 & \delta_z(c) \\ 0 & 0 & 0 & 1 \end{pmatrix}=\begin{pmatrix} 1 & 0 & 0 & X_4+\delta_x(c) \\ 0 & 1 & 0 & \delta_y(c) \\ 0 & 0 & 1 & Z_4+\delta_z(c) \\ 0 & 0 & 0 & 1 \end{pmatrix} \tag{6.2.10}
$$

式中，

· X_4，Z_4 分别是刀具在 X 和 Z 方向的理想坐标。

· $\delta_x(c)$、$\delta_y(c)$ 和 $\delta_z(c)$ 分别是刀具长度在 X、Y、Z 方向的变化量，因磨损或安装误差引起并由刀具调整器测得。

对于主轴，由于沿 Z 轴的回转不受限制，假定 $\varepsilon_z(s)=0$，则误差[5]为

$$
0_{T_5}=\begin{pmatrix} 1 & 0 & \varepsilon_y(s) & \delta_x(s) \\ 0 & 1 & -\varepsilon_x(s) & \delta_y(s) \\ -\varepsilon_y(s) & \varepsilon_x(s) & 1 & \delta_z(s) \\ 0 & 0 & 0 & 1 \end{pmatrix} \tag{6.2.11}
$$

式中，

· $\delta_x(s)$ 是主轴在敏感方向上的径向运动。

· $\delta_y(s)$ 是主轴在不敏感方向上的径向运动。

· $\delta_z(s)$ 是主轴的轴向运动。

· $\varepsilon_x(s)$ 是主轴在不敏感方向的倾斜量。

· $\varepsilon_y(s)$ 是主轴在敏感方向的倾斜量。

注意，后面的讨论将只考虑这些运动误差中的热漂移成分。由于机床的控制器没有足够的带宽，所以作为回转位置函数的主轴动态运动误差无法得到修正。例如，当主轴转速为1000rpm（16. 7Hz）时，要求控制器的带宽为 167Hz（十倍），但是机床控制器的带宽只有50Hz。另外，横向溜板的带宽仅约为 10Hz，响应不够快，因此无法修正动态径向误差。

假定没有回转误差，工件的误差矩阵为

[3] 刀尖 XYZ 坐标位置必须使用一种称为刀具调整器的装置直接测量得到。

[4] 符号（c）指切削刀具的假设几何误差，它不是位置的函数。

[5] 符号（s）是主轴误差，它不是位置的函数。

$$5_{T_6}=\begin{pmatrix}1&0&0&x(w)\\0&1&0&0\\0&0&1&z(w)\\0&0&0&1\end{pmatrix}\begin{pmatrix}1&0&0&x(w)\\0&1&0&\delta_y(w)\\0&0&1&\delta_z(w)\\0&0&0&1\end{pmatrix}=\begin{pmatrix}1&0&0&x(w)+\delta_x(w)\\0&1&0&\delta_y(w)\\0&0&1&z(w)+\delta_z(w)\\0&0&0&1\end{pmatrix}\tag{6.2.12}$$

式中，$x(w)$、$z(w)$ 是工件上一点的坐标，在该点工件与切削刀具理想接触，以获得期望的工件外形；

$\delta_x(w)$、$\delta_y(w)$ 和 $\delta_z(w)$ 分别为该点在 X、Y、Z 方向的定位误差。

使用这些转换矩阵，切削刀具相对于参考系的位置，就可以由以下矩阵相乘来表示：

$$\begin{aligned}\mathrm{Ref}_{T_{\mathrm{tool}}}&=\mathrm{Ref}_{T_{\mathrm{carriage}}}{}^{\mathrm{carriage}}T_{\mathrm{cross\ slide}}{}^{\mathrm{cross\ slide}}T_{\mathrm{turret}}{}^{\mathrm{turret}}T_{刀具}\\&=0_{T_1}1_{T_2}2_{T_3}3_{T_4}\end{aligned}\tag{6.2.13}$$

同样地，切削刀具与工件相对于参考系的理想接触点为

$$\begin{aligned}\mathrm{Ref}_{T_{\mathrm{work}}}&=\mathrm{Ref}_{T_{\mathrm{spindle}}}{}^{\mathrm{spindle}}T_{\mathrm{worpiece}}\\&=0_{T_5}5_{T_6}\end{aligned}\tag{6.2.14}$$

误差矩阵 E 可以使用式（2.2.15）进行计算；然而，正如在式（2.2.16）讨论中所提到的那样，对于一个笛卡儿机床，期望能得到它在参考系中的误差修正矢量。因此，误差修正矢量为 $\boldsymbol{p}_{\mathrm{E}}=\mathrm{Ref}_{\mathbf{p}_{\mathrm{work}}}-\mathrm{Ref}_{\mathbf{p}_{\mathrm{tool}}}$，式中，矢量 $\boldsymbol{p}$ 在式（2.2.1）中定义为

$$\begin{aligned}P_{Ex}=&x(w)+\delta_x(w)+\varepsilon_y(s)*z(w)+\delta_x(s)-X_4-\delta_x(c)-[\varepsilon_y(z)+\varepsilon_y(x)+\varepsilon_y(t)]*Z_4-\\&\delta_x(t)-x-X_1-\delta_x(x)-\delta_x(z)\end{aligned}\tag{6.2.15}$$

$$\begin{aligned}P_{Ey}=&\delta_y(w)-\varepsilon_x(s)*z(w)+\delta_y(s)-[\varepsilon_z(z)+\varepsilon_z(x)+\varepsilon_z(t)]*X_4-\delta_y(c)\\&+[\varepsilon_x(z)+\varepsilon_x(x)+\varepsilon_x(t)]*Z_4-\delta_y(t)-\varepsilon_z(z)*x-\delta_y(x)-\delta_y(z)\end{aligned}\tag{6.2.16}$$

$$\begin{aligned}P_{Ez}=&-\varepsilon_y(s)*x(w)+z(w)+\delta_z(w)+\delta_z(s)+[\varepsilon_y(z)+\varepsilon_y(x)+\varepsilon_y(t)]*X_4-Z_4\\&-\delta_z(c)-\delta_z(t)+\varepsilon_y(z)*x-\delta_z(x)-\delta_z(z)-z\end{aligned}\tag{6.2.17}$$

在这些公式中，位置坐标为

· X_4、Z_4 是切削刀具补偿量。

· x 和 y 是正常的机床位置。

· $x(w)$ 和 $z(w)$ 由工件的几何形状得到。

这些公式中的误差成分 δ、ε，主要是以下变量的函数：

· $\delta_x(w)$ 和 $\delta_z(w)$ 是由热负载和静载变形引起的工件的位置误差。

· $\delta_x(s)$、$\delta_z(s)$ 和 $\varepsilon_y(s)$ 是主轴的热漂移。

· $\delta_x(c)$ 和 $\delta_z(c)$ 是热载荷、静态负载变形及切削刀具磨损量的函数。

· $\delta_x(t)$、$\delta_z(t)$ 和 $\varepsilon_y(t)$ 是刀架的角度位置函数。

· $\delta_x(x)$、$\delta_z(x)$、$\varepsilon_y(x)$、$\delta_x(z)$ 和 $\delta_z(z)$ 分别是机床刀具形状、横向滑板和滑架的热载荷和静载变形的函数。

图 6.2.1 所示为切削刀具尖的综合误差成分。因为机床的伺服轴只能修正位移误差，所以，在误差修正算法中并不考虑刀尖的角度误差，但是机床的设计师和用户可能会关心该误差。还好，角度误差并不重要。

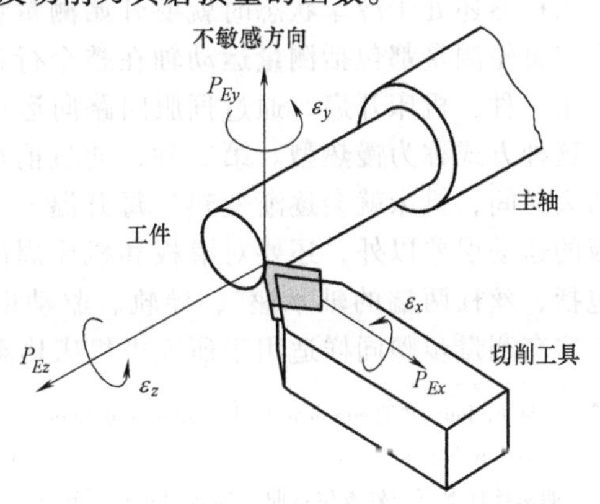

图 6.2.1　切削刀具尖的综合误差成分（NIST 许可）

用在双轴车削中心上的模型经过修改，就可以应用于其他类型的车床上，例如，多轴车

削中心。最大的不同点在于，对应于双轴加工中心结构所增加的零部件，在式（6.2.13）和式（6.2.14）中要增加相应矩阵。例如，为了包含其他类型的误差，如夹具误差，表示夹具的矩阵就应当预先乘以工件矩阵。选择坐标系位置的一个重要标准是：相关误差容易定义，以便于测量。一旦模型建立，下一步就是测量或预测出现在综合误差公式中的各误差成分。这将在下面的章节中给出。

6.3 机床的测量

在6.2节中，通过对应于不同结构零部件的各个误差成分的组合，对切削刀具刀尖的综合误差进行建模。为了确定机床工作区域中任一位置和时间的综合误差，必须直接测量出所有误差成分，或者对其大小进行合理推测。受热效应和载荷状态的影响，机床零部件的几何误差成分也会发生改变，这就使问题复杂化了。Superslant™的设计刚度很大，使非静态载荷误差变得很小，因此只需要估计由几何和热量所导致的几何误差变化即可。

因为机床有两个独立的变量——标称位置和热态影响几何误差，所以，为确定在其工作范围内两者之间的关系，就必须对其进行测量。当机床使用传感器测量一个已知工件的形状时，使用其自身标尺进行位置测量，就可以获得误差图[6]。然而，获得的精确度不能与下述外部测绘过程所得到的精度相匹配。

当所研究的滑板在其行程范围的一端时，对每一根机床运动轴都进行测量。然后，使滑板沿其行程移动至另一端，其间在每个测量间隔处进行一次读数。当滑板到达另一端后，使滑板做逆向运动重新回到原出发点，其间在每个测量间隔处也要读数一次。按这样的步骤，就可以测量出每根运动轴上的返程误差（迟滞误差）。这种测量是必须要进行的，因为，机床控制器的丝杠间隙补偿算法不能充分说明丝杠的非线性或热致误差。

在选择测量间隔时，必须要考虑周期误差成分，例如，由丝杠未对准所引起的误差[7]。为了减小测量中出现的周期导程误差，应选择丝杠导程的倍数作为测量间隔。为了描述周期导程的特性并排除热量的影响，假定误差在整个运动范围内都相同，然后在非常短的距离范围内（一个或两个导程长度）进行周期误差测量。

图6.3.1和图6.3.2显示了在初始的温度测量中所获得的机床结构上的某些位置的典型温度曲线。这些测量结果表明，在一般的机床运行环境中，一台普通机床需要连续运行8~10h才能达到热平衡。为了确定温度变化对机床误差的影响情况，就必须在机床的整个温度幅度内对这些误差进行测量。因此，一个典型的测量周期通常都需要持续2~3天。

当机器还处于冷车状态时就要开始测量误差。经过五轮测量之后，才允许机床温度稍许提高。每轮测量都包括测量运动轴在整个行程范围内的运动。有两种提高温度的方法可供选用。第一种，机床开启，通过伺服回路向运动轴驱动电动机供电并使滑板固定于某一给定位置，这种方式称为慢热型。第二种，通过前后移动机床滑板来提高温度。用这两种方法，经过两天时间，机床就会逐渐变热。每升温一次就进行一次相关测量。在每个测量周期中，除滑板的运动误差以外，还要对滑板和机床周围位置的温度进行监测。需要检测温度的重要位置包括，丝杠两端的轴承座[8]、导轨、驱动电动机、滑板基座、测量传感装置以及周围的空气。这套测量步骤同样适用于研究由机床热态变化所引起的几何误差的变化。

---

6 参见 F. Jouy, "Theoretical Modelization and Experimental Identification of the Geometrical Parameters of Coordinate Machines by Measuring A Multi-directed Bar", Ann. CIRP., Vol. 33, No. 1, 1980, pp. 393-396。

7 如果丝杠上有一处发生弯曲，那么当丝杠每转动一圈时，相对的受迫横向几何一致性就会从+到-再到+，从而呈现周期性。

8 通常，要对丝杠和螺母的温度进行监测。

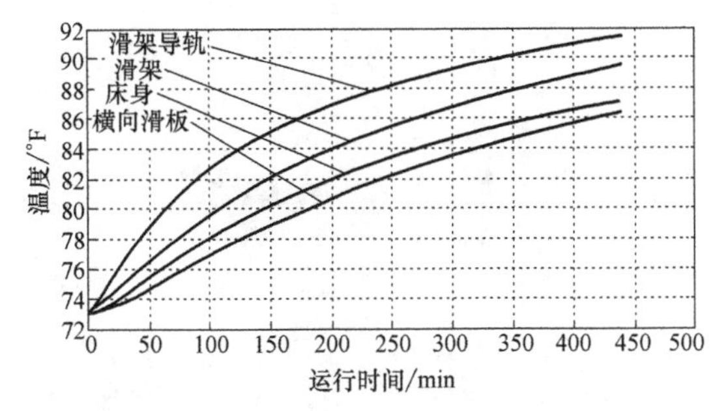

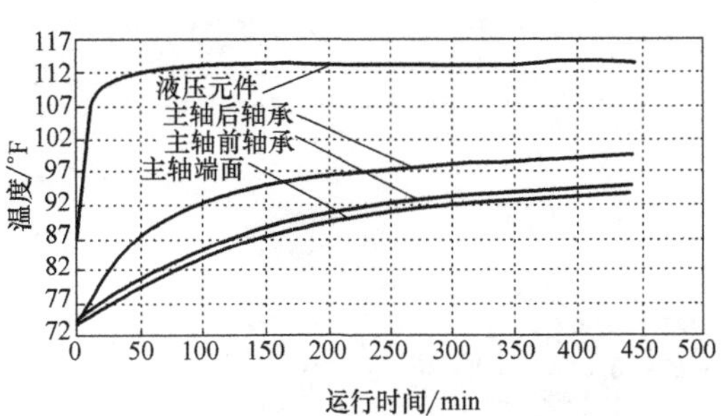

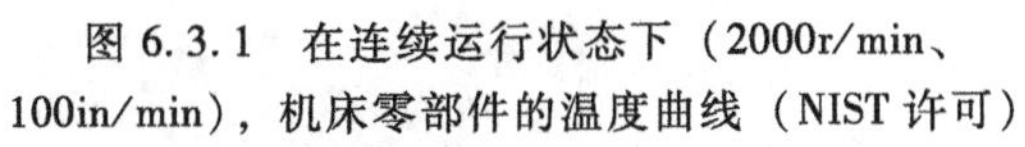
图 6.3.1　在连续运行状态下（2000r/min、100in/min），机床零部件的温度曲线（NIST 许可）

图 6.3.2　在持续运行状态下（2000r/min、100in/mim），主轴的温度曲线（NIST 许可）

根据误差特性的相似性、要求测量的步骤和所使用的传感器，式（6.2.15）~式(6.2.17) 中的误差成分可分为四类：

1）直线位移误差。

2）角度误差。

3）直线度、平行度、垂直度误差。

4）主轴热漂移误差。

6.3.1　直线位移误差

直线位移误差定义为机床零部件沿其运动轴运动时所产生的直线运动误差。通常，此类误差是由驱动机构和反馈单元的几何精度过低引起的。例如，用滚珠丝杠驱动滑板，滚珠丝杠的导程误差、其回转轴和中心线之间对中不良、几何形状的不规则以及反馈单元和滚珠丝杠之间的耦合误差，都会引起直线位移误差。

对于机床滑板而言，在其整个行程范围内测量位移误差的最好设备是激光干涉仪。本研究中，使用惠普 5528 型激光干涉仪来测量直线位移误差。图 6.3.3 显示了测量车削中心 X 轴的直线位移误差时所使用的激光干涉仪光学部件结构。测量 Z 轴直线位移误差也采用类似机构。为了保证高精度，在测量时还要检测激光束附近的空气温度和压力，从而相应地补偿干涉仪的读数。

6.3.2　角度误差

角度误差是由导轨形状不精确及机床零部件装配对中不良所引起的回转误差。偏转误差是滑板沿垂直于运动轴所在平面的轴产生的回转误差。滚动误差是滑板沿运动轴所产生的回转误差。节距误差是滑板沿其第三根正交轴所产生的回转误差。尽管这三个回转误差对三轴或多轴加工中心、车削中心的综合误差的影响都很大，但是滚动误差和节距误差主要成分都是在不敏感方向上[9]，该方向垂直于两个机床滑板运动所在平面的方向。因此对于大多数车床而言，只需对偏转误差进行测量即可。

在测量偏转误差时，尽管已经使用了一个自准直仪，但是还需要一台激光干涉仪。除了角度测量光学器件以外，偏转误差测量数据获取系统与进行直线位移误差测量所用系统完全相同。由于测量的主要原理是基于对从两个反射镜发射回来的激光束的路径长度的比较，所以环境对于测量精度的影响并不大。图 6.3.4 所示为测量横向滑板偏转误差的激光干涉仪的光学部件结构，其中偏转误差是 X 轴上位置的函数。采用类似的装置，只要旋转 90°，就可以

[9] 节距会引起一个径向刀具位置误差，但在这台机床上，这个误差并不重要。

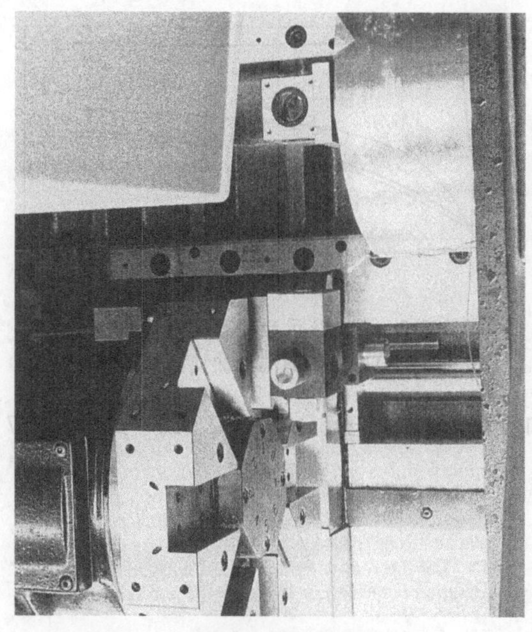

图 6.3.3　测量 X 轴位移误差的激光干涉仪装置（NIST 许可）

图 6.3.4　测量 X 轴偏转误差的激光干涉仪装置（NIST 许可）

用来测量滑架的偏转误差，其中偏转误差是 Z 轴上位置的函数。

6.3.3　直线度、平行度和垂直度的测量

直线度是机床零部件的直线误差，出现在与滑板运动轴相垂直的两个方向上。尽管可以使用激光干涉仪系统来进行直线度测量，但是激光干涉仪上光学附件的尺寸和彼此之间的最小许用距离限制了它在车削中心上的应用。通常，车削中心的横向滑板运动范围较小且处于一个很狭窄的区域内，所以无法使用激光干涉仪。因此，就要使用高精密、非接触式电容传感器和研磨芯轴对该类误差进行测量。

测量 Z 向运动沿 X 轴直线度和平行度的机构如图 6.3.5 所示。这种误差测量的主要原理是：在滑架沿 Z 轴运动时，对安装在滑架上的传感器与安装在主轴上的测试芯轴之间间隙的变化进行测量。除了测量轴的直线度误差以外，传感器的输出还包括测试芯轴轮廓的直线度误差和芯轴与主轴间的对中误差。要消除芯轴轮廓误差，就需要采用逆向技术[10]。对所获得的综合数据进行最优直线拟合，就可以消除对中误差。

图 6.3.5　测量 Z 向运动沿 X 轴的直线度和平行度的机构（传感器安装在 Z 轴行程的端部）（NIST 许可）

如图 6.3.6 所示，为了应用逆向技术，要求沿 Z 轴方向进行两组测量。第一组，滑架沿 Z 轴方向移动，在每个测量间隔处，记录

[10] Axis of Rotation: Methods for Specifying and Testing, ANSI Standard B89. 3. 4M-1985, American Society of Mechanical Engineers, United Engineering Center, 345 East 47th St., New York, NY 10017。

传感器输出。完成第一组测量之后，将测试芯轴旋转 180°，重复上述测量。对于 Z 轴上的每一点，都可以用下面的公式来表示第一组的测量：

$$m_1(z)=a(z)-s(z) \tag{6.3.1}$$

式中，$m_1(z)$ 是传感器 1 在位置 z 处的输出；$a(z)$ 是测试芯轴轮廓的直线度误差；$s(z)$ 是 Z 向运动的直线度误差。

同样，第二组的测量数据可以表示为

$$m_2(z)=a(z)+s(z) \tag{6.3.2}$$

式中，$m_2(z)$ 是传感器 2 在位置 z 处的输出。于是，Z 向运动的直线度为

$$s(z)=\frac{-m_1(z)+m_2(z)}{2} \tag{6.3.3}$$

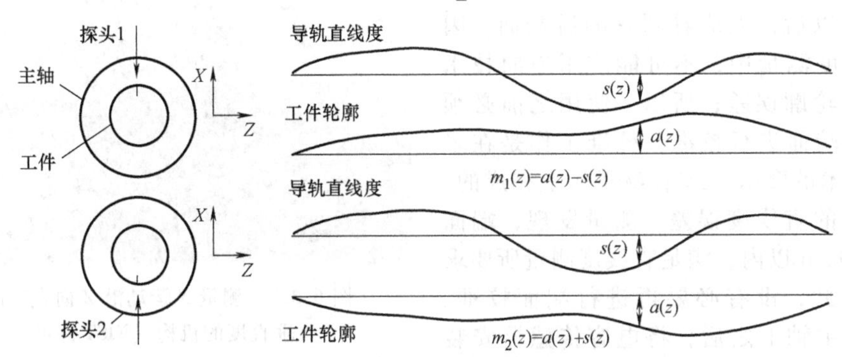

图 6.3.6　计算 Z 向运动沿 X 轴直线度的逆向技术

（为了进行第二组测量，主轴里的工件要旋转 180°）（NIST 许可）

理论上，Z 向运动轴和主轴的轴线间的平行度，通过对测试芯轴上间距为 l 的两点进行两次测量就可以确定。平行度误差会随着这些点间距离的不同而不同。但是，正如前面章节中所提到的那样，在这样一个测量中包含了几种误差。尽管在芯轴旋转 180°的地方可以使用一个修改的测试步骤，但是 Z 轴直线度误差、测试芯轴轮廓误差、测试芯轴和主轴之间的对中误差仍是其主要的误差成分。

为了不使其他误差影响平行度的测量，需要使用两个对称分布的传感器（工件一边一个）。为了最小化主轴运动误差，需低速旋转主轴，主轴每旋转一圈，在 Z 轴上相距 12in（1in=0.0254m）的两个位置上，对两个传感器测量的 512 个结果分别进行记录。可知，一个绝对圆形工件和没有运动误差的主轴之间的对中误差会产生一条蚶线，作为该测量的输出[11]。工件的圆形误差和主轴误差使这条蚶线发生了扭曲。为了消除这些误差对数据的影响，必须要计算出包含主轴旋转一周所测得的 512 个数据点的最佳拟合圆，并用该圆进行分析。利用这些数据，可以使用以下公式来计算出该拟合圆的半径 R：

$$R=\frac{\sum r_i}{n} \tag{6.3.4}$$

式中，r_i 是传感器在角度位置 i 处的输出；n 是数据点的个数。

为了消除轴的直线度误差，由对称分布的两个传感器（工件一边一个）的输出来构造这些最佳拟合圆。平行度误差 α_p 的计算，可以使用以下公式：

$$\alpha_p=\frac{(R_{21}-R_{11})-(R_{22}-R_{12})}{2\Delta z} \tag{6.3.5}$$

[11] Axes of Rotation，ANSI 标准 B89. 3. 4-1985。

式中，

- R_{11}是由传感器 1 在位置 1 时，得到的最小二乘拟合半径。
- R_{21}是由传感器 1 在位置 2 时，得到的最小二乘拟合半径。
- R_{12}是由传感器 2 在位置 1 时，得到的最小二乘拟合半径。
- R_{22}是由传感器 2 在位置 2 时，得到的最小二乘拟合半径。
- Δz 是位置 1 和位置 2 间的距离。

为了测量 X 向运动沿 Z 向的直线度及 X 轴与主轴轴线的垂直度，如图 6.3.7 所示，要使用另外一根测试芯轴。该芯轴直径为 7in，有一个可供扫描的圆形研磨端面。当芯轴安装在主轴里以后，无法看到它的后端面。因此，在直线度测量中，不可能应用逆向技术来消除工件轮廓误差；所以，使用之前必须要先对芯轴端面进行校准。校准工作是在采用了逆向技术的摩尔-三坐标测量机上完成的，以消除机床的直线度误差。测量发现，端面平整度在 10μin 以内，满足直线度测量所要求的精度。因此，没有必要再进行端面校准。芯轴安装在主轴上之后，将电容传感器安装在刀架上，对其进行测量。

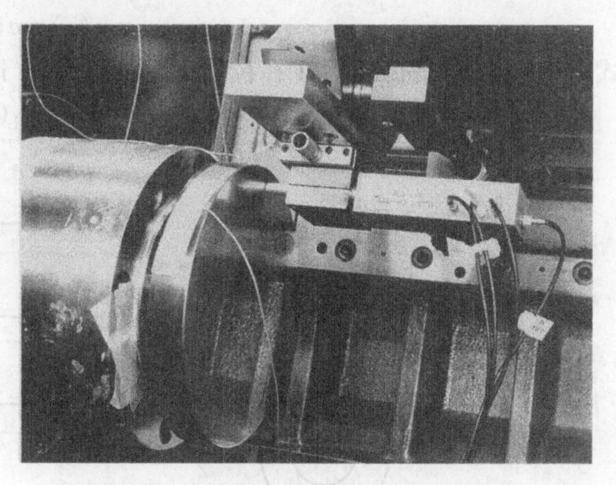

图 6.3.7　测量 X 运动沿 Z 向直线度及垂直度的机构（NIST 许可）

为了消除对中误差和芯轴的垂直度误差，可以采用以下方法：当横向滑板沿测试芯轴的端面运动时，电容传感器在每个测量间隔处测量一次。然后，主轴旋转 180°，使用同一传感器来重复该测量过程。通过以上步骤，就可以获得垂直度以及 X 向运动沿 Z 向的直线度。根据图 6.3.8 所示的几何图形可以获得以下的关系[12]：

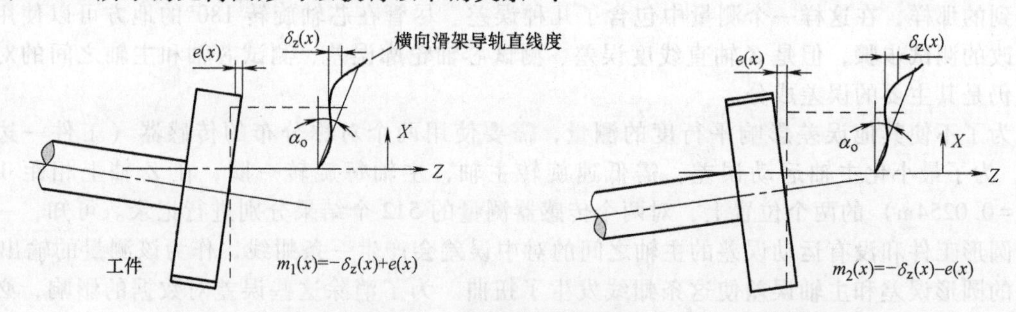

图 6.3.8　计算 X 向运动沿 Z 向直线度的逆向技术（将主轴旋转 180°，进行第二组测量）（NIST 许可）

$$m_1(x) = -\delta_z(x) + e(x) \tag{6.3.6}$$

$$m_2(x) = -\delta_z(x) - e(x) \tag{6.3.7}$$

式中，

- $m_1(x)$ 是第一组测量时，传感器的输出。
- $m_2(x)$ 是主轴旋转 180°后传感器的输出。
- $\delta_z(x)$ 是 X 方向运动沿 Z 向的直线度误差。
- $e(x)$ 是芯轴垂直度误差和对中误差的组合。

[12] 假设零件轮廓无缺陷。

根据式（6.3.6）和式（6.3.7），得到直线度的计算公式为

$$\delta_z(x)=\frac{-m_1(x)-m_2(x)}{2} \tag{6.3.8}$$

求两组测量数据的平均值，然后利用结果进行最优斜线拟合，就可以计算出垂直度。

6.3.4　主轴热漂移

根据 ANSI 标准 B89.6.2，热漂移定义为由于内部或外部因素的影响，由结构中温度的分布发生变化所引起的物体之间距离的变化量。在主轴运动误差中，对于机床的整体性能至关重要的主轴热漂移有三个：①轴向热漂移，是主轴沿 Z 轴的位移；②径向热漂移，是主轴在垂直于 Z 轴的敏感方向上的位移；③斜向热漂移，是主轴在机床 XZ 平面上的转动。

用来测量这些误差的设备由数据获取系统、电容传感器、精密磨削测试芯轴组成。为了消除测量时可能出现的误差源，例如，由热效应所导致的滑架和横向滑板产生的位移，以及最小化测量设备的热误差，传感装置应当安装在机床床身尽可能靠近主轴的地方。在进行测量时，其他轴不上电。

研究热漂移特性的一般方法是，找到主轴随时间的位置和方向变化。如果在模型中选用时间作为独立变量，那么就需要知道运行的时间历程，这就会使预测热漂移模型复杂化。在本研究中，为回避在模型中使用时间因子，采用了专门的措施；于是，所建立模型就仅依赖所测量的物理量，例如，主轴速度和主轴附近不同位置的温度。

在主轴热漂移测量中，为了找到因主轴热漂移而产生温度变化的位置，需要同时对主轴箱周围多处位置的温度进行监测，包括：①两端的主轴轴承；②主轴端面，主轴箱基座的四角；③床身在主轴箱和夹具之间的一个位置；④周围空气；⑤传感装置。在一个典型的测量周期中，主轴以某一恒定的速度连续运行 8h，每隔 10min，对轴向和径向的温度进行一次测量。为了消除测试芯轴的圆度误差和基本主轴运动误差，传感器应在主轴的同一角度位置处读数。运行 8h 后，关闭机床，在其自然冷却的同时，继续进行温度和传感器采样。然后，改变主轴速度，重复上述过程。任意特定时间点的斜向热漂移量，可以用两个传感器所测得径向位移差除以其彼此之间的距离而获得。

6.4　校准测量结果

在应用所讨论的测量技术时，要考虑机床的结构和几何因素。例如，Superslant™ 上所使用的滚珠丝杠的导程为 0.2 in。当激光器件安装到运动轴和滑架上之后，滑架的有效行程为 13in，横向滑板的有效行程为 3.4in。为进行数据分析，对每一根运动轴都需要采集足够多的点，所以滑架运动（Z 轴向）的测量间隔为 1in，横向滑板运动（X 轴）的测量间隔为 0.2in。由于所选测量间隔为滚珠丝杠导程的若干整数倍，所以需要沿每根运动轴的整个 0.4in 行程，对由滚珠丝杠的导程引起的周期误差进行分开测量，测量间隔为 0.002in。为方便参考，机床的零点选在主轴的前端。X 轴和 Z 轴上距零点最远的点，$X=4.75$in，$Z=16.5$in 称为“原始”位置。

本节将对以下零部件的测量的校准结果进行讨论：

- 滑架（Z 向）直线位移误差
- 主轴径向和斜向热偏移
- 滑架偏转误差
- 主轴轴向热漂移
- Z 向运动沿 X 向的直线度

1. 滑架（Z 向）直线位移误差

在测量周期中，沿 Z 轴所采集的典型位移误差数据如图 6.4.1 所示。初步观察该图可知，尽管采用了预紧滚珠螺母/丝杠，但是滚珠丝杠上还存在大约 200μin 的间隙[13]。由于丝杠的非线性，该误差会沿丝杠的长度方向发生变化，而且这个误差也是机床上所使用大型滚珠丝杠特有的。因此，在正向和逆向上，需要采用不同的误差校准来补偿该间隙。起初，测量结果表明，由于原始位置界限转换的不稳定性，该位置的热漂移也是随机的，在时间上，它并不是温度的函数。为了缓解这种情况，以数据集中的下一点（对应于在标称位置 15.5in 的误差）为参考点，将该集合中所有的数据相对于该参考点进行归一化处理。这个过程需要在加工过程中，用刀具安装站测定该参考点的绝对位置，相关讨论见 6.5 节。

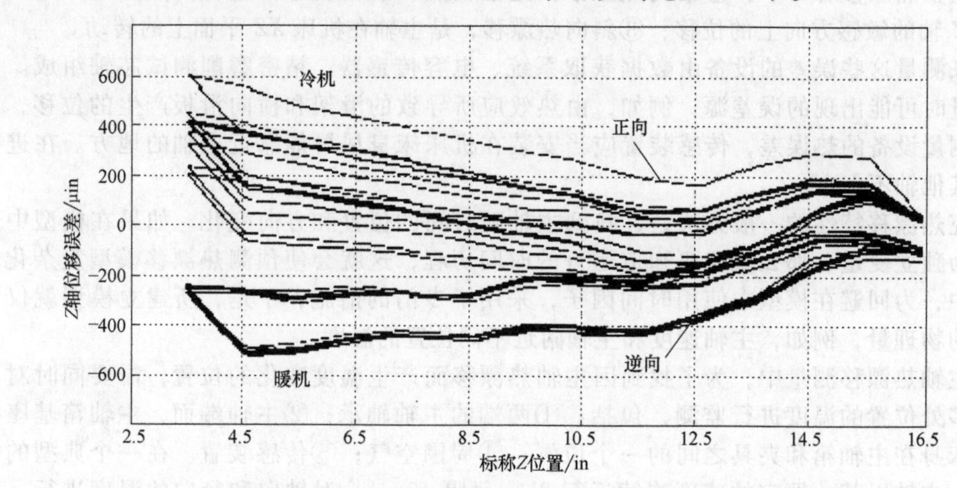

图 6.4.1　在机床的预热过程中所采集的 Z 向位移误差原始数据（NIST 许可）

接下来，就要观察机床的热态对几何误差的影响。随着机床温度的升高，误差曲线的斜率变化很大，如图 6.4.1 所示。测量期间，滑架周围各点的温度曲线如图 6.4.2 和图 6.4.3 所示，并呈现出相似的形状。为确定温度对滑架（Z 向）直线位移误差的影响，监测温度的最佳位置（最灵敏）是滚珠丝杠两端轴承座及滑架上的球形螺母。

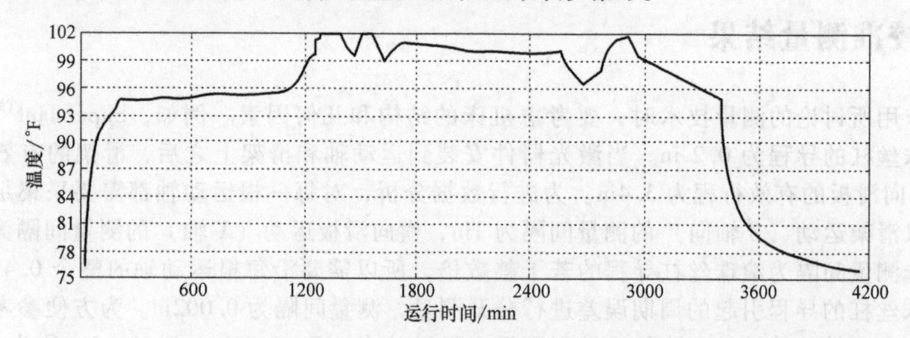

图 6.4.2　Z 向位移误差测量过程中，Z 轴驱动电动机的温度曲线（NIST 许可）

起初，使用双变量非线性最小二乘回归分析法来获得数据的最佳拟合曲线。第一个独立的变量是滑架的标称位置。曾经试图将螺母温度、轴承座温度、导轨温度作为第二个变量；然而，当用其进行回归分析后，却都不能为估计位移误差给出可以接受的偏差标准。

[13] 间隙或称空行程，它是使用滑动轴承的机床所特有的，因为动摩擦力大约为 1000N。当作用在滚珠丝杠上的这个摩擦力反向时，滚珠载荷会迅速变化，于是，正如 5.6 节中的赫兹公式所推断的那样，所产生的偏差完全非线性。

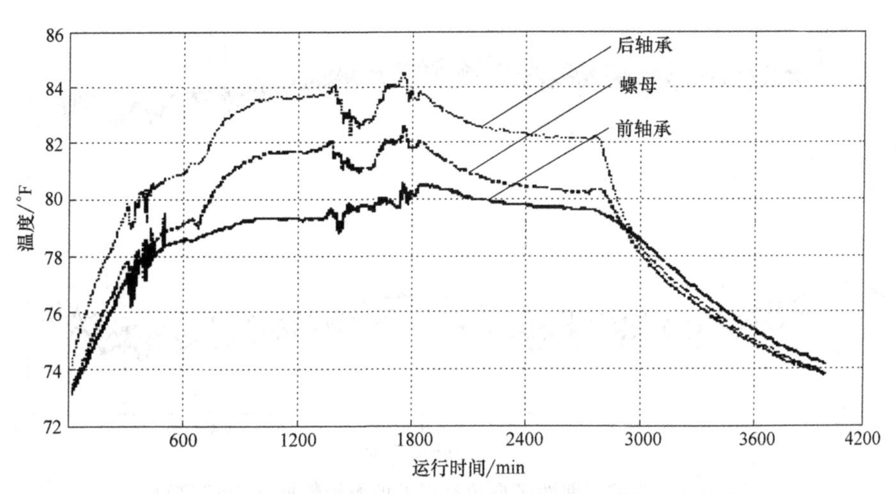

图 6.4.3　在 Z 向位移误差测量中，滑架的丝杠螺母和轴承的温度曲线（NIST 许可）

最后，将每个测量点（Z 轴上的间隔距离为 1in，X 轴上的间隔距离为 0.2in）的误差，关于先前所选择的位置进行分析。为了完成该分析，需要使用单变量非线性最小二乘曲线拟合技术并采用温度作为唯一变量。对滑架正逆运动中的所有标称位置都要进行这种拟合。同时，为了选出最有代表性的热效应点，还要对不同位置的温度进行此类分析。位移误差相对于滚珠丝杠右端轴承座处温度的拟合曲线，给出了最小的标准偏差。图 6.4.4 显示了这种拟合曲线的一个例子。而对于逆方向，拟合曲线形状则完全不同。利用最小二乘曲线拟合算法，就可以获得滑架在正逆向运动过程中，滑架 Z 向位移误差 $\delta_z(z)$ 与其滚珠丝杠后轴承座处的温度 T 之间的关系：

$$\delta_z(z)=a_0+a_1T+a_2T^2+a_3T^3+a_4T^4 \tag{6.4.1}$$

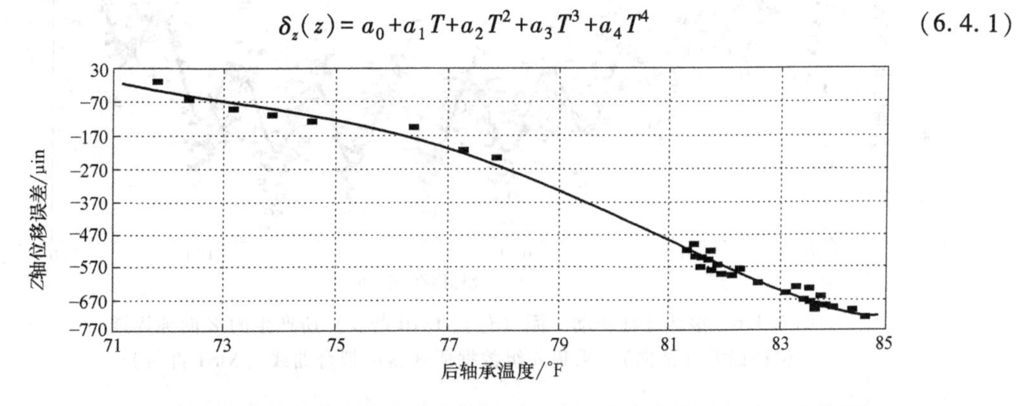

图 6.4.4　Z 轴标称位置的典型位移误差数据（正向）和变化的温度（NIST 许可）

为了测绘出滑架的直线位移性能，需要十二组式（6.4.1）中的五个系数。为了预测这些标称位置之间的误差，需要建立一个插值表。为了获得式（6.4.1）中所使用 Z 坐标的精确位置，还需要一个周期位移误差预测[14]。如图 6.4.5 所示，以 0.02in 为间距所得到的测量结果，证实了这种预期。

为了在测量周期误差时不受热态的影响，假定在整个行程范围内误差具有一致性，每隔一个很短的间隔（0.4μin）就进行一次测量。由激光干涉仪所测得的增量运动与机床控制器所给定运动之间的误差，是纯周期运动误差。滚珠丝杠转动一周所产生的纯运动误差数据及其拟合曲线，如图 6.4.6 所示。从图中可以看到，周期误差由两部分组成。第一部分，是以

[14] 使用滚珠丝杠螺母驱动系统和解算仪反馈单元所产生的一个周期位移误差。

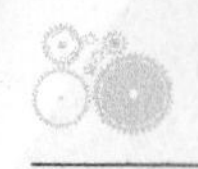

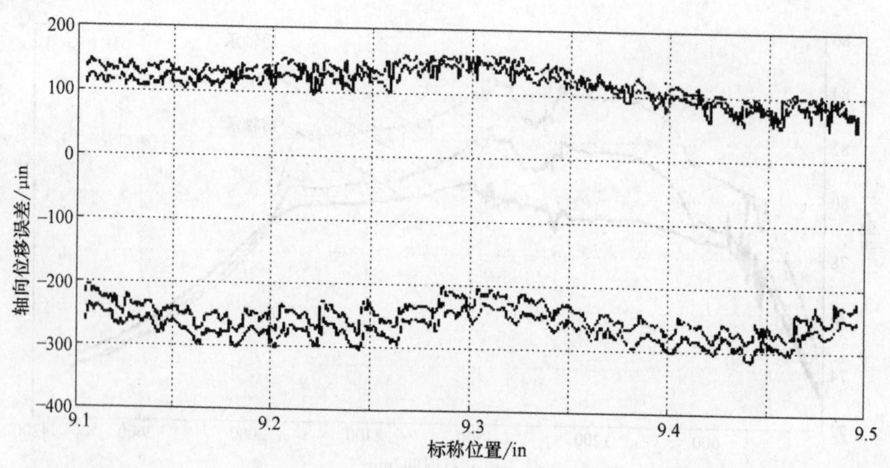

图 6.4.5　典型周期性 Z 向位移误差的原始数据（NIST 许可）

滚珠丝杠的导程（等于 0.2in）为周期的周期误差。另一部分是由解算仪单元引起的 1/10 回转周期误差，因为解算仪单元通过一个传动比为 1∶10 的齿轮驱动机构与滚珠丝杠相连接。由于补偿系统的时序限制[15]，周期谐波误差的十分之一的长度又只有约 20μin，因此忽略该 1/10谐波误差。综合统计分析结果，得出下列公式。对于正向 Z 轴周期误差：

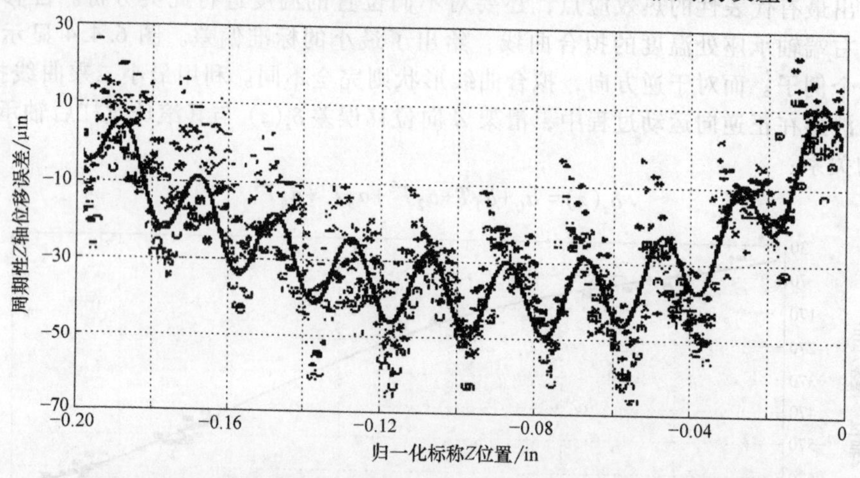

图 6.4.6　滚珠丝杠转动一圈（包括 1/10 谐波）所产生的 Z 向纯周期位移误差（逆向），采集 4 组数据所获得的拟合曲线（NIST 许可）

$$\delta_z(z)=3.194+0.164\cos(31.4159z)+3.542\sin(31.4159z)-301.632z+1693.67z^2 \tag{6.4.2}$$

逆向 Z 轴周期误差：

$$\delta_z(z)=15.136-6.453\cos(31.4159z)+4.423\sin(31.4159z)+1209.1z+5953.20z^2 \tag{6.4.3}$$

式中，

- δ_z 是 Z 向滚珠丝杠运动周期误差。
- z 是 Z 向增量标称位移。

通过式（6.4.2）和式（6.4.3），就可以应用一个基于重叠的正弦插值程序来确定任意一点的周期误差。与thin误差结合，就得到了滑架的总直线位移误差。测量横向滑板（X 向）的直线位移误差，也采用类似的过程，得到的结果也类似，只是所得到的数据拟合曲线的系数不同。

[15] 补偿系统是根据两台机器名义位置之间的伺服周期滞后，对其进行相应误差修正的系统。

2. 滑架偏转误差

测量偏转误差分两个阶段进行：第一阶段，当机床在其原始位置，在由冷车状态逐渐升温期间，测量滑架-横向滑板组件的偏转误差。该误差与滑架体温度 T 之间的关系，如图 6.4.7 所示，公式如下：

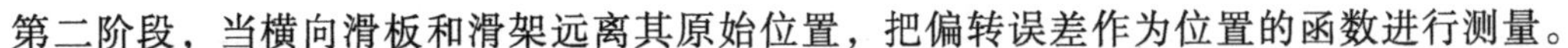

$$\varepsilon_y(x+z)=24054.7-1136.62T+18.5346T^2-0.100344T^3-0.235989\times10^{-3}T^4+0.283955\times10^{-5}T^5 \tag{6.4.4}$$

第二阶段，当横向滑板和滑架远离其原始位置，把偏转误差作为位置的函数进行测量。

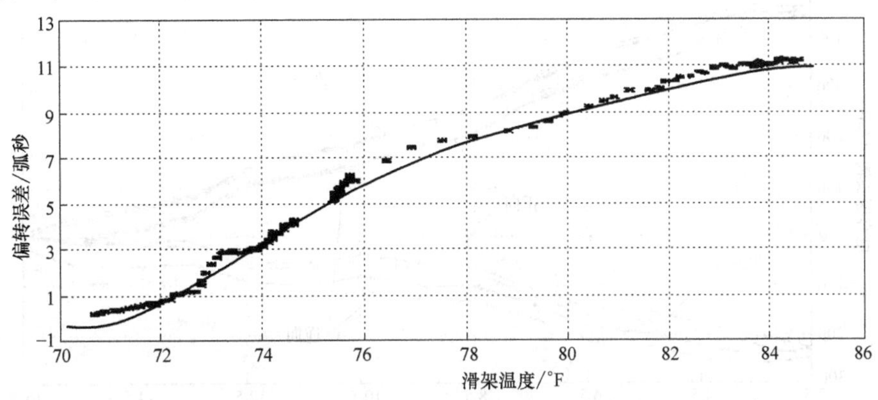

图 6.4.7　当机床升温时，滑架-横向滑板组件的偏转误差（NIST 许可）

图 6.4.8 显示了一个为期两天的抽样所采集到的偏转数据样本。由于正向和逆向所采集数据之间有差别，所以必须将它们分开进行分析。随着机床的升温，运动轴上的任意点相对于原始位置的偏转误差的变化都不大（总的变化范围大约为 1 弧秒，距偏移轴的距离大约为 1in），换句话说，沿滑架的行程方向，温度对偏转误差的影响是恒定的。因此，运用单变量（标称位置 Z）的回归分析方法，就可以建立偏转误差模型。对于正方向

$$\varepsilon_y(z)=15.0864-1.63607z+0.109098z^2-0.003966z^3 \tag{6.4.5}$$

对于逆方向：

$$\varepsilon_y(z)=16.2995-1.81443z+0.127474z^2-0.004663z^3 \tag{6.4.6}$$

同样过程，也适用于横向滑板。

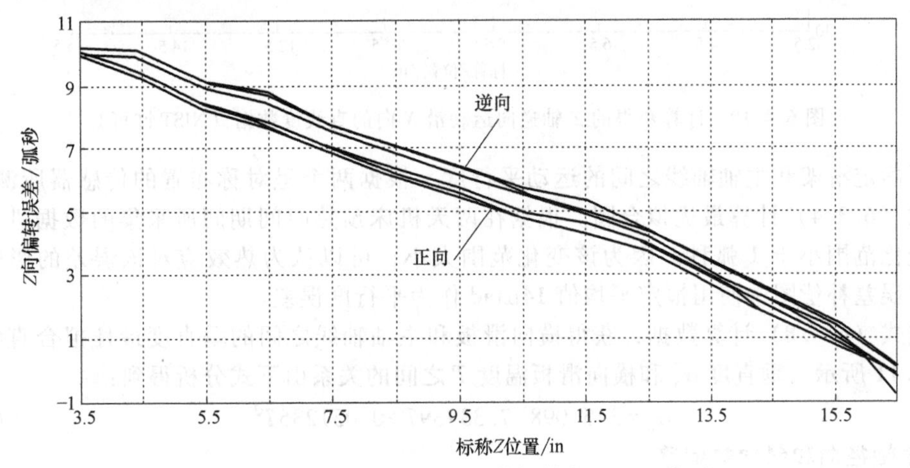

图 6.4.8　滑架偏转误差原始数据样本（NIST 许可）

3. Z 向运动沿 X 向的直线度

图 6.4.9 显示了一个由两个传感器采集到的偏转数据样本。根据这些数据，通过式

（6.3.3）计算作为 Z 向位置函数的滑架沿 X 向的直线度，然后使用线性回归分析找到最佳拟合直线。图 6.4.10 显示了减去最佳拟合直线后，正向的直线度误差结果。从这些图形上可以看到，机床的热态对直线度特性的影响并不大；因此，每个方向的平均值都可用作直线度拟合曲线。由于曲线形状呈不规则性，使用最小二乘法进行曲线拟合，不能给出满意的相关系数。因此，使用查表法在数据点之间进行线性插值。测量横向滑板 X 向运动沿 Z 向直线度采用同样的过程。

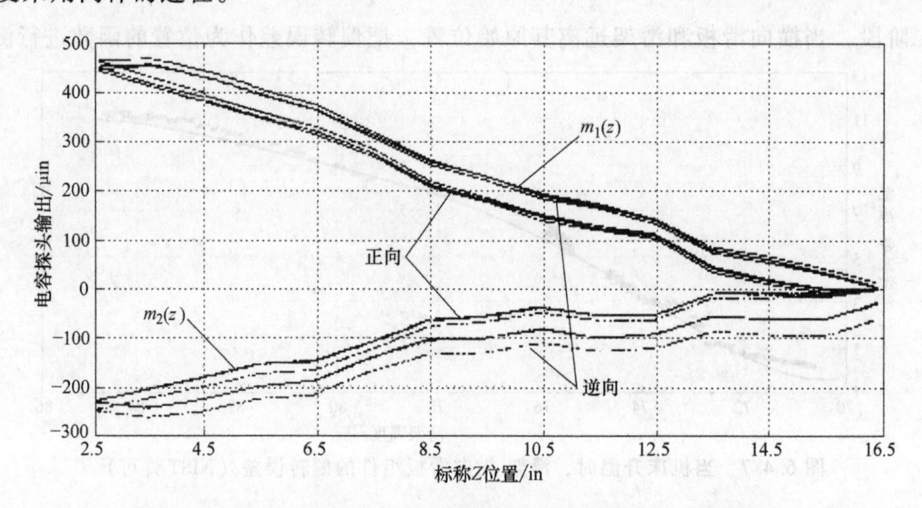

图 6.4.9 Z 向运动沿 X 向直线度的采样原始数据（NIST 许可）

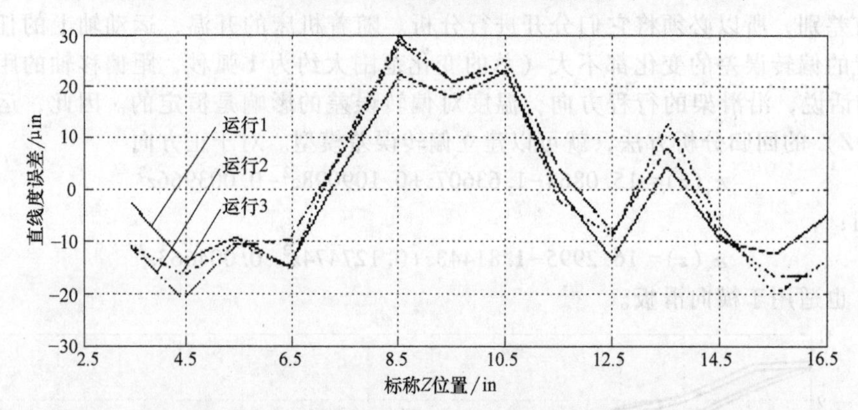

图 6.4.10 计算获得的 Z 轴逆向运动沿 X 向的直线度数据（NIST 许可）

为了确定滑架和主轴轴线之间的运动平行度，根据两个呈对称布置的传感器所测定的数据，用式（6.3.4）计算最优拟合圆。根据在两天机床预热时间期间所采集的数据进行计算，结果是变化范围小于 1 弧秒。因为该变化范围太小，可以认为热效应对该误差的影响不大，所以，在误差补偿图中使用恒定平均值 14μrad 作为平行度误差。

根据式（6.3.8）计算数据，获得横向滑板和主轴轴线之间的垂直度最佳拟合直线斜率，如图 6.4.11 所示。垂直度 α_o 和横向滑板温度 T 之间的关系由下式分析得到：

$$\alpha_o = 345.098 - 7.33739T + 0.051235T^2 \qquad (6.4.7)$$

4. 主轴径向和斜向热偏移

计算主轴径向和斜向热偏移所用到的数据，是通过安装在测试芯轴上相距为 8in 的两个传感器获得的。由两个传感器所测得的位移除以它们之间的距离，就得到任意时刻的倾斜度。使用这个数值也计算出了主轴前端的纯径向位移。图 6.4.12 显示了测量中所得到的样本数

据。要注意，主轴运动误差中所含的随机成分会带来数据噪声。由于这个运动要经倾斜运动而放大，所以芯轴无支撑端的传感器数据噪声更大。图 6.4.13 显示了主轴倾斜数据。最大倾斜误差约为 5μrad，达到平衡所需时间约 3h。为方便进行数据分析，采用七点滑动均值算法[16]。通过该技术，每一个数据点都由这个点对应的前后三个点的平均值来代替。

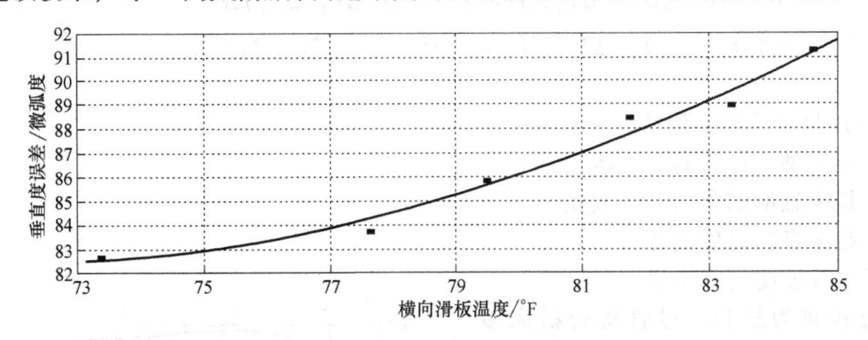

图 6.4.11 机床预热期间，X 向运动和主轴回转轴线之间的垂直度误差（NIST 许可）

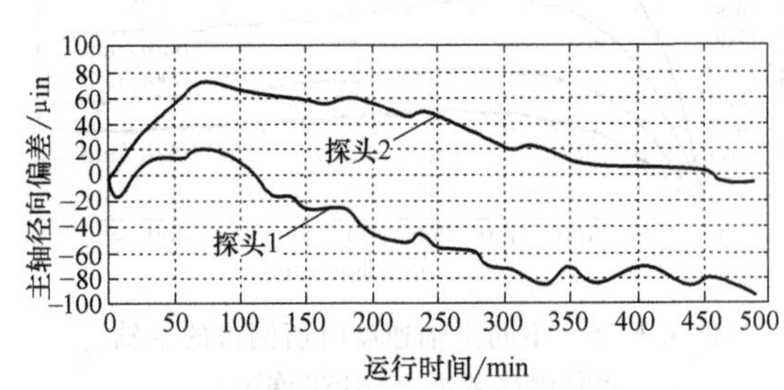

图 6.4.12 当主轴以 2000rpm 的速度旋转时，主轴的径向漂移（NIST 许可）

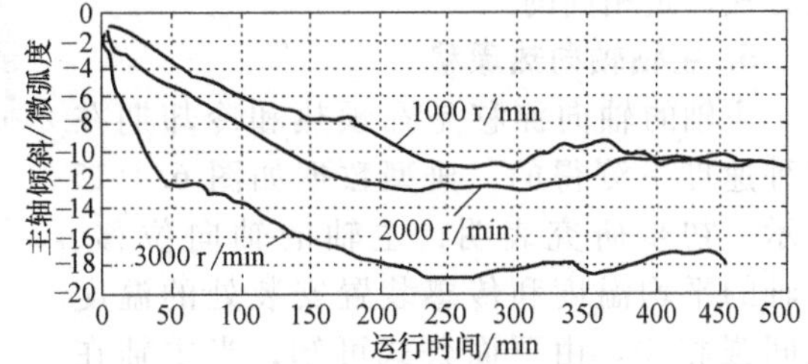

图 6.4.13 由径向漂移数据计算得到的主轴倾向漂移（NIST 许可）

然后研究倾斜运动与各种温度组合之间的关系。图 6.4.14 显示了在此期间主轴箱周围各个典型位置的温度曲线。通过一个公式可以表示主轴的斜向热漂移，该公式对所有主轴速度都有效。预测倾斜度 $\varepsilon_y(s)$ 时，必须用到后主轴承的温度上升/下降（ΔT）值。

$$\varepsilon_y(s)=1.67831-0.168393\Delta T-0.0206067\Delta T^2+0.259273\times10^{-3}\Delta T^3 \quad (6.4.8)$$

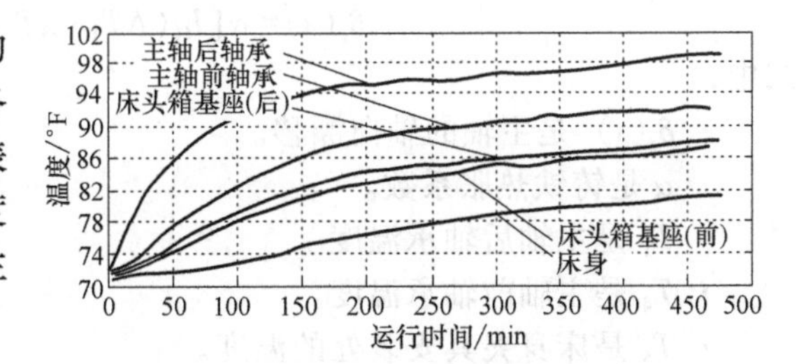

图 6.4.14 当主轴转速为 2000rpm 时的温度曲线，当主轴转速为 4000rpm 时，温度的上边缘接近 180℉（NIST 许可）

主轴的径向热漂移的表现则复杂一些。除了温度，主轴速度对径向漂移的影响也很大。而且，还发现径向误差在预热期和冷却期也不相同。下面的公式表示在预热和冷却期主轴的径向热漂移。在预热期：

$$\begin{aligned}\delta_x(s)=&-16.1931+3.00839(\Delta T_4-\Delta T_1+\Delta T_5)+24750.7/\omega\\&+1.55985(\Delta T_4-\Delta T_1)\Delta T_5+10015.2(\Delta T_4-\Delta T_1)/\omega\\&-0.291304(\Delta T_4-\Delta T_1)\Delta T_5{}^2+0.130897\times10^{-3}(\Delta T_4-\Delta T_1)\Delta T_5\omega\\&+0.538512\times10^{-4}(\Delta T_4-\Delta T_1)^2\Delta T_5\omega\end{aligned} \quad (6.4.9)$$

[16] A. Savitsky and M. J. E. Golay, "Smoothing and Differentiation of Data by Simplified Least-Square' s Procedures," Anal. Chem., July 1964。

在冷却期：

$$\delta_x(s)=39.959-21.2883(\Delta T_4-\Delta T_1+\Delta T_5)-0.012886\omega \\ -7.29782(\Delta T_4-\Delta T_1)\Delta T_5+59019.9(\Delta T_4-\Delta T_1)/\omega \\ -0.293672(\Delta T_4-\Delta T_1)\Delta T_5^2+224.213(\Delta T_4-\Delta T_1)\Delta T_5\omega \\ -51018.8(\Delta T_4-\Delta T_1)\Delta T_5/\omega-9164.44(\Delta T_4-\Delta T_1)^2\Delta T/\omega \tag{6.4.10}$$

式中，

- $\delta_x(s)$ 是主轴径向漂移。
- ΔT_4 是主轴后轴承的温度改变。
- ΔT_1 是主轴前轴承的温度改变。
- ΔT_5 是床身的温度改变。
- ω 是主轴速度（r/min）。

这些公式较为复杂。尽管每台机床多少都有些不同，但是所用测量和分析数据的方法却是相同的。

5. 主轴轴向热漂移

主轴的轴向漂移是在预热和冷却期在多种速度下测得的，典型数据如图 6.4.15 所示。初步研究表明，主轴的轴向位移、主轴的平均温度和传感装置安装处的温度之间强相关。由下面公式可知，当主轴在一个指定的速度转动时，测量漂移量和计算漂移量之间的差值大约只有 20μin。

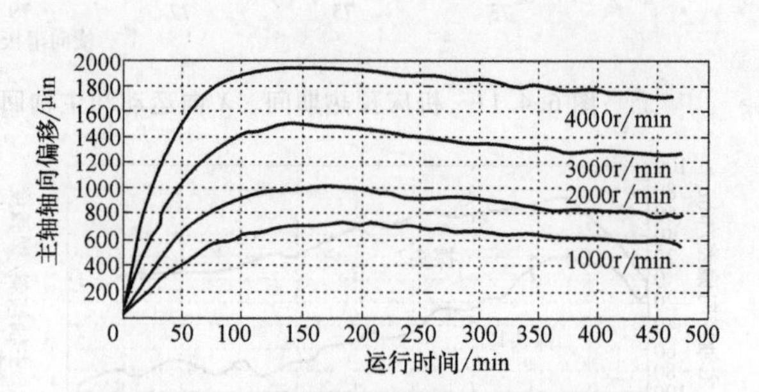

图 6.4.15 不同主轴速度时所测得的主轴轴向漂移数据（NIST 许可）

$$\delta_z(s)=\alpha[L_1(\Delta T_1+\Delta T_4)/2-(L_1+L_2)\Delta T_5] \tag{6.4.11}$$

式中，

- $\delta_z(s)$ 是主轴的轴向漂移。
- α 是铸铁热胀系数。
- T_1 是主轴后轴承温度 。
- T_4 是主轴前轴承温度。
- T_5 是床身夹具安装处的温度。
- L_1 是主轴箱的长度。
- L_2 是主轴箱和夹具之间的距离。

根据这个研究，采用多变量多项式回归分析法，得到以下关系。

对于预热期：

$$\delta_z(s)=32.5964(\Delta T_1+\Delta T_4)-89.4055\Delta T_5+0.0022638\omega(\Delta T_1+\Delta T_4) \\ -0.153\times10^{-7}\omega^2(\Delta T_1+\Delta T_4)\Delta T_5 \tag{6.4.12}$$

对于冷却期：

$$\delta_z(s)=22.6971(\Delta T_1+\Delta T_4)-56.3001\Delta T_5+0.0038758\omega(\Delta T_1+\Delta T_4) \\ +0.3\times10^{-7}\omega^2(\Delta T_1+\Delta T_4)\Delta T_5 \tag{6.4.13}$$

以上公式表明，主轴的漂移特性比所测其他误差元素都更复杂。此外，为了预测主轴轴向和径向漂移，所有补偿系统都必须保持跟踪机床最近的热态，以确定其是处于预热期，还是冷却期。还好，可以通过在主轴上的合适地方安装一个刀具安装站来避免这些复杂的决策过程和计算步骤。这个方法在下节介绍。

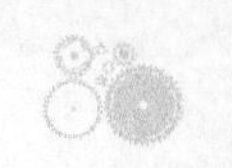

6.5　测量误差补偿

主轴的径向和轴向热漂移的回归模型很难评估，同时很难被整合进式（6.2.15）和式（6.2.17）所表示的综合误差当中。而且还必须确定切割刀具误差项 $\delta_x(c)$ 和 $\delta_z(c)$。这些误差项包括，切割工具的热膨胀和静力偏差误差、刀架和刀片的装夹误差、刀具磨损误差。在所有这些误差项当中，如果有关温度曲线和静力信息充分已知，热膨胀和静偏差就可通过分析获得。但是，目前尚未建立有关任意给定时间的刀具磨损模型。另外，由于这些误差特性涉及刀具和切削刀片的固定和替换，所以不可能十分精确地预测出 $\delta_x(c)$ 和 $\delta_z(c)$。因此，在本研究中，采用一个刀具安装站。

1. 刀具安装站

图 6.5.1 所示为刀具安装站。它的主要测量元件是一个线性可变差动变压器（LVDT）。刀具安装站沿车削中心的 X、Z 轴方向测量刀具或测试棒相对于机床参考点的位置。在进行测量时，刀具必须与刀具安装站接触，但是，当切削时刀具必须收回到刀具安装站里[17]。在选择刀具安装站位置时，要把综合误差式（6.2.15）和式（6.2.17）进行简化。例如，将刀具安装站安装在主轴上，测量主轴的径向和轴向热漂移误差 $\delta_x(c)$ 和 $\delta_z(c)$。另外，无论刀具安装站安装在哪里，任何测量都包含刀具和刀架误差的综合影响。因此，刀具安装站在 X 向的输出就代替了式（6.2.15）中的 $-X_4-\delta_x(c)-\varepsilon_y(t)Z_4-\delta_x(t)$ 项，而在 Z 向的输出就代替了式（6.2.17）中的 $-\varepsilon_y(t)Z_4-X_4-\delta_z(c)-\delta_z(t)$ 项。

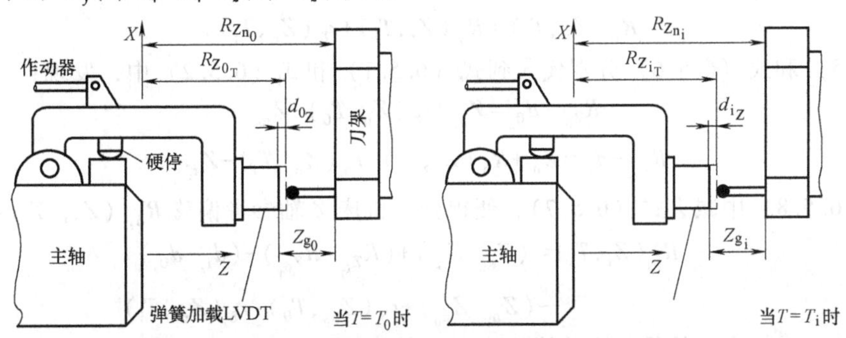

图 6.5.1　刀具安装站的几何结构（NIST 许可）

在上一节中，沿两运动轴的直线位移误差模型是通过把所测数据相对于参考点处误差进行归一化而建立起来的。由于参考位置无法预测，所以必须进行归一化。于是，为了预测除由模型得到的误差值以外的任何标称位置处的误差，就必须要知道当前的参考点的位置。在刀具安装站的刀塔中，一个刀具站上永久固定有一个测量杆，所以这个参考点要根据刀具安装站的测量结果来确定。这些测量结果用来补偿参考点的漂移。在下一节中，将详细讨论机床参考偏移和刀具尺寸偏移计算的细节。

2. 获取机床参考偏移和刀具尺寸偏移

由于测量这些误差需要使移动轴与刀具安装站相接触，所以从测量得到的信息不能直接地用作机床参考偏移。相反，该测量数据必须用来解释运动轴的直线位移误差和刀具安装站自身的热膨胀误差。下面以 Z 轴为例介绍这一过程。

参照图 6.5.1，假设温度为 T_0，刀具安装站在参考坐标系中的初始 Z 位置为 $R_{Z_{0_T}}$。在这样的热状下，安装在刀架上长为 Z_{g_0} 的量杆与刀具安装站相接触，获得读数 d_{0_Z}。再令机床的标

[17] 刀具安装站的重复性要好于机床本身，所以它应该在 10μin 左右。

称位置为 Z_{n_0}。然后，当机床的温度升到 T_i 时，再做一次同样的测量。刀具安装站位置、标称轴向位置及刀具安装站输出分别为 $R_{Z_{i_t}}$、Z_{n_i}、d_{i_z}。假定当前量杆的长度为 Z_{g_i}，那么下式包含了两种情况：

$$\text{当}\quad T=T_0 \quad R_{Z_{0_T}}-d_{0_z}=R_{Z_{n_0}}-Z_{g0} \tag{6.5.1}$$

$$\text{当}\quad T=T_1 \quad R_{Z_{i_T}}-d_{i_z}=R_{Z_{n_i}}-Z_{g_i} \tag{6.5.2}$$

式中，$R_{Z_{n_0}}$ 和 $R_{Z_{n_i}}$ 是当温度分别为 T_0 和 T_i 时，机床滑板在参考坐标系中的位置。对于任意温度 T，机床运动轴的参考位置坐标 R_{Z_n} 表示为

$$R_{Z_n}=Z_n+R_{\delta_z}(Z_n,T) \tag{6.5.3}$$

式中，Z_n 是相对于参考坐标系的机床运动轴标称位置，R_{δ_z}（Z_n，T）是对应于该位置和温度 T 时的误差。

误差 R_{δ_z}（Z_n，T）还可以表示为，Z 轴上任意标称位置 Z_n 对于其参考位置 Z_r 与参考位置相对于参考坐标的误差的矢量和：

$$R_{\delta_z}(Z_n,T)=R_{\delta_z}(Z_r,T)+r_{\delta_z}(Z_n,T) \tag{6.5.4}$$

式中，R_{δ_z}（Z_r，T）是 Z 轴参考位置相对于参考坐标的误差，r_{δ_z}（Z_n，T）是 Z 轴上任意标称位置相对于 Z 轴参考位置的误差。假定，$T=T_0$，R_{δ_z}（Z_r，T_0）$=0$：

$$R_{\delta_z}(Z_n,T_0)=r_{\delta_z}(Z_n,T_0) \tag{6.5.5}$$

但是，当 $T=T_i$ 时

$$R_{\delta_z}(Z_n,T_i)=R_{\delta_z}(Z_r,T_i)+r_{\delta_z}(Z_n,T_i) \tag{6.5.6}$$

把式（6.5.5）和式（6.5.6）分别代入到式（6.5.1）和式（6.5.2）中，发现：

$$R_{Z_{0_T}}-d_{0_z}=Z_{n_0}+r_{\delta_z}(Z_n,T_0)-Z_{g0} \tag{6.5.7}$$

$$R_{Z_{i_T}}-d_{i_z}=Z_{n_i}+R_{\delta_z}(Z_r,T_i)+r_{\delta_z}(Z_{n_i},T_i)-Z_{g_i} \tag{6.5.8}$$

将式（6.5.8）中减去式（6.5.7），便得到了机床 Z 轴参考偏移 R_{δ_z}（Z_r，T_i）：

$$\begin{aligned}R_{\delta_z}(Z_r,T_i)=&(Z_{g_i}-Z_{g0})+(R_{Z_{i_T}}-R_{Z_{0_T}})-(d_{i_z}-d_{0_z})\\&-(Z_{n_i}-Z_{n_0})+r_{\delta_z}(Z_{n_0},T_0)-r_{\delta_z}(Z_{n_i},T_i)\end{aligned} \tag{6.5.9}$$

在式（6.5.9）中，等号右边的第二项可以通过测量刀具安装站的温度和修正其热膨胀而近似估计。同样的，右边的第一项也可以通过测量量杆的温度而计算出来。

通过类似的推理可得，机床的 X 轴参考偏移的计算公式为

$$\begin{aligned}R_{\delta_x}(X_r,T_i)=&(X_{g_i}-X_{g0})+(R_{X_{i_T}}-R_{X_{0_T}})-(d_{i_x}-d_{0_x})\\&-(X_{n_i}-X_{n_0})+r_{\delta_x}(X_{n_0},T_0)-r_{\delta_x}(X_{n_i},T_i)\end{aligned} \tag{6.5.10}$$

式中，

- R_{δ_x}（X_r，T_i）是机床在 $T=T_i$ 时的 X 轴参考偏移。
- X_{g_i} 和 X_{g_0} 分别是在 $T=T_i$ 和 $T=T_0$ 时，量杆在 X 向的长度。
- （$R_{X_{i_T}}-R_{X_{0_T}}$）是刀具安装站沿 X 向的位置变化。
- d_{i_x} 和 d_{0_x} 分别是当 $T=T_i$ 和 $T=T_0$ 时，刀具安装站在 X 向的输出。
- X_{n_i} 和 X_{n_0} 分别是当刀具安装站得到 d_{i_x} 和 d_{0_x} 的读数时的标称位置。
- r_{δ_x}（X_{n_0}，T_0）和 r_{δ_x}（X_{n_i}，T_i）分别是在 $T=T_0$ 和 $T=T_i$ 时，对应于这些标称位置的直线位移误差。

一旦确定了机床运动轴的参考偏移，刀具尺寸偏移也就确定了。在任意温度 T_i

$$R_{X_{i_T}}-d_{i_x}=R_{X_{n_i}}-X_{刀具} \tag{6.5.11}$$

$$R_{Z_{i_T}}-d_{i_z}=R_{Z_{n_i}}-Z_{刀具} \tag{6.5.12}$$

使用式（6.5.3）和式（6.5.4）后，式（6.5.11）和式（6.5.12）可重新写为

$$X_{刀具}=X_n+R_{\delta_x}(X_r,T_i)+r_{\delta_x}(X_n,T_i)+d_{i_x}-R_{X_{0_T}}+(R_{X_{i_T}}-R_{X_{0_T}}) \tag{6.5.13}$$

$$Z_{刀具}=Z_n+R_{\delta_z}(Z_r,T_i)+r_{\delta_z}(Z_n,T_i)+d_{i_z}-R_{Z_{0_T}}+(R_{Z_{i_T}}-R_{Z_{0_T}}) \tag{6.5.14}$$

式中，

- X_n和 Z_n是当刀具接触刀具安装站时的标称轴向位置。
- d_{i_x}和 d_{i_z}是当 $T=T_i$ 时，刀具安装站分别在 X、Z 向的读数。
- $R_{Z_{0_T}}$和 $R_{X_{0_T}}$是当 $T=T_0$ 时，所测量到的刀具安装站的初始位置。
- $R_{\delta_x}(X_r,T_i)$ 和 $R_{\delta_z}(Z_r,T_i)$ 是机床运动轴参考偏移。

尽管这个方法看起来似乎很复杂，但是由于它的计算量比主轴热漂移的计算量小，所以实际实施起来更容易和可靠，因为它预测尺寸变化时并不十分依赖温度历史记录。与机床直线轴的热测绘不同，主轴热漂移的计算十分依赖热态的瞬时温度历史记录。

6.6 误差补偿系统的实时实现

为提高加工工件的精度，在确定切削刀具的综合误差矢量之后，就必须要采取一些办法来进行误差补偿。最常用而且最简单的补偿误差方法是，数控（NC）磁带修正（改变工件工序）。磁带修正，除了明显的长时滞后外，还有许多其他的缺点。通常，工件的程序包括运动端点和这些点之间的插值。基于该信息，计算机数字控制器（CNC）计算出切削刀具必须通过的中间点；因此，除了可以修正端点处的误差以外（很少有误差呈线性分布），使用数控磁带修正没有意义。还有，数控磁带修正不能补偿热致误差，也不适用于小批量生产。因此，需要采用一个低成本的专用微机来实现机床的误差补偿程序。本节主要讨论，补偿系统的基本原理、接口要求和系统的软硬件特性。

在一台普通的数控机床上，轴伺服电动机基于由位置指令、位置和反馈速度信号所派生的误差信号来驱动丝杠。CNC 计算位置指令信号，并将其数值与数字位置反馈信号相比较，然后，通过监控速度反馈，或者通过位置反馈信号获得速度反馈信号，完成速度控制。此类控制器（包括误差补偿系统）的方框图，如图 6.6.1 所示。实时误差补偿系统附加在控制器上，把误差补偿信号加入到位置伺服回路中。这套装置既可以设计成 CNC 单元，也可以外加

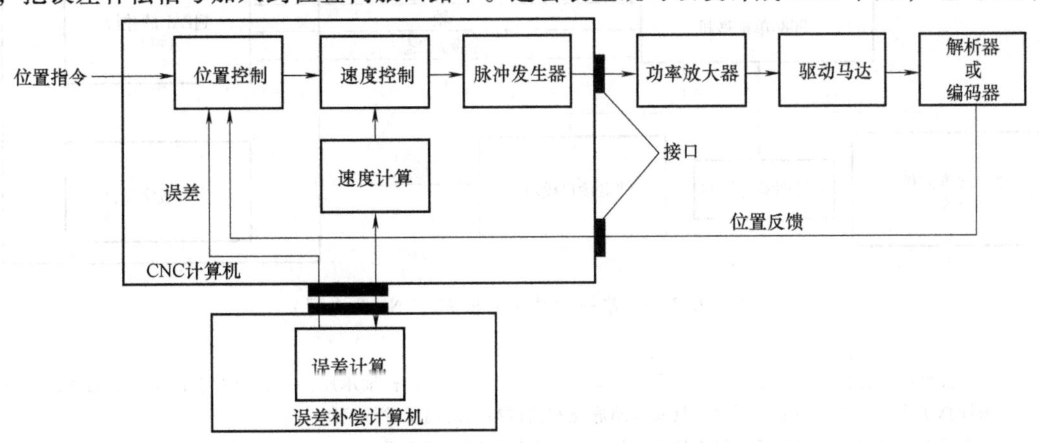

图 6.6.1　误差补偿的 CNC 轴驱动（NIST 许可）

上去。在这种情况下，控制器的硬件和软件都是固定不变的，所以还需要进行后续的选择处理。

实时加入误差补偿信号有两种方法。一种方法是，把这些误差补偿信号以一种模拟电压的形式加入到伺服位置反馈信号中去。以前曾在 NIST 上实现过采用这种技术的补偿系统。但是，在一些机床的控制器中，打破伺服控制回路加入误差补偿信号的做法是行不通的，因为这些机床的轴伺服控制是在软件中实现的。这样就只能以数字信号的形式通过控制软件所操控的输入/输出端口，将补偿信号输入到控制器中去。无论采用哪种方法，补偿信号的引入都不会影响到机床控制器的正常工作，而且也无需对控制器的电子硬件做额外的改动。图 6.6.1 显示了把补偿信号加入到反馈信号后所获得的控制系统方框图。这里所研发的补偿系统是把误差补偿信号加入到了轴伺服控制软件当中而实现的。

为了计算出误差，系统使用三种类型的独立参数：①标称轴位置；②运动方向；③温度测量值[18]。另外，系统需要知道初始条件以确定刀具安装站的位置或刀具尺寸偏移。机床工作时所有变化都是相对于这些初始状态而言的。系统在进行误差计算时，还需要使用刀具安装站测量测试棒的位置和刀具的尺寸偏移。

根据当前标称位置、运动方向、温度数据、刀具安装站相关数据和初始条件，可以计算出两根机床运动轴的误差并将其输入机床控制器。控制器通过并行输入/输出（I/O）接口接收这些数据，然后将其存入到存储有滞后误差的寄存器中[19]。位置指令信号与滞后误差相加，就是用来在下一个伺服周期驱动轴伺服电动机的误差信号。采用这种技术，不用改变机床控制器的伺服控制时序，也不会影响基本的伺服控制算法。软件伺服控制流程图及其与误差补偿系统的相互关系，如图 6.6.2 所示。

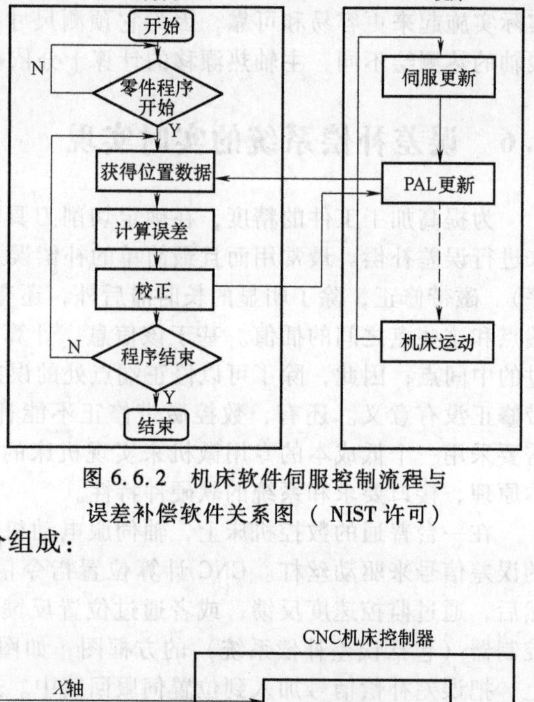

计算机
CNC机床
开始
N
零件程序开始
Y
伺服更新
获得位置数据
PAL更新
计算误差
校正
机床运动
N
程序结束
Y
结束

图 6.6.2 机床软件伺服控制流程与误差补偿软件关系图（NIST 许可）

1. 硬件系统

如图 6.6.3 所示，整个补偿系统由以下部分组成：

CRT终端
CNC机床控制器
8086单板微机
X轴
Z轴
命令/状态
到PAL的并行接口
数字温度测量系统
刀具调整工作站
键盘接口模块
字母数字键盘

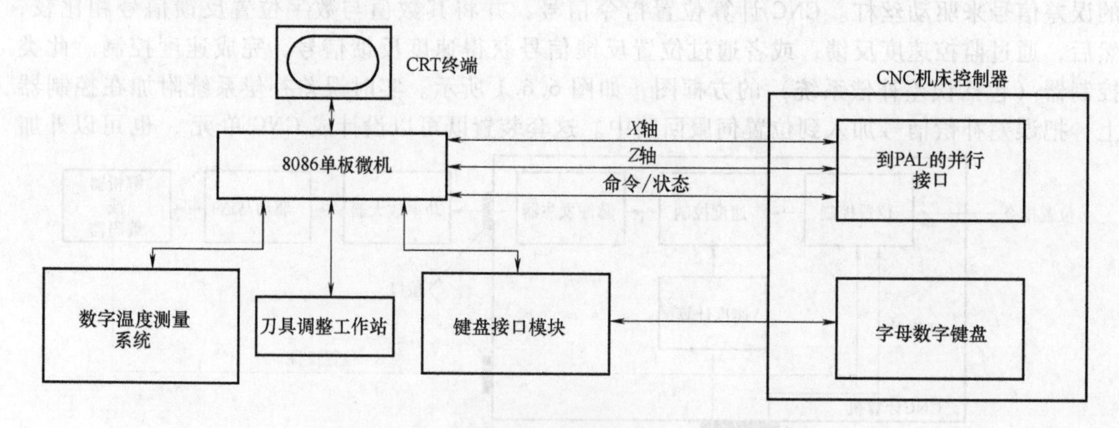

图 6.6.3 误差补偿系统方框图（NIST 许可）

18 测量温度的位置包括：①主轴的后轴承座；②横向滑板和滑架的丝杠轴承座；③横向滑板；④滑架机体。另外，为计算机床的参考偏移量，要对刀具安装站底座和测试棒上的温度进行控制。

19 滞后误差是指实际位置落后于指定位置的量，它与主轴的运动速度成正比。

1）遥控温度测量系统。

2）车削中心键盘接口模块。

3）刀具安装站。

4）车床控制器面板。

温度测量系统用于监测前述机床上各点的温度。它使用 T 型铜镍合金温差电偶作为温度传感器。这套系统测量温度的分辨率是 0.1℉。它采用一个 10 通道扫描仪，因此能同时监测 10 个通道。补偿控制器（ISBC86/30）通过 RS-232 系列接口模块进行通信，后者也是温度测量系统的一部分。当从补偿控制器收到指令后，温度测量系统就会将最合适的通道数字化，并返回温度信息。

用户定制键盘接口模块，基于 Intel 8048 单板微机。这个模块的功能是，翻译来自补偿控制器的指令并通过仿真键盘操作将其输入到机床控制器中。为使刀具安装站可以确定机床的参考位置偏移量，就要把机床运动轴移动到合适的位置，那么这个模块就是必不可少的。刀具安装站本身主要由一个线性可变差动变压器（LVDT）位移测量装置构成。它采用 Intel 8088 微处理器对 LVDT 输出进行线性化处理，而且在使用激光干涉仪来测绘 LVDT 输出的基础上，把线性化的变化范围从±0.024%放大到±0.25%。

整套误差补偿系统的主控制器是一块单板微机。它选用 Intel ISBC86/30 总线，128k RAM 和 64k EPROM。该机采用 16 位的 Intel 8086 微处理器作为 CPU，采用高速版 Intel 8087A 数字协处理器来进行浮点算术运算。为了满足实时误差修正所需的高速数字计算，对该机结构进行了优化。8086 和 8087A 的结合使计算机可以工作在 8MHz 的时钟速度下，从而进一步提高了计算速度，满足了轮廓切削所要求的高伺服带宽。微机采用带有 4 个 RS-232 系列 I/O 接口的总线通信扩展板来与系统的其他部件进行通信，例如，温度测量系统、刀具安装站、键盘接口模块及用来进行数据输入和手动控制的 CRT 终端。每一个 I/O 接口都由一块 Intel 8251 USART（通用同步/异步 接收器/发射器）芯片控制，该芯片可以根据部件的通信要求进行编程。

2. 切削测试

当把实时误差补偿系统安装到车削中心上并经过短时预热之后，就可以进行切削测试，以检测误差补偿系统的有效性。一组测试工件在加工时不进行误差补偿，另一组工件也在同样的状态下进行加工，但却采用实时误差补偿系统。然后，再把两组工件放到坐标测量机上进行测量。

切削测试结果，以工件加工的时间顺序，列于图 6.6.4~图 6.6.7 当中。每张图中的第一组数据对应于机器处于冷态时加工的工件组，而最后一组数据对应的是，当机床运行大约 7h 而处于热态时所加工的工件组。从这些表格可以看到，随着机床的升温，得到误差补偿工件与没有得到补偿工件之间的尺寸精度提高之比，呈现递增趋势。在最后一组加工工件中，直径的精度从 2230μin（56.6μm）提高到 150μin（3.7μm），长度从 6390μin（162μm）提高到 450μin（11.4μm）。

有补偿/μin	没有补偿/μin	改善(比率)
650	1300	2.00
530	1050	1.98
270	1030	3.81
-130	1470	11.31
-150	2230	14.87

图 6.6.4　直径误差(标称直径为 1.605in)(NIST 许可)

有补偿/μin	没有补偿/μin	改善(比率)
-150	570	3.80
390	4410	11.31
-250	5240	20.96
-90	-480	5.33
450	6390	14.20

图 6.6.5　长度误差(标称长度为 3.44in)(NIST 许可)

有补偿/μin	没有补偿/μin	改善(比率)
26	85	3.27
18	88	4.89
-44	95	2.16
-8	-7	-0.88
4	17	4.25

图 6.6.6　锥度误差(在长度 2.7in,直径 1.065in 处)(NIST 许可)

有补偿/μin	没有补偿/μin	改善(比率)
33.5	44.1	1.32
39.5	8.7	0.22
25.7	36.8	1.43
54.3	78.6	1.45
32.0	58.2	1.82

图 6.6.7　垂直度误差(半径 1.99in)(NIST 许可)

工件尺寸精度随时间的改善是随自身温度的提高，机床精度降低的结果。但是从另一方面来看，即使使用误差补偿系统使工件的锥度平均提高了三倍，那也不是精度得到提高的有力证据。因为所有的测量数据都与测量不确定性有关。而且，随机床的升温，锥度减小。因此，一旦达到稳态温度，在这台具体机床上，对锥度的误差补偿就不如对长度和直径误差补偿那样重要。也许最大的改善会从工件的直径和长度精度上看到。另一方面，误差补偿系统对工件的垂直度的提高没有明显的改善。这个结果表明，需要对机床和被加工工件做一些额外的垂直度测量。基于这些测量结果，可以对软件中的垂直度系数进行调整，以进一步提高垂直度。另一方面，也许对于某些机床而言，垂直度误差不是需要修正的主要误差。

6.7　总结和结论

机床上，由于温度的改变所引起的误差量与几何误差量在同一个数量级上。此外，由于大量误差成分的存在，要求有一个系统的方法来解决误差的测量、绘制和补偿等问题。

为详细说明这个过程，在两轴车削中心上，把几何和热致的误差作为标称轴位置和所选位置温度的函数来进行测量。由于机床上主要的热源是因其结构而给定并相互耦合，所以，

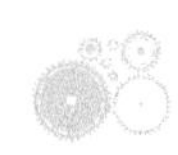

在任意给定时间的温度分布都可以通过掌握几个位置的温度而进行预测。因此，误差特性相对于温度分布是唯一的，除非整个热状态发生急剧变化，如，在机床的零件上安装了一个高强度的外部热源。但如果这个急剧改变是持续的，那么就要在新的热状态下对机床进行重新校准。当机床逐渐升温时，使用高精度的传感器测量所选择位置的温度，而使用激光干涉仪来测量误差。采用数据的最小二乘法来归纳出误差的特性。在进行热效应预测时，通过刀具安装站在线监控机床参考位置的改变。利用这种方法，对机床处于一个短暂的热状态时，进行误差预测就成为可能。

这套软件误差补偿系统是在单板微机上实现的。微机与 CNC 机床控制器相连并确定误差。所确定误差是标称轴位置、所选位置的温度及刀具安装站的最后一次测量数据的函数。然后，再把所确定的误差送入机床控制器软件伺服控制流程当中。加入误差以机床控制器周期速率（大约为 20ms）进行更新。

切削检测是在短暂的热状态下进行的。除去非生产的预热期，通常持续长达 10h 的温升之后，进行误差补偿的工件精度可以超过非补偿工件的 20 倍。

应该注意，尽管结果较好，但实质上测绘热误差需要比测绘几何误差付出更大的努力。通常，许多生产厂商都赞同修正几何误差的观点，但是他们对修正热误差却持怀疑态度。这是因为热误差的测绘困难而且耗时，所测绘结果常常与机器的设计制造和使用密切相关。也许一个在整体上较好，且不必使用测量机构来减小误差的方法，就是测绘几何误差和控制机床的温度。后者可以通过对部件和接口进行更好地设计，并对机床进行主动冷却来实现。主动冷却（例如，油浴）已经被证实是控制热误差的最有效方法[20]。

[20] 参阅 2. 3. 5. 2 节；J. Bryan et al., “An Order of Magnitude Imporvement in Thermal Stability with Use of Liquid Shower on a General purpose Measuring Machine,” SME Precis. Eng. Workshop, technical paper IQ 82-936, June 1982, St. Paul, Minn.; D. B. DeBra, “Shower and High Pressure Oil Temperature Control,” Ann CIRP, Vol 35, No. 1, 1986。

第7章 系统设计注意事项

凡事应该尽可能简单，但不能太简单。

——阿尔伯特·爱因斯坦

7.1 引言

第1章~第6章主要介绍了误差的来源和测量，接下来研究制造机器和部件的方法。本章主要介绍制造、结构设计和系统设计的注意事项。7.2节讨论制造注意事项，包括机床制造中各种各样的加工工艺。它的主要目的是扩充信息库，所以这里对提及的材料只做简单介绍。7.3节讨论机床常用材料和将投入使用的新材料（例如陶瓷），再次申明，这部分提及材料的意图仅仅是做简单介绍。7.4节讨论机械结构设计。7.5节讨论连接，包括螺栓连接、粘接和过盈配合连接。7.6节讨论常被忽略却很关键的辅助系统（如安全系统）。7.7节深入研究活动连接设计。7.8节介绍了一台大型精密磨床设计的案例。

系统设计准则以外的一些设计理念[1]：

一旦了解了机器中误差的来源和测量方法，机器的整个结构就很容易给出。另外，为了能够有效地完成整个设计，设计工程师必须在他的头脑中同时设想出机器要执行的功能（例如铣削、车削或磨削）及其各部件的技术图库（例如轴承、执行部件和传感器等）、常用机械成形技术（例如铸造或焊接连接和/或棱形结构）、分析技术（粗略计算和有限元分析方法）和制造方法（例如机床、手工或模具加工等）。另外，机器设计工程师必须意识到传感器工程师、电气工程师、制造工程师、分析工程师和控制工程师所面临的问题，只有同时考虑所有设计因素才能迅速得到优秀的设计。意识到当前在各个领域技术的局限性，可以帮助设计工程师开发新的工艺、设备和/或部件[2]。

[1] 渴望通过新发现来得到财富和名望的人肯定很愿意不断检查和自己同时代人所拥有的知识，或者尽自己的努力再次发明可能比之前更好的设备——查理巴贝。

[2] 虽小道，必有可观者焉；致远恐泥，是以君子不为也。百工居肆以成其事，君子学以致其道——孔子。

不适应新技术优势的机器和企业会逐渐消失，工程师也一样。所以很值得再次注意：你的观察方法和生活方式对你适应快速变化的技术的能力有很深的影响[3]。设计不仅仅是一种工作，还需要你热爱此工作，富有激情和艺术形式，只有非常专注者才有可能成功。如果你设计时想拥有这样的内在动力，最好的途径是注意第 1 章提到的"编辑的建议"，训练你自己能够有效地、创造性地综合考虑设计中的所有问题。甜甜的糖可以使生活充满乐趣，从而提高效率和创造性；但是，你吃了很多糖却不刷牙，就会有龋齿，还有可能脱落给生活带来不便。

就像那些为了运动而锻炼的人必须持续不断地锻炼，且要严格遵守饮食、锻炼和睡眠习惯，设计工程师也应这样以保持身心健康。就像毒品、酒精和垃圾食品对马拉松运动员颇有伤害，对设计工程师同样也有很大的伤害，因为它们不仅影响身体的动作，还影响思维。另外，就像体能锻炼对于运动比赛是如此重要一样，脑力的锻炼对于设计工程师来说是不可缺少的。这种锻炼可以通过观察你周围的机械设备，且要常问自己为什么它们是这样的，我怎样使它变得更好来实现。只有通过日常工作中不断的"锻炼"，设计工程师才能设计出更好的有竞争力的产品。如果你把闲暇时间都浪费在电视机前和酒吧里，你就不可能成为一名出色的运动员或设计师。最后，如果你不打算做一个好的工程师，就最好放弃不要浪费你的时间，因为你身边还有很多其他对这方面抱希望的人（包括专家系统的设计工程师），他们真的希望你放弃。

7.2　加工注意事项

最重要的设计注意事项之一是：设计的零件是否可以通过有效质量控制保证其满足性能要求的情况下能更经济地加工出来。此外，必须确保任何可能发生的错误要少且间隔时间要长，以防对产品和制造商产生坏的影响。一个设计仅简单考虑人机工程学就会有负面影响。例如，对于工业设备有一个总则，不使用任何直径小于 6mm（1/4in）的螺栓，即使是很平常的小零件（例如过滤盖板）也不要用小的螺栓，因为小的螺栓在装配中容易被拧断。同样，小的螺钉和螺母比大的更容易损坏。虽然不是所有的东西都要考虑，但是设计师应当综合考虑制造、使用和维修来对设计和零部件进行成本分析。一名出色的设计师会同时考虑一个设计的所有方面，甚至在只是勾画出理论概念的时候就考虑到它怎么制造。只有用综合方法来做设计决定时，这个产品才能像集成系统一样平稳运行。

制造过程可以分为几个主要的部分，包括组装、铸造成形和材料去除（在很多情况下存在）。每一部分又有上百种不同的专门的工艺过程。许多书已经详细讨论了这些工艺过程，因此这部分的目标是简略回顾不同种类的制造过程[4]，以便给读者一个机会，让他在自己脑海中

[3] 严谨的设计工程师应该经常阅读或浏览下面列出的期刊（还有 Machine Design 和 Design News 杂志），这些期刊和杂志里面有很多好文章，更重要的是，可以让你了解大量的广告信息，能使你知道零部件和机床发展到了何种程度：American Machinist and Automated Manufacturing, published monthly by McGraw-Hill Inc., 1221 Avenue of the Americas, New York, NY 10020; Modern Machine Shop, published by Gardner Publication, 6600 Clough Pike, Cicinnati, OH 45244-4090; Assembly Engineering, published by Hitchcock Publishing Company, 25W550 Geneva Road, Wheaton, IL 60188-2292。重要的设计师还应该经常浏览各种各样的设计杂志，例如 Precision Engineering, available from ASPE, Box7918, Raleigh NC 27695-7918; International Journal of Machine Tools and Manufacture 和 Mechanism and Machine Theory, both published quarterly by Pergamon Press, Maxwell House, Faireview Park, Elmsford, NY, 10523; Journal of Dynamic Systems, Measurement, and Control, published quarterly ASME, 345 East, 47th, St. New York 10017; International Journal of Machanical Sciences, published monthly by A. Wheaton & Co. Exeter, England。

[4] 更多有直观图片的生产过程的详细讨论，参阅：R. Bolz, Production Processes: The productivity Handbook，纽约，机械工业出版社，和 E. P. Degarmo, Materials and Processers in Manufacturing, 5th, MacmilllamPublishing Co. New york, 1979；也可以看 Metals Handbook 第 4-7 卷，Metals Park, OH. 美国金属协会出版社。

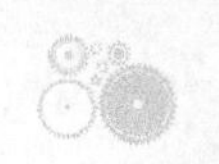

再次重温第1~6章中所讨论的内容之间的联系及其特征。这部分回顾的制造技术主要包括：

· 装配工艺。
· 铸造和粉末材料技术。
· 材料去除工艺。
· 处理工艺。

为了对不同制造工艺过程形成一种“感觉”，首先，你应该做个智力游戏，对于所看见的任何东西都要思考“这是如何制造出来的”[5]，其次你应该花费大量时间和那些将你设计的零部件制造出来的人员相处交流。优秀的设计师知道制造者通常很有创造性，他们不仅可以帮助你了解什么可以加工出来，还能告诉你怎么改进你的设计[6]。

7.2.1 装配

大多数产品都是由部件组装而成的，因此应时刻提醒自己，不仅要考虑整个系统的性能，还要同时考虑各部件的特性，这包括考虑设计的部件是如何制造和组装的。当设计师不得不亲自首次设计雏形且没有成熟的工具制造部件的时候，设计的技巧是强调在保证产品的质量和功能的前提下，尽量使制造和组装过程的费用降到最低。随着越来越多的先进制造设计方法和（新）材料的出现，许多设计的复杂性也随之大大增加。随着复杂性的增加，许多人认为专业化是应对技术范围不断扩大的唯一出路。不幸的是，许多人依旧把专业化当作忽视制造的借口。在一些企业里，制造被人们认为是不适合真正的设计师的较脏的工作。结果，尽管许多产品达到了性能要求，但是制造和组装起来较困难，因此价格昂贵。幸运的是这种忽视制造的态度正在消失。尽管专业化人才总是亟亟可求，但是所有与设计过程相关的工作人员应该客观地看待他们的工作，并回答一个问题：是否有更简单的方法来制造和组装这个产品的部件？设计师应当熟知最新的先进科技是至关重要的。教育是一个没有穷尽的过程。

为了有效地设计制造与装配工艺，必须考虑把产品作为一个系统来看待。例如，一个测量框架的设计和组装是昂贵和困难的，但是对于一个可以承受移动载荷的机床的结构，且要求其在1m范围内有一定的宏观精准度，就更难设计。一个简单的例子，如考虑图7.2.1中轴的组装。大家可能认为采用钢制零件组装比采用一个模制塑料件要简单很多，但是考虑零件的制造（包括加工）和组装所需成本时，当大批量生产时，采用模制塑料件的设计就比采用钢制零件组装的设计便宜很多。[7]

能够同时设想出用多种方式来完成任务和怎样制造组装相关零部件的能力，对于优秀设计师进行成功设计至关重要。当前，关于这方面的研究在快速增多，尤其是关于利用专家系统估计制造成本方面的研究。但是我们应当把专家系统看作是像计算器一样的一种工具，它可以帮助设计师将精力集中于解决方案。设计师应当不断积累能帮助他找到最好方案的经验，这可以使设计师快速方便地确定最终方案。

为了最大化部件和产品的可制造性，有人试图开发一系列规则（设计准则）。在设计过程中设计准则是有用的工具，且在将来它可以发展成专家系统，可以帮助设计师探索更多的设计方案[8]。下面是一些设计准则：

---

[5] 作者再次强调不断观察和分析周围世界的重要性，不论工作、休息还是娱乐。

[6] 当然，当遇到有些事不能完成时，仍应该经常问自己为什么。因为它有可能创造出一个新的设计机会。

[7] 更多详细的讨论，参阅例子，G. Boothroyd and P. Dewhurst, Product Design for Assembly Handbook, Wakefield, RI, 1987；也可参阅 S. Miyakawa and T. Ohashi, The Hitachi Assemblability Evaluation Method（AEM）, Proc. 1st Int. Conf. Prod. Des. Assem., April, 1986。

[8] 巧言乱德，小不忍则乱大谋——孔子。

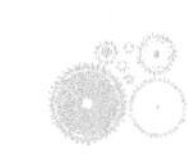

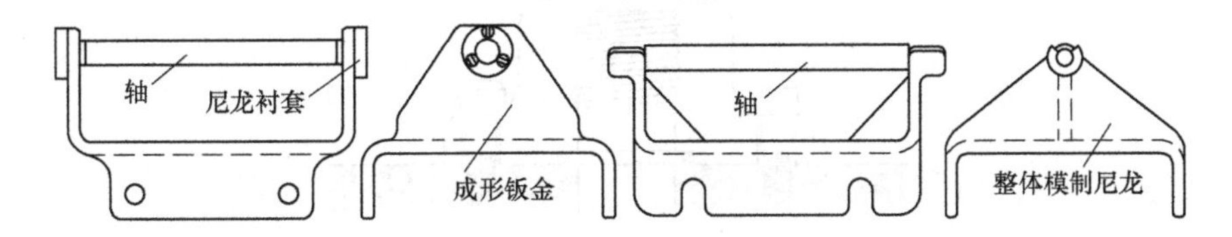

图 7.2.1　一个轴的组装，一种由许多螺栓连接的钢制零件组装而成，一种用很少的几个零件快速组装而成［来自布思罗伊德（Boothroyd）和杜赫斯特（Dewhurst）］

- 系统地考虑、评估每一个决策是否有更好的方式。
- 在你的脑海中时刻记住这个系统是如何制造、组装、使用和维修的。
- 尽量减小零部件的数量和复杂性。
- 尽量增加可利用基准面和可自定位快速组装部件的场合的数量。
- 尽可能利用运动学设计原理的优点。
- 尽量避免大量使用小部件和螺纹紧固件。
- 尽量从一个方向安装（例如，每一个零部件都从顶部装入）。
- 使用新材料和新科技来发挥其最大潜能。
- 读书，读书，再读书，让你熟悉所有的事物。
- 观察，观察，再观察，熟悉你所看到的一切。
- 熟记莫兹利的格言（Maudslay's Maxims）。

图 7.2.2~图 7.2.20 所示的例子阐释了上述准则中的关键点。

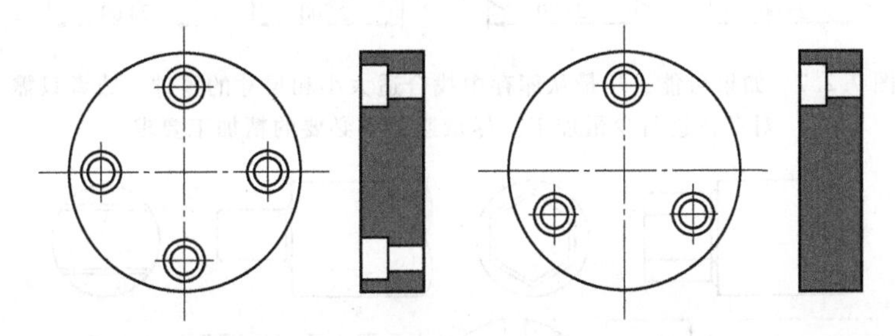

图 7.2.2　考虑所有的螺栓型号并分析估计真正需要多少螺栓

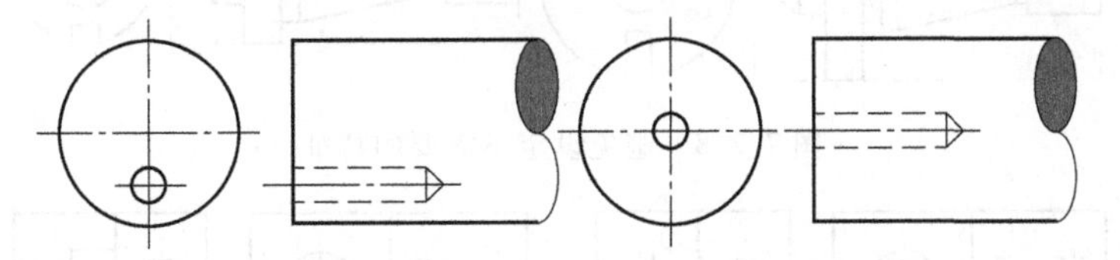

图 7.2.3　如果孔在轴中心位置，在车床上就可以加工出来

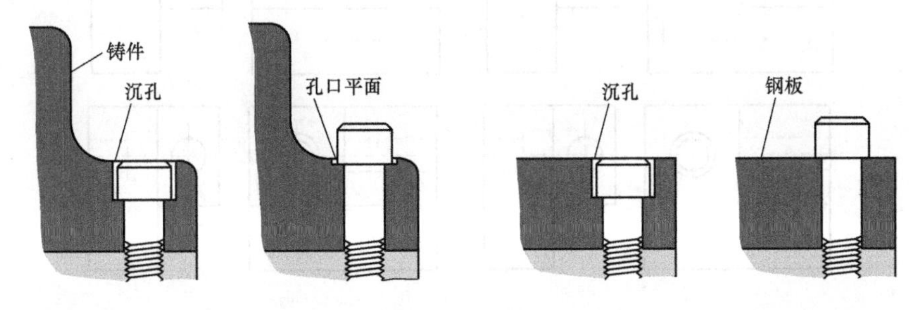

图 7.2.4　只有确实需要的时候才加沉孔

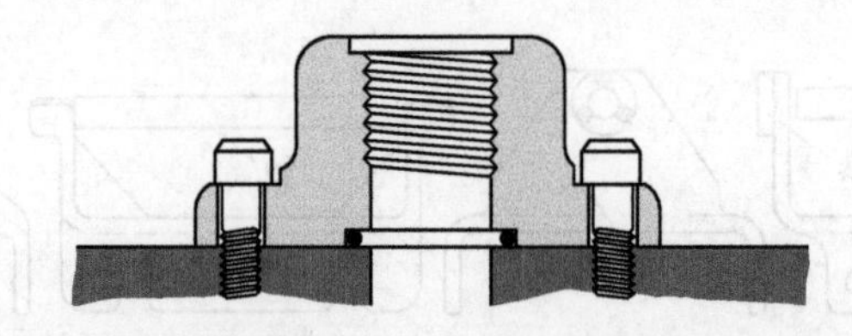

图 7.2.5 可在容易处理和造价低廉的部分添加一些特征，例如 O 形沉孔

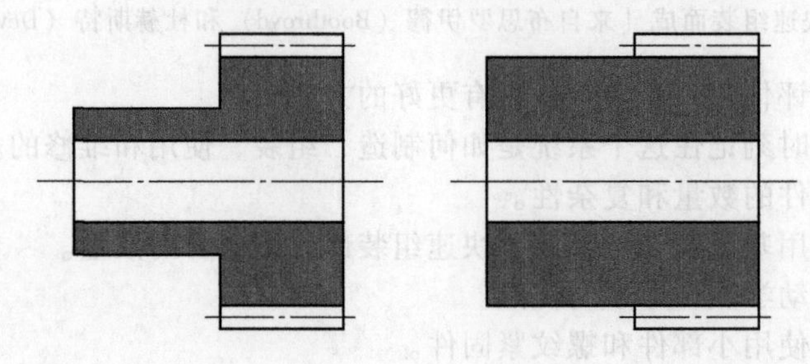

图 7.2.6 尽量减少材料的去除，除非为了减重或者美观。所有的决定取决于成本分析

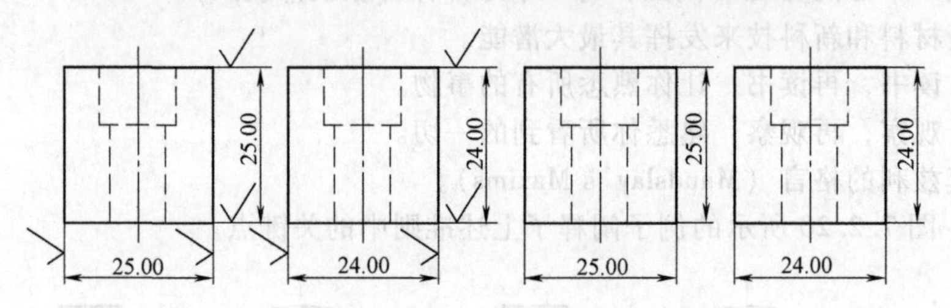

图 7.2.7 如果可能，尽量从库存中找合适大小和尺寸的零件，或者只需对存货进行少量加工。尽量避免不必要的精加工要求

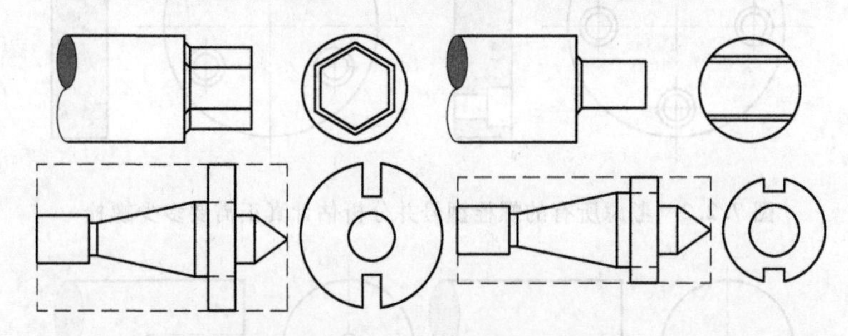

图 7.2.8 避免设定不需要的特征

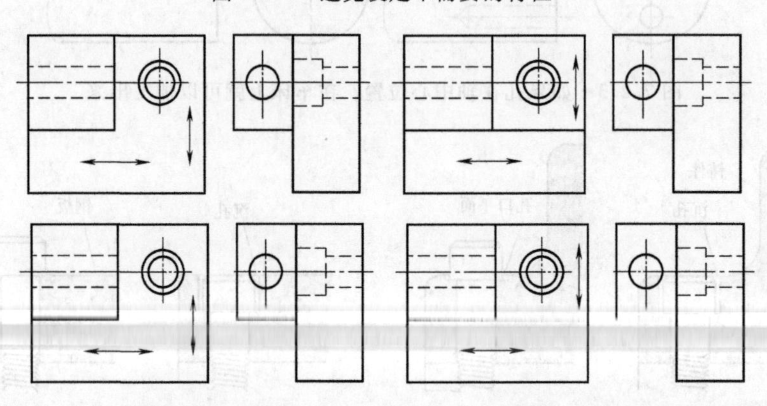

图 7.2.9 除非有要求，尽量避免隐含的精加工要求（如配合表面隐含的公差要求）

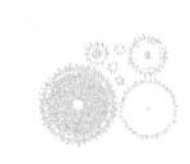

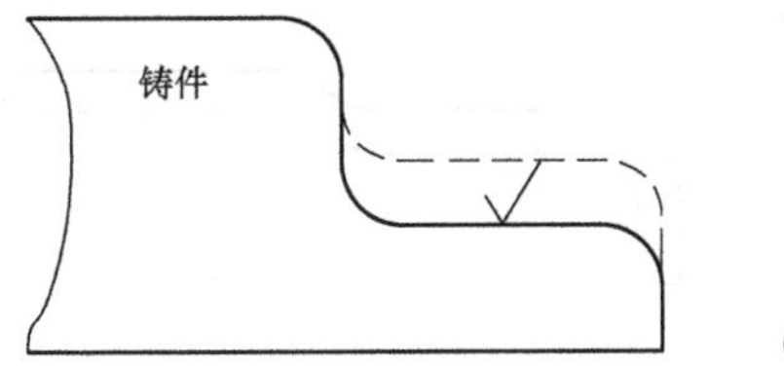

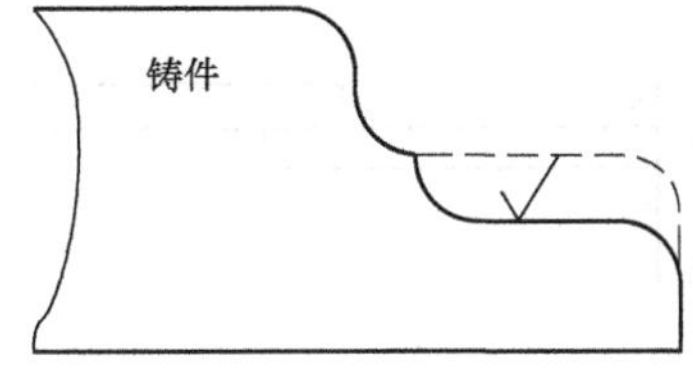

图 7.2.10　允许不同生产过程加工的表面存在“不匹配”区。注意拐角处的应力集中

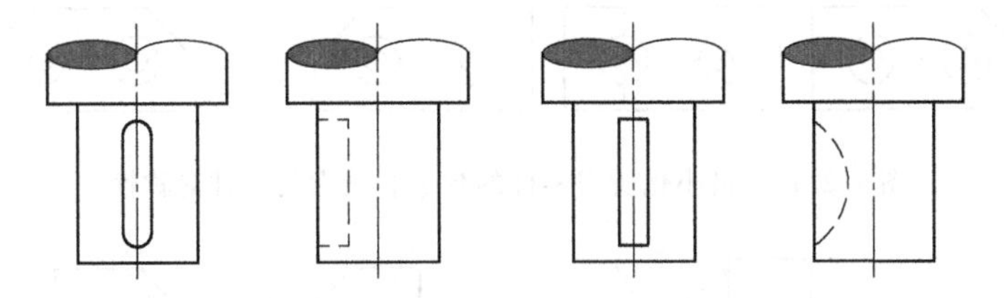

图 7.2.11　考虑用最经济的方法标注、加工和装配零件

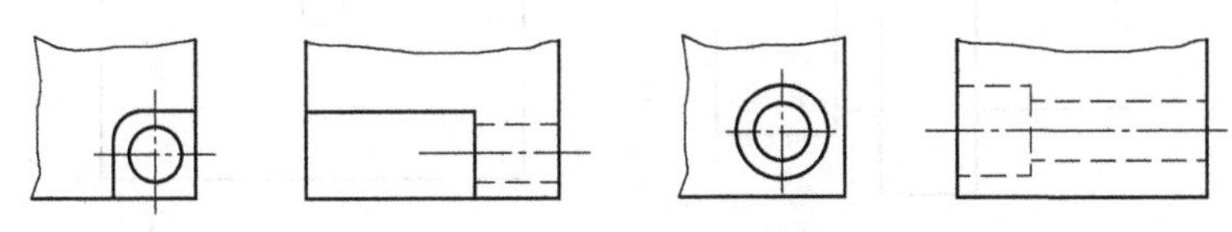

图 7.2.12　考虑机械加工对零件设计的影响

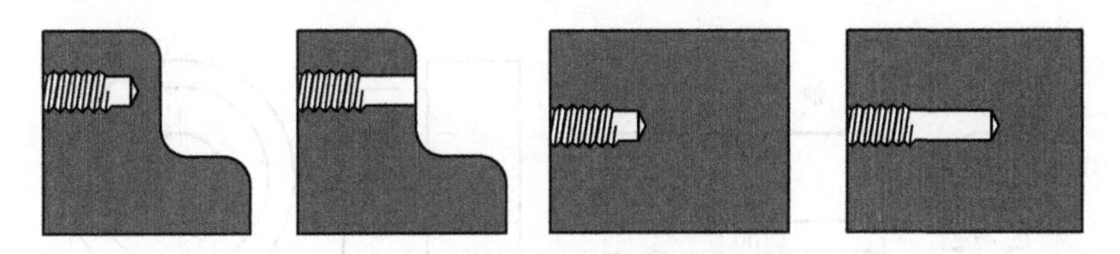

图 7.2.13　考虑切削过程中铁屑如何处理

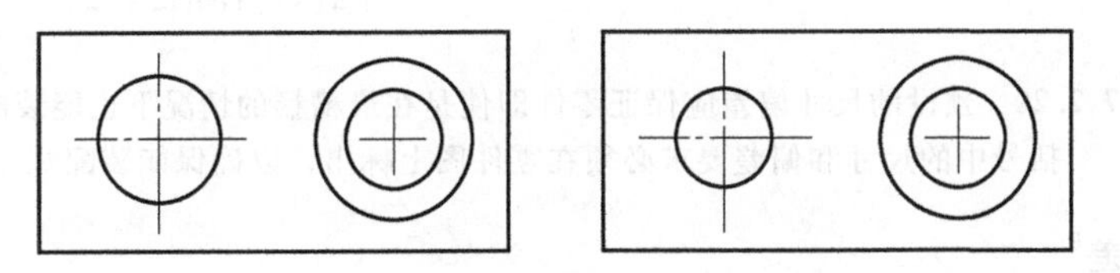

图 7.2.14　尽可能使用同样尺寸的孔

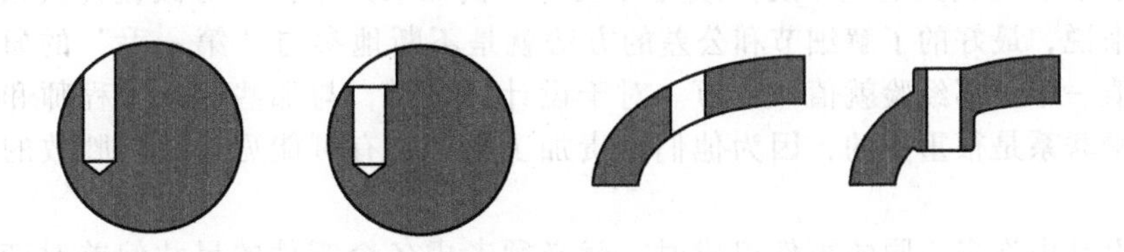

图 7.2.15　使用凸台沉头座帮助钻孔和其他加工装配工艺

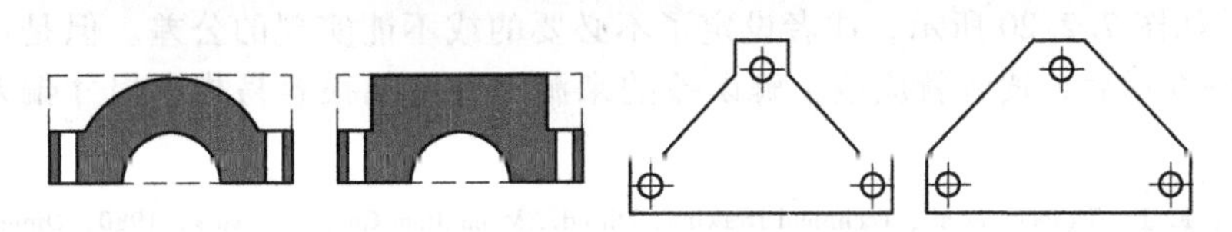

图 7.2.16　尽量减少加工零件的工时

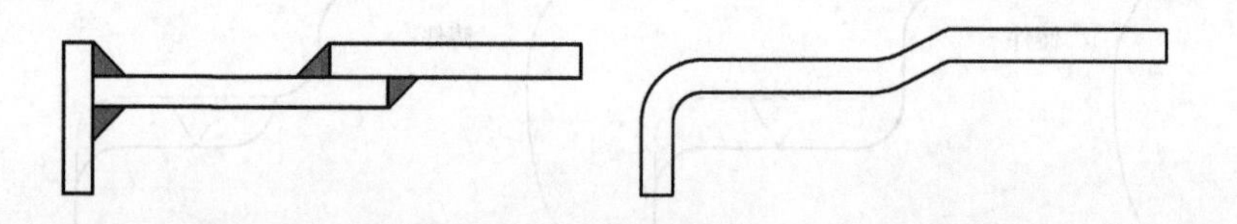

图 7.2.17 考虑用整体毛坯成形或加工零件，而不是把小零件焊到一起

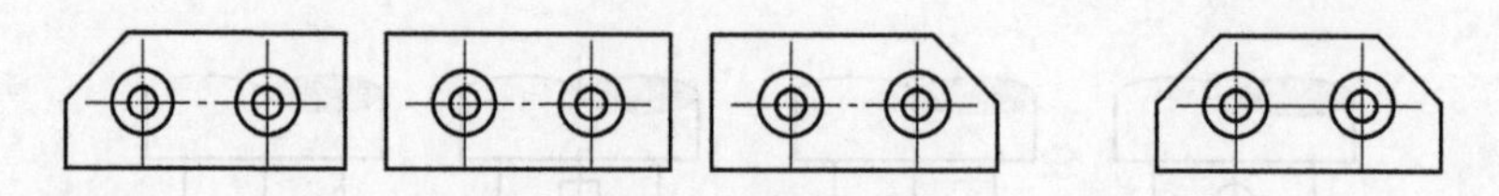

图 7.2.18 最小化所需零件的数量和最大化零件对称性

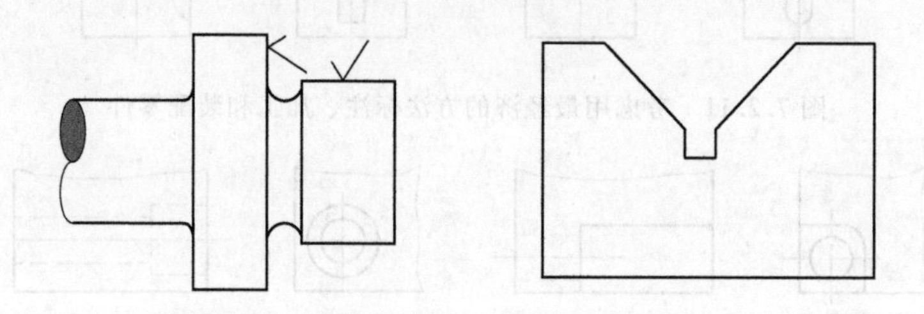

图 7.2.19 设退刀槽以防直角处无法实现加工

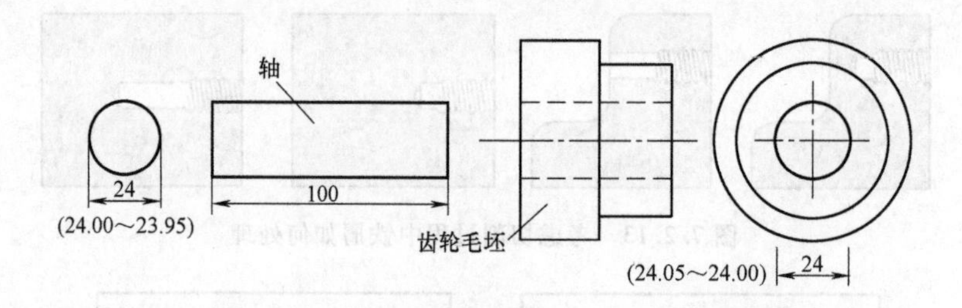

图 7.2.20 预设的尺寸偏差应保证零件即使是在最糟糕的情况下也能装配。括号中的尺寸和偏差要求必须在零件图上标出，以确保能装配

1. 细节和公差[9]

设计师的成功取决于把设计细节准确地传达给绘图人员和制造工程师的能力。实际上，往往是忽略小细节（例如电缆布线）或允许误差（例如未知干扰）导致设计失败。也许对于设计实习生来说，最好的了解细节和公差的方法就是不断地参与“第一手”的研究项目。如果一张图样值一千，那经验就值一百万。对于设计师来说，与那些制造工程师和工艺人员保持专业的紧密联系是很重要的，因为他们负责加工生产，有可能见过数不胜数的好的和差的设计。

当一个设计由许多不同的零件组成时，就必须考虑各个零件的尺寸偏差对产品性能、制造工艺性和装配性的影响。许多设计师因为不熟悉零件的公差，所以给每个零件标注了准确的装配尺寸，如图 7.2.20 所示，或者设定了不必要的或不能实现的公差。但是通过阅读和领会本书的第 1~6 章后，读者就应该了解误差的来源，并且能很容易指出尺寸偏差对装配性能

[9] 参阅例子：F. E. Giesecke et al., Technical Drawing, 7th ed., Macmillam Co., New york, 1980, Dimenioning and Tolerancing Y14. 5M-1982, available from American Natianal Standards Institute, 1430 Broadway, NewYork, NY 10018。

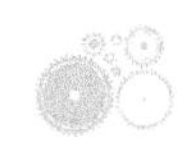

和整个系统性能的影响。实际上公差就是估算误差的另一种形式。另外，设定了零件的公差后，要记住预期的制造工艺应能达到这种公差要求。图 7.2.21 和图 7.2.22 分别列出了不同制造工艺通常能达到的误差范围和表面粗糙度。

尺寸范围(in)										
从	一直到					误差(in)±				
0.000	0.599	0.00015	0.00020	0.0003	0.0005	0.0008	0.0012	0.0020	0.003	0.005
0.600	0.999	0.00015	0.00025	0.0004	0.0006	0.0010	0.0015	0.0025	0.004	0.006
1.000	1.499	0.00020	0.00030	0.0005	0.0008	0.0012	0.0020	0.003	0.005	0.008
1.500	2.799	0.00025	0.0004	0.0006	0.0010	0.0015	0.0025	0.004	0.006	0.010
2.800	4.499	0.0003	0.0005	0.0008	0.0012	0.0020	0.003	0.005	0.008	0.012
4.500	7.799	0.0004	0.0006	0.0010	0.0015	0.0025	0.004	0.006	0.010	0.015
7.800	13.599	0.0005	0.0008	0.0012	0.0020	0.003	0.005	0.008	0.012	0.020
13.600	20.999	0.0006	0.001	0.0015	0.0025	0.004	0.006	0.010	0.015	0.025

研磨和珩磨　xxxxxxxxxxxxxxxxxxxxxxxxxx

磨,金刚钻

车,钻　xxxxxxxxxxxxxxxxxxxxxxxxxxxxxxxxxxxxx

拉削　xxxxxxxxxxxxxxxxxxxxxxxxxxxxxxxxxxxxxx

铰削　xxxxxxxxxxxxxxxxxxxxxxxxxxxxxxxxxxxxxxxxxxxxxxxxxx

车,钻,插,刨,成形　xxxxxxxxxxxxxxxxxxxxxxxxxxxxxxxxxxxxxxxxxxxxx

铣削　xxxxxxxxxxxxxxxxxxxxxxxxxxxxxxxxxxxx

钻　xxxxxxxxxxxxxxxxxxxxxxxxxx

图 7.2.21　各种加工工艺的误差范围（Cincinnati Milacron 许可）

图上的细节之间经常有隐含公差，遇这种情况，当公差不重要时，设计师应明确注记，如图 7.2.23 所示。当在图样上标注尺寸时，如果你不能确定用一个合适的符号或找不到合适的符号时，那就最好用平实的语言描述你想表达的意思，遭受的责备最多也就是“你不会画?!”而不是“你不会设计?!”即使是用简单的注解表示不重要的特征，如“减重孔”，也有助于降低制造成本。

2. 误差测图

误差测图的商业重要性在 1.6 节已进行了介绍，这表明它大大简化了一个坐标测量仪的设计和制造。第 6 章说明了如何通过外部传感器绘制机器误差来得到误差测图。因此，在这里只需重申的是，自从在机床中使用计算机也就是引入数控技术后，误差测图成了最重要的发展方向之一。强烈建议重要机床的设计师要意识到这点。

7.2.2　铸件和粉末材料技术

铸件和粉末材料技术在多数加工过程中常被用到，这是由于它们效率高，零件直接成形，所需加工量很小。但是铸件需要会影响零件形状的模具，并且铸件需要退火以消除应力达到应有的稳定性。粉末材料技术需要几个步骤：制模、压制和烘烤。然而，当设计师考虑选择最常见的替代方式，即用固体材料加工时，就会发现使用铸件和粉末材料技术通常是最佳的工艺过程[10]。

[10] 注意有很多其他大量生产的工艺过程，如挤压、成形、铸造和模制，都被用来生产精密机器中的零件。然而，铸造和粉末冶金对精密机器的总体设计的影响非常大。

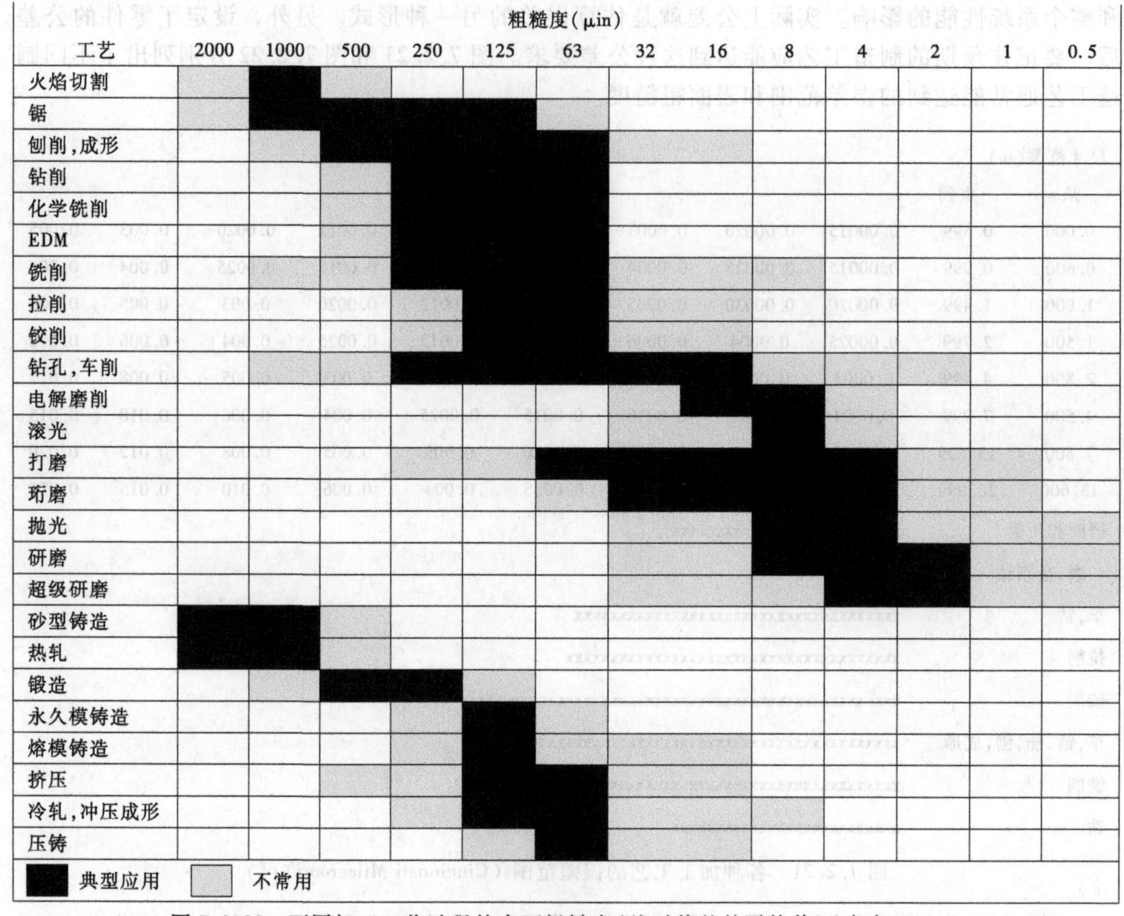

图 7.2.22　不同加工工艺过程的表面粗糙度（绝对偏差的平均值）（来自 Spotts）

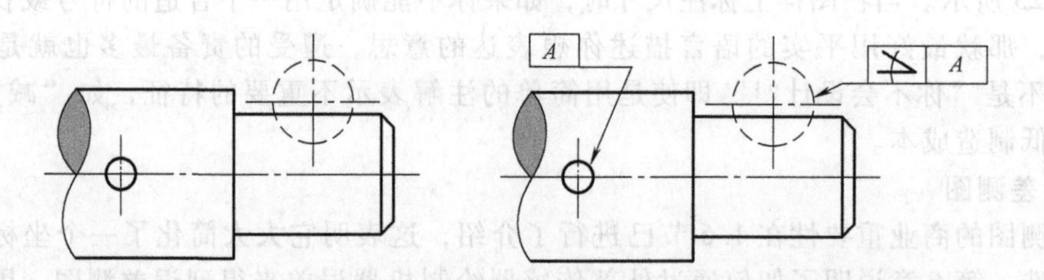

图 7.2.23　为避免隐含准确度，在图中标记不重要的尺寸和特征

7.2.2.1　金属铸件[11]

铸造过程的分类是根据所使用的模具种类而确定的。实际上，普通的金属都可以被铸造成任何形状，且具有任意要求的质量水平[12]。但不管使用何种铸造工艺，表面精度仍需经过加工或打磨才能得到。表 7.2.1 列出了普通的铸造方法和其特性。当想到机床时，设计师通常会想到要用一个大型的铸铁结构，砂型铸造是最常用的制造机床大型铸铁部件的铸造方法。铸造件从铸造厂出厂后，还应完成消除内应力、对配合表面完成精加工、打磨和刮磨等工序。

[11] 参阅例子 Casting Design and Application, published by Penton publishing Inc. 1100 Superior Ave. Cleveland OH, 44114。

[12] 例如：铝合金铸造方法已经发展到了可以填补金刚钻加工光学表面的空白，参阅 R. Dohlgren and M. Gerchman "the Use of Aluminum Alloy Castings as Diamond Maching Substrates for Optical Surfaces, Proc. SPIE OE LASE 1987。

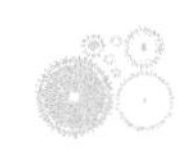

注意那些未加工的铸造表面最好不要有明显的铸造缺陷。就像一个人买车是为了交通需求，但仍然想要车子看上去好看。一个看上去质量低劣的铸件经常会被看作劣制机器的标志。因此，设计师要和铸造厂协商以确保他所设计的铸件加工出来后是外表好看的零件。

表 7.2.1　不同铸造工艺及其特性（来自 Kutz.）

铸造工艺	最小～最大质量	最小截面厚度/mm	加工误差/mm	公差/mm	表面精度/μm	最少批量数
砂型	100g～800kg	3	2～10	±0.5～±6	6～24	1
永久模（金属模）	100g～25kg	3	0.8～3	±0.25～±1.5	2.5～6	1000
压模	<1kg～30kg	0.75	0.8～1.6	±0.025～±0.125	0.8～2.05	3000
石膏模	100g～100kg	1	0.75	±0.125～±0.25	0.8～1.3	1
熔模	<1kg～50kg	0.5	0.25～0.75	±0.05～±1.5	0.5～2.2	20

实际中，砂型铸造可以铸造出各种尺寸的零件，它基本上是先用合适的材料（例如泡沫、木材和金属）制作出模型，然后在模型周围堆满沙子，利用分型面可使砂型部件拆卸，并且在零件被移除后可再次组装。砂型中经常插入砂芯以便形成型腔（例如发动机铸件中的气缸）。设计零件时设计者还须考虑金属冷却时的收缩率（大多数金属的收缩率为 5%～10%）。另外，为了在不破坏模样的情况下从模样中取出零件，要求起模斜度为 1∶10。另外，加工表面要留有一定的余量，因为还要进行切削（允许的切削量），定位表面也应留有一定的余量，以便零件装夹定位便于加工。所以为了阐明铸造过程，设计人员要知道一些基本准则以减少专业模具设计师的工作量。下面将讨论这些基本准则[13]。

当浇注的金属固化时，需要去除杂质。铸件外部先固化，杂质则包含在内部，这可能会导致铸造件强度降低。所以铸造设计的首要原则是均匀冷却，以减小铸件内的显微缩松，增加均质性。为了能帮助区别出潜在的问题区域（热点区域），通常是截面相遇的位置，如图 7.2.24 所示，设计人员可以在铸件表面的法线方向上标记一些小箭头，这些箭头应该不相交。图 7.2.25 展示了不同部位的相对冷却速率和如何添加圆角便于热量从铸件传递到模具里。图 7.2.26 展示了如何用圆角替代尖角。如图 7.2.27 所示，利用定向固化和复杂的进料口可控制铸件的质量。各部件应具有相同的厚度，当必须采用不同的厚度时，应如图 7.2.28 所示让尺寸逐渐变化。图 7.2.29 和图 7.2.30 展示了如何将这些指导原则运用到更复杂的模样上。

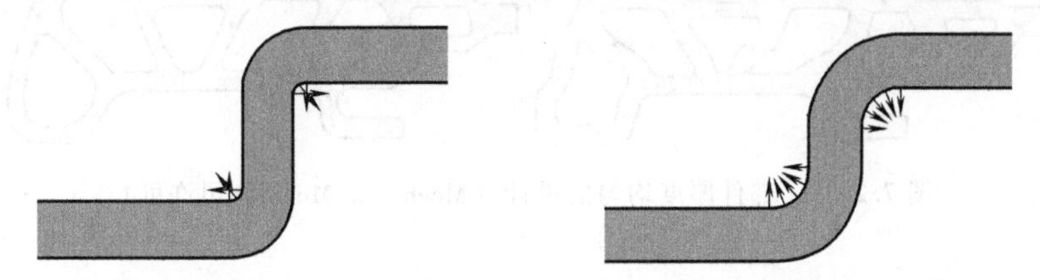

图 7.2.24　通过用长度为铸件厚度一半，方向向外的法向箭头标出潜在的热点区域。箭头相交的区域就是热点区域（Meehanite Metal 公司许可）

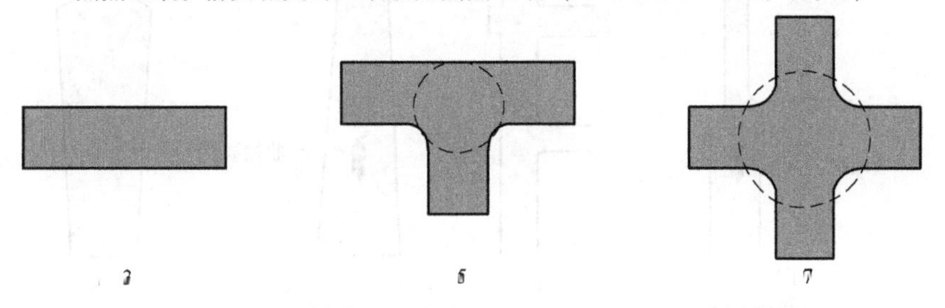

图 7.2.25　相对冷却时间的例子（Meehanite Metal 公司许可）

[13] 参阅例子：the hand book "Casting Design as Influenced by Foundry Practice",. Meehanite Metal Corp., Marietta, Georgia。

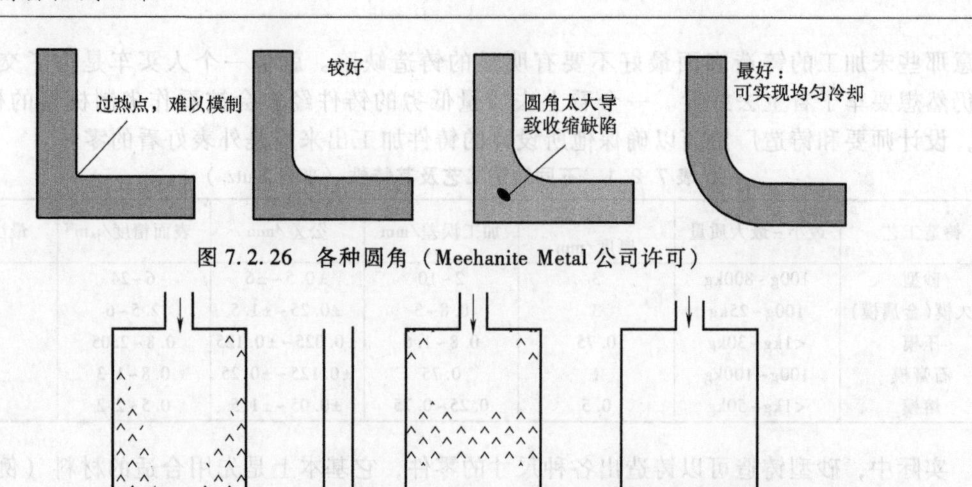

图 7.2.26　各种圆角（Meehanite Metal 公司许可）

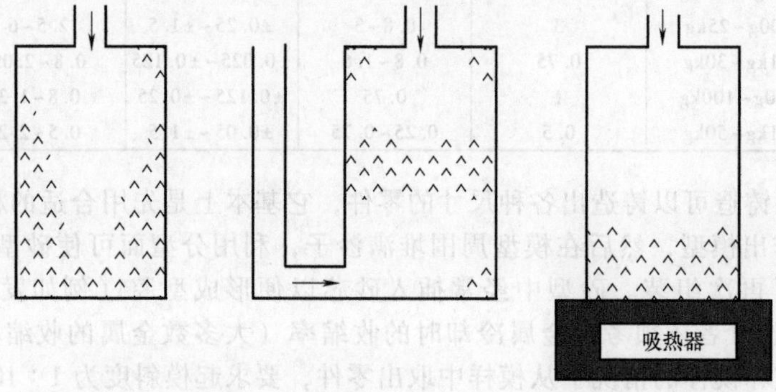

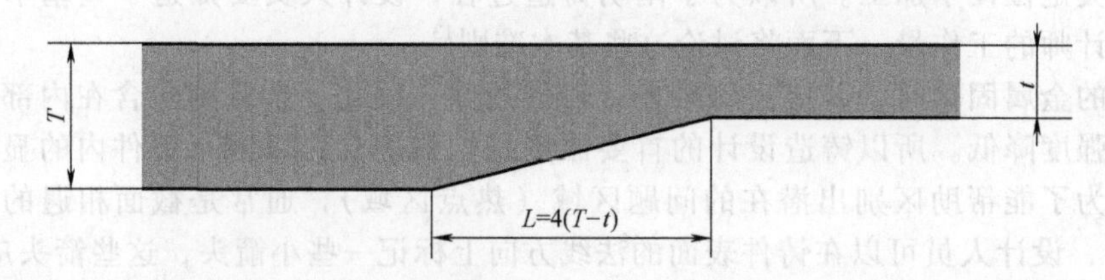

图 7.2.27　定向固化（没显示冒口）（Meehanite Metal 公司许可）

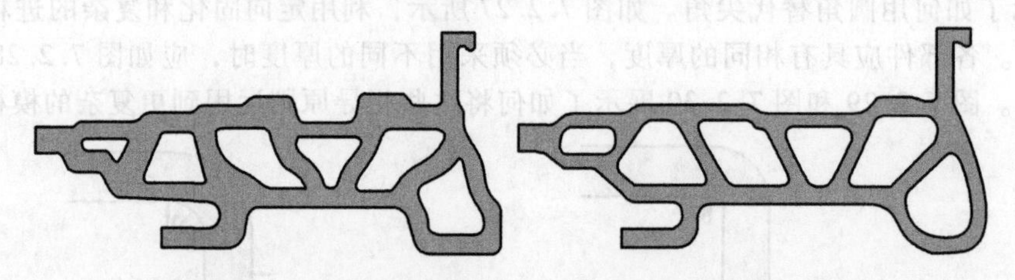

图 7.2.28　避免截面突然变化（Meehanite Metal 公司许可）

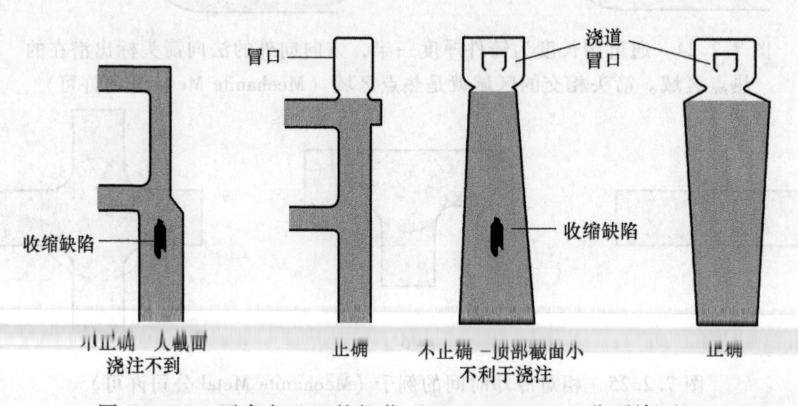

图 7.2.29　部件厚度均匀的设计（Meehanite Metal 公司许可）

图 7.2.30　更多交叉口的细节（Meehanite Metal 公司许可）

铸造件通常是机器的机架，通常还有很多零部件要连接其上。为螺栓或安装表面而增厚的区域称为“凸台”，图 7.2.31 和图 7.2.32 展示了设计凸台的方法。因为通常凸台是比较厚的区域，设计人员必须仔细地设计凸台的过渡圆角。

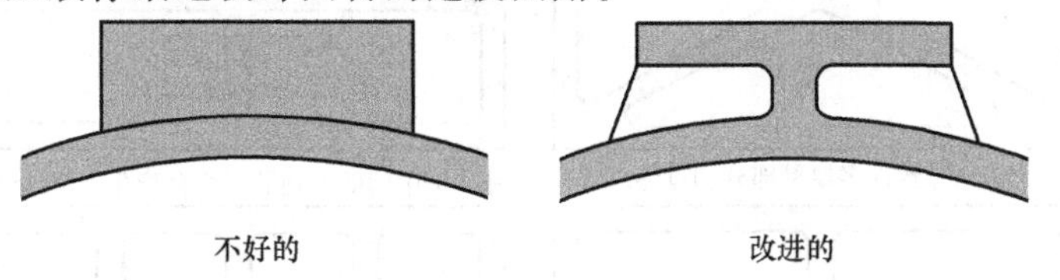

图 7.2.31　螺栓连接或轴承支座凸台的设计（Meehanite Metal 公司许可）

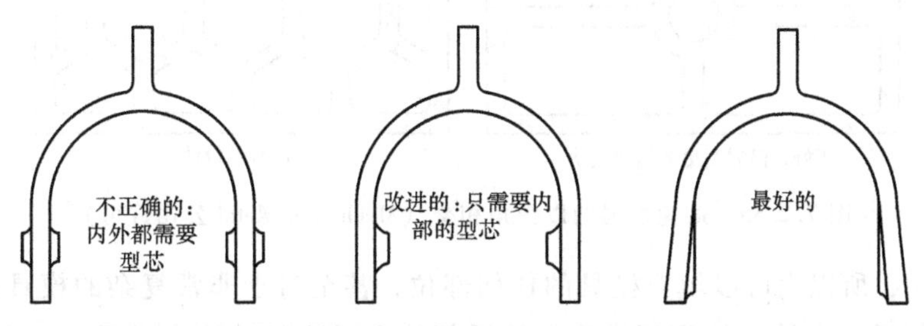

图 7.2.32　省去外部凸台及芯子（Meehanite Metal 公司许可）

铸造最主要的优点之一是允许设计工程师提高结构的刚重比。这可以通过把材料布置得远离中心轴和用加装肋板以防止翘曲，或者像板一样的振动模式来实现。焊接或用机器加工加强肋都比铸造昂贵。图 7.2.33~图 7.2.35 列举了一些最基本的加强肋的设计准则，当然这仅仅是一些基本准则，所有设计应该先粗略计算，然后用有限元方法来检查和修正。

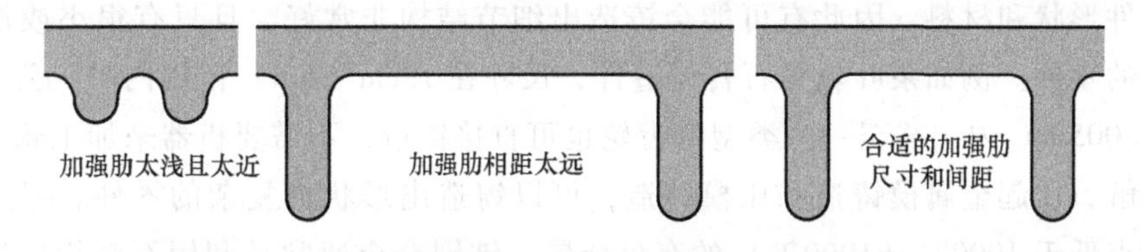

图 7.2.33　合适的加强肋尺寸和分布（Meehanite Metal 公司许可）

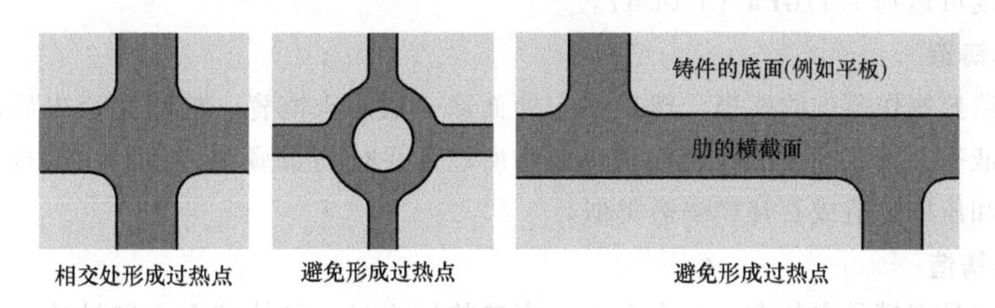

图 7.2.34　应避免加强肋相交，如不可避免，可用 T 形或环形交叉加强肋（Meehanite Metal 公司许可）

1. 永久模（金属模）铸造

当一个零件需要大批量生产时，金属模的优点是显而易见的。金属模具比砂型模具生产出来的零件具有更好的表面光洁程度和晶粒结构，尺寸也更准确。与砂型铸造一样，永久模铸造通常也是用浇包浇铸。

2. 压模铸造

压模铸造是永久模铸造的一种，用机械装置在高压下将金属液压入型腔。因为液态金属

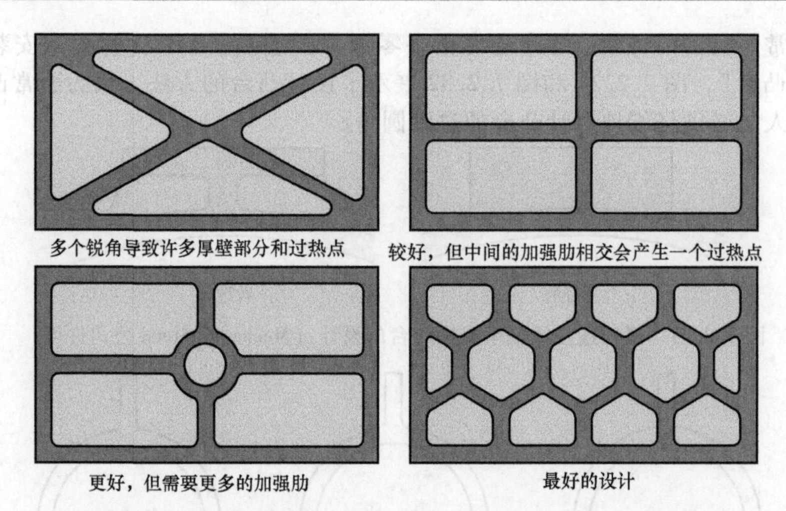

图 7.2.35　避免加强肋以锐角相交（Meehanite Metal 公司许可）

是被压入模具中，所以它可以填充模具的任何部位，甚至对于非常复杂的模具也一样。当零件在模具中冷却后，它被一柱塞杆推出，然后新的金属液又被注入模具中。在某种意义上，压模铸造金属类似于塑料注塑。常用的压模铸造零件由铝和铁制成（例如两冲程汽油发动机外罩，带有许多空冷用的薄而密的肋板）。

3. 石膏模铸造

石膏模铸造和金属模铸造类似，但它用的是石膏制成的模具，这个模具的热特性可以变化以适应零件形状和材料。因此有可能会铸造出细节结构非常好，且只有很小或没有热变形和残余应力的零件。例如泵叶轮是石膏铸造件，尺寸在 15cm（6in）范围内时，公差可控制在 0.13mm（0.005in）内。甚至一些类型的齿轮也可直接铸造，不需要机器来加工轮齿。因为石膏可以被溶解，比起金属模铸造和压模铸造，可以铸造出形状更复杂的零件。但是石膏模铸造局限于熔点低于 1000℃（1900℉）的有色金属。铍铜合金通常是利用石膏模铸造，适当的热处理后强度可达到 1.17GPa（170ksi）。

4. 熔模铸造

熔模铸造要制作零件的蜡模，然后在它外面涂一层耐火陶瓷，蜡熔化流出后形成的阴模型腔可装入液态金属。因为模具由陶瓷制成，所以几乎任何金属都可以利用熔模铸造。熔模铸造的特性和压模铸造或石膏模铸造类似。

5. 离心铸造

离心铸造是把模具安装在一个夹具上，高速旋转夹具，可使熔融金属被迫进入模具的型腔内，较轻的杂质如气泡和污垢转移到夹具中心。因此，与砂型铸造相比，可以铸造出强度和金属性能更好的零件。

7.2.2.2　复合混凝土铸造[14]

波特兰（Portland）水泥基混凝土的尺寸不够稳定，因为其内部结构随时间和其吸湿性不断变化，因此不允许用在精密机床的主要结构上。尽管在很多应用场合，通过合理修正可加

[14] 参阅：T. Capuano, Polymer Concrete, Mach. Des., Sept. 10, 1987 , pp. 133-135 . J. Jablonowski, New Ways to Build Machine Structure, Am. Mach. Automat. Manuf., Aug. 1987, pp. 88-94; and P. A. McKeown and G. H. Morgan, "Epoxy Granite : A Structural Material for Precsion Machines," Precis. Eng., Vol. 1, No. 4, 1979, pp. 227-229。

强混凝土的稳定性，干地基可以给不能自立的大型机器提供合理稳定的地基，但没有加强的波特兰水泥混凝土自身的尺寸不稳定，因为①水泥会发生水化收缩反应；②过量非化学计量水的损失造成的收缩，这是由空气湿度导致导管扩张和收缩引起的；③非弹性的尺寸变化（例如内在的易碎/多孔结构的蠕变和微裂纹）。总体而言，随时间变化的应变会高达 1000μm/m。[15]

幸运的是，有很多不同类型的复合混凝土已经开发出来，可以被用来铸造机床中的高质量结构。例如，Fritz Studer AG，瑞士一个著名的精密磨床的制造师，发明了一种特殊的聚合物，该聚合物通过改变组分大小，按特定的比例聚合在一起后能产生一种稳定的、强度和刚度很高的材料，且其阻尼系数还远远高于 7.3.3 节所提到的铸铁[16]。只要仔细控制混合过程，认真选择粘结剂和混合比例，就可以得到满足各种性能要求的材料。这种复合混凝土材料及其工艺是 Studer 开发的，号称 Granitan™，其组分和工艺过程已经申请了专利。许多公司获得许可后也开始用 Granitan™铸造。其他公司也开发出了属于它们自己的类似的高性能的复合混凝土。

对于复合混凝土铸造，除了模具不一样，设计准则与金属铸造一样。但复合混凝土结构通常用内部泡沫芯来增大其刚重比，而不用加强肋。和金属铸造不同，复合混凝土铸造不会产生热点区域，即使在很厚和不均匀的部位也不会。复合混凝土铸件容易适应有螺栓、管道、轴承导轨、液压管线等零件的铸造，如图 7.2.36 和图 7.2.37 所示，横截面内都有螺纹镶嵌件。应该注意在嵌入前螺栓有可能会失效。因为用的是复合混凝土材料，所以必须特别注意横截面的厚度，以确保它们比以前使用过的复合混凝土材料的常用尺寸厚一到两倍。这样做有助于提高铸造零件的性能，使其表现得像是由均质材料制成的。

图 7.2.36　复合混凝土铸造时埋入镶嵌件（Fritz Studer AG. 许可）

对一些特别大的机器，尤其是用薄钢板焊接制成的一类机器，在复合混凝土浇注进去后应保证机器零件的完整性。可是，当设计钢制炉体时，设计师要特别细心地考虑温差膨胀的影响，铁制炉体焊接在一起后应充分退火。要注意的是结构零件间的连续钢铁外壳犹如振动的传输通道。当金属部件被螺栓固定或铸进复合混凝土地基中时，如果它们由复合混凝土分开，将得到最大化的隔振效果。

---

[15] 通过和 Jack Kane 通信获得，Jack Kane 的地址是 Gandalf Inc.，206，San Jose Drive，Dunedin，FL，34698。作者感谢 Jack 在准备这一章节上给予的帮助。参阅 S. H. Kosmatka and W. C. Panarese, Design and Control of Concrete Mixtures, 13th Edition, Portland Cement Assoc., 5420 Old Orchard Road, Skokie, IL 60077-1083, pp. 151-160。

[16] R. Kreienbühl, "Expericence with Synthetic Granite for High Precision Machines," Proc. Symp. Mineralguss im Maschinenbau, FH Darmstadt, sept. 19-20, 1990; H. J. Renker, Stone Based Structural Materials, Precis. Eng., Vol. 7, No. 3, 1985, pp. 161-164.

图 7.2.37 复合混凝土铸造中的螺纹镶嵌件（Gandalf 公司许可）

有人可能会想聚合粘结剂不具备长期的尺寸稳定性，就如同铸铁。幸运的是，合理的聚合物组分也有较好的稳定性。尽管聚合物以蠕变著称，但聚合混凝土的强度和稳定性似乎主要取决于稳定颗粒和主要作为粘结剂的聚合物之间的接合程度。这里建议，当复合混凝土用在精度要求更高的机器上时，结构越简单，其长期尺寸稳定性越好。

对于任何非金属结构材料，想要用在高精度场合，必须考虑水的吸收，因为它可能导致某些材料的膨胀和尺寸的不稳定。例如，聚环氧基铸件的制造应细心地选择环氧基，确保使用非亲水组分，在铸件外表面涂疏水性涂料来达到防水防潮的目的。节省时间和成本的技术是内膜涂层（IMC）技术，采用这种技术时，脱模剂和涂层材料在铸造前喷入模具。当铸件从模具中取出时，它已经拥有预期的表面光洁程度和涂层，铸件便可直接使用。

设计恰当，复合混凝土结构可以有和铸铁结构相同的硬度，以及比铸铁结构更好的阻尼[17]。但是，复合混凝土的强度低，大载荷的零件（如滑架）最好还是用铸铁。如表 7.3.1 中所看到的铸铁结构一样，复合混凝土散热慢，所以在复合混凝土结构中要注意热源的隔离以阻止热点的形成。当用螺栓连接或灌浆非环氧基花岗岩零件到环氧基花岗岩地基上时，设计人员须考虑 2.3.5 节中描述的双边效应，注意水泥浆的热扩散系数（数量级 40μm/m/℃）是其他材料的好几倍。

若论真正的价值，制作复合混凝土铸件比铸铁件平均少消耗 1/3 的能量，且费用减少了 30%~40%[18]。此外，由于振动减少，刀具寿命延长，零件质量提高了。因此在将来，随着能源价格和精密度要求的提高，越来越多的机器很有可能利用复合混凝土零件，特别对于一些大型的部件，如机器的机座。

7.2.2.3 粉末材料技术[19]

从形状很简单的垫圈到结构很复杂的陶瓷涡轮压缩机转子都可以用粉末材料技术生产出来。利用低温等静压压制时，模具首先被粉末材料和有机粘结剂充满（装满），然后利用 0.1~1.0GPa的压力挤压，形成的毛坯很容易用硬质合金、陶瓷或金刚石刀具加工，然后在窑中烧制零件，其最终尺寸精度通过粗磨和精磨获得。陶瓷制品通常用这种方法生产。对于高温等静压压制，就是利用高温高压使小颗粒被迫直接接触，从而熔合在一起。

和铸造技术不同，低温等静压压制（CIP）或者高温等静压压制（HIP）零件的晶粒尺寸更容易控制，因为材料并没有真的熔化和凝固。此外，不会形成热点，可以更好地控制空隙

[17] 参阅：M. Wock and R. Hartel, Design Manufacture, and Testing of Precision Machines with Essential Polymer Concrete Components, Precis. Eng., Vol. 7, No. 3, 1985, pp. 165-170；I. Salje et al., Comparison of Machine Tool Elements Made of Plymer Concrete and Cast Iron, Ann. Of the CIRP, Vol. 37, No. 1, 1988, pp. 381-384。

[18] 来自和 Jack Kane 主席的对话，Gandalf Inc. 206 San Jose Drive Dunedin Florida 34698，作者感谢 Jack Kane 审阅这一章节，也可参阅 R. Kreienbuhl, Granitan 10 years of experiences in MachineTool Applicaiton, Proc. Symp. Reaktionsbeton im Maschinebau, Techn, Hochschule Darmstadt, March 10-11, 1988。

[19] 对于大量有关粉末材料技术的讨论，参阅 Metals Handbook, 9th ed., No. 7, American Society for Metals, Metals park, OH. 也可以从金属粉末工业总会（Metal Powder Industries Federation）得到即时信息。总会地址 105 College Road East Princetion, NJ 08540. MPIF 也出版了一篇名为《P/M 设计指导书》（P/M Design Guidebook）的参考书。

率。这样生产出来的零件可通过毛细作用来吸收液体。用这种方法很容易生产自润滑浸油轴承或金属基复合材料，随后可加工出零件。

随着陶瓷材料技术的发展，粉末材料技术也变得更加常见。随后，很有可能会形成一个全新的用来加工粗糙陶瓷的超高精密机床的市场。

7.2.3　材料去除工艺

通常考虑到诸如尺寸、精度、表面光洁程度等因素的影响，普遍认为生产一个零件最好的方法是从毛坯件去除多余金属或磨削加工与零件形状非常接近的坯件。下面的章节简单地讨论用在精密机械生产中的金属去除工艺的基本属性。

1. 拉削

拉削是一种廉价的加工工艺，它通过逐渐变换刀具形状对零件进行连续不断的微切割而最终形成零件形状。例如，一个方形孔可以使用一种形状从圆形不断变化到方形的拉刀，从一个圆形的孔开始逐渐加工而成，或者一个销槽可由一个圆形孔逐渐加工出来。因为每一层都有明确的切削量，所以其形状的变化是不连续的。和车削与铣削不同，拉削的每一个单切削刃持续地从表面切割金属，拉刀上的每一个齿积聚金属屑，并将它们移出加工面。一旦加工完成，金属屑就能从拉齿移除（例如用高压喷气）。拉刀可以设计成直的或盘状的（例如高螺旋 ID 螺纹）。后一种情况，拉刀不停旋转并线性进给。因为材料以非常高的准确度（1～10μm）去除，可得到高的表面光洁程度（表面粗糙度值 *Ra* 为 1μm 或更低）。自动拉削机床每小时可生产出成百个零件。数控拉削可以在刀具轴向移动时，通过旋转刀具生产出不同形状的表面（例如步枪的枪筒）。拉削是一种广泛应用于零件最终精加工的样条（B 样条）切割，其他复杂形状的加工还同时需要各种各样的其他工艺。

2. 钻孔、铰孔、镗孔、攻螺纹

零件上的孔通常是为轴、销、螺栓以及流体通道等而开的。因为孔通常被用来支撑传递载荷的零件，因此孔的位置及其尺寸精度直接关系到机器的动态性能。

钻孔是一种廉价的加工工艺，它适合加工精度在 10^{-2} 数量级（取决于孔深度）的孔[20]。加工的孔越深，钻头漂移越厉害。对于深孔，我们希望恒力进给，这与大多数 NC 机器所提供的恒进给正好相反。目前钻头种类很多，从我们熟知的螺旋形到具有大深度直径比的单直槽枪钻（例如加工枪膛）。一个设计师应从来不惧怕在零件上开孔，只不过他应和制造部门商量哪种钻头是可用的，如果钻头本身精度不高，那它通常用来作为粗加工孔的手段，然后通过铰孔、单刃镗孔、粗磨和内圆磨来完成。

铰刀是用来稍微扩大被钻孔（铰刀的直径为钻孔直径的 1%～10%）的一种工具，任何时候过盈配合的孔，都应该钻孔后进行铰孔，铰孔得到的精度在 10^{-3}～10^{-4} 内，表面粗糙度值 *Ra* 为 0.5μm。偏斜度通常在 -0.5～-1.0 内。

由于孔是由许多切削刃切削形成的，所以钻头或铰刀的精度常常受到限制。单刃镗孔反而只需精确控制切削刃的径向位置（固定或 NC 控制）即可。可以固定镗刀，让工件旋转，或者工件固定，镗刀旋转。在镗孔过程中，孔的精度由镗孔过程中所使用的机床的精度来决定。直径从几毫米到数米的孔都可以很容易地镗出。镗孔可以为内旋转表面提供很高的尺寸和位置精度及较低的表面粗糙度。

因为镗孔是很准确的孔成形过程，所以它专门加工用于支撑主轴、丝杠、电动机轴和其他重要动力部件的精密轴承孔。当一条直线上两个孔的距离并不太大时（<5～10 倍孔径），用线性镗孔的方式就很重要。线性镗孔可以确保它们孔径相同，并且它们的中心线是

[20] 参阅“Machinery's Handbook”, Published by the Industrial Press, New York。

平行且重合的。在线性镗孔过程中，镗刀首先镗出第一个孔，继续进给直到镗出第二个孔。因为从主轴伸出的镗刀的长度是不变的（工件或主轴本身在移动），镗杆的偏斜将不会变，所以两孔有几乎相同的形状和中心线（假设工件和夹具是刚性的）。因此当轴承被挤压到孔中后，它所支撑的轴受的强迫力最小。然而当工件需要线性镗孔时，设计人员必须确保用于定位镗刀的参考面合适（如镗刀必须平行于滑架的运动轴线）。在一些实例中，线性镗孔通过把大量平板叠加来加工单一孔，确保当平板按一定间距分开安装后，孔是在同一直线上排列（例如在两块平板上加工三个共轴孔，接下来按一定间距把平板分开，然后安装上三个导轨）。当镗杆太长而不能用于线性镗孔时，先镗出一孔，然后工件在精确的分度工作台上旋转 180°，再镗另外一孔。再次强调，为每个工件提供的参考面必须确保零件中孔的中心线能准确定位。

攻螺纹是在孔中切割或加工螺纹线的一个工艺过程，前者是利用一个刀具来切除额外金属（有槽丝锥），而后者是用冷成形方式形成螺纹线（无槽丝锥）。切割螺纹需要小的转矩，所以降低了刀具破坏的概率。冷成形螺纹需要两倍的转矩，但是螺纹强度更高。因为机床通常更多要求的是刚度，所以应用较多的是有槽丝锥（当指定一孔时，通常假定为此类型的孔）。

尽管细节看似普通，但是攻螺纹孔却是最常见的不合理的设计细节之一。一个常见的错误就是假设螺纹可以被攻到孔底部，或是螺栓可以被螺旋到孔底部。前一种情况，可以用平底丝锥攻螺纹到离底部大约 1/4 螺栓直径处。但是，平底丝锥不能从孔开始，因此底部的攻螺纹需要更换刀具。后一种情况，螺栓想要拧到接近孔的底部，则对螺纹、垫圈和被连接件的精度要求更高。如果是在通孔上加工螺纹，切屑可以被吹走，若是在钻得很深的孔上攻大量的螺纹时，在攻螺纹过程中则需要由收集器收集切屑，因此设计师应该细化相应零件。

另一个在制造螺纹中至关重要的问题是螺纹牙型的刚度，常用螺栓的牙型（例如英制梯形螺纹）是对称的，且是自锁的，或者用防松垫圈来防止在振动条件下紧固件的松动。螺纹牙型不精确使螺栓的有效螺纹长度通常小于一个直径的长度。为了增加有效长度，必须使用大转矩。使用硬化螺纹润滑剂可以确保所有螺纹传递载荷。硬化螺纹润滑剂（如环氧树脂）扮演着在螺纹孔中仿制螺栓螺纹的角色。

施必牢防松螺纹（Spiralock™）牙型底部有一钝边。钝边与螺纹孔的轴线之间的角度很小。所以螺栓的轴向运动会在螺栓的普通螺纹和施必牢防松螺纹的接触区域产生一个非常大的法线反力。结果，螺栓在螺纹接触点将会出现屈服，这会引起金属的滑动，沿着螺纹的螺旋方向产生线性接触。这种形式的螺纹有着比平的梯形螺纹更高的刚度和防松能力[21]。但是这种丝锥比一般丝锥昂贵许多，许多车间一般不备有施必牢防松螺纹丝锥。

3. 化学加工

有很多不同类型的化学加工方式，包括感光成形、化学铣削、电化学加工和电化学磨削。感光成形被用在无法用机械加工方法从零件上切削微量材料的场合，因为那些材料太硬或零件形状太复杂。它用在制造非常小或复杂的零件中，如在印制电路板和一些编码器码盘上蚀刻线条，或在集成电路硅片上蚀刻图案。感光成形化学加工是在不加工的表面涂一层光刻掩模，然后把零件放在蚀刻液中进行加工。通常，光刻掩模用感光材料。材料上涂一层光致耐蚀剂，图案用光学方法投影在零件上，光致耐蚀剂受光照射后变成耐腐蚀性物质，然后将被加工材料浸在专门的酸碱溶液中，未经照射的区域则被溶解。这个过程是自动的，所以很多小尺寸零件可以很经济地被生产出来。

化学铣削用来从无屏蔽的区域切除深度为 1～2cm 的金属，它并没有通常的铣削那么精确，但它用在通常机器很难装夹的大型重型零件上加工一些无关紧要的孔、槽、肋非常有用。

[21] 参阅：H. Holmes, "A Spiral lock for Threaded Fasteners," Mech. Eng., May 1988, pp. 36-39.

电化学加工类似于拉削的化学过程。和刀具在工件上切削金属不同，刀具作为阴极来侵蚀金属。零件浸入电介质溶液中，直流低压大电流的电源负极连接刀具，正极连接零件。由于刀具在零件上进给，金属通过反向电镀过程来分解（电解），刀具的形状就映射在零件上了。实际上，用这种工艺可在任何金属上加工出任何形状，而且没有刀具磨损，但其精度达不到镗和磨的精度。

电化学磨削使用专用的磨削轮，其中电化学过程可以去除 90% 的金属，磨削轮可以去除剩余的 10%。它可以比较容易地转变成一个普通磨床，但是这个工艺过程通常并不用于小车间，这个工艺通常用于磨削那些用传统方法加工会产生热和力从而影响零件精度的工件。可在经济去除率的条件下，追求延展磨削玻璃以得到不用后续抛光的表面粗糙度，化学磨削可能是已发现的最好的加工方法[22]。

4. 电火花加工

在电火花加工（EDM）中，零件被放置在一个非导电的液体中（如油），用设计好形状的工具加工零件。当工具接近工件时，间隙内的工作液被击穿，以每秒钟几千次的频率发生火花放电。每次放电会带走一小部分金属，产生的热冲击经常会移除部分额外的小微粒。在放大表面会发现有很多弧坑，电火花加工的快淬效应使硬化材料上有一薄层硬脆的表层，这是很多零件上不应出现的。在这些情况下，表面可能会用酸腐蚀，从而移除坚硬层。

EDM 过程类似于其他化学加工过程，它对金属的硬度并不敏感。因此对切制高硬度钢零件形状非常有用，尽管弧坑表面粗糙度通常达不到精密轴承表面的要求，也不必担心韧度的流失，或留下很大的残余应力。实际上，EDM 工具可以实现任何几何形状零件的加工，包括绷紧的金属丝可以用来切割复杂形状（EDM 线切割）。EDM 工艺可以很容易加工出任意几何形状的零件，而且很容易保持精度在 $10^{-3}\sim10^{-4}$mm，这取决于所用电极的类型。当用一个装配件的匹配零件作为最终完成的粗加工装配件的电极时，可以获得非常高的相对精度（例如车身零件模具）。根据所用电极不同，EDM 表面粗糙度值 Ra 范围为 1～10μm（或更高）。偏斜度通常是 0.0～1.2。EDM 工艺过程经常用来生产精巧的模具，这些模具用来制造复杂金属零件（例如发动机的叶片和剃须刀的刀片）。EDM 工艺必须制造电极，但是电极可以用很多分散的零件组装起来（例如通过组装简单制造的针，可在零件上同时制造上百个孔洞）。

5. 磨削

磨削可能是最精确的常规加工方法，是在加工精密机械元件中最常用到的工艺之一。大部分人认为磨削是加工平面和圆柱面的工艺过程，但是磨削也常用来加工许多不同类型零件的高精度外形，包括轴承导轨和滚珠丝杠。

许多其他金属切削机床使用大量分离的切削刃，但是在磨削中，当砂轮上成千个微小切削刃经过金属表面后将产生平均效应。此外，用来制造砂轮的材料有着比常规加工工具更高的硬度要求，从而使工具的磨损对精度的影响会大大地降低，而且可以连续（或经常）修整（锋利度和形状）砂轮，使停车换刀时间最短。实际上，零件可以被磨削到任何量级的公差精度[23]，通常在最经济的速率下用大的磨削量。

大体上有两种磨削方式，传统磨削和缓慢进给磨削。前者最为人所熟知，用来清理切削面，仅仅移除一薄层金属（最多几毫米或几微米）。大多数进过机械车间的人都应该见过砂轮在液体冷却剂下快速来回移动以磨削工件表面的情形。每一个来回，砂轮只切削大约

---

[22] 和 NPL 的 Kevin Lindsey 讨论的结果。参阅 Lindsey's U. K. Patent 0920299, Methods of preparation of Surfaces and Applications Thereof, Dec. 14 1989. Also see O. Podzimek, Residual Stress and Deformation Energy Under Ground Surface of Brittle Solids, Ann. CIRP, Vol. 35, No. 1, 1986, pp. 397-400。

[23] 参阅 R. Moore, F. Victory, Holes, Contours, and Surfaces, Moore Special Tool Co., Bridgeport, CT。

几微米。其他一些每次切削几微米的磨削过程，可以用来磨削任何形状到任何表面（ID 气缸和 OD 磨削轴承轨道和模具的复杂坐标磨削）。图 7.2.38 列举了一些常见的砂轮结构形式。利用金刚石修整砂轮很重要，实际上，通过修整，任何外形都可以用砂轮磨削出来。在缓慢进给磨削过程中，连续修整砂轮的技术可以在毛坯件上完成厚度为厘米数量级磨削量的加工成形。对于缓慢进给磨削且连续修整砂轮时，需要极高的液体冷却速率和高的轴向驱动力。

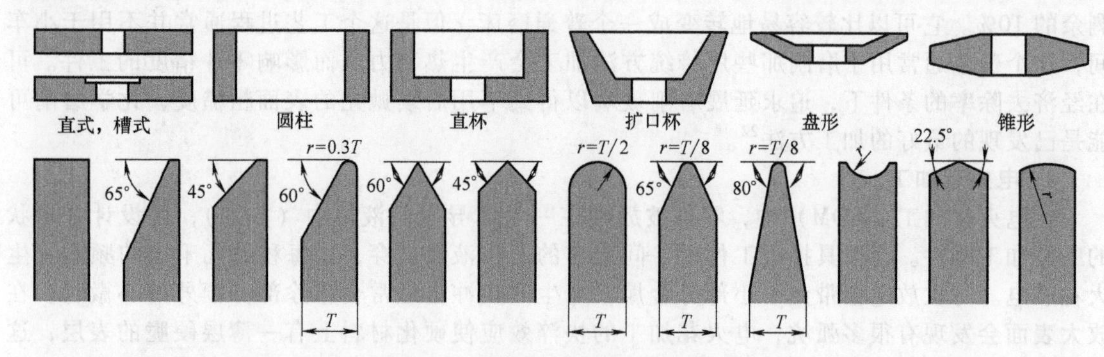

图 7.2.38 常用标准砂轮形状和轮廓

影响磨削过程精度的因素有很多，包括机器的精度、砂轮的修整、冷却剂温度的控制、安装方法以及进给速率等。当合理控制这些因素时，有可能将精度等级控制在 10^{-4} ~ 10^{-5}。精密磨削产生的表面粗糙度值 *Ra* 通常为 0.25μm，可以高达 0.05μm。偏斜度通常在 0~0.8。特别是对于下面的材料[24]，可以获得的表面粗糙度为

硬钢	*Ra*：0.05μm（2μin）	铜	*Ra*：0.30μm（12μin）
软钢	*Ra*：0.13μm（5μin）	铝	*Ra*：0.38μm（15μin）
铸铁	*Ra*：0.13μm（5μin）		

在没有进给的情况下，让砂轮反复来回作用在零件表面，直至没有火花产生，此时得到的表面粗糙度最低，称作磨光。

利用磨削加工出的表面有很多微观的波峰和波谷，这是由砂轮上尖锐的磨粒所引起的。如果不采取保护措施，钢制零件会很快氧化，并且当它们和其他表面接触时很容易产生摩擦磨损，除非它们被很好地润滑[25]。此外，设计人员必须意识到：当设计一个超精密的机器时，由磨削产生的表面的波峰和波谷就像在鹅卵石道路上驾驶，因此任何表面接触的轴承必须考虑这些因素。这就需要采用能够实现弹性平均效应的措施，或者其他例如珩磨、研磨或者超级研磨（见下面章节）来磨光波峰和波谷。

在没有做好整体规划的情况下，我们很难在大型部件上达到期望的精度。因此，一个人应该时刻注意细致入微的对待工作。时时刻刻提醒自己检查装配的每个部件，例如，“一个长部件可以由两个短部件构成吗？”或者“假使两个配对零件被一起磨削后还能否确保它们正常配合？”这个过程被称之为配合磨削，没有必要考虑这两个零件的互换性，但可以考虑整套部件的互换性。

最后，设计工程师应通过使用足够的砂轮越程槽，尽可能给在转角处工作的砂轮留下足够的空间，确保减小磨削工艺的成本。如图 7.2.19 所示，锐角转角处的磨削有一定困难，并且会导致零件上应力的集中。

[24] 来自 R. Bolz, Production Processes: The Productivity Handbook, 5th ed., Indstrial Press, New York, pp. 20-26 to 20-27. 该书最早引入均方根值。这里也给出了近似相等的表面粗糙度值 *Ra*。参见式（7.3.2）。

[25] 参见第 5 章第 6 节和第 7 章第 7 节对微动磨损的讨论。

6. 珩磨

珩磨比普通磨削精度更高，因为珩磨的磨削面是面接触而不是线接触，从而能获得更好的加工效果。如图 7.2.39 所示，珩磨工具在工件上做往复旋转运动，在磨削过程中形成的峰和谷被消除，结果使表面光洁程度提高，而且可以使润滑系统的性能得以优化，就像往复式发动机一样。虽然珩磨可以加工出较高的表面光洁程度和好的形状（即圆度或平面度较高），但是会出现位置误差（例如零件上一个孔的位置）。因此珩磨磨削前必须确定孔的合适位置。珩磨是最常用的圆柱表面的加工方法，但同样也可以用于平面。可以获得接近 10^{-4} 的尺寸精度以及 Ra 为 0.5~0.01μm 的表面粗糙度。偏斜度通常在-0.5~-0.1。珩磨过程中，移除材料的总量通常在 0.01~0.1mm 之间，但也可高达 1mm。

与其他加工方法的不同之处在于，珩磨是超精密加工方法，它使用较小的磨削力、更快的往复运动速度以及大量的冷却剂。这样可以使工件表面粗糙度值 Ra 达到 0.1~0.01μm，同时增加了疲劳寿命和轴承表面的寿命（例如，凸轮轴和曲轴磨损表面通常需要进行超精密加工）。

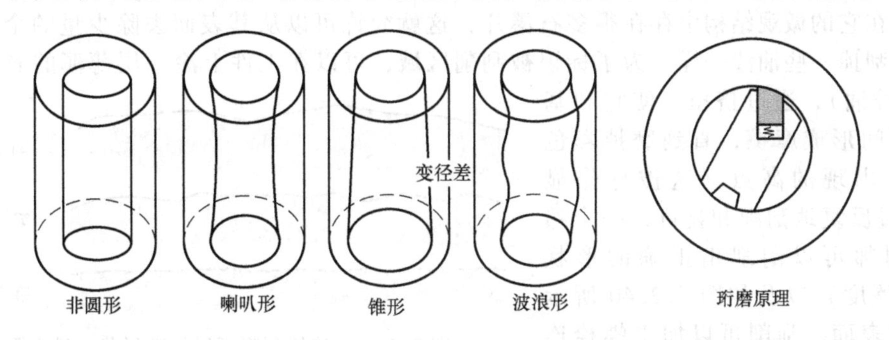

图 7.2.39　珩磨过程是通过旋转往复运动的工具形成一个确定的圆度，这个工具是由一个或多个研磨石料和不均匀分布的导块构成的。这个过程可以快速并自动校正以形成非圆形、喇叭形、锥形以及波浪形

7. 研磨

研磨是一种比珩磨精度更高的加工方法，因为研磨使用了不规则运动模式和更为精细的磨料，磨料“填充”在研具表面，研具材料比被研磨零件的材料软。磨料颗粒切削被研磨工件的表面，但只有在较软的研具表面才会嵌入。在这一过程中，通常只有 10μm 的材料被移除，但最大程度保证了加工精度。因此研磨通常只是用于去除磨削和珩磨留下的划痕，或者用以校正需要增加的尺寸精度（如直线度、平整度和圆度）。脆性材料（例如陶瓷）往往比塑性材料（例如钢）更常被研磨，因为磨料在脆性材料的切削过程中似乎没有造成任何塑性变形（拖尾效应）。

研磨可以手动完成（例如刮研生铁），首先加工出所需的形状（例如一个平面），然后用研磨来校正表面的几何形状（例如淬火钢导轨）。此外，手工微细研磨可以用来修整微观不平度。给定足够时间，一个熟练的工人可以通过手工研磨和精密测量方法获得很高的精度和很低的粗糙度。注意，即使是笔直的淬火导轨通过螺栓紧固在笔直的刮研铸铁基体上，装配螺栓时仍能引起变形。但是注意，遇到轨道被研磨平或数控机床对误差映射进行误差补偿这两种情况时，安装这台机器的安装应力不能随时间的变化而放松，否则会导致几何结构的变化。

存在各种形式的自动化研磨机，用以研磨光学元件和诸如球轴承这样的部件。因为研磨是一个缓慢的过程，在普通磨削和珩磨达不到精度要求的情况下，研磨通常仅用于加工需要极高精度（高于 1~5μm）的关键部件。然而，在指定研磨前，应该与车间协调，确定什么可以做什么不能做。

8. 铣削

铣削加工是通过旋转刀具去除金属的过程，大多数工程师都熟悉这种加工方式，同时我们应该意识到，在选用合适的刀具并按要求控制工件和刀具之间的相对运动（例如，二、三、四、五轴加工中心）的情况下，铣削几乎可以加工出任意形状。铣削加工的精度在$10^{-3}\sim10^{-4}$之间，可以获得Ra为1μm左右的表面粗糙度，加工精度取决于加工刀具的类型、材料、进给速率。偏斜度一般在0.2~-1.6之间。由于铣削是一种很普通加工方法，这里就不再加以赘述，想了解更多这方面知识的人，可以去参观当地的机加工车间。

9. 刮削

在历史上，刮削也许是最重要的加工方法，因为它是各种机床的一个基本加工方法。在各种生产机床之前，必须有一种方法是将某一平面作为基准面（例如平板）。从一个平面可以引出直线和直角面[26]。以我们现在的了解，一旦确定了一套主基准体系，其他机器及基准可以使用其制造；大型精密仪器可用于其他精密机械的自动化生产。请注意，铸铁是最容易被刮削的金属（它可用来刮削钢焊接件），这与冶金和机械技术的发展相吻合。黄铜、聚合物和许多其他的软质材料也可以被刮削。

铸铁在它的微观结构中存在很多石墨片，这就允许可以从其表面去除少量的金属，就像从窗户上刮掉一些油漆一样。为了标识被刮削区域，可以在工件上涂一层薄薄的彩色混合物（例如红丹油），通过挤压，使它和基准平面之间形成摩擦，直到磨掉彩色混合物中出现的高点（这被称作显点）。经过反复地刮削和显点，一个熟练的刮削师可以刮削出正确的形状（例如平整度）以及如图7.2.40所示的不规则表面。刮削可以加工螺栓连接接合面。刮削也可用于加工轴承表面纹理，使它们更好地储存润滑剂。

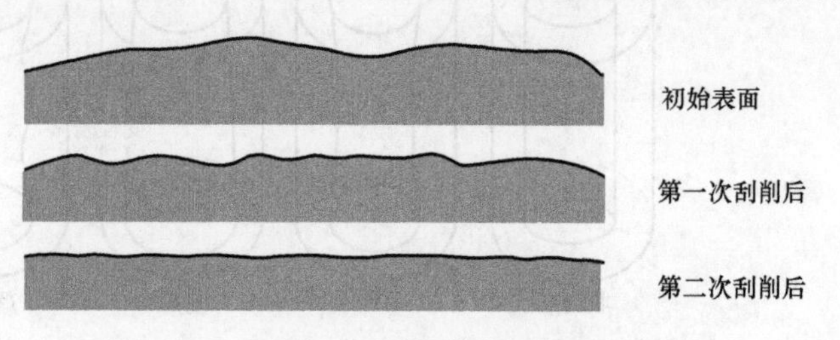

图7.2.40 连续刮削可以修整形状，最大限度地减少高点（支撑点）之间的距离

加工一个平面要经过多道复杂工序，首先要从三个面开始，即A面、B面和C面，为了去掉扭曲，一个面必须旋转90°形成一个新的支撑点。对于平整度大于1/2μm的情况时，经常使用局部的测量技术（例如，用自准直仪进行网格直线度的测量）。图7.2.41所示为使用平板制作直尺的过程，先用检验平板刮削出直尺空白的一面作为基准面。面2也被刮削成平面作为基准面，且通过使用高度规使面2平行于面1。接着面3也被刮削成平面作为基准面，且通过反转直尺（这样面1到达顶端），使之垂直于面1和面2，以面3的底面为基准，用侧

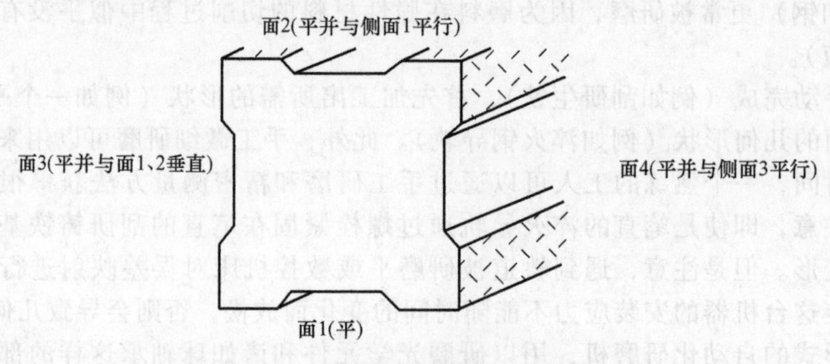

图7.2.41 刮削直尺的过程（来自Moore）

[26] 刮削是一道工序，[illegible]描述了“如何”进行刮削，该部文献是T. Busch，Foundments of dimensional Metrology，Delmar Publisher，Alban，NY，1964. 一篇图文并茂描述如何刮削和研磨一精密机械组件的文章，W. Moore，Foundations of Mechanical Accuracy，Moore Special Tool Co.，Bridgeport，CT。

位测量工具检测刮削面 4 使其平行于面 3，方法与利用面 1 刮削面 2 相同。通过耐心地不断重复和一定的技巧，在限定的重力变形内就可以获得几乎任何所需的直线度和垂直度的边界。

平面和直尺的制作方法结合其他一些刻线[27]的方法，为大多数精密仪器提供了基础。因此，为什么说精密刮削的灭亡是自身导致的也就不足为奇了：随着越来越精密的机器利用刮削制造出来，这些机器就能够制造以前必须用刮削加工的机器。最近，在制模工艺过程中引进的零收缩环氧树脂，减少了表面刮削的需要。它也更加普遍运用到相对运动表面，在它们之间填充特殊环氧树脂。刮削永远不会灭亡，但它可能会逐渐消失。然而，需要注意的是，熟练的刮削师可以补偿载荷作用导致的不可预知的挠度，这个技能很难编入机器的程序中。

10. 单点金刚石加工[28]

微观尺度上的切削刃呈锯齿状，撕裂了工件的表面。另一方面，通过比较，一个金刚石车切削光滑、锋利的切削刃使得它切削表面后能够得到纳米级的表面粗糙度。精度取决于机器的特性，但一般来说，金刚石车削中心是目前最精密的机器，其中一些机器的加工形状精度可以达到 $10^{-5} \sim 10^{-6}$。然而，我们应该注意到，铁合金不能用金刚石刀具加工（除了在某些情况下，比如在纯甲烷气体中），必须镀上其他金属（例如，用化学镀镍），而且只能电镀。金刚石可加工的材料包括铝、黄铜、铜、铍、金、银、铅、铂金、碲化镉、化学镀镍、碱金属卤化物（盐）、硫化锌、硒化锌、锗、大多数塑料和可加工陶瓷[29]。金刚石加工已是用于生产许多常见物品上的精密部件的经济的加工方法，如隐形眼镜、复印机、激光打印机、计算机硬盘、录像机等。

11. 车削

车削是将工件装夹到机床上并旋转，机床控制刀具位置使之沿径向和轴向运动，最终去除金属的过程。和铣削一样，车削是一种最有用、最常见的加工方法，车削加工可以获得 $10^{-3} \sim 10^{-4}$ 的精度和 Ra 为 0.5~0.25μm 的表面粗糙度。典型的偏斜度在 0.2~1.0 之间。车削中心最大的进步之一是加入了动力刀具，动力刀具是一个旋转刀具（例如，立铣刀或钻头），可以用来切槽、钻孔等。工件仍然固定在车床的主轴上，通过这种方式，可在持续装夹的情况下，完成对工件的其他加工操作，从而最大限度确保工件尺寸加工的精确性。在某些情况下，动力刀具可以作用于转动的工件，从而加工出非常复杂的形状，如深螺纹。

7.2.4　处理工艺[30]

在获得期望的零件形状的加工工艺过程中，会形成锋利的边缘，污垢的积累和产生内应力。锋利的边缘是一个安全隐患，它会增加装配问题，并且在受到撞击的情况下会产生许多明显的凹痕。污垢会影响装配或污染清洁系统，内应力可以威胁到零件长期的稳定性和结构的完整性。因此，确定一些合适的工艺过程来解决这些问题非常重要。此外，使用软材料加工出理想外形的零件，有时必须提高其强度、表面硬度、耐磨性和耐蚀性。

7.2.4.1　清洁和去毛刺

工件加工完成后，我们需要清理碎屑、冷却液以及污垢，这点无可厚非。然而，我们还必须考虑清除完工件后会出现什么情况。例如，一个钢制工件，清洁处理后等待装配，在此

[27] 人们通过使用圆规可以将长度分成两部分。你还记得高中几何如何做到这一点吗？正是通过这些简单的工具，使得制造科学发展到今天的地步！这难道不是很有趣吗？

[28] 对于光学元件的加工技术，包括单点金刚石加工的详细讨论，请参阅 R. R. Shandin and J. C. Wyan (eds.), Applied opticsandoptical Engineering, Vol. X, Academic Press, New York, pp. 251-387。

[29] G. Sanger, "Opical Fabrication Technology, the Present and Future", Proc. SPIE, Vol. 443, Aug. 1983。

[30] 如需详细资讯，请参阅，Metals Handbook, Vol. 4 and 5, published by the American Society for metals, Metals Park, OH。

过程中不能闲置很长时间，否则它的表面将会生锈。设计工程师在指定材料和工艺时，必须将这些制造方面的考虑纳入设计。例如，在钝化这种特殊的清洗过程中，需要用酸浴来除去不锈钢表面的亚铁粒子。这些粒子在加工过程中会渗进不锈钢中，如果不清除它们，可能使不锈钢的表面氧化和变色。

在机械制造中，有许多去除毛刺的方法。设计工程师不需要过多担心使用哪种方法（制造工程师可以确定最佳的方式去清理工件上的毛刺）。然而，设计工程师应意识到为什么要清理工件上的毛刺：①毛刺锋利的边缘可以伤害到人；②锐边如果受到其他物体的碰撞，会形成凹痕，凹痕将破坏其他工件表面的平整度；③毛刺有可能脱落并堵塞润滑系统；④锐边使零件装配起来更加困难。因此，只要有可能，在设计零件的边缘时应大量使用倒角。

工件表面的不规则和毛刺可以通过一些工序来去除，去除毛刺的过程称为抛光。抛光涉及工件表面与一个光滑而坚硬的工具之间相互摩擦。例如，作为一种抛光工件内径的方法，滚磨抛光是使用一组滚柱，使其受力并呈放射状向外运动。所有抛光操作都有使工件不会变形、改善疲劳和提高耐磨性的优点，这是因为工件表面受到的力是纯压应力。对于工件来说，纯压应力就像流体引导一样降低了它们的流动阻力。

7.2.4.2 减少内应力

铸造、焊接、切削加工或一些其他的加工方法，从根本上改变了工件的内部和外部形式，从而诱发应力。随着时间的推移，内应力作用于零件上使其扭曲[31]。内应力和残余应力被认为是造成工件尺寸不稳定的主要原因之一，因此在一些关键的应用场合，在粗加工之后，最终加工（例如，磨削、刮削、研磨或珩磨）之前，有必要对工件进行退火或减小工件内应力（例如，铸造的铸件）。此外，如果压应力被自然拉伸，或者零件处于腐蚀性环境，那么将加快零件裂纹的产生和表面侵蚀的速度。

另一方面，有时候人们又希望促使工件表面产生残余压应力，以增加零件的疲劳寿命。在重载轴承的应用方面，这种做法非常正确，因为这时相对于零件尺寸的改变，疲劳失效更应值得我们注意[32]。残余压应力可以加在那些通过渗碳或渗氮处理的精密的钢表面。在后一种情况下，如果选择了适当的合金（例如，渗氮合金），那么零件的尺寸稳定性可以长久的保留，这点我们之后讨论。对于非精密零件，我们可以通过喷丸处理来解决残余应力的问题[33]。

1. 热处理

历史上，最常用来释放内应力的方法是对工件进行热处理，通常随着温度的升高，会导致材料的相变，然后给定时间，慢慢地让材料冷却，使之产生另外的相变，而这种相变不会产生任何内应力[34]。这个过程可消除材料中的位错，从而消除内应力。图 7.2.42 所示为常用钢材的一般相图，这里有一些可以使零件更稳定的处理方法，包括正火、完全退火、亚临界温度（低温）退火、球化退火。

铁质零件经过热加工（例如，铸造、锻造、轧制等），通常具有不均匀的结构、晶粒尺寸和硬度。正火是一个使整个材料的这些属性均匀化并消除内部应力，以便进一步处理或达到尺寸稳定性的过程。正火包括加热到50~60℃，在图 7.2.42 中 A_3 和 A_{cm} 线以上。正火引起材料的相变，使它从以前的状态到均匀的奥氏体结构（在原子之间，面心立方结构的填充效率

---

[31] 参阅例子，“Surface Integrity，” Manuf. Eng.，July 11，1989（adopted from the Tool and Manufacturing Engineers Handbook series from SME）。

[32] C. Stickel and A Janotik “Controlling Residual Stresses in 52100 Bearing Steel by Heat Treatment，” Residual stress for Design and Metallurgy，American Society for Metals，Metals Park，OH，1987。

[33] 对于其他各种利用有益残余应力的方法及如何测量它们的讨论，参阅 W. Young（ed.），Residual Stress in Design，Process，and Materials Selection，（Proceedings of the ASM Conference on Residual Stress，April 1987）。

[34] 为了更准确地描述退火过程，需要考虑特殊材料的平衡图。

为 74%)，冷却速度将决定较硬的渗碳体（Fe_3C）、较软的铁素体（体心立方结构有 68% 的填充效率）和微观结构特征（珠光体）的形成。因此，如果材料被快速淬火，正火过程就变成硬化过程。正火之后，通常要求回火，用来修改铁素体-渗碳体的比例和结构。

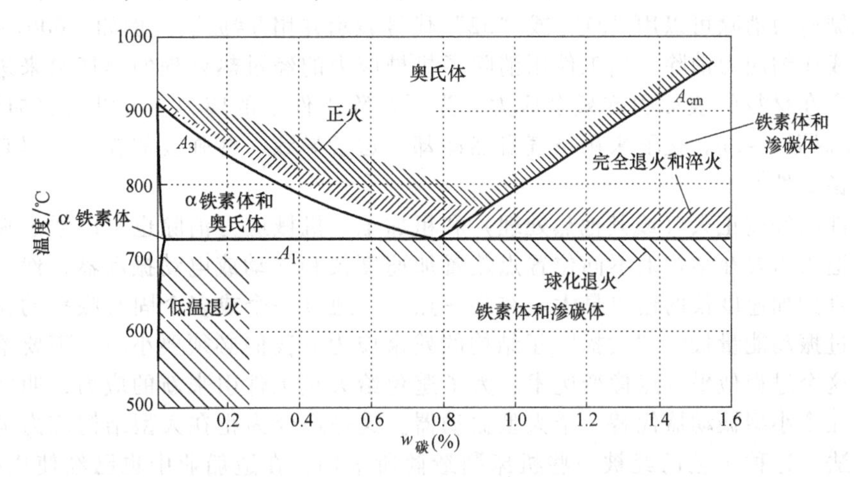

图 7.2.42　钢的相变和热处理之间的典型关系

退火是一个通用术语，用来描述这样一个工艺过程：工件被加热到适当的温度后并在这个温度下保温，接着通过控制冷却速度来达到所需要的性能（一般称作软化）。一个完整的退火过程包括将材料加热直到它达到均匀的结构（例如，奥氏体），然后缓慢冷却到室温。这样会最大化软化材料并产生均匀和稳定的结构。例如，铁铸件刚出模具的时候有脆的白色铁壳，这会导致双金属热变形问题。完全退火可以将白口铸铁层转变为灰铸铁层。一个适当的完全退火，在退火过程中，根据合金和零件的种类，必须慎重选择退火温度、保温时间和冷却速度。如果没有正确选择这些变量，则可能无法实现尺寸稳定性。在一般情况下，温度越高，时间越长，冷却速度越慢，零件的尺寸稳定性越好。然而，这会导致成本最高。

亚临界温度退火或低温退火往往在零件制造过程中的不同阶段之间进行，以减小冷加工产生的应力。例如，工件铸造完成后，它可能会采取完全退火工艺，接着进行粗加工并清除污垢以达到近似的最终尺寸。粗加工操作造成不均匀残余应力分布在工件表面。为了减小这些残余应力，不需要加热整个工件到发生相变的温度，而只需要加热到临界点温度，在低温退火温度下，让内应力产生的力使材料蠕变和松弛。相对于完全退火，这是一个相当经济的（比率为 2~3）工艺过程。

当铁质工件从奥氏体状态冷却后，产生的结构是由铁素体和渗碳体的交织层组成的，其比例和结构取决于冷却过程。这种结构往往不是尺寸最稳定的状态，因为晶体通常在温度下降到它们锁住其位置之前，没有获得足够的时间形成一种自由的状态。为了使晶体完全放松，需要完全软化材料，必须允许碳化铁（渗碳体）粒子聚集并形成小珠（球），然后由软铁基包围。这就是所谓的球化退火。它要求材料要被加热到仅低于图 7.2.42 所示的 A_1 线，然后在该温度保持一段时间，这也许要持续好几天的时间，或者从正火温度随炉自然冷却，这可能也需要持续好几天的时间。完全球化过的钢是很软的，这使得它很难被切削加工，但是很容易被冷加工（例如，冷成形管）。这种软态材料具有最大的金属稳定性，但同时强度最低。

2. 机械应力消除

热应力消除的最大的问题是它很耗能，并且会造成工件表面氧化和变色，除非工件是在惰性气体环境中退火，但这又是一个非常昂贵的过程。另一方面，如果一种材料具有很高的残余应力而且允许它放在那里几千年，它最终也将达到松弛的状态。机械应力消除是加速松弛的过程，它包括充分地拉伸或压缩工件或者毛坯，通常造成1%~3%的塑性变形。它产生的塑性流动会消除内部应力并有助于达到尺寸稳定。这个过程最常用于增加热处理的铝合金工件的尺寸稳定性，以便于大量的材料可以用于加工飞机部件，减轻飞机质量。基本回火后的铝合金的机械应力消除可以用“51”或“52”代号表示并用T#标识（例如，6061~T651）分别表示拉伸或压缩应力消除。当工件用消除了机械应力的经过热处理的铝坯料来进行粗加工时，那么将会在材料的表面引起残余应力。为了消除工件上的应力，可以将它加热到175~205℃之间并保温1~2h，接下来用空气自然冷却。这会导致一些强度的损失，但是将有助于保证尺寸的稳定性[35]。

一旦工件已经过正火（或其他热处理）和粗加工，机械应力消除也可以通过振动退火来实现。振动退火需要在结构上不同位置点放置加速度仪和气动或电动振动器，然后调整振动器的频率，直到加速度仪的输出最大。在某一点上，通过一个或多个固有频率的振动器来激励结构，通过振动能量最终“动摇”了结构的残余应力。我们必须要小心，不要给结构施加新的应力，这个过程似乎有点像变魔术。为了避免给大型工件引来新的应力，明智的做法是在局部应用几个小型振动器代替一个大型振动器。这是迄今为止在大型结构应力消除方面最为节能的方法。这种工艺已经被一些机床制造商所采用，在造船业中也已经使用很多年了，因为用传统方法给轮船退火是不切实际的。

7.2.4.3 硬化热处理

热应力消除的过程通常使材料处于较软状态。对于磨损表面或强度很关键的场合，工件的冶金性能可通过加热或应变硬化来改变，以提供所需的耐磨性和强度特性。当施加低载荷，耐磨损性是首要关注的问题时，表面硬化处理优于淬透处理，因为这比较便宜且使材料的尺寸状态较稳定。接触应力是表面厚度的函数，必须保证其小于淬硬层的屈服强度，如果材料中的应力过大、过深，就必须采用淬透处理。

各种表面处理手册认为硬度是表面厚度的函数，这个信息可以和接触应力的计算公式结合起来确定合适的表面硬化处理方法。可以通过以下公式近似地描述普通碳钢和低合金钢的抗拉强度与布氏硬度HBW之间的关系[36]：

$$\sigma(\mathrm{MPa}) \approx 3.45\mathrm{HBW} \tag{7.2.1}$$

$$\sigma(\mathrm{psi}) \approx 500\mathrm{HBW} \tag{7.2.2}$$

也可以用洛氏硬度（用HRC表示）来描述材料的抗拉强度[37]：

$$\sigma(\mathrm{MPa}) \approx 3.45\left\{\frac{1590}{122-\mathrm{HRC}}\right\}^2 \tag{7.2.3}$$

为了确定金属的失效条件，有时假设最大许用切应力为

$$\tau_{\text{最大金属}} \approx 0.5\sigma_{\text{抗拉强度}} \tag{7.2.4}$$

应力是工件接触部分表面厚度的函数，可以在第5.6节的赫兹接触应力的讨论那部分找到。当基体和镀层材料的弹性模量大约相同时，赫兹方程就可以使用。当弹性模量不同（如在铝上镀铬）时，需要更详细的解决方案[38]。

---

[35] 参阅：《金属手册》(Metals Handbook) 第4卷，上面更详细地讨论了如何加工铝和其他合金，一个可取的消遣活动是每周花几个小时阅读《金属手册》(Metals Handbook)。

[36] $1\mathrm{MPa}=10^6\mathrm{N/m^2}$。$1\mathrm{psi}=1\mathrm{lb/in^2}=6890\mathrm{N/m^2}$。

[37] F. McClintock and A. Argon, Mechanical Behavior of Materials, Addison Wesley Publishing Co., Reading, MA, 1966, p.448。

[38] 参阅：Y. Chiu and M. Hartnett, "A Numerical Solution for Layered Solid Contact Problems with Applications of to Bearings," J. Lubri Technol. Vol. 105, Oct. 1983。

1. 局部加热

当钢件表面硬化后碳质量分数大于 0.3%时，钢件表面可以通过迅速加热来硬化，这时内部结构还没有足够的时间来加热。局部加热时的热源可以沿工件移动，工件内部作为一个吸热器来对外表面进行淬火并使它硬化。通过这种方式可以确保大部分的材料保持冷却，维持了材料的尺寸精度。这个过程往往用于硬化铁质齿轮轮齿和轴承这些全铸铁结构的工件，选择局部硬化时，有许多方法，包括火烧、激光加热、电子束加热、感应淬火。当铁合金含碳量不足时，可以在局部加热的同时使外部添加的新元素扩散到微观结构中，从而使得材料表面冶金性能发生变化。这些过程最常用的方法包括渗碳和渗氮。

2. 渗碳

为了使有色金属材料的微观表面结构得到足够数量的碳，有必要将工件放入富碳环境中，并且在 900℃的温度下，加热 6~72h。时间长短取决于所需的硬层厚度。在适当的温度下保温后，工件必须再进行淬火，因此最终研磨也是必要的，以消除不均匀淬火诱发导致的热翘曲。尺寸变化量在 0.25%~1%之间。通过这种方式可以达到从几微米到几毫米的渗碳层深度。

3. 渗氮

可以用氮对含合金元素（例如，铝、铬、钼、钨、钒等）[39]的钢的表面进行硬化。零件必须先进行热处理，且回火温度至少要比渗氮温度高 30℃以上。工件最终的尺寸完成后，要去除任何脱碳表面材料。这时将工件放入温度为 495~565℃的富氨环境（气体或液体）中，持续 10~120h。氮扩散进入钢后，形成深度超过 0.5~1mm 的硬（洛氏硬度超过 65HRC）耐磨氮化物。需要注意的是典型的淬火和回火轴承表面洛氏硬度接近 55~65HRC。

渗氮也将有助于提高零件疲劳寿命和耐腐蚀程度。此外，由于温度相对较低，工件可以随炉缓慢冷却，渗氮零件的尺寸稳定性比经过淬火和回火处理后更高。由于外部碳化物的体积的增大而导致芯部在受到张力的情况下被压缩，如果工件不对称，就会产生扭曲变形，而且应避免尖角和边缘，因为在渗氮过程中会形成脆性凸起。这些凸起是很脆的，因而容易崩角。同样，薄或尖的部分即使通过渗氮但依然很脆弱。在同样的渗氮周期下对不同批次的相同零件渗氮，结果尺寸的变化是相同的。一个测试零件可以经过渗氮和计量，随后定出加工余量，以补偿尺寸变化。由于渗氮后的外层和芯部处于静态平衡状态，因此最后在工件表面进行研磨是允许的。在外部去除量超过几微米会引起应力平衡失调，从而导致尺寸变化。如果必须磨削一个工件，那么在磨削过后，工件要放入 565℃环境中进行 1h 的稳定处理，然后再进行精磨或研磨。精密零件，如渗氮合金量块，只需在渗氮后进行精密研磨，就能保持高度的尺寸稳定性。

尽管渗氮处理比其他表面硬化处理方法昂贵，但是渗氮可以让各种不同类型的工件在未硬化的状态下完成尺寸处理。其他过程，如渗碳，往往需要工件完成精磨后才能进行。节约的加工成本往往可以抵消处理过程增加的成本。对于需要表面硬化的精密部件，渗氮是一个很不错的选择。

4. 喷丸

材料的表面可以通过施加纯压应力达到稳定，这样做，反过来也不容易出现在表面形成初始裂纹，以及裂纹扩展到材料内部的情况。形成这种表面层的方法之一就是直接在工件表面喷射细小、高速的丸流，称为喷丸。喷丸也有助于强化表面键合，形成数千个微小的碟形小坑，增加了表面积，从而增强了键合点的剪切强度。

5. 穿透淬火

当零件横截面处受到较大载荷时，我们就必须对零件进行穿透淬火。一般来说，如果一

---

[39] 注意，离子注入技术也可以应用到表面渗氮，参阅 J. Desterfani，Ion Implantation Update，Met. Prog.，Oct. 1988。

个精密机械零件受到很高的应力以至于它需要穿透淬火，那么这个零件不会是高精度零件或者零件设计得很糟糕。当然，轴承和模具组件例外。有些材料（如铁合金）很硬，它们只能通过磨削或者研磨来获得最终尺寸公差。其他材料如铝，硬化后可以很容易地加工。

为了可以进行硬化，零件表面的材料必须含有适量的合金元素，选择适当的合金和硬化方法可是一项艰巨的任务。因此，明智的做法是列出工件要求的所有的工艺过程变量和运行条件，然后与材料工程师或主要材料供应商进行协商。7.3 节还讨论了机床部件的选材所涉及的一些基本问题。

无论使用哪种硬化方法，在零件穿透淬火前零件设计的准则是：

1）考虑淬火工艺以及它将如何影响工件的形状。如可能发生什么样的差速冷却从而导致工件变形？

2）工件的形状将如何影响硬度与深度的函数关系，它重要吗？对于非常厚的工件，外边缘附近将迅速被淬火，而要淬火到中心部分则会慢得多。

3）不要硬化螺纹孔或者其他具有凹槽的零件，因为它们存在高的应力集中因素，容易成为初始裂纹的主要位置。所以把所有的边角都加工成圆角，如果一个坚硬的零件通过螺栓固定在某个地方，最好用钻和镗的方法加工将要硬化的工件，在软金属上加工螺纹，然后用其连接硬化后的零件。

4）一般情况下，淬硬钢只能通过研磨、电火花或电化学手段进行精加工。设计师应与制造人员协商，一旦工件硬化，应确保能够顺利完成工件的加工。

7.2.4.4 镀膜

当零件表面没必要和芯部使用相同的材料时，镀膜是一种有效的方法，这种方法允许零件芯部的材料是一种廉价的或易于加工的材料（如钢），而外层的材料是昂贵或难以加工（例如，铬或镍）的材料。三种常见的镀膜方法是：电镀、化学镀和真空沉积。电镀最常用的金属是锡、镉、铬、铜、铂、钛和锌。电镀工件时，将工件放入一个充满溶解盐的大容器中，工件作为阴极，镀层金属作为阳极，当施加直流电压后，镀层金属离子向工件迁移，接触工件，释放电子并依附于工件上。对于精度要求高的表面，最常用硬铬电镀。镀层厚度可高达 0.75mm，硬度接近 65~70HRC。电镀并不能使表面缺陷变得光滑，所以在许多情况下，硬金属电镀到工件表面后，必须要进行磨削、研磨或者珩磨。不幸的是，会产生主要依赖于工件形状的镀层厚度不均匀现象。

化学镀是一种化学过程，它为工件的整个表面提供了近乎一致的镀层厚度，而且几乎与工件的复杂性无关。镍是最常见的化学镀的金属，它提供的防腐蚀效果比硬铬高一个数量级。化学镀镍板的硬度只有 45~50HRC。通过热处理（在 400℃ 持续保温 1h），可以获得的硬度为 60~65HRC。需要注意的是，在不同的应用场合，硬铬磨损因数可小于 2~5[40]。金刚石机床通过磷质量分数近似为 12% 的化学镀镍后变得很好[41]。同样也可以将一个经过化学镀镍处理过的表面浸在聚四氟乙烯中，从而将滑动摩擦因数减小到 0.06 附近。镀层的厚度也是有自限性的，它给工件的所有部分提供了平滑的组织。一般情况下，化学镀镍用于对稳定性、金刚石切削加工性能、耐磨性和硬度有要求的精密机器部件。

真空镀膜是一种比较经济的在材料表面镀薄膜（例如：0.5μm）的工艺过程。它可以使任意一种材料沉积到另一种材料上。因此经常被用来镀金或银以形成反射表面。大型望远镜的镜面是用气相沉积方法将一薄层铝镀到磨光的玻璃板上而制成的。

在恶劣的环境中工作的零件，可以应用热喷涂技术镀膜。这种工艺广泛使用在飞机发动

---

[40] 来自乐思公司（ENthone Inc.）的产品资料，西黑文（West Haven），康涅狄格州（CT.）。

[41] C. Syn, J. Taylor and R. Donaldson, Diamond Tool Wear Versus Cutting Distance on Electroless Nickel Mirrors, Proc. SPIE, Vol. 676, 1986。

机上，热喷涂工艺可以在表面上喷涂多种不同的材料，用于不同的目的。首先把所用的涂层材料加热到熔融或半熔融状态，然后向基板以足够的速度喷出，以产生所需的黏结强度[42]。

7.2.4.5　阳极氧化处理

铝是一种可用于机加工的良好材料，它具有优良的传热特性，但它的耐磨性较差。另一方面，氧化铝，作为磨料具有良好的磨损性能。为了提高机床部件（例如，空气轴承导轨）中铝的使用性能，可以对铝件进行阳极氧化处理使其形成氧化层。阳极氧化工艺与镀膜工艺相反，在电解电路中，工件作为阳极，随着内部化学反应的持续，通常在工件表面增加了薄薄一层氧化铝。不同于钢上面那些不硬、不紧密且容易脱落的铁锈，这里形成的氧化铝比基体材料更坚硬、更紧密且很好地依附在铝的表面。随着阳极氧化的进行，工件上不会有新的材料增加，所以工件尺寸基本上没有增加，氧化层的厚度通常只有 1~100μm。因此，可能只需要对工件进行精磨、珩磨或研磨。根据这个工艺，可以在显微镜下观察到阳极氧化层上有许多孔，这样就可以在它上面染上几乎任何颜色，也可以用聚四氟乙烯（例如，Teflon™）浸渍或使用其他润滑剂使它自润滑。

7.3　材料

有成千上万的不同种类的金属、塑料、复合材料及陶瓷可供设计工程师选用。即使在一个特定的子群（如铸铁），也可能存在数百种不同的选择。估计一个机器设计工程师很难熟悉各种不同类型的材料，但他应该知道不同种类材料的基本属性[43]。例如，表 7.3.1 列出了材料的基本类型，机床设计工程师通常在上面进行选择。当为一个不熟悉的应用选择材料时，设计工程师应该经常与经验丰富的材料工程师进行方案讨论。许多表面上看似精心设计的机器零件已经报废在废料堆中，这是因为选择了错误的材料导致其无法应用。

许多书籍和文章列出了不同材料合金和结构是如何影响工件的强度和耐磨（疲劳和耐腐蚀）特性的，并告诉我们应如何根据这些参数选择材料[44]。因此，在本节中对强度和耐蚀参数进行了简要回顾，重点放在材料的阻尼性能和热性能上。

7.3.1　材料的强度特性

对于不同的材料，存在许多不同的失效形式，因此没有单一的强度量度来供设计工程师选用[45]。图 7.3.1 显示了一般材料的应力-应变曲线。在应力小于 σ_P 时，材料表现为线性弹性（应力与应变成正比），即遵循胡克定律。从 σ_P 到 σ_E，材料仍然具有弹性：卸载应力-应变曲线将沿着加载曲线返回原点。到达弹性极限后，一旦去掉载荷，卸载应力-应变曲线将沿虚线（它平行于线形弹性加载曲线）回落到应变轴。塑性变形量就是该条线与应

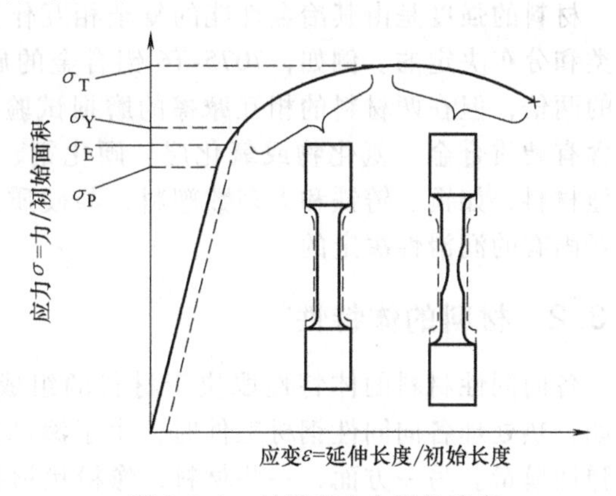

图 7.3.1　材料应力水平的确定

[42] 参阅：G. Kutner, "Thermal Spray by Design", Met. Prog., Oct. 1988。

[43] 成为美国金属学会（Metals Park, OH 4407）中的成员是个不错的主意，它使你能收到它们的杂志 Advanced Materials and Process，这将帮助你随时了解所有类型的新材料。一年一期的 Advanced Matierals and Processes Guide to Selecting Engineered Matierals 特别有用。

[44] 例如，the Metals Handbook (Volumes 1-7), published by the American Society for Metals, Metals Park, OH。

[45] 参阅：J. Shigley and L. Mitchell, Mechanical Engineering Design, McGraw-Hill Book, Co., New York, 1983。

变轴的相交点。屈服点通常定义为在应力导致0.2%的永久塑性变形时对应的应力点。极限应力定义为：使试件开始出现缩颈以及随着拉伸的加剧，应力越来越大，直至发生断裂时对应的应力。当然，这是一个简化框图。许多材料如塑料，会表现出迥异的非线性行为。无论如何，对于大多数机械设计工程师来说都是要关注的，关键机械元件表现的行为方式类似于图7.3.1，硬质材料（如淬火钢或陶瓷元件）例外，它在达到屈服点后很快失效却没有缩颈。

一个零件的受力状况常常是相当复杂的，估计什么时候会发生失效，最常用的办法是找到零件的最大等效剪切或拉伸应力。低延展性的硬质材料（如陶瓷）通常在其受到最大拉伸或压应力时发生失效。高延展性材料（例如，大多数金属轴承钢等）在其受到最大切应力时发生失效。在这两种情况下，复杂的受力状况可以简化为一套使用莫尔圆（Mohr's）的等效主应力，或根据使用米泽斯屈服准则（Mises yield criterion）的一般应力状态来计算总体的等效应力。

$$\sigma_{\text{屈服}}=\sqrt{\frac{(\sigma_x-\sigma_y)^2+(\sigma_y-\sigma_z)^2+(\sigma_z-\sigma_x)^2}{2}+3\tau_{xy}^2+3\tau_{xz}^2+3\tau_{yz}^2} \tag{7.3.1}$$

在数学上，这代表了一个半径为$\sigma_{\text{屈服}}(2/3)^{1/2}$的圆柱体轴和三个半径为$\sigma_1$、$\sigma_2$、$\sigma_3$主应力轴的角度相同，回想一下，主应力轴是在切应力不存在的情况下，从使用莫尔圆的一般应力状态得到的。按照允许最大切应力准则，屈服发生在：

$$\tau_{\max}=\frac{\sigma_{\max}-\sigma_{\min}}{2}=\frac{\sigma_{\text{屈服}}}{2} \tag{7.3.2}$$

当然，许用限度必须将安全系数、应力集中、应力循环特性考虑在内。

材料延展性的测量，其实就是测量材料的抗断裂性能，即它的伸长率，它表示材料失效之前的变形程度。断裂韧度是测量裂纹在材料上的扩展能力。脆韧转变温度指的是韧度显著增加时的温度。一般情况下，体心立方体材料（例如，铁素体钢）在低温环境下很容易开裂。面心立方体材料（例如，铝和奥氏体不锈钢）通常被冷却到接近绝对零度，其延展性也不会遭到破坏[46]。

材料的强度是由其冶金性能的复杂相互作用决定的，而耐磨性是由零件表面上的粒子的种类和分布决定的。例如，7075-T6铝合金的屈服强度为462MPa（67ksi），几乎是A36结构钢的两倍，但在两材料的相互摩擦的磨损试验中，钢材会获胜。一般来说，耐磨材料在其表面含有硬质合金、氮化物或氧化层。硬化钢、陶瓷和厚的阳极氧化铝都具有良好的耐磨性。其他材料，如铜、铸铁和大多数塑料，与硬质材料结合使用才会有良好的耐磨性，这是因为前者固有的润滑性决定的。

7.3.2 材料的体特性[47]

各向同性材料的体特性取决于材料的组成和内部结构，通常不是在加工过程中产生的。例如，热处理各向同性钢材工件时，由于滚动应力而没有形成晶粒取向，从而将不会显著影响弹性模量。另一方面，一些材料，像粉状物料，如准备使用类似于热等静压（HIP）之类的工序，就会出现大量特性，这些特性主要取决于材料的制备。关于材料的尺寸特性，主要的体特性是E、η和α。弹性模量E其实就是材料类型对系统弹性常数的影响。泊松比η是测量

[46] 当可能存在疲劳或断裂时，设计者应彻底调查问题所在，如有可能，也可咨询专家。刚开始查阅资料时，有一本很好的参考书，S. Rolfe and J. Barsom, Fracture and Fatigue Control in Structures: Applications of Fracture Mechanics, Prentice Hall, Englewood, Cliffs, NJ, 1977。

[47] 参阅：H. Boyer and T. Gall (eds), Metals Handbook: Desk Editon, American Society for Metals, Metals park, OH, 1985。

材料受到应力作用时，应力方向与其垂直方向上的收缩（或扩展）之比。热膨胀系数 α 定义了单位温度变化所导致的单位长度的变化与原长度之间的关系。对于各向同性材料，通过胡克定律[48]可使这些常数与应力和应变联系起来：

$$\varepsilon_x=\frac{\sigma_x-\eta(\sigma_y+\sigma_z)}{E}+\alpha\Delta T$$

$$\varepsilon_y=\frac{\sigma_y-\eta(\sigma_x+\sigma_z)}{E}+\alpha\Delta T \qquad (7.3.3)$$

$$\varepsilon_z=\frac{\sigma_z-\eta(\sigma_x+\sigma_y)}{E}+\alpha\Delta T$$

$$\gamma_{xy}=\frac{\tau_{xy}}{G} \qquad \gamma_{yz}=\frac{\tau_{yz}}{G} \qquad \gamma_{xz}=\frac{\tau_{xz}}{G}$$

通过莫尔圆（Mohr' circle）可以表明，对各向同性材料，剪切模量和弹性模量有如下关系：

$$G=\frac{E}{2(1+\eta)} \qquad (7.3.4)$$

不幸的是，许多材料的拉伸模量和弯曲模量不同。由于弯曲要计算构件的挠度，在表达式中常用弯曲模量直接取代在压缩时通常出现的各向同性的弹性模量 E。因为对于简单的拉伸和压缩，没有横向应力分量（平面应力），如果需要的话，可以引入拉伸或压缩模量。

各向异性材料通常被认为是复合材料家族中的成员（例如，纤维增强材料），但是一些铸造金属和多孔材料也是各向异性材料。然而，即使是制造过程中使用的常用材料，如冷轧钢，也可以定向确定材料的晶粒结构，从而引起工件上高达20%的弹性模量和定向变化[49]。对于大多数机械设计，应使用最小值，在没有各向异性时，取值通常等于材料的杨氏模量。此外，对于所有的多晶体材料，在给定结构（例如，体心立方铁和面心立方铁以及面心立方铝合金）的情况下，弹性模量、泊松比和密度不受合金元素的小剂量添加或热处理工艺的影响，除非它们的晶粒结构优先沿某一特定轴方向排列。例如，永远没有人会告诉你，一个钢支架应进行热处理以提高其刚度。

1. 尺寸稳定性

一个给定材料的零件，随着时间的推移还能够很好地保持它们的形状，是因为将应力限制在零件和材料的尺寸稳定范围之内。大多数材料受到压力（例如，切削力）后，都会产生一定程度的塑性变形，并给材料带来残余应力，因此我们的目标是使净应力水平足够低，这样蠕变率在机器使用寿命内或校正之间可以被忽略。为了最大限度地提高尺寸稳定性，设计工程师应尽量降低对材料屈服强度有影响的应力和残余应力的比率[50]。当金属通过热处理硬化后，金属中可能存在高的残余应力，因此如果可能，最好使用未硬化或者表面硬化的金属。注意那些陶瓷材料，如氧化铝或者氮化硅，通常对化学侵蚀的敏感性远不及金属。将它们放入炉内适当加热，然后冷却，陶瓷材料可以免于受到内应力的影响。此外，像磨削，由于产生最少的错位增长，这使得脆性陶瓷表面结构的塑性变形最小，从而最大限度地降低残余应

---

[48] 各向同性材料在所有方向具有相同的属性。对于各向异性材料（如复合材料），广义胡克定律也适用。例子参见：S. Tsai and H. Hahn，Introduction to Composite Materials，Technomic Publishing Co.，Westport，CT。

[49] 参阅：S. Crandall et al.，An introduction to the Mechanics of Solids，McGraw-Hill Book Co.，New York，1972，pp. 311，也可参阅 F. MeClintock and A. Argon，Mechanical Behavior of Materials，Addison-Wesley Publishing Co.，Reading，MA，1966。

[50] 一个好的经验法则是保持静态应力水平低于屈服极限的10%~20%。

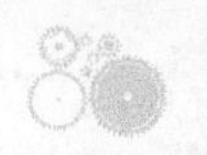

力水平。表 7.3.1 中列出了一些尺寸稳定的材料[51]。此外，零件的装配必须在低应力方式下进行，以确保零件之间的稳定性。

表 7.3.1　在精密机械中使用的各种材料的属性

材料①	ν	E/GPa	ρ/(Mg/m³)	K/(W/m/℃)	C_p/(J/kg/℃)	$K/\rho C_p$/(10^{-6}m²/s)	α/(μ/m/℃)	硬②	$\sigma_{抗压}$/MPa	$\sigma_{抗拉}$③/MPa	$\sigma_{抗弯}$/MPa
(6061-T651)	0.33	68	2.70	167	896	69	23.6	否		≈255	
铝(浇注 201)	0.33	71	2.77	121	921	47	19.3	否		≈100	
氧化铝(99.9%)	0.22	386	3.96	38.9	880	11.2	8.0	是	3792	310	552
氧化铝(99.5%)	0.22	372	3.89	35.6	880	10.4	8.0	是	2620	262	379
氧化铝(96%)	0.21	303	3.72	27.4	880	8.4	8.2	是	2068	193	358
铍(纯的)	0.05	290	1.85	140	190	398	11.6	否		≈345	
铜(无氧铜)	0.34	117	8.94	391	385	114	17.0	否		≈90	
铜(易切削)	0.34	115	8.94	355	415	96	17.1	否		≈125	
铜(贝里铜)	0.29	125	8.25	118	420	34	16.7	否		300~900	
铜(黄铜)	0.34	110	8.53	120	375	38	19.9	否		≈125	
花岗岩	0.1	19	2.6	1.6	820	0.8	6	否	≈300	—	≈20
铁(40 铸造类)	0.25	120	7.3	52	420	17	11	否		≈270	
铁(因瓦合金)	0.3	150	8.0	11	515	2.7	0.8	否		≈210	
铁(超级尼尔瓦合金)	0.3	150	8.0	11	515	2.7	0	否		≈210	
铁(135M 渗氮钢)	0.29	200	8.0	4.2	481	1.1	11.7	是		310~2760	
铁(1018 钢)	0.29	200	7.9	60	465	16	11.7	否		≈270	
铁(303 不锈钢)	0.3	193	8.0	16.2	500	4.1	17.2	否		≈310	
铁(440C 不锈钢)	0.3	200	7.8	24.2	460	6.7	10.2	是		310~2760	
聚合物混凝土	0.23~0.3	45	2.45	0.83~1.94	1250	0.27~0.63	14	否	150	35	45
微晶玻璃	0.24	91	2.53	1.64	821	0.8	0.05	是	—	—	≈60
碳化硅	0.19	393	3.10	125	—		4.3	是	2500	307	462
氮化硅(热等静压)	—	350	3.31	15	700	13	3.1	是	—	—	906
碳化钨	—	550	14.5	108	—	—	5.1	是	5000	—	2200
氧化锆	0.28	173	5.60	2.2	—	—	10.5	是	—	—	207

① 所有属性在 20℃时测得。
② "硬" 指的是材料是否可以承受动态点支撑的载荷（例如，滚动体）。对于耐磨性，几乎可以在任何材料上镀耐磨材料，如化学镀镍或硬铬电镀。
③ 对于金属，已经给出近似屈服强度。

2. 热性能

由于热误差往往是精密机械误差的主要类型，所以应特别注意结构材料的热特性。通常情况下，不仅必须要考虑到材料的膨胀系数，而且还要考虑到材料的热导率和热扩散率。此外，零件的生产方式（例如，将花岗岩固体部分和钢的中空部分做比较）将影响整个零件的温度梯度，从而导致零件的热变形。例如，假定热流沿高度方向穿过，设计用于三坐标测量机的相似异形梁在不同弯曲变形（以花岗岩为标准）时的经验取值：$\delta_{花岗岩}=1.00$，$\delta_{96\%氧化铝(有芯)}=0.60$，$\delta_{固体铝}<0.10$，$\delta_{空芯铝}=0.25$，$\delta_{空芯钢}=1.80$[52]。像在 2.3.5 节中讨论过的，

[51] 需要注意的是氧化锆可以发生相变，这使得其稳定性变差，然而，它是一种强硬的耐磨材料，具有和钢相同的膨胀系数，因此，它在造纸和食品加工等行业用处很大。

[52] K. H. Breyer and H. G. Pressel, Paving the Way to Thermally Stable Coordinate Mearuring Machines, Progress imprecision Enginerring, P. Seyfriel, et al. (Eds.), Springer-Verlag, New York, 1991, pp. 56-76。

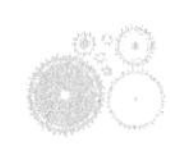

往往最好控制热变形的策略是隔离热源、积极冷却、使用绝热结构、最大限度地提高结构元件的热导率，并积极尝试控制机器和周围环境的温度。

3. 可制造性

设计工程师必须结合制造方法来选择材料和确定零件的结构，尤其是当该零件将被大批量生产时。理想情况下，设计工程师应熟悉所有的材料和制造工艺，这样零件不能被制造的情况将永远不会发生，或者用更完善的结构取代原先的设计，因为设计工程师想到了在现实中无法加工出那样的零件。幸运的是，材料制造商通常比较熟悉不同的制造方法，都很乐意帮助工程师选择材料和制造方法。

7.3.3　材料阻尼[53]

材料阻尼的效果可以很容易地观察到，将你的耳朵对着办公桌，敲击办公桌，然后你将听到声音在衰变。在一台机床上，切削运动可以引发振动，当然其他激励机制（例如，一个稍微失去平衡的旋转组件）也可导致刀锋的偏移，因此有必要建立具有高阻尼的结构以尽量减少这种影响。材料和两个组件接触面之间的能量损失导致了结构中振动的衰减[54]。

尽管已经做了大量的研究，材料的阻尼机理还是很难量化，一般必须依靠实验结果[55]。事实上，阻尼主要取决于合金成分、频率、应力水平和类型、温度。结构的阻尼水平往往比较低，并且阻尼的主要来源经常来自装配的连接处。事实上，人们必须非常谨慎地使用文献中提供的阻尼数据，因为测试这些数据的测试装置的设计并没有经过论证。

有几个用来描述结构能量损耗的量化阻尼系数。系数包括：

η　材料的损耗系数

η_S　材料的损耗系数（几何尺寸和相关负载）

A_r　共振放大系数

ϕ　应力和应变之间的相位角 ϕ（滞后系数）

δ_{Ld}　对数衰减率[56]

ΔU　在一个周期内所消耗的能量

ζ　二阶系统的阻尼因子

各种阻尼系数间的关系可以近似用下式表达：

$$\eta=\frac{1}{A_r}=\frac{\delta}{\pi}=\phi=\frac{\Delta U}{2\pi U} \tag{7.3.5}$$

损耗因子 η_S 可以通过测量试件在各种频率和应力下的增益，由实验方法确定。这使得阻尼可以通过频率和压力的函数来确定。损耗因子可以由下式确定：

$$\eta=\eta_S\frac{\beta}{\alpha} \tag{7.3.6}$$

其中，α 和 β 与载荷和几何形状之间的函数关系如图 7.3.2 所示。系数 n 用来衡量材料的应力。当 $n=2.0$ 时，材料承受低应力。

---

[53] “显著幅度的往复振动或多或少都存在危险，如果发生在精密仪器上是令人头疼的。研究各种导致这种现象发生的实践数据是迫在眉睫的”，T. N. 韦特海德（T. N. Whitehead）。

[54] 机械阻尼器（例如，剪切和调谐质量阻尼器）在第 7.4.1 节中讨论。连接的阻尼在 7.5 节讨论（例如，参见图 7.5.8）。

[55] 关于许多不同微机构产生的材料阻尼，超出了本书的范围。如需详细讨论，请参阅 D. J. Lazan，Damping of Mterials and Members in Structural Mechanics，Pergamon Press，London，1968。

[56] 大多数资料上把振动的原因归咎于对数衰减率 δ，然而，讨论过程中，为了避免和位移标记 δ 混淆，对数衰减率在这里记作 δ_{Ld}。

条件	阻尼能量积分 α	应变能量积分 β
张紧/压缩	1	1
矩形梁(均匀弯曲)	$\frac{2}{n+2}$	0.5
圆柱梁(均匀弯曲)	$\frac{1}{n+1}$	0.33

图 7.3.2 应力分布和阻尼函数，注意，如果 $n=2$，那么在所有情况下 $\beta/\alpha=1$（来自 Lazan）

相位角是低频下表观弹性模量 E_2和高频下表观弹性模量 E_1的比率：

$$\phi=\frac{E_2}{E_1} \tag{7.3.7}$$

对数衰减率 δ_{Ld}是衡量一个自由振动系统（来自脉冲激励）的 N 次连续振荡之间的相对振幅：

$$\delta_{Ld}=\frac{-1}{N}\log_e\left(\frac{a_N}{a_1}\right) \tag{7.3.8}$$

对数衰减也和阻尼因子 ζ、速度阻尼因子 b、质量 m 及二阶系统模型的固有频率有关：

$$\zeta=\frac{\delta_{Ld}}{\sqrt{4\pi^2+\delta_{Ld}{}^2}} \tag{7.3.9}$$

$$b=2m\zeta\omega_n \tag{7.3.10}$$

需要注意的是，二阶系统的共振增益［通过式（7.4.8b）得 $\omega=\omega_{d峰值}$］通过下式给出：

$$A_r=\frac{1}{2\zeta\sqrt{1-\zeta^2}}(\zeta\leqslant 0.707) \tag{7.3.11}$$

表 7.3.2 给出了不同材料的阻尼值。从材料中获得的阻尼量远低于从加了阻尼机构的系统中获得的阻尼量。阻尼机构的范围可以从简单的砂桩到较复杂的剪切阻尼器或调谐质量阻尼器，这将在 7.4.1 节讨论。

表 7.3.2 各种材料的阻尼系数 $\beta/\alpha=1$ [57]

材料	载荷	T_1/°K	T_2/°K	σ_1/ksi	σ_2/ksi	f_1/Hz	f_2/Hz	ζ_1	ζ_2	A_{r1}	A_{r2}
氧化铝								5.00×10^{-6}	1.50×10^{-5}	100000	33300
铝(6063-T6)	弯曲			1	6			2.50×10^{-4}	2.50×10^{-3}	2000	200
铝(纯退火)	轴向	50	300					3.50×10^{-6}	1.00×10^{-5}	143000	50000
铍(18.6%铍)	未指定			2	50			7.50×10^{-3}	4.10×10^{-1}	66.7	1.3
铜(黄铜)	弯曲					50	600	1.50×10^{-3}	3.00×10^{-3}	333	167
铜(纯退火)	弯曲					20	550	3.50×10^{-3}	1.00×10^{-3}	143	500
玻璃	弯曲					10	100	1.00×10^{-3}	3.00×10^{-3}	500	167
花岗岩(昆西)	弯曲					140	1600	2.50×10^{-3}	5.00×10^{-3}	200	100
铁(铸,退火)	弯曲					100	2000	6.00×10^{-4}	1.50×10^{-3}	833	333
铁(低碳钢)	弯曲			2.5	5.5			4.50×10^{-4}	7.00×10^{-4}	1110	714
铅	弯曲					20	160	4.00×10^{-3}	7.00×10^{-3}	125	71.4
聚合物混凝土	弯曲							3.50×10^{-3}		143	
硅酸盐水泥混凝土	弯曲							1.20×10^{-2}		41.7	
石英石(研磨,压力)	未指定					65k		5.00×10^{-6}		100000	

[57] 本表中的信息大多数来自拉桑（Lazan）的早期参考文献，聚合物混凝土的值由甘道夫（Gandalf）公司杰克凯恩（Jack Kane）提供，206 San Jose Drive，Dunedin Florida 34698。

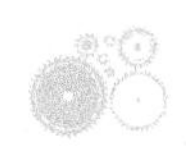

（续）

材料	载荷	T_1/ °K	T_2/ °K	σ_1/ ksi	σ_2/ ksi	f_1/ Hz	f_2/ Hz	ζ_1	ζ_2	A_{r1}	A_{r2}
砂土(来自铝梁)											
只有梁	弯曲					1000	4000	1.00×10^{-3}		500	
50%砂层重量	弯曲					1000	4000	4.00×10^{-2}	9.95×10^{-2}	12.5	5.1
100%砂层重量	弯曲					1000	4000	9.95×10^{-2}	4.10×10^{-1}	5.1	1.3
二氧化硅(熔融，退火)	轴向	73	1073					5.00×10^{-7}	5.00×10^{-5}	1000000	10000
氮化硅(*n*)	未指定							1.25×10^{-5}		40000	
土(混杂)	未指定					6	30	4.99×10^{-2}		10.0	

7.3.4　环境特性

除了能够承受机械载荷，一个零件配置和材料的选择，必须确保其在恶劣的环境下能够符合设计要求。精密机器有可能是在干净的温控房间内使用，但仍要考虑热性能和耐蚀性。

1. 热性能[58]

表 7.3.1 列出了常见的精密工程材料以及它们的热性能。热导率反映材料的导热性能，具有低热导率的材料具有发展为过热点或高温梯度的趋势。正如第 2.3.5 节所示，梯度引起的弯矩导致了阿贝（Abbe）误差。因此，即使材料具有非常低的热膨胀系数（例如，因瓦合金或微晶玻璃），如果它遇到大的热梯度或局部热源，那么用这种材料做成的零件可能比使用散热性能好的材料（例如铝）制造的零件更容易变形。然而，在实践中，精密仪器很少遇到这样的大的温度梯度，因此，最小热膨胀系数往往是决定材料选择的关键因素。材料的比热是材料中可以存储多少热能的量度。和热导率一起，允许设计工程师来决定零件要多长时间能达到热平衡以及尺寸的稳定性[59]。辐射耦合是由材料表面的几何形状、温差和热辐射系数决定的。后者主要取决于零件的表面粗糙度和化学特性。决定使用何种材料是基于热膨胀因素的考量，可能需要通过细致的有限元建模或一个简单的实验来模拟运行环境和机器配置。

2. 耐蚀性能

腐蚀是一个通用术语，指的是许多种不同类型的材料[60]性能的下降。设计工程师必须弄清楚腐蚀的类型，它一般包括：

1）气穴现象。高流速流体经过曲面可以降低压力（伯努利效应）并形成气泡。当气泡移动到一个压力较高的区域时就会爆裂，这就像一个小型的锤子在慢慢地敲击侵蚀材料表面。这在泵的部件中是一种常见的失效形式。

2）疲劳腐蚀。当某一部分受到循环应力时，往往更容易受到疲劳腐蚀。

3）脱锌现象。在锌合金（如黄铜）中，锌会较早受到腐蚀，留下铜和腐蚀产物组成的多孔骨架。

4）微动磨损。当两种类似的材料接触时，两者之间发生轻微的相对运动（亚微米或更大），并排挤润滑剂，使材料的金属键破裂，然后氧化。连续不断的运动会排开腐蚀过程中形

---

[58] 虽然热性能的这部分似乎比较短，但是我们应该还记得第 2 章以热误差为重点的讨论。理想的情况，每一个机器设计者应熟悉热传导课程。

[59] 参阅第 8.8.2 节中的概念设计的案例研究。

[60] 关于腐蚀更详细的讨论，请参阅 H. Uhlig and R. Revie, Corrosion and Corrosion Control, John Wiley & Sons, New York, 1985。

成的碎片，并使这一过程得以持续[61]。

5）高温腐蚀。温度可以加快许多不同类型的腐蚀过程。

6）晶间腐蚀。材料的晶界作为阳极时，往往会发生局部腐蚀。

7）裂层。合金材料更容易发生（如含有锌或铝的铜基合金）。

8）锈蚀。一种局部腐蚀，往往发生在表面未经处理的部分。

9）应力腐蚀断裂。当零件受高的恒定应力（拉伸）时，往往更容易受到侵蚀。

10）过渡区腐蚀。状态的改变（即沸腾的液体）会增加界面处的腐蚀。

11）均匀腐蚀。零件的表面经常被完全腐蚀（例如，常见的铁生锈）。设计工程师必须考虑氧化以及工作环境对部件性能的影响，例如，浸过油的磨光铸铁表面不会像一般磨光铸铁表面氧化得那么快，因为前者表面的微小的孔隙装有油。另一方面，表面硬化的方法如渗氮可使材料表面耐蚀性能增加。为防止均匀腐蚀，往往是通过在表面上形成稳定的氧化物（如铝或镀铬的氧化物）实现。

每一种类型的腐蚀，都可以在各种特定的环境下产生或加剧。例如，一个装有低性能冷却液系统的机床会受到越来越多的旧的冷却液的冲蚀。材料工程师的一项工作是向设计工程师查询该设计的运行条件（然后双检），并根据应用要求选择合适的材料和保护工艺（例如，渗氮或镀层）。

请记住，在材料的选择过程中，不知道不应成为借口。例如，建筑装饰工程公司设计了一个安装在停车场顶楼上的游泳池。为了能承载重量，他们选择了不锈钢绳索，他们认为不锈钢显然是不受腐蚀的。然而，他们所选的不锈钢材料容易在氯离子中发生应力腐蚀断裂。游泳池在安装几年后便撞穿了车库，陪审团发现，该公司的错误在于没有和材料工程师沟通。最糟糕的一点是当时有几个人因此而丧生。

应考虑耐腐蚀材料与其他材料的兼容性，特别是在电解质或腐蚀性介质存在的条件下。例如，当一个铜水管直接与镀锌水管连接时，铜比锌有较高的电势，锌会从钢管上溶解掉，并把其镀在铜管上。即使钢管没有被腐蚀破裂，铜管也会很快被锌堵塞。对机床而言，必须考虑切削液的存在，事实上，如果用户不经常更换或添加适当的防锈剂，切削液往往会偏离中性 pH 值，如果在机器中使用了钢铁和铝组件，在切削液环境中铝可能会慢慢溶解。

在选择材料时要小心和谨慎。不要羞于咨询材料供应商和寻求帮助。如果你没有得到你想要的答案（尤其是问他们为什么要做那样的决定，你可以学习和交叉检查来自不同供应商的建议），那就咨询一个愿意告诉你答案的供应商。请记住，如果设计失败是由于材料的问题，你就会是首当其冲被指责的一个。

7.4 结构设计

和人身上的骨头一样，一台机器的结构提供了机器所有组件的机械支撑。当作为一个机器系统设计来考虑时，有一些主要的设计问题，包括：

1）刚度和阻尼。

2）结构配置。

3）结构连接。

这些问题本质上是设计工程师为了获得精度的相关策略。正如在 2.11 节中讨论过的一样，精度是和测量标准有关的，或许考虑精度最主要的目的是达到系统的可重复性。若没有可重复性，就别指望获得高精度。重复性或许是必要的条件，但不是提供足够精度的充分条

[61] 关于微动磨损更详细的讨论见 5.6 节和 5.7 节。

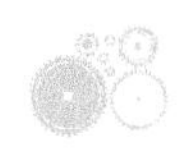

件。精度必须通过一个或多个以下的手段获得：

1）由组件的精度获得精度。

2）由误差反馈获得精度。

3）从计量框架中获得精度。

设计工程师选择的策略对于设计过程中的其余部分有巨大的影响。然而，设计者应遵循一个共同的设计公理：在更先进的设计方法得到应用之前，设计者应该尽量通过比较经济的方法从组件中获得良好的精度水平。这是由于更先进的设计方法似乎只能提供一定程度的改善（例如，误差反馈能提高 10 倍）。机械系统的可控性有时与其组件的质量（潜在的精度）相关，这一点很重要。

7.4.1　刚度和阻尼

如图 3.1.3 所示，结构对于随时间变化的输入的响应取决于结构的刚度、阻尼和质量。因此，对于精密机械而言，良好的刚度和阻尼都是非常必要的条件，且不是独立的充分条件。最常见的一个问题是：一个结构需要怎样的刚度？10.2.1 节中传动装置部分阐述了这个问题，其讨论在此也适用。此外，结构刚度（挠度）的分析方法在本书中已经详细讨论过，大多数工程师也不缺乏接触刚度设计理论。可悲的是，人们在增加结构的阻尼方面往往却不能做什么。如图 3.1.3 所示，阻尼和刚度一样，对性能有着显著的影响。

传统机床由铸铁加工制造，具有中等的阻尼性能。当进行大量切削或做高频振动的机器（例如，磨床）需要更大的阻尼时，有时在结构的腔内填充铅粒或阻尼油以获得较大的黏性和质量阻尼，或填充混凝土以获得较大的质量阻尼。聚合物混凝土得到应用后，铸铁的阻尼性能翻了一倍，且更易铸型。聚合物混凝土目前广泛地应用于高频振动的机器（如磨床）。然而，为了获得更高的速度和精度，我们需要更好的方法去实现阻尼振动。阻尼机构包括剪力板阻尼器和调质阻尼器。

1. 剪力板阻尼器的设计

结构连接长久以来一直被认为是摩擦和微滑动机构的阻尼来源。一项关于结构连接阻尼的研究显示，通过这些机构，很多理论可用来预估阻尼[62]；然而，获得的阻尼量级仍低于所需要的临界阻尼量级，而且想要控制机器间连接表面的参数达到一致是比较困难的。此外，根据机器所要求的精度，正如下面将要讨论的一样，想要达到连接运转的像刚性连接一样的最佳效果，可以通过使用螺栓连接和注浆（或粘合）来实现。一个更好的方法是：通过在机床结构表面采用黏性材料和结构材料交替层来增加阻尼[63]，如图 7.4.1 所示。

为了在结构中设计一个此类阻尼机构，应该考虑到相对运动引起的摩擦效应可以产生阻尼，而且结构的运动一般是离中性轴很远。两种结构的接触表面相对运动方向相反可获得更高级的阻尼。为了适应大量的此类运动和大量的能量消耗，需要一种黏性或弹性材料。对于以速度 v_{rel} 做相对移动的间距为 h 的两个平行板，对黏性材料的切应力为

$$\tau=\frac{\mu v_{rel}}{h} \tag{7.4.1}$$

作为一个关于如何计算获得一定阻尼（功耗）数值的例子，考虑图 7.4.1 中的简单模型，其中随时间变化的力 F 作用于该结构。剪切变形不会导致两个结构梁之间的轴向相对运动，

---

[62] 参阅例子：M. Tsutsumi and Y. Ito, "Damping Mechanism of a Bolted Joint in Machine Tools," Proc. 20th Int. Mach. Tool Des. Res. Conf., Sept. 1979, pp. 443-448；和 A. S. R. Murty and K. K. Padmanabhan, "Effect of Surface Topography on Damping in Machine Joints," Precis. Eng., Vol. 4, No. 4, 1982, pp. 185-190。

[63] 参阅例子：S. Haranath, N. Ganesan, and B. Rao, "Dynamic Analysis of Machine Tool Structures with Applied Damping Treatment," Int. J. Mach. Tools Manuf. Vol. 27, No. 1, 1987, pp. 43-55。

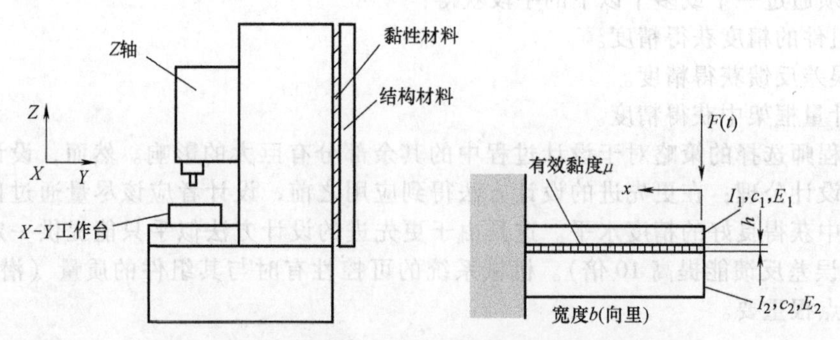

图 7.4.1 采用黏性材料和结构材料交替层增加阻尼

所以只需要考虑挠度。两个横梁必须具有相同的位移，因此：

$$\sigma=\frac{F_1L^3}{3E_1I_1}=\frac{F_2L^3}{3E_2I_2} \tag{7.4.2}$$

$$F_1+F_2=F \tag{7.4.3}$$

每根横梁承受的力为

$$F_1=\frac{FE_1I_1}{E_1I_1+E_2I_2}\quad F_2=\frac{FE_2I_2}{E_1I_1+E_2I_2} \tag{7.4.4}$$

梁上对应位置的应力函数由 $\sigma=Fxc/I$ 给出，其中 c 表示各横梁的中性轴到其外表面的距离。外表面上的合成应力是 $\varepsilon=\sigma/E$。在表面上距离 $\mathrm{d}x$ 处，轴向长度变化是 $\varepsilon\mathrm{d}x$。横梁上的一个点 x，其轴向的位移是

$$\Delta_{\text{axial}}=\int\frac{cFx}{EI}\mathrm{d}x=\frac{cF(L^2-x^2)}{2EI} \tag{7.4.5}$$

速度 v_{rel} 就等于 $\mathrm{d}\Delta_{\text{轴}}/\mathrm{d}t$，并且注意 F 仅仅是时间的函数。沿着其长度的功率耗散是由压力和速度产生的，其中压力由沿梁方向上的切应力和梁宽度 b 以及长度 $\mathrm{d}x$ 确定：

$$\begin{aligned}\Delta\mathcal{P}&=\int\mathrm{d}\Delta\mathcal{P}=\int\frac{\mu bv_{\text{rel}}^{\;2}}{h}\mathrm{d}x=\left(\frac{\mathrm{d}F}{\mathrm{d}t}\right)^2\frac{\mu bc^2}{4E^2I^2h}\int_0^L(L^2-x^2)^2\mathrm{d}x\\&=\left(\frac{\mathrm{d}F}{\mathrm{d}t}\right)^2\frac{2\mu bL^5c^2}{15hE^2I^2}\end{aligned} \tag{7.4.6}$$

对于双横梁系统来说，一个梁的表面处受压，而另一个梁的相邻表面处受拉。联系式（7.4.4）和式（7.4.6），则功耗可以写成

$$\Delta\mathcal{P}=\left(\frac{\mathrm{d}F}{\mathrm{d}t}\right)^2\frac{2\mu bL^5(c_1^2+c_2^2)^2}{15h(E_1I_1+E_2I_2)^2} \tag{7.4.7}$$

在设计前，这个基本方程可以应用到很多方面来优化结构和它的阻尼机制，或对一个现有机构的阻尼机制进行优化。

考虑式（7.3.5）、式（7.3.9）和图 3.1.3。结构的固定频率不可能当成一个性能限制因素，不但绝不能产生共振放大。当用二阶系统模拟一个阻尼结构时，式（3.1.6）（令 $s=j\omega$）得到的结果可以用来表示阻尼固有振动频率与产生最大振幅的频率，则

$$\omega_{\text{d}}=\omega\sqrt{1-\zeta^2} \tag{7.4.8a}$$

$$\omega_{\text{dpeak}}=\omega\sqrt{1-2\zeta^2} \tag{7.4.8b}$$

因此，在阻尼固有振动频率及其峰值处的振幅可以表示为

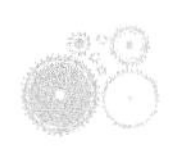

$$\frac{\text{Output}}{\text{Input}}=\frac{1}{\sqrt{4\zeta^2-3\zeta^4}} \tag{7.4.9a}$$

$$\frac{\text{Output}_{\text{peak}}}{\text{Input}}=\frac{1}{2\zeta\sqrt{1-\zeta^2}} \tag{7.4.9b}$$

对于单纯的增加或减少，阻尼因子 ζ 必须大于 0.707。参见表 7.3.2，大多数结构材料的阻尼因子的数量级较低。多年来在各类机器上用传统的材料来设计结构是比较成功的。然而，随着对纳米级精度或高速加工的追求以及对比较难的加工（例如，脆性材料的韧性加工[64]）的追求，现有产品设计的局限性逐渐暴露出来。值得庆幸的是，运用一些简单的方法，如运用上述的模型，可以达到如下所述的临界阻尼。

为了充分利用式（7.3.5）和式（7.3.9），必须找出每个周期损失的总能量和输入的能量。假设输入的力为正弦力，$F(t)=A\sin\omega t$：

$$\Delta U_{循环}=\frac{2\mu bL^5\ (c_1^2+c_2^2)}{15h(E_1I_1+E_2I_2)^2}4A^2\omega^2\int_0^{\frac{\pi}{2\omega}}\cos^2\omega t\mathrm{d}t$$

$$=\frac{2\mu bL^5\ (c_1^2+c_2^2)A^2\pi\omega}{15h(E_1I_1+E_2I_2)^2} \tag{7.4.10}$$

保守计算，一个力循环中对悬臂梁输入的能量是力和速度对于时间的积分：

$$U_{循环}=\int_0^{\frac{2\pi}{\omega}}F\frac{\mathrm{d}F}{\mathrm{d}t}\frac{L^3}{3(E_1I_1+E_2I_2)}\mathrm{d}t$$

$$=\frac{L^3}{3(E_1I_1+E_2I_2)}4A^2\omega\int_0^{\frac{\pi}{2\omega}}\sin\omega t\cos\omega t\mathrm{d}t=\frac{2L^3A^2}{3(E_1I_1+E_2I_2)} \tag{7.4.11}$$

由式（7.3.5）、式（7.4.10）和式（7.4.11）得：

$$\delta_{\text{Ld}}=\frac{\mu\pi bL^2\ (c_1^2+c_2^2)\omega}{10h(E_1I_1+E_2I_2)} \tag{7.4.12}$$

我们感兴趣的是在固有振动频率下的阻尼，所以对于悬臂梁模型，第一个特征频率可用：$\omega_{1\text{d}}=3.52\{(1-\xi^2)(E_1I_1+E_2I_2)/[(A_1\rho_1+A_2\rho_2)L^4]\}^{1/2}$表示，$A_i$和$\rho_i$分别是截面积和密度。还必须考虑其他轴的质量和内部加强肋。作为一个保守的估计，应将集中质量 M_{lump}添加到分布质量上。对数衰减率可由下式求得：

$$C=\frac{3.52\mu b(c_1^2+c_2^2)}{h\sqrt{(E_1I_1+E_2I_2)(A_1\rho_1+A_2\rho_2+M_{\text{lump}}/L)}(1+h/L)} \tag{7.4.13a}$$

$$\delta_{\text{Ld}}=\pi\sqrt{-2+\frac{\sqrt{100+C^2}}{5}} \tag{7.4.13b}$$

大多数结构短而粗实，因此因子（$1+h/L$）是用于修正由剪切变形引起的刚度下降，其中 h 为梁的高度，这一点在传统的特征频率求解中是不计算的。I、A 和 c 的值依据机器的刚度要求而定。对于许多类型的结构，大幅增加结构阻尼（因子为 5 或更大），可通过以下途径来实现：

在一个大的区域形成一个小的间隙看起来可能像是一个昂贵的想法，然而，如果采用制模的方法，就可以较经济地在结构和阻尼机构中加工出光滑表面。在板之间涂抹黏稠液体，然后用一个弹簧预紧机构将它们压在一起，这样可以保持黏性膜。如果螺栓之间连接过紧，螺栓就会有引起金属与金属直接接触的趋势。另一方面，如果连接过松，附加的结构层可能

[64] 参阅例子：K. Puttick et al.，“Single-Point Diamond Machining of Glasses,” Proc. R. Soc. Lond. A，Vol. 426，1989，pp. 19-30。

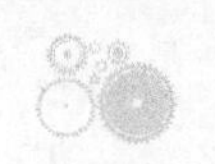

会从主结构上脱落。有时为了达到临界阻尼值 $\zeta=0.707$，需要使用数层的阻尼机构。在其他情况下，如果结构阻尼系数的数量级增加了，我们就认为它足够了。图 7.4.2 介绍了一个设计实例。即使该结构可以整体简化成梁模型，但结构往往还是由板元组成（例如，一个焊接结构或一个较大的铸造结构）。另外，对于一个大的完整的阻尼机构，内部结构的个别板元应加上阻尼机构，以防止它们发生共振[65]。

- 使用极黏稠液体（如 $\mu=2\times10^4\text{cP}=20\text{N}\cdot\text{s/m}^2$）。
- 使用到的小间隙（如 $h=1\sim5\mu\text{m}$）。

黏度($\text{N}\cdot\text{s/m}^2$)	20	增加的质量和(kg)	500
间隙 h(μm)	2	h_{inner} = 因子 $\times h_{\text{outer}}$	0.9
宽度(m)	1	梁厚度(m)	1.107
长度(m)	2	梁内壁厚度(cm)	5.5
弹性系数:$E_1=E_2$(Pa)	1.2×10^{11}	阻尼板厚度(cm)	1.0
密度:$\rho_1=\rho_2$(kg/m^3)	7300	δ_{Ld}	0.539
$K_{\text{期望}}$(N/m)	1.75×10^9	ξ	0.0855
ω_{d}时的振幅	5.82		

图 7.4.2　通过单阻尼板实现结构阻尼的实例

此外，应该指出的是，机器的动态响应取决于惯性、刚度和阻尼。通常情况下，人们通过严格控制这三个变量来调整机器，实现特殊应用要求[66]。

某特定频率下的振幅也可以通过使用调质阻尼器实现最小化。调质阻尼器是由质量块、弹簧和阻尼器连接在一起的机构，安装在机器中需要减小振动的点。选择质量块、弹簧和阻尼器的大小，使它们和机构本身发生非同相位的振动，从而消散能量。调质阻尼器的设计相对简单[67]，它已经成功地应用于许多不同类型的结构中（例如，波士顿约翰汉考克大厦和众多的海上石油平台）。由于机构有无限多的振动模式，调质阻尼器主要是用来防止机器的激励源振动模式或者引发性能递降的振动模式。

2. 调质阻尼器的设计

在一个带有旋转零件的机器（如砂轮）中，往往有足够的能量形成频率为转动频率数倍（谐波）的振动，这会引起机器的某些部件发生共振。这种情况经常发生在悬臂式部件中，如镗杆和一些砂轮修整器。特定频率的振幅也可以通过调质阻尼器实现最小化。调质阻尼器是由质量块、弹簧和阻尼器连接在一起的机构，安装在机器中需要振动递减的点。选择质量块、弹簧和阻尼器的大小，使它们和机构本身发生非同相位的振动，从而减小机构的振幅。

请考虑如图 7.4.3 所示的单自由度体系。该体系包含一个弹簧、质量块和阻尼器。对于一个悬臂式钢梁而言，弹簧表示梁的刚度，质量块与弹簧相结合表示悬臂梁的固有频率，阻尼器使系统每个周期损失 2%的能量。如图 7.4.3 所示，将第二个弹簧—质量—阻尼振动系统添加到第一个上，可减少悬臂梁共振的振幅。该系统的运动方程为

$$m\ddot{x}_1(t)+(c_1+c_2)\dot{x}_1(t)-c_2\dot{x}_2(t)+(k_1+k_2)x_1(t)-k_2x_2(t)=F(t) \tag{7.4.14a}$$

$$m_2\ddot{x}_2(t)-c_2\dot{x}_1(t)+c_2\dot{x}_2(t)-k_2x_1(t)+k_2x_2(t)=0 \tag{7.4.14b}$$

65 市面存在一种产品，它由一边带有黏性胶的薄板组成。[可向 Soundcoat Inc., 1 Burt Drive, Deer Park, NY 11729 (526) 242-2200 购买]. 上述分析可以用来判断产品的性能是否是想要的“最优”性能；如果不是，可以设计一个如上所述的定制的阻尼机构。

66 参阅例子：E. Riven and Hongling Kang, "Improvement of Machining Conditions for Slender Parts by Tuned Dynamic Stiffness of Tool," Int. J. Mach. Tools Manuf., Vol 29, No. 3 1989, pp. 361-376。

67 参阅例子：E. Riven and Hongling Kang, "Improvement of Machining Conditions for Slender Parts by Tuned Dynamic Stiffness of Tool," Int. J. Mach. Tools Manuf., Vol 29, No. 3 1989, pp. 361-376。

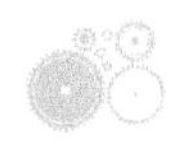

这些方程可以用矩阵的形式表示为

$$\begin{pmatrix} m_1 & 0 \\ 0 & m_2 \end{pmatrix} \ddot{x}_1(t)+\begin{pmatrix} c_1+c_2 & -c_2 \\ -c_2 & c_2 \end{pmatrix} \dot{x}_1(t)+\begin{pmatrix} k_1+k_2 & -k_2 \\ -k_2 & k_2 \end{pmatrix} x(t) \tag{7.4.15}$$

在频域范围内，为了求解系统的运动方程，引入下面的符号：

$$Z_{ij}(\omega)=-\omega^2 m_{ij}+i\omega c_{ij}+k_{ij},\quad i,j=1,2 \tag{7.4.16}$$

通过下面的频率函数给出了元件和阻尼器的振幅[68]：

$$X_1(\omega)=\frac{Z_{22}(\omega)F_1}{Z_{11}(\omega)Z_{22}(\omega)-Z_{12}^2(\omega)} \tag{7.4.17}$$

$$X_2(\omega)=\frac{-Z_{12}(\omega)F_1}{Z_{11}(\omega)Z_{22}(\omega)-Z_{12}^2(\omega)} \tag{7.4.18}$$

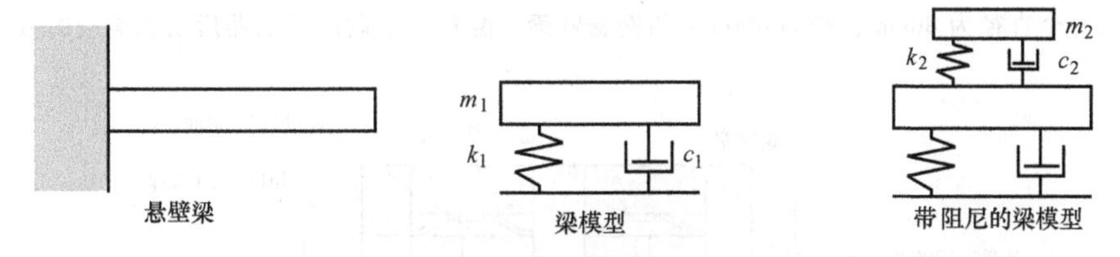

图 7.4.3　悬臂梁、梁模型和带阻尼的梁模型

设计一个机器组件的调质阻尼器系统包括以下步骤：

1）确定阻尼器的可用范围并计算与之相对应的质量（m_2）。

2）确定弹簧的大小（k_2），使组件的固有频率等于阻尼器的固有频率。

3）使用电子表格软件，生成组件振幅与频率和阻尼器阻尼大小（c_2）之间的函数关系图。

例如，考虑设计一个直径为 80mm，长为 400mm 的钢悬臂梁的调质阻尼器。图 7.4.4 显示了阻尼器设计过程中所使用的电子表格的一部分，图 7.4.5 显示了系统的动态响应。

当阻尼器只由一个弹簧和质量块（$c_2=0$）构成时，梁的共振响应基本上可以消除；然而，共振响应分布在波峰的两侧。随着阻尼器阻尼系数的增加，响应变得平缓。如图 7.4.6 所示，可通过在充油孔放置一圆柱体来获得黏性阻尼。可以通过使用碟形弹簧垫圈获得理想的弹性系数。

输入			
模量/(N/m^2)	2.07×10^{11}	缸直径/m	0.025
密度/(kg/m^3)	7800	缸长度/m	0.05
长度/m	0.400	阻尼器密度/(kg/m^3)	7800
直径/m	0.080	阻尼流体黏度/(N·s/m^2)	0.04
孔的径向间隙(μm)	1	阻尼缸的数量	2
计算的梁的属性值			
面积 A/m^2	5.03×10^{-3}		
惯性 I	2.01×10^{-6}	计算的阻尼器的属性值	
一阶固有频率/(rad/s)	1207	阻尼器质量/kg	0.53
刚度/(N/μm)	19.5	阻尼器阻尼/[N/(m/s)]	314
等效质量/kg	13.38	阻尼器刚度/(N/m)	767477
阻尼值(c)/[N/(m/s)]	51.43	单位弹簧的刚度/(N/m)	191869

图 7.4.4　直径为 80mm，长为 400mm 的钢悬臂梁调质阻尼器设计中使用的部分电子表格数据

[68] Ibid., p115。

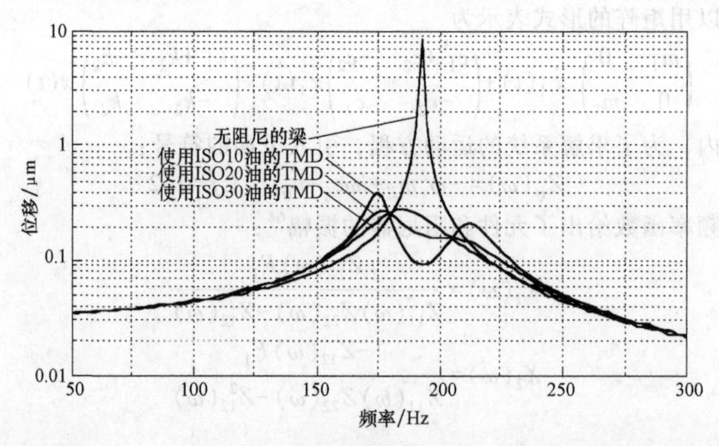

图 7.4.5　一个直径为 80mm，长为 400mm 的钢悬臂梁，配备一个调质阻尼器后动态响应的数值模拟

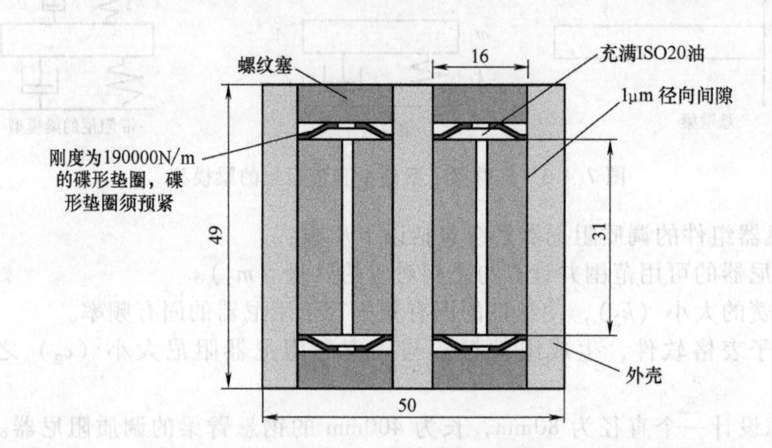

图 7.4.6　直径 80mm，长 400mm 的钢悬臂梁调质阻尼器设计的横截面图

7.4.2 结构配置

或许定义什么是机器的整体配置的最好方法，就是问自己下列问题：

1）原料和成品零件看起来像什么？

2）制造这些零件需要什么类型的工具？

3）将会产生什么种类的切屑，并且产生的概率是多大？

4）机器系统组成部分如何相互作用？

联系设备场景回答这些问题，试着想象一下表面以及它们如何配置在零件及工具周围。如果把结构配置的问题当成是一个拓扑学的问题来解决，创造力可能会有所提高。拓扑学问题中最重要的一个问题是：问题的对称性是什么？大自然显示的对称性体现在美观和功能上。我们也必须考虑已经存在什么类型的结构及它们被研发出来背后的理由[69]。现在我们最好回顾一下 1.5 节和 1.6 节。

减小热量和弹性结构环路，对于运动轴发挥正常功能和维持运转的稳定性是很重要的。

[69] 详尽资料参阅：M. Weck，Handbook of Machine Tools，Vol. 1 and 2，John Wiley & Sons，New York，1984.，此文献提供了许多设计例子，并对实际变形与通过有限元分析法得到的预测进行了比较。也可参阅：R. R. Shandin and J. C. Wyan（eds.），Applied Optics and Optical Engineering，Vol. X，Academic Press，New York，pp. 251-387，详细讨论了金刚石车削机床。

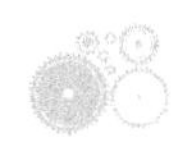

这意味着在结构上，从刀头到工件的路径长度应该是越小越好。夹持刀具的结构与夹持工件的结构之间的弹性结构材料越少，就越有可能使整个系统尽快达到并保持一个稳定的平衡。

值得注意的是，在某些情况下，设计一个轴的刚度是恒定的比轴具有最大的刚度更好。例如，考虑支撑坐标镗床或平面磨床的转轴。当设计有恒定刚度的刀具进入工件时，误差也是恒定的（如果负载不变，这应该是一次成功的切削）。如果采用最大刚度设计，此时的误差要比固定刚度设计的误差起点要低很多，但当轴完全伸展时，误差会增加到恒定刚度设计时的误差。这可能会导致在零件上产生意外的圆锥。另一方面，请记住，最大刚度设计仍然是必要的，因为一些机器经常需要有一个最大刚度点来满足加工的技术要求。

此外，较高的机器更容易受到热梯度的影响。然而，当设计过于紧凑时，你必须小心，因为支撑系统的空间有时会不够充分。而且，当结构在负载作用下变形时，它会改变轴承安装处的几何形状，并会增加几何误差。如果设计不遵循运动学设计，且在安装有轨道或轴承座圈的结构与滑块或是轴的支撑结构之间存在有受力引起的几何变形，就会导致轴承超载。测量框架或定位技术可以用来弥补部分甚至是全部的因结构变形而引起的误差，但成本较高，因此通常优先选择冷却系统来控制热变形，这有助于维持轴承性能。

1. 开放式（C、G）框架

大多数小型机器都设计成开放式框架，如图 7.4.7 所示，这大大增加了固定装置和零件操作的工作空间。注意，机器可以通过定向在水平或垂直方向的主轴来设计。遗憾的是，开放式框架的结构稳定性和热稳定性较小。低对称性会导致不需要的热梯度和弯矩。事实上，如果结构中一个主要部件是悬臂式的，这意味着肯定存在阿贝（Abbe）误差，因此当设计一个带有开放式框架的精密机械时，我们要更加小心。请注意，对于不同类型的机器，有许多不同的设计（例如，铣床和车床）。它们共同的特征是：结构环是开放的。

2. 封闭式（梁型或龙门型）框架

大多数的大型机器都设计成封闭式框架，如图 7.4.8 所示。当 Z 向移动设计为梁型时，为防止梁的偏转（摆动），常常需要一个二级执行机构与主执行机构相协调来使得梁移动。请注意，对于不同类型的机器，有许多不同的设计（例如，铣床和车床）。它们共同的特征是：结构环是闭环的。

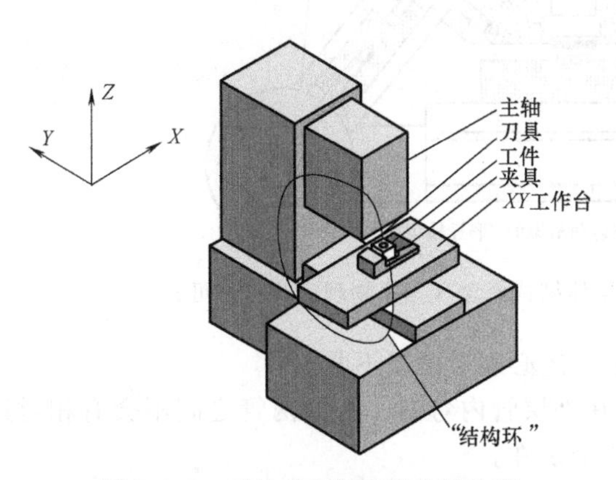

图 7.4.7　开放式框架机床的结构环

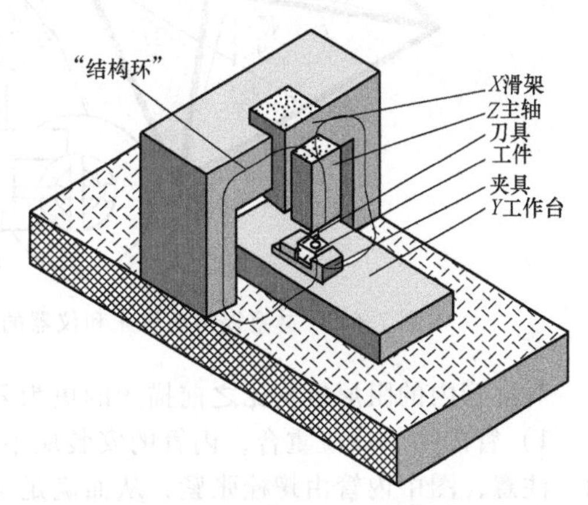

图 7.4.8　封闭式框架（龙门）机床的环状结构

3. 四面体结构[70]

人自然创造了四面体结构，人们发现它是一种非常稳定和坚固的形式（如钻石）。在工程

[70] 笔者在此感谢英国国家物理实验室的凯文林赛（Kevin Lindsey）的盛情接待，他提供的信息使本章节得以完成。

和建筑中，四面体是三角形这一经典的稳定结构的三维形式。英格兰 NPL 的林赛（Lindsey）采取了这些大自然的基本构建块，并添加了精心设计的阻尼机构，这使机床结构有了重大的进步。图 7.4.9 展示了正四面体机床的概念。结构自身出色的动态性能体现在以下几点[71]：

1）通过使用内缸可获得支柱处的阻尼，而内缸通过黏性剪切实现能量的消散。能量通过挤压油膜阻尼和相对滑动阻尼的作用消耗。

2）滑动轴承技术的应用提供了连接处的阻尼，该技术是针对 Nanosurf 2 发展起来的（见 8.2.3 节）。简单地说，林赛（Lindsey）和史密斯（Smith）发现，当聚四氟乙烯（PTFE）层厚度小于 2μm 并与抛光的滑轨表面接触时，产生的摩擦因数比使用较厚的聚四氟乙烯层小，厚的聚四氟乙烯产生的摩擦因数是薄的聚四氟乙烯的 2~3 倍，磨损几乎消除。当紧固支柱处连接节点的张紧螺栓正确拧紧时，滑动轴承接触面提供的高阻尼使四面体支柱结构解耦（它们的动作是相互独立的），但轴承接触面所引起的有限的摩擦力提供足够的支持，使支柱处于一个介于简支梁和两端固定梁的刚度。

3）在关节处的微小滑动不影响机器的尺寸稳定性，这是由于四面体有保持最低能量形式的特点。不像平面连接会由于持续滑动而造成尺寸的不稳定，四面体支柱的球形末端会一直连接在球形的连接节点。

后面的一点有更深刻的影响，因为它在结构中使用了复合材料，从而替代了金属或陶瓷，这一点是很有吸引力的。缠绕型碳纤维管可以通过设计，使其沿长度的热膨胀系数为零，它们可获得的刚度重量比金属高出两倍。想设计一台经济的使用碳纤维优良特性的传统机床是比较难的。

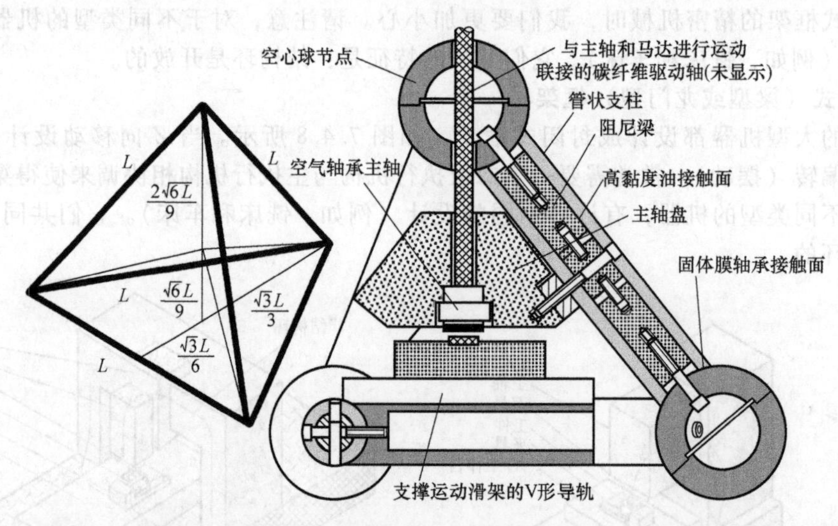

图 7.4.9　林塞提出的机床和仪器的四面体结构概念（国家物理实验室许可）

气缸管内的阻尼机构比之前描述的更为复杂，还必须考虑以下几点：

1）管的中轴线应重合，内管的安装应不会在外层管内弯曲，否则两管之间不会有相对运动。注意，图中内管由螺栓张紧，从而满足了这个条件。

2）如果内管不弯曲，两管之间的间隙将会有所改变。这将导致管间的黏性液体被交替地挤出，并随着外部横梁的振动被吸入。这将产生挤压油膜阻尼。挤压油膜阻尼对内管施加法向的作用力，并导致它弯曲。由此产生的弯曲会导致滑动阻尼减小，所以必须谨慎地选择组

[71] 这一概念受全球专利保护。参阅例子：UK patent 8719169，或联系 the British Technology Group，101 Newington Causeway，London，SE1 6BU，England。

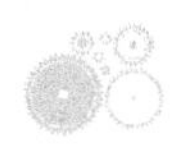

件的相关刚度。

3）为了准确模拟压膜和滑动阻尼的相互作用过程，需要一个直观却又复杂的分析。为了说明如何优化管的相对尺寸，假设不考虑上述的正负效应，功耗可由式（7.4.6）导出，其中 $c=R_1\sin\theta$，$b=R_1\mathrm{d}\theta$：

$$\Delta\mathcal{P}=\left(\frac{\mathrm{d}F}{\mathrm{d}t}\right)^2\frac{2\mu L^5}{15hE^2I^2}\int_0^{2\pi}R_1^3\sin^2\theta\mathrm{d}\theta=\left(\frac{\mathrm{d}F}{\mathrm{d}t}\right)^2\frac{2\mu\pi L^5R_1^3}{15hE^2I^2}\tag{7.4.19}$$

结构应根据不同的应用进行设计。对于一种仪器而言，首要关注的是阻尼。对于一台机床而言，阻尼是很重要的，但刚度可能会更为重要。对于后一种情况，图 7.4.10 说明了如何用刚度、功耗和固有频率来“优化”支柱的内径。

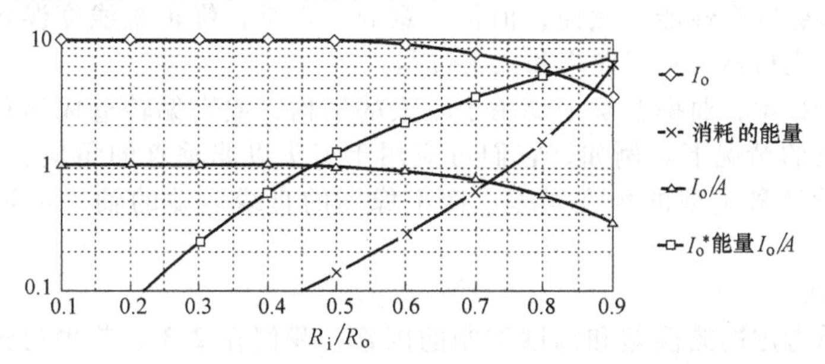

图 7.4.10　长 1m，外径 10cm 的拉伸杆关于管状正四面体组件的弯曲刚度（$\propto I_o$）、固有频率（$\propto I_o/A$）和阻尼（$\propto R_i^3/I_o^2$）的优化

4. 配重和平衡

配重如图 7.4.11 所示，可用来尽量减少重力载荷。这有助于减少伺服电动机所需的保持转矩，这反过来也减小了电动机的尺寸和对机器的热输入。然而，对于一个高精密机床，需要安装导轨来引导配重，并需要安装支撑滑轮的轴承，以获得可以忽略不计的静摩擦力。配重也增加了系统的质量，这降低了系统的动态性能。在静态轴（例如，大型龙门式平面磨床）的情况下，配重增加支撑轴结构的负载，如果是悬臂式结构，那么随着平衡轴的移动，由于平衡轴的重量引起的挠度误差将会变化。后者所造成的影响，可以通过使用补偿曲率来减小，但它们本身也存在问题。另外，也可以使用一个独立的框架和低精度的从动滑架来支持配重。因此配重常用在那些不依靠其他移动轴支撑的轴上（例如，一个典型的三轴加工中心的垂直轴）或大型桥梁型机器的轴上。

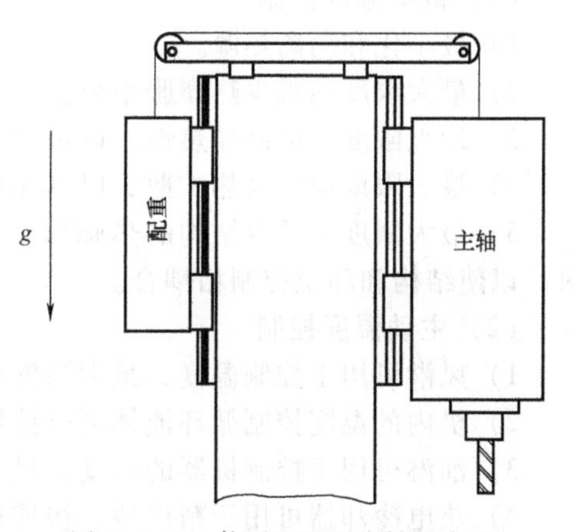

图 7.4.11　使用配重平衡轴的自重

平衡可以是任何一种被动的用于支持在垂直方向移动的轴的重量的方式。活塞已经成功地使用，但是它们会引起摩擦力和失准的力。一个非常有效的平衡方法是使用浮标。如果使用的流体是黏稠的油液，这也会提供黏性阻尼。一些早期的刻线机（用于制作衍射光栅的机器）也使用滑动架，这些滑动架由经过运动学设计的滑动接触轴承引导，而滑动架的大部分重量由充油槽的浮桥支撑，这也有助于提供阻尼。

5. 曲率补偿

任何结构的刚度都是有限的，加上负载后，将产生侧向和角向位移。为了补偿这些偏差，可以通过调整轴的直线度，使偏差的总和和直线度偏差引起的净直线度误差最小。这种类型的校正称为曲率补偿。通常情况下，补偿角度误差非常困难。如果恰当地进行误差估计，它可以作为轴的位置函数，用于标示总误差。误差标示好后，可用于辅助设计一个模型（理想情况下，误差标示的相反方向），来消除导轨设计中的横向误差甚至是角度误差。有时原型的测量误差会决定补偿曲率的形状，然后相应地修正导轨导向。然而，对于生产而言，复杂的曲率补偿比较昂贵，这是因为加工导轨组件时可能需要一个有两轴轮廓加工功能的大平面磨床（罕见）或手工完成。就方法而言，简单的（例如，弓形）曲率补偿可通过在被磨结构的关键控制点加载，在平面磨床上完成。补偿的曲率可以很容易地使用自准直仪测量。

曲率补偿后，当沿轴向运动的部件上的载荷未发生较大变化时（例如，带测量头的轴），该方法是有效的。如果载荷发生很大变化（例如，承载不同重量工件及固定装置的工作台），曲率补偿有时可能会降低性能。然而，值得注意的一点是，修正直线度误差最经济的方法是正确制订出一台特定机器的补偿曲率和加工过程。

运用现代测绘技术，曲率补偿主要用于较大的结构，或当偏转造成的角度误差太大且不能通过另一轴校正的情况下。例如，它们可应用于刀头以非垂直的角度进入工件的情况下。可通过旋转轴补偿这种类型的角度误差，而不像别的直线运动的轴，它只能用于补偿阿贝误差。

6. 温度可控性

关于需要慎重考虑的热误差和温度控制的因素，我们在 2.3.5 节中讨论过，在这里再次强调一下。这是因为实际上如何控制温度会对机器的设计产生巨大的影响。例如，就上文中关于典型机器配置的讨论，我们需要考虑下面的温度控制方法：

（1）被动温度控制

1）最小化和隔离热源。

2）最大限度地减少热膨胀系数。

3）最大限度地提高导热性，以最大限度地减少热梯度。

4）最大限度地提高热扩散，以迅速地平衡瞬态热效应。

5）最大限度地减少结构的热辐射，以减低辐射与环境的耦合，或最大限度地提高热辐射，以使结构和环境控制相耦合。

（2）主动温度控制

1）风淋可用于控制温度，最大限度地降低机器周围环境的热梯度。

2）机内的温度控制循环流体可以控制温度，最大限度地降低热梯度。

3）油淋可用于控制机器的温度，最大限度地降低外部环境对机器的影响。

4）热电冷却器可用于精确地、快速地、动态地控制热点的温度。

每个设计方案都必须考虑到，采用这些不同的温度控制方法会对机器内的温度变化产生怎样的影响。

7.4.3 结构连接

由于任何一条腿太短或地板不平，茶几或椅子就会摇晃，大多数人都有过对这种情况的不满。而且，很多人也有过由于四条腿的办公椅（高质量的旋转办公椅有五条腿）向后翻倒而造成的不快。这两个例子形象地说明了运动学设计原则和弹性平均原则。

运动学设计原则指出，约束一个物体在想要的位置和方向所需要的接触点的数量应控制在最少（即6减去所需的自由度）。这可以防止过约束，从而可得到一个“精确”的数学连续系统模型。运动定位机制的范围从简单的栓到哥特式拱形槽三球连接，如图 7.4.12 所示。然而，如果要达到更高的性能，由于高接触应力的存在，运动学设计往往可能需要使用陶瓷元件（例如，氮化硅球和凹槽）。如果恰当控制应力和腐蚀疲劳，且在负载可重复或预紧力足够高的情况下，通过运动学原则设计的运动系统可根据接触点的表面光洁程度等级实现可重复性（详细讨论见 7.7 节）。如果存在有限的接触面积，可有效地平均出由表面粗糙度引起的局部误差。此外，请注意，摩擦和微小的凹陷会限制运动学模型的精度。

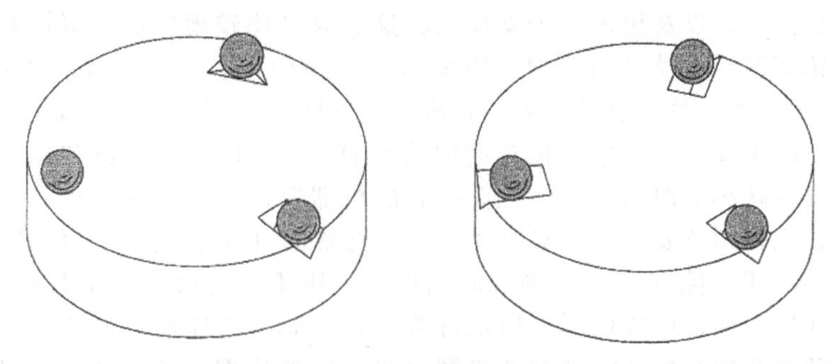

图 7.4.12　平槽四面体（开尔文钳）和三 V 槽运动接头。在这两种情况下，通过装在上盘（不显示）上的球被夹持在下盘的相应位置形成连接

通常结构的运动支撑应确保在安装面不准确或不稳定时不会造成结构的变形。对于一个小型机器，只有一个动支撑点可能是刚性连接，其余两个可能是柔性连接，这样可以允许机器和安装面之间的热差增长。请记住，只要是有相对运动的连接，就存在摩擦，因此这些力可以在安装表面之间传输。

通常任何一种机器，即使是一个小桌子，都应能支撑自身的重量，所以运用运动学的三点支撑，可使机器的精度不受地面水平度的影响太大。对于一些结构，如平板或大镜子，为了尽量减少变形，需要超过三个支撑点的支撑结构，但这种支撑本身不均匀的可能性就增大了。图 7.4.13 所示为两个或三个点支撑平衡梁的一种堆积配置，当只要求三个支撑点安装在地板上时，允许采用复合支撑增加支撑点。如果你检查不同汽车风窗玻璃刮水器的叶片夹，就会发现，大多数采用了相似的级联系统，以确保刮水器在车窗上保持均匀的压力，甚至在刷洗车窗时，刮水器下方的叶片的曲率变化也要保持均匀[72]。

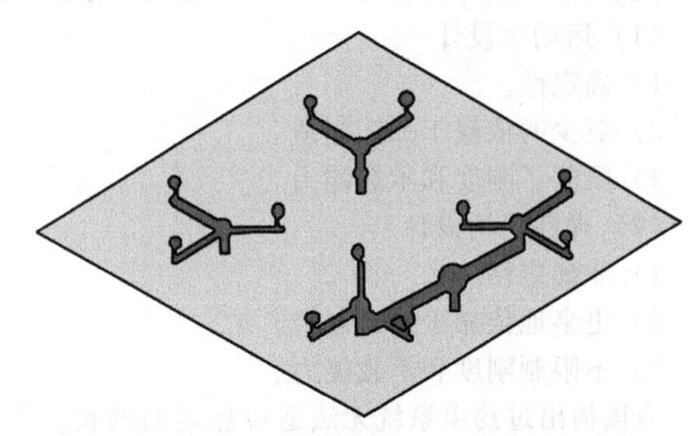

图 7.4.13　使用球面连接的三点支撑的底座构成“空心树”，可在获得更大的支持的同时防止几何过约束

弹性平均原则说明，要准确定位两个表面以及承受大载荷，应该有大量的接触点分散在广阔的区域。这样的例子包括曲齿联轴器或直线齿形鼠牙盘离合器，它们通过轮齿（分别以不同的形式）啮合形成连接。轮齿通过非常大的预紧力夹紧在一起。这种机械装置通常用于分度台和分度刀架上。图 7.4.14 是车床刀架的分度和夹紧装置。注意到有许多不同类型的夹紧预紧系统。但是，这种机械装置会导致系统过约束；另一方面，如果正确地设计弹性平均系统，并且采用恰当的制造精度和施加合适的预载荷就可以降低平均接触应力。通过这些措施，结构表面较高的凸点会自己磨合，而且弹性变形引起的误差也会得到平均，系统本身也会有很高的承载力和刚度。对于一个磨合过的弹性平均系统，其重复性与零件制造的工艺精度除以接触点数平方根（即啮合齿数）在一个等级。虽然如此，但大量的接触点增加了污垢污染接触面的

[72] 我再次建议大家，作为一个设计师，不要两耳不闻窗外事，要不断地观察和分析周围的一切。

可能性。

用于制造飞机机翼的机器非常巨大，它必须依靠许多个接触点支撑在水平面上，此水平面是浇注在适当的地基上，经时效处理的适当厚度的混凝土地板[73]。从运动学原则到多点支撑的转换点应在什么位置，以及用多少个支撑点，这有时是比较模糊的。根据对各种机床的观察，通常典型机床安装面积大于 $4m^2$时，需要多点支撑的安装系统，底座支撑应该每 500~1000mm 安装一个。因此，底座往往需要结合机器现场性能的测量结果来调整。在安装腿下使用弹性橡胶垫可以减小地板平整度变化对结构的影响，还可以增加机器和地面之间的隔振性能。弹性底座也可以减小由地面尺寸变化而引起的机器变形的可能性。当一个大机器由一块地基支撑起来时，工程师还要考虑地基的底部应保持常温（深层地面）。但是，地基的上部，将暴露在车间的环境里。除非小心控制车间温度，否则季节的改变会引起车间温度的变化，从而造成地基的变形。如果可以的话，地基可装上热电偶，这样通过误差反馈实现对机器的校正，也可作为随季节的改变适时地调整机器底盘高度的依据。地基还必须保持干燥，因为混凝土会因吸收水分而膨胀。

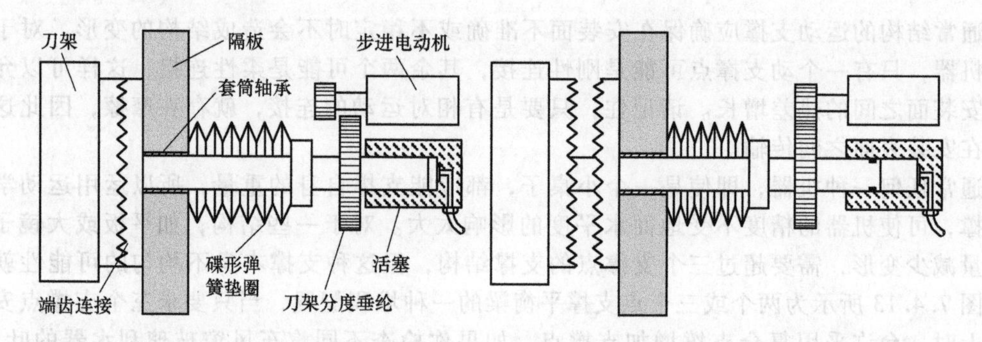

图 7.4.14　典型转动架的分度和锁紧机构的两个工位：工作和不工作［由哈丁（Harding）兄弟公司许可］

关于结构元素（例如，一个床头柜和一张床）之间的连接，可通过以下方法连接在一起：

（1）运动学设计

1）确定性。

2）更少的依赖于加工制造。

3）限制了刚度和承载能力。

（2）弹性平均设计

1）非确定性。

2）更多地依靠于加工制造。

3）不限制刚度和承载能力。

应该指出过约束系统无法适应热差的增长，因此更容易变形。此外，有限接触面的变形可引起微机械约束，从而限制结构的实际运动性。使用硬质材料（如陶瓷），有助于最大限度地减少上述问题。对于永久连接的组件，可以用运动定位系统将它们对齐，然后注入环氧基树脂或薄胶泥，在所有紧密接触的表面间充当粘结剂。虽然使用了这种方法，但必须确保粘结剂材料收缩时不会引起部件的弯曲。

运动学设计原则或弹性平均原则哪一个更好呢？考虑埃文斯对精密工程发展史的评价，他评论说："我们应该对比思考，例如，波拉德（Pollard）在他的仪器设计专著的介绍中，他

[73] 参阅例子：B. S. Baghshahi and P. F McGoldrick，"Machine Tool Foundations-A Dynamic Design Method，" Proc. 20th Int. Mach. Tool Des. Res. Conf.，Sept. 1979，pp. 421-427。

悲叹地认为非运动学的设计手法是机床设计实践，却被用到仪器的设计中。Rosenhain 悲叹仪器制造商们不可靠的设计，并呼吁大家尽量采用更加等效的方法设计机床。”[74]

7.4.4　选择材料的注意事项

在方案设计阶段，应该使用不同的可用材料来设计结构，应努力做一个多种材料混合使用的设计。例如，铸铁几乎可制成任何形状，所以设计工程师便有了更大的自由，制造时必须进行退火以获得材料的均匀性和稳定性，但大型零件的退火比较昂贵。花岗岩通常制成简单的长方形、圆柱形或平板形。船由钢板焊接而成，因此，可以想象，任何尺寸的机床都可由焊接而制成。聚合物混凝土几乎可以塑造成任何形状，而且不需要释放压力或经历漫长的时效处理。随着新型陶瓷和复合材料的兴起，选择变得更加多样化，所以设计时必须谨慎，并考虑所有的选择。

1. 铸铁结构

铸铁具有良好的综合性能以及浇注形状的灵活性，使得铸铁成为机床工业的基础。一般来说，当一个机床组件小于紧凑型轿车时，它就能采用铸铁制造而成。虽然铸件已经可以重达数百吨，但对于大型部件，经济性仍然是主要考虑的因素，这时考虑用板和标准结构形状（例如，方钢、角钢、工字钢和槽钢）焊接才是更好的方案，这点在下面讨论。

2. 花岗岩结构[75]

因为花岗岩能吸收水分和膨胀，所以花岗岩作为一种结构材料一般用在干燥的环境中。因此它可能不适用于切削液飞溅的机器，尽管目前对花岗岩是否可以膨胀还没用定论。花岗岩可切割成任何形状或大小（偏离圆形或直线形后切割是昂贵的）。由于它是一种脆性材料，尖角是不允许存在的。大部分结构是由小部件通过螺栓连接在一起组成的。由于花岗岩属于脆性材料，所以不能形成螺纹孔，螺纹配合的圆孔必须用粘结剂粘贴或压制在花岗岩的内部。常见的应用，如机床上的花岗岩部件，包括结构元件和在三坐标测量机和其他检验机械中使用的空气轴承滑道。需要注意的是即使已打磨过的多空隙花岗岩也不适合做空气轴承。

花岗岩热导率低，致使其吸收热量缓慢。这使得花岗岩，尤其是黑色花岗岩，容易表面吸收热量从而引起表面的热扭曲。花岗岩的热膨胀系数低于大多数金属，因此在制造、运输、使用过程中，如果有金属部件已经固定到它上面，就必须考虑热膨胀差异对机器性能的影响。花岗岩已经存在数百万年，因此它的稳定性很好，在开采花岗岩后必须考虑花岗岩解除应力后的尺寸稳定性。供应花岗岩材料的零件的供应商不少，因此设计工程师必须仔细货比三家。一个非常理想的花岗岩的属性（或任何其他脆性材料）是在受到猛烈撞击时破碎而不是形成小凸起（布什硬度）。花岗岩的开采、切割和磨削工序都相对便宜。因此，花岗岩往往是三坐标测量机工作台的首选材料。

3. 焊接结构[76]

焊接结构可以由很多可焊接的金属材料焊接而成（铁合金，如 1018 结构钢或合金），焊接结构（焊接件）应用广泛，比如①它可以降低大型结构的成本；②结构不需要高阻尼材料或不需要填充阻尼材料；③不能铸造的大构件可采用焊接的方法，且其热应力很容易消除。如果焊接得当，有时可通过振动消除应力的方法消除残余应力使得焊接材料具有很好的稳定性。

焊接结构和铸造结构相似，可以通过使用加强肋的方法来提高强度和刚度。因此，结构分析比方案设计阶段要困难得多，往往需要使用有限元方法来实现。焊接接头处的阻尼和传

---

[74] C. Evans, Precision Engineering: An Evolutionary View, Cranfield Press, Cranfield, Bedford, England, 1989。

[75] 关于形状和尺寸的设计资料可从工业产品集团 Rock of Ages 公司获得，地址：P. O. Box 482, Barre, VT 05641。

[76] 一个好的参考文献是：O. Blodgett, Design Weldments, James F. Lincoln Arc Welding Foundation, P. O. Box 3035, Cleveland, OH 44104, 1963。

热特性很难模拟，因为它们依赖于焊接深度、焊接材料的组成和焊接没有渗透的连接处的触点压力。一个显而易见的解决方案是规定全面渗透焊接。为了减少焊接结构的成本，必须尽量减少焊接零件的数量和焊接长度。此外，焊接得越多，加工的时候发生热变形的可能性越大。但是，如果加强肋使用太少，大平板部分会像鼓那样振动。通过黏性冷却液循环可以大大提高整个焊接结构的振动和热力性能（例如，如在5.7节中描述的LODTM中所做的那样）或使用如上所述的减振机构。如7.8节所述，焊接结构也可以用来作为一种聚合物混凝土浇注的模子，可创建一个有良好的阻尼和硬度的大结构。但必须小心，以避免双材料的热变形问题。

4. 混凝土结构[77]

混凝土这里被定义为由粘结剂组成的聚结材料，聚合物的范围可以从常规易碎岩（如花岗岩）到陶瓷（如氧化铝或石英）。粘结剂的范围可以从普通硅酸盐水泥到特殊的环氧树脂。由聚合物和普通硅酸盐水泥制成的混凝土已作为主要结构元素用在机床中[78]，这些机器比铸铁机体有更大的阻尼和热惯量。但是，尺寸稳定性和固化的混凝土易吸收水分而膨胀，使水泥基混凝土不适用于精密机械的结构元件和一些安装大型精密机械的安装面[79]。

当制造大型铸铁机床的零件时，通常用砂芯形成内部的加强肋。这些砂芯会在清洗过程中被破坏和去除。另一方面，浇注的混凝土结构几个小时后就可以从金属铸模中取出，这样就可以使模具尽可能简单，这就意味着减少了加强肋的数量。通常使用泡沫芯材可使重量轻且具有封闭形式的零件成形，由于混凝土浇注过程对于厚壁处由热点引起的不等速凝固和材料属性的变化不敏感，设计工程师更倾向于使用保守设计法（均匀厚度的零件）。当然，必须考虑增加重量对机器变形的影响和相关材料费用的增加。

5. 陶瓷结构[80]

第一次出现几乎完全使用陶瓷制造的机床是1984年在东京举行的机床展览会上。全陶瓷机床有很好的机器运行能力，并且它们能够与由铸铁或聚合物胶接混凝土制成的机器进行经济性竞争。随着越来越多的陶瓷元件使用在消费产品中（如汽车），在未来精密机械中很可能会包含更多的陶瓷元件[81]。

硬质材料（如陶瓷）在尺寸稳定性、强度和较大温度范围内的刚度方面比传统材料更有优势。从高效率的绝热内燃机到X射线光刻中X射线反射镜都能看到陶瓷的应用。用硬质材料制造组件的能力显然将对制造业的未来起到至关重要的作用。不幸的是，大多数陶瓷元件是在铸铁制成的机器上精加工的，但陶瓷磨料特性限制了这些机器的使用寿命。因此，需要开发专门用来制造陶瓷元件的新机床。考虑一些陶瓷材料的关键性能，可以帮助指导新机器的设计过程：

1）大多数陶瓷材料（如氧化铝和氮化硅）在任何液体环境中是不会腐蚀的，因此这些液体可以用于陶瓷元件的制造中（即流体从油到水）[82]。对于静压主轴轴承，水可能是一种理想

---

77 参阅：J，Jablonowski，“New ways to Build Machine Structures”，Am. Mach. Automat. Manuf.，Aug. 1987. 也可参阅本书章节7.2.3.2关于聚合体混凝土结构的讨论。

78 参阅例子，H. Sugishita et al.，“Development of Concrete Machining Center and Identification of Dynamic and Thermal Structure Behavior”，Ann. CIRP，Vol. 37，No. 1，1988，pp. 377-380。

79 J. B. Bryan and D. Carter，“Straightness Metrology Applied to a 100 Inch Travel Creep Feed Grinder”，5th Int. Precis. Eng. Semin.，Sept. 1989。

80 参阅例子，T. Ormiston，“Advanced Ceramics and Machine Design”，SME Tech，Paper EM90-353，Sept. 1990。

81 Y. Furukawa et al.，“Development of Ultra Precision Machine Tool Made of Ceramics”，Ann CIRP，Vol 35，No 1，1986，pp. 279-282。

82 氧化铝组件主要受制于有水分的环境下的应力腐蚀开裂，因此必须采取措施减少拉应力。需要注意的是，硅基陶瓷主要为共价分子，与水发生反应的活性要低得多。仅仅在高温高压环境时，硅基陶瓷才会略微地受到有水分的环境的影响。

的流体，这是因为水有低的黏度和高的热容量。但是，水作为润滑剂，要求精密的公差以避免高流速和大的雷诺数。在主轴上，可以以有限蒸发的方式收集水和排水，但是对于直线导轨，要阻止水在超长的轨道蔓延比较困难，所以要控制蒸发冷却效果。

2）材料越脆，在精磨或研磨过程中产生的塑性变形就越小，因此表面上更可能形成负偏态。负偏态的表面具有良好的湿润性能，因而减少了对润滑剂的需要，并且允许用水作为润滑剂。负偏态的表面即使没有润滑剂也不会遭到大的破坏。

3）材料越脆，在精磨过程中产生的塑性变形越少，因此表面上不太可能含有高残余应力水平而导致尺寸的不稳定。位错可能发生在任何材料的加工过程中，从而导致一些残余应力，因此，不管是什么材料组成的零件，一个不受约束的研磨过程（如抛光）是最适合做收尾工序的。此外，某些金属随着时间的推移元素不会沉淀在陶瓷材料的微观结构外面（例如，不像一些铁合金会形成碳化物），这样的尺寸稳定性会增强。

4）大多数陶瓷可实现的表面粗糙度仅仅取决于烧结过程中形成的晶粒结构的大小。然而，最先进的陶瓷材料具有亚微米大小的晶粒，在金属方面这种效果通常不是一个问题。还需要注意的是金属包含不连续的硬粒子，在加工过程中会拖拉较软的表面，降低了表面的光洁程度，从而影响了整个的表面质量。

5）陶瓷材料具有高模量，对机器刚度有好处。但也有一些低的热性能（如氧化铝），可导致机器热变形的增加。值得注意的是，碳化硅具有很好的热性能，但它的价格比氧化铝贵很多。

6）表面接触的陶瓷材料不会像别的金属材料那样经常擦伤。然而，当陶瓷材料在滑动中接触时，牵引力可引起局部的拉伸强度超过其极限值，产生表面裂缝导致剥落。在这种情况下，它可能需要使用一个具有高断裂韧性和抗拉强度（如氮化硅）的陶瓷材料。热应力，还可以引起表面局部乃至总体的失效。

7）陶瓷材料比轴承钢具有更高的弹性模数和较低的密度，因此陶瓷滚动体有更小的接触面，产生的热量更少。混合轴承（如金属圈和陶瓷滚动体）比钢轴承产生的热量减少30%~50%。这意味着，油脂可在高速环境下用于润滑轴承[83]。一般情况下。对于直径较小的超精密轴承，混合轴承最多可以有3倍的钢轴承的DN值（即$4.5\times10^6:1.5\times10^6$）。

8）陶瓷材料有远远大于钢的许用赫兹应力。例如，氮化硅有大约6.9GPa（10^6psi）的许用赫兹应力。此外，陶瓷元件是不需要渗碳硬化的，在机床的使用中渗碳硬化是常见的误差来源。

陶瓷是易碎的，这使得它们在受到冲击载荷时很容易损坏；然而，精密机械在工作阶段不应受到冲击载荷。使用陶瓷材料制造的计量工具（例如直角尺和直尺）比传统材料轻很多，他们不太可能损坏（丢弃），同时在日常使用中它们也不会磨损或划伤。陶瓷元件也具有几乎无与伦比的尺寸稳定性。对于普通机床应用而言，零件的几何结构通常提供足够的强度来承受机器受到碰撞时产生的冲击载荷，如轴承导轨。抛光陶瓷零件在相对滑动时也不会产生金属系统中那样的磨损。在将来，耐磨的陶瓷会被广泛应用于航空航天和汽车行业，越来越多的机械部件也将会使用陶瓷制造。

对精密机械和仪器来说，陶瓷的脆性性质实际上是好处多于坏处。由于陶瓷是易碎的，在精磨中最小的残余应力不会传导到组件上。在自由研磨过程（即研磨）后，残余应力几乎可以完全消除。因此，陶瓷轴承导轨可以比硬化的钢制轴承导轨更直，表面光洁程度更高。

[83] 钢制轴承在高速时需要油膜润滑。将油膜（油滴滴入一个高压的空气流）引入轴承中会增加水和污染颗粒进入轴承的概率。而水和污染颗粒会使得轴承过早地失效。实际上，冷却精密轴承的油膜所使用的空气的清洁度与干燥度水平应该与空气轴承相当（即，3μm的过滤直径和$H_2O<50\sim100$ppm）

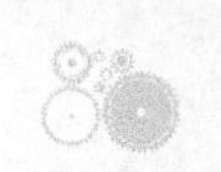

磨削或抛光的过程中产生的陶瓷碎片也比较脆，因此导致表面呈负偏态。

由于陶瓷是易碎的，所以所有的角都要倒角。如果要把零件连接到陶瓷元件上就必须使用螺纹钢制嵌入件。要把两个陶瓷元件连接在一起，可使用传统的粘结剂。或为了实现高性能应用，使陶瓷零件熔接在一起。玻璃粉末熔块粘接适用于两个配对表面，它是通过加热玻璃至其熔点以上使之粘合在一起的。这种结合方式不会像陶瓷本体那样牢固，但相对而言它也会比较牢固。

一般来说，因为陶瓷有一个完全致密的细粒结构，所以它们具有很好的耐蚀性。陶瓷滚动体也不会磨损钢滚道，从而可以在生产 CNC 机床中增加模块化滚动体直线轴承元件，有时可以相应延长运动轴在固定位置运行的期限。表 7.3.1 为常见结构陶瓷材料的性能。

不同类型的陶瓷适用于不同类型的应用中。三氧化二铝在结构应用中具有良好的整体性能，如流体静压轴承导轨和 CMM 结构。氧化锆非常坚硬，它的热膨胀系数和钢相匹配，使得它可以作为滚动轴承滚道的内衬，而不用担心双材料膨胀问题。但是，应该指出，氧化锆是一种多相材料，因此它不适合需要高尺寸稳定性的应用（例如，精密轴承）。氮化硅具有很好的整体性能，包括非常高的韧性，这使得它是制造滚动轴承的理想材料，但它用于大型结构部件中过于昂贵。碳化硅、碳化钨有很好的硬度和耐磨损性能，因此它们被用来制作刀具。

氧化铝组件的制造需要经过冷压、切削加工、烧制和打磨的工序。在烧制过程中需要注意的是，它具有明显的体积收缩。因此在设计陶瓷结构时，往往需要制造商的帮助。一般情况下，它与金属铸件具有相同的外形设计规则，壁厚不应大于 25mm。陶瓷元件（例如，氮化硅制成的）也可以通过热压成形和磨削与研磨工序制造。

6. 复合纤维材料

碳纤维的强度和弹性模量是钢的两倍，但其重量不到钢的一半。在机床行业中未广泛应用的主要限制因素是成本和使纤维聚集在一起的环氧树脂基体的尺寸稳定性。前者不是由于主要原材料的成本，而是人力需求的成本。碳纤维的制造需要先把一张张材料预浸好（称为“预浸料坯”），然后在特定温度下进行真空处理和组装。注意到在一个旋转的心轴上缠绕一种形状是一个相当廉价的工艺，所以制造石墨环氧树脂复合材料管也是相当便宜的。通过控制包角，各种属性都可以调整到合适的值，如轴向、横向或扭转刚度及轴向热膨胀系数。后者其实可以等于零。通常用于主轴上的管的形状[84]，从四维机床的概念看，将管用于丝状复合材料制成的机床有可能成为非常普遍的事情。

通常机床在有切削液的湿润环境中使用，吸水率可能会造成不可接受的尺寸不稳定的问题。复合材料行业正为飞机制造业解决这个问题，因此这个问题应该不会持续太久。

7.4.5 设计实例：铸铁平板

考虑设计一个平板作为一个初步的结构设计优化问题的例子[85]。有许多不同的平板设计，但最常见的（和最便宜的）的结构是由厚大的加强肋和厚顶构成。因此它们基本上都像一个 T 形梁。所有的梁中，使用工字梁有很好的理由：远离中性轴的质量越多，梁的刚度和硬度越高。机床结构往往是块状的，由于抗剪刚度也是很重要的，所以大部分质量不能远离中性轴。因此，一个理想的平板是由大量的加强肋将顶部和底部连接起来组成的。穿过肋条的孔允许

[84] D. G. . Lee et al. , “Manufacturing of a Graphite Epoxy Composite Spindle for a Machine Tool”, Ann CIRP, Vol, 34, No. 1, 1985, pp. 365-369。

[85] 有大量介绍优化设计方法的文献，例如：G. Reklaitis, Engineering Optimization, John Wiley & Sons, New York, 1983。对于一个恰当定义的问题，一些有限元软件（例如：ANSYS™）甚至可以按照程序调整网格，自动的收敛到“最优解”。M. Week 在他的书中大量、详细地研究了该类问题，Handbook of Machine Tools, Vol. 2, John Wiley & Sons, New York, 1984。

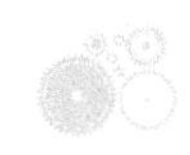

在其内部安装砂芯。在设计这种类型的平板时，为了获得一种简单估算加强肋的方法，做了以下几种假设：

1）铸件厚度（肋骨、顶板和底板）是相同的。

2）平板的整体刚度约等于每个单元板的刚度。

3）在刮削中为了实现最大的精度，板应是矩形的，这样它可以旋转 90°和复检其他板的扭转度。因此，单元可以假设是一个正方形。单元也可以是六角形，但设计方程太复杂，这里就不阐述了。

4）平板大约是 1m×1m，厚度是 0.25m 的倍数，因此弯曲挠度占主导地位而剪切作用可以忽略不计。在最坏的情况下，剪切挠度等于弯曲挠度，所以设计刚度应按实际所需刚度的两倍来计算。

下面的分析将使用上述假设。设计时可最大限度地使用在图 7.4.15 中所示的参数，如刚度重量比。首先，整体平板的刚度被假定等于一简支梁的刚度：

$$K_{\text{plate}}=\frac{48EI}{L^3} \tag{7.4.20}$$

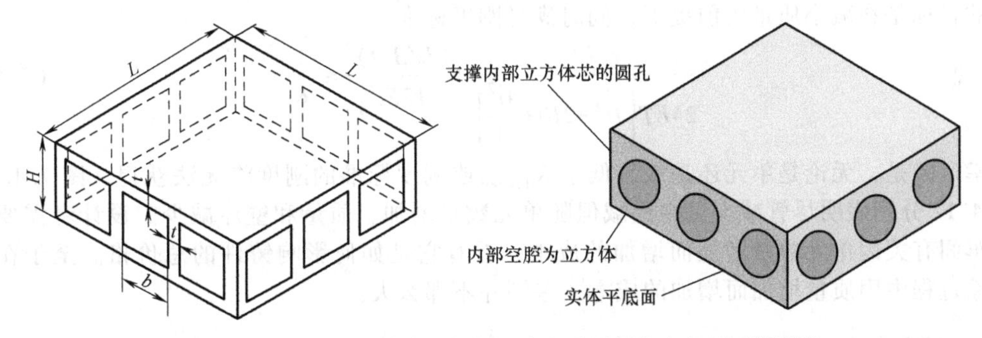

图 7.4.15　优化分析铸铁平板的尺寸以及顶部和底部平面的刚度

实际设计中使用三点或者三个三点支撑的底座来支持平板，如图 7.4.13 所示；然而，这种封闭形式的解决方案安装复杂，所以这里使用一个保守的简支梁模型。根据平行轴定理，关于中性轴的平板横截面惯性矩（惯性矩）为

$$I=2\left[\left(\frac{H}{2}-\frac{t}{2}\right)^2 Lt+\frac{Lt^3}{12}\right] \tag{7.4.21}$$

因此，板的刚度约为

$$K_{\text{plate}}=\frac{24Et\left[H^2-2Ht+\dfrac{4t^2}{3}\right]}{L^2} \tag{7.4.22}$$

定义长度为 L，H 常定为 L 的比值，通常 $H/L=1/4\sim1/3$。在这里，假定 H 等于 γL。对于平衡设计，单元刚度必须等于板的刚度，都等于 2 倍的 K_{desired}（简称 $2K$）：

$$\frac{-KL^2}{12Et}+H^2-2Ht+\frac{4t^2}{3}=0 \tag{7.4.23}$$

对于单元，其刚度是介于简支板和周边被夹紧的板之间。假设单元刚度是这两种情况下的平均值[86]：

[86] 这两个例子所涉及的公式参见：R. J. Roark and W. C. Young，Formulas for Stress and Strain，5th Edition，McGraw-Hill Book Company，New York，1975，pp. 386 and 393。平面的宽度为单元的宽度减去壁厚 t。

$$K_{\text{cell. avg.}} \cong \frac{12Et^3}{(b-t)^2} = 2K \tag{7.4.24}$$

为了支撑铸造的砂芯，所有的单元壁需要假设有一个面积为下面值的孔：

$$A_{\text{core hole}} = \frac{b-t}{2}\left(\frac{H-2t}{2}\right) = \frac{A_{\text{core}}}{4} \tag{7.4.25}$$

实际中的孔可能是圆形或椭圆形。包括板的外边缘，加强肋板（壁）的数量为

$$N_{\text{rib}} = 2N + 2\sqrt{N} \tag{7.4.26}$$

注意到单元数 N 被假定为 β^2，其中 $\beta = L/b$。每个单元壁的近似体积仅仅是 $b(H-2t)t$，假设特殊的肋板有相交，细节如图 7.2.34 所示，则板的总体积是：

$$V = \frac{2Lt}{b}\left(\frac{L}{b}+1\right)\left[b(H-2t) - \frac{(b-t)(H-2t)}{4}\right] + 2L^2 t \tag{7.4.27}$$

平板的质量 M 是密度和体积的乘积，从而可简化为

$$M = \rho Lt\left[\frac{1}{2b}\left(\frac{L}{b}+1\right)(H-2t)(3b+t) + 2L\right] \tag{7.4.28}$$

我们的目标是在减小质量的前提下，同时满足刚度标准：

$$\frac{L^2}{24ET\left[H^2 - 2Ht + \frac{4t^2}{3}\right]} + \frac{(L/\beta - t)^2}{12Et^3} \leqslant \frac{1}{K} \tag{7.4.29}$$

幸运的是，无论是单元还是板，低于 K_{desired} 或刚度标准的刚度将无法获得。图 7.4.16 和图 7.4.17 分别表明尽管减少量在递减但随单元数量增加，质量和壁厚减少。设计者需要咨询铸造车间有关因单元数量增加而增加的成本，看看它是如何影响铸件的总价格。至于在制造和运输过程中因质量增加而增加的成本，差别并不那么大。

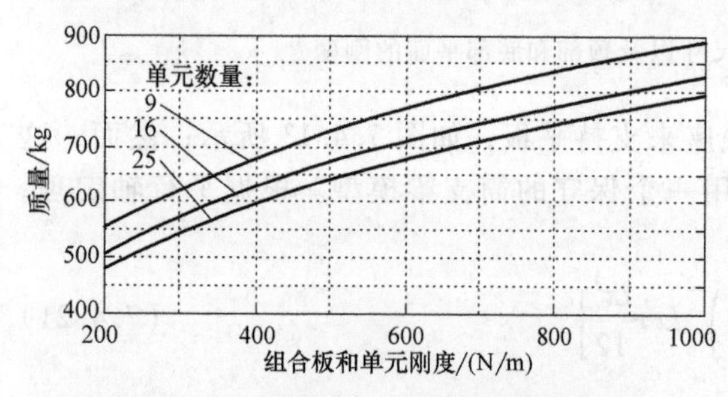

图 7.4.16 所需刚度、单元体数量对铸铁平板（$L=1\text{m}$，$H=0.25\text{m}$）质量的影响

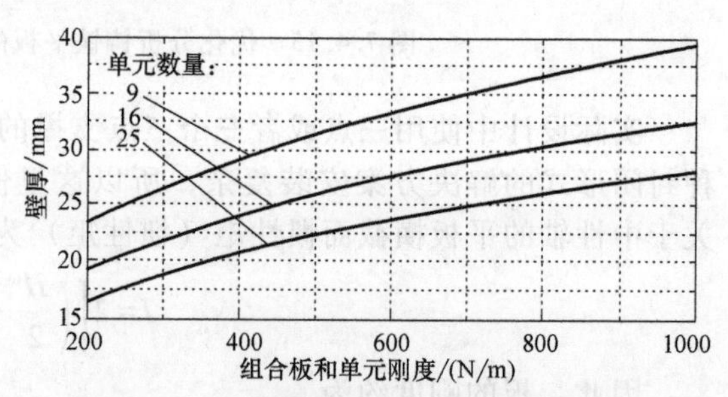

图 7.4.17 所需刚度、单元体数量对铸铁平板（$L=1\text{m}$，$H=0.25\text{m}$）壁厚的影响

这个例子显示了结构设计初步优化问题所需的计算方法和类型。下一步将对使用上述方法设计的平板模型进行一个准确的有限元分析（如 3 点支撑）。然后可以根据需要修改设计。在某些情况下，例如对于小型零件，这种方法可能会比有限元分析模型在构建和测试方面更节约成本，当没有有限元分析能力时尤其如此。

7.4.6 设计案例研究：安装方法对镜头失真的影响[87]

对动力学和非动力学系统的优缺点在此进行了详细讨论。提供一个对比的例子，考虑如何装入一个方形镜头（例如，照相机的镜头），如图 7.4.18 所示。

[87] 此研究的有限元分析结果由 Polaroid 公司的 Babu Anisetti 和 Tom Doherty 许可。

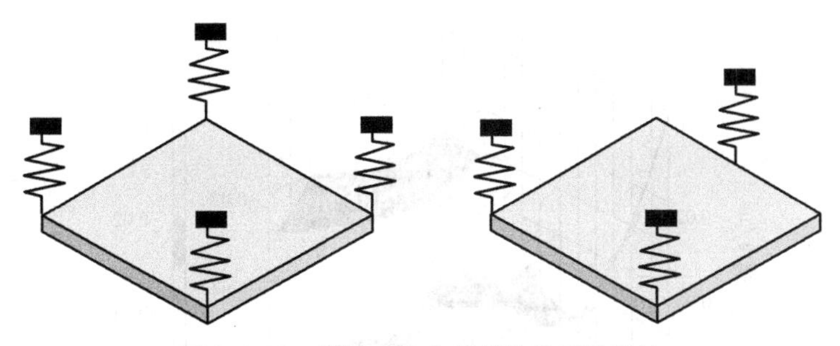

图 7.4.18　安装一个方形镜头的两种方法

图 7.4.19 显示由四个角支撑自身重量的一个玻璃平板的挠度。假设支撑点都落在同一个平面上时，变形沿两条轴线是对称的。表 7.4.1 显示挠度随平板尺寸的改变而变化，这些数值可以用来构建一个用于估算不同型号镜头尺寸的电子表格。

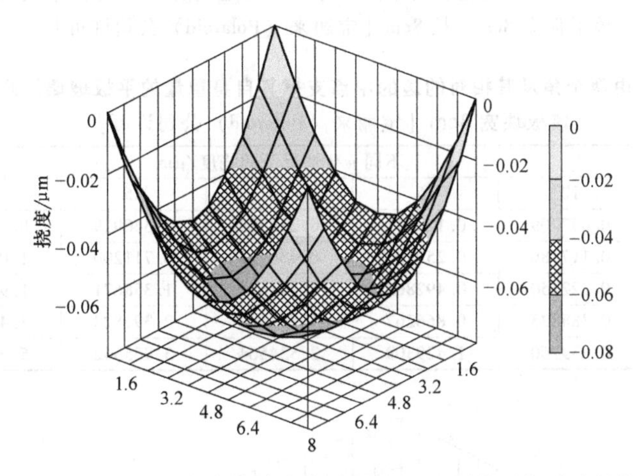

图 7.4.19　由四个角支撑其自身重量的 8mm 厚的平板玻璃的挠度，该板块长 8cm，宽 8cm［宝丽来(Polaroid) 公司许可］

表 7.4.1　由四个支撑点支撑其自身重量的平板玻璃的最大挠度
该板块长 8cm，宽 8cm［宝丽来（Polaroid）公司许可］

L/w	不同 w/t 情况下的挠度/μm						
	5	10	15	20	25	30	40
1.00	0.020904	0.073406	0.160782	0.283032	0.440233	0.632358	1.121004
1.25	0.034544	0.125222	0.276123	0.487350	0.758927	1.090854	1.935048
1.50	0.058979	0.219786	0.485521	0.862330	1.344193	1.933143	3.431032
1.75	0.099797	0.378257	0.841731	1.490447	2.324481	3.343910	5.936488
2.00	0.163373	0.628396	1.402664	2.486457	3.879850	5.582920	9.914382

注：L 为平板边长，w 为平板重量，t 为板厚。

图 7.4.20 所示为由两个角和其对边的中点支撑其自身重量的平板玻璃的挠度。这是一个依照运动学原则的安装，产生的变形只有一个对称轴。由于有三个支撑点，它们永远共面，因此你所看到的形状正是你所要得到的形状。表 7.4.2 显示挠度随平板尺寸的变化情况。

图 7.4.21 显示四个角由弹簧支撑的玻璃平板的挠度，每个弹簧的刚度等于板的中央的刚度。如果我们只沿其边缘支撑，加载后有一个弹簧发生 1μm 的位移。这表明了一个制造业中的事实，即想要一直共面不能够提供四点支撑。表 7.4.3 显示了随板面大小的变化挠度的改变。

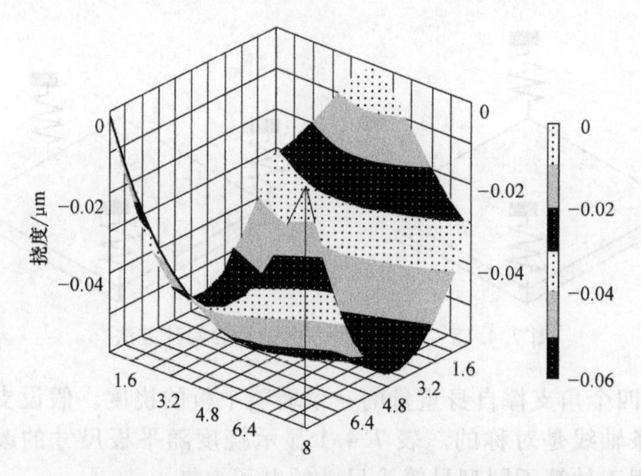

图 7.4.20 由两个角及相对边缘的中点支撑其自身重量的 8mm 厚的平板玻璃的挠度
该平板宽 8cm，长 8cm［宝丽来（Polaroid）公司许可］

表 7.4.2 由两个角及其相对的边的中点支撑其自身重量的平板玻璃的最大挠度，
该板块宽 8cm［宝丽来（Polaroid）公司许可］

L/w	不同 w/t 情况下的挠度/μm						
	5	10	15	20	25	30	40
1.00	0.017069	0.057709	0.125171	0.219583	0.340919	0.489204	0.866369
1.25	0.032791	0.117780	0.259105	0.456921	0.711200	1.021994	1.812468
1.50	0.059665	0.222250	0.492862	0.871677	1.358671	1.953870	3.467862
1.75	0.102133	0.388823	0.866267	1.534592	2.393823	3.443986	6.115050
2.00	0.165735	0.639760	1.429309	2.534564	3.955542	5.692394	10.109962

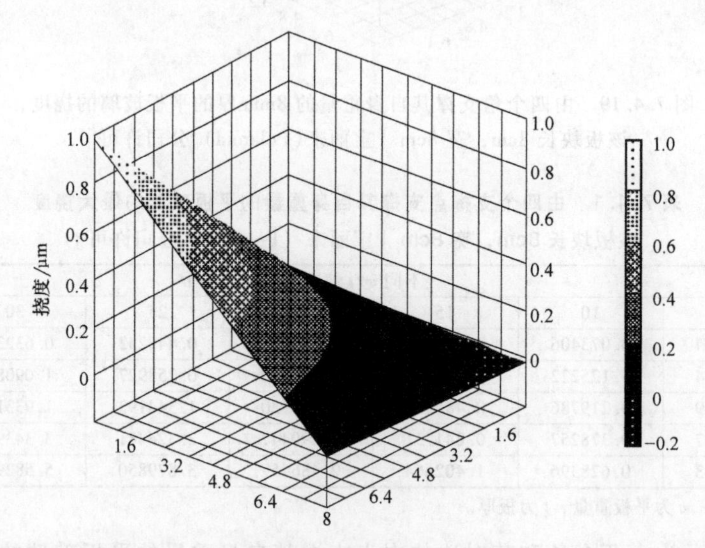

图 7.4.21 四个角由弹簧支撑的 8mm 厚的玻璃平板的挠度，其中有一个角有 1μm 的位移。弹簧的刚度等于简支板的中央刚度。该板长 8cm，宽 8cm［宝丽来（Polaroid）公司许可］

这些结果是使用有限元分析得到的，且实验结果证实了分析结果。通过分析以上数据，可以得出以下结论：

1）由相同对称轴固定的对称结构会有理想的对称变形。

2）当过定位时，由于强迫几何一致性可能会导致显著不对称的挠度。

表 7.4.3　四个角由弹簧支撑的 8mm 厚的玻璃平板的最大挠度，每个弹簧的刚度等于平板中央的刚度。如果沿边缘简单支撑，加载后有一个弹簧发生 1μm 的位移。该平板宽 8cm［宝丽来（Polaroid）公司许可］

L/w	不同 w/t 情况下的挠度/μm			
	1	5	10	20
1.00	0.980491	0.929157	0.890041	0.847293
1.25	0.981177	0.931291	0.892683	0.849869
1.50	0.982548	0.935584	0.899093	0.855294
1.75	0.984047	0.940486	0.904443	0.861898
2.00	0.985444	0.945236	0.910819	0.868756

3）一个使用运动学设计原则的支撑具有确定的性质使其可以计算变形量，它们可能没有与结构本身相同的对称轴，但设计的系统可使挠度低于极限值，因此从制造业角度来说该系统将是较为不敏感的。

如果系统是确定性的（运动学），将使设计误差总是低于许用值。我们不能总是依靠制造业严格控制公差。因此，只要有可能，人们应该在设计和制造精密产品时使用运动学设计原则，如机床、仪器仪表或消费产品等。

7.4.7　结构设计小结

在从所有设计方案中选择出一个配置方案后，可以使用的一些简单的经验法则，包括：

1）设计整体组件尺寸时，在头脑里要保持适当的黄金比例。这些比例通常会产生坚固的结构和美观的外形。

2）尽可能利用对称性。不对称的结构往往有内部梯度，这暗示了一个潜在的问题。

3）记住工字形梁的强度和刚度最大，而且还要清楚切应力在中性轴处最大。

4）最小化结构回路，并尽可能使用封闭性的，包括在整体设计时。

5）大平板应加加强肋或采用其他手段，以防止它们像鼓一样振动。当需要时，使用主动阻尼系统。

6）最大限度地加大机器的热扩散，并最大限度地减少热输入。

7）在机床设计时，要估计切削力[88]和加速要求，然后通过结构体系来实现。通过对传感器、轴承和执行机构局限性的估计帮助确定结构部件尺寸的大小。

8）确保工作卷在质心位置和在支撑平面内，也可以尝试使各种振动模式（例如，平移和旋转）的固有频率接近，这些步骤将有助于减少模式之间的交叉干扰[89]。

除了以上一般准则，观察你周围的世界、不断研究现有的机械配置[90][91]是精通结构设计的最佳途径之一。开发通用机械装置的设计能力（即，在哪里放置一个轴起支撑作用，需要什么样的行程范围等），可以通过学习运动学和动力学的机械课程来实现[92]。还有一点非常重要：设计工程师应该经常质疑传统智慧，在采取传统方法前，努力尝试新的或不同的方式想问题和做事。类似的建议也适合分析方法。必须精通粗略计算，以得到一个合适的计算结果，

88　注：原书缺少此条注释。

89　参阅：H. Braddick, The Physics of Experimetnal Method, Chapman and Hall Ltd., London, 1963。

90　例如：两年一次在芝加哥举行的国际机床展（IMTS）（每偶数年的 9 月的第二周举行）是最大最好的看机床的地方之一。

91　参阅：Huebner's Machine Tool Specs, Huebner Publishing Co., Solon, OH。

92　参考文献包括：V. Faires, Kinematics, McGraw-Hill, Book Co., New York, 1959；B. Paul, Kinematics and Dynamics of Planer Machinery, Prentice Hall, Englewood, Cliffs, NJ, 1979；J. Phillips, Freedom in Machinery, Vol. 1, Introducting Screw Theory Cambridge University Press, New York, 1984；和 R. Paul, Robot Manipulators: Mathematics, Programming, and Control, MIT Press, Cambridge, MA, 1981。目前运动学设计计算机软件包可以得到。

然后再进行有限元分析，以提高有限元分析的效率。有限元分析本身不是万能的，它需要根据经验知道使用的是什么类型的单元和边界条件，需要多少个单元以获得收敛的解等[93]。在许多情况下，粗略计算可用于检查零件的有限元模型，以确定网格是否合适。

对于设计工程师而言，结构很明显不是一个独立的实体。经验丰富的机械设计工程师应综合考虑所有元件的设计，以便让它们能一起运转，结构也意味着所有组件要汇集在一起。例如，结构的作用不只是为了支撑部件和轴，而且起到保护周围环境或防止周围环境破坏机器的作用，并提供密封件、电源、传感器和冷却液线路可以很容易地安装和维护的空间。由于辅助系统的空间不足，很多杰出结构设计被放弃。在许多情况下，特别是样机，它在结构中留出了额外的空间，以容纳使用的大尺寸的电动机和轴承。这使得样机或者成品机械为了满足客户的特殊要求而易于修改。

7.5 连接设计[94]

连接设计是机械设计最困难的方面之一，因为有许多变量可以影响连接件的性能。此外，复杂的几何形状使连接件的建模非常困难，有限元方法往往可以提供的仅仅是模型（在许多情况下，仍然不能使人满意）。对连接件做有限元分析既耗财又耗时，因此，在设计机床时大多数连接件采用保守的、依据经验的粗略计算。用这些方法设计连接件后，有限元方法可以用来帮助检查设计。

本节将讨论部件之间静连接的设计问题，并试图提供一些经验法则，用于设计满足机床刚度要求的连接件[95]。这里定义的连接件是固定的，需要特殊的力才能把它们分开，而不是轴承表面间的滑动连接（第 8 章和第 9 章），或相互啮合的零件间的耦合连接（7.7 节）。机床中常用的静连接类型[96]包括螺栓连接、销连接和过盈配合连接等。焊接在上一节简要的讨论了，足以满足设计时使用，所以不会再进一步讨论。

7.5.1 螺栓连接[97]

螺栓可以用来防止两零件产生分离或相对滑动。对于分离，连接处的拉力是通过螺栓轴传递的。对于相对滑动，它是靠摩擦力来防止的，该摩擦力是由两被连接件之间的摩擦因数和螺栓预紧力引起的法向反力决定的。因为螺栓连接通常不是单个使用的，几乎不可能确保孔和螺栓之间的紧配合，所以这不值得尝试。通过预紧螺栓和摩擦力可以提供足够的剪切刚度。为了耐冲击载荷，零件可以由螺栓固定，然后钻孔、铰孔，并用硬钢销或轧制的销固定。

[93] 参阅：M. Weck and A. Heimann, "Analysis of Variants of Machine Tool Structures by Means of the Finite Element Mehtod", Proc. 18th Int. Mach. Tool Des. And Res. Conf., Sept, 1977, pp. 553-559。

[94] 连接经常和装配操作联系起来。一个好的杂志是：Assembly Enginerring, Hitchcock Publishing Co., 25W550, Geneva Road, Wheaton, IL 60188；也可参看每年的机械设计（Machine Design）关于紧固、连接和装配的特辑。其他参考文献还有：A. Blake, Design of Mechanical Joints, Marcel Dekker, New York, 1985, 和 M. Kutz 主编的 Mechanical Engineer's Handbook 中关于连接设计的章节, John Wiley & Sons, New York, 1986；也可参阅 R. Connolly and R. H. Thornley, "The Significance of Joints on the Overall Deflection of Machine Tool Structure," 6th Int. Mach. Tool Des. And Res. Conf., Sept. 1965, pp. 139-156。

[95] 注意：有关螺栓连接的文献非常多。最早的螺栓连接方式也仍然在广泛地使用。大部分的文献着重讨论螺栓的强度和垫圈的密封性能。本节将着重于刚度的设计，因为它是机床设计者首先需要考虑的问题。

[96] 参阅：A. Blake, Design of Mechanical Joints, Marcel Dekker, New York, 1986, and M. Kutz (ed.), Mechanical Engineers' Handbook, John Wiley & Sons, New York, 1986。

[97] 更加详细的讨论可参阅其他文献，例如：J. H. Bickford, An Introduction to the Design and Behavior of Bolted Joints, Marcel Deckker, New York, 1981, as well as A. Blake's book。

两零件用螺栓连接后钻孔和铰孔，保证了两零件上孔的同轴度，所以可使用多个销。

图 7.5.1 显示了一个典型的螺栓连接的横截面。图 7.5.2 所示为使用普通螺栓连接轴承导轨的 T 形滑座。许多轨道都由双排螺栓连接。在一般情况下，悬壁长度不应超过深度。理想的情况下，深度约是悬臂长度的 1.5 倍，但这种做法的缺点是会占用过多的空间。

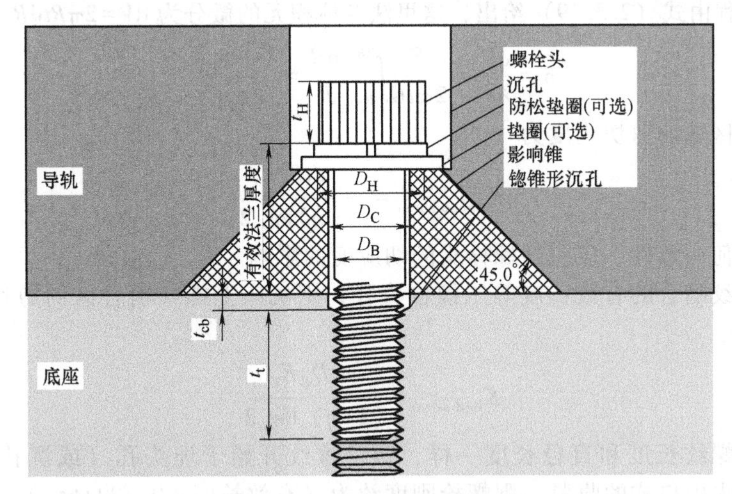

图 7.5.1　典型的螺栓连接组件

螺栓连接的设计要考虑的问题包括：

- 拉伸刚度。
- 挤压刚度。
- 横向承载能力。
- 预紧。
- 减载销。
- 稳定性。
- 螺栓组成。

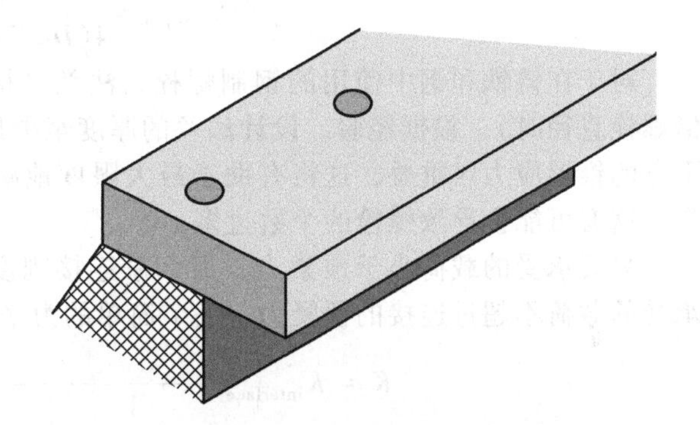
图 7.5.2　沉孔和螺栓连接导轨

1. 螺栓连接的拉伸刚度

螺栓头下面的材料能有效地抵抗压缩，压缩应力应变与螺栓轴线成 45° 角[98]。因此螺栓头下面材料的刚度约为

$$K_{\text{flange comp}} = \frac{1}{\displaystyle\int_0^t \frac{\mathrm{d}y}{\pi E_f\left\{\left(\dfrac{D_H}{2}+y\right)^2 - \dfrac{D_C^2}{4}\right\}}} = \frac{\pi E_f D_C}{\log_e \dfrac{(D_C - D_H - 2t)(D_C + D_H)}{(D_C + D_H + 2t)(D_C - D_H)}} \quad (7.5.1)$$

当 D_C 接近于 D_H 时，"1/对数项" 接近零，因此，应使用大口径的螺栓头或垫圈。注意到当螺栓头或垫圈厚度变为零时，刚度将趋于无穷大，然而，法兰的抗弯刚度随着厚度变化趋近于零。如果是沉头螺钉和大尺寸法兰（应为一个或多个螺栓直径厚度），那么在螺栓周围，法兰的刚度主要由法兰环材料剪切刚度决定。若超出螺栓半径 2 倍之外，切应力会影响沉头

98 M. Spotts, Design of Machine Elements, Prentice-Hall, Englewood Cliffs, NJ, 1985, and J. Shigley and L. Mitchell, Mechanical Engineering Design, McGraw-Hill Book Co., New York, 1983。这两篇文献均认为：受压区域为一个与螺栓轴线成 45° 的锥面。另外的一些文献则认为这个角度应该是更小的 25°。以上的任何一种观点都可以看出，螺栓本身就是一个非常复杂的弹性系统。

孔周围的材料。对于大型车床，假定螺纹传递压力，则压缩项导致了二阶效应的出现。

对于受拉螺栓，为了求得厚度为 t 的法兰的变形量，可利用能量方程。切应力为

$$\tau=\frac{F}{2\pi Rt} \tag{7.5.2}$$

应变能量方程由式（2.3.19）给出，这里法兰体积元的微分为 $dV=2\pi Rt dR$。法兰的变形为

$$\delta=\frac{\partial U}{\partial F}=\frac{F}{2\pi tG}\int_{R_B}^{2R_B}\frac{dR}{R}=\frac{F\log_e 2}{2\pi tG} \tag{7.5.3}$$

因此，沉头法兰区域的剪切刚度为

$$K_{\text{flange shear}}=\frac{\pi tE_f}{(1+\eta)\log_e 2} \tag{7.5.4}$$

考虑螺栓头的几何一致性，应包括螺栓头的切应变的影响。

如果假设螺纹啮合的有效长度等于螺栓直径，则机床上螺纹啮合区的剪切刚度（忽略沉头区）为

$$K_{\text{bed shear}}=\frac{\pi D_B E_t}{(1+\eta)\log_e 2} \tag{7.5.5}$$

假设螺栓的螺纹长度和直径长度一样，螺栓螺纹开始于埋头孔（或沉孔）以下 t_{cb} 距离处，为避免形成火山口式的收紧，则螺栓刚度约为（有效长度 $=D_B/2+t+t_{cb}$）

$$K_{\text{bolt}}=\frac{\pi E_B D_B^2}{4(D_B/2+t+t_{cb})} \tag{7.5.6}$$

对于在铸铁和钢中使用的钢制螺栓，法兰结构的刚度比螺栓的更高（当厚度至少有 1.5 倍螺栓直径时）。根据经验，设计法兰的厚度至少是螺栓直径的 1~2 倍。同时也希望使螺栓头下方的锥形应力区重叠，这将有助于最大限度地减少由螺栓预紧引起的直线误差。但不幸的是，这有可能会导致螺栓的个数过多。

只要承受的载荷小于预紧力，那么总连接刚度就可以用图 7.5.3 所示的模型表示。只要承受的载荷不超过连接的预紧力，一个简单的力平衡[99]分析显示螺栓连接的有效刚度为

$$K=K_{\text{interface}}+\frac{1}{\frac{1}{K_{\text{flange comp.}}}+\frac{1}{K_{\text{flange shear}}}+\frac{1}{K_{\text{bed shear}}}+\frac{1}{K_{\text{bolt}}}} \tag{7.5.7}$$

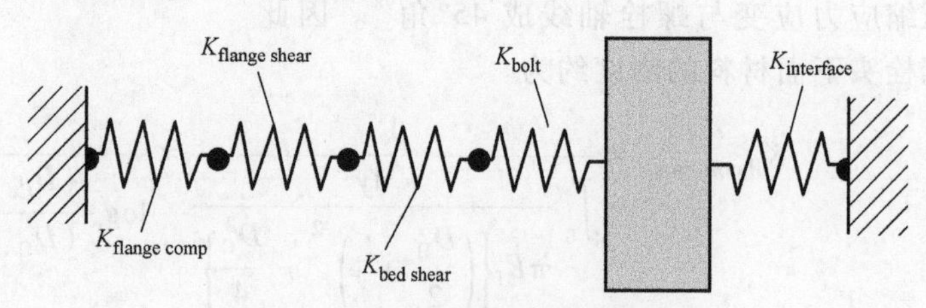

图 7.5.3　螺栓连接的弹簧模型

连接刚度随预紧力和承受的载荷（如未加预紧力）的变化而降低的情况稍后讨论。对于力平衡设计，连接面刚度应至少等于螺栓系统等效刚度的两倍。这样当充分加载拉伸载荷时，预紧力将足以维持所需的连接刚度。当法兰不是真正的块状时，可以使用梁或板的相关理论近似得到法兰刚度（在厚短结构中不要忘了剪切变形），然后用同样的方法求解[100]。为了确定占主要地位的区域的变形（刚度最小），假如组件由软橡胶制成，然后施加载荷，看看它们是如何变形的。

[99] 见式（8.2.1）和式（8.2.2）。

[100] 文献 A. Blake，Design of Mechanical Joints，Marcel Deckker，New York，1986，详细地讨论了法兰连接模型。

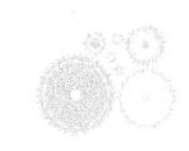

并非所有的连接都需要这种类型的分析。在某些建模很复杂的情况下，设计连接件时需要咨询一位经验丰富的螺栓连接设计工程师。一个新手的最佳入门途径是从设计工程师那里获得有关螺栓连接的经验，做类似的计算，观察所有他/她设计的机器，并利用每一个机会，可以修复或组装机器（例如，他/她的车）。

2. 范例

考虑图 7.5.4 所示的轴承导轨。如何决定螺栓的大小和数目？理想的情况下，轴承导轨的行为就好像它是安装在一堵无数个螺栓（太多）组成的“墙内”。用的螺栓越多，制造费用越高，轴承导轨刚度越弱，因为它变成了多孔的。为了保证设计平衡，轴承导轨的刚度和螺栓连接系统的刚度应该相同。通过遵守螺栓数量的使用规则，为了使以下的分析更合理准确，假定螺栓间距 L/γ 是轴承导轨宽度的 1/2~1/3。有了这个经验法则，通常每个导轨上轴瓦结束处有两个螺栓。轴承导轨截面模型如图 7.5.4 所示。为了粗略计算使用螺栓的尺寸，做以下假设：

1）轴承导轨不会像内置到墙上那样具有高的强度，但另一方面，如果螺栓就像刃形支撑一样沿导轨整个长度向下按，它比一般简单的支持部分刚度大。因此，一个简单的支撑模式应该是保守的。

2）螺栓不提供刃形支撑；刚度小于建模中的刚度。这应该抵消了上述假设。

3）当轴瓦在轴承导轨上施加一个力时，周边也提供支持，也因此确保了切削刃假设的可信度。

4）轨道安装于其上的表面是通过后面的点支撑的，然而，由于轴承导轨弯曲，因此它实际上提供了一些支撑，只能假设后面支撑点有无限刚度和轨道被螺栓固定于其上的表面不能抵抗弯曲变形。

5）必须考虑弯曲和剪切变形。

6）前面对螺栓和法兰的刚度分析是有效的。

7）对于沉头螺栓，发现法兰厚度分别等于 1.0、1.5 和 2 倍螺栓直径。其他几何假设 $D_C=D_B$ 和 $D_H=1.5D_B$，$t_{cb}=D_B/4$，在螺栓中心线之间，轨道的有效宽度是 ℓ。

8）导轨/机座接触表面的接触刚度一般远远高于其他接触表面，这里不包括它，但在使用电子表格程序时需要包括它。

9）导轨和螺栓是钢制的，底座是铸铁的，所以 $E_f=E$，$E_B=E$ 和 $E_t=E/2$。

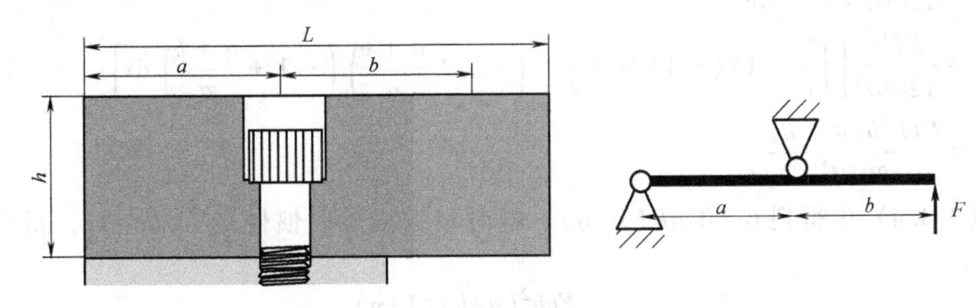

图 7.5.4　一个螺栓连接轴承导轨的模型

首先计算式（7.5.1）~式（7.5.7），结果如图 7.5.5 所示。下一步是找到导轨末端的等效刚度，该系统的行为就像一个弹簧连接到一个支点，因此等效刚度为

$$K_{\text{eq bolt system}}=\frac{Ka^2}{(a+b)^2} \tag{7.5.8}$$

对于这个例子中的其余部分，假定：

$$K_{\text{eq bolt system}}=CD_{\mathrm{B}} \tag{7.5.9}$$

轴承导轨加载过程如图 7.5.4 所示：

$$q=F\langle x\rangle_{-1}-F\left(\frac{a+b}{a}\right)\langle x-b\rangle_{-1} \tag{7.5.10}$$

剪切力为

$$V=-F\langle x\rangle^{0}+F\left(\frac{a+b}{a}\right)\langle x-b\rangle^{0}+C_1 \tag{7.5.11}$$

在 $x=0$ 处，剪切力为零，因此 C_1 为零。则力矩为

$$M=F\langle x\rangle^{1}-F\left(\frac{a+b}{a}\right)\langle x-b\rangle^{1}C_2 \tag{7.5.12}$$

在 $x=0$ 处，力矩为零，因此 C_2 为零。因此弯曲曲率为

$$\alpha=\frac{F}{EI}\left\{\frac{x^2}{2}-\frac{a+b}{a}\frac{\langle x-b\rangle^2}{2}+C_3\right\} \tag{7.5.13}$$

从而弯曲挠度为

$$\delta=\frac{F}{EI}\left\{\frac{x^3}{6}-\frac{a+b}{a}\frac{\langle x-b\rangle^3}{6}+C_3\,x+C_4\right\} \tag{7.5.14}$$

在 b 和 $a+b$ 之间挠度为零，从而弯曲挠度为

$$\delta_{\text{bend}}=F\frac{(a+b)b^2}{3EI} \tag{7.5.15}$$

剪切挠度可利用能量方程计算。矩形梁的切应力公式为式（2.3.17），即$(\tau=V[(h/2)^2-y^2]/2I)$。应变能为

$$\begin{aligned}U&=\int\frac{\tau^2}{2G}\mathrm{d}V=\ell\int\frac{V^2}{8GI^2}\left[\left(\frac{h}{2}\right)^2-y^2\right]^2\mathrm{d}y\mathrm{d}x\\&=\frac{1}{8GI^2}\int_0^{a+b}V^2\int_{-h/2}^{h/2}\left[\left(\frac{h}{2}\right)^2-y^2\right]^2\mathrm{d}y\mathrm{d}x=\frac{\ell h^5}{240GI^2}\int_0^{a+b}V^2\mathrm{d}x\end{aligned} \tag{7.5.16}$$

由于是奇异函数，必须在 0~b 和 b~(a+b) 之间积分。在积分之前，记得挠度是由$\delta_{\text{shear}}=\mathrm{d}U/\mathrm{d}F$ 给出，剪力是 F 的函数，因此：

$$\begin{aligned}\delta&=\frac{\ell h^5}{120GI^2}\int_0^{a+b}V\frac{\mathrm{d}V}{\mathrm{d}F}\mathrm{d}x\\&=\frac{F\ell h^5}{120GI^2}\left[\int_0^b(-1)(-1)\mathrm{d}x+\int_a^{a+b}\left(-1+\frac{a+b}{a}\right)\left(-1+\frac{a+b}{a}\right)\mathrm{d}x\right]\\&=\frac{F\ell h^5b(a+b)}{120GI^2a}\end{aligned} \tag{7.5.17}$$

从式（7.3.4）中得到 $G=0.5E(1+\eta)$，同时根据横梁的惯性矩 $I=lh^3/12$，得到剪切挠度为

$$\delta_{\text{shear}}=\frac{Fbh^2(a+b)(1+\eta)}{5aEI} \tag{7.5.18}$$

总挠度为

$$\delta_{\text{beam}}=\frac{Fb}{EI}\left[\frac{b(a+b)}{3}+\frac{h^2(1+\eta)(a+b)}{5a}\right] \tag{7.5.19}$$

已知，$I=\ell h^3/12$ 和 $\ell=L/\gamma-D_{\mathrm{B}}$，则横梁的刚度可以写为

$$K_{\text{beam}}=\frac{5Ea[L/\gamma-D_B]h^3}{4b(a+b)[5ab+3h^2(1+\eta)]} \tag{7.5.20}$$

假设

$$A=\frac{5Eah^3}{4b(a+b)[5ab+3h^2(1+\eta)]}\quad B=\frac{L}{\gamma} \tag{7.5.21}$$

式（7.5.20）和式（7.5.9）的倒数和等于 $K_{理想}$［式（7.5.7）］的χ部分。因子 N 表示各部分期望刚度的钢轨所需要的螺栓数量。结果是关于 D_B的二次方程：

$$\frac{K_{理想}}{\chi}=\frac{1}{\dfrac{1}{NK_{梁}}+\dfrac{1}{K_{eq.\ bolt\ system}}} \tag{7.5.22a}$$

$$D_B^2\frac{\chi NCA}{K_{理想}}+D_B\left[-\frac{\chi NCAB}{K_{理想}}-NA+C\right]+NAB=0 \tag{7.5.22b}$$

D_B的 2、1 和 0 次方的系数分别是 a_{term}、b_{term}和 c_{term}。从而螺栓直径可用二次方程式计算。对于一个平衡设计，结合面的刚度应该等于螺栓和导轨的刚度。通过加大结合面的刚度，螺栓直径将减小。然而，如果结合面刚度太高，那么由预紧力所引起的位移将太小，以至于制造的缺陷可能导致螺栓周围预紧力无效。这将导致在钢轨上产生一个微弱的斑点。为了确保最大拉力下的刚度，则螺栓应该拧到使结合面刚度等于 $2K_{理想}(1-1/\chi)$。特殊情况下，χ 取值可以为 2，但是这时会导致不切实际的螺栓半径，刚度高达 4 倍的理想值也是不合理的。如果不合理的螺栓半径仍然存在，那么也许应该考虑一个更长的钢轨（例如：$N=2$）。

	米和牛顿			英寸和磅		
$K_{理想}$	5.26×10^8	5.26×10^8	5.26×10^8	3.00×10^6	3.00×10^6	3.00×10^6
χ	3.00	3.00	3.00	3.00	3.00	3.00
E	2.07×10^{11}	2.07×10^{11}	2.07×10^{11}	3.00×10^7	3.00×10^7	3.00×10^7
N	1	1	1	1	1	1
轨道宽度/螺栓间距	1.0	1.0	1.0	1.0	1.0	1.0
法兰厚度	$t=2Db$	$t=1.5Db$	$t=Db$	$t=2Db$	$t=1.5Db$	$t=Db$
法兰挤压$\frac{K}{ED_B}$	2.530	2.714	3.075	2.530	2.714	3.075
法兰剪切$\frac{K}{ED_B}$	6.973	5.230	3.486	6.973	5.230	3.486
螺纹剪切$\frac{K}{ED_B}$	3.486	3.486	3.486	3.486	3.486	3.486
$\frac{K_{螺栓}}{ED_B}$	0.286	0.349	0.449	0.286	0.349	0.449
$C[(a/(a+b)]^2$	1.29×10^{10}	1.51×10^{10}	1.79×10^{10}	1.87×10^6	2.19×10^6	2.59×10^6
轨道宽度 L	0.150	0.150	0.150	5.91	5.91	5.91
a	0.065	0.065	0.065	2.56	2.56	2.56
b	0.060	0.060	0.060	2.36	2.36	2.36
h	0.050	0.050	0.050	1.97	1.97	1.97
螺栓间距	0.150	0.150	0.150	5.905	5.905	5.905
D_B(螺纹允许值的 20%)	0.019	0.016	0.014	0.741	0.634	0.533

图 7.5.5　螺栓尺寸计算结果的电子数据表

特殊情况下，L 和 h 由导轨标准尺寸设定。正如前面所说，γ 的值可取 2 或 3。在图 7.5.5 的数据输出表中，显示的是对应于三个不同法兰厚度的螺栓直径 D_B。有经验的机械设计工程师会告诉你这些螺栓直径看起来貌似是对的，然而对于一个初学者来说，为了确定螺栓尺寸需进行粗略估算。还需要确保螺栓能拧紧，以产生足够的预紧力，有一定的剪切刚度，且不会引起轨道变形。应该设法阻止剪切变形所导致的泊松效应，如果是导轨，则应该尽量增加轨道宽度与螺栓半径的比以及减小螺栓间距，以减小螺栓转矩。同时也要注意 $K_{理想}$的值，如果它太高，将会得到一个不切实际的螺栓直径。这就是数据表的好处，它允许你去修改数据。

其余的系统如何呢？图 7.5.6 显示了轴承导轨能够承受平衡或非平衡的预紧力。哪种设计是最好的？将轴承导轨与铸件做成一体会是一个好的设计吗？我们必须做什么才能生产出整体轴承导轨？如果卫铁导轨用一个流体静压轴承，那么我们该对上面所提到的模型进行怎样的改进？（见 8.7 节的结尾）

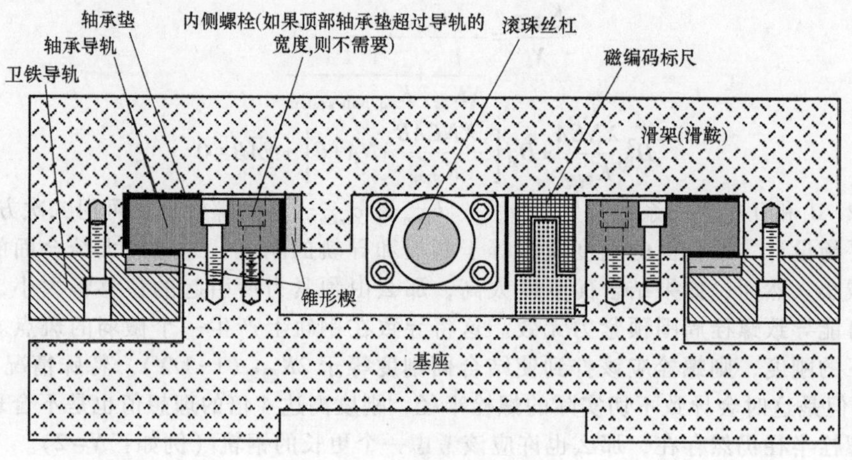

图 7.5.6 T 形滑动轴承结构

3. 螺栓连接的挤压刚度

理想情况下，由螺栓连接的压缩类似于一个实心零件，其刚度可直接计算；然而，由于表面光洁程度的可变性和不完善，这并不成立。表面光洁程度越高，预紧力越紧，则表面的间隙会越小。因此只要要求压缩刚度到极限值，表面就需要打磨、刮削或研磨了。振动退火有利于降低表面粗糙度。用粘结剂涂抹在连接处能够填满大小的孔洞，同时能大大提高连接刚度，同时也提高了连接处的阻尼。连接处可以被设计成只可调节三个接触点的高度（例如，锥形凹槽、锥形单头螺纹线等）。在整个结构对准后，可以在连接处用一种合适的材料灌浆（例如，水泥或者环氧基树脂）。

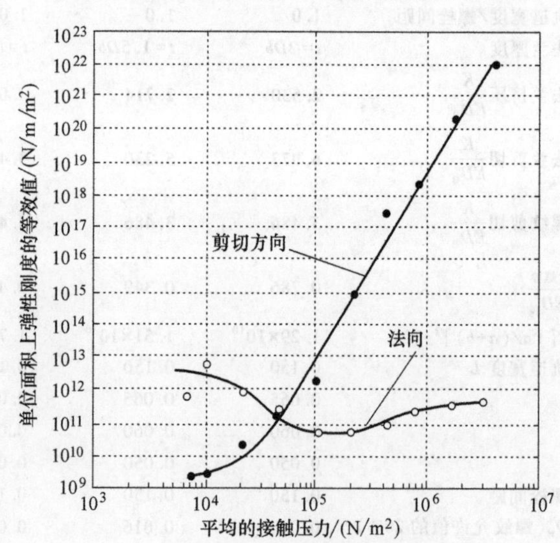

图 7.5.7 w_C 为 0.55%的基础钢质零件连接的刚度（来自 Yoshimura）

为了估算连接刚度，可以参考图 7.5.7~图 7.5.9 所示的实验数据。图 7.5.7 显示的连接刚度是具有相对较高的接触压力的“基础钢”[101] 之间的接触压力的函数。图 7.5.8 显示接触压力对连接的阻尼性能的影响。图 7.5.9 显示了对于较低的接触压力，连接的挤压刚度为接触压力[102] 的函

101 来自 M. Yoshimura, “Computer Aided Design Improvement of Machine Tool Structure Incorporating Joint Dynamics Data”, Ann. CIRP, Vol. 28, 1979, pp. 241-246。试样是由 w_C = 0.55%碳钢构成的，表面光滑，并且表面涂轻机油。

102 来自 M. Dolbey and R. Bell, “The Contact Stiffness of Joints at Low Apparent Interface Pressure”, Ann. CIRP, Vol. 19, pp. 67-79.

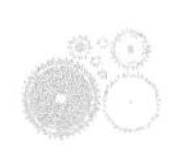

数。往往较低的接触压力通常出现在必须要用小预紧力以防止变形的装置中。在螺栓间距太远和接触面界限内（例如，不超出轨道厚度），可用螺栓提供的总压力除以连接结合面的总面积来估算连接压力。连接刚度可由图 7.5.7 或图 7.5.9 和结合面获得的单位面积刚度得出。

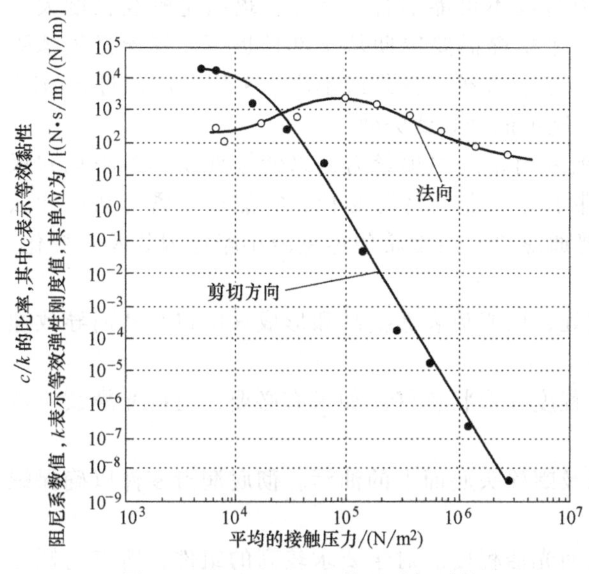

图 7.5.8　$w_C=0.55\%$的基础钢零件连接的阻尼（来自 Yoshimura）

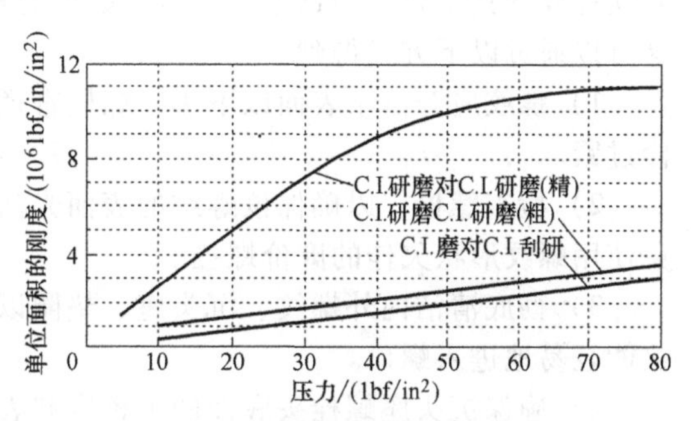

图 7.5.9　较低接触压力下的抗压刚度（来自 Dolbey 和 Bell）

4. 螺栓连接的横向刚度

螺栓连接的横向刚度与结合面的表面光洁程度和预紧力有关。预紧力越高，结合面间产生的摩擦力越大，可承受的横向载荷就越大。横向刚度与预紧后接合表面的粗糙度相关的互锁性能以及随后加载横向载荷后的弯曲和剪切有关。试图以表面峰谷的随机分布建立表面粗糙度模型还需进一步证明，但经验数据已能充分运用，如图 7.5.7 或图 7.5.9 所示。对横向刚度要求非常高的螺栓连接，可在结构对准后适当地应用定位键和销。对于前者，最后的工艺过程就是对松配合的键进行灌浆或用环氧树脂进行封闭。对于后者，用最后的定位导轨作为“模板”在板台上钻和扩定位销孔。

5. 预紧力[103]

用转矩 Γ 拧导程为 l 的螺栓，所产生的轴向力为

$$F=\frac{2\pi\Gamma e}{l} \tag{7.5.23}$$

对于润滑螺纹，效率 e 的变化范围是 0.2~0.9，其取值取决于表面光洁程度和螺纹啮合的精度[104]。除了螺纹效率，必须考虑螺栓头下的摩擦因数 μ。六角头螺栓在机床上是最常用的，螺栓头部直径通常是螺栓直径的 1.5 倍。根据输入输出关系，则螺栓所受轴向力与转矩之间的函数关系为

$$F=\frac{4\pi\Gamma}{\frac{2l}{e}+3\pi D_B\mu} \tag{7.5.24}$$

一般情况下，摩擦因数为 0.3，如果螺栓润滑良好和在受拉过程振动应力减少时摩擦因数可

[103] 参阅：J. Bickford，“Preload：A Partially Solved Mystery”，Mach. Des.，May 21 1987。

[104] 参阅 10.8.3 节详细讨论关于在螺纹的几何形状和摩擦因数基础上的效率计算。

为 0.1。

螺杆的拉应力是 $\sigma=4F/\pi D_B^2$，螺纹的切应力是 $\tau=F/\pi D_B L$，其中 L 为螺纹啮合长度。螺杆或螺纹是否失效取决于螺杆和螺纹材料的相对强度。注意，如果 L 大于一倍或两倍螺纹直径，那么由于螺纹几何形状的不完美，则所有螺纹不可能啮合。因此，攻指定螺纹长度大于两倍螺栓直径的螺纹孔是没有意义的。如果一个螺栓需要定期从某部件拆下，螺栓必须承受高载荷和/或预紧力，那么应该考虑嵌入硬化螺套。此外，内螺纹不应该采用硬度超过 30HRC 的材料，因为锐角的螺纹槽处是应力集中地，这可能会导致失效。

当连接处使用多个螺栓时，每个螺栓必须采用相同的预紧力，以使零件变形最小化和保持机器性能的一致性。目前已开发出在头部带有显示器的特殊螺栓，它能让预紧者知道什么时候螺栓达到了合适的预紧力。对于廉价的普通螺栓，通常希望尽量减小摩擦因数及其变化。这可以通过以下方式得到：

1）螺纹应开始于表面以下 1/4 螺栓直径处，以避免表面抬高和形成火山口状从而导致螺栓过紧。

2）检查螺栓，以确保该螺纹的表面光洁程度和形状良好。如果有必要，可抛光螺纹。避免使用螺纹形状欠佳的廉价螺栓。

3）彻底清洁内外螺纹、沉头座、垫圈以及螺栓头底面上的油污。彻底润滑零件以确保螺纹能轻易地进入螺口。

4）确保沉头座螺栓头底面的平整度和表面光洁程度。对于要求较高的组件，所有的螺栓预紧力必须是相同的，在沉孔（加工面朝上）上放置一个高精度的钢垫圈，然后再在钢垫圈上放置一个润滑过的高精度黄铜垫圈（加工面对着高精度的钢垫圈），然后插入螺栓。垫圈会起到推力轴承的作用从而可以减少头部的摩擦。

5）对于永久性的连接或受到振动的连接，应使用数小时后会变硬的螺纹润滑剂。在冲击和振动载荷下，如果没有使用防松机构，机器工作仅仅几个小时后，螺栓预紧力可能下降为原来的 1/2。

6）增量序列紧螺栓。组装后进行振动实验，然后重新拧紧螺栓。重复此过程，直到螺栓不需要进一步拧紧。

7）如果可能，用销定位。

8）当构件应力消除时，拧紧最后一个螺栓。振动实验过程中的高频振动行为有助于克服在螺纹结合面和螺栓头与沉头座接合面的黏滑摩擦。

预紧力、接触面积和表面光洁程度决定了结合面之间的接触压力，从而影响前面所提到的整个连接的刚度。对有紧密性要求的连接或在高交变应力下螺栓中的残余预紧应力只是总应力的一小部分时，往往需要很高的预紧力。不受高交变应力作用的机床连接，预紧力应该较低并且使用较多的螺栓来获得所需的总力和结合面间的接触压力。这也将有助于分散连接处的力，从而最大限度地减少连接处的变形。为了尽量减少组成连接的零件的变形、压缩或泊松膨胀，经验法则是使螺栓间距和零件或法兰厚度在一个数量级。

螺栓越紧，那么螺栓周围的局部变形（凹陷）范围越大，它可以使关键组件发生变形，如轴承导轨的变形；然而，螺栓越松，则连接的刚度越小。注意增加螺栓直径可以减小应力（<10%～25%的屈服极限），以帮助维持系统长期的尺寸稳定性[105]，另外较大直径的螺栓还可

[105] 为了最大限度地提高疲劳强度和施加预紧力的一致性，有人提出螺栓应拧紧到开始屈服的那个点。对于密封或只需要微米精度的连接来说，这种方法是非常有用的，但是，关于屈服点的长期尺寸稳定性的数据还没有得到。对于屈服过程的详细资料，请参阅 J. Monaghan 和 B. Duff "The effect of External Loading on a Yield Tightened Joint," Int. J. Mach. Tools Manuf., Vol. 27. No. 4, 1987。

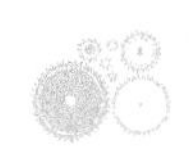

增加螺栓的刚度。可以使用下列准则来确定螺栓连接所需的预紧力和螺栓的尺寸。

1）从实验数据（例如图 7.5.7~图 7.5.9）确定为达到所需的刚度需要结合面上的压力和为获得结合面上的压力需要在连接上所施加的力的大小。如式（7.5.22）所述，假设螺栓力影响范围超过四到五倍的螺栓直径（锥形影响的区域），连接的刚度要比组成连接的零件的刚度要大。

2）确定连接处所受的最大外部拉力。这种力会降低连接上的预紧力，从而减小连接刚度。最小的总预紧力必须比最大拉力和所需的预紧力大，或比 4 倍[106]的最大拉力大。

3）确保连接处的最小力和摩擦因数的乘积至少比预期的最大剪切力大 5~10 倍。如果使用销钉来固定连接，那么这可能不必要。

4）根据上面所给的经验法则来确定螺栓分布（即螺栓间距等于零件厚度或小于轴承导轨宽度）。

5）控制螺栓的尺寸使螺栓的应力比屈服极限低 25%，并将此值与从最低的刚度标准（如示例中所示）规定的螺栓尺寸做比较。检查轨道的弯曲、压缩和泊松膨胀（见下一节），以确保它们都在允许范围内。

作为一个例子，考虑图 7.5.5 设计的螺栓导轨。图 7.5.10 总结了如何选择要使用的转矩水平。可以看出，设计考虑的主要因素是交变力的水平，因为要获得理想的刚度只需要很少量的转矩。使用最小的螺栓转矩的另一个因素是确保在机器的使用寿命期间螺栓不松动。

	米和牛顿		英寸和镑	
D_B	0.016	0.016	0.625	0.625
面积	0.0002	0.0002	0.307	0.307
$4D_B$ 面积	0.0030	0.0030	4.602	4.602
导程	0.002	0.002	0.08	0.08
螺纹摩擦	0.1	0.3	0.1	0.3
效率	0.28	0.11	0.29	0.12
$K_{理想}$	5.26×10^8	5.26×10^8	3.00×10^6	3.00×10^6
连接压力（来自图 7.5.7）	4.00×10^4	4.00×10^4	6	6
连接压力（来自图 7.5.9）	1.38×10^5	1.38×10^5	20	20
需要的力（磨铸铁面上）	416	416	92	92
4×滑架上的交变力	4000	4000	4494	4494
滑动架上螺栓数量	8	8	8	8
每个螺栓上的总力	2916	2916	654	654
需要的转矩	6.8	18.8	60.6	164.9
剪切应力	8.52×10^6	2.33×10^7	1263	3440
拉应力	1.45×10^7	1.45×10^7	2131	2131
米泽斯（Mises）等效应力	2.07×10^7	4.29×10^7	3054	6328

图 7.5.10　以图 7.5.5 为例的螺栓载荷（$\chi=3.00$）

6. 由预紧力引起的轨道变形

即使当一个“完美的”轨道被螺栓连接到一个“完美”的底座上时，显著变形会导致弯曲、压缩和泊松膨胀。这些变形可以通过从精确螺栓连接的导轨上反射出来的光线看出来。不幸的是，并不是总可以在完成连接后精加工轨道，所以有必要估计变形量，从而可以提前减小变形量。此外，如果导轨连接后进行了精加工，当拆开然后转移到另一台机器上，这就能够确定由螺栓力可能导致的变形量。

这里将考虑两种情况。第一种情况是，有些地方沉头孔直径相对于导轨宽度 $b_{轨道}$ 很小，

[106] 这将有助于最大限度地提高螺栓的疲劳寿命。请注意，应检查公司的有关疲劳加载螺栓连接的设计说明，例如，不为 4 的值可被使用。

轴承导轨可以视为弹性变形梁进行建模，如图 7.5.11 所示。第二种情况是螺栓孔占了梁截面的很大一部分，应用图 7.5.11 所示的另一个模型。这两种情况假设梁（轨道）被预紧，所以在地基（底座）上可以承受在梁上施加的向下和向上的力。对于第一种情况，相对的横向变形是由洛克（Roark）发现的[107]：

$$\delta=\gamma_{A}\left\{\cosh\frac{\beta l}{2}\cos\frac{\beta l}{2}-1\right\}+\frac{M_{A}\sinh\frac{\beta l}{2}\sin\frac{\beta l}{2}}{2EI\beta^{2}} \tag{7.5.25}$$

其中

$$\gamma_{A}=\frac{-F}{4EI\beta^{3}}\left[\frac{C_{2}C_{a1}+C_{4}C_{a3}}{C_{14}}\right]\quad M_{A}=\frac{F}{2\beta^{3}}\left[\frac{C_{2}C_{a3}+C_{4}C_{a1}}{C_{14}}\right] \tag{7.5.26}$$

且

$$\beta=\left(\frac{b_{底座}k}{4EI}\right)^{1/4}\quad I=\frac{b_{轨道}h_{轨道}^{3}}{12}$$

$$C_{2}=\cosh\beta l\sin\beta l+\sinh\beta l\cos\beta l\quad C_{4}=\cosh\beta l\sin\beta l-\sinh\beta l\cos\beta l$$

$$C_{a1}=\cosh\frac{\beta l}{2}\cos\frac{\beta l}{2}\quad C_{a3}=\sinh\frac{\beta l}{2}\sin\frac{\beta l}{2} \tag{7.5.27}$$

$$C_{14}=\sinh^{2}\beta l+\sin^{2}\beta l$$

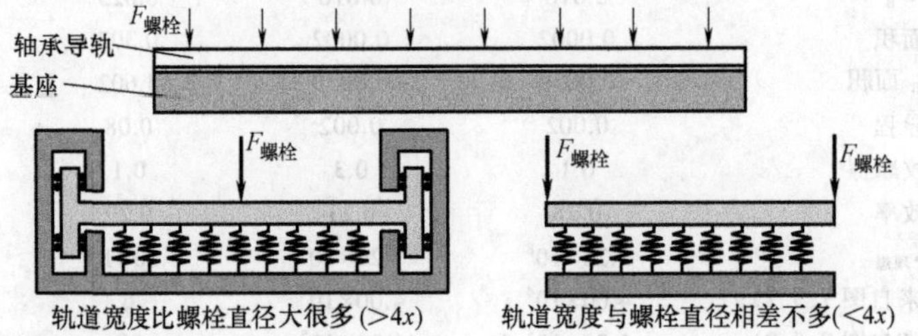

图 7.5.11　由于螺栓预紧力引起的导轨变形模型。当沉孔直径比轨道宽度小很多时，利用弹性模量为 k 的机座上的导梁模型。当沉孔直径占轨道宽度的一大部分时使用右边的简支梁模型

为了估计基础模量 k（即单位面积的刚度，它的单位是 N/m^3），请考虑以下内容。螺栓对导轨朝下拉和对底座朝上拉。如果底座的转动惯量远远大于轨道（如>10），那么机座的弯曲影响可以忽略不计。对于一个精密机器，这应该是一个准确的假设。机座的截面越深，弯曲刚度越高，但更有益于压缩。如果螺栓延伸到底座的底部，那么更容易评价 k 值。假设截面的深度使得底座的惯性矩比导轨的惯性矩大 10 倍。假设机床宽度为 $b_{底座}$，导轨宽为 $b_{轨道}$，底座的有效深度 $h_{底座}$ 为

$$h_{底座}=h_{轨道}\left(\frac{10b_{轨道}}{h_{底座}}\right)^{1/3} \tag{7.5.28}$$

底座的基础模量 k 为

$$k=\frac{E}{h_{轨道}\left(\frac{10b_{轨道}}{h_{底座}}\right)^{1/3}} \tag{7.5.29}$$

在许多情况下，底座可以表示为一个"标准"型，可用简单的实验估算 k。这个值可以和

[107] R. J. Roark and W. C. Young, Formular for Stress and Strain, 5th edition, McGraw-Hill Book Co., New York, 1975, p. 134。

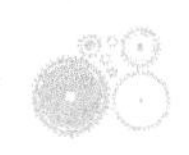

轨道的挠度方程一起用来衡量新的设计。对于第二种情况，图 7.5.11 中的模型，Timoshenko[108]给出了末端和中间之间的相对挠度为

$$\delta=\frac{2F\beta\left[\cosh\beta l+\cos\beta l-2\cosh\frac{\beta l}{2}\cos\frac{\beta l}{2}\right]}{b_{底座}k(\sinh\beta l+\sin\beta l)} \tag{7.5.30}$$

例如，当螺栓连接用于模块化循环滚动元件的直线轴承导轨（例如，直线导轨）时，将使用这个方程。请注意，这些解决方案不考虑剪切变形。分析剪切变形对于一般的应用过于复杂，但是，一个保守的工程估计是假设剪切变形大约等于弯曲变形，因为在一般情况下，这种类型的导轨是相当敦实的，且螺栓间距通常远远小于轨道宽度。对于前面的例子中，基础模量（k）是 $2.7529\times10^{11}\,\mathrm{N/m^3}$，式（7.5.25）×2（考虑剪切变形）等于 0.152μm（6μin）。从上面介绍的理论获得的几何尺寸、载荷以及挠度与里维拉（Levina）提供的实验数据极为相似[109]。

即使地基刚度无限大，螺栓也将压缩导轨，其结果是在螺栓头附近出现低的区域和在低区域间出现高区域。这里所指的是导轨受压变形。为估计压缩变形，分析涵盖 3~5 倍螺栓直径的轨道上的区域[110]。此外，回顾由式（7.3.3）给出的泊松效应可知，受压变形常伴随着一个横向扩张，它大约是 0.3 倍的压缩变形量（对于大多数金属而言），这取决于轨道的几何尺寸。对于图 7.5.1 所示的大型导轨，泊松膨胀通常是微不足道的，因为它分散在金属的周围。对于薄的导轨，如用于多种类型的模块化直线轴承，效果更加突出，这就是为什么我们要严格遵守制造商关于螺栓拧紧的荐用值。

由于螺栓转矩和螺纹效率永远不会完全一样，不同导轨纵向和横向的直线度误差往往会周期性存在，周期等于螺栓的间距。在设计和制造精密机械时，螺栓预紧力、螺纹摩擦和拧紧方式都应该谨慎选择。

7. 销钉连接

螺栓不能传递剪切载荷，是因为它们的孔间距不够精确，以至于不允许在一个有很多螺栓的连接处有紧密配合。如果一个螺栓连接受到一个高冲击或持续振动载荷，那么连接面间很可能产生滑动。使用长为 L_{pin} 的坚固的销与被连接件上一个通孔进行过盈配合的连接，可以防止这种情况发生，可大大提高螺栓连接的横向刚度。在远离销的结合面处，承受剪切载荷的零件面积 A_{part} 等于零件横截面面积。在结合面处，销的横截面面积 A_{pin} 承受所有的剪切载荷。假设一个具有线性变化面积的对称连接，在连接处剪切应力是位置的函数：

$$t=\frac{F}{A_{part}-\left(\frac{A_{part}-A_{pin}}{L_{pin}/2}\right)y} \tag{7.5.31}$$

无论被连接零件是由钢、铸铁还是铝所制造，通常情况下都使用钢销。一种保守的设想是假设销和零件的剪切模量是相等的。因此，从销顶部到底部的区域的刚度为

$$K=\frac{F}{\delta}=\frac{F}{2\int_0^{L_{pin/2}}\frac{\tau}{G}\mathrm{d}y}=\frac{G(A_{part}-A_{pin})}{L_{pin}\log_e(A_{part}/A_{pin})} \tag{7.5.32}$$

---

108 S. Timoshenko Strength of Material, Part II, 3rd ed., Robert E. Krieger Publishing Co., Melbourne, FL, p. 17. 注意，“季莫申科”（Timoshenko）的 k” 是单位宽度的刚度，而 Roark 的 k［这个 k 是由式（7.5.29）给出的］是每单位面积的刚度，式（7.5.30）中的“$b_{底座}k$”，其中的 k 是由式（7.5.29）定义的。

109 参阅：Z. M Levina, “Research on the Static Stiffness of Joints in Machine Tools”, Proc. Of the 8th Int. Mach. Tool Des. and Res. Conf., Sept. 1967, pp. 737-758。

110 很高兴可以看到在各种尺寸的导轨螺栓引起的压缩和泊松变形的详细图表。这些图表可能是采用有限元方法得到的。

请注意限制条件是 $A_{\text{part}} \Rightarrow A_{\text{pin}}$，$K \Rightarrow GA_{\text{part}}/L_{\text{pin}}$。

因为所需的侧向刚度通常可以由螺栓预紧力获得，因此通常只用两个销来保证对准即可使连接承受振动。如果连接受到冲击载荷，由连接来承担冲击载荷是不太可能的，往往需要更多的销来防止销周围的变形。在两个被连接零件（两者对齐并用螺栓连接）上钻孔和扩孔后，可以直接将销压入。如果需要的话，第一个零件上的孔可以稍微扩大点，所以销与一个零件有较紧的配合压力，与另一零件有较轻的配合压力[111]。以这种方式连接时，如果零件要分开，则销总是驻留在同一个零件上。必须留意要使孔比销深 25%，应该允许有空间用来压缩空气到不通孔的底部，或在销一侧磨出一个小的平面以便让空气逸出。理想情况下，孔应该是通孔，在以后需要时，销可以被敲落。

实心钢销（定位销）提供了最大的剪切刚度。然而，它们需要铰孔，这是一个额外的制造步骤。空心定位销是圆的、空心的、在一边有轴向缝隙的硬化钢销。当空心定位销被压到比销小百分之几的钻孔里时，狭缝宽度被迫减少，从而使空心定位销与孔紧密配合。空心定位销非常适合一般制造业应用或不需要非常高的剪切刚度（只对组件定位与控制部件或者抵抗小的工作负载）的场合。这也会降低成本，例如，可用空心定位销将一个部件（例如，一个把手）安到轴上，再切销槽。此外，空心定位销可使制动螺钉永远不松动。

8. 螺栓连接的稳定性

依赖于零件间的机械接触（即，非粘接或焊接连接）的最常见的连接在承受循环应力后初始预紧力会有所损失。这种预紧力的损失似乎是由于外加应力引起的，可造成表面之间的微小滑动。为了增加尺寸稳定性，设计师可能希望使用振动消除应力，再拧紧螺栓，当振动应力消除过程完成后，也就代表整个拧紧完成了。此外，如果连接受到振动载荷或需要高度的稳定性，那么应使用硬化螺纹润滑剂。

例如，当轴承导轨被螺栓连接在某部位时，螺栓和螺纹应按上述讨论来准备，组装应按下列方式进行：

1）轴承导轨应该对准，并且螺栓根据特定的模式逐步拧紧（例如，由内而外以防止夹紧成弓形），直到达到所需的拧紧力矩。每增加一次拧紧力矩，应检查一次是否对齐。

2）装配时应消除振动应力。

3）检查对准度，再重新拧紧螺栓。

4）再次检查对准度，直到螺栓重新拧紧后，装配振动应力消除为止。

5）执行最后的对齐检查。

6）理想情况下，导轨应该用定位销固定在结构上并灌装环氧树脂材料，这有助于提高连接的稳定性和阻尼。可替代销钉的另一种方法是，给沿轨道长度方向的松配合键灌浆或用环氧树脂粘接结合面作为安装的最后一步。

振动过程加速了永久性连接的磨合周期，以防客户在拿到机器后发生改变。当正确地实施对由螺栓连接引起的最大水平应力的控制时，这种安装步骤能够得到一个较理想的螺栓连接的稳定性。大多数机床不需要使用这样一个精心制作的螺栓连接过程。然而，对纳米级性能的追求将使这类安装变得更加普遍。

9. 螺栓连接标准件[112]

对于机械设计工程师来讲，有两种用于连接结构的基本类型的螺栓：六角头螺栓和内六

[111] 我们可以计算出所需的配合压力，或使用纽约工业出版社出版的《机械手册》提供的标准查找，对于大型零件显然没有裂开的危险，查找《机械手册》很容易做到。

[112] 接下来的三节讨论螺栓、螺母和垫圈。对于不同类型的示例，查阅纽约工业出版社出版的《机械手册》，或者查阅纽约托马斯出版有限公司出版的《托马斯美国制造商名录》，在公司的清单上经常展示详细的图片信息。

角螺钉。前者是用一个开口扳手拧紧，而后者则是用六角扳手（艾伦）拧紧。手册会给出所有需要的几何尺寸，如螺栓头、螺杆体和螺纹尺寸以及所需的扳手空间。另外也提供许多其他头部配置，包括装饰性的和防篡改的类型。人们只需要查阅紧固件公司的目录，就可找到所有可用的各类紧固件。

从人体工程学的角度来看，从不使用直径小于 4~6mm 的螺栓是明智的，并且在 10mm 的重型装备上应该避免由于过度拧紧而引起的螺栓头变形，该过度拧紧有可能是对其他大型的螺栓进行拧紧时引起的。对于设计工程师开发“怎样的螺栓是合适的”的最好办法就是拆解旧机器和修复旧车（如拆装一个发动机或改装一个旧货车的尾部）。请记住，自学是最有效的方法[113]。

大多数机床产品直接使用螺纹连接零件，但另外一些产品需要使用螺母。对于螺栓，有许多不同类型的螺母可用，这些特征各异的螺母可以提供许多不同的功能，如：

1）特殊形状可以尽量减少螺纹的应力，最大限度地提高疲劳寿命。

2）非圆形螺纹镶嵌件提供锁紧效果。

3）基座上的特殊几何形状（例如，凸台、锯齿）是为了提高螺栓对零件的夹紧作用。

对于机床应用而言，普通螺母或用尼龙嵌入螺母以防止松动是最常用的。具体的选择通常是公司的标准问题。

螺栓有两种基本类型的垫圈：平垫圈，它可以防止螺栓头对零件表面造成的擦伤，并加强了在薄壁零件上的载荷分布；锁紧垫圈，有助于维持恒定的预紧力和防止螺栓由于振动引起的松动。在沉头孔里，不使用平垫圈，这是因为沉头孔仅比螺栓头稍微大点。开口式弹簧垫圈有时被用于沉孔螺栓，但经常使用硬化螺纹润滑剂来代替。开口式弹簧垫圈被螺栓压缩，从而有利于保持预紧力，即使螺栓存在在高压应力下螺纹蠕变所引起的长度变化。

10. 小结

总结螺栓转矩选择的建议：

1）通过理论推导会得到推荐的转矩水平，这个水平应远远低于螺栓的实际许用转矩。

① 理论提供所需最低转矩。

② 转矩越高，机器的稳定性越好。

③ 过高的转矩可使部件变形（例如，导致轨道直线度误差变大）。

2）最好的办法是实验：

① 观察组件在不同的转矩水平的变形情况。

② 使用尽可能高的转矩水平。

7.5.2 粘接连接[114]

粘接正在迅速成为从日常消费产品到飞机组装领域中最优先选择的连接类型。粘接的连接强度和疲劳强度可以很高，并且这种连接的自动化程度远远超过了其余任何连接。事实上，任何物体都可以粘接在一起来满足任何所需的条件。如图 7.5.12 所示，粘结剂填充连接零件之间的小空隙，从而可以显著提高连接的强度、刚度、阻尼和传热特性。即使两个光滑的面用螺栓连接在一起，也可以使用几滴指定的低黏度的粘结剂来填补小空隙[115]。有些厂家已经开发使用了粘结剂（如，Loctite 牌的持续粘结剂）来阻止连接的相对滑动，与压配连接相比

---

[113] 转换当代教育机构里学生的观点，让他们摘掉那些该死的耳机，注意观察周围的世界。所有标志、桥梁、建筑机械都有迷人的几十个看得见的螺栓连接，可在你的脑袋里研究和分析。

[114] 想了解更多的关于粘结剂连接的详细讨论，可以查阅 A Blake，Design of Mechanical Joints，Marcel Dekker，New York，1985. and M. Kutz（ed.），Mechanical Engineers' Handbook，John Wiley &Sons，New York，1986。

[115] 关于粘结剂数量与刚度、阻尼、表面光洁程度和连接预紧之间的定量关系的研究，在写本文的时候还没得到。

它具有更好的尺寸稳定性、准确性和持久性。这点对于精密机械（例如，分度工作台和计算机磁盘驱动器）是非常正确的。轴承滚道也可以以这种方式固定到孔内，以避免由压配引起的预紧变形。

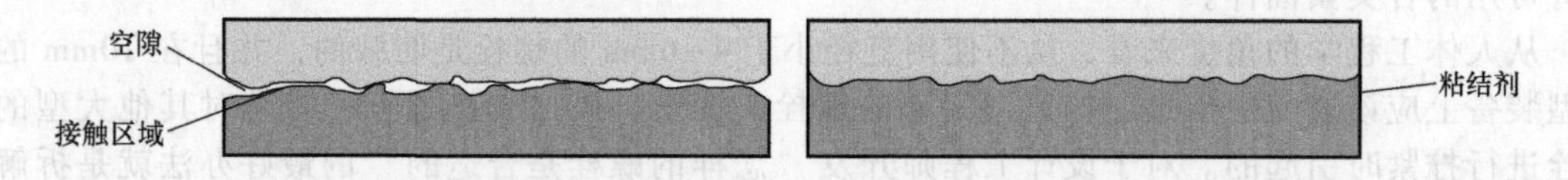

图 7.5.12 粘接通常接触的表面面积超过 30%。粘结剂可以填补空隙，从而增加了强度、刚度和阻尼
[来自粘结剂的选择和使用的指导（LT-1063），乐泰（Loctite）公司许可]

和螺栓连接类似，关于粘接连接的资料太多，因此这里只讨论和机床粘合工艺有关的粘接技术，如粘接、灌封和制模。在所有情况下，连接准备是最重要的，并且用户应注意采纳制造商的建议。

1. 粘接

粘接只是简单地用粘结剂将一块材料粘到另一块材料上。其关键是设计最佳的几何形状和选择正确的粘结剂。关于这个问题有大量的文献，而且粘结剂制造商通常乐意为设计者提供设计援助。和机床上的其他连接一样，粘接通常是基于刚度原则而设计，而不是强度原则。如果零件很薄，由于它们形成连接时扮演连续介质的作用，那么粘接层的有效刚度往往将会比零件本身要大得多。单独使用或与螺栓配合使用的粘结剂是每一个设计工程师的工具包里必备的[116]。一种典型的机床使用的粘结剂聚合物（环氧树脂）的性质见表 8.2.2 和表 8.2.3。

粘接并不总是意味着必须形成一个各向同性的刚性连接。例如，在 1.6 章节中描述的坐标测量机有一个铝框架和钢制标尺。在这种情况下，防止因使用温度不同而导致铝框架拉拽标尺且在此情况下进行组装，或者阻止在运输过程中的损坏是很有必要的。要做到这一点，标尺的一端销接在铝框上，另一端沿其长度方向用粘结剂粘合，这样有良好的阻止剥落的作用，但却有较低的剪切阻力。这种类型的连接可在材料的热性能不匹配或预知温度梯度会导致组件之间的差热膨胀，以及有人想把具有恒定间距的两个部分组合在一起，同时仍然允许组件之间相互滑动的时候使用[117]。关于该类型粘结剂的良好应用是可以使结构形成一个阻尼板，如第 7.4.1 节中那个设计一样。

2. 灌封

灌封连接（有时简称为灌浆）是使用粘结剂把连接锁定在相应的部位。该连接是利用机械手段（如螺栓或重力固定）来保持部件对准，并支持结构的静态重量，然后在连接周围建立一个“坝”以防止粘结剂泄漏出来，并且将粘结剂挤进去，填充连接周围区域。机械连接承受静载荷，而灌封料（如环氧树脂或水泥灌浆）来防止机械连接产生微滑动，从而大大增加了连接的刚度和阻尼。例如给机床灌浆使板层凝固、灌封机床结构上的主要机床部件（例如，机床上的主轴箱）、灌封传感器固定架上的感应元件等。

注意，除了外部灌封，可以使用内部灌封来填充松配合键或销的键槽和销孔。这允许两零件在不使用压入式销钉的情况下就可以锁定在一起。粘结剂可被注入连接零件之间区域的凹处（例如，带有孔的空腔），使零件形成完美的匹配。通过这种方式，粘结剂形成了可浇注成形的销或键。通常情况下，粘结剂要注入松配合的销或键周围，以使粘接层厚度最小化。

---

[116] 参阅：M. Chowdhary, M. Sadek and S. Tobias “The Dynamic Characteristics of Epoxy Resin Bonded Machine Tool Structures”, Proc. 15th Int. Mach. Tool Des. Conf., 1975。

[117] 例如，3M 公司的 EC-801 具有较高的拉伸强度，但抗剪强度低。

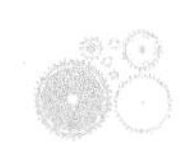

3. 制模[118]

制模是一个用具有非常低的收缩率的聚合物灌入或注入已涂脱模剂的样品形状周围的过程。当聚合物固化时，其形状与样品相同，移除的样品还可以再使用。由于许多聚合物树脂硬化是放热反应（发热），这一过程的重要设计方面之一是尽量减少聚合物的使用量，并最大限度地提高样品和部件的刚度、热扩散能力，以阻止由聚合物反应产生的热量导致的结构发热、结构变形和由于聚合物硬化导致的热变形。和螺栓组装不同，一旦聚合物固化，形成所需的形状（例如，安装直线轴承导轨的槽），就不可能再调整对准。注意当机器被错误地影射或使用计量框架时，小的线性偏差通常不会影响最终的结果。图 7.5.13～图 7.5.15 所示为复制静压轴承垫的制模过程。请注意，为了防止孔隙，复制时必须进行彻底的真空除气。

图 7.5.13　静压轴承垫复制过程的开始：圆的承轨插入轴承垫的区域，在这里使用精确对准的夹具将其定位。［德维特（Devitt）机械有限公司和科比（Bryant）磨床公司许可］

图 7.5.14　静压轴承垫复制过程：O 形环密封在铸造聚合物中，磁条形成静压轴承油腔和回油槽（德维特机械有限公司和科比磨床公司许可）

图 7.5.15　静压轴承垫的模制过程。制模后，材料混合一起，在真空中除气后，就可以注入。固化后，移开轨道，轴承是完整的［德维特（Devitt）机械有限公司和布莱恩特（Bryant）磨床公司］

图 7.5.16 所示为表面处理的原理细节，以确保不会发生剥落。此锯齿样式可通过许多不同的方式来得到。除了表面光洁程度要求，表面也必须进行彻底清洗和对样品使用脱模剂。用在轴承上的制模聚合物的特点在 8.2 节讨论。

可复制的零件和组件可以做成和机器上其他零件一样，具有同样稳定的尺寸。例如，在

[118] 参阅：A. Devitt, "Replication Techniques for Machine Tool Assembly," East. Manuf. Tech. Conf., Springfield MA, Oct. 1989. Available from Devitt Machinery Co., Twin Oaks Center, Suite G, 4009 Market Street, Aston, PA 19014。

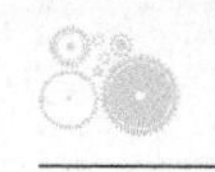

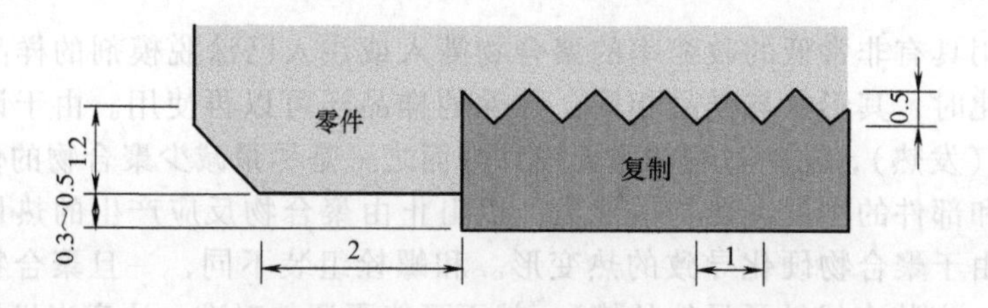

图 7.5.16　模制表面和区域的详细说明，尺寸以毫米为单位
（“DIAMANT” Metallplastic 有限公司许可）

第 1 章中所讨论的，衍射光栅是有史以来最精确、最科学的重要设备，但实际上最现代化的光栅是从标准光栅复制来的[119]。在机床上，直线轴承导轨安装面可以被复制，或在某些情况下，滑动或静压轴承的复制表面作为导轨面发挥作用。复制表面也可作为组件表面的历史记录，并作为需要在远程仪器上分析的大表面样本[120]。

4. 备注

粘结剂技术发展非常迅速，因此在选择一种特定的粘结剂或首先排除粘结剂时，必须向专家咨询。例如，“环氧”是几乎所有人都知道的一个术语，它像钢铁或木材一样通用：有许多不同类型的环氧树脂可用在许多不同类型的应用中。其他类型的粘结剂在许多应用中（如高温）的表现优于环氧树脂。我们应经常与多个厂家沟通，看看他们认为哪种粘结剂最适合。告诉厂家你想要把什么东西粘在一起，以及操作条件是什么样的，让厂家推荐粘结剂，并解释为什么他们选择了那种特定的粘结剂。多考查几个厂家，并确保他们的意见一致。

7.5.3　过盈配合连接[121]

将一个零件冷缩配合到另一零件上，或将一个零件压入另一零件是保持两零件结合在一起的普遍、有效、经济、可靠的方式（例如，冷缩配合齿轮轴），然而最容易被误解的公差形式也与过盈配合相关。必须确保零件的公差使尺寸有微小差异，从而在接触面上存在足够的接触压力以传输所需的载荷。此外，在加工零件时，孔用其允许的最小尺寸，轴用它允许的最大尺寸即使在系统中存在其他形式的力，如轴向、扭转、弯曲、剪切、拉压、热和惯性力的时候，孔周围的应力必须小于材料的屈服极限。轴向和扭转应力往往依靠过盈配合本身在连接处传递，因此它们直接影响过盈配合所需的最小压力。连接截面上的弯曲压力可以等于轴向应力，并且当径向支撑在离连接很远的位置时更显著。剪切应力的作用是减少零件的径向尺寸，从而导致连接处松动。热应力可能会导致零件松动或分开。惯性力也可能导致零件的松动或分开。

（1）轴向载荷

最小接触压力与摩擦因数、接触面积的乘积必须大于轴向力。考虑轴向力的安全系数，则在没有滑动的情况下，允许传递轴向力所需的最小接触压力为

119　参阅：E. Loewen. Diffraction Gratings：Ruled and Holographic，Academic Press. New York，1983。

120　参阅：P. J. James and A. S. Collinge，“Assessment of Certain Epoxy Resins for Replicating Metal Surfaces，” Precis. Eng.，Vol. 1，No. 2，1979，pp. 70-74，和 P. J. James and W. Thum，“The Replication of metal Surface by Filled Epoxy Resins，” Precis. Eng.，Vol. 4，No. 4，1982，pp. 201-204。

121　关于过盈配合的更多信息，参阅 O. J. Horger (ed.) the ASME Handbook，American Society of Mechanical Engineers，New York，1953，p. 178. 对于过盈配合更严格的讨论，可参阅 S. Timoshenko and J. Goodier，Theory of Elasticity，McGraw-Hill Book Co.，New York，1951，p. 388. 关于这方面一个很好的总结由 M. Kutz (ed.) 提供：Mechanical Engineers' Handbook，John Wiley & Sons，New York，1986。

$$P_{\min}=\frac{F}{\mu\pi Dl} \tag{7.5.33}$$

施加于圆形零件上的轴向力将导致零件直径的改变。根据胡克定律［式（7.3.3）］，直径的变化大概是：

$$\Delta D=\frac{-4\eta F}{\pi DE} \tag{7.5.34}$$

在确定承受的轴向载荷所需要的过盈量后，轴向过盈量必须考虑直径变化的绝对值。

（2）扭转载荷

最小接触面应力、接触面面积、摩擦因数以及界面半径的乘积必须大于所施加的转矩。考虑转矩的安全系数，在不打滑的情况下，允许传递转矩所需的最小压力为

$$P_{\min}=\frac{2\Gamma}{\mu\pi D^2 l} \tag{7.5.35}$$

由于扭转和轴向运动是相互垂直的，计算接触面压力时必须考虑能够抵抗轴向力和切向力的合力。

（3）弯曲载荷

当一个梁弯曲时，其一个侧面被拉伸，另一个侧面被压缩。为了防止在工作过程中连接发生松动。接触面压力和摩擦因数的乘积必须大于梁上的最大拉应力或者最大压应力。此外，为了传递穿过连接的有效弯曲力矩，外部零件横截面的二次矩（通常称为惯性力矩）必须大于内部零件横截面的二次矩。一般来说，拉力引起的泊松收缩将抵消由压力引起的泊松扩张，所以当满足接触面压力判别准则时，施加静力矩不应导致连接的松动。

（4）剪切载荷

轴上通常会有剪切载荷，但很少影响到过盈配合，除非它们加在一个或两个连接直径内（例如，靠近齿轮的轴承支撑）。剪切载荷压缩轴，使之成为一椭圆形，由于泊松效应，扩张仅是压缩的一小部分。一般情况下存在两种剪切力：①施加在冷缩配合到轴上的零件的剪切力；②施加在装配在轴上的其他零件上的剪切力。第 1 种情况下，施加的径向载荷将增加孔一侧的压力，减少另一侧的压力。最终结果是要维持连接处的轴向承载能力，然而，被放松的一侧，接触压力减去剪切力仍然高于承受其他类型载荷所需的力，否则，可能会导致微观滑移和接触区域的微动磨损。

对于第 2 种情况，通常会发生在轴上带轮轴带动大飞轮旋转的时候。飞轮的重量会压缩轴承座里的轴。带轮通常在轴承座旁，以尽量减少带张力引起的弯曲应力，所以过盈配合受到了轴径减小的影响。假设剪切载荷是线性加载于轴（圆柱体）上，那么直径减小量的上限可以估算出来，然后根据 5.6 节讨论的赫兹接触应力理论可计算轴的压缩量。轴的直径为 D 并趋于无穷大。假设轴承孔的直径为 1.1D 并趋于无穷大。接触压力减少的下限可假定等于剪切载荷 V 除以轴承座的直径和长度的乘积：$P_{减少}=V/DL$。

（5）压应力

如果装配受到内部或外部的静压力，则组件可能膨胀或缩小，造成连接处的松动或收紧。收紧可能会导致爆裂，而松动可能导致连接失效。因此，人们必须评估静压力对过盈配合零件之间接触面压力的影响[122]。

（6）热负荷

温度变化会引起装配件直径的改变，这直接影响到允许的最小和最大过盈配合量。对于内、外圆柱体的配合，温度相对于装配温度均匀改变 ΔT，则在直径为 D 处过盈配合的外径相

[122] 见 7.5.3.2 节和 7.5.3.3 节内容。

对内径的变化量为

$$\Delta D=D\Delta T(\alpha_{I}-\alpha_{0}) \tag{7.5.36}$$

如果热膨胀系数 α_0 比 α_I 大，ΔD 将是负的，意味组件温度升高后会导致配合产生“松动”。即使对轴和齿轮进行油浴，温度的变化（10℃或更多）仍然是明显的，这可导致直径的变化。

假设，计算的理想的过盈配合范围为从 $\delta_{min}\sim\delta_{max}$，如果 ΔD 是负的，为了保证温度升高时连接处的支撑强度，过盈配合的范围应为 $\delta_{min}-\Delta D\sim\delta_{max}$。如果 ΔD 是正的，那么，为了防止装配件加热过程中材料产生屈服，过盈配合的范围应为 $\delta_{min}\sim\delta_{max}-\Delta D$。热变形似乎并不显著，但当温度的变化可能会达数百摄氏度（例如，在发动机中）时，它就很重要了，同样的材料膨胀系数的匹配也是非常重要的。在存在温度梯度的情况下，最初设计装配关系时假设两零件之间存在一个统一的温差（例如，外部零件为 T_0，内部零件为 T_I），如果可能的话，采用封闭式解决方案检查在温度梯度下的设计性能，或进行有限元分析。

(7) 惯性应力

在静止或者速度很小的情况下，过盈配合可用来传递较大力矩或者转矩。然而，在许多应用中（例如，变速箱中），装配件可能会达到每分钟成千上万转的转速。当零件旋转时，离心力往往扩大到这个零件，造成内部的径向应力和圆周应力。这个应力不应导致齿轮飞散开，齿轮也绝不能在轴上松动。松动的齿轮是不精确的，会迅速磨损。应力和应变的测量是一个很好的研究主题，简要讨论如下。

7.5.3.1 计算所需过盈量

为了确定两零件间所需过盈量，必须确定在两材料摩擦因数有限的情况下，需要多大压力在界面间来传递载荷。例如，可以按以下步骤进行：

1）装配零件的尺寸要能够确保它们在任何情况下都能够承受所施加的载荷（轴向、扭转、弯曲、剪切、热和惯性载荷）。另外，考虑应力集中和疲劳寿命还要乘以一个系数，包括考虑过盈配合应力引入的一个系数2。这一步的结果，应该是系统上每个载荷作用于接触面上产生的负载和位移产生的合应力。明智的做法是在这一步引入安全系数。

2）计算两零件之间的过盈量，过盈量在接触面上产生的压力能确保系统承受施加的载荷。请注意，这一步最保守的方法是假设各最大载荷同时作用，然而，事实并非总是这样。例如，电动马达驱动一轴的转矩-速度曲线，这条曲线说明的是电动机在最低速度下输出的最大转矩和在最高速度下输出最小转矩之间的关系。所需的过盈量需要考虑配合零件的最高允许误差与最低允许误差形成的最差的组合值，这个值在制造业可以很容易地得到。例如，(±0.002) mm 的轴公差和（±0.001）mm 的孔公差，意味着可能会存在比工程师预计多或者少 0.003mm 的过盈量。如果制造误差在公差值负的一边，零件装配后仍然会有足够的承载能力。如果误差是在正的一边，那么装配时也不会因压力的增加而损坏零件。

3）计算在装配时产生的接触应力，假设过盈量等于第二步计算的最高值和最低值，再加上第一步计算得到的由于载荷产生的接触面上总位移的绝对值，这样可确保接触应力的计算考虑了施加载荷的影响。使用这种方法，如果施加载荷后减少了内部直径（例如，轴由于泊松效应使得径向张力减小），那么在第二步中计算过盈量时就得加上轴的缩小量。这可确保施加载荷时，过盈配合仍有足够的承载能力。如果施加的载荷增加了轴的直径，计算结果代表了连接处应力的上限值。

4）计算零件中由于载荷及过盈配合所产生的总的应力情况，应利用莫尔圆（Mohr' circle）或等效屈服准则，例如冯·米泽斯屈服准则（Von Mises）。如果等效应力和安全系数以及疲劳载荷系数乘积超过允许的屈服极限，则一定要增加零件的尺寸然后回到第2）步。如果乘积比较小，最好减小组件的尺寸，回到第2）步。

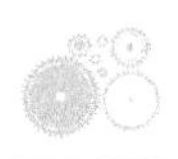

通常执行步骤1)~4)十分复杂，需要使用一台计算机利用递归算法进行优化。步骤1)~4)概述了算法的结构。此外，为了确定过盈配合公差，首先必须了解如何确定（在）接触压力的大小，并确定在零件上产生的总应力。下面将讨论厚薄壁零件装配。请注意分析方法本身就是设计过程的代名词，所以不应跳过设计过程直接在后边找到结果。

1. 实施细则

过盈配合的承载力取决于形成一个机械连接的两个表面的摩擦因数和相互粘合进入对方的程度。如果摩擦是保证承载能力的主要因素，则应该尽量增大它，这意味着需要清理掉零件表面的油脂后才可装配零件。对于类似金属之间的相互接触（例如，钢对钢），摩擦因数可以取0.2~0.3。对于铸铁，其中的石墨可作为一种润滑剂，摩擦因数大约是0.1。对于异种材料（例如，黄铜和钢），假定摩擦因数只有0.1。可以通过使用较小半径，使连接处的应力集中最小化，如图7.5.17所示。

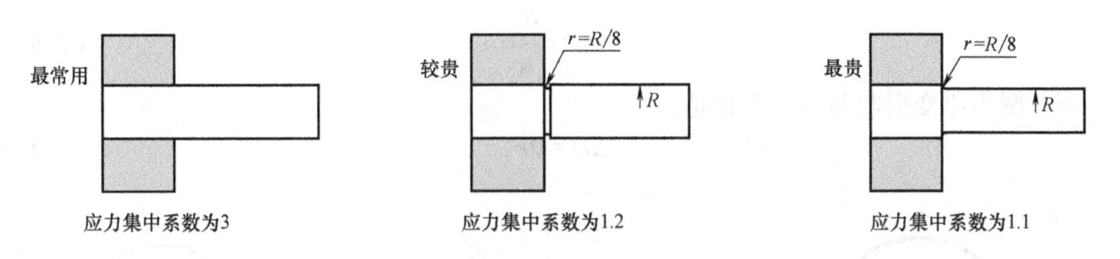

图7.5.17 轴和零件的冷缩配合

微滑移在比较小的切应力水平也会发生。有人可能认为配合表面越粗糙，高峰和低谷间的联锁会更好，因此会减少微动滑移和增加连接的承载能力。然而，随着表面粗糙度的增加，刚度以及尺寸定位能力都会降低。一般情况下，表面光洁程度（表面粗糙度值 Ra 为0.5μm）越好，连接越结实，清洁、高光洁度表面的零件压配合后有可能冷焊在一起。设计工程师对于过盈配合设计实现所需的刚度更有兴趣，而对于一般设计通常最感兴趣的是承载能力，必须查阅经验数据[123]。

为了增加过盈配合连接的承载能力、刚度和耐蚀性，需要忽略一些质量引起的问题，但必须极其小心地控制配合的松紧程度和表面光洁程度，也可在过盈配合装配过程中使用钎焊或粘结剂。组件需要高温热处理时可用钎焊，不需要加热处理或升高温度时使用粘结剂。在组件进行热处理的时候，金属焊料熔化，在毛细作用下金属流入配合间隙之间粗糙的表面。应用热处理工艺不但可以消除高的紧配合形成的应力，而且由钎焊形成的金属粘合可以提高连接的强度和高温时的抗蠕变能力。因此对于钎焊，过盈配合的目的主要是作为定心装置。粘结剂用于零件装配前，对粗糙的表面进行填充使其平整可以增加连接的承载强度，但紧配合应力仍然存在。因此，对于使用粘结剂的情况，连接处的承载能力是由接触压力与粘结剂共同提供的，但零件能承受更高的应力。

使用钎焊工艺或粘结剂，表面应该是粗糙的（表面粗糙度值 Ra 为1μm或2μm)，从而可以给金属焊料或粘结剂提供空间来形成零件间的粘结。为便于金属或粘结剂滑动，可以规定使用交叉形研磨纹路的表面光洁程度（例如，可通过柔性珩磨得到）。

2. 薄壁管间的过盈配合

为了确定薄外壁管收缩配合到薄内壁管上的允许过盈量[124]，直径变化是要确定的所需接

---

123 R. H. Thornley and I. Elewa, "The Static and Dynamic Stiffness of Interference Shrink-Fitted Joints," Int. J. Mach. Tools Manuf., Vol. 28, No. 2, 1988。

124 薄壁管的条件是 $D \gg t$（例如 $D>10t$）。

触压力 P 的函数：

$$\delta_O = C_O P \tag{7.5.37a}$$

$$\delta_I = C_I P \tag{7.5.37b}$$

几何一致性表明，内外管的尺寸要求在装配后内管的外径等于外管的内径。外管套上内管且外管内径小于内管外径，所以外管的直径将增加，而内管直径必须减少：

$$D_O + C_O P = D_I - C_I P \tag{7.5.38}$$

在内管和外管处，管压力可带来环向应力。由对称可知，压力以恒定的值环绕在圆周上。环向应力在圆周位置上产生的应变 ε_θ 运用胡克定律可得到，$\varepsilon_\theta = \sigma_\theta / E$。圆周的变化 δ_θ 可根据圆周应变 ε_θ 得到

$$\delta_\theta = \pi D \varepsilon_\theta \tag{7.5.39}$$

直径的变化 ΔD 可由圆周的变化量 δ_θ 得到：

$$\Delta D = \frac{\delta_\theta}{\pi} \tag{7.5.40}$$

因此圆周应变引起的直径变化是：

$$\Delta D = D\varepsilon_\theta \tag{7.5.41}$$

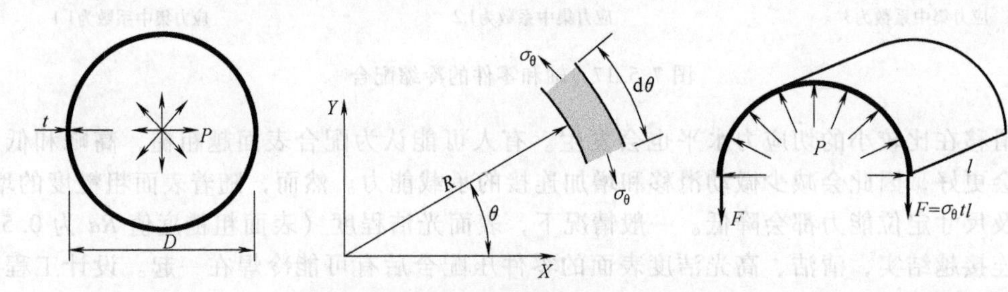

图 7.5.18　薄壁管受到内部压力 P

下一步是根据 P、D、t（壁厚）求出 σ_θ。如图 7.5.18 所示，如果这个环切沿直径方向、环向应力 σ_θ 必须平衡各方向压力。径向变应力的存在与变化由外部压力和内部压力而定（例如，0）。不过这种压力与环向应力相比是不明显的，如图 7.5.18 所示。在 Y 方向单位长度微分元 $d\theta$ 上的压力的微分值为 $0.5D\theta P\sin\theta$，应力 σ_θ 可通过积分得到，如下所示：

$$\sigma_\theta = \int_0^\pi \frac{D\sin\theta}{2} d\theta = \frac{PD}{2t} \tag{7.5.42}$$

根据定义，因为薄壁管直径 $D \gg$ 壁厚 t，因此 $\sigma_\theta \gg \sigma_r$，$\sigma_r$ 可以忽略不计。因此，周向应变为

$$\varepsilon_\theta = \frac{PD}{2tE} \tag{7.5.43}$$

因此，由作用在薄壁管上的压力[125]引起的直径变化 ΔD 为

$$\Delta D = \frac{PD^2}{2tE} \tag{7.5.44}$$

因此 C 等于 $D^2/(2tE)$，并替换式（7.5.38）中的 C 得

$$D_O + \frac{PD_O^2}{2t_O E_O} = D_I - \frac{PD_I^2}{2t_I E_I} \tag{7.5.45}$$

[125] 施加在内部零件上的 P 是正的，施加在外部零件上的 P 是负的。

将 $D_O=D_I-\Delta D$ 代入式（7.5.45）可以得到：

$$D_I-\Delta D+\frac{P(D_I^2-2D_I\Delta D+\Delta D^2)}{2t_OE_O}=D_I-\frac{PD_I^2}{2t_IE_I} \tag{7.5.46}$$

一些数值如 ΔD^2、$2D_I\Delta D$ 相对于 D_I^2 是可以忽略的。直径所需的过盈量 ΔD 的值可根据接触压力 P 确定：

$$\Delta D\approx\frac{PD_I^2(t_OE_O+t_IE_I)}{2t_Ot_IE_OE_I} \tag{7.5.47}$$

内外管的环向应力从式（7.5.42）可得：

$$\delta_{\theta O}=\frac{D_Ot_IE_IE_O\Delta D}{D_I^2(t_IE_I+t_OE_O)}\quad \delta_{\theta I}=\frac{t_OE_IE_O\Delta D}{D_I(t_IE_I+t_OE_O)} \tag{7.5.48}$$

考虑到管由同样的材料制作并且壁厚相同，整理式（7.5.48）得：

$$\delta_{\theta\max}=\frac{E(\Delta D/2)}{D_I} \tag{7.5.49}$$

忽略管壁厚度，得到一个表达式，该表达式表示任一管的径向应变（因为每个管都膨胀，总径向过盈量的一半除以直径）和杨氏模量的乘积等于应力。随着壁厚的增加，需要更大比例的压力来扩大管子，以适应径向过盈，因此管的厚度很小时可以忽略不计。

内部零件的轴向延伸超出外部零件的轴向尺寸，这将导致外部零件的末端产生更多的抗压缩应力，从而使界面压力在这个区域比较高。若忽视这种影响，可以对结合面传输的力或转矩进行一个保守的估计；不过，由于接触面压力比较高，所以我们必须采用更高的应力安全系数。此外，为了尽量减少应力集中，外部零件的入口内径应设计成斜面，或内零件要倒圆角，这样应力增加是渐进的，不会导致应力集中。

3. 厚壁零件的过盈配合

对于厚壁圆筒，环向应力沿径向方向有一个应力分量，称为圆周应力，因此不能忽视径向方向应力分量的作用。图 7.5.19 显示从圆筒截下的单位厚度的一段。为了确定所需的最小和最大过盈量，我们用与薄壁圆筒设计分析类似的方法进行厚壁圆筒的分析。这里有一个重要的假设：由于要解决的问题是二维的，因此圆筒的截面形变后必须保证在同一平面上。

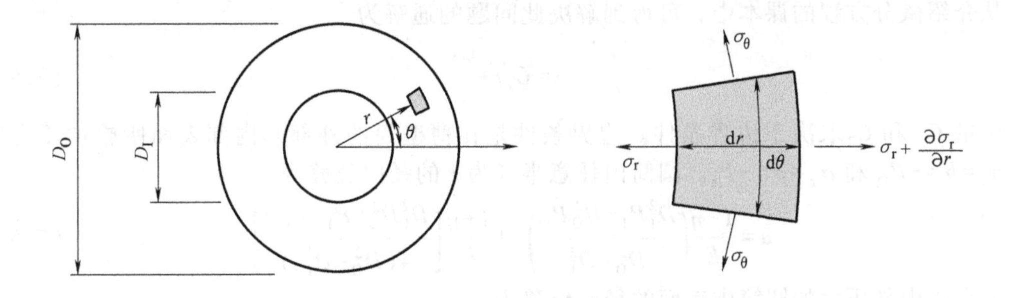

图 7.5.19　受内外部压力作用的厚壁圆筒的一部分

径向应力 σ_r 在单位圆周上沿径向方向 dr 厚度上的变化为（$\partial\sigma_r/\partial r$）dr。根据对称性，周向应力 σ_θ 对该微元是常数，而 σ_θ 将随半径 r 变化。径向方向的合力为

$$-\sigma_r r\mathrm{d}\theta-\sigma_\theta\mathrm{d}r\mathrm{d}\theta+\left(\sigma_r+\frac{\partial\sigma_r}{\partial r}\mathrm{d}r\right)(r+\mathrm{d}r)\mathrm{d}\theta=0 \tag{7.5.50}$$

忽略高阶项，如 $\mathrm{d}r^2$，式（7.5.50）将简化成为

$$\sigma_\theta - \sigma_r - r\frac{\partial \sigma_r}{\partial r} = 0 \tag{7.5.51}$$

有两个未知数 σ_θ 和 σ_r，所以必须考虑几何的兼容性。

受均匀压力的厚壁圆筒的变形是一个对称问题，因此必须包含厚壁圆筒上所有点的径向位移。由于径向位移的对称性，因此它在圆周上没有变化，但它在径向可能会有所变化。因此，其他物理参数与材料在给定的曲率半径处的径向位移 u 有关。如果 u 和 r 与 σ_θ 和 σ_r 产生的应变 ε_θ 和 ε_r 有关，则可以将式（7.5.51）简化成只有一个未知数的方程。则已知位移 u 便可求出 ε_θ 和 ε_r 以及 σ_θ 和 σ_r 的值。

如果半径 r 处的位移是 u，那么在半径 $r+\mathrm{d}r$ 的位移将是 $u+(\partial u/\partial r)/\mathrm{d}r$，所以径向位移变化是 $(\partial u/\partial r)/\mathrm{d}r$。径向方向上微元的总伸长等于应变和长度 $\mathrm{d}r$ 的乘积：

$$\Delta u = \varepsilon_r \mathrm{d}r = \frac{\partial u}{\partial r}\mathrm{d}r \tag{7.5.52}$$

径向应变 ε_r 为

$$\varepsilon_r = \frac{\partial u}{\partial r} \tag{7.5.53}$$

在圆周方向上，半径为 r 的一点由于施加的压力已移动到 $r+u$ 处，此点在给定位移情况下，圆周变化等于圆周和周向应变的乘积：

$$2\pi r\varepsilon_\theta = 2\pi(r+u) - 2\pi r \tag{7.5.54}$$

因此周向应变为

$$\varepsilon_\theta = \frac{u}{r} \tag{7.5.55}$$

从胡克定律可知，应力 σ_θ 和 σ_r 可通过位移 u 求出：

$$\sigma_r = \frac{E}{1-\eta^2}\left(\frac{\mathrm{d}u}{\mathrm{d}r} + \eta\frac{u}{R}\right) \qquad \sigma_\theta = \frac{E}{1-\eta^2}\left(\frac{u}{r} + \eta\frac{\mathrm{d}u}{\mathrm{d}r}\right) \tag{7.5.56}$$

把上述表达式代入式（7.5.51）：

$$\frac{\mathrm{d}^2 u}{\mathrm{d}r^2} + \frac{1}{r}\frac{\mathrm{d}u}{\mathrm{d}r} - \frac{u}{r^2} = 0 \tag{7.5.57}$$

从介绍微分方程的课本中，可得到解决此问题的通解为

$$u = C_1 r + \frac{C_2}{r} \tag{7.5.58}$$

常量 C_1 和 C_2 取决于边界条件。边界条件是在薄壁筒的外部和内部表面所施加压力的函数：$\sigma_r = b = -P_O$ 和 $\sigma_r = a = -P_I$。圆筒内任意半径为 r 的径向位移为

$$u = \frac{1-\eta}{E}\left(\frac{D_I^2 P_I - D_O^2 P_O}{D_O^2 - D_I^2}\right) r + \frac{1+\eta}{E}\left[\frac{D_I^2 D_O^2 (P_I - P_O)}{4(D_O^2 - D_I^2) r}\right] \tag{7.5.59}$$

一个受内部压力的圆筒内表面的径向位移为

$$u_{内表面} = \frac{D_I P}{2E}\left(\frac{D_I^2 + D_O^2}{D_O^2 - D_I^2} + \eta\right) \tag{7.5.60}$$

外部圆筒（或当轴 $D_I = 0$）处承受外压，外表面的径向位移为

$$u_{外表面} = \frac{-D_O P}{2E}\left(\frac{D_I^2 + D_O^2}{D_O^2 - D_I^2} - \eta\right) \tag{7.5.61}$$

对于收缩配合，位移将大小相等，方向相反。它们的差值等于径向过盈量 Δ 的二分之一。因此，接触面压力为

$$P=\frac{\Delta}{D_{界面}\left[\frac{I}{E_O}\left(\frac{D_{界面}^2+D_{外部}^2}{D_{外部}^2-D_{界面}^2}+\eta\right)+\frac{1}{E_I}\left(\frac{D_{内部}^2+D_{界面}^2}{D_{界面}^2-D_{内部}^2}-\eta\right)\right]} \tag{7.5.62}$$

对于一实心轴压配到一非常大（$D_{外部} \gg D_{界面}$）的结构（例如，一个压装塞）上时，接触面压力为

$$P=\frac{A}{D_{界面}\left(\frac{1+\eta}{E_O}+\frac{1-\eta}{E_I}\right]} \tag{7.5.63}$$

下一步就是确定接触压力产生的应力。将式（7.5.56）代入式（7.5.59），利用边界条件，承受内外压力的圆筒的应力为

$$\sigma_r=\frac{D_I^2 P_I-D_O^2 P_O}{D_O^2-D_I^2}-\frac{(P_I-P_O)D_O^2 D_I^2}{4r^2(D_O^2-D_I^2)} \tag{7.5.64a}$$

$$\sigma_\theta=\frac{D_I^2 P_I-D_O^2 P_O}{D_O^2-D_I^2}-\frac{(P_I-P_O)D_O^2 D_I^2}{4r^2(D_O^2-D_I^2)} \tag{7.5.64b}$$

当圆筒只受到内部的压力 P_I时，所承受的应力为

$$\sigma_r=\frac{D_I^2 P_I}{D_O^2-D_I^2}\left(1-\frac{D_O^2}{4r^2}\right)\quad \sigma_\theta=\frac{D_I^2 P_I}{D_O^2-D_I^2}\left(1+\frac{D_O^2}{4r^2}\right) \tag{7.5.65}$$

应力的最大值出现在圆筒内表面 $r=D_I/2$ 处。径向应力是压应力，且等于$-P_I$，周向应力是拉伸应力，其值始终大于径向应力。对于一个受到外部压力 P_O 的圆柱体，应力为

$$\sigma_r=\frac{-D_O^2 P_O}{D_O^2-D_I^2}\left(1-\frac{D_I^2}{4r^2}\right)\qquad \sigma_\theta=\frac{-D_O^2 P_O}{D_O^2-D_I^2}\left(1+\frac{D_I^2}{4r^2}\right) \tag{7.5.66}$$

注意 σ_θ 和 σ_r 都是压应力。这些方程给出了收缩配合装配的圆筒内外表面上的等效应力状态。为了确定最大允许的接触面压力，必须把这些应力和零件上施加的其他载荷在零件内外表面产生的应力结合起来，例如，可用米泽斯（Mises）屈服准则[126]。

4. 旋转组件

当组件旋转，作用在图 7.5.19 微元上的径向力为（ρ 是密度）

$$\mathrm{d}F_r=\rho\omega^2 r^2\mathrm{d}r\mathrm{d}\theta \tag{7.5.67}$$

与式（7.5.50）合并，这时平衡方程变为

$$\sigma_\theta-\sigma_r-\frac{r\partial\sigma_r}{\partial r}-\rho\omega^2 r^2=0 \tag{7.5.68}$$

推导过程和前面一样，位移的平衡方程变为[127]：

$$\frac{\mathrm{d}^2u}{\mathrm{d}r^2}+\frac{1}{r}\frac{\mathrm{d}u}{\mathrm{d}r}-\frac{u}{r^2}+\frac{\rho\omega^2 r}{E^*}=0 \tag{7.5.69}$$

方程解为

$$u=\frac{-\rho\omega^2 r^3}{8E^*}+c_1 r+\frac{c_2}{r} \tag{7.5.70}$$

其中，常数首先是通过对中心有空的圆盘求得的，在这种情况下，过盈装配的轴是空心的。

[126] 对于金属，失效常发生在最大切应力 τ_{max} 超出了许应应力时。最大切应力等于最大主应力和最小主应力差值的一半。根据特雷斯卡（Tresca）屈服准则，$\tau_{max}=0.5\sigma_{yield}$。由米泽斯（Mises）屈服准则，$\tau_{max}=3^{1/2}\sigma_{yield}$。由于过盈配合计算需要加入其他应力，米泽斯屈服准则很容易使用。

[127] $E^*=E/(1-\eta^2)$。

边界条件为：在 $r=D_I/2$、$D_0/2$ 处，$\sigma_r=0$。经过多次迭代计算后[128]，径向位移和应力为

$$u=\frac{\rho\omega^2}{8E^*}\left\{-r^3+(3+\eta)\left[\frac{(D_0^2+D_I^2)r}{4(1+\eta)}+\frac{D_0^2D_I^2}{16(1-\eta)r}\right]\right\} \tag{7.5.71}$$

$$\sigma_r=\frac{\rho\omega^2(3+\eta)}{8}\left(\frac{D_I^2}{4}+\frac{D_0^2}{4}-r^2-\frac{D_I^2D_0^2}{16r^2}\right) \tag{7.5.72}$$

$$\sigma_\theta=\frac{\rho\omega^2(3+\eta)}{8}\left(\frac{D_I^2}{4}+\frac{D_0^2}{4}-\frac{1+3\eta}{3+\eta}r^2-\frac{D_I^2D_0^2}{16r^2}\right) \tag{7.5.73}$$

最大应力发生在 $r=0.5(D_0D_I)^{1/2}$ 处。从而对于装配结构，必须计算外部零件在外表面 $r=0.5(D_0D_I)^{1/2}$ 处、配合界面处和内部零件的内表面处的等效应力状态。这使得问题变得更加复杂，最好的方式是注意各条件的动向用数值方法计算，并把它作为一个界面压力的函数。注意在这样一个过程中，必须注意载荷引起的界面位移和确定在连接处拧紧和放松影响因素。

当内部圆柱体是实心轴时，常数 $C_2=0$，边界条件是：在 $r=0$ 处，$u=0$。这时应力为

$$\sigma_r=\frac{\rho D_0^2\omega^2(3+\eta)}{32}\left(1-\frac{4r^2}{D_0^2}\right) \tag{7.5.74a}$$

$$\sigma_\theta=\frac{\rho D_0^2\omega^2(3+\eta)}{32}\left[1-\frac{(1+3\eta)4r^2}{(3+\eta)D_0^2}\right] \tag{7.5.74b}$$

当设计高速旋转机械时，必须特别小心谨慎。要阅读不止一个参考文献，要对设计方程和计算结果进行反复地检查和核对。同样，必须保证此设计符合有关规定和标准。

7.6 辅助系统

除了整体几何尺寸和主要部件的选择，设计工程师必须小心谨慎地选择辅助系统，包括：

- 电气系统。
- 排屑系统。
- 夹具系统。
- 流体系统。
- 安全系统。
- 密封系统。
- 工具系统。
- 振动控制系统。

每一个这样的系统都和主要部件系统一样，都是能否成功实现设计的关键。然而，辅助系统常被留到最后设计，从而导致集成能力差。因此将根据每个系统如何影响机床设计的性能来讨论它们的基本特征。

7.6.1 电气系统

应该重视机器的电气系统，它对于机器就像人的神经系统一样重要。机械设计工程师不用设计电气系统，但他必须经常与电气系统设计工程师交流沟通，为电气系统设计工程师提供足够的空间使得电线安装时可以整齐地进行接线，这有利于机器组装和维修时接线。曾把

[128] 更多的讨论参阅：S. Timoshenko，Strength of Matherials，Part Ⅱ，Theory and Problems，Robert krieger Publishing Co.，Melbourne，FL。

时间花在想搞明白一个简短的汽车布线系统（特别是仪表盘）的人会喜欢这个说明[129]。

电气系统通常在运动轴移动过程中发生故障，这是因为它很难与运动轴连接。设计工程师必须注意电缆载波的选择和电线载体的临界弯曲半径。一个典型的电缆载波设计数据表如图 7.6.1 所示。这些载体也可以很好地用到流体管道上。同时，动力电缆和传感器电缆应该屏蔽且彼此分离以防止电磁干扰（EMI）。在选择电缆载波时，需要考虑几个重要的问题：

1）假设电缆比确定的所需的内部承载规格尺寸大 10%。

2）弯曲半径应该是电缆最大直径的 8 倍，或电缆制造商推荐的更大的值。

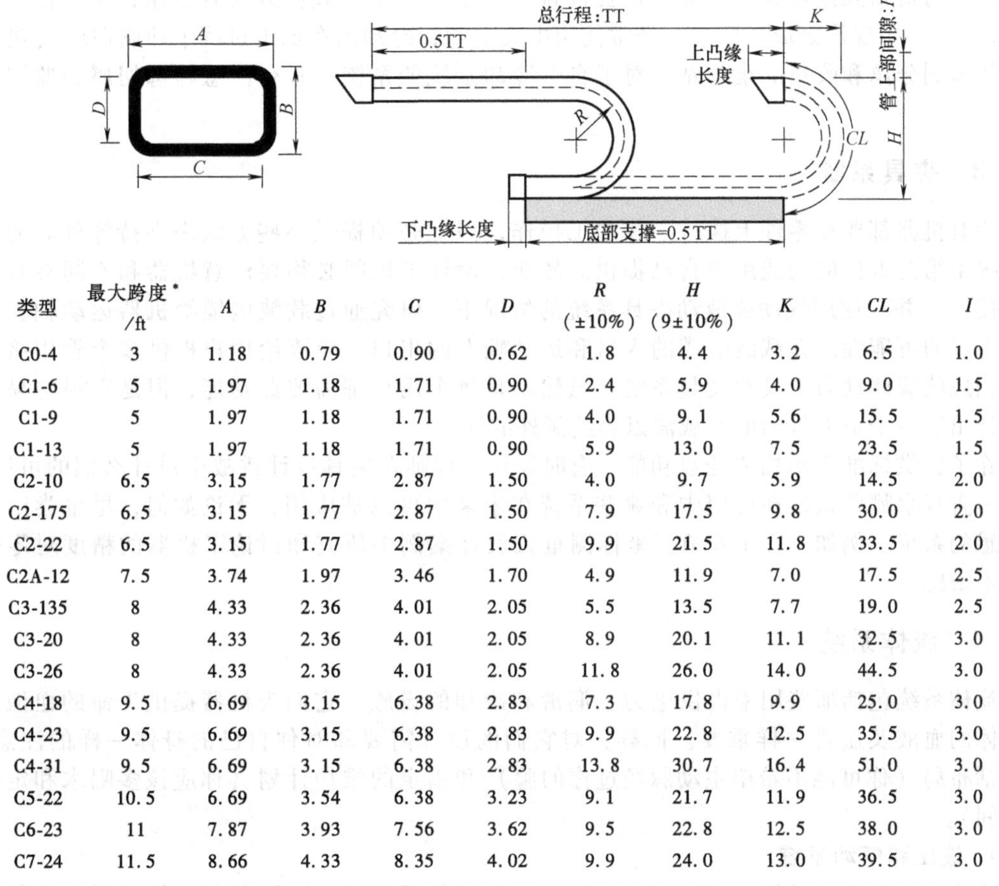

类型	最大跨度* /ft	A	B	C	D	R (±10%)	H (9±10%)	K	CL	I
C0-4	3	1.18	0.79	0.90	0.62	1.8	4.4	3.2	6.5	1.0
C1-6	5	1.97	1.18	1.71	0.90	2.4	5.9	4.0	9.0	1.5
C1-9	5	1.97	1.18	1.71	0.90	4.0	9.1	5.6	15.5	1.5
C1-13	5	1.97	1.18	1.71	0.90	5.9	13.0	7.5	23.5	1.5
C2-10	6.5	3.15	1.77	2.87	1.50	4.0	9.7	5.9	14.5	2.0
C2-175	6.5	3.15	1.77	2.87	1.50	7.9	17.5	9.8	30.0	2.0
C2-22	6.5	3.15	1.77	2.87	1.50	9.9	21.5	11.8	33.5	2.0
C2A-12	7.5	3.74	1.97	3.46	1.70	4.9	11.9	7.0	17.5	2.5
C3-135	8	4.33	2.36	4.01	2.05	5.5	13.5	7.7	19.0	2.5
C3-20	8	4.33	2.36	4.01	2.05	8.9	20.1	11.1	32.5	3.0
C3-26	8	4.33	2.36	4.01	2.05	11.8	26.0	14.0	44.5	3.0
C4-18	9.5	6.69	3.15	6.38	2.83	7.3	17.8	9.9	25.0	3.0
C4-23	9.5	6.69	3.15	6.38	2.83	9.9	22.8	12.5	35.5	3.0
C4-31	9.5	6.69	3.15	6.38	2.83	13.8	30.7	16.4	51.0	3.0
C5-22	10.5	6.69	3.54	6.38	3.23	9.1	21.7	11.9	36.5	3.0
C6-23	11	7.87	3.93	7.56	3.62	9.5	22.8	12.5	38.0	3.0
C7-24	11.5	8.66	4.33	8.35	4.02	9.9	24.0	13.0	39.5	3.0

*另外，一卷增加的最大跨度为 50%，2 卷增加 100%。

除非特别指出，所有的尺寸单位为：in

图 7.6.1　典型的电缆载波设计数据表（A&A 制造有限公司许可）

7.6.2　排屑系统

若机器的目的是去除材料，暂不考虑工艺过程，则必须关注材料是如何从工作区去除的。被去除的材料越少，越容易清理。但是，去除的材料越少，后续加工对先前加工遗留下的废料越敏感。

例如，在车削中，如果选择的工装和进给速度（这些是用户可自定的）不恰当，在零件

[129] 设计师可能有的最大资产之一是“一辆会经常坏掉的老车”。经常拆卸零件并安装固定，考虑维护应如何设计和不应该设计什么样的结构是一个很好的启发。给孩子最好的礼物是一辆老爷车和相关的修理资料，而不是直接给孩子一辆新车。

上可能会产生一些卷曲废屑。大部分设计工程师可能都会说："嘿，这不是我的错"，而好的设计工程师可能会问，"如何设计系统以防止这种故障的发生?" 在某些情况下，答案是通过刀尖附件一微小孔在卷曲废屑形成时用高压冷却液冲掉它。这种类型的系统称为液压断屑。因此要问用户现在系统存在的是什么问题，再问系统部件的供应商看他们能有哪些类型的解决方案。

在铣削和车削中，一个常见的问题是现代工具和机器可以如此快的切除金属以至于切屑如果未及时清除的话很容易堆积起来。自动排屑包括使用真空、冷却液和切削输送机。这些系统通常与机器几何形状结合起来以提高排屑效率（例如，倾斜或垂直基座，切屑便可落入输送带中）。在现代集成工厂中，经常使用中央空调，冷却剂在加工过程中冲刷切屑（热）并输送切屑到分离和收集的集中站。对于自带冷却系统的系统，必须注意筛选切屑和监视冷却条件。

7.6.3 夹具系统

所有机器都要在零件上执行一些加工操作，因此必须提供一些方法来夹持零件。通常夹具系统由第三方供应商或用户自己提供。然而，设计工程师必须要注意机器和不同夹具系统的连接[130]，并在使用气动或液动夹具系统的情况下，研究通过载波电缆给机器运动轴提供流体动力线的可能性。在载波电缆的入口和运动轴上的出口，应该给用户提供多个管用接头以配合相应的流体动力工具和夹具系统。虽然不是每个用户都需要此功能，但是它很容易为机器设计出下一个更大号的电缆载波以容纳额外的线。

除了提供标准T形槽或托盘功能，有时设计工程师在夹具设计挑战中没什么别的可以做，除了一直观察哪些系统在使用中和哪些系统在未来中可以被应用，无论如何，尽量尝试设计不敏感的系统。例如，在1.6节三坐标测量机设计案例中研究和讨论了机器的精度对零件的重量不敏感。

7.6.4 流体系统

流体系统包括那些用来提供电力、润滑和冷却的设施。它们为机器提供生命的血液，就像人体的血液及血管一样重要。同样，对它们的设计需要和对你自己的身体一样的注意力。这包括布局（你可能不希望主动脉经过你的脸）和指定的维护计划（你应该多喝水和定期去洗手间）。

1. 液压和气动系统

流体动力系统提供的功率密度比任何其他类型的系统更高。因此，必须特别小心其线路的布置，若线路断了可能会对人与机器造成伤害。整洁是关键，设计工程师应仔细考虑这些线路应如何通过这台机器，如何将他们固定，如何将它们安装到运动轴上。必须小心使用旋转接头和载波电缆。连接到运动轴上的软管通常应限制在柔性载波电缆内，这有助于防止软管擦伤、缠结或损坏。例外情况是由于载波电缆强加到滑动架上的力太大以至于可能影响机器的微米精度。

2. 润滑系统

轴承必须经常连续或间歇地润滑。静压轴承需要安装高压流体系统连续地润滑，滑动轴承材料（例如，聚四氟乙烯或铸铁对硬化钢）需要定期（几分钟一次到一天一次）喷射润滑剂。这需要由设计工程师来确定哪些轴承需要润滑，然后相应地设计自动或手动的润滑系统。在某些情况下，润滑系统也作为冷却系统。例如，油雾润滑通常用于润滑和冷却主轴轴承。

---

130 参阅 F. Wilson and J. Holt Jr. (ed.), Handbook of Fixture Design, McGraw-Hill, Book, Co., New York, 1962。

3. 冷却系统

在材料去除中必须使用冷却系统，许多精密机器需要冷却系统动态控制机器的温度。在第一种情况下，冷却液是暴露在空气中的开放系统，因此易剥蚀。在第二种情况下，温度控制系统通常可以密封，因此可以通过化学物质使之受到保护。必须小心地对所有外露的金属部分提供腐蚀保护。凡使用基于水系统的部位，设计工程师应该意识到在机器上的湿度水平有可能会更高，因此所有未受保护的金属表面会受到腐蚀。

切削加工中冷却剂往往是基于水的物质，因此容易变臭。最使机器操作员工作不愉快的就是臭了的冷却剂。设计工程师如何提供帮助？即使更换了冷却剂，在角落和狭缝中也有可能隐藏了一些发臭的冷却剂。除非所有的发臭冷却剂都被移走，不然造成不好气味的细菌会迅速繁殖。因此装有冷却剂的区域应有光滑圆润的轮廓。例如，球罐与矩形容器相比不易积累臭的污泥。冷却剂应进入加工区然后尽快离开。这不仅有助于快速移除切屑和防止臭味堆积，也有助于快速从机器中移除热量。此外，设计一个精密机器时，设计工程师还要重视冷却线路可能本身就是热源以及如何采取相应的绝热措施。在机器的使用说明书上，设计工程师还应强调冷却剂管理计划的重要性，并建议使用防臭冷却剂。冷却液更换的次数越少，用户成本越低和环境的压力越少。现在在许多地区，加工工艺冷却液已经被列为危险废物。

设计工程师还必须考虑直接（喷洒）和间接（增加湿度或烃蒸气）接触冷却剂会如何影响机器组件。许多精密系统，如磨床和金刚石车削机床，必须在冷却剂中运行。烃蒸气和湿度可以更改光速，因此如果机器的冷却系统也使用激光干涉仪，在疏散或充氦的通道上附上干涉仪是明智的。特别通道需要更多的机器空间，但是，在导轨设计中常常增加滑道长度与行程的比。辅助系统对整个机器系统的设计确实有很大的影响。

7.6.5　安全系统

安全系统的问题涉及赔偿责任问题，很难写出任何东西。因此在本节中，只讨论一些基本理念，以及涉及的政府和公司的政策[131]。这些内容是为了使设计工程师认识到其重要性。安全设计有三个规则：

1）机器本身的安全。不要设计出机器后，再考虑如何使其安全。

2）设计机器时，设想你的生命依赖于它，设计欠佳你会受到惩罚，它可能迫使你用剩下的生命去改善机器。

3）记住人们一般会忽略安全问题，并且他们通常仅仅只关心一台机器能运行多长时间而已。

有许多值得记住的关于安全的轶事。19 世纪 80 年代初两醉汉决定拿起割草机，用它来修剪树丛，结果失去了他们的手指，并获得几百万美元的赔偿。因为割草机制造商制造出了不安全的割草机，如果足够安全这就不会发生。现在绿地上割草机都应该安装一个离合器，如果用户的手离开割草机的手柄时，电力将自动中断。但是如果用户使用周围缠上胶带的手柄来控制离合器又会怎样呢？看来制造商应安装视觉系统来观察操作者。价值 200 美元的割草机可能会导致成百上千万美元的损失，这样的机器谁在乎！这难道看起来不荒谬和愚蠢吗？它的荒谬或愚蠢还不及用户对安全问题关心的平均程度。另一方面，设计工程师不应只用此事作为嘲笑安全系统的一种方式[132]。

直到 20 世纪中期，由于许多机器忽略了安全系统，许多细心、聪明的操作者失去了生命

---

[131] 安全问题在第 1 章已经讨论过。一个设计工程师必须咨询职业健康与安全管理部门（OSHA）来得到关于他正在设计的设备的最新规定。

[132] 听讼，吾犹人也。必也使无讼乎！——孔子。

和四肢。设计工程师才认识到人像所有的生物一样，应该被同情和尊重。所以暂且不说别的，设计你的机器时最起码应使操作的人感到舒适。

7.6.6 密封系统[133]

机器最致命的“暗杀者”之一是污垢。工作环境中的人、加工过程的切屑、工具和机器上组件的磨损都会生成污垢。污垢损坏机器的程度取决于机器暴露的程度以及它的密封性和敏感性。除非污垢远离机械接触轴承、流体和气动系统，否则污垢造成的磨损的增加将导致机器过早地失去准确性并且出现机器故障。同样地，如果一台机器生成污垢（例如，磨粒或油滴），它会污染制造过程（例如，从食品加工设备到安装集成电路的机器）。

幸运的是，密封系统存在于几乎任何类型的应用中；对密封系统所有的要求就是仔细评估机器的工作环境。有成千上万种的密封选择，包括常见的O形圈、适合高压密封的瞬动密封圈、迷宫密封件、模盒组件和防止切屑和污垢接近轴承的接触密封。因为密封类型和密封材料种类较多，设计工程师设计密封细节时应始终咨询制造商的意见。但是，这并不排除设计工程师需要根据密封系统所需的空间要求来安排机器的设计。

典型机床几微米分辨率的运动通常并不考虑密封摩擦。这是因为，即使采用滚珠丝杠来驱动滑动接触轴承支撑的滑架，滑动接触轴承能够很容易地克服瞬动密封的摩擦的影响。另一方面，机器的分辨率达到亚微米级或者高速度/高加速能力需要使摩擦最小化，因此这些系统中常采用迷宫密封、波纹管密封，它们在轻微的内压力下可防止污垢污染。其他类型的密封通常也用来防止污垢污染。例如，激光干涉仪路径通常需要封入真空管或波纹管内，以防止折射率沿不同的路径而变化。

1. 圆形零件的动态密封

圆形零件可以进行旋转运动（例如，轴承和轴）或直线运动（例如，活塞轴或充当直线轴承导轨的圆轴）。圆形零件都很容易密封，这是因为密封件可以很容易地与其精确配合；此外，很容易设计擦拭器擦掉污垢以防止损坏密封（例如，擦掉一施工设备上的液压缸杆上的污垢）。

典型的回转运动的密封如图 7.6.2 所示。迷宫密封件用于相对干净且应尽量减少摩擦的场合。接触式密封可以保护轴承，即使在像你的汽车前桥那样很苛刻的环境中工作也可以保护轴承。需要维持高压时的密封，常用唇形密封或挤压式密封，如图 7.6.3 中所示。唇形密封在高压差下能够很好地工作，但在低压差中会泄漏，这是因为它们依靠这种压力来密封表面；另一方面，唇形密封有比任何类型的压力密封低的摩擦因数。挤压式密封在开始时要预加载荷，该密封在低的或高的压差下都可密封，但有较高的摩擦因数。不过，这两种类型的密封通常能承受活塞的轴向运动和转动。

图 7.6.2 普通回转密封

[133] 一个好的参考文献是：L. Martini (ed.), Practical seal design, Marcel Deckker, New York, 1986. Machine Design's annual Mechanical Drives and Fluid Power reference issues. 不可或缺的综合工业文献为：Parker Packing Engineering handbook, available from Parker Packing, P. O. Box 30505, Salt Lake City, UT 84125。

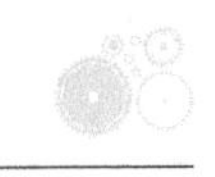

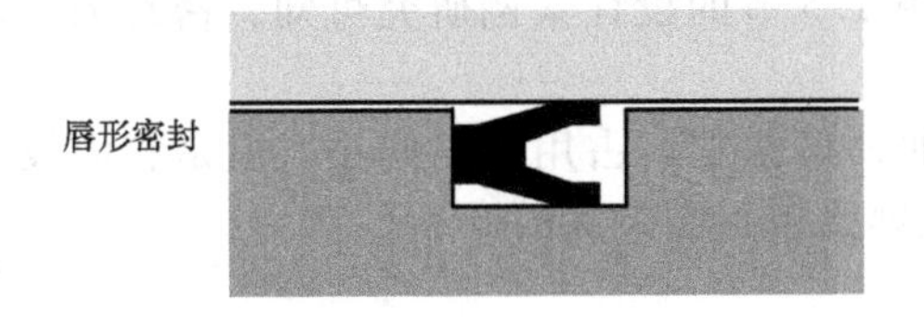

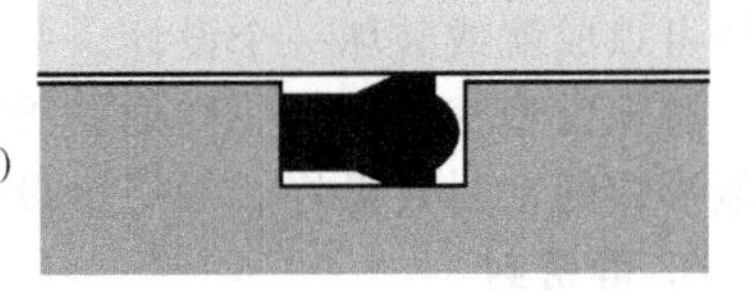

图 7.6.3　唇形密封和挤压式密封的旋转/往复运动的圆轴

高压密封取决于密封唇和轴之间的接触压力的精确量。在正确设计和安装的密封中，唇形密封套在润滑油膜上。油膜其实起真正的密封作用。因此，必须通过密封元件的机械压力和轴表面的光洁程度精确控制油膜的厚度（大约为 25μm）。如果油膜太厚容易泄漏液体。如果油膜太薄，唇磨损，会增加摩擦，从而导致黏滑振动。黏滑振动会在密封中引起表面波的形成，从而导致泄漏。机械压力、密封的压力和温度是影响油膜厚度的主要因素。一般来说，当密封的压力增加，滑动接触压力相应的增加，从而降低了油膜厚度。温度的提高，可能会造成轴速度的提高，流体黏度的降低，还会导致油膜厚度的降低。

轴的工作条件对密封有重要的影响。轴应硬化，使洛氏（Rockwell）硬度至少为 30HRC，表面粗糙度值 *Ra* 应在 1/4~1/2μm（10~20μin）之间。精加工表面粗糙度值 *Ra* 超过 1/4μm，一般不会改善密封寿命，而且太光滑的话，因轴的表面不易形成润滑油膜，反而缩短密封寿命。为防止油膜暴露在外部环境，经常使用接触密封。为防止外面的污垢被拉回到往复轴的密封中，经常使用防尘圈。

2. 非圆形零件的动态密封

不幸的是，并非所有部件都是圆形的。非圆形零件的密封是很困难的。困难主要在于非圆零件的拐角。通常在这些拐角处会出现密封件和零件几何的不匹配，而这些地方又常是灰尘入侵和密封磨损的区域。为了防止灰尘进入直线轴承或丝杠，应该在它们上面使用接触密封，并将整个系统用波纹管封闭或用动滑道罩保护。当循环滚珠用在轴承或滚珠丝杠上时，这些设备尤其重要。注意到滑动接触的轴承或梯形螺纹不易受到灰尘粒研磨影响，因为这些组件中使用的润滑系统有助于将它们冲洗出来，因此滑动轴承通常使用接触密封。

3. 导轨罩

令人吃惊的是波纹管和导轨罩非常廉价，甚至客户可以定做，因此没有理由不使用它们。波纹管密封用在需要摩擦最小的地方，但切屑可能会聚集在褶皱处从而导致波纹管破裂。波纹管通常是由弹性材料组成，虽然金属波纹管在真空应用中已普遍使用。前者的制造一般都没有模具费。一般来说，折叠的时卷积厚度为 3~5mm（斜率为 90°）。如图 7.6.4 所示，内外径之间的斜率为 45°。因此，内径 50mm 和外径 75mm 的波纹管压缩时 4mm 和伸张时 54mm。几乎都可以指定匹配的形状为任何横截面，如圆形、方形、三角形或任何组合。大跨度波纹管，轴承表面板可以定期存入卷积中，以防止拖拽和荒磨。

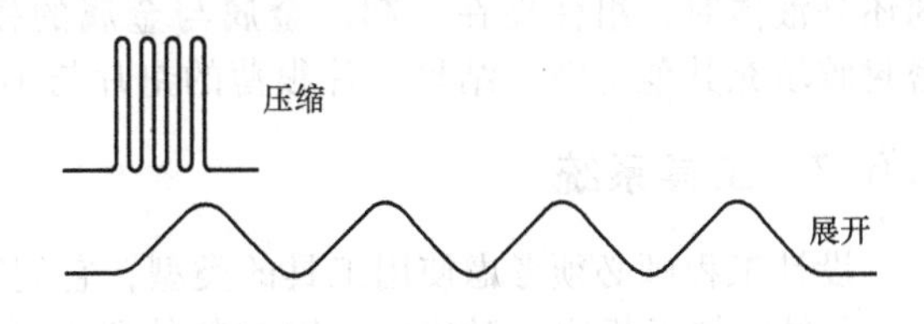

图 7.6.4　压缩和扩展波纹褶皱

涉及的波纹管是膜片。平膜片和波纹膜片使用在运动相对较少的场合。滚动膜片用于较长的运动中。滚动膜片不应该用在压力反转的运动中，因为反转可能迫使膜片脱离滚动卷积，并且缩短其寿命。没有井壁变形的能承受压力反转的特殊膜片是可以得到的。

滑动导轨罩由金属或硬塑料制成。滑动导轨罩非常粗糙，但存在滑动密封造成的节片间的摩擦（在大多数机床上产生的影响很小，但在大机器上能占据相当大的空间）。考虑到金属和密封件的厚度，允许每部分的长度为6~8mm。由1.5节的设计案例研究可知，密封的考虑往往可以成就或破坏一个设计。

避光帘型密封是在一个加载弹簧“鼓”上蜷曲，虽然它们占用的空间小，但是它们没有其他形式的密封效果好。每一个设计工程师都应该熟悉密封制造商的产品。

4. 静密封

静密封常用来防止流体在部件连接处从高压区向低压区流动。在压力软管配件（例如，气压或液压线路）或歧管间（如阀门和压力分配的歧管）经常看到静密封。

软管配件往往使用拧紧的锥形管螺纹密封。所有螺纹线上的接触表面呈理想的形状，因此形成密封。然而，实际情况下总是有微小通道存在，所以要求用可塑性介质（即管道涂料或铁氟龙胶带缠绕螺纹）来填补空隙。主要的问题是它们常常泄漏，装配人员在寻求消除泄漏的办法时需要拧紧它们，有时拧得太紧以至于不可能再拆开该配件。一个更好的选择是使用JIC配件，它使用一个直螺纹与一个在配件的法兰处的O形圈，使配件在零件表面密封。因此装配时只需要拧紧至O形密封圈压紧即可。锥形管螺纹比美制螺纹管件（JIC）便宜，但锥形管螺纹只用于气动管路。JIC配件应该用于高压液压管路，或在需要容易装配和保证预期质量的地方。请注意，JIC配件用于安装O形密封圈的沉槽。可替代的一种密封方法是使用直螺纹接头和粘接密封。粘接密封实质上是将带有橡胶密封件的垫圈粘接在内径中。橡胶使配件下表面和零件上表面之间密封。金属垫圈防止压力从密封中漏出。

为了在螺栓连接的两个零件间形成密封，可以在一个零件上切出一个O形环槽，或用一个垫片。高压液体遇到一个O形密封圈时，平面密封得更紧密和螺栓装配面更坚固。因此，在使用一个O形密封圈时应贯彻自助的原则。O形环槽的深度应小于O形环横截面直径，但宽度大于O形环横截面直径。这给拧紧连接处以压缩O形密封圈和流体推动整个O形密封圈时的横截面留了空间。零件的匹配区域总是存在一些空间，O形密封圈总可以挤入到这个区域，如果缝隙或压力太大密封会失败。因此对于高的压力，由密封厂商来指定他们的产品，可以用一个带有备份环的T形密封。不管采用什么样的密封方式，按照制造商的指导设计密封槽尺寸是非常重要的。

垫片密封是通过压缩两表面间变形材料实现密封的。密封时使材料具有表面的形状，从而弥补了两表面间任何平面度的不匹配。然而，液体的压力试图撬开两表面，从而使垫片密封需要很高的预紧力以防止泄漏。

O形密封圈和垫片密封的替代方式是在匹配面之间使用密封胶（例如，硅橡胶）。当密封剂还是液体时，组件夹在一起。金属与金属的接触几乎发生在高点（粗糙面上的峰点）上，密封胶填充其他空隙。结果一片很薄的垫片与不规则的法兰表面间形成几乎完美的配合。

7.6.7 工具系统

设计工程师必须考虑使用工具的类型，它们需要哪些力、动力和合适的工具运转的进给速度。与精密加工相比，对快速去除材料的要求（如挠度）有很大的不同（如金刚石切削）。例如，从启动运行获得的力能超过数百甚至数千牛顿，而从金刚石刀具获得的切削力可能小于1N[134]。通常，刀具标准将决定刀具夹持的角度、换刀和冷却剂喷洒处的位置。例如，液压断屑要求高压力的冷却剂（5~10MPa）。流体通过刀具，喷在刀尖，从而对切屑形成“射击”。

7.6.8 振动控制

如2.4.1节中所述，内外部的振源能降低机器的性能。用7.3节和7.4节讨论的材料和力

[134] J. Drescher and T. Dow, “Measurement of Tool Forces in Diamond Turning,“5th Int. Precis. Eng. Symp. (IPES), Monterey CA, Sept, 1989。

法可大幅度提高一台机器的阻尼系数。在本节中，将讨论声音控制、振动隔离和冲击控制。为了解这些振源对机器的影响，需要建立机床结构的动态模型，但这部分内容超出了本书的范围[135]。

1. 声音控制[136]

对于需要纳米级分辨率的精密机器，人声级别的声能是有害的。对于一个典型机床，需要控制声音使机器操作起来比较舒服。大部分机床上一个令人不悦的声音来自使用脉冲宽度调制（一种 PMW）电源信号的直流无刷电动机。通过给电动机发送和直流信号相反的高频输入，以此获得更大的发电效率；不幸的是，大多数 PWM 驱动的运行频率是 3kHz，这是令人不悦的高频噪声。开关电源晶体管的发展很有希望推动该频率超过 20kHz，这个频率处在听不到的范围内。无论哪种情况，噪声由振动产生，如果机器设计不当，噪声可以反过来以纳米级别影响加工零件的表面（即，它不是非常刚硬，没有非常好的阻尼、紧密的结构回路）。此外，应当注意到电动机中包含许多线圈，其本质上是一个发射器。因此在高频率、大电流波形通过线圈时，它会生成大量的电磁干扰。

为了控制来自内部和外部的声音，反射声音的曲面必须覆盖吸声材料。商业上有许多利用粘结剂贴在物体表面的可用材料，它们可降低房间内或机器的声音。

2. 振动隔离

我们周围的世界充满了振动。人在走廊上行走、驾驶大货车时，以及在建筑环境中的控制系统的风扇和压缩机上都会产生振动。机器中的旋转组件或如上文所述的 PWM 驱动电动机也会产生振动。使精密机械远离振动最好的方法是先在振源处尽量降低振动水平。例如，所有旋转组件，如电动机应该动平衡，房间中的机械设备应与建筑物隔离[137]。这是建设设计工程师的责任，但机器或设施设计工程师应小心确定建筑物内系统的属性。

下一步，理想的情况是使这台机器安装在它自己的混凝土板上，该混凝土板由一系列弹簧和阻尼器与剩余部分隔绝（例如，一个黏弹性材料）。每组质量弹簧阻尼器的衰减能力为 40dB/dec 的二阶系统。两组，若一个在另一个的上面，则可提供 80dB/dec 的衰减能力。实际上，我们有可能在任何截频频率上获得任何程度的隔离。然而，必须在高频机械弹簧引入共振时小心分布质量效应。因此气袋或黏弹性材料常用作弹簧。前者，阻尼是由气囊通过一个节流孔与蓄能装置连接提供的（通常，蓄能装置容量应该大于气囊容量的 8 倍）[138]。

下一步，设计工程师应确保机器本身与其他结构的连接只通过黏弹性材料，一种例外情况是从传感器到电动机的连线。同时应确保严格遵守此项准则。即使一个普通的金属丝导线都可以把振动从外界传到一台机器中。大量的黏弹性材料可以用来吸收振动。但是，因为它们有黏弹性，尺寸稳定性不应依赖于它们，应该专门从制造商处得到适当的数据。由于这些材料都是聚合物基材料，似乎每个月都会开发出新的材料。因此一个人只能通过不断阅读最新进展的设计杂志从而与时俱进。

135　参阅：S. Timoshenko et al., Vibration Problems in Engineering, John Wiley & Sons, New York, 1974. J. Tuzicka and T. Derby, Influence of Damping in Vibration Isolation, Technical Information Division, Naval Research Laboratory 1971, Library of Congress No. 71-611802. 也可看 the annual International Conference on Vibration Control in Optics and Metrology, Sponsored by the SPIE。

136　关于机床声音控制更深的讨论可参阅 M. Weck, Handbook of Machine Tools, Vol. 2, John Wiley & Sons, New York, 1984, pp 62-73。

137　参阅：A Campanella, "Vibration Isolation Criteria for Elevated Mechanical Equipment Rooms," Sound Vibrat., Oct. 1987。

138　参阅：D. Debra, "Overview of Vibration Isolation Techniques," 5th Int. Precis. Eng. Symp. (IPES), Monterey CA, Sept. 1989. T. Takagami and Y. Jimbo, "Study of an Active Vibration Isolation System," Precis. Eng., Vol. 10, No. 1, 1988, pp. 3-7。

3. 冲击控制

机器的往复式组件可以产生冲击载荷，一台机器送到客户的厂房时也会受到冲击载荷的影响。在任一情况下，确定可能的载荷是什么是很重要的，然后为组件或机器的集装箱设计适当的定位装置[139]。通过冲击控制设备的方法有使用泡沫橡胶、发泡胶或黏弹性材料垫或使用活塞型减振器。

7.7 活动连接设计[140]

活动连接装置早已尽人皆知，它能为需要获得高重复性的夹具提供经济、可靠的方法[141]。正确设计的活动连接具有确定性的条件是：使它们接触点的数量等于需要限制的自由度的数量。具有确定性使得其有可预知的性能，也有助于减少设计和制造成本[142]。另一方面，活动连接装置内的接触应力往往很高，在点接触元素间又不存在弹流润滑层，因此对于高循环的应用，用耐蚀材料（如陶瓷）制造接触表面是非常有利的。当使用非不锈钢的组件时，必须警惕在接触界面的微动磨损，所以钢组件仅用于低循环的应用中。

重载（80%的允许接触应力）下测试钢球/钢槽系统的结果表明可以获得微英寸级重复性精度[143]。然而，每次加载循环都会使重复性精度恶化，直到数百次的加载循环后，重复性达到 10μm 级的量级。就这一点而言，在接触点上可以发现磨损痕迹。重载（80%的允许接触应力）下测试氮化硅/钢槽系统显示，在数十个加载循环后即可得到 50nm 量级的重复性，随着连续地加载，总体重复性逐渐地逼近槽的表面粗糙度（Ra 为 1/3μm）。检查接触点，结果显示其效果类似于抛光，但是一旦连接表面被磨损，最终能够获得微英寸级或更高的重复性。不幸的是，很难找到相关的参考文献定量地比较载荷与表面粗糙度对活动连接重复性的影响。

实验结果还表明，使用抛光的耐蚀（最好是陶瓷）曲面，重载活动连接可以在较少或者没有磨损的要求下重复性轻松地达到亚微米级。遗憾的是，太多的设计者仍然认为仅在用于计量或度量的产品中才应考虑使用活动连接。

7.7.1 连接配置和稳定性

一般情况下，对称性设计可以降低制造成本，对于实际的装夹设备，在所有的接触区使用槽结构可以使连接中的整体应力最小化。因此，这里假定活动连接被设计为三槽式结构。

两种三槽式结构如图 7.7.1 所示。平面连接装置常常用于计量装置中。它们还可以用于制造精密零件。例如，平面三槽连接可用在轮廓磨床上夹持磨床夹具。与 CMM 匹配的三槽平面允许将磨床夹具随零件一道移动到 CMM 上。该零件可以测量，然后放回磨床，因此误差可以补偿。若要尽量减少应用中的阿贝（Abbe）误差，可以运用一个垂直向连接设计。这种设计，预紧力可以通过夹紧机构或利用悬臂质量块的重力获得。例如：一个用在分步重复投影光刻机（其发射轴由于尺寸必须处于水平位置）上夹持光刻用掩模的三槽式活动连接装置。

---

139 参阅：J. Arimond，"Shock Control"，Mach. Des.，May 21，1987。

140 参阅：A. Slocum，"Kinematic Couplings for Precision Fixturing-Part 1：Formulation of Design Parameters"，Precis. Eng.，Vol. 10，No. 2 1988，pp. 85-91；and A. Slocum and A. Donmez，"Kinematic Couplings for Precision Fixturing-Part 2：Experimental Determination of Repeatability and Stiffness"，Precis. Eng.，Vol. 10，No. 3，1988，pp. 115-122。

141 C. Evans，Precision Engineering：an Evolutionary View，Cranfield University Press，Cranfield England，1989，pp. 21-29。

142 A. Slocum，"Kinematic Couplings for Precision Fixturing-Part Ⅰ Formulation of Design Parameters"，Precis. Eng.，Vol. 10，No. 2，April 1988，pp. 85-91。

143 A. Slocum and A. Donmez，"Kinematic Couplings for Precision Fixturing-Part Ⅱ-Experimental Determination of Repeatability and Stiffness，" Precis. Eng.，Vol. 10，No. 3，July 1988，pp. 115-121。

对于三槽式结构，我们自然地会问起，槽的最佳方向是什么。在数学的范畴，为了要保证连接稳定，James Clerk Maxwell 做了如下陈述[144]：

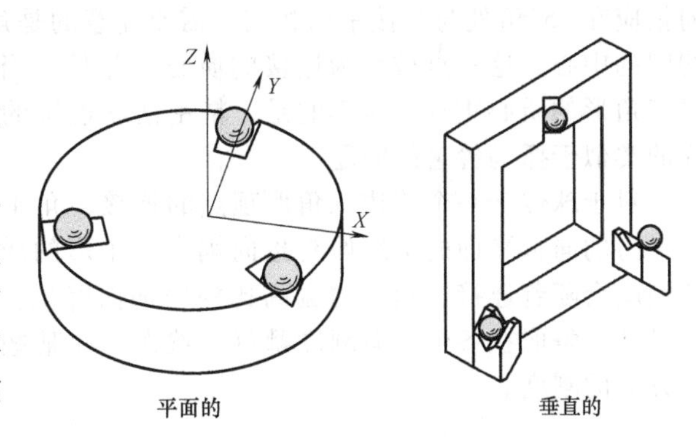

图 7.7.1　使用三槽活动连接装置的横向和纵向夹具的应用示例。为清楚起见，与球永久性固定连接的组件没有显示

当一个仪器要在固定基座上处在一个固定的位置时，它需要 6 个支撑点，因此调整时应使其中一个支撑点移除后，该方向仪器上相应的点获得自由可以移动，其他支撑点应使该移动方向尽可能地接近该支撑点切平面的法向。

这种情况意味着，支撑点切平面的法线，任意两条都不重合；任意三条都不在一个平面上，而且不会相交于一点或平行；任意四条不在一个平面上，而且不会相交于一点或平行，对于更一般的情况而言，属于单叶双曲面发电机的同一系统。五个或者六个情况就更复杂。

这个讨论是 Maxwell 引用 Robert Ball 先生螺旋理论开创性工作的一个脚注。螺旋理论断言，任何一个系统的运动可以表示为在一个特定的方式下连接有限个不同间距螺旋体的组合。Phillips 用该观点很好地说明了机械的多样性[145]。Ball 对螺纹的研究工作持续到了 19 世纪后半叶，该工作的详细总结即螺旋理论在 1900 年出版[146]。虽然 Ball 的论文描述螺旋理论用的是专业词语，但都是容易理解的语言和数学术语。目前，自动化的研究是为了利用螺旋理论来确定最好用什么方式抓住目标物体（例如：用机械手）或固定一个零件（例如：面向制造的自动化的夹具设计）[147]。

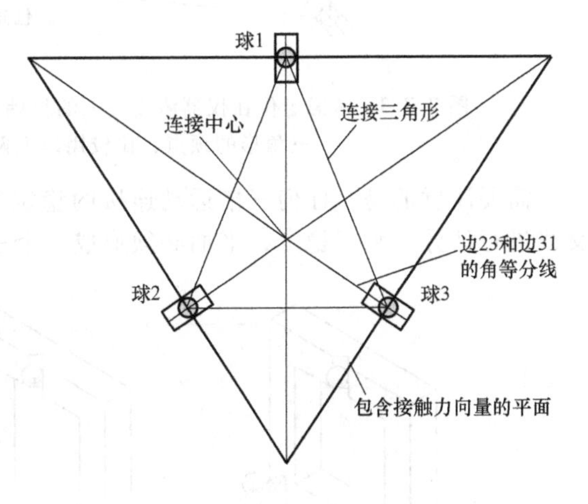

图 7.7.2　对于稳定性良好的三槽运动学连接，包含接触力向量平面的法线应平分球之间的角度

螺旋理论是一种分析刚体接触运动专业的强大工具，但它并不总是很容易应用。就实际应用要求的理论方面的稳定性对精密三槽运动学连接而言，可通过使沟槽处（例如，球）接触力向量平面的法线平分半球组成的三角形的角度来获得稳定性和良好的整体刚度，如图 7.7.2 所示[148]。

此外，由于各个方向的平衡刚度，接触力

---

144 J. C. Maxwell, "General Considerations Concerning Scientific Apparatus," in The Scientific Papers of J. C. Maxwell, Vol. Ⅱ, W. D. Niven (ed). Cambridge University Press, London, 1890, pp. 507-508。

145 J. Phillips, Freedom in Mechinery, Vol. I, Cambridge University Press, London, 1982, p. 90。

146 R. S. Ball, A Treatise on the Theory of Screws, Cambridge University Press, London, 1900。

147 J. J. Bausch and K. Youcef-Toumi, "KinematicMethods for Automated Fixture Reconfiguration Planning," IEEEConference on Robotics and Automation, 1990, pp. 1396-1491. 麻省理工学院机械工程系的 John. Bausch 在他的博士论文中对这篇文献进行了总结。他的论文答辩委员会成员 Dr. Slocum 的第一评价就是，螺旋理论将给研究自动化夹具设计提供良好的理论方法。

148 来自与 William Plummer 博士的交谈记录，光学工程主管，Polaroid Corp, 38 Henry Street, Cambridge, MA 02139。

向量应在45°角处与连接平面相交。需要注意的是角平分线相交于一个点，也是连接三角形内切圆的中心。这一点被称为连接的质心，并且，当连接三角形是一个等边三角形时，它与连接三角形的质心重合。所幸的是，精密活动连接的设计人员面对的不是机器人研究人员所面临的类似于抓马铃薯的问题。

对于球位于一个等边三角形顶点的连接，角平分线也会相交于三角形的质心。如果包含接触力的向量平面的法线始终指向耦合三角形的质心，而不是沿着它的角平分线，那么连接的刚度会随着连接三角形的宽高比的增加而降低。这个概念将在图 7.7.3 中说明。大多数连接设计都争取在各个方向刚度都好；然而，在某些情况下，它可能是最大限度地提高某一特定方向的刚度。

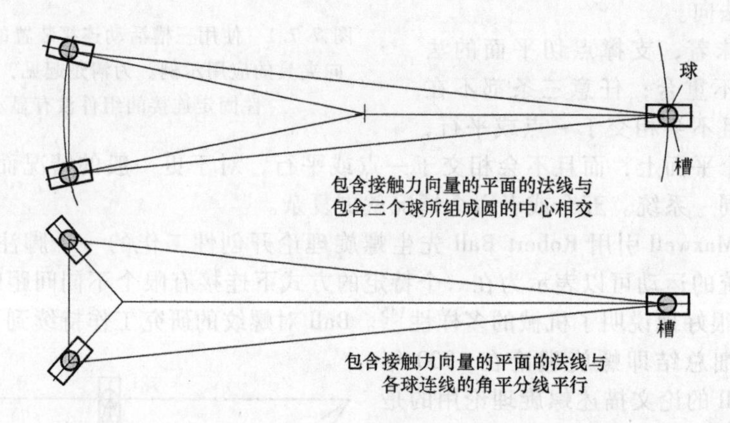

图 7.7.3　考虑定位在仪器激光头上的长耦合设计。给定相同的耦合方案，球都在等边三角形的顶点，比较用以上两种方法设计的连接的稳定性

需要注意的是，任何三槽运动连接的稳定性可以通过快速检查包含接触力向量的平面的交线进行估计。为了稳定，平面必须形成一个三角形，如图 7.7.4 所示。

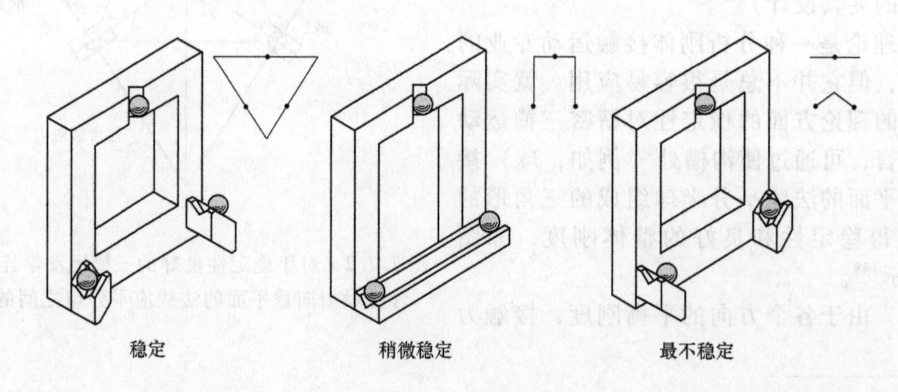

图 7.7.4　通过不同的运动耦合配置说明包含接触力向量平面的交线可以用来估计耦合的稳定

7.7.2　三槽连接的分析

图 7.7.5 说明了描述三槽运动学耦接特性所需的信息。要设计一个三槽的运动学连接，设计者必须提供下列信息：

1）球的直径和凹槽的曲率半径。

2）凹槽与球的接触点坐标 x_{Bi}、y_{Bi} 和 z_{Bi}。

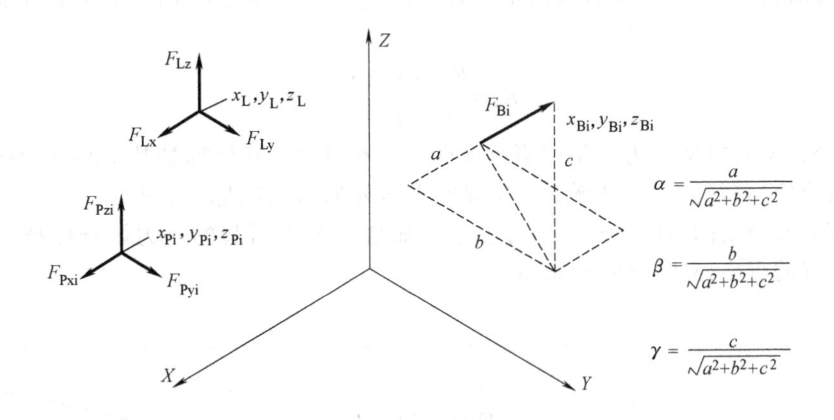

图 7.7.5　定义三槽运动连接所需的信息

3）接触力的方向余弦 α_{Bi}、β_{Bi}和 γ_{Bi}。

4）坐标 x_{Pi}、y_{Pi}和 z_{Pi}处的三个预紧力。

5）三个点，每点处 x-、y-和 z-方向预紧力的大小 $F_{P\xi i}$。

6）外加载荷的点的坐标 x_L、y_L 和 z_L（更多载荷的等效力可以通过叠加原理估计出来）。

7）外加载荷在 x-、y-和 z-方向分力的大小 $F_{L\xi}$。

8）球和槽的弹性模量和泊松比。

通过分析将得到：

1）接触力（F_{Bi}）。

2）接触应力。

3）在接触点的挠度。

4）在耦合质心的六个运动误差项（δ_x、δ_y、δ_z、ε_x、ε_y、ε_z）。

1. 力和力矩平衡

该系统的力和力矩平衡方程为

$$\sum_{i=1}^{6} F_{Bi}\alpha_{Bi} + \sum_{i=1}^{3} F_{Pxi} + F_{Lx} = 0 \tag{7.7.1}$$

$$\sum_{i=1}^{6} F_{Bi}\beta_{Bi} + \sum_{i=1}^{3} F_{Pyi} + F_{Ly} = 0 \tag{7.7.2}$$

$$\sum_{i=1}^{6} F_{Bi}\gamma_{Bi} + \sum_{i=1}^{3} F_{Pzi} + F_{Lz} = 0 \tag{7.7.3}$$

$$\sum_{i=1}^{6} F_{Bi}(-\beta_{Bi}z_{Bi} + \gamma_{Bi}y_{Bi}) + \sum_{i=1}^{3} - F_{Pyi}z_{Pi} + F_{Pzi}y_{Pi} - F_{Ly}z_L + F_{Lz}y_L = 0 \tag{7.7.4}$$

$$\sum_{i=1}^{6} F_{Bi}(\alpha_{Bi}z_{Bi} - \gamma_{Bi}x_{Bi}) + \sum_{i=1}^{3} F_{Pxi}z_{Pi} - F_{Pzi}x_{Pi} + F_{Lx}z_L - F_{Lz}z_L = 0 \tag{7.7.5}$$

$$\sum_{i=1}^{6} F_{Bi}(-\alpha_{Bi}y_{Bi} + b_{Bi}x_{Bi}) + \sum_{i=1}^{3} - F_{Pxi}y_{Pi} + F_{Pyi}x_{Pi} - F_{Lx}y_L + F_{Ly}x_L = 0 \tag{7.7.6}$$

很容易使用这些方程和电子表格计算六个接触点力的大小。一旦力的大小确定，它们可以通过使用 5.6 节讨论的 Hertz 理论来确定接触点的压力和挠度。

2. 球槽接触面的弹性特性

5.6 节讨论的 Hertz 理论可用于评估在运动连接接触面上的压力和刚度。用球半径 R_b 定义所有的接触面几何特性，主要和次要槽半径分别为 $R_{groove}=-(R_b[1+\gamma])$ 与 $-\infty$。平板上的等效球半径为

$$R_e=\frac{R_{ball}(1+\gamma)}{(1+2\gamma)} \tag{7.7.7}$$

球/槽半径比 γ 对接触应力和挠度影响如图 7.7.6 所示，其计算是基于间隙弯曲假设（实际设计分析时应使用精确 Hertz 理论）。为避免界面处的污染问题，γ 应尽可能大；为了尽量减少对接触应力和挠度的影响，γ 应尽可能小。如果 γ 增大引起的压力影响保持在 10%的水平上，一个很好的折中办法是使 $\gamma=0.20$。

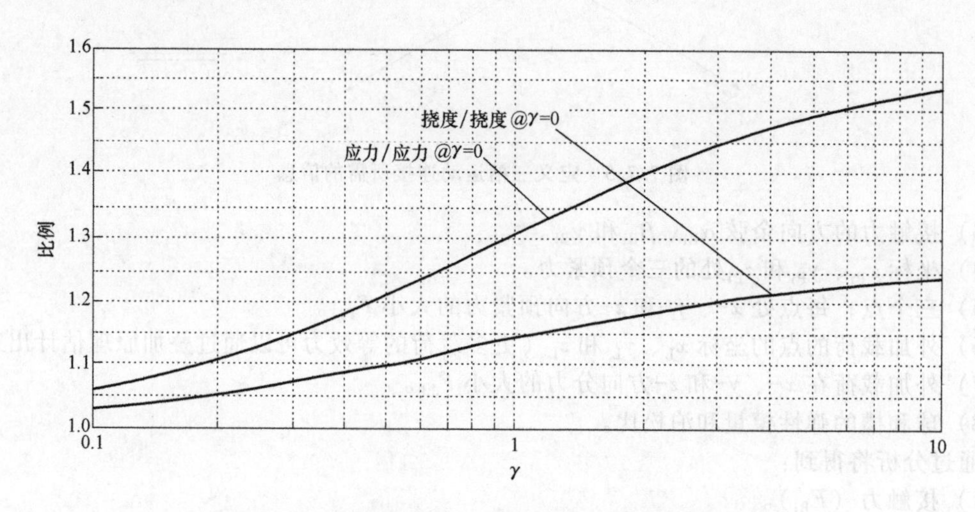

图 7.7.6 球/槽半径比 γ 对接触应力和挠度的影响

外加载荷与预紧力的比值对系统的挠度有影响。如果切削力 F_c 占预紧力 F_p（$F_c=\zeta F_p$）的百分比为 ζ，则挠度变化为

$$\delta=C_{constant}F_P^{2/3}[(1+\zeta)^{2/3}-1] \tag{7.7.8}$$

如图 7.7.7 所示，该函数在 ζ 期望值范围内呈有效的线性关系。正如所料，施加载荷与预紧力的比例应保持尽可能小的值。如果连接是用在精密机械加工的夹紧装置中，精加工的切削力的大小可能只在牛顿数量级。

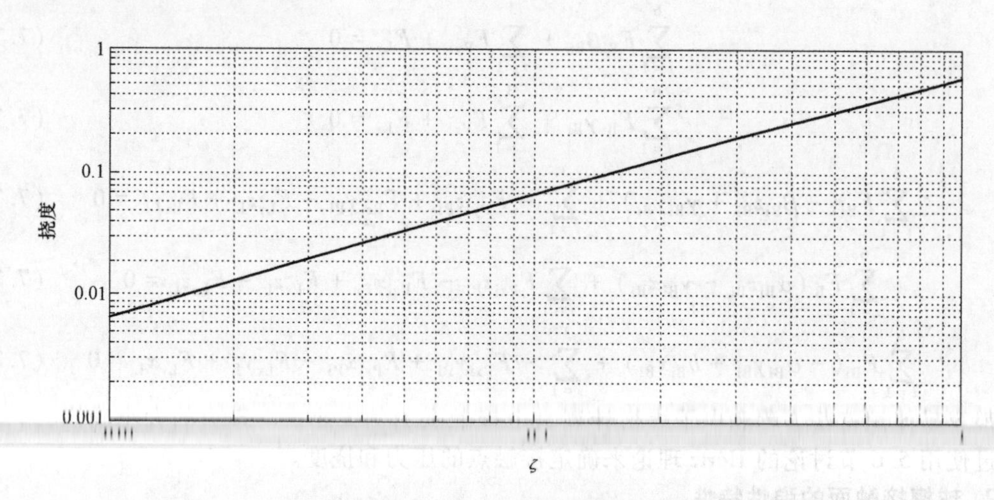

图 7.7.7 外加载荷与预紧力的比值 ζ 对挠度的影响（$F_c=\zeta F_p$）

3. 连接误差运动的运动学

球和槽之间接触时，实际上会在接触处产生弹性压痕，由于它们之间有一定的摩擦，假设在球和凹槽的接触面上没有相对运动是合理的。如果做了这个假设，并用接触位移和接触力方向余弦来计算球心的新位置，人们就会发现，没有唯一的齐次变换矩阵来联系新老球之间的位置。这些因素使计算活动连接的误差运动成为一个非确定性的问题。

幸运的是，在它们的新坐标下，如果球之间的距离没有发生很大变化，那么就可以合理地估计出连接误差运动值。使用本文介绍的设计理论并用电子表格就可以估计这种运动。球之间距离的变化通常是接触点挠度的1/5~1/10。此外，球之间距离的变化与球之间距离的比率的数量级通常小于球的挠度与球直径的比率的数量级。因此，估计连接的误差运动，可用以下方式。

用球的挠度与接触力的余弦的乘积来计算各个球的挠度。“连接三角形的质心的位移是 $\delta_{\xi c}$（$\xi = x、y、z$），假设其等于球的挠度的加权平均值（通过球和连接中心之间的距离）：

$$\delta_{\xi c}=\left(\frac{\delta_{1\xi}}{L_{1c}}+\frac{\delta_{2\xi}}{L_{2c}}+\frac{\delta_{3\xi}}{L_{3c}}\right)\frac{L_{1c}+L_{2c}+L_{3c}}{3} \tag{7.7.9}$$

在连接槽位于 xy 平面上的情况下，可以方便地确定连接关于 x、y 轴的旋转（其他角度方向在电子表格中分析）。为了确定旋转方向，连接三角形的高度和它各边的方向角必须像图 7.7.8 所示的那样来确定。有了这些几何计算，关于 x 轴和 y 轴的旋转就可以确定了：

$$\varepsilon_x=\frac{\delta_{z1}}{L_{1,23}}\cos\theta_{23}+\frac{\delta_{z2}}{L_{2,31}}\cos\theta_{31}-\frac{\delta_{z3}}{L_{3,12}}\cos\theta_{12} \tag{7.7.10}$$

$$\varepsilon_y=\frac{\delta_{z1}}{L_{1,23}}\sin\theta_{23}+\frac{\delta_{z2}}{L_{2,31}}\sin\theta_{31}-\frac{\delta_{z3}}{L_{3,12}}\sin\theta_{12} \tag{7.7.11}$$

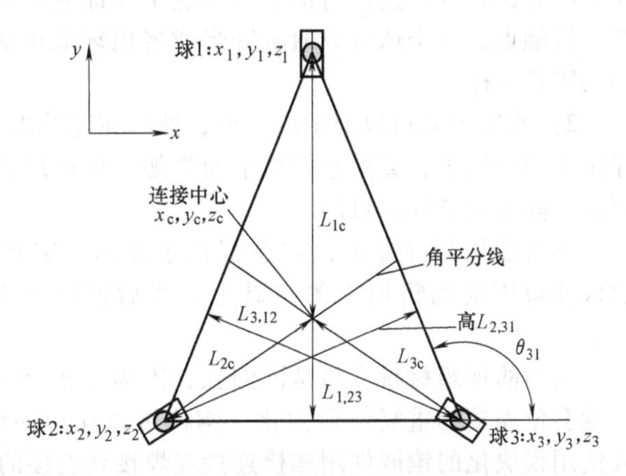

图 7.7.8　平面运动连接的几何图形

假定，连接质心处关于 z 方向的连接旋转等于计算出来的每个球的旋转角度的平均值。例如，球 1 引起的在连接质心处关于 z 方向的旋转为

$$\varepsilon_{z1}=\frac{\sqrt{(\alpha_{B1}\delta_1+\alpha_{B2}\delta_2)^2+(\beta_{B1}\delta_1+\beta_{B2}\delta_2)^2}}{\sqrt{(x_1-x_c)^2+(y_1-y_c)^2}}\text{sign}(\alpha_{B1}\delta_1+\alpha_{B2}\delta_2) \tag{7.7.12}$$

连接关于 z 轴的旋转误差可假设为

$$\varepsilon_z=\frac{\varepsilon_{z1}+\varepsilon_{z2}+\varepsilon_{z3}}{3} \tag{7.7.13}$$

这些连接误差可以组成一个齐次变换矩阵来确定连接空间内任何一点（x，y，z）处的平动误差 δ_x、δ_y、δ_z。

$$\begin{pmatrix}\delta_x\\ \delta_y\\ \delta_z\\ 1\end{pmatrix}=\begin{pmatrix}1 & -\varepsilon_z & \varepsilon_y & \delta_x\\ \varepsilon_z & 1 & -\varepsilon_x & \delta_y\\ -\varepsilon_y & \varepsilon_x & 1 & \delta_z\\ 0 & 0 & 0 & 1\end{pmatrix}\begin{pmatrix}x-x_c\\ y-y_c\\ z-z_c\\ 1\end{pmatrix}-\begin{pmatrix}x-x_c\\ y-y_c\\ z-z_c\\ 0\end{pmatrix} \tag{7.7.14}$$

齐次变换矩阵假定旋转是很小的，所以小角度的三角近似是有效的。此外，误差运动的计算是根据连接三角形的质心进行的，该质心未必与坐标系的原点重合，因此，要确定误差的位置的坐标要减去质心坐标。

7.7.3 实际设计问题

利用电子表格，对于几乎任何应用，设计工程师都可以轻松地像玩“如果—那么”游戏一样设计出理论上可行的活动连接。然而，问题是怎样才能用最好的方法制造出该连接。

氮化硅或碳化硅为球形零件连接的最佳材料。球形或半球形端部的圆柱体都可以在连接中使用[149]。球形端部的圆柱体可以通过施加压力或利用环氧树脂粘接于孔中以达到接近整体的特性。一个球的安装需要投入更多的精力以确保这种安装的柔顺性比连接的柔顺性低很多。球的安装方法包括：

1）一定形状的底座可以通过机械加工、磨削或者电镀加工成球的安装表面。底座的形状包括：半球、锥体和四面体。

对于半球，孔的底部应该做成沉孔，以阻止球与附近的杆的接触增加横向柔顺性。对于任何一种底座，用大小和尺寸相同的特定的球在适当的位置抛光或者施加压力直到表面达到相应的布氏硬度，这样有助于确保这个球即使在底部是圆形或是圆锥形的情况下也不是只有两个接触点。一个球可以通过钎焊或者用环氧树脂粘接到底座上，就好像它是一个整体式结构的零件一样。

2）底座表面可以磨削成平面，然后在球的周围做出环形凹槽。然后将套筒压入凹槽，将球压入到套筒里，直到它们与平面接触。这些球会大大提高平面的布氏硬度来达到增加支撑面积、降低柔顺性的目的。

不管使用哪种方法，难点都在于如何精确地把这些球从一个夹具移到另一个夹具上。建议将球固定到粗加工的夹具上，然后把这个夹具夹紧到连接的凹槽的相应位置完成精加工。

沟槽的理想材料应该是硬陶瓷，因为它不会腐蚀，而且球和槽之间的摩擦因数最小，这样就会使连接的重复性最大化。沟槽可以使用曲线磨床和分度工作台在一块整板上磨出来，或使用模块化的镶嵌件用螺栓连接或焊接到连接的相应位置制成沟槽。

连接界面上污染物的影响如下：

使用如氟利昂一样的溶剂清洗可最大限度地减少连接界面的污染物。但是，清除所有的污垢和油，可能导致金属表面的摩擦腐蚀。摩擦腐蚀是由两个相邻表面反复交替的滑动接触造成的。就像 O’Connor[150]提出的，滑动幅度小到 1μm（40μin）和 Tomlinson[151]得到的值小到 0.03μm（1μin）都可以产生破坏。这个值也被 Waterhouse[152]证明。摩擦腐蚀趋向于增加摩擦因数，直到应力高到足以使疲劳裂纹产生。对于高接触应力的活动连接，这可能是一个问题。此外，金属与金属接触使摩擦因数较高。这种情况发生在金属与金属接触导致粗糙表面间发生局部冷焊，然后被撕开，新暴露的金属表面迅速氧化，然后重复该过程。

通过使用陶瓷球和/或者凹槽可以防止摩擦腐蚀。碳化硅陶瓷的赫兹强度大约为 6.9GPa（1000ksi），弹性模量为 415GPa（60×10^{6}psi），并且疲劳寿命大约比轴承钢高一到两个数量

149 标准尺寸氮化硅球，可从 Cerbec Bearing Company，10 Airport Road，East Granby，CT06026（203-653-8071）获得。球形端的圆柱体也可以制造。

150 J. J. O’Connor，‘The Role of Elastic Stress Analysis in teh Interpretation of Fretting Fatigure Failures，’ in Fretting Fatigue，R. B. Waterhouse（ed.），Applied Science Publishers，London，1981，p. 23。

151 G. A. Tomlinson et al.，Proc. Inst. Mech. Eng.，Vol. 141，1939，p. 223。

152 R B. Waterhouse，‘Avoidance of Fretting Failures，’ in Fretting Fatigue，R. B. Waterhouse（ed.），Applied Science Publisher，London，1981，p. 238。

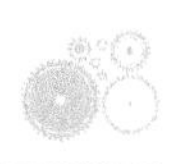

级[153]。然而，碳化硅的断裂韧度约是SAE52100轴承钢的三分之一，因此在运行期间需要注意。另一种可替代材料是氮化硅，其工作赫兹应力大约为6.9GPa（1000ksi），弹性模量为311GPa（45×10^6psi）。请注意，氮化硅已被证明有足够的韧性，允许用于燃气涡轮发动机的球轴承。

7.7.4 实验测定重复性

有几个理论条件不能轻易确定，包括摩擦、表面粗糙度和表面污染。确定这些影响活动连接可重复性的因素，最好的方法是做一个满载试验模型。在开始做详细研究影响活动连接重复性的各种实际参数的实验之前，应该先看看连接在中等摩擦的情况下表现得有多好。构建一个钢制框架，并且用气动活塞升高和降低两个直径为356mm（14in）、厚为102mm（4in）的活动连接的铸铁圆盘并提供圆盘之间的预紧力。在所有的实验中使用有1%重复性的5800N（1300lbf）的预紧力。较低的圆盘本身安装在伪运动的固定架上，锥形螺栓头穿过钢架安装在下面圆盘的凹槽内，活塞将上面的圆盘提升至下面圆盘上方约13mm（0.5in）处，然后跌落到下面的圆盘上，加载预紧力。

通过剪切梁式测力传感器，活塞锤将其力传给一个38mm（1.5in）厚的铝板。该铝板用三个10mm（3/8in）的螺栓松连接到上层的铸铁圆盘上，而这三个螺栓在位于圆盘的接触点上方13mm（1/2in）的通孔中。厚13mm（0.50in），直径为5cm（2in）的氯丁橡胶垫放置在铝板和上层的铸铁盘之间。在加载循环中上层的铸铁盘只被提高了约13mm（0.50in）。这种设计形成了一个可尽量减少机械和热噪声的十分紧凑的结构。大规模系统加上室温的变化在±1℃内，使热膨胀误差在测量中可以忽略不计。该系统的灵敏度约为6.5mV/μm（0.17mV/in）。超过24h的系统输出的稳定性在0.05μm（2μin）的级别。

上层铸铁盘在轴向和径向以及由两个正交轴的倾斜运动上的跳动误差是很有趣的。为了测量这些跳动误差，用到了六个LVDT。三个LVDT垂直安装在钢铁支架上并沿着盘的圆周彼此相距120°。这些LVDT被用来测量轴向和两个倾斜方向的跳动误差，另外三个LVDT径向安装在与支撑垂直LVDT相同的支架上。它们被用来确定上面的圆盘相对于下面的圆盘的径向跳动误差。径向的LVDT中有一个是多余的，用于确定测量封闭。

数据采集系统包括一台台式计算机、一个伺服激活传感器放大器放大LVDT（线性可变差动变压器）、一个测量预紧力的测力传感器和几个监测测力传感器和LVDT输出的数字电压表。计算机控制和监测整个实验，包括提高和降低盘片、读取LVDT的输出和计算跳动误差。在每次加载预紧力后，数据采集软件等待大约20s让系统处理，该延迟结束后，计算机开始扫描LVDT的输出。平均每个LVDT需要10个读数和存储空间。最后，得到测力传感器的读数后，计算机提升上面的圆盘。这个循环被重复了600次，每个循环间隔15s。在这种方式中，自动化测试需要花费几天的时间获得每个测试条件下的一系列数据。

第一轮实验中，在较低的圆盘上，用环氧树脂将钢珠粘接到半球形底座中，硬化钢以哥特式拱在上面的圆盘。随着时间的推移，重复性的衰退大约只有2.5μm（100μin）。为了检查测量的可靠性，径向LVDT的输出被用来进行倒推测算连接半径。从测试开始到结束，允许测量台移动0.0025μm，这就可以保证测量精度。检查球形槽的交界面，发现有褐色的锈痕。这种摩擦腐蚀的发生意味着钢球不能与钢槽长时间使用。

氮化硅珠代替钢珠后，发现重复性仅为2.5～12.5μm（100～500μin）。尽管有环氧树脂，

[153] J. R. Walker, "Properties and Applications for Silicon nitride in Bearings and other Related Components," Workshop consery, Subst. Tchnol. Crit. Met. Bearings Relat. Components Ind. Equip. opportune. Improy. Perform., Vanderbilt University, Nashville, Tenn, march 12-14, 1984。

但可以认为球在半球形底座上摇摆。在球和槽的交接面处，没有发现摩擦腐蚀，但是很明显可以用肉眼观察到交接面上有污痕，没有观测到表面压痕。这时，半球形底座磨出一个哥特式拱的形状，以配合其他凹槽。氮化硅的生产制造价格可以和全部用硬化钢一样便宜。尽管利用环氧树脂固定，随着变载和偏心率的改变，球顺着凹槽仍会移动，因此发现重复性仅为12.5~25μm（100~500μin）。

下一步是在三个V形块上用电火花加工出一四面体底座，用以支撑氮化硅球，同时，四面体底座要确保球本身在运动学上的固定。球被放置在四面体底座上，预紧机制是循环的。这时，提升上面的圆盘，并且在四面体底座上的球周围灌入大量环氧树脂。然后加载预紧力，环氧树脂得到处理。

利用氟利昂仔细清洗球和凹槽，以确保测试中不会有异物污染造成的误差。图7.7.9所示为测试结果。径向重复性只有1.40μm（55μin），系统不稳定。仔细分析这种情况，通过一阶计算表明，该误差可能是由系统中的摩擦引起的。在进行稳定性测试时，系统需要几个小时才能稳定。这表明，高界面应力目前正慢慢减轻。这种情况似乎是为了润滑球和槽的接触面。确定表面粗糙度是如何影响所需润滑剂是值得关注的。

轴向：	0.90μm(35μin)
径向：	1.40μm(55μin)
倾斜-*X*：	~5μrad
倾斜-*Y*：	~5μrad

图7.7.9 无润滑运动连接的3σ重复性

在接下来进行一系列实验之前，需要在球和哥特式拱槽上大量使用油脂。利用活塞升降上面的圆盘，它会猛烈地摇晃，因此要在加载预紧力之前在接触点上涂抹新的油脂，这个处理时间在10~20s之间。测试结果可以从600组读数中取三组不同的数得出，如图7.7.10所示，图7.7.11和图7.7.12所示为这些测试的典型数据。

	第1组	第2组	第3组	第4组	第5组	第6组	平均值(2~6)
轴向：(μm)	0.76	0.28	0.38	0.23	0.28	0.35	0.30
径向：(μm)	0.68	0.35	0.33	0.43	0.30	0.25	0.33
倾斜-*X*：(μrad)	1	2	1	2	2	1	1.6
倾斜-*Y*：(μrad)	3	4	3	2	3	2	2.8

图7.7.10 润滑运动连接的3σ的重复性

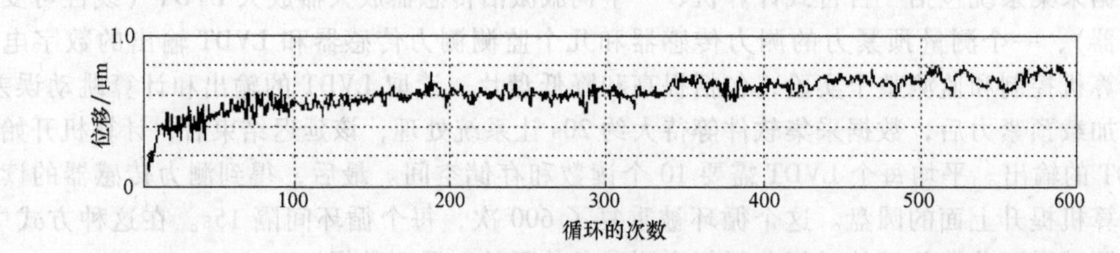

图7.7.11 润滑后活动连接的径向重复性

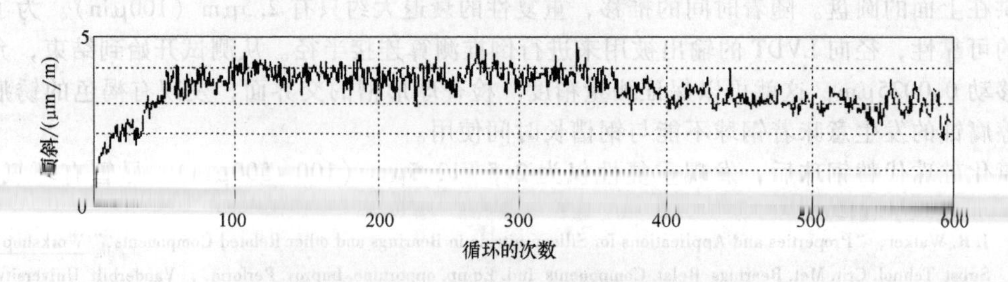

图7.7.12 润滑后活动连接*Y*轴倾斜度的重复性

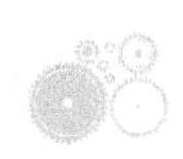

对于第一个周期，在有润滑的情况下，连接的径向重复性约为0.68μm，轴向重复量约为0.76μm。经过50个重复的磨合期后，系统将迅速稳定。如图7.7.10所示，磨合后的平均重复性，径向为0.30μm（12μin），轴向为0.33μm（13μin），设置磨合期是为了磨削拱“粗糙”的表面粗糙度（0.5μm）。如果一开始就使用抛光拱，就没有必要设置磨合期了。如图7.7.13所示，当在连接作用线以上5cm处施加90N的径向载荷时，连接的重复性仍然很好。图7.7.13显示了连接沿轴线方向的平均刚度。三槽活动连接的刚度足以承受轻的加工力，例如金刚石车削加工，能保持亚微米精度。

	第7组	第8组	第9组	平均值(7~9)	刚度
轴向：(μm)	0.65	1.25	0.58	0.83	1.09×10^8 N/m
径向：(μm)	0.23	0.78	0.70	0.57	1.58×10^8 N/m
倾斜-X：(μrad)	11	12	5	9.3	4.83×10^8 N/m
倾斜-Y：(μrad)	25	3	7	11.7	3.85×10^8 N/m

图7.7.13 在施加90N径向载荷的情况下，有润滑的活动连接的重复性

在一般情况下，根据散点图资料，认为磨削的哥特式拱的表面粗糙度值*Ra*大约只有0.5~0.8μm；认为无润滑的氮化硅和氮化硅之间的摩擦因数将低于有润滑的钢与氮化硅之间的摩擦因数。此外，氮化硅与氮化硅之间的摩擦痕迹大约是钢与氮化硅之间的摩擦痕迹的一半。因此氮化硅与氮化硅组成的活动连接将可更加精确地获得所需要的面与面之间点接触的真实运动界面。

由于在这些测试中获得了可接受的重复性水平，因此可利用其来决定如何构造基底和锅形夹头，用于装卡重复性测试中的球和拱，在数控车床加工时，以支撑和加工半球形零件。由于车床无法获得真空系统，因此将三个L形支架用螺栓连接到较低的圆盘上，并用制动螺钉将其定位在上面圆盘的球的位置的上方，用来预加载连接。利用锅形夹头夹持一个直径400mm的304不锈钢坯料来完成粗加工和精加工。令人感兴趣的是，即使固定定位螺钉拧紧力只有几牛·米，在粗加工或精加工中，定位螺钉也从未出现过松动。切削零件轮廓的切削深度是0.13mm，进给速度是$55m^2/min$（180SFM），利用新的陶瓷刀具，表面粗糙度值*Ra*为0.3 μm。在不同的截面处，切削深度为0.52mm（0.020in）时，其表面粗糙度值*Ra*为0.4μm。因此，在进行最终测试时，需要对难加工材料进行粗加工和精加工测试，检测连接执行情况以及机床本身的运行情况。

7.8 设计案例：磨削大型离轴光学零件的新型机床[154]

通过采用大型离轴非球面镜片，光学系统设计师在处理问题时就有更多的选择。由于这些零件具有不对称性，致使它们的制造极为困难或者不适宜用传统方法来制造。当前的方法是把零件的光学中心放在旋转工作台的旋转中心位置，且要求加工形状和表面光洁程度的所有操作都沿径向方向进行。在分段体系的生产中，有许多不同的反射镜组装在一起产生一个大型的镜片系统，这种方法就不能有效地使用。每个离轴元件可以通过先进的三轴CNC控制来更加有效地生产。图7.8.1显示了一个典型的离轴光学系统的组成。

1980年，伊斯曼柯达公司开发了具有1m容量的计算机控制的研磨系统，它可以研磨非球面玻璃和玻璃/陶瓷轴对称光学元件，误差小于6μm。这个精度与非球面偏离最佳适配球面

[154] 本案例是由P.B.Leadbeater，M.Clarke，W.J.Wills-Moren和T.J.Wilson编写的。它最初以“A Unique Machine for Grinding Large，Off Axis Optical Componens：the OAGM2500”（Oct 1989，Vol.11，No.4）的形式出现在精密工程期刊中。它的编辑形式与Butterworth公司（出版商）有限公司许可的一致。

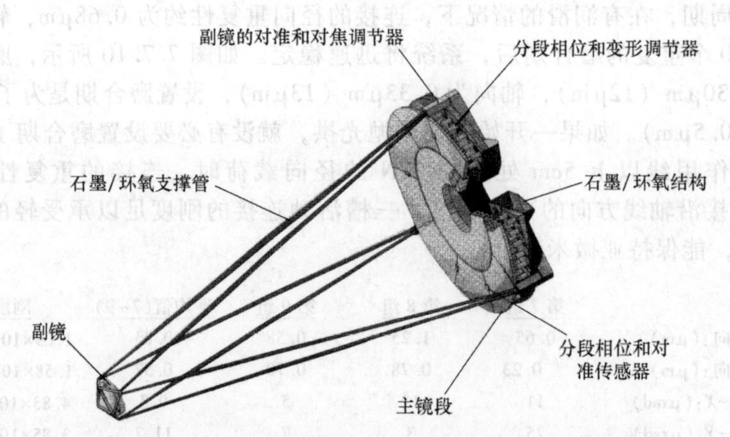

图 7.8.1　柯达的主动光学控制系统（伊斯曼柯达公司许可）

的量没有关系。使用这个系统，一个直径 0.8m 的非球面镜头可以产生大约 900μm 的非球面偏离量。生产出的表面形状与最后形状的偏离量小于 6μm 的镜片在少量的抛光后就可以很容易地利用光纤干涉测量法检测到。

为了扩展离轴元件的这种能力，使它变得更大，伊斯曼柯达公司与克兰菲尔德精密工程公司签约，委托设计和制造了一台工作范围在 2.5m×2.5m×0.6m 的机器。第一个基本假设是在满足设计要求的条件下，机床坐标系是基于分段体系而不是一个大型的父类系统，可以建立部分纤段而不是所有纤段。这种方法还降低了工作范围的要求，并且离轴组件配置的灵活性的允许范围很广。第二个基本假设是，机器必须在磨削工序中纳入快速评估光学图的现场计量系统。这将允许分析和补偿这些项目，就像刀具磨损量能通过表面形状数据传递给下一个抛光过程一样，通过这种方式，当提高表面光洁程度时表面形状可以继续被指出。

综上所述，被称为 OAGM 机器的功能是：

1）通过部分球面的砂轮磨削在工作容积内生成这些三维表面[155]。

2）在 *X*、*Y*、*Z* 坐标中使用接触探针测量工件的几何形状。

7.8.1　设计构思

在设计的最初阶段，构思了很多种机器的配置，最终决定水平安装工件。水平安装的目的主要是容易处理非常庞大和昂贵的组件，其他考虑因素还有机器对称性、整体刚度、易于制造和误差预测分析结果。如前所述，工件安装的策略是倾斜某段，以尽量减少表面坡度，减少在 *X* 和 *Y* 方向精度的要求。然而，在 *Z* 方向的高精确度的要求仍然存在，误差预测分析表明在 2.5m×2.5m 的面积内 *Z* 方向的精度必须优于 1μm 以上。由此可得出结论，对于涉及大范围移动物体的机器，从轴承上直接获得所期望的精度是不切实际的，因此，对 *Z* 方向运动可采用分离的参考框架。考虑到这些方面和前面叙述的实际注意事项，最终选择的配置如图 7.8.2 所示。

工件与其夹具一起安装在由主机围绕的一个固定平面上。移动式龙门起重机轴承导轨位于主机座的任意一边上，另外，应考虑龙门沿 *X* 轴的移动，应该比较容易地对组件加载。工作台的周围是计量框架，它的任意边都承载着精确的光学参考直边。横梁形成 *Y* 轴轴承的导轨系统，并在此进行 *Y* 和 *Z* 轴装配，此组装形成的部分也是 *Y* 轴的参考梁，在里面安装第三个参考直边。精密磨削主轴与可伸缩空气轴承测量探头安装在 *Z* 轴滑座的底端。

[155] J. B. Bryan, "design of a New Error Corrected Coordinate Measuring Machine," Precis. Eng., Vol. 1, No. 3, 1979, pp. 125-128。

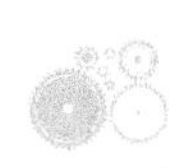

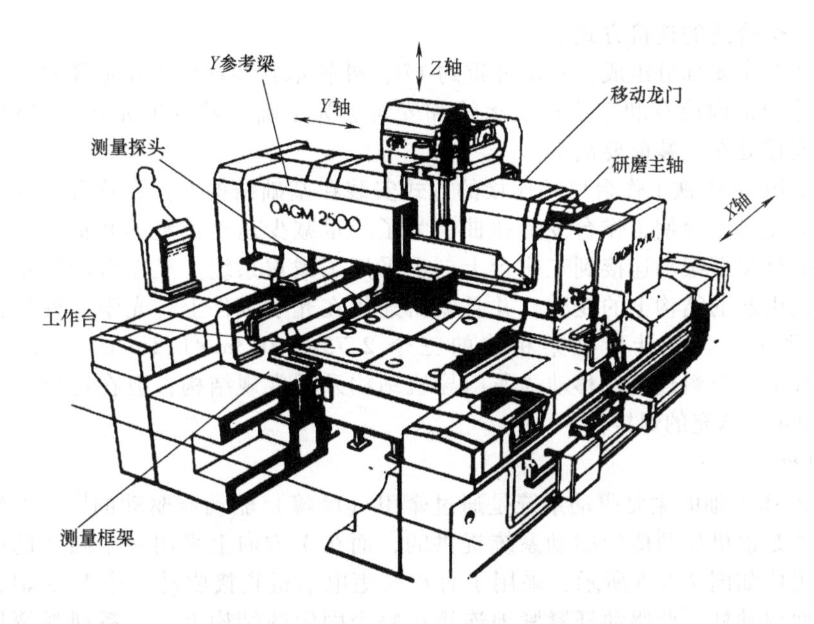

图 7.8.2　OAGM 2500 机器的配置（克兰菲尔德大学精密工程有限公司许可）

1. 轴承

X 和 *Y* 轴采用的是可反馈控制油温的静压轴承。垂直的 *Z* 轴采用空气静压轴承。设计阶段就仔细考虑了如何收集和回收轴承消耗的油，然后将其过滤并将温度控制在±0.1℃之后再利用泵送回轴承。在用 25μm 的标准油槽时，*X* 和 *Y* 轴总的油流量仅为 1.6L/min。每个 *X* 方向支撑的垂直刚度分别是 9500N/μm 和 8000N/μm。*Y* 轴的刚度值大约为 *X* 轴的一半。

如图 7.8.3 所示，机器右侧的 *X* 轴轴承不仅起支撑作用还对右侧导轨两边起导向的作用；而机器左边的轴承只起支撑作用。*Y* 轴静压轴承的配置如图 7.8.4 所示，它包含一水平和垂直均受约束的上轴承和一个只受水平约束的下轴承。垂直的 *Z* 轴方向使用一个完全约束的棱柱形静压滑架系统。

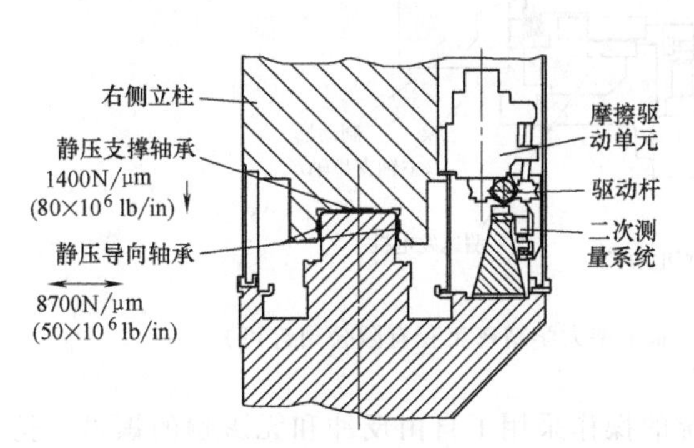

图 7.8.3　*X* 轴的导向和驱动器部件（克兰菲尔德大学精密工程有限公司许可）

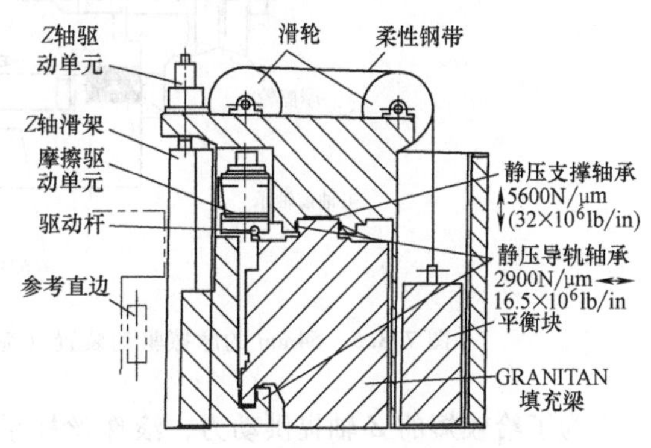

图 7.8.4　*Y* 和 *Z* 轴（克兰菲尔德大学精密工程有限公司许可）

2. 机器的结构

本机器的主要结构是充满聚苯乙烯块填芯的 Granitan™ S100 的轻型钢焊接件。Granitan™ 主导的产品具有高稳定性和良好的内部阻尼特性[156]。焊件本身形成了填芯的模具，并为其他

[156] T. J. Philips, "A Specific Polymer Concrete for Machine Structures," 5th Int. Congr. Polym. Concr., 1987, p127。

组件提供了一个合适的连接方式。

基座由四个主要部分组成，每部分重约17t。外轴承安装在两个中心距离一定的零件的两侧。这四部分的结构应有利于生产、运输和安装。为了确保基本单元在最终位置精确组装，基本单元的连接处在组装前要刮平。

2.5m×2.5m 的铸铁工作台以动连接的方式安装在基础结构上，在这种方式下由龙门运动引起的基座的变形不会使工作台变形扭曲。为了尽量减少运动位置的载荷，采用了机械减重系统。周围的计量框架动连接到工作台上，也采用了减重系统。工作台和计量框架的设计可补偿温度变化引起的结构上的变化，并且紧密连接在光学零件上，光学零件焊接在计量框架的光学参考平面上。与计量框架相连的三个 2.75m×0.3m×0.1m 的参考平面用 Corning ULE7971 钛硅酸盐材料连接。移动式龙门导轨结构采用常规结构，但在这里所有主要结构零件都是 $\text{Granitan}^{\text{TM}}$ 填充的焊接件。

3. 驱动器

水平的 X 和 Y 轴的主要驱动系统是通过牵引（摩擦）驱动器驱动的[157]。X 轴的一个同步双摩擦驱动器是由机器两侧的驱动系统提供的，而在 Y 方向上采用一个独立的驱动系统。每个驱动器的组成如图 7.8.5 所示，采用了直流转矩电动机直接驱动一个 V 形辊，这反过来又驱动圆形截面驱动杆。此驱动杆紧紧地连接在每个固定的结构上。一系列弹簧加载装置按一定间隔安装在牵引杆上，以防止驱动杆因自身的重量而下垂。另外预紧滚筒可提供足够大的预紧力，以维持驱动滚筒对牵引杆有足够的驱动力，从而阻止由于加速和磨削力引起的滑动。

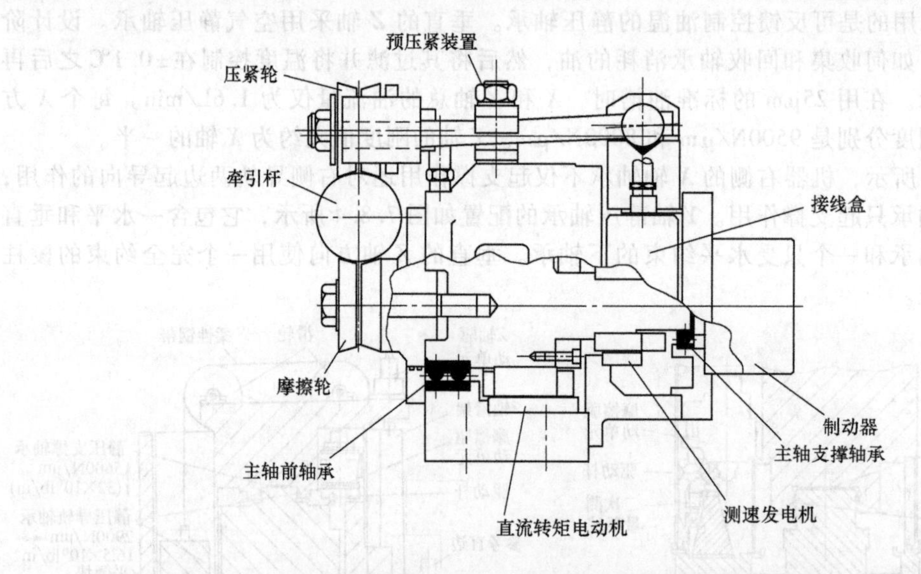

图 7.8.5　54mm 的摩擦驱动装置（克兰菲尔德大学精密工程有限公司许可）

为了给较短的 Z 轴提供动力，滚珠丝杠系统的操作采用了自由反冲和无影响的螺母。丝杠驱动器直接与转矩电动机连接，并且整个 Z 轴的装配是机械平衡的。为了防止故障出现，每个驱动轴必须安装故障安全制动系统。

4. 计量框架和测量系统[158]

这台机器的参考测量系统是基于计量框架的概念，这种方法在过去已被许多专门的高精

[157] M. Douglas, "Friction Drive Matches Encoder Resolution." Drives Controls, July/ Aug, 1988。

[158] 对于更详细的讨论，参阅 W. J. Wills-Moren and T. Wilson "The Design and Manufacture of a Large CNC Grinding Machine," Ann. CIRP, Vol. 38, No. 1, 1989, pp. 529-532。

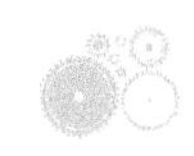

密机床所使用[159]。在 OAGM 的设计中，这一概念仅应用于最敏感的 Z 轴方向。由三个精密的玻璃杆组成的基本参照系如图 7.8.6 所示，其原理适用于磨削和多种测量模式。

实际应用中，两个参考杆安装在工作台 X 方向的两侧，与工作台面平行并且共面。第三个参考杆安装在 X 杆的上方且与其垂直，形成 Y 方向运动的参考。首先参考一个合适的基准，可以看出，若 A 和 B 的距离精确给出且要考虑其任何变化，那么尺寸 C 也可以准确确定下来。OAGM2500 计量框架的详细说明如图 7.8.7 和图 7.8.8 所示。

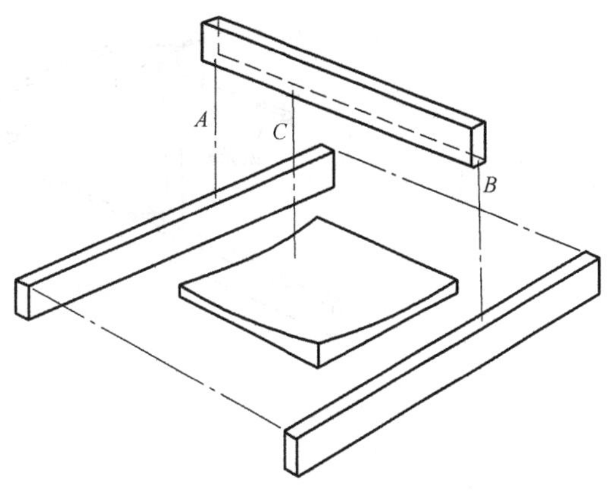

图 7.8.6　基本计量参照系（克兰菲尔德大学精密工程有限公司许可）

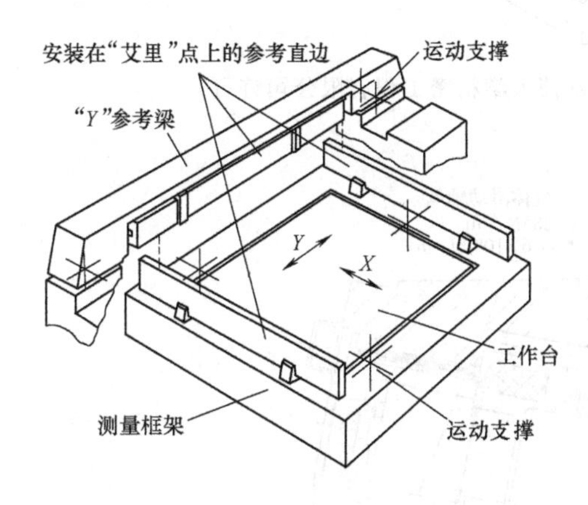

图 7.8.7　OAGM2500 计量框架（克兰菲尔德大学精密工程有限公司许可）

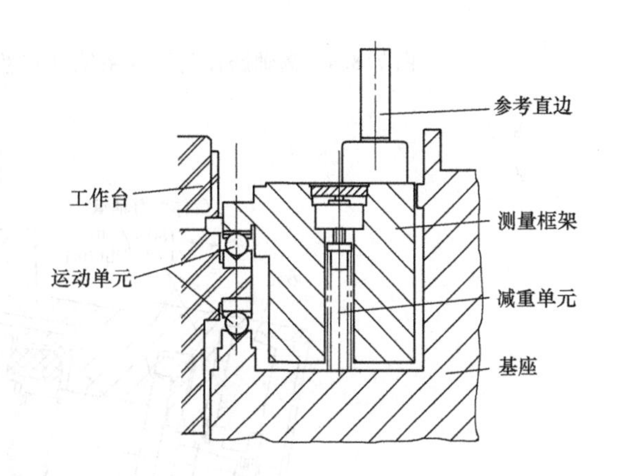

图 7.8.8　OAGM2500 计量框架界面（克兰菲尔德大学精密工程有限公司许可）

为了控制机器达到所要求的精度，建立了多路径激光干涉仪系统。三种 Zygo Axiom 2/20™激光和相关光学器件以三种方式输出的激光束合并。这些构成了每个轴的综合监控系统。此外，机器运行过程中发生的任何环境条件的变化是能够被检测到的，且允许进行自动补偿。图 7.8.9 所示为离轴磨床的测量系统。

5. 研磨主轴

外部加压的空气轴承主轴与水平倾斜 10°。主轴转速是变化的，最高可达 3000r/min，由电动机驱动。在主轴壳体内循环的温控冷却水使温度变化保持在±0.1℃范围内。转子经过了非常精确的动平衡，以确保玻璃工件有尽可能高的表面质量。图 7.8.10 所示为主轴的配置，其设计采用了直径为 200mm 的砂轮局部球面形式。这样的几何学设计是为了确保与最大坡度为 7°的工件表面有有效的接触。提供给砂轮的全部冷却液的温度变化控制在±0.1℃。防止轴承油被玻璃屑污染，冷却液与静压轴承油完全隔离。利用复合罩对轴承和计量光学元件提供保护。

---

[159] 参阅．J. B. Bryan "Design and Construction of an 84 Inch Diamond Turning Machine," Precis. Eng., Vol. 1, No. 1, 1979, pp. 13-17. R. R. Donaldson and S. R. Patterson, "Design and Construction of a Large Vertical Axis Diamond Turning Machine," Proc. SPIE Ann. Int, Technol. Symp., 1983, pp. 433-438; J. B. Arnold, R. R. Burleson and R. M. Pardue, "Design of a Positional Reference System for Ultra-Precison Machining," Oak Ridge Y12 Plant Report Ref. Y2202, 1979.

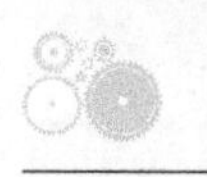

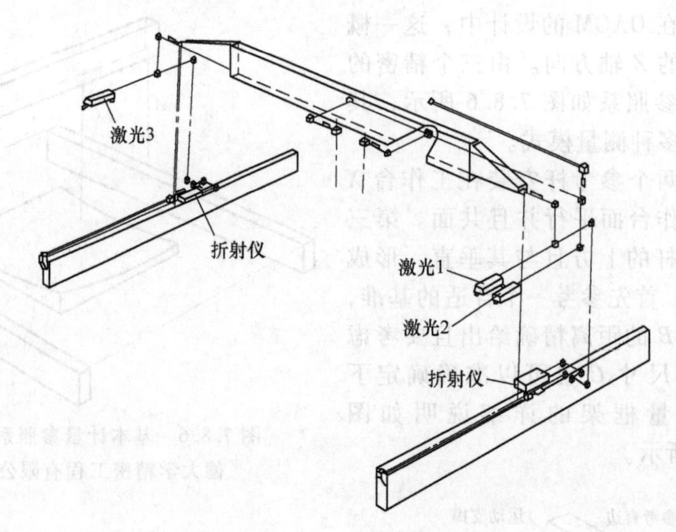

图 7.8.9 离轴磨床的测量系统（克兰菲尔德大学精密工程有限公司许可）

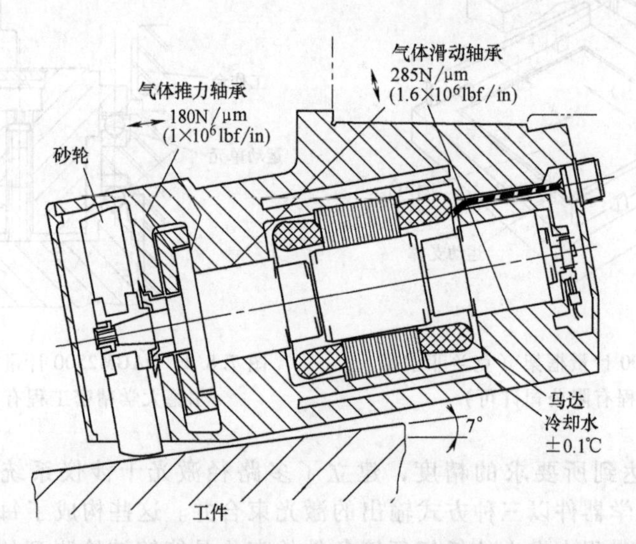

图 7.8.10 OAGM2500 磨削主轴（克兰菲尔德大学精密工程有限公司许可）

6. 在线测量系统[160]

本机的定位系统是基于周围的计量框架参考体系，可清楚地看到加载没有变化。通过使用一个垂直安装的与研磨主轴相邻的探头来确定工件的外形。工件的光学表面可以通过扫描来对其进行整体评价。轮廓测头测得的表面数据可以使用柯达的专利（干涉测量评估软件）进行分析。

轮廓测头可以伸缩，如图 7.8.11 所示，在密封外壳保护下进行磨削操作。由 Zerodur 生产的携带触尖的主轴测头可以使得任何温度变化引起的误差降到最低。主轴是由外部加压的气体轴承支撑的，允许在平衡状态下运行，从而提供了微小而且可以调节的接触力。以 Y 参考直边为基准的反射镜与合适的光学器件一起实现了垂直（Z）方向位移的测量功能。

为了使内部小行程测头的性能稳定，Z 轴导轨采用伺服控制，探头内置一个空号示反馈

160 参阅：P. A. McKeown, W. J. Wills-Moren and R. F. Read "In-Situ Metrology and Machine Based Interferometry for Shape Determination," Proc. SPIE, Vol. 802, 1987。

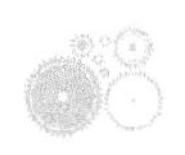

装置使操作处于集中控制之下。此外，可以允许电动偏置线圈测头体内针尖有一个小的变动（最多 4mm）。

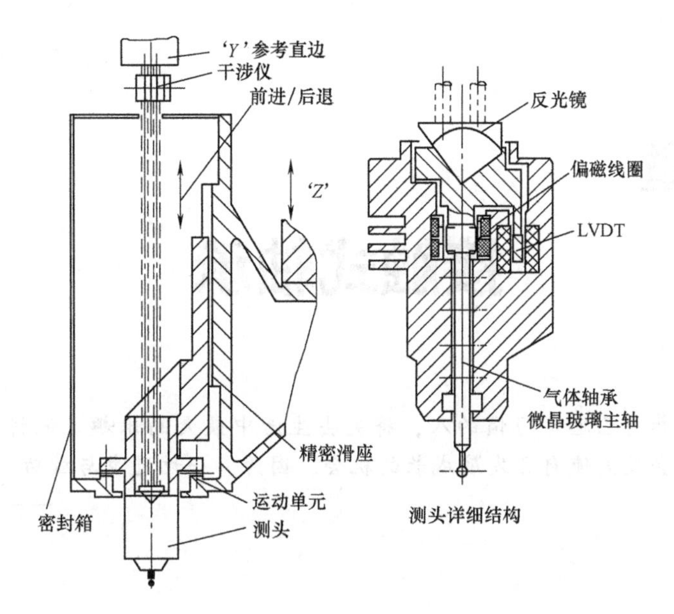

图 7.8.11　OAGM 2500 在线探测系统（克兰菲尔德大学精密工程有限公司许可）

7.8.2　总结

OAGM 2500 在 1990 年被安装在纽约市罗切斯特市的伊斯曼柯达公司，并且被认为是满足规范要求的。为了符合人机工程学，工作台和地板都应在相同的水平面上，与机器的基座一起被安装在一个凹坑里。这个机器的地基延伸到基岩，并且与建筑地基隔离。

这样的一个大机器，温度控制也是很重要的组成部分，为实现组件的整体精度，环境温度的温差控制在±0.5℃以内。主要热源包括电气控制柜、液压泵、温度控制单元，所有热源被安置在工作环境之外，利用相应的管道通到机坑里。

第8章 接触式轴承

不下定决心培养自己思考习惯的人，将失去生活中最大的乐趣。他将不仅仅是失去思考的乐趣，而且更会丧失使自己发展成长的机会。因为，一切进步与成功，皆源自思考。

——托马斯·爱迪生

8.1 引言

轴承在精密机械中是一个十分重要的部件。所以，在进行轴承设计时，必须考虑诸多影响到机器整体性能的因素。其中包括：

- 速度和加速度的限制。
- 运动范围。
- 负载。
- 精度。
- 可重复性。
- 分辨率。
- 预紧力。
- 刚度。
- 抗振动和冲击性。
- 减振能力。
- 摩擦。
- 热力学性能。
- 环境敏感性。
- 密封性。
- 大小和配置。
- 重量。
- 维护装置。
- 维护要求。
- 材料相容性。
- 安装要求。
- 设计寿命。

- 可利用性。
- 可设计性。
- 可制造性。
- 制造成本。

因此，在为一台精密机械选择轴承时，设计工程师必须对以上因素同时进行设计权衡。下面，首先将逐项对这些设计因素进行一般性讨论，然后再对不同类型的机械接触式轴承进行分析，其中包括：滑动轴承、滚动轴承以及弹性轴承。非接触式轴承（例如，静压轴承）将在第 9 章介绍。

1. 速度和加速度的限制

速度和加速度的限制，以多种方式影响轴承的性能。例如，滑动轴承（如铸铁对浸油铸铁）的摩擦因数比滚动轴承的大，因此，如果滑动轴承进行长时间高速转动，将产生大量的热。另一方面，滚动轴承通常在刚性或减振方面不如滑动轴承，而且，液体动压轴承可以承受因设计不当所带来的旋转不稳定性。高加速度要求尽可能减小摩擦，以使更多的功率消耗用于机器本身的加速。但是，如果加速度太大，滚动体会因设计不当而从保持架中滑出或者卡在其中。选用合适的轴承并不困难，但是，不可盲目选用，应考虑各方面的因素。

2. 运动范围

轴承的许可运动范围可以极大地影响其适用性。例如，对于弹性轴承而言，如果要求其保证平稳和精确的运动，那么其运动范围将受到严格限制。此外，轴承本身还需要一定的空间。例如，如果一个圆柱滚子轴承外圈的宽度约为 10cm，那么，它就适用于行程为 1m 的机器，而不适合行程只有 1cm 的仪器。另一个例子是，非滚动轴承不会有滚动体带来的误差，但其支撑架的长度应与行程长度相匹配。

3. 负载

外加载荷是选用轴承时要考虑的一个重要因素。例如，滚子轴承可以比球轴承承受更高的载荷，因为它是线接触而不是点接触；液压轴承比气压轴承能承受更高的载荷，是因为前者的工作压力比后者大一个数量级。仅仅考虑轴承所能承受的载荷是不够的，还要考虑轴承过载或破坏后可能发生的情况。

4. 精度

轴承的精度有两种意义：第一，所支撑的零件的运动精度（例如，总运动误差）；第二，在系统的其余部分处于理想的情况下，能够使其所支撑的零件达到预期位置的能力。一般来说，轴承组件的精度越高、摩擦越小，轴承的精度（两种）就越高。

当轴承支撑的设备沿直线从点 A 移动到点 B 时，制造者会用第一个精度的含义，称之为偏离理想路径的横向偏差或直线度或平行度。由于所有的零件都会在其自身重力作用下发生偏斜，因此，要多注意可重复性，而不是精度。随着测量轴承运动的方法及其结果存储系统的改进，在许多情况下，可重复性正逐渐成为为精密机器选用轴承时所要考虑的一个更为重要的因素。

第二种精度难以量化，因为这依赖于机器的其他组成部分；因此，轴承制造商通常只会承诺“低摩擦和高精度的轴承可使伺服控制轴达到高的精度”。

5. 可重复性

与精度类似，轴承的可重复性也有双重含义。首先是轴承支撑的部件的运动可重复性（例如，异步运动误差和运行并行可重复性）；其次是假设在系统的其余部分是理想的情况下，能够保证所支撑的零件处于同一位置的能力。一般而言，轴承组件摩擦越小、精度越高，则轴承可重复性（两种）就越强。

第一种可重复性就是轴承重复运动的能力。如果设计得当，它可以通过其运动轴来弥补轴承的精度误差。对于直线运动轴承而言，这通常被称为直线重复性或运行并行可重复性。可重复性通常受轴承组件表面光洁程度和精度的影响。

可重复性的第二种含义同样是难以量化，同样是因为其对于机器其他组成零部件的依赖性。因此，轴承制造商通常只会承诺“低摩擦和高精度的轴承组件允许伺服控制的运动轴具有良好的可重复性。”

6. 分辨率

分辨率是轴承允许单位运动增量的能力。分辨率受轴承摩擦水平和运动平稳性的影响，而这又与轴承组件的表面光洁程度和形状精度相关。在纳米级，由于轴承组件的扭曲变形和表面光洁程度的限制，可能会出现这样一种情况：轴承元件必须通过一个“驼峰”才能运动。因此，轴承的分辨率需按照“驼峰”宽度来确定。解决这个问题的最好的方法是，使用高精度、高表面光洁程度、低摩擦的轴承元件，或者使用液体、气体或磁力等非接触式轴承。行程范围较短时，可以采用弹性轴承。

7. 预紧力

由于许多几何变形是非线性的，因此当受到能导致大量变形的高预紧力作用时，外加载荷相对来说比较小，引起的变形较小[1]。同样，由外加载荷的变化引起的表面应力的变化也较小。因此，为实现较大的刚度和较长的疲劳寿命，轴承应加载预紧力。注意，在选择轴承间距和预紧力时，应力求避免“跷跷板”效应。同时，预紧力越高，组件变形越大，摩擦越大，因此可重复性和分辨率就会越低。

8. 刚度

机器的刚度一般设计得较高，因为刚度高的机器比刚度低的机器反应更迅速、更精确。另一方面，对于机械接触球轴承而言，当涉及预紧力时，人们更愿意接受因提高刚度、可重复性和分辨率而增加的成本。

9. 抗振动和冲击性

为了防止振动和冲击，轴承组件之间必须没有机械接触，或者预紧力必须足够高。这样，应力变化幅度就会较小，一般约为预紧力产生的应力的10%左右。通常，流体润滑滑动轴承（静压或动压轴承）可以提供良好的抗冲击和抗振动性能。

10. 减振能力

轴承的减振能力对机器整体的减振和承受冲击和振动的能力有显著影响。在许多情况下，正是轴承的表面而不是材料本身的减振性能提供了减振机制，因为材料本身的减振性较弱。因此，减振性良好的轴承对机械来说，是十分重要的。由于流体润滑滑动轴承（静压或动压轴承）表面上具有黏性润滑油膜，因此可以产生良好的减振性能。然而，因此而认为普通机床使用滑动轴承总是优于滚动轴承是不正确的。所以，必须综合考虑轴承选择所涉及的其他因素。

11. 摩擦

高的静摩擦力与低的动摩擦力的差异会导致爬行或黏滞，从而导致伺服系统产生受限循环。一般这种现象应尽量避免。虽然制造商正在不断减少静摩擦因数与动摩擦因数之间的差异，但是，任何元件之间存在滑动或滚动接触的轴承都会产生一定程度的黏滑运动。滚动轴承的静摩擦因数与动摩擦因数之间的差异通常低到可以忽略不计。由于静摩擦力始终与作用力的方向相反，如果运动轴的运动速度方向发生改变，它穿过零点时就会产生力的不连续现象，摩擦力也会出现不连续性。当然，对位置和速度性能的影响将取决于机械的其余部分和伺服系统的设计[2]。滑动摩擦或滚动摩擦也会产生有益的作用，因为这有助于抑制轴承支撑轴

[1] 参阅在第5章的5.6节有关赫兹接触应力和挠度的讨论。

[2] 当速度为0时，可以通过设计数字控制算法来改变他们的伺服常数。反馈算法还可以有效地克服黏滑的影响。

上的零件沿轴线方向的运动。然而动摩擦会导致热量的产生。

12. 热力学性能

轴承的热力学性能包括以下几个方面：

1）摩擦性能如何随温度而变化，以及这些变化如何影响机器的动态性能（例如，伺服可控性）？如果随着机器温度的升高，轴承的性能发生较大变化，那么，机器有可能只在温度升高后才适合使用。这时就需要一个自适应温度控制器，或绘制机器的热性能图。

2）温度变化如何影响轴承的精度、可重复性以及分辨率？如果轴承组件的膨胀率不同，是否会导致轴承失效？而后者是轴承温度控制系统设计的关键。

3）轴承的传热特性如何？如果轴承是绝热体，它是否会大大增加机器的预热时间？如果轴承是导热体，它会不会把多余热量从一个零件传递到机器的另一个零件上去？

13. 环境敏感性

除了热力学因素，还必须考虑水分和污垢，它们的存在将如何影响轴承的性能。例如，油雾润滑系统（将润滑油滴入压缩空气中形成）的含水量大于100mg/kg时，可导致滚动轴承寿命成倍减少。另外，还必须考虑灰尘和水分对轴承的辅助系统（例如，气泵或油泵）的影响。

14. 密封性

如果轴承必须在一个可能对其有害的环境中运行，就必须考虑如何配置轴承使其容易密封。

15. 大小和配置

对于小型精密的机械（例如，手表）来说，有些轴承的辅助系统并不可行（例如，使用磁性或静压轴承的手表就不便在手腕上佩戴）。注意，高性能陶瓷材料的使用可以增加轴承结构的有效性，从而减小其尺寸大小。所以，应经常寻找新的材料并考虑如何用他们来制造性能更好的轴承。

16. 重量

重量问题与尺寸大小问题类似。对于不同类型的轴承性能有着根本的限制，此时，材料因素往往能起到非常关键的作用。例如，用红宝石或蓝宝石制造的滑动轴承（例如，镶嵌珠宝的手表）对于尺寸和重量的限制，大于几乎所有其他类型精密设备所用到的精密回转轴承。

17. 维护装置

理想情况下，轴承安装之后，无需再维护。但是，大多数高性能轴承需要经常保养或维护装置：例如，自润滑滑动轴承或滚动轴承需要经常保养，气体或液体静压轴承需要提供洁净压缩空气或油的装置。

18. 维护要求

选择便宜但需要一些维护的轴承好，还是选择较为昂贵但无需维护的轴承好？选择时除考虑资金的时间价值外，还必须考虑连锁效应，即如果机器出现故障，流水线上的其他设备可能也将随之出现问题。许多合同未能签约，主要是因为未能提供轴承工作良好的记录。此外，还必须考虑如果轴承需要维持装置，这些维持装置是否也需要维护。

19. 材料相容性

选择轴承时，必须考虑轴承材料将如何与各零件材料之间进行热力学和化学方面的相互作用。热力学方面，例如，当机器升温时，安装在铝制座孔内的钢制轴承会松动。在化学方面，应考虑在第5章的5.6节和第7章的7.7节讨论的微动腐蚀问题。使用不同的材料（例如，陶瓷或不锈钢）往往容易带来一些令人头痛的问题。

20. 设计寿命

轴承寿命难以确定，因为对于任何轴承而言，都会存在一些可以导致其性能降低的因素。

因此，轴承寿命定义为，由对于轴承运行至关重要的其他参数所描述的运行性能的允许衰减量。虽然不能确定寿命的具体值，但是大多数厂商都非常乐于提供他们生产的轴承的寿命资料。

21. **可利用性**

从产品样本中选定一个模块化轴承很容易，而且往往更容易满足其他准则（例如，成本和可获得性）。但是，设计工程师必须问自己：究竟要在多大的程度上改变机器，才能使用这样一个模块化的现成轴承。

22. **可设计性**

设计性也意味着为安装轴承该如何改变机器。如果轴承是根据实际应用定制设计的，那么设计者的经验如何影响成功概率？例如，空气轴承的设计（制造）一般被认为具有中等难度，而静压轴承的设计（或制造）相对较为容易。

23. **可制造性**

关于可制造性一个典型的例子是，指定支撑导轨为45°角，但是假如允许选择，生产人员一般会将其加工为90°角。为便于定位和预紧调整也存在制造方面的问题。

24. **制造成本**

考虑成本是令所有设计工程师最头痛的问题。成本应包括采购、维修和设计的总成本。例如，磁力轴承可提供最佳精度，但需要增加空间和传感器及微电子配套硬件，这些成本的增加是否值得？空气轴承可提供多方面的出色性能，但它对机械碰撞非常敏感，机械碰撞容易使轴承过载和损坏，并使维护失效。

25. **总结**

评估不同类型的轴承的这些参数，可为轴承设计和选用积累大量的信息。有时候，制造商的产品样本中并不包含必要的信息，于是，这就需要通过工程师持续的质疑来获得。如果不能从有信誉的生产厂家购得合适的轴承，那么，设计工程师可以考虑使用常规设计的轴承。不过要记住，买责自负！

8.2 滑动轴承

滑动轴承是最古老、最简单、最便宜的轴承。现在，大到建筑机械，小到具有原子分辨率的机器上，滑动轴承仍然有广泛的应用。因此，滑动轴承应该是机械设计工程师的工具包中的一个非常重要的元素。滑动轴承在各种界面材料上使用了各种不同类型的润滑油。润滑油的范围很广，有轻质油、润滑脂，以及如石墨或聚四氟乙烯聚合物等固体润滑剂。因为滑动轴承经常将载荷分布在较大接触面积上，所以，当刚度和阻尼较高时，接触应力和占用空间都较小。在本节，首先对滑动轴承的一般特性进行讨论，然后进行相关设计的分析。

8.2.1 一般特性[3]

可供选用的滑动轴承种类繁多，这里在讨论它们的一般特性的过程中，将讨论一些特定类别的轴承。在一般情况下要注意的是，所有滑动接触轴承的静摩擦因数大于动摩擦因数（即静态 μ>动态 μ）（就某种程度而言，无论是多么小）。静摩擦因数和动摩擦因数之间的差异，将取决于材料、表面光洁程度和润滑剂。

1. **材料组合：铸铁对铸铁**

长期以来，铸铁对铸铁是在机床上使用的线性轴承的主导类型，因为铸铁中的石墨本身

3 是先讨论一般特性还是设计细节，这是一个与先有鸡还是先有蛋同样的问题。理想的情况下，在按顺序阅读 8.2.1 节和 8.2.2 节以后，把第 8.2.1 节再阅读一遍。

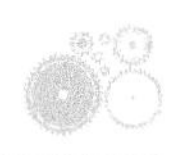

就是固有润滑剂，同时，此类轴承可采用手工刮削达到一个很高的精度。而且，此类轴承的表面硬度比其他轴承要高，因而可以减少磨损。

2. 材料组合：铸铁对钢

精密磨床和高强度钢得到普遍使用。人们发现，在滑动轴承材料的表面硬度差越大，耐磨性越好。在维修机器时，一般只有轴承的低硬度表面需要重新抛光。因此，滑动轴承铸铁对钢轴承已经在很大程度上取代了铸铁对铸铁轴承。许多机床使用了这种组合的滑动轴承，特别是在空间狭小、刚度和承载能力要求高的情况下更是如此，例如，螺杆机。

3. 材料组合：黄铜对钢

当铜与钢接触时，铜也有润滑性。通过采用粉末冶金方法，可在黄铜基体上制造许多孔，从而可储存润滑剂。随着轴承温度的升高，润滑油剂流到摩擦表面，从而降低了摩擦因数和减少了热量的产生。因此，系统可以以闭环方式来调节摩擦和散热。该类型轴承通常用在高速往复运动的场合。由于此类轴承很耐污垢，经常用在非精密机械（例如，反铲）的铰接接头处。

4. 材料组合：聚合物对大多数材料

聚合物基体［例如，PTEE（聚四氟乙烯）］轴承已被用来尽量减少轴承的黏滑性（由于它的静态 μ 通常为动态 μ 的 10%~20%），因此，在机床上的应用中它几乎要取代金属对金属轴承。图 8.2.1 显示了载荷和速度如何影响一种机床上经常使用的滑动轴承材料（即 Turcite®[4]）的各种性能。表 8.2.1~表 8.2.3 给出了常用聚合物基体轴承材料的性能变化。这种材料通常以几毫米厚的薄板形式粘接在轴承座上。粘合后，轴承表面经常需要进行刮削，以使精度达到最高和使轴承表面有良好的油滞留特性。为了获得良好的质量控制，必须进行细致的表面准备，因为一旦完成了这道加工，粘合寿命通常就是机器的使用寿命。然而，保持滑动轴承免受污染是非常重要的，因为灰尘颗粒可以导致粘接层撕裂，从而导致轴承失效。

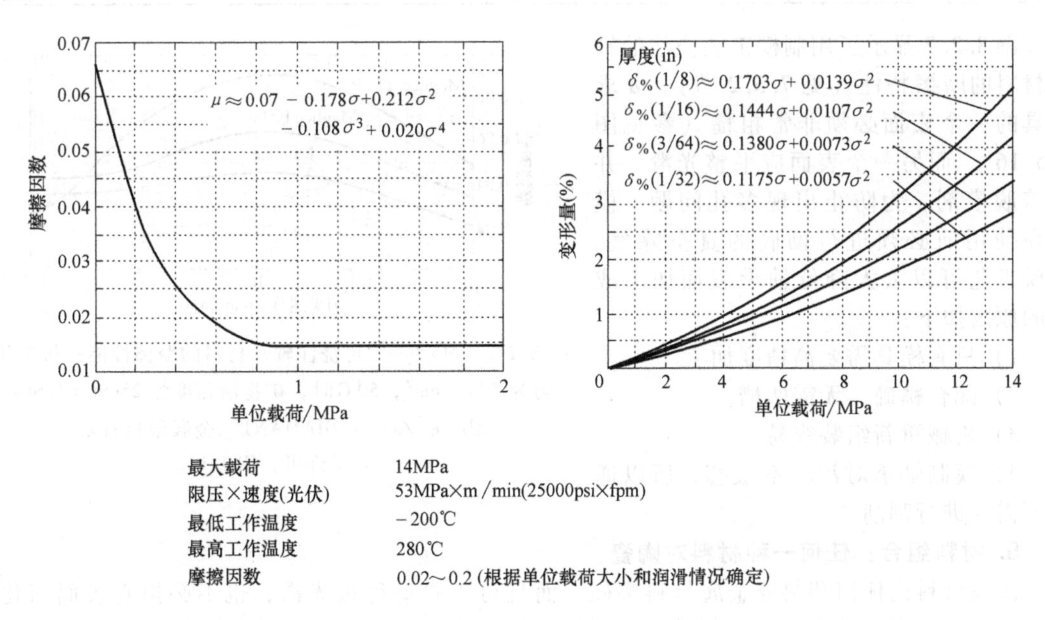

图 8.2.1　Turcite® 滑动轴承材料性能（W. S. Shamban 公司许可）

[4] 参阅：Turcite® design information from W. S. Shamban& Company，Newbury Park，CA。

表 8.2.1 冰川 DU® 套管或表形式的轴承材料属性［冰川（Glacier）金属有限责任公司许可］

最大载荷	
正常情况	$140N/mm^2$
特殊情况	$250N/mm^2$
压缩屈服强度	$310N/mm^2$
最大摩擦速度	2.5m/s
具体的负载×摩擦速度(光伏因子)	
连续运转	$1.75N/mm^2\times m/s$
短期运转	$3.5N/mm^2\times m/s$
最低工作温度	−200℃
最高工作温度	280℃
摩擦因数	0.02~0.2(根据单位载荷大小确定)
电阻	$1\sim10\Omega/cm^2$
核辐射电阻	不受 10^8 radγ 射线辐射剂量的影响

表 8.2.2 一个典型的浇注的高润滑聚合物的性质（ITW-Philadelphia Resin 许可）

抗压强度	96.5MPa	润滑条件下的静态摩擦因数	约 0.11
剪切强度	31.7MPa	润滑条件下的动态摩擦因数	约 0.09
压缩模量	4.0GPa	密度	$2.1g/cm^3$
剪切模量	0.8GPa	混合后使用寿命	45min
收缩率	400μm/m	固化时间	40h
热膨胀系数	42.5μm/m/℃		

表 8.2.3 Moglice ™高润滑浇注轴承复制材料的属性（“DIAMANT”金属塑料有限公司许可）

单位质量	$1.6g/cm^3$	最高工作温度	125℃
动态强度	$1450N/cm^2$	收缩率	0.25%左右
静态强度	$14000N/cm^2$	吸湿性	很好的抗湿性
最低工作温度	−40℃		

图 8.2.2 显示了用制模工艺浇注的轴承材料的摩擦特性（见 7.5.2 节）。要求模具的一个表面必须非常粗糙（参见图 7.5.16），而另一个表面应平整光滑，并覆盖脱模剂。为防止出现多孔问题，模具在使用前必须进行彻底的真空除气。制模工艺可以大大降低轴承表面加工成本的原因如下：

1）只有模具需要高精度加工。

2）配合精确，无需凹槽。

3）机械重新组装容易。

4）模制轴承对污垢不敏感，所以通常不需要进行刮削。

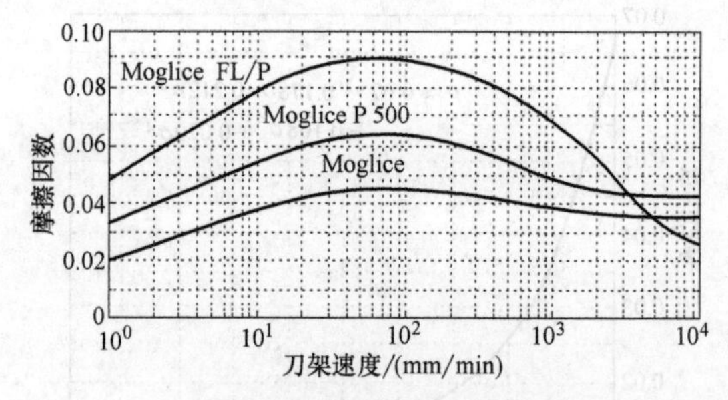

图 8.2.2 Moglice™可浇注轴承材料的摩擦性能：接触压力为 $5daN/cm^2$，50℃时，矿物油黏度为 25cSt（$1cSt=10^{-6}m^2/s$）（“DIAMANT”金属塑料有限公司许可，GmbH）

5. 材料组合：任何一种材料对陶瓷

陶瓷材料比任何塑料或金属材料都硬，而且可以打磨得很光滑，也不必担心表面氧化腐蚀。因此，在很多地方，陶瓷似乎都是理想的轴承表面材料。典型的陶瓷轴承材料包括氧化铝、氮化硅、碳化硅和陶瓷玻璃™。当材料在陶瓷表面滑动时，通常会有像聚合物轴承一样固有的润滑能力。请注意，因为陶瓷易碎，精加工后其表面一般呈现负偏态，因此，陶瓷在陶瓷上长时间滑动时磨损可以忽略不计，滑动摩擦也很小。此外，由于陶瓷易碎，在精加工

期间不会在其表面产生残余应力，因此，研磨陶瓷轴承导轨平面比研磨钢基体的轴承导轨更容易。陶瓷轴承最明显的缺点是其制造难度和制造成本比铸铁或钢基体轴承更大更高。尽管如此，一些实际应用的机械仍然需要使用陶瓷材料，如三坐标测量机和精密静压轴承的导轨。其中一个例子是英国国家物理实验室的 Nanosurf 2 机，它在一倒 V 形抛光陶瓷玻璃 (Zerodur)™导轨上采用聚四氟乙烯垫块，以实现纳米级平滑的运动（见第 8.2.3 节）。

陶瓷轴承的一个常见应用是使用宝石材料（如红宝石、蓝宝石）作为支撑面。当作用力较低时，宝石轴承是在精密仪器中已使用了几百年的旋转滑动轴承类型。虽然，与球轴承相比，滑动轴承摩擦因数高，但其为点接触，因此，滑动轴承的摩擦力作用半径的数量级比球轴承要小，从而使摩擦力矩也比球轴承的数量级要小。宝石轴承可以被精加工到一个非常高的程度，并有较高的抗压强度和弹性模量，这使它们能够在精密仪器中使用。

6. 速度和加速度的限制

由于滑动接触轴承的摩擦因数一般比滚动轴承或流体静压滑动轴承要高，所以，在机床上，滑动接触轴承通常用在最高速度和加速度水平分别低于 0.25m/s（600in/min）和 0.1g 的场合。请注意，一旦液体或空气压力中断，滑动接触轴承可作为液体和气体静压轴承的备用轴承（例如，塑料或石墨垫）。

7. 运动范围

线性运动的滑动轴承的运动范围与所安装在其上的机床相同。轴承可以分成若干部分进行制造，然后拼接在一起，使其导轨可长达数十米。滑动轴承的旋转运动没有运动范围的限制。

8. 外加载荷

由于滑动轴承的承载面积较大，所以，可以承载很大的载荷。当然，用圆环接触表面的轴承配置支撑仪器压纸滚筒是一个例外。一般来说，表面接触压力通常小于 1MPa（150lb），但可高达 10MPa。

9. 精度

滑动轴承的精度在很大程度上取决于轴承的类型、零件的精度、接触压力和润滑剂类型。通常情况下，机床完成磨合后，如果接触面是平面，线性运动滑动轴承表面打磨后直线度可到 5~10μm 的量级，如果表面是手工研磨，其精度可达亚微米级。当表面加工采用第 8.2.3 节讨论的工艺时，运动精度（垂直运动方向）可达纳米级。由于滑动轴承摩擦因数一般较高（数量级为 0.02~0.1），其所支撑的轴的伺服可控精度在很大程度上取决于轴的刚度和系统的可控性。假设系统其余部分都是精确的，高预紧力系统的典型伺服控制的精度可达微米级。轻预紧力系统（例如，步进电动机和仪表）可以实现亚微米级的精确启停。

10. 可重复性

大多数滑动轴承的优点是，它们可以在使用过程中进行磨合。但是，为了防止磨损，表面光洁程度与滚动轴承一样是很关键的。保持预紧力不变，可重复性往往随时间而增加。如果轴承的设计不是过约束的，可重复性通常可以在 0.1~1.0μm 的范围内。假设系统其余部分都是精确的，典型的高预紧系统伺服控制的可重复性可高达 2μm。例如，衍射光栅的刻划滑架箱通常由五个滑动接触 V 形和平面形轨道支撑，可实现亚微米级线宽的可重复性。正如第 8.2.3 节将要讨论的那样，对于专门设计和制造的滑动轴承而言，埃米级可重复性是有可能的。

11. 分辨率

只要机床的滑块持续移动（例如，在仿形切削中），运动轴之间的相对运动分辨率或者运动稳定性（等速情况下）可以与许多滚动轴承相媲美。对于起动和停止动作，大多数精心设计并经磨合后的滑动轴承的固有摩擦特性往往限制其分辨率为 2~10μm。许多聚四氟乙烯基轴承很早就实现了几乎相同的静态和动态摩擦因数（在低速范围内，约为 10%），因此，这些轴承所支撑的系统，通常可以很容易地实现亚微米级和更高的分辨率。

12. 刚度

如图 8.2.3[5] 所示，因为其接触面积非常大，所以，滑动轴承刚度很高。最高刚度将出现在轴承刚刚完成磨合时。如果设计是不运动的，预紧力必须足够大，以使得轴瓦所有零件与各自的配合面能够预紧。

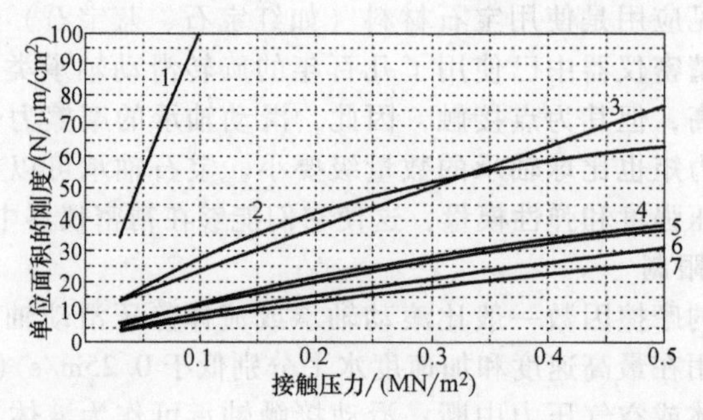

序号	导轨	轴承	刚度/单位面积(k/A)是接触压力 P 的函数
1	研磨铸铁	磨削铸铁轴承	$k/A=6.2105+9.5583\times10^{-4}P$
2	磨削铸铁	磨削铸铁轴承	$k/A=7.2247+2.3291\times10^{-4}P-3.4428\times10^{-10}P^2+2.0422\times10^{-16}P^3$
3	磨削铸铁	刮削铸铁轴承	$k/A=10.129+1.3275\times10^{-4}P$
4	磨削铸铁	磨削 ferobestos 轴承	$k/A=3.4536+9.7855\times10^{-5}P-5.5217\times10^{-11}P^2-1.0544\times10^{-17}P^3$
5	磨削铸铁	磨削平板 DX 轴承	$k/A=3.8624+8.7409\times10^{-5}P-3.7974\times10^{-11}P^2-1.8380\times10^{-17}P^3$
6	磨削铸铁	磨削波纹 DX 轴承	$k/A=2.1344+7.5302\times10^{-5}P-5.8759\times10^{-11}P^2-4.2540\times10^{-17}P^3$
7	磨削铸铁	杜邦(DU)轴承	$k/A=2.2105+6.1535\times10^{-5}P-3.0397\times10^{-11}P^2-2.2446\times10^{-18}P^3$

图 8.2.3　用各种轻质油润滑并经磨合的滑动轴承的刚度系数（Dolbey 和 Bell 公司许可）

轴向单自由度预紧轴承是两块轴瓦（平面）相互压在一起的轴承，轴瓦可以设计成直角形（例如，T 形）或燕尾形。当在一副预紧轴瓦上施加作用力时，一块轴瓦对导轨的作用力较大，大小等于轴瓦刚度与支架变形量的乘积，而另一块轴瓦上受到的力就会较小。一个简单的系统自由体图显示的合力为

$$F_{\text{load}}-(F_{\text{preload}}+K_{\text{upperpad}}\delta)+(F_{\text{preload}}-K_{\text{lowerpad}}\delta)=0 \tag{8.2.1}$$

根据式（8.2.1）和关系式 $F_{\text{load}}=K_{\text{total}}d$，轴瓦垫套的总刚度为

$$K_{\text{total}}=K_{\text{upperpad}}+K_{\text{lowerpad}} \tag{8.2.2}$$

随着负载的增加，接触压力不断变化，使得一块轴瓦刚度增加，而另一块轴瓦刚度减小。当外加作用力等于预紧力时，一块轴瓦就不再接触，整个轴承刚度就是另一块轴瓦的刚度。由于预紧力是轴承所能承载的最大总载荷的一小部分，那么，一个保守的假设就是，一副轴瓦的刚度就是一块轴瓦的刚度。

13. 抵抗振动和冲击性能

由于滑动轴承将载荷分布在大面积的接触面上，所以，其抗冲击和振动性能几乎是除静压或动压轴承以外任何其他类型轴承所无法比拟的。

14. 阻尼性能

滑动接触轴承的阻尼性能相当于静压或者动压轴承。这是由于很多种类的滑动轴承接触面积较大且具有黏弹性与伸缩性。因为接触面上涂的一薄层润滑脂或润滑油提供的挤压膜和黏性阻尼所致。

[5] 来自 M. Dolbey and R. Bell, "The contact stiffness of Joints at Low Apparent Interface Pressures," Ann. CIRP, Vol. 19, pp. 67-69。

15. 摩擦[6]

滑动轴承通常在使用过程中会产生很大的静摩擦。起动阶段，动摩擦通常比静摩擦略低，这将导致被称为黏滑或黏附阶段的加速上升阶段。随着速度的增加，流体层（润滑轴承）建立起来以后，摩擦因数就会持续下降。很快，当黏性阻力开始增加净滑动摩擦因数时，系统就达到一个过渡点。这个整体的行为用斯特里贝克曲线来描述。静摩擦在金属对金属的轴承中表现非常明显，但在经过磨合后的现代聚四氟乙烯基轴承上表现并不突出。一些制造商甚至声称，静摩擦是不存在的。他们所提供的数据显示，轴承在非常低的速度（例如，10^{-6}m/s）下的摩擦因数等于在中等速度（10^{-1}m/s）下的摩擦因数。但是，重要的是在 0m/s 的摩擦因数。

事实上，证明滑动轴承的静摩擦因数高于动摩擦因数很容易。需要做的就是在滑座的底部安装上轴承材料的样品，轴承轨道倾角可以微调。当倾角为零时，滑座不会在轨道内滑动。当角度提高到十分之几度时，千分表就会显示滑座是否在滑动（甚至超过 1h 的时间范围内）。如果滑座不动，静态摩擦因数就比动摩擦因数高。当轨道的倾角缓慢增加直到某一角度时，滑座就开始下滑。这是静摩擦和动摩擦之间的转变点，静摩擦因数等于此倾斜角的正切值。如果测量一下滑座的速度，动摩擦因数可以准确地确定。

聚四氟乙烯基轴承在经过几百到几千个周期的磨合后，静态摩擦因数可从最高约 0.3 下降到 0.03~0.1。滑动轴承经磨合后其动态摩擦因数可能达到 0.02~0.1。摩擦因数也和所承受的外载荷、表面光洁程度和轴承的设计等情况（见 8.2.3 节）有关。如图 8.2.1 所示，制造商表明，施加载荷以后，轴承摩擦因数减小。在这种情况下，为使动态摩擦因数最小化，轮廓精度最大化（只要不发生速度从正到负的反转），预紧力至少是额定载荷的 10%才有意义。另一方面，为了减小起动力，预紧力应越小越好。如果遇到高速（>0.5m/s）情况，可能就要考虑使用静压轴承。

由于所有滑动接触轴承都存在一些黏性，所以，在进行伺服系统设计时一定要小心。例如，考虑一个典型的丝杠拖动机床拖板的情况。如果用一个线性标尺作为反馈装置，当向轴第一次发出转动命令时，在最初的几个伺服周期内，静摩擦力会阻止轴的转动。因此，伺服算法中的积分控制器会迅速增加负荷[7]。丝杠实际上会转动，但产生的位移用于压缩和扭曲丝杠轴。当拖板开始移动时，因为摩擦从静态切换到动态而使摩擦水平突然下降，储存在丝杠轴里的弹性能量和作用力可能会导致拖板突然向前前进。另一方面，如果有一个旋转变压器或编码器与丝杠连接，那么，只要发出了移动指令，编码器就将读取丝杠的旋转运动，而阻止丝杠转动的静摩擦力就会造成丝杠的压缩。因此，积分器不会引起作用力的迅速上升，丝杠也就不会在摩擦由静态向到动态过渡时储存大量能量。这样，就会减少突然前进。丝杠和编码器联合作用滤除了控制器的动态效果，否则，高摩擦滑动轴承系统就会更难以控制。总体而言，一些设计工程师喜欢线性标尺。因为，只要没有反弹出现，它使丝杠的精度变得不那么重要了。因为上述问题，其他设计工程师喜欢编码器或旋转变压器。幸运的是，随着控制器及轴承技术的进步，黏附越来越不成为问题。

16. 热力学性能

如果所使用的润滑油的黏度随温度变化，那么，磨合后的滑动轴承的摩擦性能一般会随温度的变化而变化。自润滑轴承（例如，含油青铜）温度升高时就会释放润滑油到接触表面，从而降低摩擦因数，减少在轴承表面产生的热量。如果所选择润滑剂的黏度在轴承的工作温度范围内不发生改变，那么，预热磨合后，滑动轴承的动态性能（可伺服性能）不发生变化。

[6] 摩擦机理很复杂，且目前还没有完全认识。有很多关于描述研究动摩擦和静摩擦系数的文章，但到目前为止，还没有非常清楚的认识，完全对立的观点有可能会困扰读者，甚至作者。

[7] 积分是用来消除稳态误差的。由速度回路和前馈回路所组成的伺服系统基本上是零稳态误差，不太容易产生饱和现象。

正如与第6章中所述及的机床的几何误差和热力学误差相对应，相对缓慢移动的线性轴承所产生的热量不如高速旋转轴承（如主轴和滚珠丝杠）那样显著。它也表明一个小机床的预热时间（例如，4000kg）可长达12h。

由于滑动接触轴承的表面积很大，所以，其传输热量的能力也比滚动轴承好。而且，如果使用强制润滑或塑料或石墨轴瓦，滑动轴承还可以作为一种绝热体。进一步概括所有的变量（材料的类型、表面光洁程度、接触压力和润滑油类型等）是不可能的。

17. 环境敏感性

滑动轴承的接触表面始终比其他部位的硬度高，所以如果有灰尘进入轴承，它将嵌在较软的地方。这可以防止灰尘在轴承里游荡，从而造成连续磨损。所以，滑动轴承可以比滚动轴承更耐污染。由于滑动轴承所需的承轨（轨道）几何形状通常是简单的几何形状（例如，矩形，而滚动轴承则需要弧形凹槽），它们只需要用简单的密封型防尘刷密封即可，往往不需要波纹管或轨道盖式密封。由于轴承表面接触应力低和异种材料的使用（例如，铸铁或聚四氟乙烯对钢），轴承导轨只需经一个简单的表面处理（如渗碳或渗氮）即可，使水分无法进入轴承或润滑剂供应系统，从而提高机床钢轨的耐蚀性。

滑动轴承可能产生颗粒物质，这不利于环境的洁净。所以，在设计在洁净空间使用的滑动轴承时，必须仔细。即使轴承预计不会产生颗粒，在昂贵的洁净室中可使用流体润滑系统去保证去除颗粒和使用密封方法封装润滑液。在有些情况下，采用铁磁流体进行磁密封。

18. 密封性

如上所述，即使滑动轴承在恶劣的环境条件下工作时，它也不会受到损伤。但当用在一些仪器上时，直线轴承至少应采用防尘刷，转动轴承应使用防尘刷型密封。由于滑动轴承几何形状通常都很简单，所以其密封相对简单。

19. 大小和配置

滑动接触轴承与任何其他类型的轴承相比，其占用的空间更小。当其用于机床时，往往需要提供润滑系统。应用于机床的滑动轴承大多数都是直线轴承。对于大型转动副，如那些用来支撑五轴加工中心上的主轴、弧形导轨的转动副，都可以使用滑动轴承。

20. 重量

因为滑动接触轴承的结构都较为简单，所以，具有最高的性能重量比。

21. 维持装置

在所有不同类型的轴承中，滑动轴承对滥用是最不敏感的；然而，对于精密机械而言，仔细的维护始终是需要的，所以，滑动轴承通常应安装自动润滑系统。

22. 维护要求

应用于精密设备上的滑动轴承通常需要一个自动润滑系统。由于他们更依赖于在磨合期达到良好的稳态性能，所以，应为其设计预紧力调整机构。注意：在一些高精确度低载荷的应用场合，用抛光的聚四氟乙烯材料无需润滑。

23. 材料相容性

滑动轴承刚度高，可以抵抗切削力，同时使用低预紧力以尽量减少起动力，因此轴承组件之间较小的温差即可导致预紧力消失，在某些情况下，还会出现轴承间隙。幸运的是，滑动轴承一般都具有良好的传热特性，所以只要设计能保证轴承在正常的温度变化范围内保持预紧[8]，轴承也能良好工作。当然，最好是，在设计时，应进行更详细的有限元分析，或利用模型进行试验来了解预紧力随温度变化的情况。

接触表面的光洁程度对于延缓磨损和延长使用寿命是非常重要的。在一般情况下，人们

[8] 参阅8.9节（原书有误，此处尊重原书）。

希望轴承工作的硬表面的表面粗糙度值为 0.1~0.5μm，这可提供细小的凹槽，使润滑剂存于其中。粗磨削往往造成轴承表面太过粗糙，而太精细的表面不能形成润滑层[9]。轴承材料的表面光洁程度越高，所需磨合时间就越少，磨合后的调整量也越少。

24. 寿命

查阅各种制造商的轴承样本表明：如果润滑适当且不超载，经过磨合后滑动轴承磨损率约为 10^{-11}m/m。一些工作在纳米级表面光洁程度表面上的聚四氟乙烯轴承被认为是通过来回传输方式在轴承、轴瓦之间建立起一层膜，所以，基本上就是零磨损（见 8.2.3 节）。冰川金属公司已经发现，经过以下处理，聚四氟乙烯基轴承的性能将大幅提升。将浸渍了铅的聚四氟乙烯附着在多孔青铜层上。多孔青铜又附着在一层钢板上，钢板则附着在机器上。杜邦®（DU）轴承就是这种设计，这是一种非常坚韧的轴承。此类轴承，即使在摩擦很严重的场合，也不会有刮伤、撕裂以及脱层的现象发生。冰川（Gracier）DX® 轴承上有一层附着在钢衬多孔青铜层上的缩醛聚合物。DX® 轴承一般在边界润滑条件下工作，此类轴承表面都有存放润滑剂的凹坑。超高分子量塑料材料（例如，超高分子量聚乙烯）常用在有磨损的环境（例如，煤仓内衬）下，此种材料制作的轴承也有应用。

因为机械可以进行反复组装，所以，过去一般设计其寿命为 5~10 年。理想情况下，应该是这样。但是，在一些市场上，机器的成本是一个主要的卖点。所以，部分厂家在生产时使用最便宜的组件，然后在使用中经常对其进行更换。滑动轴承过去经常进行手工刮削，这使得其价格变得很高。但是，现代高精度平面磨床的出现，使人们在许多情况下只需组装磨削零部件即可，在经过磨合和调整凹字楔后就可实现合理的重复性（5~10μm）。

25. 可用性

定制生产模块化滑动轴承或材料是最简单的项目采购方式。

26. 可设计性

滑动轴承因经常需要使用一个凹字楔和自动润滑系统而影响机器的设计。一般来说，滑动轴承很容易设计。

27. 可制造性

有关可设计性的评论完全适用于这方面。

28. 成本

滑动接触轴承材料本身的成本可以忽略不计，自动润滑系统的成本适中。精密滑动轴承的主要成本来自于获得轴承及其作用表面所需的精度和表面光洁程度。例如，需要考虑制造锥形导板的技巧。

8.2.2　设计注意事项

吸收上述论述的最好办法是仔细进行设计考虑。当然，它们是偏向精密机械的。注意，阅读完本节后应重读第 8.2.1 节。

1. 轴承间距

对于转动轴承系统，计算轴承承载力并选择轴承尺寸和间距，是项简单的任务。对于直线运动轴承系统，类似的计算也可以选择轴承尺寸及其间距，以达到预期的载荷和刚度。为了防止直线运动轴承系统出现行走现象（在低正向速度时的偏航或俯仰），驱动力应作用在通过质心的直线上，轴承垫间距的长宽比应该是 2∶1 左右。根据经验的比例下限的经验规则

---

[9] 参阅：H. Moalic et al. "The Correlation of the Characteristics of Rough Surfaces with Their Friction Coefficients," Proc. Inst. Mech. Eng., Vol. 201, No. C5, 和 A Hamouda, "An investigation of some factors affecting stick-slip Mechanism in Relation to Precision of Sliding Components," IMEKO-Symp. Meas. EStimat., Bressanone., 1984。

是，使轴瓦中心位于一黄金矩形的周边[10]，长边沿着运动方向。绝对最小长宽比为 1∶1。对于需要两个驱动系统，且一个是随另外一个运动的大型机器（例如，一些移动的桥梁式设计）而言，这是不可能的。在一般情况下，速度越高，摩擦因数越大，或系统上的瞬时力矩载荷越大，长度与宽度的比例应该越大。滑动轴承所支撑的滑座的运动学见 2.2.4 节中所提到的分析，如图 2.2.7 所示。只要使用适当的弹簧常数和几何尺寸，这种分析可以扩展到非运动系统。

由于滑动轴承往往硬度较高，与滚动轴承相比，其摩擦因数也较大，所以，其预紧力通常都保持在较低水平；然而，一旦发生少许磨损或材料松弛，预紧力可能消失。因此，轴承的配置是非常重要的。通常情况下，滑动轴承的预紧力相当于结构上的只有几微米的变形所产生的力。因此，与其努力使所有零件都精密配合，还不如采用凹字楔获得合适的预紧力，相关讨论如下。

2. 自动润滑系统

在使用中，当精密机械负载约大于 100N 时，就应对滑动轴承进行润滑。如图 6.1.8 所示，润滑通常是通过在轴承垫上加工油槽来实现的，可以进行连续润滑，或者通过定时控制泵进行定期润滑。让维修工定期地给轴承加润滑脂一般不考虑，或推一下杠杆给它们加几滴润滑油的方式也不采用，那是无效的。

3. 凹字楔设计

为了容易调整预紧力，特别是在磨合已经完成后，直线运动滑动轴承应与一个称为凹字楔的机器零件配合使用。凹字楔常见的四种类型如图 8.2.4 所示。直凹字楔使用固定螺钉或辊子进行预紧。锥形凹字楔采用螺钉进行预紧，螺钉沿配合斜面的方向推动凹字楔，从而沿凹字楔的长度方向产生了均匀的侧向位移，实现预紧。直凹字楔容易制造，而锥形凹字楔则使机器的安装更加复杂，如果采用手工刮削，还需要高超的技能。还有，锥形凹字楔能提供最高刚度。请注意，用固定螺栓锁定的燕尾接合的凹字楔可以提供比锥形凹字楔高两倍的刚度以抵抗倾覆力矩[11]。

图 8.2.5 所示的 T 形滑座中，直凹字楔用来控制滑座和导轨之间的横向间隙。请注意，侧向运动的限制仅通过导轨完成。使用两个导轨约束侧向运动将使系统的限制过多，增加螺栓固定的导轨的泊松扩展，引起直线度误差的可能性增加，并大大增加生产成本。为了设计凹字楔，必须对由固定螺钉的压力引起的凹字楔变形情况进行估计。正如图 8.2.6 所示，假设制

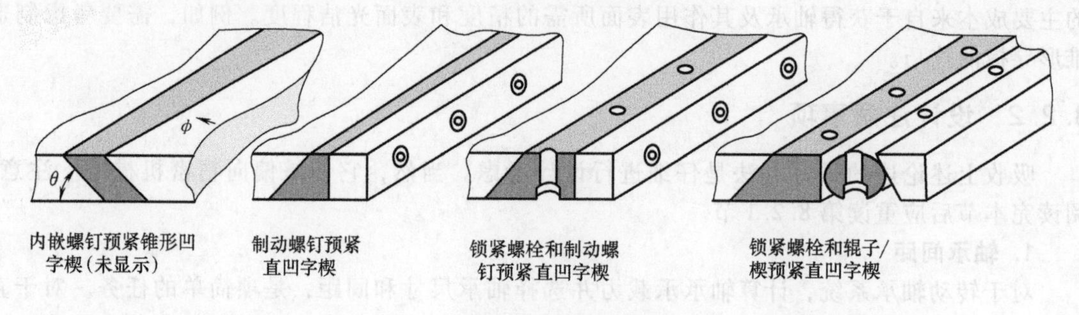

图 8.2.4　一些用于预紧轴承的楔类型

[10] 黄金矩形是大部分希腊神庙建筑的基础。宽度减去高度后与高度之比等于高度与宽度之比，或 $2/(5^{0.5}-1)=$ [illegible]余下的矩形平板将与原始矩形平板相似。至于轴承间距，这纯粹是一个经验法则，作者也无法进行数学证明。

[11] 参阅：Z. Levina, "Research on the Static Stiffness of Joints in Machine Tools" Proc. 8th Int. Mach. Tool Des. Res. Conf., Sept. 1967, pp. 737-758。

动螺钉固定在四周支撑的板的中心位置，此时，板的大小就是轴承垫的大小，凹字楔（板）的厚度也可确定[12]。

理想的情况是一个轴承垫只用一个制动螺钉，否则制动螺钉张紧不平衡可能会导致轴承垫的不均匀磨损。此类情形很难准确地进行分析。凹字楔的厚度为 t_{gib}，以保证偏差不超过系统所需的可重复性 δ 的一半：

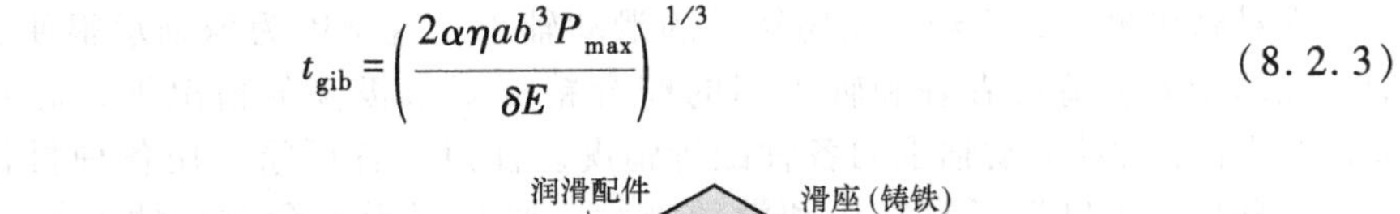

$$t_{gib}=\left(\frac{2\alpha\eta ab^3P_{max}}{\delta E}\right)^{1/3} \tag{8.2.3}$$

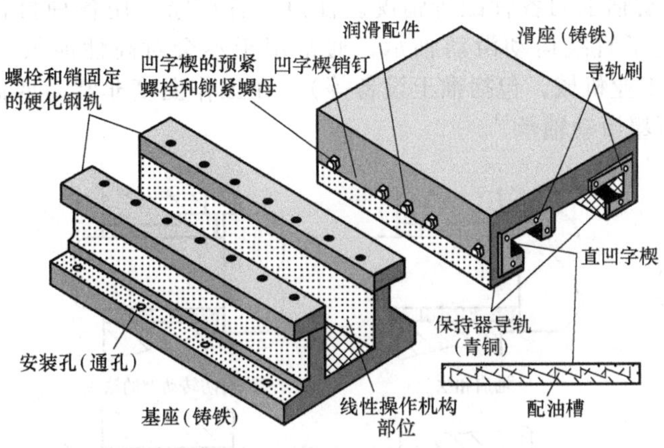

图 8.2.5　T 形滑动部件，注意直凹字楔和导轨刷［赛特克（Setco）工业公司许可］

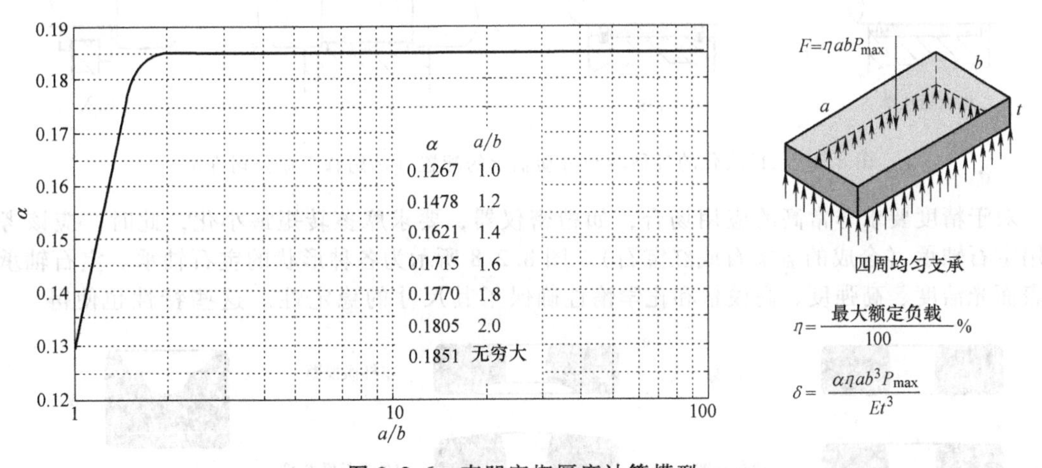

图 8.2.6　直凹字楔厚度计算模型

例如，假设使用黄铜凹字楔，$E=110\text{GPa}$（16×10^6 psi），$\delta=10^{-6}$m，$a=0.1$m，$b=0.05$m，$P_{max}=0.5$MPa（75psi）和 $\eta=0.3$，那么 $t_{gib}=0.0183$m（0.72in）。注意，作用在凹字楔上的力是完全通过制动螺钉施加的，这样，轴承垫的刚度不能超过制动螺钉的螺纹和接触界面的刚度，所以，只有使用更多的制动螺钉。如果在机器磨合之后，在凹字楔和滑座之间填充环氧树脂，那么，刚度会大大增加。每当出现一定磨损时，凹字楔就需要调整而被移开，环氧树脂也会被清理掉，然后，对凹字楔进行重新安装、调整和填充环氧树脂。

锥形凹字楔为楔子状，因此其全长都受到支撑，可以比制动螺钉预紧的直凹字楔更薄，

12　a/b 函数中 a 的计算公式和值来自 R. J. Roark and W. C. Young, Formulas for Stress and Strain, 5th ed., McGraw-Hill Book Co., New York, 1975. 这是我们推荐给读者的参考书之一。

但却能提供更大的刚度。这最大限度地减少了卫铁（固定导轨）导轨过剩量，从而有助于减少机器尺寸。锥形凹字楔通常要求手工刮削，以实现与设计性能相符。如果制造工人刮削技术掌握不好，那么就应该避免使用锥形凹字楔，可以使用辊子楔或者直凹字楔代替，但这需要占用更多的空间。

4. 转动轴承配置

在精密机械上，不经常使用转动的滑动轴承，这是因为球轴承很便宜而且使用方便。然而，在承受大载荷或者轴和轴承间的配合精度要求极高的情况下，需要使用滑动轴承。图8.2.7显示了转动滑动轴承的各种配置情况。注意，各厂家会用各种材料制造类似形状的轴承。一些厂家也制造了直线运动滑动轴承，通常用于不会对高性能聚合物构成破坏的场合（例如，消费产品和工业机械，包括推土设备等）。在工作温度非常高或低的情况下，不能提供润滑，常用浸渍石墨滑动轴承[13]。

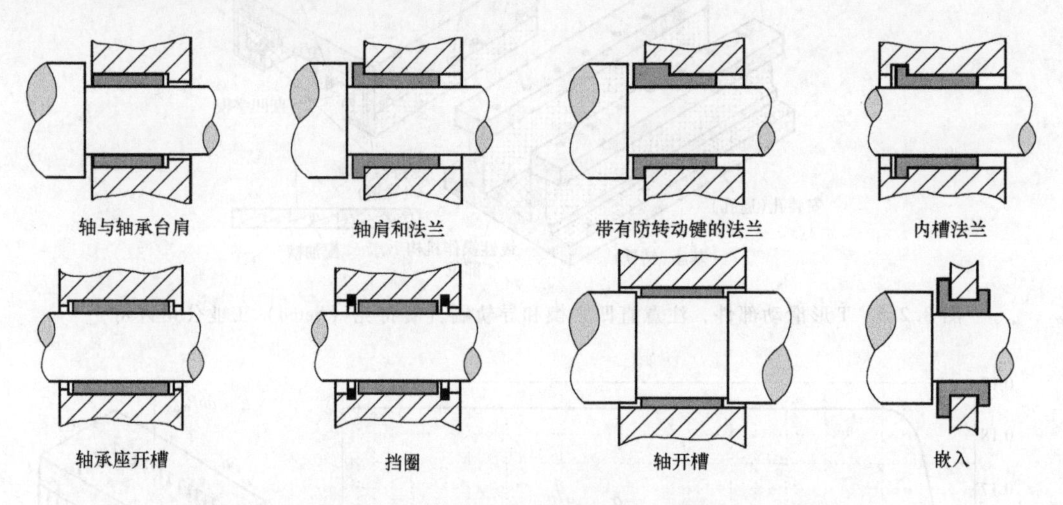

图8.2.7　模块化的各种转动滑动轴承的配置（汤姆森工业公司许可）

对于精度要求非常高的应用场合，如精密仪器，要求摩擦转矩最小化，此时，应该考虑使用宝石轴承（合成的蓝宝石或红宝石）。图8.2.8所示为各种形状的宝石轴承。宝石轴承的高表面光洁度、高强度、高模量和化学惰性确保了其尺寸的稳定性。这些特性也使得

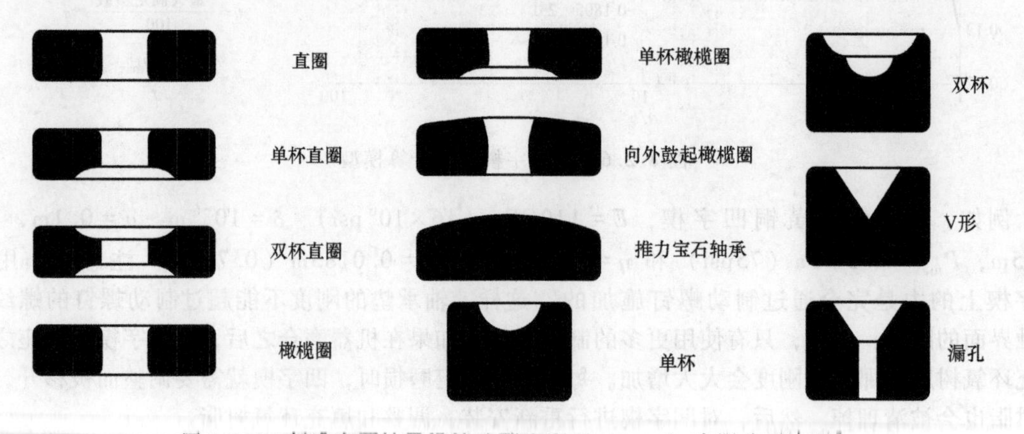

图8.2.8　标准宝石轴承设计（瑞士宝石（Jewel）有限公司许可）

[13] 石墨镀膜公司，扬克斯市，纽约州（Youker，NY）。

宝石轴承能与小直径或尖轴配合使用，从而最大限度地减少转矩。各厂商提供了宝石轴承的详细设计注意事项[14]。

5. 封闭的矩形直线运动轴承（导轨）配置

矩形直线滑动轴承（导轨）配置如图 8.2.9 所示。顶部和底部都有四块轴承垫，每个侧面有两块轴承垫。它也可以制成整个界面区域就是一个轴承垫的形式。无论哪种方式，它都是一个过约束的设计，但如果制造得好和预紧适当，它可以提供很高的刚度和减振性能。需要注意的是，滑座的全包围式设计意味着轴承导轨承受弯曲载荷。因此，这种设计的主要目的是，对于长行程不要求其精度而要求其重量最小化，或短行程时要求轴承导轨有足够的刚度以防止出现大的挠度。甚至，可以将导轨制成弯曲形，实现滑座沿着弯曲的路径行进[15]。由于轴承是可以进行预紧的，所以，其在各个方向的刚度可以非常高。轴承表面之间的磨损通常是对称的，所以滑座的调整精度不会随磨损发生大的改变。

6. 开放式直角（T形）直线运动轴承（导轨）配置

一个典型的开放式直角（T形）滑动轴承（导轨）配置如图 8.2.5 所示。其他一些配置变化如图 8.2.10 所示。T形直线运动轴承配置是在机床上最常见的滑动轴承配置类型。虽然这是过约束，但它的确提供了极高的刚度。轴承表面之间的磨损通常是对称的，所以滑座的调整精度不会随磨损有大的改变。通过精心控制设计和制造质量，5~10μm 或更好的可重复性的机器都可以使用这种轴承进行设计制造。图 8.2.11 和图 8.2.12 分别显示了典型的常备模块化T形轴承组件及其承载能力，这些模块化的组件都有位置传感器和控制系统，添加一个丝杠或活塞执行机构就可以很容易形成一个单轴伺服控制系统。因此，这些可以从多个厂家获得的模块化滑架很受设计工程师的欢迎，特别是很受那些设计单件生产或小批量生产的机器工程师的欢迎。

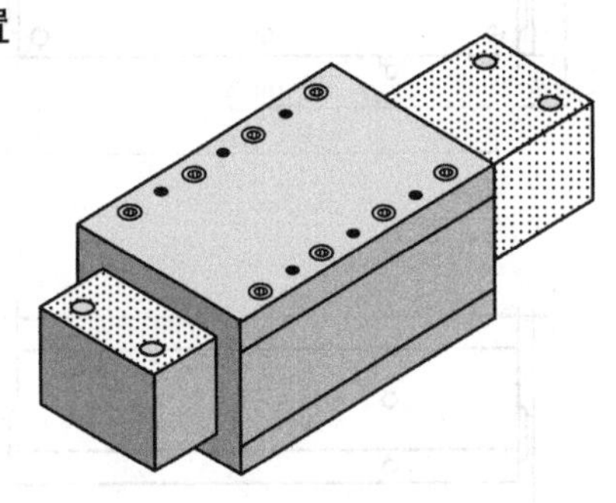

图 8.2.9 矩形直线滑动轴承的一般配置。轴承表面由轴承垫或完整的界面组成（使用的凹字楔未显示）

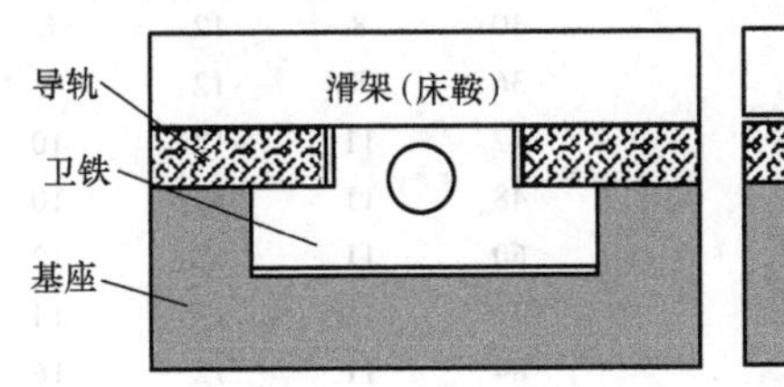

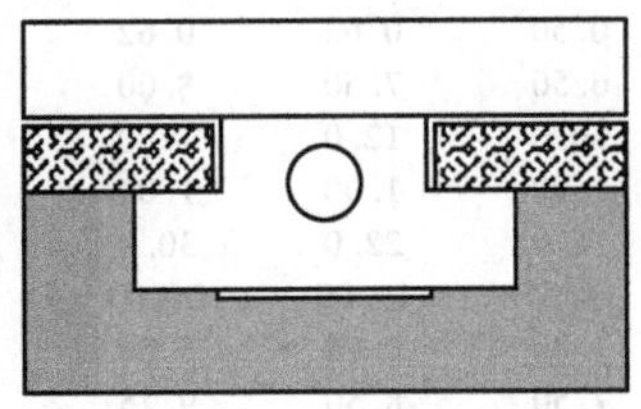

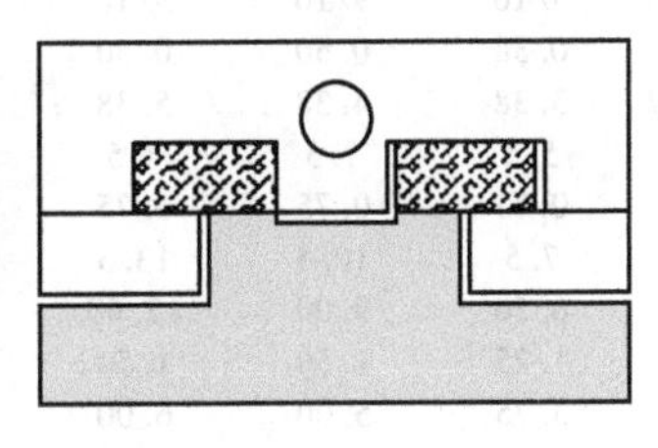

图 8.2.10 一些直角导轨配置（还有多少其他版本？不同类型的轴承应放置在机械的哪些位置？哪里可以放置凹字楔？）

7. 燕尾形直线运动轴承（导轨）配置

燕尾形滑动轴承可以预紧，是一个比长方形或T形滑动轴承更好的近似运动学配置。一个典型的燕尾形滑动轴承的配置如图 8.2.13 所示。通常情况下，顶面有四个轴承垫，每个倾斜侧面有两个轴承垫。如果在顶面有一块轴承垫，每侧面各有两个轴承垫，那么，该设计就是运动学设计。如果用一块轴承垫来调整凹字楔，那么，重复性和准确性将主要是倾斜面平

---

[14] 参阅：production literature by Swiss Jewel Co.，Philadelphia，PA，and Bird Precision，Waltham，MA。

[15] 参阅：literature from Precision Laminatons，Rockford，IL。

行度的函数[16]。这种类型的轴承也是常备的模块化轴承之一，如图 8.2.14 所示。由于燕尾形轴承可以预紧，所以，其在各个方向的刚度非常高。轴承表面之间的磨损通常是对称的，所以，滑架的调整精度不会因磨损发生大的变化。

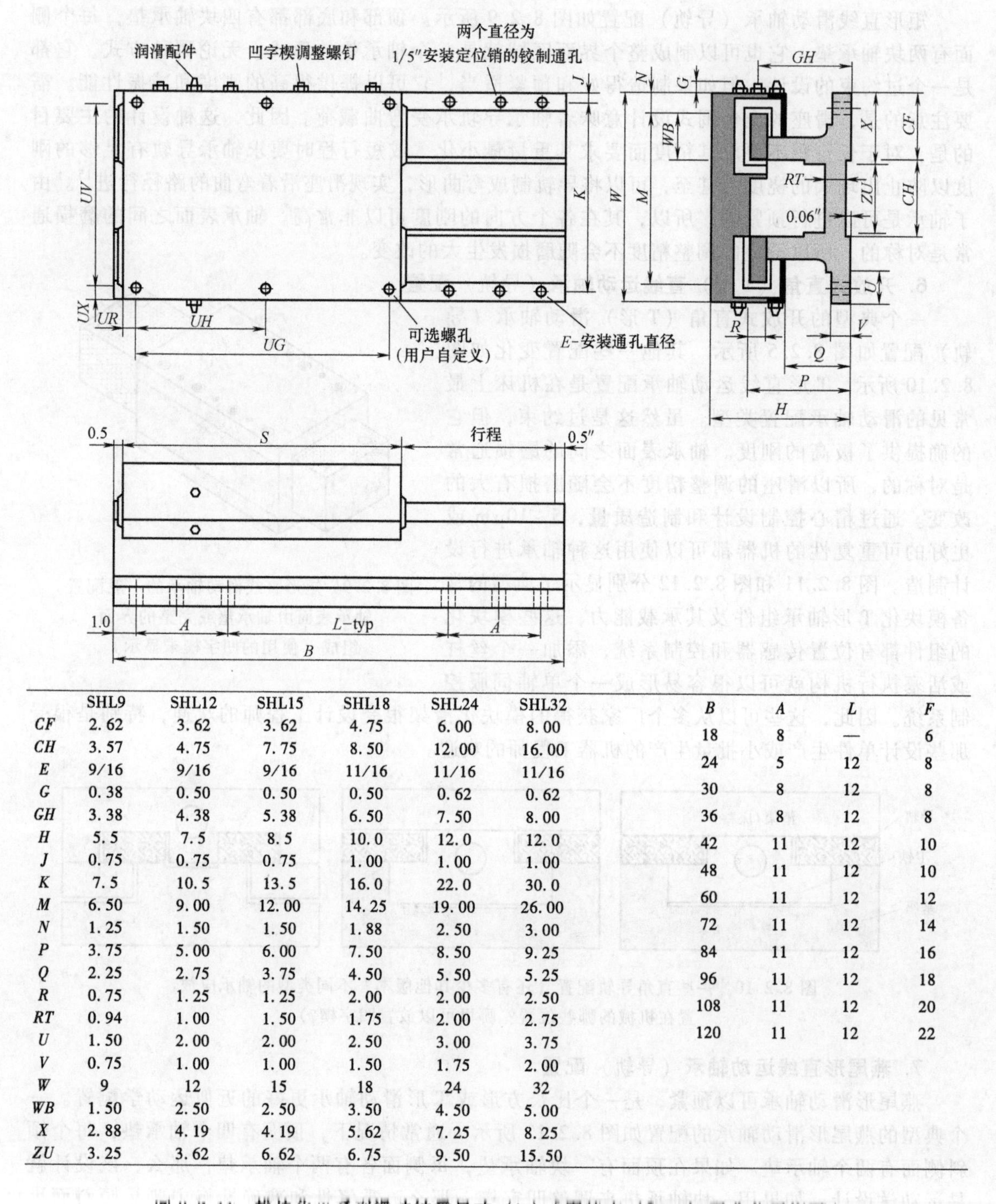

	SHL9	SHL12	SHL15	SHL18	SHL24	SHL32
CF	2.62	3.62	3.62	4.75	6.00	8.00
CH	3.57	4.75	7.75	8.50	12.00	16.00
E	9/16	9/16	9/16	11/16	11/16	11/16
G	0.38	0.50	0.50	0.50	0.62	0.62
GH	3.38	4.38	5.38	6.50	7.50	8.00
H	5.5	7.5	8.5	10.0	12.0	12.0
J	0.75	0.75	0.75	1.00	1.00	1.00
K	7.5	10.5	13.5	16.0	22.0	30.0
M	6.50	9.00	12.00	14.25	19.00	26.00
N	1.25	1.50	1.50	1.88	2.50	3.00
P	3.75	5.00	6.00	7.50	8.50	9.25
Q	2.25	2.75	3.75	4.50	5.50	5.25
R	0.75	1.25	1.25	2.00	2.00	2.50
RT	0.94	1.00	1.50	1.75	2.00	2.75
U	1.50	2.00	2.00	2.50	3.00	3.75
V	0.75	1.00	1.00	1.50	1.75	2.00
W	9	12	15	18	24	32
WB	1.50	2.50	2.50	3.50	4.50	5.00
X	2.88	4.19	4.19	5.62	7.25	8.25
ZU	3.25	3.62	6.62	6.75	9.50	15.50

B	*A*	*L*	*F*
18	8		6
24	5	12	8
30	8	12	8
36	8	12	8
42	11	12	10
48	11	12	10
60	11	12	12
72	11	12	14
84	11	12	16
96	11	12	18
108	11	12	20
120	11	12	22

图 8.2.11 模块化T系列滑动轴承尺寸（in）[赛特克（Setco）工业公司许可]

[16] 想象一下侧面相互不平行的滑动轴承的情形。当滑架沿轴向移动时，轴瓦的三个面挤压导轨，当导轨收敛时，滑架会被抬起，于是，顶部的三个轴承垫就会失去预紧。

型号	宽度 (in)	标准滑架长度			基座长度 (1"增量)		额定载荷 (lbf/in 滑架长度)			大约重量 (lbf/in 长度)	
		(in)	(in)	(in)	最小	最大	水平	垂直	侧壁	滑座	基底
SHL9	9	9	13.5	18	12	120	50	25	15	6	4
SHL12	12	12	18	24	15	120	75	38	25	12	7
SHL15	15	15	22.5	30	18	120	80	40	27	15	10
SHL18	18	18	27	36	21	120	105	53	35	19	17
SHL24	24	24	36	48	27	120	140	70	45	32	24
SHL32	32	32	48	—	35	120	150	75	50	38	33

图 8.2.12　模块化 T 系列滑动轴承的承载能力（赛特克工业公司许可）

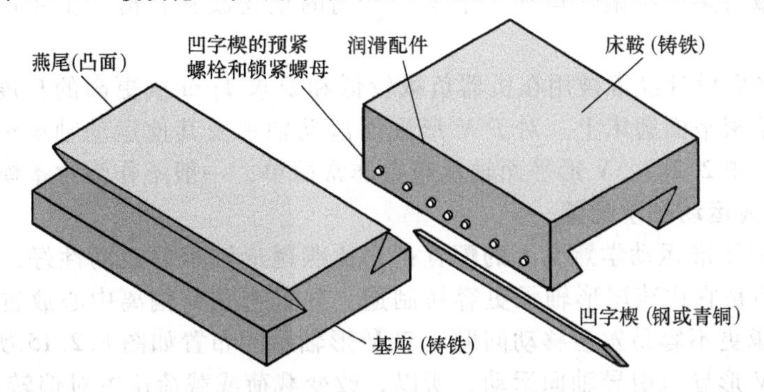

图 8.2.13　模块化的燕尾滑动轴承装配结构［由罗素 T. 吉尔曼（Russel T. Gilman）公司许可］

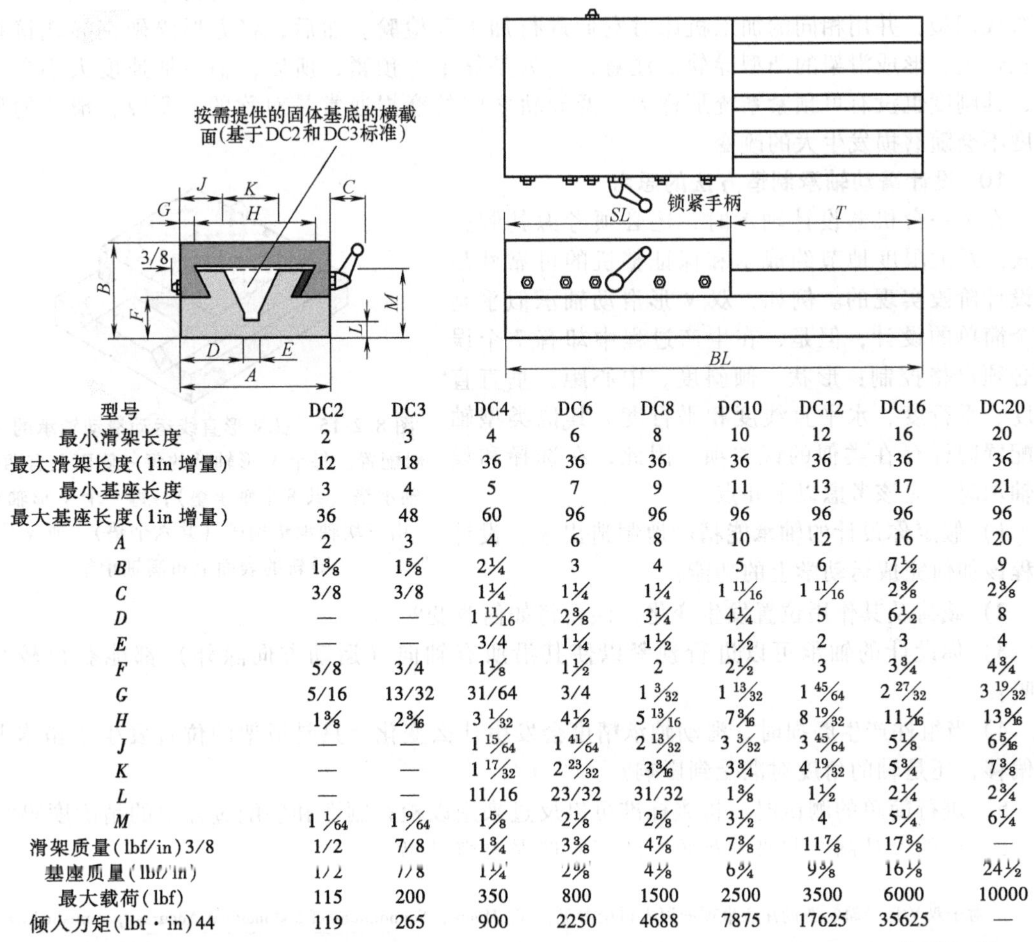

型号	DC2	DC3	DC4	DC6	DC8	DC10	DC12	DC16	DC20
最小滑架长度	2	3	4	6	8	10	12	16	20
最大滑架长度(1in 增量)	12	18	36	36	36	36	36	36	36
最小基座长度	3	4	5	7	9	11	13	17	21
最大基座长度(1in 增量)	36	48	60	96	96	96	96	96	96
A	2	3	4	6	8	10	12	16	20
B	1 3/8	1 5/8	2 1/4	3	4	5	6	7 1/2	9
C	3/8	3/8	1 1/4	1 1/4	1 1/4	1 11/16	1 11/16	2 3/8	2 3/8
D	—	—	1 11/16	2 3/8	3 1/4	4 1/4	5	6 1/2	8
E	—	—	3/4	1 1/4	1 1/2	1 1/2	2	3	4
F	5/8	3/4	1 1/8	1 1/2	2	2 1/2	3	3 3/4	4 3/4
G	5/16	13/32	31/64	3/4	1 3/32	1 13/32	1 45/64	2 27/32	3 19/32
H	1 3/8	2 3/16	3 1/32	4 1/2	5 13/16	7 3/16	8 19/32	11 1/16	13 9/16
J	—	—	1 15/64	1 41/64	2 13/32	3 3/32	3 45/64	5 1/8	6 5/16
K	—	—	1 17/32	2 23/32	3 3/16	3 3/4	4 19/32	5 3/4	7 3/8
L	—	—	11/16	23/32	31/32	1 3/8	1 1/2	2 1/4	2 3/4
M	1 1/64	1 9/64	1 5/8	2 1/8	2 5/8	3 1/2	4	5 1/4	6 1/4
滑架质量(lbf/in)3/8	1/2	7/8	1 3/4	3 3/8	4 7/8	7 3/8	11 7/8	17 3/8	—
基座质量(lbf/in)	1/2	7/8	1 1/4	2 5/8	4 1/8	6 3/4	9 3/8	16 1/8	24 1/2
最大载荷(lbf)	115	200	350	800	1500	2500	3500	6000	10000
倾入力矩(lbf·in)44	119	265	900	2250	4688	7875	17625	35625	—

图 8.2.14　模块化燕尾滑动轴承的尺寸（in）［由罗素 T. 吉尔曼（Russel T. Gilman）公司许可］

8. V形平面直线运动轴承的配置

正如2.2.4节中详细讨论和说明的那样，V形平面是一个真正的运动学意义上的轴承配置。由V形平面支撑的滑架一般是通过机械的重量来进行预紧，所以它往往对加速度和速度大小有一定的限制。通过摩擦驱动辊来预紧一个由V形平面所支撑的滑架是可行的。如果采取这种预紧方式，轴承预紧力的大小将是滑架的位置的函数。当将某一重物放置在滑架的一侧时，系统的质心会发生显著变化，此时，由V形平面支撑的滑架会倾斜导致移动。当质心位置发生变化时，运动轴线与质心间的距离也会发生变化；因此，摩擦力的分布情况也发生了变化，从而导致滑架产生偏转运动。于是，不同的重物放置在滑架上不同的位置时，滑架偏转就会不同。

然而，V形平面设计经常被用在机器负载较低和要求1μm或更高的精度和可重复性的情况下，如在一些精密平面磨床上。对于V形平面滑动轴承及其他运动轴承配置的一个综合分析见第2.2.4节和图2.2.7。V形平面轴承布置非常简单，一般不作为常备模块化组件。

9. 双V形直线运动轴承配置

双V形轴承属于准运动学意义上的配置：它比燕尾形轴承的运动性好，但比V形平面轴承的运动性差，但是它比燕尾形轴承更容易制造，并且当载荷偏离中心放置时，双V形轴承比V形平面型轴承更不容易发生移动问题。双V形轴承的布置如图8.2.15所示。因为在外加载荷附近有一个V形导轨引导轴向运动，所以，改变载荷或载荷位置对偏转误差的影响不大。双V形滑动轴承一般不会作为常备模块化组件[17]。注意，双V形系统的滑架和导轨，都可以制造成凹型，并用相同的加工机床对它们进行加工和检验。然后，将方形淬硬钢导轨接在凹型轨道上，形成滑架的凸型导轨。注意，因为是靠重力预紧，所以，轴向加速度大小受到限制，其刚度也没有可预紧系统那样大。两导轨之间的磨损通常是对称的，所以，滑架的调整精度不会随磨损发生大的改变。

10. 设计滑动轴承制造方法的思考

在为一台机器设计轴承时，还必须考虑其制造方式。最大限度地节约成本和保证整机的可靠性是在设计阶段实现的。例如，双V形滑动轴承似乎是一个简单的设计，但是，在生产过程中却有7个误差必须严格控制：形状、倾斜度、中心距、垂直直线度、平行度、水平直线度和平行度。其他类型轴承配置同样存在类似的误差项。因此，在选择和设计轴承时，应该考虑以下几点：

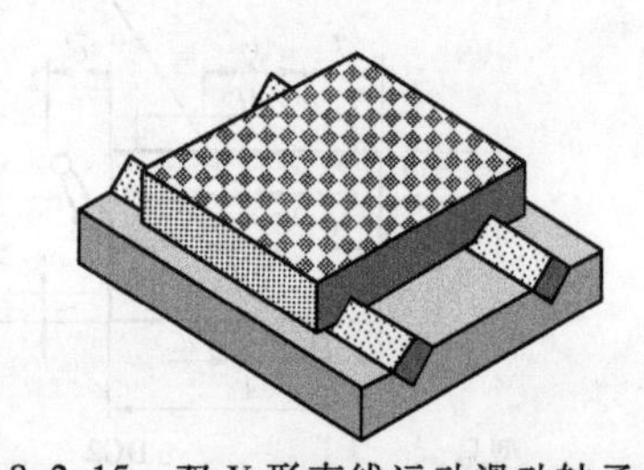

图8.2.15 双V形直线运动滑动轴承的一般配置。每个V形轴承的每一侧面上有两个轴承垫（共8个轴承垫），每一个V形轴承由三块轴承垫构成（共六个垫），或V形导轨的表面上布满轴承垫

1）假定你设计的轴承能精确地制造出来，设计过程该如何完成运动学上的功能？

2）载荷及其作用位置发生变化，误差将如何改变？

3）你设计的轴承可以进行预紧以使其沿所有轴向（运动方向除外）都能获得较高刚度吗？

4）当组件产生磨损时，滑动轴承精度会发生什么变化？只是滑架的位置发生了笛卡儿坐标偏移，还是轴的角度对准受到影响？

5）进行简单的测试时，检查标准可以反过来用以检查制造和装配过程中的精确度吗？

6）你的设计制造起来困难吗？纠正制造误差容易吗？

[17] 对于双V形导轨制造的注意事项的深入讨论参见：W. Moore, Foundations of Mathmatical Accurasy, punished by Moore Special Tool Co. Bridgeport, CT。

7）你的设计需要凹字楔吗？

注意，直线轴承通常运行在其行程范围的中间部分，因此，滑架在中间部分比在两端更容易滑动，所以，凹字楔不能仅仅通过旋紧来张紧松弛，这将导致滑架在行程的两端过紧。随着轨承磨损程度的加大，当在最常用的行程范围内出现松弛时，轴承表面必须重新进行精加工或者更换。

11. 实例：滑动轴瓦尺寸确定

图 8.2.16 所示为 T 形滑座，假设导轨材料为研磨铸铁，轴承为 DU® 轴承（图 8.2.3 中曲线 7）。对于 1000N（225lb）的预紧力，所需的轴承垫尺寸大小要满足在垂直方向轴承的刚度达到 1.75×10^9N/m（10^7lb/in）的要求。根据式（8.2.1）和式（8.2.2），对于 $F_{applied}=0$ 的额定工作点，刚度将基本上是单套轴承垫刚度的二倍，所以

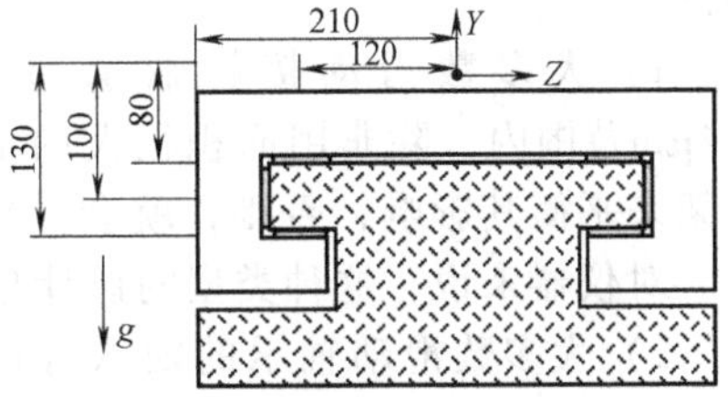

图 8.2.16　T 形滑动轴承设计实例。滑动轴承上的滑架如图所示，另一个相同的设置位于距离页面 480mm 处（所有尺寸单位为 mm）

$$K_{pad}=\frac{K_{desired}}{2\times4\text{pad sets}}=\frac{K_{desired}}{8} \tag{8.2.4}$$

$$F_{pad}=\frac{F_{preload}}{4\text{pad sets}}=\frac{F_{preload}}{4} \tag{8.2.5}$$

根据图 8.2.3 可知，当接触压力较低时，作为接触压力函数的单位面积刚度的公式合理近似为

$$\frac{K_{pad}}{A_{pad}}=a+\frac{bF_{pad}}{A_{pad}}+\frac{cF_{pad}^2}{A_{pad}^2} \tag{8.2.6}$$

式中，系数 a、b 和 c 是图 8.2.3 所给出的那些系数及其单位转换因子的乘积（$10^4\text{cm}^2/\text{m}^2$）×（$10^6\mu\text{m/m}$）。求解轴承面积为

$$A_{pad}=\frac{-(bF_{pad}-K_{pad})+\sqrt{(bF_{pad}-K_{pad})^2-4acF_{pad}^2}}{2a} \tag{8.2.7}$$

系统总预紧力 1000N 时，$A_{pad}=0.00308\text{m}^2$。轴承垫应尽量狭窄，以最大限度地减小定位导轨的悬臂长度。当长宽比为 2∶1 时，每个轴瓦长约为 8cm，宽约为 4cm。

8.2.3　设计案例研究：Nanosurf 2 的轴承设计[18]

表面粗糙度的测量往往只在零件局部表面上进行，而形状公差的测量则在整个零件表面上进行。表面粗糙度的测量通常使用 1nm 或更高分辨率的传感器（例如，位移传感器 LVDT），测量在零件的局部表面上进行。前者通常使用较低分辨率的传感器，只在零件一小部分表面进行测量。然而，一些光学元件需要在整个宽度上对其进行高分辨率形状公差测量和表面粗糙度检查。例如，激光陀螺仪上的一些光学元件，在 0.05mm 的范围内，表面轮廓偏差为 0.1nm，但 4mm 的范围内时，表面轮廓偏差就为 20nm。因此，就需要一个运动范围大、分辨率高的表面轮廓仪。图 8.2.17 所示的 Nanosurf 2，是由英国国家物理实验室（NPL）的林赛和斯密斯达设计的，该仪器可以满足这些目标。

理想的情况下，表面轮廓仪应该可以大规模生产，这样才可能使价格低廉，易于使用。

[18] 参阅：K. Lindsey, S. Smith, and C. Robbie "Subnanometre Surface Texture and Profile Measurement with Nanosurf 2," Ann. CIRP, Vol. 37, No. 1, 1988, pp. 519-522。笔者想感谢凯文·林赛（Keven Lindsey）和斯图尔特·史密斯（Stuart Smith）在准备本节内容时所给予的鼓励和帮助。注意，软科泰勒霍布森（Rank Taylor Hobson）有限公司正在利用这项技术制造表面检测机。

图 8.2.17 NPL 的 Nanosurf 2
（国家物理实验室许可）

这些特点非常适合于滑动轴承，然而，从来没有建立关于滑动轴承的纳米级运动的分辨率和重复性（通常指运动的轴线方向）的文档。主要问题是，滑动轴承的磨损率不利于其应用在纳米级精度要求的条件下。根据史密斯和林赛的广泛探索工作，可以得出以下结论：

1）大多数滑动接触轴承的表面特性反映在1/4μm范围内，除非用面积很大的轴承垫支撑厚重的滑架来平衡其影响，否则，就会导致石子路效应的出现。对仪器来说，这种类型的设计是不切实际的。

2）大多数滑动轴承的轴承材料的厚度可为30~300μm。制造时，轴承表面层的塑料结构具有各向同性，但使用后，轴承表面就会形成一层薄的定向层（各向异性）。定向层下方的各向同性层导热性不好，定向层轴向和横向的热膨胀系数相差又较大，因此，会在定向层中形成椭圆形的气泡[19]。当这些气泡弹出时，材料磨损，轴承的几何形状就会发生变化（尽管在纳米级水平上）。当其应用在机床上时，磨损率较低，可以接受。当用在精密仪器上时，此磨损率就不能接受。然而，非常薄的聚四氟乙烯膜可以很快将热量传递到衬垫材料，因而不会遇到这个问题。

3）当对导轨表面进行打磨时，聚四氟乙烯薄膜轴承就会向导轨转移一层薄膜，并建立一个平衡。因此，磨损实际上可以从根本上消除[20]。一般来说，光学品质的表面光洁程度需要达到这样的效果。

根据这些观测结果，他们设计开发了图 8.2.18 所示的轴承[21]。将一层厚为 2~3μm 的聚合物轴承材料，如聚四氟乙烯（PTFE），涂抹到凸轴承垫上[22]，且轴承轨道被加工到表面光洁程度达到纳米级。滑架运动配置必须利用五块如图 2.2.7 所示的轴承垫。五块辐射状的轴承垫向下接触到轴承导轨，从而提供了运动学支撑条件；轴承垫因赫兹接触机制，实际接触的是轨道的圆形区域，从而引发变形。圆形接触区域的直径 $D_{contact}$ 可能为 100μm，这取决于由此产生的接触应力，当半径增大到无穷时，运动条件可能丧失。

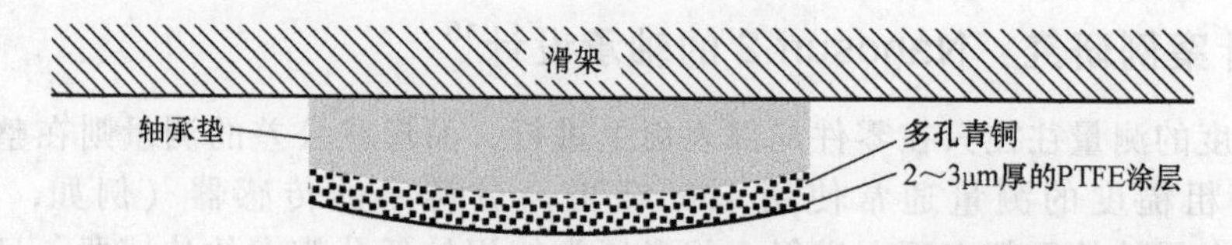

图 8.2.18 为 Nanosurf 2 滑动轴承垫设计的横截面（英国国家物理实验室许可）

在滑架与轴承轨道的磨合期间，一层聚合物薄膜被转移到轴承轨道上。轴承垫和轴承轨道之间的传输速率就会很快达到平衡状态。在这种稳定状态下，即使滑架只是用在行程的部

[19] 参阅：K. Tanaka, Y. Uchiyam, and S. Toyooka, "The Mechanism of Wear of Polyterafluoroethylene," Wear, No. 23, 1973, pp. 153-172。

[20] 参阅：B. Mortimer and J. Lancaster, "Extending the Life of Aerospace Dry Bearings by the Use of Hard Smooth Surfaces," Wear, No. 171, [illegible], pp. [illegible]-305。

[21] 参阅：K. Lindsey and S. Smith, U.K. Patent 8, 709, 209, Precison Motion Slideways, April 1988, or U.S. patent 4, 944, 606。

[22] 参阅：H. Boenig, Plasma Science and Technology, Cornell University Press, Ithaca, NY, 982。

分距离内，它可以在整个行程长度上往复移动。如果轨道的表面光洁程度太低，那么，即使聚合物磨损速度很缓慢，也无法形成平衡层。此外，如果聚合物层太厚，那么，磨损情况也会如上所述。

系统的精度取决于轴承轨道的形状和表面粗糙度；而重复性和分辨率取决于表面粗糙度。如果轨道表面粗糙度是 Ra，那么，由于平均效应，滑架运动的平滑度 δ_{normal}将由式（8.2.8）计算：

$$\delta_{\text{normal}} = \sqrt{\frac{Ra^3}{D_{\text{contact}}}} \tag{8.2.8}$$

通过研磨，玻璃的表面粗糙度 Ra 值很容易实现纳米级，达 5nm 左右，垂直于运动方向的运动平滑度有可能达到 0.05nm。

在机床上使用时，薄膜轴承无法承受长期的磨损，因此，这种类型的轴承技术可能仅限应用在需要精心保养的机器上（例如，仪器和圆片分档器）。

8.3　滚动轴承

图 8.3.1 和图 8.3.2 所示为典型的球轴承和滚子轴承类型，在 8.4 节将对其进行更详细的讨论。典型的直线运动滚动轴承的配置如图 8.3.3 所示，其详细讨论将在 8.5 节中进行。注意，在一般情况下，制造一个球面比圆柱滚子要简单，因此，与滚子轴承相比精密机械上应用球轴承更普遍，必须承受很高载荷的情形除外。有时，高质量的滚子轴承可能比一般质量的球轴承更好用，因此，最重要的事情是对比制造商所提供的说明书来选择轴承。

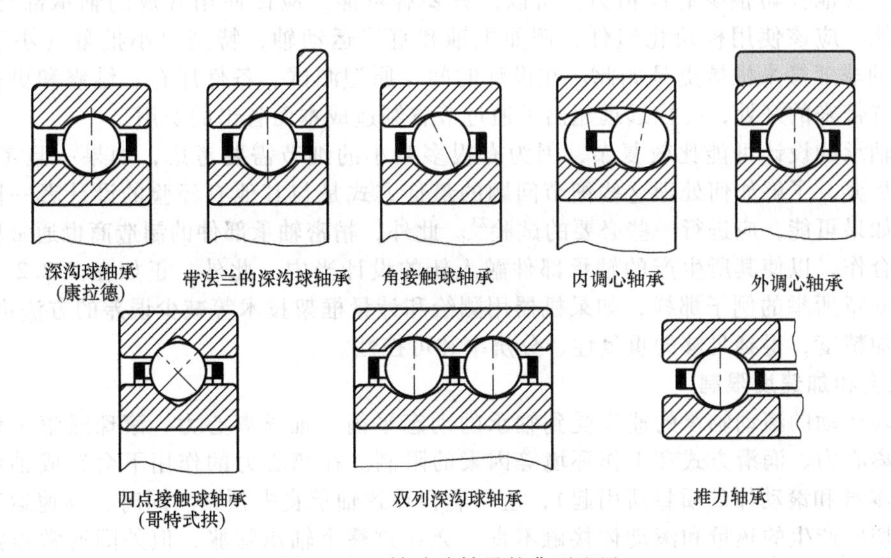

图 8.3.1　转动球轴承的典型配置

轴承做直线运动时，控制球形转子运行曲面的质量控制比控制滚子运行的平面的质量的控制更为困难，因为后者可以自我校验。注意，机器制造的直线运动轴承的导轨都会与制造它们的机器上的直线运动轴承有相同的误差。对于转动轴承而言，轴承座圈与磨削工具都可以以不同的速度进行转动，与精密主轴径向运动误差的随机性质相结合，这意味着轴承座圈的形状沿其周长方向是均匀的。因此，转动的滚子轴承可以制造得比直线运动的滚子轴承更精确。精密主轴的常见总径向运动误差在 1/4～1μm 之间。对于更高性能的直线运动轴承或转

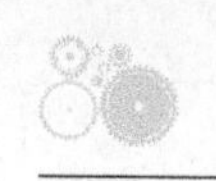

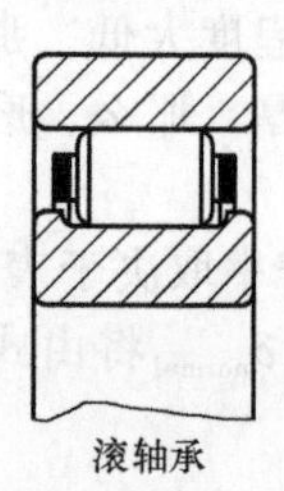

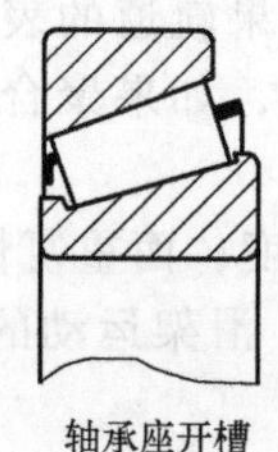

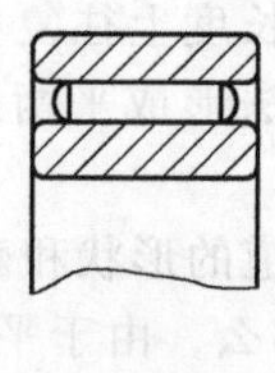

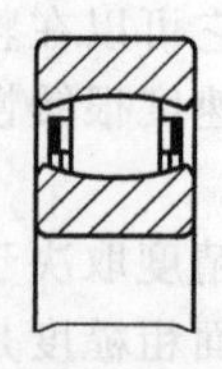

图 8.3.2 转动滚子轴承的典型配置

动轴承，人们通常会采用空气静压、流体静压或磁性轴承。

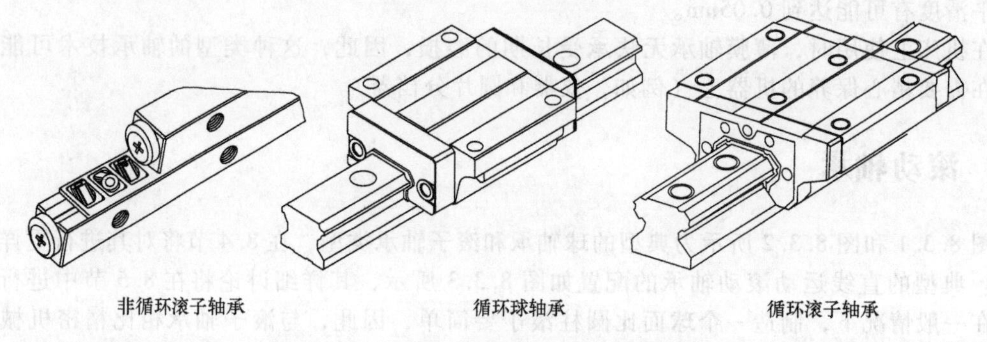

图 8.3.3 典型的直线运动滚动轴承的配置

滚动轴承的设计和生产需要仔细地进行分析、选择材料、控制生产质量和测试。除了轴承制造商，其他公司很少有此精力。所以，只要有可能，应该使用现成的轴承部件。此外，只要有可能，应该使用模块化组件，例如主轴和直线运动轴，特别对小批量（小于 10~20 台）生产的非亚微米机械更是如此。在设计时间、原型测试、备件库存、维修和更换费用等方面的节省带来的好处，往往远远超出了通过节省制造成本而省出的费用。

滚动轴承的设计可能比较复杂，因为有很多微小的细节需要考虑，如果一旦考虑不周，就会前功尽弃。了解如何处理这些细节问题的最佳方式是与其他有经验的设计者一同进行设计工作，如果可能，应进行一些必要的试验[23]。此外，精密轴承部件的制造商也通常愿意与设计工程师合作，以使其所生产的轴承部件融入新的设计当中。此外，正如在 7.2.2 节所讨论以及在第 6 章所举的例子那样，如果机器用测绘和计量框架技术等减少误差的方法进行设计，就可以增加精度，得到足够的重复性、分辨率和可控性。

1. 速度和加速度限制

做旋转运动的滚动轴承的速度受到轴承的动态平衡、轴承离心力、滚珠或滚子作用于轴承外圈的离心力、润滑方式和工作环境等因素的限制。在离心力的作用下会造成轴承外圈膨胀（由其本身和滚动体的质量所引起），这可能会导致轴承丧失预紧。同时，高速运行时润滑剂黏性剪切所产生的热量和滚动体接触不良，会导致整个轴承膨胀，但外圈通常连接在一个较大的散热器上，所以，其膨胀往往不会很大。此外，作用于滚珠上的离心力会导致滚珠与轴承外圈的接触应力以速度的平方增加。此外，当接触线与角加速度向量没有对齐（例如，一个角接触球轴承的情形）时，会产生回转力，该力在滚珠高速滚动时，可能会使其产生旋转运动[24]。所有这些因素限制了轴承工作的最高速度。表 8.3.1 显示了各种轴承配置的有代表

[23] “没有试验，就不会有进步。停止试验，你就在后退。无论遇到什么困难，都要进行试验，直到你对问题一清二楚。”托马斯·爱迪生。

[24] 参阅：B. J. Hamrock 和 D. Dowson 所著《球轴承润滑》（John Wiley & Sons，New York，1981）的第 3.4 节。

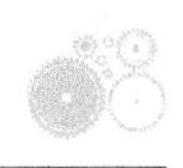

性的速度限制。正如在后面精确性所讨论的那样，轴承的润滑依赖于轴承组件之间的接触压力。当由离心力所产生的压力增大时，润滑油黏度增加，这也增加了轴承的黏性阻力。此外，用来保持滚动体之间间距的保持架类型（如钢板冲压焊接，注塑或青铜）也可以对轴承的性能产生显著影响。

表 8.3.1 各种轴承的公称（DN）速度值［内径（mm）×（r/min）］

轴承类型	保持架类型	ABEC-1		ABEC-3		ABEC-7		
		润滑脂①	润滑油②	润滑脂①	润滑油②	润滑脂	循环油	油雾
单列无滚珠槽的滚动轴承	模压尼龙 PRB	200000	250000	200000	250000	250000	250000	250000
	压制钢	250000	300000	250000	300000	300000	350000	400000
单列有滚珠槽的	模压尼龙 PRB	200000	200000	—	—	—	—	—
滚动轴承	压制钢	200000	250000	—	—	—	—	—
单列径向轴承和角接触轴承	模压尼龙 PRC 复合 CR(引导环)	300000	350000	300000	400000	400000	600000	750000
角接触轴承	模压尼龙 PRB	200000	250000	—	—	—	—	—
单列和双列	压制刚	200000	250000	—	—	—	—	—
单列角接触轴承	金属(引导环)	250000	300000	—	—	—	—	—

注：需要注意的是单列或双列密封轴承不应超过 250000 DN［托林顿（Torrington）公司许可］。

① 润滑脂填充量为总容量的 30%~50%。润滑脂的类型一定要慎重选择才能实现显示的速度。咨询托林顿（Torrington）获取更完备的建议。

② 油浴润滑时，油位应保持在距离最低滚珠的底部的 1/3~1/2 之间。

所有这些因素结合起来，使高速主轴的设计成为一项十分艰巨的任务，所以不适合初级设计工程师来完成。虽然 10000r/min 的机床主轴正变得越来越普遍，20000r/min 的机床主轴也出现了，但是大部分滚动轴承的旋转运动系统最大速度都在 5000r/min 左右。注意，虽然有很多生产主轴的厂家，但是，在大多数情况下，除非内部设计和制造能力完备，否则，考虑从有信誉和经验的制造商处购买一个模块化的轴承组件是明智的。由于主轴经常在高速下运转，通过移动刀具来纠正主轴的动态旋转运动误差几乎是不可能的。只能考虑长期变化，如热膨胀或静态载荷引起的偏差。

直线运动滚动轴承的速度限制，通常为 1~2m/s，并且与轴承的设计和外加载荷有关。因为直线轴承通常不会持续在高速下工作，所以，如果机械和控制器设计正确，正交轴运动误差的主动伺服控制往往能很容易地实现。

旋转和直线运动轴承的加速度限制通常不会出现在制造商的产品样本上，因为与高加速度相伴的是高速度，而后者通常在轴承选择标准中占主导地位。如果高加速度导致轴承组件滑脱、磨损加剧，可能会损坏滚动轴承元件。幸运的是，高加速度的机器往往有相当大的轴承预紧力，从而增加了刚度，可防止由于惯性力产生的大的偏差。高轴承预紧力可降低发生滑脱的可能性。牵引液[25]也可以用作润滑剂，以防止在高加速度时发生滑落现象。

2. 运动范围

转动轴承通常都可以提供无运动范围限制的转动，而一块导轨直线运动轴承一般的运动上限可达 3m。更长的导轨通常由短导轨拼接组成。当导轨被拼接在一起时，其总长度就不再有限制。当然，其精度和重复性会受到总长度的影响。导轨总长度越长，热梯度、材料和基座的稳定性等因素对精度和可重复性的影响概率就越大。

3. 承受的载荷

许多滚动轴承可以同时承受径向和轴向载荷。为确定滚动轴承的尺寸，引入了径向等效载荷 F_e：

[25] 例如，孟山都（Monsanto）公司的 Santotrac™ 润滑剂，在高压下（>15000psi）会固化，压力解除后又可以液化。

$$F_e=K_{\omega}K_rK_r+K_AF_A \tag{8.3.1}$$

式中，K_{ω}是转动因子，内圈转动时取1，外圈转动时取2；K_r是径向载荷系数（几乎总是=1）；K_A是轴向载荷系数。

对于径向接触球轴承，$K_A=1.4$。对于小接触角和大接触角的角接触球轴承，K_A分别为1.25和0.75。可用类似的公式等效直线运动轴承的载荷和转矩。大多数制造商都设计了载荷修正因子，以适应轴承不同的工作环境。

轴承制造商提供的载荷-寿命经验方程都相当准确，因此，对于一个给定的负载，很容易选择所需的轴承尺寸。例如，滚动轴承的一个典型载荷寿命方程为

$$L_a=a_1a_2a_3\ (C/F_e)^{\gamma} \tag{8.3.2}$$

式中，L_a是转动圈数，以百万计；$a_1=1.0$，失效概率为10%时[26]；a_2是材料系数，钢轴承是3.0，镀金族轴承为1.0；a_3是润滑系数，通常油雾润滑时，取1.0；C是手册中查得的基本额定动载荷；F_e是等效径向载荷，根据轴承类型确定；γ是球轴承为3，滚子轴承为10/3。

利用式（8.3.2）可求得所需的基本额定动载荷，然后就很容易从轴承手册中选择一个合适的轴承。当然，对于高速应用场合，在计算等效径向载荷时，要根据制造商的规定，将运行速度考虑在内。在装配和使用过程中的洁净度，对延长轴承的使用寿命也至关重要。

对于直线运动滚动轴承而言，基本额定动载荷C_N，通常是指90%的轴承都能承受该载荷运行50km时的载荷，当承受载荷为F_C时，球轴承载荷-寿命关系式通常为[27]

$$L=50\left(\frac{C_N}{\delta_w F_C}\right)^3 \tag{8.3.3}$$

滚子轴承的负载-寿命的关系式一般为

$$L=50\left(\frac{C_N}{\delta_w F_C}\right)^{10/3} \tag{8.3.4}$$

工况系数δ_w取决于运转条件的类型：

$\delta_w=1.0\sim1.5$，无冲击或振动荷载的平稳运转（例如，半导体设备）。

$\delta_w=1.5\sim2.0$，正常运行（例如，CMMs）。

$\delta_w=2.0\sim3.5+$ 冲击或振动荷载条件下运行（如机床）。

在承受非常高的载荷和严重振动的情形下，如缓慢进给磨床，δ_w可高达10。不同载荷F_i的运行距离分别为L_i，则它们的等效载荷为

$$F_C=\left(\frac{\sum_{i=1}^{M}F_i^3L_i}{\sum_{i=1}^{M}L_i}\right)^{1/3} \quad 或\quad F_C=\left(\frac{\int F\,L^3\,\mathrm{d}L}{L}\right)^{1/3} \tag{8.3.5}$$

如果型号选择正确，加载合适，且维护良好（清洁至关重要），直线滚动轴承可以提供数百乃至数千千米的精确运行。直径为10m承载百万牛顿的旋转运动的滚动轴承已制造出来了。

[26] 这是指L10寿命（指失效概率为10%的寿命）。要注意失效定义的内涵。在大多数情况下，这意味着机器磨损严重需要停止，而精度在此之前可能已经丧失。

[27] 来自NSK公司产品样本，精密机械零件和直线运动产品。

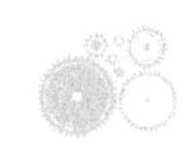

因此，一般的机械设计工程师在设计时基本上可以使用标准轴承。

预紧力与承受的载荷之间的比例也至关重要。由于滚动体的滚动，作用于滚道和滚珠表面的都是交变应力。因此，一般情况下预紧力越低，轴承的寿命越长。但前提是要有足够的预紧力消除轴承间隙，保证轴承元件总是接触在一起。但是，在另一方面，振动荷载可以产生一个数量级大于滚动周期数的循环作用力。因此通常需要较大的预紧力，以尽量减少振动引起的交变应力。对于冲击或振动情况下轴承的使用问题，应咨询轴承制造商。

注意，如果机器运转时产生振动，且有的轴在较长时间内是锁定的，则此轴的轴承可能受到微动磨损腐蚀（见 5.6 节和 7.7 节的讨论）。如果使用不锈钢组件或陶瓷滚动体，则微动磨损可忽略。

4. 精度

轴承的精度一般定义为偏离设计轨道的偏差。例如，旋转运动轴承的径向和轴向运动误差，直线运动轴承的直线度误差（见第 2 章和第 6 章）。轴承精度还有第二层含义，即轴承组件允许其可以被伺服控制的位置精度。当然，后者实际上是与整个系统的设计相关的。事实上，几乎所有因素都会影响轴承的精度。

滚动轴承的精度主要取决于安装轴承的轴承座孔的精度、轴承部件的精度和滚动体的数量。一个精确的圆形轴承，被压入一个非圆的孔内，必然会产生较大误差。精确的直线轴承导轨用螺栓固定在弯曲的平面上，也会变得弯曲。此外，直线或转动轴承座圈的形状精度将直接影响轴承的精度。滚动体的数量和精度也影响轴承的精度，因为，滚动体数量越多，误差的平均效应越大，刚度的正弦变化就越少，如图 8.3.4 所示。事实上，重要的是要尽量减少振动，在保持架使两行滚子保持反向时，可使用双列轴承。因此，确定轴承的精度，不能仅仅考虑制造商的产品样本中的数字，还必须考虑系统中的每一个部件的精度及它们的配置，还有其他因素的影响，如预紧力和工作速度对系统的影响。

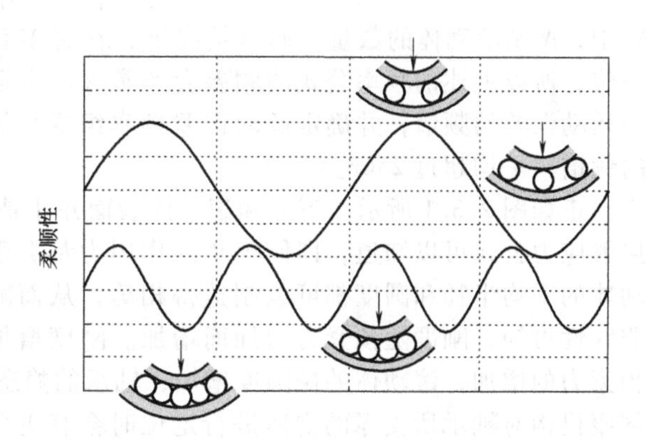

图 8.3.4　单列和双列轴承的柔顺性比较

图 8.3.4 只是说明了柔顺性随滚动体位置变化的情况。正如在 2.4 节所讨论的那样，有许多因素影响着动态径向运动误差。转动轴承中的滚子产生运动误差的频率是可以预测的[28]。内圈和外圈的速度分别是 ω_i 和 ω_o，单位为 r/min，转动频率是

$$f_i = \frac{\omega_i}{60} \tag{8.3.6a}$$

$$f_o = \frac{\omega_o}{60} \tag{8.3.6b}$$

注意，最常见的情况是 ω_i 或 ω_o 为零。轴承圈不可能是理想的圆形，所以，由式（8.3.6）所给定的频率必须乘以“凸起”的数量（如，对蛋形环，该值为 2），以获得主要运动误差的

[28] 参阅：B. J. Hamrock and D. Dowson，Ball Bearing Lubrication. John Wiley &Sons，New York，1981. 的第 2.3 节。也可参阅：M. Weck，et al.，“KonstruktionVon Spindel-Larger-System fur die Hochgeschwindigkeits，”Material-bearbeitung；Expert-Verlag，1990。

频率。

当滚动体滚动时，它们将与保持架一起转动，它们围绕轴承的转动轴以速度 ω_c 转动，从而引起保持架转动频率误差：

$$f_c=\frac{\omega_c}{60}=\frac{1}{60D_{pitch}}\left(\frac{D_{pitch}-D_{ball}\cos\beta}{2}\omega_i+\frac{D_{pitch}+D_{ball}\cos\beta}{2}\omega_o\right) \tag{8.3.7}$$

式中，β 是球轴承的接触角，分度圆直径通常是内外径的平均值。由滚动体造成的运动误差的频率就是滚动体的频率：

$$f_b=\frac{\omega_b}{60}=\frac{1}{60D_{ball}\cos\beta}\left(\frac{D_{pitch}-D_{ball}\cos\beta}{2}\omega_i-\frac{D_{pitch}+D_{ball}\cos\beta}{2}\omega_o\right) \tag{8.3.8}$$

注意，如果一个滚动体有一个高点，那么它会在 πD 周期产生一个直线度误差。如果滚动体是椭圆形的，误差周期将是 $\pi d/2$。

轴承内外圈的频率分别为

$$f_{ir}=|f_i-f_c|N \tag{8.3.9}$$

$$f_{or}=|f_o-f_c|N \tag{8.3.10}$$

式中，N 是滚动体的数量。通常情况下，在有多套轴承的主轴上，不能确定轴承之间的相对相位，所以上述的频率公式的频差会非常大。幸运的是，使用频率分析方法，可以采用主轴的运动误差的频谱，并确定运动误差频率组成来源。图 8.3.5 显示了球轴承主轴的运动误差的频谱，平均超过 256r。

正如图 2.3.1 所示，滚道和滚动体表面并非是完全光滑或完全的圆形。回顾第 5.6 节赫兹接触应力公式可以知道，即使很小的作用力都会引起很大的偏转，所以，无需费力，所有滚动体的平均半径和圆度都可以制造得相等，从而减少运动误差。此外，根据接触应力公式的非线性可知，刚度随预紧力增加而增加。刚度增加可在高载荷下提高轴承精度。然而，随着预紧力的增加，滚动体的椭圆度增加，轴承的静态和动态摩擦也会增加[29]。摩擦增加将意味着伺服机构对轴承所支撑的物体进行定位时会有更多的困难，并导致产生热量的增加，从而降低精度。

当弹性表面之间的接触压力（即钢轴承和滚道之间）增加时，轴承使用润滑介质的黏度也会增加。这有助于在轴承组件之间保持一层一定厚度的润滑薄膜，从而降低摩擦和磨损。当轴承转动时，滚动体与滚道表面的微凸体就会被这层薄的润滑剂（有时只有几微英寸厚）分开。这被称为弹性流体润滑（简称弹流润滑）[30]。当滚动体滚动时，它们将润滑油拖动到接触区域，在那里，随接触压力增加其黏度增加，从而有助于维持一层润滑薄膜，即使在高接触压力存在的情况下也是如此。轴承设计工程师必须进行广泛但是却比较简单的计算，以确保在额定载荷作用下的油膜厚度至少是轴承

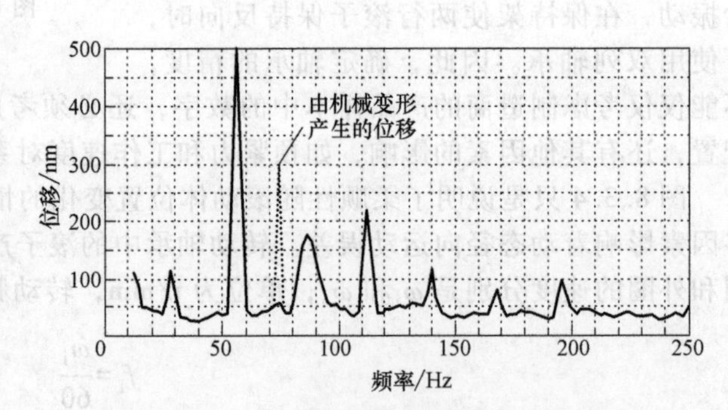

图 8.3.5 一个球轴承支撑的主轴的径向运动误差的频谱。主轴转速为 1680r/min（28Hz），轴承内径为 75mm，外径为 105mm，滚珠数量为 20 个，滚珠直径为 10mm，接触角为 15°

---

[29] 为体会到这种效果，拿一个网球在你的两手之间来回滚动。球不断弹性变形消耗一些能量，由于球变形的滞后效应，该能量以热量的形式散失，滚珠在接触区域间的滑动就如网球在你两手之间滑动一样。

[30] 参阅：B. J. Hamrock and D. Dowson Ball Bearing Lubrication. John Wiley &Sons, New York, 1981。

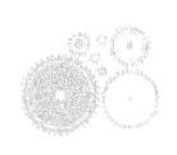

表面粗糙度的三倍。幸运的是，在从产品样本中选择轴承时，如果遵循推荐的运行条件，可不必进行以上计算[31]。

轴承运行的速度也影响精度。增加运行速度，会导致热量和热变形的增加。出于这个原因，许多系统的设计都要考虑，在达到工作温度时其预紧要适当。速度的增加，也会导致不平衡力和力矩的增加，从而引起轴承和机床组件的变形。此外，速度的增加会导致离心力增加，从而使角接触轴承在内部和外部滚道之间的滚珠接触角不同，这会影响弹流润滑层的厚度和滚珠的自转与滑移[32]。这也会导致陀螺效应增加。滚子都是线接触，所以它们主要受由弹流润滑层不断变化的厚度的影响。

所有这些因素结合起来，使得高速（大于几千转每分）或高精确度（总径向运动误差少于 1μm 左右）的转动轴承的设计成为一个需要认真细致和凭经验来完成的工作。精密转动主轴的设计被许多设计工程师认为是一种艺术形式，但是，实际的主轴设计只需要格外注意分析建模和设计的细节就可以了。

直线运动滚动轴承一般不会对滚道产生离心力，但确实需要关注滚道上滚动体的运动情况。对于循环类型，滚动体从滚道移动到返回管，然后从返回管再进入滚道，会产生噪声，从而使运动的直线度和光滑度达到约 1/2μm。当需要做旋转或直线运动的轴承满足高精度（高于 1 /2μm）和高速（大于几千转/分或 1~2m/s）要求时，通常采用空气静压或流体静压轴承。

在选择转动轴承尺寸时，必须指定轴承组件的制造精度，该精度由 ABEC 代号表示。表 8.3.2 和表 8.3.3 显示了各种 ABEC 代号和尺寸类型轴承的公差。ABEC 数越高，轴承组件的精度越高。例如，在家电上使用的轴承通常是 ABEC1，而在常见的机床上使用的轴承是 ABEC5。精密主轴使用的是 ABEC 7 或 ABEC9 的轴承。记住，轴承的安装精度，在很大程度上取决于孔和轴直径的圆度。

对于直线运动轴承，在目录中所给出的第一类精度是指，当轴承安装在一个理想的表面上时，每米行程的直线度偏差。这有时也被称为两个轴承表面的运行平行度。所以，必须小

表 8.3.2　轴承内圈的 ABEC 标准公差　（单位：μm）

轴承内径 /mm ≥	孔径 +0~：					宽度变动量				总径向运动误差					端面对内圈的跳动				滚道对端面的跳动				内圈和外圈宽度 +0~	
ABEC#	1	3	5	7	9	3	5	7	9	1	3	5	7	9	3	5	7	9	3	5	7	9	1,3,5,7	9
C 10	-8	-5	-5	-4	-3	8	5	3	1	8	5	4	3	1	8	8	3	1	15	8	3	1	-127	-25
10 18	-8	-5	-5	-4	-3	10	5	3	1	10	8	4	3	1	10	8	3	1	15	8	3	1	-127	-51
18 30	-10	-5	-5	-4	-3	10	5	3	1	13	8	4	3	3	10	8	4	1	15	8	4	3	-127	-51
30 50	-13	-8	-5	-5	-3	10	5	3	1	15	10	5	4	3	10	8	4	1	15	8	4	3	-127	-51
50 80	-15	-10	-8	-5	-4	13	5	4	1	20	10	5	4	3	13	8	5	1	18	8	4	3	-127	-51
80 120	-20	-13	-8	-6	-5	13	8	4	3	25	13	6	5	3	13	8	5	3	18	10	5	3	-127	-51
120 150	-25	-15	-10	-8	-6	15	8	5	3	30	15	8	8	3	15	10	8	3	23	10	8	3	-127	-51
150 180	-25	-15	-10	-8	-6	15	8	5	4	30	15	8	8	5	15	10	8	4	23	10	8	5	-127	-51
180 250	-30	-18	-13	-10		15	10	5		41	20	10	8	5	15	10	8		23	13	8	5	-254	

注：d_{MIN}（孔的最小直径）和 d_{MAX}（孔的最大直径）可能会落到所显示的范围之外。$(d_{MIN}+d_{MAX})/2$ 将在表格中孔直径范围内。欲知详情，请参阅 AFBMA 标准 20。

[31] 有关众多不同类型轴承的载荷和寿命设计细节的概述以及更详细的调查请参考：B. J. Hamrock, "Lubrication of Machine Elements," Mechanical Engineers' Handbook (edited by M. Kutz), John Wiley & Sons, New York, 1986. 也可参考 J. Brahney, "Film Thicknes: The Key to Bearing Performace," Aerosp. Eng., June 1987。

[32] 同前。

心，以确定所给定的值是累计值还是绝对值。对于前一种情况，轴承的直线度误差是1μm/m，那么，它将会在3m长的行程上产生最大3μm的直线度误差。对于后一种情况，最大的直线度误差为1μm。模块化直线循环滚动轴承运行平行度（累计）的一般范围是1~30μm/m。当组件经过研磨后，平行度可增加一个数量级。记住，直线度误差存在于垂直于运动轴的方向上。一般假定轴承是宽间距成对使用，角度误差不会显现出来，所以，在许多情况下，制造商并没有这些数据，但是，还必须要求制造商给出间距、偏航和滚动精度。注意，对于所有类型的轴承，成本随精度的提高而大幅增加。

表 8.3.3　轴承外圈的 ABEC 标准公差　（单位：μm）

轴承外径 /mm ≥		孔径 +0~					宽度变动量				总径向运动误差					滚道对端面的跳动				OD 对轴向的跳动			
ABEC#		1	3	5	7	9	3	5	7	9	1	3	5	7	9	3	5	7	9	3	5	7	9
C	18	-10	-8	-5	-5	-3	10	5	3	1	15	10	5	4	1	20	8	5	1	10	8	4	1
18	30	-10	-8	-5	-5	-4	10	5	3	1	15	10	5	4	3	20	8	5	3	10	8	4	1
30	50	-13	-8	-5	-5	-4	10	5	3	1	20	10	5	5	3	20	8	5	3	10	8	4	1
50	80	-13	-10	-8	-5	-4	15	5	3	1	25	13	8	5	3	20	10	5	4	13	8	4	1
80	120	-15	-10	-8	-8	-5	15	8	5	3	36	18	10	5	3	23	13	5	5	13	8	5	3
120	150	-20	-13	-10	-10	-5	20	8	5	3	41	20	10	8	3	25	13	8	5	15	10	5	3
150	180	-25	-15	-13	-10	-6	20	8	5	3	46	23	13	8	5	30	15	8	5	15	10	5	3
180	250	-30	-18	-13	-10	-8	20	10	8	4	51	25	13	10	5	36	15	10	6	15	10	8	4
250	315	-36	-20	-13	-13	-8	25	13	8	4	61	30	15	10	6	41	18	10	6	18	13	8	4

注：D_{MIN}（OD的最小直径）和D_{MAX}（OD的最大直径）可能会落到所显示的范围之外。$(D_{MIN}+D_{MAX})/2$将在表格中外径范围内。详细内容，请参阅AFBMA标准20。

5. 重复性

理想情况下，滚动接触轴承不需要磨合期。但是，在实践中，轴承通常先运行数日，以确保其所有装配合适，不会发生失效。在此磨合期间，高大凸起被磨掉（如果轴承在工厂没有进行试车），由于滚动接触应力的作用使残余应力达到稳定状态[33]。磨合后用干净的润滑油彻底冲洗轴承是一个好的想法。轴承部件的精度越高，真正的滚动接触就越紧密，稳态重复性达到越早，轴承寿命就越长。

对于循环滚子直线运动滚动轴承而言，滚子不可能是理想的圆形（部分原因是由于预紧力的存在），有限的表面光洁程度会导致少量的滑移。因此，当轴承滚回到起始位置时，每个滚动体不一定处于其初始位置，而且因为没有两个滚动体是完全一样的，所以，轴承将会回到一个与初始位置接近的地方。对于非循环滚子轴承，人们可能会认为滚动体被迫与表面接触，就像微型齿轮齿条之间的相互作用一样，因为滚动体总是会回到同一位置，所以，它们应该是无限可重复的。对于滚子的运动配置，轴承中没有实质性的弹性流体动力润滑层。对于润滑非运动设计，滑移的确会发生，这会导致几何约束非常轻微的改变，从而影响轴承的重复性。如果设计不是运动的，那么，滚动体的数量越多，弹性平均效应越大。

对于旋转运动轴承，有许多误差因素都会影响总的运动误差，包括平均误差、基座误差、残余误差、异步误差、内外部的运动误差。这些都在2.2.1节中讨论过。轴承制造商常常简单地把总径向运动误差称为总非重复跳动（TIR），而这目前不是一个标准术语。大多数制造商测试轴承时使用比轴承本身更精确的工具，因此TIR可用于估计总径向运动误差。精密球

[33] 参阅：K. Johnson and J. Jeffries, "Plastic Flow and Residual Stresses in Rolling and Sliding Contact," Proc. Symp. Fatigue Roll. Contact, Institute of Mechanical Engineers, London, March 1963。

轴承主轴有 1/4~1μm 的总径向运动误差，而仪器上的轴承，其总运动误差可以高一个数量级左右。对于直线运动轴承，必须要了解直线度和间距，偏航和滚动重复性以及其是否是累计的[34]。大多数制造商并不提及重复性，因为多数设计工程师历来更关心的是精度。在一般情况下，你将会发现重复性比精度高 2~10 倍。然而，可以肯定的是，在轴承被确定用于某精密设计时，就需要对制造商所提供的产品进行测试。

6. 分辨率

轴承的分辨率仅指轴承的滚动能力以及它所支撑的组件的运动许可范围。假设机械系统其余部分都是理想的，只要机器的滑架保持移动（例如，在一个轮廓切割中），滚动轴承支撑的组件之间运动分辨率可以非常高，但其值最终取决于预紧力、润滑、组件的精度和轴承定位情况。对于旋转运动，精密滚珠轴承的分辨率可以从微弧度到纳弧度。对于直线运动，精密球轴承或滚子轴承的动态分辨率，一般在纳米到微米这样的数量级。轴承允许的静态最小分辨率是动态分辨率的 1/10，且主要取决于预紧力和轴承组件的精度（例如，滚子的圆度）。预紧力越大，分辨率可能越低。大多数制造商都不会列出轴承的分辨率，因为它主要取决于机器上的其他零部件。如果机器的其余部分都是理想的，那么，一个好的分辨率指标就是起动转矩或起动力，这两项指标厂家经常都会提供。起动力矩越低，实现来自轴承的高分辨率概率就越大。使用起动转矩或起动力作为死区值，对系统的伺服控制系统进行仔细的非线性数值模拟，可以获得分辨率的估计值。

如图 8.3.6 所示，在亚微米级的运动范围内，滚子可能实际上并没有滚动，而可能只是变形。对于非常小的运动，滚动体的行为类似柔性轴承，而埃米级的分辨率是可能的；但是，只要滚子开始滚动，纳米级的性能就会发生大幅度降低（类似鹅卵石街道效应）[35]。而毫米级上的运动分辨率会给人以平滑的感觉。从弯曲到滚动的转变可能很难预测或者其本身就不可能重复。真正应该感兴趣的是了解增加润滑层厚度对分辨率产生的影响以及牵引液是否有助于分辨率的提高。

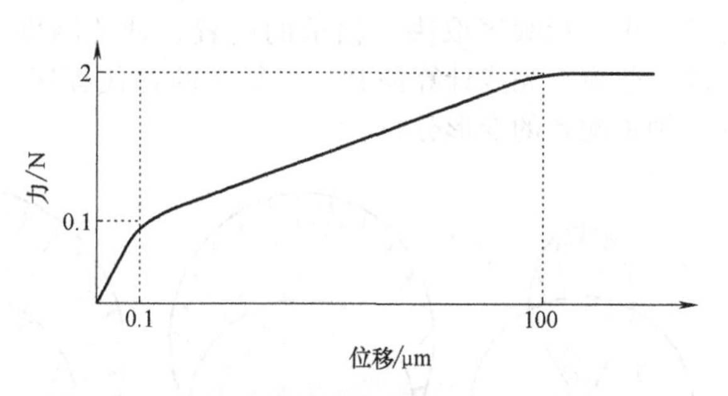

图 8.3.6　低预紧力圆弧槽循环滚动直线运动球轴承的力-位移关系（根据 Futami 等）

7. 预紧力

预紧力通常以强非线性方式极大地影响轴承各方面的性能，尤其是刚度。例如，刚度随预紧力增加而增加，而精度和重复性随轴承间隙减小而增加，摩擦水平随预紧力增加而增加。分辨率随预紧力增加而降低。对于旋转运动系统，预紧通过两种方法实现：一是使内圈相对于外圈或外圈相对于内圈沿轴线方向有一定的相对移动，以期扩大或减小内圈或外圈的锥度；二是在轴承里装载较大尺寸的滚珠或滚子。在 8.4 节中，将详细讨论各类型转动轴承的安装要求。对于直线运动系统，预紧力的取得是通过使用重力、凹字楔或装载较大滚珠或滚子实现的。表 8.3.4 列出了制造商提供的模块化直线运动循环球轴承的预紧类型、工作条件和应用举例。高、中、低、很低预紧力通常分别对应到轴承额定静载荷的大约 5%、3%、2% 和 1%，但是，这些值是非常接近的，所以，相关细节和推荐的使用范围必须查阅制造商提供的轴承手册。

[34] 见第 2.3 节。

[35] S. Futami, A. Furutani, and S. Yoshida, "Nanometer Postioning and Its Microdynamics," Nanotechnology. Vol. 1, No. 1, 1990, pp. 31-37.

表 8.3.4 制造商对模块化直线运动循环球轴承的不同应用场合预紧力的建议（NSK 公司许可）

预紧类型	工作条件	应用举例
高 中	振动和冲击载荷 悬置或偏置载荷大切削力	加工中心，车削中心
中 低	振动小 悬置或偏置载荷小 小和中等大小切削力	平面磨床、坐标磨床、机器人激光加工机、PCB 钻孔机
低	轻微振动	半导体制造用 *XY* 工作台
很低	无悬置或偏置载荷轻载精确运行	三坐标测量机床，高速机床，电火花加工机床
很低	机器的热膨胀量大	焊接机，自动换刀装置
间隙	无须高精度	材料装卸设备

8. 刚度

滚动轴承的刚度取决于预紧力和滚动体的大小和数量。预紧力实际上影响着滚动体相互接触的数量，如图 8.3.7 所示旋转轴承。一位重要的轴承制造商指出：

包括轴承、轴承座和主轴等所有参数在内的关于系统总的变形分析，需要一个非常复杂的计算机程序。Timken 公司已开发出一个复杂的程序，用传递矩阵法来处理所有的参数，计算主轴的刚度。主轴的评估要使用四个“状态向量”：挠度、斜度、动差和切变。轴承座和轴承的评估是基于光轴挠度程序建立的标准进行的。轴承“刚性系数”根据轴承承载区面积来计算。由于承载区取决于轴承的配置、轴的刚度、轴承座刚度、载荷、轴承内部几何形状、热膨胀效应，完成计算需要一个复杂的迭代程序。这个程序可以完成任意数量的轴承支撑或任何轴承配置的变形分析。

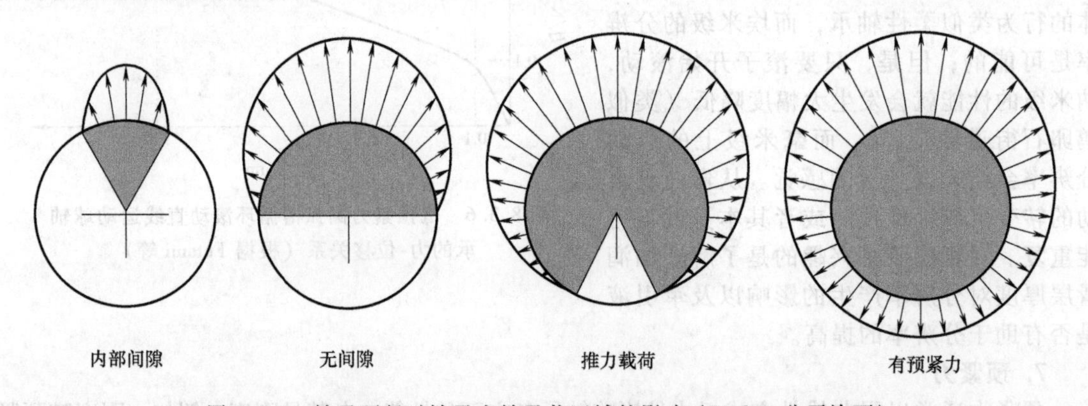

图 8.3.7 轴承预紧对轴承有效承载区域的影响（Timken 公司许可）

变形分析程序的独特功能之一是，它可以计算出圆锥滚子轴承的内圈或外圈松配合的影响。研究内圈的松配合或外圈的松配合对刚度的影响是非常发人深省的。通常情况下，设计师在可调位置指定一个松配合，因为他认为松配合将有助于装配和调整主轴轴承。然而，对一个典型主轴的最新研究表明，0.010mm 的内圈松配合使主轴刚度降低了 48%。一些制造商也有类似的分析程序，客户一般只要有一个调制解调器和终端就可以获得。

循环滚珠直线运动轴承滚动体数量的选择：对于一个给定长度的滚珠接触区，是使用数量多的小滚珠还是数量少的大滚珠更好？滚珠的半径和每个滚珠上的力与滚珠数量成反比：

$$R_b \propto N^{-1} \tag{8.3.11a}$$

$$F_b \propto N^{-1} \tag{8.3.11b}$$

根据赫兹接触应力公式，变形和应力与滚珠半径和力之间分别有下面的比例关系：

$$\delta \propto R_b^{-1/3} F^{2/3} \tag{8.3.12a}$$

$$\sigma \propto R_b^{-2/3} F^{1/3} \tag{8.3.12b}$$

因此，变形和应力受滚珠数量影响的方式相反：

$$\delta \propto N^{-1/3} \tag{8.3.13a}$$

$$\sigma \propto N^{1/3} \tag{8.3.13b}$$

所以，增加刚度应该使用更多的滚珠，而增加承载能力应使用少量的滚珠。对于旋转轴承，必须注意不要直接得出同样的结论，因为，随着滚珠直径的增加，滚珠与载荷方向之间的角度关系及其承载能力发生变化。此外，当滚珠沿着圆周移动时，滚动轴承的径向刚度随载荷方向的变化而变化。因此，采用数量较多的小滚珠或两列一半间距分开的滚珠，正如上面所讨论的，可以大大减少振动。通常，人们仅仅着眼于模块化轴承承受的载荷和刚度等级，它们之间的关系可忽略；然而，常规的轴承设计需要仔细考虑轴承模型和性能规格，才可以找到适当大小的滚动体。

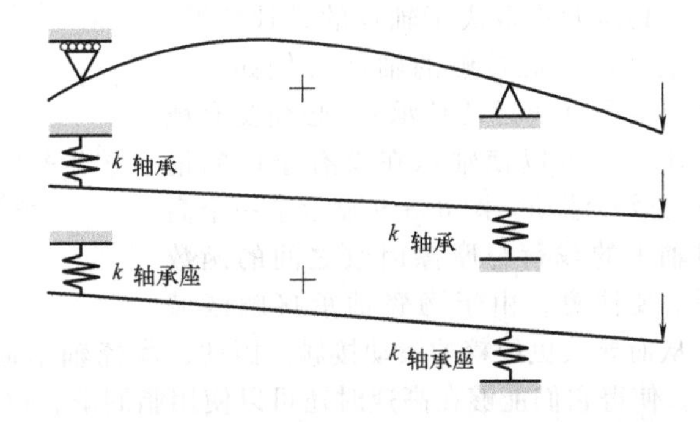

图 8.3.8　主轴变形的来源，包括主轴、轴承和轴承座

这对于考虑实际需要的刚度大小也是很重要的。例如，在直线运动系统的设计中，往往确定的轴承刚度是轴承所支撑的滑架刚度的许多倍。对于主轴，必须仔细考虑主轴、轴承和轴承座的刚度，如图 8.3.8 所示。在一般情况下，我们应该努力实现平衡设计。

9. 抵抗振动和冲击性能

滚动轴承，接触面积小，所以，当存在振动冲击载荷时，必须小心保持足够的预紧力。轴承制造商很久以前就考虑到了这种类型的应用，所以，可以很容易地建议使用合适的轴承及其预紧力，以防止轴承过早失效。但是要注意，当轴承长时间不运动时，不要使其受到振动。因为，在此期间，振动会导致滚动体来回摇晃，从而导致微滑。这将导致轴承穿过润滑层与座圈进行物理接触。对于刚制轴承组件，这会导致微动摩擦[36]和过早失效。如果滚动轴承必须在这种工作条件下使用，就应该使用不锈钢组件或陶瓷滚动体。一个不太有效的替代办法就是使用硬质镀铬钢组件。

10. 阻尼性能

长期以来，许多设计直线运动滑架的工程师拒绝考虑使用模块化滚动接触轴承，因为害怕它们不能提供足够的减振能力。但是，考虑一下这样的事实：长期以来，在普通机床上，滚动轴承早已成为主导型轴承，滚珠丝杠也取代了铜螺母丝杠。由于一台机器的性能主要取决于其主轴或滚珠丝杠，所以，就必须有一种方法来选择滚动轴承以支撑直线运动滑架。滑动轴承比滚动轴承接触面积大，所以减振性更好；然而，滚动轴承的模块化和低摩擦，使它们对于许多计算机控制机床应用更富有吸引力。如果恰当地选择轴承、预紧力、原型测试方式，那么，滚动轴承通常可以用来代替滑动轴承。在空间较小（例如，螺杆机），或要求极高的刚度、减振性和抗冲击及微动性能而对分辨率要求不高，或静压轴承不合适等情况下，可能会出现例外。

用滚动轴承支撑主要载荷，而用附加的滑动轴承来帮助减小振动，这样的想法是可行的。现在一些直线运动轴承制造商开始出售模块化滑动轴承滑架，这些滑架可以安装在原来用于安装模块化的滚动轴承滑架的导轨上[37]。

---

[36] 有关微动摩擦的讨论，请参阅第 7.7.4 节（注：原书有误）。

[37] 还可参考美国专利（U.S. Patent）4529255。

11. 摩擦

由于表面的弹性变形，滚动轴承的摩擦因数（静态和动态）很大程度上取决于其预紧力的大小。通常情况下，静态和动态摩擦因数几乎相等。随着预紧力的增加，滚动体用保持架分开的轴承的摩擦因数，可能会从 0.001 增加到 0.01，具体大小取决于轴承的设计情况。对于滚动体彼此接触的轴承（例如，一些循环滚子直线运动轴承），必须要有载荷作用，才可以使轴承在没有摩擦的情况下有效地滚动。图 8.3.9 显示了一个高质量轴承的载荷与摩擦因数之间的函数关系。要注意，由于陶瓷轴承接触区域小，从而导致更纯粹的滚动接触。因此，陶瓷轴承通常产生的热量比非陶瓷轴承要少 30%~40%，使得它们能够在高速时还可以使用脂润滑，以补偿陶瓷轴承高额的费用。

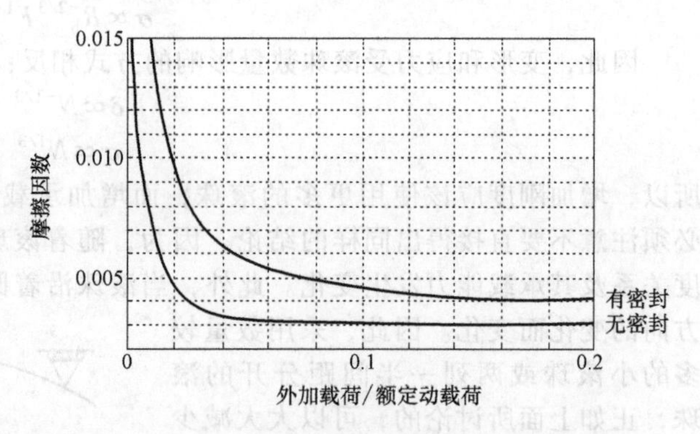

图 8.3.9　循环滚珠圆弧槽直线运动导轨，具有最小差动滑动时，外加载荷对摩擦因数 μ 的影响（THK 有限公司许可）

注意，如果润滑油的黏度随温度发生变化，那么动态摩擦因数也将随之变化。如果制造商不能提供你所需要的数据，那么，就去找另一家制造商，或着，对轴承样品进行测试。因为静态和动态的滚动摩擦因数太低，像滑动轴承系统那样的黏滑问题一般都不会遇到。因此，在滚动轴承支撑的滑架上有可能发现作为反馈元件的线性标尺。

12. 热力学性能

尽管摩擦因数很低，但是，当滚动轴承支撑的组件在高速移动时，它们仍然可以产生大量的热量。滚动轴承的摩擦性能一般也将随载荷和速度而改变，这也影响到热量的产生率。这个相互依存关系使得轴承热性能建模较为困难，但并非不可能。正如第 8.4.9 节中讨论的那样，有许多计算机辅助设计软件包可以帮助评估轴承的热力学性能。这些程序可以帮助回答下面的问题：

- 应使用多少润滑油（脂）？
- 润滑油（脂）的黏度是多少？
- 工作温度是多少？
- 润滑油必须冷却吗？
- 需要的制冷量是多少？

相对低速的直线轴承产生的热量不像电动机和高速旋转轴承（例如，主轴和丝杠轴承）所产生的热量那样显著，但对于精密机床，就必须考虑所有热源。从摩擦、负载和速度可以估计所产生的功率，根据该值来设计本区域，使它可以把热量传递到温度可控制的润滑剂当中。就如在第 2.3.5 节中讨论的那样，在大多数情况下，必须要小心地从内部冷却轴承，否则，热膨胀可引起轴承外部零件收缩超过内部零件。这可能会导致预紧力的增加，在某些情况下可能导致灾难性的失效。如果冷却时轴承未预紧，那么在机器预热以前不应起动。

如果未达到使油中黏性剪切产生的热量比润滑油所能散失的热量还大的速度，那么，轴承可以使用润滑油进行冷却。对于高速轴承，通常使用油雾润滑（将润滑油滴落到高压空气流中，然后吹到轴承上）。在这两种情况下，至关重要的是，润滑系统中不能有水分存在（如 <100mg/kg），否则，将导致轴承过早失效。

如何进行机器散热，必须进行有限元分析或进行模型试验，即使是用有限元分析，还会遇到关节的热导率不确定的问题。此外，因为滚动轴承的接触表面面积很小，滚动体本身就是热绝缘体，从而增加了机器的温度时间常数。曾经尝试过多种方法来纠正这种情况，包括给机器提供加热器或对流体循环加热来进行温度控制等。在一般情况下，应采用隔离热源、

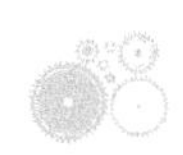

冷却技术，并使用在第 2.3.5 节和 8.7 节所讨论的热不敏感设计。一个热不敏感的设计例子就是采用如图 2.3.12 所示的中立支撑组件，并控制支撑体温度，使温度上升不会极大地影响组件中心线的位置。

除了热效应引起的径向尺寸和预紧力变化，设计者还必须关注轴向热膨胀，通常它会产生一个较大幅度的增加。例如，当轴承支撑一根轴时，第一组轴承通常用来承受径向和轴向载荷，而第二组轴承通常只是用于承受径向载荷。第二组轴承不得有轴向过约束以允许热膨胀。有以下四种方法可以处理轴向热膨胀的问题：

1）使一组轴承在轴承座孔中自由滑动。这是最常见、最便宜的，也是最不理想的方法，因为如果安装得太松，可能导致径向刚度减少和精度的降低，如果安装得太紧会导致轴承提前失效。

2）预紧的轴承装置上设计一个测温的装置。正如在 8.7 节所讨论的那样，这是一个设计起来非常困难的配置，因此常常不能用于多用途的主轴。

3）使用液压装置维持一个恒定的轴承预紧力（图 8.4.19）。这是一个有效的，但费用较高的方法。

4）使用如图 8.3.10 所示的薄板，支撑可以轴向自由移动的轴承组。这是一个费用适中的方法，但它需要额外的空间，因而不经常使用。

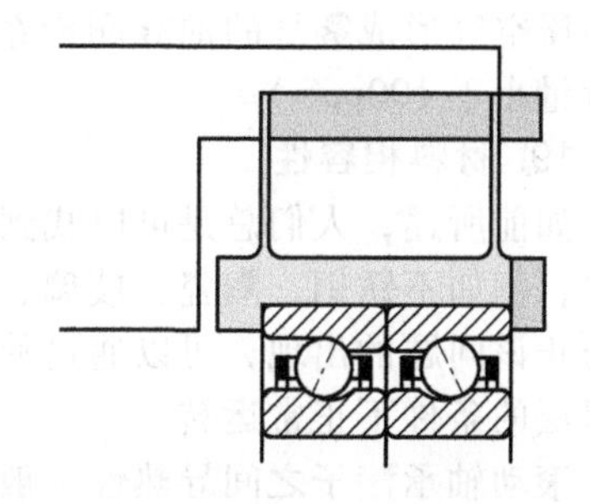
图 8.3.10　轴承的安装方法。该方法可以提供合理的径向刚度和较低的轴向刚度，以适应所支撑轴的轴向热膨胀

13. 环境敏感性

精密滚动轴承对灰尘非常敏感，除非经过精心维护，否则会很快被灰尘磨损（即失去其准确性和可重复性）。滚动轴承可以自己产生微小的磨损颗粒，这对无尘室的环境是非常不利的。无论何种应用，滚动轴承需要某种密封，这方面的例子在下面的推荐配置部分进行讨论。

很少有精密机械的轴承可以在没有润滑剂的条件下运行[38]，因此，必须给用润滑脂、润滑油或循环润滑的轴承提供永久的密封。当必须进行密封时，可用含有超细黑色颗粒（磁流体）的流体润滑剂与磁性密封一起使用，以保持轴承的润滑。计算机的硬盘驱动器的轴承就是采用此种方式进行的密封。记住，滚动轴承不得用于微量运动场合，因为，在此类工作条件下，滚子不能产生足够的运动以拖动润滑剂到滚珠和滚道之间，否则，可能会产生微动问题（除非使用不锈钢或陶瓷元件）。对于运动受限的应用，应该考虑使用弹性轴承。

14. 密封性[39]

旋转运动的滚动轴承容易使用迷宫密封或接触密封。平面或圆形轨道的直线运动轴承也比较容易采用接触密封进行密封。另一方面，多槽直线运动轴承（例如，在一个直线导轨）采用接触密封比较困难，因为这需要与导轨横断面精密配合。当应用于没有污垢和碎屑产生，不使用切削液的无尘室内环境时，对于所有类型的滚动轴承，只需要使用一个简单的接触密封即可。当轴承必须在恶劣的环境中工作时，就应使用导轨罩或波纹管，在导轨罩的里面应稍微加压，以防止灰尘进入。在无尘室中，在导轨罩的里面应保持轻微的负压，以抑制微磨损颗粒的扩散。

[38] 注意，对于具体应用，材料组合很多。例如，氮化硅对氮化硅的摩擦因数与润滑条件下钢对钢的摩擦因数相同，因此，前者可以用于无润滑的高温轴承中。例子参见 P. Dvorak, "Specialty Bearings Fill Nearly Every Niche," Mach. Des., June 23, 1988。

[39] 有关不同类型的旋转和直线密封系统的讨论，请参阅第 7.6.6 节。

15. 尺寸与配置

滚动轴承的类型和尺寸的数量非常多。只有走在机床贸易展的侧廊上，你才会对其类型和尺寸的数量有所了解。只要你能想到的轴承，轴承制造商都可以把它制造出来。不要害怕或过于草率地认为你发明了新轴承。

16. 重力

重力一般与使用在精密机械上的滚动轴承无关，因为它不会进入外部空间。

17. 维护装置

密封的终身润滑的滚珠轴承，不需要任何维护装置就可使用。大部分循环滚珠直线运动轴承必须定期通过油脂杯加注润滑脂。一些主轴轴承和其他必须冷却的轴承，需要通过温度控制的润滑油供给/循环系统。至关重要的是，冷却系统的流体（油或油雾）必须保持清洁和干燥。

18. 维护要求

终身密封的轴承，理论上不需要维护（直到它们失效）。有些轴承需要在其油脂杯里不时加注润滑脂。油冷式轴承需要定期维修以更换过滤器，需定期检查油的数量和质量。对于使用高压空气形成雾气的油雾润滑系统，至关重要的是，必须保持空气清洁和干燥（例如，水分含量小于100ppm）。

19. 材料相容性

如前所述，人们总是可以找到用于制造在几乎任何环境下都可以工作的滚动轴承的合适材料，例如不锈钢、陶瓷、玻璃、氮化硅、蓝宝石、塑料等。此外，注意微动腐蚀的可能性，为防止该问题的出现，可以通过使用不锈钢组件或异种材料，或通过确保所有轴在建立弹流润滑层的条件下正常运转。

滚动轴承滚子之间导热性一般较差。确保轴承安装和冷却的方式不会导致预紧丧失或过高是非常重要的，这些方式包括强制冷却、机器导热和自然对流。热膨胀通常会导致处于相对恒定高速工作状态的设备失效，例如主轴。然而，所有滚动轴承系统都会产生一定的热量，所以，必须确保产生的热膨胀不会使机器的性能降低太多。

20. 设计寿命

正确地设计、制造、安装和维护滚动轴承，可以提供数以百万计的无故障精确运动周期。关键是所有的设计步骤，从精密机床概念设计到维护文件制订，都要认真进行。注意，认识到有些磨损每个周期都会发生也是很重要的，因此，允许定期对机器进行重新定位可能是有利的，这样可以使磨损得到补偿，或使用易于更换的模块化轴承。

21. 可用性

虽然无库存标准生产线项目需要花费6~12周才能建立起来，但是，模块化滚动轴承通常是备有现货供应的。有些制造商可能要4~6个月的时间来填补无库存的项目订单。对于定制设计，交货时间甚至可能需要更长的时间。

22. 可设计性

设计模块化的滚动轴承是有趣的。然而，因为它们对热膨胀敏感，也不能通过磨合来弥补装配误差，所以，就如将在8.4节和8.5节所讨论的那样，设计安装方法时必须非常小心。制造商的产品样本通常有大量的设计实例，详细说明如何把他们的轴承安装到典型机器上去。千万不要羞于向制造商的代表提出使用帮助的要求。

注意，仔细设计轴承的安装结构是非常重要的。物质结构通常能够提供足够的刚度。富裕的结构也能够更好地散失轴承产生的热量。

23. 可制造性

模块化滚动轴承高度依赖于其所安装表面的精度。例如，精确的直线运动轴承将取决于

拴接它的底座的形状，因此必须注意公差和装配细节。认为如果轴承本身是精确的，那么，它安装在机器上后仍然是精确的，是一个人们常犯的错误。安装螺栓很容易过紧，由此可能导致轴承扭曲变形。

24. 成本

滚动轴承的价格不等，从几美元一个的小 ABEC 1 滚动轴承到几千美元一个的 3m 长的高精度直线运动轴承。从一般精度等级到高精度等级，根据轴承的类型不同，其成本可以提高一个量级。因此，必须小心不要选择比需要精度更高等级的精度。

8.4　旋转运动的滚动轴承

本节将讨论以下类型的滚动轴承的设计细节：

- 径向接触轴承
- 直滚子和滚针轴承
- 角接触轴承
- 圆锥滚子轴承
- 四点接触轴承
- 球轴承
- 自定位轴承
- 薄壁轴承
- 推力轴承

典型的球轴承和滚子轴承的结构分别如图 8.3.1 和图 8.3.2 所示。球轴承的承载能力和刚度取决于槽的曲率半径、球和槽的接触角和滚珠的数量。球轴承通常是沿径向装配内圈，接着从一个侧面装载滚珠。然后滚珠被均匀地分布在内圈上，它们的圆周间距由保持架保持固定。槽越深，所能安装的滚珠越少，除非使用注入孔。注入孔可以增加滚珠的数量，从而增加轴承的承载能力和刚度，但是，当轴承可承受双向推力载荷时，该插件成立一个微凸点[40]。滚子轴承具有允许几乎 100% 安装滚子的理想特征。保持架主要是用来使滚子彼此隔离，这样，当它们在滚动时，不会发生相互摩擦。由于滚子是线接触，滚子轴承一般都具有很高的承载能力和刚度。

无论使用哪种类型的轴承，设计工程师必须遵循制造商提供的设计指南为实际应用选择适当尺寸的轴承和预紧力。此外，制造商对孔和轴的尺寸和孔对齐方式所提出的建议也都是必须认真遵守的。这包括确定径向载荷所导致的轴的倾角和确保倾角不超过同心度误差范围。如果倾角过大，则无法设计轴。

轴承安装时，要考虑的影响机器的整体布局的其他因素包括[41]：

- 径向和轴向运动误差[42]
- 定位
- 径向、轴向和力矩承载能力
- 预紧力调节
- 热膨胀裕度

设计转动轴承系统的一个有用的工具是将力视为“力流”，看看它们是如何从轴流向轴承，由轴承流向轴承座的。应该在每个方向上只有一个轴向的流路，否则系统就会出现轴向过约束的问题。在一般情况下，应至少有两个径向力的流线，以使系统可以承受转矩。有了这个可视化的方法，可以很容易确定一个系统的约束是否恰当。

---

[40] 有关球轴承的详尽机理参见 B. J. Hamrock and D. Dowson, Ball Bearing Lubrication. John Wiley & Sons, New York, 1981；和 T. Harris, Rolling Bearing analysis, John Wiley & Sons, Inc., New York, 1991。

[41] 回想一下，密封系统也是许多设计中的重要组成部分。它们在第 7.6.6 节讨论过。

[42] 由于轴承的精度高度依赖于安装表面的精度，所以，轴承制造商通常不提及它。取而代之，经常引述重复性，它被称为转动轴承非重复性跳动。注意，非重复性跳动虽不是首选术语（见图 2.2.3），但却长期使用。

8.4.1 径向接触轴承

径向接触轴承有两种基本类型：大曲率半径浅槽型和小曲率半径深槽型。深槽轴承通常可安装法兰，从而简化安装要求。一个大曲率半径浅槽型轴承，要通过使用过大的滚珠进行预紧，基本上没有轴向承载能力。因此，它应当与另一个承受轴的径向和推力载荷的轴承相结合。作为一个径向支撑轴承使用时，浅槽的轴承允许热膨胀，而不必要求内圈在轴上或外圈在孔中滑动。为了适应轴向热膨胀，滚珠沿轴向滚动非常小。浅槽可以防止滚珠从轴承中脱落。这种能力可使径向精度最大化。

浅槽轴承的典型应用通常是在高精密仪器上。此类仪器对轴承的径向精度要求非常高，因此，其他类型的轴承为适应轴向热膨胀所设计的内圈或外圈的松配合，在这里是不可容忍的。因为槽的曲率半径比滚珠的曲率半径要大得多，所以，其径向承载能力和刚度与深槽轴承相比就低得多。

深槽轴承，也称康拉德（Conrad）轴承，其槽曲率半径接近滚珠，槽弧长90°左右，因此，径向承载能力和刚度都非常高。滚珠与凹槽之间沿径向位置接触角度大，从而能够承载相当大的轴向载荷。预紧力由制造商使用超大滚珠进行控制。康拉德轴承并不意味着必须要预紧。当用两个康拉德轴承支撑轴时，轴承内圈和外圈可以分别固定在轴上和孔中。这允许两个轴承支撑径向和轴向载荷。

然而，除非轴与孔的垫片精确匹配，否则，在组装过程中，可能会发生预紧力过大的问题。此外，预紧力随温度升高而增加。因此，轴承的非旋转环通常允许轴向自由浮动。安装细节如图 8.4.1 和图 8.4.2[43]所示。

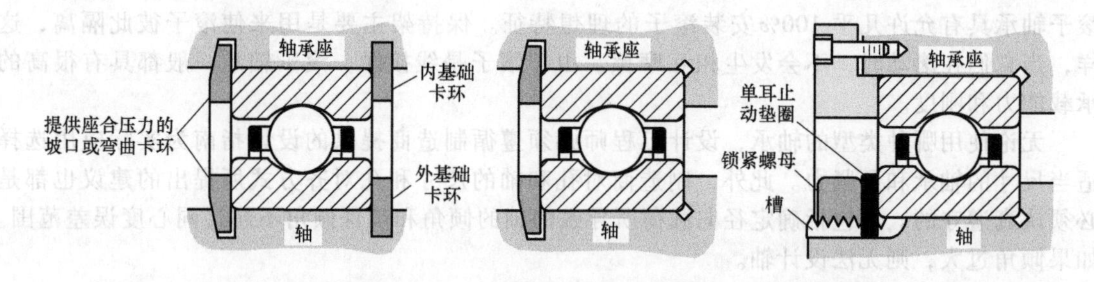

图 8.4.1 在轴上和孔中轴向全约束康拉德轴承的安装方法

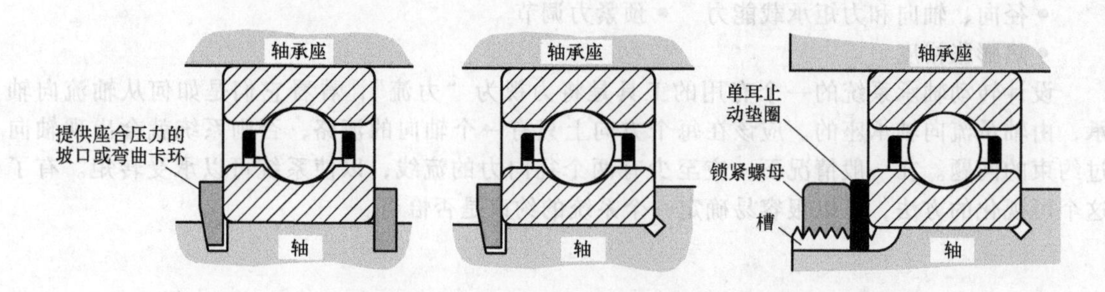

图 8.4.2 轴上轴向全约束、孔中轴向自由约束的康拉德轴承的安装方法

深槽轴承广泛应用于消费电子产品和工业设备。深槽轴承并不需要预紧机构，从而可以

43 为保持清晰，防护罩和密封件已从图样中略去。

使用便宜的卡环预紧。常用的深槽轴承如图 8.4.3 所示。

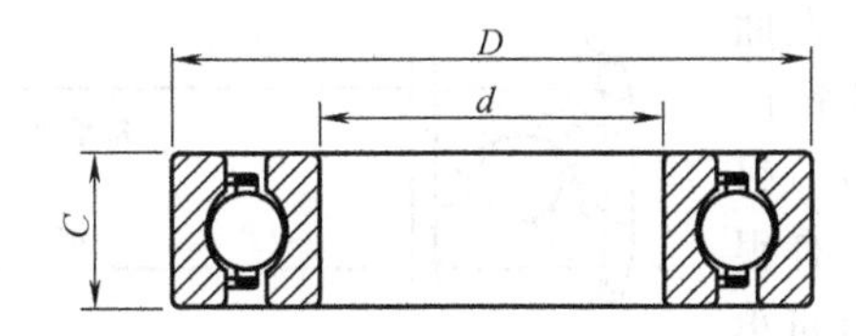

轴承编号	孔径 d /mm	公差+0~- /μm	OD D /mm	公差+0~- /μm	宽度 C /mm	倒角半径 /mm	质量/kg	径向负载等级 CO/N	动态负载等级 CE/N
300K	10	8	35	11	11	0.6	0.054	3750	9000
301K	12	8	37	11	12	1.0	0.064	3750	9150
302K	15	8	42	11	13	1.0	0.082	5600	13200
303K	17	8	47	11	14	1.0	0.109	6550	15000
304K	20	10	52	13	15	1.0	0.141	7800	17600
305K	25	10	62	13	17	1.0	0.236	12200	26000
306K	30	10	72	13	19	1.0	0.354	15600	33500
307K	35	12	80	13	21	1.5	0.458	20000	40500
308K	40	12	90	15	23	1.5	0.644	24500	49000
309K	45	12	100	15	25	1.5	0.862	30000	58500
310K	50	12	110	15	27	2.0	1.125	35500	68000
311K	55	15	120	15	29	2.0	1.424	41500	80000
312K	60	15	130	18	31	2.0	1.765	48000	90000
313K	65	15	140	18	33	2.0	2.168	56000	102000
314K	70	15	150	18	35	2.0	2.617	63000	116000
315K	75	15	160	25	37	2.0	3.175	71000	125000
316K	80	15	170	25	39	2.0	3.756	80000	137000
317K	85	20	180	25	41	2.5	5.008	90000	146000
318K	90	20	190	30	43	2.5	5.121	98000	156000
320K	100	20	215	30	47	2.5	7.085	127000	186000

图 8.4.3　典型的带有防护罩或密封件的径向接触轴承。孔直径为 12~105mm 的轴承也可提供高精度和超精密系列（托林顿公司许可）

1. 径向与轴向运动误差

径向接触轴承的总径向运动误差可以达到 1/4~1/2μm 或更高的精度等级，因为是理想的纯径向接触，所以轴向运动误差可能很大（达到几微米）。由于是径向接触，最好（通过一个机构提供）只使用超大滚珠提供的预紧。高性能径向接触轴承经常被用在精密仪器上。此类装置总径向运动误差较低，摩擦因数很小，只需起动转矩，而轴向重复性不是很重要，运行速度较低。

一个精密、低转速和低起动转矩的安装结构如图 8.4.4 所示。注意，轴承外圈装在一个通孔中，所以需确保同心度和定位准确。在一次加工中，对轴外径进行磨削加工，直到清磨，以使轴的精度和两端的同心度达到最大值。可用卡环（图 8.4.4）或垫片将轴承轴向分开。轴承本身应作为配件来购买。深槽轴承的外圈用卡环进行固定。如果孔上加工一个台阶并且用一个锥形卡环固定外圈，那么就不能使用直孔，而且精密度会有所降低。用卡环固定轴上的轴承内圈是有效的，但需确保装配的动静态平衡。为最大限度地减少摩擦，将用迷宫式密封来代替接触式密封。但是，由于轴上的卡环和深沟轴承圈上两片扣环的存在，这种配置不适合高速运转的情形。对于高速、高精确度的应用，可使用一种单组扣环的角接触轴承。

2. 径向、推力和力矩载荷支撑能力

正如上面所讨论的那样，大曲率半径浅槽轴承有低到中度的径向承载能力，而无轴向承载能力。另一方面，深槽径向接触轴承，有很高的径向承载能力和中等的轴向承载能力。用适当间隔距离的径向接触轴承承载力矩载荷。如果要通过在轴的每一端使用一个以上的轴承来增加轴承的径向承载能力，则必须使用配合研磨轴承，因为非配合研磨轴承之间的任何细微的差异都可能引起轴承载荷分布不均，从而导致两个轴承的先后失效。如果需要高的径向载荷能力，轴和轴承座的尺寸又有限制，那么，使用双列轴承是另外一种可行的办法。双列轴承实际上是两个共享一副内圈和外圈及一个扣环的深槽轴承。采用双列轴承的优势就是滚珠之间是半间距分开，从而可以减少70%的由滚珠滚动引起的呈正弦变化的径向刚度变化[44]。需要注意的是，双列轴承允许的轴偏差远比单槽轴承要小。设计系统时，应尽可能使轴的每一端只需要一个轴承。

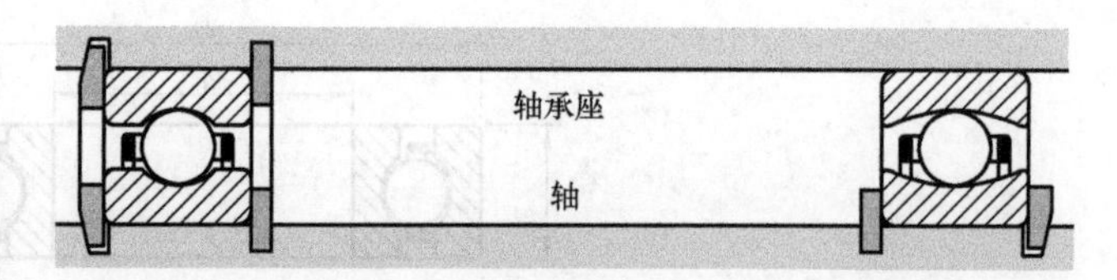

图 8.4.4　利用一个深槽滚珠轴承和一个浅槽大曲率半径轴承支撑的径向精度高，低转速、低起动转矩的装配结构

3. 热膨胀公差

轴承旋转时产生热量，而轴承座的散热性能通常要比轴的更好，因此，轴承必须采用允许轴沿轴向膨胀，而又不会有轴向载荷作用在轴承上的安装方式进行安装。因此，当两个轴承分别被座孔或轴固定时，如果对一端轴承沿轴向和径向约束时，另一端就需沿径向约束，并允许其沿轴向浮动或在座孔内浮动。图 8.4.1 和图 8.4.2 列举了一些使径向接触轴承实现这两种效应之一的安装方法。注意，要使用根切来确保轴承圈的恰当固定，以尽量减少轴上产生的应力集中。倒角也有利于确保轴承圈的恰当固定。还要注意，固定端的轴承圈应该始终是可沿轴向自由浮动的。如果固定轴，让轴承座旋转，那么内圈应允许轴向浮动，而将外圈固定。要锁定主轴螺母，可以在主轴轴向槽上安装带有调整片的支撑垫圈，以此来防止来自内圈的转矩传递到主轴螺母上。为了防止振动造成螺母松动，可以使用开口销，当然，也可以使用带调整片的支撑垫圈。扣环组件以及更复杂的螺栓与轴螺母组件，都可以用来防止螺母因振动而脱离，但必须仔细听取扣环制造商的建议。

4. 调准

径向接触轴承，特别是大半径曲率浅槽轴承，与非自定位滚珠轴承相比，对失调不敏感。轴到孔中心线的标准裕度可高达 1mm/m。

5. 预紧力调整

径向接触轴承预紧，一般是使用超大滚珠，因此是由制造商控制的，用户只需要确保内圈和外圈适当地固定在各自的组件上。如果你想获得更高的轴向刚度和承载能力，就应该用角接触轴承。注意，购买的深槽轴承都有轻微的径向间隙，所以要用角接触轴承的预装方法对其进行预紧。虽然深槽轴承比角接触轴承所用滚珠少（这意味着它们将有较低的承载能力和精度），但是它们有整体防护罩或密封件，从而减少了装配的复杂性。

8.4.2　角接触轴承

角接触轴承的滚珠与轴承圈沿一条倾斜于旋转轴正交平面的直线相接触。内圈或外圈的一侧是敞开的，所以大量的滚珠可以被放置到轴承里，因此径向承载能力和在一个方向上的

[44] M. Weck, Handbook of Machine Tools, Vol. 2, John Wiley & Sons, New York, 1984, p. 187。

推力承载能力较高。为了承载双向推力载荷，在相反方向上应安装第二个轴承。为了在一个狭小的空间获得高刚度和高承载能力，可用两个、三个或四个（或更多）轴承组成双重型、三重型或四重型组合。为使载荷在滚珠之间均匀分配，应对轴承圈进行了配对磨削，角接触轴承才可以成套使用。例如，为了获得高负载和高刚度，面向最大推力的方向安装两个轴承，第三个轴承预紧另外两个轴承，并提供中度反向推力。图 8.4.5 列举了一些角接触轴承的配置情况。大多数角接触轴承是通用的，它们可以通过适当夹紧内圈（背对背）或外圈（面对面）进行预紧。

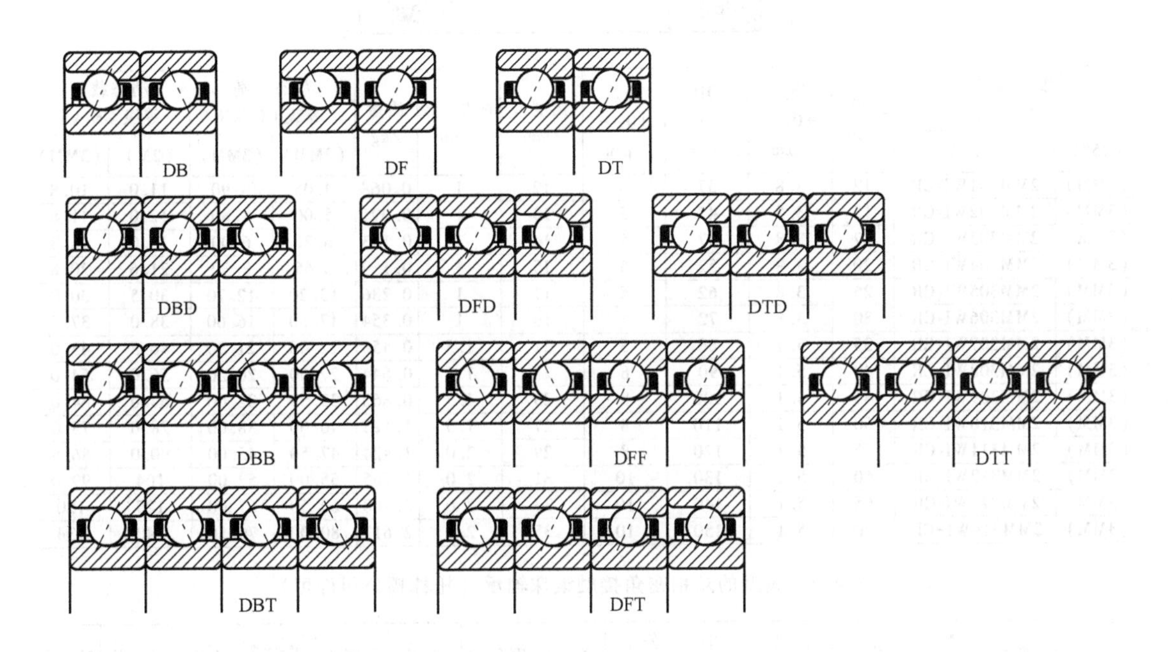

图 8.4.5　一些角接触轴承的配置

角接触轴承的尺寸、档次多种多样，并且都可以用于精密机床。一些主要制造商提供四种类型的角接触轴承，包括：

1）初始接触角为 15°的 2M-WI 和 2MM-WI 类轴承，用于产生热量小、径向承载非常高的场合。

2）初始接触角为 25°的 3M-WI 和 3MM-WI 类轴承，用于承载非常高的轴向载荷的场合。

3）初始接触角为 15°~18°的 2 MM-WO 类型轴承，主要用于承载由离心力产生的高速转动场合。外圈两侧都有台肩，内圈在非推力一侧有一个低的台肩，这样，可以使尽可能多的滚珠和在轴承外圈精密磨削面上滑动的保持架承受载荷。

4）初始接触角为 15°的 2MM-WN 类轴承，用于轴承需要通过最大的润滑油流量进行冷却和润滑的场合。内圈和外圈的非推力面都有低台肩，这同样是为了使尽可能多的滚珠和在轴承外圈的精密磨削面上滑动的保持架承受载荷。

用于精密机床的代表性超精密角接触轴承如图 8.4.6 所示。接触角非常大的超精密角接触球轴承，也可用于承受由滚珠丝杠产生的大推力载荷，如图 8.4.7 所示。

为了对角接触滚珠轴承进行预紧，要将其进行背靠背或面对面安装，如图 8.4.8 所示。采用背靠背模式时，力作用方向彼此相反，从而使轴承对具有高的抗弯能力。注意，对于一个固定的外圈，当轴沿轴向和径向膨胀比轴承座大时，预紧保持相对恒定[45]：轴向膨胀会降低预紧力，径向膨胀会增加预紧力，结果是两者的作用相互抵消。对于一个固定的外圈，一个面对面安装会产生相反的效果：抵弯能力低，旋转内圈热稳定性差，因为径向和轴向膨胀都有利于增加预紧力。

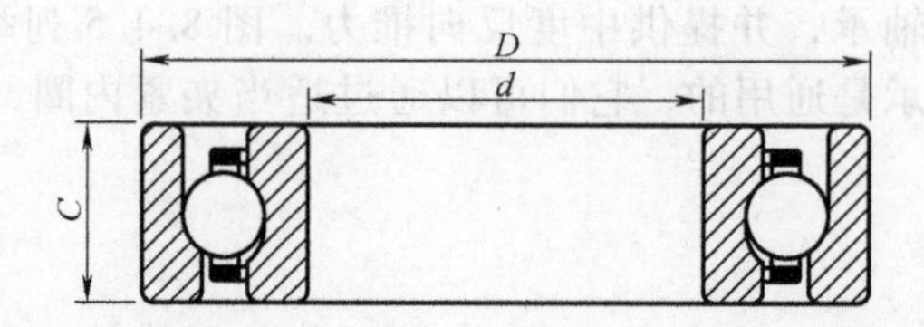

轴承编号 接触角度		孔径 d /mm	公差 +0~- /μm	OD D /mm	公差 +0~- /μm	宽度 C /mm	倒角半径 /mm	质量 /kg	静态载荷等级 CO/kN		动态载荷等级 CE/kN	
(25°)	(15°)								(2MM)	(3MM)	(2M)	(3MM)
(3MM)	2MM301WI-CR	12	3.8	37	5	12	1	0.068	4.05	3.90	11.0	10.8
(3MM)	2MM302WI-CR	15	3.8	42	5	13	1	0.091	5.00	4.80	12.0	11.6
(3MM)	2MM303WI-CR	17	3.8	47	5	14	1	0.113	6.20	6.00	17.0	16.3
(3MM)	2MM304WI-CR	20	3.8	52	5	15	1	0.159	8.65	8.30	21.6	20.8
(3MM)	2MM305WI-CR	25	3.8	62	5	17	1	0.236	13.20	12.70	30.5	30.0
(3MM)	2MM306WI-CR	30	3.8	72	5	19	1	0.354	17.30	16.60	38.0	37.5
(3MM)	2MM307WI-CR	35	5.1	80	5	21	1.5	0.458	22.00	21.20	46.5	45.0
(3MM)	2MM308WI-CR	40	5.1	90	8	23	1.5	0.644	27.50	26.50	56.0	54.0
(3MM)	2MM309WI-CR	45	5.1	100	8	25	1.5	0.862	33.50	32.00	67.0	64.0
(3MM)	2MM310WI-CR	50	5.1	110	8	27	1.5	1.125	40.00	38.00	78.0	75.0
(3MM)	2MM311WI-CR	55	5.1	120	8	29	2.0	1.424	47.50	45.00	90.0	86.5
(3MM)	2MM312WI-CR	60	5.1	130	10	31	2.0	1.765	55.00	52.00	104	99.0
(3MM)	2MM313WI-CR	65	5.1	140	10	33	2.0	2.168	69.50	67.00	125	120
(3MM)	2MM314WI-CR	70	5.1	150	10	35	2.0	2.617	80.00	76.50	140	134

图 8.4.6　典型的超精密角接触滚珠轴承（托林顿公司许可）

轴承编号	孔径 d /mm	公差 +0~- /μm	OD D /mm	公差 +0~- /μm	宽度 C /mm	倒角半径/mm	质量 /kg	预紧力 /N	$K_{轴向刚度}$ / N/μm	阻力/ N·m	动态推力/kN	最大载荷/kN
双倍(添加后缀 DU)												
MM9306WI-2H	20.000	3.8	47.0	5	31.75	0.8	0.272	3340	750	0.34	25.0	25.0
MM9308WI-2H	23.838	3.8	62.0	5	31.75	0.8	0.527	4450	1100	0.45	29.0	35.5
MM9310WI-2H	38.100	5	72.0	5	31.75	0.8	0.590	6670	1300	0.45	36.0	45.5
MM9311WI-3H	44.475	5	76.2	5	31.75	0.8	0.590	6670	1390	0.56	38.0	51.0
MM9313WI-5H	57.150	5	90.0	8	31.75	0.8	0.859	7780	1655	0.79	40.5	61.0
MM9316WI-3H	76.200	5	110	8	31.75	0.8	0.980	10000	2100	1.02	44.0	76.5
MM9321WI-3H	101.600	6.4	145	8	44.45	1.0	2.16	13340	2455	1.36	85.0	150
MM9326WI-6H	127.600	7.5	180	10	44.45	1.0	3.86	17790	3150	2.27	91.6	186
四倍(添加后缀 QU)												
MM9306WI-2H	20.000	3.8	47.0	5	63.50	0.8	0.545	6670	1500	0.68	40.3	50.0
MM9308WI-2H	23.838	3.8	62.0	5	63.50	0.8	1.053	8900	2200	0.90	47.5	71.0
MM9310WI-2H	38.100	5	72.0	5	63.50	0.8	1.180	13340	2600	0.90	58.5	91.0
MM9311WI-3H	44.475	5	76.2	5	63.50	0.8	1.180	13340	2780	1.13	61.0	102
MM9313WI-5H	57.150	5	90.0	8	63.50	0.8	1.707	15570	3300	1.58	65.5	122
MM9316WI-3H	76.200	5	110	8	63.50	0.8	1.961	21000	4200	2.03	72.0	153
MM9321WI-3H	101.600	6.4	145	10	88.90	1.0	4.32	26700	4900	2.71	127.0	300
MM9326WI-6H	127.000	7.5	180	10	88.90	1.0	7.72	35580	6300	4.50	147.8	375

图 8.4.7　用于滚珠丝杠轴颈的典型超精密 60°角接触轴承（托林顿公司许可）

对于安装在长旋转轴远端的轴承组，面对面的安装允许更大的同心度误差；然而，热不

[45] 第 8.7 节讨论实现热膨胀平衡的设计方法。

稳定的因素通常被认为是更关键的，因此面对面的安装方法不经常使用。注意，当内圈固定外圈旋转时，情况正好相反。当对一对角接触球轴承进行预紧时，轴承轨中的相对悬垂量的大小决定了预紧力的大小。购得的轴承一般经过平磨（装配后无预紧）或留有适量的悬垂力（装配后获得预紧）。

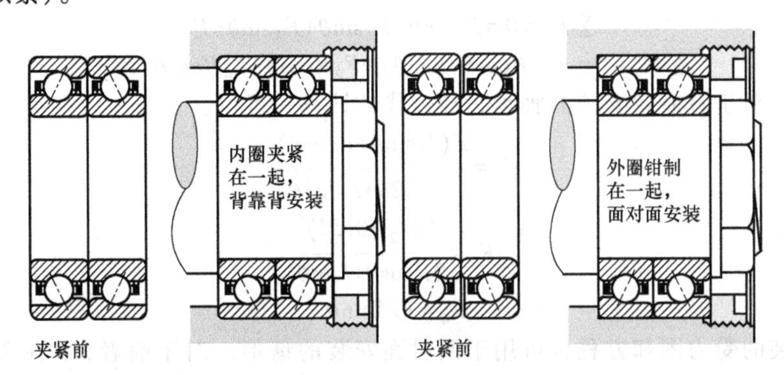

图 8.4.8　角接触滚珠轴承的背靠背和面对面安装

1. 径向和轴向运动误差

角接触轴承总的轴向和径向运动误差可低到 1/4μm，但通常是在 1/2~1μm 之间。使用角接触轴承的市售主轴的总运动误差在 1/4~1μm 之间。角接触轴承的工作速度通常是径向接触轴承的三倍。角接触轴承是在精密机械上使用最为广泛的滚珠轴承。

2. 承载径向载荷、推力和力矩载荷的能力

如果安装正确，角接触轴承可以承受非常高的径向载荷、推力和力矩载荷。角接触球轴承的径向承载能力与类似尺寸的康拉德轴承相同，但前者承载推力的能力却是康拉德轴承的三倍。需要注意的是，径向载荷只作用在环的一侧，而轴向载荷却能加载于整个环上。因此，由轴承上径向力所产生的推力往往并不明显改变作用在另外一个轴承上的径向载荷。在许多情况下，径向载荷加载于背靠背或面对面安装的轴承上时，轴向分量就相互抵消了。当加载推力时，“力流”只能通过接触角度面向它的轴承，“流”到未加载的另外一个轴承上。但是，将角接触轴承承载力矩载荷的过程进行可视化却要困难得多。

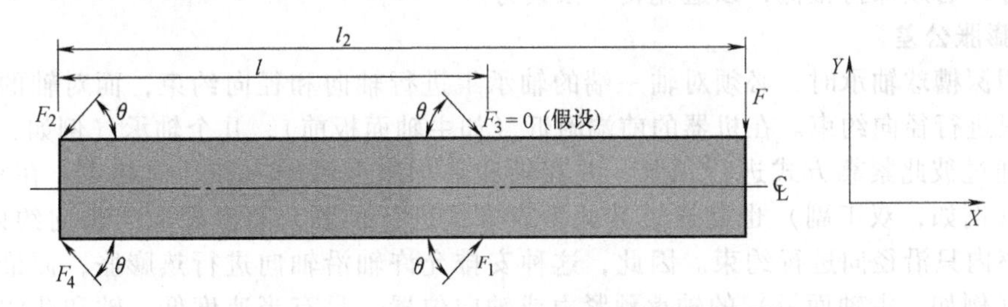

图 8.4.9　背靠背安装的角接触球轴承受力图

一个通用的背靠背安装的情况的受力图如图 8.4.9 所示。做出以下假设：

1）轴、内圈和滚珠都为刚体。

2）作用力作用于滚珠与外圈的接触点。

3）作用力通过在轴承顶部和底部的两个滚珠作用。

4）一旦最大作用力确定了，它将以与径向载荷分布同样的方式（与制造商为某个轴承所做的定义相同），在轴承的滚珠之间进行分布。

注意，这里一共有四个作用力，但对这个二维刚体模型，我们只使用了三个方程。考虑到滚珠只能传递压载荷，于是，假定其中一个力为零并进行计算。如果其中一个作用力反向，那么这里所做出的假设就是错误的。根据图中所示的情况可知，F_1将会比F_2大得多，所以，F_4不为零，并与F_2一同来平衡力F_1在X方向的分量；于是，F_3就为零。根据力和力矩平衡的原理，可得：

$$\sum F_x = 0 = F_1\cos\theta - F_2\cos\theta - F_4\cos\theta \tag{8.4.1}$$

$$\sum F_y = 0 = F_1\sin\theta - F_2\sin\theta + F_4\sin\theta - F \tag{8.4.2}$$

$$\sum M_z = 0 = F_1(R\cos\theta + l\sin\theta) + F_2R\cos\theta - F_4R\cos\theta - Fl_2 \tag{8.4.3}$$

在本例中，对于背靠背安装的轴承，经过代数计算，可得：

$$F_1 = \frac{F(l_2\sin\theta + R\cos\theta)}{R\sin2\theta + l\sin^2\theta} \tag{8.4.4}$$

$$F_2 = \frac{F(l_2 - 0.5l)}{2R\cos\theta + l\sin\theta} \tag{8.4.5}$$

$$F_4 = F/2\sin\theta \tag{8.4.6}$$

背靠背安装的受力图和方程也可用于面对面安装的情形。对于前者，θ在75°左右，而对于后者，θ可能在115°左右。偏心轴向载荷存在的情形留给读者自己去解决。

当轴的两端各由一组角接触轴承支撑时（如主轴），轴承提供阻力矩，所以不能简化建模为简支轴。但是，如果要将轴简化为简支，就需要将轴承模拟为弹簧，以提供图示过约束系统中所有的力所需的几何兼容性细节。在程序上，这并不难，但实现起来却较为繁琐。因此，最好做一阶保守分析。即假设轴承以简支方式产生作用力，如图 8.4.9 所示。根据负载和刚度要求初步选定轴承后，可以建立一个详细（甚至包括每一个滚珠）的有限元模型对其进行检验（使用赫兹理论建立一个非线性弹簧模型，以避免有关对接触界面准确建模的争议）。当然，也可以使用该模型进行有关传热和热膨胀的计算。如图 8.3.8 所示，还必须考虑主轴和轴承座的特性。

在某些情况下，垂直轴必须精确定位，所以，应使轴承安装尽可能地处于浮动状态。而要做到这一点，可以安装一个角接触轴承支撑轴的轴向载荷，并对轴的一端进行径向定位，然后使用大曲率半径浅槽轴承对轴的另一端进行径向定位。注意，这样的安排将可能导致最轻的预紧和最小的起动力矩，但是这种安装方式只能承载向下的推力。角接触轴承径向力产生的轴向分量必须保持很低，以避免丧失预紧力。

3. 热膨胀公差

当使用深槽球轴承时，必须对轴一端的轴承组进行轴向和径向约束，而对轴的另一端轴承组一般只进行径向约束。在机器的前端附近（如主轴面板前），几个轴承（例如，一个四联轴承组）通过彼此紧靠方式进行预紧，并在轴和轴承座上沿轴向和径向约束。在轴的尾部，几个轴承（例如，双工副）也是通过彼此紧靠方式进行预紧，并沿径向与轴向约束于轴上，但在轴承座内只沿径向进行约束。因此，这种安排允许轴沿轴向进行热膨胀，而最低限度地影响前端（例如，主轴面板）的轴承预紧力或轴向位置。只有当速度低、轴和孔的相对热膨胀可以忽略不计时，才能如 8.7 节所述，利用后轴承对前轴承进行预紧。

4. 定位（调准）

一个角接触滚珠轴承可以承受约 0.6mm/m 的偏离。一对轴承可以抵抗力矩载荷，所以，与另一对用于支持长轴的轴承之间的定位公差基本上是零。因此，在轴（如主轴）的两端使用角接触轴承时，必须格外小心，以确保孔中心线重合，使得与轴的每个端部相配合的轴承内圈表面同心。通常情况下，上轴孔或者沿单向钻削，或者将主轴安装在高精度转台上，然后先从一端钻孔，然后，将其旋转 180°，再从另一端钻孔。

5. 预紧调节

角接触轴承通常成对使用，因此是通过夹紧轴承圈直到突出面被压在一起来进行预紧的，

如图 8.4.8 所示。制造商对预紧力的大小进行了设置，因此，当按照说明书进行装配时，就不会有预紧过大的危险。注意，当把轴承安装进轴承座孔中或者安装在轴上时，由于泊松效应，轴承圈的宽度会发生改变，因此，必须认真遵循制造商的建议。应避免使用角接触轴承，因为它要求用户测量轴向间距，然后进行研磨，并通过插入垫片来控制预紧。这种方法不准确，是质量控制噩梦的来源之一。

由于赫兹接触的特质，预紧力以非线性的方式极大地影响了刚度。为了在较宽的工作条件范围内使机器保持其良好的性能，需要确保系统在加载时，没有轴承预紧力丢失。一般来说，轴承制造商都有丰富的应用经验，如果他们不能推荐一个适当的预紧力，那么，他们通常愿意与客户一起来寻找一个合适的预紧力。

8.4.3　四点接触轴承

四点接触滚珠轴承在其内圈和外圈上有一个哥特式拱形槽。滚珠分别与内圈和外圈两点接触，这使得四点接触滚珠轴承可以支撑径向、轴向和力矩载荷。因此，这种类型的轴承往往用于空间有限的场合，如在机器人和旋转转盘中。

1. 径向和轴向运动误差

四点接触球轴承，实际上是一个双工副，即沿径向中心线将轴承分成两半，然后融合成一个整体的轴承。此类轴承通过使用超大滚珠进行预紧。但是，由于每个接触点的接触面积有限，四点接触滚珠轴承实际上是过约束的，并且存在显著滑移[46]。因此，四点接触轴承并不意味着高速度、高精密的运行。高精度场合（总轴向或径向运动误差低于 3～5μm），应使用角接触轴承。

2. 径向、推力和力矩承载能力

四点接触滚珠轴承有双工副的负载能力。由于四点接触滚珠轴承本身是完全约束，所以，支撑一根轴只需要一个轴承即可（除非轴很长）。轴承制造商给出了四点接触轴承的径向、推力和力矩容许载荷，和将其合成为一个等效负载的公式。因此，采用四点接触滚珠轴承的设计，通常很简单。在生产大尺寸的此类轴承时，可以用整个齿轮齿进行制造，并用于起重机的转盘轴承。

3. 热膨胀公差

由于每个轴只有一个轴承，所以，我们只需要知道内径装配的径向膨胀比外径装配的径向膨胀大，这可能导致有效的径向载荷过高。请注意，有时一个长轴可以一端由四点接触滚珠轴承支撑，另一端由康拉德轴承支撑（在孔中不受轴向约束），但是，这却是一个奇特的布置方式。

4. 定位（调准）

同样，因为通常只用一个轴承，所以定位不是问题。只需要保证安装面的磨削达到制造商的规定要求即可。

5. 预紧调整

四点接触滚珠轴承的预紧使用超大滚珠来实现，因此，它是由制造商来控制的，用户只需要确保内圈和外圈在各自的组件中固定合适就可以了。

8.4.4　自定位轴承

外部和内部自定位轴承的剖面，如图 8.3.1 所示。前者本质上是一个康拉德轴承，其外圈安装在一个球形座内。这种设计是为了便于让轴承与轴静态对中，而并不意味着自身不断

[46] 有关这种效应的更为详细的讨论参见图 8.5.2 和第 8.5 节。

地调整。这种类型轴承的少量运动将不可避免地导致微动。另一方面，内部自定位轴承利用球形外圈上的槽，通过滚珠在槽内滚动来完成自我定位功能。

1. 径向和轴向运动误差

自定位轴承通常适用于工业机械动力传输轴的支撑，一般不会以市场销售的形式使用在精密机械上。需要注意的是，自我定位、半球形轴颈、多孔的空气轴承支撑的主轴已经商品化，其运动误差是亚微米级的[47]。

2. 径向、推力和力矩承载能力

外部自定位轴承一般都具有与康拉德轴承相同的承受负载的能力。对于内部自定位轴承，其尺寸与康拉德轴承相似，因为外圈槽曲率半径大，它们只能承担类似尺寸康拉德轴承所能承担的径向和轴向载荷的大约70%和30%。注意，如果两个支撑轴的轴承孔不同心，那么，必须在轴的两端各安装一个自定位轴承。

3. 热膨胀公差

与安装康拉德轴承一样，必须确保用一个轴承对轴仅提供轴向约束。另外一个轴承应该在轴承孔内沿轴向浮动，且对轴只提供径向支撑。

4. 定位（调准）

外部类型的自定位内轴承通常可以容许5°的偏差。内部自定位的内轴承通常可以容纳2.5°的偏差。

5. 预紧调节

自定位轴承通过使用超大滚珠进行径向预紧，或者通过调整螺母将锥形轴承圈压到锥形轴上实现预紧。

8.4.5 推力滚珠轴承

如图8.3.1所示的推力滚珠轴承被设计用来承载大推力负荷，但需要使用额外的轴承保持径向定位。高精密的机器不经常使用推力滚珠轴承，因为接触滚珠轴承在支撑径向和推力负载时工作角度较好。

8.4.6 普通滚柱轴承与滚针轴承

如图8.3.2所示，滚柱轴承是由在圆柱轨道间进行滚动的圆柱滚柱构成的，所以，只能支撑径向载荷。滚针轴承相对细长，应用在空间狭小且需要高承载能力的场合（例如，汽车的传动轴）。由于是线接触，滚柱轴承可以支撑非常高的负载，并具有极高的刚度。他们经常被用来支撑重载轴（例如，用于炼钢或印刷的滚柱，或重载主轴），这些轴采用圆锥滚柱或角接触轴承进行轴向约束。注意，如果负载不是沿着滚柱均匀分布，就可以导致滚柱轴向移动和轴承肩部受力。因此，可能需要在台肩经硬化磨削的轴承圈中安装两排圆头滚柱（滚针）。

1. 径向和轴向运动误差

滚柱可以很容易地单独检测，柱面轨道容易进行磨削和检测，所以，总的径向和轴向运动误差会非常小。一些大型机床在其主轴上使用直滚柱轴承。但是，在高精密的机器上很少需要具有承载能力的直滚柱轴承，因此，这种亚微米级精度类型的轴承，一般并不是常备品。另一方面，在需要的时候，圆柱滚子可以进行研磨和检测，实现几乎任何所需的性能水平。

2. 径向、推力和力矩承载能力

直滚柱轴承在理想情况下只用于支撑径向载荷。然而，在某些类型的轴承中，轴承圈

---

47 例如，spindles built by Rank Taylor Hobson Inc.，Keene，NH，and Cranfield Precision Engineering Ltd.，Cranfield，Bedford，England。

有边缘，使滚柱的两端与其搭接，从而使其能够支持轴向载荷。注意，与滚动不同，滚柱的两端紧靠着承轨两侧的边缘进行滑动。在与其他轴承结合使用形成一对（例如，一对圆锥滚柱轴承）时，直滚柱轴承可以支持非常大的力矩载荷。由于滚柱轴承不能相对轴向位置固定轨圈，内外圈须使用如前所述的夹紧方法，分别沿轴向在轴上和孔中进行固定。

3. 热膨胀公差

由于直滚柱轴承并不意味着承载轴向载荷，所以，只需要保证孔和轴之间的微小径向膨胀不会导致轴承装配预紧的变化超出可接受范围即可。

4. 定位（调准）

任何轴的定位偏差都会导致滚柱被压成锥形，从而增加磨损和摩擦，以及轴向移动的倾向。因此必须保证定位误差在 10~100μm/m 范围内。

5. 预紧调整

直滚柱轴承和滚针轴承的预紧是采用超大的滚动体，或使用内圈或外圈有较小锥度的轴承。锥形内外圈分别安装在具有配对锥度的轴或轴承座上。在装配过程中，通过设置配对锥柱轴承的轴向位置来控制预紧。

8.4.7 圆锥滚子轴承

圆锥滚子轴承是最常用的轴承类型之一。他们有着广泛的应用，可以支撑汽车的车轴，也可支撑重型机床的主轴等。圆锥滚子轴承基本装配组件如图 8.4.10 所示，与角接触轴承一样，它们也是成对使用，并彼此预紧。应用示例如图 8.4.11 所示。

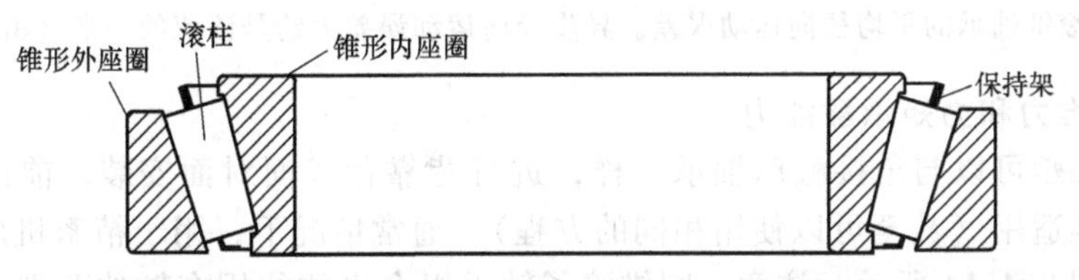

图 8.4.10 一个典型的圆锥滚子轴承剖面图

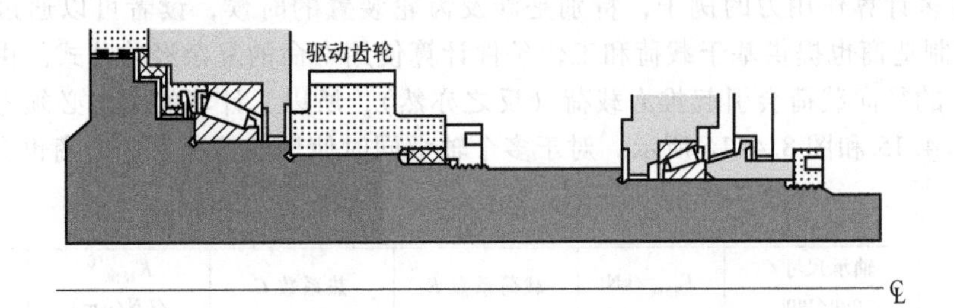

图 8.4.11 采用圆锥滚子轴承的大功率精密主轴配置（>20kW）

圆锥滚子轴承的滚锥与滚道之间是线接触，因此，有极高的刚度，并能支撑非常高的轴向推力载荷。由于锥座的角度使得滚道表面切线与滚柱表面切线相交于转动轴中心线上同一点，因此，圆锥滚子的运动为纯滚动。但是，圆锥滚子和滚道之间的接触力不平行，所以，结果造成圆锥滚子被挤出来，这会导致与锥座轴线正交的滚锥的平端挤在锥座的凸缘上，如图 8.4.12 所示。这有助于防止滚锥倾斜，但增加了轴承的摩擦因数。与角接触轴承类似，圆锥滚子轴承的滚动体也受到回转力的作用。应用于高精密机床时，如果角接触球轴承能够满足载荷和刚度要求（而无须使用太多），那么就可以用它来代替圆锥滚子轴承。

1. 径向与轴向运动误差

抛光一个滚锥比抛光一个球面更困难，但在轴承界，一些滚锥轴承制造商可提供规格相当于 ABEC9 滚珠轴承的滚锥轴承（大部分的滚珠轴承制造商只提供 ABEC7 轴承）。滚锥轴承通常用于需要主轴承载重型负载的普通机床上。在这些应用中，总的径向和轴向运动误差可以达到 1μm 左右。最近，铁姆肯公司推出 AA 级滚锥轴承，性能得到了大大提高，如图 8.4.13 所示。

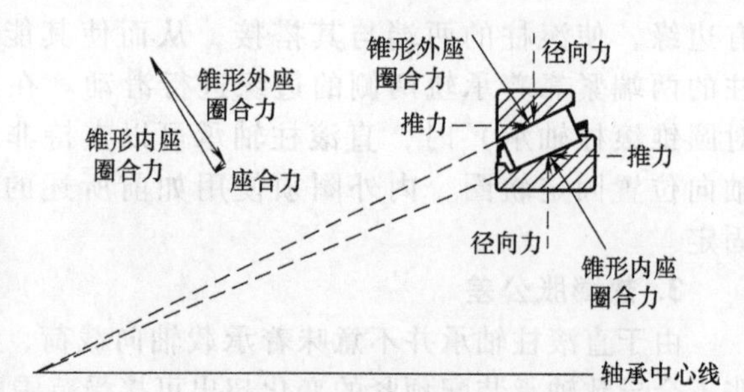

图 8.4.12　圆锥滚子轴承的受力分析图。这里产生纯滚动，因为滚锥的轮廓延长线相交于轴承中心线的顶点

外圈 OD		级别			
超过 (mm)	包含 (mm)	C (μm)	B (μm)	A (μm)	AA (μm)
30	50	6	2.5	2	1
50	120	6	3.5	2	1
120	150	7	3.5	2	1
150	180	8	4	2	1
180	250	10	5	2	1
250	315	11	5	2	1

图 8.4.13　典型滚锥轴承的平均径向运动误差。异步径向运动误差大约是该值的一半（由铁姆肯公司许可）

2. 径向、推力和力矩承载能力

圆锥滚子轴承可以与角接触球轴承一样，进行背靠背或面对面安装，前面介绍的一阶力学分析方法同样适用（甚至可以使用相同的方程）。通常情况下，用于精密机床中的圆锥滚子轴承的尺寸如图 8.4.14 所示。注意，圆锥滚子轴承组合也往往用在轴的两端，以提高其承载能力，而无需加大轴承座孔径，就像角接触滚珠轴承一样可分为双重、三重等组合。一些制造商提供了许多计算作用力的例子，特别是涉及齿轮装置的时候，读者可以通过制造商获得这些文献[48]。制造商也提供基于载荷和工作条件计算使用寿命的复杂经验公式。由于作用在圆锥滚子轴承上的径向载荷会引起推力载荷（反之亦然），所以，计算的时候必须考虑等效径向载荷，如图 8.4.15 和图 8.4.16 所示。对于多个轴承同时使用的情况，制造商也会提供类似的图表。

轴承型号	轴承尺寸/mm×mm	$F_{径向}$/kN	载荷系数 K	热系数 G	$K_{径向}$ ① /(N/μm)	$K_{轴向}$ /(N/μm)
JP6049-JP6010	60×100×21	21.0	1.24	39.5	770	310
JP7049-JP7010	70×110×21	22.0	1.27	51.1	842	314
JP8049-JP8010	80×125×24	27.2	1.29	69.7	962	345
JP10044-JP10010	95×145×24	30.1	1.24	104	1123	441
JP10049-JP10010	100×145×24	30.1	1.24	104	1123	441

① 基于 180°承载区的刚度

图 8.4.14　圆锥滚子轴承在低发热精密机床上的应用（由铁姆肯公司许可）

[48] 在Thomas Register可以查到滚子轴承制造商提供的关于轴承滚子的清单资料。

推力条件	推力载荷	动态等效径向载荷
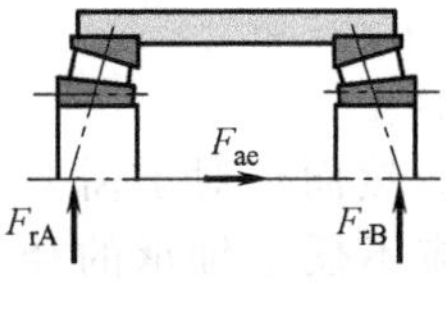 $\frac{0.47F_{rA}}{K_A} \leqslant \left(\frac{0.47F_{rB}}{K_B}+F_{ae}\right)$	$F_{aA}=\frac{0.47F_{rB}}{K_B}+F_{ae}$ $F_{aB}=\frac{0.47F_{rB}}{K_B}$	$^{*}P_A=0.4F_{rA}+K_AF_{aA}$ $P_B=F_{rB}$
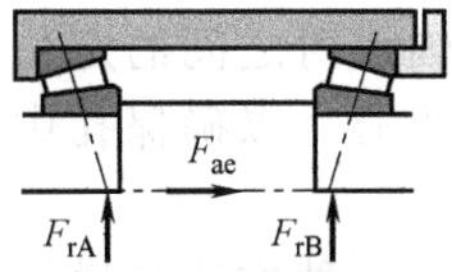 $\frac{0.47F_{rB}}{K_B} > \left(\frac{0.47F_{rA}}{K_A}+F_{ae}\right)$	$F_{aA}=\frac{0.47F_{rB}}{K_B}-F_{ae}$ $F_{aB}=\frac{0.47F_{rB}}{K_B}$	$^{*}P_A=0.4F_{rA}+K_AF_{aA}$ $P_B=F_{rB}$
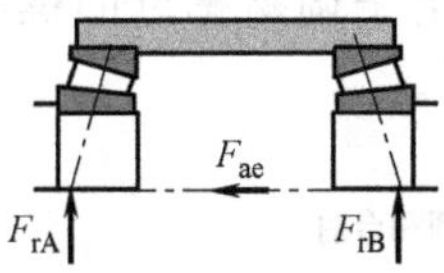 $\frac{0.47F_{rB}}{K_B} \leqslant \left(\frac{0.47F_{rA}}{K_A}+F_{ae}\right)$	$F_{aA}=\frac{0.47F_{rA}}{K_A}$ $F_{aB}=\frac{0.47F_{rA}}{K_A}+F_{ae}$	$P_A=F_{rA}$ $^{*}P_B=0.4F_{rB}+K_BF_{aB}$
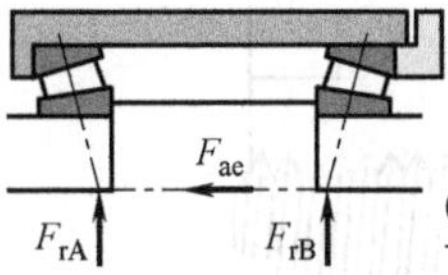 $\frac{0.47F_{rA}}{K_A} > \left(\frac{0.47F_{rB}}{K_B}+F_{ae}\right)$	$F_{aA}=\frac{0.47F_{rA}}{K_A}$ $F_{aB}=\frac{0.47F_{rA}}{K_A}-F_{ae}$	$P_A=F_{rA}$ $^{*}P_B=0.4F_{rB}+K_BF_{aB}$

注：* 如果 $P_A<F_{rA}$，使用 $P_A=F_{rA}$；并且如果 $P_B<F_{rB}$，使用 $P_B=F_{rB}$。

图 8.4.15　单列安装圆柱滚子轴承的等效径向动载荷方程（由铁姆肯公司许可）

3. 热膨胀公差

圆锥滚子轴承的安装使用与角接触滚珠轴承相同。对于内圈转动的装配，背靠背安装方法一般具有热稳定性，而面对面的方法一般不具有此特性。当背靠背轴承组合安装于长轴的两端时，因为轴和轴承座热膨胀不同，一组固定的轴承圈必须可沿轴向浮动。

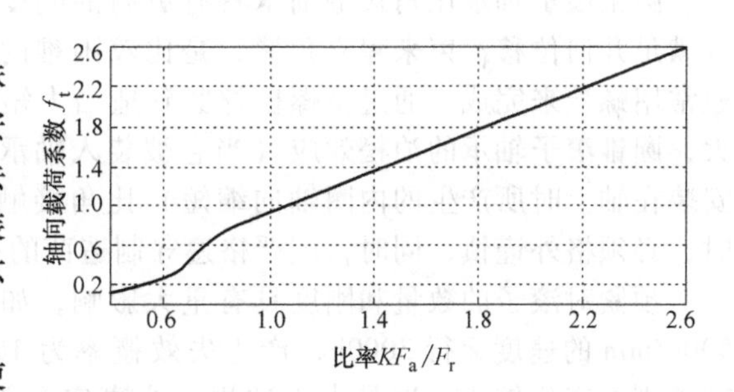

图 8.4.16　等效轴向载荷系数，如果 $KF_a/F_r>2.5$，直接使用轴向载荷（由铁姆肯公司许可）

一些制造商很愿意提供此类信息，以使设计工程师对其所产生的热量进行初步的估计。铁姆肯公司提供了以下方法来确定其生产的滚锥轴承所产生的热量：

1）根据图 8.4.16 所示的轴承载荷系数 K 和轴向载荷系数 f_t，查找等效轴向载荷。如果 $KF_{axial}/F_{radial}>2.5$，则 $F_{eq\ axial}=F_a$，否则，$F_{eq\ axial}=f_tF_r/K$。

2）产生的热量（瓦特）是等效轴向负荷、热系数 G_1（图 8.4.14 给出了轴承的该属性），润滑油黏度 μ（cP），速度 S（r/min）的函数：

$$Q=2.7\times10^{-7}G_1S^{1.62}\mu^{0.62}F_{axial\ equiv}^{0.30} \tag{8.4.7}$$

3）润滑油的黏度取决于油温，因此也就取决于流速。带走所有轴承产生的热量所需的流速为

$$F=\frac{9.6\times10^{-9}G_1S^{1.62}\mu^{0.62}F_{axial\ equiv}^{0.30}}{T_{oil\ out}-T_{oil\ in}} \tag{8.4.8}$$

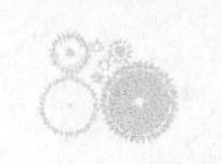

为了适应不同的工作条件，选择流速应针对最坏的情况，然后用一个闭环控制系统来测量油温，并相应地调整流速。

4. 定位（调准）

圆锥滚子轴承寿命不会严重降低的定位偏差大约是 0.001 弧度。然而，对于需要获得精确运动的高精度应用场合，应保持高精度地定位：杯座和锥座圆度应不低于轴承的径向运动误差，与轴承中心线的垂直定位误差最大等于轴承的径向运动误差。

在孔一端的轴承对承载力矩负荷，所以，与另一端支撑长轴的轴承对之间的定位公差几乎为零。当将滚锥轴承组合用于轴（如主轴）的两端时，必须格外小心，以确保孔中心线重合，且与轴两端相配合的承轨表面同心。

确保杯座和锥座表面相对轴承中心线的垂直度也是非常重要的。一种方法是通过配对研磨锥座与轴的表面，来提高锥座的表面垂直度，如图 8.4.17 所示。由于调整螺母的螺纹从来就不十分精确，所以，另一种方法就是使用经研磨的调节螺母和垫圈。

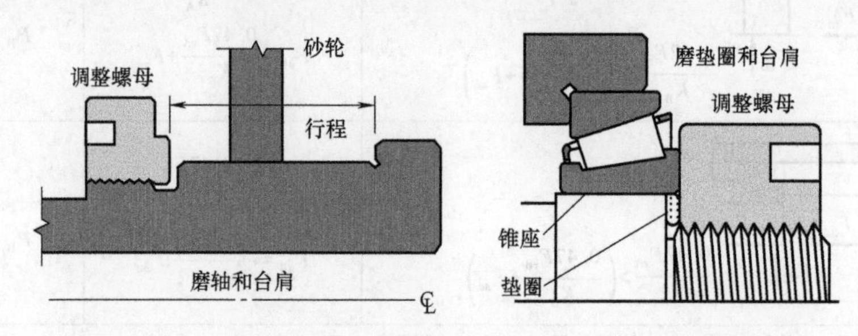

图 8.4.17　提高座椅表面垂直度的方法（由铁姆肯公司许可）

5. 预紧调整

圆锥滚子轴承比角接触轴承具有更高的刚度，所以，磨削承轨的偏移或做一个垫圈，通过满足几何位移约束来建立预紧，是比较困难的。因此，当经济性是首要考虑因素时，预紧通常用螺栓来完成，通过将螺栓拧紧到适当力矩来获得所需的预紧力。此外，因为轴承刚度大，圆锥滚子轴承的泊松效应（当它被装入轴承座孔时所产生的外圈轴向伸长，或者当它被安装在轴上时所产生的内圈轴向缩短）比角接触轴承更为显著。因此，当用垫圈来控制预紧时，必须格外谨慎，同时，应严格遵守制造商的指导。

预紧对滚子的数量和刚度具有重大影响，如图 8.3.7 所示[49]。如图 8.4.18 所示，轴承以 500r/min 的速度运行 3000h，产生失效概率为 10% 的条件下，径向载荷由 10% 加载到 90%，轴承刚度变化较小。这是由于这样一个事实：负载增加并不一定导致承载的滚子数量增加，轴向预紧也是如此。但是，当轴向预紧使承载区面积增加时，刚度就会大幅增加。图 8.4.18 显示了预紧力对圆锥滚子轴承系统的其他物理参数的影响。对于大多数其他类型的轴承，影响趋势类似。注意，如果有过多的杯座与孔和圆锥与轴之间的间隙过大，那么，预紧力的有利影响会大大削减，因此，必须注意遵循制造商提供的公差规范。

热膨胀和施加载荷可以改变轴承的预紧力，从而改变其性能。为保持预紧力恒定，可以在轴承座或锥座安装一个大弹簧，但是，系统刚度会降低。另一种方法是用力将圆锥滚子压入杯座和锥座之间的空隙。图 8.4.19 显示了为达到该目的而设计的一个 Hydra-Rib ™轴承。Hydra-Rib ™轴承通常用来作为主轴的后轴承。Hydra-Rib ™设计、伺服控制压力系统和装配的动态刚度，可以实时改变，以适应流过程，此功能为设计工程师提供了一种设计主轴的全新方法。

[49] 参见第 8.3 节有关刚度的讨论。

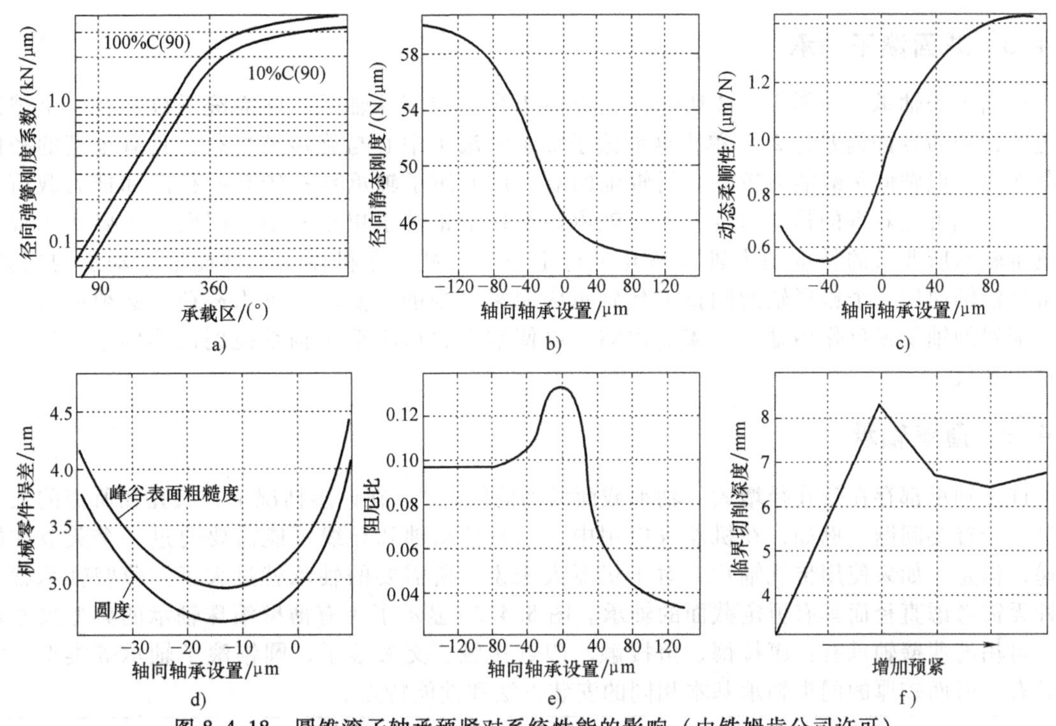

图 8.4.18 圆锥滚子轴承预紧对系统性能的影响（由铁姆肯公司许可）

a）承载区对刚度的影响 b）预紧对静态刚度的影响 c）预紧对柔顺性的影响

d）预紧对零件误差和表面粗糙度的影响 e）预紧对阻尼的影响 f）预紧对金属去除率的影响

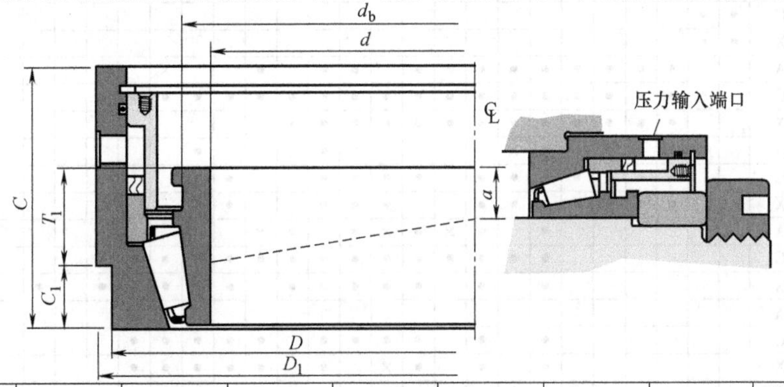

系列	d/mm	D/mm	D_1/mm	T_1/mm	C/mm	C_1/mm	d_b/mm	a/mm	热系数 G	$F_{径向}$①/kN
JP5000	50	104	103.5	31	66	15	61	−13.0	32.5	20.6
JP7500	75	122	130	22	65	10	85	−10.2	60.5	23.1
JP8500	85	140	148	23.5	66	10	96	−9.1	86.6	30.1
JP11000	100	170	178	27	70	12	114	−10.4	140	34.1
JP11000	110	170	178	27	70	12	122	−10.4	140	34.1
JP12000	115	180	190	26	70	12	128	−7.1	173	42.0
JP12000	120	180	190	26	70	12	132	−7.1	173	42.0
JP13000	125	190	200	29	72	12	138	−7.6	212	49.9
JP13000	130	190	200	29	72	12	142	−7.6	212	49.9
JP14000	135	205	213	27	72	13	148	−3.8	235	50.6
JP14000	140	205	213	27	72	13	152	−3.8	235	50.6
JP16000	155	227	235	30	76	15	169	−5.1	318	60.9
JP16000	160	227	235	30	76	15	172	−5.1	318	60.9
JP17000	170	240	248	30	79	15	182	−4.8	365	62.9
JP18000	180	260	268	30	84	15	193	−1.8	398	63.6
JP20000	200	282	290	32	83	17	213	−0.8	480	74.6
JP22000	220	308	316	32	83	17	233	+5.3	588	80.8

① 在 500r/min、L10 寿命为 3000h 条件下取得的径向额定载荷。

图 8.4.19 铁姆肯公司 Hydra-Rib ™轴承的特性（由铁姆肯公司许可）

8.4.8 球面滚子轴承

球面滚子轴承，如图 8.3.2 所示，它类似于自定位滚珠轴承。球面滚子放置在一个球面轨道上，轴的容许偏差为 2°。单列球面滚子轴承的滚子中心与旋转轴平行，具有很高的径向承载能力，但轴向承载能力较低。斜辊轴的双列球面滚子轴承具有较高的径向和推力载荷承载能力。就可能获得的精度而言，此类轴承甚至比滚锥轴承更难制造，因而它主要用于很难对滚锥轴承所要求的精度的大轴承座孔进行定位的大型工业机器上。球面滚子轴承的预紧，通常是沿轴向用一个锥形轴的圆锥取代轴承内圈来实现的。要承载推力载荷，必须使用一个相反配置的轴承或反作用轴向约束的内圈，以使推力载荷不至将轴承拖到锥形轴上，从而导致轴承超载。

8.4.9 薄壁轴承

许多轴承都存在随孔径增大，轴承截面增加的问题[50]。在许多情况下，大孔径所需的大空间是一个首要问题。例如，在机器人应用中，动力传动轴和导线可能需要通过一个关节才能传递，但是，如果使用传统轴承，对于机器人来说，所需要的轴承就过大了。薄壁轴承就是一种无需考虑直径而具有恒定截面的轴承。图 8.4.20 显示了现有薄壁滚珠轴承的典型尺寸范围。可用的薄壁轴承有：康拉德、角接触、四点接触、交叉滚子、圆锥滚子轴承等类型，它们具有与壁面较厚的同类轴承基本相同的安装方法和性能特点。

		孔径/in																										
轴承系列		1	1.5	2	2.5	3	3.5	4	4.25	4.5	4.75	5	5.5	6	6.5	7	7.5	8	9	10	11	12	14	16	18	20	25	30	35	40
KAA 系列	A	•	•																											
3/16″径向	C	•	•																											
截面	X	•	•																											
KA 系列	A			•	•	•	•	•	•	•	•	•		•	•		•			×										
1/4″径向	C			•	•	•	•	•	•	•	•	•	•	•	•	•	•	•	•	•	•	•								
截面	X			•	•	•	•	•	×	•	•	•	•	•	•	•						×								
KB 系列	A			•	•	•	•	•	×					×	•				•											
5/16″径向	C			•	•	•	•	•	•	•		•	•	•	•			•												
截面	X			•	•	•	•	•	•	•			•	•	•			•	•											
KC 系列	A							•		•	×	•	×	•		•	×				×									
3/8″径向	C							•	•	•	•	•	•	•	•	•	•	•	•	•	•	•								
截面	X							•		•		•	•	•	•	•		•	•	•	•	•		•						
JU 系列	A																													
3/8″径向	C							•		•		•	•	•	•		•	•	•	•	•									
截面	X							•		•		•	×		•		•	•	•	•	•									
KD 系列	A							•	•	•	•	•	•	•	•	•	×	•	•											
1/2″径向	C							•	•	•	•	•	•	•	•	•	•	•	•	•	•	•								
截面	X							•	•	•		•	•	•	•	•	•	•	•	•	•	•	•		•		•			
KF 系列	A										•		•	×	•		×	×	×	×		•								
3/4″径内	C							•	•	•	•	•	•	•	•		•	•	•	•	•	•	×							
截面	X							•		•	•	•	•	•	•		•	•	•	•	•	•	•							
KG 系列	A								×					•	×		•	•	•			•	•	×	×	•	•	×		
1″径向	C								×		×	•	•	•	•	•	•	•	•	•	•	•	•	•	•	×	×	×		
截面	X									•			•		•	•	•	•	•	•	•	•	•	•	•	•		•		

• 现货供应 ×限量供应。

图 8.4.20 角接触（A）、康拉德（C）和四点接触（X）
薄壁滚珠轴承的典型尺寸范围（Kaydon 公司许可）

50 轴承截面的定义如下：宽度是内圈和外圈的轴向的投影尺寸。高度是外圈外半径与内圈内半径之差（即，轴承座和轴孔之间距离的一半）。

交叉滚子轴承是一种可以支持较高的径向、轴向和力矩载荷的薄壁轴承，因为滚子与承轨之间是线接触，它们所产生的滑移要比四点接触哥特拱式滚珠轴承小。这使得交叉滚子轴承可以实现高精度和低摩擦。图 8.4.21 比较了两种防止滚子发生扭曲的设计。垫圈使大部分滚子表面都与轴承圈相接触。正如图 8.4.21 所示，如果不慎重选择保持架的厚度和研磨退刀

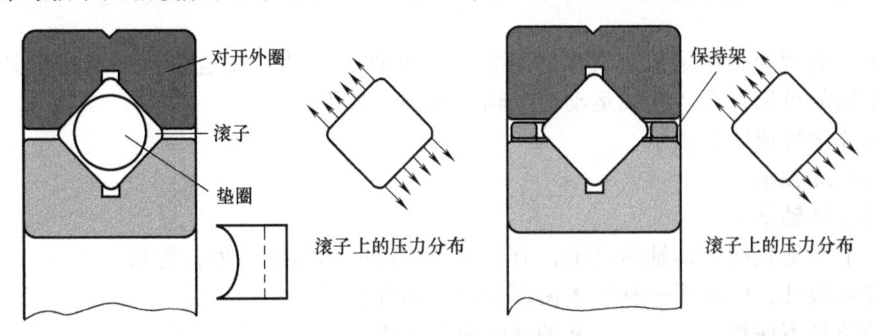

图 8.4.21　交叉滚子轴承保持架结构与垫圈结构的比较（由 THK 有限公司提供）

槽的宽度，那么，对于使用垫圈的设计来说，作用在滚子上的力偶（力矩）会更大。交叉滚子轴承用于空间仅能放置一个轴承且轴承必须支撑径向、轴向和力矩载荷的场合。安装交叉滚子轴承时，重要的是要确保该结构可将拆分外圈牢固地夹紧。图 8.4.22 显示了典型尺寸的交叉滚子轴承。大多数交叉滚子轴承在其拆分线上都有一个润滑孔（直径为 1～3mm）。

型号	重量 /N	内径 ID /mm	外径 OD /mm	高度 /mm	内圈高度公差 /mm	外圈高度公差 /mm	载荷 C /kgf	载荷 Co /kgf
RB3010	1.2	30	55	10	+0　-0.120	+0　-0.150	660	520
RB4010	1.6	40	65	10	+0　-0.120	+0　-0.150	750	650
RB5013	2.7	50	80	13	+0　-0.120	+0　-0.150	1510	1290
RB6013	3.0	60	90	13	+0　-0.150	+0　-0.200	1630	1500
RB7013	3.5	70	100	13	+0　-0.150	+0　-0.200	1750	1700
RB8016	7.0	80	120	16	+0　-0.150	+0　-0.200	2720	2590
RB9016	7.5	90	130	16	+0　-0.200	+0　-0.250	2830	2780
RB10020	14.5	100	150	20	+0　-0.200	+0　-0.250	3020	3160
RB11020	15.6	110	160	20	+0　-0.200	+0　-0.250	3110	3350
RB12025	26.2	120	180	25	+0　-0.200	+0　-0.250	6350	6570
RB13025	28.2	130	190	25	+0　-0.250	+0　-0.300	6590	7020
RB14025	29.6	140	200	25	+0　-0.250	+0　-0.300	7090	7910
RB15013	6.8	150	180	13	+0　-0.250	+0　-0.300	2440	3240
RB15025	31.66	150	210	25	+0　-0.250	+0　-0.300	7280	8360
RB15030	53	150	230	30	+0　-0.250	+0　-0.300	9210	9840

图 8.4.22　可供货的典型交叉滚子轴承。直径尺寸最大可达 1250mm（THK 有限公司许可）

8.4.10　小结

当进行机器概念设计时，结合制造商产品目录中的信息所提出的讨论，对于初步选择轴承和草拟机器设计图样来说足够了。但是，由于必须考虑所有的细微参数及其复杂的相互影响，所以精密的旋转轴承系统的详细设计非常困难。实际上，为快速、高效地应用所有方程来预测负载能力、刚度、寿命、温升等指标，必须使用计算机。这也为进行参数研究提供了

方便，如增加预紧或轴承直径对系统的刚度和产生的热量会产生什么样的影响？幸运的是，有现成的转动机械设计软件系统可供选用[51]。

8.5 直线运动的滚动轴承

直线运动的滚动轴承是精密机床的最重要的部件。因此，在这里将详细讨论其基本运行特点以及不同的可用类型。直线运动滚动轴承的类型如下：

- 非循环滚珠或滚柱轴承。
- 循环滚珠轴承。
- 循环滚柱轴承。

选择一个滚动直线运动轴承之前，有几个基本的问题需要考虑，包括：

- 滚珠或滚柱，使用哪一种？
- 循环还是不循环？
- 保持还是不保持？
- 轴承间距是多少？
- 接触面的形状是什么样的？
- 选择标准是什么？

有许多直线滚动轴承和旋转滚动轴承可供选择，所以，应该谨慎选择！

1. 滚珠或滚柱，使用哪一种

滚珠可以很容易地通过自动研磨过程使圆度达到亚微米级。一般来说，同一批号的滚珠尺寸的变化是非常小的，所以，没有必要来测量每一个滚珠。当需要测量每一个滚珠的大小时，成品滚珠将沿着一个分叉的轨道慢慢滚下，同样大小的滚珠将通过轨道落入特定的位置。一旦安装在轴承上，滚珠不会像滚子那样发生侧向歪斜，因而总是对齐在它们滚动的凹槽内；然而，与凹槽的点接触限制了它们的承载能力和刚度。滚子通常由无心磨床加工，其圆度和尺寸精度可以达到1/2~1μm。滚子也可以（难度大于滚珠）研磨到亚微米级精度。与滚道表面的线接触使滚子可以承受大的载荷并且具有高的刚度。把槽磨圆比把面磨平更加困难，但是，把滚珠制成球体比把滚子制成圆柱形容易。

为了量化滚珠或滚柱系统的承载能力和刚度之间的差异，可以查阅第5.6节中所给出的刚度和接触应力方程，但由于球体和圆柱体的挠度方程的形式有很大的不同（立方根对自然对数），所以，简单的比例计算和比较是不合理的。因此，在滚珠或滚柱之间进行选择时，需要做一个详细的数值比较，或对轴承制造商提供的刚度值进行比较。在一般情况下，滚柱轴承用于大型机器（主轴功率大于20千瓦），而滚珠轴承则用于较小的机器上。

在需要亚微米级精度或重复性这两种情况下，每个滚珠或滚柱都需要检测。如果滚动体有一个高点，那么，它会以πD为周期产生一个直线度误差。如果滚子是椭圆形的，那么，误差周期将是$\pi d/2$。

2. 保持还是不保持

保持架有三种功能：①当轴承从轨道上拆卸下来时，防止滚珠或滚柱落到地板上；②保持滚柱在直线上移动并防止它们发生侧向倾斜；③防止滚珠或滚柱相互摩擦。没有滚珠或滚柱是理想的圆形，所以，在滚动过程中会发生一些滑移，这会改变滚动体之间的间距。滚动体的非圆和尺寸不一的概念，如图8.5.1所示。利用统计学考虑圆度和尺寸的变化，通过数

---

[51] 例如，南菲尔德工程技术联合会提供的进行转动机械设计的ROMAX™软件设计包。此外，一些轴承制造商拥有一些分时共享程序，让设计人员能够通过电脑和调制解调器来访问他们。这可以让设计人员在选择轴承和预测其性能时，迅速地玩“如果怎么办”的游戏，例如，铁姆肯公司拥有一套SELECT-A-NALYSIS™轴承选择与分析程序。大多数的轴承制造商还有内部程序，可以预测作为运行参数函数的性能指标（例如，轴承温度就是负荷、转速和润滑类型的函数）。

学来预测载荷、刚度和横向力的变化特征，是可能的[52]。但是，这种类型的分析并不适用于从目录中选择轴承的情形，而仅用于工程师们自己设计滚动轴承的时候。

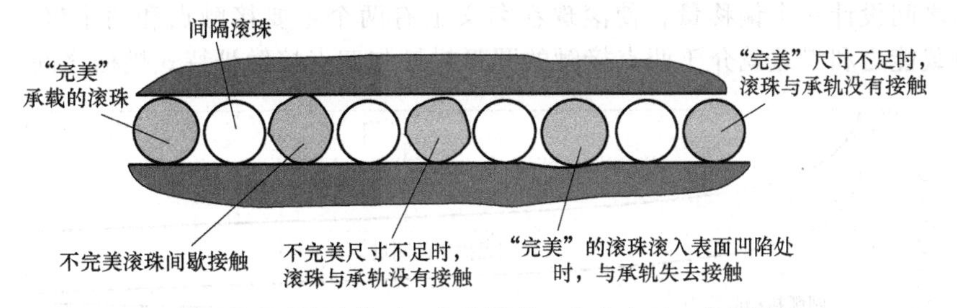

图 8.5.1 滚动体不一定是圆的，大小也不一定相同

滚动体也会常常接触，除非使用了一种方法将它们分开。当滚子相互接触时，其表面速度矢量相反，并产生摩擦。许多类型的直线轴承和滚珠丝杠不能使用机械保持架使滚珠或滚柱分开，因此会有一些间歇性的摩擦，除非用直径较小的间隔滚珠来使所有承载滚珠分开。在低速时，摩擦通常是可以忽略的，但在高速时，滚珠摩擦就是一个噪声源，它会影响到伺服驱动器的重复定位精度，并能分别造成微弧度和亚微米级非重复性角度误差和直线度误差。注意，使用间隔滚珠或滚柱必然减少了承载滚动体的数量，所以承载能力和刚度都会下降。

3. 接触面的形状是什么样的

对滚动的滚珠而言，滚槽的形状影响承载能力、刚度、动态和静态摩擦因数。图 8.5.2 所示为两种最常见的沟槽，即圆弧拱槽和哥特式拱槽。圆弧拱槽的滚珠只与槽在两个点上接触，从而支撑双向负载至少需要四个槽。它的优点是，几乎是纯滚动，因为几乎没有因接触面的纬度范围而造成滑移。滚珠轴承可以选用背靠背或面对面的配置；前者提供了更高的阻力矩，而后者则具有更好的自我定位能力。这样布置的热稳定性一般没有问题，因为与滚动体做旋转运动的轴承相比，其速度通常较低。

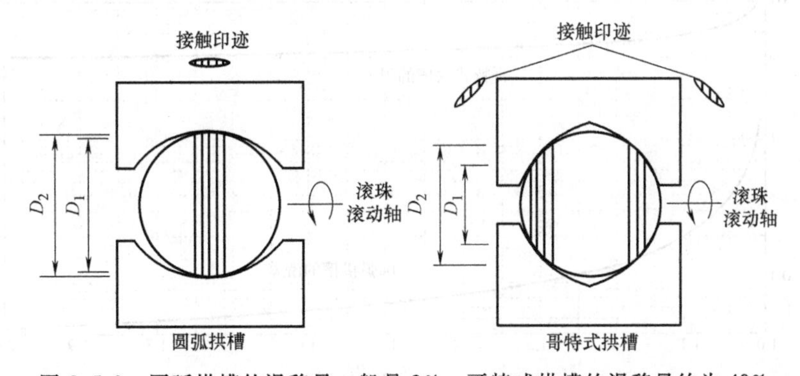

图 8.5.2 圆弧拱槽的滑移量一般是 3%，哥特式拱槽的滑移量约为 40%

在哥特式拱槽内，一个滚珠可以与其四点接触，因此只需两个槽就可支撑双向负载。但是，这会导致大幅滑差，从而极大地增加了摩擦，所以当导轨与轴承滑座上的凹槽之间存在偏移时，可使用四个哥特式拱槽。从而使两滚珠在正常负载条件下与凹槽两点接触。超载时，凹槽中的滚珠与拱的另一侧相接触，从而帮助支撑过载。

图 8.5.3 和图 8.5.4 说明了每套滚珠与各自的凹槽（即无槽偏移）四点接触的哥特式拱槽直线运动轴承所面临的设计难题。为减少滑差，需要增大凹槽半径，但是这样就会降低承

[52] 参阅：Z. M. Levina, "Research on the Static Stiffness of Joints in Machine Tools," Proc. 8th Int. Mach. Tool Des. Res. Conf., Sept. 1967, pp. 737-758。

载能力。事实上，如果将滑差减少到一个圆弧拱槽的滑差，那么，其承载能力就与圆弧拱槽轴承相当。有些设计工程师希望哥特式拱能够提供额外的负载能力，所以就会在哥特式拱槽轴承的凹槽之间设计一个偏移量，使滚珠在名义上有两个主要接触点和两个轻微接触点。如此，将使负载能力和滑差就介于两点接触的圆弧拱槽与四点接触哥特式拱槽之间。

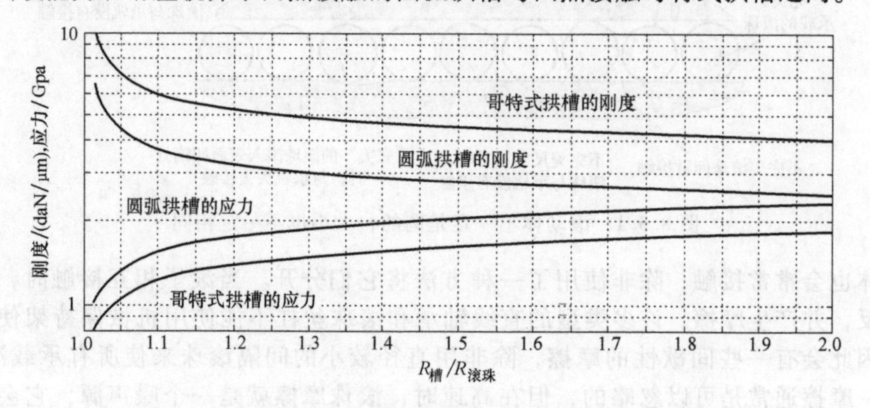

图 8.5.3　滚珠与不同凹槽形状之间的赫兹应力和刚度

注：图中数值结果针对滚珠直径 5mm，每个支撑 100N 的情形。

进一步的概括是很困难的，因为其他问题（例如，元件精度和表面光洁程度、返回路径的设计、冶金性能等）也会影响轴承的性能。此外，人们总是可以找到一个能满足承载能力和刚度要求的凹槽轴承。因此，为了评估一个厂家的产品，应要求其提供有关轴承的负荷能力、刚度、静态和动态摩擦因数的数据。也许最重要的是获得精度的数据，它是行程与施加载荷的函数。不要羞于询问厂家有关他们的产品与其竞争对手的产品的比较结果。公司对其他厂家的产品和技术的了解情况反映了其产品的推荐价值。

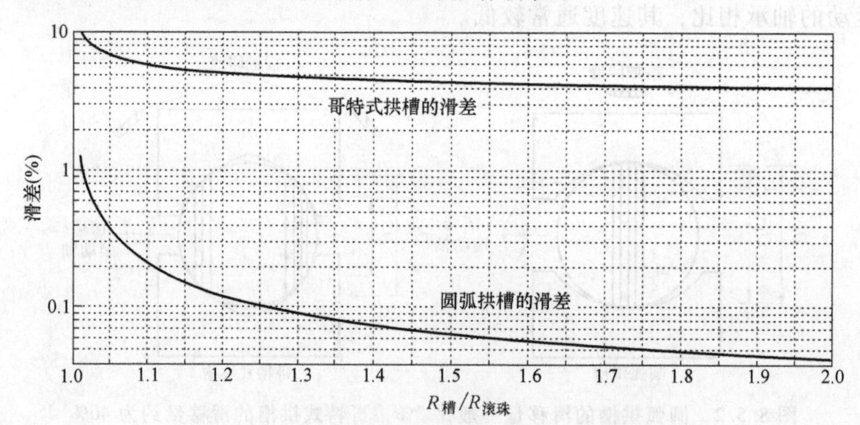

图 8.5.4　滚珠与不同凹槽形状之间的滑差

注：图中数值结果针对滚珠直径 5mm，每个支撑 100N 的情形。

4. 循环或不循环？这是个问题

增加刚度需要对轴承预紧。这意味着当滚珠离开承载路径进入循环管以后就会膨胀。同样，当它离开循环管重新进入承载路径之后又会被压缩。这种亚微米级的膨胀或压缩结果就是微力输入与运动轴向正交，类似使用锯齿刀时的情况。路径上的滚珠或滚柱越多，轴承的刚度就越大，这种正交力噪声产生的轴承高频直线度误差（平滑度）就越小。制造商提供渐变的入口/出口区域可以减少颠簸，但是，还是会存在一些噪声。对于 1μm 性能就足够了的一般的机床应用而言，循环轴承的性能是令人满意的，但是，对于亚微米（1~10μin）级的应

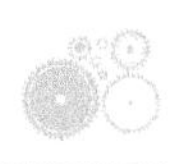

用，设计工程师如果可能，应尽量使用非循环轴承，或至少要仔细测量具有统计学意义的拟使用轴承组件的样机的性能[53]。在亚微米级的应用中，也可以考虑其它轴承，如静压或空气静压轴承。

5. 轴承间距是多少

当使用多个滚动体来支撑负载时，系统通常都是过约束的，所以，应该在四个角用轴承来支撑滑座。当使用模块化轴承时，为尽量减少轴承导轨的长度，通常应尽量减少轴承之间的轴向间距。但是，由于滚动轴承仍然有少量的静态和动态摩擦，所以，纵向对横向（长度对宽度）的间距比例越大，直线运动就越平滑，发生“爬行”现象的可能性就越小。

首先应该进行轴承尺寸和间距的计算，以获得所需的负载和刚度性能。注意，为防止“爬行”现象的出现（在低速向前运动时，出现的快速偏航或颠簸），轴承纵向与横向间距比理想值应为 2：1。轴承的空间配置，可以采用一个黄金矩形（比率约为 1.6：1）。最小绝对长宽比为 1：1。速度越高，长宽比应越大。对于大型移动桥式机械，常常需要在桥的两侧为执行器和位置传感器安装主从伺服系统。

当系统过约束时，难以进行如同第 2.2.4 节中那样的完全封闭形式的分析。然而，这种类型的分析，只要使用合适的弹性系数和几何相容性方程，就可以扩展到非运动系统。第 8.5.2.4 节讨论了可外推到其他类型轴承系统的直线运动导轨轴承系统确定力和挠度的分析方法。

6. 选择标准是什么

设计直线轴承支撑的系统时，需要考虑的标准应包括：

- 运行的平行度、可重复性和分辨率
- 定位要求
- 横向载荷和力矩的支撑能力
- 预紧和摩擦性能
- 热膨胀公差
- 寿命

就转动系统来说，必须能够将力和力矩可视化为“流体”（力流），并且，看清楚它们是如何从滑座流入轴承和机器的。对于必须承载高切削力和力矩的机床，实际上需要使用过约束的轴承配置，但是，仍然需要将力和力矩的分布可视化，以便判断使用轴承的数量、尺寸和间距。

有许多不同类型的直线滚珠轴承适用于精密机械，因此，在选择轴承时，必须认真考虑所有轴承类型和所有的制造商[54]。用经过精密研磨的组件组装的商用系统，通常可以达到 1~10μm/m 的运行平行度（移动的轴承面相对于导轨表面），而经过手工研磨和检测的系统的运行平行度有时可以提高一到两个数量级。当然，这些粗略的性能准则受到第 8.3 节中所讨论的许多因素的影响。

从生产的角度来看，人们想要有高的质量、低廉的价格和按期交货。从样机试制的角度来看，如果你没有进行货比三家，或者没有进行性价比分析，就选择一个厂家的产品，那么，如果轴承的性能较差，样机很可能失败，项目也可能因此被取消。明智的设计工程师至少会在两个可能的产品当中进行选择，并进行初步测试，以确定哪个是最适合的轴承。另外，还应该问类似这样的问题：

- 制造商的声誉怎样？
- 制造商以往为类似的应用提供过轴承吗？
- 制造商能够提供精确的数据吗？
- 能够提供友好的智能化设计服务吗？

---

[53] 见图 8.3.7 及其相关讨论。

[54] Thomas Register 再次被证明是一个宝贵的参考资料来源。此外，还必须不断地阅读设计杂志，并时常用公司文献来更新自己的目录文件。

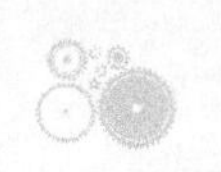

- 制造商的库存是否有可直接提供使用的轴承？
- 订单交付需要多长时间？
- 使用现有库存轴承如何影响其余的设计？
- 样机和生产量的成本是多少？

读者、他的管理者和其他人可能还会想到其他许多需要考虑的问题，但是，这些问题至少应该有助于激发进一步的讨论。

选择轴承时，应该征询轴承制造商的意见。但是，在选择直线轴承时，应该注意到，一些推销员并不像我们想象的那样谨慎。因为他们会想到：滚动线性轴承高的成本将使得一些设计工程师想要使用滑动轴承，即使系统成本大致相同，所以，推销员有时倾向于推荐最便宜的（最小的）的轴承，他们真诚地相信此类轴承完全可以胜任工作要求。

然而，没有人比设计工程师更了解轴承所要安装的机器，因此，一个明智的办法是使用推荐的轴承和稍大尺寸的轴承设计一个测试夹具。将该测试夹具安装在一个阻尼特性良好的大型机器滑座上，使该夹具的动态特性成为主导。测试架可装载重物，以模拟最大零件或切削载荷。为了模拟来自切削的振动载荷，可以在滑座上安装气动或电动振动器。甚至可以对滑座进行反复“碰撞”，以检查其抗冲击性能。甚至可以把测试滑座安装在一个非移动直线轴承支撑的轴上，来评价在零件转动起来的情况下不使用轴的抵抗微动磨损的能力。还可做一些切削测试，来评估设计的机械加工性能[55]。

8.5.1 非循环滚珠或滚柱轴承

非循环轴承的行程只是它们支撑的滑座的一半，如图 8.5.5 所示。它们主要应用于需要短行程和紧凑设计的情形。它们很容易用边缘密封或波纹管进行密封，并且相对便宜，易于安装和维修。可以用棉芯或其他一些自动装置对它们进行润滑。下面将讨论各类非循环直线轴承。

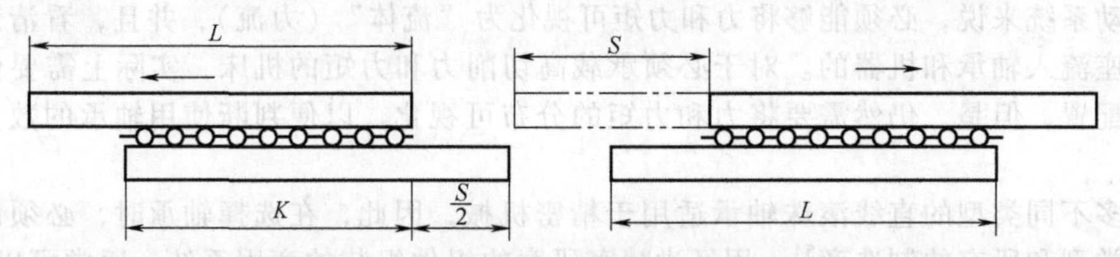

图 8.5.5 直线轴承的非循环滚动体的滚动

8.5.1.1 滚珠对圆柱曲面

滚珠用保持架保持，然后让其作为一个圆柱形轴承座与轴之间的连接。这种配置使轴可以进行直线运动和旋转运动。如果轴和孔都经过精心研磨并使用精密滚珠，那么，为具有亚微米精度和纳米级分辨率的主轴设计衬套是可能的。对于比较普通的应用，如冲床，市场上常见的轴、孔零件和带滚珠的保持架都可以使用。注意，与滚珠或其他几何形状的轨道相比，滚珠与圆轴之间的接触应力更大，刚度却更低。

1. 运行平行度、重复性和分辨率

运行平行度是对直线精度的测量，重复性是衡量直线度误差的重现性，而分辨率是衡量摩擦和滚动质量对伺服系统（例如，传感器、执行器和控制器）使轴承支撑组件移动的运动增量最小值的影响。非循环滚珠对研磨圆轴可以实现总径向运动误差 2~5μm，平行度 5~10μm/m，分辨率在 0.1~1.0μm 之间的（取决于伺服系统）精度。如果孔和轴都经过研磨，滚珠经仔细检查，性能可以提高一到两个数量级，但成本会大幅增加。注意，可以完成此类

[55] “做正确的事情比解释你做错的原因花费的时间更少。” Henry Wadsworth Longfellow。

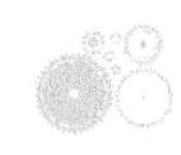

研磨的工匠并不常见，除非自己拥有此类技术人员，否则，不应该设计此类轴承。

2. 横向和力矩载荷支撑能力

这种配置主要提供两个自由度。为了支撑其他轴的力矩载荷，应该使用两套轴承，每个轴端各一套。滚珠对圆柱曲面的负载能力与循环滚珠对圆形轨道的负载能力相似（见第 8.5.2.2 节）。对于定制设计系统，必须进行与用来确定转动滚珠轴承中每个滚珠负荷相似的详细的分析。注意，这种类型的轴承一般不意味着要并联使用以支撑直线滑座。

因为滚珠安放在圆柱表面上，所以，这种类型配置的刚度低于滚珠放在圆弧拱槽或哥特式拱槽中的轴承。作为一阶计算，比较两种情况下的等效曲率半径。首先，滚珠安装在一个圆弧拱槽内，其曲率半径如是滚珠半径的 1.2 倍，在这种情况下，等效曲率半径为

$$R_e=\frac{1}{1/R_b+1/R_b-1/(1.2R_b)+1/\infty}\approx 0.857R_b \tag{8.5.1}$$

下一步，假设滚珠放置在轴上，其直径是滚珠的 10 倍，于是，其等效曲率半径为

$$R_e=\frac{1}{1/R_b+1/R_b+1/(10R_b)+1/\infty}\approx 0.476R_b \tag{8.5.2}$$

滚珠的刚度与等效曲率半径的立方根成正比，因此，在本例中，在圆弧拱槽中的滚珠比在圆柱上的滚珠的刚度高 22%。接触应力与等效曲率半径的 -2/3 次方成正比，所以，圆柱上滚珠的接触应力要高出 48%。幸运的是，通常都有足够的空间来装载多个滚珠类型的轴承，所以应力和刚度水平都可以接受。

3. 热膨胀公差

由于轴承不限制轴向运动，所以，只需要确保轴和轴承座之间的径向膨胀不是太大即可。至于转动轴，可以通过油雾润滑冷却轴承来做到这一点。

4. 定位要求

每个滚珠保持架装配都能承载力矩负荷，对孔和轴的定位要求与角接触轴承支撑主轴相同。

5. 预紧与摩擦性能

预紧是通过装载超大滚珠来实现的。这意味着，轴承座必须有足够的刚度来防止来自超大滚珠所产生的内部压力造成的座孔变形，否则，会影响轴的运动误差。对于这种复杂的装载类型，可能要进行有限元分析。轴承座的壁厚至少等于轴的半径。因为，滚珠是两点接触，所以滚动摩擦非常低。可以预测静态和动态摩擦系数为 0.005~0.01。

8.5.1.2　槽轨中的滚珠和滚柱

各种类型的非循环槽轨滚珠或滚柱轴承如图 8.5.6 所示。当采用图 8.5.7 所示的彼此反作用方式进行预紧时，此类轴承可以承载纵向、横向和力矩载荷。当轴承沿垂直方向安装时，只能依靠滑座的质量进行预紧。此时，接触应力（刚度）和滚动摩擦都较低。在需要精密轴向位置控制的实际应用中，例如检验设备，通常首选后面的安装方法。此类轴承比较常见的

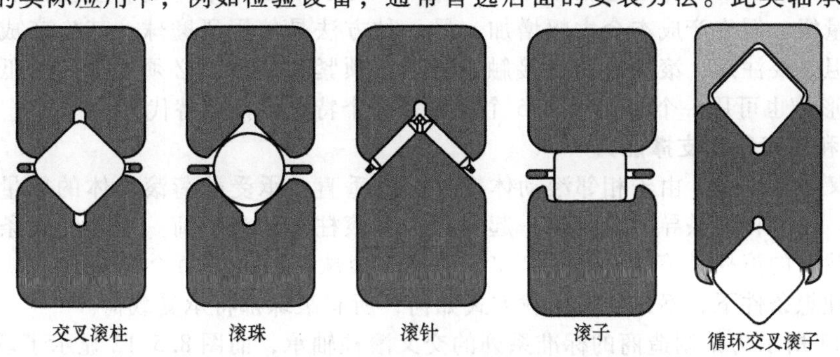

图 8.5.6　承槽中滚珠与滚柱的变化

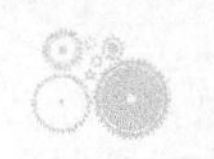

形式之一是交叉滚柱轴承，如图 8.5.8 所示。滚柱安装在保持架中，其长度略小于直径，滚柱之间成 90°夹角。这可以防止滚柱两端与 V 形槽表面产生摩擦，因为，当其同时支撑双向负载，并不主要与 V 形槽表面接触。

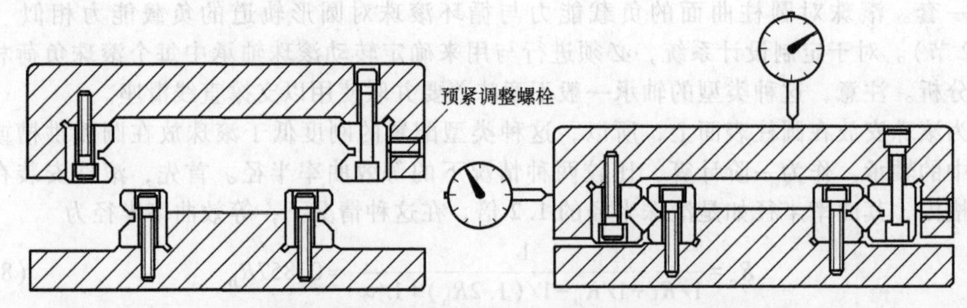

图 8.5.7　支撑滑座的交叉滚柱的典型装配（NSK 公司许可）

图 8.5.9 所示为三个滚珠的运动配置。这个系统的重复性可达到组件的表面光洁程度。注意，在 V 形槽中的滚珠是四点接触，因此会产生滑移。当需要保持运动学的配置时，可将其中一个 V 形槽用 V 形楔替换，并用四个滚珠替代其中两个滚珠。这种类型系统的预紧可以通过滑座重量或绞盘（摩擦）驱动滚柱（未显示）（它也提供轴向驱动力）来获得。

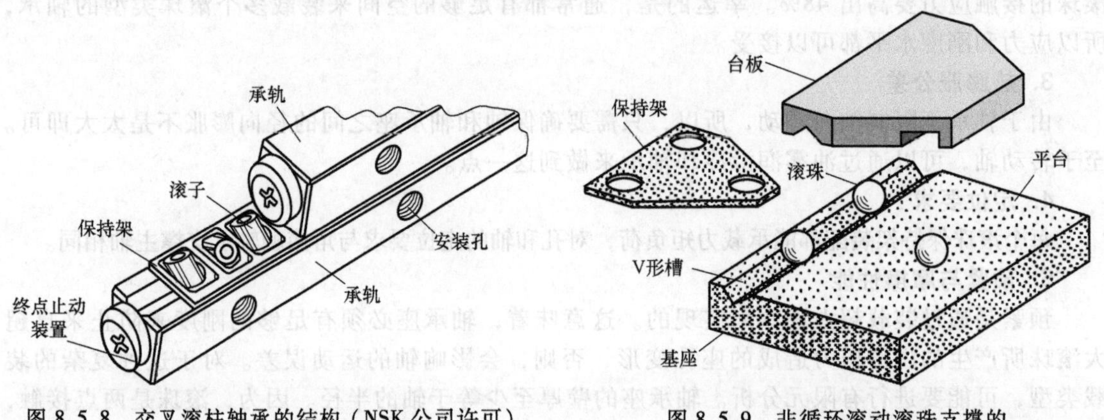

图 8.5.8　交叉滚柱轴承的结构（NSK 公司许可）

图 8.5.9　非循环滚动滚珠支撑的仪器台板的 V 形槽和平面导轨

1. 运行平行度、重复性和分辨率

此配置中经过磨削加工的组件可以实现 5~10μm/m 的平行度，1/4~1/2μm 的重复性，0.1~1.0μm 的分辨率（取决于伺服系统）。图 8.5.10 显示了导轨长度对运行平行度的一般影响。如果组件经过研磨，滚动体经过仔细检查，那么，可以使运行平行度、重复性和分辨率提高一到两个数量级，但生产成本会大幅增加。另一种方法是使用研磨球，其生产成本远远低于研磨滚柱。但是要注意，滚珠是四点接触，所以，预紧和负载都必须保持在较低水平上。另外，一个 V 形槽也可用一个 V 形楔和 5 个滚珠及一个特殊保持架替代。

2. 横向和力矩载荷支撑能力

对于交叉滚柱轴承，由于相邻滚动体辊轴相互垂直，承受载荷滚动体的数量取决于轴承的加载方式。当力将两条导轨压紧在一起时，所有滚柱都承受载荷。当力使两条导轨相互剪切时，承受载荷的滚柱是滚柱总数的 1/2。当使用滚珠时，由于每个滚珠与导轨都是两点接触，所以，理想条件下，不论导轨加载方式如何，所有滚珠都将承受载荷。

图 8.5.11 所示为某制造商的标准系列的交叉滚柱轴承，而图 8.5.12 显示了承载滚柱的负载校正因子。要获得动态负载能力，必须用对应加载辊的实际数量的负载校正因子乘以额定

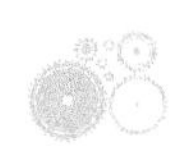

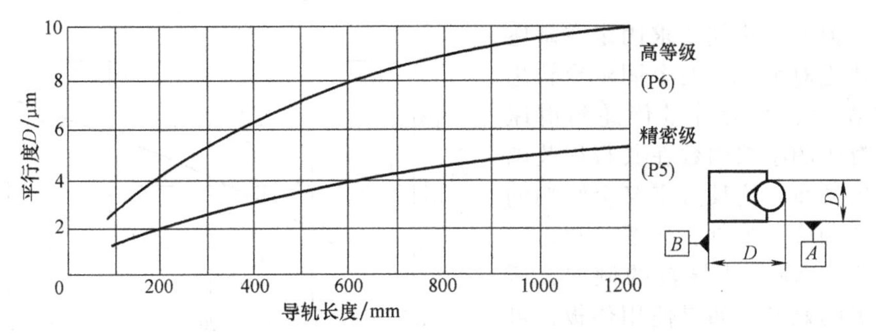

图 8.5.10　交叉滚柱轴承的精度等级（NSK 公司许可）

载荷。静载荷能力用一个滚柱的额定载荷乘以承受载荷滚柱的数量来表示。这些关系对于承受压缩或剪切载荷的导轨都适用。只需要考虑加载滚柱的实际数量，并使安装达到足够的刚度，以使导轨保持定位。如果导轨定位不准，滚柱可变形为滚锥。交叉滚柱轴承的刚度往往也是由制造商提供的。例如，图 8.5.13 显示了图 8.5.11 所示轴承的刚度和刚度校正因子。如果轴承可能遇到会产生微动腐蚀的工作条件（即，非常缓慢的速度和高等级振动），那么可以用陶瓷材料（即氮化硅）或不锈钢材料的滚动体。此类轴承，尺寸从最小到最大的高精度轴承，价格从 100~5000 美元不等。

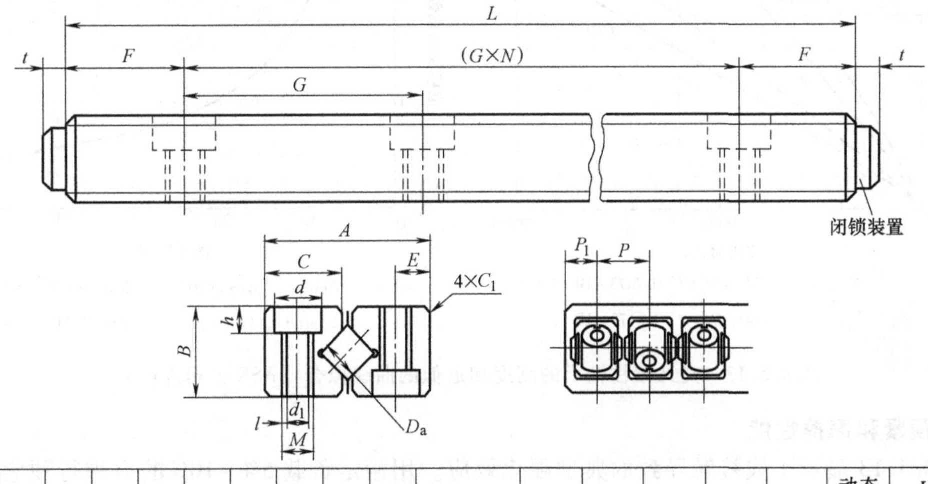

型号	D_a	A	B	C	C_1	E	d	h	d_1	M	F	G	t	P	P_1	动态载荷①/kgf	L 最大值	
																	P5	P6
CRG04	4	24	12	11.3	0.3	5	8.0	4.2	4.3	M10×1.5	20	40	2.3	6.5	3.8	1000	200	300
CGR04	4	26	10	12.3	0.5	5	8.0	4.2	5.0	—	12/15	38/40	2.3	6.5	3.8	1000	200	300
CRG06	6	31	15	14.5	0.8	6	9.5	5.2	5.2	M6×1	25	50	3.2	9.5	5.8	2720	400	600
CRG09	9	44	22	20.8	1.0	9	11	6.2	6.8	M8×1.25	50	100	4.0	14	8.0	7420	600	900
CRG12	12	58	28	27.6	1.5	12	14	8.2	8.5	M10×1.5	50	100	5.0	20	12	13300	900	1200

① 测量数为 20 个滚柱，单位是 mm。

图 8.5.11　交叉滚柱轴承的典型尺寸规格（NSK 公司许可）

3. 热膨胀公差

由于两条平行导轨代表过约束安装，所以，除了通过（希望）元件的弹性变形来适应热膨胀之外，也没有其他办法。如果轴承用于准稳态的工作条件下，只要安装导轨的滑座与基座使用相同的材料制成，热膨胀可以忽略。对于高速往复系统，如果要获得很高的精度，应考虑采用主动式冷却系统，如油雾冷却。

4. 定位要求

如图 8.5.7 所示，一条导轨通常靠着参考边缘进行安装，另一条导轨靠着它使用预紧螺栓进行预紧。但是，这就要求固定在基座上的两条导轨绝对平行。两个固定导轨之间任何定位误差，都会等量传递到滑座上，并导致滑座的摩擦因数在其行程范围内不能够均匀分布。这反过来又会影响伺服系统的位置响应。另外，还要注意，预紧螺栓将产生一种弯曲导轨的倾向，所以，需要更多的螺栓。如果使用垫板，可能只需要使用两个预紧螺栓，这将使得组装更容易，但也会使系统变大。另一种方法是使用图 8.2.4 或图 8.5.14 所示的凹字楔设计之一。这时由设计工程师做出相应的梁变形计算，以确定所需的螺栓数量，相关讨论如下。

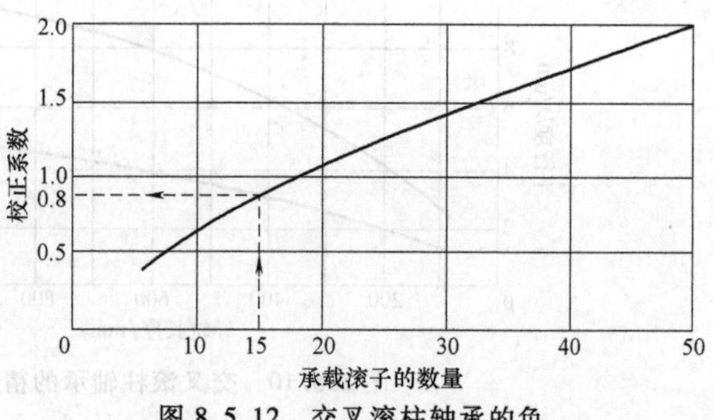

图 8.5.12 交叉滚柱轴承的负载校正因子（NSK 公司许可）

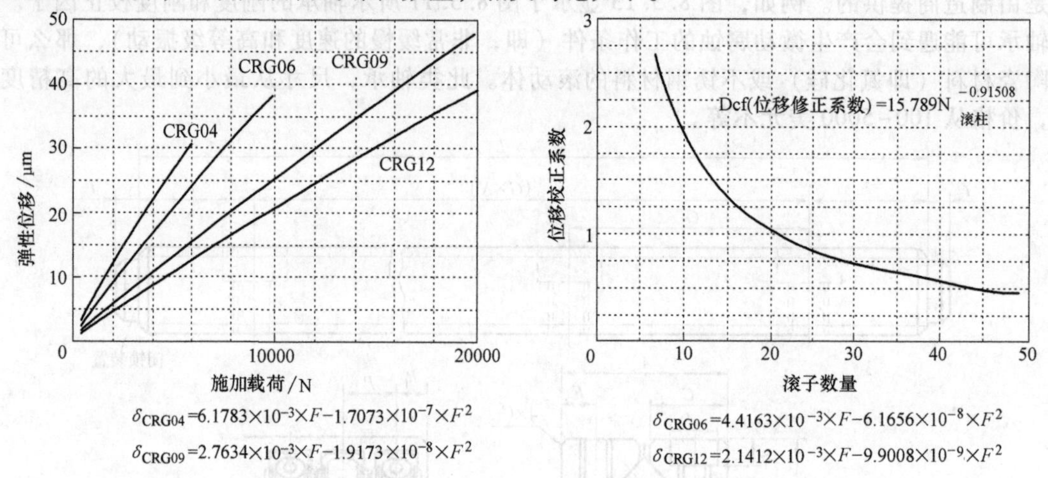

$\delta_{CRG04}=6.1783\times10^{-3}\times F-1.7073\times10^{-7}\times F^2$

$\delta_{CRG06}=4.4163\times10^{-3}\times F-6.1656\times10^{-8}\times F^2$

$\delta_{CRG09}=2.7634\times10^{-3}\times F-1.9173\times10^{-8}\times F^2$

$\delta_{CRG12}=2.1412\times10^{-3}\times F-9.9008\times10^{-9}\times F^2$

图 8.5.13 交叉滚柱轴承的刚度和近似的曲线拟合（NSK 公司许可）

5. 预紧和摩擦性能

图 8.5.13 显示了线接触导致的典型硬化效应。用额定负载 5%~10%的力进行预紧，静态和动态摩擦因数在 0.01~0.005 之间。为了进行动态建模，应确保该系统在此范围内的任何地方正常工作。有许多的方法可以对交叉滚柱轴承进行预紧，如图 8.5.14 所示。纵向楔（锥形凹字楔）应与滑动轴承相区别。因为不容易进行机器加工，通常都需要手工磨削（刮）。双纵楔可以进行机械抛光（磨削），但需要更大的空间，而额外的表面也会降低刚度。最简单和最常用的方法是使用预紧螺钉。但是，这会导致大部分的导轨变形问题，讨论如下。

梁的长度 l_b 等于预紧螺栓之间的间距，梁的宽度是 b_o。当有许多滚柱（>5）时，假设导轨或导轨和垫板与增加他们各自刚度的结构组合放在一个弹性的基座上，梁的两端不引导（不要求零斜率）的条件下，进行保守的一阶计算。每个螺栓以正向预紧力 W 将梁压入基座。弹性基座的刚度 k 假定为预紧导轨的总刚度 k_b 除以承载区域的总长度 l_b（滚柱个数与间距的乘积）和导轨的宽度 b_o：

$$k=\frac{k_b}{l_b b_o} \tag{8.5.3}$$

式（7.5.30）给出了在弹性基座上梁的变形计算表达式。该表达式不包括剪切变形效应，该效应与粗短梁的弯曲变形问题类似；因此，如果 l_b 小于两倍的 b_o，就应该把从式（7.5.30）

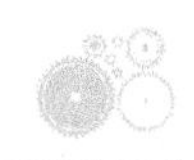

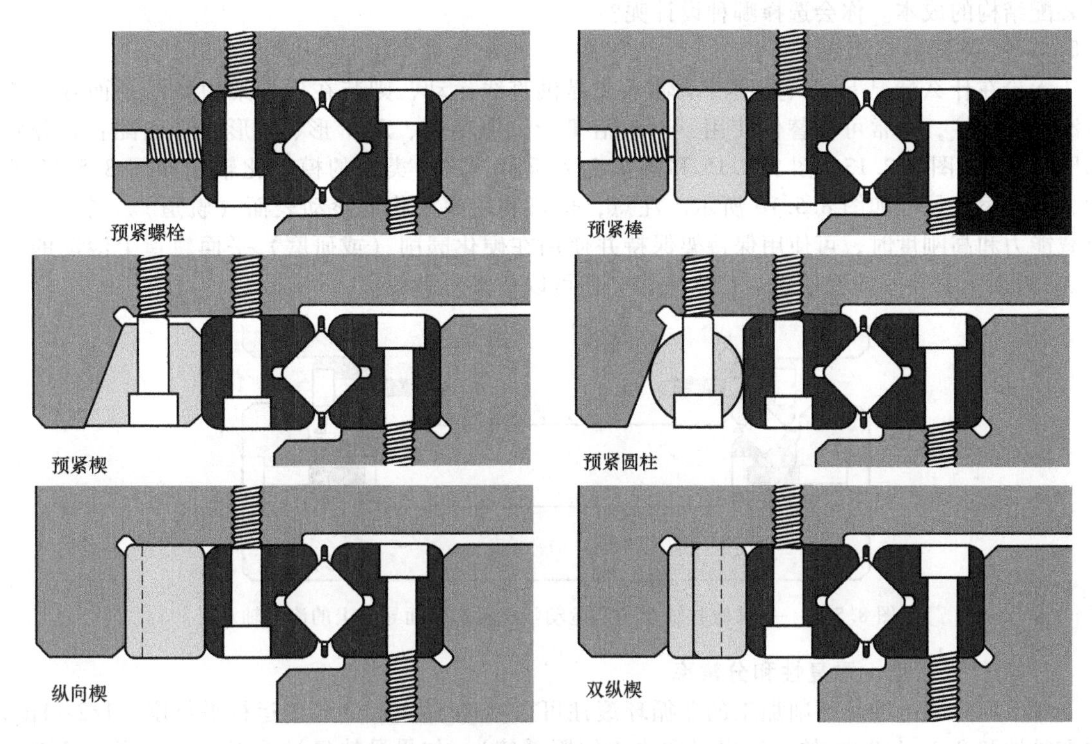

图 8.5.14　交叉滚柱轴承的预紧方法（Schneeberger 公司许可）

得到的结果乘以 2。获得这个表达式的另一种方法是，将每个滚柱模型化为一个弹簧，并使用略微复杂的封闭式的解决方案或有限元模型，来确定由离散弹簧支撑时的梁的形状。

6. 实例

假设，要设计一个类似于图 8.5.7 和图 8.5.5 所示的行程为 64mm 的滑座。作为一个经验法则，滚柱保持架的长度应至少是该值（128mm）的 2 倍，因此，如图 8.5.5 所示，导轨的长度应为 160mm。该工作台用于定位需要检查的小型装配件，所以，任何尺寸的轴承都可以使用。为了简化工作台的装配，希望只需使用两个预紧螺栓，在用安装螺栓锁定之前，以最多为垂直方向上动态额定载荷的 10%的预紧力来对轴承进行预紧。这个想法可行吗？

首先，尝试只需要两个预紧螺栓就可以进行预紧的最大尺寸轴承，从而简化装配。CRG12 系列轴承的辊子间距是 20mm，因此，将需要 8 个滚柱，l_b是 160mm。根据图 8.5.10，采用精密级轴承，可以预测平行度大约为 1.8μm。在垂直方向上的动态额定载荷为

8220kgf×2 个导轨×1/2 倍的接触轴承数×0.5 倍的负载系数≈4000kgf

对应用来说，导轨是超大的导轨，所以只需 2%的预紧。因此，总的预紧力应约为 80kgf 或每个预紧螺钉约为 400N。预紧导轨下方基座的刚度可以从图 8.5.13 和式（8.5.3）中获得。根据式（7.5.30）可知，变形量在 1.07μm。末端悬空长度为 30mm，所以，导轨两端的偏离量为中间值。

接下来，试试尺寸最小的 CRG04 系列轴承，它的滚柱节距为 6.5mm，所以将需要 25 个滚柱。预紧螺栓间距为 40mm，因此，将需要 4 个预紧螺栓。在垂直方向上的动态额定载荷为

617kgf×2 个导轨×1/2 倍的接触承数×1.2 倍的负载系数≈740kgf

因此，总的预紧力应约为 74kgf 或每个预紧螺栓约 185N。过程同前，变形量为 1.09μm。对于多个预紧螺栓的情形，就必须为变化的摩擦因数和拧紧力矩对导轨变形量的影响过程进行建模，并设计适当的质量控制程序。更复杂的装配过程的成本计算，必须考虑轴承本身及

其装配结构的成本。你会选择哪种设计呢？

8.5.1.3　平面导轨滚柱

无论在什么情况下，只要用滑动轴承来提供直线运动，则装在保持架中且沿平面导轨进行滚动的滚柱，常常可以替代使用。这包括T形、燕尾形、双V形、V形和平面配置，分别如图8.2.5、图8.2.13、图8.2.15和图2.2.7所示。这种类型的模块化轴承如图8.5.15所示，可用滚柱尺寸如图8.5.16所示。注意，也可利用模块化的滚动表面（轨道）。当需要高负载能力和高刚度时，可使用保持架保持并使用在硬化磨削（或研磨）平面轨道上滚动的滚柱。“平面”并不一定意味着一个水平面，还可以是倾斜平面。

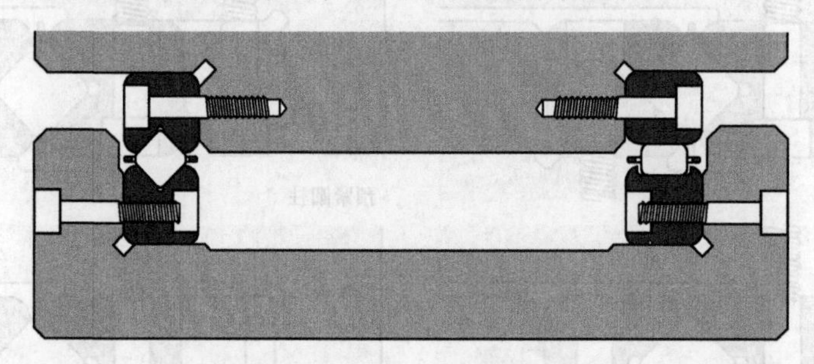

图8.5.15　交叉滚柱轴承的准运动学配置和平面导轨上的滚柱轴承

1. 运行平行度、重复性和分辨率

在平面导轨上的经磨削加工的非循环滚柱可以实现5~10μm/m的运行平行度、1/2~1μm的重复性和0.1~1.0μm的分辨率（取决于伺服系统）。如果导轨经过手工抛光，滚柱经逐个检查和分类，那么，可以获得亚微米级精度和更高的重复性。但是，必须再次强调，除非企业内部有此技术能力，否则，不应该采用手工抛光。

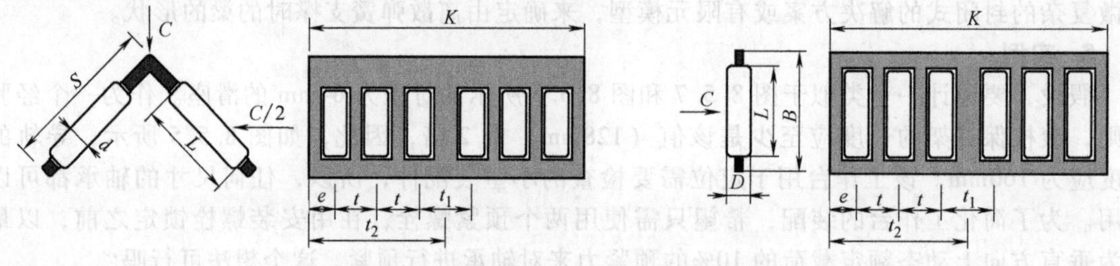

滚柱3个滚柱一组，组与组之间的距离为 t_1

V形保持架									平面保持架								
尺寸	D	L	S	e	t	t_2	t_1	$C/(2t_1)$	尺寸	D	L	S	e	t	t_2	t_1	$C/(2t_1)$
VSF 412	4	6	15	6	6	8	20	11.4	SF 422	4	15.8	22	6	6	8	20	22.8
VSF 612	6	5.8	18.5	8	9	11	29	17.2	SF 624	6	18	24	8	9	11	29	29.6
VSF 624	6	18	29.5	8	9	11	29	42	SF 636	6	30	36	8	9	11	29	66.4
VSF 024	10	14	32	13	15	18	48	69.2	SF 1024	10	14	24	13	15	18	48	48.8
VSF 435	14	20	47	17	21	24	66	137.2	SF 1050	10	40	50	13	15	18	48	146.8
									SF 1435	14	20	35	17	21	24	66	97.0
									SF 1471	14	56	71	17	21	24	66	286.8

滚针（对长度 t_1 的集合大于3）

尺寸	D	L	S	e	t	t_2	t_1	$C/(2t_1)$	尺寸	D	L	B	e	t	t_2	t_1	$C/(2t_1)$
HW 15	2	6.8	15	3.5	4.5	4.5	31.5	8.7	H10	2	6.8	10	3.5	4.5	4.5	31.5	7.2
HW 20	2.5	9.8	20	4	5.5	5.5	44	17.9	H15	2.5	9.8	15	4	5.5	5.5	44	14.8
[illegible]	3	12.8	[illegible]	4.5	6	6	54	[illegible]	H20	3	12.8	20	4.5	6	6	54	27.9
HW 30	3.5	17.8	30	5	7	7	70	55	H25	3.5	17.8	25	5	7	7	70	45.5

图8.5.16　通常提供的模块化非循环直线滚柱轴承

注：单位是mm和kN（Schneeberger公司许可）。

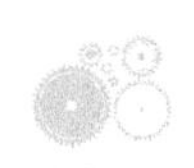

2. 横向和力矩负荷支撑能力

保持架中的滚柱装配体可以支撑压力载荷。如果该装配体足够长且预紧充分，它也可以支撑平行于辊轴的轴向力矩载荷。制造商通常提供轴承装配的压力载荷数据，或者每个滚柱的允许载荷。如果希望确定该装配的承载力矩能力和刚度，就要假设滚柱上的载荷从最大值到零呈线性变化，是一个一阶模型。假设每个滚柱的刚度都是相同的，这是不正确的，因为赫兹理论表明，滚柱刚度取决于负载。但是，作为额定工作刚度，一阶估算即可。图 8.5.17 显示了该一阶模型，该模型假定，对滚柱而言，滑座是刚性的，并且，最初所有滚柱都是理想的圆形，滚动表面完全平坦。当力矩引起滑座倾斜时，滑座作为刚体转过一个倾角，因此，可以将滚柱之间的位移假定为线性变化。于是，表示该系统的方程为

$$\sum F_y = 0 = -F_p - F + \sum_{i=1}^{N} F_i \tag{8.5.4}$$

$$\sum M_z = 0 = -F_p l_p - F l_f + \sum_{i=1}^{N} F_i l_i \tag{8.5.5}$$

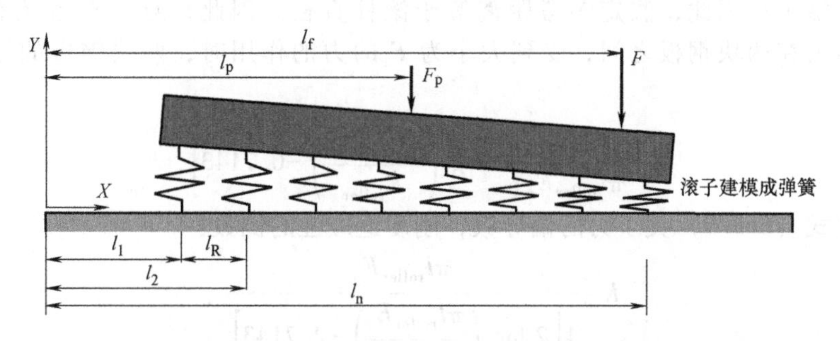

图 8.5.17 利用重量进行预紧的滚动直线轴承支撑偏置载荷的一阶响应模型

$$\delta_i = \delta_1 - \frac{(\delta_1 - \delta_N)(l_i - l_1)}{l_N - l_1} \tag{8.5.6}$$

$$F_i = K_i \delta_i \tag{8.5.7}$$

在线性模型中，滚柱的刚度 K_i 是常数。如果想获得更好的线性模型，可以假设刚度为常数，但是，在没有预紧和完全预紧状态之间，它们的值是变化的。式 (8.5.4)~式 (8.5.7) 仍然是线性模型，可利用矩阵方法求解。图 8.5.18 所示为一个类似的系统模型，滚柱彼此依靠进行预紧。

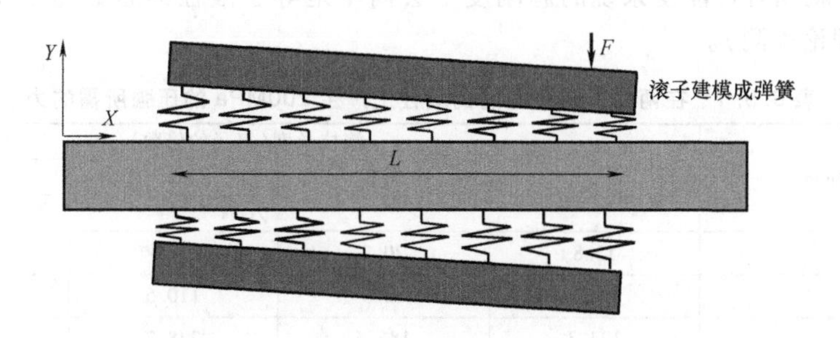

图 8.5.18 利用反向轴承进行预紧的滚动直线轴承支撑偏置载荷的一阶响应模型

为了更好地估计实际的纵向安定性和系统的负载能力，五个备选方案可以考虑：①假设 K_i 是常数，其值在无预紧的 K_1 到完全预紧的 K_N 之间变化，然后用式 (8.5.4)~式 (8.5.7) 对力进行估算，接着循环进行该过程；②测量一个实验系统；③假设每个滚柱都是一根弹簧，

其刚度可以根据赫兹理论获得，滚柱之间的距离 d_o 等于一个滚柱的直径；④使用赫兹理论定义的非线性弹性系数建立系统的有限元模型；⑤建立有限元的模型，该模型也对每个滚动体和接触区域进行了模型化。

通常情况下，系统要进行预紧，滚柱的数量也很大（即长度/辊子直径>10），所以，它是合理的，该系统沿其长度 $K_{laternal}$（定义在轴承的几何中心处）有均匀的刚度。于是，系统关于质心的转动刚度为

$$K_{rotational}=\frac{K_{lateral}L^2}{12} \tag{8.5.8}$$

因此，当力 F 作用在距轴承质心为 λ 的位置时，力 F 在弹簧 $K_{lateral}$ 上并产生横向运动，力矩 $F\lambda$ 作用在弹簧 $K_{rotational}$ 上，产生转动。同样的推理过程，可用于滑动轴承。

无论采用哪种方法，仍然需要处理因假设辊子和滚动面的几何形状是理想的所带来的问题。为了解决该问题，需要考虑描述更详细的有关滚柱的赫兹方程。首先，必须选择一个参考距离 d_o。实际上，当距离只增加 10%时，即增加一倍到三倍的滚柱直径，偏转量对该参数相对不敏感；因此，假定参考距离等于滚柱直径。因此，对于直径 d_r 和长度 L_r[56] 的钢制滚柱，当夹在两块钢板之间，受到大小为 F_r 的力的作用时，两块钢板的远场点之间的位移为[57]：

$$\delta=\frac{4F_{roller}}{\pi l_{roller}E_e}\left[2\log_e\left(\frac{\pi l_{roller}E_e}{F_{roller}}\right)-0.7143\right] \tag{8.5.9}$$

顺度 C 是式（8.5.9）关于力的偏导数，刚度适应性的倒数：

$$K=\frac{\pi l_{roller}E_e}{4\left[2\log_e\left(\frac{\pi l_{roller}E_e}{F_{roller}}\right)-2.7143\right]} \tag{8.5.10}$$

在使用式（8.5.9）和式（8.5.10）时，设计工程师必须仔细考虑实际效果。例如，表 8.5.1、表 8.5.2 和表 8.5.3 显示两块钢板之间的滚柱在 200MPa 的接触压强下的力、刚度和变形。这意味着一个钢轴承要承载大约 15%的最大接触压强的载荷。注意，这些表很容易用电子表格生成。问自己这样一个问题：如果使用 100 个滚柱，预紧力能在滚柱上均匀分布吗？制造过程中的精度是否能确保滚柱能够得到有效预紧？因为，在制造过程中的误差将导致零件表面出现低槽，而使部分滚柱无法有效预紧。变形水平达到了滚柱圆度的数量级了吗？所使用的滚柱越多，应力强度就越低，制造误差的平均效应就越大。但是，所有滚柱承载不均匀的机率越大，就越有可能使系统的总刚度不会简单地等于滚柱的总数与单个辊子刚度的乘积（根据赫兹理论预测）。

表 8.5.1 在两块钢板之间的钢滚柱上产生 200MPa 的压强所需的力

滚子直径/mm	滚柱长度（直径的倍数）			
	1	1.5	2	2.5
	力/N			
5	13.8	20.7	27.6	34.5
10	55.3	82.9	110.5	138.2
15	124.3	186.5	248.7	310.8
20	221.0	331.6	442.1	552.6

56 注意，滚珠两端通常是逐步锥形化以减小两端的应力集中。因此，计算时，应使用无锥度的长度。

57 根据式（5.6.16）~式(5.6.18)。假设，$d_o=d_{roller}$。

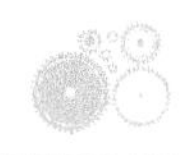

表 8.5.2　压在两个平面钢板之间的接触压力为 200MPa（$d_o/d=1$）时的单一钢滚柱的刚度

滚子直径/mm	滚柱长度(直径的倍数)			
	1	1.5	2	2.5
	刚度/(N/m)			
5	1.29×10^7	1.93×10^7	2.58×10^7	3.22×10^7
10	2.69×10^7	4.03×10^7	5.37×10^7	6.71×10^7
15	4.13×10^7	6.19×10^7	8.26×10^7	1.03×10^7
20	5.60×10^7	8.41×10^7	1.12×10^8	1.40×10^7

表 8.5.3　压在两个平面钢板之间的接触压力为 200MPa（$d_o/d=1$）时的单一钢滚柱的变形量

滚子直径/mm	滚柱长度(直径的倍数)			
	1	1.5	2	2.5
	变形量/μm			
5	1.13	1.13	1.13	1.13
10	2.18	2.18	2.18	2.18
15	3.20	3.20	3.20	3.20
20	4.19	4.19	4.19	4.19

再一次，现实与理想不相符。理想的情况下，希望预紧力低，使用许多滚柱来实现高的刚度，而且还要有低的滚动摩擦因数。但是，预紧力越低，预紧的变形量小于所加工的滚柱和滚动表面精度的可能性越大。预紧力越大，所有滚柱与滚动面接触就越好，于是，理论精度就越高。为了在选择预紧、制造公差、传感器、控制及驱动运动轴的执行器系统设计（预紧引起的滚动摩擦存在的条件下）等因素之间进行平衡，必须考虑这些影响。

因为目前尚未建立有关该问题的有效数学[58]或者物理模型，所以，精密机械设计工程师可以假定，刚度仅取决于支撑载荷的轴承的运动学安排。关于最大承载能力，可以假设所有滚柱都是接触的。这一假设的有效性基于这样的事实，精密机械通常根据其承载能力来设计刚度，并且，对精密机床而言，预紧变形开始的几微英寸是最关键的，它们也可能发生在从仅少数滚柱正确加载到所有滚柱都正确加载的过渡区域。对于式（8.5.4）和式（8.5.7）而言，这意味着，只有第一个和最后一个滚柱被使用（1 和 N）；这两个滚柱之间的其他滚柱起确保承载能力的作用。即使对于这个保守的假设，系统也可以容易地拥有一个每微米几百牛顿的刚度。

3. 热膨胀公差

滚柱的伪运动系统比非运动系统更难适应热膨胀。对于后者，除了组件的弹性变形（希望）之外，没有别的办法适应热膨胀。如果轴承用于准稳态情形，只要组件是由相同的材料制成的，那么热膨胀应该可以忽略。对于精密高速往复系统，应考虑使用主动冷却系统。

4. 定位要求

对于模误差估计、刚度和载荷计算而言，定位要求是对系统进行建模时所做假设的函数。如果轴承导轨不平行，那么，滚柱可能没有恰当预紧，在极端情况下，会产生摇摆，除非预紧力能够确保滚动接触。

5. 预紧和摩擦性能

预紧可用所支撑滑座的重量或反方向的轴承配置来实现。对于后者，必须使用锥形凹字楔或预紧螺栓，设计原则如前所述。在大多数情况下，可以预期，静态和动态摩擦因数为 0.001~0.01。系统设计时，可以假设静态摩擦因数为 0.01 和动态摩擦因数为 0.005。

[58] 用这种方式表明，随机误差会使一个参数减少（大体等于样本数减一的平方根），一个有意义的研究项目就是，在给定所需预紧变形量、滚动体数和系统元件精度的条件下，建立一个系统刚度模型。

8.5.2 循环滚珠

在低转速情况下，循环直线运动轴承中的滚珠可以建立自己的间距，它不需要间隔滚珠，除非必须达到亚微米级的性能。在其他情况下，大多数轴承有一个固定的保持架，以防止轴承从导轨上卸除时滚珠掉落到地板上。有多种类型的直线轴承都使用循环滚珠，包括轨道上的轮子、圆形或槽形或线性导轨上的循环滚珠。

8.5.2.1 在导轨上作为轮子的滚动轴承

由于旋转运动滚动轴承精度高，价格低廉，得到准确的无限直线行程的最简单方法之一就是把做旋转运动的轴承当作在导轨上滚动的轮子来使用。滚动体承受的载荷特征类似于一个平滑的正弦函数，因而不存在齿槽效应。滚珠轴承经常使用，但在重载时，需要使用滚柱轴承。各种类型的轴承轮如图 8.5.19 所示，并且它们也经常被用作凸轮从动件。经常被用来作为传递运动荷载的倒角滚子是一个长系列。倒角可使载荷居中，从而不需要额外的滚动轴承来承载。光面滚动轴承经常被用来作为在固定轨道上运行滑动的轮子。

V 形系列轴承存在伴随直径范围内滚动接触的滑移现象，但是它却提供了在只有三个轮子可以使用时实现直线运动的最简单的几何体。组件可以与整个螺纹轴一起使用，但也可以与通孔或偏心安装在内圈中的轴一起使用。当转动调节螺母时，内圈中心会相对于轴产生径向位移，从而预紧系统。当然，如果形式或精度等级不能够模块化提供，这种滚动轴承也很容易设计和制造。

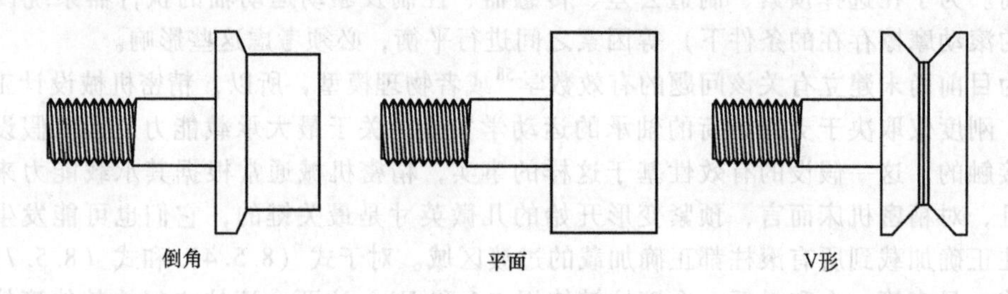

图 8.5.19 各种类型的凸轮从动件。通常情况下，光面型有一个鼓形表面

使用轴承轮最准确的配置如图 8.5.20 所示，在第 2.2.4 节所做的分析可以应用于此。其他配置包括多个滚动轴承安装到沿导轨滚动的移动滑座上，或者用一个长系列固定滚动轴承在站与站之间传递负载。图 8.5.21 显示了典型的成品光面螺柱式轴承轮。注意，如果滚柱轴承对通过旋转接头锚固在平台上，该平台就可以沿着弧形轨道移动。

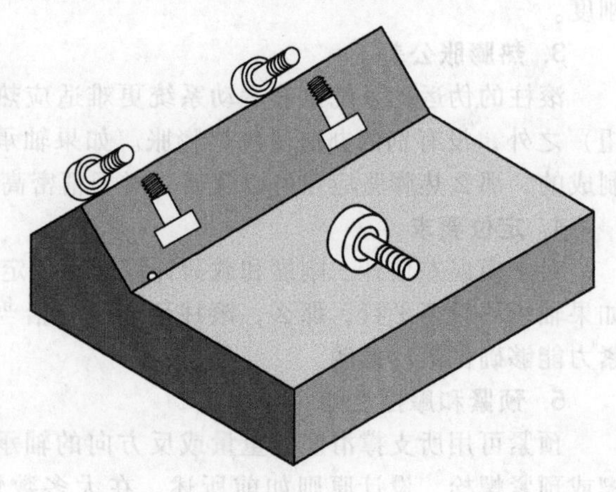

图 8.5.20 滚动轴承在 V 形体和平面上的运动配置，如果要避免滑动噪声就必须使用鼓面滚动轴承

1. 运行平行度、可重复性和分辨率

对于轮轨运动配置，运行的并行度可以达到导轨平行度。对于承载适当的研磨系统而言，该值为 3~5μm/m。如果该装配经手工刮削或研磨，运行平行度可以再增加一个数量级。但是，请注意，当滚柱滚过灰尘时，灰尘就像一个个凸点，所以要获得高性能，清洁和防尘是必需的。对于完全约束的双轨系统，需要考虑定位效果。根据加工和装配过程

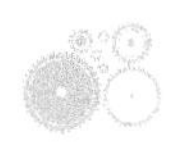

中的仔细程度的不同，定位效果会使平行度降低到 5~100μm/m。注意，如果预紧力恒定，所有滚柱接触良好，非运动学配置也可以获得亚微米级的重复性。

运动系统一般只由他们所支撑的滑座的重量进行预紧，而轮中轴承通常只进行略微预紧；因此，滚动摩擦系数为 0.005~0.01，如果使用了合适的执行器/传感器/控制系统，那么，可获得亚微米或更高的运动分辨率。非运动学配置，往往有较高的摩擦因数，并且更难以控制。

2. 横向和力矩载荷支撑能力

通常，设计旋转运动轴承时，要使其内外圈能获得来自轴承座和轴的支撑；因此，这种类型的应用不能简单地使用旋转运动轴承的额定载荷。凸轮从动件倾向于此种类型的应用，而额定载荷由制造商提供，与常规旋转运动轴承相比，这鼓励了对它们的使用。

3. 热膨胀公差

运动系统的精度和可重复性受热膨胀的影响，但是，他们既不会锁紧，也不会像非运动学系统那样变得松弛。因此，不必担心由于缺乏热膨胀裕度而影响到运动系统的动态响应。非运动学系统必须依赖于组件的弹性变形，或者，必须通过精心设计来平衡热膨胀[59]。如果轴承用于准稳态的情形，那么，只要导轨和滑座的制造材料相同，热膨胀就可忽略。高速精密往复系统，应考虑主动冷却系统。

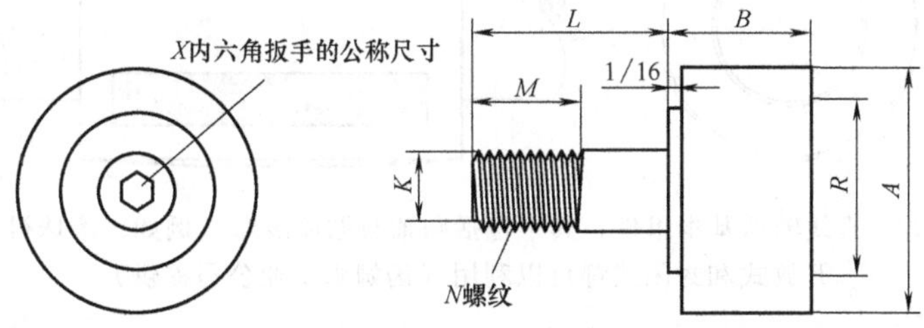

零件编号	A	B	K	L	M	N	R	X	L10 径向载荷
PLR-1½	1.500	1.1875	0.625	1.500	0.750	⅝-18	0.750	5/16	1050
PLR-1¾	1.750	1.1875	0.750	1.750	0.875	¾-16	1.000	5/16	1050
PLR-2	2.000	1.6875	0.875	2.000	1.125	⅞-14	1.000	5/16	1450
PLR-2¼	2.250	1.6875	0.875	2.000	1.125	⅞-14	1.000	5/16	1450
PLR-2½	2.500	1.6875	1.000	2.250	1.500	1-14	1.250	½	1980
PLR-2¾	2.750	1.6875	1.000	2.250	1.500	1-14	1.250	½	1980
PLR-3	3.000	2.000	1.250	2.500	1.750	1¼-12	1.750	½	6000
PLR-3¼	3.250	2.000	1.250	2.500	1.750	1¼-12	1.750	½	6000
PLR-3½	3.500	2.000	1.250	2.750	1.750	1¼-12	1.750	½	6000
PLR-4	4.000	2.000	1.250	2.750	1.750	1¼-12	1.750	½	6000
PLR-4½	4.500	2.000	1.250	2.750	1.750	1¼-12	1.750	½	6000
PLR-5	5.000	3.000	2.000	4.500	2.500	2-12	3.250	⅝	15100

所有单位均为 in。L10 寿命的单位为以 100r/min 运行 3000h 的磅力。滚柱直径为 0.000~0.001in。

图 8.5.21　纯研究式凸轮从动件的典型尺寸，滚柱直径可达 10in（Osborn Manufacturing/Jason 公司许可）

4. 定位要求

除了凸轮从动件的外圈必须平套在导轨上以外，运动配置没有其他定位要求。如果轮子没有平套在导轨上，系统将仍然是运动的，但将导致滚动边缘磨损增加。为了确保适当的接触，外圈必须磨削，以便获得球形轮廓。非运动学系统必须保持定位，以使所有滚柱的预紧在理想范围内并实现理想的运动精度。

5. 预紧与摩擦性能

运动系统通过所支撑滑座的重量进行预紧，而非运动系统通常是通过反作用轴承配置来

[59] 见第 8.9 节（原书有误，此处尊重原书）。

预紧。如果使用摩擦传动，可以使用铰盘滚筒预紧滚柱的运动配置。如前所述，偏心轴通常用于后者。

大多数情况下，可以预期，静态和动态摩擦因数为0.01~0.005。为了进行系统设计，应该考虑静态和动态摩擦因数可能出现的最大值，所以，动态模型应该尝试不同的组合，找出最差值。实验结果经常会使人沮丧。

8.5.2.2 圆轴上的循环滚珠

套在圆轴上的单个循环滚珠只有径向刚度，并允许不连续转动定位。图8.5.22显示了包括圆轴上的循环滚珠的直线轴承基本组件。通常这种类型的轴承以单体的形式提供，或被压入机器上的孔中，或被安装在铝或钢制的轴台或法兰块上。自定位轴承必须成对使用在一根轴的两端，以支持力矩载荷。双轴台可以支撑径向及力矩负荷。

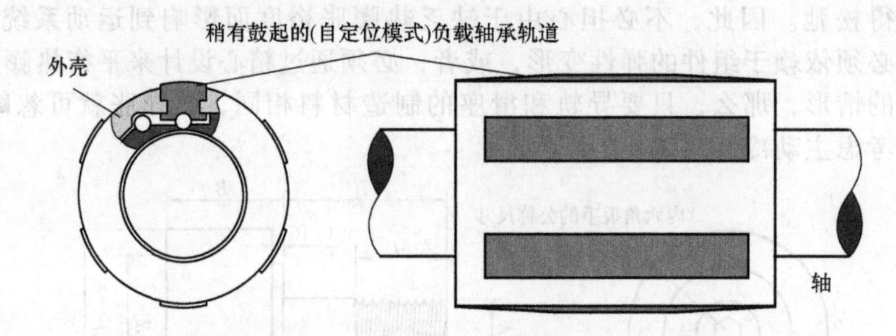

图8.5.22 直线轴承基本组件，其中包括圆轴与循环滚珠（例如，滚珠衬套®）。开放式和封闭式都可以利用（汤姆森工业公司提供）

轴可以简单支撑，并使用封闭滚珠衬套®，也可以沿其长度支撑，使用开放型的滚珠衬套®，如图8.5.23所示。前者主要用于短行程，或把滑座作为往复运动的导板，对行程直线度不是十分关注的情形。后者允许沿整个行程范围支撑重载，但是，来自轴的向外刚度不及朝向轴的向内刚度。许多不同直径（公制和英制）的成品轴可以切割成长度达5m的轴。轴支撑的导轨可以购买，也可以被加工成联轴器式结构。

1. 运行平行度、可重复性和分辨率

这种类型的滚珠衬套®通常用于轴对，因为单轴无法支撑扭转负载。因此，运行平行度主要取决于所使用轴系的质量及其定位方式。典型的机器抛光的成品轴系的直线度在100μm/m左右，并可以很容易地通过定位实现该直线度。虽然成本会增加，可以使用直线度数量级更高的轴。预紧常用的滚珠衬套®可以获得微米级的可重复性，仪表等级的研磨轴（可使用6mm的轴）上的预紧滚珠衬套可以获得微英寸级的可重复性。使用适当的伺服系统，标准元件用于机器可以获得1/2~1μm的运动分辨率，而使用仪器级的元件可以获得微英寸级的运动分辨率。

2. 横向和力矩负载支撑能力

单个的或自定位滚珠衬套®只能支撑径向载荷。机床滑座通常会由三个或四个自定位滚珠衬套®支撑，用三个支撑时，滑座一角悬空，用四个支撑时，滑座每个角下安装一个滚珠衬套。使用三个轴承衬套时，整个装配会产生准运动，所以轴的垂直平行度要求不严，但是缺乏横向平行度仍然可以导致滑座运动受限。自定位特性仅指角定位误差。如果轴发生偏移，那么，当滑座沿偏移轨道移动时，开放型衬套将会分开。

当重载和力矩从多个方向和位置作用在机床工作台上时，滑座必须四角支撑。如果遇到非常大的负荷，那么可能需要4个以上的轴承组件。一旦从准运动学状态过渡到过约束状态，就要通过添加更多的轴承组件来提供承载能力。注意，静态和动态摩擦一般随过约束的增加而增加，因为更多的轴承安装必须通过弹性变形来适应相对误差。用于重型机床的滚珠衬套®

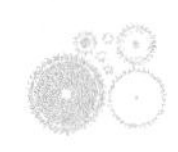

轴台和轴支撑导轨分别如图 8.5.23 和图 8.5.24 所示。这些轴承的负载变形曲线如图 8.5.25 所示。用于轻型负载的滚珠衬套®轴台（例如，一些材料处理设备）如图 8.5.26 所示。

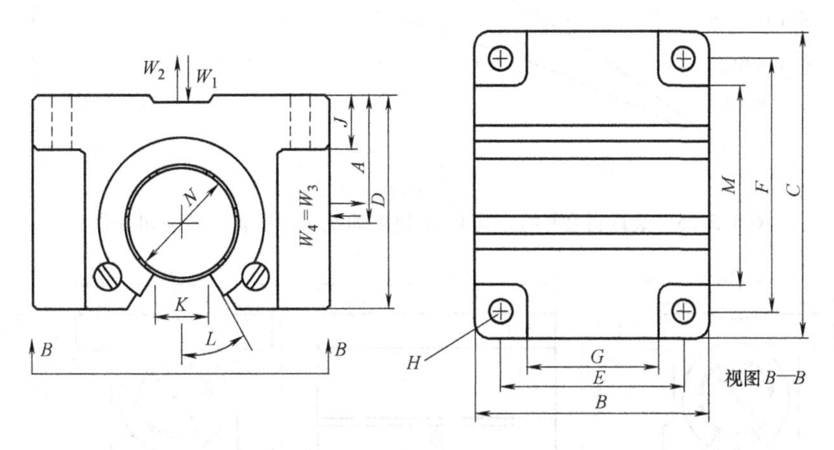

轴台编号①	A②	B	C	D	E	F	G	$H_{螺栓}$	$H_{孔}$	J	K	L	M	N	W_t/lbf	载荷③/lbf		
																W_1	W_2	W_3
32	2.375	6	$4\frac{7}{8}$	$3\frac{7}{8}$	5.000	3.750	$3\frac{3}{4}$	$\frac{1}{2}$	$\frac{17}{32}$	$\frac{7}{8}$	1	27°	$2\frac{5}{8}$	2	27	4500	2100	2500
48	3.500	$8\frac{3}{8}$	$7\frac{1}{4}$	$5\frac{7}{8}$	7.000	5.875	$5\frac{1}{2}$	$\frac{5}{8}$	$\frac{21}{32}$	$1\frac{1}{4}$	$1\frac{1}{2}$	30°	$4\frac{51}{8}$	3	55	10000	4500	5500

① XPBO-#-OPN 给出的轴台号，所有单位均为 in。
② A 的变化范围为 0.000~0.001。轴中心线与基座平行度必须在 0.0005in 以内。
③ 200×10^4in 行程寿命的滚动载荷能力。轴的硬度为 60HRC。

图 8.5.23 用于重型机床的滚珠衬套®轴台（汤姆森工业公司许可）

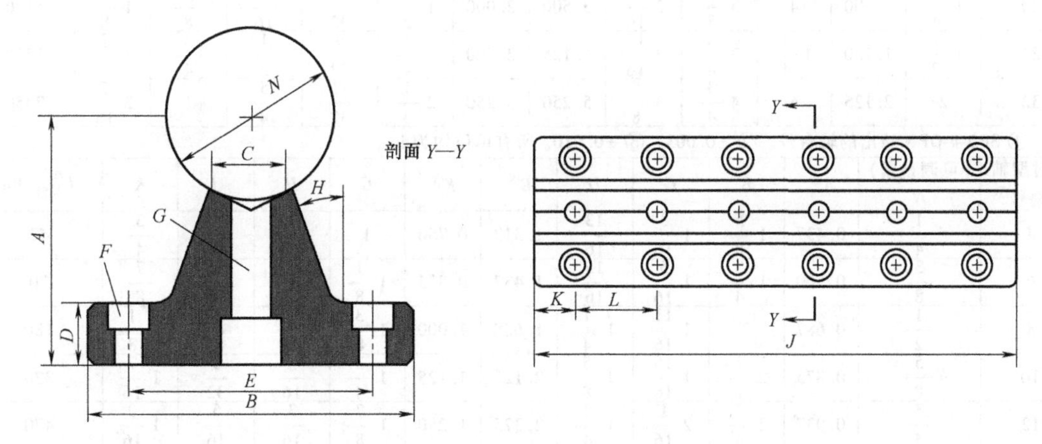

导轨编号	N	A①	B	C	D	E	F②	G③	H	J	K	L	W_t/lbf
XSR-32	2	2.375	$4\frac{1}{2}$	$\frac{7}{8}$	1	$3\frac{1}{8}$	$\frac{1}{2}$	$\frac{1}{2}-13\times2$	27°	$23\frac{13}{16}$	$1\frac{31}{32}$	4	16
XSR-48	3	4.000	6	$1\frac{1}{4}$	$\frac{15}{16}$	$4\frac{1}{4}$	$\frac{5}{8}$	$\frac{3}{4}-10\times2\frac{3}{4}$	30°	$23\frac{13}{16}$	$1\frac{31}{32}$	6	31

① A 的变化范围是 0.000~0.001。轴中心线与基座平行度必须在 0.0005in 以内。
② 经过钻孔和扩孔的螺钉。
③ 推荐的螺钉尺寸。

图 8.5.24 重型机床中使用的大型导轨球墨铸铁轴支撑（汤姆森工业公司许可）

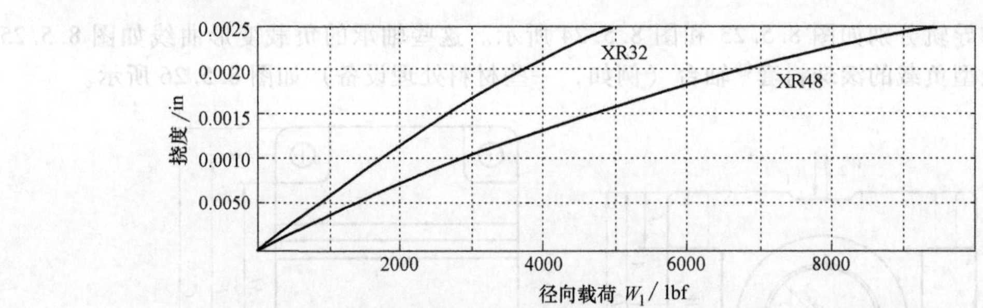

图 8.5.25 滚珠衬套®的径向载荷-挠度曲线（汤姆森工业公司提供）

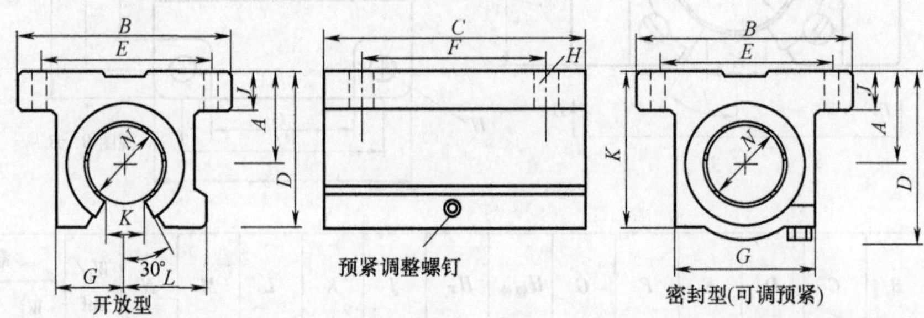

开放型轴台编号①	N	A②	B	C	D	E③	F③	G	H	J	K	L	$F_{径向}$/lbf
8	$\frac{1}{2}$	0.687	2	$1\frac{1}{2}$	$1\frac{1}{8}$	1.688	1.000	$\frac{11}{16}$	$\frac{5}{32}$	$\frac{1}{4}$	$\frac{5}{16}$	$\frac{3}{4}$	180
10	$\frac{5}{8}$	0.875	$2\frac{1}{2}$	$1\frac{3}{4}$	$1\frac{7}{16}$	2.125	1.125	$\frac{7}{8}$	$\frac{3}{16}$	$\frac{9}{32}$	$\frac{3}{8}$	$\frac{15}{16}$	320
12	$\frac{3}{4}$	0.937	$2\frac{3}{4}$	$1\frac{7}{8}$	$1\frac{9}{16}$	2.375	1.250	$\frac{15}{16}$	$\frac{3}{16}$	$\frac{5}{16}$	$\frac{7}{16}$	1	470
16	1	1.187	$3\frac{1}{4}$	$2\frac{5}{8}$	2	2.875	1.750	$1\frac{3}{16}$	$\frac{7}{32}$	$\frac{3}{8}$	$\frac{9}{16}$	$1\frac{1}{4}$	780
20	$1\frac{1}{4}$	1.500	4	$3\frac{3}{8}$	$2\frac{9}{16}$	3.500	2.000	$1\frac{1}{2}$	$\frac{7}{32}$	$\frac{7}{16}$	$\frac{5}{8}$	$1\frac{5}{8}$	1170
24	$1\frac{1}{2}$	1.750	$4\frac{3}{4}$	$3\frac{3}{4}$	$2\frac{15}{16}$	4.125	2.500	$1\frac{3}{4}$	$\frac{9}{32}$	$\frac{1}{2}$	$\frac{3}{4}$	$1\frac{7}{8}$	1560
32	2	2.125	6	$4\frac{3}{4}$	$3\frac{5}{8}$	5.250	3.250	$2\frac{1}{4}$	$\frac{11}{32}$	$\frac{5}{8}$	1	$2\frac{7}{16}$	2350

① SPB-#-OPN 给出的轴台号。② ±0.003。③ ±0.010。所有单位均为 in。

密封型轴台编号①	（可调预紧）N	A②	B	C	D	E③	F③	G	H	J	K	$F^{④}_{径向}$/lbf
4	$\frac{1}{4}$	0.437	$1\frac{5}{8}$	$1\frac{3}{16}$	$\frac{13}{16}$	1.312	0.750	1	$\frac{5}{32}$	$\frac{3}{16}$	$\frac{3}{4}$	42
6	$\frac{3}{8}$	0.500	$1\frac{3}{4}$	$1\frac{5}{16}$	$\frac{15}{16}$	1.437	0.875	$1\frac{1}{8}$	$\frac{5}{32}$	$\frac{3}{16}$	$\frac{7}{8}$	70
8	$\frac{1}{2}$	0.687	2	$1\frac{11}{16}$	$1\frac{1}{4}$	1.688	1.000	$1\frac{3}{8}$	$\frac{5}{32}$	$\frac{1}{4}$	$1\frac{1}{8}$	180
10	$\frac{5}{8}$	0.875	$2\frac{1}{2}$	$1\frac{15}{16}$	$1\frac{5}{8}$	2.125	1.125	$1\frac{3}{4}$	$\frac{3}{16}$	$\frac{9}{32}$	$1\frac{7}{16}$	320
12	$\frac{3}{4}$	0.937	$2\frac{3}{4}$	$2\frac{1}{16}$	$1\frac{3}{4}$	2.375	1.250	$1\frac{7}{8}$	$\frac{3}{16}$	$\frac{5}{16}$	$1\frac{9}{16}$	470
16	1	1.187	$3\frac{1}{4}$	$2\frac{13}{16}$	$2\frac{3}{16}$	2.875	1.750	$2\frac{3}{8}$	$\frac{7}{32}$	$\frac{3}{8}$	$1\frac{15}{16}$	780
20	$1\frac{1}{4}$	1.500	4	$3\frac{5}{8}$	$2\frac{13}{16}$	3.500	2.000	3	$\frac{7}{32}$	$\frac{7}{16}$	$2\frac{1}{2}$	1170
24	$1\frac{1}{2}$	1.750	$4\frac{3}{4}$	4	$3\frac{1}{4}$	4.125	2.500	$3\frac{1}{2}$	$\frac{9}{32}$	$\frac{1}{2}$	$2\frac{7}{8}$	1560
32	2	2.125	6	5	$4\frac{1}{16}$	5.250	3.250	$4\frac{1}{2}$	$\frac{11}{32}$	$\frac{5}{8}$	$3\frac{5}{8}$	2350

① SPB # ADJ 给出的轴台号。
② ±0.003。
③ ±0.010。所有单位均为 in。
④ 200×10^4in 行程寿命的滚动载荷能力。轴的硬度为 60HRC。

图 8.5.26 通常可用的自定位单轴台，也可用双轴台（汤姆森工业公司许可）

3. 热膨胀公差

对于所有过约束系统，设计时应把热膨胀公差考虑在内。幸运的是，滚动轴承的摩擦因数低，所以热量积聚是渐进的，这样就给结构均匀膨胀留出了足够的时间。注意，一些制造商的销售产品包括铝制基座、钢轨滑座和轴台的预装组件。当温度发生变化时，铝基钢轨就会像双金属片一样发生弯曲。所以，在指定这种类型的预装组件之前，要仔细评估该误差的可能幅度。对于许多应用而言，这种设计就足够了，同时，希望重量越轻越好。

4. 定位要求

导轨参考机床进行定位，然后，根据制造商提供的一个程序，用螺栓进行安全固定。通过使用间隔块（例如，量具块）将第二根导轨与第一根导轨平行放置，然后将其用螺栓固定。沿两条轨道长度方向进行测量，以确保定位高于预期的运行平行度。然后，将轴台放置在导轨上，并将滑座用螺栓固定在其上。通过测量维持缓慢稳定运动所需的力来实现对该装配的测试，注意该力沿行程长度方向的误差。

5. 预紧与摩擦性能

滚珠衬套®的预紧，可以通过使用超大滚珠以开放和封闭形式，或者通过使用某种开放类型的夹钳来实现。对于大多数滚动轴承而言，静态和动态摩擦因数在 0.01~0.001 之间，具体值取决于负载、预紧、定位精度和润滑情况。

8.5.2.3　槽轴上的循环滚珠

为了提高负载能力，并能传递转矩，可以让循环滚珠在槽轴上滚动。这种类型的设计通常被称为滚珠花键。滚珠花键的结构如图 8.5.27 所示。滚珠花键用于希望只有一条承轨的场合，如机器上的移动工作台，或者转矩必须传递给转动和平动轴的情形，如套筒。正如式(8.5.1) 和式 (8.5.2) 所述，凹槽中的滚珠可以比轴上滚珠支撑大得多的负载，因此，滚珠花键的负载能力远远高于圆轴上的滚珠。

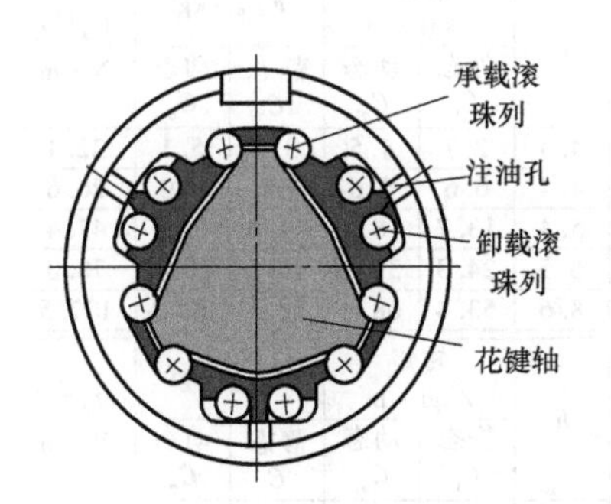

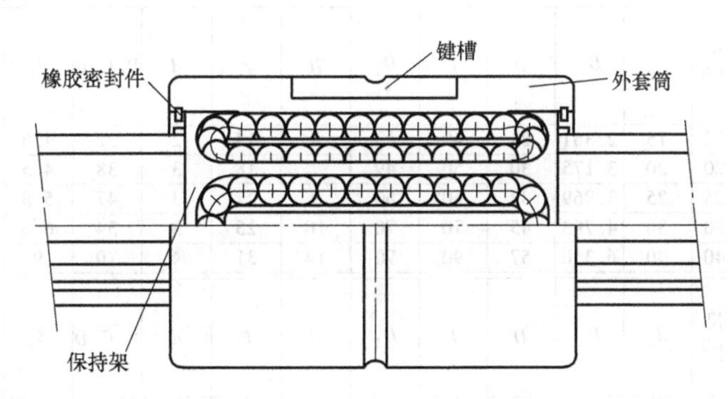

图 8.5.27　支撑径向和扭转载荷的滚珠花键结构（THK 公司许可）

1. 运行平行度、可重复性和分辨率

滚珠花键滑座关于其导轨的运行平行度如图 8.5.28 所示。如果使用了适当的伺服系统，那么标准组件可以很容易地实现 1/2~1μm 的运动分辨率。

2. 横向和力矩载荷支撑能力

滚珠花键螺母能够传递转矩，并且只允许轴向运动。有时候，在导轨上使用两个螺母来支持一个小工作台。由于使用一个直线运动导轨会更有效，所以很少有在两条轨道上使用四个螺母来支撑一个大的工作台的情况。滚珠花键螺母的外部配置种类繁多，包括：①具有中心定位键槽和环形润滑槽的普通圆柱螺母；②一端或中间具有法兰、中心定位键槽和环形润滑槽的圆柱螺母；③中部具有一个齿轮的圆柱螺母；④具有一个固定平面的矩形螺母。图 8.5.29 说明了典型的滚珠花键的尺寸和承载能力。

轴长度/mm		轴的公称直径/mm																	
		15,20			25,30			40,50			60,70			85,100,120			150		
超过	达到	N	H	P	N	H	P	N	H	P	N	H	P	N	H	P	N	H	P
—	200	56	34	18	53	32	18	53	32	16	51	30	16	51	30	16	—	—	—
200	315	71	45	25	58	39	21	58	36	19	55	34	17	53	32	17	—	—	—
315	400	83	53	31	70	44	25	63	39	21	58	36	19	55	34	17	—	—	—
400	500	95	62	38	78	50	29	68	43	24	61	38	21	57	35	19	46	36	19
500	630	112	—	—	88	57	34	74	47	27	65	41	23	60	37	20	49	39	21
630	800	—	—	—	103	68	42	84	54	32	71	45	26	64	40	22	53	43	24
800	1000	—	—	—	124	83	—	97	63	38	79	51	30	69	43	24	58	48	27
1000	1250	—	—	—	—	—	—	114	76	47	90	59	35	76	48	28	63	55	32
1250	1600	—	—	—	—	—	—	139	93	—	106	70	43	86	55	33	80	65	40
1600	2000	—	—	—	—	—	—	—	—	—	128	86	54	99	65	40	100	80	50
2000	2500	—	—	—	—	—	—	—	—	—	156	—	—	117	78	49	125	100	68
2500	3000	—	—	—	—	—	—	—	—	—	—	—	—	143	96	61	150	129	84

图 8.5.28　滚珠花键螺母关于其导轨的运行平行度（微米）（THK 公司许可）

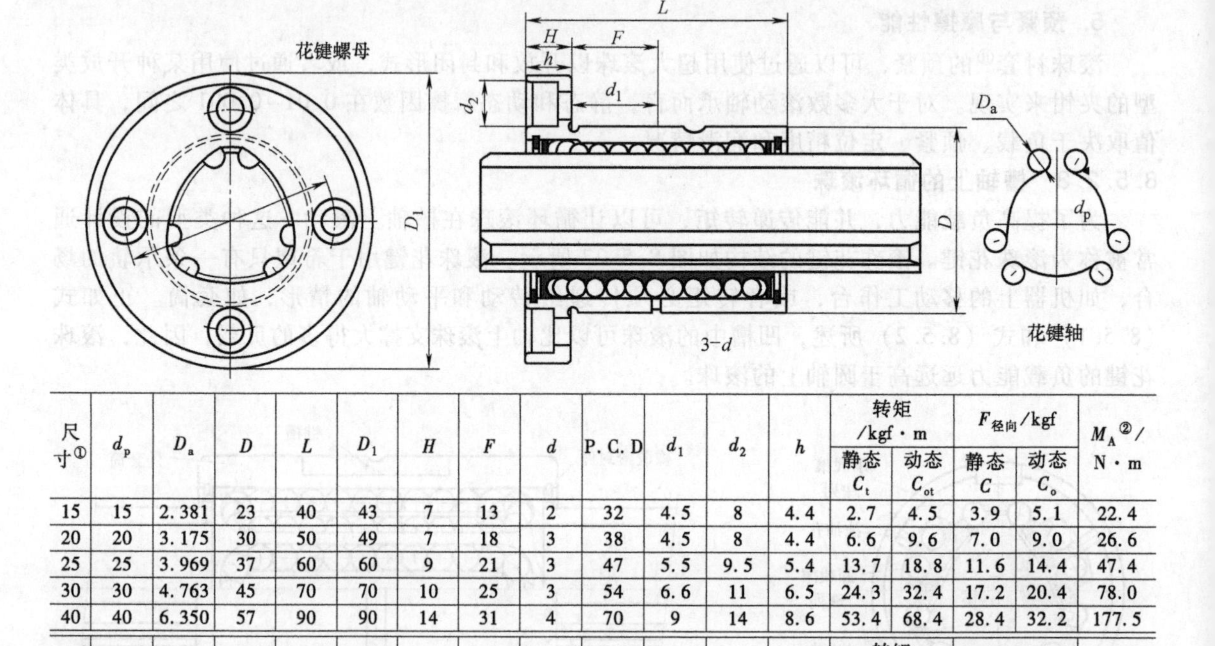

尺寸①	d_p	D_a	D	L	D_1	H	F	d	P. C. D	d_1	d_2	h	转矩/kgf·m 静态 C_t	转矩/kgf·m 动态 C_{ot}	$F_{径向}$/kgf 静态 C	$F_{径向}$/kgf 动态 C_o	M_A②/N·m
15	15	2.381	23	40	43	7	13	2	32	4.5	8	4.4	2.7	4.5	3.9	5.1	22.4
20	20	3.175	30	50	49	7	18	3	38	4.5	8	4.4	6.6	9.6	7.0	9.0	26.6
25	25	3.969	37	60	60	9	21	3	47	5.5	9.5	5.4	13.7	18.8	11.6	14.4	47.4
30	30	4.763	45	70	70	10	25	3	54	6.6	11	6.5	24.3	32.4	17.2	20.4	78.0
40	40	6.350	57	90	90	14	31	4	70	9	14	8.6	53.4	68.4	28.4	32.2	177.5

尺寸①	d_p	D_a	D	L	D_1	H	F	d	P. C. D	d_1	d_2	h	转矩/kgf·m 静态 C_t	转矩/kgf·m 动态 C_{ot}	$F_{径向}$/kgf 静态 C	$F_{径向}$/kgf 动态 C_o	M_A②/N·m
50	50	7.938	70	100	108	16	34	4	86	11	17.5	11.0	97.6	117.0	41.5	44.0	226.1
60	60	9.525	85	127	124	18	45.5	4	102	11	17.5	11.0	166.5	230.9	59.0	72.6	534.0
70	70	11.112	95	110	142	20	35	4	117	14	20	13.0	194.4	229.3	59.1	61.6	446.7
85	85	11.906	115	140	168	22	48	5	138	16	23	15.2	322.3	383.4	80.6	85.0	767.8
100	100	14.288	135	160	195	25	55	5	162	18	26	17.5	526.8	760.0	112.0	143.0	1035.0

① 无 LBF-# 密封的型号。有 LBF-#UU 密封的型号。
② 密封接触的两个花键螺母关于轴半径的力矩。一个单螺母只有 10%M_A。

图 8.5.29　带有法兰的槽轨滚珠花键的典型尺寸（THK 有限公司提供）

3. 热膨胀公差

对于单个轴承的导轨系统，虽然轴套实际上是过约束，但是他们的小基线使其对热效应不太敏感。然而，必须允许导轨的一端沿轴向浮动，否则它会因环境的变化和滚动摩擦所产生的升温而发生弯曲。

4. 定位要求

由于这种类型套管一般只使用一个导轨，所以，只需将导轨定位于机器的其他位置。当

在一个滑座上安装两个衬套时，必须小心，以确保安装面的正确定位。

5. 预紧和摩擦性能

使用超大滚珠预紧滚珠花键。对于大多数滚动轴承，根据负载、预紧、精度等级和使用润滑等情况的不同，静态和动态摩擦因数在 0.005~0.01 范围内变化。

8.5.2.4 直线运动导轨

直线运动导轨主要由矩形截面轨道和含有循环滚珠通道的矩形箱体滑座构成[60]。这种类型的设计最初于 1932 年在法国获得专利[61]，此后，又有许多改进专利，现在，生产直线运动导轨的制造商很多。

通常情况下，使用两轨四滑座（块）结构来支撑运动轴，如图 8.5.30 所示。随着直线运动导轨在重负载下所表现出的日益增加的卓越性能，以及制造商所生产的产品越来越大，它正逐步大的机器上取代滑动接触轴承。滚动轴承用于大型主轴和滚珠丝杠上，因此，使用它们来支撑移动轴也是情理之中的事情。当直线导轨不能在分配的空间里提供所需的负载和刚度时，可使用循环滚珠轴承。

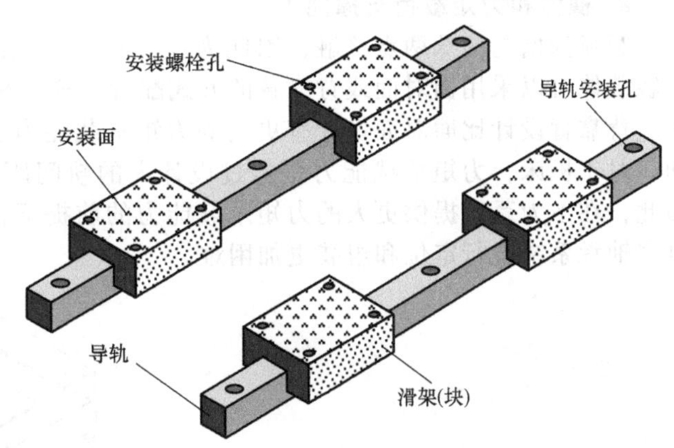

图 8.5.30 直线运动导轨轴承系统的基本组成

不同厂家生产的直线运动（直线导轨）导轨基本上有两种不同的类型：圆弧拱槽、哥特式拱槽。这两种类型的拱槽如图 8.5.2 所示，并在图 8.5.3 和图 8.5.4 对其性能特点进行了比较。还有一种哥特式拱槽的变形设计，该设计使得拱槽相互抵消，于是，滚珠实际上只与拱槽的一个表面相接触，只有当轴承过载时，才与另一个拱的表面也接触。因此，该系统具有某种自我保护功能。

每种类型的直线运动导轨都有其优缺点。为进行客观陈述，讨论将按每种类型的字母顺序进行排序，代表性制造商的目录信息也将按字母顺序排列。就像对可供选择的产品的其他实例一样，这并不表示对这些产品的认可。设计工程师必须仔细考虑很多标准，并且在做出选择之前，必须经常对不同的产品进行测试。记住，如果制造商的产品目录没有你需要的信息，立刻通过电话向制造商进行索取。销售工程师如何回答你的问题，往往是您将在以后的日子里所获得服务类型的一个良好暗示。

1. 运行平行度、可重复性和分辨率

就公布的规格而言，大多数厂家制造的不同类型的直线导轨的运行平行度一般都具有同等的竞争力。典型的运行平行度值如图 8.5.31 所示。当然，当为主要生产线选择轴承时，一般都要当场检查各厂家的轴承。当为一个特定类型的应用选择直线运动导轨（例如，为一台测量机或一个重载金属切削加工中心）时，就要求轴承制造商提供作为寿命函数的运行平行度数据。

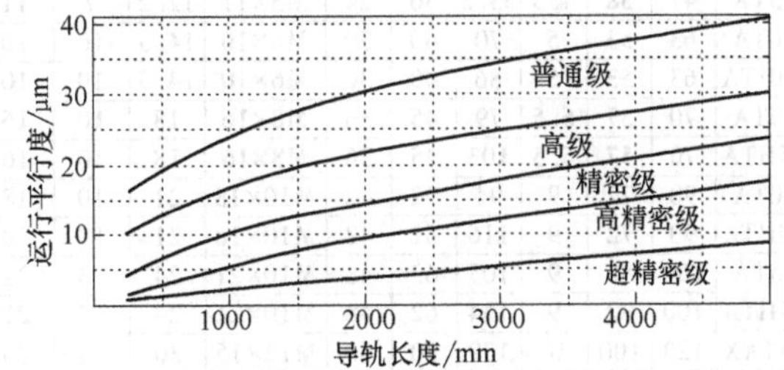

图 8.5.31 直线运动导轨轴承滑座的上表面和侧面对承轨的上表面和侧面的典型运行平行度（THK 公司许可）

---

[60] 现在，各个厂家也使用短滚柱代替滚珠来制造直线运动导轨，以提高承载能力和刚度；然而，滚柱直线运动导轨的精度一般不如滚珠直线导轨高。

[61] 法国专利 730922。

直线运动导轨往往是被固定在研磨夹具上进行磨削。因此，为了确保在对凹槽进行磨削时，导轨发生的变形相同，这时必须对带有螺纹的安装孔进行清洗，同时，还要认真遵守制造商建议的转矩水平和紧固的程序。拧紧螺栓后，应检查轨道的直线度。必要时，可以对螺栓转矩程序进行修改。

重复性取决于精度等级，在从 0.1~10μm 之间。高重复性通常要求轻的预紧。同样，适当的伺服系统可以提供的允许分辨率在 0.1~10μm 之间。正如图 8.3.6 所示，为获得最大限度的运动分辨率，应尽量减少摩擦。

2. 横向和力矩载荷支撑能力

圆弧沟槽与滚珠两点接触，因此为获得双向负载能力，一根导轨需要四条凹槽。球槽的接触载体可以采用面对面或背靠背的方式配置。这两种类型的例子如图 8.5.32~图 8.5.35 所示。背靠背设计比面对面设计有更高的力矩承载能力。高力矩承载能力对于单轨情形十分有利。对于机床，力矩承载能力是通过设计大的轨间距和依靠轴承的额定负载能力来获得的。因此，在不为系统提供更大的力矩承载能力的前提下，轴承滑座的高力矩承载能力实际上使对多轴承系统进行定位和组装更加困难。

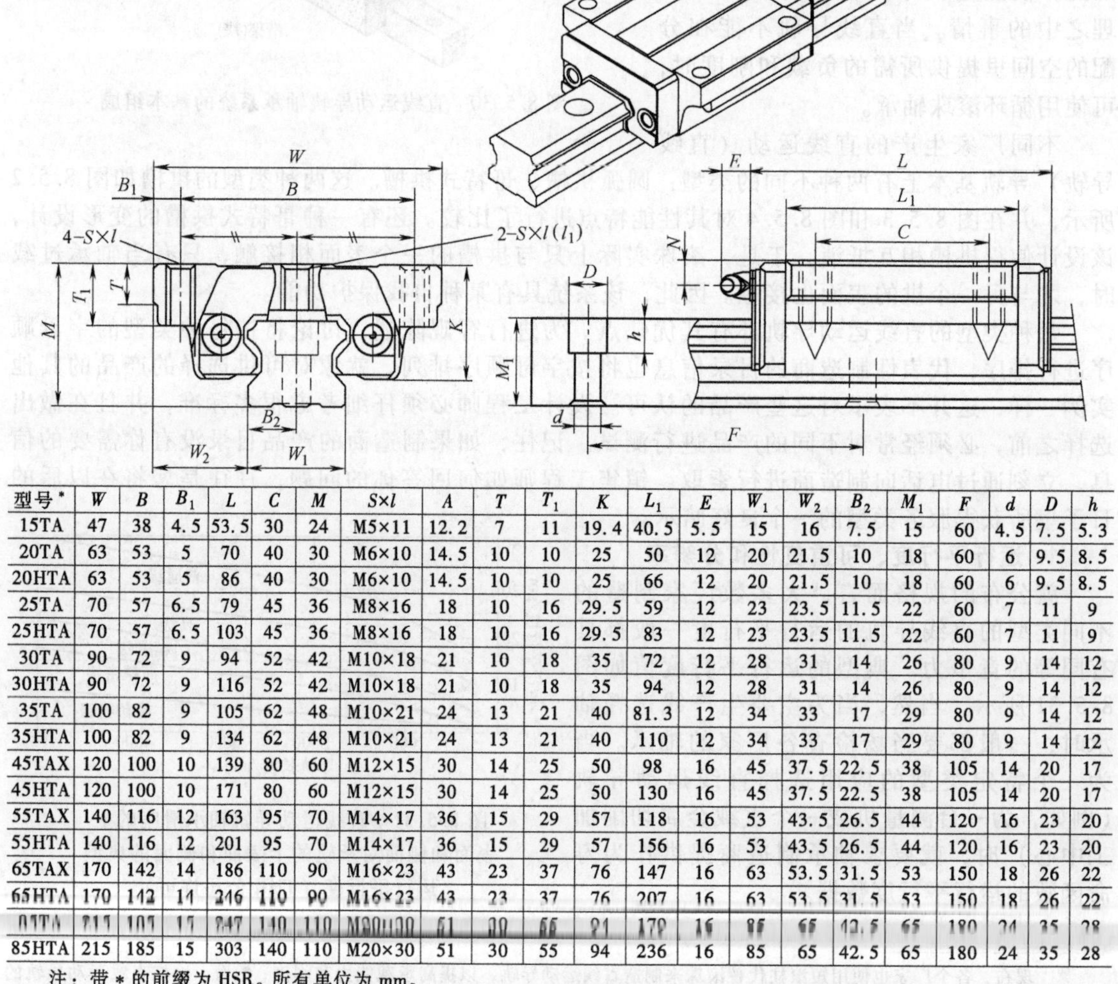

型号*	W	B	B_1	L	C	M	S×l	A	T	T_1	K	L_1	E	W_1	W_2	B_2	M_1	F	d	D	h
15TA	47	38	4.5	53.5	30	24	M5×11	12.2	7	11	19.4	40.5	5.5	15	16	7.5	15	60	4.5	7.5	5.3
20TA	63	53	5	70	40	30	M6×10	14.5	10	10	25	50	12	20	21.5	10	18	60	6	9.5	8.5
20HTA	63	53	5	86	40	30	M6×10	14.5	10	10	25	66	12	20	21.5	10	18	60	6	9.5	8.5
25TA	70	57	6.5	79	45	36	M8×16	18	10	16	29.5	59	12	23	23.5	11.5	22	60	7	11	9
25HTA	70	57	6.5	103	45	36	M8×16	18	10	16	29.5	83	12	23	23.5	11.5	22	60	7	11	9
30TA	90	72	9	94	52	42	M10×18	21	10	18	35	72	12	28	31	14	26	80	9	14	12
30HTA	90	72	9	116	52	42	M10×18	21	10	18	35	94	12	28	31	14	26	80	9	14	12
35TA	100	82	9	105	62	48	M10×21	24	13	21	40	81.3	12	34	33	17	29	80	9	14	12
35HTA	100	82	9	134	62	48	M10×21	24	13	21	40	110	12	34	33	17	29	80	9	14	12
45TAX	120	100	10	139	80	60	M12×15	30	14	25	50	98	16	45	37.5	22.5	38	105	14	20	17
45HTA	120	100	10	171	80	60	M12×15	30	14	25	50	130	16	45	37.5	22.5	38	105	14	20	17
55TAX	140	116	12	163	95	70	M14×17	36	15	29	57	118	16	53	43.5	26.5	44	120	16	23	20
55HTA	140	116	12	201	95	70	M14×17	36	15	29	57	156	16	53	43.5	26.5	44	120	16	23	20
65TAX	170	142	14	186	110	90	M16×23	43	23	37	76	147	16	63	53.5	31.5	53	150	18	26	22
65HTA	170	142	14	246	110	90	M16×23	43	23	37	76	207	16	63	53.5	31.5	53	150	18	26	22
85TA	215	185	15	247	140	110	M20×30	51	30	55	94	179	16	85	65	42.5	65	180	24	35	28
85HTA	215	185	15	303	140	110	M20×30	51	30	55	94	236	16	85	65	42.5	65	180	24	35	28

注：带 * 的前缀为 HSR。所有单位为 mm。

图 8.5.32 面对面的圆拱直线导轨（THK 公司许可）

型　　号	刚度(K_Y,K_Z)/(N/μm)	承载能力/kgf($F_Y=K_Z$)		静态力矩承载能力/kgf · m		
	中度预紧	动态 C	静态 C	静态 M_X	静态 M_X	静态 M_X
HSR 15TA		760	1150	6.0	6.0	8.4
HSR 20TA	490	1230	1790	11.7	11.7	17.4
HSR 20HTA	686	1900	2380	20.2	20.2	23.2
HSR 25TA	647	1770	2580	20.2	20.2	29.4
HSR 25HTA	872	2420	3440	34.4	34.4	38.1
HSR 30TA	833	2500	3510	32.2	32.2	48.4
HSR 30HTA	1117	3320	4680	54.7	54.7	64.5
HSR 35TA	960	3320	4580	48.1	48.1	77.0
HSR 35HTA	1284	4470	6110	81.7	81.7	102.9
HSR 45TAX	1215	5350	7170	93.8	93.8	156.8
HSR 45HTA	1627	7170	9550	159.6	159.6	208.9
HSR 55TAX	1470	7890	10300	162.2	162.2	272.3
HSR 55HTA	1960	10600	13800	275.5	275.5	363.7
HSR 65TAX	1842	12600	16100	316.7	316.7	497.6
HSR 65HTA	2479	17100	21500	538.4	538.4	664.5
HSR 85TA	2244	18700	23200	762.1	762.1	942.8
HSR 85HTA	2999	25200	30900	930.6	930.6	1255.0

图 8.5.33　图 8.5.32 的直线导轨的刚度和承载能力（THK 公司许可）

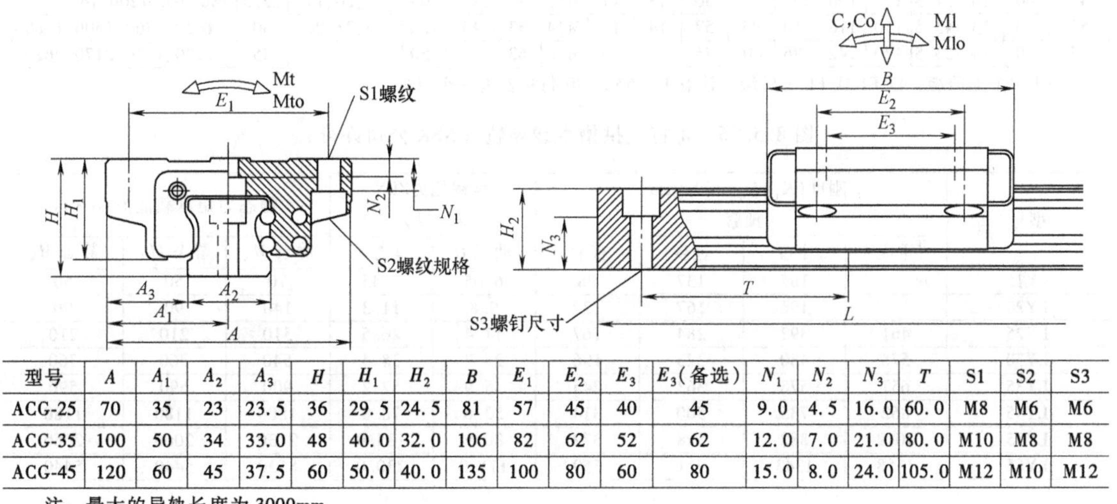

型号	A	A_1	A_2	A_3	H	H_1	H_2	B	E_1	E_2	E_3	E_3(备选)	N_1	N_2	N_3	T	S1	S2	S3
ACG-25	70	35	23	23.5	36	29.5	24.5	81	57	45	40	45	9.0	4.5	16.0	60.0	M8	M6	M6
ACG-35	100	50	34	33.0	48	40.0	32.0	106	82	62	52	62	12.0	7.0	21.0	80.0	M10	M8	M8
ACG-45	120	60	45	37.5	60	50.0	40.0	135	100	80	60	80	15.0	8.0	24.0	105.0	M12	M10	M12

注：最大的导轨长度为 3000mm。

图 8.5.34　背靠背的圆形拱直线导轨（汤姆森工业公司许可）

型　号	承载能力/N		力矩承载能力			
	C	Co	Mt	Mto	M1	M1o
ACG-25	13500	25000	190	350	95	175
ACG-35	25500	44000	530	910	265	455
ACG-45	42500	70500	1160	1910	580	905

图 8.5.35　图 8.5.34 的直线导轨的承载能力（汤姆森工业公司提供）

滚珠与哥特式拱槽呈四点接触，会产生大量的滑差，如图 8.5.4 所示。因此，往往拱都有偏移，使滚珠实际上是两点接触，从而实现低摩擦滚动。在超负荷的情况下，凹槽内滚珠的偏移会导致球与槽四点接触。这有助于防止在过载情况下产生的破坏。注意，主要承受侧向载荷时，应采用四点接触。虽然滑差会增加摩擦，但是四点接触还是提供了过载保护。哥特式拱槽直线导轨的典型尺寸和属性如图 8.5.36 和图 8.5.37 所示。

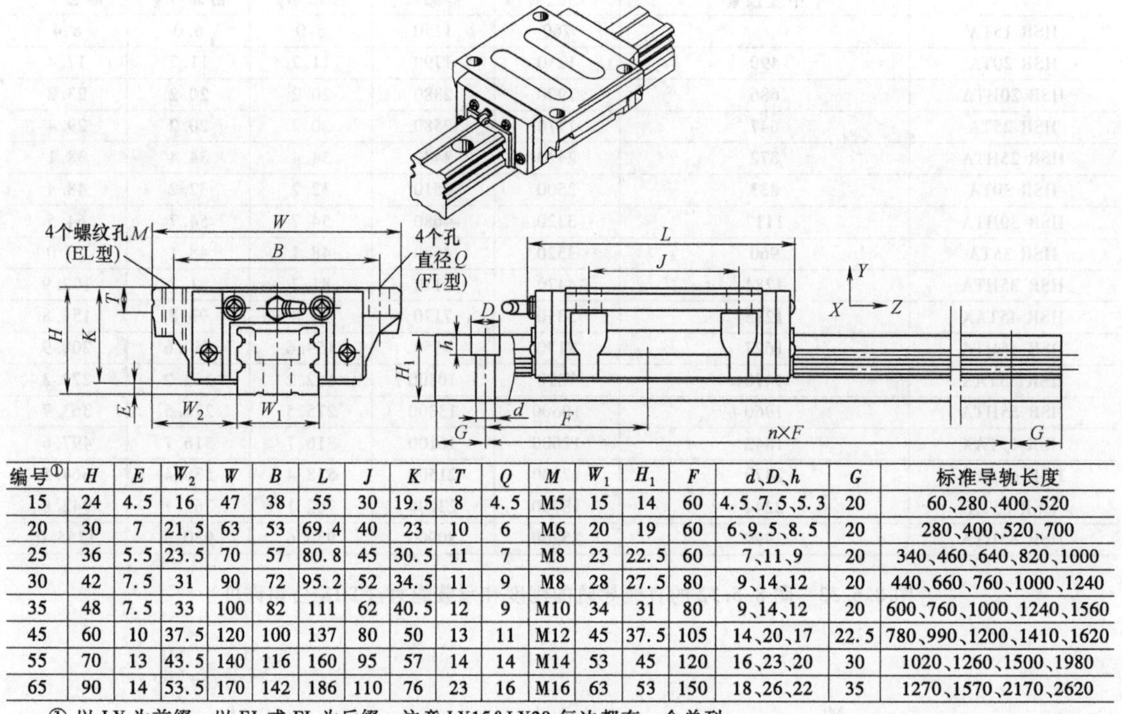

编号①	H	E	W_2	W	B	L	J	K	T	Q	M	W_1	H_1	F	d、D、h	G	标准导轨长度
15	24	4.5	16	47	38	55	30	19.5	8	4.5	M5	15	14	60	4.5、7.5、5.3	20	60、280、400、520
20	30	7	21.5	63	53	69.4	40	23	10	6	M6	20	19	60	6、9.5、8.5	20	280、400、520、700
25	36	5.5	23.5	70	57	80.8	45	30.5	11	7	M8	23	22.5	60	7、11、9	20	340、460、640、820、1000
30	42	7.5	31	90	72	95.2	52	34.5	11	9	M8	28	27.5	80	9、14、12	20	440、660、760、1000、1240
35	48	7.5	33	100	82	111	62	40.5	12	9	M10	34	31	80	9、14、12	20	600、760、1000、1240、1560
45	60	10	37.5	120	100	137	80	50	13	11	M12	45	37.5	105	14、20、17	22.5	780、990、1200、1410、1620
55	70	13	43.5	140	116	160	95	57	14	14	M14	53	45	120	16、23、20	30	1020、1260、1500、1980
65	90	14	53.5	170	142	186	110	76	23	16	M16	63	53	150	18、26、22	35	1270、1570、2170、2620

① 以 LY 为前缀，以 EL 或 FL 为后缀。注意 LY15&LY20 每边都有一个单列。

图 8.5.36 哥特式拱槽直线导轨（NSK 公司许可）

型号	刚度(K_Y, K_Z)/(N/μm) 预紧				承载能力/kN $F_Y=F_Z$		静态力矩承载能力/N·m		
	重度	中度	轻度	极轻	动态 C	静态 C	静态 M_X	静态 M_X	静态 M_X
LY15		167	137	98	6.05	7.45	70	50	50
LY20		196	167	127	9.8	11.3	140	90	90
LY25	461	392	284	167	17.4	26.5	310	210	210
LY30	578	480	323	196	25.7	38.4	540	360	360
LY35	657	578	363	245	35.9	52.2	900	590	590
LY45	862	735	500	314	52.6	78.8	1800	1180	1180
LY55	1019	882	598	372	80.9	115.0	3130	2060	2060
LY65	1558	1343	911	559	171.0	230.0	8530	5440	5440

图 8.5.37 图 8.5.36 所示直线导轨的刚度和承载能力（NSK 公司许可）

不能简单地说，一种设计类型就比另一种设计类型能够承载更多的负载或刚度更大。但是，人们总是可以选择一款具有所需承载能力和刚度的产品。因此，强烈建议设计工程师要考虑更重要的因素，如作为寿命函数的精度，运动分辨率和许多在第 8.5 节中讨论的与选择标准有关的其他因素。无论选定的直线轴承是哪种类型，同样重要的是要注意到，它是否会经历非常缓慢的运动和受到长时间的振动，因为，这可能导致微动磨损。通常，在这种情况下，制造商的产品目录会减小允许负载。注意，在发生微动磨损的情况下，有些厂家会提供不锈钢轴承导轨或陶瓷滚动体。

一般的机床刀架都有一个长方形的机体，并在每个角附近安装一个直线导轨轴承滑座。为了准确分析承载能力和刚度，需要建立包括床体和滑座特性在内的有限元模型。但是，在建立有限元模型之前，必须进行粗略计算，初步确定轴承的尺寸并选择轴承。必须设计滑座结构，以使其变形误差在误差预算范围之内。为确定近似轴承反作用力，可以进而假设安装

导轨的滑座和结构都是刚体。

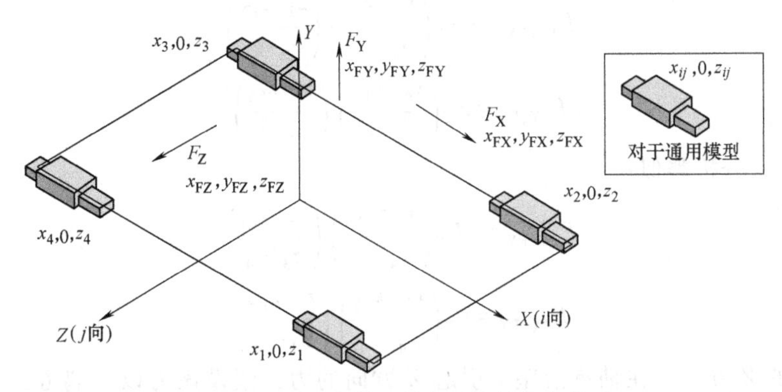

图 8.5.38　四个轴承滑座系统的广义模型

考虑图 8.5.38 所示的一般情况。轴承关于直角坐标系对称布置。有三种类型的力，F_X、F_Y和 F_Z，它们可以作用在滑座坐标系空间的任何地方。F_X方向的力包括切削力、驱动力、质量中心加速力和来自设置在滑座顶部的运动轴的作用力 F_X。F_Y和 F_Z方向的力包括切削力和来自滑座上设置的其他运动轴的作用力。根据机器配置的不同，重力可以沿任何方向产生作用力。为了估计作用在轴承上的力的大小，必须做两个假设：

1）轴承力矩刚度是很小的。

2）力主要分布在轴承附近。

有了这些假设，仔细推敲图 8.5.38 所表达的几何机构和代数，可以发现单向力对每个轴承滑座的作用结果。通过叠加方式，可以确定在不同点加载的多个单向力在轴承滑座上所形成的合力。

X 方向的力引起轴承滑座在 Y 方向上的力偶，其值的大小假定与 X 方向的力在 X 或 Z 的位置无关。因此，合力偶均匀地分布在两端轴承之间：

$$F_{1Y,FX}=F_{2Y,FX}=\frac{F_X y_{FX}}{2(x_1-x_4)} \tag{8.5.11}$$

$$F_{3Y,FX}=F_{4Y,FX}=\frac{-F_X y_{FX}}{2(x_1-x_4)} \tag{8.5.12}$$

X 方向的力也要引起 Z 方向的力偶，假设其量值不受 X 方向力在 Y 或 X 位置的影响，因此均匀地分布在两端轴承之间：

$$F_{1Z,FX}=F_{2Z,FX}=\frac{F_X z_{FX}}{2(x_1-x_4)} \tag{8.5.13}$$

$$F_{3Z,FX}=F_{4Z,FX}=\frac{-F_X z_{FX}}{2(x_1-x_4)} \tag{8.5.14}$$

Y 方向的力会引起作用在轴承滑座上 Y 方向的力，假设该力与轴承滑座关于力作用点的相对位置 XZ 成正比。首先，考虑相对位置 X 如何影响在轴承滑座 1 和 2 及 3 和 4 之间力的分布。把滑座 1 和 2，3 和 4 分别各看为一个整体，会发现滑座与作用力的相对位置 X 将导致如下力的分配：

$$F_{1+2Y}=-F_Y\left(\frac{x_4-x_{FY}}{x_4-x_1}\right) \tag{8.5.15}$$

$$F_{3+4Y}=F_Y\left(\frac{x_1-x_{FY}}{x_4-x_1}\right) \tag{8.5.16}$$

那么，分配到滑座 1 和 2 上与分配在滑座 1 和 2 之间的力的分布取决于力的相对位置 Z：

$$F_{1Y,FY} = -F_Y\left(\frac{x_4 - x_{FY}}{x_4 - x_1}\right)\left(\frac{z_2 - z_{FY}}{z_2 - z_1}\right) \tag{8.5.17}$$

$$F_{2Y,FY} = F_Y\left(\frac{x_4 - x_{FY}}{x_4 - x_1}\right)\left(\frac{z_1 - z_{FY}}{z_2 - z_1}\right) \tag{8.5.18}$$

对于滑座 3 和 4，分析类似：

$$F_{3Y,FY} = -F_Y\left(\frac{x_1 - x_{FY}}{x_4 - x_1}\right)\left(\frac{z_4 - z_{FY}}{z_3 - z_4}\right) \tag{8.5.19}$$

$$F_{4Y,FY} = F_Y\left(\frac{x_1 - x_{FY}}{x_4 - x_1}\right)\left(\frac{z_3 - z_{FY}}{z_3 - z_4}\right) \tag{8.5.20}$$

与 X 轴有偏移的 Z 方向力在轴承滑座上引起 Z 方向的力，假设该力以力偶方式在轴承对间均匀分布：

$$F_{1Z,FZ} = F_{2Z,FZ} = \frac{-F_Z}{2}\left(\frac{x_4 - x_{FZ}}{x_4 - x_1}\right) \tag{8.5.21}$$

$$F_{3Z,FZ} = F_{4Z,FZ} = \frac{F_Z}{2}\left(\frac{x_1 - x_{FZ}}{x_4 - x_1}\right) \tag{8.5.22}$$

沿 Y 轴有偏移的 Z 方向的力引起轴承滑座沿 Y 方向的作用力，轴承滑座 1 和 4 与 2 和 3 成对作用：

$$F_{1Y,FZ} = F_{4Y,FZ} = \frac{F_Z y_{FZ}}{2(z_1 - z_2)} \tag{8.5.23}$$

$$F_{2Y,FZ} = F_{3Y,FZ} = \frac{-F_Z y_{FZ}}{2(z_1 - z_2)} \tag{8.5.24}$$

制造商的产品目录给出了这种一般情形的具体实例，但是，这个一般形式更适合包含在电子表格程序当中。在该程序中，可以输入所有类型的力及其作用位置，然后，单击鼠标，查看它们对于轴承反作用力的影响。通过这些反作用力和轴承刚度，可以很容易地确定列入机器误差预算的滑座运动误差的估计。

在一个结构角上的四个轴承滑座可以支撑箱型结构，如支持其他运动轴的机床立柱。然而，在某些情况下，当支撑一个箱型结构时，希望载荷沿导轨分布，以减小局部变形。在这种情况下，该结构仍然可以视为是刚性的，并且，可以采用与确定单个滚子的负载所描述的类似方式，来发现作用在滑座上的载荷。在这种情况下，弹性系数与轴承滑座的刚度是相关的。该一般情况也显示在图 8.5.38 上，并再次使用叠加方式来综合作用在不同位置的力的结果。

X 方向的力 F_X 可以在轴承滑座上引起 Y 和 Z 方向的力。Y 方向的力由偏移量 Y 所致。$M\times N$ 个轴承滑座 Y 方向的力和变形，共有 $2\times M\times N$ 个未知参数。力的平衡方程为

$$\sum F_Y = 0 = \sum_{i=1}^{M}\sum_{j=1}^{N} F_{i,jY} \tag{8.5.25}$$

$$\sum M_X = 0 = -\sum_{i=1}^{M}\sum_{j=1}^{N} F_{i,jY} z_{i,j} \tag{8.5.26}$$

$$\sum M_Z = 0 = F_X y_{FX} + \sum_{i=1}^{M}\sum_{j=1}^{N} F_{i,jY} x_{i,j} \tag{8.5.27}$$

这些提供了三个方程。力的位移关系提供了 $M\times N$ 个方程：

$$F_{i,jY} = K_{i,jY}\delta_{i,jY} \tag{8.5.28}$$

对变形要进行限制，以使“弹簧”的两端分别留在两个不一定平行的平面上：

$$\delta_{i,j\mathrm{Y}}=\delta_{1,1\mathrm{Y}}-\frac{(\delta_{1,1\mathrm{Y}}-\delta_{\mathrm{M},1\mathrm{Y}})(x_{i,j}-x_{1,1})}{x_{\mathrm{M},1}-x_{1,1}}-\frac{(\delta_{\mathrm{M},1\mathrm{Y}}-\delta_{\mathrm{M},\mathrm{NY}})(z_{i,j}-z_{\mathrm{M},1})}{z_{\mathrm{M},\mathrm{N}}-z_{\mathrm{M},1}} \tag{8.5.29}$$

第二、三项是分别来自轴承滑座相对位置 X、Z 的贡献。这提供了 $M\times N-3$ 个方程；于是，共有 $2\times M\times N$ 个方程和 $2\times M\times N$ 个未知数，因此，系统是确定的。

$M\times N$ 个 Z 方向的力和轴承滑座 $M\times N$ 个变形由 X 方向的力 F_{X} 在 Z 方向的偏移引起，以类似的方式可以发现它们：

$$\sum F_{\mathrm{Z}}=0=\sum_{i=1}^{M}\sum_{j=1}^{N}F_{i,j\mathrm{Z}} \tag{8.5.30}$$

由于 Y_{Z}平面就是轴承滑座平面，所以没有关于 X 轴的力矩。关于 Y 轴的力矩为

$$\sum M_{\mathrm{Y}}=0=F_{\mathrm{X}}z_{\mathrm{FX}}-\sum_{i=1}^{M}\sum_{j=1}^{N}F_{i,j\mathrm{Z}}x_{i,j} \tag{8.5.31}$$

这些提供了两个方程，力的位移关系又提供了 $M\times N$ 个方程：

$$F_{i,j\mathrm{Z}}=K_{i,j\mathrm{Z}}\delta_{i,j\mathrm{Z}} \tag{8.5.32}$$

为保持在同一个平面上，要限制运动，每个轴承滑座被固定到一个刚性平面（滑座）上并套在刚性轨道上，因此，它的变形仅仅是位置 X 的函数：

$$\delta_{i,j\mathrm{Z}}=\delta_{1,1\mathrm{Z}}-\frac{(\delta_{1,1\mathrm{Z}}-\delta_{\mathrm{M},1\mathrm{Z}})(x_{i,j}-x_{1,1})}{x_{\mathrm{M},1}-x_{1,1}} \tag{8.5.33}$$

这提供了 $M\times N-2$ 个方程，所以，系统也是确定的。

确定 Y 向力及由力 F_{Y}与 X 和 Z 向偏移所引起的轴承滑座的变形方程为

$$\sum F_{\mathrm{Y}}=0=F_{\mathrm{Y}}+\sum_{i=1}^{M}\sum_{j=1}^{N}F_{i,j\mathrm{Y}} \tag{8.5.34}$$

$$\sum M_{\mathrm{Z}}=0=F_{\mathrm{Y}}x_{\mathrm{FY}}+\sum_{i=1}^{M}\sum_{j=1}^{N}F_{i,j\mathrm{Y}}x_{i,j} \tag{8.5.35}$$

$$\sum M_{\mathrm{X}}=0=-F_{\mathrm{Y}}z_{\mathrm{FY}}-\sum_{i=1}^{M}\sum_{j=1}^{N}F_{i,j\mathrm{Y}}z_{i,j} \tag{8.5.36}$$

式（8.5.28）和式（8.5.29）分别给出了 Y 方向的变形和几何约束。

Z 方向的力 F_{Z}关于 Y 轴偏移引起轴承滑座上 Y 方向的力，该力的总和为零，如式（8.5.25）所示。关于 X 和 Z 轴的力矩为

$$\sum M_{\mathrm{X}}=0=F_{\mathrm{Z}}y_{\mathrm{FY}}-\sum_{i=1}^{M}\sum_{j=1}^{N}F_{i,j\mathrm{Y}}z_{i,j} \tag{8.5.37}$$

$$\sum M_{\mathrm{Z}}=0=\sum_{i=1}^{M}\sum_{j=1}^{N}F_{i,j\mathrm{Y}}x_{i,j} \tag{8.5.38}$$

式（8.5.28）和式（8.5.29）分别给出了变形和几何约束。

Z 方向的力 F_{Z}沿 X 轴的偏移在轴承滑座上引起 Z 方向的力为

$$\sum F_{\mathrm{Z}}=0=F_{\mathrm{Z}}+\sum_{i=1}^{M}\sum_{j=1}^{N}F_{i,j\mathrm{Z}} \tag{8.5.39}$$

$$\sum M_{\mathrm{Y}}=0=-F_{\mathrm{Z}}x_{\mathrm{FZ}}-\sum_{i=1}^{M}\sum_{j=1}^{N}F_{i,j\mathrm{Z}}x_{i,j} \tag{8.5.40}$$

式（8.5.32）和式（8.5.33）分别给出了变形和几何约束。

实际上，这些基于作用力和作用位置的求解轴承滑座的力和变形的方程，只能用数值方法来求解。一旦完成了对分析过程的编程，它的运行速度远远比有限元程序要快。因此，这

种方法对于初选轴承尺寸和有限元模型构建前的误差预算来说是非常有用的。

对于有大平面工作台的大型机器（例如，非常大的加工中心），往往希望尽量减少移动工作台的重量。在这种情况下，要使机座刚性化，在两个或两个以上的导轨上使用多个轴承滑座来支撑轻的机床工作台，这可以使其性能达到相当只用四个轴承滑座实现对较重和刚度更高工作台的支撑。要实现这种类型工作台的一阶设计，只需确保由四个轴承滑座支撑的工作台的任何部分关于这四个轴承都是刚性的。但是，由于直线导轨上的每个轴承滑座都是完全约束的，加上加工表面不可能是完美无缺的，所以，当多个轴承单元彼此相邻地用于同一条轨道上时，各单元的允许负载应该乘以一个负载因子 t_c。对于 1、2、3、4 和 5 个轴承单元的情形，负载因子分别是 1.00、0.81、0.72、0.66 和 0.61[62]。注意，不同制造商之间，这个因子会略有不同。这也取决于轴承滑座是如何固定在机床滑座上的。例如，如果他们只是进行螺栓固定，那么上面的加权因子就是适用的。如果有三或四个轴承滑座是用螺栓固定在机床滑座上的，并在安装螺栓之前对其他轴承的滑座进行了衬垫和灌浆，那么，这可以保证更好地定位，这样，上述加权因子的值可能就过于保守了。

上述过程也适用于每个轴承滑座都承受横向和纵向负载的分析。这些负载呈线性增加，以获得用于直线运动导轨寿命计算的等效负载。当负载随行程距离发生变化时，用式（8.3.5）获取等效载荷。气温达到 100℃ 以上时，也影响等效负载。温度的负载因子 f_T 定义为

$$f_T = 1.2335 - 4.1138\times10^{-3} - T + 2.7506\times10^{-5}T^2 - 9.7125\times10^{-8}T^3 \tag{8.5.41}$$

于是，式（8.3.3）给出了寿命方程：

$$L = 50\left(\frac{f_T f_C C_N}{f_W F_C}\right) \tag{8.5.42}$$

借助电子表格程序，这些方程使得包括你能想象到许多不同类型的力变得有趣和容易。它为设计工程师提供一个解决问题的高效实时工具，例如，如果这改变怎么办：它会怎样影响轴承尺寸？电子表格程序也让设计工程师轻松地完成不同设计参数（图）的研究，这是有限元很难做到的。当包含轴承滑座刚度的通用模型与一个描述当一个轴承发生变形时“刚性”滑座如何移动的过约束系统模型一起使用时，此电子表格程序也可以生成滑座的运动误差值。这个程序可以链接到一个误差预算程序上，所以，可以即时看到作用力的变换如何导致刀尖位置的变化。

3. 热膨胀公差

与由旋转运动的角接触轴承支持的主轴一样，装配轴承的运动组件一般比固定组件温升更快，因为前者一般质量较小。因此，当直线导轨固定而滑座运动时，预紧恒定的面对面直线导轨更加具有热稳定性[63]，这种类型的单元一般不会因热膨胀速度过高而造成预紧力的显著变化。

与所有其他的过约束系统类似，必须设法控制产生的热量，或让它通过结构均匀消散，使整个机器温升均匀，从而最大限度地减少热阿贝误差。但是，过约束就成为提高承载能力所不得不采取的措施。因此，首先进行仔细的热误差估计，接着建立详细的有限元模型，并且对类似的系统测试。这往往是开发一种新型精密机床的不可缺少的一部分。

4. 定位要求

必须考虑如图 8.5.39 所示的安装细节（当然，这是对所有类型轴承滑座和导轨而言的）。对于机器受到冲击和振动载荷的应用，两条导轨应完全约束。在这种情况下，导轨上推紧带的参

[62] 来自 THK 公司的轴承文献。

[63] 对于直线运动轴承，面对面型滑座（类似于外圈）移动，而旋转轴承，内圈（类似于导轨）移动。

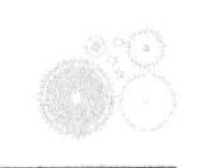

考边缘必须达到机器所需的精确度。对于一般的应用，第一导轨或主导轨要进行完全约束，第二导轨或次导轨，要使用量块或千分表使其与主导轨相平行。然后，次导轨只需通过螺栓固定到机器上，而无需使用机械手段固定进行侧向约束。在这两种情况下，在导轨调节到相互平行并固定到位后[64]，再将轴承滑座安装到机床滑座上根据上面的分析所确定的位置处。

导轨之间总是会有平行度误差。使用第 2.5 节中所介绍的方法，可以估计出该误差对直线导轨支撑的滑座精度的影响。还有其他的方法可以用来估计这种类型的误差[65]。

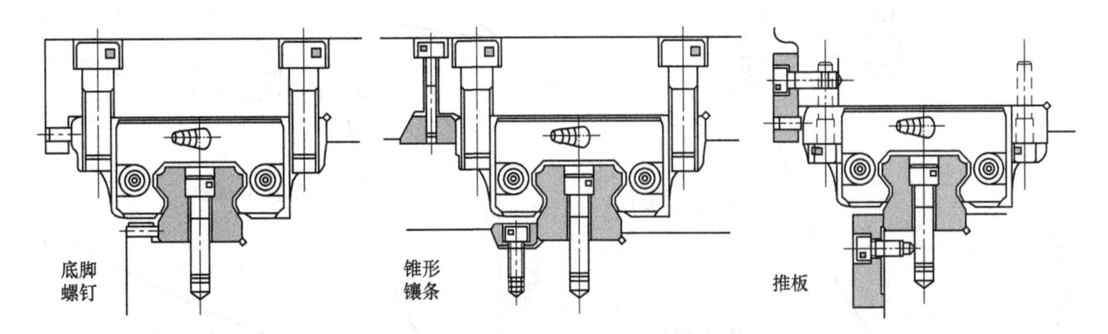

图 8.5.39 直线导轨安装方法（THK 公司许可）

沟槽类型也影响着直线导轨容纳定位误差的能力。图 8.5.40 比较了定位误差对圆弧槽滚珠轴承和完全四点接触的哥特式拱槽滚珠轴承系统性能的影响。对定位误差不敏感意味着在伴随方向的刚度较低，而对定位误差灵敏意味着应力较大。总之，“不劳而获”的可能性很小。注意，除了预紧或定位误差引起的滚动阻力之外，还需要考虑施加的载荷、静态和动态摩擦因数（其在 0.01~0.005 之间）。

5. 预紧和摩擦性能

直线导轨主要有五种预紧方式，这五种预紧也可用于旋转运动轴承，见表 8.3.4。如前所示，预紧对刚度有很大影响，刚度往往是确定具体预紧力的主导因素。预紧和沟槽的形状也会影响滚动摩擦，如图 8.3.6、图 8.5.2 和图 8.5.4 所示。

8.5.3 循环滚柱

直线运动轴承的最大承载能力和刚度通过辊子（如圆柱）获得。此外，与旋转运动滚柱轴承相同，直线运动滚柱轴承需要一种方法来防止滚柱在滚动过程中发生倾斜。这可以用许多方法来完成，包括，将每个滚柱放在一个塑料载体中，让每个辊子两端翻转附加到一条链子上，以使所有的滚柱连接在一起，或使用一根环绕滚柱循环路径并通过每个辊子中间的凹槽带。在下面讨论具体类型的轴承单元时，都将对这些方法进行说明。

8.5.3.1 平面导轨上的圆柱滚子

主要有两种类型的直线循环滚柱轴承，根据滚柱接触平面的方式，可分为履带式和旋转木马轮式。履带式轴承有许多变化，如图 8.5.41 所示。这些轴承块基本上意味着在几乎任何类型的滑动轴承的应用中都可以取代滑动轴承（只要空间允许）。其他类型的履带式直线轴承配置了多个可安装在图 8.5.42 和图 8.5.43 所示的长方形或倾斜导轨上的轨道。单轨单元的尺寸如图 8.5.44 所示。图 8.5.45 所示的旋转木马轮循环滚柱轴承，使用的滚柱比履带式短，但它却有更低的轮廓。

---

64 有关确保稳定的螺栓连接安装程序的讨论见第 7.5.1 节。

65 S. Shimizu and N. Furuya, “Accuracy Average Effect of Linear Motion Ball Guides System for NC Machines-Theoretical Analysis,” Progress in Precision Engineering, P. Seyried et al. (eds.), Springer-Verlag, New York, 1991, p. 324。

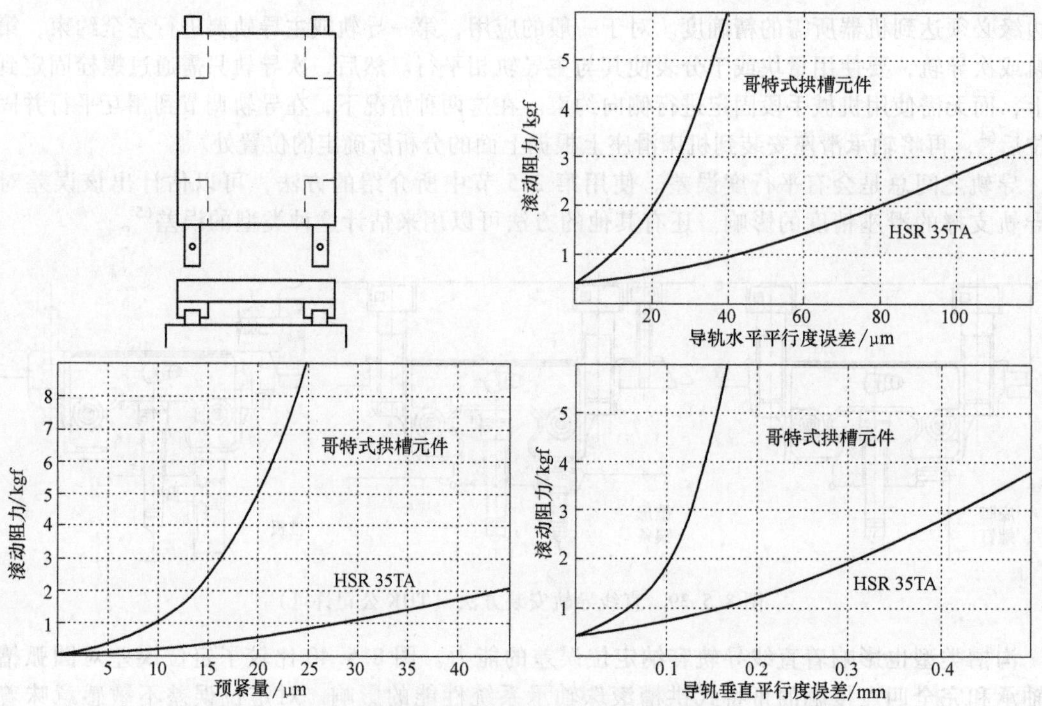

图 8.5.40　哥特式拱槽与圆弧拱槽滚动阻力与预紧量和定位的比较。工作台的重量为 30kgf（THK 公司许可）

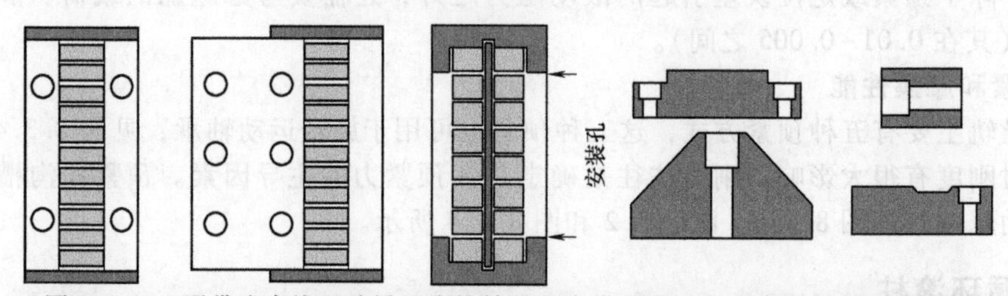

图 8.5.41　履带式直线运动循环滚柱轴承基本类型和一些通常可用的导轨类型

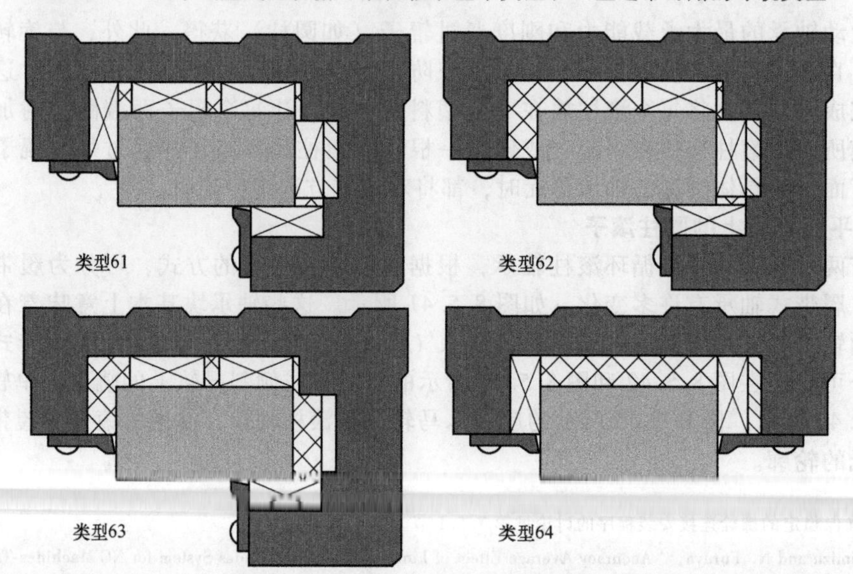

图 8.5.42　用于矩形导轨上的多履带轨道循环滚柱直线轴承（Schneeberger 公司许可）

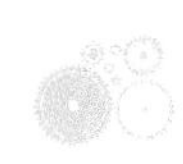

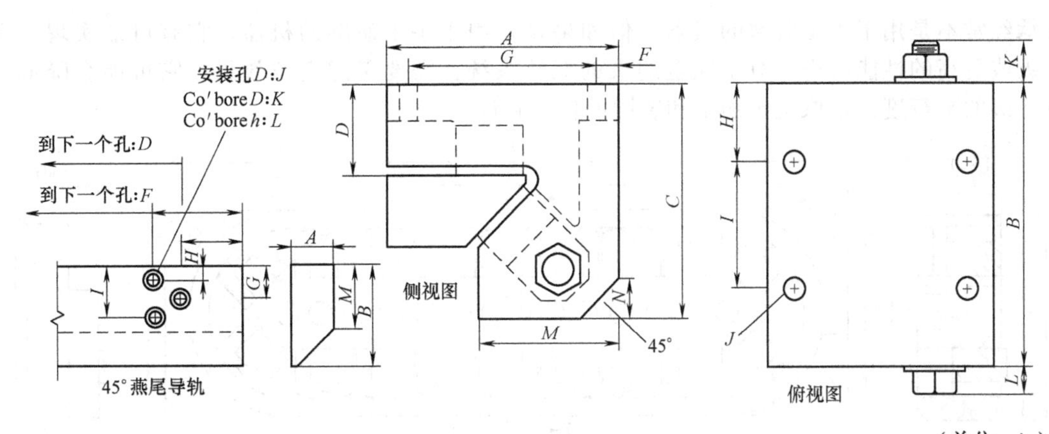

（单位：in）

型号	A	B	C	D	F	G	H	I	J	K	L	M	N	$F_{静态}$ /lbf	$F_{动态}$ /lbf
150-2D	3.125	3.500	2.814	1.1250	0.281	2.500	1.125	1.125	0.344	0.535	0.320	1.72	0.44	4330	2200
200-2D	4.375	4.375	3.813	1.5000	0.375	3.625	1.125	2.125	0.406	0.785	0.415	2.50	0.50	7400	4030
300-2D	6.625	6.000	5.688	2.3125	0.625	5.375	1.625	2.750	0.656	1.035	0.575	3.75	1.13	18310	10010
400-2D	9.875	8.000	7.750	3.0625	0.750	8.375	1.875	4.250	0.781	1.285	0.720	5.50	2.00	33830	18780

型号	A	B	C	D	E	F	G	H	I	J	K	L	M
150-DW	1.000	2.000	1.000	6.000	—	—	0.625	—	—	0.344	0.500	0.344	1.250
200-DW	1.375	2.750	1.000	6.000	—	—	1.125	—	—	0.406	0.594	0.406	1.625
300-DW	1.750	4.000	—	—	1.000	8.00	—	0.750	1.875	0.656	0.969	0.656	2.625
400-DW	2.500	6.000	—	—	1.000	10.00	—	0.875	2.375	0.781	1.156	0.781	4.125

图 8.5.43　燕尾导轨循环滚柱轴承（Detroit EdgeTool 公司许可）

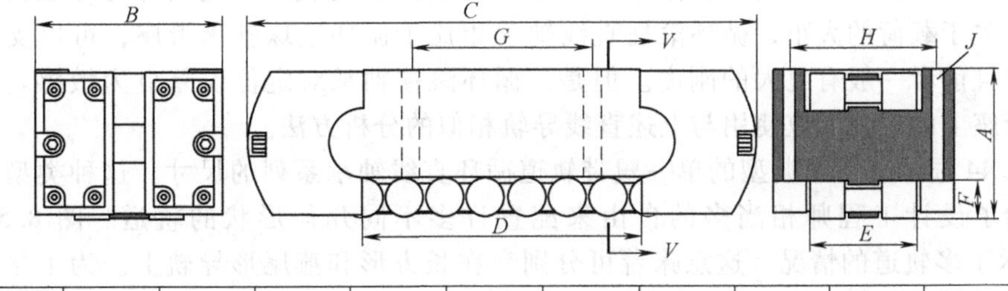

型号	A	B	C	D	E	F	G	H	J	$F_{静态}$ /lbf	$F_{动态}$ /lbf	K/ (lbf/μin)
21050	0.5625	0.875	2.00	1.12	0.45	0.15	0.75	0.672	#4	4330	2200	3.2
21100	0.7500	1.000	2.88	1.50	0.600	0.200	1.000	0.812	#4	7920	4240	5.1
21150	1.1250	1.500	4.00	2.25	0.900	0.300	1.500	1.219	#8	17260	9830	7.0
21200	1.5000	2.000	5.50	3.00	1.200	0.400	2.000	1.625	#10	29460	17750	9.5
21250	2.2500	3.000	8.12	4.50	1.800	0.600	3.000	2.437	0.25	68200	43300	15.3
21300	3.0000	4.000	11.00	6.00	2.400	0.800	4.000	3.250	0.31	122000	81000	19.1

其余单位均为 in。

图 8.5.44　单履带轨道循环滚柱轴承。对于超过 1200r/min 的速度，可供选择的具体型号（Tychoway Bearing 公司许可）

1. 运行平行度、重复性和分辨率

对于在 V 形和平面型导轨上五个轴承滑座的准运动学配置，其运行平行度可以达到导轨的制造平行度。对于支撑适当并经研磨的系统，运行平行度可以达到 5～10μm/m。这种类型

的轴承经常不是用于手工研磨的机器，但如果真是用于手工研磨的机器，它有可能实现一个数量级或更高的性能改进。对于完全约束的双轨系统，需要考虑定位效果，它可能会降低一个数量级的平行度，这取决于加工和装配的仔细程度。

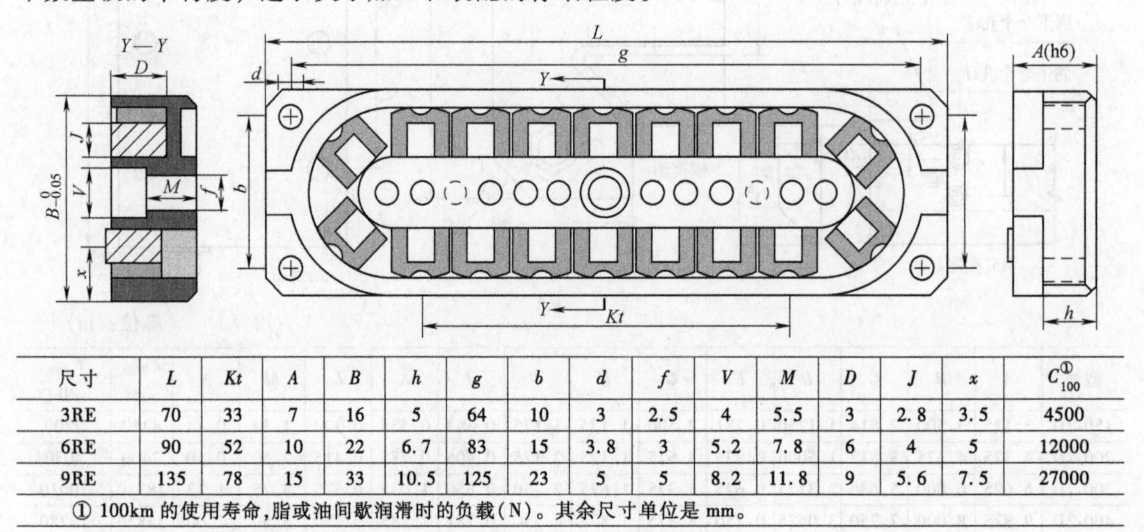

尺寸	L	Kt	A	B	h	g	b	d	f	V	M	D	J	x	C① 100
3RE	70	33	7	16	5	64	10	3	2.5	4	5.5	3	2.8	3.5	4500
6RE	90	52	10	22	6.7	83	15	3.8	3	5.2	7.8	6	4	5	12000
9RE	135	78	15	33	10.5	125	23	5	5	8.2	11.8	9	5.6	7.5	27000

① 100km 的使用寿命，脂或油间歇润滑时的负载(N)。其余尺寸单位是 mm。

图 8.5.45　适于低型面高度要求的旋转木马轮循环滚柱轴承通用尺寸（Schneeberger 公司提供）

当此类轴承经机器磨削并进行中等预紧（额定负载的5%）时，其重复性可达到 1μm。与滚动体一样，经长时间使用和磨合后，其可重复性也可以增加。如果使用了设计适当的伺服控制系统，那么其分辨率很容易达到 1/2～1μm。

2. 横向和力矩载荷支撑能力

循环滚柱直线轴承主要用来支撑额定接触滚柱表面的负载，因此支持力矩载荷时，必须成对使用。关于载荷的大小，循环滚柱直线轴承相比于循环滚珠轴承滑座，可以支持非常大的负载，并且前者一般有更大的刚度。但是，循环滚柱轴承对定位误差更为敏感。为了确定单个轴承滑座上的载荷，应使用与上述直线导轨相似的分析方法。

图 8.5.44 显示了一个典型的单一履带轨道循环直线轴承系列的尺寸。这种类型的轴承非常通用，给了设计工程师相当多的自由来配置许多不同几何形状的轨道。图 8.5.42 和图 8.5.43 展示了多轨道的情况，这意味着可分别套在长方形和燕尾形导轨上。为了尽量减少定位和装配的麻烦，如果可能，希望使用一种多轨道的轴承滑座。图 8.5.45 所示为旋转木马轮循环滚柱轴承的通用尺寸，图 8.5.46 所示为典型的安装配置。图 8.5.47 所示为旋转木马轮循环滚柱轴承的载荷/变形曲线。

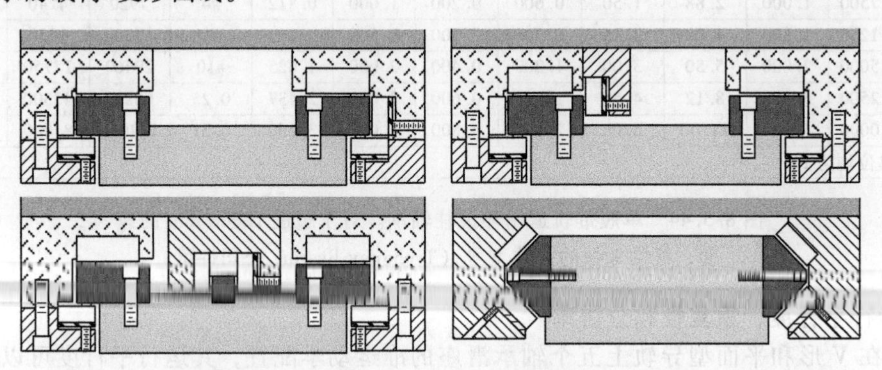

图 8.5.46　旋转木马轮循环滚柱轴承的典型安装配置（Schneeberger 公司许可）

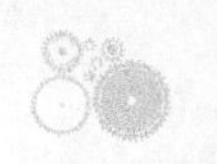

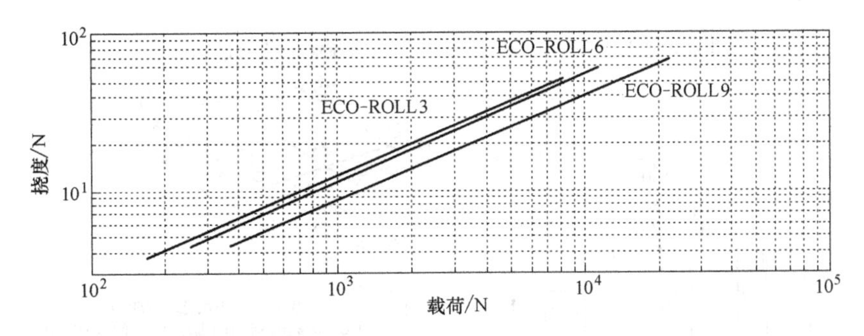

图 8.5.47　图 8.5.43 所示的旋转木马轮循环滚柱轴承的荷载-挠度曲线（Schneeberger 公司许可）

3. 热膨胀公差

为循环滚柱直线运动轴承设计准运动学的配置是可能的，只要考虑在 V 形和平面型导轨上配置五个轴承滑座即可。但是，轴承滑座除了要承载额定负载之外，还要在一定程度上承载俯仰负载。因此，如果滑座固定表面定位不准，那么，每块滑座最终就只有一个或两个滚柱可以支撑大部分的载荷。大多数的模块化轴承都会发生这种类型的定位误差问题。

非运动学系统必须一如既往依靠组件的弹性变形和/或精心设计，以平衡热膨胀。如果轴承用于准稳态情形，那么只要温度均匀，滑座和安装导轨的基座是用相同的材料制成，热膨胀就可以忽略。对于高速往复系统，则应考虑使用主动冷却系统。

4. 定位要求

虽然这些类型的轴承意味着在许多应用中可以取代滑动轴承，但是它们在组装过程中不能进行手工研磨。因此，必须依靠预紧力来确保每个轴承滑座中的所有滚柱与导轨接触。由于滚柱依赖于线接触，所以轨道面准确地定位是非常重要的。对于一些大型龙门机床，导轨是通过首尾相接形成的，可能长达几十米。

对于轴承导轨位于水平面的应用，当使用两条矩形导轨时，应使用一条导轨的两个垂直边来导向行程的水平直线度。第二条导轨仅承受垂直力。这使得该设计的性能对制造或环境影响不敏感。对于其他的轴向，可以考虑类似的原理。

5. 预紧与摩擦性能

对于准运动学系统，预紧由滑座的重量来提供，在其他情况下，使用镶条（通常情况下，是固定螺钉或锥形镶条）或偏心安装销来预紧。在大多数情况下，可以预期地静态和动态摩擦因数在 0.005~0.01。系统设计时，应该考虑静态和动态摩擦因数可能出现的最大值，并且动态模型应该尝试所有不同的排列。

8.5.3.2　“鼓”型滚道上的圆柱滚子

滚柱超过滚珠明显的承载优点被其对定位误差、倾斜和边缘载荷的敏感性所削弱。由于负载引起的变形、制造公差和滚柱轴承的定位误差，相对滚道方向的平移受到限制。由于滚道平行度降低，开始发生边缘负载和滚子圆锥化。边缘负载在滚柱和导轨上引起很大的应力，导致寿命缩短、精度降低。圆锥滚子阻止直线滚动，造成滚柱滚向重载一端。虽然，凸型滚子替代圆柱滚子会减轻边缘负载，但是滚子圆锥化问题仍然存在。导轨边缘凸起会减轻这两种不良情况，但并不能消除它们。

这些问题可以通过在曲率连续轨道上使用圆柱滚子来解决，例如，汤姆森工业公司出售的 Accumax™滚柱轴承，如图 8.5.48 所示。在这个设计中，圆柱滚子在两个弧形轨道之间承载，当轨道彼此之间相对平移或旋转时仍然在负载中存在大半径的滚子。该设计为四条回路、面对面的设计，可以在各个方向上平等加载。其结果是，Accumax™滚柱轴承具有类似于在第 8.5.2.4 节中讨论的直线导轨型轴承的特征，但是却有高的多的负载能力和刚度。

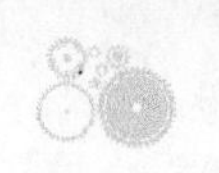

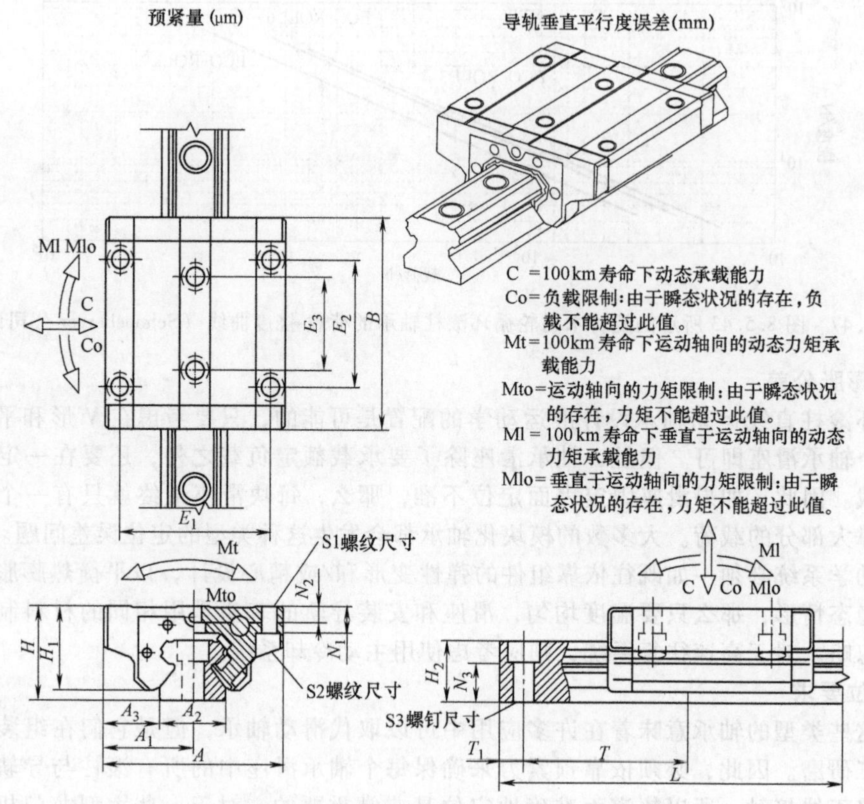

图 8.5.48　Accumax™滚柱轴承（汤姆森工业公司许可）

1. 运行的平行度、重复性和分辨率

弧形轨道滚柱轴承的运行平行度符合图 8.5.31 所示直线导轨的典型运行平行度。滚柱系统的重复性取决于精度等级，在 0.1~10μm 之间变动。同样，滚柱轴承系统的分辨率则根据伺服系统性能不同，在 0.1~10μm 之间变化。滚柱轴承的预紧会影响系统的分辨率。

2. 横向和力矩载荷支撑能力

Accumax™滚柱轴承系统采用了面对面的滚动体定向，如图 8.5.48 所示。典型的承载能力和尺寸特征如图 8.5.49 所示。由于这种滚动体对滚动定位误差的敏感性低，但力矩承载能力也降低了。然而，这使其更适合于机床应用，因为，正如第 8.5.2.4 节讨论的那样，机床导轨是完全分开的。

3. 热膨胀公差

随着轴承系统相对速度的增加，系统往往产生的热量也增加，可能会发生摩擦加剧和有效预紧变化的情况。由于在机床上典型应用的直线轴承相比于主轴表面不要求非常高的速度，并且由于滚动体的面对面配置，所以热膨胀偏差不是一个重要的因素。同样，如同在第 8.5.2.4 节的讨论，应对热负荷进行仔细评估。

4. 定位要求

滚柱轴承刚度就很高，所以，设计多轨系统时，必须谨慎。一般来说，这是通过使用一条主导轨和一条浮动导轨（在最后螺栓固定之前）来实现导轨之间的平行。利用弧形导轨技术和面对面几何配置，可以使其对导轨变化和滑座高度变化的敏感度最小化。由于使用弧形轨道，该设计可以比一些面对面滚珠系统对高度变化的敏感性弱，因为后者伴随轴向偏差会产生一个非常大的接触角旋转。

	ACM-35	ACM-45	ACM-55
A/mm	100	120	140
A_1/mm	50	60	70
A_2/mm	34	45	51
A_3/mm	33.0	37.5	43.5
H/mm	48	60	70
H_1/mm	42.4	53	61.6
H_2/mm	31.0	38.5	46.5
B/mm	106	135	160
E_1/mm	82	100	116
E_2/mm	62	80	95
E_3/mm	52	60	70
E_3(备选)/mm	62	80	95
S1	M10×1.5	M12×1.75	M14×2.0
S2	M8×1.25	M10×1.5	M12×1.75
S3	M8×1.25	M12×1.75	M14×2.0
N_1/mm	12.0	16.2	19.5
N_2/mm	7.0	9.5	11.5
N_3/mm	19.7	24.6	19.5
T/mm	40.0	52.5	60.0
T_{min}/mm	12	16	18
T_{max}/mm	3000	3000	3000
C/kN	46.6	80.0	115.7
Co/kN	79.5	132.4	191.1
Mt/Nm	590	990	1470
Mto/Nm	1010	1690	2510
M1/Nm	790	1310	1950
M1o/Nm	1140	2210	3320
刚度①(无预紧)/(N/μm)			
垂直(向下)	1538	2000	2857
垂直(向上)	599	826	1333
水平	909	1124	1471
刚度(轻度预紧,5%)/(N/μm)			
垂直(向下)	1695	2174	3030
垂直(向上)	617	847	1429
水平	1020	1266	1667
刚度(中度预紧,10%)/(N/μm)			
垂直(向下)	1786	2326	3333
垂直(向上)	633	862	1471
水平	1111	1351	1724

① 线性化的值

图 8.5.49　图 8.5.48 所示 的 Accumax™滚子轴承的特点（汤姆森工业公司许可）

5. 预紧与摩擦性能

为实现所需的刚度，轴承有不同的预紧等级。由于滚柱比滚珠更不易变形，预紧力较大时，预紧的效果会降低。出于对系统设计的考虑，可以假设静态摩擦因数为 0.01 和动态摩擦因数为 0.005。

8.5.3.3　圆形导轨上的沙漏形滚柱

一种早期设计的用来支撑非常大的负载并且摩擦因数很低的无约束直线运动轴承类型，是汤姆逊工业公司生产的 Roundway® 轴承。该设计采用沙漏形滚柱，滚柱在履带上连接在一起，在圆形轨道（轨道）上滚动，如图 8.5.50 所示。这些单元可以用模压塑料将滚子密封，并附橡胶刮片来密封滚子与圆形轨道的接触面。

1. 运行平行度、重复性和分辨率

Roundway® 轴承设计用于必须支撑数千牛顿的重型负载。沙漏形的滚柱要求导轨平行或者沙漏滚柱一侧承受较大的载荷，除非使用了如图 8.5.51 所示的轴承准运动学配置。运行平行度一般为 10~100μm/m。重复性可以提高 10 倍。分辨率取决于所使用的伺服系统的性能，但是，因为滚动摩擦因数低，可重复性可达 1μm 或更好。

2. 横向和力矩负载承载能力

单个安装块只能支撑作用在轴表面的额定负载。双安装块可以支撑来自两个方向的负载。

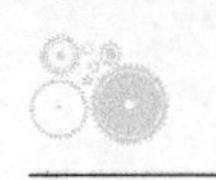

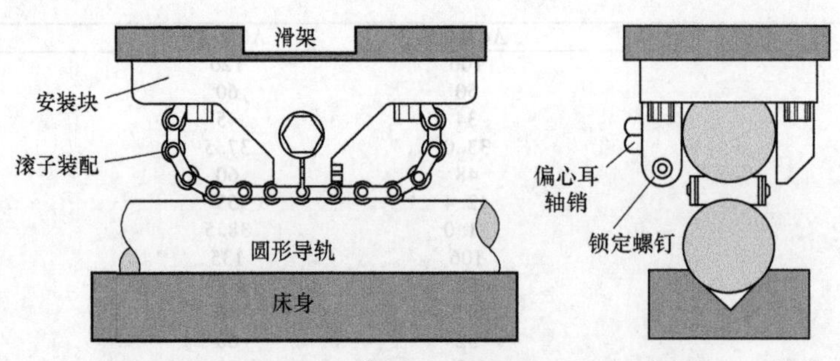

图 8.5.50 Roundway®轴承（汤姆森工业公司许可）

组合使用时，两个基本安装块的配置方式很多，其中两种配置如图 8.5.51 所示。图 8.5.52 和图 8.5.53 显示了其尺寸和承载能力。要计算复杂载荷状态下的轴承负载，只要考虑力的方向，即可采用与直线运动导轨类似的方法。

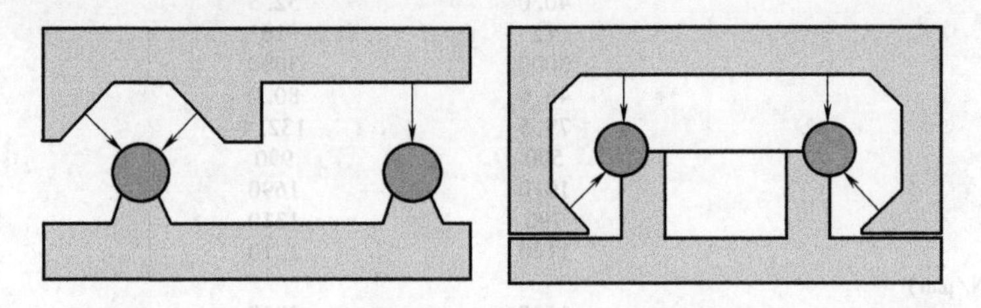

图 8.5.51 Roundway®轴承的安装配置（汤姆森工业公司许可）

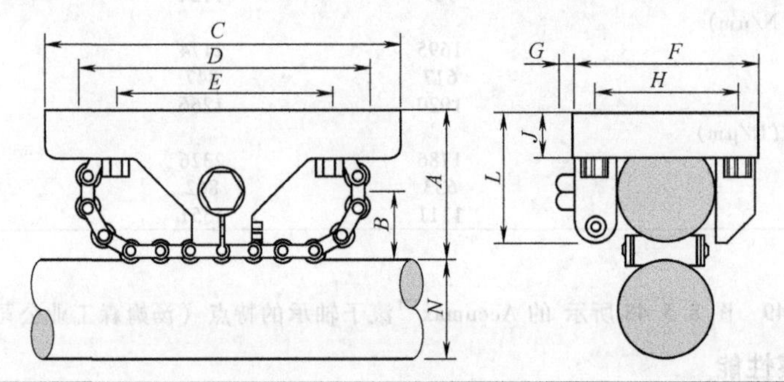

尺寸①	N	A	B	C	D	E	F	G	H	J	L	$F_{静止}$/lbf	$F_{滚动}$/lbf②
8	0.500	1.000	0.450	3	$2\frac{3}{8}$	$1\frac{1}{2}$	$1\frac{1}{4}$	$\frac{3}{16}$	$\frac{15}{16}$	$\frac{5}{16}$	$\frac{7}{8}$	1130	970
16	1.000	1.750	0.8000	5	$3\frac{3}{4}$	$2\frac{1}{2}$	$2\frac{1}{8}$	$\frac{1}{4}$	$1\frac{5}{8}$	$\frac{1}{2}$	$1\frac{1}{2}$	3280	3020
24	1.500	2.500	1.150	$6\frac{1}{2}$	$5\frac{3}{8}$	$3\frac{1}{2}$	$2\frac{7}{8}$	$\frac{5}{16}$	$2\frac{1}{8}$	$\frac{5}{8}$	$2\frac{1}{8}$	6260	6020
32	2.000	3.250	1.500	$8\frac{1}{2}$	$7\frac{3}{8}$	$4\frac{1}{2}$	$3\frac{5}{8}$	$\frac{3}{8}$	$2\frac{3}{4}$	$\frac{3}{4}$	$2\frac{7}{8}$	12500	12360
48	3.000	5.000	2.300	13	11	7	6	$\frac{1}{2}$	$4\frac{1}{4}$	$1\frac{1}{4}$	$4\frac{1}{4}$	25000	24000
64	4.000	6.500	3.000	17	$14\frac{7}{8}$	9	$7\frac{3}{4}$	$\frac{1}{2}$	$5\frac{1}{2}$	$1\frac{1}{2}$	$5\frac{7}{8}$	50000	48000

① 型号为 RW-尺寸-S。
② 10^7 的行程寿命，圆形轨道的硬度为 60HRC，并且进行润滑。

图 8.5.52 Roundway®轴承的尺寸（汤姆森工业公司许可）

3. 热膨胀公差与定位要求

非运动学系统必须依靠组件的弹性变形和/或精心设计来平衡热膨胀。耳轴安装使得支撑块更易容纳间距定位误差，而沙漏形状又使得允许容纳滚子定位误差变得容易。安装时，必

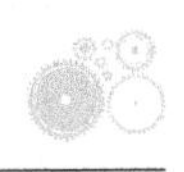

须严格控制水平平行度，以防止滚柱负载不均衡。偏心耳轴销允许调整滑座关于圆形轨道平面的平行度。典型导轨的非累积性定位要求是 0.1mm/m。

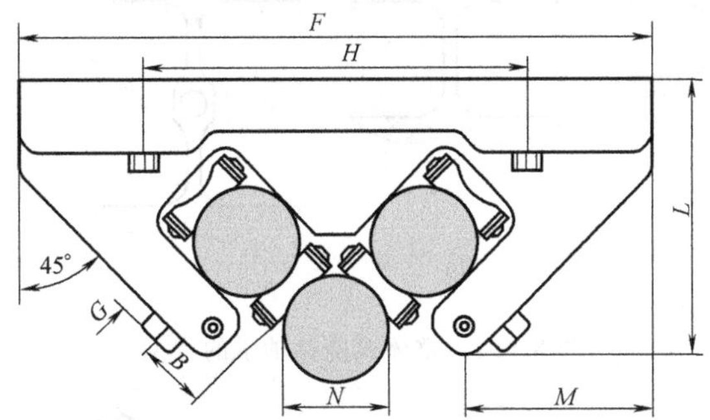

尺寸①	N	A	B	C	D	E	F	G	H	J	L	M	$F_{静止}$/lbf	$F_{滚动}^{②}$/lbf
8	0.500	1.000	0.450	$1\frac{3}{8}$	$2\frac{3}{8}$	1	3	$\frac{3}{16}$	$2\frac{1}{4}$	$\frac{5}{16}$	$1\frac{3}{8}$	$\frac{11}{16}$	1600	1370
16	1.000	1.750	0.8000	$2\frac{1}{4}$	$3\frac{3}{4}$	$1\frac{5}{8}$	$5\frac{3}{4}$	$\frac{1}{4}$	4	$\frac{1}{2}$	$2\frac{3}{8}$	$1\frac{9}{16}$	4600	4300
24	1.500	2.500	1.150	$2\frac{3}{4}$	$5\frac{3}{8}$	2	$7\frac{7}{8}$	$\frac{5}{16}$	6	$\frac{5}{8}$	$3\frac{3}{8}$	$2\frac{1}{8}$	8900	8600
32	2.000	3.250	1.500	$3\frac{1}{2}$	$7\frac{3}{8}$	$2\frac{1}{2}$	$9\frac{3}{4}$	$\frac{3}{8}$	$7\frac{1}{2}$	$\frac{3}{4}$	$4\frac{3}{8}$	$2\frac{1}{2}$	17700	17500
48	3.000	5.000	2.300	$5\frac{1}{2}$	11	4	$15\frac{1}{2}$	$\frac{5}{8}$	12	$1\frac{1}{4}$	7	$4\frac{1}{4}$	36000	35000
64	4.000	6.500	3.000	7	$14\frac{7}{8}$	5	$19\frac{1}{4}$	$\frac{3}{4}$	15	$1\frac{1}{2}$	$8\frac{5}{8}$	5	72000	70000

① 型号为 RW-尺寸-V。

② 10^7 的行程寿命，圆形轨道的硬度为 60HRC，并且进行润滑。

图 8.5.53　Roundway® 轴承和安装块的尺寸（汤姆森工业公司许可）

4. 预紧与摩擦性能

预紧可以通过滑座重量或在对置单元设计上的偏心耳轴销来实现。虽然，滚柱不同的接触直径会引起一些滑移，但是直径差异不会太大，并且，制造商声称单一单元和双单元滚动摩擦因数分别低至 0.005 和 0.007。

8.6　挠性轴承[66]

滑动、滚动和流体膜轴承全部依赖某种形式的机械或流体接触，通过保持两物体间的距离来保证它们之间的相对运动。由于没有完美的表面以及流体系统受动力效应或者热效应的影响，所有这些轴承的固有属性限制了它们的性能。而挠性轴承（也称为挠性支点轴承）则依赖于原子键的拉伸实现弹性运动到平滑运动的转变。由于在典型的挠性轴承上存在数以百万计的原子面，其产生的平均效应使得挠性轴承实现原子的平滑运动。例如，挠性轴承可以使得扫描隧道显微镜的尖端以亚原子分辨率来扫描样品表面[67]。挠性轴承有两类，整体式挠性轴承和夹紧片弹簧挠性轴承，如图 8.6.1 和图 8.6.2 所示。

[66] 作者在这里要感谢罗杰瑞斯和格雷厄姆施德尔，感谢他们提供的材料帮助作者写完这一章节。读者不妨参考以下文献：P. S. Eastman, 'Flexure Pivots to Replace Knife Edges and Ball Bearings,' Univ. Of Wash. Eng. Exp. Sta. Bull., No. 86, Nov., 1935；P. S. Eastman,' The Design of Flexure Pivots,' J. Aerosp. Sci., Vol. 5, Nov., 1937, pp. 16-21；R. V. Jones, 'Parallel and Rectilinear Spring Movements,' J. Sci. Instrum., Vol. 28, 1951, p. 38; R. V. Jones and I. R. Yong, 'Some Parasitic Deflections in Parallel Spring Movements,' J. Sci. Instrum., Vol. 33, 1956, p. 11; G. J. Siddall, 'The Design and Performance of Flexure Pivots for Instruments,' M. Sc. thesis, University of Aberdeen, Scotland, Department of Natural Philosophy, sept. 1970.

[67] 参阅：G. Binning and H. Rohrer, 'Scanning Electron Microscopy,' Helv. Phys. Acta, Vol. 55, 1982, pp. 726-735.

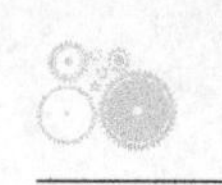

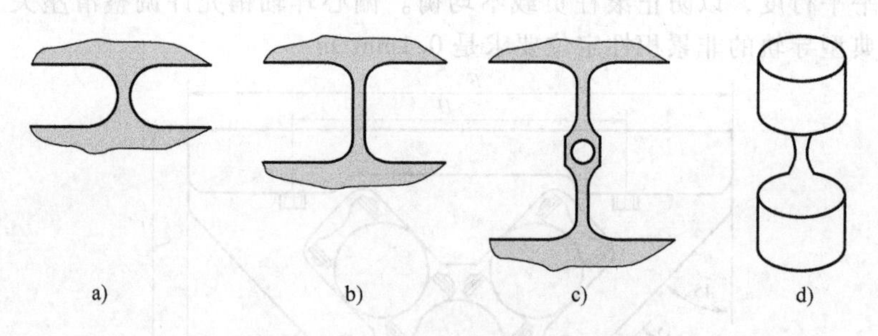

图 8.6.1 整体式挠性轴承的类型

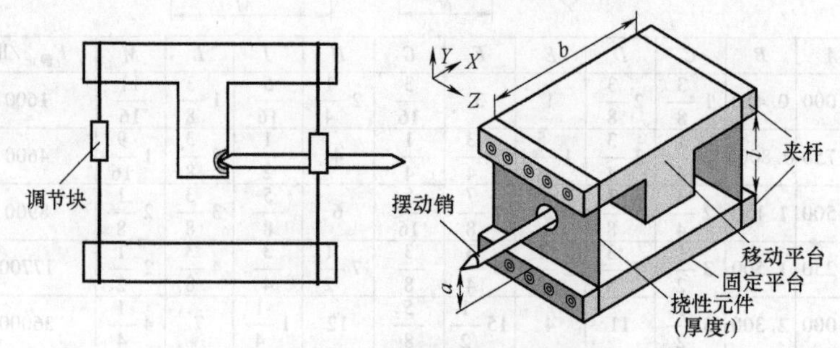

图 8.6.2 夹紧片弹簧挠性轴承

注：如果要使用调整块，尾部的挠性元件必须由两个间隔有限距离的独立元件组成。
摆动销和杯状宝石轴承一起使用，理想情况下，摆动销的尾端应该是球形的，
并且靠在由三个球构成的底座上，因此它将能够运动。

8.6.1 一般特性

1. 速度和加速度限制

挠性轴承的速度和加速度限制仅取决于系统的固有频率和轴承的应力水平。音频扬声器上充当隔膜的圆锥体（一种挠曲体）是一种常见的使用挠性轴承的装置，它固定住线圈并允许其相对于磁铁移动。

2. 运动范围

挠性轴承的运动范围是相当有限的。对于整体式轴承，运动范围与轴承尺寸的比例大约是1/100。对于夹紧片弹簧挠性轴承，运动范围与轴承尺寸的比例大约是1/10。因此，它们主要应用于小范围运动的精密定位装置。

3. 施加载荷

挠性轴承已被用于支持重达数百磅的大型精密机械部件。通常使用弹簧钢板来定制挠性轴承，所以大量的应用它时我们不必担心。大型货车上面的弹簧片就是柔性轴承，通过它们来引导货车主体相对于轴的运动，同时还提供了恢复力，虽然经常在挠性轴承的设计中，最大限度地减少恢复力是可取的。

4. 精度

挠性轴承的精度高低取决于轴承装配或加工得好坏。即使在主运动上伴随很小的离轴误差运动，这种误差运动也常常具有可预测性和高重复性。挠性轴承不能达到完美的运动性能，这是因为：

1）弹簧端点的变化。

2）弹簧几何尺寸的变化。

3）制造过程中整体的不准确性。

4）轴承以意想不到的方式弯曲。

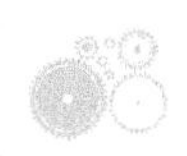

5）结构弯曲。

6）外加负载（如重力和施加驱动力）。

提高匹配元件的加工精度可以把这些影响降到最低。另外，如图 8.6.2 所示，通过金属块夹紧弹簧片，也可以阻止这些影响。通过调整沿着弯曲长度方向的金属块的位置，弯曲性能的精确度可以大幅提高。

图 8.6.2 所示的四连杆挠性轴承上最常见的误差是伴随直线运动的俯仰及垂直运动的误差。对于小位移，设移动距离为参数 x，弹簧长度为 l，弹簧厚度为 t，平台长度为 b，作用力距离为 a，固定弹簧的尾端，则误差函数可表示为

$$\theta_{俯仰}=\left[\frac{6(l-2a)t^2}{3b^2l-2t^2l+6at^2}\right]\left(\frac{x}{l}\right) \tag{8.6.1}$$

$$\delta_{垂直}\approx\frac{x^2}{2l} \tag{8.6.2}$$

注意作用力位置的重要性。如果外力作用于平台中间之外的一个点上，那么产生的弯矩会引起俯仰角误差。

作为由于制造不精确对挠曲精度所产生影响的一个例子，考虑到压紧挠性轴承弹簧长度的不同 $\delta_{弹簧}$ 和平台长度的不同 $\delta_{平台}$，由弹簧长度和平台长度不同所产生的俯仰角分别是：

$$\theta_{弹簧}=\frac{\delta_{弹簧}x^2}{2l^2b} \tag{8.6.3}$$

$$\theta_{平台}=\frac{\delta_{平台}x}{lb} \tag{8.6.4}$$

这些方程已经被琼斯[68]实验所证明，他给定了弹簧和平台长度的典型公差，分别为 25μm 和 1~3μm。

5. 重复性

整体式挠性轴承的重复性可达到亚埃米级水平，但获得的重复性将取决于应力水平和一些特殊材料使用后产生的弯曲滞后。如果轴承部件的结构是夹紧式的，那么将获得很高的重复性，大约从埃米级到纳米级。如果组件之间没有滑动，同样可以获得高重复性。

6. 分辨率

挠性轴承提供了一个与位移成正比的反作用力，这样就没有了静摩擦，所以分辨率本质上是伺服控制系统的一个函数。

7. 预紧力

挠性轴承由其本身预紧。

8. 刚度

挠性轴承能提供更大的运动范围，但刚度会变低。然而，刚度很容易计算，因为构件在没有遇到滑动或滚动接触面时，可以认为是连续的。

9. 抵抗振动和抗冲击性能

挠性轴承经常被用到产生高频运动的场合，只要应力水平不会导致整体弯曲失效或者夹紧弯曲微滑移，那么它们对振动和冲击就不敏感。

10. 阻尼性能

挠性轴承只能提供制造材料本身制备时所具有的阻尼，这一般是可忽略不计的。然而，我们可以很容易在弯曲部件上安装吸振弹性体来吸收振动能量（见 7.4.1 节）。在夹紧弯曲的情况下，弹性体应仅仅用于暴露在外的弯曲地方，而不是在弹簧钢和夹具之间。

[68] 参见 67。

11. 摩擦

这里没有与挠性轴承有关的静态或者动态摩擦因数。而是一种与弯曲程度大小和位移几何变化成比例的恢复力。

12. 热力学性能

挠性轴承对于热变化是很敏感的，这是因为表面积与体积之比是非常大的。弹性体结合层不仅有助于增加阻尼，同时还会使弯曲承受的不良热效应减小。

13. 环境敏感性

与热效应不同，只要挠曲部分不发生腐蚀，挠性轴承对于环境造成的影响不是很敏感，如灰尘和周围逐渐积累的污垢。

14. 密封性能

除了维持热平衡之外，挠性轴承一般情况下不需要密封。

15. 尺寸和配置

挠性轴承的尺寸和配置的数量不受限制。

16. 重量

因为挠性轴承构造简单，所以它们被制造得非常轻巧。

17. 支持设备

没有要求。

18. 维护要求

没有要求。

19. 材料匹配

对于夹紧挠性轴承，确保挠曲部分的材料应与被夹紧部分的材料相匹配是很重要的。

20. 寿命

只要挠曲半径足够并且不超过疲劳应力范围，寿命将是持久的。

21. 可用性

挠性轴承很容易设计和制造。模块化方案也是可取的。

22. 可设计性

我们很容易设计出一个挠性轴承，但是必须注意细节，如夹紧面的磨损、应力集中、过约束、热灵敏度等。

23. 可制造性

对于设计性的意见同样适用于这里。

24. 成本

挠性轴承一般比较便宜。

8.6.2 设计注意事项

挠性轴承提供的免维护、对污垢不敏感的特性，限制了它的稳定性和重复性，为了设计好一个柔性轴承，需要考虑以下几点：

- 应力比
- 热效应
- 整体或夹紧设计
- 柔性运动

1. 应力比

在弯曲的时候，弯曲承受的最大应力应尽可能低，最大不能超过材料屈服强度的10%～15%。如果最大应力保持较低水平，那么挠性轴承的尺寸稳定性将保持较长的时间。对于整体式设计，挠性轴承在加工完成后，可能需要用激光进行局部热处理。对于夹紧设计，挠性轴承的制造和结构的夹紧则要使用硬化回火弹簧钢。

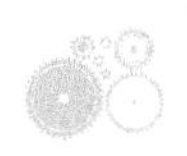

2. 整体或夹紧设计

挠性轴承有两种基本类型，即整体式和夹紧式，前者需要从一块金属固体开始加工，去除没有用的材料。这样就加工出一刚性构架，然后通过很薄的部分和刚性滑块连接。这种类型的设计，对于挠性部件、构架和滑块之间连接的完整性来说应该毫无疑问。因此，不稳定性和伴随微滑移的微噪声是可以避免的。线切割加工机床往往用于制造整体式挠性轴承。

整体式挠性轴承上存在各种类型的几何区域，如图 8.6.1 所示。最简单的加工切口的方法是在柔性轴承的不同面上加工出与铣刀直径相等的孔，如图 8.6.1a 所示。当铣刀用于加工出比铣刀宽度更大的切口时，加工人员这时就必须要谨慎，切削力不应导致剩下的薄膜破裂，如图 8.6.1b 所示。如果需要大面积的薄膜，可以从一个方向加工出一个切口，然后在切口内填充浇注材料（例如外侧涂层脱模后的环氧树脂），然后加工挠性轴承的另一面。如图 8.6.1c 所示，可以加工出一个岛状物留在中间，在加工过程中，螺栓用于固定岛状物。我们也可以考虑其他类型的加工方法，如线切割加工后采用化学方法去毛刺等。当一个挠性轴承的外形加工成沙漏状时，可以获得两个自由度，如图 8.6.1d 所示。

夹紧式挠性轴承为设计大位移（毫米范围）挠性系统提供了最经济的方式。然而，如果挠性部件和零件之间的接合点设计得不合理，会导致微滑移的发生，从而无法保持尺寸稳定性。为了合理地夹住挠性轴承，产生的夹紧力和摩擦因数（μ 名义上为 0.1）的乘积必须比发生在挠性元件最外层纤维的拉伸作用力更大，更大意味着因数是 3 倍左右。然而，夹紧力应当小于接合点处材料屈服强度的 1/3~1/2。此外，铰链元件延伸进结构的深度越深越好。如果有任何滑动，磨损就会发生，这样会引起潜在的最终结构的失效或者增加接合点的机械噪声。

一个典型的夹紧挠性轴承装置如图 8.6.3 所示。一个压板在基底和自身之间挤压出弯曲。压板的厚度应比夹紧螺栓的直径大好几倍，螺栓的间距要以螺栓头下的 45°压力锥有 30%重叠率的方式布置。设螺栓头的直径（包括防松垫圈）为 D_w 和压板厚度为 t，则螺栓间距为

$$l_{\text{螺栓间距}} = D_w + 5t/3 \tag{8.6.5}$$

应考虑使夹紧区域的宽度满足如下要求，即螺栓头下面的压力锥在距压板边缘底部 1/3 处结束，通过消除可能存在微滑移的区域，以减少微振磨损发生的可能。

$$w_{\text{压板}} = D_w + 4t/3 \tag{8.6.6}$$

值得注意的是，基底和压板的前缘应当有足够的圆角，而不是倒角。圆角是为了防止在这一点上产生应力集中。因此，压板的宽度应按下式计算：

$$w_{\text{板}} = D_w + 2t \tag{8.6.7}$$

当轴承弯曲时，它倾向于撬起螺栓，因此必须确保螺栓能够拉伸，应施加足够的预紧力用来保持挠性轴承下面的夹紧力是挠性轴承弯曲应力的 2~3 倍。为了减轻螺栓上的撬动力，同时减少应力集中，应通过挠性元件使得螺栓延展，并且在螺栓孔中心和压板边缘之间应该有 2~3 倍螺栓直径的距离。当空间很小的时候，可以使用薄膜黏结剂，以帮助防止发生微滑移。

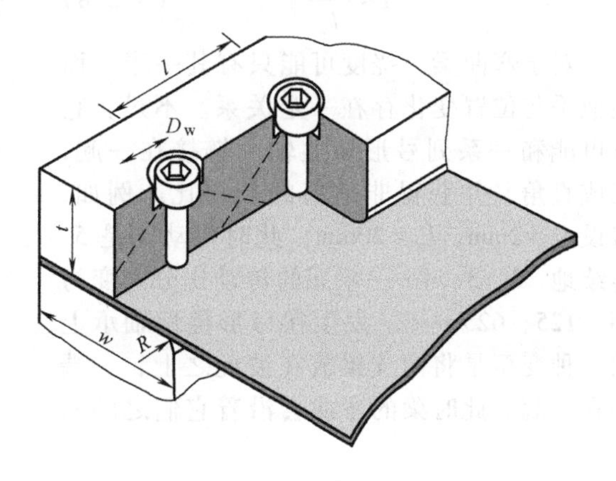

图 8.6.3 夹紧挠性轴承装置

3. 热力学效应[69]

你有没有注意到，在寒冷气候当中，动物们往往会长得更大？你有没有发现，一勺热燕麦粥比一碗热燕麦粥冷却更快？身体越大，它就能更好地储存热量，受到周围事物的影响也越小。不幸的是，挠性元件通常有很大的表面积与重量比值，因此它们特别容易发生热变形，所以我们必须注意将它们与热源隔离开。在某些情况下，我们也许希望通过黏结弹性体来隔离弯曲的发生，这也有助于增加阻尼。在挠性轴承上附着黏弹性层，同样可以帮助增加阻尼，这将在 7.4 节讨论。

4. 挠性运动学

很多不同类型的挠性轴承仅受想象力的限制。事实上，当你在机场等待你的航班时，你可以玩一个有趣的游戏，就是在此时试着想想如何设计新型挠性轴承。

对于简单的直线运动，如图 8.6.2 中显示的四连杆联动机构的设计，注意这里存在伴随运动。这样的设计对于外加载荷也很敏感，通过采用对称结构，我们可以获得更精确、更可靠的设计，如图 8.6.4 所示。注意在使用摆动销的时候，它有时候也被当作支点臂，对执行机构（如丝杠）施加预载，并且最大限度地减少摩擦和耦合力。移动台也有效地增加了驱动系统的分辨率。

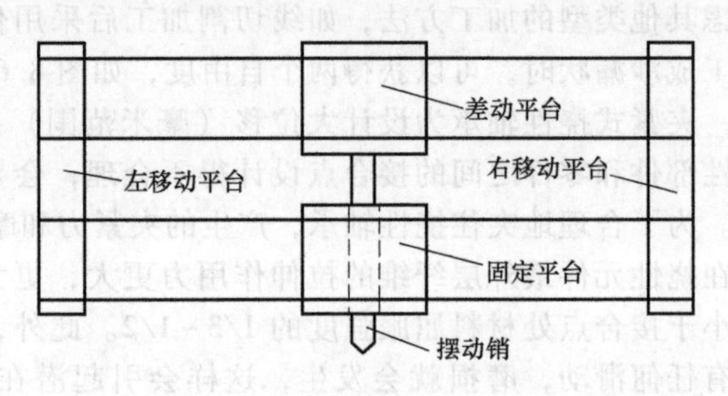

图 8.6.4　对称双四连杆联动机构和差动驱动系统

图 8.6.5 所示的振动计是一个提供单一平移运动的有趣的机构，它展示了和挠性轴承在一起配合时产生的有趣现象[70]。注意要给偏移的松紧带（或弹簧）施加一定程度的转矩，以保持所有支点臂上的预载。支点臂两端是位于 V 形宝石轴承上的进针点。对于每对之间都支撑一个杆的宝石轴承，必须附着在螺纹嵌入件上，以便于设置轴向预紧。

挠性轴承通常用于微动场合。它也可以用于辅助产生非常细小的运动，如图 8.6.6 所示，基于三角形梁，向下的位移 δ 导致横向位移 Δ：

$$\Delta \approx \frac{4\delta l_h}{l_w} \quad (8.6.8)$$

对于弯曲梁，挠度可能只有其一半，而且似乎与位置变化存在一定关系。不过，它有可能和一系列弓形挠性轴承链接在一起，互成直角，并获得非常高的传动比。例如，假设 $l_h = 2\text{mm}$，$l_w = 20\text{mm}$，此时传动比是 5。连续地，2、3、4……单元的传动比分别变为 25、125、625……。发生在弓形挠性轴承上的一种变型是将两支梁放在彼此之上，一端绑在一起。此时梁的弯曲会沿着它们之间的

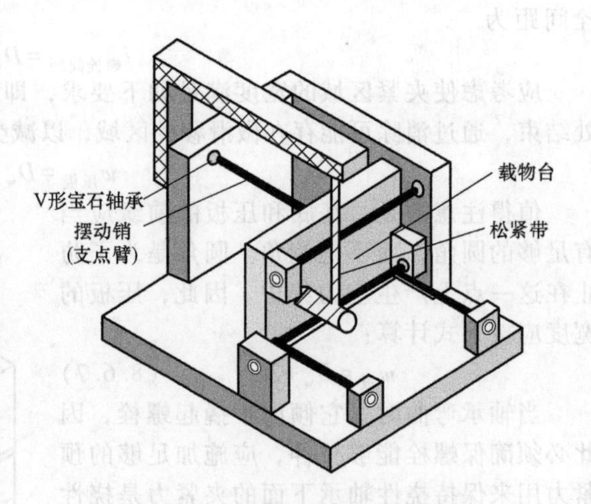

图 8.6.5　获得单一平移运动的振动计
（在马洛克之后，大约 1860 年）

[69] 见 8.6.3 节。

[70] 作者要感谢美国国家标准技术研究所的 E. 克莱顿 · 蒂格博士提供这个装置 [(301) 975-3490]，以及和克莱顿共事的弗雷德 · 斯奎尔，他对挠性轴承也做出了一些简洁的设计。

接触面发生滑移。在接触面上，梁的一端会被张紧，另一端将会被压缩［见式（7.4.5）］。使用异形梁已经成为常见的挠性轴承设计技术。图 8.6.7 所示的装置有两个角自由度来调整镜头组件[71]。需要注意的是镜头的中心已经固定，所以不会有净轴向运动。

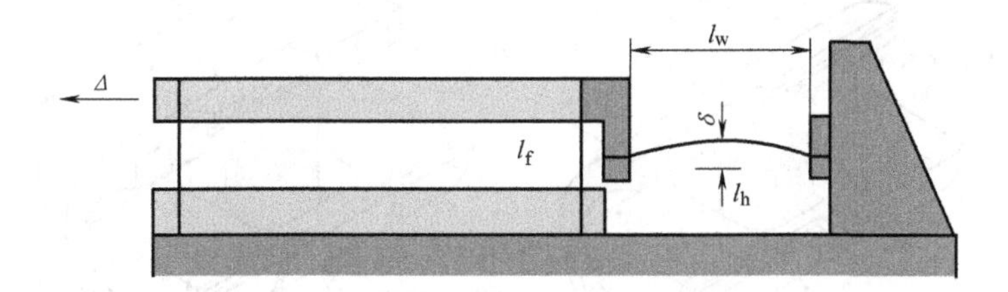

图 8.6.6 被用作高减速传输的弓形挠性轴承

如图 8.6.8 所示，通过杠杆和支点，可以获得机械方面的优点。这里传动比可以简单表示为

$$\Delta \approx \frac{\delta l_2}{l_1} \qquad (8.6.9)$$

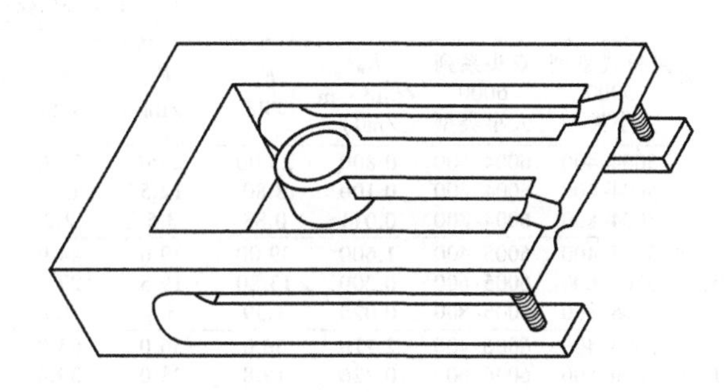

图 8.6.7 用来调整偏斜的设备（宝丽来公司许可）

不难想象，整体式挠性轴承的设计会用到一系列这样的装置，以达到非常高的传动比。当结合一个像音圈致动器和压电致动器这样的简单高分辨率致动器时，原子级运动将消耗得很少。注意运动范围不会很大，所以这种类型的系统常常用在精密运动阶段，放在粗运动阶段之前。

挠性轴承通常用在光学器件的机构设计中，为其提供良好的精细调整能力。有许多这样的装置，它们之中的大部分是专有的，并且隐藏在复杂的机械装置中，所以它们永远不会被人们发现。

为了获得角运动，有几种挠性轴承可供选择。图 8.6.9 所示为长度相同的十字形条形成的挠性轴承，它通过确定的旋转轴形成非常有效的铰接。需要注意的是之前的整体式轴承铰链的旋转轴并不确定。不过，尽管使用交叉条状挠性轴承，当作用力产生转矩时，仍然存在伴生运动（横向运动伴随着旋转）。图 8.6.10 所示为来自卢卡斯航空航天动力传动公司[72]的一种当下广泛使用的模块化交叉条状挠性枢轴。另外，通过图 8.6.11 所示的方式布置三辐单片

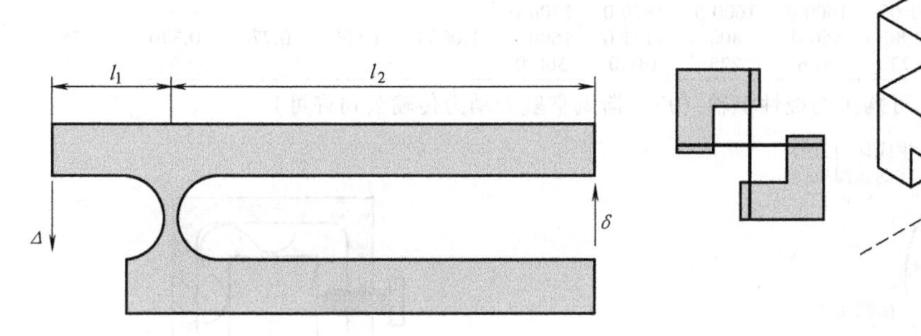

图 8.6.8 杠杆和支点传递

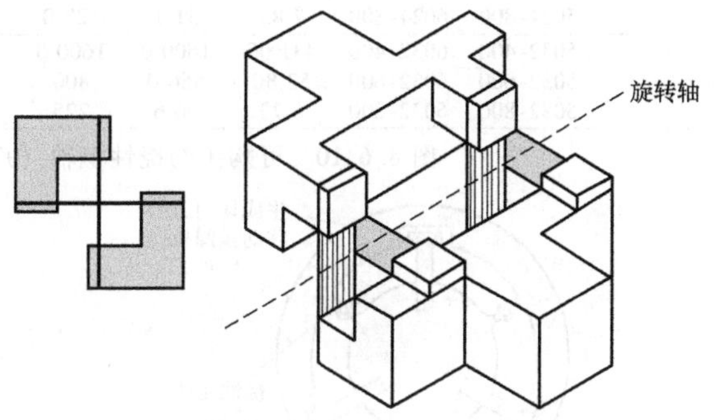

图 8.6.9 角位移时使用的十字形条状挠性轴承

[71] 此设备是由宝丽来公司（Plaroid Corp.）的托尼·贡萨尔维斯（Tony Gonsalves）和比尔·普拉莫（Bill Plummer）设计的。

[72] 卢卡斯航空航天动力传输公司，西沃德大道 211 号，457 信箱，尤蒂卡，纽约 13503-0457。

轮，也可以获得角运动。当然，要获得更多的自由度，我们也可以在彼此顶部堆叠其他系统或者考虑别的设计方案，如图 8.6.12 所示。其中弹簧夹允许中心具有两个平移自由度，但需要注意摩擦腐蚀。

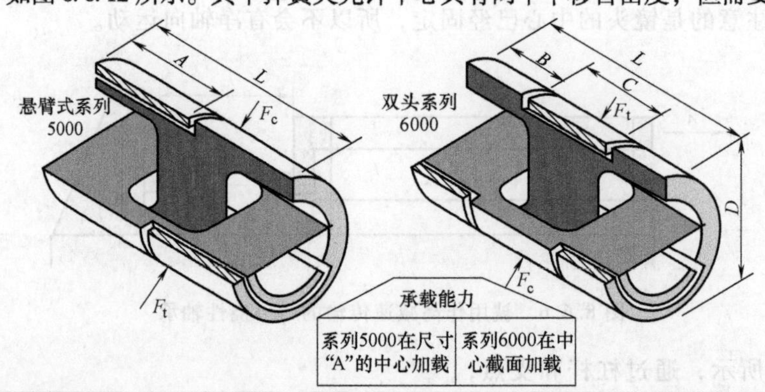

公称外径 /in	悬臂式系列 5000 大小类型	双头系列 6000 大小类型	K_θ /(lbf · in /rad)	F_c /lbf	F_t /lbf	F_c /lbf	F_t /lbf	D /in	L /in	A /in	B /in	C /in
	5004-400	6004-400	0.800	25.00	25.0	28.0	28.0					
1/8	5004-600	6004-600	0.100	8.80	12.5	17.7	25.0	0.1250	0.200	0.095	0.045	0.085
	5004-800	6004-800	0.011	0.88	3.5	2.2	4.7					
	5005-400	6005-400	1.600	39.00	39.0	44.0	44.0					
5/32	5005-600	6005-600	0.200	13.80	19.5	27.6	39.0	0.1562	0.250	0.120	0.057	0.110
	5005-800	6005-800	0.025	1.39	5.5	3.5	7.4					
	5006-400	6006-400	2.710	56.0	56.0	63.0	63.0					
3/16	5006-600	6006-600	0.326	19.8	28.0	39.6	56.0	0.1875	0.300	0.142	0.067	0.130
	5006-800	6006-800	0.041	2.1	6.8	4.9	9.0					
	5008-400	6008-400	6.540	100.0	100.0	113.0	113.0					
1/4	5008-600	6008-600	0.817	35.4	50.0	70.7	100.0	0.2500	0.400	0.190	0.090	0.175
	5008-800	6008-800	0.102	3.4	14.0	8.5	19.0					
	5010-400	6010-400	12.800	156.0	156.0	176.0	176.0					
5/16	5010-600	6010-600	1.640	55.0	78.0	110.0	156.0	0.3125	0.500	0.238	0.112	0.220
	5010-800	6010-800	0.204	5.7	21.9	14.0	29.0					
	5012-400	6012-400	22.000	225.0	225.0	253.0	253.0					
3/8	5012-600	6012-600	2.750	80.0	113.0	159.0	225.0	0.3750	0.600	0.285	0.135	0.265
	5012-800	6012-800	0.331	7.9	31.5	19.8	42.0					
	5016-400	6016-400	52.000	400.0	400.0	450.0	450.0					
1/2	5016-600	6016-600	6.500	141.0	200.0	283.0	400.0	0.5000	0.800	0.380	0.180	0.355
	5016-800	6016-800	0.813	14.2	56.3	35.4	75.0					
	5020-400	6020-400	106.00	625.0	625.0	703.0	703.0					
5/8	5020-600	6020-600	13.30	221.0	312.0	442.0	625.0	0.6250	1.000	0.475	0.225	0.445
	5020-800	6020-800	1.69	22.1	87.8	55.0	117.0					
	5024-400	6024-400	182.0	900.0	900.0	1013.0	1013.0					
3/4	5024-600	6024-600	22.80	318.0	450.0	636.0	900.0	0.7500	1.200	0.570	0.270	0.535
	5024-800	6024-800	2.85	31.1	127.0	78.0	169.0					
	5032-400	6032-400	431.00	1600.0	1600.0	1800.0	1800.0					
1	5032-600	6032-600	53.80	566.0	800	1131.0	1600.0	1.0000	1.600	0.770	0.370	0.735
	5032-800	6032-800	6.73	56.6	225	141.0	300.0					

图 8.6.10　可购买的挠性枢轴（卢卡斯航空航天动力传输公司许可）

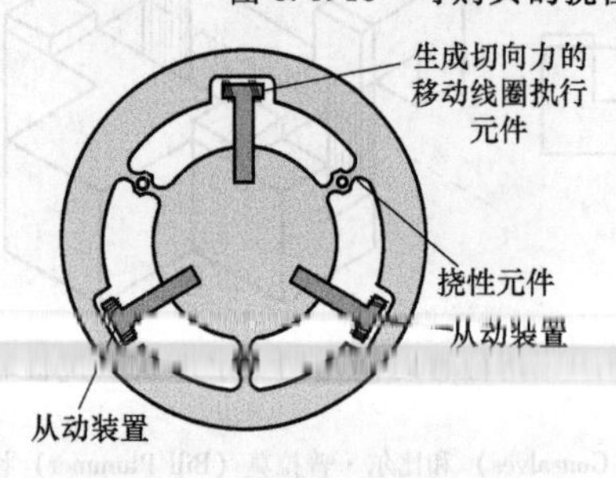

图 8.6.11　角运动三辐单片轮

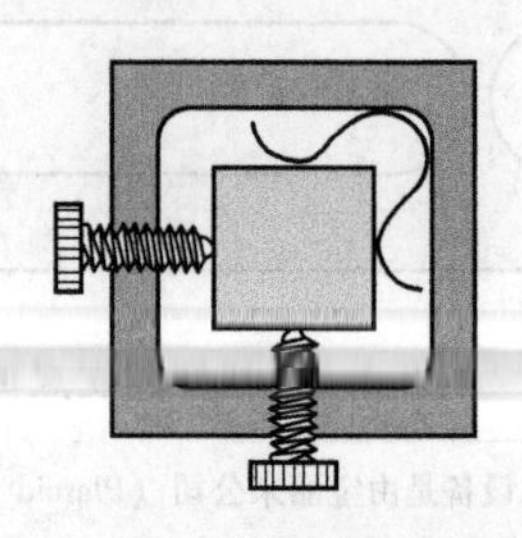

图 8.6.12　二维挠性轴承系统

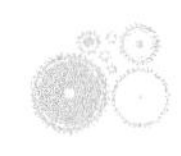

8.6.3　设计实例：挠性轴承的热灵敏度[73]

步进式晶片曝光机将设计图样准确投射在涂有光刻胶的半导体晶片上，来完成集成电路生产过程中每一层的加工，这个过程被称为光刻。它是一种生产型的精密仪器，世界各地多采用三轴工作方式。所有步进式晶片曝光机都有三个基本的系统：光学系统、定位系统和分步重复曝光系统。微缩投影光学系统通过镀铬玻璃分划板来缩小成像和晶片表面的图形。分辨率是决定步进式晶片曝光机好坏的一个最重要的因素，如今在直径为 22mm 的区域上曝光亚微米级的图形已经很普遍了。集成电路的大小取决于分辨率。高分辨率能够制造出体积更小、集成更密、速度更快的集成电路。

当然，如果仅仅提高分辨率，并不能确保生产出完美的集成电路，除非当前图像和先前加工层上面的图像完全对齐，但是这种可加工的电路并不能投入生产。完成这项工作就需要定位系统。通过定位系统，检测先前加工过的晶片上面对准标记的位置，这时，曝光机可以适当在晶片基底上放置新的掩模板。完成这个步骤需要借助安装在该系统上的对准显微镜。如果对准显微镜没有安装在缩影镜头的光学主轴上，那么此时这个系统就被称为离轴定位系统。提高定位系统精度，可以生产出体积更小的芯片，并且也会提高芯片的产量。

步进式晶片曝光机上第三个组成系统是 X、Y 分步重复曝光系统。由于透镜成像区域比晶片直径小的多，晶片必须点到点地移动。重复循环进行这一步，直到晶片完全曝光。分步重复曝光系统必须在 200μm×200μm 的范围内有 0.01μm 的高分辨率，通常需要借助激光干涉仪来进行精确定位。分步重复曝光系统的速度也是曝光过程中一个决定性因素，因为它是决定步进式晶片曝光机生产率的一项主要指标。

1. 挠性轴承和其在步进式晶片曝光机上的应用

步进式晶片曝光机需要经过几次小范围的高精度（亚微米级）位移才能调好。这些调整包括标线对准、在晶片上聚焦图像，甚至包括曝光机工作台自身的亚微米级移动。所有这些都可以通过挠性轴承来实现。在 DSW™步进式晶片曝光机[74]系统中，用于实现对焦的是一对平行的单簧挠性轴承，它通过上下移动光学主轴（包括镜头本身），来达到对焦的目的。平行单簧挠性轴承位于光学主轴和连接梁之间，如图 8.6.13 所示。光学主轴的线性运动必须是直的，即不能有任何微小的偏斜、倾斜或扭转运动。偏斜或者倾斜会引起镜头成像偏离晶片，从而导致图像的边缘在一定范围内无法聚焦。扭曲会导致图像旋转，因此不能覆盖之前的加工层。在设计过程中，通过激光干涉仪监测光学主轴上光学镜的位置，允许其在 X 或 Y 方向细微的移动。干涉系统测量工作台和光学主轴之间的误

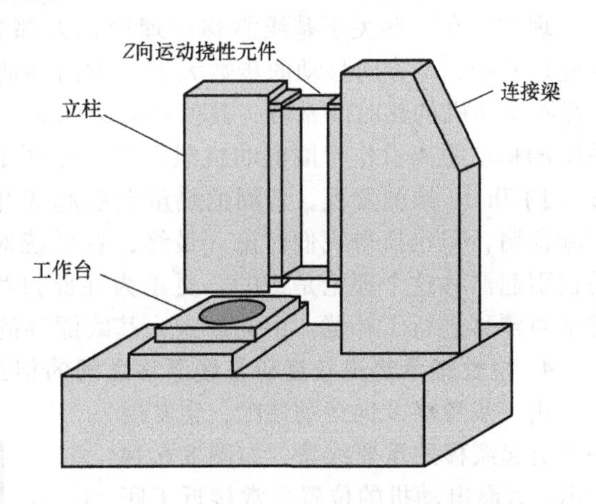

图 8.6.13　安装在步进式晶片曝光机上光学主轴和连接梁之间的平行挠性轴承（GCA 公司许可，一个通用信号公司）

[73] 这部分是由通用信号公司 GCA 的斯垣利　W　斯通编写的，斯洛克姆进行了编辑，想要进行更深层的讨论，请参考《挠性轴承热灵敏度和步进式晶片曝光机的基线漂移》，S · 斯通著，出自国际光学工程学会 1988 年 OPTCON 会议，精密仪器设计部，1988 年 11 月。

[74] DSW™步进式晶片曝光机是 GCA 公司的注册商标，安多弗，马萨诸塞州。

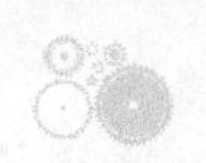

差运动，由于挠性配置的透视收缩，光学主轴的平移可以得到校正。

为了移动光学主轴，系统使用了一个音圈直线电动机。在高精度应用场合，音圈直线电动机是一个优秀的执行机构，因为它能够提供分辨率很高的平滑驱动。在这个案例中，音圈驱动一个杠杆机构，它使得光学主轴移动距离缩为原来的1/10。为了匹配光学主轴的重量（电动机没有承载所有的重量），这里需要使用补偿弹簧。由于这种弹簧的弹簧刚度较低，因此它不会在电动机上形成过度加载。

2. 步进对准系统

在离轴定位系统中，显微镜和对准系统安装在远离缩影镜头光轴的地方。为了使系统正常运行，对准显微镜和光轴之间的距离必须精确。这个距离由测试程序确定，并记录到步进对准电动机的控制系统。一旦对准标记已位于定位系统之中，这个距离减去当前阶段的位置坐标，结果用来校正分步重复曝光系统的位置，进而确定曝光晶片上面的点。

晶片上有两个标记用于对齐晶片上的 X、Y 和 θ，这需要使用带两个显微镜的物镜，分别观察这两个标记。右边的用以校准 X 和 Y，左边的是为了校准 θ。缩影镜头光学中心线和 X、Y 校准显微镜物镜之间的距离就是对齐基准线。在曝光一批晶片时，基准线必须保持平稳。基准线漂移会引起晶片上的偏差，此时需要重做晶片，这会降低设备的最终产量。

3. 基线漂移

客户试图从系统中获得更好的性能，但是批量≥100 时，会发生基线漂移。跟踪多个批量后，发现在特定的机器上基线漂移是一致的。但是更换机器，就会发生变化。最坏的情况下，漂移量达到 0.35μm。有一个特点是这些机器所共有的：X 轴的漂移比 Y 轴的漂移更普遍，并伴有显微镜的旋转。漂移发生在 X 轴的负方向，并且可以用经典指数响应曲线表示。显微镜的旋转会导致整组曝光晶片时发生旋转。

现在存在一些关于基线漂移的理论，大部分与音圈电动机定位 X 方向的微工作台有关。在此过程中，X 方向移动的步数大于 Y 方向移动的步数，因此，X 向电动机的温度较高。测量 X 音圈电动机的热时间常数，其值约为 20min，它接近基线漂移的时间常数。将分步重复曝光系统的移动距离看作音圈电动机温度的一个函数，且进行测量，结果发现它有更长的时间常数（约 7h）。推测发现，音圈的热量会引起 X 轴干涉仪标度的变化，虽然这种理论并不能被实验证明，但也值得我们讨论。最终，在系统对每个晶片进行对准的过程中，发现 X 音圈电动机引起漂移这个理论是错的，更正为在此过程中发生了机械漂移。在每个晶片上，对准系统都对漂移进行了补偿。由此断定，基线漂移的来源是对准系统。

4. 挠性轴承热灵敏度和基线漂移之间的相互作用

进一步考察 Z 向运动装配，会发现一条引起漂移的重要线索，如图 8.6.14 所示。音圈电动机的位置非常接近于底部柔性轴承的边缘。当光学主轴聚集影像时，音圈的温度就会有所升高。此时，电动机产生的热量会转移到底部挠性轴承的边缘。这种特殊的挠性零件是由薄的弹簧钢板制成的。由于其结合结构的特点，整个挠性轴承的传热性能是非常差的，会产生大的热梯度，这种热梯度导致整个轴承产生不均匀膨胀。这反过来又会使 Z 向传动装置的前后面之间产生角度差，引起光学主轴的旋转。旋转

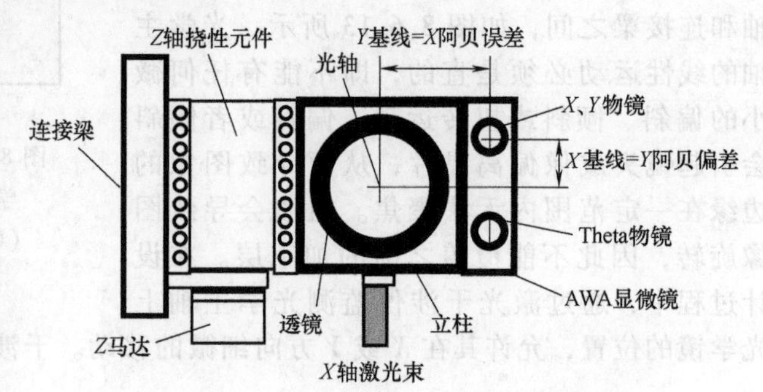

图 8.6.14　光学主轴和连接梁装配的俯视图
注：自动晶片对准显微镜安装在光学主轴的前方，在系统中产生了一条长基线，产生大的阿贝误差（GCA 公司许可，一个通用信号公司）。

如何导致系统的基线发生漂移？这个问题的关键是对准显微镜在光学主轴上的安装方式。显微镜被安装到光学主轴的前面，并没有安装在机器的光轴上。因此显微镜只能测量远离缩影镜头光轴的一个点（这里需要进行测量），这会产生很大的阿贝误差，如图 8.6.15 所示。

5. 阿贝误差

阿贝误差是一种常见的测量误差。当测量工具接近被测件时，这种误差是不可消除的。当任意角度被引进“平行”的刻度之间，被测物的测量结果就会产生偏差。阿贝误差是平行线长度和角度关系的一个函数。一个简单的例子是图 2.1.2 所示的一个测量爪已松动的游标卡尺。低处挠性轴承产生的热量导致对准显微镜相对于光轴的位置产生漂移，进而导致安装在光学主轴上的对准显微镜上产生阿贝误差。这表现为基线漂移。

光学主轴的旋转灵敏度是挠性轴承的热梯度的函数，它很容易计算。一个简单的模型表明，当挠性轴承一边的温度和另一边不同时，依附于挠性轴承两边的前后板之间的间隙也会发生变化。两板之间将不再平行，并且在他们之间会存在一个小的角度：

$$\phi=\frac{\Delta w}{l} \tag{8.6.10}$$

其中，ϕ 是两板之间的角度，Δw 是挠性轴承自由边的长度差，l 是挠性轴承的长度，如图 8.6.14 所示。挠性轴承长度的变化可以通过含有温差的函数来表示：

$$\Delta w=w_0\Delta T\alpha \tag{8.6.11}$$

式中，w_0是挠性轴承的公称宽度；ΔT 是挠性轴承自由边之间的温度差；α 是钢的热膨胀系数。将式（8.6.11）代入式（8.6.10），得出热灵敏度的表达式为

$$\frac{\phi}{\Delta T}=\frac{w_0\alpha}{\ell} \tag{8.6.12}$$

为了确定热灵敏度的大小，将系统建立的数值代入式（8.6.12）得

$$\frac{\phi}{\Delta T}=\frac{3.25\text{in}(11.7\times10^{-6}/℃)}{6.375\text{in}}=5.97\mu\text{rad}/℃=1.2\text{arcsec}/℃$$

同时为了确定热灵敏度对基线稳定性的影响，此值需要乘以阿贝误差，由于 X 方向的阿贝误差是基线（反之亦然），故 X 基线的整体灵敏度为

$$\frac{\Delta x}{\Delta T}=\frac{\phi}{\Delta T}\gamma=(5.97\mu\text{rad}/℃)\times(0.111\text{m})=0.66\mu\text{m}/℃ \tag{8.6.13}$$

Y 基准线的灵敏度较小是因为阿贝误差较小，由于最大配准误差为 0.35μm，所以 0.66 μm/℃ 的灵敏度非常高。这意味着在挠性轴承宽度方向，超过 0.5℃ 的温度变化会引起系统偏差。因此造成这种漂移的原因是音圈电动机产生的热量导致柔性轴承不均匀膨胀。进而光学主轴旋转引起阿贝误差，造成显微镜漂移。这个漂移是挠性轴承自由边温差的函数，因此，它呈现出经典指数响应（音圈升温时间和挠性轴承热量转移时间的函数）。在光轴附近，光学主轴出现旋转，如图 8.6.15 所示，因为 X、Y 干涉仪在光轴处进行测量（即它具有零阿贝误差），直线误差因此可得到补偿。

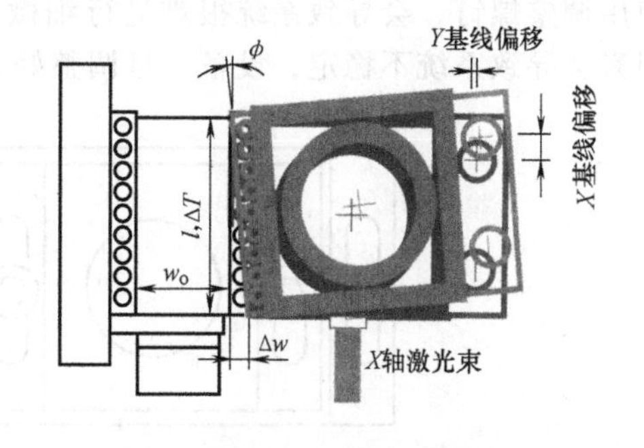

图 8.6.15　挠性轴承热变形导致光学主轴的旋转和移动（GCA 公司提供，一个通用信号公司）

6. 问题的解决办法

一旦清楚地知道了问题的所在，那么解决起来也会相当简单。第一种解决方案试图改变一些材料，如从铝到聚甲醛树脂（Delrin™）。聚甲醛树脂的热导率是铝的 1/1000。这种解决

方案实施效果良好，但不能在现场解决。第二种解决方案是主动控制电动机温度。给电动机上增加电热器，并感应电动机的温度，保持电动机固定温度高于周围环境温度，同时通过线圈或电热器提供必要的热量，以保持这种恒温，使挠性轴承加热后保持固定温差。如果不考虑在系统上增加电热器、传感器、控制器，该解决方案还是行之有效的。另一种解决方案是使系统更对称。当电动机放在挠性轴承中心附近而不是边缘时，电动机发热就不会导致装配体的旋转，该解决方案使用了新的方法，但也不能在现场使用。

最后的解决方案是设计一个更有效的音圈电动机。使用钕磁铁可以达到此目的，它是高能产品并且具有重新设计的线圈。这样可以将线圈阻值从大约 12Ω 减小到小于 2Ω，同时保持相同的力常数，功耗也因此减少为原来的 1/6。该解决方案是最好的，因为它价格低廉，且易于安装在现有的机器上。

7. 结论

我们可以从这一案例中学到一些在实际机器设计中有用的经验。首先是要了解阿贝原理。这并不意味着所有系统都必须满足零阿贝误差。但人们必须明白，当你忽视误差的时候，它就会出现。要知道设计出的零阿贝误差显微镜系统可能并不会通过镜头。第二个经验是有关对称的，音圈放在一个挠性轴承的一边时，会引发一些问题，这是因为其造成了挠性轴承受热的不均匀。该问题归根结底不是加热的问题，而是热量分布不均或者在挠性轴承上产生了热梯度。另一个经验是在设计过程中要关注高的热灵敏度，虽然它在这个设计中体现得不是很明显，但正是由于挠性轴承对的高热灵敏度，再加上对准显微镜的阿贝误差，造成了基线漂移。

8.6.4 基于挠性轴承的可调节光学支架[75]

激光已经被广泛应用于工程项目，并且成为其不可缺少的一部分，这促使整个行业致力于生产激光外部设备。这些外部设备包括安装在不同类型支架上的束流控制光学设备。支架使激光系统安装更为方便。不幸的是，并非所有的设备都根据运动学原理设计，这导致调整轴之间存在大量的交叉耦合，使得许多设计很难被使用。

典型的光学支架如图 8.6.16 所示，弯曲的安装板横跨在伴随底板槽下方，从而提供适度的侧滚。松开底板和台面上受力的两颗螺钉，并且手动旋转或者更换整套设备，会引起设备的偏转运动或者横向运动。侧滚通过垫片进行调整。由于摩擦、设备表面存在粗糙度，并且使用调整螺钉，会导致系统很难进行细微调整，并且会锁住系统。此外，在设计中使用这些因素会导致系统不稳定，设备一旦调整好，就需要浸泡在环氧树脂中。

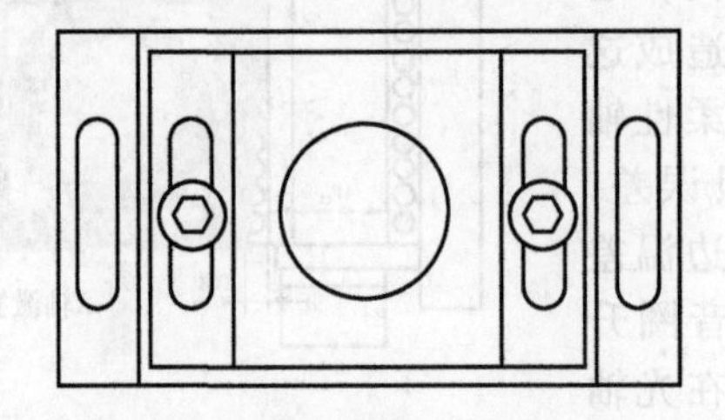

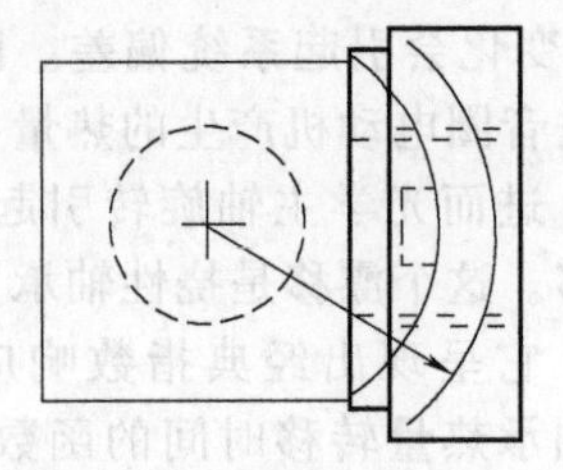

图 8.6.16　配备滑动轴承的典型光学支架与安装组件上的旋转中心轴

作为使用的结果，很多人对这种光学支架很不满意，于是他们尝试设计一个更好的支架。这时，需要定义几个设计参数：

[75] 作者的助理研究员迈尔斯·阿诺尼（Miles Arnone）帮助作者完成这部分的写作。

1）零件数量应尽量减少，目的是制造一个整体的设备，这样摩擦会减小，它的分辨率和稳定性也因此提高。

2）无论是新设计的支架的尺寸还是范围，设备都要与现有型号保持一致，这是为了让已有的零部件能够通用。

3）指定倾斜旋转量为±2. 5°。

4）支架应该容易制造，使其定价在 10~20 美元之间。许多现有的 5 自由度运动系统的售价要几百美元。

一旦确定了设计参数，就需要定性讨论不同的设计思路。这些思路围绕着整体设备的概念展开，这台设备就像一个刚性很大的弹簧，变形提供了必要的倾斜，然后在需要时，可以返回其初始状态。不用首先关注侧滚、偏转和平移运动，因为在多数情况下（例如折叠反射镜），相比侧滚的影响，它们对于梁导向运动的影响是次要的。侧滚或偏转发生在两个支架正交紧固的过程中。

要为小范围运动提供高的分辨率并且要满足低成本的要求，那么挠性轴承是一个不错的选择。图 8. 6. 17 所示为初步的概念。选择挠性轴承很大程度上是因为可以比较容易地模拟它的性能。它可以看作两个悬臂梁，一个梁是垂直的，另一个梁水平贴近垂直梁。一个半径为 r 的中心孔，可以在上面安装各种配置的光学支架。调节平台任意一侧的定位螺钉，此时，水平梁出现弯曲、水平表面出现倾斜，垂直梁变成了铰链。保守的一阶模型假定该设备的性能类似于一个宽度为 w 的无孔零件：

$$w = W - d \tag{8.6.14}$$

接下来的问题是：我们如何确定其他的尺寸？

1. 平台梁厚度的测定

平台梁可以被模拟成两个悬臂式结构梁，其长度为 l，宽度为 w，厚度为 h。保守估计螺钉产生的力造成顶板的挠度为

$$\delta = \frac{4Fl^3}{Ewh^3} \tag{8.6.15}$$

假定允许挠度是要求挠度的一部分：

$$\delta = l\sin\gamma\theta \tag{8.6.16}$$

角 θ 引起垂直梁的旋转造成水平梁发生偏差，其挠度 δ 满足理想挠度的 $\gamma\%$。

2. R 的测定

从制造的角度看，做出如图 8. 6. 18 所示的中心腹板是可取的。支撑梁的特性决定了 R 值的取值，它可以被看作由一系列宽度为 W 的矩形板堆叠而成，高度变化由 R 和 X 的函数决定。

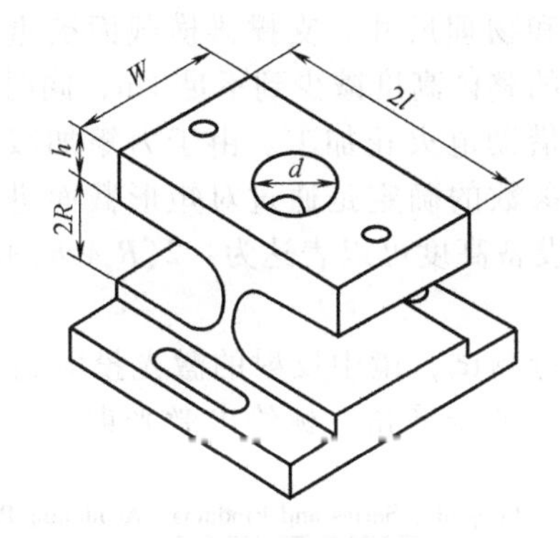

图 8. 6. 17　推荐的基于挠性轴承的光学组件镜架

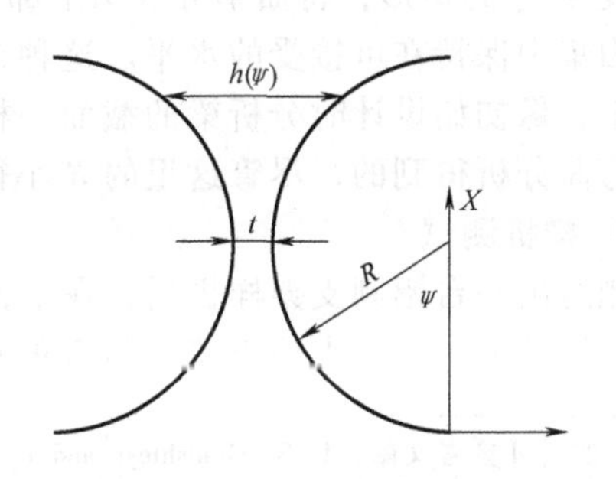

图 8. 6. 18　柔性轴承参数

平台的角度为 θ，当 $x=2R$ 以及力矩 $M=Fl$ 时，这个角度是垂直支撑梁的斜度：

$$\theta=\int_0^L \frac{M\mathrm{d}x}{EI} \tag{8.6.17}$$

定义转动惯量 I 最便捷的方式是定义其角度 ψ，而不是 x，因此需要将式（8.6.17）的积分转化成极坐标形式：

$$\int_0^L \frac{Fl\mathrm{d}x}{EI(x)}=\int_0^{\pi} \frac{FlR\sin\psi\mathrm{d}\psi}{EI(\psi)} \tag{8.6.18}$$

$$I(\psi)=\frac{w(t+2R-2R\sin\psi)^3}{12} \tag{8.6.19}$$

此时，式（8.6.17）变为

$$\theta=\frac{3FlR}{2Ew}\int_0^{\pi}\frac{\sin\psi\mathrm{d}\psi}{\left(\dfrac{t}{2}+R-R\sin\psi\right)^3} \tag{8.6.20}$$

此积分通过加工零件[76]得到验证。

$$\theta=\frac{3FlR}{2Ew[(0.5t+R)^2-R^2]}\left\{\frac{1}{0.5t+R}+\frac{1}{(0.5t+R)^2-R^2}\times\right.$$

$$\left.\left[\frac{2R^2+(0.5t+R)^2}{0.5t+R}+\frac{3R(0.5t+R)\left(\dfrac{\pi}{2}-\arctan\dfrac{-R}{\sqrt{(0.5t-R)^2-R^2}}\right)}{\sqrt{(0.5t+R)^2-R^2}}\right]\right\} \tag{8.6.21}$$

在式（8.6.21）中，给定 E、w、l、θ 和 t，可以求出 R 的数值。例如使用牛顿拉弗森法（Newton-Raphson）或者通过微米增量一步步算出取值的可能范围。注意，这里不考虑剪切变形，这是因为没有剪切发生，只有力矩施加于柔性轴承之上。通过最大应力准则可以算出厚度 t：

$$t=\sqrt{\frac{6Fl}{w\sigma_{\max}}} \tag{8.6.22}$$

根据 t 值，可以确定 R。

不幸的是，为了获得一个±2.5°的旋转角度，同时保持 σ 取值大约为屈服应力的1/2，设备高度将超过1.5in。这是不允许的，因为最初的目标是尽可能将现有镜架的物理尺寸设计得更紧密。根据最初的设计理念，选定支撑梁具有一定的初始曲率有以下两个原因：①如果支撑梁和平台梁的接触面是半圆形，那么此时的应力集中小于支撑梁接触面是矩形的情形；②相对于正交表面，零件可以通过铸造和铣削加工，这样更容易加工。

通常情况下，修改设计往往需要权衡制造工艺性和物理尺寸。支撑梁横截面被重新定义为长度为 l_w 的矩形，将曲率分成两个部分。这使设备的整体高度减少到不足1in，同时使得水平应力集中保持在可接受的水平。这种设计可能需要借助电火花加工。由于力矩加载到中心截面上，像初始设计时分析梁的截面一样，最终设计参数的确定是通过对矩形截面进行叠加梁的弯曲分析得到的，尽管这里的 R 小得多。因此，设备高度可以表达为：$2(R+h)+l_w$。

3. 样机测试

制造出一台铝制支架样机后，在上面装上镜子进行测试，镜中反射的激光投射到10m远处的目标镜上，接下来检查镜架附近的目标，根据不同的俯仰角，标绘出激光束的位置。初

[76] 实例可参考文献：I. S. Gradshteyn and I. M. Ryzhik, Table of Integrals, Series and Products, Academic Press, New York, 1980。

步测试表明，样机描绘出的激光束轨迹是高度重复的锯齿形螺旋线，而不是一条直线。

图 8.6.19 所示为拧紧两个调整螺钉中的一个时，所观测的垂直位移响应与理想响应。由图可知，在俯仰和偏转运动之间出现了不想看到的交叉耦合特性。对于该设备，相对于偏转运动，似乎并没有产生扭转刚性，反倒是在调整螺钉受到转矩作用时，容易发生扭曲。为了弥补这一点，将调整螺钉的螺纹从上层平台上移动到基底和普通螺钉附近，而非固定螺钉。此外，在螺钉头和平台之间需要放置聚四氟乙烯垫圈。这样做能够减少因转动螺钉而引起的作用于平台的转矩。要知道转矩作用于基底，会影响整个基底的工作区域。这种对设计小小的改动通常被忽视，但是它完全能应对简单的测试。此外，使用楔形驱动装置可以大大提高角度调整的灵敏度。

图 8.6.19 光束的路径反映了第一台镜架样机镜架本身的移动范围

8.6.5 用于支撑驱动元件的挠性轴承[77]

驱动元件（例如，摩擦驱动器）通常安装在挠性轴承上，以尽量减少强制性的几何一致性[78]。在有摩擦驱动和摩擦驱动杆的情况下，两个主要的组件需要安装在挠性轴承上，这样做是为了让支撑的挠性轴承的两条轴线相互正交。图 8.6.20 所示为在平行挠性联动时，通常用于替代普通片簧的元件。该元件允许在 X 和 Z 向刚度最大化的同时，使 Y 向刚度最小化。

$$K_X = \frac{wtE}{2l} \tag{8.6.23}$$

分析这种结构，可以想象，如果中间夹板副上存在力矩，那么它的角度可以任意设置。但事实并非如此，因此这个系统可以被看作端点固定在中间夹板上的两个悬臂梁。悬臂梁的挠度和斜度分别是

$$\delta_{bend} = \frac{Fl^3}{3EI} \qquad \delta_{shear} = \frac{Flh^2(1+\eta)}{5EI} \qquad \alpha = \frac{Fl^2}{2EI} \tag{8.6.24}$$

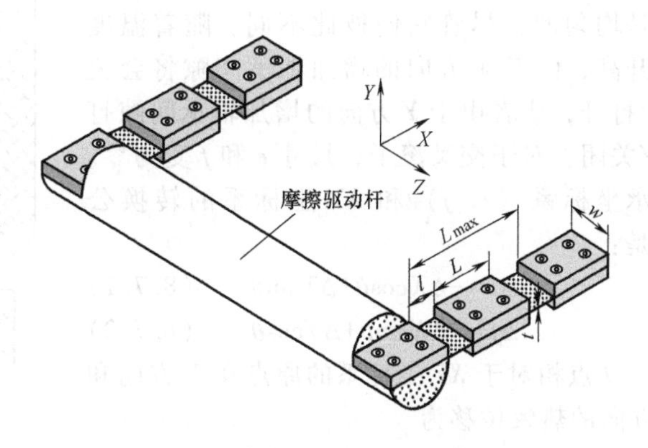

图 8.6.20 平行挠性轴承的中间铺有夹杆，用于增加横向和纵向（K_Z/K_Y）刚度的比例

系统的几何约束其实就是总挠度 Δ，它等于悬臂梁自身的挠度加上中间夹板的长度和斜度产生的阿贝误差的总和，一对平行挠性轴承的挠度 Δ 是

$$\Delta = \frac{Fl^2}{2EI_{ZZ}}\left(\frac{2l}{3}+\frac{L}{2}\right)+\frac{Flh^2(1+\eta)}{5EI_{ZZ}} \tag{8.6.25}$$

因此，在 Y 方向的刚度为

[77] 撰写本节的动机来自于 Cranfield Precision Engineering Ltd. 的 Keith Carlisle。

[78] 参见 2.5 节。

$$K_Y=\frac{2EI_{ZZ}}{l^2\left(\frac{2l}{3}+\frac{L}{2}\right)+\frac{2lt^2(1+\eta)}{5}} \tag{8.6.26}$$

式中，$I_{ZZ}=wt^3/12$，Z 向刚度为

$$K_Z=\frac{2EI_{YY}}{l^2\left(\frac{2l}{3}+\frac{L}{2}\right)+\frac{2lw^2(1+\eta)}{5}} \tag{8.6.27}$$

注意，$l/L_{max}=0.5$，中间没有夹杆，保持高的轴向刚度的同时很难获得横向柔性。还需要注意，挠性轴承越薄，其“效率”越高。然而，挠性轴承不能太薄，因为这会使它容易弯曲。

8.7 限制轴承热效应的设计[79]

热效应造成的轴承预紧力的变化能够影响一台设备的运动和动态性能。运动误差可以由控制软件得到补偿。然而，动态误差不是很容易得到修正。根据机器结构，均匀适度的温度升高可能会改变轴承的预紧力和机械的动态性能。本节将描述直线轴承或者旋转轴承在维持恒定的预紧力时怎么平衡构件的热膨胀。需要注意的是用于图 8.7.1 中角接触直线轴承的配置分析技术同样也可以用在大部分的滚动轴承（包括旋转轴承）上。

8.7.1 直线轴承实例[80]

在图 8.7.1 中，假定各种各样的结构材料都被用到，假定结构和滑座的温度分别是 T_s 和 T_c。这两个温度在各自的结构中被假定为是均匀的，尽管它们彼此不同。随着温度的升高，由于 X 方向的增加轴承间隙将会关闭/打开，或者由于 Y 方向的增加轴承间隙打开/关闭。对于交叉滚子，尺寸 e 和 f 变为零。轴承坐标系（i，j）和 XY 坐标系的转换公式是：

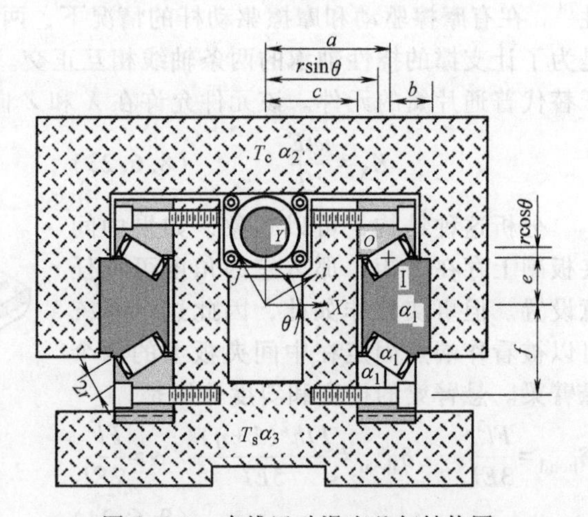

图 8.7.1 直线运动滑座几何结构图

$$\Delta i=-\Delta X\cos\theta+\Delta Y\sin\theta \tag{8.7.1}$$

$$\Delta j=-\Delta X\sin\theta+\Delta Y\cos\theta \tag{8.7.2}$$

O 点相对于 XY 坐标系的原点在 X 方向和 Y 方向的热致位移为

$$\Delta X_O=T_s[\alpha_1(a-c-r\sin\theta)+\alpha_3 c] \tag{8.7.3}$$

$$\Delta Y_O=T_s[-\alpha_1(f-e-r\cos\theta)+\alpha_3 f] \tag{8.7.4}$$

I 点相对于 XY 坐标系的原点在 X 方向和 Y 方向的热致位移是

$$\Delta X_I=T_c[\alpha_2(a+b)-\alpha_1(b-r\sin\theta)] \tag{8.7.5}$$

$$\Delta Y_I=T_c\alpha_1(e-r\cos\theta) \tag{8.7.6}$$

---

79 Appolonius“上帝看到即将来临的事物，英明的人看到正在来临的事物，一般的人只能看到已经来临的事物。”

80 参阅：A. Slocum，“Design to Limit Thermal Effects on linear Motion Bearing Components，” Int. Jou. Mach. Tool manuf.，Vol. 28，No. 2，1998。

如果在结构中相对于均匀温度变化，O 点和 I 点间的距离保持恒定，那么两个表面的位移差必须等于轴承部件的厚度（例如，滚子直径）的增加。这里假设滚子的温度是 $(T_s+T_c)/2$

$$\Delta j_O - \Delta j_I = r\alpha_1(T_s + T_c) \tag{8.7.7}$$

运用式（8.7.2）~式（8.7.7），临界角 θ 为

$$\theta = \arctan\frac{T_s[\alpha_1(e-f)+\alpha_3 f] - T_c(\alpha_1 e)}{T_c[\alpha_1 b-\alpha_2(a+b)] - T_s[\alpha_1(c-a)-\alpha_3 c]} \tag{8.7.8}$$

这里轴承表面相对于 XY 坐标系定向。总结上面的公式可以看出临界角 θ 不是距离 j（沿滚子长度方向）的函数。另外，用式（8.7.1）得到的两个平面间的相对滑动位移（每度）仅在微米范围。滑动量这么小是因为滚子在运动中确立了平衡的轴向位置。

至于用在钢结构框架中的圆锥滚子轴承，当轴承滚子的中心线交汇点位于轴承中间时，轴向和径向的热膨胀可以相互抵消。这部分涉及“热中心”设计。

8.7.2 “热中心”角接触轴承的安装

正如在 8.4.2 节中讨论的那样，当内圈旋转时，角接触球轴承经常采用背对背安装结构，因为这样的安装结构相对于面对面安装具有热稳定性。为了避免轴在轴向的伸长影响轴承预紧力，很多轴设计成在前端可以安装两个或三个轴承，在后端可以安装两个轴承的结构。这些轴承允许在轴承孔中浮动，如图 8.7.2 所示。

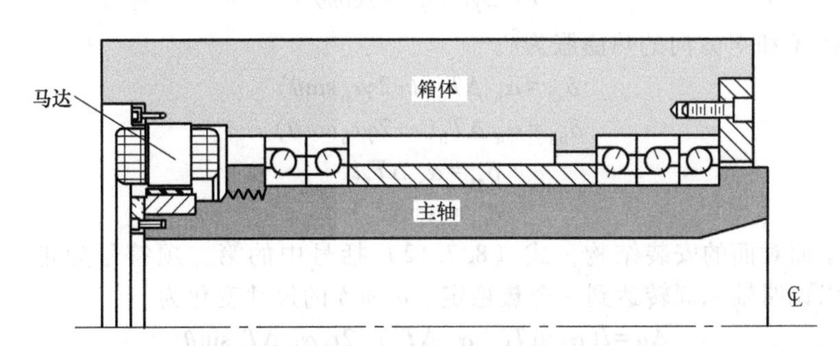

图 8.7.2　满足后轴承外圈在框架孔中可以滑动的背对背角接触轴承配置设计
（密封和油雾润滑系统这里没有显示）

图 8.7.2 中的设计对轴和框架的温度不一致是相对不敏感的，然而这个设计有如下的缺点：

1）需要的轴承太多。

2）前后孔的对准误差要求很严格。

3）后轴承外圈的膨胀可能阻止它们在孔中浮动。

4）后轴承没有像前轴承那样对主轴和支架形成良好的传热性能，所以很容易变热。

最后一点或许是最难处理的，因为它需要在一个持续变化的热环境里使两个表面间有很小的滑动。轴通常比框架要热，因为轴和框架相比其热容量较小，而且轴承通过滚子部件的热传导比较差。

如果采用所有前轴承都朝一个方向，所有后轴承都朝另外一个方向的背靠背安装，上面提到的问题都将迎刃而解。然而，轴承间隙能够在预紧力恒定，不管轴和框架的温度变化的情况下设计吗？

考虑图 8.7.3 所示的角接触球轴承的设计。两个圆弧槽的曲率中心放置在相互间距为 a（X 轴方向）和 b（Y 轴方向）的位置。球位于圆弧槽内，而且为了保证球面与圆弧槽同时相切，球的直径必须和圆弧的半径方向一致。所以接触角 θ 必须满足 $b=a\cot\theta$。假设槽的半径和

球的半径成比例：$r_{groove}=\gamma r_b$，则球的直径为

$$r_b=\gamma r_b-\frac{\sqrt{a^2+b^2}}{2}=\gamma r_b-\frac{a\sqrt{1+\cot^2\theta}}{2}=\gamma r_b-\frac{a}{2\sin\theta} \tag{8.7.9}$$

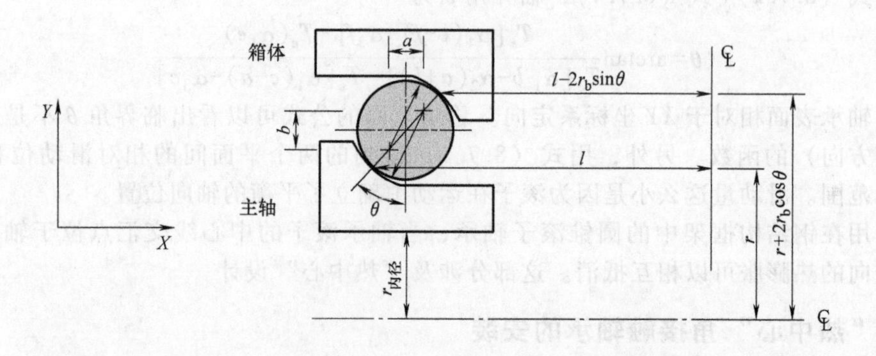

图 8.7.3 考虑前后轴承副预紧力相反的背靠背角接触轴承轴设计的几何定义

a 和 b 的偏移可以用下面的公式表达：

$$a=2\gamma r_b(\gamma-1)\sin\theta \tag{8.7.10}$$

$$b=2\gamma r_b(\gamma-1)\cos\theta \tag{8.7.11}$$

框架和轴在 X 和 Y 方向的热膨胀为[81]

$$\delta_{ah}=\alpha_h\ \Delta T_h(l-2\gamma r_b\sin\theta) \tag{8.7.12}$$

$$\delta_{bh}=\alpha_h\ \Delta T_h(r+2\gamma r_b\cos\theta) \tag{8.7.13}$$

$$\delta_{as}=\alpha_s\ \Delta T_s l \tag{8.7.14}$$

$$\delta_{bs}=\alpha_s\ \Delta T_s r \tag{8.7.15}$$

注意，对于面对面的安装结构，式（8.7.12）括号中的第二项符号为正。这也会造成 l 结果为负，所以说明轴承周转达到一个热稳定。a 和 b 的尺寸变化为

$$\Delta a=l(\alpha_h\ \Delta T_h-\alpha_s\ \Delta T_s)-2r_b\alpha_h\ \Delta T_h\sin\theta \tag{8.7.16}$$

$$\Delta b=r(\alpha_h\ \Delta T_h-\alpha_s\ \Delta T_s)+2r_b\alpha_h\ \Delta T_h\cos\theta \tag{8.7.17}$$

把 a 和 b 的尺寸变化（Δa 和 Δb）分别加入到 a 和 b 中，则表达式必须满足式（8.7.9）给定的关系，同时包括球的热增长（由于球温度 T_b 的变化引起）一项：

$$2r_b(1+\alpha_b\ \Delta T_b-\gamma)=-\sqrt{(a+\Delta a)^2+(b+\Delta b)^2} \tag{8.7.18}$$

表达式变得很冗长，但是很清楚直接。假设下面的表达式成立：

$$A_1=4r_b^2(1+\alpha_b\ \Delta T_b-\gamma)^2 \tag{8.7.19a}$$

$$A_2=2r_b\sin\theta(\gamma-1-\alpha_h\ \Delta T_h) \tag{8.7.19b}$$

$$A_3=\alpha_h\ \Delta T_h-\alpha_s\ \Delta T_s \tag{8.7.19c}$$

$$A_4=[2r_b\cos\theta(\gamma-1-\alpha_h\ \Delta T_h)+rA_3]^2 \tag{8.7.19d}$$

在前后轴承间，轴承间隙 $2l$ 的等式为

$$2l=2\left(\frac{-A_2+\sqrt{A_1-A_4}}{A_3}\right) \tag{8.7.20}$$

在进行分析的过程中，$b=a\cot\theta$ 的关系需要用（$a+\Delta a$）和（$b+\Delta b$）的值进行检验，同时

[81] 这里假设轴承圈的热膨胀系数几乎等于框架和轴的热膨胀系数（例如，钢相对于铸铁）。轴承圈和轴的相对误差是由于这个假设造成的。当设计一个“真正”的轴时，基于轴承内外直径的相对尺寸，希望把这些不一致因素都考虑进去。这里还一直假设 $r_{groove}=\gamma r_b$。

还需要用新的 θ 值进行迭代直到收敛。在计算分析中，有些研究者会发现受温度影响的理想间隙变化很小，并且也取决于轴承构件间的温度比率。遗憾的是，没有先前分析轴的经验、原型机的测试，或者详细的有限元模型，相对温度是不可能很容易推导出来的。图 8.7.4 显示了对于一个直径为 70mm 的主轴轴承（$r = 45\text{mm}$，$r_b = 10\text{mm}$，$\gamma = 1.1$，$\theta_i = 15°$和 $25°$），带有温度比率 K_T的轴间隙 $2l$ 的变化情况。上面给出的 $2l$ 的值是“精确”平衡情况下的值。

在计算 l 时可以假定球的直径变化（预紧力变化）在最大状态。图 8.7.5 给出了一个 ABEC 7 角接触球轴承（孔径为 70mm）在预紧力和轴向刚度不同水平下的典型轴向位移。如果这样可以降低制造成本和增加可靠度，预紧力受温度影响的微小变化是可以接受的。一旦用这些粗略计算来设计轴的话，一个有限元模型可以用来观查轴向净位移（在轴中不同温度分布的函数）的变化情况。为了测定在轴和框架间确切的温度差值，研究者必须测量现有的轴或者用轴承设计程序[82]和（或）热有限元模型。最终，在进行一个没有测试设计的生产制造前，一定要进行台架实验。如果轴的转速低于大约 4000r/min，在很多情况下，使用脂润滑轴承也是可以的，这时用在轴承上的温度控制油雾系统的成本也是可以避免的。

接触角	$T_{轴}/T_{框架}$	$T_{轴承}/T_{框架}$	$2l$ /m
15°	1.5	1.125	0.293
15°	1.25	1.5	1.076
15°	1.25	1.125	0.855
15°	1.125	1.25	2.204
25°	1.5	1.25	0.149
25°	1.25	1.5	0.580
25°	1.25	1.125	0.447
25°	1.125	1.25	1.178

图 8.7.4 对于直径为 70mm 的轴承防止轴预紧力随着轴的温度增加而增加的条件，最小轴承间隙 $2l$ 与温度分布比率之间的关系

注：铸铁轴 $\alpha = 11.0\mu\text{m/m/℃}$；轴承钢 $\alpha = 10.2\mu\text{m/m/℃}$，铸铁框架 $\alpha = 11.0\mu\text{m/m/℃}$。

预紧力/ N(lbf)	单个轴承预紧力位移/ μm (μin)	近似刚度/ (N/μm) (lb/μin)
780 (175)	20(800)	39.0(0.22)
1890(425)	33(1300)	85.4(0.49)
3450(775)	43(1700)	156(0.89)

图 8.7.5 对于一个直径为 70mm 的 ABEC 7 角接触球轴承［25°接触角和 76500N（17000lbf）静负荷性能］，不同的预紧力水平下刚度和内圈的轴向位移

为了最小化轴和框架间的温度差，方法如下：

1）框架的里面和轴的外面进行喷丸粗加工，保证两者间的距离足够大，距离可以保证湍

82 例如，用于旋转设备（可从麻省理工的 Southfield 工程技术人员那里得到）的 ROMAX™设计软件包。另外，一些轴承制造商提供有分时程序，这个程序在选择轴承和预测轴承在装配体中性能的过程中可以帮助设计者。例如，Timken 公司的 SELECT-NALYSIS™轴承选择和分析程序。

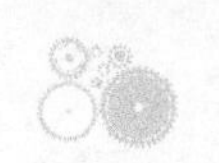

流气流。这样可以增加表面面积和两个实体间的湍流气体，所以热传导系数就会增加。研究者也可以用一些可以使实体更好传递热的特种涂料（它们行为像“黑体”）。

2）在轴和框架间隙的不同部位引入清新过滤过的压缩空气。膨胀的空气可以冷却轴。然而，如果不注意，空气可能吹出轴承中的润滑脂。

基于温度对预紧力的影响，研究者能够明白隐藏在图 8.4.19 中用 Hydra-Rib™ 轴承的动机。

8.8 案例分析：主轴运动误差测量[83]

装有圆锥滚子轴承的一个精密多轴磨床头架主轴是通过一个 41in、130 齿的同步带变速电动机驱动的。电动机带轮有 40 齿，主轴带轮有 80 齿。主轴建立之后，需要确定它的运动误差的特点。为了研究主轴的运动误差，通常要用到电容探头，但是在这个案例中，电容探头无法使用。由于主轴是在一个相对低的速度下测量，敏感方向测量是通过一个配有平头硬质合金探头的空气轴承 LVDT 实现的，同时将一个直径为 0.5in 的 5 级钢计量球安装在主轴端面上。对于每次测验，球都是位于 50μin 范围内。探头和球的表面用轻矿物质油润滑。图 8.8.1 显示了在轴转速为零时，径向和轴向背景噪声的频谱，振幅是 5~6μin。与主轴驱动电动机电源相关的 1100Hz 的倍数和分数的大的频率成分，遮蔽了来自车间荧光照的低于 30Hz 的频率成分。该频谱大部分是由于主轴驱动电机能源频率造成的 1100Hz 成分，此外还包括由日光灯管产生的 30Hz 的成分。

主轴转速通过一个光学转速计（频闪）来测得。每次测试中，为了提供 2 的幂个数据点，需要在每次轴旋转中调整数据采集速度，这样有助于频域分析。在数据分析中，每次旋转的平均采样点数是通过计算第一个和最后一个自相关函数最大值和除以最大值减 1 的总数来得到的。

径向运动误差是在三个旋转速度水平（20r/min、370r/min、700r/min）和离面板两个距离（42mm 和 172mm）的地方测得的。轴向运动误差是在同样三个旋转速度水平和离面板 42mm 的地方测得的。每次实验，使主轴旋转 64r，每转收集 256 个数据点。运动误差测量平均值高于 32r 的值。从总运动误差中逐转减去平均运动误差，得到显著异步运动误差。平均运动误差的稳态和每转的分量可以通过高通 FFT 虑波器去除掉。图 8.8.2~图 8.8.10 给出了误差类型图，包括：

1）平均波形极坐标图。

2）最小径向分量（MRS）误差图。

3）异步运动误差图（20r）。

所有的图和数据都包含了机械和电器背景噪声的影响。每个图的下半部分由平均运动误差的频谱组成。生成平均运动误差图的分析技术抑制了非整周期（转）的频率成分。这些小数频率部分（非整周期）通常与轴承根本缺陷有关，它们可以通过异步运动误差的多转功率谱计算得到。图 8.8.10 给出了这样的例子。

图 8.8.2、图 8.8.3 和图 8.8.4 给出了主轴分别在 20r/min、370r/min、700r/min 转速下轴向运动的误差。在两个较低的转速下，一个每转 2 周期的频率成分支配着运动。在 700r/min 运动时，除了每转 2 周期的频率成分，又出现了一个每转 15 周期的主频率成分和一个每转 6 和 12 周期的次频率成分。平均轴向运动误差小于 10μin（20r/min 和 370r/min）和 25μin（700r/min）。异步轴向运动误差是 25~35μin。

---

[83] 这部分由 Timken 公司的 J. David Cogdell 撰写。Timken 研究中心，1835 Dueber 大街，S.W.，Canton，俄亥俄州 44706-2798。

在 42mm 位置处的轴向运动误差（主轴转速分别为 20r/min、370r/min、700r/min）如图 8.8.5~图 8.8.7 所示。除了几个高频率、低振幅的成分之外，在 20r/min 还有很多每转 2、3、4、5 和 6 个周期成分。在 370r/min 和 700r/min 转速下，高频部分大量消失。在高速下，平均运动误差由每转 6 周期频率成分（带有来自两个轴承的每转 6 周期部分迹象）支配。平均轴向运动误差范围是 6~15μin，异步轴向运动误差范围是 15~28μin。

图 8.8.8、图 8.8.9 和图 8.8.10 所示为在 172mm 处的轴向运动误差。正如在图 8.8.8 中显示的那样，在 20r/min 时，运动由一个每转 2 周期的频率成分支配，同时带有几个小的高频部分。在图 8.8.9 和图 8.8.10 中，在 370r/min 和 700r/min 转速下，平均运动误差主要包含 2 周期/r频率成分和 6 周期/r 频率成分。平均轴向运动误差范围是 10~13μin，异步运动误差范围是 28~74μin。

图 8.8.10 包含了一个异步轴向运动误差（产生一个 1/16 转的角分辨率）的 16 转频谱。两个轴承的根本缺陷频率为

频率	后轴承	机头轴承
$f_{滚子}$(周期/r)	4.95	5.21
$F_{轴承套}$(周期/r)	9.94	11.82
$F_{锥体}$(周期/r)	12.06	14.18

这些值不能很好的和测量的主要频率（0.06 周期/r、0.88 周期/r、1.00 周期/r、1.44 周期/r、1.81 周期/r、2.19 周期/r、5.63 周期/r 和 7.44 周期/r）相匹配。由于驱动带频率是 0.61Hz，电动机带轮频率是 2.00Hz，所以在基频间有几个可能的共振。图 8.8.11 总结了测量的主轴运动误差。

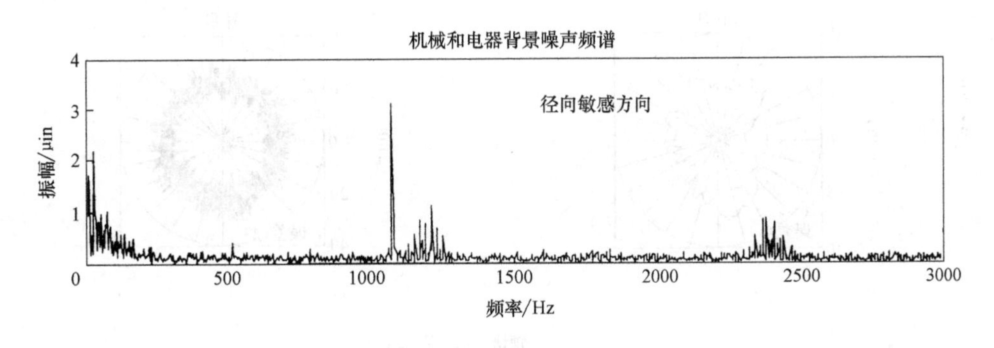

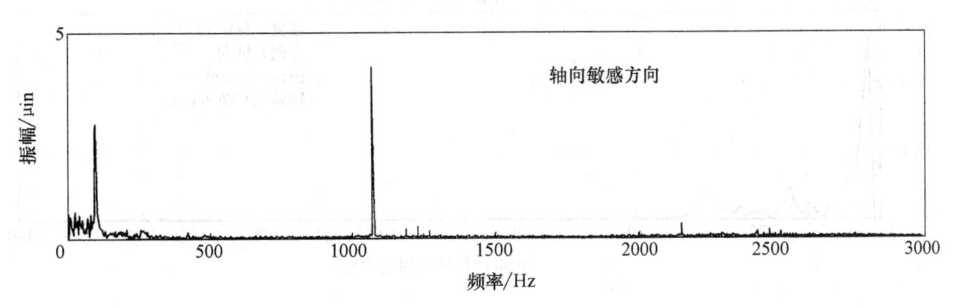

图 8.8.1　在主轴运动误差测量中机械和电器产生的背景噪声（Timken 公司许可）

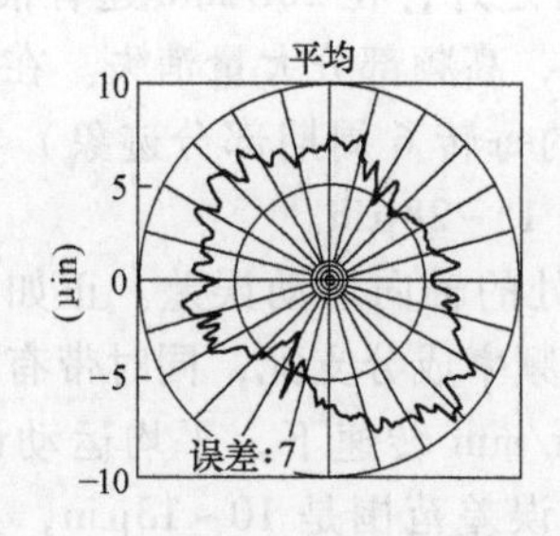

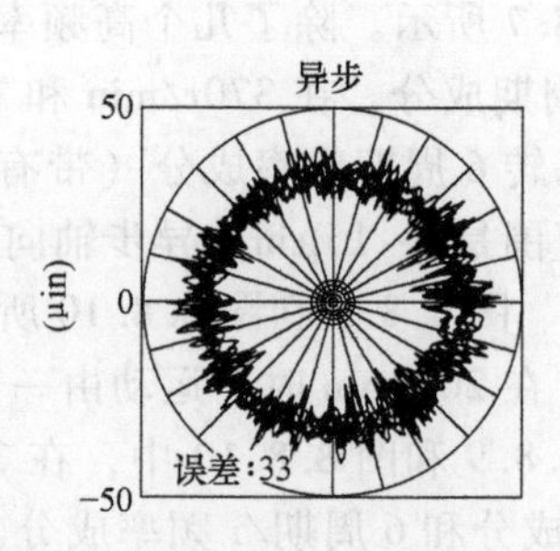

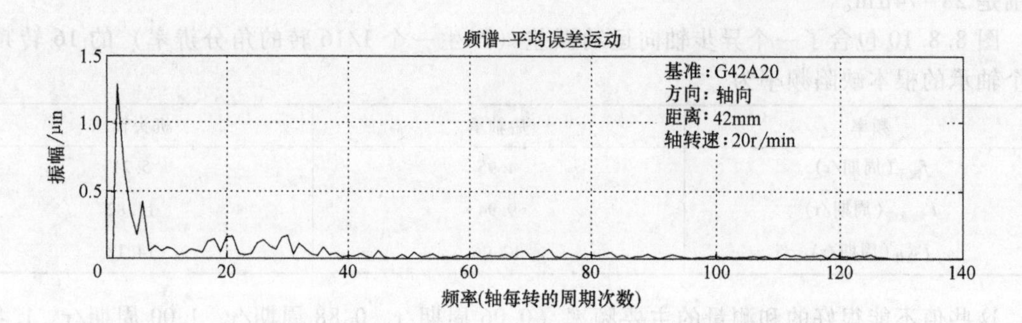

图 8.8.2 轴向运动在 20r/min 时的误差（Timken 公司许可）

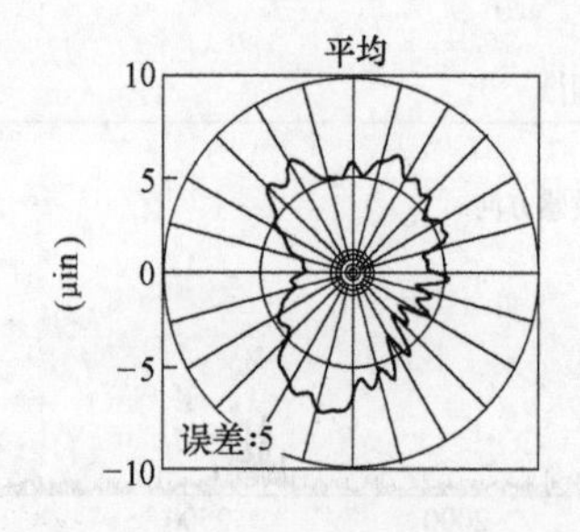

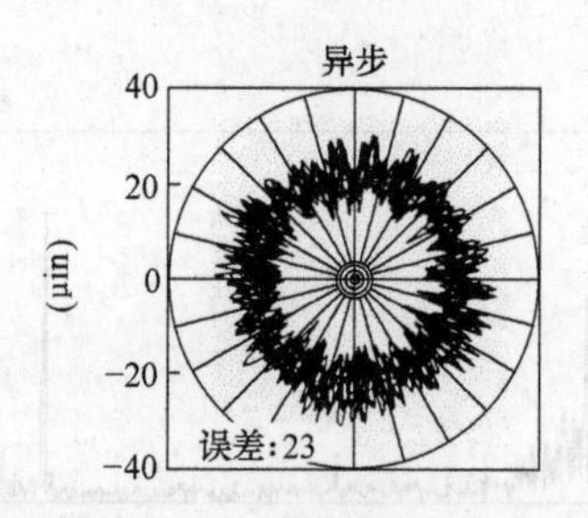

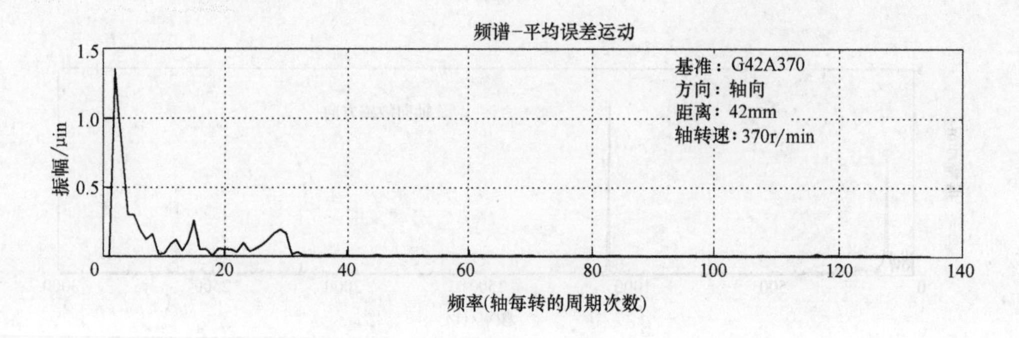

图 8.8.3 轴向运动在 370r/min 时的误差（Timken 公司许可）

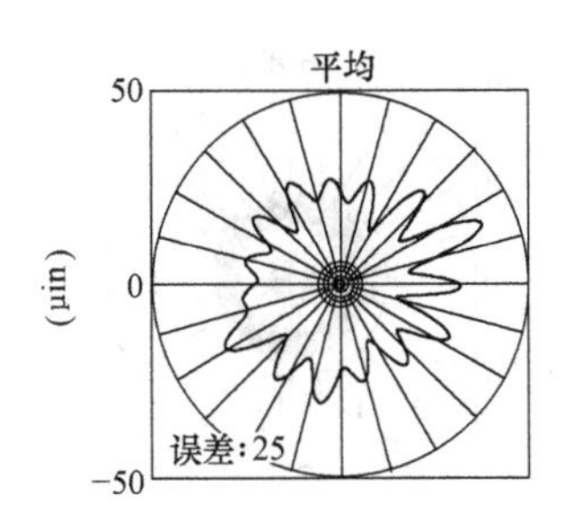

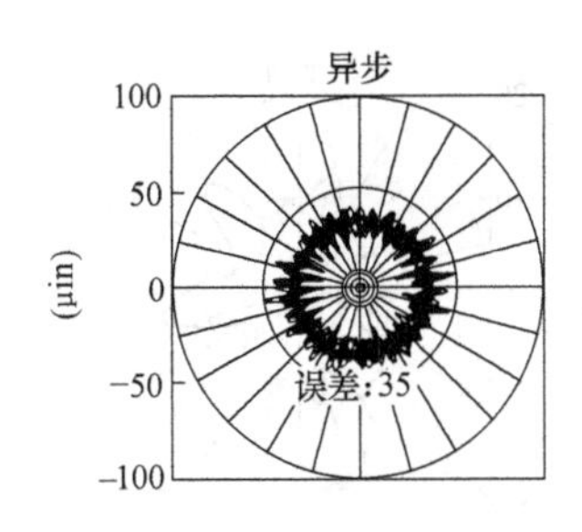

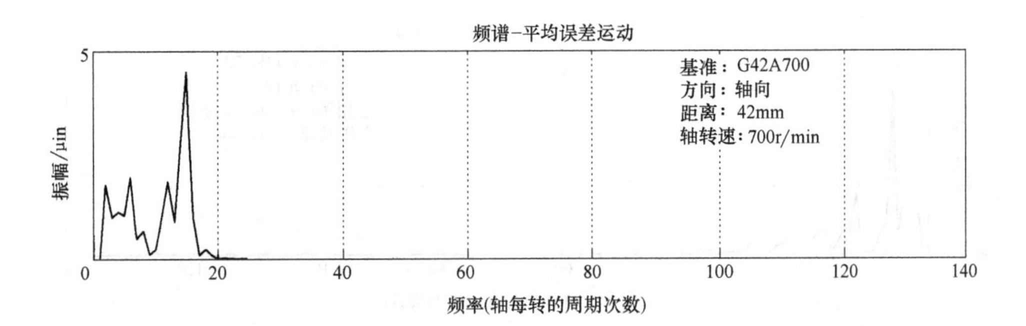

图 8.8.4　轴向运动在 700r/min 时的误差（Timken 公司许可）

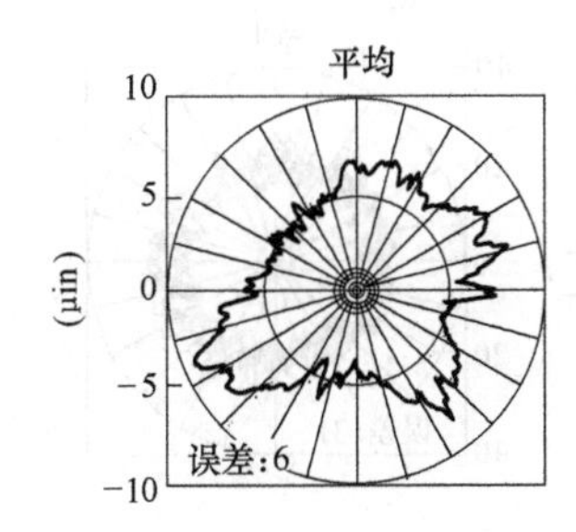

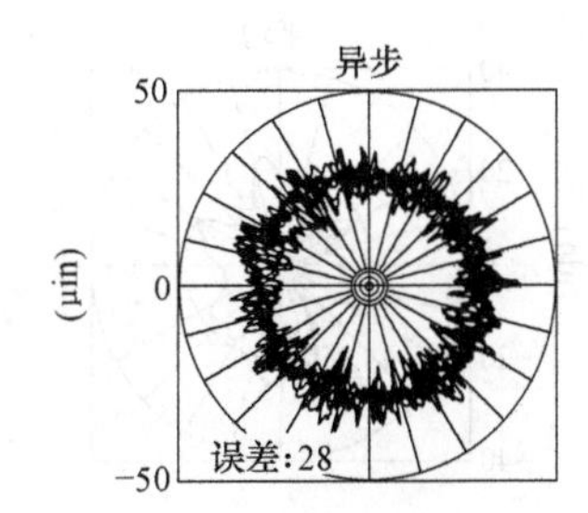

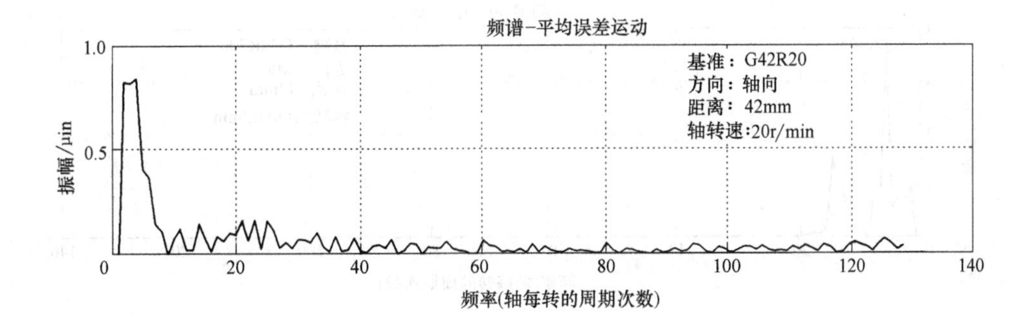

图 8.8.5　径向运动在离轴端面 42mm 位置处转速 20r/min 时的误差（Timken 公司许可）

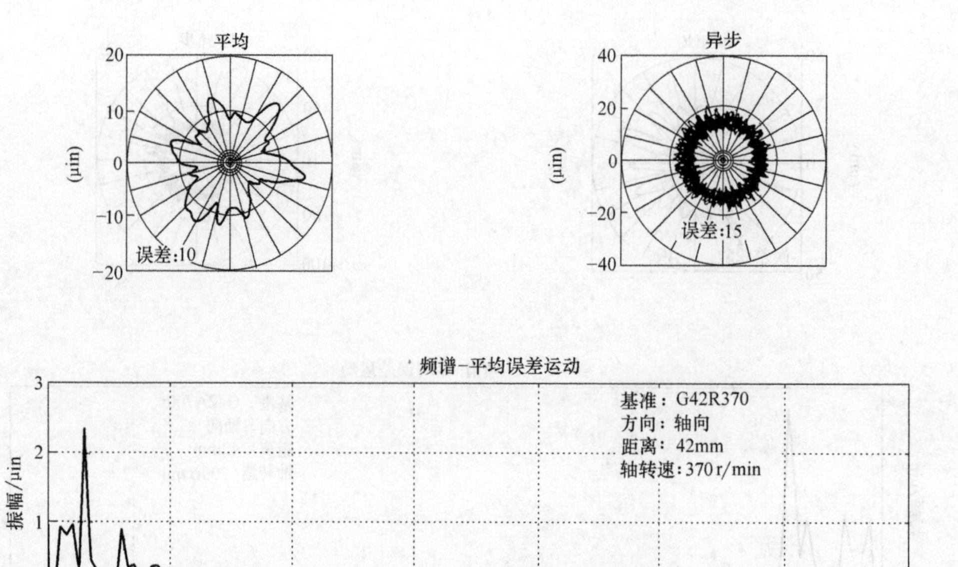

图 8.8.6　径向运动在离轴端面 42mm 位置处转速 370r/min 时的误差（Timken 公司许可）

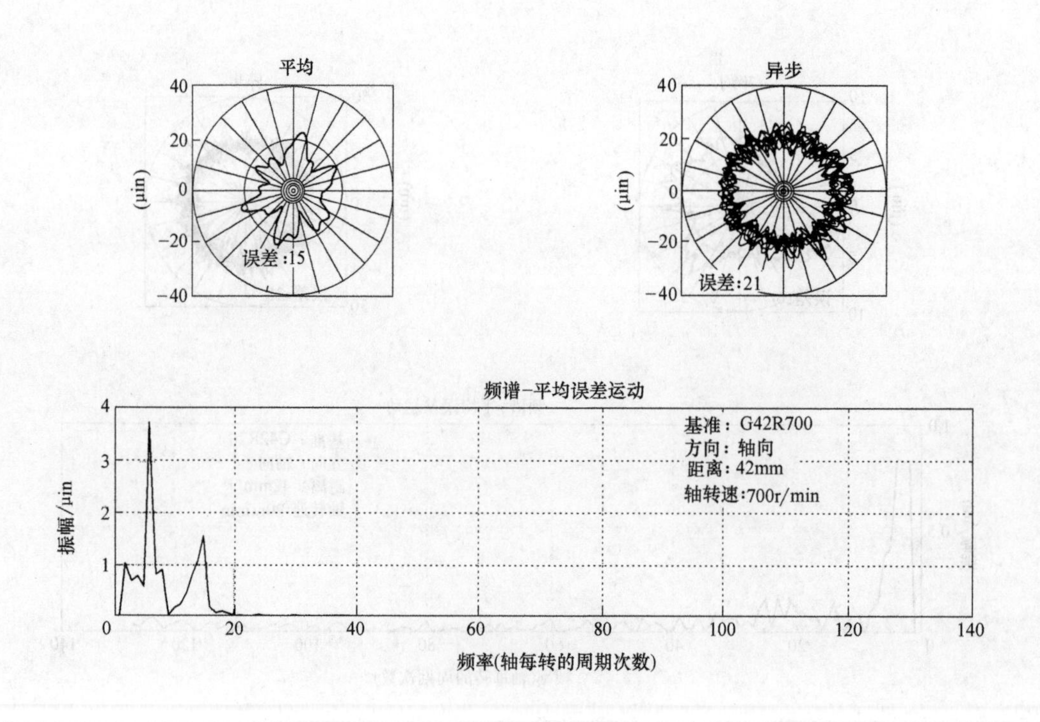

图 8.8.7　径向运动在离轴端面 42mm 位置处转速 700r/min 时的误差（Timken 公司许可）

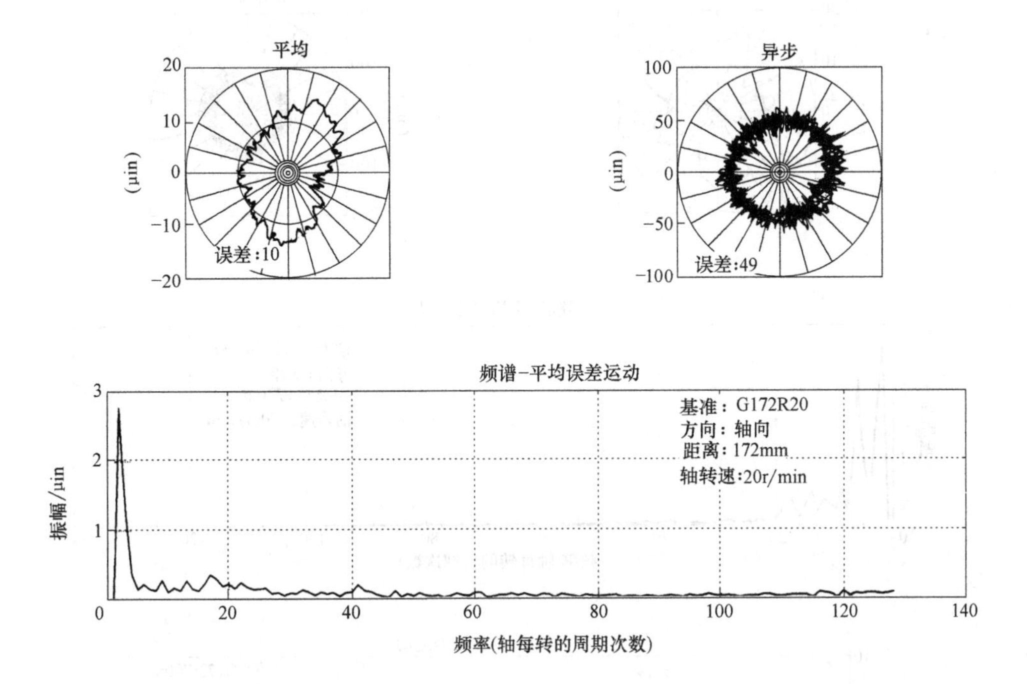

图 8.8.8 径向运动在离轴端面 172mm 位置处转速 20r/min 时的误差（Timken 公司许可）

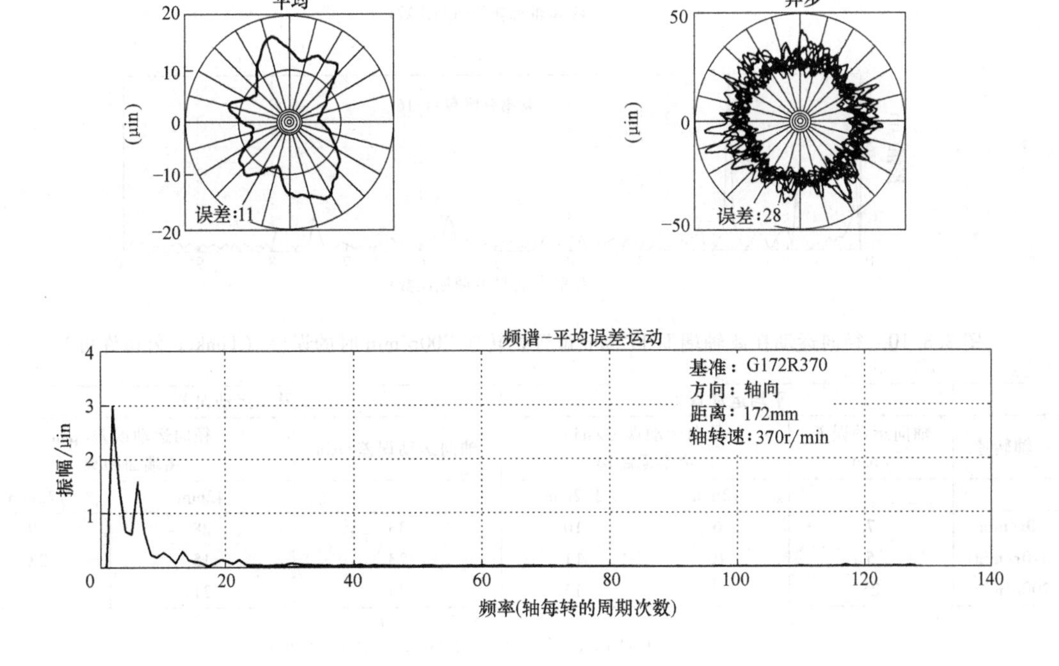

图 8.8.9 径向运动在离轴端面 172mm 位置处转速 370r/min 时的误差（Timken 公司许可）

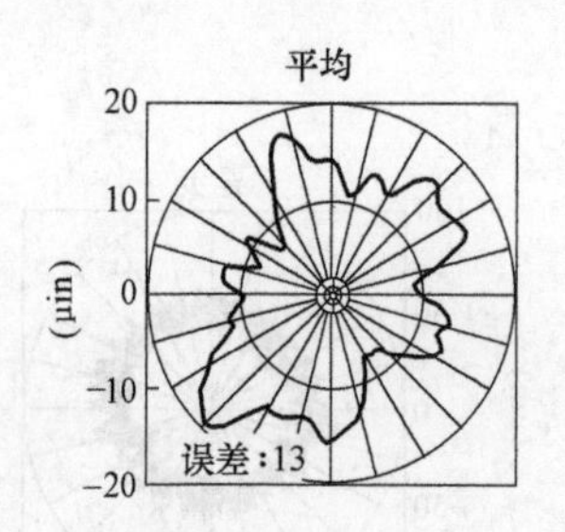

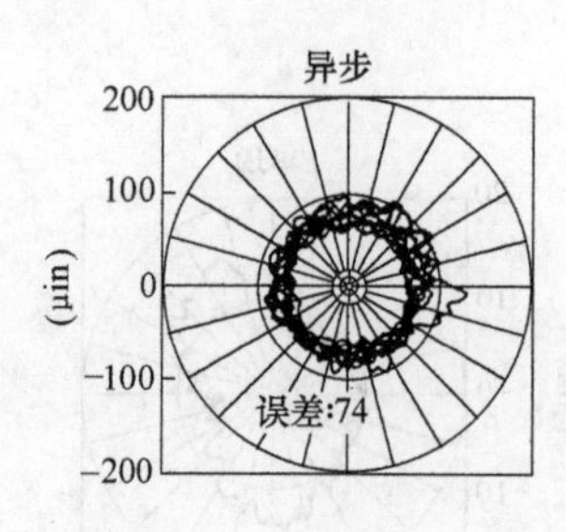

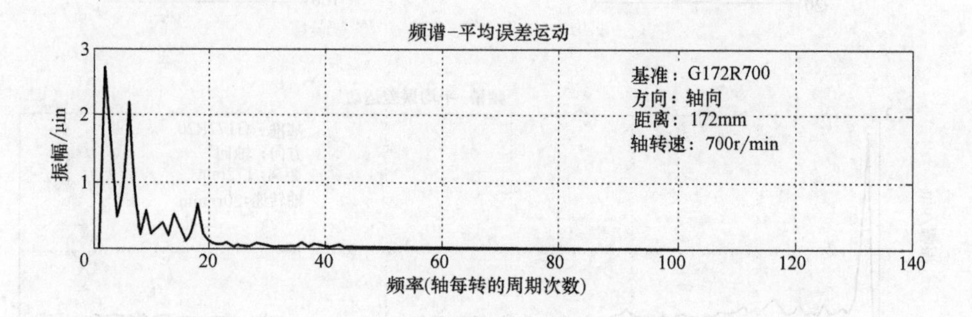

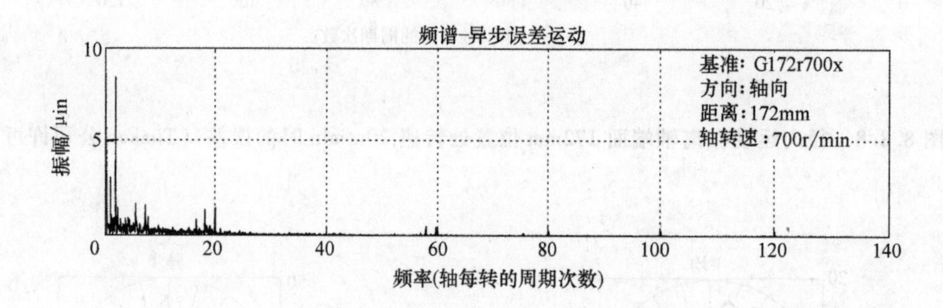

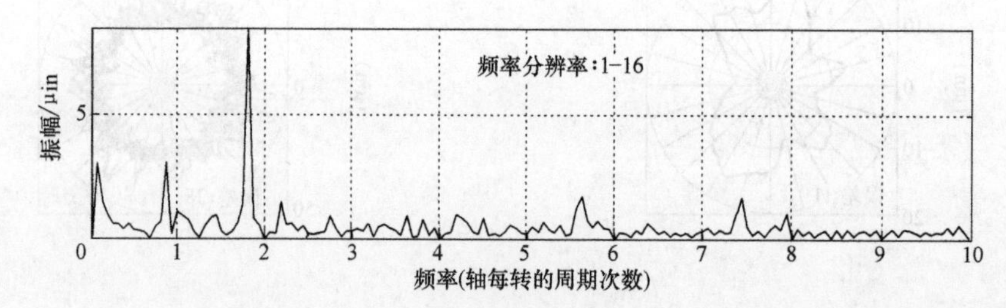

图 8.8.10　径向运动在离轴端面 172mm 位置处转速 700r/min 时的误差（Timken 公司许可）

主轴转速	平均运动误差			异步运动误差		
	轴向运动误差/μin	径向运动误差/μin 离端面距离		轴向运动误差/μin	径向运动误差/μin 离端面距离	
		42mm	172mm		42mm	172mm
20r/min	7	6	10	33	28	49
370r/min	5	10	11	23	15	28
700r/min	25	15	13	35	21	74

图 8.8.11　主轴运动误差总结（Timken公司许可）

第 9 章

非接触式轴承

9.1 引言

接触式轴承（除了挠性轴承和合理设计的滑动轴承外）的主要问题之一是零件的形状误差和表面质量对轴承运动有显著的影响，对很难消除的高频误差来说尤其如此。非接触式轴承具有在旋转频率间容易定义峰值的运动误差频谱。如果运动误差不是由电动机或耦合造成的，这些波峰就会随着速度的增加而衰退。和图 8.3.6 相比较，图 9.1.1 说明了这一点。

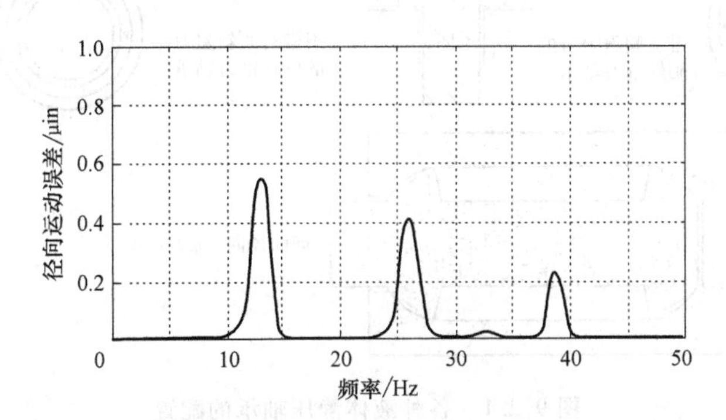

图 9.1.1　一个空气轴承支撑主轴的径向运动误差频谱（Polaroid 公司许可）

由于这个原因，当需要精密和平稳运动时，经常选择非接触式轴承。在本章中，将讨论液体静压轴承、空气静压轴承和磁悬浮轴承。

9.2 液体静压轴承[1]

液体静压轴承利用高压油薄膜来支撑载荷。一般来说，轴承间隙较大，可以在 1~100μm 这一数量级。液体静压轴承有五种基本类型：单轴瓦轴承、对置轴瓦轴承、径向轴承、旋转推力轴承和圆锥径向/推力轴承（图 9.2.1）。所有这些类型的基本原理都是通过供给轴承恒定

[1] 关于液体静压轴承设计这里有四个很好的参考文献：W. Rowe and J. O' Donoghue, *A Review of Hydrostatic Bearing Design*, Institution of Mechanical Engineers, London, 1972 ; W. Rowe, *Hydrostatic and Hybrid Bearing Design*, butterworth, London, 1983 ; F. Stansfield, *Hydrostiatic Bearings for Mechine Tools*, Machinery Publishing Co., Ltd. London, 1970 ; and D. Fuller, *Theory and Practice of Lubrication for Engineers*, 2nd ed., John Wiley & Sons, New York, 1984.

不断的高压油形成的薄膜支撑载荷。所以，研究提供压力油，收集从轴承中排出的压力油和使压力油循环的方法是非常必需的。

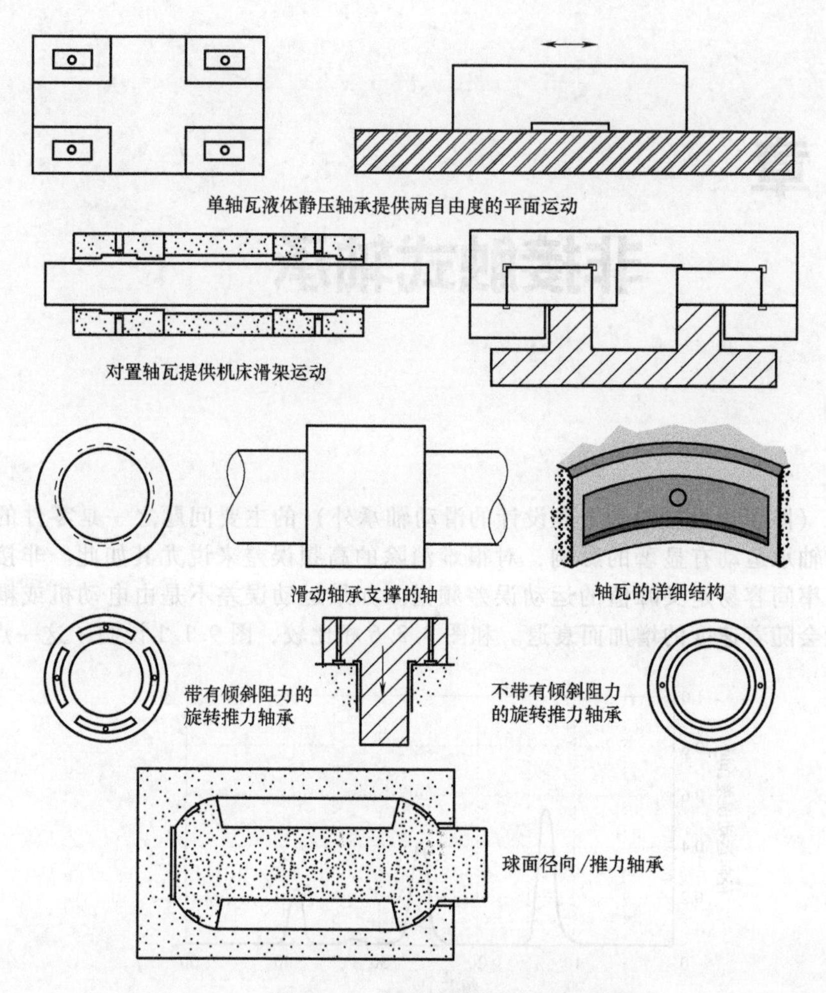

图 9.2.1　各种液体静压轴承的配置

轴承内部区域或间隙提供三个主要用途：第一，在没有压力提供的情况下，轴承处于非工作状态，间隙为零。当轴承内充压时，这个间隙提供给压力液体一个空间来使它产生初始升力。第二，这个恒定高压间隙可以使轴承承载更大的载荷。第三，这个间隙可以使液体分布到非圆形或非正方形（如四分之一圆形）轴承轴瓦的各个部位。

9.2.1　一般特性

1. 速度和加速度限制

液体静压轴承只具有在轴承运动中形成的与流体薄膜层受剪切相关的黏性摩擦。在高速运动情况下（如主轴）产生的热量相当大，因而可能需要一个油液温度的闭环控制系统。另外，排出轴承的液体流量应该足够高以保证使由于黏性切变流入轴承内的油的流量不高于在轴承内正常流出油液的流量。这样会造成轴承一边很“干”而且会丧失部分刚性。对于旋转轴承，流出一个轴瓦的油液依然黏附在回转体上而且可以被输送到下一个轴瓦。液体静压旋转轴承在高速运转下（如果所处位置宽广）会受到流体动力影响，而且会产生大量热。流体动压轴承会碰到旋转油膜不稳定的问题，这会造成一个频率等于旋转速度一半的振动。液体

静压轴承比滑动动压轴承刚度高，如果所处位置宽度和间隙空间深度选择合适，前者一般不会有油膜不稳定的问题[2]。

加速度不受轴承设计的限制，如果速度和加速度很高，油很黏，流体动压楔的形成会增大轴承直线运动的俯仰角度误差。

2. 运动范围

直线运动液体静压轴承的运动范围可以很长，这取决于与其安装在一起的导轨的可能加工长度。目前已经建成有十几米长的导轨。旋转运动液体静压轴承没有运动范围限制。

3. 施加载荷

由于液体静压轴承把载荷分散到一个很大的区域，所以可以支撑重型载荷。例如：带有数吨重滑架的机床经常使用液体静压轴承，重2万t的海上石油平台甲板就是用消防站提供给甲板根基处的液体静压轴承水来把它从制造码头运到驳船的。当液体静压轴承板用对置的方式提供预紧力时，可以得到很高的双向刚度。

4. 精度

液体静压轴承的总体运动精度（如直线度）取决于其部件的精度。液体静压轴承对导轨和轴瓦上的微小随机缺陷不太敏感，这使其成为所有轴承类型中运行最平滑的一类。但是如果轴承很长而带有导轨直线度误差，或如7.5节所讨论的由于不恰当的螺栓紧固引起了导轨弯曲，则通常会出现问题，变形状态的导轨会持续影响液体静压轴承所支撑的滑架运动的直线度。液体静压轴承元件表面粗糙度值应小于轴承间隙的1/4。液体静压轴承没有磨合期，所以精度取决于保持节流阀的清洁和压力源没有脉动[3]。目前已经出现了亚微米/米级精度的液体静压直线运动轴承。

带有液体静压轴承的滑架的轴向伺服运动精度完全取决于执行器、传感器和控制器。对于在中低速下精密运动的直线滑架或回转主轴来说，由于液体静压轴承可提供很高的法向和切向阻尼，因此是比较理想的选择。

5. 重复性

重复性取决于流体供应系统的稳定性，包括油泵和轴承油液流量调节装置（如节流器）。只要将轴承设计成对称式，那么油液输送中流量的涌增就会均等地影响到所有的轴瓦，而滑架的运动不会受到影响。所以保持等长度流体输送管线和过滤掉尽可能多的来自泵的噪声非常重要。有了这些防御措施，低速液体静压轴承可达到亚微米级的重复性。然而即使热效应也能够得到控制，但纳米级重复性的液体静压轴承仍然不能实现，目前还没有找到根本原因。

必须注意在轴承间隙中流体薄膜的粘性行为。在高速运动中，黏性油比稀的主轴油更快速地形成流体动压层。这个油层或流体动压楔可使轴承间隙增大。当机械到达需要的位置或者明显减慢速度时，流体动压层会消退，轴承间隙也会发生变化。用低黏度液体（如轻型主轴油ISO5或ISO10）和小的轴承间隙（如在5～10μm数量级）可以避免这个问题。

6. 分辨率

由于液体静压轴承的静摩擦力为零，所以由它们支撑的物体的运动分辨率事实上几乎是没有限制的。尤其是液体静压轴承有很好的阻尼特性，这使得执行器和控制系统的设计相对容易。例如：液体静压轴承用于支撑大型望远镜，这些大型望远镜经常需要对夜空慢慢扫描，所以需要一个非常平滑的高分辨率的运动。

2　P Allail, *design of Journal Bearings for High Speed Machines*, in Fundamentals of the Design of Fluid Film Bearings, ASME, New York.

3　T. Viersma, Analysis, Synthesis and Design of Hydraulic Servosystems and Pipelines, Elservier Science Publisher, Amsterdam, 1980.

7. 预紧力

液体静压轴承为了得到双向刚度通常需要预紧。如果用一个液体静压轴承来支撑滑架，那么由于滑架加速或施压就会增大轴承间隙，除非使用强化的节流器（如隔膜型），否则轴承的刚度就非常低。所以，对置轴瓦配置的液体静压轴承是精密机床中最常使用的类型。这里只考虑了对置轴瓦系统。

8. 刚度

液体静压轴承的刚度常在牛顿每纳米的数量级。它不难计算，而且液体静压轴承没有接触损失，不像滑动或滚动轴承在彼此预紧时都会遇到这个问题。相对于其他类型轴承的设计，液体静压轴承的设计比较确定。

9. 抵抗振动和冲击性能

液体静压轴承比其他类型轴承有更好的抗振动和冲击性能。轴承间隙中的黏性油膜也是个很好的“减振器”。

10. 阻尼性能

轴承间隙中的薄油膜给轴承分别在法向（挤压油膜阻尼）和切向（黏性剪切阻尼）提供了非常好的阻尼性能。机械动态模型中使用的挤压油膜阻尼系数的估算很困难[4]。因为大部分动态机械模型使用有限元模型，这里建议用流体有限元程序来确定“轴瓦”结构和所用机械配置的阻尼系数。然而，需要注意的是，挤压油膜阻尼取决于轴承间隙变化，它通过黏性流动来消散能量，所以，如果轴承比机械结构刚度高，有效阻尼将会非常小。所以需要一个平衡设计，这也是这本书的亮点之一。

高刚度轴承通常间隙很小，这一点也表明轴承会具有高的切向阻尼，然而液体静压轴承的切向阻尼很容易计算［见公式（9.2.34）］，它和轴承刚度无关。由于具有高切向阻尼，控制液体静压轴承支撑的滑架的运动相对容易。

11. 摩擦

液体静压轴承的静摩擦力为零。产生的动摩擦力大小与滑架的速度、轴承尺寸以及油液黏性成比例。只要不改变轴承间隙，液体静压轴承动摩擦力就与所施加的载荷无关。

12. 热性能

能量是以高压流体的形式输入轴承的。油渗出轴承并滴入油盘。在油盘中，油的流速和压力完全是零，所以最初以流量和压力形式存在的所有能量都消耗在流体的黏性切变上，最后渗出轴承。能量以热的形式消散，并且能量（W）= 流量(m^3/s)×压力（N/m^2）。油温上升取决于机器产生了多少热。非常黏的油在被泵抽出时也会变热，除非它是冷的，因此输送到轴承中的油也是热的。所以可能的话对油液预先进行冷却，让机器保持在一个理想的温度（如20℃）。必须慎重考虑上述效应，这可能让人们产生采用尽可能低的油压和流速的念头。一般来说，当速度超过2m/s时，就不要采用液体静压轴承，因为轴承间隙中流体黏性切变也会产生大量的热。

13. 环境敏感度

由于油经常流出轴承，所以液体静压轴承可以自动净化。油必须被收集、过滤和再次重复利用，因此确保切屑和切削液远离轴承区域非常重要。这需要用波纹式或滑动式导轨罩，或者在抽吸泵上连接一个环绕轴承轴瓦的凹槽。

14. 密封性

液体静压轴承一般位于方形或燕尾形导轨上，所以密封它们和用抽吸泵收集油液（如果需要的话）并不难。旋转运动液体静压轴承的密封使用回转密封很容易实现。油液收集是有

4 例如：参见 W. Rowe, *Hydrostatic and Hybrid Bearing Design*, Butterworth, London, 1983, pp. 199-204.

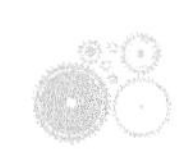

规定的，不允许收集难于流动的污油，如波纹管道的褶皱处。

15. 尺寸和配置

液体静压轴承自身占用很小空间，但是很明显，管道需要大的空间的。一般都希望用一根软管连接到滑架上，为了使油传输到轴承不同的腔，在滑架上钻完孔后，滑架自身像个瑞士奶酪块。然而，当务之急是，“奶酪块”必须彻底去掉毛刺和清洗，以防止节流阀堵塞。一般来说，液体静压轴承用对置轴瓦配置。运动学设计并不总是必要的，因为对置轴瓦轴承的作用像恒压弹簧一样可以填补任何存在的间隙。随着平衡间隙发生变化，刚度也会发生变化，但刚度总是有限的。因此液体静压轴承可以消除导轨和滑架的失调，这个失调可以使滑动或滚动轴承预紧力产生损失。

16. 重量

如果不包括泵的尺寸和重量、油液收集和分配系统、油温控制系统，液体静压轴承因为它的结构简单而具有非常高的性能重量比。

17. 支持设备

液体静压轴承的最大缺点就是它们需要抽吸泵，油液分配、收集和过滤系统以及油温控制设备，系统必须保持非常干净，以防止外界污染物堵塞小孔或槽等油液流量调节装置。油液通常用通过尺寸是轴承间隙或节流器尺寸的四分之一的过滤器来过滤。

18. 维护需求

油位和油液清洁度必须进行监测，安装在泵上的过滤器必须根据固定维修保养计划进行更换。需要定期检查系统是否有污染迹象以及轴承导轨上是否有磨损迹象。轴承导轨磨损是由于轴承板的节流阀堵塞和轴瓦缺油引起的。油液质量也需要进行检测来确保 pH 值在可取的范围内，并且油不能被细菌污染。

19. 材料兼容性

液体静压轴承几乎兼容所有材料，通常小的轴承间隙的存在给不同组件间的热膨胀留下了足够的空间。但是需要确定间隙变化的数量级以确保它没有太多地改变轴承性能。如果间隙变得太小，节流阀只能从两边轴瓦满足轴承压力，会降低刚度和承载能力；如果间隙过大，轴承会缺油并且刚度也会降低。选择正确的轴承材料是个很好的主意，因为如果存在压力损失，轴承可以在不受损伤的情况慢慢滑行到停下来。

20. 使用寿命

如果供油系统得到妥善保养，那么液体静压轴承本质上有无穷的寿命。有很多几十年都没有更换的液体静压轴承。通常此类机械停止工作的唯一理由就是系统的其他部分需要更换。

21. 供货能力

液体静压轴承主轴是现成商品，可随时买到。直线液体静压轴承一般需要定制设计和制造。考虑到准备所有的支持系统和所需的特殊管道需要时间，液体静压轴承的设计和制造不是一项简单工作。

22. 可设计性

设计液体静压轴承支持系统相对比较容易；但是也有很多设计细节需要慎重考虑，如油液分配、收集和温度控制的相关设备[5]。

23. 工艺性

为了防止过多的软管影响整个设计，在轴承结构设计过程中考虑油道的集成加工是个很好的主意。采用这个思路，只需要连接一个软管。多孔结构的零件需要仔细去除内部毛刺和

---

[5] 现在已经有有关液体静压和动压轴承设计系统的软件包。例如：Rotor 轴承软件公司（Conshohockenm PA）的程序，用于分析旋转机械的动态性能以及轴承和密封。

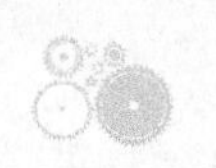

清洗。除非留有系统清洗的通道，需要连接软管的孔应该做成压接插头[6]。管螺纹插头在这里用不到，这里用的是带有 O 形密封圈的直螺纹插头。一个更好的选择是使用法兰式弹性接头，使液体流动不超过一个螺纹范围。

24. 成本

液体静压轴承的主要成本是流体供应系统成本、加工所有油管的成本和加工长直导轨或者圆度要求较高的孔的成本。

25. 小结

在一些应用中，或许除了空气静压轴承，低速（<2m/s）下的液体静压轴承可提供所有轴承最好的性能特点（摩擦、精度、刚度和承载荷能力）。液体静压轴承的主要缺点在于流体供应系统和收集油液的设备的成本较高。由于这些缺点，在大量的机床应用中，人们不常看到它。在高精度机床和需要频繁的精确循环动作（如磨床）的机床上，它们很常见。下面的章节描述液体静压轴承怎么设计。

9.2.2 轴瓦对置直线运动液体静压轴承分析

任何数量的轴瓦都能组合成各种配置，所以建立一个理论很重要，这样可以让研究者能处理他们自己的特殊情况。图 9.2.2 显示了对置轴瓦静压轴承的电路模拟模型。在电气系统中，$E=IR$，在流体系统中，$p=qR$，这里 p 是压力，q 是流量，R 是流体阻力。给液体静压轴承系统提供一个压力源（类似于电压源）是很简单的。然而，需要一种方法来调节流量，否则没有压力差就不能承载。在每个轴承的入口处阻值为 R 的节流器可以提供一种调节流量的方式[7]。因为当一个力施加到系统后，轴承间隙就会发生变化，因此上下限流电阻也会发生变化。一个简单的回路分析显示了轴承上下轴瓦间的压力差为：

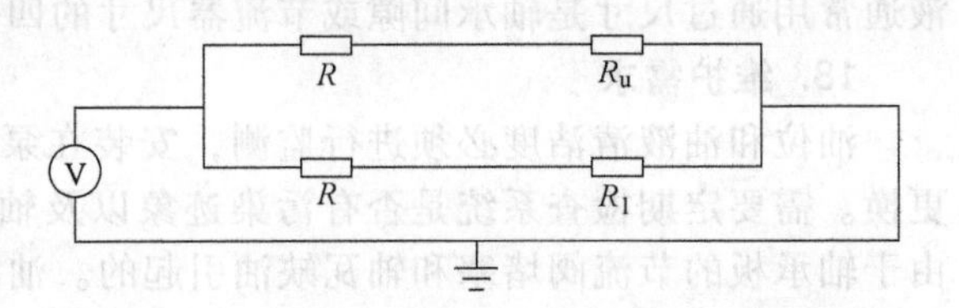

图 9.2.2 对置轴瓦静压轴承的电路模拟模型

$$\Delta p = p_u - p_l = p_s\left(\frac{R_u}{R+R_u} - \frac{R_l}{R+R_l}\right) \tag{9.2.1}$$

由轴承提供的结构的标称间隙为 h，当产生小偏移 δ 时，上下电阻变化为[8]

$$R_u = \frac{\gamma}{(h-\delta)^3} \quad R_l = \frac{\gamma}{(h+\delta)^3} \tag{9.2.2}$$

这里比例常数 γ 待定。通过轴承的压力差为

$$\Delta p = p_s\gamma\left[\frac{1}{R(h-\delta)^3+\gamma} - \frac{1}{R(h+\delta)^3+\gamma}\right] \tag{9.2.3}$$

如果入口流阻 R 为零，则轴承不能承受载荷。如果入口流阻 R 无穷大，轴承也不能承受载荷。所以在这两个极端之间必然存在理想流阻（补偿）。取入口流阻压力差的偏导数，忽略所有的 δ^2 项和高次项[9] 得到：

---

6 如果需要分流功能就可以用到分流插头，但是很贵。一个简单的压接插头（Lee 插头）可以从 Lee 公司（或 West-brook、CT 和各种各样的国际办事处）得到。

7 后面会讨论弹性节流阀（隔膜类型），固定电阻是一个介绍静压轴承分析方法常用的途径。

8 在下一节，将分别介绍上下电阻 R_u 和 R_l，其大小与间隙的立方成反比。

9 对于高精密机床，大的间隙变化引起的机床运动是不可接受的，所以 $\delta \ll h$ 的假设是合理的。

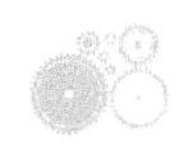

$$\frac{\partial \Delta p}{\partial R}=p_{s}\gamma h^{2}\left\{\frac{-(h-3\delta)}{[Rh^{2}(h-3\delta)+\gamma]^{2}}-\frac{h+3\delta}{[Rh^{2}(h+3\delta)+\gamma]^{2}}\right\} \tag{9.2.4}$$

令上式等于零，忽略 δ^2 项和高次项，承载能力最大时，“优化”的入口流阻为

$$R=\frac{\gamma}{h^{3}} \tag{9.2.5}$$

所以，对于最大载荷支撑能力，入口节流阀的阻力应该等于轴承轴瓦的名义阻力。把等式（9.2.5）带入等式（9.2.3），得到通过轴承的压力差为

$$\Delta p=p_{s}h^{3}\left[\frac{1}{(h-\delta)^{3}+h^{3}}-\frac{1}{(h+\delta)^{3}+h^{3}}\right] \tag{9.2.6}$$

如果轴承位移设定为名义间隙的一部分，即 $\delta=\alpha h$，则：

$$\Delta p=p_{s}\left[\frac{1}{(1-\alpha)^{3}+1}-\frac{1}{(1+\alpha)^{3}+1}\right] \tag{9.2.7}$$

在 $\alpha=0$ 处线性化等式（9.2.7），得到：

$$\Delta p=p_{u}-p_{l}=\frac{p_{s}}{2-3\alpha}-\frac{p_{s}}{2+3\alpha}=\frac{3p_{s}}{2}\alpha \tag{9.2.8}$$

图 9.2.3 显示了从上述线性化等式得到的相关系数。等式（9.2.8）乘以相关系数得到和等式（9.2.7）一样的值。当间隙减小到 50%时，相关系数是 0.88，这时不应该对静压轴承加载，以避免使间隙减小超过 50%。进行非常精密的静压轴承设计时，$\alpha<0.1$，系数是 0.996，所以线性化的方法是合理和正确的。注意计算这些压力的前提假设是压力源没有流量限制。如果限制流量，那么系统提供的有效压力将降低，这个表达式将是不能使用的。所以要经常检查压力源是否能够提供足够的流量。对于一个对置的轴瓦轴承，供应压力是 p_s，入口节流阀流阻为 R，总流量 $q=p_s/R$。

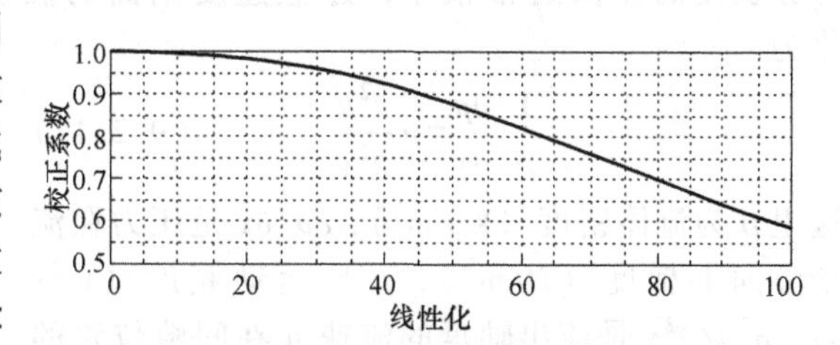

图 9.2.3　线性化对精确度的影响

在给定的轴承间隙变化$\left(A\dfrac{\partial \Delta p}{\partial \delta}\right)$下，轴承刚度随着载荷也是变化的，$A$ 是有效承载面积。

$$K=A\frac{\partial \Delta p}{\partial \delta}=3p_{s}Ah^{3}\left\{\frac{(h-\delta)^{2}}{[(h-\delta)^{3}+h^{3}]^{2}}+\frac{(h+\delta)^{2}}{[(h+\delta)^{3}+h^{3}]^{2}}\right\} \tag{9.2.9}$$

为了进行初步估计，假设 A[10] 是轴承轴瓦的一部分，设轴承轴瓦的宽度为 a，长度为 b，此处 $A=a\ (3b-a)/4$。这个表达式不是很容易简化为优化节流阀流阻来最大化刚度的形式。然而，可以采用和最大化承载潜力一样的方法，线性化等式（9.2.9），轴承刚度近似为

$$K=\frac{3p_{s}A}{2h} \tag{9.2.10}$$

例如：如果 $p=2\text{MPa}$，$a=b=0.5\text{m}$，$A=0.001250\text{m}^2$，$h=10\mu\text{m}$，那么轴承刚度 $K=375\text{N}/\mu\text{m}$，该轴承刚度较高。

轴承负载 $F=K\delta$，$\delta=\alpha h$，则：

$$F=\frac{3p_{0}A\alpha}{2} \tag{9.2.11}$$

10　见公式（9.2.33）。

式中 $\alpha=0.5$，由图 9.2.3 可知，相关系数是 0.88，先前的例子中轴承可以支撑一个 1650N 数量级的载荷。轴承带有一个中心空腔并且油台宽度等于轴承宽度的 25%是个较好的估计。

1. 轴瓦流动阻力

如图 9.2.1 所示，液体静压轴承轴瓦通常是带有中心空腔的长方体。油液流出轴承的合理模型是假设其由图 9.2.4 所示的平行长方形和圆形区域组成。四个角的扇形组成圆环。

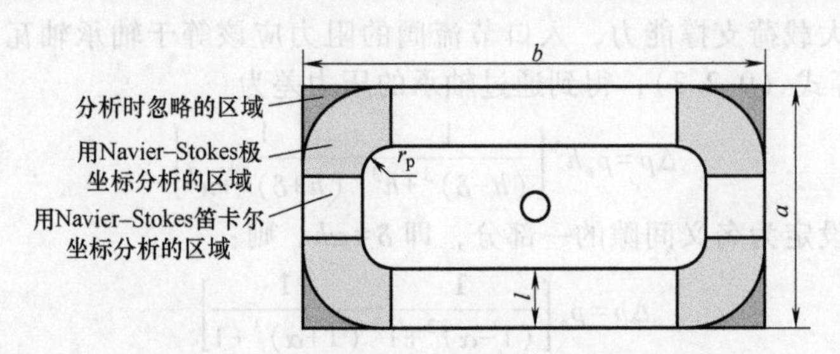

图 9.2.4　平面腔长方体轴瓦的几何图形

对于方形平面区域，稳态层流（非湍流）是存在的，如图 9.2.5 所示。因为轴承间隙和空腔长度的比值通常很小，建立速度剖面的假设是成立的。所以 Navier-Stokes 方程可以简化为

$$\frac{1}{\rho}\frac{\partial p}{\partial x}=\nu\frac{\partial^2 u}{\partial^2 y} \tag{9.2.12}$$

这里 ρ 为流体密度（kg/m³），$\partial p/\partial x$ 是压力在流动方向上梯度（N/m³），ν 是运动黏度（m²/s），$\partial^2 u/\partial^2 y$ 是流出轴承的流速 u 在间隙位置的二阶导数。这个问题的边界条件假设为板之间没有相对运动。

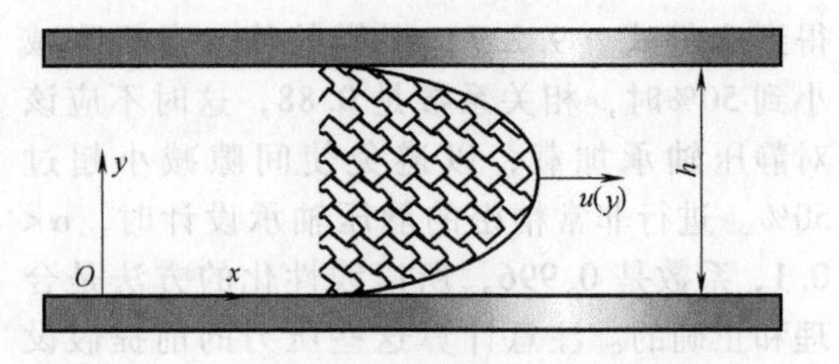

图 9.2.5　两个平行板间流体的运动模型

两次积分并运用边界条件，在 $y=0$ 和 $y=h$ 处，$u=0$，剖面上各处速度与间隙位置和间隙高度的函数关系如下[11]：

$$u=\frac{1}{2\rho\nu}\frac{\partial p}{\partial x}(y^2-yh) \tag{9.2.13}$$

该流量曲线是抛物线形。如果板之间的相对移动速度是 v，线性变化项 v_y/h 将会叠加到抛物线流量之上。通过对间隙积分得到流速。假设平行板在 z 方向的深度为 d。则在两板间的流量为

$$q_{\text{fp}}=\int u\text{d}A=\frac{1}{2\mu}\frac{\partial p}{\partial x}\int_0^d\int_0^h(y^2-yh)\text{d}y\text{d}z=-\frac{\text{d}h^3}{12\mu}\frac{\partial p}{\partial x} \tag{9.2.14}$$

压力是经过油台位置的函数。在 x 方向在油台宽度 l 上对等式（9.2.14）积分：

$$\int_{p_\text{P}}^0\text{d}p=\frac{-12\mu q_{\text{fp}}}{dh^3}\int_0^l\text{d}x \qquad p_\text{P}=\frac{12l\mu}{dh^3}q_{\text{fp}} \tag{9.2.15}$$

轴瓦的模型显示在图 9.2.4 中，长方形（无阴影处）的长 d 为

$$d=2[a+b-4(l+r_\text{p})] \tag{9.2.16}$$

所以平面轴瓦轴承在直线部分的流量阻力为

11　$\rho\nu=u$，通常为动态黏度或黏度。单位是 N/(m²/s)。

$$R_{ss}=\frac{6l\mu}{[a+b-4(l+r_p)]h^3} \tag{9.2.17}$$

注意，由于受到平板移动速度 v 的影响，流速变为 $q_{fp}=vhd/2$。一般而言，由于压力差的存在，保守的流量应该是由于相对运动在轴承中受阻的流量的 2 倍。通常节流器入口流阻等于名义轴瓦流阻，所以轴承支持结构的最大流速为

$$v_{max}=\frac{p_P h^2}{12l\mu} \tag{9.2.18}$$

这里 $p_P=p_u$或者 p_l（两者取小者），这样可以避免轴承部分缺油。流出一端不受影响，另一端流量会增加，所以通过轴承的静压力基本保持不变。

轴承轴瓦的四个角怎么办？如在图 9.2.4 中显示的那样，内角常有半径为 r_p的圆弧，它是铣削空腔的结果。在图中，假设外角的半径为 r_p+l。忽略阴影处的小斑点，这样的分析是可以接受的。四个四分之一圆弧组成一个圆。为了计算四个角的阻力，要用到 Navier-Stokes 方程的极坐标形式。对于径向不可压缩的稳态流体而言，有：

$$\frac{1}{\mu}\frac{\partial p}{\partial r}=\frac{1}{r}\frac{\partial}{\partial r}\left(r\frac{\partial u}{\partial r}\right)+\frac{\partial^2 u}{\partial z^2}-\frac{u}{r^2} \tag{9.2.19}$$

右侧每项的相对阶分别是 $1/r^2$、$1/h^2$和 $1/r^2$。因为 $r>>h$，由式（9.2.19）可得：

$$\frac{1}{\mu}\frac{\partial p}{\partial r}=\frac{\partial^2 u}{\partial z^2} \tag{9.2.20}$$

积分两次并运用边界条件，在 $z=0$ 处和 $z=h$ 处，$u=0$，速度剖面函数可表达为

$$u=\frac{1}{2\mu}\frac{\partial p}{\partial r}(z^2-zh) \tag{9.2.21}$$

流过 4 个圆弧角的流量等于流过一个完整 360°圆的流量：

$$q_a=\int u\mathrm{d}A=\frac{1}{2\mu}\frac{\partial p}{\partial r}\int_0^{2\pi}\int_0^h(z^2-zh)\,\mathrm{d}zr\mathrm{d}\theta=-\frac{\pi h^3 r}{6\mu}\frac{\partial p}{\partial r} \tag{9.2.22}$$

再次，带有油台位置的压力函数为

$$\int_{p_P}^0 \mathrm{d}p=\frac{-6\mu q_a}{\pi h^3}\int_{r_p}^{r_p+l}\frac{\mathrm{d}r}{r}\qquad p_P=\frac{6\mu\log_e\left(\dfrac{r_p+l}{r_p}\right)}{\pi h^3}q_a \tag{9.2.23}$$

圆形区域的阻力为

$$R_a=\frac{6\mu\log_e\left(\dfrac{r_p+l}{r_p}\right)}{\pi h^3} \tag{9.2.24}$$

长方形平板轴瓦空腔轴承的总阻力为

$$R=\frac{1}{\dfrac{1}{R_a}+\dfrac{1}{R_{ss}}}=\frac{6\mu}{h^3\left[\dfrac{\pi}{\log_e\left(\dfrac{r_p+l}{r_p}\right)}+\dfrac{a+b-4(l+r_p)}{l}\right]} \tag{9.2.25}$$

2. 对置轴瓦的总流量

给定供油压力为 p_s，对置轴瓦轴承系统的名义间隙总流量为

$$q_{total}=\frac{p_s}{R} \tag{9.2.26}$$

3. 轴承轴瓦的有效面积

为了确定上下板施加的作用力，需要分别考虑图 9.2.4 中的不同区域。空腔区域提供的作用力等于：

$$F_{\text{pocket}}=p_{\text{P}}[(a-2l)(b-2l)+r_{\text{p}}^2(\pi-4)] \tag{9.2.27}$$

对于油台区域，由于不是在角上，压力会呈线性衰减，它们提供的作用力为

$$F_{\text{land}}=p_{\text{P}}l[a+b-4(l+r_{\text{p}})] \tag{9.2.28}$$

对于圆形区域，压力以对数速度衰减，四个角的圆弧组成一个斜面圆环。圆环上压力是半径位置的函数，为了找到该函数，必须考虑到穿过整个圆角的轴瓦总流量 q 的一部分与弯道流动阻力 R_{a} 成反比，与腔内压力成正比，$q_{\text{a}}=p_{\text{P}}/R_{\text{a}}$。将公式（9.2.24）代入等式（9.2.22）得到：

$$\frac{\mathrm{d}p}{\mathrm{d}r}=\frac{-p_{\text{P}}}{\log_{\text{e}}\left(\dfrac{r_{\text{p}}+l}{r_{\text{p}}}\right)}\frac{1}{r} \tag{9.2.29}$$

对式（9.2.29）积分并运用边界条件：在 $r=r_{\text{p}}+l$ 处 $p=0$，压力相对半径位置的函数为

$$p=\frac{-p_{\text{P}}}{\log_{\text{e}}\left(\dfrac{r_{\text{p}}+l}{r_{\text{p}}}\right)}\log_{\text{e}}\left(\frac{r}{r_{\text{p}}+l}\right) \tag{9.2.30}$$

力的微元 $\mathrm{d}F=p\mathrm{d}A$，所以在 4 个圆弧角部分的力为

$$F_{\text{rc}}=\frac{-2\pi p_{\text{P}}}{\log_{\text{e}}\left(\dfrac{r_{\text{p}}+l}{r_{\text{p}}}\right)}\int_{r_{\text{p}}}^{r_{\text{p}}+l} r\log_{\text{e}}\left(\frac{r}{r_{\text{p}}+l}\right)\mathrm{d}r=\pi p_{\text{P}}\left[\frac{l(2r_{\text{p}}+l)}{2\log_{\text{e}}\left(\dfrac{r_{\text{p}}+l}{r_{\text{p}}}\right)}-r_{\text{p}}^2\right] \tag{9.2.31}$$

利用式（9.2.27）、式（9.2.28）和式（9.2.31），长方形平板轴瓦空腔轴承的有效面积为

$$A=(a-2l)(b-2l)+r_{\text{p}}^2(\pi-4)+l[a+b-4(l+r_{\text{p}})]+\pi\left[\frac{l(2r_{\text{p}}+l)}{2\log_{\text{e}}\left(\dfrac{r_{\text{p}}+l}{r_{\text{p}}}\right)}-r_p^2\right] \tag{9.2.32}$$

这就是用式（9.2.10）和式（9.2.11）计算刚度和力时所用的面积。用公式（9.2.32）来对轴承性能进行快速工程估计是比较困难的。发现 l 和 r_{p} 的关系很有好处，那样可以使所有 r_{p} 项消去，其关系式为：$r_{\text{p}}=0.4142l$，则有效面积变为

$$A=ab-l(b+a) \tag{9.2.33}$$

一般情况下，$l=0.25a$；$A=a(3b-a)/4$。

4. 功耗和油台宽度选择

对于高精度应用，需要优化油台宽度 l 来满足：

- 最小化泵的功率
- 最小化摩擦力
- 最小化流量
- 最大化允许的速度
- 最大化刚度
- 最大化承载能力

之前已经讨论过，所有以压力和流量形式进入轴承的能量都以热的方式消散，功率 $=pq_{\text{s}}$。通过轴承的流量 $q=p_{\text{s}}/R$，需要的净抽汲功率和在轴承中流动的油所消散的热是 p_{s}^2/R。R 在公式（9.2.25）中给定。尽管 R 在图 9.2.2 中是单个电阻值，但环路（对置轴瓦轴承系统）阻力的总值也是 R。一般来说，为了最小化泵功率，压力应该保持尽可能低。为了得到需要的刚度和流量，大面积轴瓦应该用在高压的地方。虽然不总是这样，但这也应该作为一般准则。

摩擦功耗是滑架来回移动中黏性剪切产生的热。对于高速或高运动周期的机床组件（如

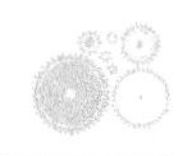

磨床工作台)，这个力非常明显。两个板以速度 v_{rel} 相对移动时，在流体中产生的剪应力为

$$\tau_{yx}=\mu\frac{du}{dy}=\frac{\mu v_{rel}}{h} \tag{9.2.34}$$

摩擦力是剪应力与面积的乘积。摩擦功耗是由摩擦力和速度的乘积。对于空腔区域而言，计算液体循环流动产生的黏性功耗时，剪应力作用的面积取实际面积的四倍[12]。

$$p_{friction}=\mu v_{rel}^2\left(\frac{A_{lands}}{h_{lands}}+\frac{4A_{pocket}}{h_{pocket}}\right) \tag{9.2.35}$$

当油台宽度 $l=\beta a$ 时，β 的“优化”值取决于 a、b、h 和 p_s 的值。一般情况下，β 降低，力和刚度增加，但是抽汲功率和流量随之增加。另一方面，摩擦动力降低。相反，也是一样。对于很多应用，取折中值 $\beta=0.25$。很多文献给出的轴承优化参数允许设计者选择“优化的”流速和轴承尺寸；然而，这些模型几乎都是基于等黏度模型[13]。另外，现实中，油黏度的获取和湍流现象会给使用手册中的公式造成一定障碍。这点下面会讨论，用电子表格的迭代方法使设计者能快速勾画出涉及很多设计参数的趋势图。

5. 实例

考虑设计一个液体静压轴承来代替图 8.2.16 中的滑动轴承。图 9.2.6 显示了用本节设计公式分析问题得到的电子表格数据。为了比较性能，需要估算功耗。对于滑动轴承系统，导轨 Y 方向有 8 个轴瓦，每个轴瓦的预紧力是 250N，包括托架的重力。所以驱使或维持托架运动的力（由预紧力和摩擦因数 0.1 产生）是 8×250N×0.1＝200N。为了估算托架的重力，假设所有部件重力由托架承担，重力等于铸铁块（420mm×480mm×150mm）的重力。铸铁的密度大约是 7000kg/m³，所以托架的重力大约是 2074N。整个滑动力是 407N。电子表格显示了最大速度和静压轴承的功耗。当它移动时，静压轴承系统的功耗比滑动轴承系统小一个数量级。当空转时，液体静压轴承产生热，而滑动轴承则没有。对于这两个系统，思考一下还有什么比较可以做？对于不同应用你会选择哪一个？

间隙封闭系数 α	0.10
供油压力/Pa	3450000
油黏度/[N/(m²/s)]	0.01
名义间隙/m	0.000010
α 方向上所需要的力/N	4450
轴瓦需要的有效面积/m²	0.002151
a[$b=2a$,$\beta=0.25$;式(9.2.33)]	0.0415
b	0.0830
产生的刚度/(N/m)	4375000000
流量/(m³/s)	2.15×10^{-6}
抽动力/W	7.41
最大速度/(m/s)	0.14
摩擦动力/W	0.35
泵的功率/W	7.8
滑动轴承摩擦因数	0.10
滑动轴承重量/N	2074
滑动轴承预紧力/N	250
滑动轴承动力/W	44.0

图 9.2.6　T 型轴承设计的部分电子表格数据

[12] 四倍这个数据是由 J. N. Shinkle 和 K. G. Hornung 提出的。*Frictional Characteristics of Liquid Hydrostatic Journal Bearings*; J. Basic Eng. Thans. ASME ; Vol. 87, No. 2, March 1965, pp. 163-169.

[13] 在等黏度模型中，黏度不随温度变化，这只对准稳态速度适用。对于非等黏度模型，如图 9.2.21 所示。

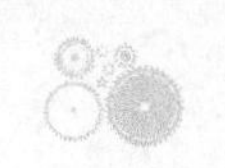

9.2.3 液体静压轴承对置轴瓦的设计变化

之前章节介绍的基本方法和理论可以用到很多不同类型的轴承配置中。这部分将讨论用于支撑慢速旋转轴的径向轴承和双向向心推力轴承的设计参数以及平面轴承的准运动学配置。假设所有这些轴承用层流式入口节流器。

1. 静压径向轴承

由于流体动压效应，径向轴承设计是一项非常困难的工作，特别是考虑到旋转轴产生热累积问题时。本节讨论对准静态运行工况进行载荷和刚度能力的一阶导数估计。注意，假设对于最大承载和刚度能力，入口节流阀阻力等于轴瓦阻力，这点可由前述章节得出。静压轴承的设计问题在 9.2.6 节中讨论。

对于低速应用[14]，以前章节的分析可以用来帮助确定静压径向轴承的性能特征。在高速时，旋转轴趋向于把油从一个轴瓦推进到下一个临近的轴瓦中，造成流体动压上升。流体动压大量增加会提升轴承性能，但是也会造成所支撑的轴偏离中心。对于精密应用，这些并不总是可取的，所以动压轴承不在这里考虑。大多数工程图书馆都有很多关于动压轴承设计的资料。

如图 9.2.7 所示，用于支撑直径为 D_s 的轴的径向轴承轴瓦的几何尺寸定义为：轴瓦宽 a、油台宽 l、圆弧角 Φ。轴瓦间的油槽有助于减少流体动压楔形成累积，这也有利于使轴的径向运动最小化，但也会降低轴的最大许用速度。一般使用 4 个轴瓦，但多出的轴瓦可以减小圆周位置的载荷和刚度变化。

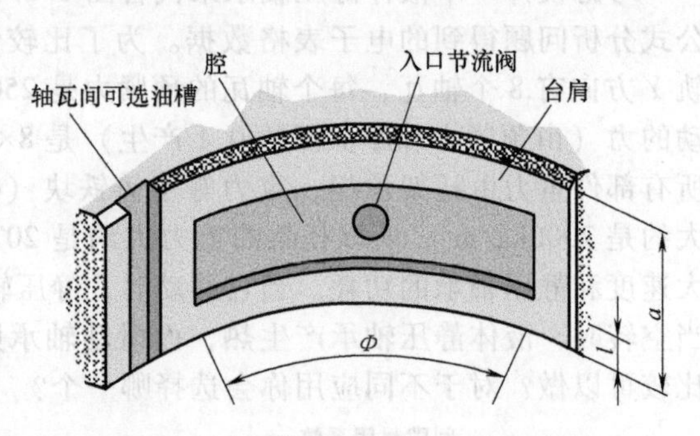

图 9.2.7 静压径向轴承轴瓦几何图形

为了确定径向轴承轴瓦的平均周长和流体阻力，可以考虑将轴瓦展开成平面，其长度 $b=D_s\Phi/2+2l$。径向轴承的“腔”通常用 T 形槽铣刀加工，所以“腔”的角是四方形，r_p 基本是零，这样可以避免用式（9.2.25）计算轴瓦阻力。为了确定轴瓦阻力，定义一个平均周长 d_m，这里油台外面区域周长等于油台里面的周长：

$$d_m=2\sqrt{(a+b)^2-4l(a+b-2l)} \tag{9.2.36}$$

对于平行板模型，每个轴瓦在油台区域的流体阻值为

$$R=\frac{6l\mu}{h^3\sqrt{(a+b)^2-4l(a+b-2l)}} \tag{9.2.37}$$

节流阀的阻值通常一样。在轴周围的 4 个轴承轴瓦流量阻值由 4 组并联电阻形成，其中每组又由两个串联电阻组成［式（9.2.37）］，所以 $q=2p_s/R$。

在确定轴承支撑的径向力时，轴承轴瓦不能考虑成平面。对于一个静压径向轴承，油腔压力是供油压力的一半，径向力的微元来自在任意角度 θ 处通过油台和油腔的梯形力楔，不包含油台边界，其值为

$$\mathrm{d}F_R\approx\frac{3p_s\alpha}{2}(a-l)\frac{D_s\mathrm{d}\theta}{2} \tag{9.2.38}$$

支撑轴的有效力的微元为

[14] 这里定义的低速是在等式（9.2.18）的条件下。

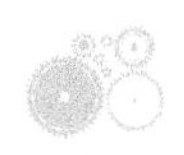

$$dF_s \approx \frac{3p_s\alpha(a-l)D_s\cos\theta d\theta}{4} \tag{9.2.39}$$

轴上的净力（不包括油台边界的力）为

$$F_{\text{pocket}} \approx 2\int_0^{\Phi/2} \frac{3p_s\alpha(a-l)D_s\cos\theta d\theta}{4} \approx \frac{3p_s\alpha(a-l)D_s\sin(\Phi/2)}{2} \tag{9.2.40}$$

假设油台边界产生的力对轴形成辅助支撑，它的大小等于油台边界力锥形的量和 $\sin\frac{\Phi}{2}$ 的乘积。由于有一对对置径向轴承轴瓦，因此轴上的总力为

$$F_s \approx \frac{3p_s\alpha}{2}\left[(a-l)D_s+\frac{4l^2}{3}+(a-2l)l\right]\sin\frac{\Phi}{2} \tag{9.2.41}$$

假设在轴瓦之间油槽沿纵向切开，如图 9.2.7 所示。槽的宽度是这样，环绕轴承周长油台的宽度是恒定的。当用公式（9.2.10）计算刚度时，有效面积 A 为

$$A=\left[(a-l)D_s+\frac{4l^2}{3}+(a-2l)l\right]\sin\frac{\Phi}{2} \tag{9.2.42}$$

2. 双向向心推力轴承

图 9.2.8 显示了一个向心推力轴承。这里描述的向心推力轴承依赖轴两端的径向轴承提供角刚度。如果轴承需要有角刚度，环形将被分成四个四分之一圆弧，每个都有自己的入口流量节流阀。

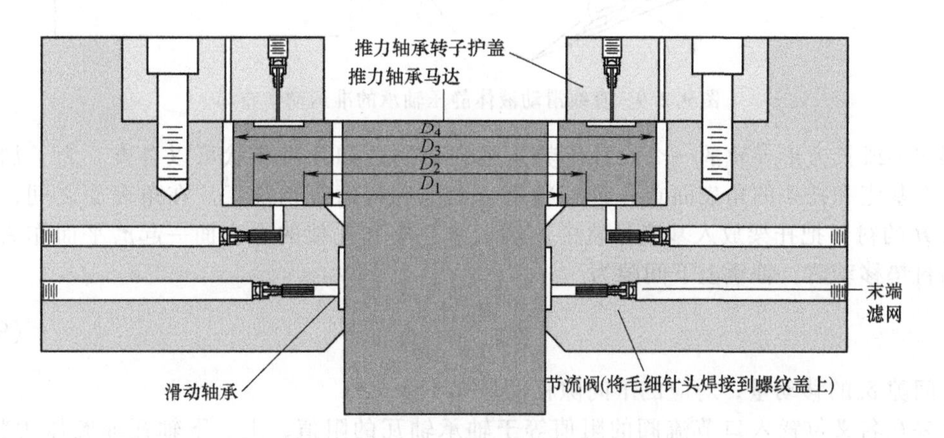

图 9.2.8　用于在一个轴上支持双向推力轴承的环形推力轴承

由于向心推力轴承是圆形的，所以需要使用 Navier-Stokes 方程的极坐标形式来确定轴承轴瓦的流量阻值。仍然假设入口流量阻值等于轴承轴瓦的流量阻值，所以公式（9.2.8）对 Δp 仍然是可用的。设定轴瓦和油腔内外直径分别是 D_1、D_4、D_2、D_3，轴瓦的总阻值可以用公式（9.2.19）~公式（9.2.25）的分析技术得到，内外平行的轴瓦的总阻值为

$$R=\frac{6\mu\log_e(D_4/D_3)\log_e(D_2/D_1)}{\pi h^3[\log_e(D_4/D_3)+\log_e(D_2/D_1)]} \tag{9.2.43}$$

用公式（9.2.29）~公式（9.2.31）使用的分析技术可以得到有效面积，加上内外油台和油的有效面积为

$$A=\frac{\pi}{4}\left[\frac{D_4^2-D_3^2}{2\log_e(D_4/D_3)}-\frac{D_2^2-D_1^2}{2\log_e(D_2/D_1)}\right] \tag{9.2.44}$$

力和刚度用公式（9.2.10）和公式（9.2.11）可以计算得到。

由于没有油台边界，此类向心推力轴承的速度不受油台边界带出油液的限制。这有助于使由一对径向轴承和一个双向推力轴承支撑的轴的容许速度最大化。

3. 平面轴承的准运动配置

为了最小化支撑直线运动托架的轴承轴瓦的数量（和制造成本），可采用图 9.2.9 所示的使用 6 个轴承轴瓦的布局。为了达到理想运动状态，在托架上面中间需要放置一个轴承轴瓦。然而，这需要用到一个悬臂式的固定架，由于悬臂太远而很难实现。由于液体静压轴承在轴承轴瓦和导轨间充满了高压油，因此不用考虑过约束，可以使用 6 个（或者更多）轴承轴瓦的运动学设计（称为准运动学设计）。注意，有人设计用 8 个轴承轴瓦，这样的情况使得每个下面的轴承轴瓦可以直接通过上面的轴承轴瓦来预紧。这种设计会产生比较大的纵向稳定性，且节流阀容易维修（参见 9.2.4 节），但可能稍微需要更复杂的配流设计和更大的流量。在设计角轴瓦的过程中，在设计基座导轨时都必须注意使其足够厚重，从而使得来自角轴瓦的横向力不至于造成基座导轨散开。

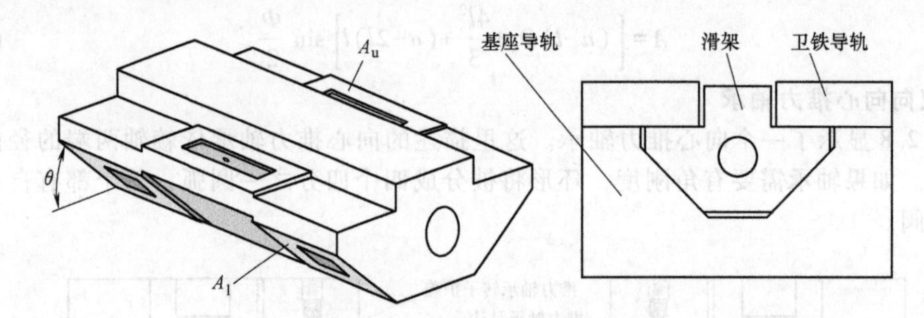

图 9.2.9　直线滑动液体静压轴承的准运动学布局

燕尾形或长方形导轨的一个设计优势是很容易制造和几何形状可以自查。为了加工这个系统，在基座和托架的角表面首先进行精磨、刮削和研磨等精加工。在角表面之间，用一个厚度为 H 的衬垫把托架放入基座导轨中。然后将基座和托架的上表面一起磨平而作为一个单元。当衬垫移动时，轴承上下间隙为

$$h=\frac{H}{1+\cos\theta} \tag{9.2.45}$$

上间隙 δ_u 的移动量，对应的下间隙移动量 $\delta_l=\delta_u\cos\theta$。

如果在名义位置入口节流阀的阻值等于轴承轴瓦的阻值，上、下轴瓦油腔压力将相等；所以为了力的平衡并保持一个名义间隙 h，上、下轴瓦的有效面积必须满足：

$$A_{上轴瓦}=2A_{下轴瓦}\cos\theta \tag{9.2.46}$$

9.2.4 节流器设计

上述模型中预测出的流量和阻力可以用来初步确定入口节流器和压力供应单元的规格，这样可以帮助选择轴承尺寸（如油台宽度）。本节将讨论多种提供入口流量限制的方法。

1. 孔

孔造成的湍流，在精密运用中是不期望出现的。比起层流装置，它们会导致轴承刚度降得更低，但大部分情况下，通过制造一个较大的轴承，这个问题是容易解决的。对于非常小的轴承间隙，一系列级联孔或许是唯一一个获得所需节流器高流动阻尼的实用方法。幸运的是，可以购买装配好的高阻级联孔组件以及末端滤网[15]。这些设备的尺寸一般为 ϕ5mm×20mm。

[15] 例如：向 Lee 公司购买。Pettipaug 路 2 号，邮箱 424，westbrook，CT 06498 0424.

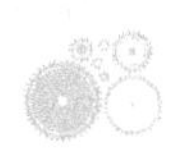

2. 平边销

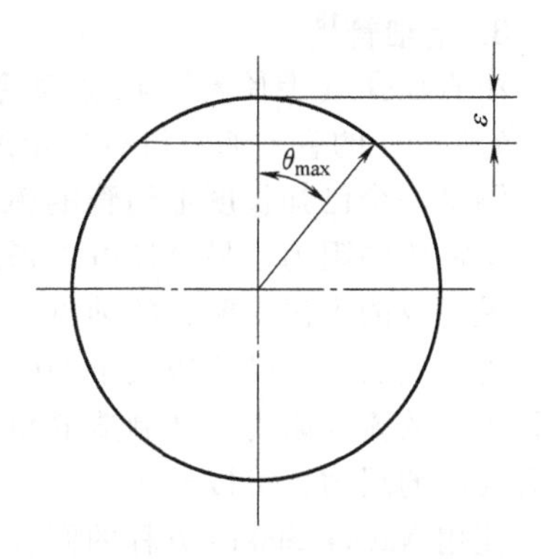

图 9. 2. 10　磨去销子上部然后压入孔中的层流入口节流器

产生一个流量阻力最简单的方法是把一个实心销轴（如定位销）的一端磨出一个平面，如图 9. 2. 10 所示。当压入孔中时，过流区域像一个扁平拱。但应注意，必须确保当它压入孔中时销不产生刮削。考虑一个长度为 L 并上部磨平的圆柱，过流区域被限制在一个角度为 θ_{max} 的范围内，该角度是直径为 D_p 的销子磨去量值 ε 的函数

$$\theta_{max}=\arccos\left(1-\frac{2\varepsilon}{D_p}\right) \tag{9.2.47}$$

流体通过的任何截面的高度为

$$H=0.5D_p(\cos\theta-\cos\theta_{max}) \tag{9.2.48}$$

为了通过弦线积分，截面宽度增量为

$$dw=0.5D_p\cos\theta d\theta \tag{9.2.49}$$

每个增量宽度截面的阻力用公式（9. 2. 15）得到。总的阻力是全部平行增量宽度截面阻力[16]：

$$R=\frac{R}{\sum\frac{1}{R}}=\frac{1}{\sum\frac{H^3dw}{12\mu L}}=\frac{1}{\frac{D_p^4}{192\mu L}\int_0^{\theta_{max}}\cos\theta\,(\cos\theta-\cos\theta_{max})^3d\theta}$$

$$=\frac{192\mu L}{D_p^4\left[\begin{array}{l}\frac{3}{8}\theta_{max}+\frac{1}{4}\sin2\theta_{max}+\frac{1}{32}\sin4\theta_{max}-3\cos\theta_{max}\left(\frac{1}{12}\sin3\theta_{max}+\frac{3}{4}\sin\theta_{max}\right)\\+3\cos^2\theta_{max}\left(\frac{1}{4}\sin2\theta_{max}+\frac{\theta_{max}}{2}\right)-\cos^3\theta_{max}\sin\theta_{max}\end{array}\right]} \tag{9.2.50}$$

在这个公式中，所有在［·］的项都是在分母上。一般先设计轴承轴瓦和间隙，然后设计节流器。参数 ε、L 和 D_p 的取值必须平衡，以产生合适的阻力和便于加工。如果 ε 取值太小，制造误差可能造成需要的阻力要么太大要么太小。通常 $\varepsilon>D_p/20$ 和 $L>100\varepsilon$。

设计人员还需要检查雷诺数，确保所有节流器设计和轴承中区域液体的流动是层流。湍流会产生噪声和发热。另外，为了防止在孔中产生湍流，装置的长度应该大约是间隙 ε 的 100 倍。对于管道中的流体，取雷诺数 $Re<2000$（2000～4000 是层流到湍流的过渡区域），对于在平行板中的流体，$Re<7700$[17]。为了保守一点，需要取 $Re<2000$。

$$2000>\frac{速度\times间隙}{运动黏度}=\frac{(q/A)\varepsilon}{\nu} \tag{9.2.51}$$

入口节流器流体流动区域的截面面积为

$$A=2\int_0^{\theta_{max}}Hdw=\frac{D_p^2}{2}\int_0^{\theta_{max}}\cos\theta(\cos\theta-\cos\theta_{max})d\theta=\frac{D_p^2}{4}\{\theta_{max}-\cos\theta_{max}\sin\theta_{max}\} \tag{9.2.52}$$

大部分情况下，满足雷诺数标准时，设计（用计算机）节流器很简单。

16　为了计算积分，扩大积，参考 I. S. Gradshteyn 和 I. M. Ryzhik；Table of Integrals，Series and Products，Academic Press，New York；1980，p. 132，Article 2. 5. 13，nos. 11，12，13.

17　参考由 M. Potter 和 J. Foss 撰写的书，Fluid Mechanics，Published by Potter and Foss，Michigan State University，Lansing，MI，1982，P. 298.

3. 毛细管[18]

小直径孔（半径 r_c）在金属零件上很难钻深，但玻璃或不锈钢毛细管很容易得到。孔（如节流器）的直径通常没有规定所需的精度并且其直径很难测量，所以需要制造一个测试夹具来测量一个已知长度毛细管的流动阻力。阻力和长度成正比，毛细管可以切到合适的长度来产生需要的阻力。另外还可以通过测量油腔的压力来得到毛细管的流动阻力。后者是调整轴承最有效的方法，明智的轴承设计者在他的设计中设计有压力测量口。为了确保层流通过毛细管，其长度直径比应大于50。如果有必要，可以使用一束小直径管来获取等效于单个大直径短管的流动阻力。从制造的角度来看，使用直径小于0.4mm的毛细管是不切实际的。如果需要高的阻力，可以使用一系列的级联孔。

使用Navier-Stokes方程的圆柱坐标形式来计算毛细管的流体阻力。显而易见，毛细管的长度直径比很大，因此其末端效应可以忽略不计，流量不受限制，层流稳定无循环流动：

$$\frac{1}{\mu}\frac{\mathrm{d}p}{\mathrm{d}x}=\frac{1}{r}\frac{\mathrm{d}}{\mathrm{d}r}\left(r+\frac{\mathrm{d}u}{\mathrm{d}r}\right) \tag{9.2.53}$$

保持 $\mu\mathrm{d}p/\mathrm{d}x$ 恒定，积分两次，简化产生：

$$u=\frac{1}{\mu}\frac{\mathrm{d}p}{\mathrm{d}x}\left(\frac{r^2}{4}+C_1\log_e r+C_2\right) \tag{9.2.54}$$

边界条件是在 $r=r_c$ 时 $u=0$，在 $r=0$ 时 u 是有限的，所以

$$u=\frac{1}{4\mu}\frac{\mathrm{d}p}{\mathrm{d}x}(r^2-r_c^2) \tag{9.2.55}$$

通过毛细管流量 q 为

$$q=\int u\mathrm{d}A=\frac{\pi}{2\mu}\frac{\mathrm{d}p}{\mathrm{d}x}\int_0^{r_c}(r^2-r_c^2)r\mathrm{d}r=\frac{-\pi r_c^4}{8\mu}\frac{\mathrm{d}p}{\mathrm{d}x} \tag{9.2.56}$$

通过长度积分得到：

$$p_P=\frac{8l\mu q}{\pi r_c^4} \tag{9.2.57}$$

流体阻力为

$$R=\frac{8l\mu}{\pi r_c^4} \tag{9.2.58}$$

怎么比较平边销的流体阻力？假定销的名义直径为6mm，图9.2.11给出了毛细管对平边销流体阻力的比率，其值是特征尺寸的函数。特征尺寸是通过装置的最大颗粒尺寸，它等于磨去销子边缘的量值或者毛细管直径。毛细管能够提供比较大的流体阻力，然而，考虑到阻力是特征尺寸四次方的函数。对于在精密机床轴承轴瓦设计中经常碰到的阻力范围，一般情况下毛细管直径是平边销特征尺寸的两倍。

4. 恒流装置

如果通过轴承轴瓦的流量能够精确控制而不用管间隙阻力大小，则可以得到更大的刚度和流量。恒流装置的直径大约为7mm，长30mm。实质上，它们有一个弹簧加载的锥形插头和底座。不管穿过插头的压力差大小，为了保持流量恒定，插头始终响应流量变化直到饱合为止。假设轴承具有大的恒流装置和小间隙（高轴承流阻），则油腔中的压力会饱合并且会发生小丁额定流量的情况。

---

[18] 找到一个可靠的愿意卖给你少于1km长的管材的管材供应商是很困难的。有很多选择的供应商（内径0.004in以上）是Cooper’s needle works有限公司，261号阿斯顿巷，伯明翰，西密得兰，B20 3HS，英国，电话011 44 21 356 4719。

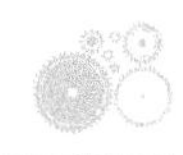

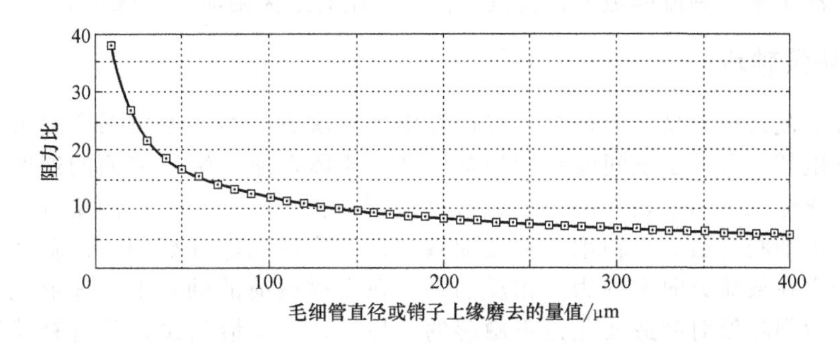

图 9.2.11　毛细管与磨去上缘的 6mm 销子的流阻比率，销上边缘离地高度 6mm

使用恒流装置时必须注意，如果黏度和设定值不同，对于轴承来说流量供应会很容易很大或者很小。如果流量供应稍微过大，轴承会迅速饱合并且性能下降。如果流量变化太大，那么轴承处于平衡饱合，则根本不能承受载荷。如果所有油随着温度黏性变化很大，最好避免在液体静压轴承中用恒流设备，除非油有很好的特性。使用入口节流器的轴承轴瓦的压差不是黏度的函数，因此在大部分情况下，应该使用层流入口节流器。

5. 比例节流器

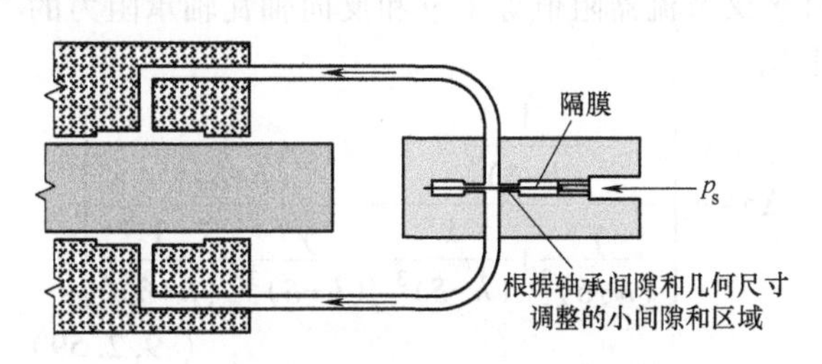

图 9.2.12　隔膜式节流器的工作原理

使用隔膜设计一个入口节流器并使其阻力和流量成比例是可能的，图 9.2.12 给出了原理图[19]。该类节流器称为“隔膜式节流器”。由于上间隙增加，经过隔膜产生一个压力差，它能降低流入上轴瓦入口节流器的流量。上轴瓦的压力下降的速度，远快于单层节流器。这将造成一个硬化弹性效应并且使轴承刚度大大增加。实际上，在有限载荷范围，轴承可以出现无限硬度。然而，无限的硬度不会得到任何挤压薄膜阻尼，这个阻尼需要运动来耗散能量。由于层流入口节流器用于给轴瓦提供流量，流体黏度将不会影响轴承受力和刚度性能。其他类型的自调节入口节流器也有，大部分采用的是相同的变阻原理。注意，这些装置必须调节到满足给定的轴瓦几何尺寸和所用轴承间隙。

还可以进一步引入伺服系统来控制轴承间隙的压力差[20]。根据伺服带宽，6 轴中 5 轴的静态和动态几何误差（在一定程度上）可以补偿。伺服阀可以用来控制通过轴承的压力，但是初始化和维护成本很可能让人望而却步。更好的选择是用一个隔膜式节流器，它用一个压电执行器来偏置隔膜位置。实际上，一个双晶片压电元件可用于隔膜片本身。注意，如果伺服系统失效，尽管没有误差补偿，但设备还可以继续运转。这至少允许机床在出现伺服问题时还可以用于一些工作。

这些设备的问题源于设备本身的机械复杂性以及引入系统的潜在动态不稳定性。前者增加了制造成本，后者在原型机设计中引入了更多的不确定性。要是这些可能都存在的话，不推荐使用这类设备。如果传统方法不能满足高刚度、低动力和小空间的设计需要，可以使用带自调节的入口节流器，但需要进行大量的动态建模。

很多其他的选择，包括可调装置，在 9.2 节开始部分 Stansfield 引用的文献中讨论过。不

[19] 见 J. Degast 于 1969 年 5 月 6 日获得的美国专利 3 442 560。

[20] 例如：见 J. Zeleny, *Servostatic Guideways-A New Kind of Hydraulically Operating Guideways for Machine Tools*; Proc. 10th Int, Mach, Tool Des, Res, Conf, Sept. 1969. 也可参见，美国专利 4 630 942 和 4 080 009。

管使用哪种方法用来得到流体阻力，关键是保持层流而避免湍流引起噪声。

9.2.5 自补偿轴承

虽然设计节流器很容易，但是在一些计算中的三次方、四次方关系会使大部分节流器对制造公差非常敏感。自补偿或间隙补偿是基于高压流体在通过轴承表面的通路时能够进行调节的原理的。流体流出轴承表面的油腔，通过指定油台，流入一个小的集油腔，和轴承导轨另一端大的轴承油腔连通。当轴承导轨被加载时，一边的间隙开始闭合，轴瓦上的流动阻力会增加并且产生在载荷方向上的力。相反的是，在支撑载荷的轴瓦上流体流动却更容易。自补偿设计在轴承间隙处对制造变化是不敏感的。另外，一个恰当设计的自补偿轴承能够最小化轴承部件（如轨道）缺陷的影响。自补偿设计轴承对污垢也不敏感，因为没有小直径的通道。另外，自助的原则说明了它的重要性。有很多不同种类的自补偿轴承设计。图 9.2.13 说明了一个新颖的自补偿模块化静压轴承设计[21]。

设定自补偿单元进行了合理的设计，并且没有不利的液体泄漏[22]，则等式（9.2.3）可以改进。节流器阻值 R 是反向轴承间隙成正比，并且名义节流器阻值等于 γ 和反向轴瓦轴承阻力的乘积。

$$\Delta p=p_s\left[\frac{\dfrac{1}{(h-\delta)^3}}{\dfrac{\gamma}{(h+\delta)^3}+\dfrac{1}{(h-\delta)^3}}-\frac{\dfrac{1}{(h+\delta)^3}}{\dfrac{\gamma}{(h-\delta)^3}+\dfrac{1}{(h+\delta)^3}}\right] \quad (9.2.59)$$

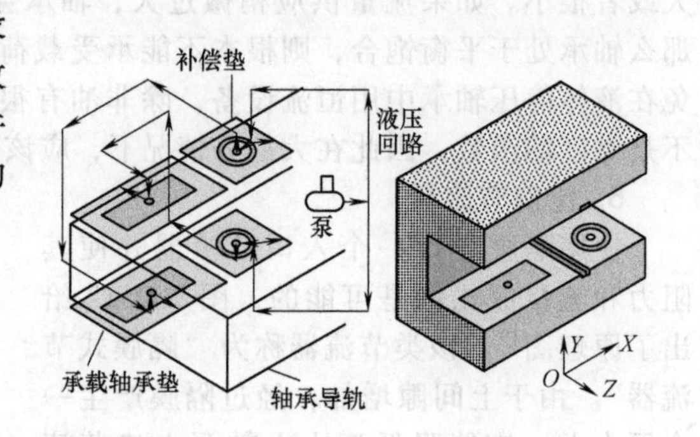

图 9.2.13 Hydroguide™，一种自补偿模块化静压轴承（Aesop 公司许可）

载荷能力等于等式（9.2.59）和有效面积[等式（9.2.32）]的乘积。刚度等于有效面积和等式（9.2.59）中 $\partial/\partial\delta$ 的乘积。

$$K=3Ap_s\left\{\frac{\dfrac{\gamma}{(h-\delta)^4}-\dfrac{1}{(h+\delta)^4}}{(h+\delta)^3\left[\dfrac{\gamma}{(h-\delta)^3}+\dfrac{1}{(h+\delta)^3}\right]^2}+\frac{1}{(h+\delta)^4\left[\dfrac{\gamma}{(h-\delta)^3}+\dfrac{1}{(h+\delta)^3}\right]}-\frac{\dfrac{1}{(h-\delta)^4}-\dfrac{\gamma}{(h+\delta)^4}}{(h-\delta)^3\left[\dfrac{1}{(h-\delta)^3}+\dfrac{\gamma}{(h+\delta)^3}\right]^2}+\frac{1}{(h-\delta)^4\left[\dfrac{1}{(h-\delta)^3}+\dfrac{\gamma}{(h+\delta)^3}\right]}\right\} \quad (9.2.60)$$

图 9.2.14 和图 9.2.15 显示了一个理想自补偿轴承（如 Hydroguide™）的刚度和承载能力。对于同样的阻力比，刚度水平大约会是等同的毛细管补偿轴承值的两倍。为了得到一个更一致的响应，阻力比 γ 是 3 或 4。这仍然会提供比一个阻力比是 1 的毛细管补偿轴承更大的刚度。图 9.2.16 显示了一个自补偿轴承设计结果的电子表格，在这个补偿轴承中，一组 6 个对置轴瓦成对使用来支撑加工中心轴。

---

[21] “自补偿静压直线轴承”，#5 104 237，1992 年 4 月 14，Aesop 公司，North State 街 81 号，Concord，NH 03301，外国专利正在申请。

[22] 之前提过，有很多可以得到自补偿的设计，但几乎都有泄漏流量而使性能不同于这里描述的理想情况。然而，有个新的设计，称为 Hydroguide™，它已经被开发出来而且申请了专利。

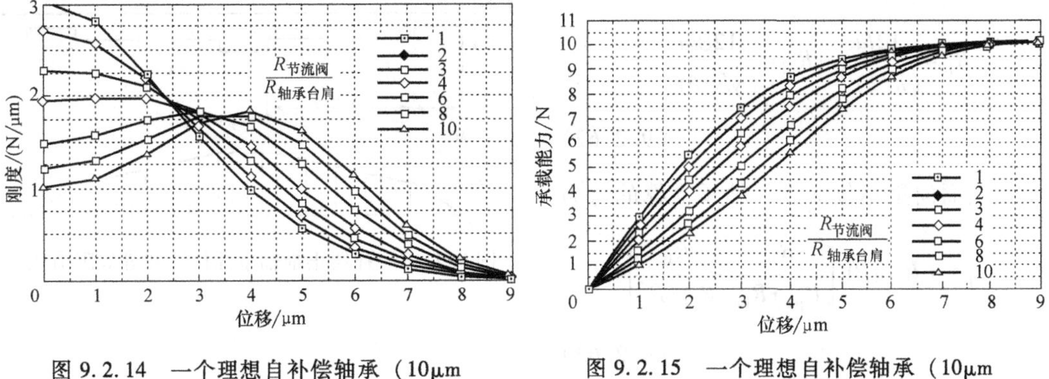

图 9.2.14　一个理想自补偿轴承（10μm 名义间隙）的刚度

图 9.2.15　一个理想自补偿轴承（10μm 名义间隙）的承载能力

供应压力 p_s/MPa	2.03
黏度(水)/(N·s/m^2)	0.001
名义轴承间隙 h/mm	0.01
长方形轴承特点(补偿的任意边一个轴瓦)	
宽度 a/mm	30
长度 b/mm	60
油台宽(宽的 25%)/mm	7.5
油腔半径 r_p/mm	4
通过轴承油台的流体阻力 $R_{轴承}$/(N·s/m^5)	6.79×10^{11}
有效轴瓦面积/mm^2	1114

每对轴瓦结果	自补偿	毛细管
$\gamma=R_{节流}/R_{轴承}$	3	1
载荷能力(间隙关闭 50%)/N	2006	1492
初始刚度/(N/μm)	508	339
刚度(间隙关闭 25%)/(N/μm)	436	310
刚度(间隙关闭 50%)/(N/μm)	184	214
流量/(L/min)	0.24	0.18
泵功率/W	8.05	6.06

图 9.2.16　一种理想自补偿轴承设计结果的电子表格

9.2.6　步补偿轴承（补偿止推轴承）

静压轴承的一个问题是设计复杂。对于静压径向轴承，同样也是这样，钻整体油路到主轴头的孔是很困难的。一个补偿止推轴承比其他类型的轴承在制造上简单一个数量级，所以它可以很好地适合静压径向轴承设计。

一个补偿止推轴承通常使用一个恒定深度油腔，这个深度是在轴承油台和轴承导轨或孔间名义间隙的 2~2.5 倍。有时，锥形油腔是用来为一个特定应用进行性能优化的。图 9.2.17 描述了一个恒深度油腔的设计原理。流体不受限制地从压力源进入轴承。在油腔宽度和油台宽度间存在一个压力梯度。随着轴承产生移位，承受载荷的一边的梯度增加，因此产生恢复力。

上油腔和油台的流体阻力分别给定为

$$R_{\mathrm{lu}}=\frac{12lu}{(h+\delta)^3},\ R_{\mathrm{pu}}=\frac{12\beta lu}{(\gamma h+\delta)^3} \tag{9.2.61}$$

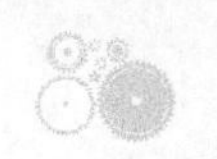

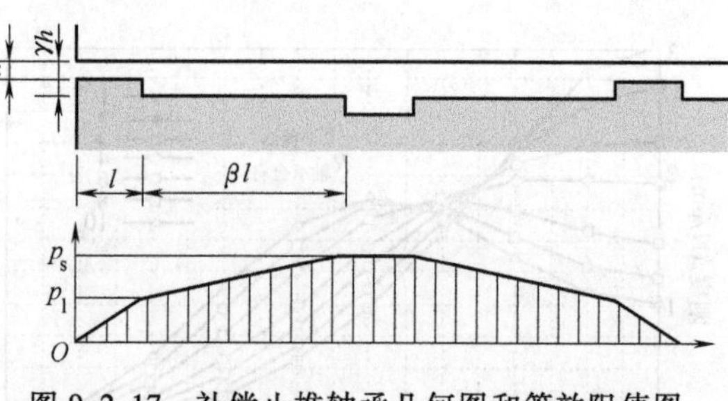

图 9.2.17 补偿止推轴承几何图和等效阻值图

下油腔和油台的流体阻力分别给定为

$$R_{ll}=\frac{12lu}{(h-\delta)^3},R_{pl}=\frac{12\beta lu}{(\gamma h-\delta)^3} \tag{9.2.62}$$

在垂直页面向里单位深度，轴承支撑的力为

$$F_{step}=p_s l(1+\beta)\left[\frac{R_{lu}}{R_{pu}+R_{lu}}-\frac{R_{ll}}{R_{pl}+R_{ll}}\right] \tag{9.2.63}$$

相反，在垂直页面向里单位深度，毛细管补偿轴承支撑的力有比例因子 $2p_s l$ $(0.5+\beta)$。

为了设计止推轴承，必须选择比率 γ 和 β。用电子表格来进行设计变量参数研究是最好的完成方式。通常 $\beta=10$，$\gamma=2.0\sim2.6$。典型的毛细管补偿轴承几乎有 4 倍的载荷能力和刚度。典型的自补偿轴承的载荷能力和刚度是毛细管补偿轴承的 2 倍。所以，尽管补偿止推轴承容易制造，但当轴承轴瓦尺寸要求必须最小时，应该使用毛细管轴承或者自补偿轴承。

当空间不受严格限制时，制造成本和发热是最重要的考虑因素。补偿止推轴承完全满足需要。例如：在主轴周围的油腔中，环流的形成增加了热的产生。油腔深度的增大可以减少其中的剪切功率，但雷诺数增大会导致湍流和大量热产生。注意，在没有环流并且高速下，流体动压楔可以很坚固，使得承载能力增强。如果旋转不稳定变成一个问题，环上应该磨削有叶状轮廓表面。

补偿止推轴承设计

对于一个补偿止推主轴，油液会沿圆周泄漏，所以长度直径比不应该很大。另一方面，油腔和油台宽度的比值越大，轴承承载能力越大而摩擦功率越小。这里假设由于圆周泄漏引起的承载能力降低被流体动压楔补偿。

理想间隙比 γ 允许名义间隙在±10%的范围内合理变化，这在选择孔直径和轴承间隙时必须考虑。通常，一个大孔和与之装配的轴（如直径为 100mm）的相对直径控制在 0.005mm。因此轴承间隙变化大约为 0.0025mm，油台和孔间的轴承名义间隙为 0.025mm。

用公式（9.2.63）计算单位深度的力，这里深度是 $R\mathrm{d}\theta$，轴承间隙是角 θ 的函数。径向力为

$$F_{radial}=\frac{p_s Dl}{2}\int_0^{2\pi}\frac{(1+\beta)\cos\theta\mathrm{d}\theta}{\dfrac{\beta(1-\alpha\cos\theta)^3}{(\gamma-\alpha\cos\theta)^3}+1} \tag{9.2.64}$$

这个有限积分的封闭解很难得到，但幸运的是它可以通过一个简单的宏在电子表格中进行数值计算。

图 9.2.18 显示了电子表格输出，包含的内容有载荷能力、刚度、黏度、剪切功率、圆柱补偿径向止推轴承的油腔雷诺数。最大载荷能力取 $\alpha=0.5$，名义间隙减小了一半。对于载荷初始应用，α 设置为 0.01，表示允许了轴的径向运动误差（$h=15\mu m$，运动误差为 $0.15\mu m$）。对于直径为 80mm 的轴承，初始刚度是 362N/μm；在主轴转速为 4000r/min 时上升温度为 2.1℃是滚动轴承的 1/10~1/4。

雷诺数说明流体将是层流，总功率和温升非常缓和。所以，一个水静压步补偿径向轴承在静压主轴状态表现出了显著优势。这种类型的设计如图 9.2.19 所示。

结果只对一个径向，一个轴需要两个轴承

间隙(m、μm)	1.5×10⁻⁵	**15**										
L/D	**1**											
速度(r/min、rad/sec)	**4000**	419										
p_s(N/m²、psi、atm)	3.0×10⁶	441	**30**									
黏度	**0.001**	r	**997**	Cp	**4180**							
γ	**2**			力/N	刚度/(N/μm)		功率			功率	功率	温度
β	**5**		α	α	α	α	剪切	Re#	流量	抽	总	上升
D/m	1	β * 1	**0.01**	**0.5**	**0.01**	**0.5**	W		L/min	W	W	℃
0.050	0.0042	0.021	21	1081	141	146	33	314	2.4	121	156	0.9
0.055	0.0046	0.023	26	1308	171	176	49	346	2.4	121	172	1.0
0.060	0.0050	0.025	31	1557	204	210	69	377	2.4	121	193	1.2
0.065	0.0054	0.027	36	1827	239	247	96	408	2.4	121	220	1.3
0.070	0.0058	0.029	42	2119	277	286	129	440	2.4	121	254	1.5
0.075	0.0063	0.031	48	2433	318	328	170	471	2.4	121	296	1.8
0.080	0.0067	0.033	54	2768	362	373	220	503	2.4	121	347	2.1
0.085	0.0071	0.035	61	3125	409	422	280	534	2.4	121	409	2.5
0.090	0.0075	0.038	69	3503	458	473	352	565	2.4	121	482	2.9
0.095	0.0079	0.040	77	3903	511	527	437	597	2.4	121	569	3.4
0.100	0.0083	0.042	85	4325	566	583	536	628	2.4	121	671	4.1
0.105	0.0088	0.044	94	4768	624	643	651	660	2.4	121	788	4.8

图 9.2.18　补偿止推轴承设计的输出电子表格

9.2.7　系统设计考虑事项

为了精通静压轴承设计，首先应该理解理论，通过制作电子表格把信息汇集起来以方便后续的设计工作。下面的经验法则可以用来将设计过程中未知变量的数量最小化，也可以帮助指导平面对置轴瓦轴承设计。相似的总结可以用于其他轴承配置。

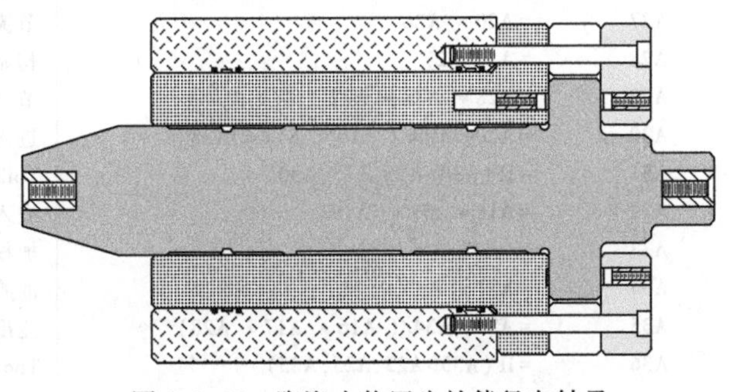

图 9.2.19　陶瓷水静压步补偿径向轴承主轴原型机的横截面（Aesop 公司许可）

1. 流体压力

大部分液体静压轴承在大约 3.5MPa 压强下运转，因此低压装置也可以使用，并且可使抽汲功率最小。为了得到更大的刚度，一般增加压力到 7MPa，在极端情况下，提供的最大经济压力是 21MPa。所用的泵产生的噪声应该最小。齿轮泵适用于大部分情况，因为它产生的噪声比活塞泵更小，而且产生的噪声是高频的，很容易变弱。各种回路过滤器也可以用来最小化液压系统中的噪声[23]。

流体压力会影响液压软管的刚度，实际上，软管压力是输入到高精密机床托架最大力之一。胶管压力可以通过一个平衡设计（安装两个胶管将力抵消）或者一个线性液压换向器得到缓解。液压换向器主要有两种设计：①穿过托架，采用一个在中间带有径向孔的长管；

[23] 见 T. Viersma, Analysis, Synthesis and Design of Hydraulic Servosystems and Pipelines, Elsevier Science Publishers; Amsterdam, 1980.

②在轴承表面设置压力槽[24]。为了管道有效而且不把任何摩擦力带到托架上，它必须由液体静压轴承支撑。PTFE 滑动轴承不适用于这种情况，因为摩擦力比软管压力更大。压力槽设计将会工作很好，但是泄漏非常大，会导致抽汲功率过高和热产生。

2. 流体黏度

用在液体静压轴承中的常见液压流体黏度如图 9.2.20 所示。注意：油越黏，在高速运动中产生流体动压楔的机会就越大，所支撑物体的运动会产生角度和横向误差。

温度/℃	实际黏度/(N·s/m²)	计算黏度/(N·s/m²)	误差(%)
20	0.0210	0.0213	-1.8
40	0.0100	0.0087	13.2
100	0.0025	0.0026	-5.5

图 9.2.20 典型的“轻质”液压油作为温度函数的黏度[25]：ISO 10 油，$\mu(N\cdot s/m^2)=1.05T^{-1.3}$

流体黏度也直接影响由轴承产生的热量。液体静压轴承的总功率是黏性剪切功率和抽汲功率的函数。图 9.2.21 显示了一个算法，可以用来建立温度引起黏度变化对静压轴承性能影响的模型。随着油温的上升，油黏度降低，所以流量增加。从而可以带走更多轴承（如主轴—轴承）产生的热量[26]，并且结果是：假设黏度恒定，在比预测的温度低得多的情况下就达到平衡。流体黏度由于轴承中的阻力而呈指数下降，但是这里的简化模型假设为阻力最终基于输入、输出黏度的加权平均。权系数小$[\mu_{avg}=(\mu_{in}+2\mu_{out})/2]$，温度上升缓慢，但是流量或许被低估了。所以选择泵时应该比预测容量大 25%。一旦结果收敛，黏度用来预测温升，就必须检查迭代温升极限是否大于最终温度升高。

计算		备注
A26	=(A23+2 * A24)/3	在油台的权重平均黏度(R's 匹配)mav
A27	=A20 * A26	节流器阻力：Rres=Rs * mav
A28	=A14/A27	初始流量 Q：Q=Ps/Rres
A29	=A28 * A28 * A27	节流器功率：PPres=Q^2 * Rres
A30	=A20+ A29/(A16 * A17 * A28)	进入油腔的油温
A31	=IF(A30>A25,A25,A30)	Tpi20+PPres/(rho * Cp * Q)
A32	=A18 * A31 * ^ A19	进入油腔油黏度：mpi=a * Tpi^b
A33	=(A32+2 * A23)/3	加权平均油腔黏度
A34	=A21 * A33	油腔黏性功率：PPpock=rvp * mpi
A35	=A31+ A34/(A16 * A17 * A28)	流出油腔的油温
A36	=IF(A35>A25,A25,A35)	Tpo=20+PPpock/(rho * Cp * Q)
A37	=A18 * A36 * ^ A19	流出油腔油黏度：mpo=a * Tpo^b
A38	=A28^2 * A27+ A22 * A26	油台的抽汲和黏性功率：PPland=Q^2 * Rres +rvl * mav
A39	=A36+ A38/(A16 * A17 * A28)	离开轴承的油温
A40	=IF(A39>A25,A25,A39)	To=20+PPland/(rho * Cp * Q)
A41	=A18 * A40 * ^ A19	流出轴承油黏度
A42	=(2 * A41+A37)/3	加权平均出口黏度
		迭代

图 9.2.21 在轴承不同点迭代计算黏度和油温所用宏的部分（编辑过）

这个算法是用流过节流器的油黏度加权平均和流出油台的油黏度加权平均来决定节流器

24 见美国专利 4 865 465，由 Citizen Watch 公司 Sugita 等人研发。

25 运动黏度（ν）常用单位为厘司（cS）。1 厘司=1×10^{-6} m²/s；动态黏度（$\mu=\rho\nu$）常用单位为厘泊（cP）。1 厘泊=0.001 N·s/m²。

26 温度对油特殊热的影响在这里考虑到二阶。

尺寸。以这种方式设计节流器可使其阻力等于轴瓦的阻力，并且可得到“优化的”50%压降。

将主要电子表格输入这个宏中：A14＝供应压力 Ps，A15＝20℃下混合体系的黏度 mi，A16＝密度 rho；A17＝比热容 Cp；A18＝黏度常数 A；A19＝黏度指数 B；A20＝主轴阻力/单位黏度 Rs；A21＝黏性剪切阻力/油腔单位黏度 rvp；A22＝黏性剪切阻力/油台单位黏度 rvl；A23＝出口油腔黏度 mpo；A24＝流出口油台黏度 mo；A25＝一次迭代温度变化限制 Tlim。

3. 轴承间隙

对于高精密机械（如金刚石车削机），托架速度一般很低（0.1m/s），因此希望间隙制造得尽可能小。通常，间隙大约在10μm数量级。小间隙可以最大化刚度同时最小化压力和所需流量。这反过来又最大限度地减少了抽汲功率。较高速系统（1~2m/s）间隙在20~50μm的数量级，可以防止油台一端干运转。

4. 油腔设计

油腔面积应该足够大，以便于在轴承初次使用并且一边轴瓦零间隙的情况下，可以运转所支持的结构。作为一个经验法则，预计的油腔水平面积和供给压力的乘积应该至少是支持的托架重力的两倍。为了均匀分布流量到油台，油腔的深度应该至少是间隙的10~20倍。油腔的圆角半径应该是油台宽度的1/4~1/2。尽管用电子表格来计算还是个争议的问题，但回想起来 $r_p=0.4142l$ 的确大大简化了轴承计算。油腔中的流体和通向油腔的管道中的流体都是可以压缩的；然而在准稳态情况下，任何导致间隙变化的流体压缩会引起压力差增加，这个压力差可使轴承回到平衡点。

5. 间隙位移（垂直位移）

间隙（垂直）位移系数 α 不应该超过0.5。这给精密机械设计者一个保守的感觉：如果可以轻松获得所需的轴承性能，包括可以接受的流速，在最大载荷下取 $\alpha<0.1$。

6. 油台宽度

正如较早提到的，油台宽度较好的选择是轴承轴瓦宽度的25%。对于高速运用，油台宽度必须减小，这样可以降低黏性剪切力和轴承一边干运转的可能性。当供应压力关掉时，油台压力必须大到轻松支持系统重力。9.2.6节描述了一个设计，油台宽度是通过最小化产生的热量而优化得到的。

7. 轴瓦长宽比

对于直线轴承系统，有个长的轴瓦很有优势，这样可以将导轨固定架悬臂长度最小化[27]。另一方面，轴承轴瓦越长，为了提供倾斜阻力（pitch resistance），它们分开得越远。轴瓦越长，分得越开，为了有个可以接受的长宽间距比以从动态的摩擦和切削负载产生的力矩提供偏行阻力（yaw resistance），托架应该越宽越好。长宽比对导轨固定架设计的影响比起它对其他任何因素如抽汲功率的影响更为重要。

8. 轴瓦数量及其配置

所需轴瓦的最小数量通过最小化所需管道装置可以得到，然而，在设计滑动或滚动轴承时，不用担心接触损失问题。为了维持托架刚度，常用多个轴瓦来支撑一个大型托架，这有助于最小化托架重量，它是通过减少横跨两轴瓦间的材料用量来实现的。更多的轴瓦也可以平均轴承导轨上的输出误差。轴瓦的配置（矩形、燕尾等）形式取决于设计者的想象力和设计分析能力。一个带有轴瓦的T形托架沿着所有表面（不同于接触）运动很平常。

9. 固定节流器的设计

一般用到的固定流动阻力装置是毛细管或者平边销。由于通过这些设备的通道相对较小，

[27] 选择导轨固定架的尺寸和固定它的螺栓时必须十分当心。轴承刚度很高和结构刚度低是不好的。见T形滑道的设计例子（7.5.1节）。

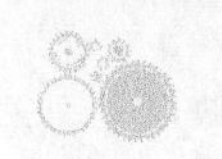

它们必须安装在一个手工容易维修的地方，如图 9.2.22 所示。在油腔中有个压力检测头，以便于检测腔内压力。为了调整节流器，必须一开始就检查腔内压力，并且在使用过程中，必须监测腔内压力以便于过滤器堵塞时机器能够及时关掉。另外，还有两个必须考虑的典型轴承轴瓦设计，在设计中，托架轴承轴瓦围绕导轨（如传统的 T 型托架设计）布置，导轨围绕托架轴承轴瓦（如准运动轴承轴瓦排布）布置；径向轴承的情况等同于前者。所有节流器必须由最后一道过滤器来得到保护。在所有节流器设计中，必须考虑到模块化和易于维护。

对于固定的补偿设备，由于轴承轴瓦流体阻力随着间隙的三次方变化，因此较好的方法是先制造轴承部件，然后测量间隙，最后设计每个轴瓦的节流器尺寸。当使用一个上边磨去的销时，节流器直径设置为 8mm，长度设置为 20mm 是合理的，所以要做的是求解销子上边磨去部分的尺寸 ε，它需要用到一个由粗到精的数值迭代过程。销的材料可以是钢、铜或铝。成品钢定位销的精度为 5~10μm。另外，铰刀和标准定位销的尺寸要相匹配，以确保在压入时没有任何材料刮掉及定位销被准确安装。钢定位销的边缘也容易磨去。铜和铝很容易加工以及它们的低模量值降低了在直径上需要的公差；然而，由于它们是相对较软的金属，在安装到孔中时有刮掉金属的危险。刮掉的金属屑会阻塞流体通道。如果可能，用一个不锈钢注射管作为毛细管并将其焊接到螺纹嵌件中是个不错的方法。

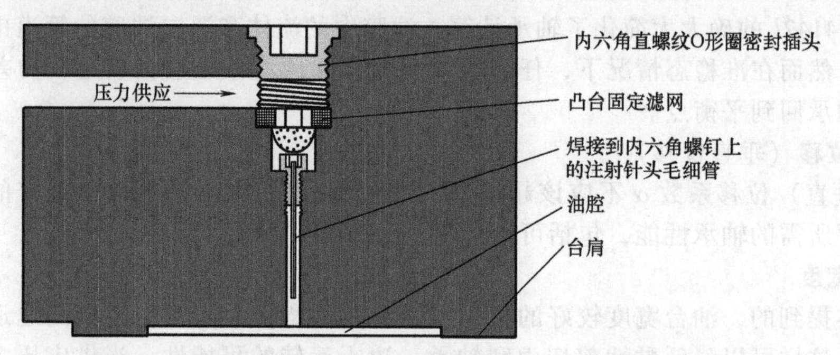

图 9.2.22　节流器安装在平轴承轴瓦上，其围绕轴承导轨布置

10. 轴承导轨设计

注意，大部分静压轴承的布置都很重要，在这个布置中有悬臂部分（导轨固定架），油腔压力使固定架产生一定的挠度，如果只是根据所要提供的托架刚度来确定固定架导轨的尺寸[28]，则挠度和预期的轴承间隙在一个数量级。如果间隙增大至 2 倍，这对于采用静压滑动轴承的固定架导轨尺寸是典型情况，从轴承流出的流量将是预期的 8 倍。7.5.1 节讨论的确定导轨变形的方法，可以通过改进用来确定一个悬臂梁的变形情况，该悬臂梁上受一定长度的压力作用。在一些情况下，使轴承处于精确的滑动配合并利用油腔压力使其扩大到所需的间隙是很有意义的。

9.3　气体静压轴承[29]

气体静压轴承利用高压空气的薄膜来支撑负载。由于空气的黏度很低，轴承间距要求要小，在 1~10μm 之间。有五种基本几何类型的气体静压轴承：单轴瓦轴承对立轴瓦轴承径向

[28] 自助原理（1.4.5 节）可以用到这个设计问题中，凭借轴承压力一个方向上的力矩抵消另一个方向的力矩来建立一个轴承配置。

[29] [illegible]（伯明翰，B15 2TT 英国）（School of Manufacturing and Mechanical Engineering, Department of Engineering Production, Southwest Campus, Birmingham, B15 2TT England）。Stout 教授为了便于应用这部分所呈现的理论，编写了基于个人计算机的软件。

轴承、旋转推力轴承、圆锥径向或推力轴承，和图 9.2.1 所示的静压轴承的配置相似。它们的工作原理都是在高压空气（典型的 690kPa）薄膜上支撑负载，这种高压空气不断地从轴承流出，进入大气层。

气体静压轴承的历史相当短暂。与这个主题相关的已知的第一个出版物和 Willis[30]在 1828 年的实验研究有关。他的有关空气薄膜的实验工作鉴定了润滑的存在。第一个有关可压缩液体轴承的实验工作是由 Hirn 主持完成的，并且在 1854 年出版了相关出版物[31]，它是与自动轴承相关的。Hirn 的工作表明了使用高压空气薄膜减小机械摩擦的可能性。一个典型应用就是 Girard[32]在 1863 年的报道，他设计了一种水静压径向轴承，用于一种铁路推进系统，该系统采用线性脉冲式汽轮机。在 19 世纪的中晚期，人们对流体薄膜轴承产生了相当大兴趣，尽管大部分工作关注的是液体轴承，因为流体的高黏度允许使用更大的轴承间距和公差。

Kingbury[33]在 1897 年报道了一项关于用空气和氮气作为润滑剂的直径为 6in 的气体径向轴承的实验结果。这些著名的实验表明：空气轴承是可行的，低摩擦轴承在实际中可以实现。在 20 世纪早期，出现了许多专利和设计。典型例子包括 1904 年 Westinghouse[34]开发了一个气体推力轴承用来支撑垂直的蒸汽涡轮机，还有 1920 年 Abbott[35]取得设计静压气体径向轴承的专利。然而，由于严格的公差要求，需要制造气体轴承组件，限制了他们在这些早期应用中的进步。理论方法只局限于得到不可压缩流体的雷诺兹方程[36]的近似解。Sommerfeld 和 Mitchell 分别在 1904 年和 1905 年改进了径向轴承的解。直到 1913 年，Harrison 建立了可压缩流体的雷诺兹方程的改进形式[37]。非线性方程求解困难以及先进的计算设施的缺乏限制了他们为早期实验工作提供理论预测的进步。

直到第二次世界大战之后的一些年，气体轴承技术才得到了进一步发展，这归因于 20 世纪 40 年代核电和国防工业的迅速崛起。轴承系统要求在高速度、高硬度、极端温度和低摩擦的严格条件下操作。由于这些要求在滑动接触、滚动原理或者静压轴承条件下无法满足，可考虑替换类型的轴承。气体轴承的初步实验工作表明，它们可以满足操作要求。20 世纪 50 年代和 60 年代的研究性实验在很大程度上解决了早期设计问题，并且提供全面的设计资料，就在最近，其他产业利用了这项技术的优势，最显著的就是制造业和涡轮机械行业。

在 20 世纪 60 年代末，有关气体静压轴承的大部分的理论设计方法都是基于轴承间隙和控制装置的近似数学模型。解决方案主要局限于稳态运行以及传统的孔板流量方程被用于基于绝热过程的控制装置。间隙中的薄层流体可以用一个雷诺兹方程描述，为了简化计算，假设流入轴承间隙的流体是一个线源。这时候更为实际的是用这种方式计算，而不是试图寻找真实的离散的切入点。对于轴承在低离心率地方操作，即流体主要是轴向的情况，产生的大部分的设计数据已经被证明是相当准确的。

---

[30] Willis, Rev. R., "On the Pressure Produced on a Flat Surface when Opposed to a Stream of Air Issuing from an Orifice in a Plane Surface", Trans. Cambridge Philos. Soc. Vol. 3, No. 1, 1828; pp. 121-140.

[31] G. Hirn, "Study of the Principal Phenomena shown by Friction and of Vaious METHODS OF determining the Visconsity of Lubricants;" Bull. Soc. Ind., Mulhouse 26, No. 129, 1854, pp. 188-277（法语）.

[32] L. Girard, "Application des Surfaces Glissantes," Bachelier; Paris; 1863（法语）.

[33] A. Kingsbury, "Experiments with an Air Lubricated Bearing," J. Am. Soc. Nav. Eng., No. 9, 1897.

[34] G. Westinghouse, Vertical Fluid Pressure Turbine, U. S. Patent 745 400, 1904.

[35] W. Abbott, Device for Utilizing Fulid under Pressure for Lubricating Relatively Movable Elements; U. S. Patent 1 185 571, 1920.

[36] O. Reynolds, "On the Theory of Lubricating and Its Application to 'Mr. Beauchamp Towers' Experiments, Including an Experimental Determination of the Viscosity of Olive Oil," Philos. Trans., Vo. 177, 1886, pp. 157-234.

[37] W. Harrison, "The Hydrodynamic Theory of Lubrication with Special Reference to Air as a Lubricant," Trans. Cambridge Philos., Vol. 22, 1913, pp. 39-54.

计算机功能的发展促进计算技术的提高，使得有限差分和有限元分析方法被应用到气体轴承分析，因此相当数量的论文由遍及世界各地的工作者撰写。许多分析是在 20 世纪 70 年代中后期进行的，这些分析主要针对提高实验的准确性以及与之配套的理论方法，包括尝试模仿小孔中的压力。另外，其他的工作者已经分析了生产性能变化的影响，其试图帮助指导设计工程师选择制造公差，产生的结果使得设计师可以接受轴承的临界尺寸。

近年来，关于轴承特性的知识大量增加，所以大部分新的研究工作在于扩大目前设计所涵盖的轴承类型的范围，研究不断出现的新应用，或者最重要的是把已经存在的知识转变成设计工程师需要的容易使用的数据。对于气体轴承的操作的简单图形设计有一个要求：能够大大减少繁琐的计算，并且能够向设计师提供关于一个设计参数和另外一个参数之间相互制约的影响信息。希望本篇能提供有用的设计信息和操作，这些信息和操作已经被广泛开发以及被 Stout 教授应用到工业系统的设计中，这将鼓励更多的设计工程师把气体轴承应用到相关工业中。

9.3.1 气体静压轴承的一般性质[38]

液体或气体润滑的选择依赖于轴承应用的类型。例如：中等负荷和中等硬度在高速度的时候对气体静压轴承有利，同时要求高负荷和高硬度在中等速度的时候对液体静压轴承有利。图 9.3.1 将液体静压轴承和气体静压轴承进行了对比。液体静压轴承比气体静压轴承有更大的薄膜硬度，通常是 5 倍，主要是因为润滑介质受到更高的压力，重要的区别在于动态载荷下的性能。和气体静压轴承相比，液体静压轴承具有较高的阻尼特性，在一些应用中这可能是一个重要的特性。其性能上的主要差别与气体膜的压缩以及两种润滑介质的黏度相关。为了确保气体静压轴承的流动速率保持在可实现的水平，气体静压轴承的间隙必须小于液体静压轴承的间隙，所以，制造质量必须更高，尺寸公差也必须严格控制，因此这也增加了制造成本。另外，对于气体静压轴承，运行成本更高，因为，与不可压缩流体相比，提高相同的压力，气体静压轴承要消耗更多的功率用来压缩气体。

液体	混合	气体
毛细管、孔、槽或者受限制的隔膜	液体/蒸汽当槽受限制	多孔的、孔或者受限制的槽
高度适用于机床	如果正确设计，轴承将能在任何一个介质中运行	高度适用于纺织机床和不能污染的地方
高承载量		中等载荷能力：摩擦锭、金刚石旋转锭以及仪器
超高硬度		高硬度
超高阻尼		中低阻尼
速度低，摩擦小		在各种速度下摩擦很小

图 9.3.1 外部受压轴承的容量性能及应用

越来越多的机器使用空气轴承，应用于一氧化碳测量系统（CMMs）模块化的空气轴承是以一种可拆卸制动蹄片（shoe）的形式制造的，用螺纹调节球（screwed ball）固定，螺纹调节球使得空气轴承垫和定位平面（location face）平行。螺纹调节球能够让制动蹄片有 3°的旋转，这样就能确保精确的平行。平面之间的间隔在 6~10μm 之间，以确保平均的空气流动速率[39]。空气轴承现在普遍应用于支撑线性可调差接变压器芯（LVDT），以提高可靠性和降低测量力。最近，空气轴承活顶尖（live center）已经被开发用于提高齿轮检验的精度，其他的应用包括用于轴承滑块的侧面投影设备，旋转测量桌以及机床丝杠测量头。制造业和测量的现

38 参阅：M. Tawfik and K. Stout, 'Characteristics of Slot Entry Hybrid Gas Bearings,' 8th Int. Gas Bearing Symp., April 1981.

39 在第 1 章讨论的 CMM 用到了多孔石墨静压轴承。

代发展对质量和精度提出了更高的要求，特别是在纳米技术领域。因此，对高质量主轴与空气轴承结合的更大需求是有可能的。随着对主轴、运输速度和精度需求的增加，气体静压轴承在机床可预测的精度方面有一个更大的用途。

1. 速度和加速度的限制

气体静压轴承只有黏性摩擦，这个黏性摩擦与被轴承运动剪切的空气薄膜层有关。当使用高速轴（表面速度大于10m/s）时，轴承间隙应该足够大以确保摩擦功率小于泵功率的两倍。在这种情况下，由于轴承间隙之间的摩擦被气体薄膜的冷却效果抵消，气体薄膜离开孔后，间隙扩大，所以温度会升高。

2. 运动范围

直线运动气体静压轴承的运动范围是导轨到达的位置，其值为10m。角运动气体静压轴承的运动并不受限于旋转。

3. 应用负荷

因为气体静压轴承在如此大的区域分配负荷，所以通常也可以支撑较大的负荷。对于相同尺寸的轴瓦面积，一个液体静压轴承（操作压力为3.5MPa）支撑的负荷是气体静压轴承的5倍。高压流体静压轴承（20MPa）甚至可以支撑更大的负荷，但是可能会生成相当大的热量。如图9.3.2所示，空气轴承的负荷容量的估计，是通过乘以气体进入轴承间隙时的入口压力的有效（投影的）面积来实现的。有效的投影面积可以近似为在入口孔加上朝向轴承边缘的孔的平面的面积的一半所包含的面积，入口压力通常是供应压力的一半。将空载轴承间隙的一半除以上述的值，就可以得到轴承硬度的估值。滑动轴承的负荷容量是用一种相似的方式来估计的，被描述为平轴瓦轴承。一个滑动轴承的有效（投影的）面积近似为$0.3(L-a)D$，其中L是轴承长度，D是轴承直径，a是从排孔到轴承出口端之间的距离。

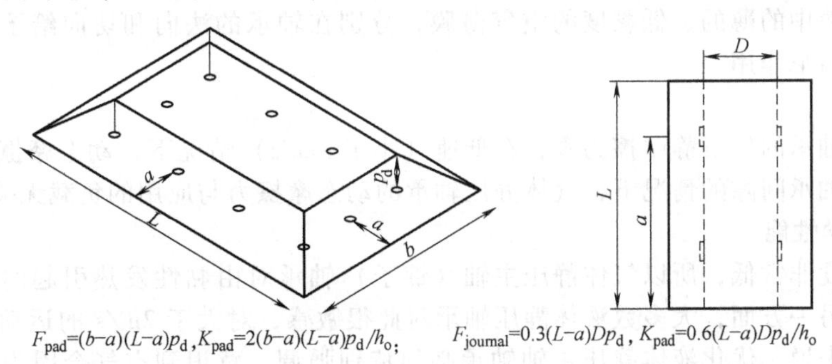

图9.3.2 估计气体静压轴承的负荷容量（F）和硬度（K）

4. 精度

气体静压轴承总的运动（如直线运动）精度依赖于组成部件的精度。一个气体静压轴承平均掉局部的不规则性，以让所有轴承都可能最平滑地运行。无论怎样，气体轴承组件的最大峰谷表面粗糙度不能大于轴承间隙的1/4[40]，气体静压轴承没有磨合期，所以精度取决于流体限流器的清洁程度以及压力源有无脉冲。具有亚微米/米的精确度的直线运动气体静压轴承已经出现。

5. 可重复性

可重复性取决于流体供应系统的稳定性，包括泵和调节进入轴承的空气流的设备（如限流器）。如果气动锤的不稳定性、压力波动以及温度变化可以避免，气体静压轴承可以实现亚微米（可能很快就到纳米）的可重复性。

40 对于高斯表面（Gaussian），峰谷表面粗糙度$Ry=7\times$平均表面粗糙度$Ra(7Ra=Ry)$。

6. 分辨率

由于气体静压轴承没有黏附，它们支撑的物体的运动分辨率实际上是没有限制的。然而，由于气体静压轴承并没有很好的阻尼，制动器和控制系统的设计显得很重要。

7. 预紧力

为了给气体静压轴承双向（双向作用的）硬度，需要对其施加预紧力。如果一个单一的气体静压轴承支撑一个负荷，然后由于负荷加速或者作用力增加轴承间隙，轴承将会有一个很小的硬度，因此，反向轴瓦配置是应用于机床的最常见的一种。预紧一个带有通常围绕在加压区域的真空垫的单轴瓦轴承也是可能的。这项技术的问题是很难达到小于-10.5atm的压力，所以真空垫面积必须比受压垫面积大一个数量级。

8. 刚度

气体静压轴承的刚度一般在100N/μm的范围内。用名义轴承间隙的一半除以估计的负荷容量就可以得到刚度的估计值。气体静压轴承的刚度的精确计算并不困难，因为它没有滑动接触式轴承或者滚动接触式轴承存在的接触损失问题，因此气体静压轴承的设计通常比接触式轴承的设计更确定。

9. 抗振动和冲击性能

气体静压轴承具有很好的抗冲击性和抗振性，因为运动部件之间没有机械接触。如果压力损失，空气薄膜就会迅速消失，因此气体静压轴承应该有一个备份“气体库”（储蓄）和一个用于泵一旦衰竭就关闭机器的控制联锁，用这种方式“着陆”，可以避免灾难性故障。另外，如果轴承设计的不合理，它本身就可以随着空气薄膜交替地压缩和扩张而共振，这个条件状况就是俗知的气体锤，如何避免在后面讨论。

10. 阻尼性能

在轴承间隙中的薄的、低黏度的空气薄膜，分别在轴承的法向和切向给予气体静压轴承中度到偏低的阻尼作用。

11. 摩擦

气体静压轴承的绝对静摩擦为零，在低速（小于2m/s）情况下，动态摩擦力可以忽略不计，在不改变轴承间隙的情况下，气体静压轴承的动态摩擦力与应用的负载无关。

12. 热力学性能

气体的黏度非常低，所以气体静压主轴（锭子）轴承对由黏性发热引起的轴承间隙的小变化不敏感。另一方面，大多数液体静压轴承对此很敏感，对大于2m/s的运动表面的摩擦功率和抽汲功率来说，优化液体静压主轴轴承必须特别强调。意识到空气会因为扩张而冷却是非常重要的，因此，对精密机器来说，将流体和因此产生的制冷效果降到最低是非常重要的。

13. 环境敏感性

因为空气涌出轴承，所以气体静压轴承可以自动清洁。一般情况下，逸出的空气不会被收集，所以没有必要把切屑和切削液挡在轴承面积（支撑面积）之外，尽管用风箱或者滑动的方式覆盖来保持轴承表面清洁以及阻止它们被破坏是更可取的。另外，不像其他轴承要采用不同的油润滑，气体轴承没有那么复杂。

14. 密封性

气体静压线性轴承一般套在矩形或燕尾形轨道上，所以如果要求的话，对其进行密封并不困难。旋转运动的气体静压轴承通常不需要密封。

15. 大小和配置

气体静压轴承本身占用的空间很小，但是管道装置的要求空间可能很大。通常只有一个软管进入轴承，为了让空气能进入所有不同的轴承轴瓦，需要钻孔，所以轴承本身在完成所有的钻孔之后可能像一块“瑞士奶酪”。对运动轴瓦进行布置是没有必要的，因为轴承像恒力

弹簧一样，可填满存在间隙的任何地方。为了平衡间隙的变化，要改变硬度，但是硬度总是有限的，只要不会引起太大的间隙变化，以及因其造成滑动轴承或者滚动轴承的负载损失，气体静压轴承可以接受轨道和托架失调（misalignments）。

16. 重量

气体静压轴承有中等偏高的性能与重量比。

17. 支持设备

气体静压轴承最大的缺点就是其需要一个泵或者与一个空气供应系统连接。为了防止外部污染物堵塞流量调节装置，系统必须保持极其干净。随着空气的膨胀和冷却，空气被过滤到 1μm 的空间，用干燥剂干燥可将轴承中的冷凝作用降到最低。

18. 维护要求

必须检测空气的清洁度，根据一个固定的维修时间表更换过滤器。应该定期检查空气供应系统，因为在轴承轴瓦的流量限制器被阻塞以及急需空气时，将会产生污染和轴承轨道磨损。进行适当的维护和维修保养，可使气体轴承没有任何摩擦。有很多例子可以证明连续运作 10 年之后的气体轴承仍然没有摩擦。

19. 材料相容性（compatibility）

气体静压轴承几乎与所有的材料相容，一个小轴承间隙的存在通常会留下足够的空间用于不同组件之间的微分热膨胀，无论如何，需要决定间隙变化的数量级以及确保它不会改变太多的轴承的性能。如果间隙变得太大，轴承将会急需空气以及发生刚度损失；如果间隙减小，可以看出刚度只有很小的变化，但是最后会导致入口限流器的尺寸对于间隙来说是不合适的，继续减小间隙将会引起刚度衰退恶化。

20. 所需寿命

具有空气供应系统且适当保养维修的气体静压轴承本质上可以有无限寿命。

21. 可用性、可设计性（结构性）**和工艺性**（可制造性）

气体静压主轴轴承和线性轴承，就像现货供应的物品一样是现成可用的，如果遵循基本设计规则以及有一些经验，设计和建造传统的气体静压轴承并不困难。在气体静压轴承的制造中，关键参数是孔和间隙的尺寸。对于孔，可以用宝石轴承，孔的长度不应该大于直径的 4 倍，孔的边缘应该尽可能的尖锐。

有四种基本类型的气体轴承：空气动力气体轴承、挤压模气体轴承、空气静力气体轴承和混合气体轴承。尽管也存在线性轴承设计，但在旋转应用中它们四种是最常用的。空气动力轴承常称为自动轴承，因为它在气体薄膜里面产生压力，此压力是通过在一个聚集的薄膜中的感应速度黏性剪切的机制产生的，一个类似过程也存在于流体动力轴承中。不幸的是，产生的薄膜压力相对较低。这种类型的轴承的优点是它是完全自助的，并且不需要任何外部的气体供应。例如：气体动力轴承用于电脑磁盘设备的读/写磁头。压膜轴承也不需要外部供应源，尽管实验室实验已经证明实验的可行性，但是由于气体薄膜的挤压性能差，实际上这种类型的轴承还不能成为各式各样的工程问题的解决办法。气体静压轴承或者就像经常称呼的外部加压气体轴承，它的气体薄膜的压力来自外部源（空气压缩机）。混合轴承结合了气体静力学和气体动力学的优点来承载。实际上在大多数应用中，获得组合的性能并没有很大程度上增大纯气体静力学组件负载的速度。

最广泛使用的轴承类型是用于旋转轴的径向轴承和推力轴承。常见的机床导轨要么是矩形，要么是圆形，或者在精密主轴组装中发现的环形。径向轴承通常需要轴向和径向的定位，这项要求可能单独用到径向轴承和推力轴承、锥形轴承或者球形轴承来实现。圆锥轴承的优势为：尽管可能出现问题，但是不需要分离推力面，因为在一个方向的负载将会影响位移和正交方向上的负载容量。球形配置有一个非常有用的特性，即允许发生有限制的错位，但不幸的是，径向负载能力和轴向负载能力之比非常差。

22. 成本

与气体静压轴承有关的主要成本就是加工所有的空气供应通道、加工长直导轨或者公差很小的圆形孔。同时，也应该考虑制造空气供应系统的成本。一个可以给几十个气体轴承提供空气的空气过滤、干燥组件，成本约为650美元。

9.3.2 一般操作特点[41]

如图9.3.3所示，气体供应压力 p_0 通过一个限制装置（通常是一个孔）被允许进入轴承间隙，限制装置可以将气体压力从 p_0（供应压力）到 p_d（孔下游压力）进行调节。在限定器的下游压力降得更低，气体通过轴承间隙在轴承出口流向大气，大气压力为 p_a。薄膜间隙的变化更改了轴承油台的限制，并且影响孔下游的压力 p_d，这反过来又影响负载容量。对于给定的限流器，一个较小的间隙会导致一个更高的 p_d，因此有一个更高的负载容量。继续增大薄膜间隙，会产生相反的影响。因此存在一个最优条件，在这个条件下，最大的薄膜刚度发生在负载变化率除以间隙变化率达到最大值的地方。设计气体静压轴承时，主要的目标之一就是选择限流器的尺寸和薄膜间隙，以达到最优刚度条件。尽管当轴承背离最优刚度条件时，经常获得增加的负载能力，但是不正确的元件尺寸将会导致低的轴承刚度和无效的（效率低的）运作。因此，寻求最大刚度的设计可能要牺牲一些负载能力。

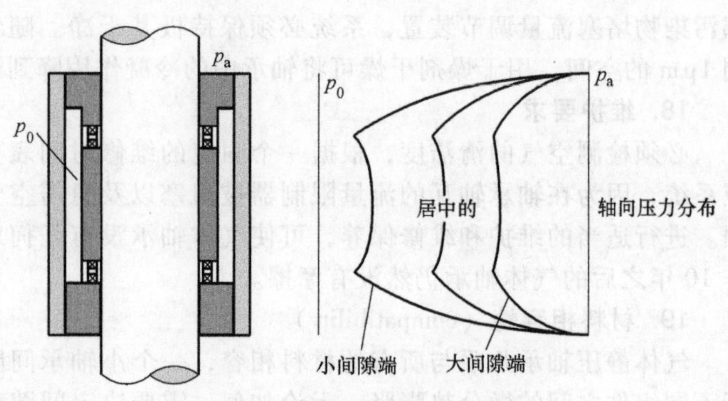

图9.3.3 气体静压轴承的运作原理

1. 通过入口孔的流体

图9.3.4所示为典型的“腔”孔和环形孔的设计，它们都是产生湍流的装置。产生压力降的原因归结于气体膨胀时的加速度。显示的“腔”孔的设计可以用一个穿透嵌件（pierced insert）来制造，穿透嵌件被压到轴承钻孔表面下适当的深度，环形（自补偿）孔可简单地用一个适当大小的钻头来钻取。

2. 通过入口槽的流体

如图9.3.5所示，一个入口槽可以通过一个安装在轴承两个相邻部分的薄垫片来形成。这种类型的入口限制提供了一个分层的流体装置，具有在高的操作离心率下轻微地增加硬度的作用。垫片的制造和油台间的密封是困难的。另外一种产生分层入口流体的结构，可以通过在符合一个铰孔的圆形插座上加工一个或者多个平面来获得。

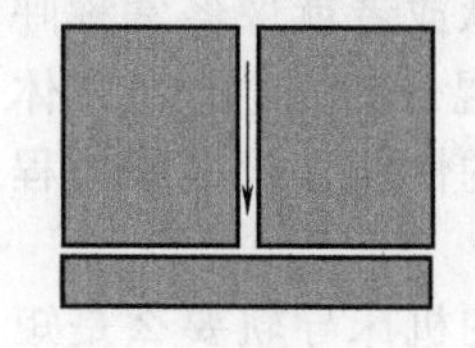

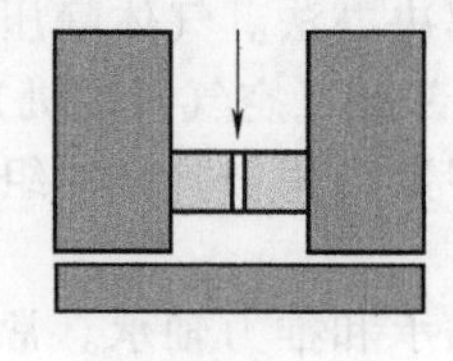

图9.3.4 典型的孔设计

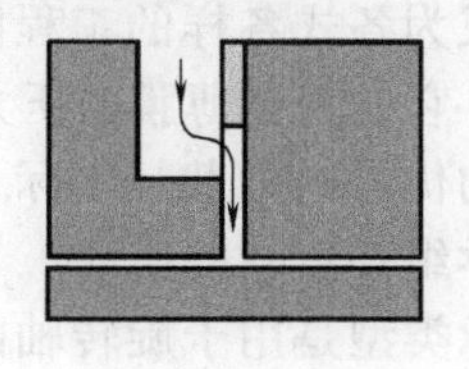

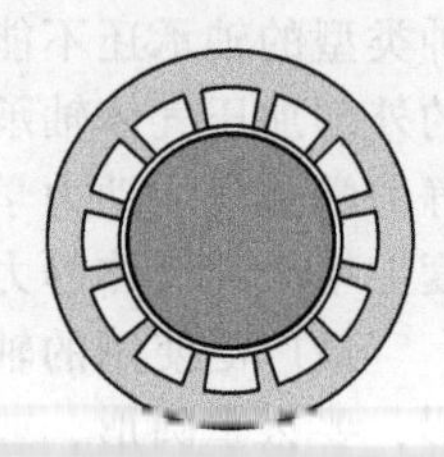

图9.3.5 隙缝滑动轴承

[41] 只使用离散数量的流量节流阀的气体静压轴承的剩余部分将考虑得更详细。

3. 沿着轴向槽的流体

专业仪器公司（Professional Instruments Co.）发明了一种方法，通过在一个轴承支撑表面上形成专门的槽（沟），可以向两个轴承支撑表面之间引入全压（full line pressure）的空气[42]。槽（沟）控制压力梯度，同时使其保持高度的稳定性，因为上游限制器（如孔）的缺乏以及沿着长的流动路径，挤压薄膜效果是最好的。槽补偿空气轴承运行特别好，经常被认为等同于多孔的空气轴承，然而，关于这种类型轴承的一定数量的可用设计信息是有限的，而且如果一个公司想发展自己的设计不同于孔补偿的空气轴承的能力，研制一种多孔空气轴承是最值得做的。

4. 通过多孔介质的流体

理想的设计是将空气均匀地提供给整个轴承垫，这可以通过使用多孔介质（如石墨）来完成。与其他类型的外部加压的气体静压轴承相比，多孔空气轴承本质上有更大的硬度和负载容量。另外，多孔空气轴承通常不易受到气动不稳定性（锤击、捶打）的影响，并且多孔石墨空气轴承非常能抵抗撞击。图9.3.54描述的半球形状主轴确实表现出了这些特点，它是由橡树岭原子能研究中心（美国田纳西州东部城市）开发的，现在在一些不同的公司制造，很多这样的主轴已经在恶劣的环境中使用几十年了。然而，精确描述通过多孔介质的流动和控制黏度的生产过程（漆的应用），都是具有挑战性的任务。关于这些任务的讨论超出了这本书的范围，它们都有充分的文献可做依据[43]。

一些轴承是通过将一个多孔插头插入轴承内部来实现入口限流的。多孔材料在其整个结构中有一个气孔“矩阵”，每一个尺寸都非常小。将插头加工到适当的长度，多孔插头的流体阻力应该和通过被插头供应的那段轴承的流体阻力相匹配。通过一个多孔插头的流体通常服从达而塞（Darcey）方程，但在实际中却很难控制。

5. 静态不稳定性

气动锤不稳定现象是由气体的可压缩性引起的，它是轴承间隙变化和通过孔腔压力变化对这个变化的回应之间的延迟的结果，如果孔腔的体积太大，延迟时间太长，在孔腔中造成的压力可能会极度增加，这将会引起轴承表面之间的间隙增大；而间隙的增大又会减小孔腔内的压力，因此啮合面之间的间隙又会再次减小，如果这个过程发生得太慢，将会发生过度补偿。

两个表面之间间隙的减小会增加气体流动阻力，并且这个流动阻力的增加会导致气体压力的形成。压力增加的后果就是两个啮合面之间的间隙会越大，会重复上面描述的过程。不稳定性的发生归因于可压缩流体的阻尼非常低，被称为气动锤不稳定性或者简单的气动锤。气动锤常与推力面相接合，这是因为当与油台内气体体积相比较的时候，孔口间气体的体积通常较大。有两种方式可以克服这个问题，一种方法是减小孔腔的深度和直径，这样就能减小总的孔腔的体积；另一种方法是使用自补偿的孔和接受减小的负载能力。

6. 气体静压轴承的类型

图9.3.6展示了一个圆形推力轴承的几何结构。加压空气通过中心的输送孔进入轴承，可压缩的液体沿径呈放射状向轴承外层的出口分散。实际上，这种形式的轴承没有抗倾斜性，其中一些轴承可以用于支撑一个结构和防止倾斜，其他轴承（如放射状支撑轴承）则可以直接用。这种类型的轴承一般不会遭受气动锤，因为与油台相比，“腔”的体积通常要小。

图9.3.7展示了一个环形推力轴承的几何结构，由于具有优越的抗倾斜性，它广泛用于线性和旋转运动。它与一个径向轴承一起使用时，还被作为一个推力面。环形轴承最主要的

---

[42] 美国专利3505 282授予Professional Instruments Co.，4601 Highway 7，Minneapolis，MN 55416，(612) 927-4494.

[43] 参与W.H. Rasnick et al.，‘Porous Graphite Air-Bearing Components as Applied to Machine Tools，’ SME Tech. Report MRR 74-02.

问题就是，如果设计不恰当，它们肯定会遭受气动锤。自补偿环形轴承通常更稳定，尽管它们的负载支撑容量和硬度比相同大小的小孔补偿轴承要小。对于油台面积小、供应孔的数量相对较大的窄的轴承，自补偿环形轴承可能是更好的。

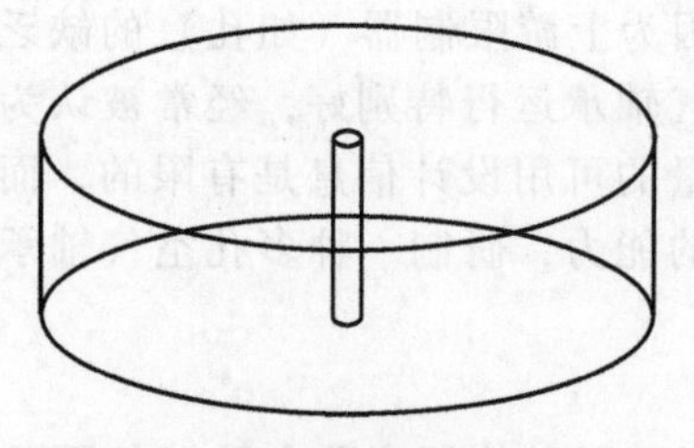

图 9.3.6 圆形推力轴承

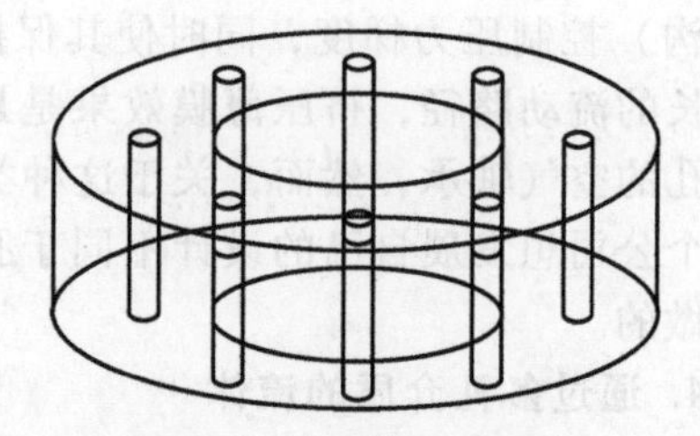

图 9.3.7 环形推力轴承

矩形平轴瓦轴承通常用于导轨组件中，如在一氧化碳测量系统（CMMs）中发现的那些。给定一个足够数量的进口限定器，这些轴承可能有适合应用负载容量和硬度要求的若干长宽比。图 9.3.8 显示了典型的矩形推力轴承的几何图。矩形轴承通常安装在两排进口设备上，用于提供操作上的倾斜硬度和增加负载有效性和轴承硬度。

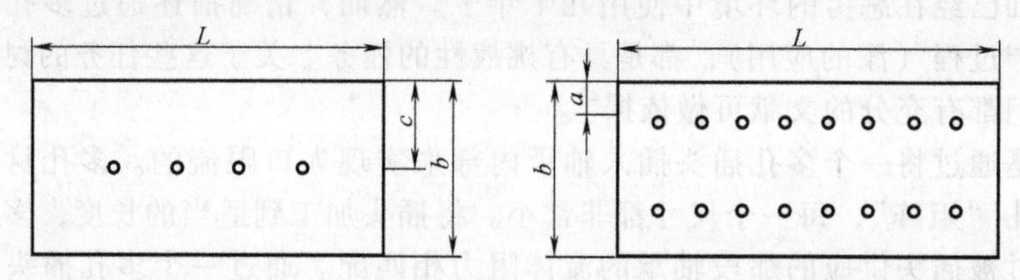

图 9.3.8 双入口（$a/b=0.25$）和单入口（$c/b=0.5$）矩形推力轴承

一个常见的外部加压气体轴承是径向轴承，它通常包括两行围绕轴承周长的输入源。图 9.3.3 显示了一个典型的径向轴承构造。一般来说，应该避免一些短的（$L/D<0.5$）径向轴承，因为它们难以合理设计。大部分径向轴承需要轴向约束，一个常见的方法是在两个环形垫的中心采用推力法兰。通常，两个垫子都被安装在轴承的一端，即在最准确定位的那一端，这有助于消除轴向的热膨胀误差。其他形式的组合径向轴承和推力轴承也是可能的，包括圆锥体的、部分球面的以及橡胶类型装置的，如图 9.3.9 所示。尽管后面的这些配置可能代替带有推力法兰的径向轴承，但是它们的制造更复杂。所以有必要决定，从低的气体流量比方面来讲，它们提供的优势是否值得付出额外的成本和满足这些轴承所要求的制造复杂性。

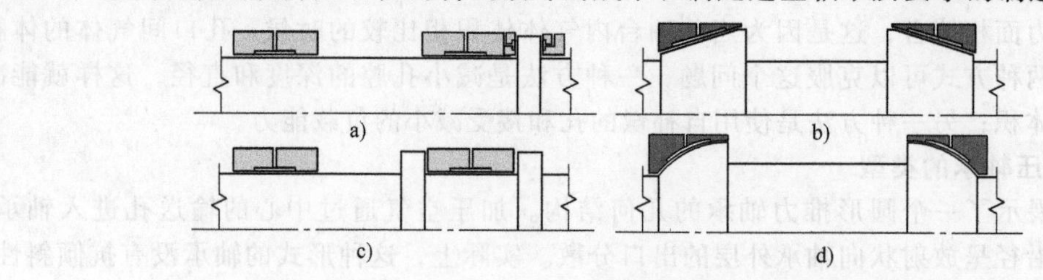

图 9.3.9 外部加压流体（气体或者液体）轴承的轴设计

a）带有环形推力轴承的圆柱形的径轴 b）圆锥体径向轴承 c）橡胶轴承 d）半球形状的轴

9.3.3 孔补偿轴承的分析

如前面讨论的，在压力源和轴承轴瓦之间的每一个进口源处都存在一些阻力，以在反向轴瓦之间形成压差，这将给使轴承具有一定的硬度，有时候称为补偿。孔轴承有自补偿，它是通过在轴承表面到空气供应气槽之间钻洞来制造的。“腔”补偿轴承是通过把孔周围的区域放在隐蔽处而获得一个更大的区域来制造的，这个更大的区域中的压力和入口处压力相等，因此可以允许轴承支撑更大的负载。无论怎样，“腔”孔轴承更有可能经历气动锤，就像以前讨论的，孔并不是实现进口节流器的唯一手段，但是它们有自己的优势，那就是它们是紧凑的，并且通常易于安装。孔可以通过中心有一个洞的宝石（钻）来提供，通常用于钟表，或者通过生产一个专门的钻孔插头插入轴承表面的铰孔来提供。可以表明，带有小型孔的轴承比那些自补偿的孔获得高达 1.5 倍的硬度。

1. 自补偿

图 9.3.10 显示了通过一个典型的自补偿限定器[44]的气流的路径和它由此而产生的实验性的压力剖面。压力剖面是通过测量横越穿过孔的压力传感器的径向轴承间隙获得的。这使得通过小距离的压力变化可以被鉴定出来，这在限定器周围的送料区域中是特别重要的。在孔送料区下去的瞬间，供应压力就会立即被记录下来，在进口装置中，这个压力对应供应条件。在轴承薄膜的进口处，气体加速，穿过供应压力 p_0 的“帷幕”区域面积 $\pi d_f h$，结果，静态压力 p_t减小。随着流动的继续，气体恢复它的一些动态压力并在大气边界损失黏性。

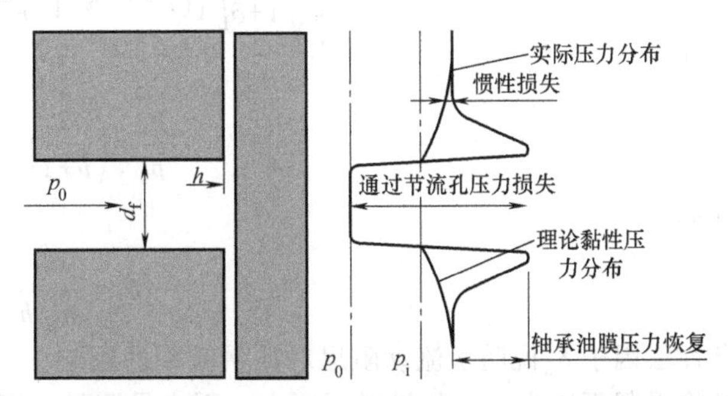

图 9.3.10　一个自补偿限定器局部的压力损失

假设气体膨胀是一个等熵过程（如可逆绝热过程），质量流率用下面的式子给出：

$$\dot{m}_o=\pi d_f h C_d p_0\left\{\frac{2\nu}{(\nu-1)RT}\left[\left(\frac{p_t}{p_0}\right)^{\frac{2}{\nu}}-\left(\frac{p_t}{p_0}\right)^{\nu+\frac{1}{\nu}}\right]\right\}^{1/2} \tag{9.3.1}$$

此处对于阻流[45]

$$\frac{p_t}{p_0}=\frac{2}{\nu+1}\frac{\nu}{\nu-1} \tag{9.3.2}$$

这个方程将质量流率与孔的尺寸、供应压力 p_0、波尔兹曼常数 R、温度 T 以及临界截面压力比 p_t/p_0 联系起来。流动方程中流量系数 C_d 的值很大程度上说明了轴承入口处的静脉缩流效应，用于 C_d的值依赖于这样的效应，即流体经过的拐角是锐利的。从实验中发现 C_d通常取的值大约是 0.8，因此每个进口在 20℃空气条件下阻塞的质量流率（kg/s）用下式给出：

$$\dot{m}_o=7.48\times10^{-4}C_d d_f h\frac{p_0}{p_a} \tag{9.3.3}$$

2. 腔补偿

图 9.3.11 显示了经过一个典型的腔补偿限定器的气体流。测量值和预测值的差值大约在 10%之内[46]。最初，气体通过孔流面积 $\pi d_o^2/4$，

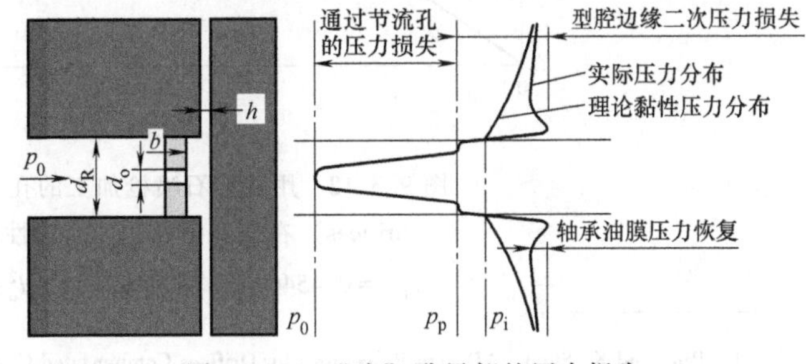

图 9.3.11　“腔”孔局部的压力损失

---

[44] 或者称为环形补偿节流或孔口，其实际上是钻到轴承表面的小孔。

[45] 当直径降低造成流量增加到最大（达到超声速）时，阻塞条件发生在空气通过孔口的流动中。更大的孔直径降低不会增加更多的空气，所以流量变得壅塞。

[46] E. Pink, ‘The Application of Complex Potential Theory to Externally Pressurized Gas Lubricated Bearings,’ Proc. 8th Int. Gas Bearing Symp., Leicester Polytechnic, England, 1981.

并且获得一个腔压力 p_{p}，在腔边缘，气体通过一个二级限定器进一步膨胀，用“帷幕”区域给出，即 $\pi d_{\mathrm{R}} h$（此处 d_{R} 为帷幕区域的直径），在气体进入轴承薄膜的时候，此处发生一个缩流截面。当速度减小时，气体随后恢复它的一些动态压力，在邻近轴承间隙处最终黏性损失。等熵流量方程可以和流量系数 C_{d} 结合说明了实际情况与理想流体的偏离：

$$\dot{m}_{\mathrm{o}}=\frac{C_{\mathrm{d}}\pi d_{\mathrm{o}}^{2}p_{0}}{4\sqrt{1+\delta_{\mathrm{L}}^{2}}}\left\{\frac{2\nu}{(\nu-1)RT}\left[\left(\frac{p_{\mathrm{p}}}{p_{0}}\right)^{\frac{2}{\nu}}-\left(\frac{p_{\mathrm{p}}}{p_{0}}\right)^{\frac{\nu+1}{\nu}}\right]\right\}^{1/2} \tag{9.3.4}$$

此处

$$\frac{p_{\mathrm{p}}}{p_{0}}=\left(\frac{2}{\nu+1}\right)^{\frac{\nu}{\nu+1}} \tag{9.3.5}$$

以及

$$\delta_{\mathrm{L}}=\frac{d_{\mathrm{o}}^{2}}{4d_{\mathrm{R}}h} \tag{9.3.6}$$

自补偿因子 δ_{L} 说明了流动阻尼对质量流率的影响，上面的质量流率用腔压力 p_{p} 来表达，而不是临界截面压力 p_{t}。临界截面压力 p_{t} 不容易测量，而 p_{p} 可以通过 C_{d} 的值直接获得，C_{d} 可以从实验中获得，包括腔内的压力恢复的影响。

图 9.3.12 显示了阻塞（自由喷射）流量系数 $C_{\mathrm{d}}{}^{*}$ 的曲线，结果与孔相关，这些孔是用钟表匠的红宝石（喷枪）自由喷射到大气环境中生产的[47]。对于一个给定的孔直径，C_{d} 有 15% 的变化范围，通常归因于孔尺寸与制造商声明的值的偏离。图 9.3.13 显示了与阻流相比，流量系数 C_{d} 和 p_{p}/p_{0} 的依赖性，可以看出，随着阻流中 p_{p}/p_{0} 的增大，流量系数减小。Marsh 和 Markho[48] 等人也报道了相似的趋势走向[49]。

当黄铜轴套被当做孔来使用时，衬套被压入轴承的时候，孔的直径会发生严重失真[50]。实

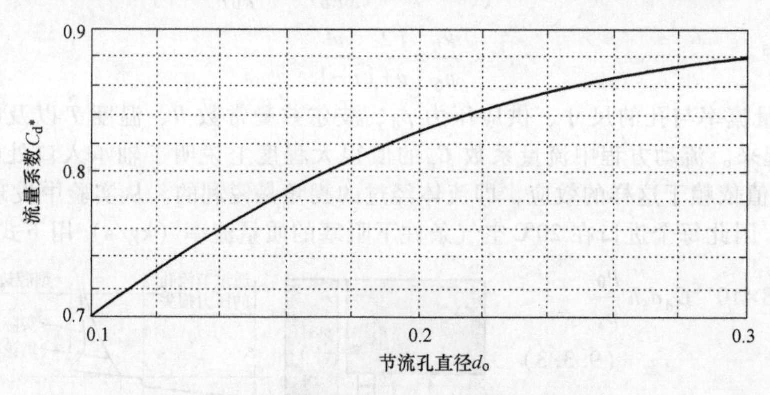

图 9.3.12　用红宝石喷枪加工的孔（ruby jewel orifices）在阻塞条件下的实验性的 $C_{\mathrm{d}}{}^{*}$，
$C_{\mathrm{d}}{}^{*}=0.4540+3.1762d_{\mathrm{o}}-7.8571d_{\mathrm{o}}^{2}+6.6666d_{\mathrm{o}}^{3}$

---

[47] E. Pink and K. Stout, ‘Design Procedures for Orifices Compensated Gas Journal Bearings Based on Experimental Data,’ Tribol. Int., Feb. 1978, pp. 63-75.

[48] H. Marsh et al., ‘The Flow Characteristics of Small Orifices Used in Externally Pressurized Bearings,’ Proc. 7th Int. Gas Bearing Symp., University of Cambridge, England, 1976.

[49] P. Markho et al. Discussion of Ref. 3.3, pp. 41-47, Proc 7th Int. Gas Bearing Symp., University of Cambridge, England, 1976.

[50] H. Marsh et al., ‘The Flow Characteristics of Small Orifices used in Externally Pressurized Bearings,’ Proc. 7th Int. Gas Bearing Symp., University of Cambridge, England, 1976.

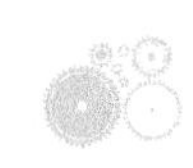

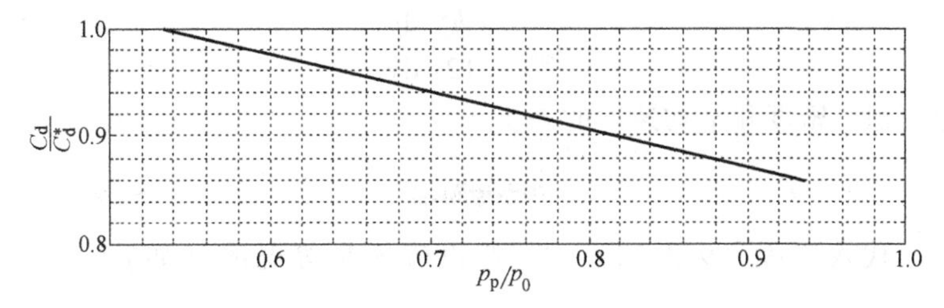

图 9.3.13 带有基于“口袋”中恢复条件的压力比的 C_d 的相关性

验表明，流动系数变化是相同名义孔的大小的 2 倍，这种变化的一个可能的原因是小的几何差异和/或表面粗糙度的影响。通过实验获得的 C_d^* 的值在 0.5～0.92 的范围内，有 C_d^* 随着孔的直径增大而增大的趋势。必需要注意的是，无论怎样，由于孔的几何变形而遇到的问题不会发生在钟表匠的珠宝（轴承）中。这是因为珠宝（轴承）和黄铜轴套不同，它非常坚硬，因此不会发生明显的变形或者产生毛刺，如果遇到过度的压力，珠宝（轴承）会开裂或破碎。另外，因为珠宝材料是半透明的，发生的任何开裂都很容易用一个显微镜和一个强光源探测出来。对于一个“腔”补偿轴承，每个进口在 20℃ 空气条件下阻塞的质量流率（kg/s）用下式给出：

$$\dot{m}_o = 1.87\times10^{-4} C_d d_o^2 \frac{p_0}{p_a} \tag{9.3.7}$$

3. 平行板之间的流动

当空气通过孔进入轴承之后，它可以作为平板之间的流体模型化，因为黏性流体主要存在于这个区域。它还可以用于普遍带有窄的矩形通道的分层进口限定器，通常见于缝隙轴承中，不管是什么情况，用于决定流量的假设是：

1）贯穿的流体假设是纯粹黏性的，在边界处没有滑动。这意味着气体惯性被忽略，对于包含低的雷诺数的状况，这是一个有效的假设。

2）气体在恒定的温度（如等温情况）下流动。这意味着由黏性剪切产生的热能够有效地消散。由于实际中使用的典型的轴承利用小的气体薄膜间隙和金属材料制作轴承面，这个假设是普遍有效的。

3）穿过轴承薄膜的压力是恒定的。实际上对于实际中应用的小间隙，穿越薄膜的压力只有轻微的变化。图 9.3.14 考虑了流动元素。方程（9.3.8）给出了剪切应力（剪应力、切应力、黏性摩擦应力）的表达式：

$$\tau = -\frac{dp}{dy}z \tag{9.3.8}$$

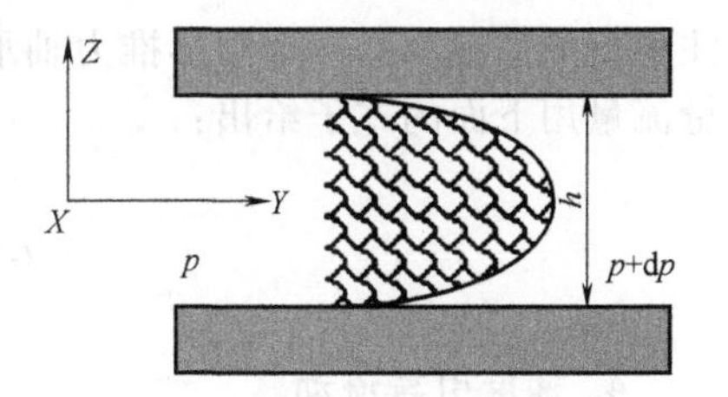

图 9.3.14 压力引起流动

通过上面的假设，纳维尔-斯托克斯（Navier Stokes）方程简化为：

$$dv = \frac{-dp}{dy}\frac{z}{\eta}dz \tag{9.3.9}$$

在 $v=0$ 的情况下，对 $z\pm h/2$ 区间进行积分：

$$v = \frac{1}{2\eta}\frac{dp}{dy}\left(\frac{h^2}{4} - z^2\right) \tag{9.3.10}$$

这给出了一个抛物线速度分布。平均速度是通过积分速度剖面和除以空气薄膜厚度 h 来获得的：

$$v_{\text{mean}}=\frac{h^2}{12\eta}\frac{\mathrm{d}p}{\mathrm{d}y} \tag{9.3.11}$$

质量流率简化为面积、密度和平均速度的乘积：

$$\dot{m}=A\rho v_{\text{mean}} \tag{9.3.12}$$

把方程（9.3.11）代入方程（9.3.12）中，假设流体是等温的（如 $\rho=p/RT$），代替 $A=hx$ 得到：

$$\dot{m}=\frac{ph^3}{12\eta RT}\frac{\mathrm{d}p}{\mathrm{d}y}x \tag{9.3.13}$$

上面的方程表达了质量流量比按照流动方向的压力梯度、气体属性、流体通道尺寸来计算。它可以用于任何黏性流体阻力（如轴承间隙产生的）。

方程（9.3.13）也可以应用于经常见于槽入式的轴承中带有窄的矩形通道的进口限定器，对于这些轴承，方程（9.3.13）可以直接用于说明压降，用下面式子给出：

$$p_0^2-p_{\mathrm{d}}^2=\frac{24\eta\dot{m}RTl}{ah^3} \tag{9.3.14}$$

此处，a、h 和 l 分别是宽度、厚度和槽的长度。

在通过单一孔轴承的一维流体的例子中，引入边界条件 $y=0$ 时 $p=p_{\mathrm{d}}$ 以及在 $y=Y$ 时 $p=p_{\mathrm{a}}$，给出：

$$p_{\mathrm{d}}^2-p_{\mathrm{a}}^2=\frac{12\eta\dot{m}RT}{\pi h^3}\xi \tag{9.3.15}$$

形状系数 ξ 定义为流体长度 $\mathrm{d}y$ 随着流体宽度 x 的变化关系：

$$\xi=\int_{y_1}^{y_2}\frac{2\pi}{x}\mathrm{d}y \tag{9.3.16}$$

注意，如果轴承是一个圆形推力轴承，即 $x=2\pi y$，从入口到大气边界通过轴承间隙的总共质量流量用下面的式子给出：

$$G=\left[\left(\frac{p_{\mathrm{d}}}{p_0}\right)^2-\left(\frac{p_{\mathrm{a}}}{p_0}\right)^2\right]\frac{\pi h^3p_0^2}{12\eta RT\xi} \tag{9.3.17}$$

4. 速度引导流动

速度引导流动发生在轴承表面相对彼此移动的地方，如图 9.3.15 所示。由此产生的速度剖面是线性的。速度引导流动由下面的式子给出：

$$\dot{m}=A\rho v=\frac{hp_{\text{mean}}U}{2RT} \tag{9.3.18}$$

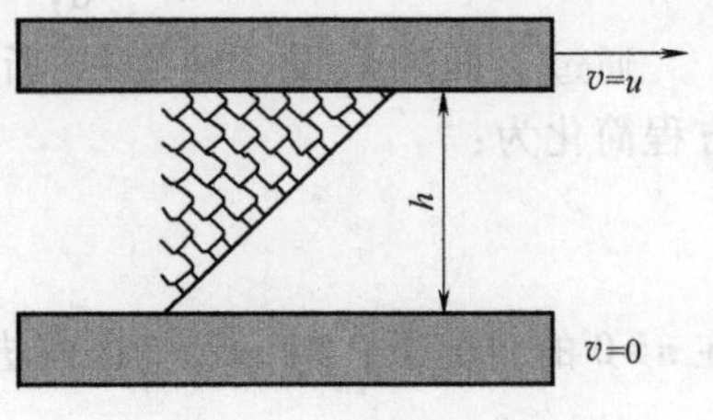

图 9.3.15　速度引导流动

5. 进给参数 $\Lambda_{\mathrm{S}}\xi$ 和压力比 K_{go}

假设流经轴承间隙、N 个缝隙的质量流率［方程（9.3.1）和方程（9.3.4）分别用于自补偿轴承和腔补偿轴承］没有分散方程（9.3.7）：

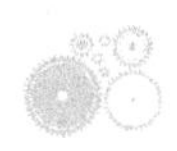

$$\Lambda_S\xi C_d\left\{\frac{2\nu}{\nu-1}\left[\left(\frac{p_t}{p_0}\right)^{\frac{2}{\nu}}-\left(\frac{p_t}{p_0}\right)^{\frac{\nu+1}{\nu}}\right]\right\}^{\frac{1}{2}}=\left(\frac{p_d}{p_0}\right)^2-\left(\frac{p_a}{p_0}\right)^2 \tag{9.3.19}$$

此处

$$\Lambda_S\xi=\frac{6\eta\sqrt{RT}Nd_o^2}{4p_0h_o^3\sqrt{1+\delta_o^2}}\xi(\text{腔孔}) \tag{9.3.20a}$$

$$\Lambda_S\xi=\frac{6\eta\sqrt{RT}Nd_f}{p_0h_o^2}\xi(\text{自补偿}) \tag{9.3.20b}$$

以及

$$\frac{p_t}{p_0}=\frac{p_d/p_0}{\left(\frac{2}{\nu+1}\right)^{\frac{\nu}{\nu-1}}} \tag{9.3.21}$$

$\Lambda_S\xi$ 通常称为进给参数，被 MTI（Mechanical Technology，Inc.）定义[51]。这个参数给出了在同轴条件下，通过孔阻止压降与轴承间隙压降的比值的测量，这个值表明流体阻抗的匹配程度。另外一种方法是从设计压力比 K_{go} 的角度来表示下降，这里

$$K_{go}=\frac{p_d-p_a}{p_0-p_a} \tag{9.3.22}$$

对于一个给定的轴承设计，$\Lambda_S\xi$ 的计算比 K_{go} 相对简单。根据所采用的限定器损失分析，相同的轴承可以有不同的 K_{go} 值，另外，分散的影响使分析进一步复杂化，这些条件使得对于一个特定的轴承设计，K_{go} 的选择是一件随机的事情。相比之下，$\Lambda_S\xi$ 直接从轴承几何中定义，所以它是一个独立的变量。图 9.3.16 显示了 $\Lambda_S\xi$ 和 K_{go} 之间的关系，从图中可以看出，对于一个给定的 $\Lambda_S\xi$ 值，p_d/p_0 取各种各样的值时，K_{go} 只有轻微的变化。

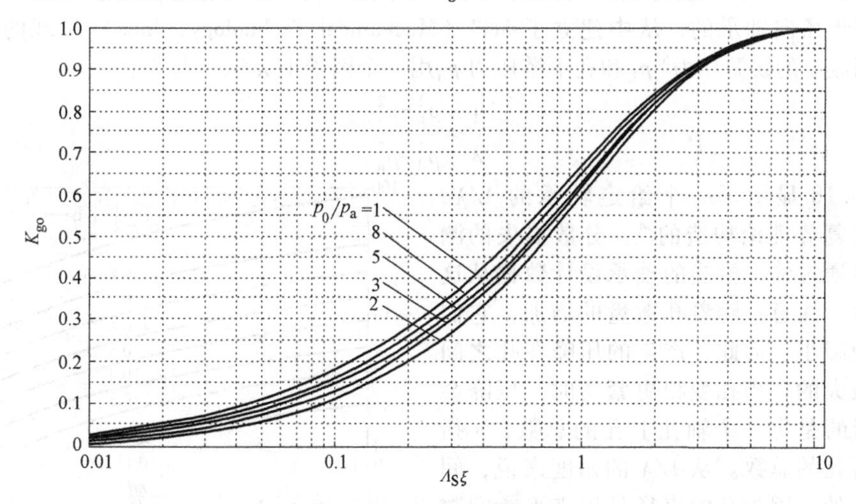

图 9.3.16　进给参数 $\Lambda_S\xi$ 和 K_{go} 之间的关系，$C_d=0.8$，$\nu=1.4$

6. 孔的设计

方程（9.3.7）给出的无量纲的质量流率，形式如下：

$$\overline{G}=\frac{G\times12\eta RT\xi}{\pi p_0^2h^3} \tag{9.3.23}$$

[51] D. Wilcock, Design of Gas Bearings, Mechanical Technology, Inc., Ltham, NY, 1967.

经过轴承薄膜压降可以表示为：

$$\overline{G}=\left(\frac{p_{\mathrm{d}}}{p_0}\right)^2-\left(\frac{p_{\mathrm{a}}}{p_0}\right)^2 \tag{9.3.24}$$

图 9.3.17 显示了无量纲的质量流率对供应压力变化的敏感度要小于 $\Lambda_{\mathrm{S}}\xi$ 的敏感度。

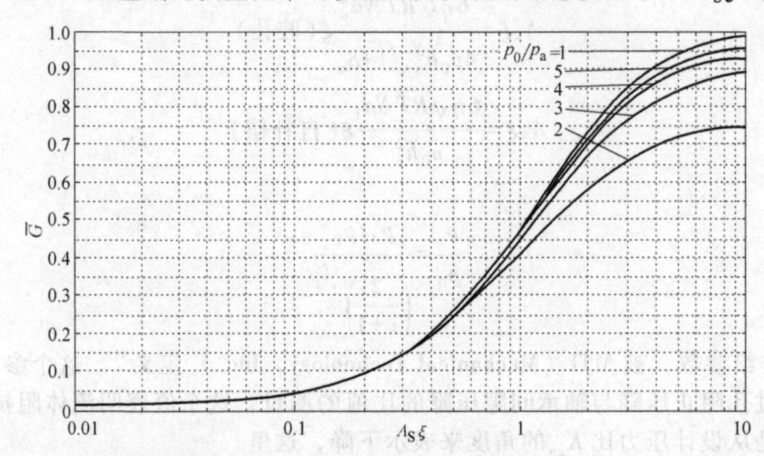

图 9.3.17　无量纲质量流率作为参数 $\Lambda_{\mathrm{S}}\xi$ 的一个函数，$C_{\mathrm{d}}=0.8$，$v=1.4$，$1/\lambda=1.0$

7. 考虑分散的直线进给修正（line feed solution corrected）

当一定数量的进口源出现在轴承中时，在进口之间会发生分散压力损失。前面部分呈现的分析假设了一个忽略这些分散损失的直线供给模型。为了解释说明分散，要求在供给平面周围有无限多个源，或者用一个小槽与孔连接。然而，当用离散孔限定器时，如果没有一个连接槽，在入口源之间就会产生压力损失，所以它们表现得不像是线源。在这部分中，展示了一个恰当的直线进给修正因子是如何随着分散影响而减少的。这个方法用于推断直线进给修正因子，是 Lund[52] 先前提议用于径向轴承的，从中建立了 MTI（Mechanical Technology, Inc.）呈现的设计数据。这个方法把假定的线源压力[53] p_{L} 和孔下游压力 p_{d} 用一个因子 $1/\lambda$ 联系起来：

$$\frac{1}{\lambda}=\frac{p_{\mathrm{L}}^2-p_{\mathrm{a}}^2}{p_{\mathrm{d}}^2-p_{\mathrm{a}}^2} \tag{9.3.25}$$

图 9.3.18 显示了一个给定轴承的 $1/\lambda$，此图是采用复势理论构造的[54]。分散损失的测量可以直接通过输入恰当的轴承设计数据从这个图中获得。注意：随着孔数量的增加，它们之间的间距减小。因此，产生的压降在孔之间的中点是最大的，当孔变得更紧密时，压降会减小。N 指的是每一个轴瓦上孔的总数，n 指的是每一行孔的总数。从 $1/\lambda$ 的角度来说，间隙是不重要的，因为孔的直径是用来平衡间隙的（流入=流出）。$N\xi$ 与性能相关，是轴瓦形

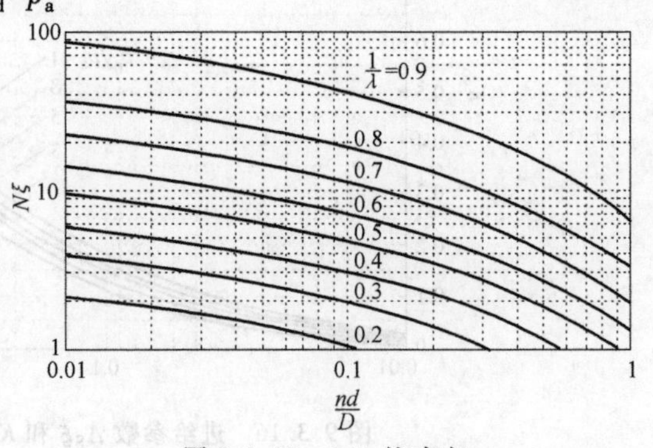

图 9.3.18　$1/\lambda$ 的确定

---

52 J. Lund, 'The Hydrostatic Gas Journal Bearings with Journal Rotation and Vibration,' J. Basic Eng., Trans. ASME. Ser. D, Vol. [illegible], pp. [illegible], [illegible].

53 这是所有孔口连接线上的轴承压力，不是来自压缩机线上的压力（p_0）。

54 更多的细节，参与 E. Pink, 'The Application of Complex Potential Theory to Externally Pressurized Gas Lubricated Bearings,' Proc. 8th Int. Gas Bearing Symp., Leicester Polytechnic, England, 1981.

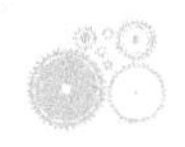

状的函数，然而 nd/D 是一个有关离散入口怎样表现得像一个直线供给线源的测量。

假定黏的、等温的流体，现在定义围绕入口平板的压力为一个直线压力 p_L，流体通过轴承间隙的总质量流量为：

$$G=\left[\left(\frac{p_L}{p_0}\right)^2-\left(\frac{p_a}{p_0}\right)^2\right]\frac{\pi h^3 p_0^2}{6\eta RT\xi}\tag{9.3.26}$$

用 p_d^2 代替式（9.3.25）中的 p_L^2，得到：

$$G=\left[\left(\frac{p_d}{p_0}\right)^2-\left(\frac{p_a}{p_0}\right)^2\right]\frac{\pi h^3 p_0^2}{6\eta RT\xi\lambda}\tag{9.3.27}$$

图 9.3.19 显示了 $1/\lambda$ 对流率和 p_d/p_0 的影响，随着 $1/\lambda$ 减小，p_d/p_0 增大，流率减小，如方程（9.3.26）所示，p_d/p_0 的减小又反过来导致负载容量减小。

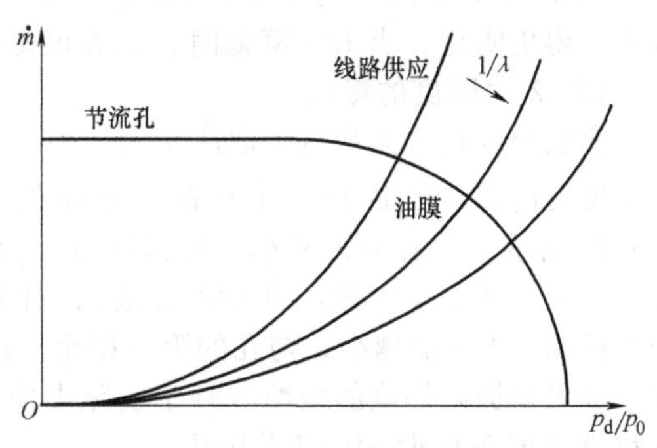

图 9.3.19　$1/\lambda$ 在孔和薄膜压力上的影响

把通过孔的流量和通过轴承间隙的流量等同起来，就像获得方程（9.3.19）那样，给出：

$$\Lambda_S\xi C_d\left\{\frac{2\nu}{\nu-1}\left[\left(\frac{p_t}{p_0}\right)^{\frac{2}{\nu}}-\left(\frac{p_t}{p_0}\right)^{\frac{\nu+1}{\nu}}\right]\right\}^{\frac{1}{2}}=\left(\frac{p_L}{p_0}\right)^2-\left(\frac{p_a}{p_0}\right)^2=\frac{1}{\lambda}\left[\left(\frac{p_d}{p_0}\right)^2-\left(\frac{p_a}{p_0}\right)^2\right]\tag{9.3.28}$$

此处

$$\frac{p_t}{p_0}=\left(\frac{2}{\nu+1}\right)^{\frac{\nu}{\nu-1}}\text{（阻塞的孔）}\tag{9.3.29a}$$

以及

$$\frac{p_t}{p_0}=\frac{p_d}{p_0}\text{（没阻塞的孔）}\tag{9.3.29b}$$

图 9.3.20 显示了孔和薄膜压力是如何变化的，随着 $\Lambda_S\xi$ 增加，在 $p_L/p_0 \sim p_d/p_0$ 之间会发生更大的差异。这表明对于一个太大的轴承来说，一个单孔最终失去其作为限流器的作用，这里一个线源达到一个稳定的极限。

8. λ 对流率的影响

线源的无量纲的流率可以用一种相似的方式表示，对于单孔：

$$\overline{G}_L=\left(\frac{p_L}{p_0}\right)^2-\left(\frac{p_a}{p_0}\right)^2=\frac{1}{\lambda}\left[\left(\frac{p_d}{p_0}\right)^2-\left(\frac{p_a}{p_0}\right)^2\right]\tag{9.3.30}$$

在 $\Lambda_S\xi$ 值低的时候，通过轴承间隙的压降比通过孔的压降要大，所以有大量的流体把孔接在一起，因此在线源压力和孔压力之间的相对差异，对质量流量率基本没有什么影响。从图 9.3.21 可以看出，随着 $\Lambda_S\xi$ 值增大，$1/\lambda$ 对流率的影响变得更严重。

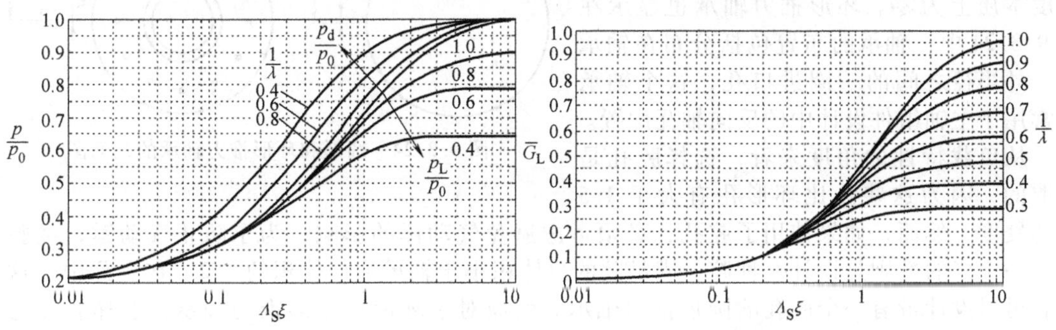

图 9.3.20　孔和薄膜压力作为 $\Lambda_S\xi$ 的函数，$C_d=0.8$，$\nu=1.4$，$p_0/p_a=5.0$

图 9.3.21　对于不同的 $1/\lambda$，无量纲化的线源流率作为 $\Lambda_S\xi$ 的函数，$C_d=0.8$，$\nu=1.4$

9. λ 对负载容量的影响

$1/\lambda$ 对负载容量的影响可以就一个存在平行薄膜条件的单动式推力轴承来说明。负载容量遵循图 9.3.22 所示的趋势，$\Lambda_S\xi$ 的值低，基本不存在差别，但是随着 $\Lambda_S\xi$ 值增大，$1/\lambda$ 的影响变得更明显，当 $1/\lambda$ 降低时，孔表现得不像一个线源，轴承的负载容量也会下降。

10. λ 对硬度的影响

薄膜硬度在很大程度上取决于线压力作为轴承间距（$\mathrm{d}p_d/\mathrm{d}h$）的变化，为了表明 $1/\lambda$ 对轴承硬度的影响，进行一个小的离心率的分析来确定薄膜压力 $\mathrm{d}p_d/\mathrm{d}h$ 的响应，结果如图 9.3.23 所示。随着 $1/\lambda$ 减小，能获得的 $\mathrm{d}p_d/\mathrm{d}h$ 的最大值严重减小，这将会导致更低的轴承硬度。然而，随着 $1/\lambda$ 减小（增加分散），对于最大 $\mathrm{d}p_d/\mathrm{d}h$（和硬度）条件下的最佳 $\Lambda_S\xi$ 值也是一样的。$\Lambda_S\xi$ 值越小，与孔的阻抗相比，轴承间隙的阻抗就越大，因此，孔更有可能表现得像一个可以提高硬度的线源。对于实际中使用的 $1/\lambda$ 的典型值，最大硬度条件下最佳的供给参数 $\Lambda_S\xi$ 值在 0.45~0.67 范围内。

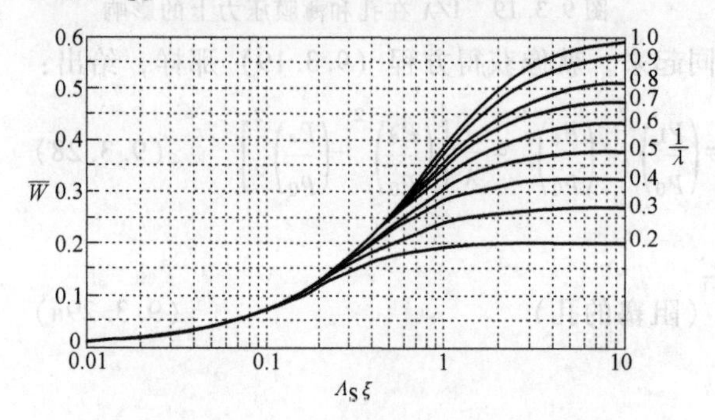

图 9.3.22　$1/\lambda$ 对自补偿轴承负载特性的影响，$C_d=0.8$，$v=1.4$，$R_o/R_i=1.5$，$p_0/p_a=5.0$

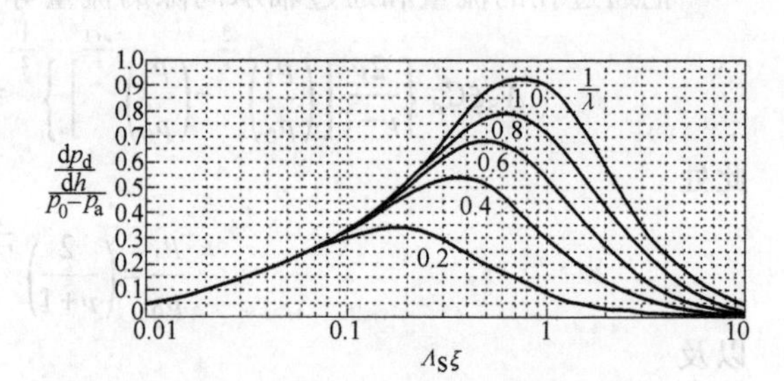

图 9.3.23　对于一个“腔”补偿轴承的不同的 $1/\lambda$，薄膜压力的敏感度随间隙的变化，$C_d=0.8$，$v=1.4$，$p_0/p_a=5.0$；对于一个自补偿轴承来说，纵坐标乘以系数 2/3

9.3.4　圆形和环形推力轴承设计

如图 9.3.24 所示，一个圆形推力轴承可以支撑单向的负载，如轴向的轴负载。这些轴承典型地都有一个相对较低的流速。然而，这种配置不能用于主轴一端的面板，因此他们的使用仅限于简单推力应用中的一个小范围。注意，这种类型的轴承的角刚度本质上为零。环形推力轴承也显示在图 9.3.24 中，轴承的布置包括分布在轴承内、外半径之间的一圈进口孔，这个轴承通常用于主轴组件设计中的反向轴瓦配置。

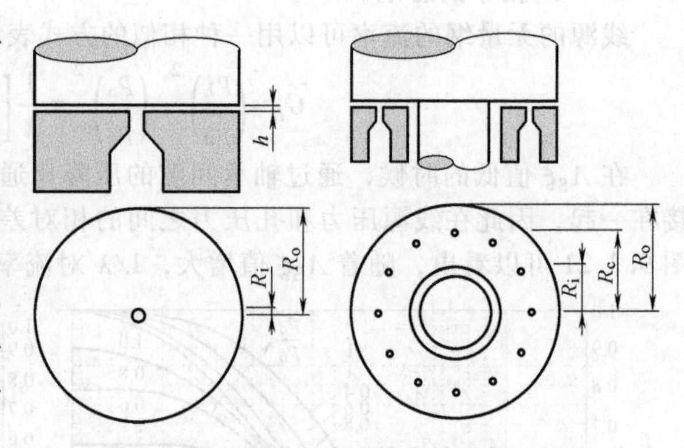

图 9.3.24　圆形和环形推力轴承的几何图

从负载特性的角度来看，选择腔孔是可取的，因为这些孔比环形孔有大于 1.5 倍的硬度。然而，如果使用了腔孔，必须考虑避免气动锤的影响，为了防止气动锤，经验表明，一个好的准则是设计一种腔，满足腔的总体积小于轴承油台体积的 1/2。在实际中，这意味着可以设计带有一个腔孔的圆形推力轴承。然而对于环形和矩形推力轴承，选择腔孔还是自补偿孔在很大程度上取决于油台面积。小的油台面积倾向于自补偿孔，因为会出现极端的腔体积和薄膜体积比。

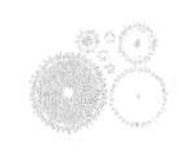

对于腔孔的轴承来说，凹进去的深度应该和孔直径相等，或者大于孔直径，而且，孔的几何结构应该被设计成“帷幕”流体面积 $\pi d_R h_o$ 至少是孔流体面积 $0.25\pi d_o^2$ 的 2 倍，这样才能在很大程度上保证获得“腔”补偿：

$$\frac{\pi d_o^2}{4}\frac{1}{\pi d_R h_o}=\frac{d_o^2}{4d_R h_o}\leqslant 0.5 \tag{9.3.31}$$

对于自补偿孔的轴承来说，一个好的设计准则是保证进口流体面积至少是“帷幕”流体面积的 2 倍：

$$\frac{\pi d_f^2}{4}\frac{1}{\pi d_f h_o}=\frac{d_f}{4h_o}\geqslant 2 \tag{9.3.32}$$

注意这些准则将确保轴承将以一种可预知的方式运作，它们的性能将对应于这一章呈现的设计数据的计算结果。

为了设计数据表，圆形推力轴承和环形推力轴承通常可用的性能特征分别如图 9.3.25 和图 9.3.26 所示。对于这些图中给出的方程，任何一系列变量都可能用于决定大致的轴承性能，

参数	腔孔	自补偿孔
最大刚度/(N/μm)	$K=\frac{0.27\pi R_o^2(p_0-p_a)}{h_o}$	$K=\frac{0.18\pi R_o^2(p_0-p_a)}{h_o}$
$\varepsilon=0$ 时的最大载荷/N	$W=0.15\pi R_o^2(p_0-p_a)$	
$\varepsilon=-0.25$ 时的最大载荷/N	$W=0.21\pi R_o^2(p_0-p_a)$	
$\varepsilon=0.25$ 时的最大载荷/N	$W=0.11\pi R_o^2(p_0-p_a)$	
空气流速/(m^3/s)	$Q=\frac{0.34h_o^3p_0^2}{3.42\times10^6\times2\log_e(R_o/R_i)}$	
孔直径/mm	$d_o=\sqrt{\frac{\Lambda_S\xi p_0 h_o^3}{7890\times2\log_e(R_o/R_i)}}$	$d_f=\sqrt{\frac{\Lambda_S\xi p_0 h_o^2}{31.55\times2\log_e(R_o/R_i)}}$
腔深/mm	$b\leqslant\frac{0.05h_o}{(R_i/R_o)^2\times10^3}$	不适用
腔补偿时	$\frac{125d_o^2}{R_i h_o}<0.5$	不适用

图 9.3.25　圆形推力轴承的设计方程，$\Lambda_S\xi=0.85$，负载容量基于 $R_o/R_i=20$，压力的单位是 N/mm²，面积的单位是 mm²，轴承间距 h_o 的单位是 μm

参数	腔孔	自补偿孔
最大刚度/(N/μm)	$K=\frac{0.44\pi(R_o^2-R_i^2)(p_0-p_a)}{h_o}$	$K=\frac{0.29\pi(R_o^2-R_i^2)(p_0-p_a)}{h_o}$
最大角刚度/(N·m/rad)	$K_A=\frac{0.23\pi(R_o^2-R_i^2)R_oR_i(p_0-p_a)}{h_o}$	
$\varepsilon=0$ 时的最大载荷/N	$W=0.26\pi(R_o^2-R_i^2)(p_0-p_a)$	
$\varepsilon=-0.25$ 时的最大载荷/N	$W=0.37\pi(R_o^2-R_i^2)(p_0-p_a)$	$W=0.35\pi(R_o^2-R_i^2)(p_0-p_a)$
$\varepsilon=0.25$ 时的最大载荷/N	$W=0.18\pi(R_o^2-R_i^2)(p_0-p_a)$	$W=0.20\pi(R_o^2-R_i^2)(p_0-p_a)$
空气流速/(m^3/s)	$Q=\frac{0.27h_o^3p_0^2}{3.42\times10^6\times2\log_e(R_o/R_i)}$	
孔直径/mm	$d_o=\sqrt{\frac{\Lambda_S\xi p_0 h_o^3}{7890n\times0.5\log_e(R_o/R_i)}}$	$d_f=\frac{\Lambda_S\xi p_0 h_o^2}{31.55n\times0.5\log_e(R_o/R_i)}$
腔深/mm	$b\leqslant\frac{0.2(R_o^2-R_i^2)h_o}{nd_R^2\times10^3}$	不适用
腔补偿时	$\frac{R_o^2\times10^3}{d_R h_o}<0.5$	不适用

图 9.3.26　环形推力轴承的设计方程，$\Lambda_S\xi=0.60$，压力的单位是 N/mm²，面积的单位是 mm²，轴承间距 h_o 的单位是 μm

这些方程涉及“最佳的”轴承性能。对于多重进口（环形）轴承，必须在进口之间允许有实际可行的分散损失，所以 $1/\lambda$ 假定大约为 0.7。

9.3.4.1 圆形推力轴承的设计

当使用腔孔的时候，为了确保避免气动锤，腔孔体积和间隙体积之比应该至少为 1∶20，所以腔孔深度 b（单位为 mm）应该为：

$$b \leqslant \frac{0.05h_o}{(R_i/R_o)^2 \times 10^3} \tag{9.3.33}$$

此处，h_o是名义轴承间距（mm）。在方程（9.3.33）中，腔孔深度可以用最初假设$R_i/R_o=0.05$ 来计算，这里R_i是指腔孔半径($R_i=d_R/2$)，R_o是指轴承半径。如果计算得到的腔孔深度小于可以方便制造的深度，必须减小 R_i/R_o值；R_i/R_o值的减小又会降低负载容量和减小流速；两者选一，R_i/R_o值的增大会减小腔孔深度，增大负载容量和流速。

图 9.3.27～图 9.3.29 阐明了圆形推力轴承的负载容量和薄膜硬度特点。图 9.3.27 和图 9.3.28 给出了性能与进给参数 $\Lambda_S\xi$ 的关系，下面分别是对于腔补偿孔和自补偿孔的供给参数：

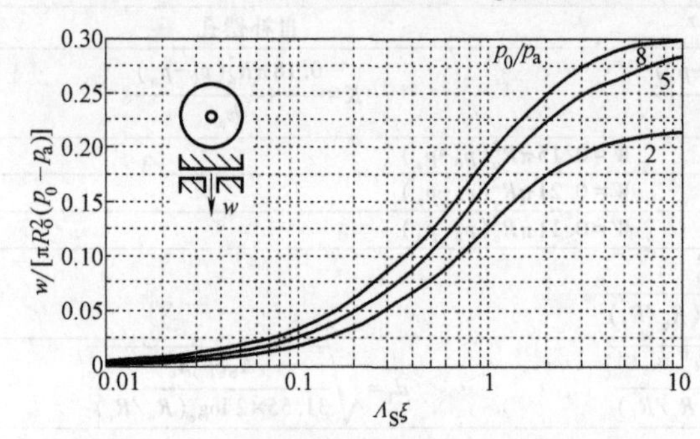

图 9.3.27 腔孔圆形推力轴承的负载容量
（$R_i/R_o=0.05$，$C_d=0.8$，$v=1.4$；
对于一个自补偿轴承来说，纵坐标乘以系数 2/3）

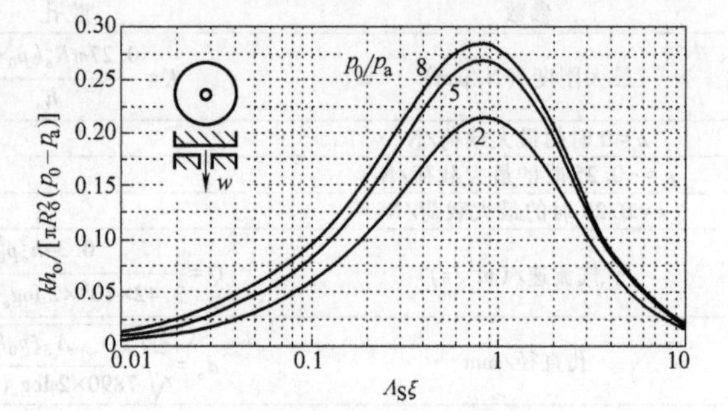

图 9.3.28 腔孔圆形推力轴承的刚度
（$R_i/R_o=0.05$，$C_d=0.8$，$v=1.4$；
对于一个自补偿轴承来说，纵坐标乘以系数 2/3）

$$\Lambda_S\xi = \frac{15.8 \times 10^3 d_o^2}{p_0 h_o^3} \log_e \frac{R_o}{R_i} \tag{9.3.34}$$

$$\Lambda_S\xi = \frac{63.1 d_f}{p_0 h_o^2} \log_e \frac{R_o}{R_i} \tag{9.3.35}$$

显示的数据特别应用 $R_i/R_o=0.05$ 以及用于不同 R_i/R_o值下负载和刚度的修正因子，如图 9.3.29 所示。压力的单位是 N/mm²，轴承间隙的单位是 μm，半径的单位是 mm。

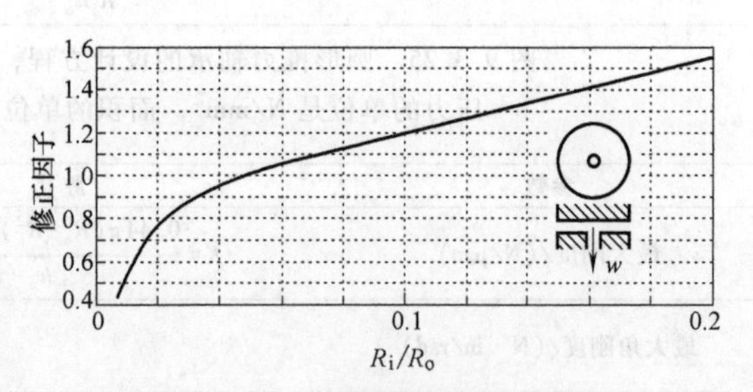

图 9.3.29 一个圆形推力轴承的负载和刚度修正因子

从图 9.3.28 可以看出，硬度在 $\Lambda_S\xi=0.85$ 时达到最大值。对于这个最佳条件，腔孔半径（孔插头的半径）可以用方程 9.3.33 计算得到。

实例

要求圆形推力轴承能够支撑最小 700N 的负载，还必须有大于 70N/μm 的刚度，另外要求轴承有适度的（中等的）流速，因此要求气体薄膜厚度 h_o要小。假定轴承外径是有限制的，不超过 70mm。输入的值为：$R_o=70\text{mm}$，$R_i=3.5\text{mm}$，$p_0/p_a=5$（$p_0=506\text{kN/m}^2$），$h_o=20\mu\text{m}$。图 9.3.25 刚度方程中 R_o的单位为 mm，(p_0-p_a)的单位为 N/mm²，以及 h_o的单位为 μm。当 $p_0/p_a=5$，$p_0-p_a=4\text{atm}=0.405\text{N/mm}^2$时，刚度为

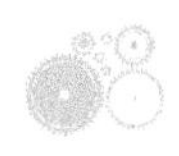

$$K=\frac{0.27\pi\times70^2\times0.405}{20}\text{N}/\mu\text{m}=84.17\text{N}/\mu\text{m}$$

从图 9.3.25 中的负载容量方程得出 $W=935.2\text{N}$，从图 9.3.25 中的流量方程得出：

$$q=\frac{0.34\times20^3\times0.506^2}{3.42\times10^6\times2\times\log_e 20}\text{m}^3/\text{s}=3.4\times10^{-5}\text{m}^3/\text{s}$$

以及从图 9.3.28 得出 $\Lambda_S\xi=0.85$，从图 9.3.25 中的腔孔直径方程得出：

$$d_o=\sqrt{\frac{0.85\times0.506\times20^3}{7.89\times10^3\times2\times\log_e 20}}\text{mm}=0.27\text{mm}$$

从图 9.3.33 得知腔孔深度 $b\leqslant0.4\text{mm}$。

9.3.4.2　环形推力轴承的设计

先前已经陈述了环形推力轴承经常与径向轴承共同使用，由于它们在空间中的使用经常是有限制的，油台的宽度通常很小。小的油台宽度导致轴承面之间的空气薄膜体积相当小。如果使用的是腔孔，气动锤不稳定性发生的可能性就存在，因此很多环形推力轴承用自补偿孔。对于有腔补偿孔或者自补偿孔的轴承的设计流程在下面呈现。

1. 入口源的位置

一些设计者在一个在轴承内径 R_i和外径 R_o的中间（平均）半径 R_c处安装入口源：

$$R_c=\frac{R_i+R_o}{2} \tag{9.3.36}$$

这个位置尽管可以接受，但是流速不能达到最小值，因为外部流量的阻力小于内部流量的阻力，当外部流量阻力和内部流量阻力相等时，才能得到绝对的最小流速。

$$R_c=\sqrt{R_oR_i} \tag{9.3.37}$$

这是通过用恰当的对数表达式等同看待圆形部分的外部流量和内部流量推导出来的。负载容量和硬度的曲线作为进给参数 $\Lambda_S\xi$ 的函数，和图 9.3.27 及图 9.3.28 显示的那些相似。

进给参数 $\Lambda_S\xi$ 的单位和方程（9.3.34）的一样，用下式给出：

$$\Lambda_S\xi=\frac{7.89\times10^3nd_o^2}{p_0h_o^3}\times\frac{\log_e R_o}{2\ \ R_i} \tag{9.3.38}$$

对于腔补偿孔和自补偿孔，有：

$$\Lambda_S\xi=\frac{31.55nd_f}{p_0h_o^2}\times\frac{\log_e R_o}{2\ \ R_i} \tag{9.3.39}$$

为了计算分散损失，图 9.3.18 显示的修正的直线供给模型已经用于计算轴承性能，此处：n 为每个圆周行进口的数量。N 为轴承（大于一个圆周行）中进口的总数量。d_o、d_f为孔直径（mm）。$\xi=0.5\log_e(R_o/R_i)$。对于自补偿轴承，$d/D=d_f/2R_c$；对于腔轴承，$d/D=d_R/2R_c$（此处 $D=R_o+R_i$）。

2. 流率的计算

无量纲的流率作为 $\Lambda_S\xi$ 的函数，两者关系在图 9.3.17 中显示，流率可用下面方程计算，单位是 m^3/s。

$$G=\frac{\overline{G}h_o^3p_0^2}{1.71\times10^{12}\log_e(R_o/R_i)}(\text{自由空气},\text{m}^3/\text{s}) \tag{9.3.40}$$

式中，p_0 为供应压力（kN/m^2）；h_o薄膜间隙（μm）。在设计中，腔孔被用于环形推力轴承，下面的腔孔深度 b（单位是 mm）的范围将确保避免产生气动锤。

$$b \leqslant \frac{0.2(R_o^2 - R_i^2)h_o}{d_R^2 N} \tag{9.3.41}$$

3. 实例

带有腔孔的环形推力轴承要求能够支撑一个小转盘的推力负载。设计轴承的时候硬度必须超过 600N/μm，推力轴承外径 $R_o = 200\text{mm}$，内径是变化的，但是不应该小于 $R_i = 100\text{mm}$（宁可内部半径更大），气体薄膜厚度不应该小于 15μm，但是如果硬度允许的话，一个大的间隙将是更可取的。输入值为：$R_o = 200\text{mm}$，$R_i = 11400\text{mm}$，$p_0/p_a = 506\text{kN/m}^2$，$h_o = 20\mu\text{m}$，$n = 10$，$d_R = 3.2\text{mm}$。从图 9.3.26 中可以获得硬度方程：

$$K = \frac{0.44\times\pi\times(200^2 - 114^2)\times 0.405}{20}\text{N/}\mu\text{m} = 755\text{N/}\mu\text{m}$$

从图 9.3.26 中可以获得负载容量方程：

$$W = 0.26\times\pi\times(200^2 - 114^2)\times 0.405\text{N} = 8933\text{N}$$

从图 9.3.26 中可以获得流率方程：

$$q = \frac{0.27\times 20^3\times 0.506^2}{3.42\times 10^6\times 0.5\times\log_e 1.75}\text{m}^3\text{/s} = 5.7\times 10^{-4}\text{m}^3\text{/s}$$

从图 9.3.25 中可以获得孔直径 d_o（$\Lambda_S\xi = 0.6$）：

$$d_o = \sqrt{\frac{0.6\times 0.506\times 20^3}{7.89\times 10^3\times 10\times 0.5\times\log_e 1.75}}\mu\text{m} = 0.33\mu\text{m}$$

从图 9.3.26 中腔孔深度用下式给出：

$$b \leqslant \frac{0.2\times(200^2 - 114^2)\times 20}{10\times 3.2^2\times 10^3}\text{mm} = 1.05\text{mm}$$

当空气进入轴承间隙时，有必要检查对空气的阻碍，这主要由方程（9.3.31）描述腔孔造成的。此时：

$$\frac{d_o^2\times 10^3}{4d_R h_o} = \frac{0.33^2\times 10^3}{4\times 3.2\times 20} = 0.425$$

因为这个值小于 0.5，设计是令人满意的。从图 9.3.26 中可以得到角刚度的方程：

$$K_A = \frac{0.23\times\pi\times(200^2 - 114^2)\times 200\times 114\times 0.405}{20}\text{N}\cdot\text{m/rad} = 8.98\times 10^6\text{N}\cdot\text{m/rad}$$

当在一个“腔”孔环形推力轴承中检查气动锤出现的可能性时，必须满足下面的条件［从方程（9.3.33）得到］：

$$\frac{4(R_o^2 - R_i^2)h_o}{1000Nd_R^2 b} = \frac{4\times(200^2 - 114^2)\times 20}{1000\times 10\times 3.2^2\times 1.05} = 20.09 > 20$$

这个值刚刚超过 20。如果要求提高安全系数，可减小口袋深度 b，通过将 b 减小到 0.7 使油台体积/腔孔体积 = 30.1，是可以接受的，但是必须重新检查方程（9.4.18），以确保最终的结果小于 0.5。

对于环形推力轴承的例子，图形结论和数值结论接近，图形结论容易得到，但是通过方程得到的结论更准确。

9.3.5 矩形平轴瓦轴承的设计

矩形平轴瓦轴承通常是单排入口配置或者双排入口配置，如图 9.3.30 所示。双排入口配置具有提高负载容量和硬度的优点。矩形推力轴承常用于研磨机、金刚石切削机和测量机器的线性运动。

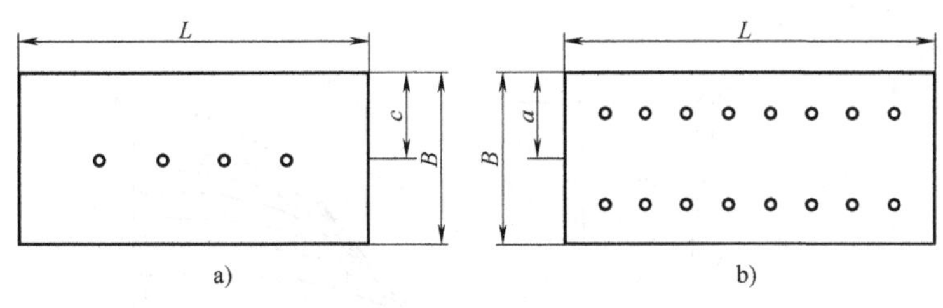

图 9.3.30　单入口和双入口推力轴承

a）单入口推力轴承（$c/B=0.5$）　b）双入口推力轴承（$a/B=0.25$）

矩形平轴瓦轴承可能是有效设计比较困难的配置之一，因为从入口到轴承出口的复杂的流动路径将会发生在轴承间隙之间。在轴承间隙之间获得低效率的压力剖面往往是有可能的，但许多设计其性能都是差的、不稳定的。就通常的设计而言，试图预测轴承间隙中流动特性的困难产生的结果是：很多设计者意识到简单的近似模型或者简单的解析解都不能得到让人满意的解。为了克服这些困难，有必要用更尖端的技术，如用有限差分计算评估负载、流量、硬度和角刚度系数，然后将这些系数用于开发设计程序，以评估矩形推力轴承设计的其他方面。在这一部分，用图表设计矩形推力平轴瓦轴承而得到一系列轴承尺寸的令人满意的解是有可能的。这里给出的设计图表是基于大量计算的，已经在很多工业应用的轴承系统中被证实了。

影响轴承系统刚度的主要因子是线性进给因子 $1/\lambda$，理论上理想的轴承应该有集中在一起的入口源，这样在它们（如连续线性入口）之间就没有压力降，在实践中由于制造方面的考虑和成本原因[55]，这样的安排是不切实际的，所以通常接受入口孔之间的压力降，图 9.3.31 显示了一种典型的情况。设计的一个重要方面就是确保入口孔的位置不能严重偏离轴承的使用性能。当着手设计矩形平轴瓦轴承时，注意孔的尺寸和位置的复杂性是非常重要的，当标准方程被用于评估轴承性能时，首先计算线性进给因子。

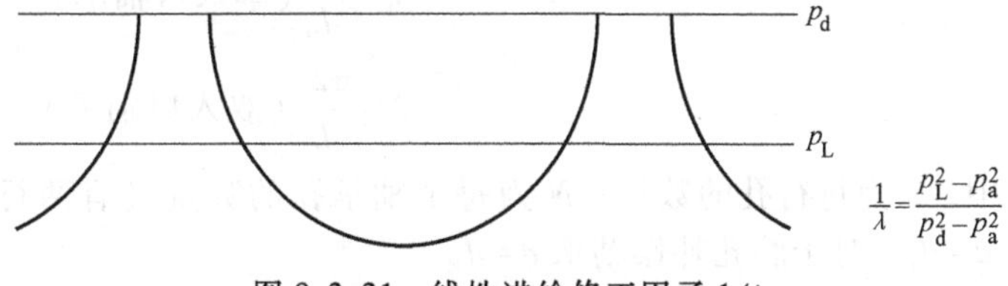

图 9.3.31　线性进给修正因子 $1/\lambda$

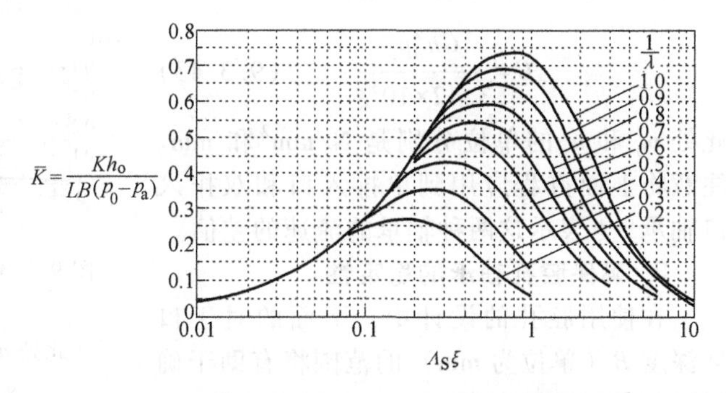

图 9.3.32　带有腔孔的双入口矩形推力轴承的刚度

（此处 $a/B=0.25$，$p_0/p_a=5$，$C_d=0.8$，$v=1.4$。对于自补偿孔，乘以系数 0.67；对于单排入口轴承，乘以系数 0.75）

1. 矩形轴承轴瓦的设计参数

$\Lambda_S\xi$ 是供给参数，它是对通过孔的压力降和通过轴承间隙的压力降之比的一种测量。对于矩形推力轴承，它在 0.55 的时候达到最优值。$1/\lambda$ 是对一列孔如何靠近一个真实的线源的测量，$1/\lambda$ 的变化影响轴承的刚度，为负载容量和质量流量比。由于孔的排列变得更紧密，$1/\lambda$ 作为一个线源增加是可以达到的。图 9.3.32 显示了矩形推力轴承的无量纲刚度系数，同时显示了 $1/\lambda$ 值越大，刚度越大；在图 9.3.33 中也可看出相似的情况，它显示了 $1/\lambda$ 的变化不利于 $\Lambda_S\xi$ 的无量纲负载容量；在图 9.3.34 中也可以看出，流动系数随 $1/\lambda$ 增加，这可以给轴承提供更多的入口源，因此可以提

[55] 当然除非用一个多孔介质。

高轴承性能。

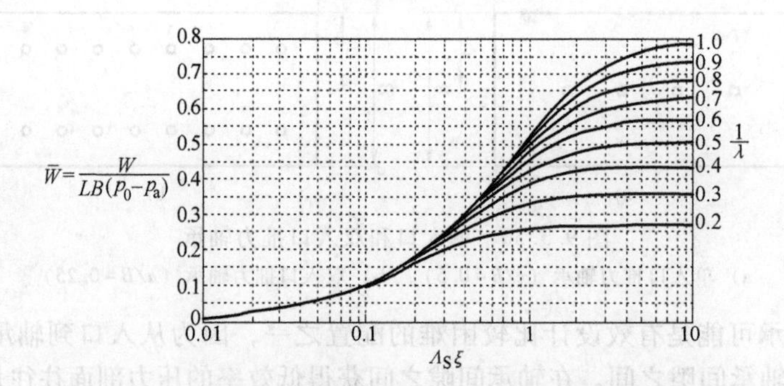

图 9.3.33　带有口袋孔的双排入口矩形推力轴承的负载参数（此处 $\varepsilon=0$，$a/B=0.25$，$p_0/p_a=5$，$C_d=0.8$，$v=1.4$。对于单排入口轴承，乘以系数 0.75）

图 9.3.32~图 9.3.34 用于提供决定轴承刚度、负载和流动参数的必要系数。为了确定这些参数，有必要确定 $1/\lambda$。参考图 9.3.30，$1/\lambda$ 这样评估：首先计算 $N\xi$ 和 $nd\pi/L$（即 nd/D），然后由图 9.3.18 得到：

$$\xi=\frac{\pi B}{L}（单入口轴承）\tag{9.3.42a}$$

$$\xi=\frac{\pi 2a}{L}（双入口轴承）\tag{9.3.42b}$$

其中，n 为每行孔的数量；N 为每个轴承孔的数量（有两行入口，即 $N=2n$）；对于自补偿轴承 $d=d_f$，对于腔孔补偿轴承 $d=d_R$。

2. 流速的计算

图 9.3.34 给出了无量纲流速和 $\Lambda_S\xi$ 的关系图，这可以用于计算流速 G（m^3/s）：

$$G=\frac{\overline{G}h_o^3p_0^2}{3.42\times10^6\xi}\tag{9.3.43}$$

此处 p_0 和 h_o 的单位分别是 N/mm^2 和 mm。注意将上面方程应用到单排入口和双排入口轴承，ξ 表示这两种轴承的流速的差值。

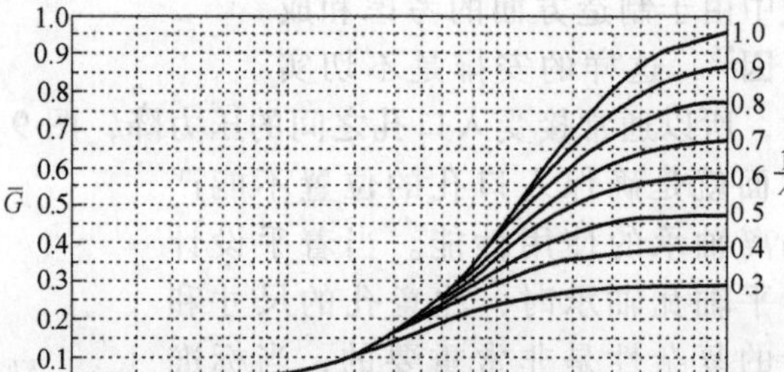

图 9.3.34　带有腔孔的双排入口矩形推力轴承的负载参数与无量纲流速的关系（此处 $a/B=0.25$，$p_0/p_a=5$，$C_d=0.8$，$v=1.4$。对于单排入口轴承，乘以系数 0.5）

3. 确保腔孔轴承的稳定性

在使用腔孔的设计中，下面的对于口袋深度 B（单位为 mm）的范围将有助于确保避免气动锤的产生：

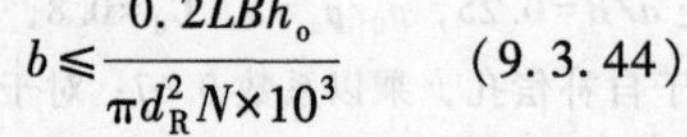

$$b\leqslant\frac{0.2LBh_o}{\pi d_R^2N\times10^3}\tag{9.3.44}$$

此处 h_o 的单位是 mm，其他无量纲的单位也是 mm。

4. 孔尺寸的计算

孔尺寸控制通过孔的压力降，接着是通过轴承间隙的压力降。这个压力降用前面讨论的供给参数来指定。对于腔孔，供给参数被定义为：

$$\Lambda_S\xi=\frac{7.89\times10^3nd_o^2\pi B}{p_0h_o^3L}\tag{9.3.45a}$$

对于自补偿孔：

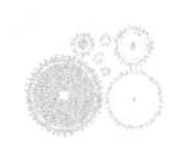

$$\Lambda_S\xi=\frac{31.55nd_f\pi B}{p_0h_o^2L} \tag{9.3.45b}$$

压力的单位是 N/mm^2，间隙的单位是 μm，其他所有尺寸的单位均为 mm。应该指出的是，$\Lambda_S\xi$对于单列和双列输入都是一样的配置。这适用于 $a/B=0.5$（单入口）和 $a/B=0.25$（双入口）的轴承配置。这是因为在指定的 a/B 情况下双入口轴承的流率是单入口轴承的两倍，因此在指定孔直径的情况下，孔的数量要加倍。

5. 实例

设计一用于某机器轻负荷的空气轴承。对轴承刚度的设计要求是50N/μm。这个轴承空气供应的 $p_0/p_a=5$（$p_o=0.507N/mm^2$）。轴承的长度不能超过100mm。空气膜的间隙 h_o设计为30μm。确定轴承的宽度、流量和承载力。为了确定孔的适当的数量，当轴承具有两排孔并且 $a/B=0.25$ 时，确定孔径和腔的尺寸。输入值将是：轴承长度 $L=100$，轴承宽度 $B=50$，双排入口 $a/B=0.25$，每行腔孔的数量 $n=8$（$N=16$），供应压力 $p_0/p_a=5$，空气膜厚度 $h_o=30\mu m$，设计的步骤是：

1）计算轴承形状系数 ξ：

$$\xi=\frac{2\pi a}{L}=\frac{\pi\times2\times12.5}{100}=0.785$$

$$N\xi=16\times0.785=12.56$$

2）计算腔孔的直径：

$$\Lambda_S\xi=\frac{7.89\times10^3nd_o^2\pi B}{p_0h_o^3L} \tag{9.3.46}$$

$$d_o=\sqrt{\frac{\Lambda_S\xi p_0h_o^3L}{7.89\times10^3n\pi B}} \tag{9.3.47}$$

矩形推力轴瓦的最佳刚度时 $\Lambda_S\xi=0.55$，所以孔直径为

$$d_o=\sqrt{\frac{0.55\times0.506\times30^3\times100}{7.89\times10^3\times8\times50\times\pi}}mm=0.275mm$$

$$\frac{nd_o\pi}{L}=\frac{8\times0.275\times\pi}{100}=0.069$$

3）在图9.3.18中使用 $N\xi=12.56$ 和 $nd_o\varepsilon/L=0.069$（注意用 d_o代替 d_f）的值，$1/\lambda$ 被认为是0.65。

4）用图9.3.32确定刚度：

$$K=\frac{\overline{K}LB(p_0-p_a)}{h_o}=\frac{0.57\times100\times50\times0.405}{30}N/\mu m=38.5N/\mu m$$

5）用图9.3.33确定承载力：

$$W=LB(p_0-p_a)\overline{W}=100\times50\times0.405\times0.36N=729N$$

6）用图9.3.34确定流率：

$$G=\frac{h_o^3p_0^2\overline{G}}{3.42\times10^6\xi}=\frac{30^3\times0.506^2\times0.27}{3.42\times10^6\times0.785}m^3/s=6.95\times10^{-4}m^3/s$$

7）确定腔孔直径：

$$d_R=\frac{d_o^2\times10^3}{2h_o}=\frac{0.275^2\times10^3}{2\times30}mm=1.26mm$$

8）确定腔孔深度：

$$b \leqslant \frac{0.2LBh_o}{\pi d_R^2 N \times 10^3} = \frac{0.2 \times 100 \times 50 \times 30}{\pi \times 1.26^2 \times 16 \times 10^3} \text{mm} = 0.38 \text{ mm}$$

6. 对置轴瓦推力轴承

推力轴承经常用在对置轴瓦配置中为两个方向的运动提供定位。可以从对置轴瓦配置中确定承载力、流率和刚度。对置轴瓦轴承的负载力是单作用微型孔装轴承负载力的77%，是自补偿轴承负载力的62%。对置轴瓦配置中的流率为它们的两倍。正如在图 9.3.35 中总结的那样，对置轴瓦配置中的刚度也是它们的两倍。

	腔孔轴承			环形孔轴承		
轴承类型	载荷系数	刚度系数	流量系数	载荷系数	刚度系数	流率系数
双列单作用	0.62	1.0	1.0	0.58	1.0×0.67	1.0
双列反作用	0.47	2.0	2.0	0.36	2.0×0.67	2.0
单列单作用	0.46	1.0×0.75	1.0	0.43	1.0×0.75×0.67	1.0
单列反作用	0.35	2.0×0.75	2.0	0.27	2.0×0.75×0.67	2.0

图 9.3.35　对置轴瓦推力轴承的校正因子

（B/L 和 $B/2L$ 在流率方程中的值为单入口和双入口轴承提供适当的乘数）

9.3.6　孔口补偿滑动轴承

外部加压滑动轴承操作的基本原则如图 9.3.3 所示。加压气体、正常空气，在供应压力 p_0 下被送入轴承周围的环形静压箱内。气体通过孔进入轴承间隙，这些孔使气体压力在入口处降低到 p_a。气体随后流入轴承间隙，压力在轴承出口减小至 p_a。同心条件下，$\varepsilon=0$，在限流器的入口处压力通常是均等的，被指定为 p_{d0}，正如前面讨论的其他类型的空气静压轴承，当轴承被载入时，轴将易位并且产生偏心距。偏心距导致小间隙一侧的流动阻力增加，从而减小轴承在限流一侧的流量。因此，在小间隙一侧的入口压力 p_{d1} 增大，反过来大间隙一侧的入口压力 p_{dh} 减小。在横穿轴承的投影面积上压力差倍增，使轴承支撑负载。

本节中介绍的设计数据是通过多年的广泛分析和实验研究取得的，所用分析考虑了一个换行模型（line feed model），此模型对扩散和环状流的损失进行了纠正。本节中提供的数据适用于商用压缩机安全供应压力的典型范围，p_0/p_a 的范围为 3~8。

9.3.6.1　设计注意事项

图 9.3.36 比较了负载能力、流率、刚度和角刚度不同的典型滑动轴承的几何形状和配置。一个好的折中的设计既能够提高负载能力又不会导致昂贵的流量显示配置（图 9.3.36a），其中在 $a/L=0.25$ 处有一个双排入口。配置（图 9.3.36b）表明使用单排入口轴承会降低负载能力、刚度和倾斜刚度，并且使气体流量减半。配置图 9.3.36c 和图 9.3.36d 是配置图 9.3.36a 和图 9.3.36b 双重状态，各自相应地还支持力矩载荷。

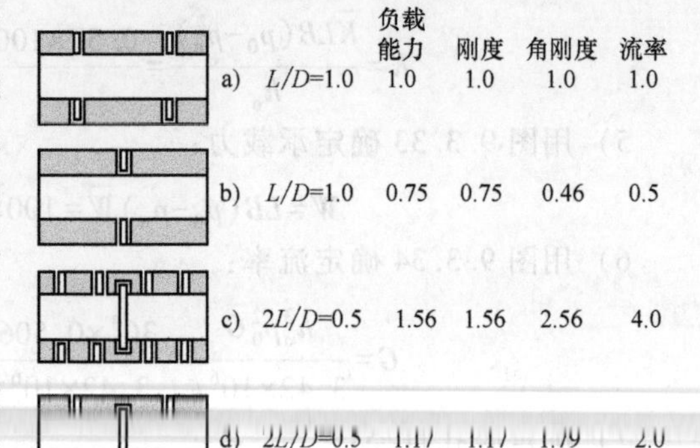

图 9.3.36　典型滑动轴承的负载能力、刚度、角刚度和流率的比较

1. 轴承间隙

轴承间隙会影响流速和刚度。选择一个间隙使之等于制造条件所允许的最小值是一个良好的设计实践。作为一个确定间隙的大致指导，气体滑动轴承通常有一个空气薄膜的厚度范围：

$$\frac{2h_o}{D}=0.00015\sim0.0005 \tag{9.3.48}$$

这些小间隙要求直径和圆度制造准确。因而，有必要采用测量仪器检查具有很高精度和分辨率的轴承元件的尺寸。

2. 孔设计

正如前面所讨论的，孔设计可以采取的形状是腔孔或自补偿孔。最好使用腔孔，由于这能使刚度达到原来的 1.5 倍。然而，当使用腔孔时，为了避免产生气动锤，腔孔的深度（mm）应该是：

$$b\leqslant\frac{0.2DLh_o}{d_R^2N\times10^3} \tag{9.3.49}$$

其中，h_o的单位是 μm，其他尺寸的单位是 mm。当使用腔孔时，主要的流量限制是由孔口流出区域 $0.25\pi d_o^2$引起的。然而，在下游当流量在腔孔周围进入轴承薄膜时存在第二次节流，节流存在的位置也是"帷幕"流量面积 $\pi d_R h$。孔的几何尺寸应该设计成"帷幕"流量面积 $\pi d_R h$，至少是孔口流出区域面积 $0.25\pi d_o^2$的两倍。这将主要确保腔孔补偿的实现：

$$\frac{\pi d_o^2}{4}\times\frac{10^3}{\pi d_R h_o}=\frac{d_o^2\times10^3}{4d_R h_o}\leqslant0.5 \tag{9.3.50}$$

此外，腔口的隐窝深度等于或者大于孔口直径。这些措施保证流出区域面积 $\pi d_f^2/4$ 至少是"帷幕"流区域的两倍。

$$\frac{\pi d_f^2}{4}\times\frac{10^3}{\pi d_f h_o}=\frac{d_f\times10^3}{4h_o}\geqslant2 \tag{9.3.51}$$

这确保孔口直径在轴承中起主要的节流作用。

参数	腔孔	自补偿孔
$\varepsilon=0$ 时的刚度/(N/μm)	$K=\frac{\overline{K}(p_0-p_a)D^2}{h_o}$	$K=\frac{0.67\overline{K}(p_0-p_a)D^2}{h_o}$
角刚度/(N·m/rad) 在 $\varepsilon=0$ 时	$K_A=\frac{[0.043-0.003(L/D)^2]L^3D(p_0-p_a)}{h_o}$	$K_A=\frac{[0.033-0.002(L/D)^2]L^3D(p_0-p_a)}{h_o}$
$\varepsilon=0.5$ 时的最大载荷/N	$W=\overline{W}(p_0-p_a)D^2$	$W=0.67\overline{W}(p_0-p_a)D^2$
$\varepsilon=0$ 时的空气流速/(m³/s) 在 $\varepsilon=0$ 时	$G=\frac{0.235h_o^3p_0^2}{3.42\times10^6\xi}$	
孔直径/mm	$d_o=\sqrt{\frac{\Lambda_S\xi p_0h_o^3D}{7890nL}}$	$d_f=\frac{\Lambda_S\xi p_0h_o^2D}{31.55nL}$
腔孔直径/mm	$d_R=\frac{d_o^2\times10^3}{2h_o}$	不适用
腔深/mm	$b\leqslant\frac{0.2DLh_o}{Nd_R^2\times10^3}$	不适用

图 9.3.37　优化的双输入径向轴承的设计公式（$a/L=0.25$。图 9.3.39 给出了 $\Lambda_S\xi$ 的值。压力的单位是 N/mm²，尺寸的单位是 mm，轴承间隙的单位是 μm）

3. 可行性确定

在最初的轴承设计评估中，图 9.3.37～图 9.3.39 给出了滑动轴承的性能特点。数据在精确运算之前允许可行性研究。在给定的方程中，任何一组相容的变量可能用于确定适当的轴承特性。这些方程给出了一般应用的轴承，它们为进气口之间的分散损失留有余量（$1/\lambda=0.7$）。图 9.3.40 显示在轴承投影面积和供应压力方面无量纲的负载能力，因此给出了轴承效率的测量。增大 L/D 的值会增加圆周损失，这对轴承间隙内的压力分布有不利影响，从而会降低轴承的效率。然而，这不仅抵消了较大的承载面积并且使总容量增加。一个负载特性的不良特征是在高离心率时出现负刚度区域，特别是在 L/D（$L/D>1$）值较大的轴承上。这种现象称为静态不稳定或锁定，也可视为接近该区域时空气薄膜突然破裂。

参数	腔孔	自补偿孔
$\varepsilon=0$ 时的刚度/(N/μm)	$K=\dfrac{\overline{K}(p_0-p_a)D^2}{h_o}$	$K=\dfrac{0.67\overline{K}(p_0-p_a)D^2}{h_o}$
$\varepsilon=0$ 时的角刚度/(N·m/rad)	$K_A=\dfrac{[0.021-0.002(L/D)^2]L^3D(p_0-p_a)}{h_o}$	
$\varepsilon=0.5$ 时的最大载荷/N	$W=\overline{W}(p_0-p_a)D^2$	$W=0.67\overline{W}(p_0-p_a)D^2$
$\varepsilon=0$ 时的空气流速/(m³/s)	$G=\dfrac{0.235h_o^3p_0^2}{3.42\times10^6\xi}$	
孔直径/mm	$d_o=\sqrt{\dfrac{\Lambda_S\xi p_0h_o^3D}{7890nL}}$	$d_f=\dfrac{\Lambda_S\xi p_0h_o^2D}{31.55nL}$
腔孔直径/mm	$d_R=\dfrac{d_o^2\times10^3}{2h_o}$	不适用
腔深/mm	$b\leqslant\dfrac{0.2DLh_o}{Nd_R^2\times10^3}$	不适用

图 9.3.38 优化的单输人轴承的设计公式（图 9.3.39 给出了 $\Lambda_S\xi$ 的值。压力的单位是 N/mm²，尺寸的单位是 mm，轴承间隙的单位是 μm）

L/D	0.5	1	1.5	2
腔孔	0.5	0.42	0.63	0.7
自补偿孔	0.52	0.45	0.67	0.67

图 9.3.39 从实验数据中得出的 $\Lambda_S\xi$ 的最佳值

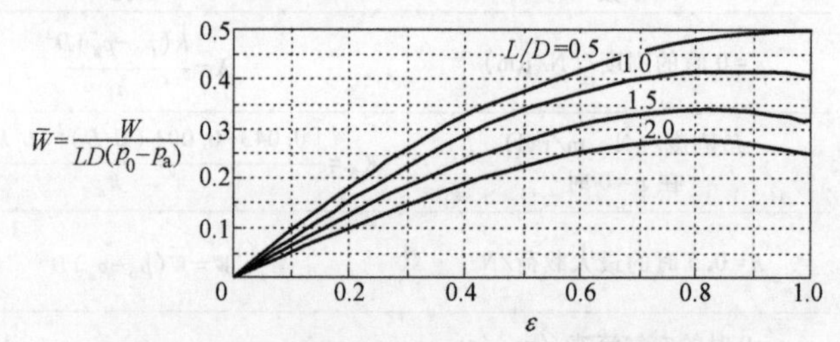

图 9.3.40 带腔孔的双输入轴承的负载参数：$a/L=0.25$，$p_0/p_{a=}=5$，$1/\lambda=0.7$，$C_d=0.8$，$v=1.4$

4. 线性进给校正系数 $1/\lambda$

轴承周围分散损失的影响是引出线性进给修正系数 $1/\lambda$ 的原因。$1/\lambda$ 对负载能力的影响在图 9.3.41 中进行了说明。线性进给校正系数 $1/\lambda$ 由图 9.3.18 确定，n=进气口数/行，N=轴承进气口总数，并且有：

$$\xi=\frac{L}{D}(\text{中央入口},a/L=0.25) \tag{9.3.52a}$$

$$\xi=\frac{L}{2D}(\text{双入口},a/L=0.25) \tag{9.3.52b}$$

$$\frac{d}{D}=\frac{d_f}{D}(\text{自补偿孔轴承}) \tag{9.3.53a}$$

$$\frac{d}{D}=\frac{d_R}{D}（腔孔轴承）\tag{9.3.53b}$$

在实际应用中，$1/\lambda$ 使用的指定值的最佳范围为 0.5~0.8。

5. 进给参数 $\Lambda_S\xi$

图 9.3.41 显示了负载能力与进给参数 $\Lambda_S\xi$ 的关系：

$$\Lambda_S\xi=\frac{7.89\times10^3 nd_o^2}{p_0h_o^3}\frac{L}{D}（腔孔）\tag{9.3.54a}$$

$$\Lambda_S\xi=\frac{31.55nd_f}{p_0h_o^2}\frac{L}{D}（自补偿孔）\tag{9.3.54b}$$

对于 $1/\lambda$ 的一个具体值，负载能力在 $\Lambda_S\xi$ 的一个具体值处最大化。$1/\lambda$ 对负载能力有显著影响，当 $1/\lambda$ 值小时负载能力也小。

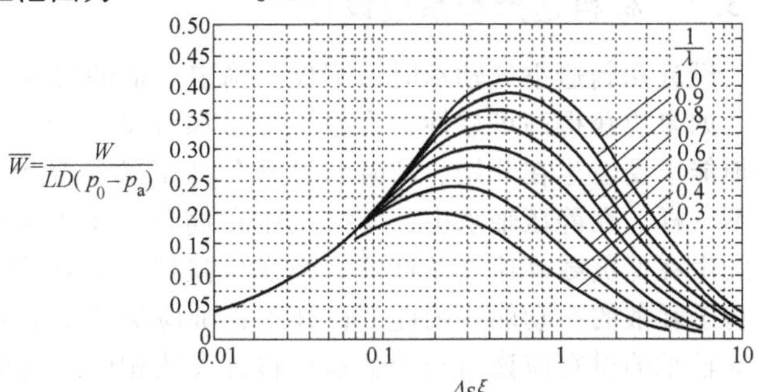

图 9.3.41　具有不同 $1/\lambda$ 值的腔孔的双输入滑动轴承 $\Lambda_S\xi$ 函数的负载参数：$\varepsilon=0.5$，$L/D=1$，$a/L=0.25$，$p_0/p_a=5$，$C_d=0.8$，$v=1.4$

6. 轴承刚度

一般随着离心率增大，刚度降低到远低于 $\varepsilon=0$ 处的值。因此，对工程师来说这是很好的设计经验，并且指定同心刚度肯定会对轴承在同心或同心附近条件下的负载产生影响。换而言之，在刚度减小到低于可接受的程度时不要加载轴承。

7. 角刚度

在有些设计情况下确定轴承的角刚度是很有必要的，因为角刚度阻碍沿轴承轴的角运动。滑动轴承受到的角扭矩如图 9.3.42 所示。在 $L/D=1$ 的情况下，图 9.3.42 与 9.3.43 显示了在不同的 $1/\lambda$ 值下 $\varepsilon_T=0.5$ 时的无量纲扭矩与 $\Lambda_S\xi$ 的关系。角刚度的补偿类型是独立的，这些值显示出适用于腔孔轴承或自补偿孔轴承。对单入口轴承，图 9.3.42 表明增大 $1/\lambda$ 和 $\Lambda_S\xi$ 都可以增加角刚度。双入口轴承的扭矩特性如图 9.3.43 所示，倾斜影响供给面的限流压力。与单入口轴承不同，角扭矩的值在一个与 $\Lambda_S\xi$ 相应的最佳值处达到最大，并使得负载能力达到最大。

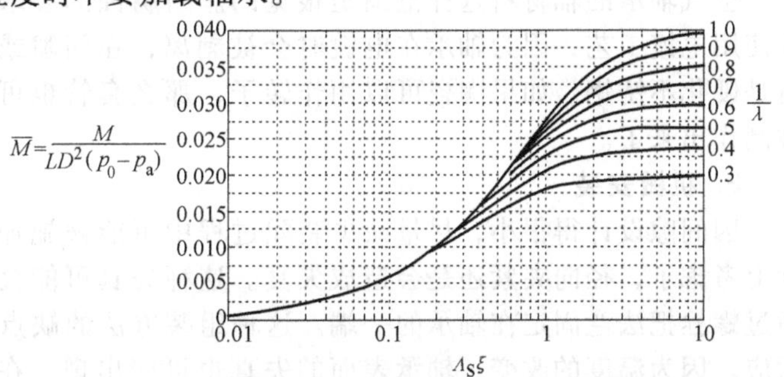

图 9.3.42　具有不同 $1/\lambda$ 值的腔孔的单输入滑动轴承 $\Lambda_S\xi$ 函数的扭矩参数（这里 $\varepsilon=0.5$，$L/D=1$，$a/L=0.5$，$p_0/p_a=5$，$C_d=0.8$，$v=1.4$）

滑动轴承的角扭矩（角刚度）可以从图 9.3.37 和图 9.3.38 中给出的方程计算。请注意，对双输入滑动轴承来说腔孔和自补偿孔是不同的。当确定单输入轴承的角刚度时可与从

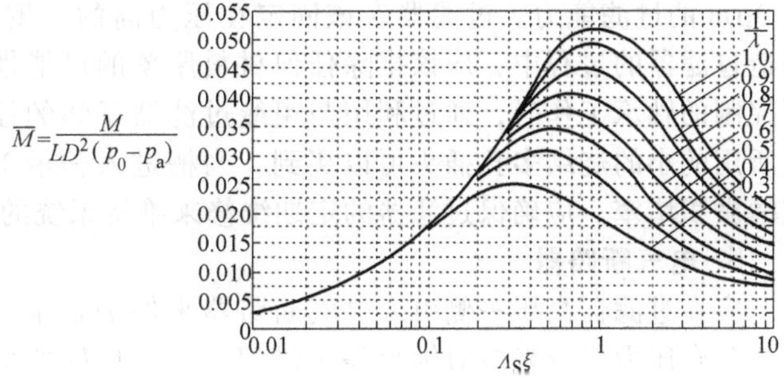

图 9.3.43　具有不同 $1/\lambda$ 值的腔孔的双输入滑动轴承 $\Lambda_S\xi$ 函数的扭矩参数（这里 $\varepsilon=0.5$，$L/D=1$，$a/L=0.25$，$p_0/p_a=5$，$C_d=0.8$，$v=1.4$）

图 9.3.38中得到腔孔轴承和自补偿孔轴承的单一值。这是因为角轴承的刚度在两种孔之间的差异是可以忽略不计的。

9.3.7 材料选择和系统设计[56]

设计和制造空气轴承时，不仅要确定合适的尺寸，还必须考虑材料的选择和系统设计。

如果想获得高可靠性，为静压轴承和气动轴承选择正确的材料是相当重要的。轴承材料必须能承受发生在开始、结束和过载条件下的接触摩擦。静压轴承发生摩擦的条件与气动轴承不一样。在静压轴承中，摩擦发生在高负载但相对较低的速度条件下；在气动轴承中，摩擦发生在低负载高速度条件下。当发生接触时，特别是在气动轴承中，很少有材料能够承受由转子耗散的高动能。因此，设计工程师应该确保有足够的空气静压容量来承受突发的过载。空气轴承的材料应该与滑动轴承材料有大致相同的属性，尤其是：

1）耐腐蚀。不建议设计师使用电化学电位相差超过 0.25V 的材料。

2）热膨胀。尽可能地去匹配热膨胀速率是明智的做法。如果不能做到精确的匹配，研究产生的后果是有必要的，如有需要可调整间隙。

3）可加工性。若公差要求很严格，选取的材料易加工是很重要的。

1. 套管材料

强烈推荐青铜。铅青铜具有耐腐蚀和良好的抗抱轴特性。当这些材料被破坏时可以很容易恢复，并能用于阀腔的薄壳收缩。

2. 轴的材料

空气轴承的轴材料选择范围是很宽的。耐腐蚀的要求仅限制在滑动表面和推力面。应避免使用电镀工艺，因为轴承在电镀时会被剥离，在间隙或孔中存在灾难性隐患。通常首选材料是硬化不锈钢。如果陶瓷可以用作转子，那么套管也可以用陶瓷制作，一个强大的轴承就被制作出来了。

3. 机械安装

因间隙设计得很小，尽量减少装配过程中可能被施加的任何压力是很重要的。虽然在设计上考虑了，径向夹紧还是会造成失真。这种失真可能会导致咬黏。定位主轴的最好方法是通过螺栓把法兰固定在轴承的一端。这种组装方法的缺点是主轴的直径需要对主体有很好的适应。因为温度的改变，轴承表面的失真也可能出现。在应用中涉及或高或低的温度，必须通过匹配热膨胀率将其影响减小至可承受范围。

4. 过滤

应该选择的过滤器，其允许通过的最大粒子的直径是最小膜厚的1/3（假设这个粒子不会损害系统中的泵或者其他组件）。过滤器尺寸确定的近似指南是假设对最小膜厚的每一微米要有 3μm 的过滤能力。过滤器应该固定在压力高的一侧，防止泵的磨损碎片损坏轴承。此外，制造过滤器的过程中，应该排除任何材料脱落的可能性和进入轴承的途径。当孔口或者毛细管控制的轴承工作时，通过利用与粗线过滤器紧邻的控制装置可以获得一个额外的保障。这里所用的小的烧结多孔插头可以买到。当槽进入轴承工作时，需要更高质量的过滤来防止供应槽淤积堵塞。应确保过滤器的定期维修来维持系统的可靠性。

5. 电气断路器

应在过滤器高压一侧引入电气断路器来保护轴承，以应对突发的压力故障。如果这些断路器配合压力供应来应对轴承停止时间，会有良好的保护效果，这对气体轴承来说是绝对必要的。此外，应该加装供应压力指示灯。保证加压气膜出现之前轴承没有移动是很重要的。

[56] 对现实世界设计考虑的讨论可参阅：J. Powell, Design of Aerostatic Bearings, Machinery Publishing Co., London.

在没有空气膜时用手转动轴承是极不可取的，这样会引起破坏。

6. 组装后系统的清洗

在制造和组装过程中润滑系统的清洗是很重要的，在实践中通常表现得不足。如果在冲洗时没有采取足够的保护措施，可能会给轴承带来相当严重的初始损害。

7. 压缩空气中的油蒸气

油蒸气很难出现，因为他在进料口和轴承间隙中有凝结成蜡状凝结物的倾向。一个有效防止油蒸气进入轴承的方法是在供给管路上加装一个活性炭过滤器。活性炭过滤器必须定期更换。如果进料口被堵塞，可以使用溶剂，如工业酒精，随着空气一起输入系统一小段时间来清洗轴承。如果使用多孔空气轴承，必须保证的一点是，溶剂对用来调整孔间隙的漆没有腐蚀性。

9.3.8 模块化气体静压轴承[57]

图 9.3.44 和图 9.3.45 展示了一系列广泛应用的空气静压线性滑动托架和导轨[58]。托架和导轨都是由可选特氟龙浸渍表面的硬阳极氧化铝制造的。请注意，这些导轨在末端有特殊支撑物，托架可以在支撑物间滑动；对于长距离滑动，刚度受控于轴承的导轨。

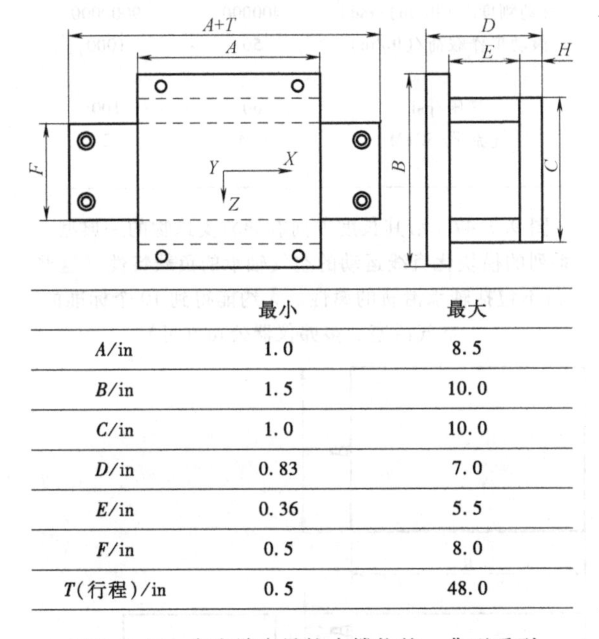

	最小	最大
A/in	1.0	8.5
B/in	1.5	10.0
C/in	1.0	10.0
D/in	0.83	7.0
E/in	0.36	5.5
F/in	0.5	8.0
T(行程)/in	0.5	48.0

图 9.3.44　在末端有导轨支撑物的一典型系列的模块化直线运动的空气轴承的几何范围（大约有 30 种气动活塞。多弗仪器公司许可）（1in = 25.4mm）

	最小	最大
Z 轴刚度/(lb/in)	15000	2500000
Z 轴工作载荷/lb	1	200
Y 轴刚度/(lb/in)	15000	1000000
Y 轴工作载荷/lb	1	150
节距刚度/[(lb/in)/rad]	1000	15000000
节距工作载荷/(lb/in)	0.5	700
偏离刚度/[(lb/in)/rad]	1000	15000000
偏离工作载荷/(lb/in)	0.5	700
滚动刚度/[(lb/in)/rad]	500	15000000
滚动工作载荷/(lb/in)	0.5	1000
气压/psi	60	100
气流量/SCFM	0.1	1.0

图 9.3.45　在末端有导轨支撑物的一典型系列的模块化直线运动的空气轴承的负载特性（这些值不包括轴承滑轨的属性。大约有 30 种气动活塞可被使用。多弗仪器公司许可）（1lb = 0.453kg，1in = 25.4mm，1psi = 6.895kPa）

短距离滑动的元件不会受到切削力（如测量机），与 T 形托架相比，这样的设计可以以较低的成本达到所需的精度。这些装置也常用于长距离高速度的接送支架，相对于行程长度直线度不是至关重要的。通过支架的质心来驱动它们，导轨在加工时可以通过该质心，并安装

[57] 这里有许多制造的模块化静压轴承，优秀的设计师在选择一个特殊轴承时能从所有的著名制造商那里获得其性能、规格、价格和交货报价。

[58] 多弗仪器公司（Dover Instrument Corp.），200 Flanders Road，P.O. Box 200，Westboro，MA 01581-0200，（508）366-1456.

直线电动机或丝杠。空气滑动轴承也可以设计成像滚珠衬套一样沿环形滑动。在轴尺寸 0.25 ~1in（1in=0.0254m）范围空气轴承衬套也可得到，价格在 170~250 美元。当侧向刚度和精度达到最大限度时，应像图 9.3.46 和图 9.3.47 一样使用一个 T 装置。

	最小	最大
A/in	4.00	15.00
B/in	5.00	9.00
C/in		
D/in	3.00	6.00
E/in	1.50	3.00
F/in	3.00	6.00
G/in		
T(行程)/in	2.00	48.0

图 9.3.46　沿其长度方向有导轨支撑物的一典型系列的模块化直线运动的空气轴承的几何尺寸（大约有 10 种标准的气动活塞，多弗仪器公司许可）（1in=25.4mm）

	最小	最大
Z 轴刚度/(lb/in)	300000	2000000
Z 轴工作载荷/lb	20	150
Y 轴刚度/(lb/in)	200000	1000000
Y 轴工作载荷/lb	15	125
节距刚度/[(lb/in)/rad]	300000	30000000
节距工作载荷/(lb/in)	30	1000
偏离刚度/[(lb/in)/rad]	300000	22000000
偏离工作载荷/(lb/in)	30	800
滚动刚度/[(lb/in)/rad]	400000	9000000
滚动工作载荷/(lb/in)	50	1000
气压/psi	60	100
气流量/SCFM	0.4	2

图 9.3.47　沿其长度方向有导轨支撑物的一典型系列的模块化直线运动的空气轴承的负载特性（这些值不包括轴承滑轨的属性。大约能得到 10 个标准的空气活塞。多弗仪器公司许可）

图 9.3.48 所示的空气轴承轴瓦也可以制得，所以设计师可以制造他们自己的支架装置。负载和刚度的值是孔和真空“腔”布局的一个函数。这些轴瓦被专门设计来优化特殊的应用要求。这些轴瓦的成本排序是：小号 225 美元、中号 375 美元、大号 975 美元。非对置轴瓦的设计，经常使用真空预紧轴瓦，它们的价格分别是小号 715 美元，中号和大号 1595 美元。必须采取措施以确保轴瓦在连接到支架后与轴承导轨表面保持平行。这可以通过严格控制轴瓦的安装表面的最终加工或重置安装面来完成。圆形推力轴瓦也很容易设计制造，或者购买现成的[59]。

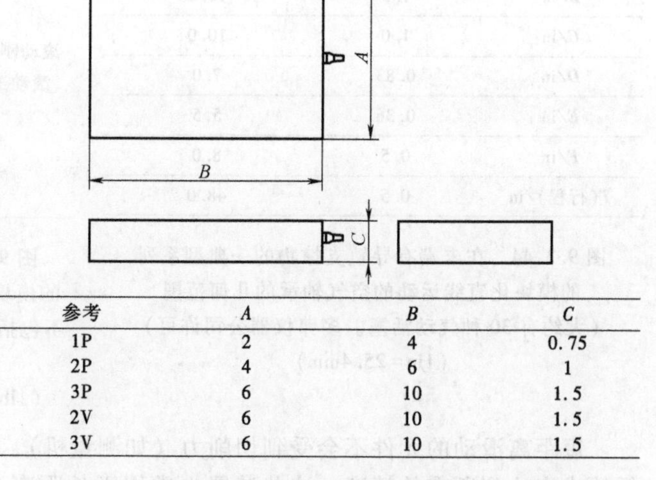

参考	*A*	*B*	*C*
1P	2	4	0.75
2P	4	6	1
3P	6	10	1.5
2V	6	10	1.5
3V	6	10	1.5

图 9.3.48　一典型系列的模块化直线运动的空气轴承轴瓦的几何范围（P 型经常用在对置轴瓦模式中；V 型是真空预紧的，不能用于对置轴瓦模式中。多弗仪器公司许可）

[59] 一些公司出售这种类型的模块化轴承。这些公司的名字和地址如下：Dover Instrument Corp.，Westboro，MA，(508) 366-1456；Fox Instrument and Air Bearings Corp.，Livermore CA，(415) 373-6444；NSK Corp.，Chicago，IL，(312) 530-5777；Schneeburger Inc.，Bedford，MA，(617) 271-0140.

对于二维平面应用，一个滑块可由三个支撑垫及球形座支撑，使用球形座以确保轴承面没有表面错位。然而，使用更小的封装的四个轴瓦可以得到更好的稳定性，但是必须采取措施以保证所有的轴瓦在同一平面。这可以通过精密切削、刮削和复制来实现。

空气轴承的主轴可以运转得很安静很平稳，以致看不出它是否在旋转。与球轴承的主轴不同，空气轴承的主轴在损坏时很少或者不给出警告。当空气轴承的主轴损坏时，即使在很高的速度下，它也可能在旋转一周内停下。由此产生的惯性力可以破坏主轴。明智的选择是在高速主轴周围设计爆炸防护外壳。

空气轴承主轴的设计可以与球轴承的主轴相类似，有一个大的轴长度/轴半径值，这样允许几个轴承连接成组地在钻孔或者铣削中应用，或者用作砂轮主轴[60]。另外，可以使用两个大型的环形推力轴承来达到倾斜刚度。后者的设计最大限度地减小了轴弯曲，径向滑动轴承可能错位，因此总的运动误差可以减至最低。图 9.3.49～图 9.3.51 显示了这种运行商标是 Blockhead™的模块化主轴[61]。图 9.3.52～图 9.3.53 显示了 Blockhead™主轴的性能特点。这些主轴可以做总误差在 1μm 数量级的运动。没有装发动机的 4in 的 Blockhead™主轴成本是 2700 美元，然而没有装发动机的 10in 的 Blockhead™主轴成本是 8900 美元。请注意，带精确转速表的直流无刷电动机驱动器会使这种类型的主轴成本增加 4000～8000 美元。

半球形轴承不会遇到错位问题，但是在两个正交的径向的方向存在耦合。橡树岭（Oak Ridge）国家实验室开发了一个大的半球形滑动、多孔石墨主轴，这种技术转让到很多不同的公司，其中一些公司生产了这种主轴[62]。主轴的直径是 410mm，50mm 厚的面板，主体长 700mm

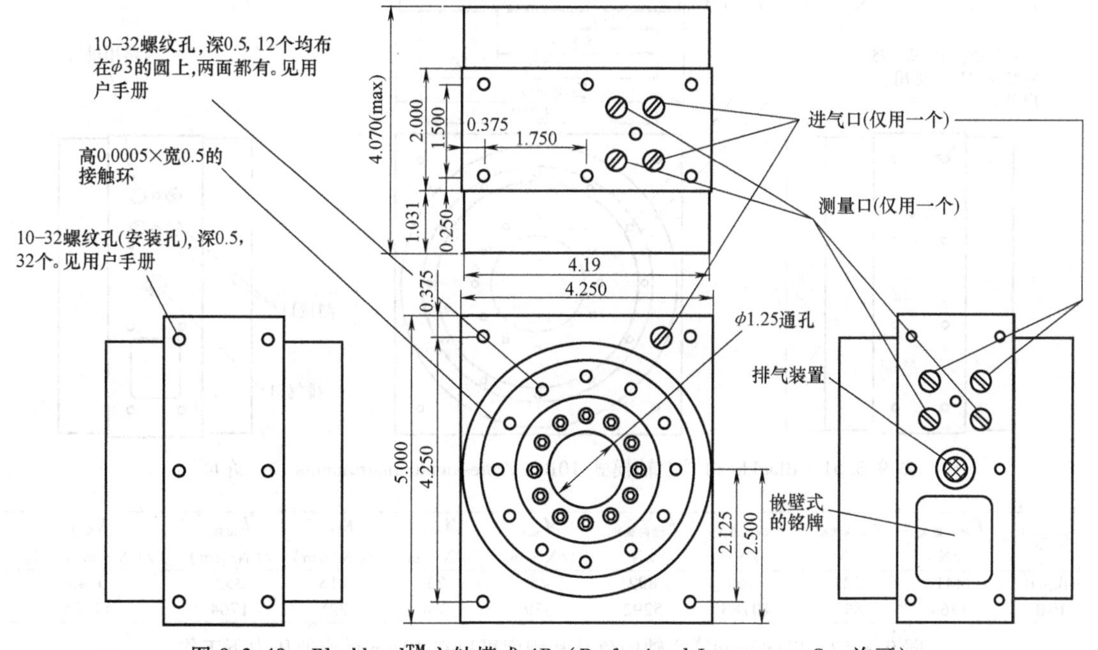

图 9.3.49　Blockhead™主轴模式 4B（Professional Instruments Co. 许可）

[60] 这种类型的轴可从 Federal Mogul Corp. 买到。这个公司销售网点遍及全球。其地址：Westwind Division，745 Phoenix Drive，Ann Arbor，MI 48108，(313) 761-6826.

[61] 这种类型的空气轴承主轴也可以从 Dover Instrument Corp. 买到。

[62] 这个设计是在橡树岭（Oak Ridge）国家实验室研发的，只供他们内部使用。设计和制造技术后来转让到很多公司，如 Rank Taylor in Keene，NH（Formally Rank Pheumo），Crandiled Precision Engineering Ltd.，in Cranfield，Bedford MK 43 0AL，England．参阅 W. H. Rasnick et al.，'Porous Graphie Air-bearing Components as Applied to Machine Tools，' SME Tech. Report MRR74-02．

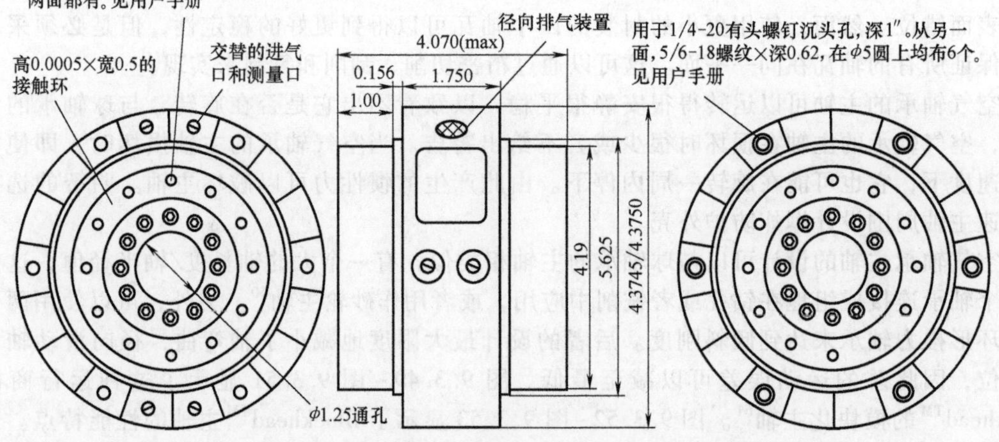

图 9.3.50　Blockhead™ 主轴模式 4BR（Professional Instruments Co. 许可）

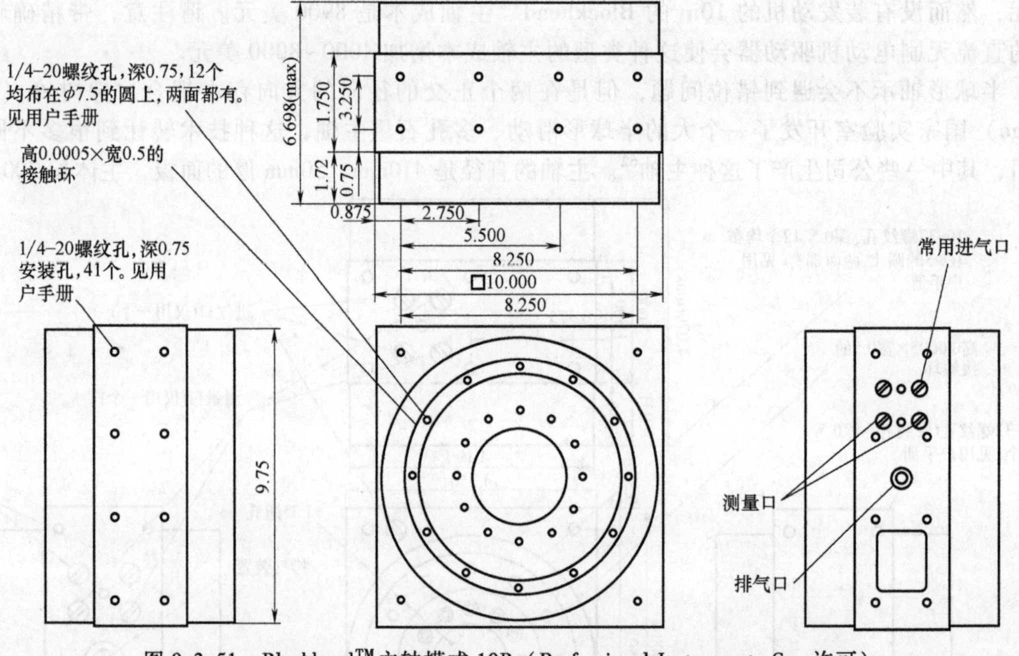

图 9.3.51　Blockhead™ 主轴模式 10B（Professional Instruments Co. 许可）

型号	$F_{径向最大}$ /N	$F_{径向载荷}$ /N	$F_{轴向最大}$ /N	$F_{轴向载荷}$ /N	M_{max} /N·m	$M_{载荷}$ /N·m	$K_{径向}$ /(N/μm)	$K_{轴向}$ /(N/μm)	$K_{角度}$ /(N·m/μrad)
4B、4R	441	225	1764	892	45	23	118	353	0.45
10B	1764	892	10780	5292	539	274	225	1764	11.76

图 9.3.52　Blockhead™ 主轴的负载和刚度可以在 10atm 供应的压力下工作
（负载和刚度与压力呈线性关系。轴向负载允许的负荷必须小于或等于 1，即 $F_{axial}/F_{axial\ work}+M/M_{work}\leq 1$。当金属与金属接触时出现极限负载。Professional Instruments Co. 许可）

型号	轴向误差 /μm	径向误差 /μm	角度误差 /μrad	气流量 /(L/min)	转动重力 /N	总重力 /N
4B、4R	<0.05	<0.05	<0.2	60	34.3	323.4
10B	<0.05	<0.075	<0.2	120	80.4	647.8

图 9.3.53　在 10atm 供应的压力下工作的 Blockhead™ 主轴的特性
（流量随压力的平方变化。Professional Instruments Co. 许可）

（从面板的前部到外壳的后部）、高 470mm、宽 420mm。主轴的轴在外壳的后面伸出超过 700mm。主轴的轴长 135mm，直径约 76mm，有一个 50mm 的通孔通过面板。直接驱动电动机外壳可以安装在主轴或者滑轮上，皮带可以用来驱动主轴。主轴通过主轴基座上的法兰并用 6 个 M16 的螺栓安装到机床基座上。图 9.3.54 显示了这种类型主轴的特性。安装在一个完整的驱动器电动机上的主轴根据精度的等级和所需驱动电动机的类型，成本在 30000～60000 美元之间。一般来说，如果需要更好的性能，应该考虑使用静压轴承。

最大速度	1500r/min
工作径向载荷	1900N
工作轴向载荷	1900N
径向刚度	525N/μm
轴向刚度	525N/μm
轴向热漂移	2μm，75min 从 0 增加到 1000r/min
供给压力	6.2atm
流速	283L/min（最大）
转子质量	206kg
轴的惯性	2.1kg·m^2
总质量	650kg
在 1000r/min 下的耗电量	<0.11 kW

图 9.3.54　橡树岭多孔石墨半球形滑动主轴的特点

9.4　磁浮轴承[63,64]

在 19 世纪末，Earnshaw 首先在数学上证明了只用一块磁铁尝试支撑一个对象达不到稳定的平衡；然而，在 20 世纪 30 年代发现通过使用电磁铁，测量气隙以及把它作为反馈参数，系统可以变得稳定。虽然这超出了本书讨论如何设计磁浮轴承的范围，但是这里仍尝试把支持磁浮轴承系统的特点介绍给读者。磁浮轴承将来很有可能在机械设计领域变得普遍，因为人们开始追求制造具有纳米精度的下一代微电子和光学元件。

磁浮轴承最常用于支撑旋转机械的径向和推力负载。普通设计如图 9.4.1 所示。磁浮轴承中的线圈几乎有无限的使用寿命，但是控制系统会受停电和组件故障的影响；所以在设计中必须考虑图 9.4.2 所示辅助滚动元件轴承。滚动元件轴承在半磁浮轴承一半气隙的情况下工作。磁浮轴承控制系统发生故障时，辅助轴承会在它接触到磁浮轴承的线圈并破坏它们之前支撑住旋转的转子。

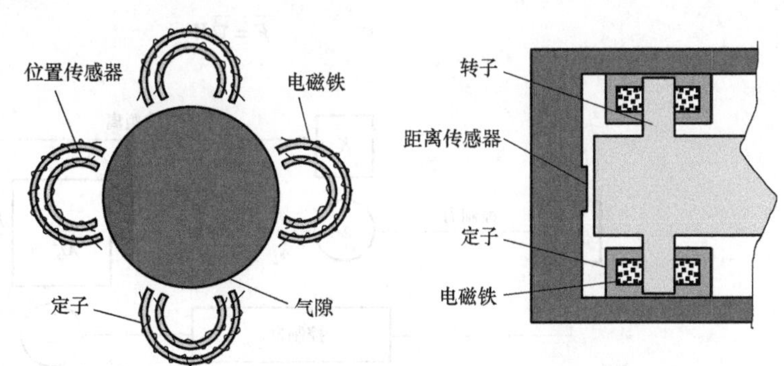

图 9.4.1　支持径向和推力负荷的磁浮轴承配置

63　磁浮轴承的执行器是反应动线圈的变化和螺线管执行机构的设计（10.4.2 节讨论）。这部分内容得到了 David Eisenhaure 先生的大力帮助，David Eisenhaure 先生来自 SatCon Technilogy Corp.，地址：12 Emily St.，Cambridge，MA 02139。

64　参阅 B. V. Jayawant，Eletromagnetic Levitation and Suspension Techniques，Edward Arnold Publishers，Ltd.，London，1984.

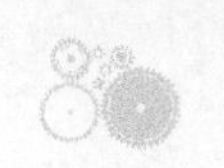

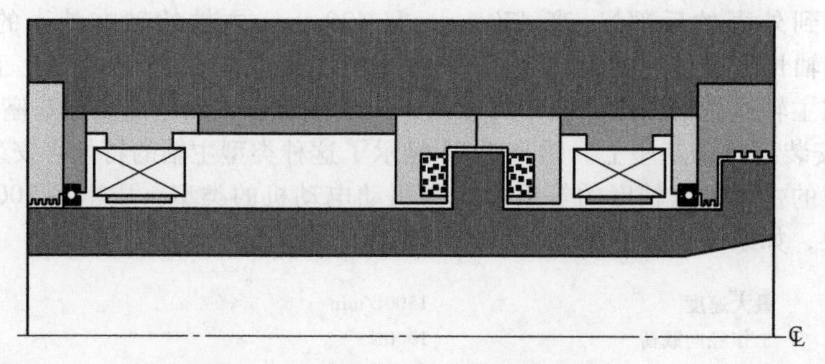

图 9.4.2 磁浮轴承主轴的概念设计

磁浮轴承也可用来支撑直线电机设备。可以使用经常被用来支撑旋转轴的刨床样式的马蹄形磁铁，但是这样会引起垂直运动控制伴随着角运动控制。另一种方法是使用转动件轴承，其类似于这些用来抵御轴推力负荷并显示在图 9.4.3 中的动态配置。这种特殊轴承有由永久磁铁提供的大约 30N 的偏向力和由供应线圈提供的 15N 的控制力。

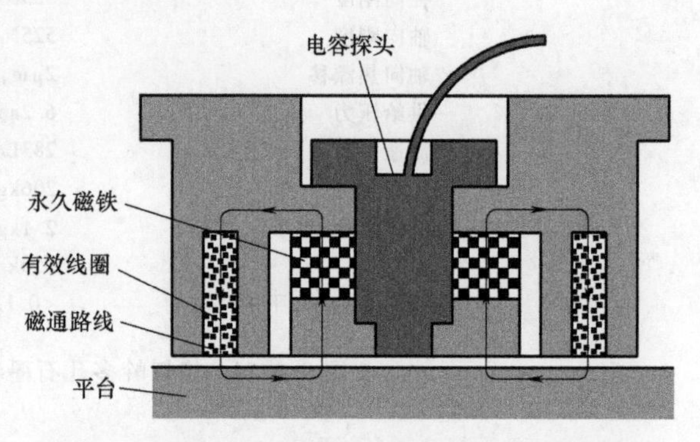

图 9.4.3 用于支持高精密直线运动的动态布置的磁浮轴承设计（SatCon Technology Inc. 许可）

无论支持什么负载类型，为了保持稳定性，磁浮轴承需要一个闭环控制系统（图 9.4.4）。模拟控制回路用于粗（不精确）位置控制，数字控制环路用于精细运动控制，并对元件飘移进行补偿。模拟传感器与模拟控制系统一起使用。有数字输出的激光干涉仪可以作为良好的动态控制的数字控制系统的高分辨率、高带宽的传感器。

当磁场中存储能量时，轴承和目标对象之间就会产生引力，在间隙中，其转化为机械运动。运动需要的吸引力是对能量 W_m 求偏导数得到的：

$$\overline{F}=\overline{\nabla}W_{m} \tag{9.4.1}$$

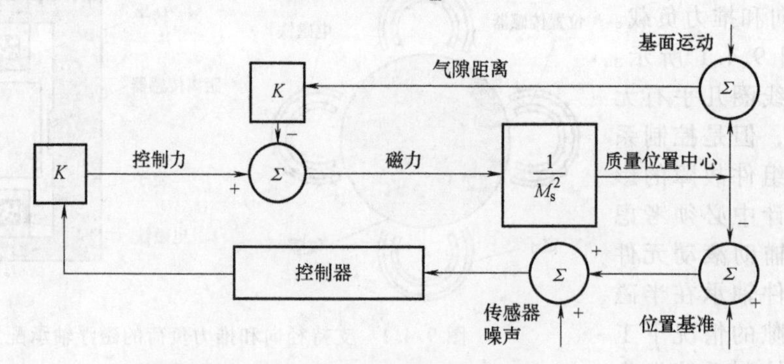

图 9.4.4 基本磁悬浮轴承闭环控制系统框图（SatCon Technology Inc. 许可）

存储的能量是一个关于磁通量和间隙面积的函数：

$$W_{m}=\frac{B_{g}^{2}A_{g}l_{g}}{2\mu_{o}} \tag{9.4.2}$$

式中，B_g是磁通量；A_g是空气间隙面积；l_g 是间隙宽度；μ_o是自由空间的渗透率。通过区分空隙的宽度，得到关于间隙宽度的力的函数：

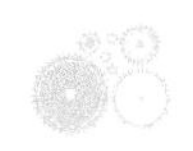

$$F_{gap}=\frac{dW_m}{dl_g}=\frac{B_g^2A_g}{2\mu_o} \tag{9.4.3}$$

磁通量由下式得到：

$$B_g=\frac{\mu_oNI}{l_g} \tag{9.4.4}$$

式中，N 是线圈的匝数；I 是通过线圈的电流。把方程（9.4.4）代入方程（9.4.3）得：

$$F_{gap}=\frac{N^2I^2\mu_oA_g}{2l_g^2} \tag{9.4.5}$$

导致标称间隙长度扰动的任何常量的干扰都会产生一个力比例扰动。如果干扰是常数，则这个扰动会倾向于进一步增加间隙长度；同时为了稳定，需要闭环伺服控制。磁场力不是关于输入电流和间隙长度的线性函数。伺服控制的磁浮轴承通过中止在标称点的对象来操作。因此，使关于标称间隙长度和电流的力方程线性化是合理的。通过下式把关于电流 I 和间隙长度 l_g 的力线性化：

$$\delta F_{gap}=\frac{\partial f_p}{\partial I}\Big|_O(\delta I)+\frac{\partial f_p}{\partial l_{go}}\Big|_O(\delta l_g) \tag{9.4.6}$$

方程（9.4.6）简化得：

$$\delta F_{gap}=\frac{NB_{go}A_{go}}{l_{go}}\delta I-\frac{B_{go}^2A_{go}}{\mu_ol_{go}}\delta l_g \tag{9.4.7}$$

施加在悬浮质量上的力为

$$f=m\ddot{x} \tag{9.4.8}$$

在质量位置 δx 的变化是等同的，与间隙长度的变化相反，$\delta x=-\delta l_g$。把方程（9.4.8）代入方程（9.4.7），并进行拉普拉斯变换得：

$$\frac{\delta x}{\delta I}(s)=\frac{1}{m}\frac{\dfrac{NB_{go}A_{go}}{l_{go}}}{s^2-\dfrac{B_{go}^2A_{go}}{m\mu_ol_{go}}} \tag{9.4.9}$$

设 C_i 是电流的相关系数，C_g 是间隙宽度的相关系数，所以

$$\frac{\delta x}{\delta I}(s)=\frac{1}{m}\frac{C_i}{s^2+C_g} \tag{9.4.10}$$

需要注意的是：系统的极点关于 s 面的 $j\omega$ 轴对称，所以系统是不稳定的开环。不稳定的极点称为最低带宽频率，这是引入超前滤波的最低频率，以确保闭环系统良好的稳定性：

$$\omega_u=\pm\sqrt{\frac{B_{go}^2A_{go}}{m\mu_ol_g}} \tag{9.4.11}$$

需要注意的是：极点是关于磁通密度的函数。一个典型的波特图表明这里对所有的频率有 180°的相移，这是一个有限增益的开环系统。

对许多悬浮轴承来说稳定系统带宽的最低要求约 10Hz。可达到的最大带宽范围从简单的吸引力型系统的 100Hz 到音圈系统的 40kHz 或者更高（10.4 节）。这里也有一个系统带宽的限制是代表线圈的额外的极点。这个极点称为 L/R 打破极点，经常在设计系统时被忽略，因为这个极点经常远超出闭环系统的带宽。然而，需要注意的是，它的确限制了系统的实际带

宽。因此所需系统的带宽通常选择在 L/R 值以下[65]。

简单来说，非旋转系统的高阶模拟超前滤波通常用来弥补不稳定的极点。这种超前滤波的目的是增加分频点（系统增益 0dB）的相位以增加相位裕度，从而保证稳定性。线圈的附加极点会限制带宽的增加[66]。这样一个滤波的典型传递函数由下式给出：

$$H(s)=\frac{K}{s}\frac{(s+a\omega)(s+\omega)}{(s+b\omega)(s+c\omega)} \tag{9.4.12}$$

这里 a、b、c 的具体值分别是 0.1、10、50。一个无限积分（$1/s$）被加入以最大限度地减小稳态误差，从而增大系统的表面刚度。这种滤波基本上具有无限的 dc 刚度优势，并对分频点没有影响。这些极点的放置远超出了系统的极端，并使分频点在 $3\omega_u$ 左右。这将产生很好的相位裕度（在 45°方向），并增加系统的带宽。

通过超前补偿器尝试增加相位裕度的效果是不明显的[67]。使用观察创建状态实施的状态反馈取得了最大的成功。特别是对高刚度的，积分反馈被证明非常成功地提高了轴承的刚度。线性二次调节器（Linear Quadratic Regulator，LQR）设计技术也被证明对磁浮轴承控制是有益的[68]。

9.4.1 一般属性[69]

1. 速度和加速度限制

磁浮轴承不会限制支持元件的速度和加速度。为适应从特种泵到超高速设备上的主轴的应用，已经建立转速为 100000r/min 或者更高的系统。

2. 运动范围

直线运动磁浮轴承可以用来支持托架的直线运动。一般来说，如果线圈是静止的，运动范围的变化受限于现行的相对于线圈重心的变化。已建议当磁悬浮列车经过它们时使用整个系列的通电线圈，然而这种设计的经济性还没有被证明。其他的设计是通过载电轨（live rail）的把动力转化到列车上的线圈中。或许高温超导材料有助于实现经济型磁悬浮列车[70]。旋转运动磁浮轴承的支持系统在工业环境中有更普遍的应用，并且没有运动限制。

3. 应用负载

对于几乎任何大小的负载，根据资金情况和空间大小，都可以用合适的磁浮轴承来支撑。增加由永久磁铁支撑的负载比例可以降低通过线圈并产生热量的电流。防施加的干扰力的振幅和频率结合控制器的带宽对所能得到的分辨率有影响，如下面的讨论。

4. 精度

目前已建成旋转精度达到 50μm 和 0.1μm 的系统。因为磁浮轴承依赖于闭合回路伺服系

[65] 参阅：T. Hawkey and R. Hockney，'Magnetic Bearings for an Optical Disk Buffer,' Phase I，National Science Foundation Sbir Program，Final Report R08-87，Sept. 1987，SatCon Technilogy Corp.

[66] 同上。

[67] K. Reistad et al.，'Magnetic Suspension for Rotation Equipment; Phase I Project Final Report,' Spin and Space Systems，Inc.，Phoenix，AZ，for NSF Award DAR-7916703，SBIR Program 1980.

[68] B. Johnson，Active Control of a Flexible Two-Mass Rotor：the Use of Complex Notation，Sc. D.，thesis，MIT，Mechanical Engineering Department，Sept. 1986.

[69] D. Weise，'Present Industrial Applications of Active Magnetic Bearings,' 22nd Intersoc. Engergy Convers. Eng. Conf.，Aug. 1987，Philadelphia，PA.

[70] E. R. Laithwaite，Propulsion Without Wheels，Hart Publishing Co.，New York，1966；E. R. Laithwaite，Transport Without Wheels，Scientific Books，Lodon，1977；B. V. Jayawant，Electromagnetic Levitation and Susension Techniques，Edward Arnold Publishers，London，1981.

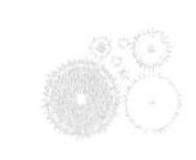

统来获得稳定性，位置传感器和伺服控制器的性能将会直接影响到系统的精度。新型高速数字信号处理器技术和更好的精细感测位置传感器使得到纳米级和更高的精度成为可能，只要愿意为此付出费用。需要注意的是，磁浮轴承会产生大量的热，热控制对保证磁浮轴承精度发挥巨大作用。

5. 重复性

磁浮轴承系统的重复性依赖于传感器和控制系统。阻抗探头通常用于模拟位置传感器，所以在很小的范围内有典型的重复性，除非使用精密位置传感器。

6. 分辨率

轴承间隙的运动控制分辨率也受传感器和控制系统的限制。在磁浮轴承支持的系统中几乎没有机械阻尼，除非悬浮对象与黏性流体有接触。所以阻尼在确定运动控制轴承间隙的分辨率时起很重要的作用。在低频时，性能几乎全由消除干扰控制器的能力决定。影响消除干扰的主控制系统参数是控制器增益，这决定了悬架刚度。悬架刚度越高，抵抗干扰力的能力越强。根据频率来源性质，在高频时，阻尼一般会被支持对象的惯性力和内部阻尼所吸收。对于一个支撑10kg仪器滑块的系统图9.4.5和图9.4.6显示了干扰力如何影响可获得的分辨率的一阶估算，该分辨率是轴承刚度和控制器带宽的函数。图9.4.7显示了对于相同的仪器压板支撑结构运动产生的等效托架干扰力[71]。

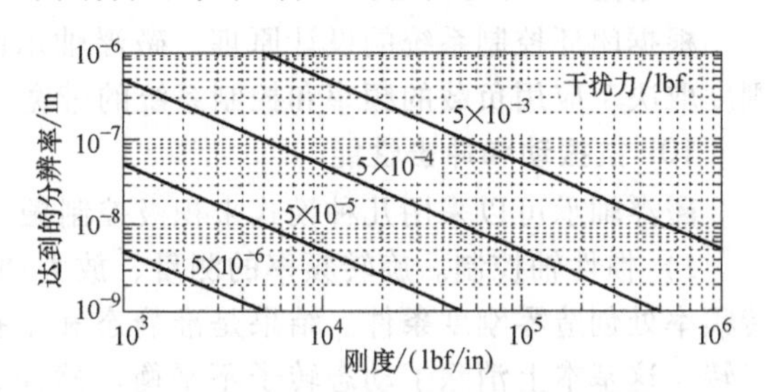

图9.4.5 10kg压板和150N轴承可达到的悬浮分辨率（一）

（SatCon Technology Inc. 许可）（1lbf=4.45N）

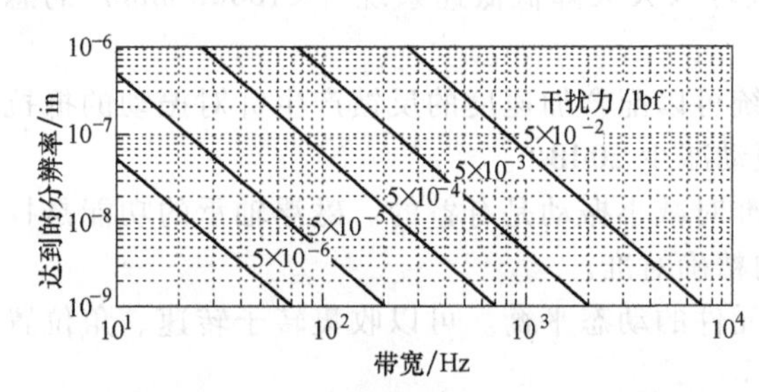

图9.4.6 10kg压板和150N轴承可达到的悬浮分辨率（二）（SatCon Technology Inc. 许可）

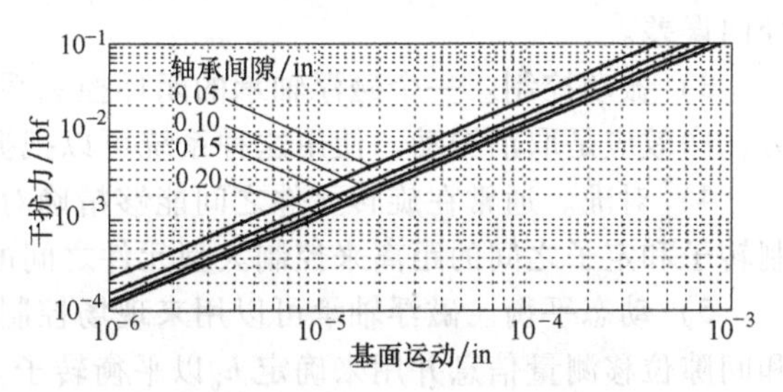

图9.4.7 10kg压板和150N轴承的滑动干扰力（SatCon Technology Inc. 许可）

同样也可以确定伺服轴承最小可分辨间隙长度增量的一阶估计。如果η是载磁浮轴承中由永久磁铁支撑对象的重量的比例，在对象上施加垂直力的净值由下式给出

$$F_{net}=(1-\eta)mg \tag{9.4.13}$$

这是线圈必须施加给悬浮质量的最小力。当设计线圈时，需要施加两倍这样的力。使用一个n位的A-D转换器，控制力的分辨率为2^n。最小的分解力$\varepsilon_{\Delta F}$由下式给出：

$$\varepsilon_{\Delta F}=\frac{(1-\eta)mg}{2^{n-1}} \tag{9.4.14}$$

质量的加速度为

$$a=\frac{(1-\eta)g}{2^{n-1}} \tag{9.4.15}$$

[71] 见9.4.3节。

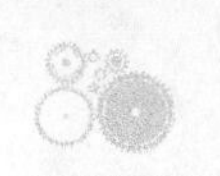

由于最小分解力质量向磁浮轴承在一段时间 t 移动的距离为

$$\delta=\frac{(1-\eta)gt^2}{2^n} \tag{9.4.16}$$

这个公式同样可用于计算最大允许伺服更新时间。

7. 支持负载的动态分辨率

因为在磁浮轴承中没有摩擦，所支持对象的动态分辨率仅受限于执行器、传感器和所使用的系统。

8. 预紧力

磁浮轴承仅在吸引模式下才高效。为了在含有随机取向受力元件的系统中获得高性能，磁浮轴承应该使用对置设计模式。对于精密仪器压板，利用重力预紧轴承系统是可行的。

9. 刚度

根据闭环控制系统的设计原理，磁浮轴承的稳态刚度基本上是无限的。磁浮轴承的动态刚度取决于应用负载的频率和控制系统的带宽。

10. 抗振动和冲击性能

磁浮轴承可以采用几种模式来积极控制振动[72]：

1）惯性轴控制。旋转频率的测量、放大和减去发送到线圈的控制信号，这将为轴承在旋转频率处创造零刚度条件。结果是准静态和干扰力仍然存在，但是转子关于惯性轴可以自由旋转。这基本上消除了动态转子不平衡。然而，必须小心的是，当转子通过临界转速时要取消这个惯性轴控制。

2）峰值增益。不再从控制信号中减去旋转频率分量，在旋转频率下增加峰值可以提高刚度。这也会影响前馈控制系统，而前馈控制系统可以大大降低低速系统（<1000r/min）的总径向误差。

3）振动控制。一个磁浮轴承的闭环控制系统可以配合加速度的反馈产生针对振动的抵抗力，净效应是取消振动。使用这种系统可以把振动减少 20dB[73]。

4）对准。通常在旋转元件之间能够精确对准对减小振动是有益的。磁浮轴承的功能是控制转子和定子之间的距离来控制大型元件之间的精确对准。

5）动态平衡。磁浮轴承可以用来现场控制元件的动态平衡。可以收集转子转速、角位置和间隙位移测量信息并用来确定 h_o 以平衡转子。

11. 阻尼能力

磁浮轴承的阻尼能力可以利用闭环控制系统实现。可以沿着轴在各个点处添加额外的磁性轴承模块，用作减振器。在这种模式下，间隙测量信号是有区别的，并用作速度反馈信号。

12. 摩擦

这里没有与磁浮轴承相关的摩擦、静电或者动力。然而，如果轴承间隙过小，高速流体阻力将产生问题。

13. 热性能

磁浮轴承会产生大量的热量，因此需要额外的冷却元件，如循环冷却水装置。对于系统中载荷变化不大的地方，大部分负载能用永久磁铁来支撑，这能使支撑负载的线圈尺寸和电流最小化。

---

[72] W. S. Chung et al., 'Ultra Stable Magnetic Suspensions for Rotors in Gravity Experiments,' Precis. Eng., Vol. 2, No. 4, 1980, pp. 183-186.

[73] D. Weise 'Present Industrial Application of Active Magnetic Bearings,' 22nd Intersoc. Energy Convers. Eng. Conf., Philadelphia, PA, Aug., 1987.

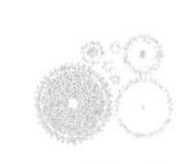

14. 环境敏感性

只要线圈受保护，磁浮轴承就几乎可以在任何环境下工作。其成功地应用在以下环境中：空气温度变化范围-235~450℃，1.33×10^{-11}~8.5MPa，水、海水、蒸汽、氨、氢、甲烷和氮。在腐蚀性环境中有一点必须保证的是，系统的材料不会丧失它们在结构和密封方面的功能。

15. 密封能力

一般环境下，不需要对磁浮轴承进行密封。然而，为了防止辅助轴承受到污染，封装是个好主意。

16. 尺寸和配置

磁浮轴承通常比它们可以代替的滚动轴承大2~10倍，然而，在很多应用中容纳磁浮轴承的大空间并不是问题。

17. 重量

与磁浮轴承代替的滚动轴承相比，磁浮轴承很重。在某些应用中，如精密机械陀螺仪，轴承遇到的力太小以至于对轴承力的要求无关紧要。在大型工业应用中，如管道压缩机和印刷辊钻石车削机，轴承的重量并不是主要的设计考虑因素。

18. 支持设备

磁浮轴承需要一个闭环伺服系统来稳定它们。伺服系统必须有精密位移传感器来测量轴承间隙，必须有放大器用于放大来自控制器的输出信号。为了提高稳定性，冗余控制和电源供应系统经常用在关键磁浮轴承中，如应用在管道压缩机中的关键磁浮轴承。

19. 维护要求

磁浮轴承几乎没有维护要求，这使得它们十分适用于持续运行设备，如管道压缩机。

20. 材料的相容性

磁浮轴承需要定子绕组线圈（如铜线）和铁转子或者铁转子叠片（最大限度地减少涡流电流损耗）。可以把铜绕组放在一个容器中密封，以在不利环境中保护它们。相似的，也可以把铁转子或者铁转子叠片用非腐蚀性材料进行电镀（如铬或镍）。因为磁浮轴承是互不接触元件，运行在干燥环境下，所以一般不会遇到材料相容的问题。

21. 所需的寿命

因为磁浮轴承是互不接触元件，因此他们的寿命基本上是无限的。

22. 可用性、可设计性、可制造性

磁浮轴承通常需要定制，因此至今没有现货供应，除了一些预制标准的主轴组件。这里有一些非常成功的磁浮轴承的商业运用，例如[74]：

管道压缩机：

- 转速：5250r/min
- 径向负荷：14kN
- 轴向负荷：50kN
- 环境：恶劣的工业环境
- 优势：驱动功率从26kW减小到3.4kW

打印辊钻石车削机：

- 转速：0~1500r/min
- 径向负荷：18kN
- 环境：机加工车间

[74] 来自 Magnetic Bearings Inc. 产品清单。

优势：高旋转精度（>1μm）与负载无关

涡轮分子真空泵：

转速：0~30000r/min

径向负荷：75kN

环境：室温高真空

优势：允许更高的速度来降低泵的尺寸

磁浮轴承的良好记录意味着如果应用许可，那么不应该害怕继续研究它们的使用。

23. 成本

磁浮轴承可能是可使用的轴承中最贵的，然而，对于它们解决的问题，与其他轴承的设计解决方案相比，磁浮轴承可以有效降低系统成本。

9.4.2 设计案例：超精密磁浮轴承支撑的线性移动托架[75,76]

最终，针对微电子产业以及在一定范围内具有埃米级分辨率的机器的要求，开发出了量子效应器件，对集成电路芯片的大小也提出了要求。几个装置目前存在埃米分辨率。例如：压电驱动弯曲联动结构的扫描隧道显微镜（STMs）是埃米级分辨率，其运动范围为1μm[77]。因为STM的小运动范围，它可以做得足够小使得它几乎不受热和振动问题的影响，它会干扰厘米级运动范围的埃米级分辨率测量机。其他精密仪器的设计如金刚石车削机的主要性能受机械运动部件之间的接触、驱动器和轴承之间未对准、轴承稳定性和可达到的温度控制的限制[78]。要解决这些问题，出现了粗-细定位系统，如图9.4.8所示。虽然粗-细定位系统很有效，但是其机械繁琐，并且很难控制。原子分辨率的测量机（ARMM）的设计设想，参考运动磁浮轴承的设计方法可以解决一些问题。

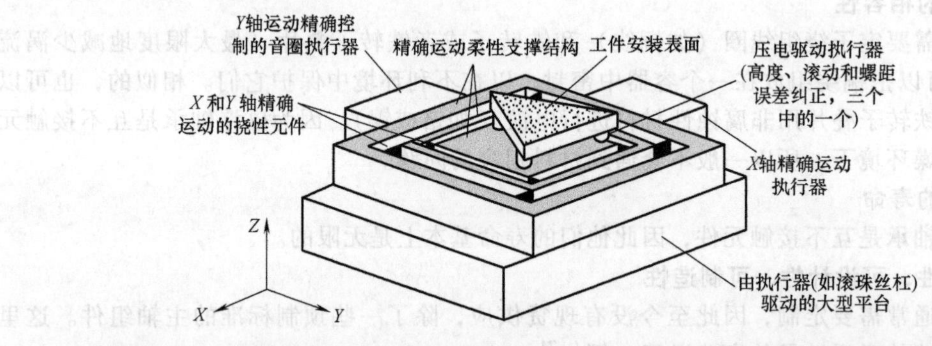

图9.4.8　使用粗-细定位系统纠正滑动几何体引起的滑动误差和对准执行器引起的力

ARMM的设计准则是从一个交叉轴的概念演变，这个概念产生于分子测量机（M^3）项目技术研究所（NIST）。M^3的一个模式如图9.4.9所示。M^3被设计成一个球面，这将使其与外面的温度控制球壳完美接合。在这种方式下，工作环境将不受力流体温度控制系统遇到的振

---

[75] 这个工作得到标准技术国家研究所的制造工程中心的支持，和他们的分子测量机结合。参阅E. Teague，‘The NIST Molecular Measuring Machine Project：Metrology and Precision Engineering Design，’ J. Vac. Sci. Tech. A，Dec. 1989.

[76] 这一部分来自文章：A. Slocum and D. Eisenhaure，‘Design Considerations for Ultra-Precision Magnetic Bearing Supported Slides，’ NASA Conf. Magn. Suspers. Technol.，Hampton，VA，Feb. 2-5，1988.

[77] G. Binnig and H. Rohrer，‘Scanning Electron microscopy，’ Helv. Phys. Acta，Vol. 55，1982，pp. 726-735.

[78] R. Donaldson and S. Patterson，‘Design and Construction of a Large Vertical-Axis Diamond Turning Machine，’ SPIE’s 27th Annu. Int. Tech. Symp. Instrum. Display，Aug. 21-26，1983；J. Biesterbos et al.，‘A Submicron I-Line Wafer Stepper，’ Solid State Technol.，Feb. 1987，pp. 73-76.

动影响。

早期的滑动轴承测试表明，性能是用于精加工轴承导轨的制造工艺的函数[79]。如果轴承没有达到预期效果，若重新改造或尝试另一种方法将会浪费很多时间和金钱。一个轴承所需要的是可以很容易调整。在MIT学院，在NIST的赞助下，作者设计了磁支持的滑块，有一个很大程度的自由运动，图9.4.10做了说明。最终，两轴“版本”将驻留在一个类似M^3的球面。SatCon技术公司设计了磁浮轴承，林肯实验室研究员为轴承设计了控制系统[80]。

图9.4.9 NIST模式的分子测量机
（美国国家标准与技术研究院许可）

本节简要地讨论ARMM的一些系统的设计考虑，包括轴承、执行器、传感器、运动控制和温度控制的设计问题。还有很多其他要考虑的因素，深入讨论所有需要的工程计算将占用很大的篇幅；然而，即使进行有限的讨论也应该让读者感觉到，所有微妙的因素都会影响这个设计。

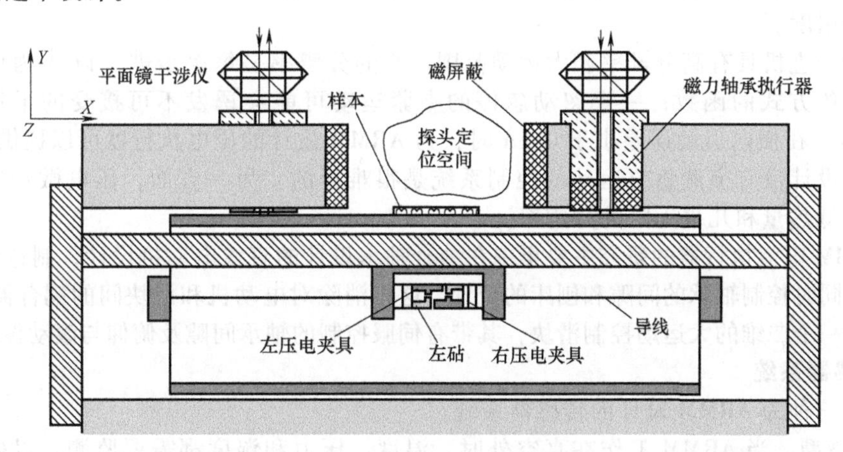

图9.4.10 具有磁浮轴承运动配置的原子分辨率的测量机（ARMM）的侧剖视图

1. 轴承

ARMM轴承可取的属性包括超高分辨率、低摩擦、高刚度。只有磁浮轴承有潜力满足这些要求，并在加工后方便进行调整。为ARMM原型设计的磁浮轴承如图9.4.3所示，其带有三个同心环的钢盘形壳。每个环称为轴承的一个极。一个永久性磁铁放置在壳中环的中央，一个控制线圈放在外面两个环的间隙中。轴承中有一个空心来为差距传感元件提供空间。永久磁铁和充分激活线圈的磁路的磁通路径也在图9.4.3中。磁通路径的设计是磁轴承设计中的主要部分，因为它直接影响施加力的数量和轴承的效率。不幸的是，磁通路径的设计超出

[79] NIST的M^3用粗、细定位系统来补偿这个问题。

[80] 作者非常感谢来自SatCon Technology Corp.的Jim Downer先生和Tim Hawkey先生，他们设计了轴承。还有MIT学院EE系的Dave Trumper博士，他现在是UNC Charlotte的电子工程的教授，他设计了控制系统并开发了相关软件。另外还要感谢Van Pham，他的本科论文是跟着Dave Trumper先生做控制设计的。

了本书的范围，不会进行深入讨论。

应该注意的是，为 ARMM 原型设计的磁浮轴承，对轴承本身来说并不一定是最佳的。滑块宽度上的空间有限，限制了轴承的直径，因而会有一个非常狭窄的横截面。轴承不应做得更宽，因为这会迫使滑块变宽，最终导致滑块过重。理想情况下，圆柱杆应该设计得短而粗，像一个磁盘。轴承和滑块之间的间隙很小，以最大限度地减少漏磁，但是同心环的间距应该尽量宽以提供一个长路径的磁通。路径越长，工作通量越多，浮动对象获得的力越多。

图 9.4.5 和图 9.4.6 分别给出了在不同总干扰力水平下可得到的轴承间隙分辨率，其是一个悬架刚度和带宽的函数。干扰力在建模时作为在整个工作的频率范围内的带宽干扰。对简单控制系统来说，带宽与系统的固有频率相等。在精密的实验室环境下，作用在支架上的主要的干扰力由地面平面运动引起[81]。如果有必要，通过合并控制回路的磁通反馈，基础运动的敏感性将会降低一个量级。在这个应用中，总干扰力水平应保持在 0.01N 以下。

2. 驱动器

滑块的轴向运动，这里有很多 ARMM 可选择的激励源，特别是如果考虑宏观和微观运动系统相结合。然而，因为粗、精激励源系统的自身复杂性，只考虑直接驱动系统，包括直线电动机和压电微步进机[82]。或者使用驱动器，然而，需要一种方法使它与滑块的耦合不会产生干扰力传送到滑块上。为了使耦合效率最大化，设计中使用了导线型联轴器（wire-type coupling）[83]。

直线电动机有一个实用的分辨率极限 0.01~0.1μm，在现有的系统机械耦合和热误差的事实基础上占据了分辨率的主导地位。在导线型联轴器和无摩擦轴承中可以避免这些问题。把电动机的响应映射（mapping）给输入电流和使用一个直流放大器代替 PWM 驱动[84]，可以得到埃级运动精度。

压电微步进机具有高分辨率和大运动范围。它的分辨率是每次步进（以 Å 为单位）和步进时设备钳位方式的函数；一个忽动忽停的夹紧运动可能会诱发不可接受的干扰力。如图 9.4.10 所示，在横向运动误差小于 0.1Å 时，为 ARMM 设计的压电执行器可以提供 0.1Å 的轴向分辨率。设计没有突然急拉运动的控制系统是很难得的。另一方面，压电微步进机拥有的优势是产生低热量和几乎无限的分辨率。

对 ARMM 电流执行器的研究主要集中在结合轴承设计的直线电动机设计，制造两轴电动机轴承，可以同时控制轴承的间隙和刨床的位置。这将消除对电动机和滑块间的耦合器件的要求，它允许设计一个二维的大运动控制滑块，其带有伺服控制的轴承间隙及俯仰与滚动控制[85]。

3. 传感器系统

这里有三种为 ARMM 设计的传感器系统。

1）环境型。当 ARMM 工作在真空外时，温度、压力和湿度都需要监测，以确保能控制环境使机器精确工作。机械结构中温度可以控制在 0.001~0.01C°/cm。

2）位置反馈传感器。为确保激励源之间互相耦合，需要使用贯穿轴承的处理方法。这将维持运动模块的准确性和提供封闭的检查方法，也应该直接测量支架另一区域（如样本区）的位置和方向。穿过轴承的模拟传感器将会在模拟控制电路下大致稳定滑块。干涉仪，无论是贯穿轴承测量还是在样品附近测量[86]，将用于精细运动的数字控制。

---

[81] 可买到的伺服控制系统可以保证工作台运动幅度在 100Å，10Hz 以下。可参看 Barry Control 和 Newport 公司的系统。

[82] 压电执行器在 10.5 节讨论。

[83] 见 10.8.1 节对耦合方法的讨论，包括线类型耦合。10.9 节讨论一个使线呈现更高轴向刚度的控制系统。

[84] [illegible]

[85] 目前存在二维平台，它由 Sawyer 电动机（10.3 节讨论）驱动。然而这些系统不能控制轴承间隙、倾斜度或者滚动，所以对于精密（高于亚微米）定位，需要用一个精密运动平台。

[86] 个人 NIST 正在建立五轴（X、Y、偏转、倾斜、滚动）激光干涉仪，可以在用于测量样本的探头周围定位。

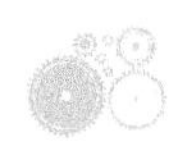

当激光干涉仪系统用作通过轴承的位置反馈传感器时，滑块必须抛光到光学质量。可以预见，在不久的将来，单晶差分平面镜干涉仪的分辨率将接近 1Å 水平[87]。一个相似的激光干涉仪也会被用于测量轴向位置。另一侧的精密电容探头对短程运动有很高的分辨率，并且它们不需要对支架表面进行光学抛光。此外，有限的面积测量技术会有一个平均效应，这将会减小表面粗糙度测量误差的影响。电容探头允许埃级水平伺服[88]；然而，长期漂移问题可以在几天或者几周内表现在对连续运行系统的探测不足。

3）样品测量。可以使用为 STM 开发的现有技术。然而需要注意的是，一个探头将耗费数千年在埃精度下匹配一个 50mm 直径的标本。因此要匹配这么一大个区域需要多探头技术。

4. 运动控制系统

由控制器向磁浮轴承发出的信号的分辨率将会影响作用在滑块上的总力。在方程（9.4.16）中，如果 $\eta=0.9$，$\delta=0.1$Å，$N=12$，那么最大伺服更新时间是 240μs。使用 32 位的数字信号处理器（DSPs）可以实现这个循环时间。在未来，为了获得更高的分辨率，由超高精度微波超导约瑟夫森结（ultrahigh-accuracy microwave-superconducting-Josephson junction）电源供电的超导线圈可能会被研究使用。这种类型的电源已被 NIST 的研究员证明，其产生的电压的稳定性极高。使用超导体，工作在液氮温度下，轴承需要用绝缘毯包裹，液氮通过周围的线圈，电加热器用于平衡进入结构的热流。这或许不是一个可行的选择。

5. 温度控制

控制系统的温度而不产生大的梯度，可以通过使用恒定或低功率设备实现，使系统运行在一个稳定的状态，把系统设计为一个球形悬挂在另一个温度控制的真空球内。这两个球体应该与外球辐射耦合，被一个高速冷却源冷却[89]。

通过辐射耦合的温度控制是高效的，它不容易像对流冷却一样形成梯度。考虑两个机构之间的辐射热量传递：

$$Q_{\text{net}}=F_{1-2}\sigma A_1(T_1^4-T_2^4) \tag{9.4.17}$$

如果 10W 的余热是从直径为 1.0m 或者 0.5m 的球体扩散的，温度保持在 20℃（293°K），方程（9.4.17）可以用来确定球体周围 1.0m 或者 0.5m 的内在领域分别保持在 19.440407℃ 和 17.742068℃[90]。

假设稳定状态，外球温度的小偏差 δT（低于 0.1℃）将会影响保留在内球的热量；

$$\Delta Q_{0.5\text{m}},\quad T=17.742068=4.378\delta T_{\text{out sphere}}(\text{W/C°}) \tag{9.4.18a}$$

$$\Delta Q_{1.0\text{m}},\quad T=19.440407=17.820\delta T_{\text{out sphere}}(\text{W/C°}) \tag{9.4.18b}$$

如果外球的温度发生偏差伴随着比内球的温度偏差更快的时间常数，内球的热质量就不会受到这些变化的影响。

为了给 ARMM 的各种结构材料做出合适的一阶热评价，考虑到内球达到新的平衡温度所需的时间 t，在外球温度 $T_i+\delta T_i$ 给出了一个阶跃变化 δT_o。假设新的平衡温度是 $T_i+\delta T_i$，温度变化 δT_i 在结构的 0.25m 段引起 0.1Å 的热增长。假定外球温度变化 δT_o（如 0.001℃）到一阶[91]，内球需要 δT_i 通过耦合辐射改变其温度。

$$t=\frac{\rho C_p R\delta T_i}{3F_{1-2}\sigma[T_i^4-T_o^4-(T_i+\delta T_i)^4+(T_o+\delta T_o)^4]} \tag{9.4.19}$$

---

[87] 和 Carl Zanoni（来自 Zygo Corp.，Middlefield，CT）讨论后的结果。

[88] J. R. Leteurte，'Capacitance Based Sensing and Servo Control to Angstrom Resolution，' Proc. 1987 Precis. Eng. Conf.，Cranfield，England.

[89] 内部球不能直接由高压冷却源冷却是因为需要去掉梯度的高压源会产生湍流和振动。NIST 研究者提出了双球概念。

[90] 视角系数是 1，Boltzmann 的常数是 σ，$\sigma=5.6697\times10^{-8}\text{W/(m}^2\cdot\text{K}^4)$。

[91] 假设热电导率是无限的。

表 9.4.1 显示了不同候选材料的 t 值。在时间评估的基础上，应使用液晶玻璃（zerodur）或殷钢（invar）。如果考虑到热扩散，可能会使用一种材料，如铜，以最大限度地减小梯度[92]。

通过调整与球体大小有关的功耗和等效黑体视图系统，可能会利用价格低廉的精确的温度控制流程（即相变过程）来控制内球的温度。例如：假设外球包含一个冰水浴器，外球的温度由电加热器进行微调。如果内球仍然要耗散 10W 电源，假如球体仍然表现得像黑体，内球的直径应该约是 0.1759m。不幸的是，这将不能给 ARMM 留出足够的空间。这一初步热分析，给出了从哪里开始设计过程，虽然它不包含瞬态影响，也不塑造球内热点。如果结构是合适的仪器，并且使用区域温度控制，可以避免热点的产生。

表 9.4.1　不同材料的属性和由外温度控制壳层（envelope）0.001℃干扰造成直径 1m 的内球温度变化的相对时间，其也造成在 0.25m 段的 0.1Å 热膨胀

材料	ρ /(kg/m³)	E /GPa	$\alpha_{膨胀}$ /[μm/(m/℃)]	K /[W/(m/℃)]	C_p /[J/(kg/℃)]	t /s	ΔT /(×10⁻⁶℃)	α /(×10⁻⁶m²/s)
铝	2707	69	22.0	231	900	133	1.8	94.8
铍	1848	275	11.6	190	1886	361	3.4	54.5
铜	8954	115	17.0	398	384	243	2.3	116
灰铸铁	7200	80	11.8	52	420	308	3.4	17.2
殷钢	8000	150	0.9	11	515	5736	44.4	2.7
铅	11373	14	26.5	35	130	67	1.5	23.7
液晶玻璃	2550	90	0.15	6	821	22960	267	2.9

6. 小结

研发 ARMM 的工具现已存在，是商业利益的驱动使其成为现实。在精心设计下，分辨率将会提高，这并不需要机械的设计改变，而是因为传感器、控制系统和控制算法设计的提高。伴随着"暖"（20~30℃）超导技术的引进，可得到新的传感器和激励源，这将推动分辨率的范围进一步扩展。

92　液晶玻璃™、殷钢、铜、铝和铸铁都是众所周知的有很好稳定形状的材料。参阅 J. Berthold et al.，'Dimensional Stability of Fused Silica，Invar，and Several Ultr-low Thermal Expansion Materials，' Metrologiea Vol. 13，1977，pp. 9-16.

第10章 驱动与传动

人类对新知识、新体验、快乐以及更加舒适环境的向往永无止境。

——托马斯　爱迪生（Thomas Edison）

10.1　引言

当设计一套伺服控制的机械设备时，必须考虑选择相应的动力源、传动装置和连接装置，而如何选择则需要考虑它们之间相互作用时的动态和静态特性。本章将讨论以下内容：

- 元件的动态匹配
- 直线电动机和旋转电动机
- 电磁致动器
- 压电致动器
- 液压与气动致动器
- 旋转传动部件
- 线性传动部件

本文希望结合一些现实中遇到的实例和这里提供的资料，使机械设计工程师能够认识到如何来确定元件的初始尺寸以便帮助他们完成其余的设计工作，继而机械设计工程师可以和动力学分析与控制系统设计人员一起建立详细的动力学模型并选择最终的动态系统元件。

10.2　元件的动态匹配

所有的机器元件必须在物理尺寸、伺服控制性能、动力性能上相匹配。如果一个元件尺寸过大，那么可能会增加机器的消耗而性能上并未有所增强。如果一个元件尺寸过小，那么其他元件将无法充分发挥它们的潜力而使整个设备的性能下降。注意：元件尺寸与系统的静态和动态质量有关。拥有良好静态特性的组件不一定需要好的动态性能。第 7.4 节有关机械结构设计的案例很好地说明了这一点。

机器元件通常首先在静态情况下进行设计（比如在施加载荷的情况下确定轴承的挠度），其中施加载荷是在静态或动态工作情况下的最大值。主导静态设计的因素是刚度，而主导动态设计的因素是固有频率和阻尼。为了获得与精密伺服系统相匹配的元件尺寸，需要考虑以下几方面的因素：

1）系统的轴向或周向静态机械刚度应当足够高，以使得输入系统的最小的力或扭矩所产生的变形不超过最大许用限度。如果变形超过限度，那么闭环伺服系统可能将无法对其实现补偿。最小力或扭矩的增量是控制系统输出分辨率、伺服环差值和机械时间常数的函数。对于一个点到点的测量机，各轴的主要要求是在测头允许的超调范围内快速定位，所以执行器的刚度不再是首要考虑的因素，而是应按照力的许用标准来确定执行器的尺寸。

2）在计算输出到驱动系统的下一个输出值的过程中，系统本质上处于开环运行状态。假设小的快速运动受系统惯性这样一个动态特性所主导，那么必须合理地选择伺服控制周期，从而保证在上述开环运行期间，作用在系统惯性上的力或扭矩使系统产生的运动量不超过最大允许值。当保守地评估此类误差时，可以假设系统是一个无阻尼系统。

3）为了最大化系统效率和相应地减少热量损耗，传送比、传动链组件及其负载的惯量以及施加的外部作用力应当处于一个合适的比例。

我们可以得到一系列的方程来把所有的系统变量相互关联起来。10.2.1 节讨论了最小刚度和伺服控制周期的问题。10.2.2 节讨论了最优传动比的选择问题。

10.2.1 传动装置许用刚度的最小化

传动装置所带动的组件质量越大，传动装置所能感受到的外部高频干扰力就越小，因为在这里质量充当了一个低通滤波器的角色。传动装置的刚度越大，其带动相应组件运动的速度就越快，这意味着系统具有更高的生产率和更高的抵抗外力影响的能力。传动装置必须具有足够的刚度以防止偶尔出现超过期望挠度的情况发生，而对此情况伺服系统已经无法做出相应的补偿（比如在高频情况下）。

设计传动装置的尺寸时，需要注意刚度要求和动力需求，这两者都与系统本身的质量有关。考虑一个移动工具头的运动轴，设计工程师应当按照所需要的加速度和速度曲线来估计使该轴移动所需的动力大小。在大多数情况下，摩擦力和切削力远大于惯性力。为了保证机器有足够的动力，一般建议估计所需要的动力时留有余量（比如 25% 的余量）。如果机器有足够的动力，电动机将有可能在温度更低一些的环境下工作，热量损耗也会少一些。在进行最初的设计计算时，由于设计工程师是根据输出需求进行反推的，所以应当在每个运动方向增加 0.3N/W（50lbf/hp）的动力需求以补偿传动链各个组件之间的动力损耗。

为了确定传动系统的许用刚度，首先要估算系统的时间常数（seconds/cycle）：

$$\tau_{\mathrm{mech}}=2\pi\sqrt{\frac{M}{K}} \tag{10.2.1}$$

式中，M 表示系统的总质量[1]；K 表示传动系统的刚度。控制系统的伺服响应时间 τ_{loop} 至少应当是 τ_{mech} 的二分之一，以防止频率的混叠。小的伺服响应时间会产生一个平均效应，可以有效地增加发给电动机的信号的分辨率。就像取一系列数据点的平均值以去除随机误差的原理一样，在这里假设小的伺服响应时间有助于以 $\sqrt{\dfrac{\tau_{\mathrm{mech}}}{2\tau_{\mathrm{loop}}}}$ 的比例提高力的分辨率。对于一个具有 N 位数模转换分辨率的控制器[2]，输入力的增量可以按照下式估算：

$$\Delta F=\frac{F_{\max}}{2^{N}\sqrt{\dfrac{\tau_{\mathrm{mech}}}{2\tau_{\mathrm{servo}}}}} \tag{10.2.2}$$

由该力的增量而产生的挠度增量 δ_{K} 也会引起一部分伺服系统的误差，必须将其计算在误差范

1 正如下一节所讨论的，系统质量是指机座质量和传动系统的惯性等效质量。对于传动系统的优化，机座质量和惯性等效质量的关系约为 $M=2m_{\mathrm{carriage}}$。

2 不能随意设定 N 值越高越好，因为噪声实际上限制了可以达到的分辨率。比如，虽然可以采用16位的 ADC，但是事实上能得到 14 位分辨率的结果已经很不错了。对于一个重载传动系统，分辨率达到千分之一（即 10 位）已经很好了。

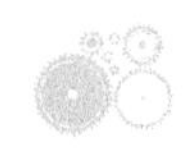

围内。所以传动系统最小轴向刚度[3]可以由下式获得：

$$K \geqslant \frac{F_{\max}\tau_{\text{servo}}^{1/2}}{2^N \pi^{1/2} M^{1/4} \delta_K} \tag{10.2.3}$$

对于转动系统，可以用转矩代替上述力，用转动惯量代替上述质量。但是该如何确定伺服响应时间呢？

当控制器计算下一个发送到数模转换器（DAC）的数值（其用以给传动系统提供控制信号）时，此时的控制信号实际上是 DAC 中的上一个取值。因此不管理想输入系统如何要求最小化位置误差，此时它接受到的是一个旧的信号并且因此运行在开环状态下。所以在这段时间 τ_{servo} 内，确保施加作用力的增量引起的系统位移增量忽略不计是非常重要的。最常见的假设是认为系统此时是一个无阻尼系统，则可以认为由作用力增量（系统的力分辨率）在时间增量 τ_{servo} 内使系统质量 M 产生的位移误差 δ_M 为

$$\delta_M = \frac{1}{2}\frac{\Delta F}{M}\tau_{\text{servo}}^2 \tag{10.2.4}$$

最大许用伺服响应时间可以由下式得到：

$$\tau_{\text{servo}} = \sqrt{\frac{2\delta_M M}{\Delta F}} \tag{10.2.5}$$

综合式（10.2.2）、式（10.2.3）和式（10.2.5），在满足各轴所需要的分辨率（未考虑额外的负载力作用或者非线性因素的影响）的条件下，得到传动系统许用刚度的表达式为

$$K \geqslant \frac{F_{\max}\delta_M^{1/4}}{2^{N-1/4}\pi^{1/2}\delta_K^{5/4}} \tag{10.2.6}$$

需要注意的是，必须保证许用刚度以使外力作用产生的误差低于最大期望值。

注意整个伺服控制的误差 δ_{servo} 包括传动系统挠度 δ_K 和质量加速运动误差 δ_M。这就是为什么伺服系统不能总是足够快地响应以消除传动系统误差的原因，因为这两部分误差是相互独立的。一般取 $\delta_K = \delta_M = \frac{1}{2}\delta_{\text{servo}}$。同时，应当注意最大力不能取任意低的值，否则将没有足够的力来对系统的动态响应进行控制。

当使用传动系统刚度来设计传动链时，必须按照每个传动元件的刚度来计算系统的总刚度。比如，当丝杠支撑轴承的刚度远大于丝杠本身的刚度时，系统的轴向刚度主要由丝杠的刚度决定，这将使丝杠具有更小的直径和转动惯量。同时，还应考虑传动系统和工具头之间的结构刚度。最后，在任何硬件制造之前，还应建立详细的系统动态数字模型，并通过实际的动态系统对分析进行测试。

这些方程也可以用来确定最大许用伺服响应时间：

$$\tau_{\text{servo}} \leqslant \sqrt{\frac{\pi^{1/2}2^{(4N+3)/4}\delta_M^{3/4}M\delta_K^{1/4}}{F_{\max}}} \tag{10.2.7}$$

图 10.2.1 所示为典型高精度机械许用刚度和伺服响应时间间隔与伺服误差之间的曲线关系图。此伺服响应时间间隔假设控制器没有相位滞后。对于一个需要保存 L

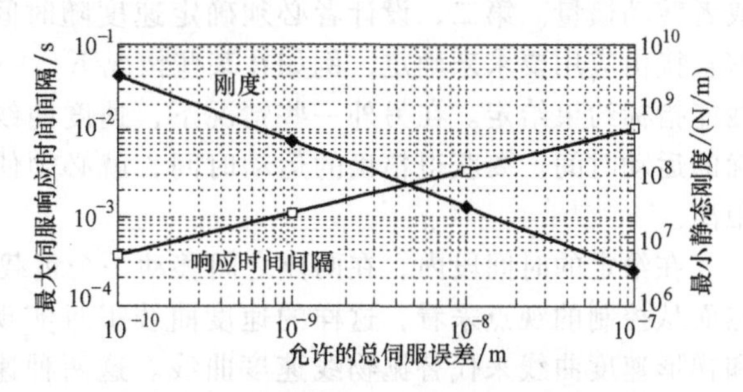

图 10.2.1　轴向受力最大为 1000N，系统质量为 200kg，12 路 DAC 情况下，金刚车床所要求的静态刚度和伺服响应时间间隔

[3] 回顾 5.2.2 节，丝杠的等效轴向扭转刚度通常远大于轴向刚度，因此可以忽略其许用刚度的计算。

个过去状态值以进行递归迭代的数字控制算法，此时的伺服时间应当选为 τ_{servo}/L 或更快。通常对于 PID 算法，L 取 2，但是如果控制器使用了一个很好的滤波器以消除微分环节的噪声，那么 L 可以取更高的值 10。对于带有模拟速度环的控制器，L 可能取 1。注意这些方程只用于完成初始阶段的方案设计。在进一步详细设计之前，建立系统详细的动态模型是必不可少的。

设计工程师还必须考虑每一个元件的固有频率，以确保它不会因为自身的运动或者其他部件的运动而产生共振。已经有很多因为小疏忽而引起惨剧的例子。例如：传感器支架的固有频率和机器上一个风扇电动机的固有频率相同，从而导致传感器支架出现失控的振动。

10.2.2 传动比的选择[4]

这一部分将主要讲授对于特定的载荷，选择伺服电动机和传动比的流程。为了从现有文献中得出这个流程，做如下假设：

1）仅考虑永磁无刷和有刷电动机。在伺服应用中，它们是迄今为止最常见的电动机。

2）对于间歇性的应用，在计算中要用到电动机的峰值转矩率。对于连续运转的场合，则要用到电动机的连续转矩率。在这两种情况下，为了确定电动机的稳态温度，应当咨询电动机的生产厂家。

3）一般来说，用户都想选择小的、便宜的并且能够满足运行要求的电动机。对于给定系列的电动机，很难给出一个每瓦特价格的图表，但是由于伺服电动机和驱动器套件的费用一般随着功率的增大而上升，所以，认为电动机功率可以作为系统成本的指标。因此，下面的方法都尝试着减小电动机功率。

4）如果惯性力起主导作用，则可以使用简化的选择程序来选择电动机；如果是外部作用力起主导作用，则必须使用作用力随时间变化的历史数据来选择传动比以使电动机功率最小。

依据上述假设和特定应用的具体要求，可以确定系统的最佳传动比、期望的输出功率和直流电动机的效率。通常用上述方法得到的最终结果的准确性是比较高的。但是，在实践中确定最终电动机功率时一般要乘以一个合理的安全系数（25%~50%）以克服未建模因素的影响。如果选择的电动机的惯性和负载惯性的差别是好几个数量级，那么最佳传动比将变得过大而难以实现。在这种情况下，建议使用一个更实际的传动比和一个功率更大的电动机。

在选定电动机和传动比之前，必须首先确定系统的几个参数。第一，不管使用哪种驱动类型，如丝杠传动、摩擦传动、带传动、齿轮传动等，必须知道负载和传动链各部件的质量或者转动惯量。第二，设计者必须确定速度随时间的变化曲线。在一些情况下，速度曲线能够直接由应用要求来确定，例如在某些情况下，一些参数（如速度或者最大加速度）由用户性能指标约束给定。在另外一些情况下，速度曲线的准确估计不是很重要，重要的是获得精确的运动时间。要获得精确的运动时间，就必须使特定的负载在给定的时间段内移动特定的距离。

在给定的时间段内，在两点之间移动一个负载，最佳的速度曲线（功率最小）是抛物线；然而从控制的观点来看，这样的速度曲线很难实现，因而很少用到。在实践中通常用三角形和梯形速度曲线来代替抛物线速度曲线。这两种速度曲线相对来说都是比较容易实现的。已经证明[5]，如果假设抛物线速度曲线在特定应用中具有100%的效率，那么具有匀加速、匀速、

---

4 [illegible]
生时所做的独立研究项目的一部分。

5 J. Tal, 'The Optimal Design of Incremental Motion Control Sytems,' Proc. 14th Symp. Increment. Motion Control Syst. And Dev., May 1985, p.4.

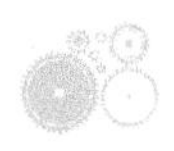

匀减速的梯形速度曲线的效率为 89%，三角形速度曲线的效率为 75%。尽管三角形速度曲线在每步移动中要求更多的能量，但在给定距离下移动一个负载时，它却是最快的方式。

梯形速度曲线如图 10.2.2 所示。给定位移 D，负载移动的总时间 t_c，梯形速度曲线可以描述为：

$$D=\frac{a_{\max}}{2}\left(\frac{t_c}{3}\right)^2+\frac{a_m t_c}{3}\frac{2t_c}{3}+\frac{a_{\max}}{2}\left(\frac{t_c}{3}\right)^2 \tag{10.2.8}$$

在运动过程中，最大的加速度和速度分别为

$$a_{\max}=\frac{9D}{2t_c^2} \tag{10.2.9}$$

$$v_{\max}=\frac{3D}{2t_c} \tag{10.2.10}$$

式中，$a_{\max}$为最大加速度（m/s^2 或 rad/s^2）；$v_{\max}$为最大速度（m/s 或 rad/s）。

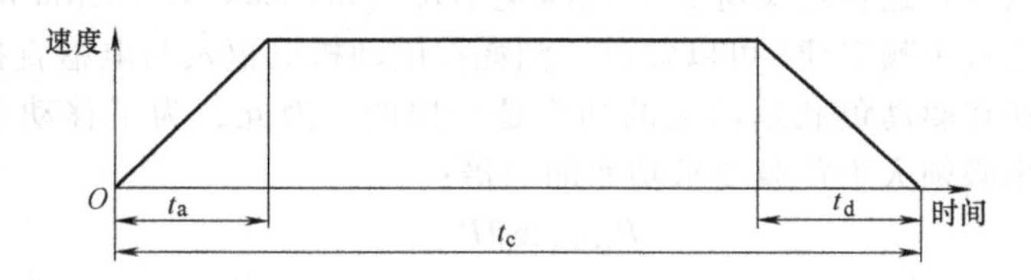

图 10.2.2　梯形速度曲线

接下来是确定载荷和电动机功率的变化率。不幸的是，不像转矩或者速度，功率变化率不是一个很直观的概念。功率变化率的单位是 W/s，同时功率变化率是一个度量电能到机械能转换效率的基本的测量单位。一个电动机可以被想象为一个黑箱，在这个黑箱中，电能转换为机械能。在理想情况下，这种转换是瞬时完成的。在实际情况下，电动机的电感和电阻结合起来组成了一个具有时间常数 τ_m 的动态系统。功率变化率将执行器的功率和机械时间常数结合在一起，构成了一个单一的指标。尽管功率变化率给人的直观感觉很抽象，但其实际值能通过系统惯性和电动机参数表中的信息来求解。对于一个在时间段 t_a 内加速一定质量的电动机，其功率变化率定义为

$$P_{\text{Rmotor}}=\frac{\Gamma_{\text{motor}}^2}{J}=\Gamma_{\text{motor}}\alpha=\frac{I^2R}{t_a} \tag{10.2.11}$$

该方程中，$\Gamma_{\text{motor}}^2/J$ 反映电动机加速度的大小，I^2R 是输入电动机的能量。因此，方程的左边是输入到系统的转矩和电枢以及与之直接相连部件的加速度的度量。等式的右边是输入到系统的电能和实际响应速度的度量。

在梯形速度曲线中，最大电动机能量等于功率变化率乘以加速时间，即

$$P_{\text{motor}}=P_R\frac{t_c}{3} \tag{10.2.12}$$

因此，电动机的选择可以认为是一个确定功率变化率 P_R 和电动机功率 P_{motor} 且使之与系统其他部分相匹配的过程。上述参数可以用来评价候选的电动机。

为了确定所需要的电动机功率变化率，必须首先确定能够使负载有效移动的功率。由于负载惯性和所需加速度是由机器的要求确定的，所以直线运动系统的负载功率变化率可通过下式来计算：

$$P_{\text{Rload}}=(M_{\text{load}}a+F_f)a \tag{10.2.13a}$$

旋转系统的负载功率变化率可通过下式来计算：

$$P_{\mathrm{R\,load}}=(J_{\mathrm{load}}\alpha+\Gamma_{\mathrm{f}})\alpha \tag{10.2.13b}$$

负载惯量是所有部件的惯量在传动链负载端之和（例如：它们可能不包括丝杠的转动惯量）。参数 F_{f}和 Γ_{f}是阻碍负载运动的定值摩擦力或者摩擦力矩。在最大负载和速度的条件下应采用最大的静态和动态摩擦因数。由于摩擦效应通常比较大，所以它们不能被忽略。在摩擦没有明显告知而传动效率已知的情况下（例如：齿轮箱的力矩/速度比已知），设计者可以调整负载所需的功率变化率。例如：如果一个滚珠丝杠的效率是 90%，那么对于通过滚珠丝杠驱动的刀架的功率变化率应该乘以 1/0.9=1.11。同样，切削力可能很大，当其不超过加速负载所需的力且大于方程（10.2.13）给定的功率变化率时，应使用 $P_{\mathrm{R}}=F_{\mathrm{cut}}^2/M$ 或者 $\Gamma_{\mathrm{cut}}^2/J$ 作为切削力的负载功率变化率。另外，应该确保满足电动机的转矩-速度曲线。

从方程（10.2.12）可以得到负载功率为

$$P_{\mathrm{load}}=P_{\mathrm{R\,load}}t_{\mathrm{a}} \tag{10.2.14}$$

对于惯性负载起主要作用的系统。从图中可以看出，在加速和减速时间段内，从电动机传递到负载的功率最大，这种现象称为惯性匹配学说（the matched inertia doctrine）[6]。当满足惯性匹配条件时，通过牛顿定律[7]可以知道：消耗在电动机电枢及与电枢直接相连的传动系统部件上的功率与消耗在驱动负载运动上的功率是一样的。因此，为了移动电动机自身和其他负载，电动机总功率必须大于负载要求功率的两倍：

$$P_{\mathrm{motor}}\geqslant 2P_{\mathrm{load}} \tag{10.2.15}$$

同样，通过牛顿定律[8]可以知道，当惯性匹配时，所需电动机功率变化率必须是负载功率变化率的四倍：

$$P_{\mathrm{R\,motor}}\geqslant 4P_{\mathrm{R\,load}} \tag{10.2.16}$$

根据方程（10.2.15）和方程（10.2.16），通过查找电动机手册，可以确定电动机参数 $P_{\mathrm{R\,motor}}$和 P_{motor}。

系统在小载荷下的最佳传动比

当外部载荷很小时（如小的摩擦力和切削力），可以使用惯性匹配学说来寻找“最佳”传动比。首先假设所有的电动机旋转功率全部用于驱动负载，功率等于转矩和角速度的乘积：

$$\Gamma_{\mathrm{motor}}\omega_{\mathrm{motor}}=\Gamma_{\mathrm{load}}\omega_{\mathrm{load}} \tag{10.2.17}$$

同时转矩也等于转动惯量和角加速度的乘积，因此

$$J_{\mathrm{motor}}\alpha_{\mathrm{motor}}\omega_{\mathrm{motor}}=J_{\mathrm{load}}\alpha_{\mathrm{load}}\omega_{\mathrm{load}} \tag{10.2.18}$$

对于恒定加速度和给定时间，代换角速度得

$$J_{\mathrm{motor}}\alpha_{\mathrm{motor}}^2=J_{\mathrm{load}}\alpha_{\mathrm{load}}^2 \tag{10.2.19}$$

传动比 n 与电动机转速及负载转速的关系为 $\omega_{\mathrm{motor}}=n\omega_{\mathrm{load}}$，对该式取一次微分，代入式（10.2.19）得

$$J_{\mathrm{motor}}n^2\alpha_{\mathrm{Load}}^2=J_{\mathrm{load}}\alpha_{\mathrm{load}}^2 \tag{10.2.20}$$

对于惯性负载占主导的纯转动系统，最佳传动比为

$$n_{\mathrm{opt}}=\sqrt{\frac{J_{\mathrm{load}}}{J_{\mathrm{motor}}}} \tag{10.2.21}$$

使用同样的分析方法，可以得到摩擦（绞盘）或者带轮驱动系统的最佳驱动轮半径 r

[6] I. Tal, ‘Optimal Design Motion Control Systems,’ Motion, July/Aug., 1986, p. 20.

[7] 7 G. Newton, ‘Seclection the optimum Electric Servo-motor for Increemntal Positioning Applications,’ 10th Symp. Increment. Motion Cotrol Syst. And Dev., B. C. Kuo (ed.). p. 5.

[8] 同上。

(m) 为

$$r_{\text{roller}}=\sqrt{\frac{J_{\text{motor}}}{M_{\text{load}}}} \tag{10.2.22}$$

对于丝杠驱动的滑架，最佳导程（mm/rev）为

$$l=2\pi\times10^{3}\sqrt{\frac{J_{\text{motor}}}{M_{\text{load}}}} \tag{10.2.23}$$

在这些情况中，在传动系统的一端仅有惯性载荷，而在传动系统的另一端仅有电动机惯量（如仅有电动机惯性和与电动机直接相接的齿轮或者丝杠的惯量）。在选择传动比后，必须估计传动链的效率同时检查最初用于选择负载功率变化率的估计是否正确。电动机尺寸和传动比的计算具有迭代的特性是显而易见的。如果电动机的功率变化率比要求的值大或者相等，则电动机的峰值转矩将在电动机的能力范围内。然而，应该再次与生产厂家核对电动机参数以确保这些参数都是正确的。

同样有必要对电动机的速度和转矩进行校核。对于旋转系统，电动机转速（r/min）为

$$\omega_{\text{motor}}=n_{\text{opt}}\omega_{\text{load}} \tag{10.2.24}$$

对于由摩擦或者带轮驱动的直线运动的滑架（速度单位为 m/s），电动机转速（r/min）为

$$\omega_{\text{motor}}=\frac{30v_{\text{load}}}{\pi r_{\text{roller}}} \tag{10.2.25}$$

对于由导程为 l(mm/rev) 的丝杠驱动的滑架（运动速度单位为 m/s），电动机转速（r/min）为

$$\omega_{\text{motor}}=\frac{6\times10^{4}v_{\text{load}}}{l} \tag{10.2.26}$$

当负载惯量很大时，传动比变得非常大，那就要求电动机有一个非常大的转速。如果要求电动机的峰值转速比电动机或者驱动器系统允许的实际转速大，那么传动比 n 将不得不减小（r 或 l 增加），同时电动机的功率变化率也将不得不增加。正是由于速度的限制因素，对于大质量系统使用惯性匹配方法是不现实的。如下所述，一些大质量系统经常有大的负载（如摩擦和切削力），为了减小电动机发热，必须增大所要求的传动比。

系统在大载荷下的最佳传动比[9]

惯性匹配学说关注在加减速阶段电动机的功率，但是当系统遇到大的摩擦负载和切削负载时，长时间的匀速运动会如何呢？在图 10.2.2 中定义的梯形速度曲线和施加恒定外部负载的情况下，已知线圈电阻 R_{motor} 和电动机常数 K_{t}（N·m/A），电动机产生的热能为：

$$W_{\text{thermal}}=\frac{cR_{\text{motor}}\omega_{\text{load}}^{2}J_{\text{load}}^{2}}{K_{\text{t}}^{2}t_{\text{c}}}\left[n^{2}\left(\frac{J_{\text{motor}}}{J_{\text{load}}}+\frac{1}{n^{2}}\right)^{2}+\frac{r}{n^{2}}\right] \tag{10.2.27}$$

其中：

$$c=\frac{t_{\text{c}}}{t_{\text{a}}}+\frac{t_{\text{c}}}{t_{\text{d}}} \tag{10.2.28a}$$

$$r=\frac{\Gamma_{\text{load}}^{2}t_{\text{c}}^{2}}{c\omega_{\text{load}}^{2}J_{\text{load}}^{2}} \tag{10.2.28b}$$

[9] 对于详细分析以及原文，见：J. Park adn S. Kim，'Optimum speed reduction ratio for d. c. servo drive systems,' Int. J. Mach. Tools Manuf.，Vol. 29，No. 2，1989；J. Park and S. Kim，'Computer aided Optimum motor selection for D. C. servo drive systems,' Int. J. Mach. Tools Manuf.，Vol. 30，No. 2，pp. 227-236，1990.

Γ_{load}是由于摩擦和切削力所产生的外部负载，同时它不包括和加速度有关的惯性负载。当传动比满足$\partial W_{thermal}/\partial(n^2)=0$时，电动机产生的热能最小，因而最佳传动比为

$$n_{opt}=\sqrt{\frac{J_{load}\sqrt{1+r}}{J_{motor}}} \tag{10.2.29}$$

在这些方程中，如果负载是直线移动的，那么J_{load}就是质量（kg），Γ_{load}就是力（N），ω_{load}就是在最大力时负载的最大速度（m/s）。

在许多情况下，在移动期间的负载转矩将变得非常大。如果负载被分割成N部分，每部分长度为$C(i)t_c$，如图 10.2.3 所示，那么总的等效负载定义为

$$\Gamma_{lequ}=\sqrt{\sum_{i=1}^{N}\Gamma_{load}^2(i)C(i)} \tag{10.2.30}$$

在这里所有$C(i)$的和必须等于 1。然后，通过使方程（10.2.28b）中的$\Gamma_{load}=\Gamma_{lequ}$，可以确定最佳传动比。值得指出的是，如果外部负载为 0，那么最佳传动比则通过方程（10.2.21）中的惯性匹配准则来确定。

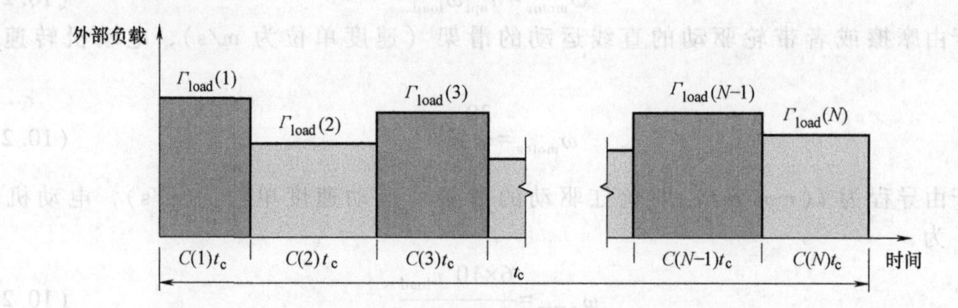

图 10.2.3　移动时的外部负载曲线图

在几个小时或者几天的普通工作周期中，必须考虑所有遇到的M个载荷循环，每一个都有自己的Γ_{lequ}。在这种情况下，应使用方程（10.2.30）确定每个梯形速度曲线移动时间$t_c(i)$内的等价外部载荷$\Gamma_{lequ}(i)$以及电动机产生的总热能：

$$W_{thermal}=\sum_{i=1}^{M}\mathrm{k}(i)\left[n^2\left(\frac{J_{motor}}{J_{load}}+\frac{1}{n^2}\right)^2+\frac{r(i)}{n^2}\right] \tag{10.2.31}$$

这里：

$$k(i)=\frac{C(i)R_{motor}\omega_{load}^2(i)J_{load}^2}{K_t^2t_c(i)} \tag{10.2.32a}$$

$$r(i)=\frac{\Gamma_{lequ}^2(i)t_c^2(i)}{c(i)\omega_{load}^2(i)J_{load}^2} \tag{10.2.32b}$$

$$C(i)=\frac{t_c(i)}{t_a(i)}+\frac{t_c(i)}{t_d(i)} \tag{10.2.32c}$$

从$\partial W_{thermal}/\partial(n^2)=0$，得到系统最佳传动比为

$$n_{opt}=\sqrt{\frac{J_{load}\sqrt{1+R}}{J_{motor}}} \tag{10.2.33}$$

这里：

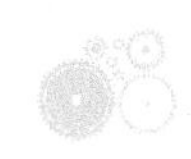

$$R=\frac{\sum_{i=1}^{M}s(i)r(i)}{\sum_{i=1}^{M}s(i)} \tag{10.2.34a}$$

$$s(i)=\frac{c(i)\omega_{\mathrm{loadmax}}^{2}(i)}{t_{\mathrm{c}}(i)} \tag{10.2.34b}$$

方程（10.2.34b）表示第 i 个梯形速度曲线段部分对总性能的要求。

为了减少机器的峰值冷却要求，必须减少在每一步移动时热量的输出。因此必须借助方程（10.2.29）求解每一步移动时的最佳减速比，借助方程（10.2.27）计算热量散失。应该指出的是，所有的分析都应服从电动机数据表的要求。

对于绞盘（摩擦）或者皮带驱动系统，J_{motor}的单位为 kg · m^2，当 J_{load}为线性时，它的单位为 kg，n_{opt}的单位为 m^{-1}。最佳的带轮半径（m）为

$$r_{\mathrm{capstan}}=\frac{1}{n_{\mathrm{opt}}} \tag{10.3.35}$$

对于丝杠驱动系统，最佳导程 l(mm/rev）为

$$l=\frac{2\pi\times10^{3}}{n_{\mathrm{opt}}} \tag{10.2.36}$$

在这两种情况中，n_{opt}可以从方程（10.2.29）或者方程（10.2.33）中获得。

最佳传动比确定小结

对于测量机，其外部负载可以忽略不计，因此使用易于实现的惯性匹配学说就可以产生与通用公式相同的结果，因而可以使用方程（10.2.21）~方程（10.2.23）确定最佳传动比。对于具有较大外部负载的系统，应使用公式（10.2.33）确定最佳传动比。在这两种情况下，需要确定负载和电动机功率变化率以选择电动机。此外，在选定传动比和电动机后，必须校核该系统的最大速度和转矩是否满足要求。

在已知外部负载变化规律的情况下，选择使机器运动部件按照特定梯形速度曲线运动的直流伺服电动机指标的程序可归纳如下：

1）计算负载的惯性（如机床工作台）。

2）使用公式（10.2.6）的最低刚度准则，按照初步选择的传动系统元件估计传动链各元件的惯量。按要求选用惯性主导公式或外部负载主导公式计算最佳传动比。

3）检查电动机和传动系统的最大速度是否在可以接受的范围内。如果发现传动比或电动机转速不切实际，则应使用一个具有更高转矩和惯量的电动机。在某些场合，电动机可能不得不工作在低效情况下。通常在加减速期间，电动机的峰值转矩可超过额定转矩，但工作转矩不应超过额定转矩。

4）假设一个理想的梯形速度曲线，计算所有的在最坏情况下移动的负载功率［方程（10.2.13)］，计算时一定要包括摩擦和外部负载。

5）计算最坏情况下的负载功率［公式（10.2.14)］。

6）负载功率乘以 2 和负荷功率变化率乘以 4 分别得到电动机的最低功率和功率变化率。

7）选择一个有合适功率和功率变化率的电动机。

最大功率变化率对应于最少的移动时间。这意味着，如果一台电动机具有比另一台电动机更高的功率变化率，那么它比低功率变化率电动机具有更高的负载移动速度。选择时通常要在成本和性能之间进行权衡。

尽管在本部分的理论讨论中我们试图包含诸如传动元件惯量、外部负载等实际因素，但

是通过该程序选择的电动机在应用中仍然有可能存在动力不足的问题。其他的线性和非线性效应，如轴承和电刷的摩擦、内部阻尼、电动机绕组的电阻和热限制，都将减小传送到负载的净功率。因此，强烈建议对于一些关键应用的场合，应基于详细的动态模型选择最终的电动机并与制造商协商。如果可能的话，应该建立原型系统并进行基准测试。

10.3 线性和旋转伺服电动机[10]

伺服电动机是一种输出可以控制的电动机，因而可以用于闭环系统。线性和旋转伺服电动机是在精密机械运动轴控制中最常见的一类电动机。电动机的种类几乎是无限的，新的设计不断涌现，因此这里不准备尝试概括电动机的所有新的发展趋势。机械设计工程师不一定要成为电动机设计和控制的专家[11]，因为电动机制造商能提供相关帮助，设计工程师应该始终保持一个“告诉我”的态度，并要求制造商明确解释推荐特定类型电动机的理由。

1. 性能描述

当设计工程师必须为一个精密机械轴选择电动机、电源、控制器[12]时，他们应该选择一家能回答所用电动机相关问题的公司。设计工程师可能要询问电动机制造商以下有关电动机系统性能的问题：

（1）精度（线性度）

有人认为，对于闭环系统，他们并不需要特别关注输入电流和输出转矩（或者力）之间的线性关系。然而，任何将该关系中的非线性简化为线性增益的做法都有可能损害整个系统的稳定性和准确性。在微米级这可能不值得关注，但在纳米级肯定是要关注的。开环运行的步进电动机特别需要关注精度问题。

（2）可控性

能够问电动机制造商的理想问题是：“在这个应用中，我是否能够将系统位置控制在某个微米范围内？”好的电动机制造商将询问您的系统参数（如质量、刚度、摩擦、伺服控制的类型等），做一些模型，然后打电话回复你可以或不可以。然后，设计工程师应索取一些过去和现在的应用实例。如果推荐的是一种新型电动机或一种新的应用，应该在项目中增加基准测试的时间，同时寻求可能的替代方案。如果电动机制造商不能回答“可以”或“不可以”的问题，设计师应该询问其他问题。例如：电动机及其驱动器（控制器）的时间常数是多少？此外，低惯量电动机和电源电感将使系统响应呈现感性负载，因此，应谨慎考虑增加大型电感元件以滤除噪声。此外，电动机驱动器是否具有反馈环路以控制位置或速度？或者它只是一个具有换相电路的功率放大器？务必小心确保模拟反馈回路具有正确的缓冲。如果不是那样的话，在一个环节中可变电阻的微小变化可能导致所有其他电阻需要调整。通常，具有简单比例功率放大器的有刷直流电动机将是最可控的。

（3）分辨率

给定一个理想的反馈设备和驱动器，电动机能产生的最小力或力矩增量是多少？电动机

---

[10] 一个好的关于信息“How to”的商业杂志是 Motion，the official journal of teh electronic Motion Control Association，Chicago，IL，(312) 372-9800.

[11] A. Fitzgerald et al，Electric Machinery，McGraw-Hill Book Co.，New York，1983；P. Ryff，Electrical Machines and Transformers，Prentice Hall，Englewood Cliffs，NJ，1987；G. Dubey，Power Semiconductor Controlled Drives，Prentice Hall，Englewood Cliffs，NJ，1989；W. Leonhard，Control of Electrical Drives，Springer-Verlag，New York，1985；S. Nasar and I. Bolden，Linear Electric Motors，Prentice Hall，Englewood Cliffs，NJ，1987.

[12] 一些电动机需要动力源和电路（如驱动器）在不同线圈之间进行切换，因此需要作为一个整体系统来考虑电动机、动力源和驱动。

和电力电子设备是否有最小的电噪声以帮助提高分辨率？

（4）可重复性

给定一个理想的反馈设备和驱动器，可重复性就是指电动机性能与电压、时间、速度和温度变化之间的函数关系。

（5）售后服务

如果制造商在售前不能提供完整、详细且易于阅读的文档和礼貌友好的帮助，就应该像对待一个烫手的山芋一样抛弃。要求提供并查看他们以前的案例，以检查制造商的经验。有的制造商说"我们会为您调整"，但是，如果调整是错误的，或电动机制造商不能迅速作出反应，你就会受到指责。你或你的合作者必须了解如何安装、调整和维护系统。

（6）热特性

电动机制造商可以告诉你，在你预想的应用中电动机将如何发热，这是至关重要的。如果你能提供安装细节和可能的工作循环给电动机制造商，他们应该可以给你一个电动机的运行温度曲线和热输出的预测。记住，除非设计有电动机冷却系统，否则其热量会进入机器并扩散。由于电动机升温，其电阻值会增加，其磁场强度会减弱，这两个因素将使电动机消耗更多的电流。通常情况下电动机将达到一个热平衡点，但在某些情况下，电动机可能烧毁[13]。

（7）尺寸常量

尺寸常数是在绕组变化时保持不变的电动机参数，它们包括：

1）最大失速转矩（N·m）：也称为静转矩。最大失速转矩是指无外部冷却或散热条件下，锁定电动机轴，使特定绕组温升在给定时间内不超出额定值时的转矩。

2）连续失速转矩 T_C（N·m）：使绕组产生一定的稳态温升所需的转矩。在指定的最大环境温度下，电动机能够在该转矩下连续工作。

3）最大连续输出功率（瓦）：电动机在不超出额定温升的条件下能够获得的最大轴输出功率。要做到这一点，必须改变电压或绕组使电动机运行在一个特定的速度转矩点。

4）电动机常数 K_M（$N \cdot m/W^{1/2}$）：指定的环境温度下峰值转矩与输入功率的平方根之比：

$$K_M = \frac{T_p}{\sqrt{P_p}} = \frac{K_T}{\sqrt{R_M}} \tag{10.3.1}$$

K_M表示电动机将电能转化成转矩的能力。

5）每瓦温升 TPR（℃/W）：在最坏情况下，绕组温升与从电枢连续散失的平均功率之比。

6）阻尼系数 F_o［N· m/(r/min) ］：由于旋转涡流导致的转矩损失，其与速度成正比。当根据惯性匹配学说计算负载功率时应包括在摩擦效应中。

7）迟滞拖动扭矩 T_F（N·m）：即由电枢叠片滞后所产生的磁摩擦，T_F通常包括齿槽转矩。使用高效率的叠片和采用大气隙可使 T_F减小。然而，增加气隙会产生性能损失。其效应应包括在负载功率中。

8）齿槽转矩（N·m）：磁铁（无刷电动机）和层压齿边造成的磁阻转矩。这也就是当你用手旋转电动机时感觉到的转矩。齿槽转矩是在精密系统中导致问题的一个主要因素：

- 它是在低转速系统中导致控制问题的主要原因。
- 采用倾斜绕组可以使其最小化。
- 增大气隙可以使其最小化（会导致效率损失）。
- 使用霍尔效应传感器触发的正弦波或映射波（mapped-wave）控制器可以使其最小化。
- 磁极数最大化可以使其最小化。

[13] 参阅：W. Fleisher 'How to Selcet DC Motors,' Mach. Des., Nov. 10, 1988.

- 保证槽数是磁极数的整数倍可以使其最小化。

9）极数：永磁电动机设计中使用的磁极数。

10）转矩波动（%）：绕组方向和磁极变化时，电动机旋转产生转矩的变化量。

2. 绕组常量

绕组常数是与绕组有关的电动机参数。如果电动机绕组改变或电动机工作在不同的电压下，绕组常数会发生改变。

1）峰值转矩 T_p(N·m)：电动机在施加峰值电流 I_p 时产生的转矩（$I_pK_T=T_p$）。

2）峰值电流 I_p(A)：在特定的温度（通常为25℃）下，额定电压除以电动机端子电阻得到的比值。

3）转矩灵敏度 K_T(N·m/A)：绕组的输出转矩与电枢输入电流的比率。这种转矩-电流关系与电枢速度无关。因此，无论电动机是运行状态还是处于停止状态，一个绕组的任意电流值将对应一定的转矩值。一般公差是±10%。

4）空载转速（r/min）：在没有施加外部载荷的情况下，在额定电压下电动机的典型运行速度。空载转速是施加电压的函数，不一定是电动机的最大速度。在公布的数据中，经常会考虑到铁心损失和驱动电流损失。不考虑损失的情况下，可以通过施加电压除以 K_B 计算出理论空载转速。理论空载转速下，电枢所产生的反电动势等于施加电压。

5）电压常数 K_B[V/(kr/min)]：又称反电动势常数，K_B 是电枢的反电动势电压与转子转速之比。由于 K_B 和 K_T 是由相同的因素决定的，因此 K_B 与 K_T 成一定的比例关系。当转矩单位是 N·m 时，K_B 的单位是 V/(kr/min)，其比例关系是 $K_T\times0.00522=K_B$，一般误差在±10%以内。

6）端子电阻 R_M（Ω）：在25℃时电动机任意两端子间测量的电阻值。铜导线的温度系数会使该电阻随温度升高而迅速增加。

7）端子电感 L_M(mH)：电动机端子上测量的电枢电感的串联等效值。一般公差是±30%。

8）峰值效率：在额定电压下，每个绕组具有一个使其性能最佳的负载点（速度、转矩）。效率是输出功率与输入功率的比值。

9）最大连续输出功率（W）：在额定电压下且不超过规定的温升的情况下，电动机轴的最大输出功率。

许多电动机制造商都使用这些定义。如果产品目录不提供你所需要的数字，不要羞于询问这些信息。

10.3.1 伺服电动机的种类

可为高精度伺服控制轴提供动力的伺服电动机有六种，它们是：直流有刷电动机、直流无刷电动机、交流感应电动机、同步磁阻电动机、磁滞电动机和步进电动机。每种电动机都有各自的优缺点，因此适用于不同的应用场合[14]。下面简要介绍一下旋转伺服电动机的应用。线性伺服电动机本质上可以看作是旋转电动机在圆周上某点断开然后展平而已[15]。

1. 直流有刷伺服电动机

在一个直流有刷伺服电动机里[16]，通有直流电流的定子线圈产生静止磁场，转子线圈产生旋转磁场，其电流是通过电刷接触转子的分段滑环来将直流电输送到转子绕组中的。转子和定子内的磁场试图彼此共线，随着转子转到两个磁场方向共线的位置，电刷移动到另一个与

[14] 关于电动机和电动机控制系统的一个好的参考文献是：Machine Design's electrical/electronic annual reference issue.

[15] 这并不是它们是这样制作的，而是一个很好的可视化工具。

[16] 这些电动机通常称为直流伺服电动机。

不同绕组相连的导体上，此时两磁场方向便不再共线，因此转子不断转动。类似的现象也发生在有刷线性直流电动机中。

根据不同应用，定子线圈和转子线圈有多种不同的配置方式。传统的径向电极电动机和轴向电极（如 ServoDisc™[17]）电动机如图 10.3.1 所示。这两类电动机性能参数的比较如图 10.3.2 所示。在铁心电动机中经常使用径向磁场。在轴向电极电动机中，电流沿径向方向通过垂直于轴向磁场的盘片，产生一个方向与电流方向和磁场方向都垂直的力，进而在盘片平面内产生转矩。由于不需要铁心来聚焦转子线圈产生的磁场，转子惯量得以大大减小，并且电流流过路径的数量能够非常大。因此，转矩与惯量的比值很大，齿槽得以真正被消除；然而，对于一给定的转矩率，轴向电极电动机的直径和长度分别是无刷直流伺服电动机的 3 倍和 2 倍。对于铁心电动机，当磁场线圈电压恒定，转子线圈电压变化时，会有一个恒定的转矩速度比输出。当转子线圈电压恒定，磁场线圈电压变化时，会有一个恒定的功率输出。

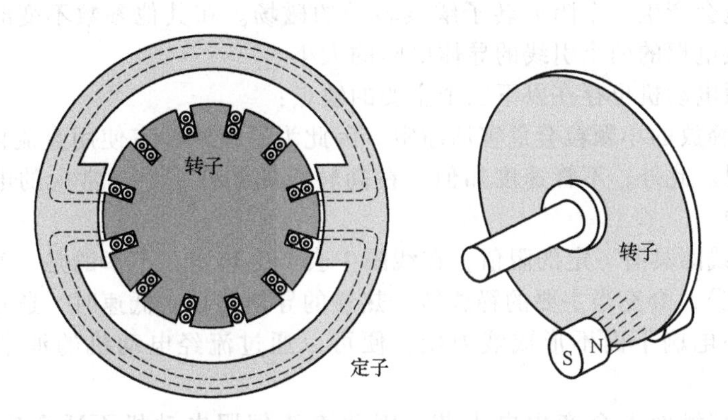

图 10.3.1　径向电极铁心电动机和轴向电极直流有刷电动机（PMI Motion Technologies 许可）

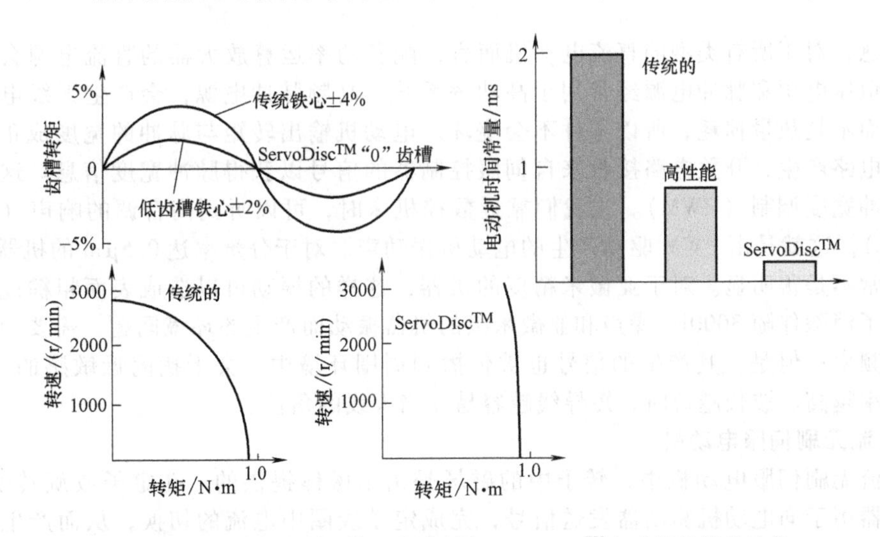

图 10.3.2　典型径向电极铁心电动机与 ServoDisc™ 电动机性能的比较

因为在铁心电动机转子上仅有一些离散数目的绕组，在直流伺服电动机的转矩输出中会产生正弦波动。与无刷电动机相比，有刷电动机的一个独特的优点是：它比无刷电动机更容易通过添加线圈和开关电路来减小齿槽力矩的影响。电动机的线圈越多，其通过恰当布置线圈间距以及线圈相对磁场空间的位置来降低齿槽影响的潜力就越大。在传统电动机中使用倾

17　ServoDisc™ 是 PMI 电机技术公司的商标名称。

斜转子和定子电枢齿（线圈）技术，使线圈形成渐近螺旋结构来代替单纯的纵向结构。这虽然会增加制造成本和产生的热量，但是可以极大地减小齿槽力矩。还可以通过增大定子和转子间的空气间隙来减小齿槽力矩，但这同时也会导致转矩和效率上的损失。可以通过建立齿槽力矩对系统性能的影响模型，从而建立适当的鲁棒控制系统对其进行补偿。也可以通过建立齿槽力矩关于转子速度和位置的函数，从而建立基于转矩校正因子查找表的控制算法；然而系统的动力学性能会限制该方法的准确性。

直流有刷伺服电动机的一个主要的优点就是操控简单。要使一台直流伺服电动机运行，只需要提供有合适电压电流容量的电源、适当功率的运算放大器和来自伺服控制算法的模拟量输出。直流伺服电动机的另一个优点是它们具有动态制动的能力，而不需要任何导致系统产生热量的能量输入。通过切断电枢和电源间的连接，并将电枢的两根引线短接可以实现制动。在没有功率输入但电动机转子仍在转动的情况下，电动机实质上可等效为一个发电动机，并且电枢中的电流会产生一个阻碍转子继续转动的磁场。在其他参数不变时，产生的制动效果取决于用来短接电枢的两个引线的导体电阻的大小。

直流有刷伺服电动机也存在以下三个主要的缺点：

1）电刷磨损释放的小颗粒会危害洁净室。因此为了在洁净室使用直流伺服电动机，必须仔细对其进行密封。此外，不管速度如何，在高转矩的条件下，非常大的电流通过电刷时会导致电枢快速腐蚀。

2）由于转子线圈具有一定的阻值，在线圈中会产生热量；不幸的是，与转子相连接的零部件（如滚珠丝杠），会充当主要的释放转子热量的导热路径。低速时，通过选择油的黏性和电动机转速使得在电刷下面不形成液力楔，便可以通过流经电动机的油来控制电动机内的温度。

3）在电刷的接触面上会产生电火花，因此直流伺服电动机不适合应用在易燃易爆环境中。

请注意，对于所有类型的直流电动机而言，配备功率运算放大器的直流电源会浪费大量的热量。恒压电源和脉冲电源经常用于高功率系统。高频脉冲电源，会产生无线电波形式的功率损耗而不是热量损耗，所以零件不会烧坏。电动机输出转矩与脉冲的宽度成正比。脉冲通过开关电路产生，开关电路接收来自伺服控制器的信号以获得脉冲宽度信息。这种控制方法称为脉冲宽度调制（PWM）。当我们靠近数控机床时，可以听到高音调的响声（频率大约在3000Hz），这就是由PWM驱动产生的电动机振动声。对于分辨率达0.5μm的机器而言，这种振动通常不是很明显。对于亚微米精度的机器，这样的振动可以造成表面粗糙度问题。要注意，为了消除伴随3000Hz噪声和亚微米级的机器振动而产生的环境问题，需要使用越来越大的开关频率；但是，其产生的信号也被传播到周围环境中，会干扰附近敏感的电子设备。而且在频率越高、波长越短时，短导线越容易充当天线的角色。

2. 直流无刷伺服电动机

在直流无刷伺服电动机中，转子中的磁场是由永磁体提供的。在定子或旋转变压器中，霍尔传感器用于向电动机驱动器发送信号，完成定子线圈中电流的切换，从而产生一个旋转磁场，带动转子运动。电动机驱动器仍旧依靠伺服控制器来获取马达所需的输出转矩的信息。电动机输出转矩也和转子中使用的磁体类型有着直接关系，而且转子内没有明显的热能产生。定子线圈中产生的热量通过电动机外壳释放，热量可以很容易地与机器热绝缘或被冷却。

图10.3.3展示了一组箱式或无框架式的直流无刷伺服电动机。图10.3.4中的数据说明直流无刷电动机能够有很高的功率密度。箱式直流无刷电动机也可以带有整体式旋转变压器（resolvers）或转速计，但电动机长度会增加。由于不存在电刷，所以只要线圈温度不超过极限温度，直流无刷电动机就能够在零转速和大转矩状态下无限期地运转。

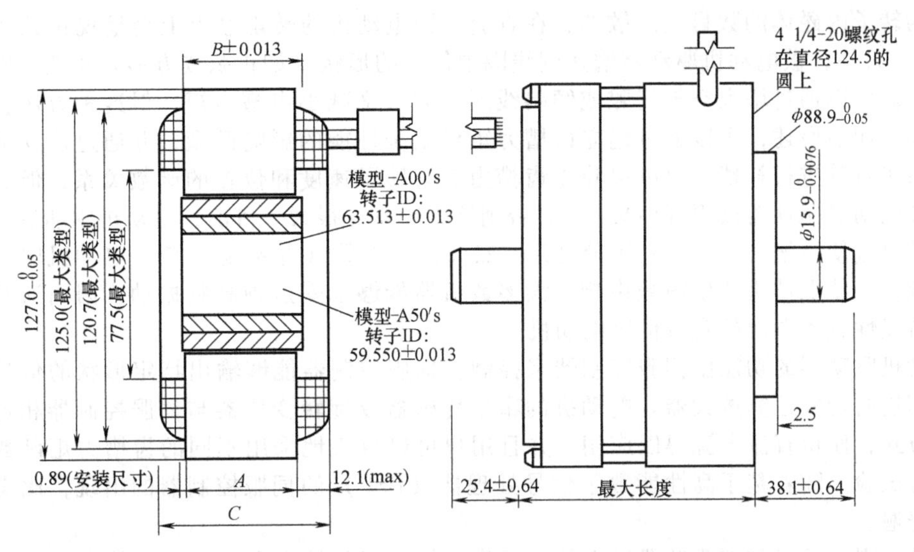

无框架式直流无刷伺服电动机型号	A	B	C	箱式直流无刷伺服电动机型号	长度
RBE-03000-_50	13.3	17.9	35.2	RBEH-03000-_50	58.9
RBE-03001-_50	26.7	31.2	48.5	RBEH-03001-_50	72.3
RBE-03002-_50	41.3	45.8	63.1	RBEH-03002-_50	86.9
RBE-03003-_50	54.6	59.2	76.5	RBEH-03003-_50	100.2
RBE-03004-_50	66.7	71.2	88.5	RBEH-03004-_50	112.3
RBE-03005-_50	82.6	87.1	104.4	RBEH-03005-_50	128.1
RBE-03006-_50	95.3	99.8	117.1	RBEH-03006-_50	140.8

图 10.3.3　常用无框架式和箱式直流无刷伺服电动机

[所有尺寸均是 mm。所有图样未按比例画出（Inland Motor Division，Kollmorgen 许可）]

绕组	0-A00	0-A50	1-A00	1-A50	2-A00	2-A50	3-A00	3-A50	4-A00	4-A50	5-A00	5-A50	6-A00	6-A50
停止转矩/N·m	5.9	14.7	11.3	28.2	16.9	42.2	21.9	55.2	26.5	66.7	32.4	82.0	38.3	97.4
最大转矩/N·m	2.6	2.9	4.6	5.1	6.4	7.2	7.7	8.9	9.3	10.5	11.4	12.9	13.3	15.2
最大功率/W	208	210	247	249	291	293	318	320	354	356	424	426	465	466
K_M/(N·m/W)	0.34	0.38	0.56	0.63	0.75	0.85	0.88	1.00	1.01	1.14	1.18	1.35	1.34	1.54
TPR/(℃/W)	1.2	1.2	1.1	1.1	1.0	1.0	0.91	0.91	0.85	0.85	0.78	0.78	0.73	0.73
齿槽转矩/N·m	0.08	0.1	0.14	0.18	0.20	0.25	0.26	0.32	0.31	0.39	0.38	0.46	0.43	0.54
阻尼/[N·μm/(r/min)]	38	44	70	82	100	119	130	153	160	184	190	224	240	274
J/g·m^2	0.23	0.28	0.40	0.48	0.59	0.70	0.76	0.90	0.91	1.08	1.12	1.33	1.28	1.53
质量/g	1080	1123	1814	1882	2617	2739	3345	3487	4026	4167	4904	5131	5642	5897
极数	12	12	12	12	12	12	12	12	12	12	12	12	12	12
电压/V	100	100	100	100	100	100	100	100	100	100	100	100	100	100
K_T/(N·m/A)	0.90	1.00	1.37	1.52	1.64	1.85	1.84	2.09	1.97	2.24	2.05	2.33	2.20	2.51
最大转速/(r/min)	1040	940	690	620	575	510	510	455	480	425	460	410	430	375
R_{term}/Ω	7.2	7.2	5.8	5.8	4.7	4.7	4.4	4.4	3.8	3.8	3.0	3.0	2.7	2.7
L_{term}/mH	19.4	17.7	22.5	20.5	22.3	20.3	21.8	19.8	20.7	18.7	18.2	16.5	17.3	15.7
最大连续输出功率														
功率/W	208	210	247	249	291	293	318	320	354	356	424	426	465	466
转矩/N·m	2.47	2.76	4.33	4.81	6.06	6.77	7.40	8.33	8.74	9.84	10.7	12.1	12.5	14.2
转速/(r/min)	800	730	545	495	460	415	410	365	385	345	380	335	355	315

在 15s 内温度上升到 100℃。

图 10.3.4　RBE-0300 系列直流无刷电动机的典型性能参数（Inland Motor Division，Kollmorgen 许可）

因为转子内磁体的数目是离散的，在直流无刷电动机的转矩输出上会呈现正弦变化（齿槽力矩）。另外，被电动机驱动器输送到线圈中信号的形状（如正弦或方形）也会影响齿槽力矩的大小。可以通过增大空气间隙或倾斜线圈的方式来减小齿槽力矩，但这种方法会降低电动机效率。如前所述，可以通过建立齿槽力矩对系统性能的影响模型，并通过建立适当的快速控制系统对其进行补偿。也可以建立齿槽力矩与转子速度和位置的函数关系，但除非伺服控制器和电动机驱动器被很好地集成[18]，否则该方法难度很大。目前，电动机驱动器可以改变线圈中的电流使齿槽力矩减小到千分之几。然而，大多数（并不是所有）电动机驱动器使用开关电源，会使电动机产生高频声响。大多数机器能够承受这种高频振动，因而通常不需要使用配备线性直流电源的直流伺服电动机。

电动机驱动器的功能由伺服控制器来控制，伺服控制器能够输出特定形状的信号给予每个线圈相连的功率运算放大器。电动机的霍尔传感器或旋转变压器与伺服控制器相连。采用这样的方式，使得直流电源得以应用，并且用户可以放心地采用不同的齿槽力矩函数和校正算法进行试验。随着基于高性能数字信号处理器（DSP）的伺服控制器的出现，此类系统变得更加普遍。

直流无刷电动机和其驱动器过去价格昂贵，但是新的技术和应用正在使它们的价格在机床应用中已可以与其他类型的电动机相竞争。直流无刷伺服电动机能够在狭小空间内及低的热量散失下提供高转矩，因此广泛应用于机床、机器人和检测机器中。然而，直流无刷伺服电动机存在以下三个主要的缺点：

1）转子在高过载电流、强磁场或高温环境下可能被消磁。这些情况应该避免，并且在一般的使用机床的工厂环境下，不会存在问题（通常有刷电动机易于遇到相似的环境极限状况）。而且，当在机床上安装箱式电动机时要格外小心，因为转子磁体有很强的磁场，同时易于退磁。当把转子放置到轴上时，除非使用导轨，它总会偏至一侧并且粘着在外壳上。

2）为了维持其对有刷直流伺服电动机的成本优势，无刷电动机系统有时会配备电动机驱动器，由于其向线圈输出方形波，因此它并不能减小齿槽力矩。正弦驱动器会给线圈输出正弦波，正弦波的幅值正比于通过反馈装置测得的转子位置。不幸的是正弦驱动器往往价格昂贵。

3）大多数驱动器制动直流无刷电动机是靠向其线圈中输入反向电流；因此，制动电动机时的能耗和起动电动机时的能耗几乎一样多。对于伺服轴来说，这是没有问题的；但是对于高速主轴来讲，能耗和产热的问题变得令人望而却步。

3. 交流感应伺服电动机

在交流感应伺服电动机中，两路相位相差90°的正弦波被输入到定子的两个线圈中，从而产生一个旋转磁场。在与磁场垂直的位置装有转子导体，导体内会有感应电流生成。感应电流会相应地产生一个推动导体离开磁场的力，从而推动转子转动。转矩正比于正弦波的幅值，速度取决于正弦波的频率。转子总是滞后于正弦波，因此它的运动是异步的。交流感应电动机或许是可用到的电动机中最简单和最可靠的。

定子线圈和转子导体的离散数目使得交流感应伺服电动机也会产生齿槽力矩，并且不能使用函数关系来减小齿槽力矩。另外，交流感应伺服电动机的转子导体会散发热量，而且它必须依靠在线圈中通以反向电流来制动。然而，因其简易性和经济性，交流感应伺服电动机作为大功率电动机使用优点突出，常用来给主轴提供动力。

4. 同步磁阻伺服电动机

大多数工程师都会记得欧姆定律：$E=IR$，对于磁性回路也存在一个类似的定律：$F=\Phi R$，

[18] 由作者和他的同事发明了新型精密电动机驱动器和伺服控制器，建立了齿槽力矩与转子速度和位置的函数关系，它通过调整每个线圈的电压以消除转矩变化。参阅美国专利4878002和5023528。

其中 F 是磁通势（类似于电压），代表形成磁场的潜能（势能），Φ 为磁路流量（类似于电流），R 是磁阻，代表对磁场的阻抗（注意，这两个定律中的量都是和温度有关的量）。当把铁棒置于磁场中时，铁棒内部也会产生另一磁场。结果，两磁场趋向一致从而产生转矩。当物体方向一致时，磁阻变得最小，因此这种转矩称为磁阻转矩。通过在定子内产生旋转磁场，配备径向放置铁棒的转子会跟随旋转磁场一起运动。两者之间的滞后量正比于作用在转子上的转矩大小，而且只要转子不滞后太多，其速度和旋转磁场的速度相同。假如旋转磁场太超前于转子，当它超过转子到达转子的另一侧时，转矩将会指向相反的方向。结果，转子只会往复摆动。因此，需要采用一种方法促使转子转动起来直至转子的速度和旋转磁场的速度同步。

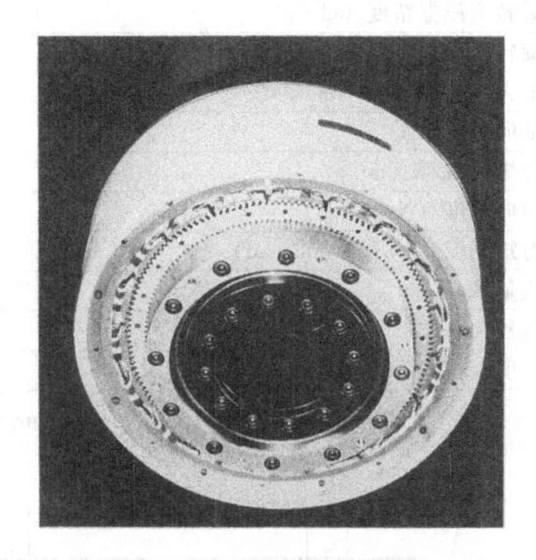

图 10.3.5 用于直接驱动场合的 Megatorque™高转矩低速电动机（NSK 公司许可）

为了起动磁阻电动机，需要使产生旋转磁场的电流的频率发生变化。如果转子位置是可测的，那么电流频率就变得可控。另一种方法是将感应电动机和磁阻电动机组合到一起，得到所谓的阻尼绕组。为了在转子内感应出电流，转子和旋转磁场间必须有相对运动；因此会出现一个临界点，即径向的棒条接替纵向的棒条使电动机由异步运转变为同步运转。

转矩的输出量和平滑性取决于转子径向齿的数目、定子绕组的数目以及转子位置传感器的分辨率。为了汇聚磁场，定子通常配有径向齿。一种用来直接驱动大载荷的高转矩、低速电动机，其径向齿的配置如图 10.3.5 所示。为了产生高转矩，转子处在内外定子间的环面上。图 10.3.6 所示为几种型号的转矩-转速曲线，图 10.3.7 为几种电动机的一组数据列表。同步磁阻伺服电动机的预期应用范围包括直接驱动式机器人手臂和旋转工作台。直线式同步磁阻电动机也已商品化。

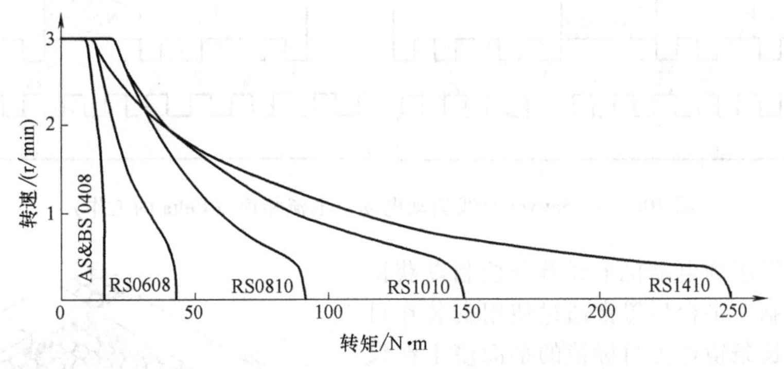

图 10.3.6 Megatorque™电动机的转矩-转速特性曲线（NSK 公司许可）

直线式同步磁阻电动机用于高精度定位系统时常称为索耶电动机[19]（Sawyer motors），其工作原理如图 10.3.8 所示。二维同步磁阻电动机是由滑块在几毫米宽的对开式铁心底座上运动而形成的[20]。滑块由靠绕组励磁的两组相互垂直的齿组成（图 10.3.9），所以滑块需要一条

[19] E. Pelta, ‘Sawyer Motor Positioning Systems, Theory and Practice,’ Conf. Appl. Motion Control, University of Minnesota, june 10-12, 1986; E. Pelta, ‘Precise Positioning without Geartrains,’ Mach. Des., April 23, 1987.

[20] E. Pelta,’ Two Axis Sawyer Motor,’ IECON’ 86, 12th Annu. IEEE Ind. Electron. Soc. Conf., Milwaukee, WI, Sept. 29-Oct. 3, 1986. 也可参阅 Xynetics Products (Santa Clara, CA) 公司目录。

规格 \ 电动机类型	RS1410	RS1010	RS0810	RS0608	AS&BS0408
最大速度/(r/s)	1.0/3.0				1.5/4.5
最大转矩/N·m	250	150	90	40	10
每相最大电流/A	7.5				6
绕组电压/V	330或165				
旋转变压器分辨率/(点/r)	614400/153600				409600/102400
转子惯量/kg·m^2	0.267	0.076	0.02	0.0075	0.0023
旋转变压器精度/rad·s	±30				±60
旋转变压器重复度/rad·s	±2.1/±8.4				±3.2/±12.8
最大摩擦力矩/N·m	8.0	5.5	4.5	3.0	1.0
轴向载荷/kN	20	9.7	4.6	3.8	1.8
力矩荷载/N·m	400	160	80	60	20
轴向刚度/(N/micron)	1000	710	330	250	400
力矩刚度/(N·m/microrad)	3.33	0.67	0.4	0.28	0.33
质量/kg	73	40	24	14	6.5
直径/mm	380	290	220	180	120
长度/mm	170	160	140	120	120

图 10.3.7 Megatorque^{TM}电动机性能参数（NSK公司许可）

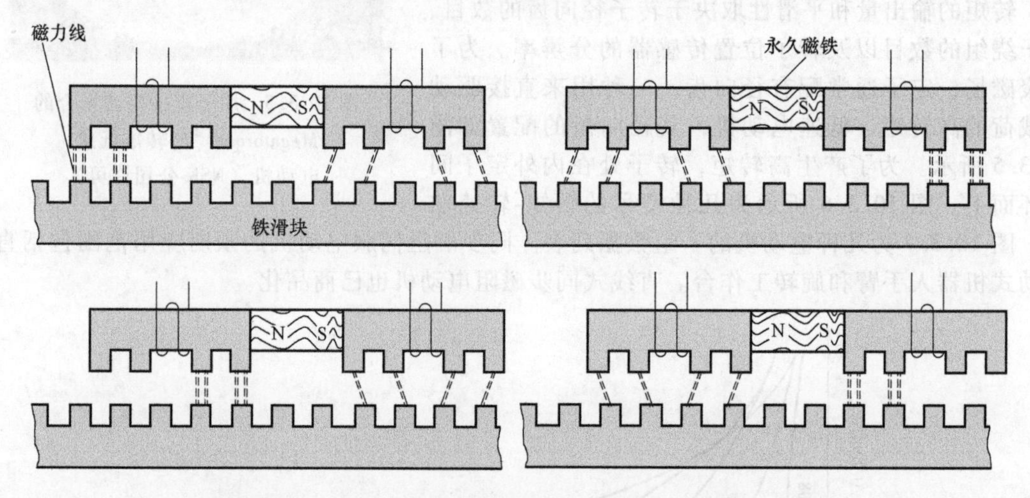

图 10.3.8 Sawyer直线运动电动机电流相序（Pelta的工作）

电源线。外力作用到电动机上经差分控制以获得对偏航角的控制。平台位置常通过使用安装在目标电动机上的长条镜作为目标镜的平面镜干涉仪测得。由于在滑块和底座之间存在强引力，所以需要空气轴承来支撑滑块沿底座运动。对于一维同步磁阻电动机，可使用空气轴承或滚子轴承。

5. 磁滞电动机

磁滞电动机的转子是由一块实心的光滑硬磁材料制成的。定子绕组产生旋转磁场，旋转磁场再使转子内感应产生磁场；然而，由于转子铁块中存在磁滞现象，所以转子内的磁场滞后于旋转磁场。结果在转子上产生一转矩以减小两磁场间

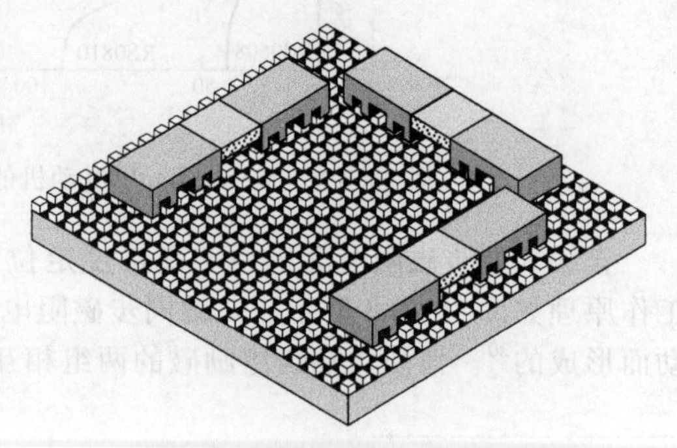

图 10.3.9 两轴 Sawyer 电动机原理图
[电动机滑块和支撑电动机的气浮轴承没有画出。可用多个力场来控制偏航角（Pelta的工作）]

的滞后。此外，转子中感应生成的电流涡流会产生另一磁场，也会促成该转矩的形成。总体来讲，在达到同步转速前，电动机转矩大致不变，当达到同步转速时，电动机转矩才降为零。由于转子是实心的，磁滞电动机的转矩波动实际上几乎为零；然而，电动机的转矩与惯量之比相对较低，因此这种电动机通常不适合快速起动和制动的应用场合。由于磁滞电动机不存在由转矩波动导致的速度波动，其极为适合用于那些要求恒速或低变速能力的系统。由于磁滞电动机是异步电动机，所以需要转速计反馈来保证电动机的恒定转速。

6. 步进电动机

步进电动机是一种同步电动机，它使用一种特殊的电动机驱动器来控制旋转磁场的运动速率并跟踪磁场位置。因此在不超过最大转矩的情况下，转子的位置不用通过任何反馈传感器便可获知。步距角由电动机和驱动器的设计决定。通常，步距角是几度级的，但通过使用先进的驱动器后可以达到几毫弧度级。对于消费类产品，如打印机的打印纸位置控制，由于步进电动机不需要额外成本和复杂的位置传感器，因此它是理想的选择。对于另外一些种类的机器，如组装机、工作台和传送带，步进电动机同样适合[21]。但是，对于那些用于精密轮廓成形的轴，步进电动机通常会产生难以接受的齿槽（或定位）转矩。

10.3.2　电动机的安装方法

用户可以购买配有外罩以保护绕组和支撑电动机轴的箱式电动机，或者其转子和定子符合用户装配需求的无框架式电动机。箱式电动机的主要优点在于它们是模块化的，因此维修时常涉及拆卸旧电动机及安装新电动机。其主要缺点是在电动机输出轴和设备输入轴之间需要使用联轴器。该联轴器常为弹性的，以便承受轴间的偏差并且预防过早的轴承失效，但是弹性联轴器会降低传动链的刚度。

箱式电动机一般通过电动机末端（输出轴伸出位置）的凸缘安装，而大型电动机则通过地脚来安装。通常要求设计阶段预留出可安装更大或更小型号电动机的空间，甚至预留出安装孔，这样更方便根据使用要求翻新机器的样式。重要的是要遵循制造商关于安装电动机的物体的散热能力的建议。如果电动机与机器的其他部分完全隔离，那么在没有辅助冷却装置的情况下电动机就可能会很快过热。

第 6 章中提出了一个很有趣的设计需求，在精密机械中一个主要的热源是伺服轴驱动电动机。大多数机床制造商将伺服轴驱动电动机直接安装在铸铁机械结构上，使整个系统能在短时间内达到热平衡。对于热源影响必须被最少化的高精度机器，需要使用热隔离区。这意味着需要在电动机和安装电动机的机器之间安装一个低热传导率的垫片，并且在电动机周围安装金属覆盖隔板以减少电动机辐射到机器的热量。一个带有整体式空气冷却通道的聚合凝结材料垫片的设计实例如图 2.3.11 所示。

当电动机与机器的其他部分热隔离时，电动机缺乏充足的散热物质和散热面积来排散在连续运转过程中产生的热量。因此电动机需要水套或风扇来冷却。使用风扇冷却时，空气须通过导管输送以便于其能排出机器之外。如果整个机器处于一个温度被严格控制的房间中，那么需要采用具有温度控制的流体来冷却电动机以最大限度地减少电动机在屋内所产生的热梯度。

无框架式电动机的转子是中空的，可直接与动力输入轴（如滚珠丝杠）相匹配。因此，不存在因弹性联轴器而引入的联轴器误差和刚度损失。此外，在使用空气静压轴承或液体静压轴承支撑的轴的精确运动控制中，不必担心轴受到来自箱式电动机轴承和密封圈的阻力矩。

支撑动力输入轴的轴承必须使用高质量的轴承以保持转子和定子的同心度。定子常安装

[21] C. Marino, ‘Selecting Stepmotors for Incremental motion Applications,’ Motion, Nov. / Dec. 1986.

在与轴承孔同时加工出来的孔中。定子通常通过键或胶固定于孔中，因此不便于拆卸。为了避免热影响问题，电动机的箱体通常也与机器的其他部件热隔离开，并且采用上文所述的冷却方式来冷却。

应该确保电动机处于动平衡状态。很多电动机制造商似乎确信只要他们的设计是匀称的，电动机就会处于平衡状态。然而，材料密度和零件尺寸的变动会导致动失衡，进而会给不同转速的系统带来不同程度的振动。这对于数控车削中心上由电动机带动的滚珠丝杠而言，也许不是个问题。但是当驱动金刚石车削机床主轴时，每个电动机都必须处于动平衡状态，而且要保证磁场中心和轴的几何中心重合。

1. 直线电动机的安装方法[22]

直线电动机有动圈式和静圈式之分。在直流有刷或无刷电动机中，与线圈相接触的导轨是永磁体式设计，而在直线式步进电动机（索耶电动机）中则设计成齿式。无论哪种设计，在线圈和导轨之间都有很大的引力，因此应该采取措施阻止该引力吸引线圈撞到导轨上。该引力是电动机提供的最大轴向力的数倍。它有着随位置变化的正弦波动成分，在轴承支撑电动机的情况下，它可以引起精密滑块的正弦直线度误差。为了减小引力对系统的影响，经常采用一种平衡的布局设计，即动线圈在两排磁体间运动（或磁体在两个线圈之间运动）。作用在双排导轨结构上的力会得以平衡。另外，当运动的线圈没有严格的置于中心处，或磁场强度变化时，该结构仅会产生很小的侧向力。根据系统设计和加工方式的不同，直线度误差的总量会在微英寸到微米范围内变动。

图 10.3.10～图 10.3.13 显示了四种由直线电动机驱动、空气轴承支撑的高精度滑架（carriage）的可能结构。在第一种结构中，直线电动机驱动一种简易的由空气轴承支撑的滑架。当其驶离中心位置时，会产生一个导致工件表面上出现阿贝误差的力矩。另外，来自线圈的热量会直接传给系统。在第二种结构中，使用T形导轨来减小导轨变形量，并且只在滑架的一侧装有电动机。虽然这会减少热量带来的问题，但在滑架上仍旧会产生力矩。在第三种设计中，滑架的两侧均装有电动机。由此产生了协调两个电动机运动的问题和两个电动机带来的高成本的问题。在第四种设计中，电动机安装在支撑导轨内，在滑架的质心位置来驱

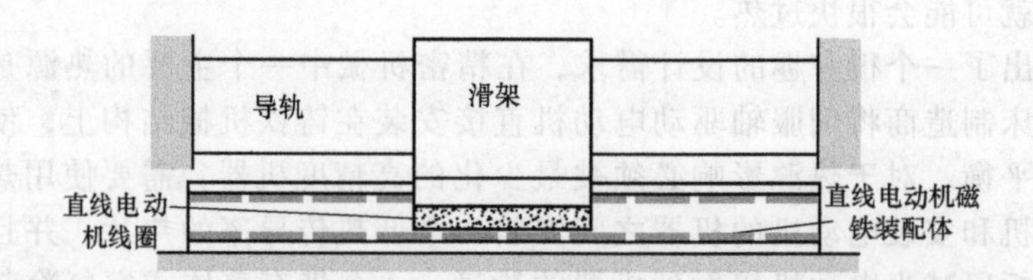

图 10.3.10　直线电动机移动线圈安装在用简单导轨支撑的空气轴承滑架的下面

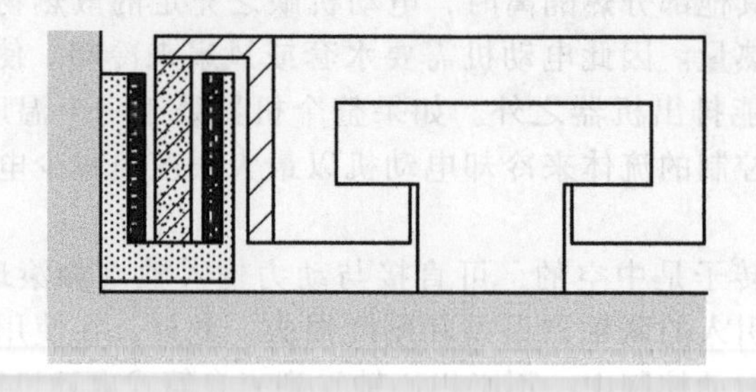

图 10.3.11　直线电动机移动线圈安装在用全长度 T 形导轨支撑的空气轴承滑架的单侧面

[22] W. E. Barkman, 'Linear Motor Slide Drive for Diamond Turning Machine,' Precis. Eng., Vol. 3, No. 1, 1981, pp. 44-47.

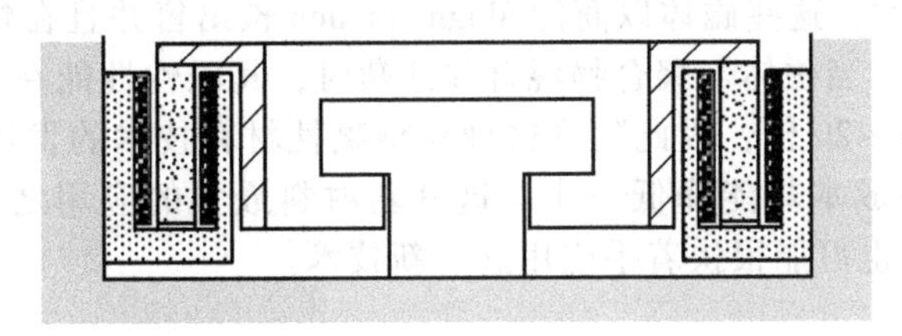

图 10.3.12　直线电动机移动线圈安装在用全长度 T 形导轨支撑的空气轴承滑架的双侧面

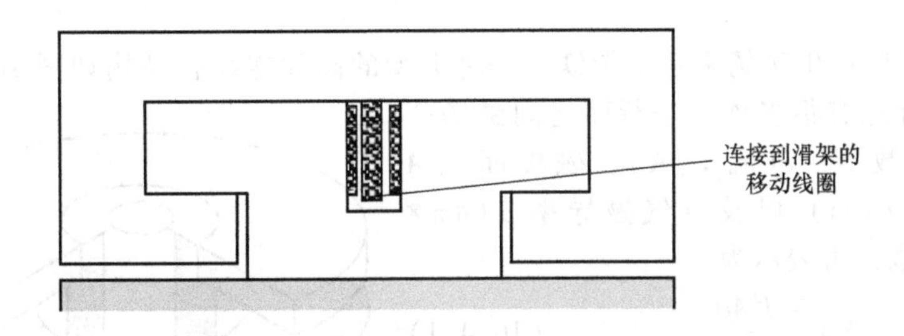

图 10.3.13　直线电动机移动线圈安装在用全长度 T 形导轨支撑的空气轴承滑架的内部

动滑架，但是热量会直接传到系统内，并且需要一个定制的导轨。也存在其他的结构方式，如增加主动冷却装置，但是这些例子说明使用直线电动机并不像我们想的那么简单。

2. 直线式电动机和旋转式电动机的选择问题

对于特定的应用场合，直线式电动机和旋转式电动机该选择哪一个更好呢？在需要机器承受很大切削力（如几百牛或更大的力）的应用中，几乎都会使用旋转式电动机驱动丝杠的传动方式。这是因为电动机和驱动器的成本随速度容量增加不多，但是其随着输出力矩（力）容量的增大则会大幅度增加。因此使用带传动装置（如丝杠）的电动机会节省成本。直流无刷电动机中，磁体的成本是要考虑的主要成本之一。另外，丝杠的传动比会大大增加系统的刚度。

对于测量用的机器，尤其是大型机器，使用丝杠或其他的机械传动装置通常是不现实的[23]，因此直线式电动机似乎是一个理想的选择。越来越多的测量机器正在使用直线式电动机；然而，应该注意到，将直线式电动机的线圈和机器的其他部件热隔绝开是很困难的。线圈通常会释放热量给机器最敏感的部分。更多地使用直线式电动机变得不可避免（如果系统设计合理，会很受欢迎），因此设计工程师们应该适当建立制造商产品说明书的分类文件。

3. 有关永磁体的说明[24]

由于永磁体是多种电磁致动器的核心器件，所以这里对不同种类的永磁体进行简单的讨论。直到 20 世纪 70 年代中期，仅有陶瓷和铝镍钴合金磁体用于致动器中。陶瓷磁体由烧结的钡铁氧体或锶铁氧体制成，两者都相对比较便宜，磁性性能在 3~4MGOe 之间[25]。铝镍钴合金磁体含有稀少且昂贵的钴，其磁性性能在 7~9MGOe 之间。后来稀土金属制成的磁体（通常称为钐钴磁体）得到了发展，其磁性性能在 20~30MGOe 之间。虽然稀土元素价格昂贵，但是其更高的磁场强度意味着仅需要较少量的磁性材料，因此现在大多数的高性能致动器都使用稀土磁体。

20 世纪 80 年代早期，Magnaquench 公司（通用汽车公司 Delco-Remy 分部的一个业务部

23　回想第 1 章 CMM 实例研究部分。

24　来自 Jack Kimble 在 BEI-Kimco 的内部备忘录。感谢 Jack Kimble 先生。

25　“磁性性能”是一个磁性材料优点的总体描述，用百万高斯奥斯特（MGOe）表示。

门）开发了钕铁硼磁体[26]。这些磁体以商标 Magnaquench 被出售并且在烧结的形式下其磁性性能在 27~35MGOe 之间。当磁体与聚合物混合并注塑时，其磁性性能在 7~9MGOe 之间。钕在地球上的含量比钐多 10~20 倍，因此随着这种新型磁性材料技术的发展，其性能有望提高到稀土金属性能的两倍但成本却能降低一半。这种新材料最大的应用之一是汽车起动电动机，但是伺服电动机制造商也可能很快着手应用这一新技术。

10.4 有限行程电磁致动器[27,28]

螺线管使用线圈产生磁场来吸引衔铁。一种典型的高效螺线管结构如图 10.4.1 所示。其他形式的结构设计还有很多种。平行面之间磁场产生的力是线圈匝数 N、电流 I(A)、磁极面积 A(m^2)、空气间隙 h(m) 以及空气磁导率 μ($4\pi\times10^{-7}N/A^2$) 的函数，可表示为

$$F=\frac{N^2I^2A\mu}{2h^2} \tag{10.4.1}$$

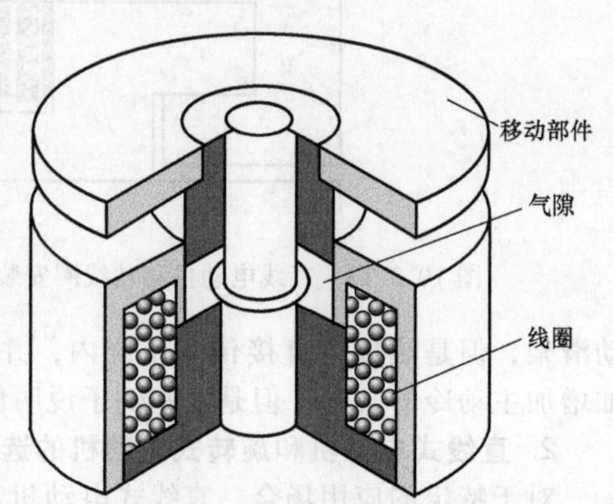

图 10.4.1 高效螺线管致动器的结构
(Lucas Ledex, Inc 许可)

衔铁行程长度、结构的磁饱和度以及磁极部分的面积和形状也会影响螺线管的性能。从关系式可以看出螺线管的输出力呈现明显的非线性。尽管螺线管有多种其他形式的设计，但大多数都有类似的非线性特征。由于螺线管致动器完全依赖线圈产生磁场回路，因而其具有缓慢的机电时间常数。因此，螺线管常用作廉价的致动器，用以驱动具有固定机械挡块的元件。

绕线线圈永磁致动器，由于用在扩音器中而常被称为音圈致动器。它使用永磁体来产生磁场回路，因此任何施加到磁性结构内部线圈中的微小电流，几乎总会产生一个可测量的磁场变化和在线圈上的作用力。这看起来就像是永磁体对系统施加了预载荷，从而增大了带宽和线性化了力-位移特性曲线；洛伦兹方程表明洛伦兹力正比于磁感应强度 B、运动线圈的导线长度 l、电流 i 和线圈圈数 N，即

$$F=BliN \tag{10.4.2}$$

对于微小运动，l 实质上可当作常量。动圈致动器比螺线管有更高的性能，但成本会有相应的增加。例如：一个能提供 500N 的力且运转时不需要外部冷却的大型致动器成本在 7500 美元，高于螺线管成本一个数量级。直线式和旋转式的动圈致动器均已被制造出来。

线圈常做成可动元件，是因为它有着比磁体装配组件更小的质量。相对于致动器的尺寸而言，致动器的行程很短。线圈导线可以将能量传递给动圈，而不会施加明显的反作用力。值得注意的是，线圈必须由直线式轴承来支撑，但制造商通常不提供这种轴承，需要机械系统的设计者自己选择轴承型号并将其添加到设计中去。由于这种类型的致动器行程相对较短，通常需要使用弹性轴承来支撑线圈。

两种不同形式的直线运动式动圈致动器如图 10.4.2 所示。在传统的动圈致动器设计中，一个圆柱形线圈在被径向磁化的圆柱形磁体装配组件内做轴向运动。当线圈的长度超出磁体

---

[26] 见美国专利 4496395，也可参阅 B. Carlisle，"Neodymium Challenges Ferrite Magnets，" Mach. Des.，Jan 9，1986.

[27] 一个好的设计参考文献，见：. Rotors，Electromagnetic Devices，John Wiley & Sons，New York。

[28] 作者非常感谢来自 BEI motion Systems 公司 Kimco Magnetics 部门（San Marcos，CA）的 Jack kimble 帮助准备该部分内容。

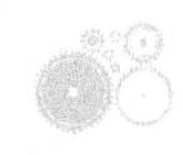

长度至少一个行程长度时，响应会具有更好的线性，散热更少，效率会增加；然而，线圈质量和电感的增加会降低系统的带宽。当线圈比磁体装配组件短时，会出现与上述现象相反的结果。在要求最大化力质量比的场合，应该使用磁通聚焦致动器。这种设计使磁铁的表面积比传统设计中的气隙截面面积大很多。在磁通聚焦设计中，也会使磁通泄漏路径更少，因此几乎所有的磁通会流经空气间隙。和传统的设计相比，磁通聚焦致动器有更大的力质量比、更大的带宽和更高的效率。

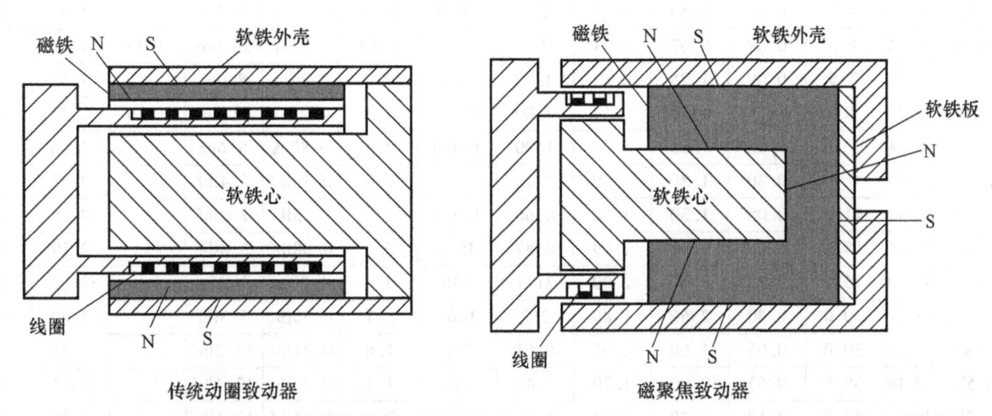

图 10.4.2　两种类型的动圈致动器（BEI Motion System Company，Magnetics Division 许可）

对于有限行程的应用场合，音圈致动器明显优于其他致动器，因为其机械滞后为零（但是有磁滞现象，会影响控制系统设计），所以其力或力矩波动以及间隙都为零。可以使用与评价电动机相同的致动器常数来评价音圈致动器。当使用合适的轴承来支撑铁心时，音圈致动器系统的定位能力仅受到传感器和伺服控制器的限制。在量程为数毫米时，音圈致动器可以达到纳米级和纳弧度级的分辨率。其主要的缺点是，和电动机一样，会产生大量的热。因此，如果可能，应该使用压电式和磁致伸缩式致动器。

动圈致动器可用于多种场合，其范围从计算机磁盘驱动头定位到高速光学扫描设备反射镜定位，再到高能激光器[29]的平面镜和透镜精确定位。它们也可以用来控制六自由度机器人手腕[30]。如 8.6.3 节所述，动圈致动器常用于硅晶片光刻应用中的精确位置控制。图 10.4.3 提供了一些常用直线式和旋转式动圈致动器的参数，图 10.4.4 和图 10.4.5 给出了一些具有代表性的安装细节。

对于光学扫描应用而言，可以购买一个完整的元件，然后仅将平面镜固定到其上，并将其连到控制器即可。此类装置常称为检流计。为了经济有效地支撑移动轴并允许有高的带宽时，这类装置应该使用精密仪器级球轴承支撑。由于这类轴承有着极低的摩擦因数（<0.005），机械阻尼会很小[31]可以使用反电动势作为反馈信号来抑制无阻尼振动周期内的瞬态响应振动。通过安装集成有精确反馈传感器的元件，可以获得更好的响应。当平面镜安装在检流计主轴上时，带宽会减少，减少量等于平面镜和检流计的惯量与检流计惯量之比的平方根。通常，检流计以其自然频率的 85%的正弦信号驱动。采用不连续波形（如三角波或方波）驱动时，驱动频率为其自然频率的 5%。当两个检流计的转轴相互垂直时，可以用激光来扫描二维表面（如同

[29] J. Kimble, "Rare Earth-Cobalt Magnets as applied to Linear Moving Coil Actuators," 3rd Int. Workshop Rare Eearth-Cobalt Perm. Magnets Their Appl., University of California, San Diego, CA, June 27-30, 1978.

[30] R. L. Hollis, A. P. Allan, and S. Salcudean, "A Six-Degree-of-Freedom Magnetically Levitated Variable Compliance Fine Motion Wrist," 4th Int. Symp. On Robot. Res., Santa Cruz, CA, Aug. 9-14, 1987.

[31] 例如：检流计可从 General Scanning Inc. 公司（617-924-1010）得到。

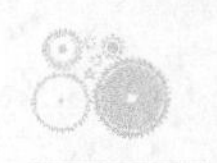

激光表演中的激光束路径一样)。通过给检流计输入不同正弦波和余弦波的组合,就可以产生任何一种形式的波[32]。

线性致动器

型号	恒力	峰值力	行程±	K_f	K_m	R_{elec}	t_{elec}	R_{therm}	线圈重量	总重量	高度	宽度或直径	长度
	lbf	lbf	in	lbf/A	lbf/W^1/2	Ω	μs	℃/W			in		in
LA10-12	1.20	1.3	0.03	0.53	0.42	1.8	20.0	10.5	0.35oz	3.2oz	—	1.09	1.20
LA13A-30	1.12	1.5	0.69	0.67	0.31	4.6	731	6.58	0.71oz	15.6oz	1.33	1.25	3.00
LA14-15	2.00	3.5	0.09	1.25	0.61	4.20	54.0	8.0	0.89oz	8.0oz	—	1.49	1.50
LA14B-24	2.73	4.0	0.88	1.20	0.54	5.00	740.0	3.4	0.77oz	22.7oz	1.36	2.75	2.38
LA15-15	5.54	5.0	0.04	1.35	1.00	1.90	100.0	2.8	0.80oz	9.6oz	—	1.50	1.53
LA26-29A	3.20	8.0	0.30	1.30	0.89	2.10	—	6.7	0.28lbf	2.4lbf	—	2.62	2.88
LA20B-26	6.00	11.0	0.08	1.30	1.60	0.66	159.0	—	0.13lbf	2.2lbf	—	2.05	2.70
LA22-34A	6.84	15.0	0.06	0.75	1.09	0.47	35.0	2.2	0.08lbf	3.0lbf	—	2.19	3.38
LA30-27	12.25	15.0	0.13	9.40	2.00	21.1	536	2.3	4.00oz	3.9lbf	—	3.00	2.78
LA30-41-2	8.7	30.0	0.30	2.60	1.80	2.2	1800	3.7	0.50lbf	5.3lbf	—	3.00	4.08
LA33-58A	14.20	30.0	0.05	1.60	2.05	0.61	200	1.8	0.21lbf	12.3lbf	—	3.31	5.84
LA40-52	15.00	30.0	0.63	2.00	1.70	1.40	220	1.1	0.40lbf	12.4lbf	—	5.31	4.48
LA40-60	13.10	40.0	0.10	3.70	2.44	2.40	—	3.0	0.81lbf	13.5lbf	—	5.31	5.13
LA42A-44A	30.60	70.0	0.18	4.30	3.30	1.70	81.0	1.0	0.37lbf	20.3lbf	4.44	4.44	4.40
LA90-49A	73.40	95.0	0.57	7.90	5.60	2.00	250.0	0.5	1.70lbf	34.4lbf	—	8.12	4.86
LA78-54	73.40	100.0	0.25	7.90	5.60	2.00	—	0.5	2.30lbf	34.3lbf	—	7.75	5.39

旋转致动器

型号	恒转矩	峰值转矩	行程±	K_f	K_m	R_{elec}	t_{elec}	R_{therm}	线圈重量	总重量	高度	宽度或直径	长度
	oz · in	oz · in	degrees	oz · in/A	oz · in/W^1/2	Ω	μs	℃/W	oz	oz	in	in	in
RA23-06	6.42	6	13.0	5.6	3.0	3.4	560	17.8	0.22	1.6	1.14	0.65	1.79
RA25-11	14.00	25	16.0	18.0	4.7	14.6	180	9.7	0.25	7.0	1.47	1.03	2.20
RA60-10	56.11	80	15.0	19.0	13.8	1.9	730	5.2	0.75	14.7	3.12	1.19	3.75
RA68-12	88.28	110	10.0	45.0	21.5	3.5	800	5.1	1.10	18.0	3.40	1.19	3.75
RA55-22	356.40	2300	15.0	209.3	55.7	13.7	2300	2.1	11.00	147.2	2.75	2.19	

图 10.4.3 部分商用动圈致动器特征参数(BEI Motion System Company, Magnetics Division 许可)

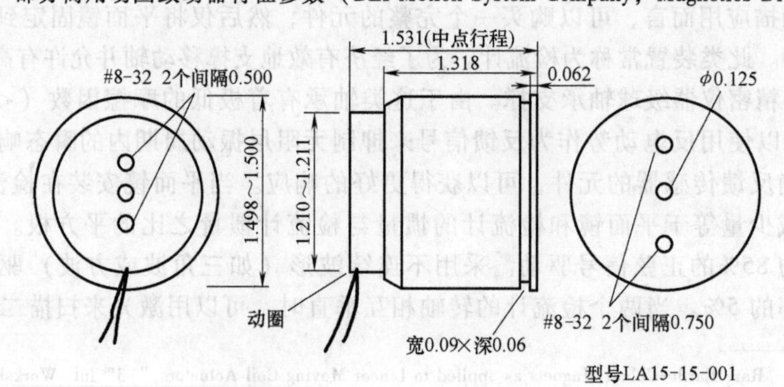

图 10.4.4 动圈致动器典型结构(BEI Motion System Company, Magnetics Division 许可)

[32] 这使得其在傅里叶变换和空间几何方面获得了很好的应用。当然,你也可以连接系统并输入各种波,如输入各种类型的音乐然后观察发生什么。非常明显,非经典音乐将产生非常扭曲的图像(并非开玩笑,尝试一下)。

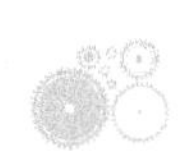

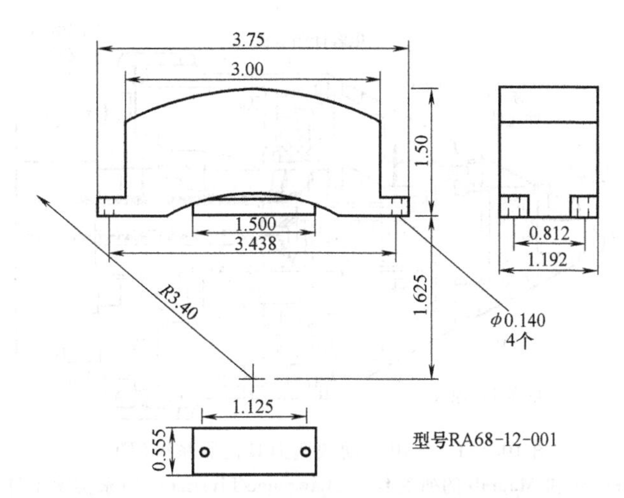

图 10.4.5 旋转式动圈致动器物理结构

（BEI Motion System Company，Magnetics Division 许可）

10.5 压电致动器[33]

当给压电材料两端施加电压时，它会发生形变。给致动器中的每个压电晶体施加 1V 的电压时，会产生 1Å 左右的移动（形变）。因此这些晶体经常在电极间叠放在一起且使用高电压以获取微米级的移动。压电式致动器的带宽在几千赫兹级，其带宽由其质量和刚度决定。压电式致动器的分辨率和带宽高好于大多数致动器几个数量级[34]。通常压电式致动器释放几毫瓦的功率，不会干扰精密机器的热平衡。相应的电磁致动器由于其线圈的电阻和涡流损耗，会产生大量的热。

压电式致动器在很多精密应用的场合证明了自己，从用在补偿大型金刚石车床主轴运动误差的快速刀具伺服系统（FTSs）[35]，到衍射光栅刻线机床的刻线[36]，再到扫描隧道显微镜的致动器[37]。用于大型金刚石车床（见 5.7.1 节）的快速刀具伺服的例子如图 10.5.1 所示。

使用压电致动器的主轴设计已经出现并得到了验证，图 10.5.2 给出了柔性弹簧片支撑的流体静压轴承轴瓦的径向位置调节方法[38]。使用这种设计，主轴在 1000r/min 的动态径向运动位移可以减小一半。

使用压电材料产生直线运动有三种方法：

[33] 我美丽的工程师太太写了这部分的最初版本作为她的硕士论文的一部分：D. L. Thruston，Design and Control of High Precision Linear Motion Sytems，MIT，Electrical Engineering Department，April 1989.

[34] T. G. King，'Piezoelectric Ceramic Actuators：A Review of Machinery Applications，' Precis. Eng.，Vol. 12，No. 3，July 1990，pp. 131-136.

[35] S. Patterson and E. Magrab，'Design and Testing of a Fast Tool Servo for Diamond Turning，' Precis. Eng.，Vol. 7，No. 3，1985，pp. 123-128. A. Gee et al，'Interferometric Monitoring of Spindle and Workpiece in an Ultra-Precision Single-Point Diamond Facing Machine，' Proc. SPIE，Vol. 1015，1988，pp 74-80.

[36] A. Gee，'A Piezoelectric Diffraction Grating Ruling Engine with Continuous Grating-Blank Position Control，' Proc. ICO Conf. Opt. Methods in Sci. and Ind. Meas.，Tokyo，1974 Japan.，J. appl. Phys.，Vol. 14，1975，Suppl. 14-1，pp 169-174.

[37] G. Binning and H. Rohrer，'Scanning Tunneling Microscopy，' Helv. Phys. Acta，Vol. 55，1982. P. Atherton，'Micropositioning using Piezolectric Translators，' Photon. Spectra，Vol. 21，No. 12，1987，pp 51-54.

[38] O. Horikawa et al.，'Vibration，Position，and Stiffness Control of and Air Journal Bearing，' 1989 Int. Precis. Eng. Symp.，Monterey CA，Preprints pp. 321-332.

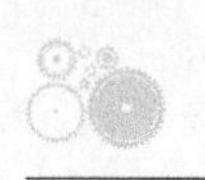

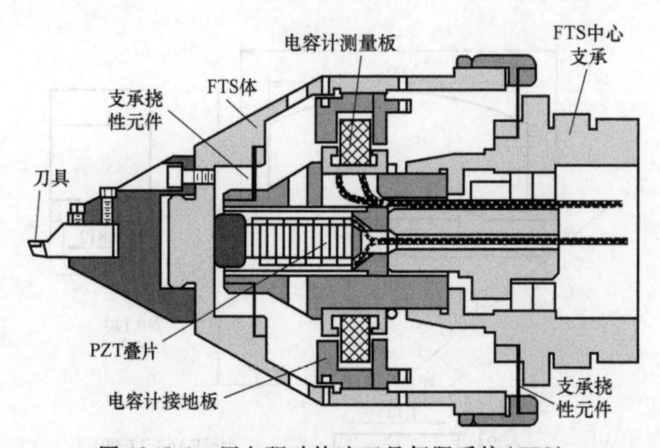

图 10.5.1 压电驱动快速刀具伺服系统(FTS)
(Patterson 和 Magrab 的研究结果,Lawrence Livermore 国家实验室许可)

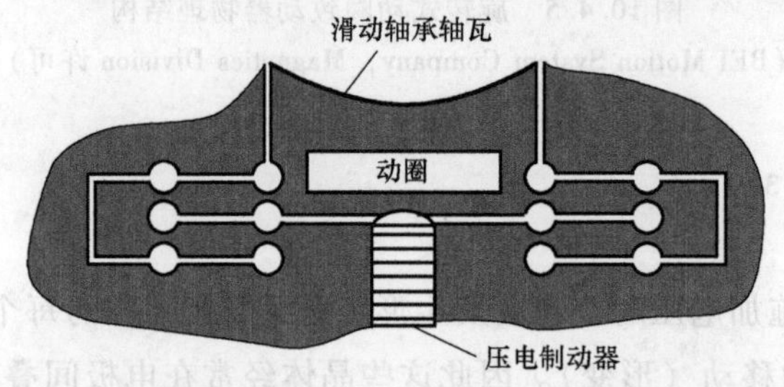

图 10.5.2 主轴轴瓦的径向运动控制方法(Horikawa 研究结果)

1) 压电圆片和放置其间的电极用环氧树脂胶合形成堆叠。当在电极上施加电压时,堆叠产生扩张或者收缩,快速刀具伺服装置就是这样的一个例子。

2) 不同压电材料用环氧树脂胶合形成复合梁。当施加电压时,两种材料产生不同大小的扩张使梁产生弯曲,如双压电晶片元件。

3) 不同压电材料堆叠装配在一起形成一个微步致动器(如 Inchworm®)[39]。如图 10.5.3 所示,一个杆件穿进中空的三个压电圆柱体(每个都是由压电圆片堆叠而成的),两头的压电堆叠产生径向的扩张/收缩运动,而中间的压电堆叠则实现轴向的扩张/收缩运动。图 10.5.3 给出了使致动器沿着杆件运动所必需的基本运动序列。该序列周而复始可使致动器移动到杆件的末端。这种类型的致动器还有其他的设计形式[40]。

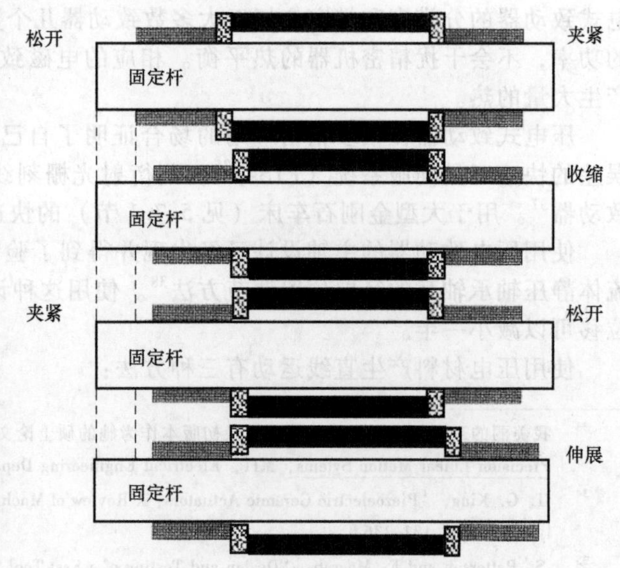

图 10.5.3 压电微步致动器的控制过程

[39] Inchworm®是 Burleigh 公司的商标。致动器的运动像毛毛虫爬行一样,故取此名。

[40] A. Gee, ‘A Micro-incherMachien Carriage Drive with Automatic Feedback Control of Step-Pitch, Step-Phase, and Inter-Step Positioning,’ Precis. Eng., Vol.4, No. 2, 1982, pp. 85-91.

压电微步致动器的分辨率取决于夹持循环期间夹持执行装置的分辨率（通常处于埃这一量级）和各微步进器如何进行夹持操作。任何装配误差都可能产生垂直于执行器运动方向的运动误差。未对准的夹持器、不恰当的相位以及碎片（如由圆周夹持器形成）也可能在系统中产生不平稳的夹持动作而引起误差。大量的不同种类的高分辨率压电微步致动器已经开发出来并且其中的一些已投入商业应用[41]。压电微步致动器的主要问题是不能在长距离上提供所需的连续运动，当然在各步之间运动是连续的。近似的连续运动可以通过使两个微步进电动机彼此工作在反相状态而产生，当其中一个产生牵引运动时，另一个保持静止，反之亦然。这种情况下，所需的运动控制算法是非常重要的。

10.5.1　压电材料的特性[42]

压电材料具有在伸展或收缩时，在其表面产生电压的晶体结构。当沿着晶体结构的特定轴向施加压力时，在材料中会通过一种或几种产生电荷的机制使得高价电子处于自由态。压电材料可用于压力、声学以及加速度传感器。对机械设计师来说，幸运的是压电材料存在逆效应：在压电材料上施加电压时会引起其伸长或者收缩，这一点使得压电材料可以用于致动器。

对一些晶体来说，每个晶体组织单元是一个偶极子（dipole）。电压加至晶体会引起大量偶极子重新排列，使得晶体伸长或者收缩。当晶体组织单元不是偶极子时，正是由于晶体组织缺少对称性而产生了压电效应。自然界中存在 32 种晶体，其中 21 种的内部结构是非对称的。这 21 种中只有一种非对称结构不能产生压电效应。若非对称晶体具有偶极子单元结构，则称之为热释电物质。热释电物质具有晶体热扩张特性，使得偶极子收缩或者扩张，从而在接近偶极子末端的表面上产生静电荷。20 种具有非对称内部结构的压电晶体中的 10 种材料属于热释电物质。

铁电性是用来描述在电场作用下偶极子具有方向改变效应的术语。因此，若给铁电晶体施加电场后再使电场反向，则铁电晶体会经历一个滞后效应。所有的铁电晶体都是压电材料，然而并非所有的压电材料都是铁电晶体。要确定一种材料是否具有铁电性，只需要对其施加电场来极化它，如果该材料具有铁电性，那么在电场作用下大量的偶极子就会自主排列。随着电场逐步增强，由于晶体能够保持的电荷数量不能无限增加，晶体中的电荷数量会达到饱和状态。随后电场逐步减弱，直至为零，然后改变方向，偶极子也会重新快速自主排列从而改变极化方向。随着电场强度不断增加，晶体中的电荷数量又逐渐达到饱和状态。随后，电场再次减小至零并改变方向，当电场足够强时，偶极子又一次改变了极化方向并自主地重复上述过程。其间，当电场强度为零时，保存在晶体中的电荷称为残余电荷。

铁电体加热到接近退火温度然后冷却时会形成铁电畴（domains）。在铁电畴中，铁电晶体的所有偶极子按一个方向排列。当外加一强直流电场到退火铁电体的相对面时，偶极子在其作用下趋向于重新排列，这个过程称为极化。许多铁电陶瓷一开始要进行极化方可获得压电特性，从而得到压电陶瓷。相异铁电筹中的偶极子不会全部改变自身方向，只要大多数铁

---

[41] 参阅：the catalog New Micorpositioning Products, Burleigh Instruments, Fisher, NY. 对于其他可买到的压电致动器，可参见 Physik Instrumente : The PI System Catalog, Physik Instrumente (PI) GmbH & Co. , Waldbronn, Germany, and Piezoelectric Ceramics: Catalog and Application Notes, EDO Corporation, Western Division, Salt Lake City, UT. 还有很多其他的压电材料制造商。

[42] 更详细的讨论参阅 J. Herbert, Ferroelectric Transducers and sensors, Gordon and Breach, New York, 1982, and W. Beam, Electronics of Solids, McGraw-Hill Book Co. , New York, 1965. H. Jaffe, 'A primer of Ferroelectricity and Piezoelectric Ceramics,' Vernitron Corp. Tech. Report TP-217; H. Jaffe, 'Piezoelectricity,' Vernitron Corp. Tech. Paper TP-238, Bedford, OH, 1961.

电筹极化就会提高晶体材料的压电特性，但是极化材料特性不会强过单筹晶体结构。绘制应变-电压曲线可得到铁电材料的利萨（lissajous）图形。

铁电晶体可用于致动器，但是由于电荷极性转换时存在大量的滞后现象，它们很难控制。目前已有一些方法能够提高铁电（和压电）致动器的可控性[43]。需要注意的是，许多压电陶瓷晶体也是铁电体，但是在分类目录中这一点通常不会提及。铁电材料的特点是具有非常高的常数 d（$>50\times10^{-12}$ m/V）。铁电陶瓷最初用于开发声发射与接收装置，这些应用需要用更小的电压来产生更大范围的运动而不需要考虑滞后效应。当前，定制生产的压电材料的大部分销售量用在声学场合，因此以压电材料作为致动器的客户必须注意不要不知不觉地从压电材料产品目录中选取了铁电材料。压电材料致动器难以控制，这一广为流传的恶名其实是客户用铁电材料制作致动器而没有仔细设计控制系统来处理增强的滞后效应而造成的。

10.5.2 压电材料常数[44]

压电材料的压电特性通常表现为各向异性，有许多常数用于表征其行为，它们分别是 d_{ij}、g_{ij}、k_{ij}和 K 常数。下标 1、2 或者 3 对应材料的一个轴，如图 10.5.4 所示。下标 4 表示平行于轴 2、轴 3 且垂直于轴 1 的平面，同理，下标 5 对应 1-3 平面，下标 6 对应 1-2 平面。当在常数中使用第二下标时，大于 3 的值表示该平面存在剪应力及剪应变。记住，通过使用莫尔（mohr）圆并且改变方位，剪应力和剪应变可以分解为轴向分量。

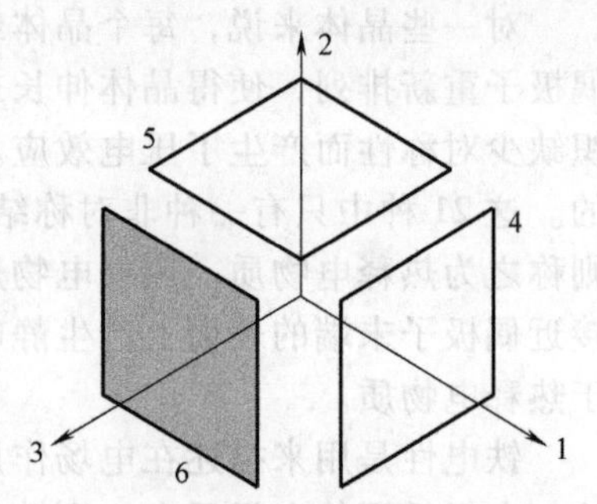

图 10.5.4 压电材料的轴与剪切面定义

晶体形状和关于轴线的对称性会影响相关晶体压电常数的数值。并非每种晶体都有全部的常数，晶体的对称性越好，具有的压电常数越少。因此，最易于使用的压电材料是那些关于一两个轴线不对称的晶体，它有助于防止不必要的轴间耦合。例如：石英是三方晶系的一员，具有三个两重（twofold）的对称轴和一个三重（threefold）的主轴，它就只有两个压电常数[45]。图 10.5.5 给出了一些压电材料常数的典型值。

1. 常数 d

压电应变常数 d_{ij}度量 i 方向上电场[46] E（E=电压/厚度）与 j 方向上机械应变[47] ε（$\varepsilon=\Delta l/l$）间的关系：

$$\varepsilon_j = d_{ij}E_i \tag{10.5.1}$$

---

43 参阅：H. Kaizukz and B. Siu, 'A Simple Way to Reduce Hsteresis and Creep When Using Piewoeletric Actuators,' Jpn. J. Appl. Phys., Vol. 27, No.5, 1988, pp. L773-L776; H. Kaizukz, 'Application of Capacitor Insertion method to Scanning Tunneling Microscopes,' Rev. Sci. Instrum., Vol. 60, No. 10, 1989, pp. 3119-3122. H. S. Tzou, 'Design of a Piezoelectric Exciter/Actuator for Micro-displacement Control: Theory and Experiment,' Preci. Eng., Vol. 13, No. 2, 1991, pp. 104-110.

44 C. Germano, 'On the Meaning of 'g' and 'd' Constant as Applied to Simple Piezoelectric Models of Vibration,' Vernitron Corp. Tech. Report TP-222; R. Gerson, 'On the Meaning of Piezoelectric Coupling,' Vernitron Corp. Tech. Report TP-224, Bedford, OH

45 两重（twofold）的意思是在一个轴的两个方向均存在对称性。压电效应垂直或平行于对称的双重轴。

46 "电场"定义为电极间单位距离施加的电压。

47 "应变"定义为单位长度上长度的变化。剪切应变定义为沿切向产生的变形的数量与面积之比。

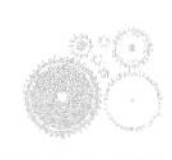

材料	$T_{极限}$ /℃	场方向	力方向	d $\times10^{-12}$	g	E /GPa	K	k	密度 /($\times10^3$kg/m^3)	波速 /(m/s)
石英	550	X	X	2.3	0.0578	80	4.5	0.1	2.65	5400
		X	Y	2.3	0.0578	80	4.5	0.1		5400
磷酸二氢铵	120	Z	45°XY	24	0.1750	19	15.5	0.29	1.8	3250
罗谢尔盐	45	X	45°YX	290	0.0936	18	350	0.68	1.77	3200
		Y	45°ZX	27	0.3316	10	9.2	0.3		2400
钡钛酸盐陶瓷	45	Z	Z	190	0.0126	106	1700	0.52	5.7	4300
		Z	X	78	0.0052	110	1700	0.22		4400
锆钛酸铅(44/45)	100	Z	Z	140	0.0352	71	450	0.6	7.6	3100
		Z	X	57	0.0143	87	450	0.26		3400
钛酸锶铅	300	Z	Z	250	0.0235	67	1200	0.64	7.5	3000
		Z	X	105	0.0099	81	1200	0.3		3300
偏铌酸铅	300	Z	Z	80	0.0402	60	225	0.42	6	3200
	300	Z	X	11	0.0055	60	225	0.04		3200

图 10.5.5　常见压电材料的物理特性（Jaffe 的研究结果）

字母 h 有时也用来作为陶瓷材料 d 常数的下标，这里 d_h 表明在 1、2 和 3 方向上产生或者施加了相等的应力（如液体静压应力）。它也表明连接压电体至电源或电表的电极应垂直于第 3 轴。需要强调的是当施加液体静压压力时，只有特定的几类压电材料才会产生压电效应。这种情况仅发生在只包括一个单极轴的陶瓷压电材料中。例如：硫化锌只有一个压电常数，$d_{14}=d_{25}=d_{36}$。

2. g 常数

压电应力常数 g_{ij} 度量 i 方向上电场 E 与 j 方向上应力（力/面积）间的关系：

$$E_i = g_{ij}\sigma_j \tag{10.5.2}$$

常数 d 和 g 满足线性关系：

$$d_{ij} = K\varepsilon_o g_{ij} \tag{10.5.3}$$

K 是相对介电常数，ε_o 是真空中的介电常数（8.85×10^{-12}F/m）。

3. 压电耦合系数 k

压电耦合定义为材料将一种形式的能量转换至另一种形式能量的能力。例如：通过施加压力，机械能可以转换成电能。反之也可以定义为通过加电压把电势能转换为机械能的能力。大部分施加的机械能或电能分别以弹性变形或电容形式存储于材料之中，因此 k 系数不是一个晶体效率的度量。效率是一个与损耗紧密联系的术语。压电晶体由于具有很高的阻抗值，因此其效率通常非常高（>90%）。所以人们应该把 k 系数视为一种“转换比”。在一些场合，人们需要单位电压产生尽可能多的运动（如在快速刀具伺服系统中移动刀具），而在另外一些场合人们希望单位电压产生尽可能小的运动（如扫描隧道显微镜的探针控制）。

压电耦合的测度定义为压电耦合系数 k^2，但是在产品目录中用 k 表示，因为 k^2 的值有时非常小：

$$k_1^2 = \frac{\text{产生的电能}}{\text{所用的机械能}} \tag{10.5.4a}$$

$$k_2^2 = \frac{\text{产生的机械能}}{\text{所用的电能}} \tag{10.5.4b}$$

当压电材料用于力或压力传感装置时使用 k_1，当压电材料用于致动器时使用 k_2（注意 $k_1=k_2$）。k 在 0~1 之间取值。由于系统中存在摩擦和阻性元件，耦合系数值通常小于产品目录中的给定值。k 通常取值为 0.5，最高可达 0.8。耦合系数通常用 k_{ij} 表示，这里下标 i 表示电场方向，下标 j 表示机械应变方向。

需要指出的是，耦合系数 k 可以用弹性模量 E 的度量来确定。当压电材料的电极短路（sc）和开路（oc）时，模量会呈现不同的值。E_{sc}、E_{oc} 和 k 的关系式如下：

$$E_{oc}(1-k^2)=E_{sc} \tag{10.5.5}$$

4. 介电常数 K

材料的介电常数[48]是将其置于两个电极之间时，其所能存储的电荷数量的度量。压电晶体是介电材料，也是绝缘体。没有自由电荷可以导电的材料就是绝缘体。所有介电材料的共同属性是能够储存电能。能量是通过偶极子或正负电荷在材料中的移动来储存的。偶极子处于束缚状态，只有当施加电场时它们的位置才会改变。

存在有极性和无极性两种介电材料。有极性介电材料在正负电荷的重心之间具有永久性的偏移（即每个分子都是一个偶极子）。不加电场的时候偶极子的方向是随机的，在电场中分子总是趋向于有序排列。非极性介电材料不加电场时不存在偶极子排列，这些材料需要加电极化。

当把一个绝缘体放在两个电极之间且施加一个电势时，在电极之间就会有电荷产生，这样就形成了一个电容器。与电极之间仅使用空气或真空不同，当使用介电材料时电极之间的电荷数量或电容会增加。该电容与真空时的电容 C_0 通过 K 线性相关：

$$C=KC_0 \tag{10.5.6}$$

对介电材料而言，K 总是大于 1。换句话说，在准静态应用时，压电材料就是一个电容器。这对于压电致动器动力学建模非常重要。

需要指出的是：耦合系数可以用介电常数的测量值来计算。K_{free} 是没有施加机械应力时材料的介电常数。$K_{clamped}$ 是当材料被夹紧不能进一步变形时的介电常数。k、K_{free} 和 $K_{clamped}$ 的关系是：

$$K_{free}(1-k^2)=K_{clamped} \tag{10.5.7}$$

10.5.3 应力和温度的影响[49]

许多陶瓷通过极化变成压电材料（和铁电材料）。极化后，陶瓷通常会不断地试图反极化（unpolarize）。压电材料的老化是在它不断的反极化过程中造成的。老化率是时间的对数函数并且以几十年的时间来计算。当对该晶体施加一个应力时，它就会再次极化到一定程度，这样一个新的老化周期就开始了。如果不遏制老化，偶极子将会在电筹中再次无序排列直到材料不再具有压电特性。由于压电材料被用来测量力或生成力，老化不再是设计时需要考虑的因素。只有当压电材料不常使用时（大约一年一次或更少），才需要考虑老化因素。

通常大于 140MPa 的强应力可能改变压电常数。对于某些软压电特性材料而言，连续的强应力循环可能导致它们特性的永久改变。在强周期性应力作用下，软掺杂陶瓷的压电性会严重退化，包括脱芯、介电和机械损失。与硬压电特性陶瓷会逐步稳定到一个新水平不同，在连续的高应力作用下，软压电特性陶瓷会逐步退化。

铁电晶体的居里（Curie）温度是指该晶体从压电非对称结构回到非压电对称结构时的温度。对于一种给定材料，居里温度为常数。当压电材料被用作精密致动器时，通常不用担心

---

[48] W. H. Hayt, Jr, 'Engineering Electrimagnetics,' McGraw-Hill Book Co., New York, 1981.

[49] 参阅：H. Krueger and D. Berlincourt, 'Effects of High Static Stress on the Piezoelectric Properties of Transducer Materials,' Clevite Corporation Engineering Memo. 61-12, Cleveland, OH, May 1961; H. Kureger and H. Helmut, 'Stress Sensitivity of Piezoelectric Ceramics: Part 1: Sensitivity to Compressive Stress Parallel to the Polar Axis,' J. Acoust. Soc. Am., Vol. 42, No. 3, 1967, pp. 636-645.

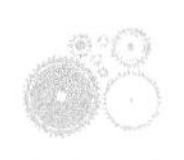

居里温度，这是因为：一般来说，铁电晶体不会用作致动器；压电致动器不会产生大量的热，因此精密致动器也不会受热。

10.5.4　常用的压电材料及其形状

适合商用的压电材料有很多种，包括石英、铌酸锂、电气石以及多种类型的陶瓷。石英是一种具有非常低的常数 d（$d_{11}=2.3\times10^{-12}$m/V）的天然压电材料，广泛用于压力及加速度传感装置。要记住的是，在致动器中一般不使用铁电材料，虽然它也具有压电性。但是通常为了获得理想的运动范围，人们不得不使用铁电材料。铁电材料具有相对较高的介电常数（>100）。需要注意的是许多陶瓷是铁电材料。两种最常见的陶瓷压电材料是钛酸钡和锆酸铅。其他的陶瓷压电材料是偏铌酸铅和钛酸铋钠。一种类型的材料可能有多种变体。例如：一个陶瓷压电晶体制造商提供四种不同的钛酸钡和五种不同的锆酸铅-钛酸铅。对四种不同版本的钛酸钡而言，d_{33} 常数在（51～152）$\times10^{-12}$m/V 之间变化。以前只有高电压压电材料（如 1000V）可供选用，现在人们也能使用低电压压电材料（如 100V）。由于很难获得低噪声的高压电源，人们更需要低压装置。另外，在高电压下工作具有危险性。多数低电压压电材料也是铁电体，因此在设计其控制系统时需要额外加以关注。

压电材料可以制造成许多形状。图 10.5.6 给出了压电换能器常用的各种形状，而且每种

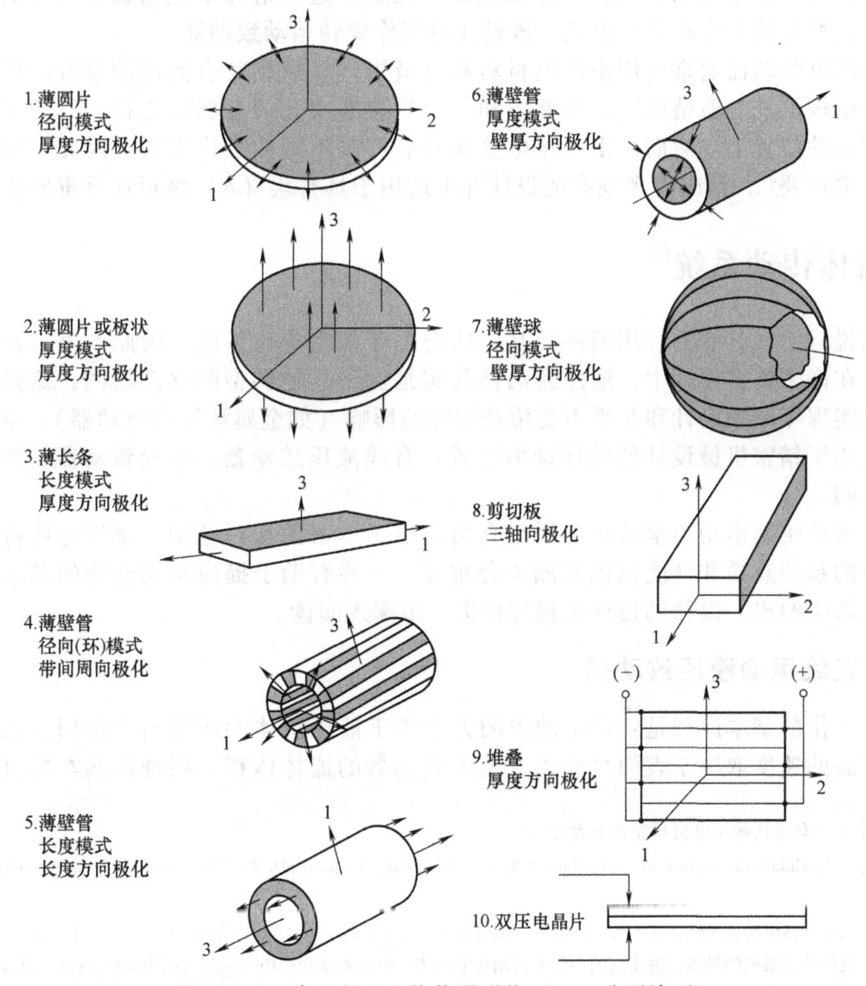

图 10.5.6　常见的压电换能器形状（EDO 公司许可）

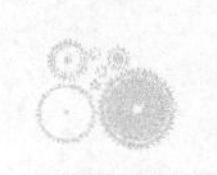

形状通常有不止一种工作模式。制造商通常不提供不常见形状的常数信息[50]。圆柱体通常制造成极化轴与圆柱长度方向平行。电极放置在圆柱末端并且圆柱沿长度方向伸长或收缩。圆片通常制作成极化轴正交于圆片表面。圆片可以像圆柱一样工作在厚度模式或者工作在应力应变发生在径向的平面模式。

板可以用多种方式制作，从而应用于不同的工作模式。当板被制作成极化轴与板平面正交时，施加电压可以产生平行于板的长度或宽度方向的运动。这些模式称为横向长度和宽度模式。它也可能产生剪切力，但是对致动器来说几乎不需要。对板的 d_{11} 常数而言，从式（10.5.1）可知，无论板有多厚，厚度变化量是个常量。因此，为了制造一个能实现几微米运动的致动器，许多板必须如图 10.5.6 所示那样堆叠起来。

管可以在长度、径向宽度和厚度伸展模式下移动。这些情况下极化轴是径向的，并且电极在管子的内壁和外表面上。管子也可纵向切片，这种情况下，极化轴在圆柱坐标的 θ 方向。这个切片可工作在平行宽度模式，这意味着它可以弯曲并且可用于横纵向或长度伸长模式。管子的径向伸展能力很差，因此如果需要径向伸展，管子需要由许多纵向区间组成，就像木桶一样，电极应该置于区间之间。

对致动器而言，环形装置的应用非常广泛。在横向环状、横向宽度和厚度模式中，电极被放置在内外表面上。在厚度伸展模式下，电极可以放在环的顶部和底部。通过堆叠，该模式可形成传动杆。环也可以像圆柱一样在截面上配置。这种情况下纵向轴是两轴的，极化轴在 θ 方向。这种形状工作在平行模式，该模式可用作旋转运动致动器。

典型的压电致动器通常使用由压电材料和电极用环氧树脂胶合而成的堆叠。该堆叠必须安装在一个结构上。一般情况下，堆叠要和一个具有螺纹孔的金属件连接，以便于致动器能够固定到所需的位置上。然而，由于压电晶体具有许多不同的工作模式，因此不要对堆叠本身过约束非常重要[51]，同时许多现有的设计并不适用于具有埃（Å）级运动分辨率的场合。

10.6　流体传动系统[52]

一般来说，空气具有的可压缩性使其不适合用于精密定位系统，因此本书只涉及液压系统。通常，在许多精密设计中，液压致动器其实是优于其他类型的致动器的，这是因为液压致动器可以实现零摩擦设计和几乎不受传动间隙的影响（如金属波纹管致动器）。本节将讨论如下几种适用于精密机械设计的液压动力装置：直线液压致动器、泊松致动器、旋转液压致动器、伺服阀。

有关这些系统基本动力学特性的详细介绍超出了本书的探讨范围，尽管这些特性对于系统制造之前的系统建模和性能精确预测十分重要。一些有助于提高系统性能的基本经验法则会在参考文献中给出，以帮助设计工程师作进一步深入阅读。

10.6.1　直线运动液压致动器

液压缸工作的基本原理是：产生的力的大小等于液压流体的压强与所作用表面面积的乘积。运动表面的速度取决于表面尺寸以及流入致动器的流体体积。两种最基本的直线运动液

50　最好使用已有形状的压电材料制作致动器。

51　这部分是与 Cranfield Institute of Technology（地址：Cranfield，Bedford MK 43 0AL，England）的 Anthony Gee 博士的协作。

52　尽管不局限于精密机械设计，液压传动系统的一般讨论在 Machien Design（杂志）的液压传动专栏中给出。如果想设计很多关于液压传动系统的设备，需要订阅一份专门阐述液压传动的商业期刊：Hydraulics and Pneumatics；由 Penton 出版社出版。其他参考文献包括 Hydraulic Handbook，7th Ed.，Trade&Technical Press，Surrey，Eengland，1979.

压致动器是：液压缸和金属波纹管致动器。

1. 液压缸

当向液压缸供油时，有一个杆件会沿着缸体向里或向外滑动。在这个基本原理之上，液压缸存在许多不同的种类。在几乎所有的案例中，都是靠伺服阀控制出入液压缸的流体流量来实现精确定位。液压缸一般用于要求大范围移动（上至数米）和中等分辨率的场合。使用特殊的低摩擦 Teflon 密封圈和静压轴承来支撑活塞和活塞杆，可以获得更强的性能和微米级分辨率。然而这种类型的系统通常需要专门定制。

单作用液压缸仅在单方向的行程中提供动力。通过从液压缸排出液压油，活塞返回到其起始位置。这通常需要外力（如重力或弹簧力）把活塞推回到起始位置。单作用液压缸也常成对反向使用。活塞和液压缸杆可以用柱塞来代替，柱塞是一个杆，其直径和活塞相等或相近。当杆上的负荷极大或者侧向负荷很大时，较大直径的柱塞具有更强的抗弯能力。柱塞式液压缸经常用于大型压力设备和顶起操作。单作用液压缸也可以用于伺服系统，此时被移动对象的重量将用于提供回程作用力。这在一些大型材料测试设备中很常见。

双作用液压缸提供双向运动控制，而且可以有似乎无限多种的安装方式。双作用液压缸在活塞的两侧各有一个液压油腔，可以对活塞进行压差控制。因此通过控制压差（或流量），就可以控制活塞杆的位置。除非使用双杆活塞，活塞杆一侧的有效工作区比活塞另一侧的要小。因此，活塞杆伸出时，流体产生比收起时更大的力，而且活塞杆伸出时的速度更快。这使系统的增益依赖于运动方向，但使用数字伺服很容易对其实施补偿。一些双作用液压缸在活塞两侧均有可伸出的杆，因此活塞两侧的工作面积是相等的。相等的工作面积使两个方向上的速度与作用力分别相等。

可以找到许多传统型双作用液压缸的变形，包括无杆液压缸。无杆液压缸用缆绳代替活塞杆，并在液压缸两端各安装一个滑轮。缆绳连接在活塞一侧，依次绕过两个滑轮，连接到活塞的另一侧。控制对象的运动与液压缸平行。该设计减小了液压缸所需要的轴向空间。然而，缆绳的刚度比实体杆要小很多，因此这里的缆绳实际上起挠性连接的作用。

通过使用一个伸缩管作为活塞和活塞杆，伸缩式液压缸以较短的体长提供了较长的行程。伸缩式液压缸的总行程为缸体长度的 4 倍。由于活塞工作面积的大小将随着活塞杆的伸缩而变化，输出力也将随着行程而变化，且在行程开始时输出力最大。

旋转液压缸装有特殊密封，可以承受施加在旋转设备上的轴向力。该类液压缸最常见的应用是用于车床上卡盘爪或夹头的致动器。应该注意的是，此类致动器的密封摩擦是主轴的主要热源，甚至比主轴轴承产生的热量还多。通常最好使用碟形弹簧垫片系统对回转件提供一个常力，类似于图 6.1.5 所示的柔性连接器。弹簧力可以通过液动或气动活塞（其在旋转停止后与弹簧叠板接触）去压缩弹簧叠板来释放。因此，仅当要求通过压力调节实现力的精确控制时，活塞才用作装夹装置。

2. 金属波纹管致动器

金属波纹管致动器是一种常见的液压致动器，用于有限运动范围的精确伺服系统[53]。与活塞在液压缸内滑动且要求密封不同，波纹管使用可变形的结构来实现活塞的运动，并没有密封要求。波纹管通常用于有限运动范围（上限为 1mm 左右）、要求高分辨率（亚微米级）且输出力必须施加于非常紧凑空间的情况。

图 10.6.1 给出了一种常见的用于精密定位的波纹管结构简图。直径较小、长度较大的

[53] 注意：气动橡胶波纹管也经常用作致动器和精密设备隔振支架。参阅：D. Grass，‘Flexible Air Springs Do Multiple Duty,’ Mach. Des.，April 7，1988 或 firestone Industrial Produduct’ s Airstroke 致动器文献。

（主动）波纹管通过液体管路连接到直径较大、长度较小的（从动）波纹管上，整个系统充满了流体并密封[54]。线性致动器（如用电动机驱动的丝杠）压缩小的波纹管并迫使流体进入大的波纹管。这个系统通过大波纹管和小波纹管横截面积的比率增加了丝杠驱动的分辨率。由于系统是密封的，所以不存在液压系统通常具有的泄漏问题。波纹管系统自身没有滞后、间隙或者摩擦问题；然而，如果使用丝杠来压缩主动波纹管，则和丝杠相关的所有问题都会出现，尽管这些问题将会按照波纹管面积比的系数减少。

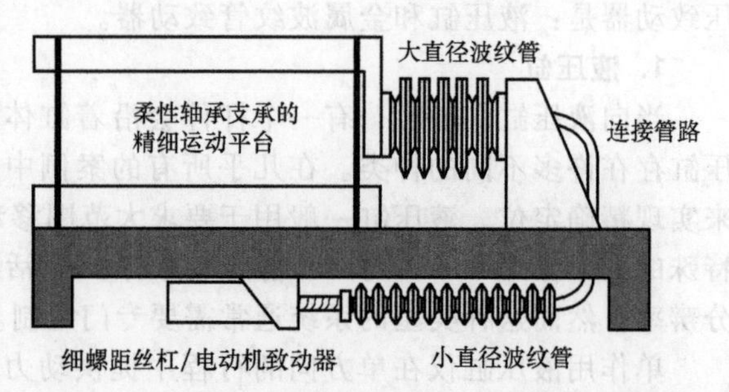

图 10.6.1　实现线性减速传动的主从式波纹管设计

波纹管有图 10.6.2 所示的四种基本类型的结构：平板式、筑巢波纹式（nesting ripple）、单面扫描式（single sweep）以及环面式。每种类型都由一系列隔膜（diaphragms）组成。隔膜在内直径处焊接以形成褶折（convolution），将多个褶折在外直径处焊接以形成膜盒（capsule）。

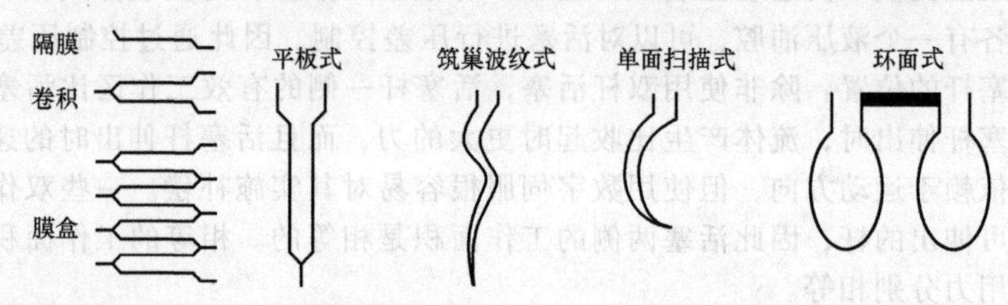

	平板式	筑巢波纹式	单面扫描式	环面式
抗压性	好	一般	好	极佳
长行程能力	一般	极佳	一般	一般
压力产生的输出力的线性度	极佳	差	差	极佳
压力产生的行程的线性度	极佳(对于短行程)	好	好	好
弹性比率	低	低	高	高

图 10.6.2　波纹管褶折类型（Parker Hannifin 公司 Sharon Parker Beartea Aerospace 金属波纹管分部许可）

以下术语适用于金属波纹管：

OD：膜盒的外径。

ID：膜盒的内径。

Span：褶折宽度 $=(OD-ID)/2$；$OD/Span$ 应小于 3。

P：褶折的节距（高度）。

NP：褶折压缩后的高度，即嵌套节距。

T：隔膜的金属厚度。

FL：无载荷时波纹管的自由长度。

N：褶折的数量。

K：波纹管的弹性比率。

MD：平均直径 $=(OD+ID)/2$。

EA：压力作用下产生驱动力的有效面积。

$$EA=\frac{\pi\left(\dfrac{OD+ID}{2}\right)^2}{4} \qquad (10.6.1)$$

[54] 这类系统可以从金属波纹管制造商那里直接定制得到。

现有的典型金属波纹管如图 10.6.3 所示。尽管市场上有传统的和高真空管接头的波纹管出售，但应注意的是，多数波纹管是定制生产的，一个香蕉大小的小批量金属波纹管可能需要花费数千美元。

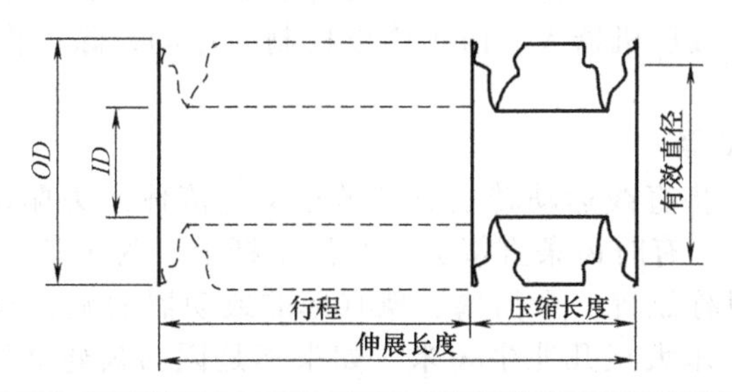

OD 代码	OD /mm	ID /mm	A_{eff} /cm^2	$P_{max\ ext}$ /kPa	行程(膜盒) /mm	伸展长度 /mm	压缩长度 /mm	弹性比率 /(N/mm)
05	9.5	3.2	0.316	689	3.6	5.3	1.8	2.3
10	12.7	4.8	0.60	1034	8.4	11.7	3.3	9.6
20	19.0	6.4	1.26	345	7.6	9.9	2.3	4.2
30	26.2	14.0	3.16	207	13.5	16.8	3.3	4.4
35	38.1	24.6	7.68	276	7.4	10.9	3.6	3.9
40	41.4	19.0	7.10	207	7.9	10.9	3.0	2.1
50	48.0	35.3	13.61	310	21.8	26.7	4.8	2.6
55	57.2	38.1	17.74	345	12.7	18.3	5.6	3.7
60	64.8	44.4	23.42	345	18.0	24.6	6.6	4.7
70	75.9	50.8	31.55	276	23.9	29.7	5.8	5.1
80	101.3	68.3	56.52	276	25.4	31.8	6.4	8.8
85	108.0	81.3	70.97	310	20.3	28.7	8.4	13.1
90	126.2	101.6	101.87	345	20.3	29.2	8.9	13.1

图 10.6.3　部分商用金属波纹管膜盒的特征参数
(Parker Hannifin 公司 Sharon Parker Beartea Aerospace 金属波纹管分部许可)

10.6.2　旋转运动液压致动器

有许多种类的液压旋转促动器可以提供连续和有限范围的运动。在现有的多种类型的液压旋转马达中，多数存在很大的反向间隙，使它们和电动机相比没有竞争力。因此多数常见类型的液压马达（如盘配流式、活塞式等）这里不进行讨论。另一方面，有限运动范围的液压致动器常用于机床和机器人，包括叶片致动器和齿条齿轮致动器。两者都可以提供具有合理运动分辨率的较高动力。

1. 叶片致动器

叶片致动器具有一个或两个叶片，径向安装在驱动轴上。液压油进入液压缸并在驱动轴上产生一个转矩。由于固定支架限制了运动的范围，典型单叶片致动器可以产生最大 280°的运动。注意：单叶片致动器的旋转件上将产生较大的径向力，这增加了控制叶片致动器的难度。双叶片致动器产生两倍的转矩（由于工作面积是单叶片致动器的两倍），但仅能旋转 100°且不存在不平衡的径向力。

叶片致动器适用于提供大转矩，但要求很小安装空间的情况。然而，其设计存在两个主要问题：

1）叶片的边角和机壳的边角汇合的地方难于获得良好的密封，因此同液压缸相比有更大的泄漏。该泄漏在换向时会产生死区，增加了伺服控制叶片致动器的难度。

2）在单叶片致动器一侧的流体压力对支撑叶片的轴将产生很大的径向载荷。该径向载荷与致动器旋转轴承的摩擦作用一起，在负载下将产生很大的起动转矩。

叶片致动器常用于重型工业设备，在这些应用中使用液压缸和连杆产生旋转运动是不现实的。叶片致动器也用于液压机器人。由于难以控制其运动，除了作为分度设备外，叶片致动器很少用于精密机床。

2. 齿条齿轮旋转致动器

齿条齿轮旋转致动器将直线运动转换成旋转运动。流体压力驱动连接到齿条上的活塞，齿条使齿轮和输出轴转动。有时齿条直接加工在活塞杆上。为了消除输出轴上很高的径向载荷，需要在齿轮另一面对称放置一个活塞。现有标准致动器的旋转范围有90°、180°、360°。输出转矩可以小至几牛·米大至几兆牛·米。如果不是因为齿轮间隙这个存在已久的问题，这类致动器可以在更多的精密回转工作台中作为伺服致动器，尽管间隙可以通过两个反向作用的液压缸驱动与同一个齿轮啮合的两个齿条来进行补偿。齿条齿轮旋转致动器常用于驱动旋转自动机器中的大型旋转工作台。然而，旋转工作台的角度位置通常利用端面齿盘或曲线分度盘来保证。

10.6.3 泊松致动器

方程（7.3.3）描述的泊松效应促使了一种新型致动器的产生。该致动器也可以归类于整体式液压缸。泊松致动器通过对主轴在垂直方向施加压力来获得轴向运动。当要求轴向刚度较高，并期望有合理的轴向位移和较低的工作压力时，可以对钢圆柱的 *ID* 和 *OD* 增压[55]。这时就会产生与这个压力相等的轴向应力，因此轴向应变将等于该压力除以泊松比。

类似的，如果对一个一端封闭的缸体内部施加压力，那么将产生轴向和径向应变。可以利用这个效应来产生一个短行程（在纳米到微米数量级）、高压力的致动器。伺服阀或者线性致动器（如滚珠丝杠或者音圈致动器）可以代替隔膜（diaphragms）来控制缸体内的压力，进而控制泊松位移。这类致动器有多种形式而且很容易把设备改装成整体式夹具。内径加工完成后，可以插入压力控制设备。轴向位移取决于缸体的长度、施加压力区域以及液压缸缸体的横截面积。注意：后者同时影响轴向应力应变以及周向应力应变。周向应力应变与轴向应力应变通过方程（7.3.3）描述的泊松效应联系起来。

10.6.4 伺服阀[56]

伺服阀是一种流体流量控制设备，是精密电液伺服系统的核心。电液伺服系统常用于不能使用电动机械系统（不满足功率密度或频率要求）的场合。伺服阀的种类有很多，这里仅讨论机床伺服系统中最常见的双级伺服阀。伺服阀对制造误差和污染很敏感。尽管花费较高，但是制造误差很容易控制。典型的伺服阀可能要花费1500~2000美元。污染是一个很严重的问题，可以导致磨损甚至重大事故。因此流体要求极度洁净。

双级喷嘴挡板伺服阀的工作原理图如图10.6.4所示。当收到一个指令信号时，扭矩电动机使活动挡板叶片绕支点转动。当节流口间的喷嘴移动时，改变了对流出节流口的液体的阻力，并在通向滑阀的端面的管路中产生压差。这个压差使滑阀轴向移动，从而改变了阀口流量。滑阀使反馈弹簧移动，在活动挡板上产生一个与扭矩电动机产生的扭矩相反的转矩。因

---

[55] 作者第一次接触到这类致动器是由 NPL 的 Kevin Lindsey 介绍的。某种意义上，它是压电致动器的机械模拟。

[56] 提供电液伺服控制系统更详细分析方法的专业资料有：T. Viersma, Analysis, Synthesis and Design of Hydraulic Servo systems and Pipelines, Elsevier Science Publishers, Amsterdam, 1980; Blackburn et al., Fluid Power Control, MIT Press, Cambridge, MA; H. E. Merritt, Hydraulic Control Systems, John Wiley & Sons, New York; and J. Watton, Fluid Power Systems, Prentice Hall, Englewood Cliffs, NJ, 1989.

此活动挡板和滑阀可以快速到达平衡位置。此类阀称为喷嘴挡板阀。使用伺服阀的闭环电液系统可以使阀获得很高的带宽。伺服阀的动力学性能通常可以在制造中针对特定应用定制调节。然而，当节流口被污染颗粒堵塞时，滑阀将仅有一种工作状态，使液体只从一个阀口流出。如果阀控制一个关键部件，如飞机的操纵面，这可能导致危险情况发生。

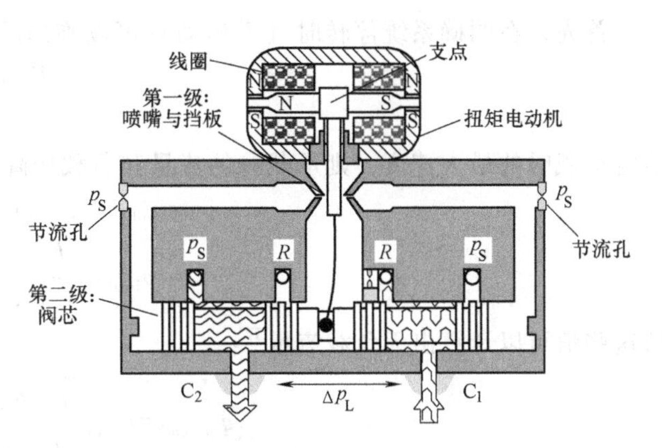

图 10.6.4 双级喷嘴挡板伺服阀的工作原理图（Atchley Controls Inc. 许可）

为了减小伺服阀对这种故障模式的敏感程度，发明了射流管伺服阀，如图 10.6.5 所示。两种阀的闭环工作原理是相同的，但射流管伺服阀通过直接将流体导入管道从而在滑阀上产生压差。当喷嘴阻塞且线圈电流关闭时，滑阀将保持原有位置或者返回初始位置。这使得该种故障模式变得不那么严重。射流管伺服阀对侵蚀磨损也不敏感，如图 10.6.6 所示。但一般而言，射流管伺服阀没有喷嘴挡板伺服阀那么大的动态带宽。

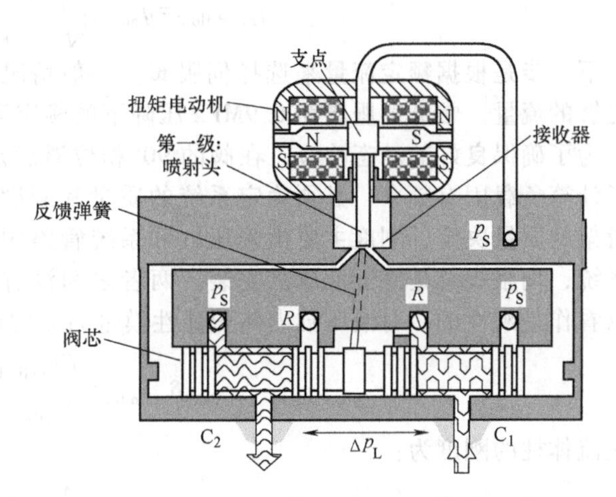

图 10.6.5 射流管伺服阀的工作原理图（Atchley Controls Inc. 许可）

一旦使用了螺栓和阀口安装模式，两种类型的阀通常可以互换。有许多同时销售这两种类型（或者更多类型）的阀的供货商。工厂自动化常用的伺服阀要求占据边长不超过 10cm 的立方体空间。压力阀口、返回阀口和控制阀口通常以菱形模式布置在阀的底部。在 50～100Hz 下 0dB 频率响应是很常见的，而且多数制造商乐意为自己生产的阀提供传递函数和其他的动力学模型信息。伺服阀的尺寸应该刚好提供足够的流体使致动器以期望的最大速度移动。如果伺服阀尺寸太大，由于只有进入阀的一小部分控制液流能够被有效利用，系统的分辨率将降低。应根据以下条件选用这两种阀：

1）如果阀失灵会导致人身伤害，则使用射流管伺服阀。

2）当要求极高的可靠性时，使用射流管伺服阀。

3）当要求很大带宽时，使用喷嘴挡板伺服阀。

液压缸伺服系统的元件尺寸按以下方式设计：

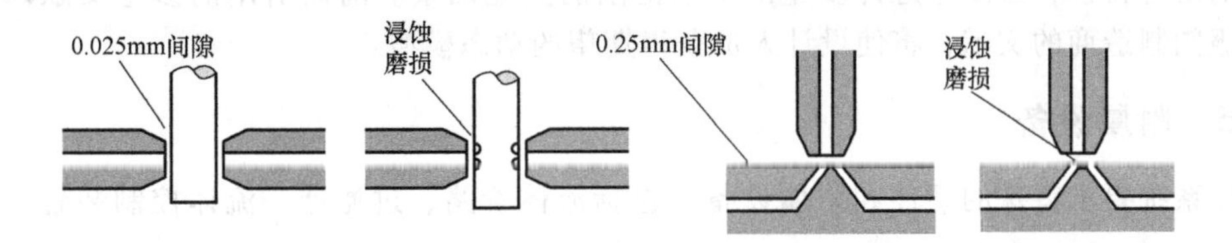

图 10.6.6 射流管伺服阀与喷嘴挡板伺服阀的磨损比较（Atchley Controls Inc. 许可）

首先，在明确系统停转时（无运动）可以施加的最大作用力后，则液压缸面积为：

$$A_{\text{cylinder}}=\frac{F_{\text{stall}}}{p_{\text{supply}}} \tag{10.6.2}$$

给定承载时的最大速度，则承载时的流量和负载压降分别为：

$$q_{\text{load}}=A_{\text{cylinder}}v_{\text{load}} \tag{10.6.3}$$

$$p_{\text{load}}=\frac{F_{\text{load}}}{A_{\text{cylinder}}} \tag{10.6.4}$$

从这些值可以计算出无负载流量[57]：

$$q_{\text{no load}}=q_{\text{load}}\sqrt{\frac{p_{\text{supply}}}{p_{\text{supply}}-p_{\text{load}}}} \tag{10.6.5}$$

伺服阀在额定压降下的额定流量由下式计算：

$$q_{\text{rated flow}}=q_{\text{no load}}\sqrt{\frac{p_{\text{rated pressuredrop}}}{p_{\text{supply}}}} \tag{10.6.6}$$

下一步是根据额定流量来选择伺服阀。一般情况下，阀的尺寸要增大10%以确保可以提供足够的流量。常见伺服阀在6.9MPa压降下的额定流量为4~60L/min。

为了确保良好的动态响应，在阀的90°相位滞后点处的频率应该是负载固有频率的三倍。为了计算负载固有频率，必须确定系统的质量和刚度。对于设计良好的精密机械，质量主要由滑架的质量决定，刚度主要由液压缸和系统管路中流体的压缩率决定。注意：对于高性能的系统，伺服阀总是靠近液压缸安装，两者之间没有挠性软管。连接伺服阀和液压缸的钢管可以看作是刚性的。对液压缸内体积弹性模量为β的流体施加压力，液压缸活塞的位移将是：

$$\delta_{\text{cylinder}}=\frac{FL_{\text{cylinder}}}{A_{\text{cylinder}}\beta} \tag{10.6.7a}$$

因此流体柱的刚度为：

$$K_{\text{cylinder}}=\frac{A_{\text{cylinder}}\beta}{L_{\text{cylinder}}} \tag{10.6.7b}$$

系统管路中的流体可以以相似的方法计算，但要注意：管路中的体积变化必然等于液压缸中的体积变化。因此，管路中的流体刚度在液压缸活塞上的等效值为：

$$K_{\text{line}}=\frac{A_{\text{cylinder}}\beta}{L_{\text{line}}} \tag{10.6.8}$$

把液压缸和管路的刚度依次相加，结合系统质量M，可以获得系统的固有频率为：

$$f_{\text{n}}=\frac{1}{2\pi}\sqrt{\frac{A_{\text{cylinder}}\beta}{(L_{\text{line}}+L_{\text{cylinder}})M}} \tag{10.6.9}$$

这个频率用于估计管路和液压缸长度的极限值。

这些方程可以满足系统元件的初步尺寸设计和选择。为了确定由电液系统驱动的闭环机械系统的动态特性，必须考虑许多超出本书范围的其他因素。前面引用的参考文献以及许多知名伺服阀制造商的文献，将使设计人员获得期望的动态模型。

10.6.5 附属设备

液压系统要求特殊的硬件和附属设备，包括流体管路、过滤器、流体控制装置、密封装

57 来自moog公司的伺服阀选择文献。

置及液压泵。

1. 流体管路[58]

必须使用软管、钢管或歧管将流体传送到致动器。软管是一种经济的柔性导管，但其弹性一定程度降低了系统的刚度。如果管路路线不合适，液压软管将快速老化而造成麻烦。因此必须注意在确定液压管路路线时，要提供管路与结构件的连接点[59]。

流体压力将影响液压软管的刚度。事实上，软管作用力可能是输入到超精密机床滑架中最大的作用力之一。软管作用力可以通过使用平衡设计（如安装两个软管使作用力相互抵消）或者直线液压换向器来减小。液压换向器有两种主要设计形式：使用一根中部带有径向孔且穿过滑架的长管或者在轴承表面制作增压槽[60]。为了使管高效且不给滑架增加摩擦力，长管相对滑架必须使用静压轴承支撑。PTFE 滑动轴承不适用于该应用，因为其摩擦力比软管作用力更大。增压槽设计工作良好，但通常泄漏量很大，使液压泵消耗的电力和产生的热量都很大。

2. 过滤器与系统清洁

也许流体传动系统中最关键的部件是过滤器。一些制造商通常建议使用好的过滤器（可以过滤掉 98.7%的不小于 3μm 的粒子）。然而，如果在应用中不能保证使用到这么好的过滤器，考虑到维护费用，粗糙一点的过滤器实际上可以发挥更好的性能。为你所设计的系统选择过滤器就像选择其他元件一样，你需要供应商提供的专业知识，必须与几个供应商协商并选择至少两个供应商推荐的系统类型[61]。现有的小型管内，网式过滤器[62]可以作为关键部件前的最后一道过滤器。

无论何时，加工元件都会留下切削液的痕迹以及切屑。如果该元件用于液压系统，必须对元件进行彻底清洗。否则当系统起动后，污染物将进入伺服阀、节流器等，引起早期故障，对于静压轴承的节流器而言更是如此。清洗元件时，不能只用棉球和酒精。可以用酸洗处理来溶解绝大多数的粒子，并在关键元件安装之前用高压油液冲洗系统。注意，酸洗至少在微米级不会改变元件的尺寸，但是酸洗之后元件表面活性很强。因此，酸洗之后必须用油脂将元件完全保护起来。注意，尽量避免在承受高压液流冲击作用的元件上使用镀层（如铬或镍）。高速流体可能引起镀层的局部腐蚀，尤其在元件的边角部分。腐蚀脱落的镀层材料可能引起敏感的液压元件的阻塞。

3. 流体控制元件

设计流体传动系统时，常需要一些小型元件，如塞子、最后一道过滤网、节流孔、节流器等[63]。可能最常使用的元件是塞子，把一个金属块制成纽扣状器件，可以很容易地塞住开着的孔。然而，将具有直螺纹和 O 形密封圈或者粘接密封的塞子用于内部需要维护的元件的孔时需要当心。有许多这类元件的供应商，每个设计人员应该根据自己的情况来建立和维护一个合适的目录文件。做这件事最好的地方之一是流体传动设计年展，在许多行业杂志上都有广告。

[58] 建议任何液压系统设计者在将液压系统用于亚微米精度机器时注意液压管路的动态问题和过滤噪声的方法。关于该主题一个非常好的参考文献是：T. Viersma, Analysis, Symthesis, and DESIGN OF Hydraulic Servosystems and Pipelines, Elsevie Science Publishers, Amsterdam, 1980.

[59] P. Lee, 'Routing High-Pressure Hose,' Mach. Des., March 24, 1988.

[60] 美国专利 4865465，由 Citizen Watch 公司的 Sugita 等人申请。

[61] 参阅：J. Drennen, 'Shooting Holes in Filtration Myths,' Mach. Des., Feb. 11, 1988. 注意：一些公司有典型液压系统的建模程序，可以帮助确定可用的最佳过滤系统。

[62] 参阅来自 Lee Co. 公司（地址 Westbrook CT 06498-04124，(023) 399-6281）的技术液压手册（Technical Hydraulic Handbook）。

[63] K. Korane, 'Small Hydraulics Solves Big Problems,' Mach. Des., July 7, 1988.

4. 密封装置[64]

密封装置是任何液压致动器最重要的部分之一，因为密封装置可以使流量损失最小并防止污染。不足为奇的是，影响液压活塞分辨率的最重要因素之一就是所使用的密封类型。多数密封装置依靠油液使密封材料压紧到活塞缸筒来形成密封（自助式），因此摩擦随着压力的增大而增大。对于伺服应用场合，可以采用宽松装配的 Teflon 密封，而且使用这种密封的液压缸通常称为伺服液压缸。摩擦的减小使密封效果有所降低。当为了换向而使作用在活塞上的压力反向时（这在伺服定位中很常见），在换向前泄漏必须先停止，这将产生一个促成极限环的死区。

当应用中要求低摩擦、无泄漏，或者要求对小的压力变化有极度敏感的响应时，液压缸中可能也要安装隔膜。在食品和药品行业，隔膜常和气动致动器一起使用，因为他们不需要润滑和无油雾污染。

5. 液压泵

液压泵有许多类型。在大多数应用中，液压泵的选型要满足压力和流量要求并使其具有最大效率。无论伺服系统选择哪种型号的液压泵，可能的话应使其具有可变行程，这样的话它可以提供刚好满足系统所需的液压油。否则，多余的液压油流回油箱时会产生有害的热量。对于用于静压轴承的一些精密的小齿轮泵而言，可变行程是不需要的，但是轴承所需的流量应该是相对恒定的。此外，由于液压泵会（在一定程度上）产生机械振动，它们应当与机器分离开，而油箱应当放置在尽可能靠近液压泵的地方。液压泵与机器之间的管路上所产生的振动可以通过陷波滤波器过滤掉[65]。

10.7 旋转传动元件

旋转动力源（如电动机）普遍用在各类机械设备中。通常人们会发现，当购买一台给定功率的电动机时，购买一台低转矩高转速电动机比购买一台高转矩低转速电动机更便宜。然而，许多应用都要求缓慢、稳定、可控的运动，因此需要采用降低电动机转速和增大电动机转矩的方法。在没有精密要求的普通场合，这很容易就能实现。然而，对于精密的应用场合，以下因素会造成旋转传动系统准确性和可控性的降低。

- 设备零部件的形状误差
- 间隙
- 零部件安装误差
- 摩擦
- 滞后现象

这些因素在设备的不同组件中表现出多种形式。为了使这些因素的影响降低到最小，一种方法是对零件进行简化设计使其易于制造和装配。

零件的形状误差和安装误差在运动中呈现非线性特征。在机械减速装置中，形状误差也会导致预紧力的变化。这些变化会造成驱动转矩的小幅波动，进而引起输入电动机速度的微小波动，最终引起输出速度的变化。在预载系统中由于形状误差引起的速度变化在 0.1%~1.0%这一数量级。闭环伺服系统可以提供校正的数量取决于致动器、控制器和电源。对于轮廓切削时用于控制运动的转盘，精加工通常在较低速度下进行，因此绝大多数控制器都能保持适当的轮廓精度。在任何预加载荷的机械减速装置中，形状误差引起的速度变化问题都会不同程度地发生。

[64] 密封系统在 7.6.6 节已讨论过。

[65] T. Viersma, Analysis, Synthesis, and Design of Hydraulic Servosystems and Pipelines, Elsevier Science Publishers, Amsterdam, 1980.

滞后是由曲面之间接触引起的非线性行为。当载荷反向时，偏差以非线性的方式改变从而导致非线性系统响应。通常情况下，滞后效应可以根据赫兹理论预测的非线性载荷偏差特性来估算。

间隙是由部件之间的缝隙引起的。当施加力矩反向时，间隙会导致运动短时间的停止。对于许多恒速应用的场合，这是没有问题的。但间隙可能会导致伺服系统出现极限环。很多系统，如那些包含齿轮传动的装置，需要一些间隙，以便考虑零部件制造和装配误差。其他一些使用柔性组件的系统，如皮带驱动系统，可以没有间隙。

摩擦存在于所有在移动部件之间具有机械接触的系统之中，并引起发热和控制问题。热源对于精密仪器而言几乎永远是一个问题，因此，应当寻找具有更高效率的驱动。可控性同样需要低的静摩擦力。大多数公司意识到了这一问题并且现在已有许多高效率的驱动系统可以获得。

在大多数的旋转运动伺服系统设计中，应当尽量消除或者减小间隙（不同系统下间隙消除或减小的方法在下文讨论）并在输出轴上安装旋转传感器。过去人们常通过传动系统来提高传感器的分辨率。对于现代高精度系统，最好直接在输出轴上安装高精度的传感器，并使用优质的预载零间隙部件（这样伺服系统就不会出现极限环）。相对于那种使用了适当精度传感器及有着超高质量却注定会磨损的传动部件的方式，这是一种更廉价、更可靠的设计。

有许多种可用的旋转传动系统，这里主要讨论那些用于（或有可能用于）精密机械中的系统，包括：齿轮、模块化减速器、皮带及链条、凸轮和联轴器。对于那些有着大量分类目录及设计信息的设备，这里只做介绍性的说明，读者可以参考具体的文献来获得详细的资料[66]。离合器及制动器是很多系统至关重要的一部分，在机器零件设计章节中已进行了详细的讨论。

10.7.1 齿轮[67]

为了达到各种各样的目的，人们开发了多种多样的齿轮。从最基本的圆柱齿轮和蜗轮蜗杆已经发展出了具有更低噪声、更大传动比、更小啮合力矩、更高承载能力以及能在奇异交叉轴间传递能量的各类齿轮变种。但是，随着齿形越来越复杂（如螺旋齿轮），制作及生产高精密机械所需的具有一定精度的齿轮变得越来越困难。因此在此只讨论正齿轮和蜗轮蜗杆，讨论前者是因为它们简单，讨论后者则是由于它们具有高的减速比。引用的文献详细地描述了其他可用的齿轮及齿轮强度、寿命的计算方法。

齿轮目录提供了进行设计所需的所有的信息（如转矩、速度、齿隙极限），但刚度数据一般不会提供。如果制造商没有提供刚度数据，通过弯曲或剪切变形分析方法可以很容易求得。精密机械上的齿轮的尺寸常根据齿牙及轴的刚度准则来计算。当机械满足刚度标准时，它的应力标准一般也会得到满足。所以，当讨论到齿轮及齿轮系统时，本书并没有提供其典型的目录数据。因为有很多不同齿轮的制造商，精密机械设计工程师很少需要设计他所需齿轮的细节，他只需要确定齿轮的尺寸及齿数。如果所需的齿轮并不能在某个制造商提供的目录中找到，那么那个制造商通常会很乐意去提供必要的设计帮助。所以，本节将会关注其他参考文献所不会提及的内容——如何为精密机械应用去估计齿轮精度。

---

[66] 提供一般信息和广泛供应商信息的两份好的通用文献是：Thomas Register of American Manfacturers 和 Machine Design Annual Mechanical Drives Reference Issue（Penton Publ.）.

[67] 关于各种齿轮设计和应用的文献有很多。一个通用的文献是由 Industrial Press 出版的 Machinery’s Handbook。其他的文献有：F. Jones，Gear Design Simplified，Industrial Press，New York；D. Dudley，Handbook of Practical Gear Design，McGraw-Hill Book Co.，New York；M. F. Spotts，Design of Machine Elements，6th Ed.，Prentice Hall，Englewood Cliffs，NJ，1985；J. Shigley and C. Mischke，Standard Handbook of Machine Design，McGraw-Hill Book Co.，New York.

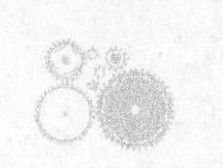

一对齿轮的传动比就是这对齿轮分度圆直径的比值。轮齿设计为当齿轮旋转时，使得在轮齿间存在纯滚动接触。满足上述条件的齿廓形状为渐开线。两齿轮轴心的连线与齿轮接触时两接触轮齿的切线之间的夹角称为压力角。压力角越大，轮齿的厚度越大，轮齿的刚度与强度越好。但是压力角越大，使两齿轮分开的力就越大。对于精密伺服控制的切削设备，一般主要考虑静态刚度，因此为了承受较大的径向力，往往需要较大的压力角以及较大的传动轴与支撑轴承。对于测量设备，往往希望齿轮运行平稳，因此希望轮齿较小（小的压力角）。齿轮的质量是通过它的 AGMA 数来确定的[68]。AGMA 数越大，齿轮越好，价格越贵。

非线性运动是由节圆和齿厚误差引起的。节圆或齿厚的变化会对传动比产生正弦变化的影响并叠加到名义传动比上。节圆和齿厚误差都是齿侧间隙的来源。小的传动比变化对于需要补偿的鲁棒控制系统并不困难，但是齿侧间隙会导致控制系统出现极限环。

在很多应用场合，需要一定量的齿侧间隙以容纳制造误差、加载后的变形及热膨胀。对于载荷较小和温度控制较好的精密机械和仪器，本质上讲零侧隙是可以给定的，尽管很难达到。无论如何，确保齿轮副不被强制啮合是极其重要的，否则会造成齿轮的快速磨损。影响齿侧间隙的因素有：

- 齿厚偏差
- 齿形误差
- 加载后的变形
- 轮齿的磨损
- 中心距偏差
- 节线的径向圆跳动
- 齿轮轴线的平行度误差
- 热膨胀

上述左侧的四个因素主要对接触点的周向位置产生影响。右侧的四个因素则对有效中心距影响较大。

影响齿轮圆周方向尺寸精度的首要因素是齿轮的制造。如果要求最高的精度和最小的齿侧间隙，就要使用磨齿加工。为了磨削轮齿，需要一种在磨齿时分度齿轮的方法。齿轮的角向误差 ε_{gear} 是阿贝误差的函数，它与标定工作台齿轮轮齿位置误差 $r_{gear}\varepsilon_{index\ table}$、磨齿过程中的误差 δ_{grind} 和轮齿半径 r_{gear} 有关：

$$\varepsilon_{gear}=\frac{r_{gear}\varepsilon_{index\ table}+\delta_{grind}}{r_{gear}} \tag{10.7.1}$$

精密分度工作台通常可以精确到 1 弧秒甚至于 0.1 弧秒。图 10.7.1 说明了一个轮齿的角向误差（如间隙）受制造误差的影响情况。这种误差存在于齿轮副中的每个齿轮上且具有累积效应。纵然 1μrad 精度可以通过磨削和抛光获得，但是价格不菲。

齿轮副之间的中心距位置偏差主要以侧隙形式影响齿轮精度。考虑两条平行线，它们与齿轮副中心连线的垂线成一个为压力角 ϕ 的角度。若齿轮中心产生了一个 δ_{center} 的误差，中心

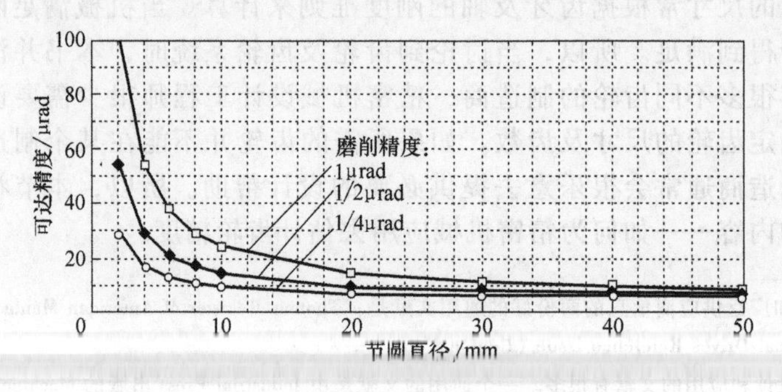

图 10.7.1　1μrad 级分度工作台上齿轮磨削可达精度

[68] 参阅：美国齿轮制造商协会的“Gear Classification Manual 390-02”.

距对应的一个接触点就会产生一个 δ_{tooth} 的距离。在齿轮副中所导致的角向误差 $\varepsilon_{gear\ set}$ 近似等于 δ_{tooth} 除以输出齿轮（一般是大轮）半径 r_{gear}：

$$\varepsilon_{gear}=\frac{r_{center}\tan\phi}{r_{gear}} \tag{10.7.2}$$

为了使中心距误差不敏感度最大，需要一个较小的压力角。图 10.7.2 表述了在 10μm 中心距安装误差下，各种常用压力角对齿侧间隙的影响。

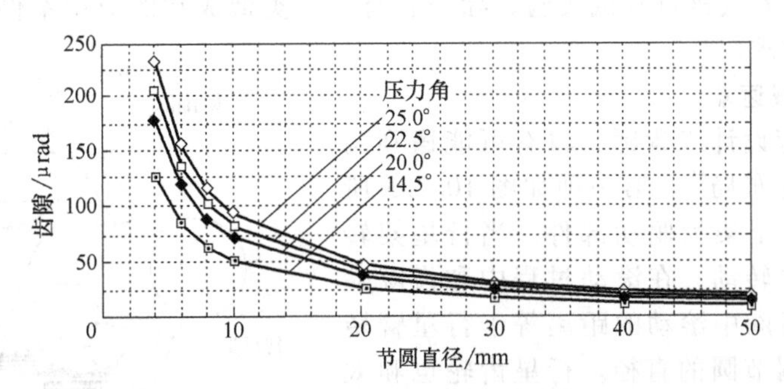

图 10.7.2　10μm 中心距安装误差对齿侧间隙的影响

如果旋转轴是伺服控制的，可以推测：精度相对于消除齿侧间隙而言显得不那么重要，因为后者正是引起极限环的原因。在不减小磨削齿轮精度公差范围的情况下，有两种使齿侧间隙最小的方法：①使用恒力或恒扭矩弹簧或者一个吊重使作用在齿轮副上面的扭矩保持在一个方向上；②使用一个消隙齿轮副。

消隙齿轮副是将齿轮副中的一个齿轮加工成至少两个齿轮而形成的。这两个齿轮用紧定螺钉或者恒扭矩弹簧连接起来并能相对转动，这样的话其中一个齿轮就可以传递一个方向的扭矩，另一个齿轮就可以传递另外一个方向的扭矩。另外，也可以使用两个驱动电动机分别驱动这两个齿轮进而驱动一个大齿轮。两个齿轮之间预加载的扭矩保证了无论朝那个方向旋转时，两个轮齿都可以保持接触。这是一种既经济又高效的消除齿侧间隙的方法，但同时也增加了齿轮副之间的磨损。如果消隙齿轮仅由两个齿轮组成的话，这种方法就会在齿轮支撑轴上产生一个力矩。同时，调整由紧定螺钉预加载荷的消隙齿轮需要技巧。由恒扭矩弹簧预加载荷的消隙齿轮副易于安装，但是仍然需要对扭矩反向时的响应做一些假设。

蜗轮蜗杆副比圆柱齿轮副有更复杂的齿面，但是单对齿轮副能获得更大的传动比。圆柱齿轮副的传动比是齿轮相对直径的函数，而蜗轮蜗杆齿轮副的传动比是蜗杆节圆直径和被动蜗轮直径的函数。当蜗杆旋转时，它的螺旋线不断地周向推动涡轮齿面的轮齿。假如蜗杆的螺距为 l_{worm}，被动蜗轮的直径为 D，单头蜗轮蜗杆副的传动比 $TR=D/2l_{worm}$。适用于圆柱齿轮的精度和齿侧间隙问题也同样适用于蜗轮蜗杆。

由于蜗轮蜗杆副之间存在滑动接触，因此摩擦和磨损相对于圆柱齿轮副要大很多。然而，由于蜗轮蜗杆副的简单性，使其成为需要大的传动比的伺服控制的低速旋转精密机械设备和要求油浴润滑的蜗轮蜗杆减速器的理想选择。蜗轮蜗杆副通常用于旋转分度工作台的位置控制和加工中心的旋转伺服控制。

10.7.2　模块化减速器

市场上可以买到许多种以标准螺栓安装的减速器。其大部分用于扭矩反向时，侧隙影响不是很严重的工业场合；因此，本节将主要讨论在精密机械和机器人中广泛使用的减速器，如行星齿轮减速器、谐波齿轮减速器、摆线传动、牵引滚筒传动、钢丝绞盘传动。如上所述，

圆柱齿轮和蜗轮蜗杆传动也常用于模块化减速器。

许多驱动系统开始使用数字伺服电动机和旋转变压器。在购买这种驱动系统来实现位置控制时，要特别谨慎。通常条件下，伺服电动机、旋转变压器、控制器一般只用来进行速度控制。不能轻信销售人员的言辞，因为他们也不知道为什么他的系统会在一个新的应用场合不能正常工作。销售人员不一定是设计工程师，他们一般也不懂得如此微妙的不同：同一个系统在一种条件下能正常工作，而在另一种条件下不能工作。如果有可能，在确定一个具体的模块之前，应当对其进行测试实验，除非它有一个类似成功的应用案例。一个声誉好的公司不会拒绝这种要求。

1. 行星齿轮减速器

作为一个机床设计工程师，将有可能遇到两种常用的行星齿轮布局[69]。第一种如图 10.7.3 所示，齿圈固定，行星架为驱动部件。当行星架转动时，行星齿轮也转动，在滚动过程中和齿圈啮合。行星齿轮在齿圈中滚动的距离等于行星臂转过的角度乘以齿圈节圆的直径。行星齿轮也和太阳轮啮合，但太阳轮的节圆直径小于齿圈的节圆直径，为了避免行星齿轮由于几何约束不转动（行星齿轮不能同时在两个不同直径的静止几何体间转动），太阳轮也必须转动。太阳轮的转动量等于行星齿轮分别仅与齿圈和太阳轮接触时行星齿轮转动的距离之差。齿轮链的传动比定义为输入转角与输出转角之比：

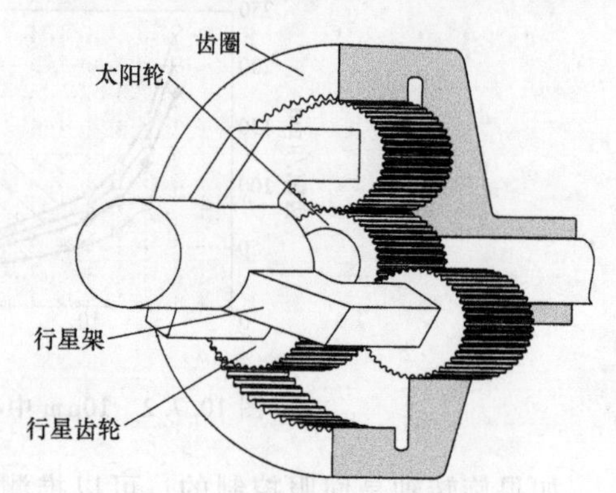

图 10.7.3 用于多级串联运行的行星齿轮减速器的主要部件

$$TR=\frac{D_{\text{sun}}}{D_{\text{ring}}-D_{\text{sun}}} \tag{10.7.3}$$

因尺寸和齿轮轮齿强度限制，应防止让 $D_{\text{sun}}=D_{\text{ring}}$，从而不能得到很高的传动比。但是，如果太阳轮作为输入，行星架作为输出，由于太阳轮的直径可以很小，传动比是方程 (10.7.3) 的倒数，这个值接近齿圈和太阳轮的直径之比。有人可能会说，这个没有标准圆柱齿轮传动好；但是，内齿圈可以做在管型圆柱体的内部，用太阳轮驱动行星架，然后用行星架来驱动下一级行星齿轮的太阳轮进而驱动下一级行星齿轮的行星架，依次类推。用这种方式很容易建立一个多级的齿轮箱，从而拥有相当大的传动比。同时，该齿轮箱易于制造，但这类多级齿轮链在高速时噪声较大，这是因为内行星齿轮装配的径向位置很难控制。它常依赖于三个行星齿轮和齿圈的啮合来使行星架对中。

另外一种行星齿轮传动如图 10.7.4 所示。在这种设计中，齿轮 1 和 3 安装在同一根轴上，该轴由轴承支撑在行星架上。至少存在三个行星臂且被安装在输入轴上。齿轮 1 和固定齿轮 2 啮合，齿轮 3 和与输出轴相连的齿轮 4 啮合。根据每个齿轮的旋转量和周向位移量，很容易得到输入输出的传动比为：

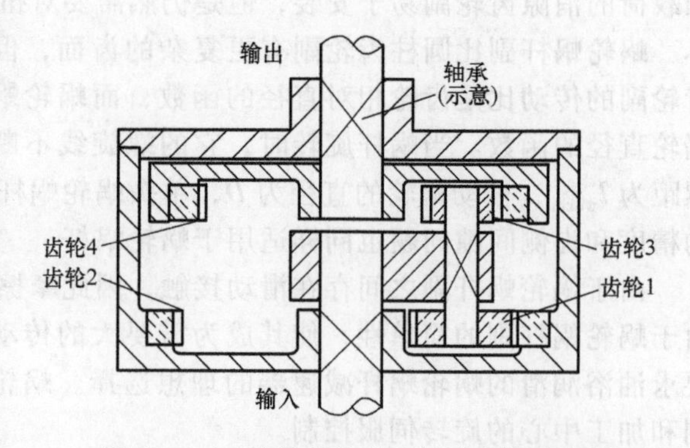

图 10.7.4 单级高传动比行星齿轮减速器

[69] 有 12 种不同类型的行星轮系。在下面的文献中给出了示意图和传动比列表：J. Shigley and C. Mischke, 'Standard Handbook of Machine Design,' McGraw-Hill Book, Co., New York.

$$TR=\frac{D_1D_4}{D_1D_4-D_2D_3} \tag{10.7.4}$$

式中，$D_1 \sim D_4$ 分别为图 10.7.4 中齿轮 1~4 的直径。

很容易使 D_1 和 D_4 的乘积接近于 D_2 和 D_3 的乘积，从而获得具有很大传动比的单级传动系统。所有的齿轮可以由精密轴承支撑，同轴的输入输出轴承孔可以一次镗出。行星齿轮也可以采用消隙齿轮。该方法将减小齿侧间隙从而使这类行星齿轮减速器可以用于精密机械中。下面留给读者一个练习：在给出每对齿轮侧隙的情况下，确定行星齿轮减速器的侧隙。

2. 谐波齿轮减速器

除了一些部件不同以外，谐波齿轮减速器的原理和行星齿轮减速器原理很相近，如图 10.7.5 所示。这种装置也有一个很大且固定的内齿圈，但是三个行星齿轮和输出齿轮分别被两个凸轮滚子和一个具有外部齿的柔性齿圈所代替。柔性齿圈通过刚性背盘安装在输出轴上。输入轴使波发生器旋转，通过轮齿的啮合，柔性齿圈在齿圈内按相反方向缓慢旋转。在某种意义上该装置很像图 10.7.3 所示的行星齿轮箱在太阳轮直径和齿圈直径近似相等时的情景。传动比用内齿圈的齿数 N_{ring} 和柔性齿圈的齿数 N_{spline} 来描述：

$$TR=\frac{N_{spline}}{N_{ring}-N_{spline}} \tag{10.7.5}$$

为了获得高的传动比，轮齿必须非常小，而这限制了轮齿的刚度与强度。当齿圈上有 202 个齿，而柔性齿圈上有 200 个齿时，传动比为 100：1。需要注意的是：大量过载时，谐波齿轮驱动会产生跳齿现象。

谐波齿轮减速器可以被制造得非常紧凑、轻小，因此其在机器人制造及其他特别需要关注重量的领域已获得了广泛应用。对于大多数精密机床，重量并不是要考虑的因素；但对于经常承受高负载且使用频率极高的系统而言，使用下面介绍的摆线式减速器或许是一种好的选择。

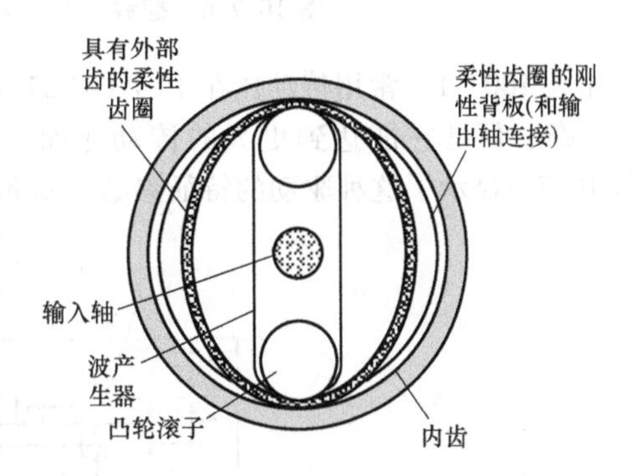

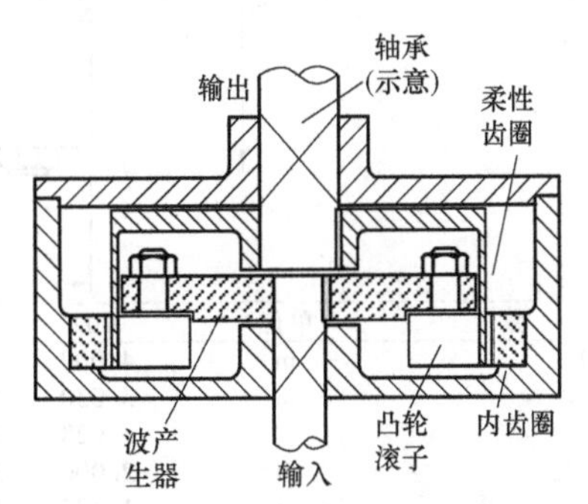

图 10.7.5　谐波齿轮减速器
（轮齿因太小而未被画出）

3. 摆线式减速器

摆线式减速器（也称外螺旋线减速器）工作的机理同图 10.7.4 所示的行星齿轮减速器相类似。如图 10.7.6 所示，摆线式减速器使用固定在外壳上的凸轮滚子代替了环形齿圈，用双余摆线形状的凸轮代替了行星系统，用输出外壳上的凸轮滚子代替了环形齿轮。凸轮通过一个连在输入传动轴上的偏心凸轮来实现在输入、输出外壳内的轨道上运行。

外摆线形状[70]凸轮的每条轨道上的叶瓣（lobe）都比输入、输出外壳上的少一个，所以只要凸轮沿着轨道运动，它就会旋转。双轨凸轮的形状使得它能同时与所有的滚子保持接触：每个滚子分别与凸轮轮廓上的不同点接触，从而使得设备具有极高的刚度及负载能力。这种驱动的传送比为

$$TR=\frac{(N_{input}-1)N_{output}}{N_{input}-N_{output}} \tag{10.7.6}$$

式中，N 表示输入或输出端从动件的数目。特别地，可能有 11 个输入滚子和 10 个输出滚子，传

[70] 圆周上叠加正弦波。

图 10.7.6 摆线式减速器（美国 Lenze 公司 Dojen 部门许可）

动比为 100∶1。常用传动比在 10∶1~225∶1 之间变化。虽然这种驱动在构造上比蜗轮蜗杆驱动更复杂，但是它能达到更大的传动比而且效率更高，因此它现在已经获得了更广泛的应用。图 10.7.7显示了这种驱动的特征参数。这种驱动技术有许多种类并且有很多不同的制造商[71]。

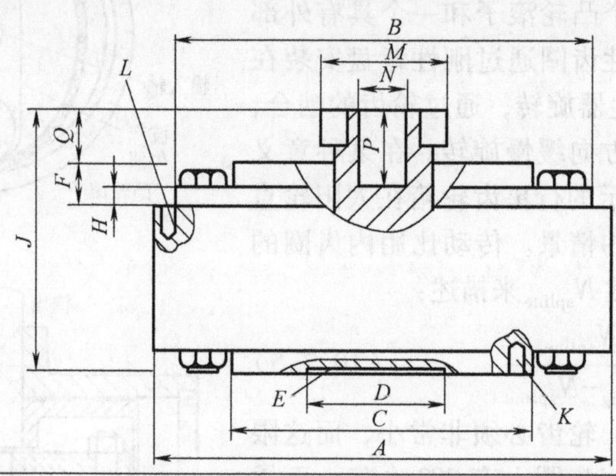

参　数	单位	M02	M03	M04	M05	M06	M08	M10	M12
$A\pm0.010$	in	4.000	5.25	7.125	8.125	10.125	12.250	15.000	19.250
B	in	3.030	3.999	5.499	6.499	7.999	9.874	11.749	15.874
		3.028	3.997	5.497	6.497	7.997	9.871	11.746	15.870
$C\pm0.010$	in	2.000	2.625	4.000	4.750	5.500	7.000	8.500	11.50
D	in	1.375	1.437	1.625	1.812	2.187	2.812	3.625	4.437
		1.376	1.438	1.626	1.814	2.189	1.814	3.627	4.440
E	in	0.06	0.08	0.09	0.09	0.09	0.12	0.12	0.12
F	in	0.48	0.53	0.62	0.59	0.75	0.94	1.19	1.31
H	in	0.17	0.17	0.24	0.21	0.25	0.32	0.44	0.50
J	in	2.59	2.86	3.12	3.70	4.19	4.94	5.94	8.38
K		10-32	1/4-28	1/4-28	5/16-24	5/16-24	3/8-24	1/2-20	5/8-18
K_{diam}	in	1.693	2.000	3.562	4.250	5.000	6.375	7.750	10.500
L		10-32	10-32	1/4-28	1/4-28	5/16-24	3/8-24	1/2-20	1/2-20
L_{diam}	in	3.329	4.438	6.000	7.125	8.625	10.750	13.000	17.500
M	in	1.31	1.75	2.06	2.38	2.75	3.00	3.00	3.25
N_{max}	in	0.551	0.75	1.00	1.38	1.38	1.62	1.62	1.75
P	in	0.88	0.93	0.94	1.28	1.34	1.50	1.62	2.25
Q	in	0.56	0.62	0.62	0.75	0.81	0.94	0.94	1.38
重量	lb	5	9	19	30	50	83	152	364
额定转矩	in · lbf	100	500	1000	2000	4000	7000	14000	25000
输入惯性	in · lbf · s^2	0.000107	0.000212	0.000686	0.00229	0.00468	0.0150	0.0316	0.190
$K_{转速}$（输出）	in · lbf/rad	100000	250000	475000	750000	1175000	2250000	3750000	5575000
公称效率	%	50	55	60	64	68	72	76	80
最大输入转速	r/min	8000	6000	5000	4000	3600	3000	2400	2000
输出轴能力：									
径向	lbf	560	860	1630	1820	4020	4630	8490	10100
推力	lbf	1410	2130	4120	4340	10060	11530	21100	25200
力矩	in · lbf	330	1830	4900	6500	17000	24800	33200	83330

图 10.7.7 Dojen™摆线式减速器的特性（Dojen Div.，Lenze USA，L.P. 许可）

[71] 如参见 M. Seneczko，'Gearless Speed Reducers，' Mach. Des.，Oct. 14，1984.

4. 牵引驱动器

齿轮的一个最大问题是在制造时很难实现其精确的齿廓要求。当负载很低并且使用齿轮的主要目的是传递功率和减速传动时，人们就会考虑使用牵引驱动器[72]。牵引驱动器使用圆形滚子代替了齿轮，这些圆形滚子预先被相互压在了一起。如果输出轴超载，滚子仅会进行滑动。牵引驱动器的负载能力可以从系统的几何尺寸、预载力和摩擦因数计算出来。其中摩擦因数通常假定为 0.1。刚度主要取决于系统输入轴和输出轴的刚度。接触面变形效应造成的扭转刚度的计算可以用 5.6 节中的方程完成。

当提供润滑时，为了提高牵引效果，人们开发出了一些牵引流体（tractive fluids）[73]。这些流体在高压下变厚，并在滚轴接触处形成了一个接触压力高达 104MPa 的临时瞬态聚合物粘接。这使得系统的有效摩擦因数可以达到无润滑系统的水平，即光滑的钢与钢之间摩擦因数为 0.1 的量级。但是由于在各部件之间总是存在流体层，因此减小了接触面的磨损和滑动破坏。

牵引流体最初用于汽车工业的连续多级变速器（CVT）和工业应用的牵引驱动。牵引流体也用于球轴承支撑的具有高加速度的系统，以保证球不打滑。值得注意的是，牵引流体比传统的油和脂贵很多，因此只在需要的地方才用到。

圆轴比齿轮可以更加精确地加工出来，因此牵引驱动拥有近乎完美的精度和零间隙的潜能。然而，微小的尺寸变化可以使预载力产生极大的变化。因此，在为牵引驱动系统确定公差的时候必须小心，可能的话应为其设计偏心支撑轴和其他的调节器件。

5. 绞丝驱动器

对于有限运动范围，另一种替代齿轮的方法是绞丝驱动，如图 10.7.8 所示。绞丝驱动提供了牵引驱动的优点并且没有巨大的径向支撑负载和严格的制造公差要求。绞丝驱动能得到的运动量取决于缠绕在大直径轴上的线缆的数目。图 10.7.8 中缠绕的线缆从根本上消除了径向支撑负载。跟大多数带传动一样（下面将要讨论），它没有间隙。传动比直接是输入轴和输出轴直径之比，可高达 50 : 1。能传递的最大转矩和刚度取决于线缆的直径、线缆的数目、轴的直径和摩擦因数。由于绞丝驱动是针对各种应用而特别设计的，传递转矩和刚度的计算细节将在这里讨论[74]。

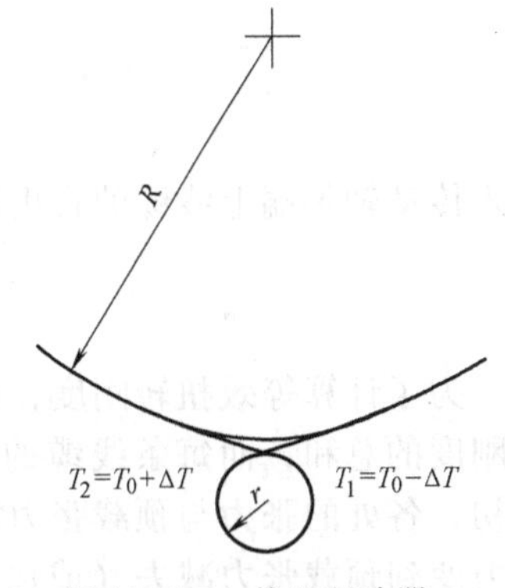

图 10.7.8　绞丝驱动器

选择线缆直径 D_{cable} 时，应使预载力和动态线缆负载的总和比线缆的破坏强度小 10%。特别地，当线缆上的预载力等于动态负载时，其中的动态负载为输出转矩除以线缆的数目和输出轴的半径。因此，当线缆开始在输出轴上产生转矩时，一端的张力释放，另一端的张力增加。结果最大工作负载是动态负载的 1.5 倍[75]。最小轴（通常为输入轴）的直径最小应该为裸露线缆直径的 25 倍，即 $D_{input} = 25D_{cable}$。输出轴直径是输入轴直径和传动比之积，即 $D_{output} = TRD_{input}$。对于典型的钢丝线缆[76]，要求线缆直径（mm）[77]为

[72] 如参见 D. Cameron, 'Traction Drives for High Speed Reduction,' Power Transm. Des., Vol. 22, No. 9, 1979, pp. 46-47.

[73] 如 Monsanto 公司的 Santotrac™液体。

[74] 系统的硬件由 Trax 设备公司（formerly of Albuquerque, NM）提供。

[75] 转矩由 $0.5T_{dyn}$ 除以轴径再乘以 2 得到。

[76] 例如：1mm（0.040in.）钢铰线线缆有大约 860N（200lbf）的断裂强度。

[77] 来自 Trax 仪器公司设计目录。

$$D_{\text{cable}}=1.12\left(\frac{\Gamma_{\text{out}}}{NTR}\right)^{\frac{1}{3}} \tag{10.7.7}$$

式中，Γ_{out}是设备的输出转矩（N·m）；N是线缆的数目。这个直径本质上应该具有无穷的寿命周期（数百万循环）。

为了防止线缆在输入轴端打滑，必须有一个足够的缠绕角θ。依据摩擦因数μ和张紧率，使用绞盘分析技术可得线缆的缠绕角为

$$\theta_{\max}=\frac{\log_e\dfrac{T_{\text{preload}}+T_{\text{load}}}{T_{\text{preload}}}}{\mu} \tag{10.7.8}$$

当预载力等于动载荷时，得到传动轴上输入与输出之间的绳索张力的最大比率可达3。钢鼓轮与带有塑料包层的绳索的摩擦因数通常大约是0.15。所以，无论输入轴的尺寸如何，其上绳索的缠绕角一般为7.3rad或1.2匝。由于输入轴上缠绕绳索的匝数只能为整数，因此，在最大负载附近的任何载荷改变都是不允许的，除非设计更高的刚度且使用2匝绞线的绳索。在输出传动轴上，紧端的张力比率为1.5，松端的为2，所以，缠绕角最大分别为155°与264°。

从绳索的自由长度及输入轴和输出轴上的缠绕角度下具有张力部分的直径可以求得线缆刚度。如图10.7.8所示，当考虑两轴外圆周之间的距离λ时，在输入传动轴每端上线缆的自由长度会包围一个角度ϕ：

$$\phi=\arccos\frac{1}{1+\dfrac{2\lambda}{D_{\text{input}}+D_{\text{output}}}} \tag{10.7.9}$$

输入传动轴每端上线缆的自由长度为

$$l_{\text{free}}=\frac{D_{\text{input}}+D_{\text{output}}}{2}\tan\phi \tag{10.7.10}$$

为了计算等效扭转刚度，可以把预载线缆与预载轴承相类比[78]，因此总刚度是每条线缆等效刚度的总和，而每条线缆的刚度又与输入轴和输出轴上的线缆缠绕角及其自由长度有关。最初，各处的张力与预载张力相等，随着扭矩的产生，线缆张力的大小会从输出轴上的预载张力变到预载张力减去（或加上）自由长度区域的负载张力，最后变为输入轴上的预载张力。随着扭矩增加到最大，输入鼓轮上的张力区域可能会重叠，但是因为通常在设计时考虑了足够的安全因子，所以这种现象可以忽略。

传动轴上按一定角度（大到能防止滑动）缠绕的线缆总的伸长量与绳索两端的张力差有关，如下式所示：

$$\delta_{\text{cable shaft}}=\int_{-\theta_{\max}}^{0}\frac{R_{\text{shaft}}(T_{\text{preload}}+T_{\text{load}})\,\mathrm{e}^{-\mu\theta}\,\mathrm{d}\theta}{AE}$$

$$\delta_{\text{cable shaft}}=\frac{R_{\text{shaft}}T_{\text{load}}(T_{\text{preload}}+T_{\text{load}})}{AE\mu T_{\text{preload}}} \tag{10.7.11}$$

其中，T_{preload}和T_{load}分别是预紧力及输出转矩（动态负载的一半）引起的线缆张力。在此，E是线缆横截面面积及弹性模量的有效乘积，该参数可以从线缆制造商处求得，该区域线缆的轴向刚度可以由柔度$\partial\delta/\partial T_{\text{load}}$的逆求得，$\partial\delta/\partial T_{\text{load}}$的值又可以从公式（10.7.11）中求得。

78　见8.2节式（8.2.2）。

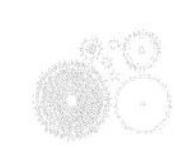

$$K_{\text{cable shaft}}=\frac{AE\mu T_{\text{preload}}}{R_{\text{shaft}}(T_{\text{preload}}+2T_{\text{load}})} \tag{10.7.12}$$

当负载最大时，轴向刚度最小。最大及最小负载应力分别是 $T_{\text{load}}=1.5T_{\text{preload}}$，$T_{\text{load}}=1.5T_{\text{preload}}$，所以由公式（10.7.12）可分别得到张拉及松弛时绳索轴向刚度的表达式：

$$K_{\text{tensioned}}=\frac{AE\mu}{4R_{\text{shaft}}},K_{\text{slackened}}=\frac{AE\mu}{2R_{\text{shaft}}} \tag{10.7.13}$$

张拉时绳索具有较低的刚度，因为负载越大，有效包角越大，有效长度越长。每条线缆分别包裹在输入轴和输出轴上，并且，每条线缆都有一个与自由长度相关的轴向刚度：

$$K_{\text{free length}}=\frac{AE}{l_{\text{free}}} \tag{10.7.14}$$

所以，每条线缆总的轴向刚度由三个部分刚度串联而成：输入刚度、输出刚度及自由刚度，其表达式如下：

$$K_{\text{tensioned}}=\frac{AE}{\dfrac{2(D_{\text{input}}+D_{\text{output}})}{\mu}+l_{\text{free}}} \tag{10.7.15a}$$

$$K_{\text{slackened}}=\frac{AE^{79}}{\dfrac{(D_{\text{input}}+D_{\text{output}})}{\mu}+l_{\text{free}}} \tag{10.7.15b}$$

而预载线缆系统的总扭转刚度为：

$$K_{\text{torsion}}=\frac{(K_{\text{torsioned}}+K_{\text{slackened}})D_{\text{output}}N}{2} \tag{10.7.16}$$

实际上，线缆系统的扭转刚度一般要比输入轴的扭转刚度大。

10.7.3 带及链条

大部分人都很熟悉带及链条的工作原理。精密机械中常用的皮带及链条的种类有：V 带、同步带、平带及滚子链。大多数传统的机械零件设计教材都会讨论这些皮带及链条的受力状态及寿命影响因素，而这里主要关注它们是如何影响精密机械的性能的。

记住：对于任何皮带及链条系统，都需要一种调整其张力的方法。这可以通过使其中一个轮轴可以移动或者增加一个惰轮来实现。通过弹簧加载的惰轮是一种非常有效的保持恒定皮带张紧力的方法，即便当皮带因为使用而张紧时也是如此。

1. V 带

V 带是在两个平行轴之间最廉价也是最常见的一种传动方式。带轮中的 V 形楔增加了皮带的承载和传动能力。由于需要相当大的预载荷来固定皮带，因而在轴上引入了径向载荷。除此以外，由于 V 形楔使得皮带和带轮的接触处于不同的直径处，这样在皮带和带轮之间将存在相对滑动并产生热量。V 带常用来给主轴传递动力。

2. 同步带

同步带有啮合齿，它可以通过和带轮上齿槽的啮合来传递动力，就像自行车上的传动链条一样。由于同步带是柔性的，它可以弯曲包在一个连续的分度圆直径上，因此并不会引入明显的齿槽效应。同步带使用 Kelvar™来加强，所以在带轮相距不是很远的情况下，它会有很高的有效扭转刚度。同步带需要一个初始的预紧力来防止当载荷反向时产生间隙。预紧力也使所有的啮合齿紧紧地咬合在带轮上，从而产生一种弹性平均效应。这样同步带从伺服电动

[79] 编者注：为书写方便，此部分公式中用 AE 代替了原著中的 Æ。

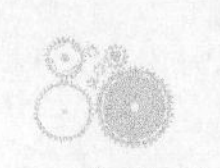

机传递动力到轴会变得更为有效和精确。

同步带常看作是有啮合齿的平带。这些带一般都有固定的长度。同步带有时也具有梯级或者小圆珠的链的形式，如图 10.7.9 所示。这种类型的同步带可以买很长的一根，然后剪到适合的长度并接合在一起。小圆珠链皮带可以用在不同的带轮布置情况下以便在非平行轴间传递动力。

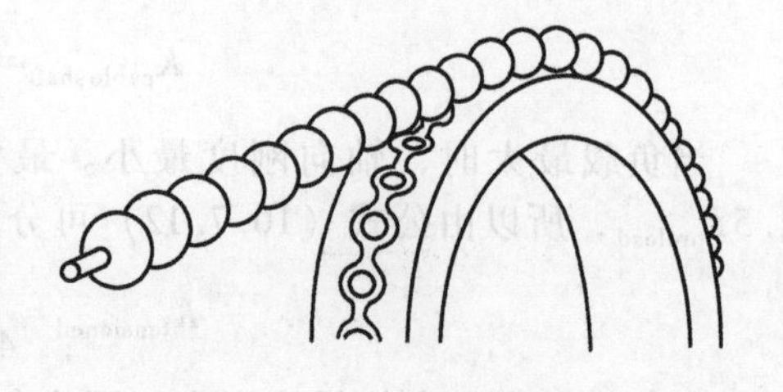
图 10.7.9　珠带驱动器

3. 平带[80]

平带让人联想到了 19 世纪的工厂，在那里，森林般的皮带从一根头顶的主轴传递动力到下面的一个个独立的机器上。平带现在依然在使用，但是已经使用 Kevlar™ 和弹簧钢取代了皮革。平带比 V 带具有更高的效率，而且常用在高速场合。对于低转速高转矩的应用场合，V 带和链传动则更适用。为了减少安装调整的要求，平带一般套在具有小齿冠的带轮上。使用平带时，反向的弯曲也是可以的。在一些应用场合中，特别是小型机械或仪器中，平带要被穿孔并套在有齿的带轮上。绳轮也可以看作是平带。

4. 滚子链

滚子链可以传递比皮带系统高得多的载荷，而且是一种最便宜的链传动。滚子链的问题是它与链轮的啮合是不连续的。当链轮转动时，会在分度圆处产生一个明显的正弦变动。这样的一个变动对于精密机器传动来说是不可接受的。链轮与链条的刚性啮合也意味着在链轮上仅有少数的齿可以传递动力给链条，因此和同步带相比，滚子链的弹性平均效应要低得多。滚子链已经用于在配重和机械部件之间传递载荷（如垂直地面的主轴需要安装一个配重），但是使用绳轮可以更好地避免潜在的齿槽转矩问题。

无声传动链与同步带在横截面上很相似，虽然它是由链环组成的，并且比滚子链具有更高的传动速度和传动功率。但是，因为使用链环，它依然有明显变动的分度圆半径，这使其不适用于精密机械的伺服系统。无声传动链常用于高速和大功率的应用场合。

10.7.4　凸轮

凸轮用于将连续的旋转运动转换成非线性运动。凸轮的种类有很多，图 10.7.10[81] 展示了一些凸轮。经典的机械设计教材上对凸轮设计进行了详细的讨论，并且现已有一些用于凸轮设计的软件程序。凸轮常用作自动滚丝机的关键部分和一些车削和磨削非圆工件的机器。然而在这样一个数控时代，以凸轮作为控制元件的精密机床越来越少。即使这样，凸轮仍然是

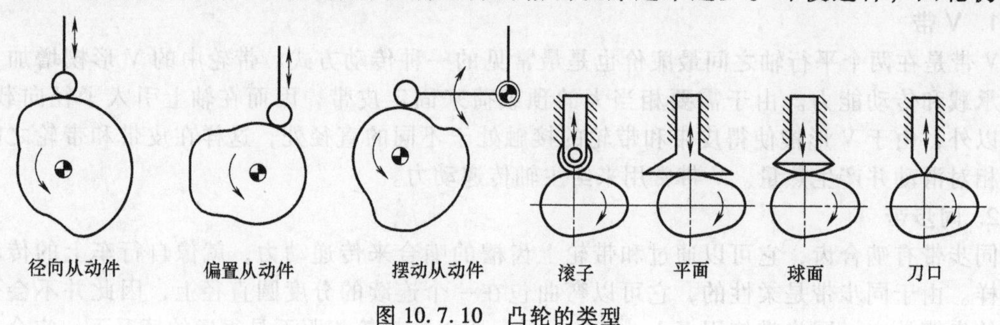

图 10.7.10　凸轮的类型

[80] R. Morf, 'Flat Belts Shed the Leather Strap Image,' Mach. Des., March 9, 1989.

[81] 凸轮、连接装置和机构的其他形式在 Ingenious Mechanisms (4 vols) Industrial Press New York 中有精彩、详尽的论述。

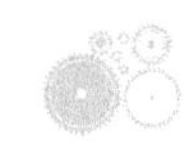

许多机器和消费产品至关重要的组成部分（如汽车的发动机）。

10.7.5 联轴器

联轴器有两种基本类型：动力用联轴器和伺服联轴器。这两类联轴器都允许有横向偏移和角度偏移。动力用联轴器用来传递转矩，并且也常用作缓冲装置以稳定负载的变化和振动。而伺服联轴器设计成瞬时响应而不存储任何可感知的能量，也无任何间隙和摩擦。基于第 8 章中有关轴承类型的讨论，柔性轴承是用在伺服联轴器系统中的最佳选择。

在精密机械中，模块化电动机和传感器的使用意味着需要联轴器来容纳存在于不同轴间的各种各样的安装误差。为了避免 5.5.3 节中提到的周期误差，需要采用柔性联轴器来提供恒定速度的动力传递而不必考虑轴的角度。柔性联轴器通常也具有零间隙。注意：制造误差使得任何柔性联轴器不可能有完美的柔性，所以正如 8.6 节讨论的那样，寄生运动总是存在的，这将产生在绝大多数应用中都可以忽略的非常小的速度误差。例如：一个马达通过与一个精密滚珠丝杠连接来移动滑架，如果使用直线位置传感器，耦合误差可能只有百万分之几，这点误差很容易由控制系统补偿。如果联轴器制造商没有提供他们销售的联轴器的制造误差的真实数据，可以通过下式得到一个保守的误差估计[82]：

$$\varepsilon_{柔性联轴器}=\frac{轴偏心度}{小轴半径}\frac{联轴器孔偏心度}{小孔半径} \tag{10.7.17}$$

例如：假设将一个直径为 10mm 的轴连接到一个直径为 30mm 的轴上，这里轴的偏心度是 0.1mm。假设联轴器孔由于加工误差存在 0.025mm 的偏心度，所以系统总的最大耦合误差可以估算为(0.1/10)(0.025/10)= 25μrad。

下面列出了六种用在精密设备上、可以处理双向转矩的基本类型的联轴器[83]：

- 金属波纹联轴器
- 螺旋联轴器
- 连杆联轴器
- 膜片（柔性片）联轴器
- 撞击中心联轴器
- 带联轴器

无论选择哪种联轴器，永远不要用紧定螺钉把联轴器固定在一根精密轴上，在这种情况下，经常会通过使用螺栓把开口环压紧在轴上而实现连接。

1. 金属波纹联轴器

金属波纹联轴器如图 10.7.11 所示。金属波纹管曾在 10.6.1 节有关致动器的内容中讨论过。金属波纹联轴器实际上要比金属波纹致动器便宜，因为金属波纹联轴器按标准尺寸制造，并且不需要保持压力或真空。金属波纹联轴器可能是所有柔性联轴器中可以提供最好偶联效果的联轴器，但是与此同时其抗扭刚度也相对更小。该联轴器常用于转矩小于 10N · m 的场合。对于大多数精密机械设备而言，波纹联轴器的设计中速度通常并不是制约因素，其可以经受百万次循环而不会失效。

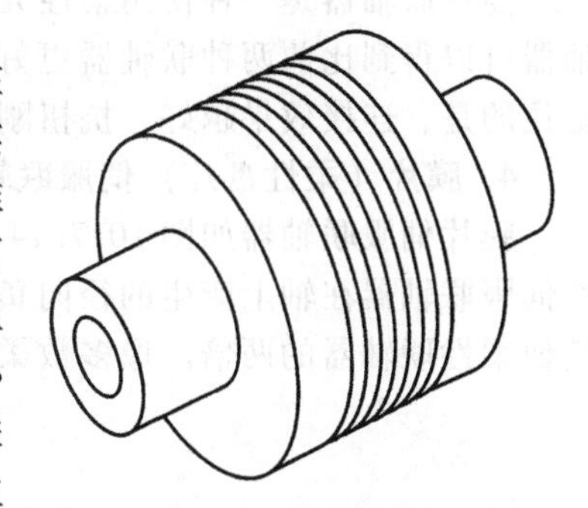

图 10.7.11 金属波纹联轴器

2. 螺旋梁联轴器

螺旋梁联轴器有许多种类，所有这类联轴器都是将一圈或者多圈从联轴器一端延伸到另一端的曲线梁组合起来而形成的。梁是螺旋形的，从而形成空心的圆柱，如图 10.7.12 所示。

[82] 可悲的是笔者无法找到这条经验方法的理论证明，做一些关于该主题的实验倒是件很有意思的事。

[83] 另外一些用于一般动力传动的联轴器在下述文献中进行了讨论：J. Shigley and C. Mischke, Standard Handbook of Machine Design, McGraw-Hill Book Co., New York.

这类联轴器依靠螺旋梁的弯曲来适应不同的安装误差。

图 10.7.12 螺旋梁联轴器

螺旋梁联轴器在大多数旋转机械中获得了很好的应用。典型的应用包括：由电动机驱动的滚珠丝杠、编码器、齿轮箱、泵、传送带系统和滚筒等。螺旋梁联轴器可以容许径向和轴向误差。两根轴的端面圆跳动可以通过螺旋圈来吸收。螺旋梁联轴器可以制成特定的抗扭刚度和很宽范围的转矩容量。由于其通常是一整块制成，所以没有间隙。通过设计，驱动端的旋转输出运动可以近似和输入端一致，形成一种常速连接。

制造螺旋梁联轴器的材料可以有很多种。高强度铝常用在连接编码器的场合，高强度的不锈钢常用在需要大转矩、高硬度、耐腐蚀的场合。图 10.7.13 所列为中小型机床上应用的一系列典型螺旋梁联轴器。其他不同形式的末端连接装置很容易应用在该联轴器上，另外一些孔径尺寸的联轴器也很容易购买得到。

基本零件	长度 /in	外径 /in	孔径 /in	最大转矩 /lbf · in	抗扭刚度 /[deg/(lbf · in)]
MCAC100	1.75	1.00	0.313	23	0.370
MCAC125	2.38	1.25	0.375	47	0.170
MCAC150	2.63	1.50	0.500	88	0.100
MCAC200	3.00	2.00	0.625	164	0.049
MCAC225	3.50	2.25	0.750	262	0.032

图 10.7.13 市场上可以买到的螺旋梁联轴器，特征为：7075-T6 铝，整体挤压式夹头，0.003in 横向错位能力，5°的角误差，轴向运动误差为±0.010in。注意这种联轴器的两端可以有不同的孔径（Helical Products Company, Inc. 许可）

3. 连杆联轴器

连杆联轴器是一种使用柔性元件的杆状联轴器（如图 8.6.10 所示的柔性枢轴），连杆联轴器可以得到比前两种联轴器更好的连接效果，因为连杆可以用很薄的弹簧钢来制造。需要记住的是，连接效果越好，抗扭刚度越小。

4. 膜片（柔性盘片）伺服联轴器

膜片伺服联轴器如图 10.7.14 所示。这种类型的联轴器的典型特征如图 10.7.15。一般膜片伺服联轴器在轴上产生的径向负载比其他种类柔性伺服联轴器小三分之一，其抗扭刚度是其他柔性联轴器的两倍。像多数柔性联轴器一样，这种联轴器常用于转速为每分钟几千转的

图 10.7.14 Fleximite™ 膜片（柔性盘片）伺服联轴器（Renbrandt 公司许可）

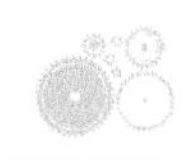

场合。然而，速度极限取决于负载、同轴度误差和尺寸大小等。

								抗扭刚度			径向力		
	OD	孔径	转矩	角度	横向长度	I(铝)	重量(铝)	min/(oz · in)			oz/0.001″		
型号	in	in	in · oz	(°)	in	oz · in²	oz	B	C	E	B	C	E
1	3/4	1/16-1/4	30	3	0.010	0.006	0.19	0.71	0.44	1.9	2	0.8	0.34
2	1	1/16-3/8	60	3	0.015	0.013	0.29	0.64	0.37	2.8	2	0.8	0.4
3	1.5	1/16-5/8	250	3	0.018	0.044	0.44	0.21	0.17	0.39	4.9	1.8	0.2
4	2.5	1	20ft · lb	2	0.010	4.15	5.71	—	0.006	—	—	7	—

注:允许轴的 TIR 是该值的两倍,1oz=28.3495g。

图 10.7.15　Fleximite™联轴器的特征（Renbrandt 公司许可）

5. 冲击中心联轴器[84]

大多数联轴器会将径向力由一根轴传到另一根轴，而将一根电动机轴和一根精密主轴连接时，防止将来自电动机轴的振动力传递给主轴是很重要的。这些振动力是由不平衡的转子或者非对称的磁力线产生的。在微米数量级上，无刷直驱主轴电动机似乎是最佳的选择；但是在微英寸数量级上，振动力会造成主轴显著地异步运动。在保证高的抗扭刚度的情况下，冲击中心联轴器可以阻止振动力从电动机传到主轴上。

如果你把一支铅笔平放在桌子上并敲击其一端，你就会发现铅笔会绕着一个称为冲击中心的点旋转。例如：棒球运动员知道，一旦棒球以正确的点击中球棒，这个冲击力就会刺痛他们的手。假设将那支铅笔作为驱动轴，将其一端连接到电动机输出轴上，而在冲击中心点处与主轴相连。由于制作一根伸出超过连接点的长轴是不现实的，因此用一根大部分重量靠近连接点的轴来代替。冲击中心点的位置确定如下：

当重力产生的回转转矩作用在一个绕着一点自由旋转的物体上（就像单摆一样）时，其大小是：

$$\Gamma=-Mgl\sin\theta \tag{10.7.18}$$

这个转矩等于物体绕旋转中心的转动惯量和角加速度的乘积：

$$I_{cr}\frac{d^2\theta}{dt^2}+Mgl\sin\theta=0 \tag{10.7.19}$$

对于小角度，系统（称为物理摆）的振荡周期为：

$$\tau=2\pi\sqrt{\frac{I_{cr}}{Mgl}} \tag{10.7.20}$$

对于一个单摆（例如：一根线的一端连有一个球），$l=L$，$M=m$，$I_{cr}=mL^2$，所以其周期为：

$$\tau=2\pi\sqrt{\frac{L}{g}} \tag{10.7.21}$$

和物理摆有相同周期的单摆的长度是：

$$L=\frac{I_{cr}}{Ml} \tag{10.7.22}$$

物体上的这个点被称为振荡中心或者冲击中心。如果一个推动力作用在振荡中心，那么物体将会产生平移加速度和角加速度。在旋转轴上，平移加速度 $\alpha=F/M$。关于质心的旋转加速度 $\alpha=\Gamma/I_{cm}=-F(L-l)/I_{cm}$。在旋转轴处的等效平移加速度为$-F/M$，因此在距离振荡中心 L

[84] 这种联轴器首次由 Professional Instruments 公司的 Eugene Dahl 介绍给作者。此联轴器在 1974 年获得专利：Vibration Attenuation Coupling Structure，US Patent 3800555，April 2，1974.

处的点没有运动（或力），所以振荡中心也称为冲击中心。另外，由 MaxWell 的相互作用定律（或者简单的力平衡计算式），施加在旋转轴上的力（不是物体的中心），如轴承上的振动力，在冲击中心不会产生力的作用。

这是一个非常有用的结论，其意味着如果有人在联轴器的一端施加一个悬挂着的重物，以至于联轴器的冲击中心和联轴器的作用点重合，那么径向力将不会在轴之间传递。对于刚性轴的连接，如在每一端都有一个万向接头或在柔性段的每端之间具有长的刚性段的柔性联轴器，该分析方法同样正确。需要注意的是，一个像汽车驱动轴一样的单胡克接头并不是一个匀速接头，然而由一根两端都带有胡克接头的轴相连接的两根轴在旋转时没有速度差。

在轴的两端连接的胡克接头可由精密球轴承或者滚针轴承制成以减小间隙，并减小摩擦力和提高抗扭刚度。与轴整体加工的平行柔性铰链可以使轴适应长度方向上的变化。一个更经济的、适合应用于主要在一个方向进行伺服速度控制装置（如主轴）的替代方案是用带有滑动塑料配件的轴承代替滚动轴承，这种轴承允许轴在轴向伸长，因而可以取消对柔性支撑的需求。这时电动机可以布置在一个靠近精密机械的吸振座上，当连接到机器上的电动机在吸振座上振动时，不会有大的径向载荷传输到精密机械的输入轴上。需要注意的是，传统柔性联轴器需要电动机轴和输入轴紧密对准，而这将不利于将电动机安装在吸振材料上。专业仪器公司已将安装冲击中心联轴器的系统用于他们自己的许多模块化主轴生产线。另外，随着无刷电动机技术的进步和精确动平衡电动机的生产，直驱系统将在越来越多的应用中发挥主导作用。

6. 带连接

如果用一根连续的弹性纤维带从一根轴（如电动机轴）到另一根轴（如主轴）传递动力，电动机轴微小的径向运动将会显著地影响皮带的张紧程度，因此电动机的振动力并不会通过连接装置传送到主轴。当带的伸长方向平行于一个非敏感方向（如 T 形基座车床的垂直方向）时，主轴将不会感受到任何由电动机产生的敏感方向的运动误差。带子是连续的，这点很重要，因为这样不会因带子的接头而引起周期性误差。单根连续的扁平纤维带（如用羊毛制成）比单根人造橡胶带具有更大的阻尼。带也可以用来帮助在电动机和主轴之间实现热隔离。随着主轴要求微英寸甚至更高的精度，即使电动机磁场不对称所产生的力也会导致主轴产生无法接受的异步运动。具有讽刺意味的是，精密机械似乎又回到了使用长皮带连接电动机和主轴的旧时代。

10.8 直线传动元件

有许多种类的设备可以将旋转运动转换为直线运动，本节将对其进行讨论。当使用旋转传动元件时，有五个主要的误差源可以影响直线传动元件的性能：

- 设备元件的形状误差
- 间隙
- 组件的安装误差
- 摩擦
- 迟滞

这些误差在 10.7 节已经详细讨论过，同样适用于此。另外，正如在第 2 章讨论过的一样，设计者也必须考虑所有的误差源和它们对正在驱动的滑架的影响。讨论丝杠的具体例子参见 10.8.3 节，这个例子也同样适用于其他从旋转到直线运动的传动系统。这里讨论的直线传动元件包括：

- 齿轮齿条驱动
- 摩擦驱动
- 丝杠驱动
- 耦合元件

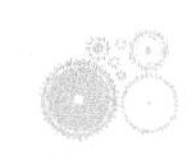

10.8.1　齿轮齿条驱动

齿轮齿条驱动提供了一种将旋转运动转换到直线运动的最廉价的方法。在机床上使用时，齿条可以通过稳固机座用螺栓首尾相连，从而可以达到很大的行程，所以齿轮齿条驱动一般用在非常大型的设备（如龙门式机器人和用于航空工业的加工中心）上，其行程超过 3~5m。齿轮齿条驱动最大的缺点是他们不像丝杠系统那样容易获得“最优传动比”，用于齿轮齿条系统的直接驱动电动机经常在低速高转矩下运转，因此有时需要使用减速箱来驱动齿轮。一种例外情况是使用涡轮齿轮齿条，但是除非使用如图 10.8.33 所示的静压设计，否则其摩擦力会很大。

在 10.7.1 节讨论的齿轮的特点在这里也适用，包括使用消隙齿轮。由于没有弹性平均效应，所以齿形误差和间隙将直接转换为系统的直线定位误差。轮齿实现和脱离接触时会产生一个正弦变化的侧向力。这将导致由齿轮齿条驱动的滑架上产生一个按照正弦变化的直线度误差。反过来，直线度误差改变了齿轮的中心距，进而造成微小的非线性轴向定位误差。大部分精密闭环控制系统能够很容易地处理这些轴向误差。

齿轮齿条驱动大部分用在大行程的机械上，这时电动机和齿轮经常安装在机床的滑架上。在某些短行程但需要低成本和精确定位的情况下，齿条安装在滑架上，电动机和齿轮安装在机床基座上。对于安装在滑架上的电动机，可以考虑使用一个简单的 T 形导轨。电动机需要安装在滑架的外侧，以便于散热，而不至于使滑架温度上升。齿条安装在滑架中心附近，这样驱动力不会在滑架上造成偏航误差，使用一根轴从电动机传递动力到齿轮。

齿轮齿条驱动的一个有趣的演变是凸轮滚子驱动。这种类型的驱动有一个正弦变化的直线轨道，滑架压在轨道上，在滑架上安装有四个或更多的垂直驱动的凸轮滚子。为最大化往复运动的敏感度，至少一个滚子总是压在正弦波的 45°斜坡上。因此，1N 的向下的力近似转化为 1N 的轴向力。滑架移动时，凸轮滚子就像“小号演奏”那样运动。事实上，凸轮滚子的上下运动通常由气动或液压动力控制。凸轮滚子可以由单个的伺服阀控制，这时它们可以彼此独立预载，或者用一个具有内部阀口和流量控制设备的独立的伺服阀来控制。该驱动能有效地做到零间隙、良好的重复性以及微米级分辨率。这种驱动最值得注意的应用之一是龙门机器人。然而，对于大型精密机械，除非使用相互推动的对置系统，由凸轮滚子产生的侧向力会造成很大的直线度误差。

10.8.2　摩擦驱动

直线摩擦驱动可以看作是通过主动轮（绞盘）驱动由支撑轮支撑的钢条来实现的，如图 10.8.1 所示。当在系统中使用流体静压轴承时，支撑轮经常由平面流体静压轴承来代替。摩擦驱动[85]常用作高精密机械上的直线执行机构。摩擦驱动所希望的性能包括：

1）最小限度的间隙和死区（由弹性变形引起）。

2）低驱动摩擦[86]。

3）设计简单。

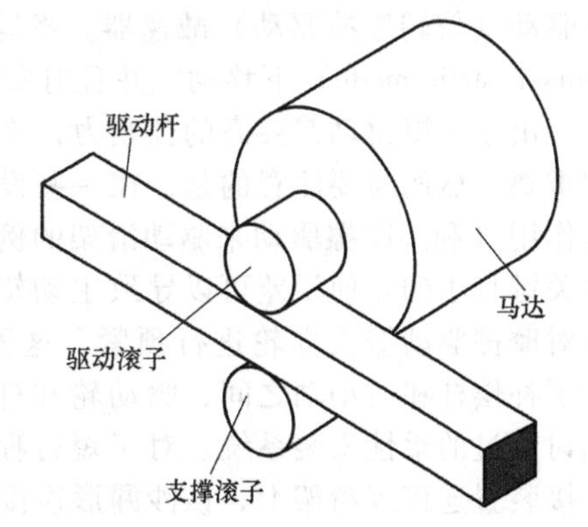

图 10.8.1　摩擦（主动轮）驱动

[85] 也称为主动轮驱动或牵引驱动。

[86] 由于弹性作用，在接触面处会形成一个小平面点，纯滚动运动不能实现，因此存在一些摩擦，尽管大部分情况下它被忽略不计。

它们不希望的性能包括：

1）低的驱动能力。

2）低到中度的刚度和阻尼。

3）较小的传动增益。

4）对驱动杆清洁度的高灵敏性[87]。

理想摩擦驱动使用静压轴承来支撑驱动辊子主轴，用静压平轴瓦轴承代替支撑轮。接触表面要求低的表面粗糙度值以减小磨损，并确保该驱动不像一个车轮在鹅卵石街道行走那样运行。要求准确制作辊子以保持恒定的预紧力、传动比和匹衡转矩。使用合适的传感器和伺服系统，进行正确的设计和制造，摩擦驱动可以达到纳米级的运动分辨率。对于高精度应用场合，应安装直线编码器或激光干涉仪等滑架位置测量装置以获得高的重复定位精度和定位精度。由于摩擦驱动系统的部件需要精确制造，但他们的牵引力有限，所以摩擦驱动主要用在具有较小切削力的高精度机床上（例如：在 5.7.1 节讨论的 LODTM；在 7.8 节讨论的 OAGM，如图 7.8.5 所示）。在这些应用中，滑架的最大速度是相当低的，驱动轮直接由电动机驱动以避免将传动的非线性引入到系统中。

摩擦驱动接触面的有效刚度可以用公式（5.6.30）来估计。牵引流体（Tractive fluids）可以用来防止接触腐蚀、增加阻尼并使刚度对驱动杆的清洁程度不再敏感。需要注意的是：如果牵引力的施加没有通过驱动杆的中轴线，杆会发生弯曲。当使用柔性连接时，这可能不是一个问题；但是，如果杆很长，由于伺服回路充当了杆的激励源[88]，它可能会产生振动。如果一个驱动杆开有沟槽，轮子应该与具有特定厚度和宽度的槽底及槽壁相接触，这时中轴线位于接触点处。在这种方式中，接触点也同样位于梁的剪切中心，如果使用两个支撑轮与主动轮来支撑驱动杆，就不会发生扭曲。这里留给读者一个练习：设计这种驱动杆和制造它的工艺方法。

对于直接驱动的主动轮，应选择一个足够大直径的主动轮以保持低的接触应力，同时满足最佳的传动要求（在 10.2.2 节已经讨论过），这通常是非常困难的。随着滑架质量的增加，最优的驱动轮直径必须减小；然而，随着滑架质量的增加，需要更大的力来移动滑架，所以主动轮直径必须增加以保持预加载的接触压力在一个可接受的范围内。不能通过增大驱动轮长度来降低接触应力，因为这样会使制造变得很困难[89]。传统的电动机减速器的使用也并不现实，因为如果这样的话，直接驱动系统的许多优势将会消失。如果需要减速器，可以使用牵引驱动（旋转摩擦驱动）减速器。幸运的是，大部分需要摩擦驱动的机械在一个准静态模式（quasi-static mode）下移动，并且对发热元件有好的热控制。

由于摩擦驱动需要高的预紧力，该预紧力往往是驱动力的 10 倍，所以对轴弯曲的考虑非常重要。然而需要注意的是，在一些设计中，摩擦驱动所需的预紧力也充当了滑架轴承的预紧作用（利用摩擦驱动来驱动滑架的例子如图 8.5.9 所示）。由于摩擦传动部件的安装精度非常关键且小的几何误差可以导致主动轮产生安装误差或改变其预紧力，最好是使用柔性轴承来对摩擦驱动器支撑轮进行预紧，这里柔性轴承充当了大弹簧的作用来提供预紧力。另外，为了补偿杆和运动轴之间、驱动轮和杆之间经常出现的安装误差，需要用到在 8.6.5 节中详细讨论过的柔性安装系统。对于短行程的应用，驱动轮装配体是固定的，驱动杆通过沙漏形连接装置连接到滑架上，该沙漏形连接装置起到了柔性联轴器的作用（图 10.8.41）。

---

[87] 切向刚度是摩擦因数的函数。然而如果尺寸大小合适，摩擦驱动可以在覆盖油膜的驱动杆下运行。

[88] Jim Bryan 为作者描述了一个在机械伺服控制时，驱动杆产生一个听得到的高声调噪声的事件。在这个事件中，通过改变控制方法和控制时间，问题得到了解决，但问题不发生那将更好。

[89] 电子表格的使用可以对评估设计参数提供极大的帮助。任何设计问题，主动驱动元件的尺寸大小设计都是个平衡与折中的工作。

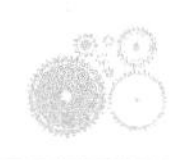

图 10.8.2 显示了一个商品化的直接驱动摩擦驱动器[90]，该驱动器使用圆形驱动杆和具有沟槽的辊子以最小化对齐要求。注意：应该使支撑（预紧力）辊子相对于难以变形的驱动辊子进行预紧。市场上还销售一种使用运动学布置的凸轮辊子来支撑平头圆形杆的摩擦驱动器，该驱动器的驱动杆通过一个摩擦传动的鼓形辊子驱动[91]。因为有了传动，故可以选择一个最优的传动比。由于圆柱和平面或许比除了球面外的其他形状更容易加工得精确和光滑，因此即使安装要求更高，制造商们也喜欢使用带有长方形驱动杆和圆柱形驱动辊子的设计。

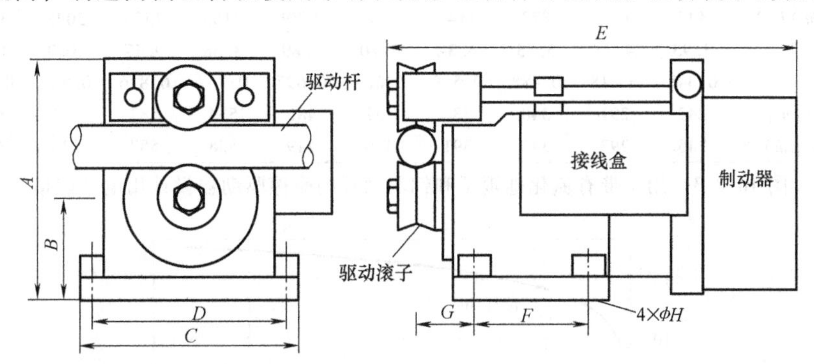

型号	A/mm	B/mm	C/mm	D/mm	E/mm	F/mm	G/mm	H/mm
1656/2	145	62	140	120	291	65	38	11
1656/3	340	140	265	230	450	75	100	13

	最大扭矩 /N · m	最大速度 /(r/m)	纹波误差 (±%)	线性误差 (% F.S.)	驱动滚子直径 /mm	驱动杆直径 /mm
1656/2	6.8	300	2.0	0.5	40	20
1656/3	54	416	0.1	0.2	60	50

图 10.8.2 Cranfield 精密工程公司摩擦驱动器的特性参数（CPE Ltd. 许可）

摩擦驱动的另外一个演变是用线缆缠绕马达驱动的主动轮和自由转动的滑轮，该驱动常用来拖动滑架来回移动。这种应用多见于点阵式打印机。这类驱动的一个优点是：线缆通常足够长，可以使系统实现自连结。另外，驱动电动机及其产生的所有的热均远离滑架。其最主要的缺点是线缆非常容易弯曲，系统刚度很低。在 10.9 节讨论的显著增加线缆刚度的方法也同样可以用于此处。

在很多实例中，需要为特定的应用定制设计摩擦传动。在 5.6 节讨论的赫兹公式可以用来开展设计。例如：用赫兹公式，很容易建立一个表征摩擦驱动器特性的电子表格。图 10.8.3 显示了用电子表格设计摩擦驱动器的部分输出内容。

下面介绍在接触面上滑动造成的滞后和阻尼。

Deresiewicz[92]创造性地推导出了公式（5.6.27a），然后考虑了载荷卸载的影响从而得到一个在卸载周期内位移的表达式［公式（5.6.27b）］。接着，用这个公式来计算辊子和驱动杆的位移，最后综合各个位移得到系统的总位移。利用式（5.6.27）和式（5.6.31），得到直径为 50mm 的辊子的摩擦驱动的载荷-位移曲线，如图 10.8.3 所示。滞后太小以至于在加载和卸载曲线间不能看到，所以在图 10.8.4 中沿着载荷-位移曲线画出了滞后曲线。

[90] Cranfield 精密工程公司，Cranfield，Bedford MK 43-0AL，England

[91] 来自 Euro 精密技术公司得到，P. O. Box 126，Tylersport，PA 18971；或者 P. O. Box 11072，Rotterdam 3004 EB，The Netherlands.

[92] H. Deresiewicz，Oblique Contact of nonspherical Bodies；J. Appl. Mech.，Vol. 24，1957，pp. 623-64.

刚度计算处的部分最大载荷			50%			辊子弹性模量/GPa					310
最大载荷可用部分的力			75%			驱动杆弹性模量/GPa					204
摩擦因数			0.1			辊子泊松比					0.27
最大需要的接触应力/GPa			2.07			驱动杆泊松比					0.29
辊子小直径 D_{minor}/mm	25	30	35	40	45	50	55	60	65	70	75
辊子大直径 D_{major}/mm	2500	3000	3500	4000	4500	5000	5500	6000	6500	7000	7500
预紧力/N	5963	8587	11687	15265	19320	23852	28861	34347	40309	46749	53666
可用作用力(75%)F/N	447	644	877	1145	1449	1789	2165	2576	3023	3506	4025
半轴 c/mm	3.95	4.74	5.53	6.32	7.10	7.89	8.68	9.47	10.3	11.1	11.8
半轴 d/mm	0.348	0.418	0.488	0.558	0.627	0.697	0/767	0.836	0.906	0.976	1.05
沿 c 的 K 值/(N/μm)	243	291	340	388	437	486	534	583	631	680	728
沿 d 的 K 值/(N/μm)	245	293	342	391	440	489	538	587	636	685	734

图 10.8.3 用于带有氮化硅辊子和钢驱动杆的摩擦驱动器设计用电子表格

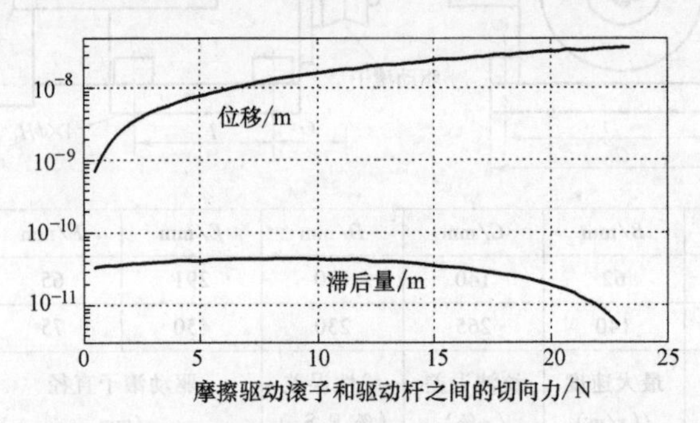

图 10.8.4 直径为 50mm 的辊子的摩擦驱动（图 10.8.3）的载荷-位移曲线

（滑架质量为 100kg，载荷作用时间为 0.1s，最大速度为 11mm/s）

随着切向力的增加，速度和滞后也增加。滞后环线的面积表示了滑动所消耗的能量。如果在力的增量变化中取一个时间周期，力产生的质量加速度可以用来计算速度。力上升然后下降，速度将按抛物线形式增加。如果将滞后环线中所消耗的能量除以时间和平均速度的平方则可以得到平均阻尼图。图 10.8.5 显示了上述直径为 50mm 的辊子的摩擦驱动的平均阻尼，可见，阻尼和速度成正比。

$F_{tan}/\mu F_n$	平均阻尼/[N/(m/s)]
1.0000×10^{-4}	1.9645×10^{-6}
2.0000×10^{-4}	3.9292×10^{-6}
4.0000×10^{-4}	7.8593×10^{-6}
6.0000×10^{-4}	1.1790×10^{-5}
8.0000×10^{-4}	1.5722×10^{-5}
1.0000×10^{-3}	1.9655×10^{-5}
2.0000×10^{-3}	3.9335×10^{-5}
4.0000×10^{-3}	7.8766×10^{-5}
6.0000×10^{-3}	1.1829×10^{-4}
8.0000×10^{-3}	1.5792×10^{-4}
1.0000×10^{-2}	1.9764×10^{-4}

图 10.8.5 速度对于直径为 50mm 的辊子的摩擦驱动（图 10.8.3）平均阻尼的影响

（滑架质量为 100kg，载荷作用时间为 0.1s，最大速度为 11mm/s）

因为阻尼和速度成正比，一个在较高速度调校为最优响应的控制系统或许在低速时呈现欠阻尼状态。如果一个控制系统在低速时调校为最优响应，它或许在高速时会呈现过阻尼状态。当然，一个过程呈现过阻尼或欠阻尼的大小取决于滑动阻尼的比例。通常大部分的阻尼

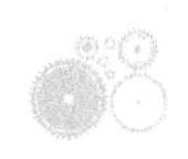

由控制器（如位置环的速度项或者速度环的加速度项）提供，所以机械阻尼只会在纳米级才有影响。

为了研究速度对阻尼的一般影响，设滑移量为由公式（5.6.27）确定的位移和 $F_{tan}/\mu F$ 的乘积，用该方法所得到的滑移量的估计量比使用 $F_{tan}/\mu F$ 的分数幂得到的估计量要小。可以使用有限元分析或实验来确定合适的数值。功耗的增量是滑移所导致的位移增量和力的乘积。控制系统所感知的阻尼效应是功耗的增量除以速度的平方。图 10.8.6 显示了对直径为 50mm 的辊子的摩擦驱动（图 10.8.3）的计算结果。

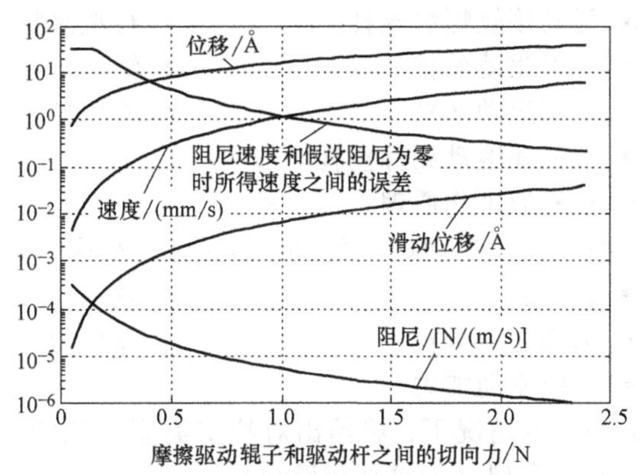

图 10.8.6 图 10.8.3 所示直径为 50mm 的辊子的摩擦驱动的能量耗散因素（滑架质量为 100kg，载荷作用时间为 0.05s）

由于阻尼是速度的函数，对于一个假设阻尼恒定的简单控制系统，在计算速度时将会产生误差。这个误差在十亿分之几的数量级，所以不明显；然而，如果摩擦驱动用在一个慢速轮廓切削和需要纳米级精度的机床上，误差将变得很重要。在这种情况下，需要使用带有良好滤波器的数字控制算法来处理高阶导数（如加速度和加加速度），从而在存在纳米滑移所造成的非线性的条件下实现非常准确的速度控制。这时建立一个有关速度的控制系数函数是非常必要的。

10.8.3 丝杠

丝杠和螺母的原理已经使用了多个世纪，它提供了一种将旋转运动转换成直线运动的方式。通过转动丝杠和固定螺母（以便它不旋转），螺母将沿丝杠长度方向运动。当然也可以固定丝杠，旋转螺母。丝杠提供了一种获得直线运动的有效方法，而且已经用在无数的机械上。丝杠的引入和不断的成功应用基于一个基本的事实：旋转电动机更易于生产且比直线电动机具有更高的效率。

螺纹首个有名的应用或许是阿基米德的螺旋泵，它将螺纹的旋转动力转换为升降动力，以便从河中提升水到灌溉渠中。第一个丝杠切削车床在 15 世纪引入，并用在制造木螺纹上。木螺纹促使了金属螺纹的产生。丝杠增加了手工加工的精度，进而被用在加工金属工件的工具中。

人们发现，即使丝杠易于产生制造误差，螺母上的很多螺纹在一定程度上可以相互适应（如同毛皮的纹路），并被迫和丝杠同时啮合，最终一些误差将会被平均掉（误差均化效应）。所以，通过在丝杠上套上螺母，丝杠精度会稳定提高。可以用一个准确的螺纹来制造更加准确的螺纹。早在 19 世纪，Henry Maudslay 制造了每毫米 4 条螺纹的丝杠，精度达到 25μm。在 1855 年，Joseph Whitworth 建立了丝杠驱动的机械，它能在 1μin 内区分出不同的零件尺寸。最终，在平均效应到达极限后，需要用精心制造的机械校正凸轮来校正螺纹误差。幸运的是，由于现代传感器和伺服系统的发展，凸轮校正机械已经成为过去的事情。

在本节的其他部分，将会详细讨论大多数丝杠的基本工作原理。同时还将分析这种现今在精密机床上最广泛使用的致动器的工作性能。有了这些结果，不仅可以确定驱动转矩，还可以确定效率和丝杠螺母产生的噪声运动的幅值，这些会造成丝杠驱动滑架时微小的俯仰和偏航误差。

丝杠类型包括：

- 滑动接触螺纹丝杠
- 行星滚柱丝杠
- 牵引驱动丝杠
- 滚珠丝杠
- 振荡运动丝杠
- 静压丝杠
- 非循环滚动元件丝杠

1. 丝杠的工作原理

丝杠是最简单和最有名的传动元件，在这一节，将讨论以下内容：

- 误差源
- 效率
- 力和力矩分析
- 噪声力矩
- 反向驱动能力

在适当的情况下，将给出对特定类型丝杠的其他方面的讨论。需要注意的是：刚度取决于螺纹面的类型（如滚动或滑动）。

（1）误差源

所有的丝杠都会受到许多不同种类误差源的影响，这些误差源[93]包括：

1）止推环和推力轴承之间的垂直度误差在系统中产生的周期性误差。

2）支撑的径向偏心和丝杠的径向偏心所导致的周期性误差，除非螺母与滑架正确连接，这种径向偏心也会在滑架移动中造成直线度误差和角度误差。

3）丝杠与螺母、螺母与滑架之间的轴向和径向安装误差将导致在滑架移动中出现直线度误差和角度误差以及微小的周期性误差。此外，丝杠轴的直线度和由于自身重力产生的弯曲都会影响滑架的运动精度[94]。

4）中径的变化会导致周期性误差并形成间隙。

5）啮合螺纹的形状轮廓误差会造成周期性误差、间隙和有限的分辨率。

6）螺纹形状误差（螺距误差）会造成周期性误差，在使用多头螺纹以增加负载能力和不改变传动比的情况下，各螺纹的相对角方向之间的关系也会引起周期性误差。

7）径向支撑轴承是周期性误差及侧向运动和间隙的源头。

这些误差源造成的结果如图 6.4.6 所示。通过使用直线位置传感器，周期误差很容易建模或者消除掉。通过对部件抛光，能够提高分辨率。然而，间隙一直是很难解决的问题。处理间隙最常用的方法之一是使用两个反向预紧的螺母。对于滑动接触的梯形螺纹，螺母会被劈开并在圆周方向卡住以使螺纹彼此楔入。对于滚珠丝杠，应使用超过滚道尺寸的滚珠，但由于槽的形状是哥特式（Gothic）弓形并与滚珠四点接触，这会导致滚动摩擦的增加。如果要处理所有误差，关键任务是确定误差的来源。另外，如下所述，除了产生轴向力，丝杠也会产生与轴垂直的力矩，因此会产生其他类型的误差。当选择一个丝杠并用在精密机械的设计中时，很有必要考虑所有这些影响。

（2）力和力矩分析[95]

丝杠的优点与导程和效率有关。丝杠导程 l 定义为螺母相对轴旋转一周时，螺母所移动的直线距离。对于旋转角度 ϕ（单位为 rad），运行的距离 x 为：

$$x=\frac{l\phi}{2\pi} \tag{10.8.1}$$

在中径 R 处，一圈螺纹展开时其上升的距离等于导程 l，则导程角 θ 为：

$$\theta=\arctan\frac{l}{2\pi R} \tag{10.8.2}$$

[93] 记住：选择一个部件就像耕作，不管农作物（部件）有多好，它总是易受各种害虫的侵害。

[94] 参见 2.5 节关于力的几何叠加作用的详细讨论。

[95] 数学是上帝用来书写宇宙的字母表，Galileo Galilei。

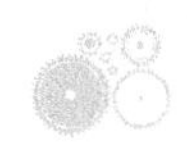

在这里假设螺纹牙深相对中径很小，因此导程角为恒定值。对于深螺纹，θ 是 R 的函数，分析变得很复杂，但具有如下相同的形式。

图 10.8.7 显示了在提升负载时丝杠螺纹的一部分。轴向力的微元 dF_Z 和圆周力微元、径向力微元之间的关系可以从该点的合力得到：

$$dF_\theta = dF_Z \frac{l\cos\alpha + 2\pi R\mu}{2\pi R\cos\alpha - \mu l} \quad (10.8.3)$$

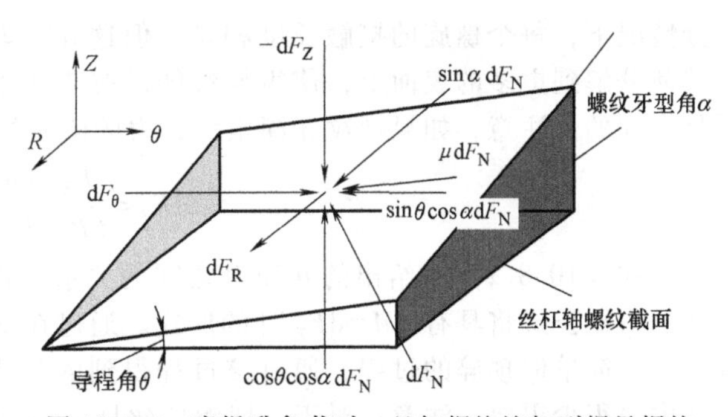

图 10.8.7 当提升负载时，丝杠螺纹施加到螺母螺纹上的作用力（螺纹法向力已分解为各个分力）

$$dF_R = \frac{-dF_Z\sin\alpha}{\cos\alpha\cos\theta - \mu\sin\theta} \quad (10.8.4)$$

当螺纹是用来降下一个负载时：

$$dF_\theta = dF_Z \frac{2\pi R\mu - l\cos\alpha}{2\pi R\cos\alpha + \mu l} \quad (10.8.5)$$

$$dF_R = \frac{-dF_Z\sin\alpha}{\cos\alpha\cos\theta + \mu\sin\theta} \quad (10.8.6)$$

径向力的存在暗示着除了要按照通常的办法计算驱动力矩外，还要关注螺母是否会发生其他状况。

由于假定螺纹的牙深与丝杠直径相比很小，轴向力可以看作是通过一个螺纹接触角 ψ 分布在螺旋线上。因此轴向力的微元 dF_Z 为：

$$dF_Z = \frac{F_Z d\psi}{\psi} \quad (10.8.7)$$

对于一个位于丝杠轴中心的右手坐标系统，螺旋上的任何一点在角度 ψ 处的直角坐标为：

$$X = R\cos\psi,\ Y = R\sin\psi,\ Z = \frac{\psi l}{2\pi} \quad (10.8.8)$$

我们对重力不能帮助丝杠移动负载（如提升或降低负载）的地方感兴趣。为方便起见，引入下面的常量：

$$C_{\theta R} = \frac{l\cos\alpha + 2\pi R\mu}{2\pi R\cos\alpha - \mu l}, C_{RR} = \frac{-\sin\alpha}{\cos\alpha\cos\theta - \mu\sin\theta} \quad (10.8.9)$$

对于提升负载的情况，X 方向和 Y 方向分量的微元分别是：

$$dF_X = dF_Z\{C_{RR}\cos\psi - C_{\theta R}\sin\psi\} \quad (10.8.10)$$

$$dF_Y = dF_Z\{C_{RR}\sin\psi - C_{\theta R}\cos\psi\} \quad (10.8.11)$$

对 X 轴、Y 轴和 Z 轴的不同力矩微元积分（这些力矩微元由在整个螺旋角 ψ 上力的微元引起），得到提升负载时施加在丝杠上的力矩为：

$$M_X = F_Z\left\{\frac{l}{2\pi}\left[C_{RR}\left(\cos\psi - \frac{\sin\psi}{\psi}\right) + C_{\theta R}\left(\frac{1-\cos\psi}{\psi} - \sin\psi\right)\right] + \frac{R(1-\cos\psi)}{\psi}\right\} \quad (10.8.12)$$

$$M_Y = F_Z\left\{\frac{l}{2\pi}\left[C_{\theta R}\left(\cos\psi - \frac{\sin\psi}{\psi}\right) + C_{RR}\left(\sin\psi + \frac{\cos\psi - 1}{\psi}\right)\right] - \frac{R\sin\psi}{\psi}\right\} \quad (10.8.13)$$

$$M_Z = F_Z C_{\theta R} R = F_Z R\left\{\frac{l\cos\alpha + 2\pi R\mu}{2\pi R\cos\alpha - \mu l}\right\} \quad (10.8.14)$$

M_Z是旋转丝杠轴所需要的力矩。一些丝杠有多个螺旋线（多于一个的螺纹螺旋），但是在大部分情况下，每个螺旋的接触长度相等，但这并不能改变力矩的计算式。多头螺纹的作用是将载荷分解到更多的表面上，使得螺纹能承受更大的载荷。当需要大的螺距时，螺母长度必须是合理的。注意，如果螺纹牙深很大，力的微元具有如下形式：

$$dF_Z=\frac{F_Z d\psi dR}{(R_o-R_i)\psi} \tag{10.8.15}$$

根据公式（10.8.2）中给出的 θ 和 R 之间的关系，式（10.8.8）~式（10.8.15）能够进一步扩展。力矩公式将具有 $dM=dF_Z\{\}$ 的形式。通过在整个螺纹高度上积分最终可以得到总力矩。这是一个简单但琐碎的过程，通过该过程得到的公式由于太长没有在这里给出，这些公式在设计中也很少需要。注意：对于一般滚珠丝杠，接触基本都处在恒定半径处。

对于降低负载的情况，也可以用类似的分析方法来进行。降低负载时所需的力矩为：

$$M_Z=F_Z R\left\{\frac{2\pi R\mu-l\cos\alpha}{2\pi R\cos\alpha+\mu l}\right\} \tag{10.8.16}$$

在这个分析过程中，有三个有趣的结果，下面将对其进行详细讨论。

（3）反向驱动能力

从公式（10.8.16）可以看到，如果螺距满足下面的关系式，不管轴向载荷有多大，都不需要力矩来防止丝杠旋转：

$$l\leqslant\frac{2\pi R\mu}{\cos\alpha} \tag{10.8.17}$$

满足这个条件的丝杠称为非反向驱动丝杠或者自锁丝杠。对于丝杠的工业应用而言，自锁能力通常是很重要的特征，因为它最大限度地减小了所需的保持动力和制动器尺寸。对于精密伺服控制用丝杠，自锁并不是很重要的要求，尽管它确实有助于防止力扰动通过传动系统反射回来。

（4）效率

效率 e 定义为实际输出功除以理想输出功（$\mu=0$）。设 $\beta=2R/l$，当提升负载时，最坏情况下的效率为：

$$e=\frac{\cos\alpha(\pi\beta\cos\alpha-\mu)}{\pi\beta\cos\alpha(\cos\alpha+\pi\beta\mu)} \tag{10.8.18}$$

图 10.8.8 显示了具有不同直径螺距比和螺旋角 α（定义见图 10.8.8）的各类丝杠的效率。注意：标准梯形螺纹具有29°或者 14.5°的螺旋角。摩擦因数很难预知，为了选择丝杠的类型和驱动电动机的尺寸，可以对其进行合理的估计。

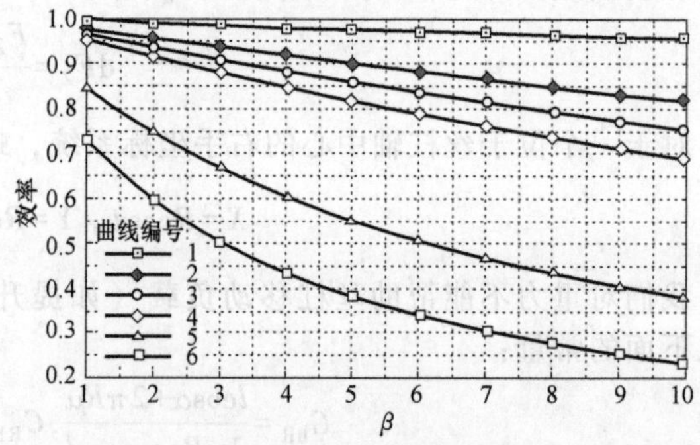

图 10.8.8 丝杠效率

1—轻预紧力精磨滚珠丝杠，$\alpha=45°$，$\mu=0.001$

2—轻预紧力滚珠丝杠，$\alpha=45°$，$\mu=0.005$

3—润滑且研磨的负荷较轻的梯形螺纹，$\alpha=14.5°$，$\mu=0.01$

4—重预紧力的滚珠丝杠，$\alpha=45°$，$\mu=0.01$

5—润滑且磨削的梯形螺纹，$\alpha=14.5°$，$\mu=0.05$

6—润滑且研磨的梯形螺纹，$\alpha=14.5°$，$\mu=0.1$

（5）噪声力矩

上面的分析表明：在丝杠轴力矩（轴转矩）产生轴向力的过程中，在轴的垂直方向也会产生力矩。该力矩称为噪声力矩[96]。之所以这样称呼并不是因为它们由随机因素造成，而是因为他们是不希望产生的有害力矩。对于强制稀油润滑的研磨丝杠，这些力矩

[96] “噪声力矩”不是一个标准术语，所以有时你必须将其解释为：它们是和轴向正交的力矩。噪声力矩是一个简单术语，用来描述给设计工程师们。

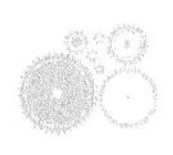

在图 10.8.9 中。其他类型的丝杠也能得到类似结果。

图 10.8.9 显示了噪声力矩函数为衰减的正弦函数。正弦函数的振幅可以很大，所以丝杠制造商必须精心选择螺旋角以尽量减小这两个力矩。这两个正弦函数是异相的，因此不存在两个力矩全为零的点。如图 10.8.10 所示，噪声力矩的均方根在螺旋角的整数圈处最小。这也造成了净侧向力为零。当制造误差有效地改变螺母和丝杠之间的接触量时问题就会出现，它增加了噪声力矩的幅值。从图中也可以看出，有效螺纹圈数的微小变化有时意味着噪声力矩的大幅增加。尽管正弦函数是衰减的，却不存在力矩 M_X 和 M_Y 都为零的点。然而，螺纹圈数越多，接触面积变化的机会越少，造成的扰动就越大。由于噪声力矩的存在，当丝杠用螺栓直接连接到滑架上时，就会在滑架的运动中产生俯仰和偏航误差。尽管在大多数情况下，这些误差可以忽略不计，但在很多情况下，噪声力矩似乎是随机的，这是因为接触区的变化过程本身可能是随机的。在另外一些情况下，噪声力矩可能会按正弦规率变化，这是由于滚珠进入和离开滚珠丝杠的滚道所造成的。噪声力矩对丝杠的磨损也有一定的影响。

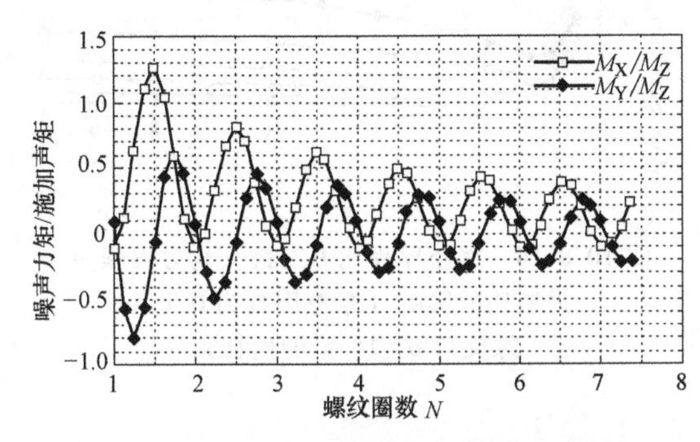

图 10.8.9　一个丝杠螺母上的噪声力矩（螺母螺旋角为 14.5°，摩擦因数为 0.1，导程为 10mm，直径为 40mm）

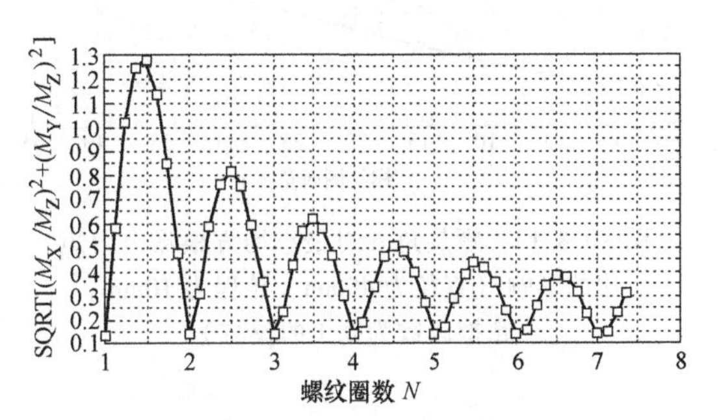

图 10.8.10　图 10.8.9 中噪声力矩的均方根

最小均方根噪声力矩比与螺旋圈数无关，然而，螺旋圈数越少，均方根噪声力矩造成的倾斜度越大，所以如果所期望的准确螺旋圈数得不到，其结果将会更大。图 10.8.11 显示了摩擦因数对最小均方根噪声力矩比的影响。在 μ 为无穷的极限条件下，施加到轴上的力矩只能在螺母上产生一个力矩。这可以解释为什么滑动接触丝杠比滚珠丝杠更安静，除了它们没有滚珠的因素外。图 10.8.12 显示了变导程也会产生一个更安静的丝杠。在 β 趋于无穷时，施加到轴上的旋转运动会产生一个非线性运动和无噪声力矩。图 10.8.13 显示了螺纹侧向角的变化对最小均方根噪声力矩比的影响。理想的螺纹形式是方形螺纹（$\alpha=0°$）。注意：滚珠丝杠有一个高达 45°的接触角，所以具有很大的噪声力矩比。

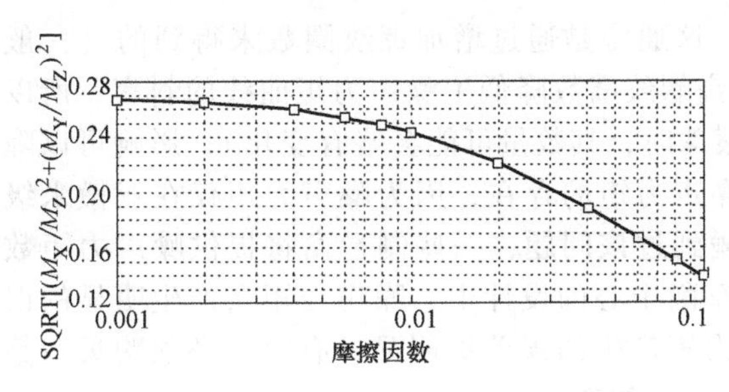

图 10.8.11　摩擦因数对最小均方根噪声力矩比的影响（直径为 40mm，导程为 10mm，螺旋角 $\alpha=14.5°$的丝杠）

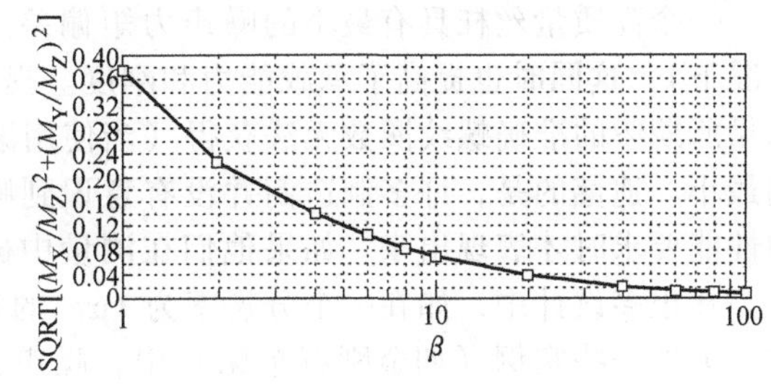

图 10.8.12　直径导程比 β 对最小均方根噪声力矩比的影响（摩擦因数为 0.1，螺旋角 $\alpha=14.5°$的丝杠）

最大均方根噪声力矩随着螺纹圈数增大而渐近衰减。图 10.8.14 显示了直径导程比 β 对最大均方根噪声力矩比的影响。改变 β 会改变导程角，导程角以非线性方式影响最大均方根噪声力矩比。当螺纹圈数很大时，噪声力矩比随着 β 的增加而降低。当螺纹圈数很小时，如果期望的准确螺纹圈数达不到，则希望 β 很小以减小最大噪声力矩出现的可能性。图 10.8.15 显示了摩擦因数对最大均方根噪声力矩比的影响。再次说明，摩擦因数越大，噪声力矩越小。这并不是说要故意去增大摩擦因数，因为这样会导致其他控制问题。图 10.8.16 显示了最大均方根噪声力矩随着螺旋角 α 的减小和螺纹圈数的增加而降低。

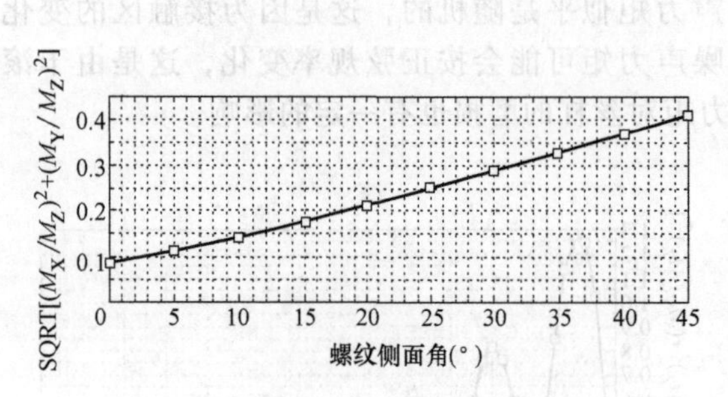

图 10.8.13　螺旋角 α 对最小均方根噪声力矩比的影响（直径为 40mm，导程为 10mm，摩擦因数为 0.1 的丝杠）

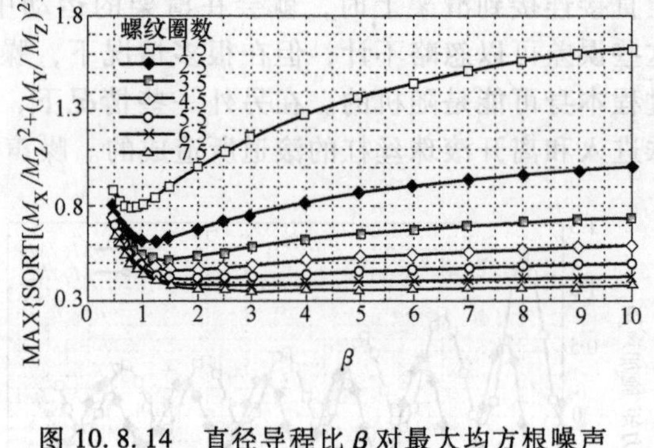

图 10.8.14　直径导程比 β 对最大均方根噪声力矩比的影响（摩擦因数为 0.1，螺旋角 α = 14.5°的丝杠）

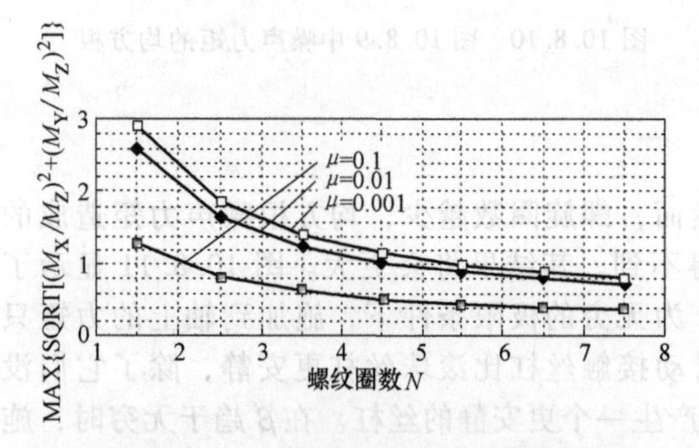

图 10.8.15　摩擦因数对最大均方根噪声力矩比的影响（直径为 40mm，导程为 10mm，螺旋角 α = 14.5°的丝杠）

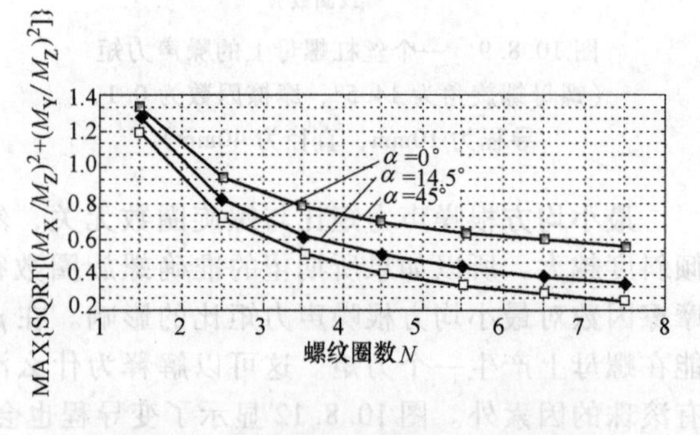

图 10.8.16　螺旋角 α 对最大均方根噪声力矩的影响（直径为 40mm，导程为 10mm，摩擦因数为 0.1 的丝杠）

一个高质量丝杠具有最小的噪声力矩偏差。这通常是通过增加螺纹圈数来得到的（一般情况下），这同时也提高了承载能力和刚度。提高螺纹圈数降低了噪声力矩曲线的斜率，所以如果所期望的准确螺纹圈数无法获得（当使用滚珠时，其数量可能会略有变化），影响可以降到最小。遗憾的是，许多制造商并没有意识到噪声力矩的存在，因为噪声力矩仅在亚微米级的性能要求时才表现出来。如果他们在测量中碰到过该问题，一些制造商将提供噪声力矩数据。在很多设计中，如在一个分辨率为 1μm 的车削中心的设计中，噪声力矩会产生明显的误差。另外一些实例（如金刚石车床）中，噪声力矩产生的误差更明显。有时，必须购买一整盒的丝杠并对其逐一检测直到找到一个满足所需要求的产品。

正如在 10.8.4 节讨论的那样，有很多种类的连接系统可供选用以最小化施加在由丝杠驱动的滑架上的载荷幅值。理想状态下，丝杠螺纹间应没有机械接触。这样会产生较低的噪声力矩比和消除接触面积的变化量，进而具有非常一致且易于建模的性能。这种丝杠将在 10.8.3 节中讨论。

(6) 分析的应用

上述有关驱动扭矩和效率的分析结果对于大多数类型的丝杠在工程误差范围内都是适用的。噪声力矩的相关结果可以用来估计将要产生的噪声力矩。这些估计可以用在机械误差估算中以指导设计轴承的尺寸大小和滑架结构件。下面将会看到，一些丝杠在螺纹螺旋上没有连续接触。这些丝杠需要对接触点处的单个力分别求和。例如：一个滚珠丝杠制造商会使用计算机来计算由所有滚珠接触螺纹表面所产生的不同力矩的总和，这使得制造商可以对特定循环路径选择合适数量的滚珠以承受所需的载荷并尽量减小噪声力矩。

效率 [公式 (10.8.18)] 可以用来得到驱动转矩、轴向力和导程之间关系的简单公式。输入到系统中的旋转功是驱动电动机转矩 M_Z 和旋转角 θ 的乘积。该功与输出的直线功（力 F_Z 与轴向位移的乘积）和系统效率有关。丝杠产生的力可以表示为：

$$F_Z = \frac{2\pi_\lambda M_Z}{\lambda} \tag{10.8.19}$$

如果丝杠有精确的导程，一个低转矩高速度电动机可以用来驱动该系统。另外，如果导程是准确的，也可以使用一个低分辨率传感器来检测丝杠的旋转量。直到目前，机械系统比电子系统更精确。今天，使用精确导程的目的是最小化对驱动转矩的要求和允许使用步进电动机。

结合上面的关系式，不难看出，通过丝杠反映出的旋转刚度的等效直线刚度为：

$$K_{\text{linear equivalent}} = \frac{4\pi^2 K_{\text{rotary}}}{l^2} \tag{10.8.20}$$

正如在 5.2 节揭示的那样，丝杠（除了大导程的丝杠）的轴向刚度几乎一直小于旋转刚度的等效直线刚度。因此丝杠能够提高电动机的名义刚度。这就是在机床应用中直线电动机从来没有取代丝杠的原因。当前直线电动机使用的相同的磁铁，也可以卷制成圆环并和丝杠一起使用，从而获得更高的性能水平。

2. 滑动接触螺纹丝杠

滑动接触螺纹丝杠涵盖了从最便宜的丝杠（机器加工）到最昂贵的丝杠（手工研磨）。一般，螺母是由轴承黄铜或青铜制成的，但也可以由 PTFE（聚四氟乙烯）制成。螺母也可以由围绕轴的巴氏合金轴承材料的聚合物铸造而成。对于低负载的应用（如仪器滑架），可以先钻出不带螺纹的孔，再沿轴向切入细缝，然后将螺母放置在小螺距（每英寸 100 个牙）的丝杠上并且用一个 O 形圈在周向紧固螺母。细牙螺纹就会在螺母中留下印痕。

模压塑料螺母往往是做成剖分式的，并用一个 O 形圈在螺母圆周上施加压力来预载。运转在滚轴上的模压塑料螺母精度可达 1mm/m。模压塑料丝杠螺母组件可以制造出 4 倍于丝杠中径的螺距。它们经常用在载荷和轴径分别低于 500N 和 20mm 的情况下。模压塑料丝杠螺母组件的成本为 10~100 美元。

商业销售的磨削螺纹和研磨滑动接触丝杠螺母组件可以使用双螺母预紧或者使用预装圆周弹簧的剖分螺母预紧，有的甚至已经内置了柔性联轴器。图 10.8.17 给出了一种商品化磨削螺纹和带有内置柔性联轴器的研磨丝杠的尺寸和承载能力数据。这些磨削和研磨丝杠在成本上与精密滚珠丝杠基本一致。一支具有 X（译者注：精度级别）级的最长的丝杠可能耗资约 1800 美元。而一个 XXX 级丝杠的价格是该价格的 3 倍。对于使用直线位置传感器的闭环伺服控制系统，通常没有必要使用高于 X 级的丝杠。

滑动螺纹接触丝杠间的摩擦因数跨度为从 0.1（涂脂螺母）到 0.01~0.05（轻载强制润

滑的研磨螺纹)，承载能力比滚珠丝杠小一个数量级。然而，研磨连续接触螺纹能提供更平滑的运动。一旦克服了最初的黏滑（stick-slip)，螺纹间运动的平滑性很容易使磨削和研磨丝杠达到亚微米级分辨率。而滚珠丝杠要达到这么高的分辨率则需要精心地对许多丝杠进行测试，这将使它和磨削与研磨螺纹丝杠一样昂贵。运动平滑也意味着具有更好的可重复能力和更小的噪声力矩。对于图 10.8.17 显示的丝杠，这些力矩一般都是由丝杠轴产生的，并通过柔性联轴器防止将其传递给滑架。

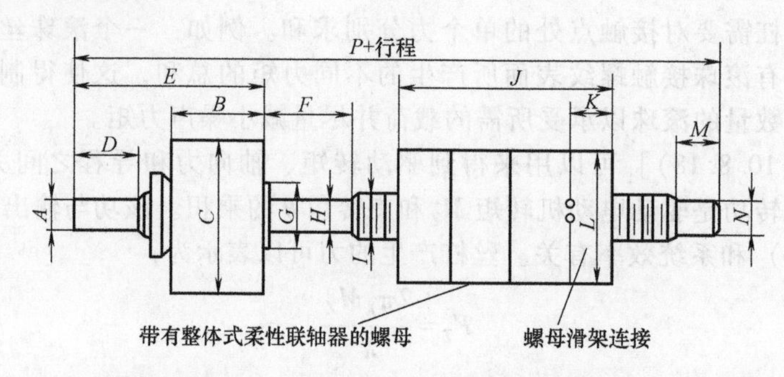

公称直径	1/4	1/2	3/4
最大行程	6	20	30
标准导程	0.025、0.050、0.100、0.200 1mm ;2mm	0.025、0.040、0.050、0.100 0.125、0.200、0.400、0.800 1mm、2mm、3mm、4mm、5mm	0.025、0.050、0.100、0.200 1mm、2.5mm、5mm
最大摩擦转矩	4oz · in	8oz · in	12oz · in
最大载荷	30lbf	50lbf	100lbf
工作载荷	8lbf	10lbf	20lbf
螺母刚度	40000lbf/in	50000lbf/in	80000lbf/in
A	1865~0.1870	0.2490~0.2495	0.4990~0.4995
B	0.5521	0.7086	0.8662
C	0.8661	1.1811	1.3780
D	0.375	0.81	1.00
E	1.125	1.750	2.187
F	0.475	0.60	1.25
G	0.40	0.50	0.75
H	0.195	0.37	0.625
I	0.265	0.500	0.750
J	1.25	1.50	3.00
K	0.25	0.31	0.50
L	0.7490~0.7495	0.8740~0.8745	1.2490~1.2495
M	0.1963~0.1966	0.391~0.394	0.5900~0.5903
N	0.25	0.50	0.652
P	3.00	4.14	8.00

图 10.8.17　精密仪器上使用的商品化研磨滑动接触丝杠的特性（Universal Thread Grinding Co. 许可）

3. 牵引驱动丝杠

牵引驱动丝杠通过使用凸轮辊子在螺母和光滑轴之间建立滚动接触，这种类型的商品化丝杠如图 10.8.18 所示。凸轮辊子轴倾斜于主轴的轴线。倾斜的角度决定了丝杠的导程。这种类型的丝杠的效率一般约为 0.9（90%），承载能力中等。如果过载荷，螺母将沿着轴滑动。但这可能会擦伤轴，从准确性的角度来看也不允许。

预紧力是通过相对下面两个辊子预紧上面的辊子而建立起来的。由于螺母中棍子位置的制造误差和凸轮辊子的结构制造误差，间隙一般为 20~30μm。这种致动器一般用于需要中等准确性和承载能力，具有高效率低成本的应用场合。这种丝杠最大的优点是轴很光滑并很圆，所以它很容易密封。牵引驱动丝杠成本很低而且在许多类型的工业包装和传输线设备上有很广泛的应用。

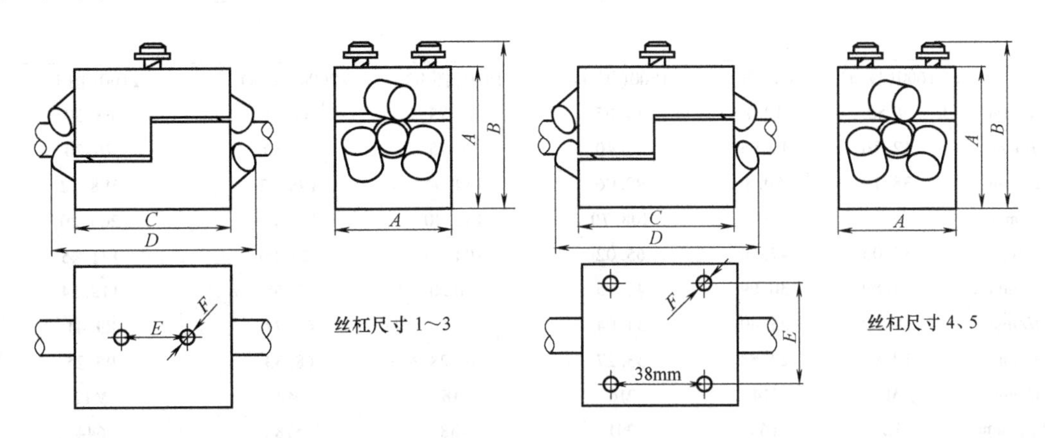

尺寸	型号	轴径 /mm	导程 /mm	推力 /N	A /mm	B /mm	C /mm	D /mm	E /mm	F(螺纹安装孔)
1	1901	8	1.3	22	28.6	42.9	41.3	57.2	20.0	M3
1	1902	8	2.5	22	28.6	42.9	41.3	57.2	20.0	M3
2	2901	8	2.5	133	38.1	50.8	50.8	71.4	25.4	M5
2	2902	8	15.0	133	38.1	50.8	50.8	71.4	25.4	M5
2	2903	12	5.0	133	38.1	50.8	50.8	71.4	25.4	M5
2	2904	12	15.0	133	38.1	50.8	50.8	71.4	25.4	M5
2	2905	12	25.0	133	38.1	50.8	50.8	71.4	25.4	M5
3	3901	12	2.5	266	50.8	65.1	63.5	87.1	32.0	M6
3	3902	12	10	266	50.8	65.1	63.5	87.1	32.0	M6
3	3913	16	2.5	266	50.8	65.1	63.5	87.1	32.0	M6
3	3914	16	15.0	266	50.8	65.1	63.5	87.1	32.0	M6
3	3915	16	25.0	266	50.8	65.1	63.5	87.1	32.0	M6
4	4901	25	2.5	444	76.2	84.1	63.5	88.9	64.0	M6
4	4902	25	5.0	444	76.2	84.1	63.5	88.9	64.0	M6
4	4903	25	25.0	444	76.2	84.1	63.5	88.9	64.0	M6
5	5901	40	10.0	889	114.3	114.3	69.9	118.1	100.0	M6
5	5901	50	5.0	889	114.3	114.3	69.9	118.1	100.0	M6
5	5901	50	50.0	889	114.3	114.3	69.9	118.1	100.0	M6

图 10.8.18 凸轮滚子式牵引驱动丝杠（Zero-Max, Inc. 许可）

4. 振荡运动丝杠

许多制造类应用需要一个在固定线路上的直线振荡运动。对于这种应用，通常需要设计一个带有简单模拟速度伺服的系统。图 10.8.19 所示的丝杠就是为这类应用而设计的。该丝杠具有各种不同的缠绕曲线轮廓从而对于不同应用可以选择不同的停顿方式。这种丝杠并不是为精密应用（亚微米）而设计的，但是却是一种值得注意的非常有用的工业致动器。该驱动器的一个典型应用是用在影印机上。

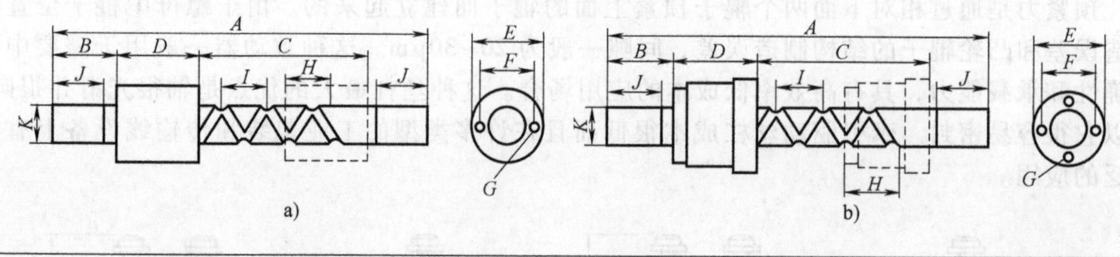

	1600(图 a)	1700(图 a)	1800(图 a)	1900(图 b)	2000(图 b)	2100(图 b)
K/mm	9.53	12.7	19.05	31.75	44.45	63.50
I/mm	12.70	19.05	25.40	31.75	50.80	76.20
B/mm	38.10	50.8	99.06	154.94	198.12	198.12
J/mm	—	—	108.70	152.40	177.80	203.20
D/mm	35.05	47.50	65.02	104.90	127.00	171.45
E/mm	24.89	30.99	41.15	60.20	82.55	113.54
H/mm	18.80	25.40	34.04	57.66	64.77	89.41
F/mm	19.81	23.88	33.27	49.28	68.33	95.25
G/mm	M3	M4	M6	M8	M8	M12
A_{min}/mm	122	166	291	438	578	644
A_{max}/mm	427	623	900	1200	1797	2473
C_{min}/mm	11.2	16.6	22.3	28.5	44.5	63.5
C_{max}/mm	316	474	632	791	1264	1892
最大负载/N	53	98	174 或 434	534 或 1254	1068 或 2638	1899 或 4893

图 10.8.19　提供振荡运动的丝杠的特征（Norco，Inc. 许可）

5. 非循环滚动元件丝杠

Rollnut™的主要特征之一是滚动元件是固定的而且可以通过不连续的轴。这意味着一个很长的轴可以拼接而成并且由吊架悬挂起来。非旋转螺母从而可以达到几十米的行程，而不必担心吊架之间轴的变形和临界速度。图 10.8.20 显示了 Rollnut™致动器典型的尺寸和性能。这种丝杠也不是为精密应用（亚微米）而设计的，但它却是一种值得注意的非常有用的工业致动器。

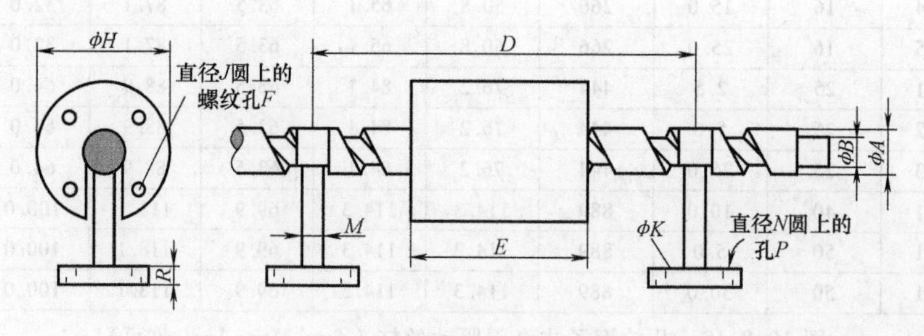

型号	A /mm	B /mm	l_{min} /mm	l_{max} /mm	l_{std} /mm	D /mm	K /mm	L /mm	M /mm	N /mm	P /mm	R /mm	E /mm	F	H /mm	J /mm	动态载荷 /N	静态载荷 /N
25L06	25	17.1	10	40	25	1000	50	55	12.7	35	7	6	205	M6	70	60	2000	3000
38L11	38	26.2	20	50	35	1200	80	70	20	60	9	12	292	M8	102	88	6000	9000
[illegible]	[illegible]	[illegible]	[illegible]	[illegible]	[illegible]	[illegible]	[illegible]	[illegible]	[illegible]	[illegible]	[illegible]	[illegible]	[illegible]	[illegible]	[illegible]	[illegible]	[illegible]	[illegible]
75L19	75	55.8	40	110	70	2000	90	120	25	70	12	15	505	M12	180	150	20000	30000

图 10.8.20　使用公制 Rollnut™的长距离运动致动器（Norco，Inc. 许可）

6. 行星滚子丝杠

行星滚子丝杠（滚子丝杠）如图 10.8.21a 所示。它具有一个和丝杠一样多的多头螺纹的螺母，螺纹头数一般为 3~8。行星滚子具有节距等于丝杠名义节距（实际节距除以螺纹头数）的单头螺纹。滚子与丝杠和螺母同时啮合，滚子通过其末端的保持环相隔离，保持环的作用很像滚子轴承中的保持架。由于螺母相对丝杠旋转，滚子旋转并在螺母中饶轨道运行，就像滚子轴承中的滚子。为了消除滚子和螺母之间的相对轴向运动，丝杠、滚子和螺母的节圆直径应满足以下关系：

螺母节圆直径=丝杠节圆直径+2×滚子节圆直径

滚子节圆直径=螺母节圆直径/螺纹头数

当满足这些关系时，在螺母中滚子沿轨道的前进运动被其旋转运动所代替。为了补偿在真实节圆直径之间的关系中存在的微小误差，滚子的两端制作有外部齿轮并与螺母中的一个内齿轮相啮合。滚子丝杠的直径范围为 3.5~120mm，螺距范围为 1~40mm，单个螺母的动态承载范围是 5300~753000N。无预紧时，螺母做成一件，需要预紧力时，螺母做成两件。在轴没有抖动的情况下（将在 10.8.3 节中讨论），行星滚子丝杠的最大转速是 6000r/min。

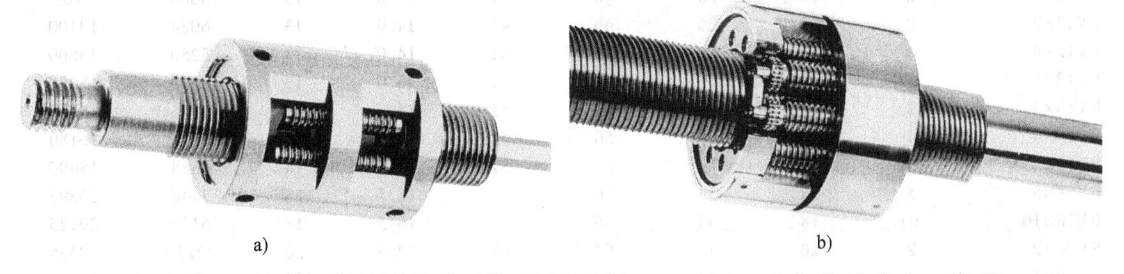

图 10.8.21　行星滚子丝杠的结构（ROLLVIS S. A., a member of the FAG-Group. 许可）

一个循环滚子丝杠如图 10.8.21b 所示。丝杠有 1 或 2 根螺旋线，滚子具有圆形凹槽。为了消除滚子和螺母之间的相对轴向运动，在螺母上制有一个纵向凹穴从而使滚子与丝杠和螺母脱离。在特定位置，滚子由凸轮带回到它们原来的位置。这种设计使得滚子和螺母直径之间不需要满足特定关系，所以对于给定的丝杠直径有可能获得更小的螺距。然而，由于凸轮动作造成的噪声，这种设计限制旋转速度不超过 1000r/min。

无论哪种设计，大量接触的螺旋线都会产生一个巨大的平均效应，使得滚子丝杠的承载能力和刚度比类似直径的滚珠丝杠高出许多倍。另外，滚子的螺纹形状可以优化（如大的曲率半径）以最小化接触压力[97]。滚子丝杠的加工精度与滚珠丝杠（见下面的滚珠丝杠）在一个数量级。非循环滚子丝杠也比滚珠丝杠更安静，这是由于滚珠丝杠的滚珠在高速循环时会制造大量高分贝噪声。一个精加工且润滑良好的滚子丝杠，螺纹间的有效摩擦因数在 0.01 这一数量级。对于一个直径导程比 $\beta=4$ 的典型滚子丝杠，效率在 88%~90%范围内。直径导程比（β）一般大于 2，这是因为行星滚子直径很小，大的导程有可能会产生过大的螺旋角。另一方面，大直径滚子丝杠比滚珠丝杠更容易得到非常精细的导程。因为滚子丝杠具有更小的导程和更大的承载能力，因此适合在重载系统中得到最优的传动比。如果轴的抖动不是问题，滚子丝杠轴的速度是滚珠丝杠的 3 倍。对于低速、高动力和高刚度的应用场合，如蠕动进给磨床，滚子丝杠比滚珠丝杠更具有优势。图 10.8.22 显示了滚子丝杠螺母的典型特性参数。价格取决于丝杠，一个滚子丝杠价格是滚珠丝杠的 1~3 倍。

---

[97] 见 P. Munn, A Rollerscrew with Special Qualities, Proc. 22nd Int. Machine Tool Design & Research Conf. Sept. 1981.

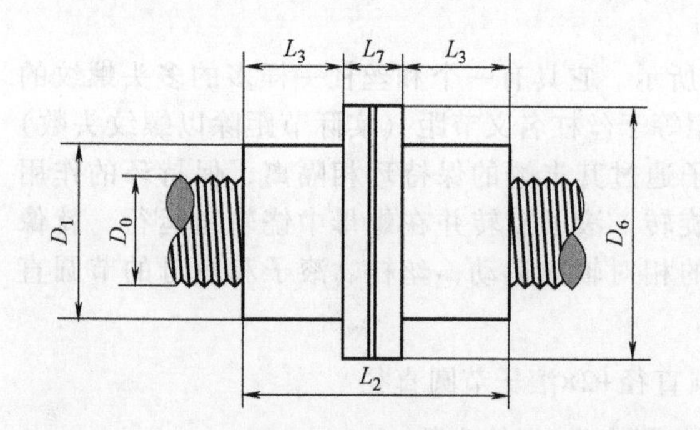

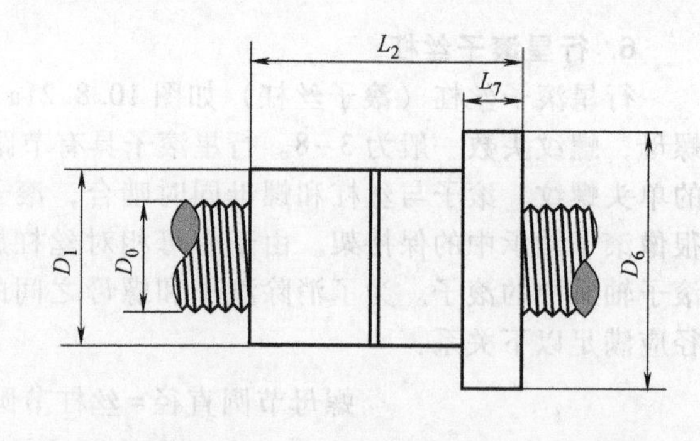

型号	导程 /mm	D_0 /mm	D_1 /mm	D_6 /mm	L_2 /mm	L_3 /mm	L_7 /mm	* $C_{动态}$ /N	$C_{静态}$ /N
RV5×1	1	5	19	39	41	14.0	13	4440	4960
RV8×1	1	8	21	41	41	14.0	13	4980	6200
RV8×2	2	8	21	41	41	14.0	13	4110	8780
RV8×3	3	8	21	41	41	14.0	13	3744	7910
RV8×4	4	8	21	41	41	14.0	13	3318	9135
RV8×5	5	8	21	41	41	14.0	13	2976	10215
RV12×1	2	12	30	46	41	14.0	13	5088	5705
RV12×2	2	12	26	46	41	14.0	13	6024	13100
RV12×4	4	12	26	46	41	14.0	13	5250	13600
RV12×5	5	12	26	46	41	14.0	13	4890	15200
RV15×2	2	15	34	56	51	16.5	18	7926	15560
RV15×4	4	15	34	56	51	16.5	18	7026	16180
RV15×5	5	15	34	56	51	16.5	18	6588	18090
RV18×5	5	18	34	56	51	16.5	18	7446	20595
RV18×10	10	18	34	56	51	16.5	18	6120	29125
RV20×2	2	20	42	64	65	22.5	20	22230	32355
RV20×4	4	20	42	64	65	22.5	20	20052	33645
RV20×5	5	20	42	64	65	22.5	20	18936	37615
RV23×2	2	23	45	67	65	22.5	20	22230	34755
RV23×4	4	23	45	67	65	22.5	20	20052	36140
RV23×5	5	23	45	67	65	22.5	20	18936	40405
RV27×2	2	27	53	83	69	23.5	22	26178	38070
RV27×4	4	27	53	83	69	23.5	22	23826	39590
RV27×5	5	27	53	83	69	23.5	22	22590	44260
RV30×4	4	30	62	92	69	23.5	22	26190	41730
RV30×5	5	30	62	92	69	23.5	22	24888	46655
RV30×10	10	30	62	92	69	23.5	22	20724	65980
RV36×5	5	36	74	110	84	29.5	25	38022	64300
RV36×10	10	36	74	110	84	29.5	25	31428	90935
RV39×5	5	39	80	116	84	29.5	25	40806	66925
RV39×10	10	39	80	116	84	29.5	25	34506	94645
RV48×10	10	48	86	122	104	39.5	25	60492	162275
RV48×12	12	48	86	122	104	39.5	25	57906	177765
RV60×6	6	60	110	150	124	47.0	30	101700	169610
RV60×8	8	60	110	150	124	47.0	30	96066	195850
RV60×10	10	60	110	150	124	47.0	30	91644	218965
RV60×12	12	60	110	150	124	47.0	30	87990	239865
RV80×6	6	80	138	180	158	61.5	35	178686	240615
RV80×8	8	80	138	180	158	61.5	35	169440	277840
RV80×10	10	80	138	180	158	61.5	35	162204	310633
RV80×12	12	80	138	180	158	61.5	35	156240	340280

* 10^6周寿命。对于非预紧单螺母,分别除以 0.6 和 0.5。

图 10.8.22　预紧的法兰滚子丝杠螺母的典型特性参数
(ROLLVIS S. A., a member of the FAG-Group. 许可)

7. 滚珠丝杠

滚珠丝杠也许是在工业机械和精密机械中最常用的一种丝杠类型。滚珠丝杠很容易得到 1μm 数量级的重复定位精度，经过特殊制造和测试的滚珠丝杠可以达到亚微米级的运动分辨率。典型滚珠丝杠设计如图 10.8.23 所示。通过使用较小间隔的滚动钢球从丝杠轴传递载荷到螺母螺纹，滚珠丝杠可以获得较高的效率。没有滚动元件是完美的，在载荷下，滚珠会失去球形（变形），因此最终滚珠丝杠的效率也是有限的，如图 10.8.8 所示。

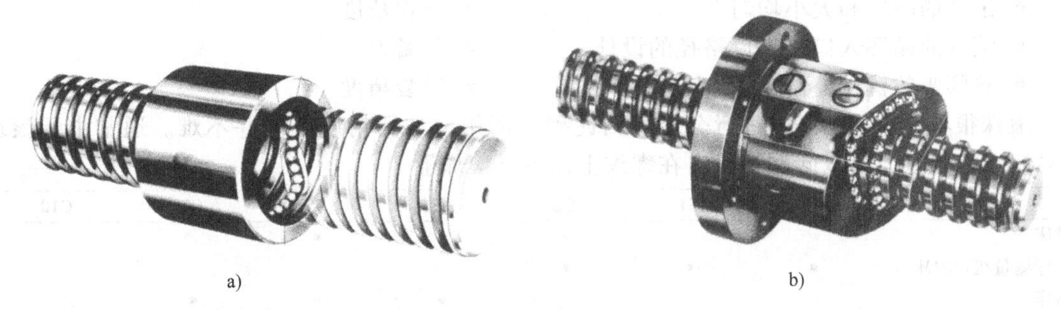

图 10.8.23　回珠管和内回珠器型滚珠丝杠螺母（NKS 公司许可）

滚珠丝杠的选择过程很简单，如图 10.8.24 所示。该过程也可以作为选择其他类型的滚

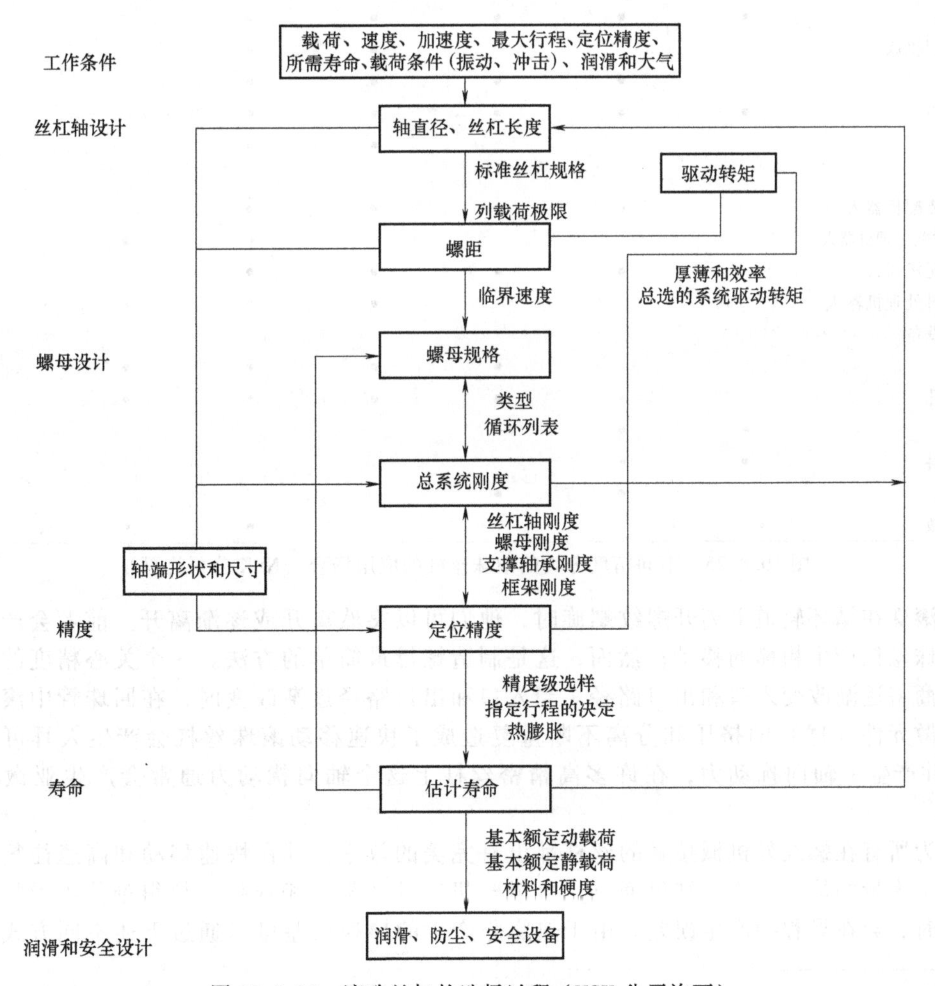

图 10.8.24　滚珠丝杠的选择过程（NSK 公司许可）

珠丝杠的模型。图 10.8.25 显示了不同精度等级滚珠丝杠的典型应用。许多滚珠丝杠制造商提供计算机程序来帮助与指导设计工程师选择合适的滚珠丝杠。然而，在和制造商讨论之前，作为谨慎的设计者应使用本书中的信息和制造商目录提供的信息来选择滚珠丝杠。这将有助于设计工程师获得经验，向制造商提出正确的问题，从而增加获得正确滚珠丝杠的机会。

精度

除了前面所讨论的影响丝杠精度的一般因素外，选择滚珠丝杠时应考虑的其他因素包括：

- 滚珠的圆度和大小均匀性
- 滚珠的循环入口和出口路径的设计
- 热膨胀的机械补偿
- 导程精度
- 预紧力
- 安装精度

滚珠很容易制造出来并进行分类，因此确定所用滚珠的精度等级并不难。通常由于滚珠容易制造得很好，所以问题一般出在螺纹上而不是滚珠上。

	C0	C1	C2	C3	C5	C7	C10
镗床			●	●	●		
坐标测量机(CMM)	●	●	●				
钻床				●	●	●	
电火花机床(EDM)		●	●	●	●		
磨床	●	●	●	●			
坐标镗床	●	●					
车床	●	●	●	●	●		
激光切割机床				●	●		
铣床		●	●	●	●		
加工中心	●	●	●	●	●		
冲孔机				●	●		
机器人							
笛卡尔装配机器人		●	●	●	●		
笛卡尔材料处理机器人					●	●	●
转动装配机器人		●	●	●	●		
转动材料处理机器人				●	●	●	
半导体设备							
插片机			●	●	●	●	
PCB 钻孔		●	●	●	●	●	
探针	●	●	●				
步进进料	●	●					
焊线机		●	●				
木工机械					●	●	●

图 10.8.25 不同精度分类的滚珠丝杠的应用场合（NSK 公司许可）

当滚珠在循环轨道上离开螺纹螺旋时，他们可以突然离开或逐渐离开。前者会产生噪声并使滚珠丝杠产生粗糙的移动；然而，这是制造螺母最简单的方法。一个关心精度的滚珠丝杠制造商将逐渐改变入口和出口路径。当入口和出口路径逐渐改变时，在回珠管中滚珠的移动和离散元件（球）的挤压和分离不断重复造成了快速移动滚珠丝杠会产生人耳可闻的噪声[98]，并产生了轴向扰动力，在许多高精密丝杠上这个轴向扰动力通常会产生亚微米级的扰动。

因为所有在螺纹处机械接触的丝杠都没有完美的效率，其在快速移动和高速往复的机械上会产生大量的热。由于丝杠仅通过点接触与机床其他部位相连接，热很难传出丝杠。当丝杠膨胀时，会在导程中产生误差。由于热膨胀产生的导程误差可以通过下述不同方式或其组

[98] T. Igarashi et al. Studies on the Sound and Vibration of a Ball Screw; JSME; Series III, Vol. 31, No. 4, 1988.

合得到补偿：

1）丝杠制造时预留负的导程误差，可以为 20~50μm/m。

2）将丝杠在轴承支架处预拉紧以抵消丝杠的受热膨胀。

3）丝杠轴可以做成中空的，这样压力油可以流过它，从而产生冷却效果，如图 10.8.26 所示。通过螺母和径向支撑轴承的压力油也增加了润滑，减小了磨损和噪声，带走了热量。然而，这需要一个供油、集油和温度控制系统。除非很小心地把油和切削液分开，它应该仅作为冷却使用而不在螺母中流动。

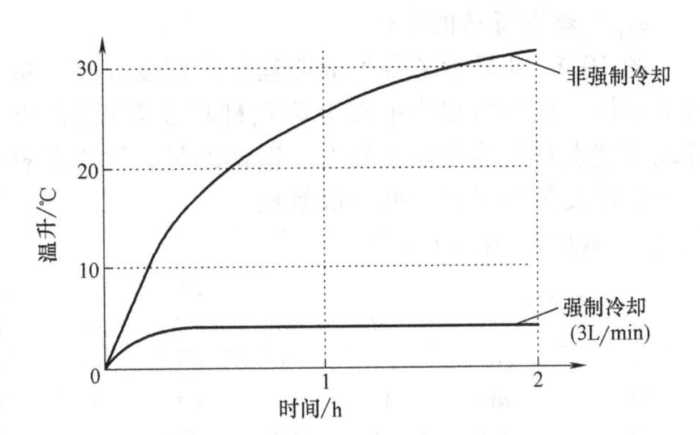

图 10.8.26　一个中空滚珠丝杠的强制冷却效果，轴径为 32mm，导程为 10mm，预紧力为 1500N（NSK 公司许可）

4）较大导程能提高效率并降低旋转速度。不幸的是，从最优传动比的角度看，则不一定需要较大的导程。

5）对温度进行监测并使用软件对误差进行校正。

6）使用一个线性位置传感器（线性编码器）的闭环控制。设计者还需要考虑丝杠中产生的热如何影响机械的其他部分。

许多设计工程师利用精密滚珠丝杠和旋转编码器或旋转变压器来测定线性位置。在 8.2.1 节已经讨论过，对于摩擦很大的系统（如一些滑动接触轴承），需要在滚珠丝杠上安装旋转传感器以最大限度地减小伺服电动机从静止状态起动时的加速度。因此在很多应用中导程精度是首先需要关注的问题。滚珠丝杠的导程精度定义为旋转丝杠轴时螺母的理论行程与实际行程的差值。图 10.8.27 描述了用来定义导程精度所使用的术语，这些术语包括：

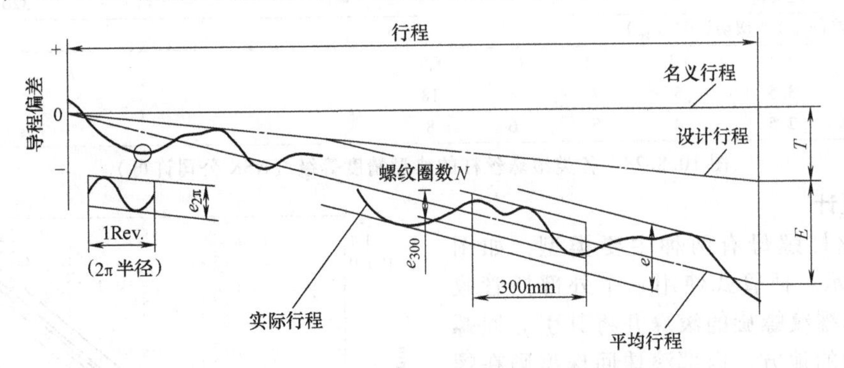

图 10.8.27　导程精度的定义（NSK 公司许可）

设计行程 T：在行程范围内，设计行程和名义行程的差。如果需要补偿丝杠轴的热膨胀，T 为负值。

实际行程：螺母相对丝杠轴的轴向位移。

平均行程：实际行程的最佳拟合直线，见图 3.1.1 中的直线拟合方式（最优拟合或最小二乘拟合）。

平均行程偏差 E：平均行程和设计行程在整个行程范围内的差。

行程偏差：定义为平均行程线两侧的两条线，这两条线包围了真实行程线。

e：总行程长度中位移变化的最大宽度。

e_{300}：任何 300mm 行程时的变化量。

$e_{2\pi}$：丝杠每转的变化量。

图 10.8.28 显示了各类滚珠丝杠的精度等级。精度等级的含义（C0、C1 等）对于制造商可能不同，图中数据为精密滚珠丝杠精度等级所对应的典型值。图 10.8.29 显示了这些精度等级所能获得的典型丝杠长度。遗憾的是，滚珠丝杠制造商不能提供关于实际分辨率的数据，因为它高度依赖于用户的伺服系统。

平均行程偏差(E)和行程偏差(e)

行程长度		C0		C1		C2		C3		C5	
		±E	±e	±E	±e	±E	±e	±E	±e	±E	±e
—	100	3	3	3.5	5	5	7	8	8	18	18
100	200	3.5	3	4.5	5	7	7	10	8	20	18
200	315	4	3.5	6	5	8	7	12	8	23	18
315	400	5	3.5	7	5	9	7	13	10	25	20
400	500	6	4	8	5	10	7	15	10	27	20
500	630	6	4	9	6	11	8	16	12	30	23
630	800	7	5	10	7	13	9	18	13	35	25
800	1000	8	6	11	8	15	10	21	15	40	27
1000	1250	9	6	13	9	18	11	24	16	46	30
1250	1600	11	7	15	10	21	13	29	18	54	35
1600	2000	—	—	18	11	25	15	35	21	65	40
2000	2500	—	—	22	13	30	18	41	24	77	46
2500	3150	—	—	26	15	36	2	50	29	93	54
3150	4000	—	—	30	18	44	125	60	35	115	65
4000	5000	—	—	—	—	52	30	72	41	140	77
5000	6300	—	—	—	—	65	36	90	50	170	93
6300	8000	—	—	—	—	—	—	110	60	210	115
8000	10000	—	—	—	—	—	—	—	—	260	140
10000	12500	—	—	—	—	—	—	—	—	320	170

每 300mm 偏差(e_{300})和摆动误差($e_{2\pi}$)

	C0	C1	C2	C3	C5
e_{300}	3.5	5	7	8	18
$e_{2\pi}$	2.5	4	5	6	8

图 10.8.28　各类滚珠丝杠的典型精度等级（NSK 公司许可）

螺母设计

滚珠丝杠螺母有两种主要类型，如图 10.8.23 所示。插管式使用一个外部插管收集离开螺母螺纹螺旋的滚珠并将其引导回螺纹螺旋开始的地方。内部滚珠回珠型则在螺母内部完成相同的工作。两种类型螺母的主要差别在于插管式在奇数圈后实现回珠（如 1.5 或者 2.5 圈）。内部滚珠回珠型则只循环 1 圈。内部滚珠回珠型仅用在小到中等（$\beta>4$）导程的滚珠丝杠上，他们使滚珠丝杠噪声更小且更易于安装。内部滚珠回珠型螺母比插管式螺母更昂贵。对于精密应用而言，两种类型螺母一般都使用隔离滚珠来防止邻近的受载荷滚珠相互摩擦。

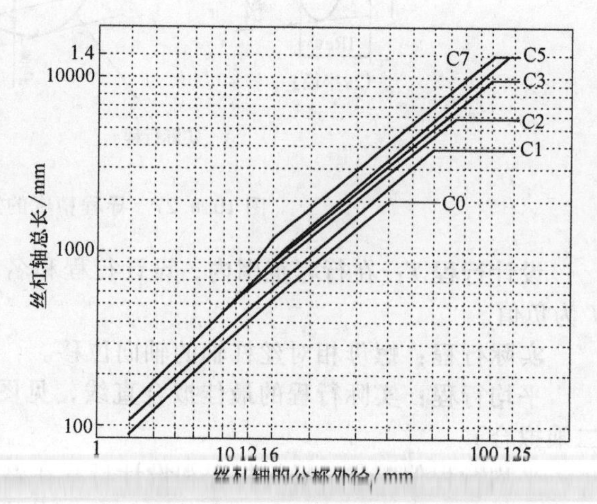

图 10.8.29　滚珠丝杠典型产品的尺寸（NSK 公司许可）

循环滚珠的数量代表了返回路径的数量，而且该数量需要选择以便于其与圈数的乘积是

一个整数。这将使均方根噪声力矩的幅值最小，如图 10.8.10 所示。制造商可能会彼此独立地确定每个循环回路的方向以便于使噪声力矩最小，这时乘积将不再是一个整数。如果这个乘积不是整数，则应就此事询问相关工程师。

标准滚珠丝杠螺母有一个带有或不带有大平面的圆形法兰。大平面允许丝杠主轴放置在离滑架更近的地方，如图 10.8.30 所示。为了最小化带有外部回珠管的滚珠丝杠的噪声，安装时该管应该朝下。为了在低速时最小化扭矩变化，回珠管应该朝上安装。明智的用户会尝试两个方向，来确定对特定应用哪个较好。如果滚珠丝杠通过设备的质心，将用到一个完整的圆形螺母法兰。保证安装表面与滑架运动方向的垂直度是非常重要的，这样可以防止当其固定在滑架上时在滚珠丝杠上产生一个力矩。这些力矩会降低滚珠丝杠的寿命并增大滑架的运动误差。垂直度公差通常是500μrad 且横向安装误差小于 25μm（100μin）。误差的影响可以用 2.5 节描述的方法来计算。

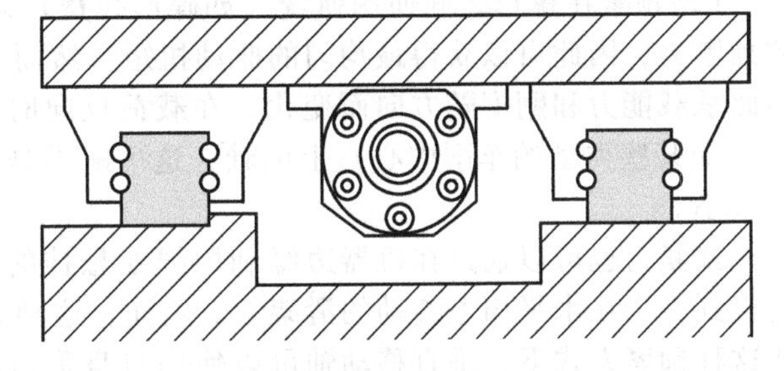

图 10.8.30　用局部圆形法兰将螺母安装在滑架上（NSK 公司许可）

为了得到不同的预紧条件，有很多种不同的螺母设计可供选用，如图 10.8.31 所示。拉伸预紧是通过在两个螺母之间插入一个较厚的垫片然后将螺母锁紧在一起而得到的。一个螺母在一个方向上承载，另一个螺母在另外一个方向上承载。这产生了背靠背的安装效果，它对旋转轴设计具有一定的热稳定性。由于轴未连接到一个大的散热片上，旋转轴通常比螺母更热。当轴的温度上升时，滚珠与轴的接触点沿轴向分开，从而使预紧力降低；然而，轴径增大可以增加预紧力。理想状态下，两个效应相平衡，预紧力保持恒定。

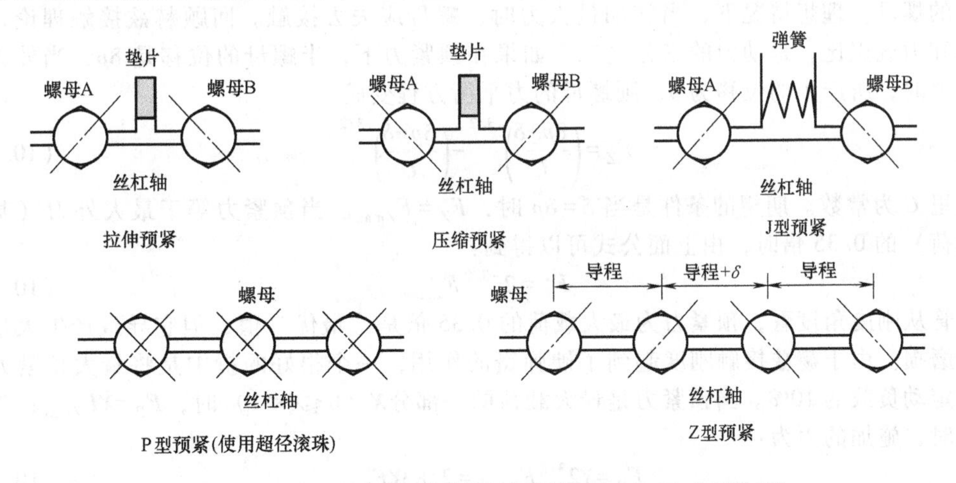

图 10.8.31　常见滚珠丝杠螺母的预紧方法（NSK 公司许可）

压缩预紧在两个螺母之间使用薄垫片。这产生了一种面对面的安装方式，所以只有当螺母比丝杠热时，它才是热稳定的。另外，如果由于安装误差使得有力矩施加在螺母上面，面对面安装的滚珠载荷比较大，从而降低了螺母寿命。

P 型预紧用超大尺寸的滚珠并通过使滚珠和丝杠与螺母的哥特式拱槽（Gothic arch）螺纹四点接触实现预紧。这大大增加了滚珠的滑动量，如图 8.5.2 所示。这将降低丝杠的寿命和位置可控性。因此这种预紧仅适合轻预紧。当丝杠产生的力很大时，滚珠被迫滚到凹槽一端，所以完整的四点接触不会发生，打滑也最小。由于仅用到一个螺母，P 型预紧价格低廉。

Z 型预紧也仅用一个螺母就能实现，它通过改变滚珠循环回路之间的导程实现预紧。这在球和凹槽之间产生了两点接触。Z 型预紧适合于中等预紧，但是不像拉伸预紧那样精确和易于控制。

J 型预紧在螺母之间使用弹簧（如碟形弹簧）来建立一个恒定的预紧力。这提供了最恒定的预紧力，因此可以获得最均匀的驱动扭矩。然而，滑架仅在其中一个螺母上进行刚性安装，因此承载能力和刚度随方向而变化，在载荷反向时可能会出现较强的滞后效应。对于一些机械（如某些类型的车削中心）上的轴，这可能不是个问题，但最好确保预紧力随时间的变化量最小。

预紧力也可以通过在机器边缘利用线缆悬挂的配重来获得，线缆运行在一个滑轮上，并连接到一个在水平面上移动的滑架上。然而，这种方法仅适用于载荷比预紧力小得多的场合。在这种预紧方式下，垂直移动轴可以使用自身重力的一部分为滚珠丝杠螺母提供一个恒定的预紧力。

大部分滚珠丝杠制造商使用哥特式拱槽螺纹（Gothic arch groove threads）。当滚珠分别与丝杠和螺母拱形在一点接触时，呈现低摩擦状态。在过载情况下，通常不承受负载的部分螺母里的滚珠可以与螺母和丝杠接触并承担部分负载。隔离滚珠通常用在高速或精密滚珠丝杠中，以防止球相互摩擦。承受高载荷或冲击载荷的滚珠丝杠，通常不使用隔离滚珠，以增强滚珠丝杠的承载能力。对于高精度机械，载荷通常比较低且通常需要分辨率超过 1μm，应选用特制的隔离滚珠。

所使用的预紧方法对效率有很大的影响。对于滚珠丝杠，摩擦因数取决于预紧的数量、施加方式以及是否使用隔离滚珠。这里假设用于精密机床的滚珠丝杠使用隔离滚珠。由于滚珠是四点接触，用超大尺寸滚珠预紧的滚珠丝杠将有一个很大的摩擦因数。一个由双螺母相互作用预紧的滚珠丝杠，其滚珠基本上与螺纹槽是两点接触，因此其摩擦因数要小得多。

滚珠丝杠螺母预紧力越大，刚度、产生的热量和磨损速度越大。对于一个压缩预紧和拉伸预紧的螺母，理想情况下，当施加最大力时，螺母应失去接触。回顾赫兹接触理论，系统的位移和力成正比，是动力的三分之二。如果在预紧力下，半螺母的位移是 δp，当外力施加在螺母上时，所产生的位移为 δ，则螺母的力平衡方程变成：

$$F_Z=\left(\frac{\delta p+\delta}{C}\right)^{3/2}-\left(\frac{\delta p-\delta}{C}\right)^{3/2} \tag{10.8.21}$$

这里 C 为常数。期望的条件是当 $\delta=\delta p$ 时，$F_Z=F_{Zmax}$。当预紧力等于最大外力（基本额定动载荷）的 0.35 倍时，由上面公式可以得到：

$$F_P=2^{-3/2}F_{Zmax} \tag{10.8.22}$$

尽管从刚度角度看，预紧力为最大载荷的 0.35 倍是“最优”值，但它导致产生大量热和较大的磨损。由于赫兹接触刚度起到了硬弹簧的作用，一个很好的折中是将最大预紧力取为基本额定动负载的 10%。当预紧力是最大载荷的一部分 χ（$0\leqslant\chi\leqslant1$）时，$F_P=\chi F_{Zmax}$；失去预紧作用时，施加的力为：

$$F_Z=\chi 2^{3/2}F_{Zmax}=2.83\chi F_{Zmax} \tag{10.8.23}$$

滚珠丝杠螺母的挠度由赫兹接触确定，所以随着作用力的三分之二次幂而变化。滚珠丝杠螺母的几何形状也很大程度地影响着刚度，但挠度通常仍然与作用力的三分之二次幂成比例关系。柔度定义为 $d\delta/dF$，刚度则是柔度的逆。根据产品目录中给定的滚珠丝杠在预紧力 F_{Pmfg} 时的刚度 K_{nutmfg}，可得在预紧力 $F_P=\chi F_{Zmax}$ 时，刚度 K_{nut} 为：

$$K_{nut}=0.8K_{nutmfg}\left(\frac{\chi F_{Zmax}}{F_{Pmfg}}\right)^{1/3} \tag{10.8.24}$$

系数 0.8 被添加到公式中是为了包括螺母结构的柔度。丝杠系统的整个轴向刚度是螺母、丝杠轴、径向轴承和扭转刚度的等效轴向刚度的函数。

通过将预紧力 F_P 替换为 F_Z 并选择一个合适的摩擦因数（如对于高精度轻预紧滚珠丝杠螺母取 μ=0.005），克服由预紧产生的摩擦所需的扭矩可从等式（10.8.14）算得。

似乎存在无数种不同滚珠丝杠和螺母的配置方案。一个可用的滚珠丝杠的代表性样本如图 10.8.32 所示。很多制造商有标准的现成设计的丝杠出售，这意味着丝杠轴颈是特定设计的，用户可以改变的只有其长度。多数制造商也出售根据客户要求定制两端的滚珠丝杠。

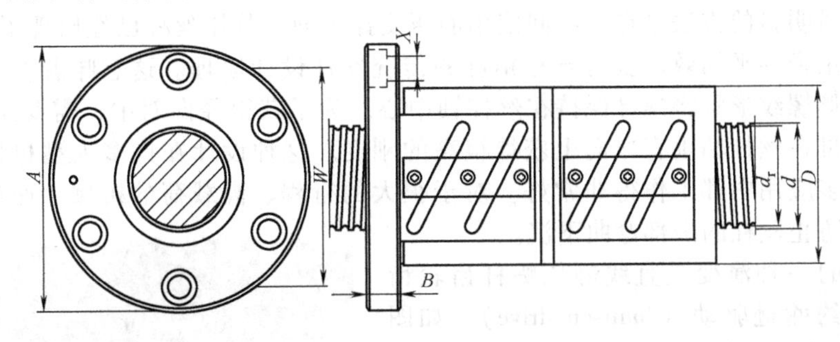

轴径 /mm	导程 l /mm	根圆直径 d_r /mm	动载荷 C_a /daN (1daN=10N)	静态载荷 C_{oa} /daN	螺母 K /(daN/μm)	主轴 K /(daN/μm/m)	D /mm	A /mm	B /mm	L /mm	W /mm	X /mm
16	4	13.8	515	1050	32	3.0	34	57	11	85	45	5.5
	5	13.2	1360	2750	61	2.7	40	63	11	107	51	5.5
	6	13.2	875	1650	38	2.7	40	63	11	110	51	5.5
20	4	17.8	875	2190	62	5.0	40	63	11	93	51	5.5
	5	17.2	1520	3500	74	4.6	44	67	11	106	55	5.5
	6	16.4	1310	2580	46	4.2	48	71	11	110	59	5.5
	8	16.4	1310	2580	46	4.2	48	75	13	120	61	6.6
25	4	22.8	975	2780	75	8.2	46	69	11	92	57	5.5
	5	22.2	1690	4460	89	7.7	50	73	11	105	61	5.5
	6	21.4	2280	5460	91	7.2	53	76	11	122	64	5.5
	8	20.5	1880	3880	57	6.6	58	85	13	133	71	6.6
	10	20.5	2150	4500	66	6.6	58	85	15	147	71	6.6
28	5	25.2	1870	4980	98	10.0	55	85	12	106	69	6.6
	6	25.2	1870	4980	98	10.0	55	85	12	123	69	6.6
	10	23.5	1990	4380	63	8.7	60	94	15	152	76	9
32	4	29.2	1070	3580	91	13.4	54	81	12	93	67	6.6
	5	29.2	2670	8580	159	13.4	58	85	12	136	71	6.6
	6	28.4	2520	7080	111	12.7	62	89	12	123	75	6.6
	8	27.5	3230	8360	113	11.9	66	100	15	154	82	9
	10	26.4	4720	11000	117	11.0	74	108	15	190	90	9
	12	26.4	3040	6610	72	11.0	74	108	18	181	90	9
36	5	33.2	2800	9690	176	17.3	65	100	15	139	82	9
	6	32.4	3830	12000	181	16.5	65	100	15	162	82	9
	10	30.4	5030	12500	129	14.5	75	120	18	193	98	11
40	5	37.2	2920	10800	191	21.7	67	101	15	139	83	9
	6	36.4	3990	13400	197	20.8	70	104	15	162	86	9
	8	35.5	3550	10500	135	19.8	74	108	15	154	90	9
	10	34.4	5300	14000	141	18.6	82	124	18	193	102	11
	12	34.1	6220	15800	144	18.3	86	128	18	225	106	11
	16	34.1	4010	9490	89	18.3	86	128	22	214	106	11
50	5	47.2	2060	8040	139	35.0	80	114	15	128	96	9
	6	46.4	4370	16700	234	33.8	84	118	15	164	100	9
	8	45.5	5600	20000	240	32.5	87	129	18	205	107	11
	10	44.4	8340	26700	251	31.0	93	135	18	253	113	11

图 10.8.32　滚珠丝杠常用尺寸（NSK 公司许可）

8. 静压丝杠

理想状态下，丝杠螺母在螺纹之间应该没有机械接触。这将使丝杠具有更低的噪声力矩比并使接触面积没有变化；因此其将具有易于建模的非常一致的性能。另外，也不需要扭矩来克服螺母和丝杠间的摩擦。在螺母运动中唯一产生的热量是由于螺纹间介质黏性剪切而形成的，但这将有助于增加阻尼。另外，如果螺纹之间存在液体润滑，也将出现挤压油膜阻尼。达到这个目的最明显的方法是在螺纹间使用静压支撑界面。静压丝杠已经出现了很多年[99]，其设计是基于利用弹性平均效应获得导程精度的传统丝杠设计原理。这意味着在螺母上有许多螺纹并利用梯形螺纹形状将螺母保持在丝杠轴中心。为了获得径向对中，需要用到很多轴瓦，这些轴瓦使螺母在丝杠轴垂直方向上获得很高的刚度。这种设计在许多大型机械中仍然在使用，而且在许多应用中都工作得非常好。对于很大的行程、高载荷的机械，通过使用中间的径向支撑可以防止丝杠的中部弯曲下沉。

这个设计的一种演变是直线静压蜗杆齿轮齿条，有时称为约翰逊驱动（Johnson drive），如图10.8.33所示。齿条由使用一个主丝杠重复复制的多个部分组成。蜗杆是具有相同螺距丝杠的一部分，为了提供静压轴瓦所需的轴承间隙，该蜗杆上的螺纹要稍薄一些。供给蜗杆的压力油是通过旋转换向器实现的，该换向器直接将油输送到蜗杆的节流器中，蜗杆在齿条上的轴瓦腔中旋转。蜗杆可以由电动机直接驱动也可以通过一个旋转传动系统来驱动。传动系统可以是使蜗杆轴旋转的齿轮链，或者蜗杆外圆周有沿轴线方向形成的齿轮齿，从而使蜗杆本身起到一个巨大的圆柱齿轮的作用。蜗杆由常规或静压轴承在径向和轴向支撑。在该设计中，在蜗杆上存在力矩和侧向力；然而，在给定通常使用这类驱动的机械的尺寸和刚度后，这些力可以忽略不计。该类驱动的设计过程类似于丝杠固定、螺母转动以尽量减少转动惯性的丝杠的设计过程。像齿轮齿条一样，对于可以提供的行程长度没有限制。然而与齿轮齿条不同的是，直线静压蜗杆驱动可以有一个非常大的传动比。

图 10.8.33 用长丝杠复制制作直线静压蜗杆齿条，用丝杠的一部分制作“蜗杆”（Ingersoll Milling Machine Co. 许可）

在高精密应用场合，丝杠和滑架之间的强制几何重合可造成巨大的误差，因此希望所制造的螺母只在运动轴方向上有刚度，沿其他轴可自由移动，这种螺母称为自耦合螺母。图10.8.34显示了一个申请了专利、设计有自耦合的静压丝杠的横截面[100]。通过使用单头螺纹，使可制造性和自耦合能力达到最好。由于在系统中没有摩擦，通过使用线性位置传感器，这种丝杠比其他类型的丝杠具有更强的闭环控制能力。

螺纹宽度的选择要基于导程、最大作用力和所需的刚度。单头螺纹使噪声力矩最小，但

[99] J. Vombard and A. Moisan, Caractéristiques Statiques et Dynamiques d' un Systéme Vis-écrou Hydrostatique, Ann CIRP; Vol 18, 1970, pp 521-525.; anonymous,; Mach. Des., April 11, 1968, pp 219-224; M. Week, Handbook of Ma [illegible]

[100] A. Slocum, A System to Convert R otary Motion to Linear Motion, U.S. Patent 4 836 042, June 6 1989（对应国外专利），在 AESOP 公司注册，Concrd，NH，(603) 228-1541. A. Slocum, A Replicated Self-Coupling Hydrostatic Lead-screw for Sub-micron Applications, SME Techn. Paper MS90-320.

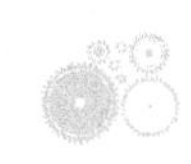

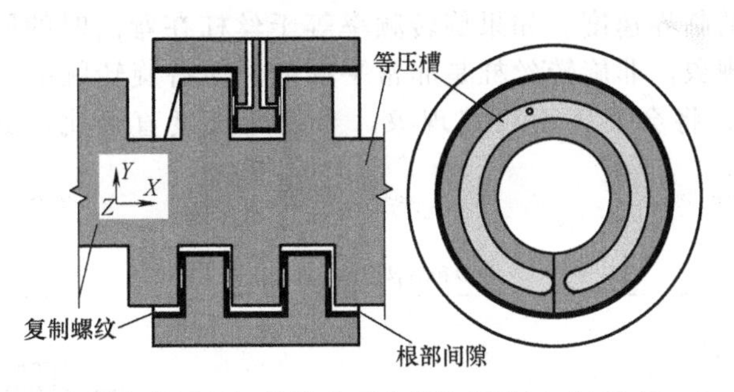

图 10.8.34　自耦合静压丝杠的横截面和螺纹侧视图（AESOP，Inc. 许可）

同时使螺母承受俯仰和偏航误差的能力最大。矩形螺纹（螺纹牙侧角为 0°）也可以使噪声力矩最小。当绕其中心旋转时，俯仰和偏航误差等于静压轴承间隙除以螺杆外径，这将造成间隙缩小近一半且其取决于直径导程比。径向运动能力通常是静压轴承间隙的 5~10 倍。对于造成间隙减小 33%的径向误差运动，可获得的自耦合量为：

$$\delta=\frac{h}{3\sin\left(\arctan\frac{l}{\pi D_{\mathrm{i}}}\right)} \tag{10.8.25}$$

当静压丝杠由液体静压或气压静压轴承支撑且与一个同样使用液体静压或气压静压导轨支撑的滑架连接在一起时，可获得以下系统属性：

- 在丝杠或滑动中没有磨损和静态摩擦。
- 轴向分辨率仅受限于伺服系统的性能。
- 丝杠系统的几何误差不会造成滑架的运动误差。
- 轴向刚度可以高达 $1.8\times10^{8}\sim1.8\times10^{9}$ N/m（$10^{6}\sim10^{8}$lb/in）。
- 很容易达到 1m 的运动范围。
- 由于压膜效应，轴向阻尼很高。

静压丝杠本质上是自耦合的，丝杠轴的误差运动不会影响滑架的运动，仍然会有噪声力矩，不过平滑作用使其仅为驱动扭矩的一个很小的百分比（<10%）。注意：这些力矩产生的误差通常比系统的几何误差小一个量级。因此无论如何，由这些小的力矩引起性能下降的机器都应该装备测量系统。然而，由于力矩的平滑作用，机械接触丝杠时不会产生噪声，由噪声力矩产生的误差也很容易通过测量系统与伺服系统[101]实时测量和修正。

9. 丝杠的安装方法

在滑架上安装丝杠有两种基本方法：①螺母旋转而丝杠不转；②丝杠旋转而螺母不转。当长丝杠的临界速度低于所需的最大丝杠转速时常使用前者。当滑架长度大于行程时，这种支撑方式对系统也很有用。旋转螺母由轴承支撑，并通过齿轮、同步带或直接驱动电动机使其旋转，直接驱动电动机使用螺母的 OD 轴作为电动机的转子。对于螺母旋转的应用场合，一些制造商提供带有集成滚珠轴承的滚珠丝杠螺母。

图 10.8.35 所示为丝杠的一般安装方法。注意：有时会使用耳轴来减小安装允差。同样需要注意的是：当丝杠拉伸以补偿热膨胀时，使轴一直处于伸张而没有弯曲是有可能的。不管使用哪种方法，使作用在螺母上的力矩和径向力最小很重要。精密滚珠丝杠应该安装成径向误差小于 20μm，角位移误差小于 200μrad，这样才不会降低寿命。当丝杠旋转时，需要考

[101] 如果在滑架上不允许有力矩存在，静压丝杠可以用在 10.8.4 节讨论的翼连接。静压丝杠的好处在于系统中没有驱动摩擦。

虑的主要因素是丝杠的临界速度。如果旋转频率等于丝杠在弯曲时的固有频率，就会发生一种称为轴颤的不稳定现象。非旋转丝杠是非常平衡的。保持旋转频率低于一阶固有频率很重要，如果条件不满足，将会发生不稳定现象。当设计长度直径比超过 70 的丝杠时尤其要注意。

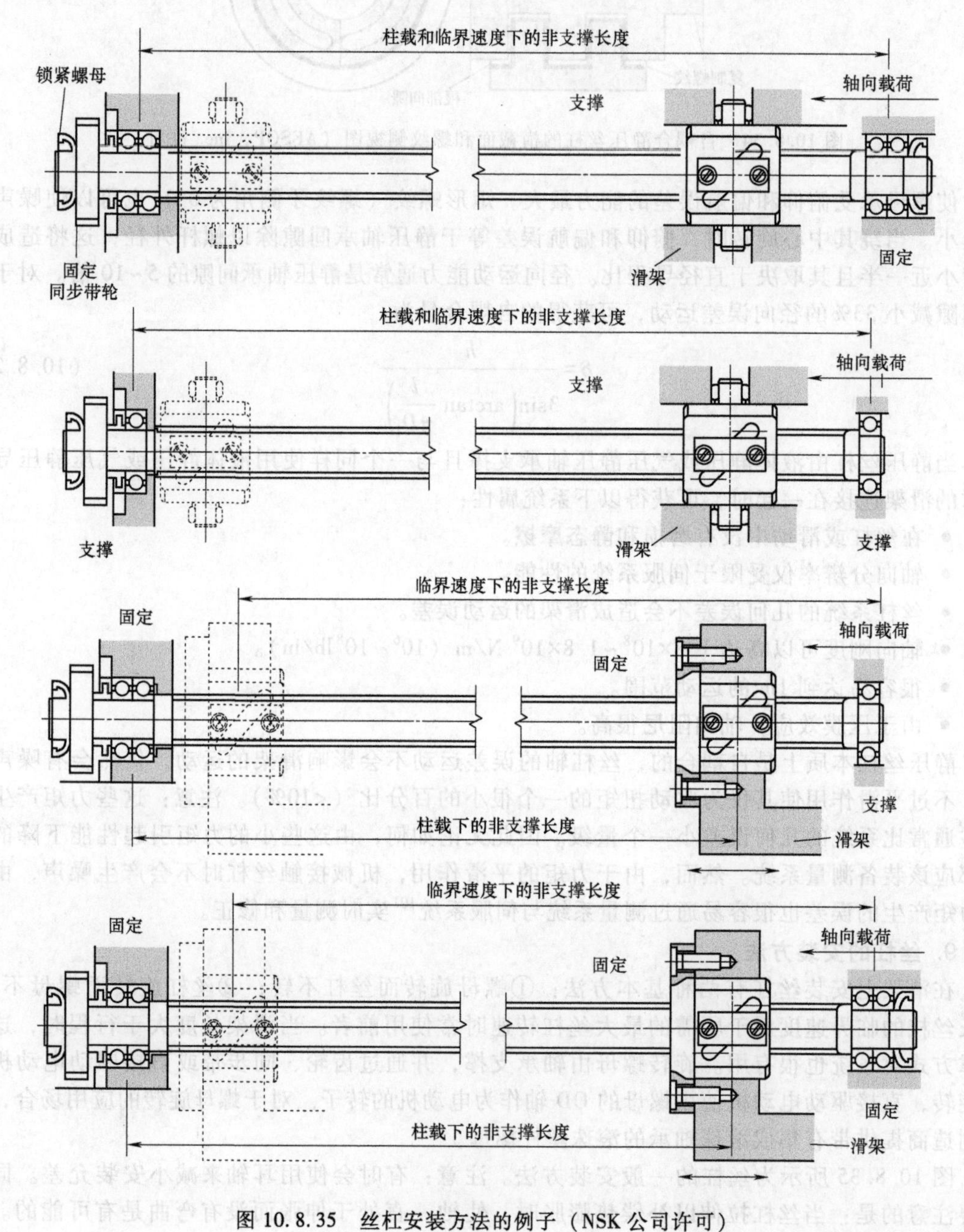

图 10.8.35　丝杠安装方法的例子（NSK 公司许可）

图 10.8.36 显示了一般安装情况下，丝杠的固有频率和拉弯系数。当保守估计截面面积和惯性矩时，会用到丝杠的半径值。还应该计算丝杠轴上的压缩和拉伸应力。对于长丝杠，可以设计当滑架接近时可以撤回的中间轴支撑设备。另外，对于丝杠临界速度和弯曲载荷，必须确定滚珠的 dN 值。这个值等于丝杠节圆直径和丝杠速度的乘积。对于精密磨削滚珠丝

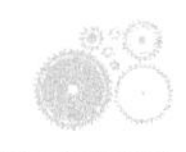

杠，dN 应该小于 70000。该值太高，滚珠的离心力会变得太大。

$$\omega_n = k^2\sqrt{\frac{EI}{A\rho L^4}}, F_{\text{buckle}} = \frac{cEI}{L^2}$$

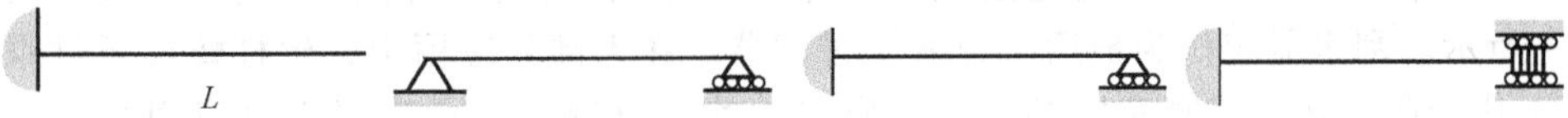

	悬臂方式		简支方式		固定简支方式		固定-固定方式	
n	k	c	k	c	k	c	k	c
1	1.875	2.47	3.142	9.87	3.927	20.2	4.730	39.5
2	4.694		6.283		7.069		7.853	
3	7.855		9.425		10.210		10.996	
4	10.996		12.566		13.352		14.137	
n	$(2n-1)\pi/2$		$n\pi$		$(4n+1)\pi/4$		$(2n+1)\pi/2$	

图 10.8.36　不同安装方式下丝杠的弯曲固有频率和单列扭曲载荷

当使用固定-固定安装时，它允许丝杠伸长以补偿热膨胀。然而，伸长增加了径向轴承的载荷进而产生更多的热。另外，该方式在安装过程中有不止一个项目需要控制。伸长的丝杠可以阻止在某些载荷下丝杠完全被压缩从而增强了弯曲承载能力。另一方面，如同在 2.5 节讨论的那样，简支丝杠是使由强制几何一致性所造成的滑架误差最小化的最好方法。简支丝杠也可以最小化丝杠螺母上的侧向力和力矩从而提高寿命。为了获得简支安装，需要在轴两端成对使用角接触轴承以便彼此预紧。这需要用到垫片，但正如下文所述，用垫片是不可取的。在轴的一端使用双轴承，在另一端使用径向接触轴承，这种安装将提供一种固定-简支安装方式。这种设计可以以较高的质量、较小的难度和生产成本稳定地得到实现。

在一些应用场合，仅需要几分米长的行程。在这些应用中，丝杠最可能的对准方式是通过一个形状有点像浴缸的整块安装板来实现。首先安装板的整个形状被加工出来，然后进行应力消除和外表面磨平并保证彼此垂直，之后安装板被装卡到一个精密旋转分度工作台上，由坐标镗床镗出轴支撑轴承孔。分度工作台旋转 180°，坐标镗床镗出另一孔。当设计丝杠连接板时，考虑丝杠支撑轴承如何预紧是很重要的。丝杠支撑轴承必须能够承受高的推力负载。因此通常使用特殊的大接触角角接触轴承，如图 8.4.7 所示。为了使起动扭矩和产生的热量最小，应该使用气浮或静压轴承。然而，很少的机器能保证热量较小。如同在 8.9 节所讨论过的，为了使轴承预紧所产生的热效应最小，应该使用背靠背安装的角接触轴承来支撑丝杠轴。为了预紧角接触轴承，应使用垫片来确定预紧力的大小或者购买带有通过内外圈宽度提供预紧位移的轴承。使用垫片来获得恰当预紧以便空载转矩没有变化是非常困难的。其原因是，几十微米引起的轴承预紧力的差异实在太大。控制垫片厚度到这个程度是非常困难的。对制造商而言，预紧角接触球轴承的正确方法是确定从内圈上去除的预紧重量，然后在内圈上磨掉它。当轴承安装并压在一起时，即可获得恰当的预紧力。制造商试图卖给你丝杠支撑轴承，要求你进行测量，确定所需的垫片厚度，然后使用垫片，这时，你应该告诉他们你不需要他们的轴承。目前有多个轴承制造商销售 ABEC7 和好的角接触丝杠专用支撑轴承，这些轴承都带有包含在轴承宽度里的预紧位移。

为了计算丝杠驱动系统的轴向刚度，必须考虑径向支撑轴承刚度、丝杠轴刚度和丝杠螺母刚度（见上述有关滚珠丝杠的讨论）。这个刚度还应该考虑径向轴承的结构刚度和丝杠螺母安装支架的刚度。对于轴的支撑轴承，如果制造商不能提供轴向刚度数据，轴承刚度可以很容易用赫兹接触理论来估计，这在 5.6 节做过详细讨论。这时只用考虑接触角、滚珠的数量以及其怎样影响载荷。丝杠轴的刚度取决于安装类型和螺母在轴上的位置。当轴没有预拉伸时，

刚度与从螺母到提供推力负载的轴承的长度有关。当轴预拉伸时，刚度是螺母两端主轴长度的刚度总和。丝杠螺母的刚度由螺纹类型和接触属性确定。幸运的是，大部分制造商会提供丝杠螺母的刚度数据。

在大部分情况下，丝杠应通过波纹管或保护盖加以保护，以防止灰尘和油液污染，如图10.8.37所示。刮水器应作为最后一道灰尘过滤器。在大部分应用中，丝杠螺母通过添加脂润滑延长工作寿命。在超精密应用场合，轻质主轴油是首选，这意味着需要应用间歇式或连续式供油装置。另外，之前也提到过，有时需要用到强制冷却的中空丝杠轴；这些都意味着必须提供输油和集油设备。

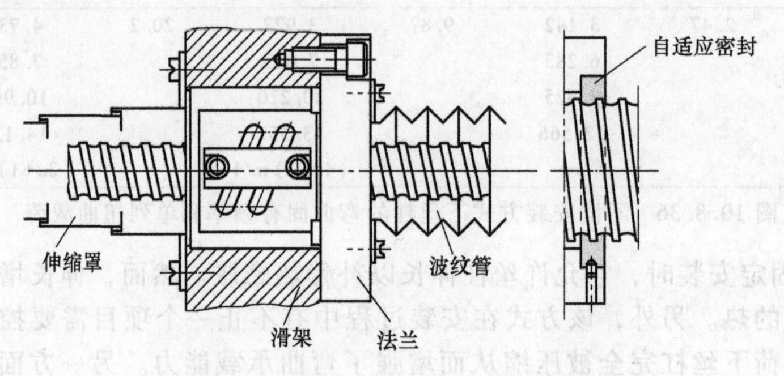

图 10.8.37 丝杠密封方法（NSK 公司许可）

10. 选择最佳导程

为了给丝杠选择“最佳”导程，首先需要结合其他轴向刚度控制元件用等式（10.2.26）来选择轴径。连同预期的电动机惯量，这将建立系统的转动惯量。这里要用到等式（10.2.23）的惯性匹配条件或等式(10.2.33)(当外部负载很大时)。从这些准则往往得到过小的导程，所以轴的临界速度往往成为导程选择的主导因素。

已知所需的最大滑架速度 $v_{\max}$（m/s）和最大丝杠轴转速 ω_n（rad/s，由图 10.8.36 得到)，最小丝杠导程（m）为：

$$l=\frac{2\pi v_{\max}}{\omega_n} \tag{10.8.26}$$

该导程值要用在等式（10.2.26）或等式（10.2.33）中，与丝杠、联轴器和负载惯量一起来确定“最优”电动机惯量。然后可以搜索具有所需扭矩和速度特性的电动机目录。有时这会导致选择大直径“薄煎饼”形状的电动机。这种电动机比细而长的电动机更有效率。如果不能得到高惯量电动机，则不得不视情况来选定电动机。添加旋转质量到系统没有任何意义，除非它同时增加系统的刚度。

11. 寿命计算

丝杠寿命由转数、工作时间和行程（米）来确定。用于确定寿命的变量包括：

L：疲劳寿命（r）。

L_t：疲劳寿命（h）。

L_S：以螺母行程表示的疲劳寿命（km）。

C_a：基本额定动载荷（N）。

F_a：轴向载荷（N）。

n：转速（r/min）。

l：导程（m）。

f_W：载荷因子，其中：无冲击平滑运动时取1.0~1.2，一般工作条件时取1.2~1.5，冲击和振动场合取1.5~3.0。

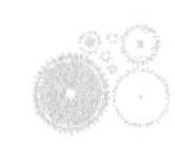

负载寿命公式为[102]：

$$L=\left(\frac{C_a}{F_a f_W}\right)^3\times10^6 \tag{10.8.27}$$

$$L_t=\frac{L}{60n} \tag{10.8.28}$$

$$L_S=\frac{Ll}{10^6} \tag{10.8.29}$$

很少有丝杠工作在恒定载荷下。所以需要一个方法来确定等效恒定载荷。这可以通过使用疲劳分析中的 Miner 法则来得到。给定一系列 N 个轴向载荷 $F(i)$，对于时间段 $t(i)$ 和相应旋转速度 $n(i)$，等效轴向载荷 F_a 为：

$$F_a=\left(\frac{\sum_{i=1}^{N}F(i)^3 n(i)t(i)}{\sum_{i=1}^{N}n(i)t(i)}\right)^{1/3} \tag{10.8.30}$$

类似的，等效旋转速度为：

$$n=\frac{\sum_{i=1}^{N}n(i)t(i)}{\sum_{i=1}^{N}t(i)} \tag{10.8.31}$$

丝杠不可能设计成“无限寿命”的。典型机床应用中，设计寿命为 20000h。

在以下情况下，必须对最大静载荷进行校核：一般工作条件下，最大静载荷是额定静载荷的一半；对于冲击和振动场合，最大静载荷是额定静载荷的 2~3 倍。注意：对于滚珠丝杠，额定静载荷将在接触点处产生一个等于滚珠直径 0.01%的永久变形。一旦变形，丝杠会产生噪声。对于慢速或很少工作的机器或一些轴，需要关注接触腐蚀。在这些应用中，最大载荷必须大大降低，有时需要降低到原来的 1/10~1/2。如果可能，设计工程师应该弄清楚机械使用手册中的特殊条款，如要求所有轴一天必须移动全行程（或机床允许行程）的次数。最终，丝杠尺寸应该选择由最小刚度准则确定的尺寸或由载荷寿命准则确定的尺寸中较大的一个。

10.8.4　连接方法

在设计和建造一个精密机械或仪器时，解决致动器和导轨的对准问题也许是最困难的任务[103]。具体而言，连接直线致动器到直线导轨而不将磨损和误差引入系统，通常要通过使用手工精加工、误差建模及其软件，粗、精两级致动系统，运动学传动元件来获得。

1. 手工精加工

手工精加工（刮或研磨）是确保丝杠与运动轴平行和丝杠螺母法兰与滑架螺栓连接时在系统中没有施加任何应力的传统方法。手工研磨使仪器滑台能够得到埃级分辨率[104]。手工精加工也是金刚石车床成功制造的关键，而金刚石车床对许多光学元件、计算机硬盘、精密科学仪器的制造至关重要。但是手工精加工在大规模生产中由于日益缺乏技术熟练的手工艺人

102　Precision Machine Parts ; Linear Motion Products ; NSK Corp. , Chicago; IL.

103　2.5 节详细介绍了当致动器与直线滑架没有精确安装时，如何计算它们之间的误差。

104　K. Lindsey, P. Steuart, NPL Nanosurf 2 : A Sub-nanometer Accuracy Stylus-Based Surface Texture and PROFILE Measuring System with a Wide Range and Low Environmental Susceptilibility ; 4th Int. Precis. Eng. Semin, Cranfield, England, May 11-14, 1987, p. 15.

员而变得很困难。

替代手工精加工工序的方法是对机械加工的零件设置严格的公差以便在装配过程中执行机构（丝杠）能够与运动轴对齐。为了确定使系统误差最小的公差，需要用到在2.5节中描述的方法。

2. 建模和误差修正算法

不管用什么技术制造一台机器，都可以使用基于软件的误差建模和补偿技术将精度提高到接近重复精度的水平，这在第6章已详细讨论过。然而，这些技术仅能提供有限的改善因子（通常为10），因而仅适用于在经济精度下尽可能良好制造的机器。另外，由于强制几何重合而造成的部件变形所造成的误差会随时间而变化（由于磨损），因此基于软件误差补偿的机器可能需要定期重新建模。

3. 粗、精两级运动系统

精度实现的成本和难度往往与精度要求的“百万分之一”成正比。因此出现了粗、精（宏、微）两级运动系统。这类系统如图8.8.8所示。它具有用传统精密磨削技术加工的工作台和用柔性轴承支撑的用来纠正误差的精细运动工作台。该系统常用在精密设备上，如集成电路制造中的晶圆进给[105]。采用不同的结构，它们也可用在机器人[106]中和金刚石机床单轴精确定位的“快速刀具伺服系统”实验[107]中。

粗、精两级运动系统被证明是在系统中通过另外一套系统的主动运动来进行误差补偿的行之有效的方法。典型粗、精两级运动系统通常使用丝杠或齿轮齿条驱动由滚动或滑动导轨支撑的工作台。精细运动工作台经常由柔性轴承支持并由微型液压、音圈或压电致动器驱动。粗、精两级运动系统存在的主要问题是：机械设计的复杂性、控制算法设计和实现的困难性以及需要添加多个传感器和伺服控制硬件。

4. 运动学传动

运动学传动系统的作用是防止致动器运动部件的非轴向运动造成滑架的任何运动。这样做的另外一个好处是，它们往往有助于减少致动器和滑架间的热量传输。运动学传动系统使得在致动器和导轨支撑的滑架之间仅有一个自由度受到限制。运动学传动系统通过允许组件滑动或在非敏感方向偏转来滤除运动误差。运动学传动元件有两种：主动的和被动的。

5. 主动运动学传动

主动运动学传动具有滑动组件，从而能完全满足运动学条件，因此仅有一个轴向力能够通过它们传输。主动运动学传动元件有几种类型。一种类型是显示在图10.8.38中的翼型。致动器直接与从滑架相连，从滑架上具有一个U形的轭状物。连接到主滑架的翼与U形轭状物相配合。从滑架使用的是单一入口流体膜推力轴承（Single-entry fluid film thrust bearing），虽然不能抵抗横向运动或角运动，但可促使翼留在轭状物的轴向中心。采用这种方式，只有轴向力能够从从滑架传到主滑架[108]。

即使大部分时间滑架都处于大的可变载荷下，翼的中心通常都位于主滑架重心附近。在这种方式下，施加的远离重心的驱动力所造成的滑架俯仰和偏航运动最小。从滑架也充当了

105 例如：GCA公司的DSW™晶圆进给台。

106 A. Slocum, Design and Implementation of a Five Axis Robotic Micromanipulator, Int. J. Mach. Tool Des., Vol. 28, No. 1987, pp. 131-139.

107 E. Magrab, S. Patterson, Design and Testing of a Fast Tool Servo for Diamond Turning Machines, Precis. Eng., Vol. 7, No. 3, 1985, pp. 123-128.

108 P. A. McKeown; High Precision Manufacutring and the British Economy, Proc. Of IMechE., 1986, Vol. 200, No. 76, pp 1-19. D. H. Youden; The Design and Construction of a Sub-microinch Resolution Lathe, Ultraprecision in Manufacturing Engineering, M. Wech and R. Hartel (eds.), Springer-Verlag, New York, 1988.

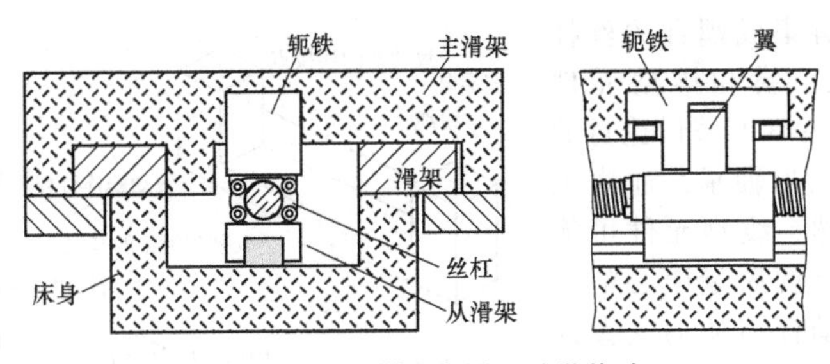

图 10.8.38 翼型主动运动学传动

线缆运载器移动端固定点的作用。这样线缆和流体管路可以从滑架连接到主滑架而仅需要消除非常小的应变。这是一个非常值得期望的情况，因为对于没有从滑架的精密滑动系统，线缆运载器在滑架上的作用力足以引起巨大的纳米级变形从而引起关键机件的破坏。翼型运动学传动的缺点是需要额外的滑架和在翼与轭状物之间的轴承。如果致动器是传统丝杠或滚珠丝杠（即不是静压丝杠），仍需估算间隙和摩擦力。

带有液体静压或气体静压轴承翼的翼型运动学传动可以用以下几个简单步骤来设计：

1）侧向运动几乎不受限制，因此需要确定允许的最大角误差。

2）用 8.7 节中的公式或者第 9 章中的设计图表，设计具有合适承载力和刚度的流体静压轴承，确保轴承间隙除以轴承直径的一半大于连接所允许的最大角误差。这个设计也许需要多次迭代。

3）设计翼和轭状物结构来产生合适的弯曲变形。传动链中每个元素的弯曲变形量应近似相等。变形量的总和应该等于系统允许的最大轴向变形［见公式（10.2.6）］。

需要记住的是，翼和轭状物之间的轴承界面必须仅传递轴向力，不能承受力矩载荷。

还有一种通过交叉轭状物连接的局部运动学传动系统，如图 10.8.39 所示。该设备主要和丝杠一起使用，并由相互成 90°的线性/旋转运动轴承组成。丝杠螺母用螺栓和第一块板相连接，在其两端装有在轭状物臂上自由滑动和旋转的销。轭状物也具有能够在第二个轭状物上自由滑动和旋转的销，第二个轭状物用螺栓连接在滑架上。注意：从丝杠传递到滑架的扭矩也将产生翻滚误差。这种类型的设备需要四个线性/旋转运动轴承，但不能提供线缆连接器的锚点。这种结构也可以用于冲击型设备（如液压活塞杆）与滑架的连接。

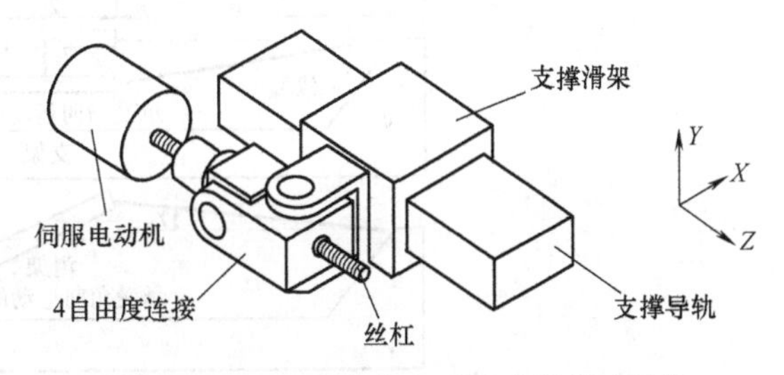

图 10.8.39 4 自由度主动运动学传动系统

6. 柔性连接

柔性连接具有容易产生弹性变形且沿平台轴向运动方向具有相对刚性的元件以容纳运动误差。有许多可以充当有效运动学传动的柔性连接，如图 10.8.40 所示。遗憾的是，在误差运动方向提供柔性几乎总是导致轴向刚度远小于致动器和滑架刚性连接或通过翼型元件连接的刚度。结果，带有柔性连接的机器具有更慢（三分之一）的反应时间，这将导致生产率的下降和无法在伺服系统中滤除输入噪声。尽管如此，柔性连接的简单性和经济性使它对设计工程师非常有用，但设计工程师应该认识到他们的局限性并在建立原型机之前建立系统模型。另外，通过使用位置传感器和稍微复杂的控制算法，能够增加柔性连接的名义轴向刚度，这将在 10.9 节讨论。

许多不同种类的柔性连接都能提供不同程度的耦合作用（即轴的自适应性）。这样的例子范围从在螺母中具有集成耦合的丝杠（图 10.8.17）到线、膜和梁型元件（图 10.8.40）。回顾在 8.6 节讨论过的柔性枢轴，它除了充当轴承，通常也用作连接元件。当然，线型元件可能是最容易安置在平台的质量中心的元件，该平台通过驱动杆与从动支撑连接，从动支撑则由致动器驱动。

7. 线型柔性连接设计

如图 10.8.40 和图 10.8.41 所示，线型连接是最简单的柔性运动学传动系统。位于中点的线型连接的轴向刚度不受张力影响。当线缆的横截面面积为 A 和线长为 $2l$ 时，假设线缆固定区域的长度为 $2c$ 且相对于线缆该区域是刚性的，则轴向刚度 $K_{\text{axial}}=AE/a$。

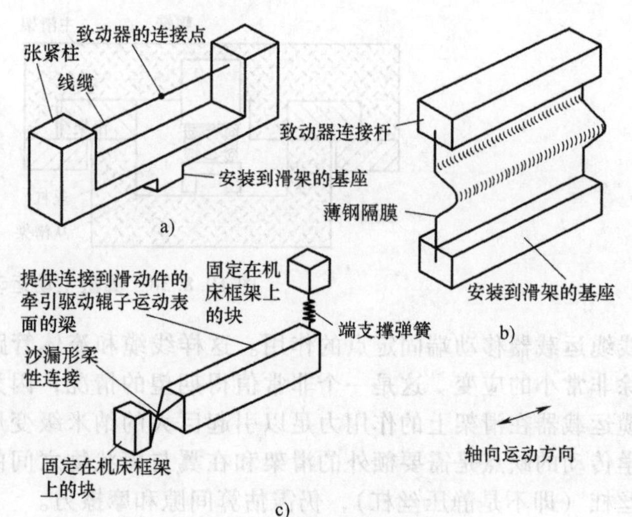

图 10.8.40　柔性连接的类型

a）线缆式柔性连接　b）膜式柔性连接　c）梁式柔性连接

当线缆侧向移动时，线缆初始张紧和线伸长所产生的力将阻止该位移的进一步扩大。当产生 δ 的侧向变形时，由于线缆伸长而造成的张力变化为：

$$\Delta T=EA\left[\left(1+\frac{\delta^2}{a^2}\right)^{1/2}-1\right] \tag{10.8.32}$$

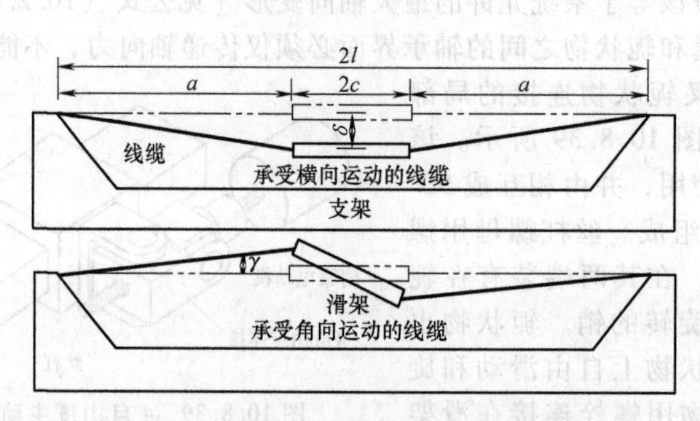

图 10.8.41　线型柔性连接的几何图

设线缆的初始张力为 T，由于线缆侧向运动 δ 造成的张力变化为 ΔT，则线缆在支撑端的合力为：

$$F_{\text{lateral}}=2(T+\Delta T)\sin\gamma\approx\frac{2\delta(T+\Delta T)}{a} \tag{10.8.33}$$

将 ΔT 代入等式（10.8.33）并对其求偏导 $\partial/\partial\delta$，得到线缆的侧向等效刚度为[109]：

$$K_{\text{lateral}}=\frac{2T}{a}+\frac{3EA\delta^2}{a^3} \tag{10.8.34}$$

当施加轴向力时，一边张力增大，另一边张力会减小，增加和减少的大小相同。因此在不使一端张力减小到零的轴向力的作用下，上述式（10.8.34）仍然是侧向刚度的一个最好的近似。施加到线缆中心且垂直于长度方向的力矩会造成线缆朝着相反的侧向移动从而在线缆两

[109] 注意当 $\varepsilon<0.01$ 时 $(1+\varepsilon)-1\approx\varepsilon/2$。

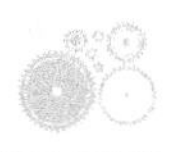

端造成力耦。根据图 10.8.41，由余弦定律可得，线的伸长量 Δa 为：

$$\Delta a=\frac{cl(1-\cos\theta)}{a} \tag{10.8.35}$$

因此该段线缆对连接点施加的侧向力为：

$$F_{\text{lateral}}\approx\frac{c^2EA\theta l(1-\cos\theta)}{a^3}+\frac{Tc\theta}{a} \tag{10.8.36}$$

显然侧向力是非线性的，因此对等式（10.8.36）求偏导$\partial/\partial\theta$，可以得到由角位移造成的侧向刚度为：

$$K_{\text{lat-ang}}\approx\frac{c^2EAl(1-\cos\theta+\theta\sin\theta)}{a^3}+\frac{Tc}{a} \tag{10.8.37}$$

对于小的角度，有效侧向刚度为 Tc/a。

如果施加的轴向力大于线缆的初始张力，线缆的一端就会松弛。当作用力反向时，线缆必然会产生等于松弛量的位移量，因此系统将表现出类似于存在间隙的行为。因此必须小心控制初始张力。张力太大，侧向刚度会太大。张力太小，会产生间隙。带有线缆连接的系统如图 10.8.42 所示。

对于带有钢丝线缆连接驱动定位平台的仪器（如扫描显微镜），具有如下参数：

线缆张力 = 10N（2.25lbf）

滑动刚度 = 10^8N/m（570000lbf/in）

长度 $2l$ = 11cm，$2a$ = 10cm（4in）

线缆直径 = 0.25mm（0.010in）

K_{lateral} = 402 N/m（2.288lbf/in）

运动误差 = 100μm（0.004in）

最大侧向合力 = 0.0402N（0.0090lbf）

合成的滑动侧向运动误差 = 4Å

K_{axial} = 203kN/m（1160lbf/in）

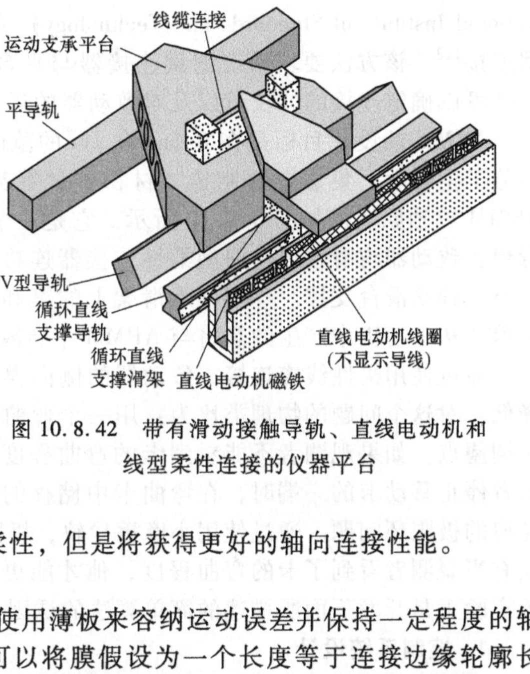

即使线缆张力增加一个数量级，侧向运动误差也仅有 40Å。注意：如果扁平金属带扭曲且连接点设在中间，尽管会损失一些横向柔性，但是将获得更好的轴向连接性能。

图 10.8.42　带有滑动接触导轨、直线电动机和线型柔性连接的仪器平台

8. 膜型和梁型运动学传动

如图 10.8.40b 所示，膜型运动学传动元件使用薄板来容纳运动误差并保持一定程度的轴向刚度。为了保守估计这类连接的轴向刚度，可以将膜假设为一个长度等于连接边缘轮廓长度的梁。梁的性能与直线导轨的角刚度有关，处于两端固定的梁和一端固定的悬臂梁之间。设计者必须考虑弯曲和剪切变形[110]。膜型连接有许多不同的几何结构，包括与精密丝杠螺母整体制造的类型，如图 10.8.17 所示。

如图 10.8.40c 所示，梁式运动学传动系统用一个长的刚性梁来获得高的轴向刚度同时该梁在两端分别由柔性的中凹形螺旋弹簧和软弹簧支持。这类柔性连接在滤除误差方面不如线型连接那么好，但是有更大的刚度。一些公司将运动学支持梁和摩擦驱动用于坐标测量机。然而，对于用触发式测头来实现“实时测量”的一些坐标测量机，直线轴的超程和动态性能并不像它们对机床那么重要。

梁式连接的轴向柔度很容易计算，通过在梁的整个长度上对不同柔度单元积分即可得到，

110　这类连接的详细分析见 8.6.5 节。

其中各单元柔度 $d_c = d_x/(EA)$。当在梁的整个长度上积分时，需要特别考虑连接点附近位置面积变化的影响。刚度是柔度的倒数。连接的侧向柔度将取决于在梁上的轴向位置。设计者可以将梁建模为刚性梁，其一端通过扭转弹簧与机架壁连接，另一端与线性弹簧相连接。中凹形螺旋弹簧的等效角刚度可以用 8.6.4 节描述的方法得到。

9. 小结

大部分机床将致动器（如丝杠）直接与滑架相连以最大化轴向刚度。通过仔细磨削和装配组件，机器可达到的连接直线误差在 5~10μm 这一数量级。当在装配过程中对组件进行手工精加工（如刮削）时，误差降到 0.5~5μm。通过使用手工研磨来连接元件时，性能将提高一个数量级。如同在 10.9 节中揭示的那样，当需要高精密但不能提供研磨工序或翼类连接所需的空间时，传感器和软件可以弥补柔性连接所造成的低的轴向刚度。

10.9 设计案例：通过控制提高轴向刚度[111]

本节探讨如何通过传感器和控制软件的使用来有效地提高柔性连接的轴向刚度。这种方法由 MIT 和国家标准与技术研究院精密工程部（the Precision Engineering Division of the National Institute of Standards and Technology）开发，用于原子分辨率测量机（ARMM）上的线型连接[112]。该方法要求系统测量连接器与平台的连接点和致动器与连接器的连接点的位置。这样可以确定连接的伸长量以及对致动器的运动进行补偿，前提是致动器必须有合适的带宽。

ARMM 的设计目标是在 0.1m×0.1m 的范围内，空间分辨率达到 10^{-10}m。它在许多领域，如分子生物学、集成电路制造、材料科学等都有潜在用途。具有运动学结构的磁性导轨的 ARMM 单轴原型机如图 8.8.10 所示。它是一个由磁性导轨支撑、增量运动压电致动器驱动的滑台，致动器与滑台通过线型柔性连接器连接。另一种方案是采用直线电动机，其移动线圈由空气轴承滑台支撑。空气轴承滑架上的梁和线缆中心连接。采用这种方式，滑台的直线度误差和从电动机中产生的热将与 ARMM 平台隔离开。

通过使用柔性线缆连接，致动器的侧向误差大大减小，然而平台的轴向响应度也会大大降低。对这个问题的物理类比为：用一个弯曲的信用卡推动桌面上的一本书并使其停止在某一期望点。如果观测者不能看到卡的弯曲程度，他就很难告诉我们什么时候停止推动。当观测者停止移动卡的一端时，在弯曲卡中储存的能量将继续推着书向前移动一点，结果会形成经典的极限环问题。通过使用小摩擦导轨，极限环的摩擦因素会去除，但超调问题依然存在。只有当观测者看到了卡的弯曲程度，他才能更准确地告诉我们什么时候停止推动。这个简单的实验正是开发下面所描述的简单算法的诱因。

1. 控制系统设计

有关柔性系统的控制已经做了许多工作，但这些工作主要是针对结构模型形状的控制，而不一定能够提高精密系统的分辨率[113]。关于机械滑台精密轴向控制的研究主要集中在粗、精两级运动系统。然而，为了降低复杂性和提高可靠性，人们需要一种控制单一执行/传动/滑台系统的方法。即使添加了精确运动阶段，粗运动阶段能够控制得越好，组合后的粗、精

[111] 该案例是 D. Thurston（我美丽的妻子）硕士论文相应章节的浓缩，Design and Control of High Precision Linear Motion. Systems，MIT，Electrical Engineering Department，April 1989，也可以见 8.8.2 节。

[112] A. Slocum，D. Eisenhauer，Design Considerations for Angstrom Resolution Machines（ARMs），NASA Conf. Magn. Suspens. Technol.，Hampton，VA，Feb. 2-3，1988.

[113] W. J. Book et al.，Feedback Control of Two-Beam Two-Joint System with Distributed Flexibility，ASME J. Dyn. Syst. Meas. Control，Dec. 1975，pp. 424-431；R. C. Burrows and T. P. Adams，Control of a Flexibility Mounted Stabilized Platform，ASME J. Dyn. Syst. Meas. Control，Sept. 1977，pp. 174-182；有关该课题的许多工作已经完成。

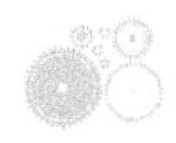

两级运动系统的精度会越高。

图 10.9.1 显示了致动器、线型连接和平台的四阶模型。电动机作为动力源作用在质量块上，摩擦在质量块上产生阻尼。线型传动是连接电动机（质量）和平台的占主导地位的弹簧，平台也同样建模为质量和阻尼器。由于电动机施加到线缆（和滑台）上的力是未知的，滑台的位置不能直接控制。高分辨率地确定作用在弹簧上的力的唯一方法是准确测量弹簧（线）的轴向变形。

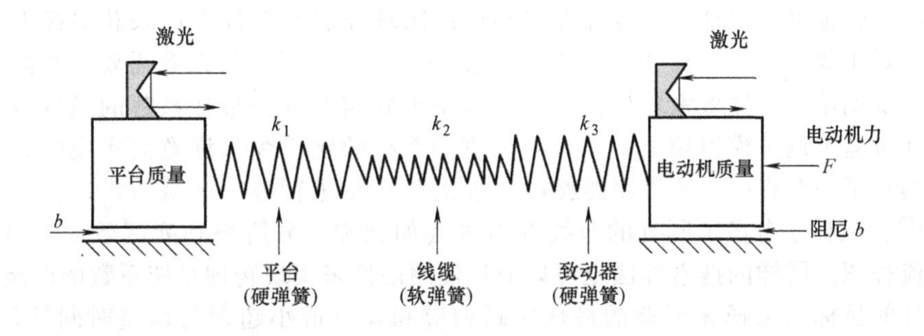

图 10.9.1 线型运动学传动的动态系统模型

由于电动机作用在滑台上的作用力是未知的，因此电动机的电流反馈不能用来准确确定施加在平台上的作用力。必须使用平台和电动机的位置，并结合弹簧长度来确定作用力。当平台到达期望点位置时，电动机必须拉回以使线缆弹簧不再压缩；否则，弹簧中储存的作用力将迫使平台继续移动。问题是当平台停止运动时，如何告诉电动机拉回的量的多少。

事实证明，通过简单使用平台位置反馈的 PID 回路和电动机滑架位置反馈的第二个回路（如 PD 或 PID）能够获得拉回效果。PID 回路的输出相加并作为输入再次进入电动机，因此系统是一个单输入（施加到电动机的电压）、多输出（两个位置测量）系统。在这种双重 PID 算法时所用的逻辑很简单：如果致动器和平台末端之间的距离是一个稳定的常数，那么移动后，必须再次达到这个稳定的距离，所以在平台位置和电动机位置中应使用闭环算法以便使两者之间的差异达到稳定。

例如：x_1和 x_2分别是平台和电动机滑架的位置，u 是电动机输出的控制作用力，数字伺服算法的一部分如下：

```
1 输出 u 到 DAC
读取激光干涉仪的值
  e1=x1期望-x1实际
  e2=x2期望-x2实际
  u1=a11*e1+a12*e1旧值1+a13*e1旧值2+a14*u1旧值1+a15*u1旧值2
IF (u1>umax/2) THEN u1= umax/2
  u2=a21*e2+a22*e2旧值1+a23*e2旧值2+a24*u2旧值1+a25*u2旧值2
IF (u2>umax/2) THEN u2= umax/2
  (存储旧值)
  u=u1+u2
  等候一段时间，then GOTO 1
```

该算法的核心是：电动机和平台位置必须测量并用在数字控制器的差分等式中。也可以在平台中尝试建立一个 PID 回路，在电动机中尝试建立一个 PI 回路，以避免系统过约束。

机械系统的运动等式为：

$$m_1x_1+k(x_1-x_2)=F-b_1x_1 \tag{10.9.1}$$

$$m_2\ddot{x}_2+k(x_2-x_1)=-b_2\dot{x}_2 \tag{10.9.2}$$

对于这个模型，系统有一个输入（即电动机力）和一个输出（即平台位置）。设平台的质量和电动机的质量分别为 $m_1=2\text{kg}$，$m_2=5\text{kg}$。假定使用 10.8.1 节描述的线型连接，模型中的阻尼影响为线性的且相互非耦合，且阻尼系数 ζ[114] 是 0.7，每个质量通过一个弹簧连接到机架上而不是彼此连接，可以计算出黏性阻尼 b_1。

2. 区域搜索最佳控制器系数

可以用线性化模型、线性控制设计方法和标准闭环控制器设计程序来获得接近于最佳的控制器系数。对于要达到 10^{-6} 或 10^{-9} 分辨率的精确调节，该系统的系数需要实时测试，然后进行相应的精确调整。区域搜索程序提供了以数字形式实时寻找最佳系数的最好方法。区域搜索通常是在机器上调节模拟箱上的刻度盘，直到系统的响应令人满意而实现的。在本研究中，研究者编写了一个程序，该程序能够对“最优”系数进行数字区域搜索，在寻找控制器最优系数时[115]，该程序考虑了所有的非线性因素（如饱和、分辨率和死区效应）。图 10.9.2 为该程序的流程图。同样的搜索算法也可以通过使用硬件来实现物理系统系数的微调。

程序设计的目标是选择无超调的最佳阶跃响应和具有最小超调与调整时间的最快响应。

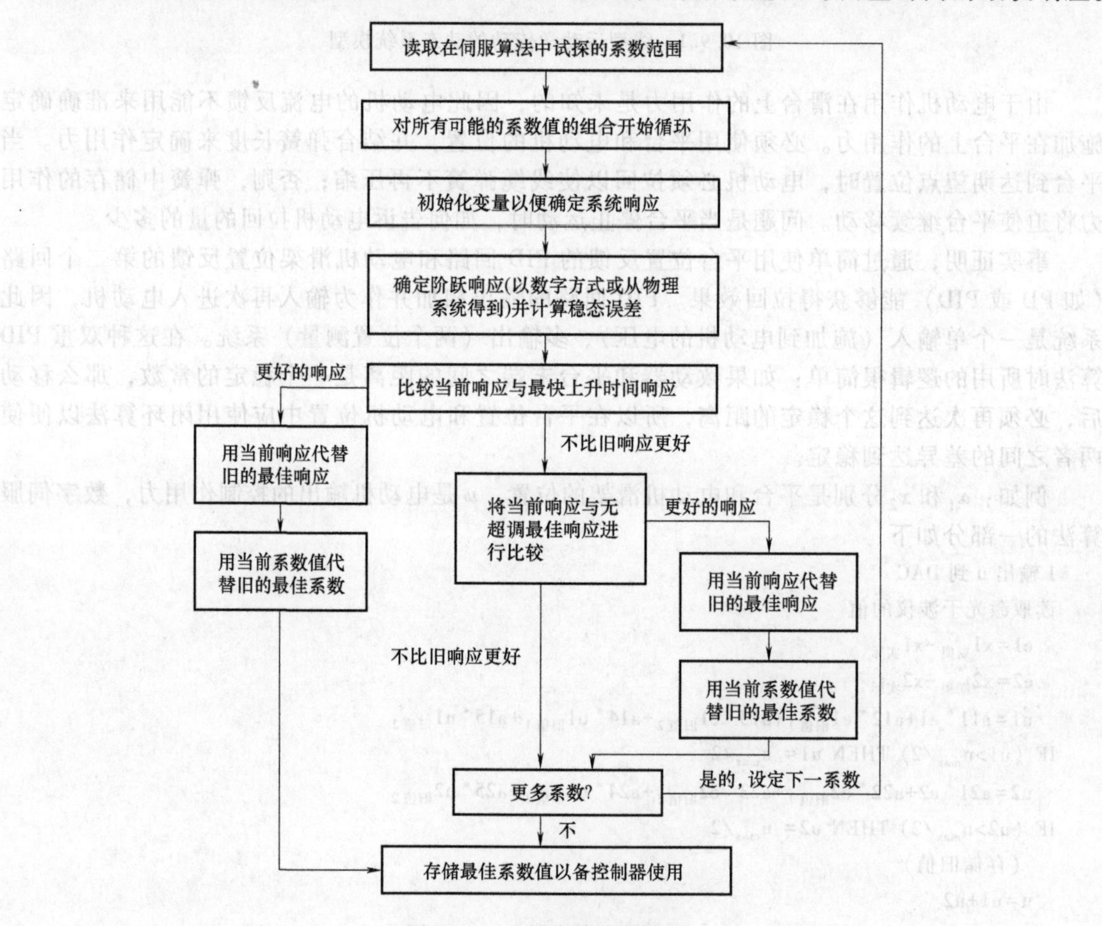

图 10.9.2　搜索算法流程图

[114] [illegible]的系统，即其具有相对快速的响应时间又没有超调。它可以通过具有黏性阻尼（如油浴）的磁浮轴承系统或滑动轴承轴瓦支撑的平台来实现。

[115] 类似的搜索算法已用在水压机器人上，见 A，Slocum，Design and Implementation of a Five Axis Robotic Micomanipulator，Int. J. Mach. Tool Des.，Vol. 28，No. 2，1987，pp. 131-139.

注意：该程序并不是通用程序，而是一个针对特定应用的程序。用户需要输入描述系统的等式和非线性特征等系统参数。通过使程序更专用化，程序输入量更小，运行更快，并且可以包含更多的非线性特征。

3. 结果和结论

该程序用来寻找“最优”系数值，该系数使系统的阶跃响应具有无超调的最佳上升时间和具有最大允许超调量的最佳上升时间。该程序适用于以下场合：

- 无非线性的理想系统的 PID 算法。
- 具有非线性的理想系统的 PID 算法。
- 具有非线性的理想系统的 PIDPID 算法。

数值模拟阶跃响应如图 10.9.3 所示，通过使用 PIDPID 控制方法，控制效果得到了明显增强。

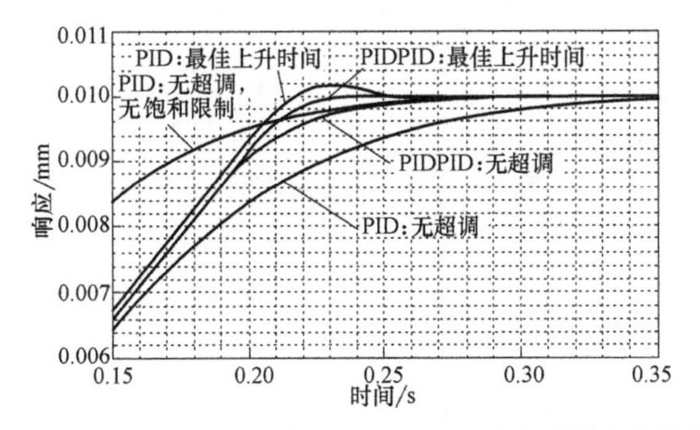

图 10.9.3　用于模拟在模型中考虑饱和度与分辨率非线性且具有最快上升时间的两自由度系统的阶跃响应

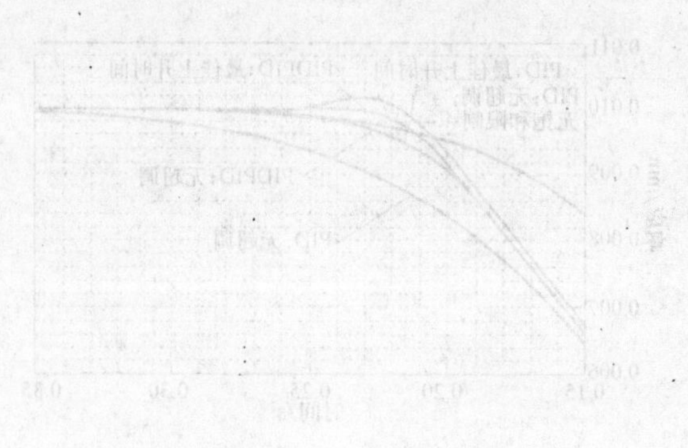